2021년 개정된 시방서에 의한 완벽한 문제 해설
2016~2024년 최신 기출문제 수록
SI 단위제 적용

2025 개정 18판

토목기사실기

박영태 편저

완전개정판

저자직강 동영상 강의
www.pass100.co.kr

기출문제 완전해설

도서출판 건기원

출제빈도표

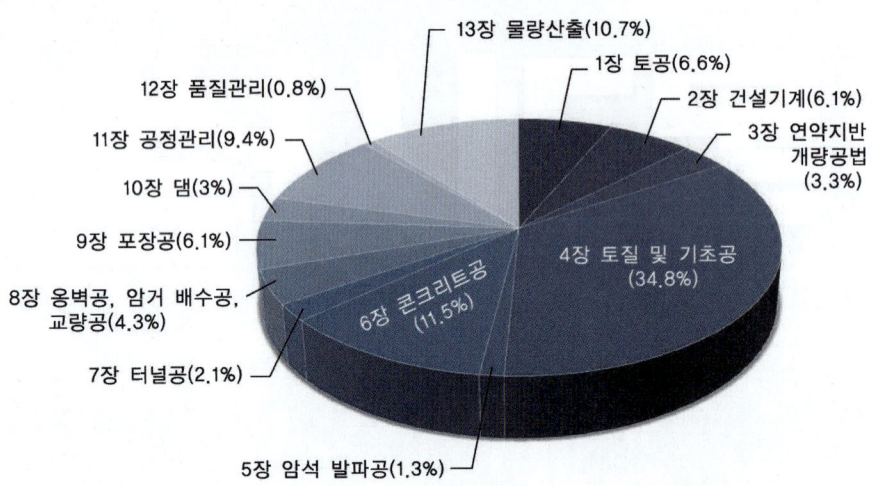

목 차	점수별 출제빈도(%)	1개당 평균점수(점/개)
1장 토공	6.6%	3.9
2장 건설기계	6.1%	3.3
3장 연약지반 개량공법	3.3%	2.9
4장 토질 및 기초공	34.8%	3.4
5장 암석 발파공	1.3%	3
6장 콘크리트공	11.5%	4
7장 터널공	2.1%	3
8장 옹벽공, 암거 배수공, 교량공	4.3%	3
9장 포장공	6.1%	2.9
10장 댐	3%	2.6
11장 공정관리	9.4%	9.4
12장 품질관리	0.8%	3
13장 물량산출	10.7%	10.9

범례

1. **과년도 출제문제**: 출제 횟수와 별 개수의 관계
   - 출제 횟수 2회 → 작은 별 1개(출제 횟수가 1회인 경우 없음)
   - 출제 횟수 6회 → 큰 별 1개(예: 출제 횟수 7회인 경우 ★★)
2. **과년도 기출문제**: 토목기사 실기의 기출문제는 복원된 문제이므로 출제된 문제와 차이가 있을 수 있음.

머리말

PREFACE

우리나라의 건설산업은 70년대를 기점으로 눈부신 발전을 거듭해 왔다. 그러나 IMF 시대가 도래되고 난 이후 사회간접자본 시설투자와 민간 건설투자의 급격한 위축으로 우리의 건설산업은 최대의 위기를 맞고 있다고 본다.

이에 따른 대책으로 고부가가치를 창출할 수 있는 기술자를 양성하여 기술개발을 서둘러 현실을 타개해 나가야 한다고 생각한다.

본서는 저자가 10여년 이상의 토목기사실기 강의 경험을 바탕으로 그동안 수집, 분석, 소장하였던 이론과 문제를 중심으로 자격시험에 대비하고자 하는 수험생들을 대상으로 집필하였음을 알려둔다.

본서의 특징으로는

1. 개정된 시방서에 의한 완벽한 문제해설로 타 교재와의 논란성을 완전히 배제시켰다.
2. 신공법을 암기식 위주방법에서 그림과 표를 최대한 활용하여 이해식으로 전환하였다.
3. 각 장마다 해설부분을 중요한 순서대로 나열함으로써 수험생들의 혼돈을 방지하였다.
4. 유사한 문제끼리 나열하여 중복되는 문제가 없도록 하였다.
5. 까다로운 물량산출의 도면을 확대하여 쉽게 이해할 수 있도록 하였다.

시험출제방식이 문제은행식이므로 과년도문제가 자주 출제되는 경향이 많기 때문에 철저히 이해하고 소화하여 기본적인 점수를 확보하는 것이 유리하다고 판단된다. 그러나 필자가 많은 준비기간을 가지고 집필하였다고는 하나 여러 선학들의 노고에 비하면 부끄럽고 누가 되지 않을까 걱정이 앞선다.

독자 여러분들께 좀 더 가까이에서 수험준비에 도움이 될 수 있도록 계속 보완하고, 현실에 맞게 수시로 증보·개정할 것을 약속한다.

끝으로 이 책이 출간될 수 있도록 여러 가지로 도와주신 분들께 감사드리며, 아울러 건기원 기획, 편집자에게 깊이 감사드립니다.

편저자

출제기준

토목기사실기

실기과목명	주요항목	세 부 항 목
토목 설계 및 시공 실무	1. 토목설계 및 시공에 관한 사항	① 토공 및 건설기계 이해하기 ② 기초 및 연약지반 개량 이해하기 ③ 콘크리트 이해하기 ④ 교량 이해하기 ⑤ 터널 이해하기 ⑥ 배수구조물 이해하기 ⑦ 도로 및 포장 이해하기 ⑧ 옹벽 및 흙막이 이해하기 ⑨ 하천, 댐 및 항만 이해하기
	2. 토목시공에 따른 공사·공정 및 품질관리	① 공사 및 공정 관리하기 ② 품질관리하기
	3. 도면의 물량산출에 관한 사항	① 옹벽, 슬래브, 암거, 기초, 교각, 교대 및 도로 부대시설물 물량산출하기
	4. 도면 검토	① 도면 기본 검토하기

차례

PART 1 토공

1. 토공(earth works) ······ 3
2. 시공계획 ······ 4
3. 토공량 계산 ······ 8
4. 토공시공 ······ 12
5. 성토의 안정 및 비탈면 보호공 ······ 15
6. 토공과 구조물 접속부 ······ 20
7. EPS(발포 폴리스티렌) 공법 ······ 21
- 과년도 출제 문제 ······ 23

PART 2 건설기계

1. 건설기계 ······ 59
2. 기계경비 ······ 61
3. 건설기계의 종류 및 작업능력의 산정 ······ 62
- 과년도 출제 문제 ······ 77

PART 3 연약지반 개량공법

1. 개론 ······ 119
2. 점토지반 개량공법 ······ 120
3. 사질토지반 개량공법 ······ 131
4. 일시적 지반 개량공법 ······ 139
5. 기타 공법 ······ 142
6. 문제성 토질에서의 공법 ······ 148
- 과년도 출제 문제 ······ 150

PART 4 토질 및 기초공

1. 기본사항 ······ 169
2. 사면의 안정 ······ 174
3. 흙의 압밀(consolidation) ······ 178
4. 토압(earth pressure) ······ 180

5 흙막이공(braced excavation)	182
6 흙막이공의 계측관리(정보화 시공)	203
7 지반조사(정보화 시공)	205
8 암 반	217
9 얕은 기초(직접 기초 ; direct foundation)	222
10 말뚝 기초(pile foundation)	227
11 케이슨 기초	247
■ 과년도 출제 문제	255

PART 5 암석 발파공

1 천공(drilling)	395
2 발파 이론	397
3 폭약과 화공품	398
4 폭파에 의한 암반굴착	401
5 폭파에 의하지 않는 암반굴착	408
6 발파공해	409
■ 과년도 출제 문제	411

PART 6 콘크리트공

1 용어의 정의	429
2 시멘트	430
3 혼화재료	433
4 골 재	436
5 콘크리트	437
6 특수 콘크리트	456
■ 과년도 출제 문제	472

Contents

PART 7 터널공

1. 터널의 지질 ··· 537
2. 터널굴착방법 ·· 538
3. 터널공법 ··· 541
4. 암반보강공법 ·· 550
5. 배수터널과 비배수터널 ·· 554
6. 터널 내 환기 ·· 555
- 과년도 출제 문제 ·· 558

PART 8 옹벽공, 암거 배수공, 교량공

1. 옹벽공 ··· 575
2. 암거 배수공 ·· 583
3. 교량공 ··· 589
- 과년도 출제 문제 ·· 602

PART 9 포장공

1. 아스팔트 포장과 콘크리트 포장의 비교 ·························· 627
2. 도로 포장에 사용되는 역청재의 분류 ······························ 628
3. 노상, 노반의 안정처리공법 ··· 630
4. prime coat, tack coat, seal coat ································· 632
5. 품질관리 ··· 633
6. 아스팔트 포장 ·· 635
7. 콘크리트 포장 ·· 639
8. 아스팔트 포장설계 ··· 645
9. 동상방지층, 충격흡수시설, 측구 ······································ 649
- 과년도 출제 문제 ·· 651

PART 10 댐(dam)

1. 전류공 ··· 681
2. 가체절공(coffer dam) ·· 682
3. 댐의 종류 ··· 686
4. dam의 기초처리 ·· 690
5. 중력댐의 검사랑 ·· 693

　　6 수리구조물 ··· 694
　　■ 과년도 출제 문제 ··· 698

PART 11 공정관리

　　1 공사관리(시공관리) ·· 715
　　2 원가관리(cost control) ·· 716
　　3 공정관리 ··· 717
　　4 입찰방식의 종류 ··· 735
　　■ 과년도 출제 문제 ··· 736

PART 12 품질관리

　　1 개 요 ··· 791
　　2 품질관리 기법 ··· 792
　　■ 과년도 출제 문제 ··· 800

PART 13 물량산출

　　1 물량산출의 기본사항 ··· 817
　　2 도로 부대시설물의 물량산출 ··· 819
　　　　1. 옹벽구조물 ··· 819
　　　　2. 암거구조물 ··· 849
　　　　3. 도로교 상·하부구조물 ··· 863

PART 14 부록

　　■ 2016년 과년도 문제 ··· 893
　　■ 2017년 과년도 문제 ··· 931
　　■ 2018년 과년도 문제 ··· 967
　　■ 2019년 과년도 문제 ··· 1007
　　■ 2020년 과년도 문제 ··· 1045
　　■ 2021년 과년도 문제 ··· 1083
　　■ 2022년 과년도 문제 ··· 1124
　　■ 2023년 과년도 문제 ··· 1165
　　■ 2024년 과년도 문제 ··· 1206

토·목·기·사·실·기

PART 1

토공

01 토공(earth works)
02 시공계획
03 토공량 계산
04 토공시공
05 성토의 안정 및 비탈면 보호공
06 토공과 구조물 접속부
07 EPS(발포 폴리스티렌) 공법
● 과년도 출제 문제

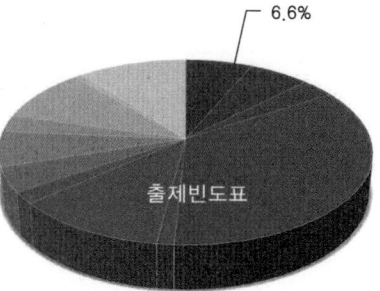

출제빈도표 — 6.6%

01 PART 토공

01 토공(earth works)

1 개설

토공은 토목공사에 있어서 흙을 이동하는 작업을 말하며 이것을 대별하면 절토, 운반, 성토로 나눈다.

2 토공의 용어

① 절토(cutting) : 노반, 비탈면 등을 만들기 위하여 흙을 굴착하는 작업
② 성토(banking) : 축제와 같이 기준면보다 높게 쌓는 것
③ 축제(뚝쌓기, embankment) : 제방, 도로, 철도 등과 같이 상당히 긴 노선성토
④ 정지(整地) : 부지 내의 절토, 성토
⑤ 준설(dredging) : 수저의 토사를 파내는 수중굴착
⑥ 매립(reclamation) : 굴착한 곳을 되메우거나 어느 기준보다 낮은 지반을 기준면까지 쌓아올리는 것
⑦ 유용토(流用土) : 절토 토사가 성토에 쓰이는 흙
⑧ 토취장(borrow-pit) : 공사용의 흙을 채취하는 장소
⑨ 토사장(spoil-bank) : 남는 흙이나 불량토를 버리는 장소
⑩ 비탈머리(top of slope) : 비탈의 상단으로 흙깎기 비탈머리, 흙쌓기 비탈머리가 있다.
⑪ 비탈기슭(toe of slope) : 비탈의 하단으로 흙깎기 비탈기슭, 흙쌓기 비탈기슭이 있다.
⑫ 뚝마루(천단, levee crown) : 축제 정단(頂端)

참고사항

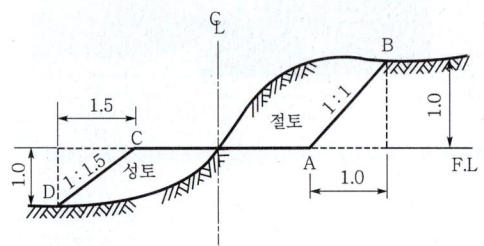

[그림 1-1] 토공의 용어

A : 흙깎기 비탈기슭
B : 흙깎기 비탈머리
C : 흙쌓기 비탈머리
D : 흙쌓기 비탈기슭
C-D : 흙쌓기 비탈구배(1할 5분)
A-B : 흙깎기 비탈면
A-C : FL(Formation Level ; 시공기면)
1 : 1 : 흙깎기 비탈구배(1할)
1 : 1.5 : 흙쌓기 비탈구배(1할 5분)

3 토공의 안정

(1) 흙의 안식각(angle of repose)

자연상태의 흙을 쌓아올렸을 때 시일이 경과함에 따라 자연붕괴가 계속되어 최종적으로 안정된 사면을 이루게 된다. 이 사면과 수평면과의 각도를 흙의 안식각이라 하고 이 구배를 자연구배, 자연경사라 한다.

(2) 비탈구배(slope)

흙쌓기나 흙깎기의 비탈구배가 자연구배보다 작으면 안정도가 커진다. 그러나 무조건 작게 하면 토공비가 증가하므로 비탈면의 보호공과 절·성토의 높이 등을 고려하여 최적의 시공계획을 세워야 한다.

02 시공계획

1 시공기면(formation level)

시공기면은 절토(성토)를 하고자 하는 계획된 높이로서 계획고라 하며, FL로 표시한다. 또한, 절·성토량의 차이가 최소가 되는 시공기면을 결정하기 위해 다음과 같은 사항을 고려한다.

① 절·성토량의 균형으로 토공량이 최소가 되게 한다.
② 토공기계의 사용 시 가까운 곳에 토취장과 토사장을 두어 운반거리를 가능한 짧게 한다.
③ 암석굴착은 공비에 영향이 크므로 적게 한다.
④ 연약지반, 산사태(land slide), 낙석의 위험이 있는 곳은 가능한 피하며, 이를 피할 수 없을 때에는 이에 대처할 수 있는 대책공법을 고려한다.
⑤ 용지보상이나 지상물 보상이 최소가 되도록 한다.

2 토량의 변화

흙은 본바닥일 때, 굴착 운반할 때, 다짐할 때에 따라 단위중량은 서로 다르다. 이 각각의 상태에 따른 체적비를 L, C로 표시하며, 이들 L, C의 값을 토량변화율이라 한다.

$$L = \frac{\text{느슨한 토량}(m^3)}{\text{본바닥 토량}(m^3)}, \quad C = \frac{\text{다진 후의 토량}(m^3)}{\text{본바닥 토량}(m^3)} \quad \cdots\cdots (1-1)$$

> **흙의 형태**
> ① **원지반토량**: 굴착할 토량으로 자연지반, 본 바닥에서의 흙을 말한다.
> ② **흐트러진 토량**: 운반할 토량을 말한다.
> ③ **다져진 토량**: 다져진 후 완성된 토량을 말한다.

3 토량곡선(mass curve)에 의한 토량배분

어느 절토가 어느 성토에 유용하는가, 또 어느 절토를 버리고 어느 성토를 토취장에서 취할 것인가를 정하는 것을 토량배분이라 한다.

토량배분에는 토적곡선(유토곡선, mass curve)을 이용하는 것이 편리하고 토적곡선을 그리려면 토량계산서를 작성해야 한다.

(1) 토량계산서

① 각 측점(20m 간격을 원칙)마다 절토와 성토의 횡단면적을 구한다.
② 토량변화율을 고려하여 토량을 구한다.

[표 1-1] 토량계산서(절토량으로 작성한 경우)

측 점	거리 (m)	절토 (성토에 유용되는 토량)			성토(성토할 토량)					(2) 차인 토량 (m^3)	(3) 누가 토량 (m^3)	(4) 횡방향 토량 (m^3)
		단면적 (m^2)	평균 단면적 (m^2)	토량 (m^3)	단면적 (m^2)	평균 단면적 (m^2)	토량 (m^3)	토량 변화율 (C)	(1) 보정토량 (m^3)			
11		21.6			8.3						+963.3	
12	20.00	29.4	25.5	510.0	1.3	4.8	96.0	0.9	106.7	+403.3	+1366.6	106.7
13	12.50	5.5	17.5	218.8	6.5	3.9	48.8	0.9	54.2	+164.6	+1531.2	54.2
14	7.50	4.2	4.9	36.8	12.6	9.6	72.0	0.9	80.0	−43.2	+1488.0	36.8
15	20.00	2.6	3.4	68.0	18.5	15.6	312.0	0.9	346.7	−278.7	+1209.3	68.0
16	20.00	0	1.3	26.0	21.3	19.9	398.0	0.9	442.2	−416.2	+793.1	26.0
계												

※ ・평균단면적은 전 측정단면적과 해당 측정단면적의 평균이다.
 ・토량=평균단면적×측점간 거리
 ・(1) 보정토량=성토량÷C
 ・(2) +는 절토, −는 성토가 된다.
 ・(3) 처음 측점에서부터 차인토량을 누계한 것
 ・(4) 동일 측점의 절토량과 성토량 중에서 작은 것을 표시한 것

㉠ 성토 보정토량＝성토량×$\dfrac{1}{C}$: 토적도를 절토량(본바닥 토량)으로 작성할 때

　　㉡ 절토 보정토량＝절토량×C : 토적도를 성토량(다짐토량)으로 작성할 때

- 차인토량이 ＋이면, 그 측점에서 흙이 남는 것을 의미한다.
- 차인토량이 －이면, 그 측점에서 흙이 부족하다는 것을 의미한다.

(2) 토적곡선(유토곡선, mass curve)★

종단면도와 토량계산서에서 구한 누가토량을 도표 위에 그린 곡선을 토적곡선이라 한다.

① 토적곡선을 작성하는 목적
　㉠ 토량분배
　㉡ 평균 운반거리의 산출
　㉢ 운반거리에 의한 토공기계의 선정
　㉣ 시공방법의 산출

② 토적곡선의 성질★
　㉠ 곡선의 하향구간(－)은 성토구간이며 상향구간(＋)은 절토구간이다.
　㉡ 곡선의 극대점 e, i는 절토에서 성토로의 변이점이며, 극소점 c, g, l은 성토에서 절토로의 변이점이다.
　㉢ 평형선(기선 a-b에 평행한 임의의 직선)을 그어 곡선과 교차시키면 인접하는 교차점(평형점) 사이의 토량은 절토, 성토량이 서로 같다.
　㉣ 평형선에서 곡선의 최대점 및 최소점까지의 높이는 절토에서 성토로 운반할 운반토량(순전토량)을 나타낸다.
　㉤ 절·성토가 대략 평형이 되는 구간에 평형선을 그어 가장 유리한 평형점을 구한다. 이 평형선은 반드시 하나의 연속된 직선이 아니라도 되며, 토적곡선과 교차되는 점에서 끊을 수도 있다. 이때, 두 평형선 사이의 상·하 간격은 운반토 또는 사토를 표시한다.
　㉥ 절토에서 성토로의 평균 운반거리는 절토의 중심과 성토의 중심간의 거리로 표시된다.
　㉦ 토량곡선이 평형선 위측에 있을 때 절취토는 그림의 좌측 → 우측으로 운반되고, 반대로 아래에 있을 때 절취토는 그림의 우측 → 좌측으로 운반된다.

- 곡선 def에서 de까지의 절토량과 ef까지의 성토량은 서로 같다.
- 곡선 def에서 운반토량은 $\overline{er}$이다.
- 평형선 n-u를 f에서 끊고 다른 평형선 g-k를 취하면 이 두 평형선의 간격 $\overline{gt}$는 운반보급이 필요한 토량이 되고, 똑같이 평형선 n-u를 취할 때 $\overline{no}$는 운반토, $\overline{uv}$는 사토가 된다.
- 곡선 def에서 평균 운반거리는 $\overline{pq}$이다.

- 곡선 def : 좌측→우측
- 곡선 fgh : 우측→좌측

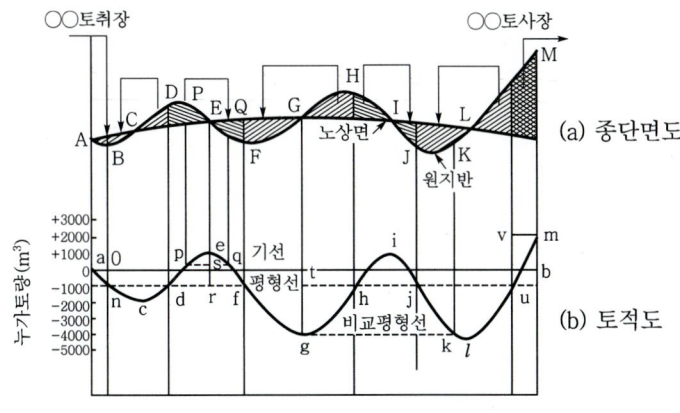

[그림 1-2] 종단면도와 토적곡선

4 토취장과 사토(토사)장

(1) 토취장 선정조건★

① 토질이 양호할 것
② 토량이 충분할 것
③ 싣기가 편리한 지형일 것
④ 성토장소를 향하여 하향구배 1/50~1/100 정도를 유지할 것
⑤ 운반로가 양호하고 장애물이 적을 것
⑥ 용수, 붕괴의 염려가 없고 배수가 양호한 지형일 것
⑦ 장비사용이 용이할 것
⑧ 용지매수, 보상비가 싸고 쉬울 것

(2) 사토장 선정조건

사토량의 선정에 있어서 토취장에서의 여건 대부분을 고려한다.
① 사토량을 충분히 수용할 수 있는 용량이어야 할 것
② 사토장소를 향하여 하향구배 1/50~1/100 정도를 유지할 것
③ 운반로가 양호하고 장애물이 적을 것
④ 용수, 붕괴의 염려가 없고 배수가 양호한 지형일 것
⑤ 용지매수, 보상비가 싸고 쉬울 것

03 토공량 계산

① 횡단면도를 사용하는 방법

(1) 양단면적 평균법

$$V = \frac{A_1 + A_2}{2} \cdot l \quad \cdots\cdots\cdots\cdots (1-2)$$

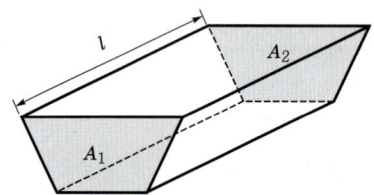

[그림 1-3] 양단면적 평균법

(2) 주상체(prismoide)의 체적

정밀도가 높다.

$$V = \frac{l}{6}(A_1 + 4A_m + A_2) \quad \cdots\cdots\cdots\cdots\cdots\cdots\cdots\cdots\cdots\cdots\cdots\cdots\cdots\cdots\cdots\cdots (1-3)$$

여기서, A_m : A_1, A_2의 중앙의 횡단면적

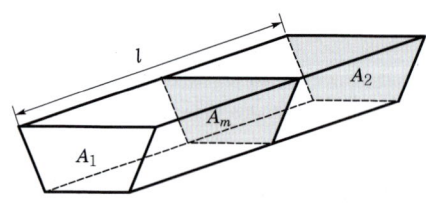

[그림 1-4] 주상체의 체적

② 각주법

넓은 지면의 토공량을 계산할 때 다수의 직사각형 기둥 또는 3각 기둥으로 분할하여 체적을 계산하는 방법

(1) 4각주법★

$$V = \frac{ab}{4}(y_1 + y_2 + y_3 + y_4) \text{에서}$$

$$V_1 = \frac{ab}{4}(h_1 + h_2 + h_3 + h_4)$$

$$V_2 = \frac{ab}{4}(h_2 + h_2 + h_3 + h_4)$$

$$\vdots \qquad\qquad \vdots$$

$$V_5 = \frac{ab}{4}(h_1 + h_2 + h_3 + h_4)$$

$$\therefore V = \frac{ab}{4}(\Sigma h_1 + 2\Sigma h_2 + 3\Sigma h_3 + 4\Sigma h_4) \quad\cdots\cdots\cdots\cdots\cdots\cdots \text{(1-4)}$$

여기서, h_1 : 1개의 직사각형에 속하는 높이
h_2 : 2개의 직사각형에 공통된 높이
h_3 : 3개의 직사각형에 공통된 높이
h_4 : 4개의 직사각형에 공통된 높이

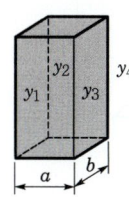 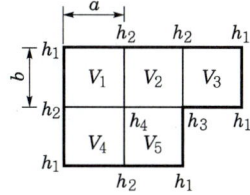

(a) 직사각형 기둥   (b) 절토장을 직사각형 기둥으로 분할

[그림 1-5] 4각주법

(2) 3각주법★

$$V = \frac{ab}{6}(y_1 + y_2 + y_3) \text{에서}$$

$$V_1 = \frac{ab}{6}(h_1 + h_4 + h_4)$$

$$V_2 = \frac{ab}{6}(h_3 + h_4 + h_4)$$

$$\vdots \qquad\qquad \vdots$$

$$V_6 = \frac{ab}{6}(h_1 + h_2 + h_4)$$

$$\therefore V = \frac{ab}{6}(\Sigma h_1 + 2\Sigma h_2 + 3\Sigma h_3 + \cdots\cdots + 8\Sigma h_8) \quad\cdots\cdots\cdots\cdots \text{(1-5)}$$

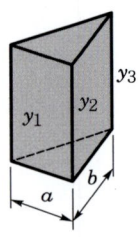
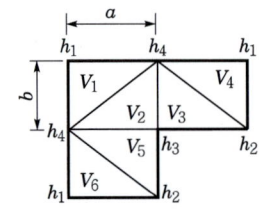

(a) 3각 기둥   (b) 절토장을 3각형 기둥으로 분할

[그림 1-6] 3각주법

3 등고선법*

등고선을 이용하는 방법으로 각 등고선의 면적 A_1, A_2, A_3, ……를 구하고 그것과 각 등고선 간의 표고차 h를 사용하여 주상체의 체적을 구하는 공식으로 토량을 구한다.

$$V_{1\cdot3} = \frac{2h}{6}(A_1 + 4A_2 + A_3)$$

$$V_{3\cdot5} = \frac{2h}{6}(A_3 + 4A_4 + A_5)$$

$$\vdots \qquad \qquad \vdots$$

$$V_{(n-2)\cdot n} = \frac{2h}{6}(A_{n-2} + 4A_{n-1} + A_n)$$

$$\therefore V = \frac{h}{3}[A_1 + 4(A_2 + A_4 + \cdots + A_{n-1})$$
$$+ 2(A_3 + A_5 + \cdots + A_{n-2}) + A_n]$$

[그림 1-7] 등고선법

$$V = \frac{h}{3}(A_1 + 4\Sigma A_{짝수} + 2\Sigma A_{홀수} + A_n) \quad \cdots\cdots\cdots\cdots\cdots\cdots \quad (1-6)$$

4 심프슨(Simpson) 공식

(1) Simpson 제1법칙*

도형 $s_0 p_0 p_2 s_2$의 넓이를 호 $\widehat{p_0 p_2}$가 3점 $p_0 p_1 p_2$를 지나는 포물선으로 보고 구하는 근사식이다.

$A = \dfrac{h}{3}(y_0 + 4y_1 + y_2)$ 에서

$A_1 = \dfrac{h}{3}(y_0 + 4y_1 + y_2)$

$A_2 = \dfrac{h}{3}(y_2 + 4y_3 + y_4)$

⋮　　　⋮

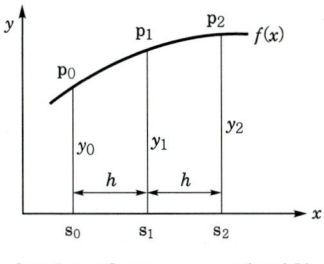

[그림 1-8] Simpson 제1법칙

$\therefore A = \dfrac{h}{3}\left[y_0 + 4(y_1 + y_3 + \cdots) + 2(y_2 + y_4 + \cdots) + y_n\right]$

$$A = \dfrac{h}{3}(y_0 + 4\Sigma y_{홀수} + 2\Sigma y_{짝수} + y_n) \quad \cdots\cdots\cdots\cdots (1-7)$$

여기서, y 값들은 등고선 평면도에서 각 등고선에 속하는 면적이다.

(2) Simpson 제2법칙★

도형 $s_0 p_0 p_3 s_3$의 넓이를 호 $\widehat{p_0 p_3}$가 4점 $p_0 p_1 p_2 p_3$를 지나는 포물선으로 보고 구하는 근사식이다.

$A = \dfrac{3h}{8}(y_0 + 3y_1 + 3y_2 + y_3)$ 에서

$A_1 = \dfrac{3h}{8}(y_0 + 3y_1 + 3y_2 + y_3)$

$A_2 = \dfrac{3h}{8}(y_3 + 3y_4 + 3y_5 + y_6)$

⋮　　　⋮

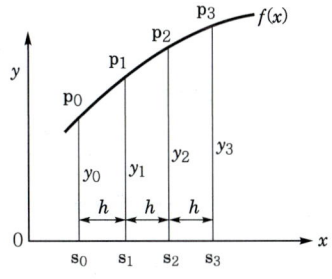

[그림 1-9] Simpson 제2법칙

$\therefore A = \dfrac{3h}{8}\left[y_0 + 3(y_1 + y_2 + y_4 + y_5 + \cdots) + 2(y_3 + y_6 + \cdots) + y_n\right]$

$$A = \dfrac{3h}{8}(y_0 + 3\Sigma y_{나머지} + 2\Sigma y_{3배수} + y_n) \quad \cdots\cdots\cdots\cdots (1-8)$$

여기서, y 값들은 등고선 평면도에서 각 등고선에 속하는 면적이다.

04 토공시공

❶ 절토공(cutting)

- 절토방법

① 작업면적을 가능한 넓게 하여 동시에 많은 사람이 작업할 수 있게 한다.

② 굴착순서는 1 → 2 → 3 → 4 → 5이며 1단의 높이는 1~2m 정도이다. [그림 1-10 참조]

③ 중력을 이용한다.

　본바닥을 굴착할 때 (a)와 같은 수평굴착보다 (b)와 같이 중력을 이용하는 방법이 좋다. [그림 1-11 참조]

> 절토는 토공계획고를 초과하여 굴착하지 않도록 주의해야 하며 지하수나 용수로 인하여 지지력이 저하되지 않도록 배수대책을 세워야 한다.

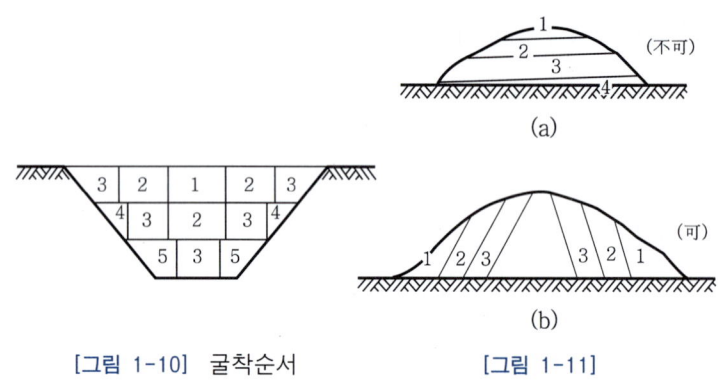

[그림 1-10] 굴착순서　　[그림 1-11]

④ 경사진 곳을 절취할 때 물이 고이지 않는 낮은 부분부터 굴착한다. [그림 1-12 참조]

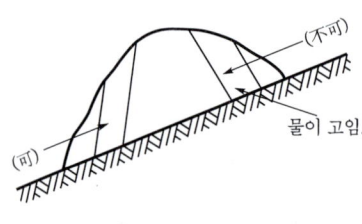

[그림 1-12]

2 성토공(banking)

(1) 성토재료의 구비조건
① 공학적으로 안정한 재료
② 전단강도가 큰 재료
③ 유기질이 없는 재료
④ 압축성이 적은 재료
⑤ 시공기계의 trafficability가 확보되는 재료

(2) 성토 시공법★

① 수평층 쌓기

축제를 수평층으로 쌓아올려 다지는 공법으로 박층쌓기(얇게 쌓는 방법 : 1층 높이 약 30~60cm)와 후층쌓기(두껍게 쌓는 방법 : 1층 높이 약 90~120cm)가 있다.

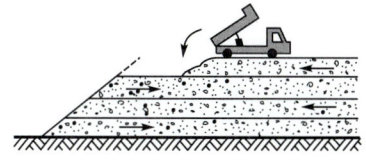

[그림 1-13] 수평층 쌓기

② 전방층 쌓기

전방에 흙을 투하하면서 쌓는 공법으로 공사 중 압축이 적어 완성 후에 침하가 크다. 그러나 공사비가 적고 시공속도가 빠르기 때문에 도로, 철도 등의 낮은 축제에 많이 사용된다.

[그림 1-14] 전방층 쌓기

③ 비계층 쌓기

가교식 비계를 만들어 그 위에 rail을 깔아 가교 위에서 흙을 투하하면서 쌓는 공법으로 높은 축제쌓기, 대성토 시 사용된다.

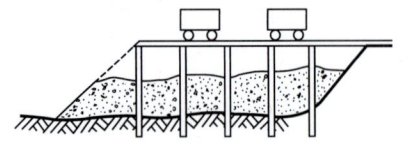

[그림 1-15] 비계층 쌓기

④ 물다짐공법(hydraulic-fill method)

계류(溪流), 하해(河海), 호소(湖沼)에서 pump로 송니관 내에 물을 압입한 후 nozzle로 분출시켜 물에 함유된 절취토사를 송니관(送泥管)으로 흙댐이 있는 곳까지 운송하여 성토하는 공법으로 흙댐 중앙에 세립자가 침전되어 굳게 다져지기 때문에 완전한 중심강토가 된다.

[그림 1-16] 물다짐 댐의 예

⑤ 유용토 쌓기

토공의 균형을 위해 동일 장소에서의 절토량을 동일 장소에 성토하는 공법으로 불도저를 이용하여 작업한다.

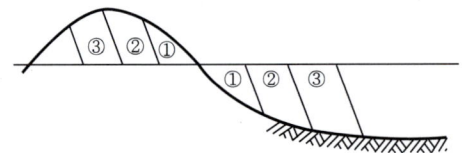

[그림 1-17] 유용토 쌓기

(3) 편절·편성토 경계부

① 포장의 파손이나 단차의 원인
  ㉠ 절·성토부의 지지력 불균일
  ㉡ 용수, 침투수에 의한 성토부의 연화
  ㉢ 경계부 성토다짐 불충분
  ㉣ 경사지반 성토부의 sliding

② 대책
  ㉠ 절·성토 경계부에 구배 1 : 4 정도의 완화구간 설치
  ㉡ 절·성토 경계부에 맹암거 설치
  ㉢ 절토 시 bench cut(층따기) 설치

● 편절·편성토
동일한 횡단면에서 한쪽은 성토, 다른 쪽은 절토가 되는 것으로써 균열이나 부등침하의 원인이 될 수 있으므로 주의를 해야 한다.

ⓒ 벌개제근 철저 → 부등침하 발생방지
　　ⓓ 다짐 철저

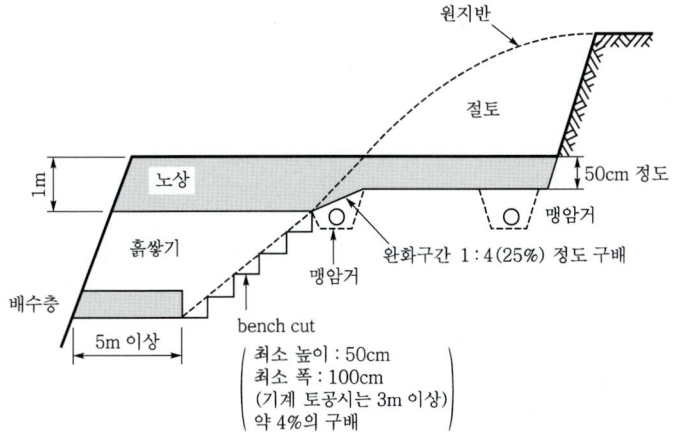

[그림 1-18] 절·성토 경계부 처리

05 성토의 안정 및 비탈면 보호공

1 성토의 파괴형태 및 원인

(1) 쐐기파괴
① 사면이 급경사인 경우
② 점성토의 성토인 경우
③ 사질토이지만 성토고가 대단히 높은 경우

(2) 평행파괴
① 성토 기초지반이 연약한 경우
② 사질토의 성토로서 다짐이 불량한 경우
③ 사질토로서 성토고가 비교적 낮은 경우

(3) 원형파괴
① 성토재료가 특히 불량한 경우
② 연약지반 위에 점성토가 다짐이 불량한 경우

② 사면붕괴의 대책공법

(1) 안전율 증가공법(억지공)

불안정한 사면을 말뚝, 옹벽 등의 저항력을 이용하여 안전율을 증가시키는 적극적인 대처방법이다.

① 절토공(배토공) : 활동하려는 토사를 제거하여 활동하중을 경감시키는 공법
② 압성토공 : 자연사면 선단부에 토사를 성토하여 활동에 대한 저항력을 증가시키는 공법
③ 옹벽공 및 돌쌓기공 : 자연사면 선단부에 옹벽이나 석축을 설치하여 활동에 대한 저항력을 증가시키는 공법
④ 말뚝공 : 사면의 활동하중을 말뚝의 수평저항으로 활동을 방지하는 공법
⑤ 앵커공
⑥ soil nailing공

(2) 안전율 감소방지공법(억제공)

물의 영향에 의해 안전율이 감소하는 것을 방지하는 공법으로 소극적인 대처방법이다.

① 표층안전공 : 사면의 표층부에 시멘트나 약액 등을 주입하여 불안정한 토질의 안정도를 높이고, 지하수나 침투수의 유입을 방지하는 공법
② 식생공 : 떼붙임공, 식생 mat공 등으로 사면을 피복하여 우수에 의한 침식을 방지하는 공법
③ 블록공 : 격자로 블록공, 콘크리트 블록공 등을 설치하여 풍우나 지하수에 의한 침식을 방지하는 공법
④ 배수공
  ㉠ 지표수 배제공 : 수로공, 침투방지공 등을 설치하여 물의 침투를 방지하는 공법
  ㉡ 지하수 배제공 : 암거공, 집수정공 등을 설치하여 사면에 침투한 물을 배제하는 공법

③ 비탈면 보호공

(1) 식생에 의한 보호공

① 떼붙임(sodding)공
  ㉠ 줄떼공 : 비탈 하단에서부터 폭 10cm 이상의 떼를 20~30cm 간격으로 수평방향으로 떼를 심는 것
  ㉡ 평떼공 : 비탈면 전체에 30×30cm의 떼를 붙이는 것

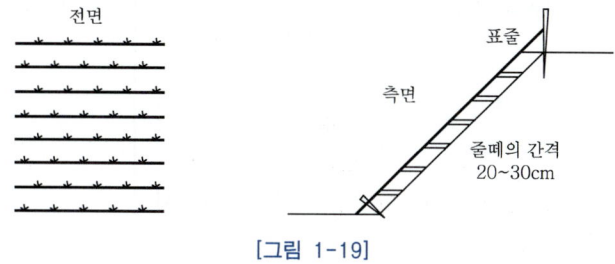

[그림 1-19]

② 씨앗 뿜어붙이기공

  씨앗, 비료, 흙, 물 등의 흙탕물모양의 혼합물을 뿜어붙이기 건(gun)으로 비탈면에 뿜어붙이는 공법으로 넓은 비탈면의 시공에 적합하다.

③ 씨앗뿌리기(seed spray)공

  씨앗, 비료, 화이버, 물 등의 혼합물을 펌프로 비탈면에 뿌리는 공법으로 씨앗 뿜어붙이기공보다 능률은 좋지만 사용하는 물의 양이 많아서 뿜어붙인 재료가 처져 내려오기 쉬우며, 높이 뿜어붙이기가 곤란하므로 완경시의 낮은 비탈면 시공에 적합하다.

④ 식생 매트(seed mat)공

  씨앗, 비료 등을 부착한 매트를 비탈면에 전 면적으로 피복하는 공법

(2) 구조물에 의한 보호공

① 돌, con´c 블록 쌓기공
  ㉠ 견치석, precast 블록으로 메쌓기와 찰쌓기하는 공법
  ㉡ 비탈면의 붕괴가 특히 위험한 장소에 사용

② 돌, con´c 블록 붙이기공
  ㉠ 비탈면의 풍화, 침식방지 목적으로 돌, con´c 블록을 붙이는 공법

● ① **메쌓기** : 뒤채움 시 모르타르 또는 con´c를 사용하지 않고 쌓아올리는 방법
② **찰쌓기** : 뒤채움 시 모르타르 또는 con´c를 사용하여 쌓아올리는 방법

ⓒ 점착력이 없는 지반에 사용

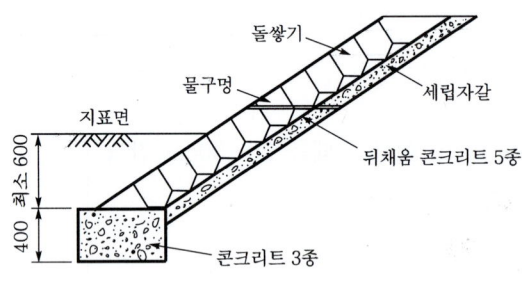

[그림 1-20] 돌붙임공의 표준단면

③ con´c 격자블록공
  ㉠ 격자 block을 설치하여 그 속에 자갈 등을 채우거나 낮은 나무를 심어 비탈면을 보호하는 공법
  ㉡ 용수가 있는 사면, 급한 성토사면, 식생으로 안정상 문제가 있는 사면에 사용

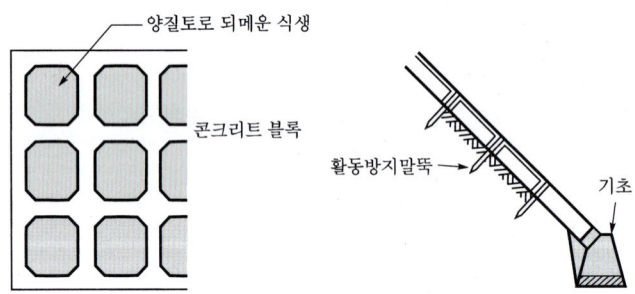

[그림 1-21] 콘크리트 격자블록공

④ con´c 붙임공
  ㉠ 사면에 con´c를 붙이는 공법이다.
  ㉡ 절리가 많은 암석이나 낙석의 우려가 있는 사면에 사용한다.
  ㉢ 급한 사면에서는 철근, 철망, 앵커로 보강을 한다.

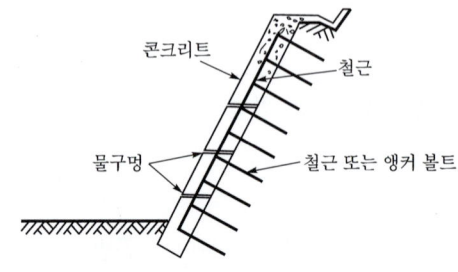

[그림 1-22] 콘크리트 붙임공

⑤ mortar 및 con´c 뿜어붙이기공

　　암석의 풍화, 낙석방지, 식생이 곤란한 곳에 사용
⑥ anchor공(rock anchor, earth anchor)

　　붕락개소를 anchor를 사용하여 견고한 심층부에 붙들어매는 공법
⑦ soil nailing 공법 ★

　　비탈면에 강철봉을 프리스트레싱 없이 비교적 촘촘한 간격으로 삽입하고, shotcrete를 타설하여 전단강도를 증대시키는 공법

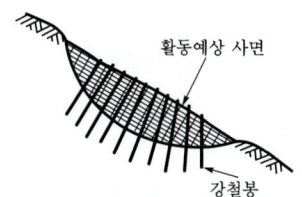

[그림 1-23] 소일 네일링공법

⑧ 말뚝공법 ★

　　활동예상층에 말뚝을 시공하여 견고한 지반층에 붙들어매는 공법
　㉠ 말뚝의 역할
　　ⓐ 말뚝타입에 따른 다짐유발로 자체 강도를 증가
　　ⓑ 활동예상층을 견고한 지반층에 붙들어매는 쐐기 역할
　㉡ 말뚝의 시공
　　ⓐ 타입식 : $N<50$, 소규모 사면에 이용
　　ⓑ 삽입식 : 천공 후 말뚝을 삽입 시공
　㉢ 말뚝의 시공위치 : 활동예상층 하부의 충분히 두꺼운 장소
⑨ 텍솔(texsol)공법

　　연속 장섬유를 사용하여 모래와 혼합함으로써 나무뿌리의 보강효과를 재현시켜 투수성과 점착성을 가진 보강토로 하여 전단강도가 큰 흙구조물을 구축하는 공법이다.
　㉠ geotextile을 2차원적으로 사용하는 종래의 공법과는 달리 연속 장섬유를 3차원적으로 혼입함으로써 급경사면의 시공이 가능하다.
　㉡ 본바닥의 어떤 형상에도 시공이 가능하다.
　㉢ 양생기간이 필요 없다.
　㉣ 투수성 불변
　㉤ 식재 및 식수 가능
　㉥ 충격 및 소음 흡수

⑩ wire frame 공법

비탈면 전체에 철망을 펴 놓은 후 종횡 일정한 간격으로 와이어 로프를 포설하여 격자모양을 형성시켜 서로 교차한 부분에 앵커 볼트를 타입하여 본바닥에 고정시켜 놓고 각 와이어 로프에는 코일을 감아서 모르터 뿜어붙이기 또는 콘크리트 뿜어붙이기에 의해 이 코일과 와이어 로프를 매설함으로써 비탈틀을 형성하는 공법이다.

㉠ 급경사지, 높은 비탈면에도 시공이 용이하다.
㉡ 본바닥의 어떤 형상, 지질에도 시공이 가능하다.
㉢ 본바닥에 직접 모르터 또는 콘크리트를 뿜어붙여 비탈틀을 형성하므로 본바닥과의 밀착이 좋고, 우수 등에 의한 본바닥 세굴을 방지할 수 있다.
㉣ 불안정한 본바닥의 경우라도 앵커공법의 병용으로 비탈면의 안정이 확보된다.
㉤ 공기단축이 가능, 안전, 경제적이다.

⑪ core frame 공법

Darn bole(짜깁기 줄기) 거푸집에 의한 현장치기 비탈틀 공법이다. 격자 간에 어스앵커하여 철근을 배설한 거푸집 간에 뿜어붙이기 공법으로 모르타르 또는 콘크리트를 타설하여 비탈틀을 조성하는 공법이다.

06 토공과 구조물 접속부

1 침하(부등침하)의 원인

① 구조물은 비압축성이고 성토는 압축성이다.
② 교대 등에 의해서 강우시에 배수불량
③ 구조물 시공 후에 급속히 되메우기가 시공되는 경우가 많아 한 층의 포설두께가 크게 되기 쉬우며, 작업장소가 협소하여 대형 전압기계의 사용이 곤란하여 다짐이 불충분해진다.
④ 지하수의 용출이나 지표수의 침투에 의해 성토체의 연약화
⑤ 구조물 주위 지반의 지지력이 상이
⑥ 성토체의 경사지반 처리 불량
⑦ 토압으로 인하여 구조물의 측방유동

❷ 방지대책

(1) 뒤채움 작업 시 유의하여 시공
① 터파기한 흙을 뒤채움재로 사용하지 않는다.
② 구조물이 이동하지 않는 적정한 시공속도를 유지한다.
③ 암거 등에서는 양쪽 층의 높이가 같게 하여 얇은 층으로 시공한다.
④ 대형 다짐장비가 들어갈 수 있는 뒤채움 면적을 확보한다.
⑤ 좁고 다짐이 어려운 곳에서는 소형의 다짐장비를 사용하고, 얇게 펴서 다진다.
⑥ 배수시설을 철저히 한다.

(2) 교량이나 되메우기 두께가 1m 이하(포장두께는 제외)인 강성 배수구 등 구조물에 접속된 토공부분에서는 다음의 조건을 만족시키는 재료로서 충분히 다져야 한다.

[표 1-2] 되메우기 및 뒤채움 재료의 적합한 입도와 성질

최대 크기(mm)	100
No.4체 통과량(%)	25~100
No.200체 통과량(%)	0~25
소성지수(%)	10 이하

(3) 포장체의 강성을 증가시킨다.
(4) 구조물과 성토부 접속부에 approach slab를 설치한다.

07 EPS(발포 폴리스티렌) 공법

❶ 개요

EPS(Expanded Polystyrene)란 발포성 PS 수지로서 중량이 흙의 약 1/100정도로 극히 가볍지만 적당한 강도를 가지고 있다. 이 EPS 경량재료로 뒤채움하여 토압, 수압을 경감하는 경량 성토공법으로 연약지반 침하대책, 사면활동 방지대책, 옹벽 등의 토압경감 등에 사용한다.

> **● EPS 공법**
> 연약지반이나 경사지 등에 일반적인 공법으로 시공할 경우 상부하중에 의한 침하나 측방유동에 의한 구조물의 변위가 발생될 우려가 있는 현장에 초경량 성토재료인 EPS 블록을 사용하여 하중이나 토압에 관련된 문제점을 근원적으로 제거하는 공법이다.

② 특징

① 초경량성, 내압축성, 자립성, 내수성, 시공성이 우수하다.
② 홍수 시 EPS가 부력에 약해 유실되기 쉽다.

③ EPS 공법의 적용분야

용 도		모식도	기대효과(장점)
성토	① 성토	도로 성토	ⓐ 침하 경감 ⓑ 사면안전율 확보 ⓒ 유지관리비 절감
	② 확폭 성토		ⓐ 부등침하 방지 ⓑ 주변에의 영향 완화 ⓒ 성토의 조기완성
	③ 수직벽을 갖는 확폭 성토	급경사지 확폭	ⓐ 활동에 대한 안전율 확보 ⓑ 토류 구조물의 간이화 ⓒ 용지를 효과적으로 이용
구조물 뒤채움	① 교대 뒤채움		ⓐ 부배면 토압의 경감 ⓑ 측방유동의 저감 ⓒ 단차방지
	② 옹벽 및 호안 뒤채움	옹벽 뒤채움	ⓐ 배면토압의 경감 ⓑ 측방유동의 저감 ⓒ 구조물 안전율의 향상
기초		매설관 기초	ⓐ 침하 경감 ⓑ 부등침하 방지 ⓒ 기초의 일체화
가설, 복구		가설도로	ⓐ 급속 시공, 급속 철저 ⓑ 시공이 용이 ⓒ 공간활용

과년도 출제 문제

01 — 89 ②

다음은 제방(堤防)의 성토 단면이다. 다음 물음에 답하시오.

(1) 비탈의 상단 C, D점을 무엇이라 하는가?
(2) 비탈의 하단 A, B점을 무엇이라 하는가?
(3) 제방의 정단(頂端) CD부분을 무엇이라 하는가?
(4) EF 부분을 무엇이라 하는가?

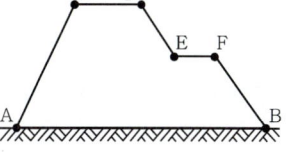

[해답] (1) 비탈머리   (2) 비탈기슭
       (3) 둑마루(천단)   (4) 소단(bench)

02 — 93 ②

토공계획시에 절토, 성토 접속구간에는 ① 지지력의 불연속이 발생하기 쉽고, ② 침투수의 집중 및 ③ 원지반과 성토면 사이의 활동이 우려된다. 이러한 문제점에 대하여 그림과 같은 3가지의 시공대책을 세울 수 있는 데 각각의 문제점 항목별로 필요한 대책을 쓰시오.

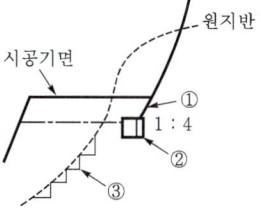

[해답] ① 구배 1 : 4 정도의 완화구간을 폭 3m 정도 설치, 다짐 철저, 벌개제근
       ② 맹암거 설치
       ③ bench cut(층따기) 설치

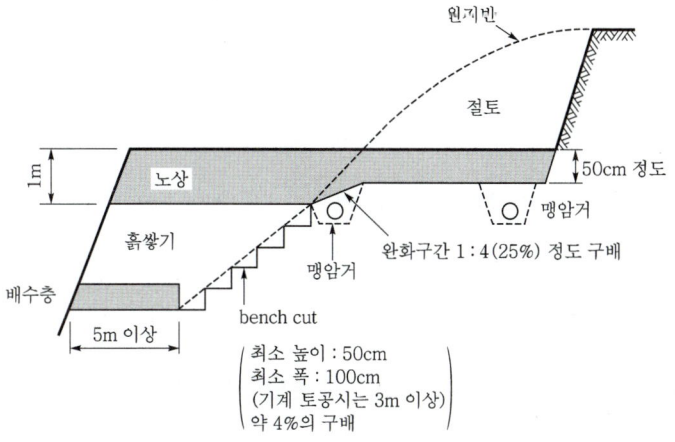

[절·성토 경계부 처리]

03 ★ 92 ④, 06 ②

호소에서 펌프로 송니관 내에 물을 압입하여 큰 수두를 가진 물을 노즐로 분출시켜 절취토사를 물에 섞어서 이것을 송니관으로 흙댐까지 운송하는 성토공법은?

[해답] 물다짐공법(hydraulic fill method)

04 ★ 91 ③, 94 ④

토공 작업에서 절토부와 성토부의 경계면에 축조한 도로나 구조물 등에 침하 또는 균열 등이 생기는 경우가 많은데 이의 원인을 구체적으로 3가지만 쓰시오.

[해답]
① 절·성토부의 지지력 불균일
② 용수, 침투수에 의한 성토부의 연화
③ 경계부 성토다짐 불충분
④ 경사지반 성토부의 sliding

05 99 ③

필요에 따라 구조물과 성토의 접속부에 approach slab(踏掛版)를 설치하는 이유는?

[해답] 부등침하로 인한 단차발생 방지

06 ★★ 84 ②, 85 ②, 10 ③, 13 ③, 15 ②, 20 ②, 21 ②

토취장을 선정함에 있어서 어떤 조건을 고려하여 정해야 하는지 5가지만 쓰시오.

[해답]
① 토질이 양호할 것
② 토량이 충분할 것
③ 싣기가 편리한 지형일 것
④ 성토장소를 향하여 하향구배 1/50~1/100 정도를 유지할 것
⑤ 운반로가 양호하고 장애물이 적을 것
⑥ 용수, 붕괴의 염려가 없고 배수가 양호한 지형일 것

07 87 ②

비탈면을 보호할 목적으로 종자, 비료, 화이버, 물, 색소 등을 혼합하여 펌프 등으로 뿌리는 식생공법을 무엇이라 하는가?

[해답] 씨앗뿌리기(seed spray) 공법

8

성토재료에 요구되는 흙의 성질을 3가지 쓰시오.

[해답]
① 공학적으로 안정할 것
② 전단강도가 클 것
③ 유기질이 없을 것
④ 압축성이 작을 것
⑤ 시공기계의 trafficability가 확보될 것

24 ②

9 ★★★

다음 빈 칸에 토량환산계수값을 구하시오. (단, $L=1.25$, $C=0.80$이다.)

92 ①, 94 ②, 04 ③, 20 ①

기준이 되는 q \ 구하는 Q	본바닥 토량	느슨한 토량	다짐 후의 토량
본바닥 토량			
느슨한 토량			

[해답]
① 본바닥 토량×1=본바닥 토량
　본바닥 토량×L=느슨한 토량
　본바닥 토량×C=다짐 후의 토량
② 느슨한 토량×1=느슨한 토량
　느슨한 토량×$1/L$=본바닥 토량
　느슨한 토량×C/L=다짐 후의 토량

기준이 되는 q \ 구하는 Q	본바닥 토량	느슨한 토량	다짐 후의 토량
본바닥 토량	1.0	1.25	0.8
느슨한 토량	0.8	1.0	0.64

10

96 ②

다져진 토량 40,000m³가 성토하기 위하여 필요하나, 본바닥 토량 25,000m³ 밖에 확보되어 있지 않다. 본바닥 토량은 사질토로서 토량변화율은 $L=1.30$, $C=0.85$이다. 동일한 조건의 부족토량은 흐트러진 상태로 몇 m³인가?

[해답]
① 다짐토량 40,000m³를 본바닥 토량으로 환산
$$= 40,000 \times \frac{1}{C} = 40,000 \times \frac{1}{0.85} = 47,058.82\,\text{m}^3$$
② 부족토량 $= (47,058.82 - 25,000) \times L$
$$= 22,058.82 \times 1.3$$
$$= 28,676.47\,\text{m}^3$$

11 ★

다져진 상태의 토량 37,800m³를 성토하는데 흐트러진 상태의 토량 30,000m³가 있다. 이때, 부족토량은 자연상태의 토량으로 얼마인가? (단, 흙은 사질토이고 토량의 변화율은 $L=1.25$, $C=0.90$이다.)

[해답]
① 흐트러진 상태의 토량 30,000m³를 본바닥 토량으로 환산
$$= 30,000 \times \frac{1}{L} = 30,000 \times \frac{1}{1.25} = 24,000\,\text{m}^3$$
② 성토량(다짐토량)을 본바닥 토량으로 환산
$$= 37,800 \times \frac{1}{C} = 37,800 \times \frac{1}{0.9} = 42,000\,\text{m}^3$$
③ 부족토량(본바닥 토량) $= 42,000 - 24,000 = 18,000\,\text{m}^3$

> ※ 참고
> 토공량을 산출할 때 본바닥 토량으로 환산한 후 계산하면 문제에 접근하기가 훨씬 쉽다.

85 ③, 23 ①

12

흙(사질토)으로 18,000m³의 성토를 할 때의 굴착 및 운반 토량은 얼마나 될 것인가? (단, 토량변화율은 $L=1.25$, $C=0.9$이다.)

[해답]
① 굴착토량 = 성토량(다짐토량) $\times \dfrac{1}{C}$
$$= 18,000 \times \frac{1}{0.9} = 20,000\,\text{m}^3$$
② 운반토량 = 굴착토량 $\times L$
$$= 20,000 \times 1.25 = 25,000\,\text{m}^3$$

> ※ 참고
> ① 굴착토량은 본바닥 토량이다.
> ② 운반토량은 흐트러진 토량이다.

88 ②

13

본바닥 토량 10,000m³의 바닥파기를 하여 사토장까지 운반하고 또 다시 원위치에 되메워 다지기를 할 때 운반토량과 되메우기 후의 과부족 토량을 계산하시오. (단, 토량변화율은 $L=1.3$, $C=0.85$이다.)

[해답]
① 운반토량 = 본바닥 토량 $\times L$
$$= 10,000 \times 1.3 = 13,000\,\text{m}^3$$
② 되메우기 토량 $= 13,000 \times \dfrac{C}{L}$
$$= 13,000 \times \frac{0.85}{1.3} = 8500\,\text{m}^3$$
③ 과부족 토량 $= 10,000 - 8500$
$$= 1500\,\text{m}^3(\text{본바닥 토량})$$

86 ①

14 ★

12,000m³의 성토공사를 위하여 현장의 절토(점질토)로부터 7000m³(본바닥 토량)을 유용하고, 부족분은 인근 토취량(사질토)에서 운반해 올 경우 토취장에서 굴착해야 할 본바닥 토량은 얼마인가? (단, 점질토의 $C=0.92$, 사질토의 $C=0.88$이다.)

[해답] ① 절토(점질토)를 성토량으로 환산
$= 7000 \times C = 7000 \times 0.92 = 6440\,\mathrm{m}^3$
② 부족토량 $= 12,000 - 6440 = 5560\,\mathrm{m}^3$(성토량)
③ 부족토량을 본바닥 토량으로 환산
$= 5560 \times \dfrac{1}{C} = 5560 \times \dfrac{1}{0.88} = 6318.18\,\mathrm{m}^3$

15

계획고에 맞추어 부지조성공사를 하고자 그림과 같이 본바닥토를 굴착하여 A 및 B 구역에 성토를 하고자 한다. 토량변화율이 아래와 같을 때 유용토량(자연상태)과 사토량(흐트러진 상태)은 얼마인가? (단, A 구간에는 사질토, B 구간에는 점성토를 사용한다.)

[토량변화율]

구분	C값	L값
사질토	0.90	1.25
점성토	0.85	1.30

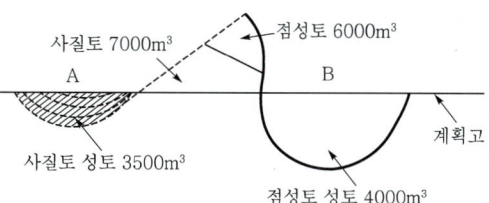

(1) 유용토량
  ① 사질토(A 구역)
  ② 점성토(B 구역)
(2) 사토량
  ① 사질토
  ② 점성토

[해답] (1) 유용토량(자연상태)
① 사질토(A 구역) $= 3500 \times \dfrac{1}{C} = 3500 \times \dfrac{1}{0.9} = 3888.89\,\mathrm{m}^3$
② 점성토(B 구역) $= 4000 \times \dfrac{1}{C} = 4000 \times \dfrac{1}{0.85} = 4705.88\,\mathrm{m}^3$
(2) 사토량(흐트러진 상태)
① 사질토 $= (7000 - 3888.89) \times L$
$= 3111.11 \times 1.25 = 3888.89\,\mathrm{m}^3$
② 점성토 $= (6000 - 4705.88) \times L$
$= 1294.12 \times 1.30 = 1682.36\,\mathrm{m}^3$

16 ★

88 ②, 92 ③, 93 ④, 09 ②, 11 ③, 15 ①, 19 ②

토취장(土取場)에서 원지반 토량 2000m³를 굴착한 후 8t 덤프트럭으로 아래 그림과 같은 단면의 도로를 축조하고자 한다. 이 토취장 흙의 40%는 점성토이고 60%는 사질토이다. 이때 다음 물음에 답하시오.

【굴착한 흙】

구분 종류	토량 환산계수		자연상태 단위중량
	L	C	
점성토	1.3	0.9	1.75t/m³
사질토	1.25	0.87	1.80t/m³

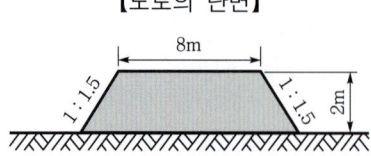

【도로의 단면】

(1) 운반에 필요한 8t 덤프트럭의 연 대수를 구하시오. (단, 덤프트럭은 적재 중량만큼 싣는 것으로 한다.)
(2) 시공 가능한 도로의 길이(m)를 산출하시오. (단, 도로의 시점 및 종점의 끝단은 수직으로 가정한다.)
(3) 전체 토량을 상차하는 데 소요되는 장비의 가동시간을 계산하시오. (사용장비 : 버킷용량 0.9m³의 back hoe, 버킷계수 0.9, 효율 0.7, 사이클 타임 21초)

[해답] (1) ① 운반토량
  ㉠ 점토량 = $2000 \times 0.4 \times L = 2000 \times 0.4 \times 1.3 = 1040 \, \text{m}^3$
  ㉡ 사질토량 = $2000 \times 0.6 \times L = 2000 \times 0.6 \times 1.25 = 1500 \, \text{m}^3$
 ② 트럭의 대수
  ㉠ 점토의 운반에 필요한 대수
   $= \dfrac{1040}{\dfrac{T}{\gamma_t}L} = \dfrac{1040}{\dfrac{8}{1.75} \times 1.3} = 175 \, \text{대}$
  ㉡ 사질토의 운반에 필요한 대수
   $= \dfrac{1500}{\dfrac{T}{\gamma_t}L} = \dfrac{1500}{\dfrac{8}{1.8} \times 1.25} = 270 \, \text{대}$
  ∴ 덤프트럭의 연 대수 = 175 + 270 = 445대

(2) ① 다짐토량 = $2000 \times 0.4 \times C + 2000 \times 0.6 \times C$
   $= 2000 \times 0.4 \times 0.9 + 2000 \times 0.6 \times 0.87 = 1764 \, \text{m}^3$
 ② 도로의 단면적 = $\dfrac{8 + (8+6)}{2} \times 2 = 22 \, \text{m}^2$
 ③ 도로의 길이 = $\dfrac{1764}{22} = 80.18 \, \text{m}$

(3) ① back hoe 작업량
   $Q = \dfrac{3600 \, qkfE}{C_m}$
   $= \dfrac{3600 \times 0.9 \times 0.9 \times \left(\dfrac{1}{1.3 \times 0.4 + 1.25 \times 0.6}\right) \times 0.7}{21} = 76.54 \, \text{m}^3/\text{h}$
 ② 장비의 가동시간 = $\dfrac{2000}{76.54} = 26.13 \, \text{시간}$

17

어떤 현장 토취장 흙의 자연상태 습윤단위중량이 18.5kN/m³, 함수비가 9.5%이었다. 이 흙으로 옆의 그림과 같은 성토($\gamma_d=17.5$kN/m³, $w=12\%$)를 하려고 할 때 토취장 흙을 자연상태로 얼마나 가져와야 하는가? 또한, 이 흙의 비중이 2.66인 경우 토취장과 성토 상태 각각의 공극비, 공극률 및 포화도를 구하시오. (단, 물의 단위중량 $\gamma_w = 9.8$kN/m³이다.)

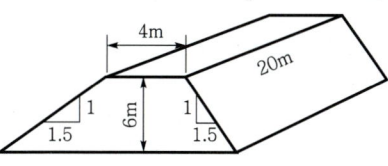

[해답] (1) 성토를 위해 채취할 토취장의 흙

① 토량변화율

㉠ 본바닥(토취장) 흙의 건조밀도

$$\gamma_d = \frac{\gamma_t}{1+\frac{w}{100}} = \frac{18.5}{1+\frac{9.5}{100}} = 16.89\,\text{kN/m}^3$$

㉡ $C = \dfrac{\text{본바닥 흙의 건조밀도}}{\text{다짐 후의 건조밀도}} = \dfrac{16.89}{17.5} = 0.97$

② 성토체 체적

$$V = \frac{4+22}{2} \times 6 \times 20 = 1560\,\text{m}^3$$

③ 성토를 위해 채취할 토취장의 흙

$$= 1560 \times \frac{1}{C} = 1560 \times \frac{1}{0.97} = 1608.25\,\text{m}^3$$

(2) 토취장

① $e = \dfrac{G_s}{\gamma_d}\gamma_w - 1 = \dfrac{2.66}{16.89} \times 9.8 - 1 = 0.54$

② $n = \dfrac{e}{1+e} \times 100 = \dfrac{0.54}{1+0.54} \times 100 = 35.06\%$

③ $Se = wG_s$

$S \times 0.54 = 9.5 \times 2.66$

∴ $S_r = 46.8\%$

(3) 성토상태

① $e = \dfrac{G_s}{\gamma_d}\gamma_w - 1 = \dfrac{2.66}{17.5} \times 9.8 - 1 = 0.49$

② $n = \dfrac{e}{1+e} \times 100 = \dfrac{0.49}{1+0.49} \times 100 = 32.89\%$

③ $Se = wG_s$

$S \times 0.49 = 12 \times 2.66$

∴ $S_r = 65.14\%$

18

사질토 50,000m³와 경암 30,000m³를 가지고 성토할 경우 운반토량과 다져서 성토가 완료된 토량은 얼마인가? (단, 경암의 채움재를 20%로 보며, 사질토의 경우 $L=1.2$, $C=0.9$, 경암의 경우 $L=1.65$, $C=1.40$이다.)

[해답]
① 운반토량 $= 50,000 \times L + 30,000 \times L$
  $= 50,000 \times 1.2 + 30,000 \times 1.65$
  $= 109,500\,\text{m}^3$

② 다짐토량 $= 50,000 \times C + 30,000 \times C - 30,000 \times C \times 0.2$
  $= 50,000 \times 0.9 + 30,000 \times 1.4 - 30,000 \times 1.4 \times 0.2$
  $= 78,600\,\text{m}^3$

19 ★★★★

다음 그림에서 (A)의 흙(모래 및 점토)을 굴착하여 (B), (C)에 성토하고 난 후에 남는 흙의 양(본바닥 토량)은 얼마인가? (단, 토량변화율 모래에서 $C=0.8$, 점토에서 $C=0.9$이고, 모래굴착 후 점토를 굴착한다.)

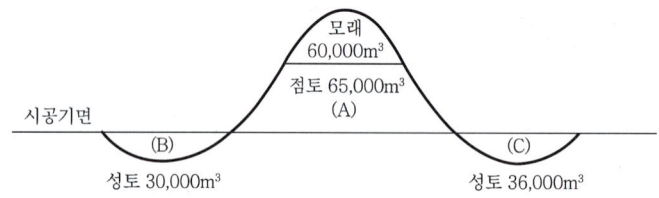

[해답]
① 성토량 $= 30,000 + 36,000 = 66,000\,\text{m}^3$
② 모래의 성토량 $= 60,000 \times C = 60,000 \times 0.8 = 48,000\,\text{m}^3$
③ 성토 부족량 $= 66,000 - 48,000 = 18,000\,\text{m}^3$
④ 남는 점토량 $= 65,000 - 18,000 \times \dfrac{1}{C}$
  $= 65,000 - 18,000 \times \dfrac{1}{0.9}$
  $= 45,000\,\text{m}^3$

20

다음과 같은 조건에서 절토, 운반하여 성토 후 발생되는 사토량(자연상태)은 얼마인가? (단, 역질토는 $C=0.95$, 점질토 $C=0.9$이고, 역질토를 먼저 절취하여 성토한다.)

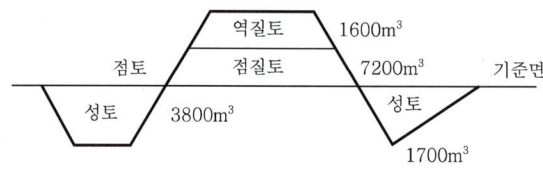

해답 ① 성토량 $= 3800 + 1700 = 5500\,\mathrm{m}^3$
② 역질토 성토량 $= 1600 \times C = 1600 \times 0.95 = 1520\,\mathrm{m}^3$
③ 성토 부족량 $= 5500 - 1520 = 3980\,\mathrm{m}^3$
④ 사토량(남는 점토량) $= 7200 - 3980 \times \dfrac{1}{C}$
$\qquad\qquad\qquad\qquad = 7200 - 3980 \times \dfrac{1}{0.9} = 2777.78\,\mathrm{m}^3$

21 　　　　　　　　　　　　　　　　　　　　　　　　　　85 ①

본바닥에서 $25{,}000\,\mathrm{m}^3$의 토량을 굴착, 운반, 성토한다. 이 중 25%는 점토이고, 나머지는 사질토이다. 운반은 $4\,\mathrm{m}^3$ 트럭을 사용할 때, 필요한 트럭의 수는 몇 대인가? (단, 점토의 경우 $L=1.3$, $C=0.9$이고, 사질토의 경우 $L=1.25$, $C=0.88$이다.)

해답 ① 본바닥 토량
　　　㉠ 점토량 $= 25{,}000 \times 0.25 = 6250\,\mathrm{m}^3$
　　　㉡ 사질토량 $= 25{,}000 \times 0.75 = 18{,}750\,\mathrm{m}^3$
② 운반토량
　　　㉠ 점토량 $= 6250 \times 1.3 = 8125\,\mathrm{m}^3$
　　　㉡ 사질토량 $= 18{,}750 \times 1.25 = 23437.5\,\mathrm{m}^3$
③ 트럭대수 $= \dfrac{8125 + 23437.5}{4}$
$\qquad\qquad = 7890.6 ≒ 7891$ 대

22 ★★　　　　　　　　　　　　　　　　95 ⑤, 98 ①, 02 ①, 10 ③, 11 ②, 16 ③, 22 ①

함수비가 20%인 토취장 흙의 습윤단위중량이 $19\,\mathrm{kN/m}^3$이다. 이 흙으로 도로를 축조할 때 함수비는 15%이고, 습윤단위중량은 $19.8\,\mathrm{kN/m}^3$이었다. 이 경우 흙의 토량변화율(C)은 대략 얼마인가?

해답 ① 토취장의 건조밀도
$$\gamma_d = \dfrac{\gamma_t}{1 + \dfrac{w}{100}} = \dfrac{19}{1 + \dfrac{20}{100}} = 15.83\,\mathrm{kN/m}^3$$
② 다짐 후의 건조밀도
$$\gamma_d = \dfrac{\gamma_t}{1 + \dfrac{w}{100}} = \dfrac{19.8}{1 + \dfrac{15}{100}} = 17.22\,\mathrm{kN/m}^3$$
③ 토량변화율
$$C = \dfrac{\text{본바닥 흙의 }\gamma_d}{\text{다짐 후의 }\gamma_d} = \dfrac{15.83}{17.22} = 0.92$$

23 ★★★

함수비가 22%인 토취장의 단위중량이 $\gamma_t=18.3\text{kN/m}^3$이었다. 이 흙으로 도로를 축조할 때 다짐을 하였더니 함수비는 12%이고, 단위중량은 $\gamma_t=19.5\text{kN/m}^3$이었다. 이 경우 흙의 토량변화율($C$)은 대략 얼마인가?

03 ②, 06 ①, 08 ①, 15 ①, 22 ①

[해답]

① 토취장의 건조밀도

$$\gamma_d = \frac{\gamma_t}{1+\frac{w}{100}} = \frac{18.3}{1+\frac{22}{100}} = 15\text{kN/m}^3$$

② 다짐 후의 건조밀도

$$\gamma_d = \frac{\gamma_t}{1+\frac{w}{100}} = \frac{19.5}{1+\frac{12}{100}} = 17.41\text{kN/m}^3$$

③ $C = \dfrac{\text{본바닥 흙의 } \gamma_d}{\text{다짐 후의 } \gamma_d} = \dfrac{15}{17.41} = 0.86$

24

다음 그림에서 (A)의 본바닥을 굴착 운반하여 (B), (C)에 성토하고 남은 점토는 사토하려고 한다. 8t 트럭 10대가 몇 회나 운반하여야 하는가? (단, 모래의 $C=0.90$, $L=1.20$, 점토의 $C=0.95$, $L=1.35$, $\gamma_t=2\text{t/m}^3$이다.)

88 ③

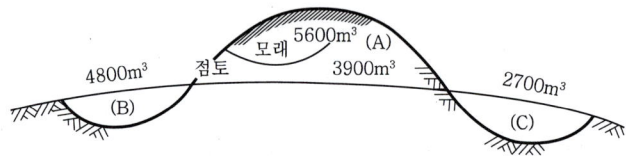

[해답]

① 성토량 $= 4800 + 2700 = 7500\text{m}^3$
② 모래의 성토량 $= 5600 \times C = 5600 \times 0.9 = 5040\text{m}^3$
③ 성토 부족량 $= 7500 - 5040 = 2460\text{m}^3$
④ 남는 점토량
$$= \left(3900 - 2460 \times \frac{1}{C}\right) \times L = \left(3900 - 2460 \times \frac{1}{0.95}\right) \times 1.35 = 1769.21\text{m}^3$$
⑤ 트럭 1대 적재량 $= \dfrac{T}{\gamma_t} L = \dfrac{8}{2} \times 1.35 = 5.4\text{m}^3$
⑥ 트럭 10대 적재량 $= 5.4 \times 10 = 54\text{m}^3$
⑦ 트럭의 운반횟수 $= \dfrac{1769.21}{54} = 32.76 ≒ 33$회

25 ★★★★

구조물 기초를 시공하기 위하여 평탄한 지반을 다음 그림과 같이 굴착하고자 한다. 굴착할 흙의 단위중량은 1.82t/m^3이며, 토량 환산계수 $L=1.30$, $C=0.90$이다. 이때 다음 물음에 답하시오.

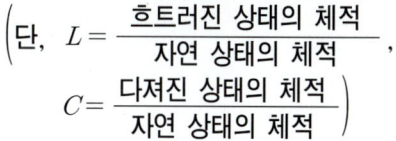

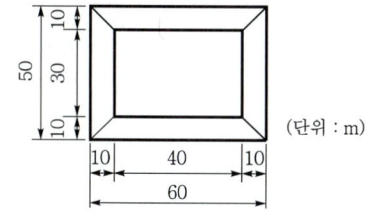

(단위 : m)

(1) 터파기 결과 발생한 굴착토의 총 중량은 몇 t인가?
(2) 굴착한 흙을 덤프트럭으로 운반하고자 한다. 1대에 15m^3를 적재할 수 있는 덤프트럭을 사용한다면 총 몇 대분이 되는가?
(3) 굴착된 흙을 $10,000\text{m}^2$의 면적을 가진 성토장에 고르게 성토하고 다질 경우 성토장의 표고는 얼마만큼 높아지겠는가? (단, 소수 3째자리에서 반올림하시오. 측면 비탈구배는 연직으로 가정한다.)

[해답] (1) ① 굴착토량
$$= \frac{A_1 + A_2}{2} \cdot h = \frac{(30 \times 40) + (50 \times 60)}{2} \times 10 = 21,000\text{m}^3$$

② 굴착토의 총 중량
$\gamma_t = \dfrac{W}{V}$에서 $1.82 = \dfrac{W}{21,000}$ $\therefore\ W = 38,220\text{t}$

(2) ① 운반토량 $= 21,000 \times L = 21,000 \times 1.3 = 27,300\text{m}^3$

② 트럭 대수 $= \dfrac{27,300}{15} = 1820$대

(3) ① 다짐토량 $= 21,000 \times C = 21,000 \times 0.9 = 18,900\text{m}^3$

② 높아질 표고 $= \dfrac{18,900}{10,000} = 1.89\text{m}$

26 ★★★

토공의 시공계획 수립 시 시공기면(施工基面)을 결정할 때 고려하여야 할 사항 4가지만 쓰시오.

[해답] ① 절토량이 성토량과 같게 되도록 배분한다.
② 가까운 곳에 토취장과 토사장을 두어 운반거리를 가능한 짧게 한다.
③ 암석굴착은 공비에 영향이 크므로 암석굴착량이 적도록 한다.
④ 연약지반, 산사태(land slide), 낙석의 위험이 있는 곳은 가능한 피한다.
⑤ 용지보상이나 지상물 보상이 최소가 되도록 한다.

27

토공의 경제성은 시공기면의 결정에 달려 있다. 시공기면을 가장 경제적으로 결정하려 할 때 고려하여야 할 사항을 4가지만 쓰시오.

[해답]
① 절토량이 성토량과 같게 되도록 배분한다.
② 가까운 곳에 토취장과 토사장을 두어 운반거리를 가능한 짧게 한다.
③ 암석굴착은 공비에 영향이 크므로 암석굴착량이 적도록 한다.
④ 연약지반, 산사태(land slide), 낙석의 위험이 있는 곳은 가능한 피한다.
⑤ 용지보상이나 지상물 보상이 최소가 되도록 한다.

28 ★★★

토적곡선(mass curve)을 작성하는 목적을 3가지만 쓰시오.

[해답]
① 토량분배
② 평균 운반거리의 산출
③ 운반거리에 의한 토공기계의 선정
④ 시공방법의 산출

29

유토곡선(토량곡선 ; mass curve)의 성질을 3가지만 쓰시오.

[해답]
① 곡선의 상향구간은 절토구간이며, 하향구간은 성토구간이다.
② 곡선의 최대점은 절토에서 성토로의 변이점이며, 최소점은 성토에서 절토로의 변이점이다.
③ 평형선(기선과 평행한 임의의 직선)과 곡선이 만난 두 교차점(평행점) 사이의 토량은 절·성토량이 평형된다.
④ 평형선에서 곡선의 최대점 및 최소점까지의 높이는 절토에서 성토로 운반할 순전토량(운반토량)을 나타낸다.

30

유토곡선(mass curve)을 활용하여 토량의 운반거리를 산출할 계획을 갖고 실제 시공 시에 현장에서 일어나는 문제점을 설명하시오.

[해답]
① 문제점 : 토적곡선(mass curve)에서는 횡방향 유용토를 제외시켰다.
② 대책 : 횡방향 유용토에 대한 토공기계의 고려가 있어야 한다.

31 ★★

토적곡선(mass curve)에서 물음에 답하시오.

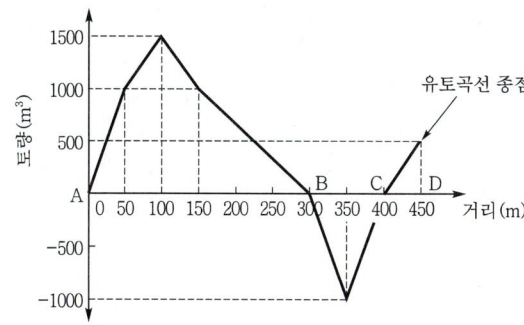

(1) $\overline{AB}$ 구간에서 총 절토량은 몇 m^3인가?
(2) $\overline{AB}$ 구간에서 평균 운반거리는 몇 m인가?
(3) $\overline{BD}$ 구간에서 절성토량의 차이는 몇 m^3인가?

[해답] (1) $1500m^3$(기선 AB에서 곡선의 최대점까지의 높이)
(2) ① $l_1 = \dfrac{50 \times 750}{1000} = 37.5m$, $l_2 = \dfrac{150 \times 750}{1000} = 112.5m$
② $l = (50-l_1) + 100 + (150-l_2)$
$= (50-37.5) + 100 + (150-112.5) = 150m$
(3) $500m^3$

※ 참고
(3)에서
$\overline{BC}$ 사이의 토량은 절·성 토량이 평행이므로 $\overline{BD}$ 구간에서의 차인토량(절·성 토량의 차이)은 $\overline{CD}$ 구간에서의 절토량이다.

32

다음 그림은 토적곡선(mass curve)이다. 물음에 답하시오.

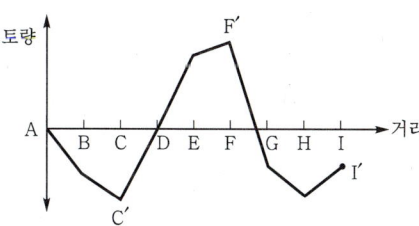

(1) 기울기가 (−)에서 (+)로 변하는 극소점 C′ 부근은 흙을 어떻게 유용하는가?
(2) 기울기가 (+)이면 어떤 구간인가?
(3) 토적곡선이 I′에서 끝나면 이때 의미하는 것은?

[해답] (1) 절토에서 성토
(2) 절토구간
(3) 부족토량

※ 참고
(1)에서
기울기가 (−)에서 (+)로 변하는 극소점은 성토에서 절토로의 변이점이지만 흙의 유용은 절토에서 성토로 한다.

33

노선측량의 성과가 다음과 같을 때, 토량계산서를 완성하고 유토곡선(mass curve)을 답안지에 작도하시오. (단, 토량환산계수 $C=0.9$이다.)

측 점	거리 (m)	절토 단면적 (m^2)	평균 단면적 (m^2)	토량 (m^3)	성토 단면적 (m^2)	평균 단면적 (m^2)	토량 (m^3)	보정토량 (m^3)	차인토량 (m^3)	누가토량 (m^3)
No. 0	0	0			5					
1	20	20			10					
2	20	50			20					
3	20	30			10					
4	20	10			10					
5	20	20			30					
6	20	10			40					
7	20	0			10					
8	20	10			0					

[해답]
① 평균 단면적 $= \dfrac{A_1 + A_2}{2}$

② 토량 = 평균 단면적 × 거리

③ 성토의 다짐토량을 본바닥 토량으로 환산한 토량이 보정토량이므로

   보정토량 = 성토량 × $\dfrac{1}{C}$

④ 차인토량 = 절토량 − 성토량 (여기서, 성토량은 보정토량이다.)

⑤ 누가토량 = Σ차인토량

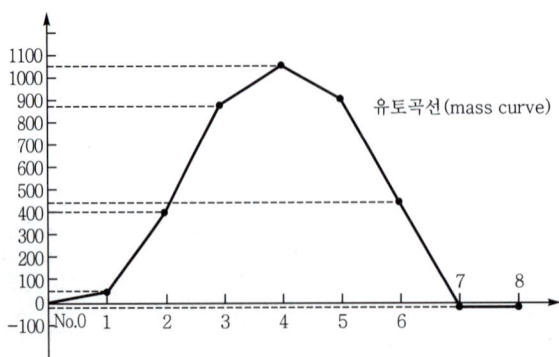

유토곡선(mass curve)

측점	거리 (m)	절토 단면적 (m^2)	절토 평균 단면적 (m^2)	절토 토량 (m^3)	성토 단면적 (m^2)	성토 평균 단면적 (m^2)	성토 토량 (m^3)	보정토량 (m^3)	차인토량 (m^3)	누가토량 (m^3)
No.0	0	0			5	2.5				
1	20	20	10	200	10	7.5	150	166.7	33.3	33.3
2	20	50	35	700	20	15.0	300	333.3	366.7	400.0
3	20	30	40	800	10	15.0	300	333.3	466.7	866.7
4	20	10	20	400	10	10.0	200	222.2	177.8	1044.5
5	20	20	15	300	30	20.0	400	444.4	−144.4	900.1
6	20	10	15	300	40	35.0	700	777.8	−477.8	422.3
7	20	0	5	100	10	25.0	500	555.6	−455.6	−33.3
8	20	10	5	100	0	5.0	100	111.1	−11.1	−44.4

34

그림과 같은 유토곡선(mass curve)에서 다음 물음에 답하시오.

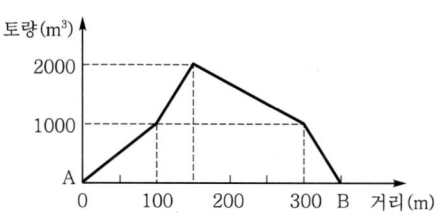

(1) $\overline{AB}$ 구간에서 총 절토량은 몇 m^3인가?

(2) $\overline{AB}$ 구간 토공의 평균 운반거리는 몇 m인가?

[해답] (1) 2000m^3
  (2) 300−100=200m

35

다음 도적곡선을 참조하여 ( ) 안에 적딩한 용어를 쓰시오.

(1) 곡선의 상향구간인 cg는 ( )이다.
(2) 곡선의 극대점(e) 및 극소점(c)은 ( )이다.
(3) 기선 ab에 평행한 임의의 직선 ij를 ( )라 한다.
(4) 곡선 dgehf의 경우 ke는 ( )다.

[해답] (1) 절토구간 (2) 변이점
  (3) 평행선 (4) 절토량

36 ★★★

다음 그림은 토적곡선(mass curve)을 나타낸 것이다. 아래 물음에 답하시오.

(1) x축과 y축이 의미하는 것을 각각 쓰시오.
(2) 절토에서 성토로 옮기는 점의 기호를 모두 쓰시오.
(3) 성토량과 절토량이 처음으로 균형을 이루는 점의 기호를 쓰시오.
(4) 선분 $\overline{mn}$이 x축과 평행을 이룰 때 이 구간내의 성토량과 절토량의 관계를 쓰시오.

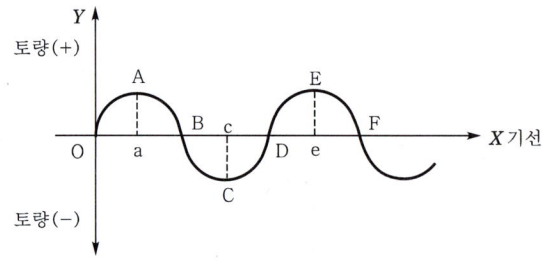

92 ③, 95 ①, 97 ①, 19 ①

[해답]
(1) x축 : 거리(m), y축 : 누가토량(m³)
(2) b, f
(3) c
(4) 절토량과 성토량은 서로 같다.

✽ 참고
(2)에서
① 극대점 : 절토에서 성토로의 변이점(b, f)
② 극소점 : 성토에서 절토로의 변이점(d)

37 ★

토적도(mass curve)에서 다음의 빈 칸을 채우시오.

87 ②, 19 ③

(1) 토적곡선의 상승부분 OA, CE 부분은 (①) 부분이다. 토적곡선의 하향부분 AC, EF 부분은 (②) 부분이다.
(2) 토적곡선의 loop가 산 모양일 때는 절취 굴착토가 (③)에서 (④)으로 이동된다.
(3) 기선 OX상의 점 B, D, F에서는 토량의 이동이 (⑤)다.
(4) OB에서는 절성토량이 (⑥)다.
(5) 토적곡선이 기선 OX보다 아래에서 끝날 때는 토량이 (⑦)이다.

[해답]
(1) ① : 절토   ② : 성토
(2) ③ 좌   ④ : 우
(3) ⑤ : 없다.
(4) ⑥ : 같다.
(5) ⑦ : 부족토량

✽ 참고
(2)에서
① 토량곡선이 평행선 위측에 있을 때 흙 운반은 좌측에서 우측으로 행한다.
② 토량곡선이 평행선 아래에 있을 때 흙 운반은 우측에서 좌측으로 행한다.
(5)에서
① 토적곡선이 기선의 위에서 끝날 때 : 토량이 사토량이다.
② 토적곡선이 기선의 아래에서 끝날 때 : 토량이 부족토량이다.

38

토적곡선(mass curve)에서 극대점과 극소점은 각각 어떤 점인가?

[해답] ① 극대점 : 절토에서 성토로의 변이점
② 극소점 : 성토에서 절토로의 변이점

39

다음 그림은 mass curve 위에 운반기계를 표시한 것이다. a, b, c 구간에 적당한 기계를 1가지씩 쓰시오.

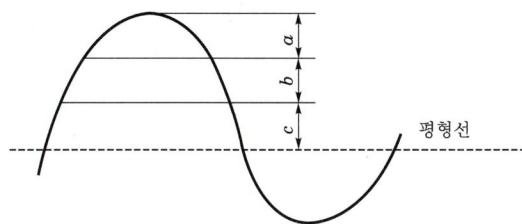

[해답] ① a 구간 : 불도저 ② b 구간 : 스크레이퍼 ③ c 구간 : 덤프트럭

40 ★

그림과 같은 토적곡선에 관련된 내용을 완성하시오.

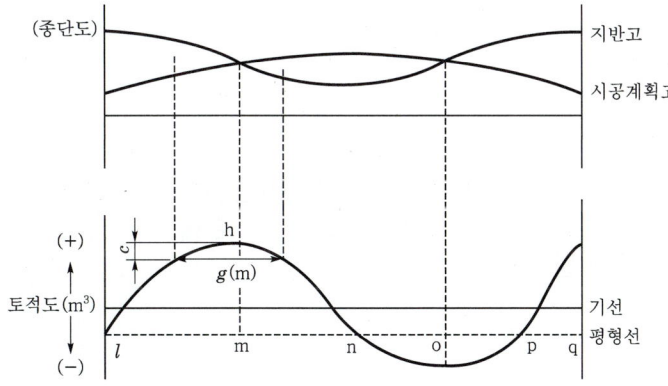

(1) 토공계획상 사토장의 위치는 $l \sim q$ 중 (　) 위치가 좋다.
(2) g가 불도저의 평균 운반거리이고, 그때의 운반토량이 $c(\text{m}^3)$라면 불도저의 총 운반토량은 (　)이다.
(3) 토적곡선에서 토량 mh는 (　) 구간에서 발생되는 절토량을 성토량으로 유용하는 양이다.

[해답] (1) q　(2) $2c$　(3) $l\,m$

41

다음 토적곡선에서 영문으로 표기된 부분이 의미하는 내용을 쓰시오.

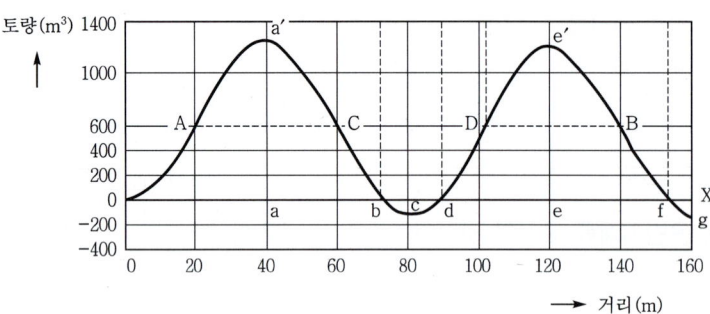

(1) 점 a′, c, e′
(2) 곡선 0-a′, c-e′
(3) 곡선 a′-c, e′-g
(4) 기선상의 교점 b, d, f
(5) 구간 f-X
(6) $\overline{aa'}$, $\overline{ee'}$

[해답] (1) 절·성토의 변이점으로 절토와 성토의 경계
 (2) 절토구간
 (3) 성토구간
 (4) 절토량과 성토량이 서로 같다.
 (5) 성토량의 부족
 (6) 절토량(절토에서 성토로 운반할 운반토량)

42 ★★

아래 그림과 같은 유토곡선(mass curve)에서 AH 구간의 평균 운반토량은 (①)이며, 평균 운반거리는 (②)이다. 또한, 평형선(Ⅰ)을 평형선(Ⅱ)로 옮기면 IJ는 (③)이다. ( ) 안에 알맞은 말은?

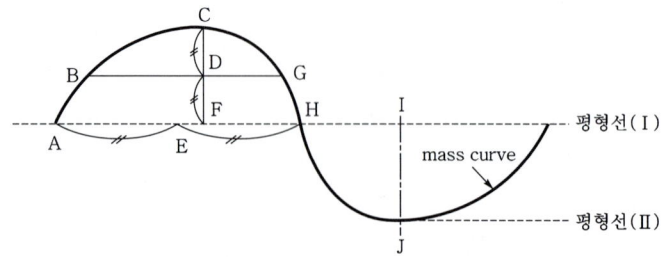

[해답] ① CF(또는 2CD)
 ② BG
 ③ 운반토량(부족토량)

43

다음과 같은 도로길이 50m 단면의 도로를 축조하고자 한다. 아래의 물음에 답하시오.

(1) 성토에 필요한 운반토량을 구하시오.
(단, $L=1.20$, $C=0.9$)

(2) 적재용량 10t의 덤프트럭으로 운반할 때 연대수를 구하시오. (단, 흙의 단위중량 $2.0t/m^3$)

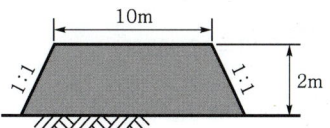

[해답] (1) ① 성토 체적 $=\left(\dfrac{10+14}{2}\times 2\right)\times 50 = 1,200\text{m}^3$

② 운반토량 $=$ 성토 체적 $\times \dfrac{L}{C} = 1,200 \times \dfrac{1.2}{0.9} = 1,600\text{m}^3$

(2) ① $q_t = \dfrac{T}{\gamma_t}L = \dfrac{10}{2}\times 1.2 = 6\text{m}^3$

② 연대수 $N = \dfrac{1,600}{6} = 266.67 = 267$대

44

다음과 같은 단면에서 성토의 토량을 계산하시오.

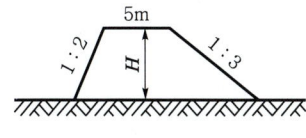
[단면도]

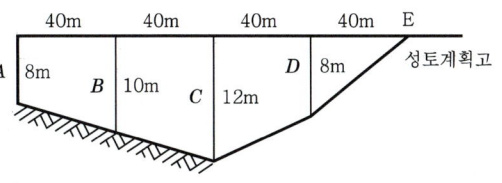
[종단도]

[해답] (1) 단면적

① $A = D = \dfrac{5+45}{2}\times 8 = 200\text{m}^2$

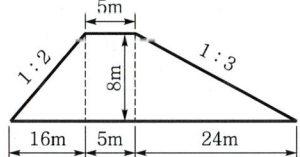

② $B = \dfrac{5+55}{2}\times 10 = 300\text{m}^2$

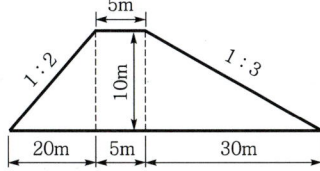

③ $C = \dfrac{5+65}{2}\times 12 = 420\text{m}^2$

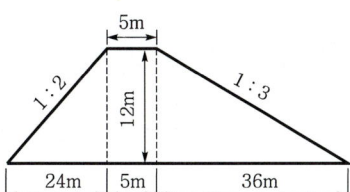

(2) 성토량

① $V_1 = \dfrac{200+300}{2} \times 40 = 10{,}000\,\mathrm{m}^3$

② $V_2 = \dfrac{300+420}{2} \times 40 = 14{,}400\,\mathrm{m}^3$

③ $V_3 = \dfrac{420+200}{2} \times 40 = 12{,}400\,\mathrm{m}^3$

④ $V_4 = \dfrac{200+0}{2} \times 40 = 4000\,\mathrm{m}^3$

⑤ $V = V_1 + V_2 + V_3 + V_4 = 10{,}000 + 14{,}400 + 12{,}400 + 4000 = 40{,}800\,\mathrm{m}^3$

45 ★★★

04 ①, 12 ①, 14 ②, 20 ③

하천 토공을 위한 횡단측량 결과 다음 그림과 같은 결과를 얻었다. Simpson 제1법칙에 의한 횡단면적을 구하시오. (단위 : m)

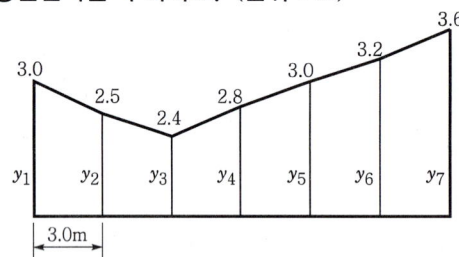

[해답] $A = \dfrac{h}{3}(y_1 + 4\Sigma y_{짝수} + 2\Sigma y_{홀수} + y_n)$

$= \dfrac{3}{3}[3.0 + 4(2.5 + 2.8 + 3.2) + 2(2.4 + 3.0) + 3.6] = 51.4\,\mathrm{m}^2$

46 ★★

94 ①, 97 ①, 03 ①, 05 ③
11 ③, 17 ①, 22 ①

도로 토공을 위한 횡단측량 결과 다음 그림과 같은 결과를 얻었다. Simpson 제2법칙에 의한 횡단면적을 구하시오. (단위 : m)

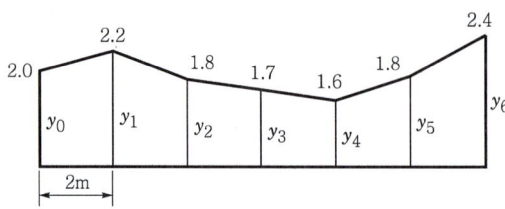

[해답] $A = \dfrac{3h}{8}(y_0 + 3\Sigma y_{나머지} + 2\Sigma y_{3배수} + y_n)$

$= \dfrac{3h}{8}[y_0 + 3(y_1 + y_2 + y_4 + y_5) + 2y_3 + y_6]$

$= \dfrac{3 \times 2}{8}[2 + 3(2.2 + 1.8 + 1.6 + 1.8) + 2 \times 1.7 + 2.4] = 22.5\,\mathrm{m}^2$

47 ★★★★

93 ②, 95 ③, 98 ①, 08 ②, 23 ①

그림과 같은 도로의 토공계획시에 A-B 구간에 필요한 성토량을 토취장에서 15t 트럭으로 운반하여 시공할 때, 필요한 트럭의 총 연대수는 몇 대인가? (단, 자연상태인 흙의 단위체적중량=1.7t/m³, $L=1.25$, $C=0.88$이다.)

측점별 단면적은 $A_0=0$, $A_1=10\text{m}^2$, $A_2=20\text{m}^2$, $A_3=40\text{m}^2$, $A_4=42\text{m}^2$, $A_5=10\text{m}^2$, $A_6=0$이다.

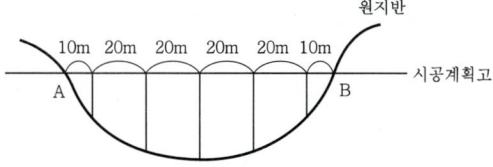

[해답] (1) 성토량

① $V_1 = \dfrac{0+10}{2} \times 10 = 50\,\text{m}^3$

② $V_2 = \dfrac{10+20}{2} \times 20 = 300\,\text{m}^3$

③ $V_3 = \dfrac{20+40}{2} \times 20 = 600\,\text{m}^3$

④ $V_4 = \dfrac{40+42}{2} \times 20 = 820\,\text{m}^3$

⑤ $V_5 = \dfrac{42+10}{2} \times 20 = 520\,\text{m}^3$

⑥ $V_6 = \dfrac{10+0}{2} \times 10 = 50\,\text{m}^3$

⑦ $V = V_1 + V_2 + V_3 + \cdots + V_6$
  $= 50 + 300 + 600 + 820 + 520 + 50 = 2340\,\text{m}^3$

(2) 성토량을 흐트러진 토량으로 환산
$= 2340 \times \dfrac{L}{C} = 2340 \times \dfrac{1.25}{0.88} = 3323.86\,\text{m}^3$

(3) 트럭의 적재량
$q_t = \dfrac{T}{\gamma_t} L = \dfrac{15}{1.7} \times 1.25 = 11.03\,\text{m}^3$

(4) 트럭의 연대수
$= \dfrac{3323.86}{11.03} = 301.35 = 302\,\text{대}$

48 ★★★★

> 04 ②, 06 ②, 09 ③, 16 ②, 21 ③

농공단지 조성을 위하여 다음 그림과 같이 기준면으로부터 고저측량을 한 결과이다. 이 용지를 수평으로 정지하고자 할 때 절토량과 성토량이 같게 하려고 하면 기준면으로부터 몇 m의 높이로 하면 되는가? (단, 단위는 m이고, 토량변화율은 고려하지 않는다.)

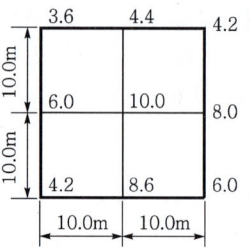

해답 (1) $V = \dfrac{ab}{4}(\Sigma h_1 + 2\Sigma h_2 + 3\Sigma h_3 + 4\Sigma h_4)$

① $\Sigma h_1 = 3.6 + 4.2 + 6 + 4.2 = 18\text{m}$
② $\Sigma h_2 = 4.4 + 8 + 8.6 + 6 = 27\text{m}$
③ $\Sigma h_4 = 10\text{m}$

∴ $V = \dfrac{10 \times 10}{4}(18 + 2 \times 27 + 4 \times 10) = 2800\text{m}^3$

(2) $h = \dfrac{2800}{10 \times 10 \times 4} = 7\text{m}$

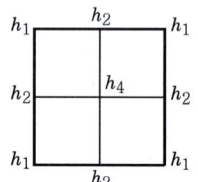

49 ★

> 94 ③④, 00 ④, 02 ③, 11 ②, 23 ②

다음 그림과 같은 지형에 시공기준면을 10m로 하여 성토하고자 한다. 다음 물음에 답하시오. (단, 격자점의 숫자는 표고, 단위는 m이다.)

(1) 성토량을 구하시오.
(2) 성토에 필요한 운반토량을 구하시오.
    (단, $L = 1.25$, $C = 0.9$)
(3) 적재용량 4t의 덤프트럭으로 운반할 때 연대수를 구하시오.
    (단, 굴착 흙의 단위중량 1.8t/m^3)

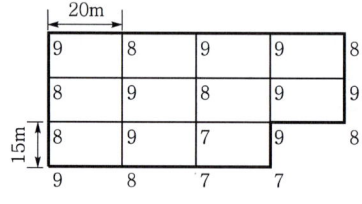

해답 (1) $V = \dfrac{ab}{4}(\Sigma h_1 + 2\Sigma h_2 + 3\Sigma h_3 + 4\Sigma h_4)$

$= \dfrac{15 \times 20}{4}(9 + 2 \times 14 + 3 \times 1 + 4 \times 8)$
$= 5400\text{m}^3$

(2) 운반토량(흐트러진 토량)
$= 5400 \times \dfrac{L}{C} = 5400 \times \dfrac{1.25}{0.9} = 7500\text{m}^3$

(3) 트럭의 연대수

① $q_t = \dfrac{T}{\gamma_t}L = \dfrac{4}{1.8} \times 1.25 = 2.78\text{m}^3$

② 트럭의 연대수 $= \dfrac{7500}{2.78} = 2697.8 ≒ 2698$대

50 ★★

그림과 같은 지형에서 절·성토량이 균형을 이루는 지반고를 구하시오.(단, 토량변화율은 무시하고, 격자점의 숫자는 지반고를 나타내며 단위는 m이다.)

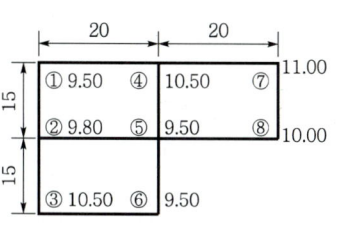

[해답] (1) $V = \dfrac{ab}{4}(\Sigma h_1 + 2\Sigma h_2 + 3\Sigma h_3 + 4\Sigma h_4)$

① $\Sigma h_1 = 2.8 + 3.3 + 4.3 + 4.1 + 3.6 = 18.1\text{m}$
② $\Sigma h_2 = 3.5 + 3.1 + 3.5 + 3.9 + 3.8 + 3 = 20.8\text{m}$
③ $\Sigma h_3 = 4\text{m}$
④ $\Sigma h_4 = 4.2 + 3.7 + 4.4 = 12.3\text{m}$

$\therefore V = \dfrac{10 \times 5}{4}(18.1 + 2 \times 20.8 + 3 \times 4 + 4 \times 12.3)$

$= 1,511.25\text{m}^3$

(2) $h = \dfrac{1,511.25}{10 \times 5 \times 8} = 3.78\text{m}$

51 ★★

구획정리를 위한 측량결과값이 그림과 같은 경우 계획고 10.00m로 하기 위한 토량은? (단위 : m)

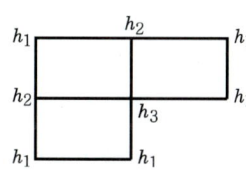

[해답] (1) 계획고 10m일 때 절토량

$V = \dfrac{ab}{4}(\Sigma h_1 + 2\Sigma h_2 + 3\Sigma h_3 + 4\Sigma h_4)$

① $\Sigma h_1 = 0.5 + 1.0 = 1.5\text{m}$
② $\Sigma h_2 = 0.5\text{m}$
③ $\Sigma h_3 = 0$

$\therefore V = \dfrac{15 \times 20}{4}(1.5 + 2 \times 0.5)$

$= 187.5\text{m}^3$

(2) 계획고 10m일 때 성토량

$V = \dfrac{ab}{4}(\Sigma h_1 + 2\Sigma h_2 + 3\Sigma h_3 + 4\Sigma h_4)$

① $\Sigma h_1 = 0.5 + 0.5 = 1\text{m}$
② $\Sigma h_2 = 0.2\text{m}$
③ $\Sigma h_3 = 0.5\text{m}$

$\therefore V = \dfrac{15 \times 20}{4}(1 + 2 \times 0.2 + 3 \times 0.5) = 217.5\text{m}^3$

(3) 문제의 조건에서 토량환산계수가 주어지지 않았으므로
$V = 217.5 - 187.5 = 30\text{m}^3 (\text{성토량})$

52 ★

다음과 같은 지형에서 시공기준면을 15m로 성토하고자 할 때 다음 물음에 답하시오. (단, 격자점 숫자는 표고, 단위는 m)

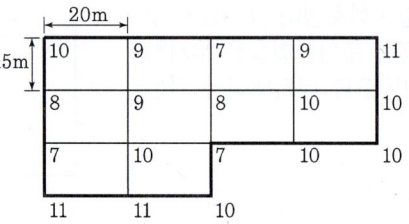

(1) 성토에 필요한 운반토량을 구하시오. (단, L=1.25, C=0.9)

(2) 적재용량 8t의 덤프트럭으로 운반할 때 연대수를 구하시오. (단, 굴착 흙의 단위중량은 $1.8t/m^3$)

[해답] (1) ① $V = \dfrac{ab}{4}(\Sigma h_1 + 2\Sigma h_2 + 3\Sigma h_3 + 4\Sigma h_4)$

  ㉠ $\Sigma h_1 = 5 + 4 + 5 + 4 + 5 = 23\,\text{m}$
  ㉡ $\Sigma h_2 = 6 + 8 + 6 + 7 + 5 + 8 + 5 + 4$
     $= 49\,\text{m}$
  ㉢ $\Sigma h_3 = 8\,\text{m}$
  ㉣ $\Sigma h_4 = 6 + 7 + 5 + 5 = 23\,\text{m}$

  $\therefore V = \dfrac{15 \times 20}{4}(23 + 2 \times 49 + 3 \times 8 + 4 \times 23) = 17775\,\text{m}^3$

  ② 운반토량(흐트러진 토량)
    $= 17775 \times \dfrac{L}{C} = 17775 \times \dfrac{1.25}{0.9} = 24687.5\,\text{m}^3$

(2) ① $q_t = \dfrac{T}{\gamma_t}L = \dfrac{8}{1.8} \times 1.25 = 5.56\,m^3$

  ② 트럭의 연대수 $= \dfrac{24687.5}{5.56} = 4440.2 = 4441$대

53 ★★

다음과 같은 지형에서 시공기준면의 표고를 10m로 할 때 총 토공량은 얼마인가? (단, 격자점의 숫자는 표고를 나타내며, 단위는 m이다.)

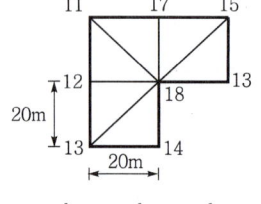

[해답] $V = \dfrac{ab}{6}(\Sigma h_1 + 2\Sigma h_2 + 3\Sigma h_3 + \cdots + 6\Sigma h_6)$

① $\Sigma h_1 = 3 + 4 = 7\,\text{m}$
② $\Sigma h_2 = 1 + 7 + 5 + 2 + 3 = 18\,\text{m}$
③ $\Sigma h_3 = 0$ ④ $\Sigma h_4 = 0$
⑤ $\Sigma h_5 = 0$ ⑥ $\Sigma h_6 = 8\,\text{m}$

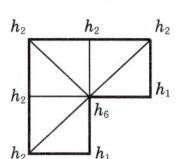

$\therefore V = \dfrac{20 \times 20}{6}(7 + 2 \times 18 + 6 \times 8) = 6066.67\,\text{m}^3$

54 ★

측량성과가 아래와 같고 시공기준면을 12m로 할 경우 총 토공량을 구하시오. (단, 격자점의 숫자는 표고이며, m 단위이다.)

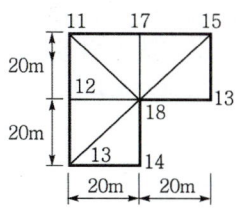

[해답] (1) 계획고 12m일 때 절토량

$$V = \frac{ab}{6}(\Sigma h_1 + 2\Sigma h_2 + 3\Sigma h_3 + \cdots + 6\Sigma h_6)$$

① $\Sigma h_1 = 1 + 2 = 3\,\text{m}$
② $\Sigma h_2 = 5 + 3 + 1 = 9\,\text{m}$
③ $\Sigma h_6 = 6\,\text{m}$

∴ $V = \dfrac{20 \times 20}{6} \times (3 + 2 \times 9 + 6 \times 6) = 3800\,\text{m}^3$

(2) 계획고 10m일 때 성토량

$$V = \frac{ab}{6}(\Sigma h_1 + 2\Sigma h_2 + 3\Sigma h_3 + \cdots + 6\Sigma h_6)$$

① $\Sigma h_1 = \Sigma h_3 = \Sigma h_4 = \Sigma h_5 = \Sigma h_6 = 0\,\text{m}$
② $\Sigma h_2 = 1\,\text{m}$

∴ $V = \dfrac{20 \times 20}{6} \times (2 \times 1) = 133.33\,\text{m}^3$

(3) 총 토공량 = $3800 - 133.33 = 3666.67\,\text{m}^3$ (절토량)

55

그림과 같은 광장의 음영 부분에 콘크리트 포장을 하려고 한다. 두께를 15cm로 고르게 할 경우 필요한 콘크리트의 양은 얼마이겠는가?

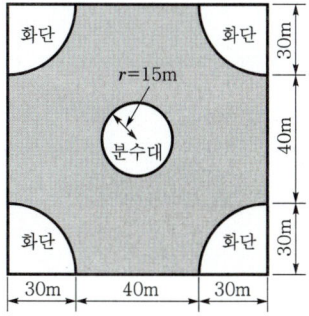

[해답] $V = (100 \times 100 - \pi \times 30^2 - \pi \times 15^2) \times 0.15$
$= 969.86\,\text{m}^3$

56

아래 좌측 그림과 같은 지반을 0m 기준으로 굴착하여 우측 그림과 같은 성토를 하려고 한다. 이 토량 운반에 4m³ 적재 트럭 몇 대가 필요한가? 그리고 성토 연장길이를 구하면? (단, $C=0.85$, $L=1.10$)

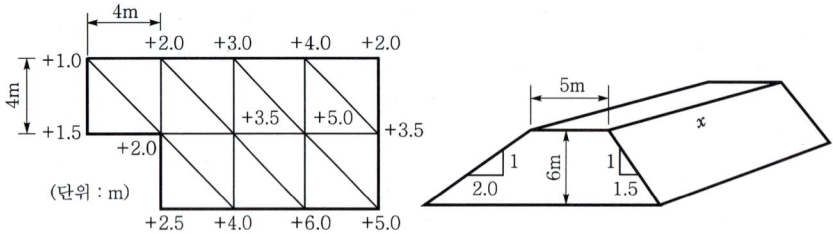

[해답] (1) 굴착토량

$$V = \frac{ab}{6}(\Sigma h_1 + 2\Sigma h_2 + 3\Sigma h_3 + \cdots\cdots + 8\Sigma h_8)$$

① $\Sigma h_1 = 1.5 + 2.5 + 2 = 6$m
② $\Sigma h_2 = 1 + 5 = 6$m
③ $\Sigma h_3 = 2 + 3 + 4 + 3.5 + 6 + 4$
  $= 22.5$m
④ $\Sigma h_5 = 2$m
⑤ $\Sigma h_6 = 3.5 + 5 = 8.5$m

∴ $V = \dfrac{4 \times 4}{6}(6 + 2 \times 6 + 3 \times 22.5 + 5 \times 2 + 6 \times 8.5)$
  $= 390.67$m³

(2) 운반토량
  $= 390.67 \times L = 390.67 \times 1.1 = 429.74$m³

(3) 트럭의 대수
  $= \dfrac{429.74}{4} = 107.44 = 108$대

(4) 성토의 단면적
  $= \dfrac{5 + (12 + 9 + 5)}{2} \times 6 = 93$m²

(5) 성토 연장길이
  $= \dfrac{390.67 \times C}{93} = \dfrac{390.67 \times 0.85}{93} = 3.57$m

57 ★★★

그림과 같은 등고선을 굴착하여 오른편 그림과 같은 도로성토를 하려고 한다. 다음 물음에 답하시오. (단, $L=1.20$, $C=0.90$, 토량은 각주 공식을 사용한다.)

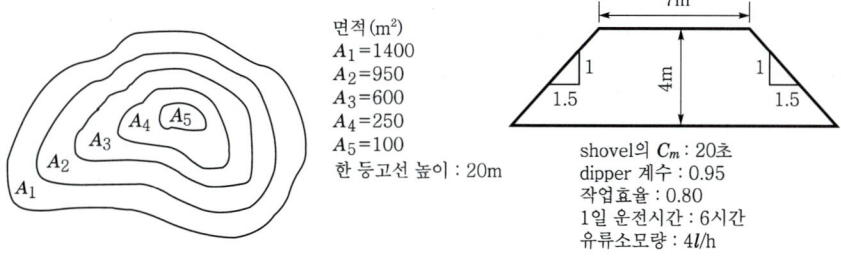

면적(m²)
$A_1=1400$
$A_2=950$
$A_3=600$
$A_4=250$
$A_5=100$
한 등고선 높이 : 20m

shovel의 C_m : 20초
dipper 계수 : 0.95
작업효율 : 0.80
1일 운전시간 : 6시간
유류소모량 : 4 l/h

(1) 도로의 길이는 몇 m를 만들 수 있는가?
(2) 그림과 같은 조건에서 1m³ power shovel 5대가 굴착할 때 작업일수는 며칠인가?
(3) 총 유류소모량(power shovel)은 얼마나 되겠는가?

해답 (1) ① 굴착토량

$$V=\frac{h}{3}[A_1+4(A_2+A_4+\cdots\cdots)+2(A_3+A_5+\cdots\cdots)+A_n]$$

$$=\frac{h}{3}[A_1+4(A_2+A_4)+2A_3+A_5]$$

$$=\frac{20}{3}[1400+4(950+250)+2\times600+100]=50,000\,\text{m}^3$$

② 성토의 단면적

$$=\frac{7+(6+7+6)}{2}\times4=52\,\text{m}^2$$

③ 도로의 길이

$$=\frac{50,000\times C}{52}=\frac{50,000\times0.9}{52}=865.38\,\text{m}$$

(2) ① power shovel 작업량

$$Q=\frac{3600qkfE}{C_m}=\frac{3600\times1\times0.95\times\frac{1}{1.2}\times0.8}{20}=114\,\text{m}^3/\text{h}$$

② power shovel 5대의 1일 작업량
$=114\times6\times5=3420\,\text{m}^3$

③ 작업일수 $=\frac{50,000}{3420}=14.62=15$일

(3) 총 유류소모량
$=14.62\times6\times5\times4=1754.4\,l$

58 ★★★★

그림과 같이 표고가 20m씩 차이가 나는 등고선으로 둘러싸인 지역의 흙을 굴착하여 택지조성을 계획한다. 1.0m^3 용적의 굴삭기 2대를 동원할 때 굴착에 소요되는 기간을 구하시오. (단, 굴삭기 사이클타임=20초, 효율=0.8, 디퍼계수=0.8, L=1.2, 1일 작업시간=8시간, 등고선면적 A_1=100㎡, A_2=75㎡, A_3=50㎡이다.)

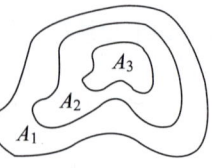

해답 ① 굴착토량 $V = \dfrac{h}{3}(A_1 + 4A_2 + A_3) = \dfrac{20}{3}(100 + 4 \times 75 + 50) = 3000\text{m}^3$

② back hoe작업량 $Q = \dfrac{3600\,qkfE}{C_m} = \dfrac{3600 \times 1 \times 0.8 \times \dfrac{1}{1.2} \times 0.8}{20} = 96\text{m}^3/\text{hr}$

③ back hoe 2대의 1일 작업량 $= 96 \times 2 \times 8 = 1536\text{m}^3$

④ 공기 $= \dfrac{3000}{1536} = 1.95 = 2$일

59 ★

아래와 같이 백호로 굴착을 하고 통로박스 시공 후, 되메우기를 한다. 이때 15t 덤프트럭을 2대 사용하여 1일 작업시간을 6시간으로 하며, 덤프트럭의 E=0.9, C_m=300분일 경우 아래 물음에 답하시오. (단, 암거길이는 10m, C=0.9, L=1.25, γ_t=1.8t/㎥)

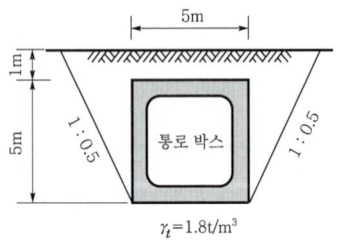

(1) 사토량을 본바닥 토량으로 구하시오.
(2) 덤프트럭 1대의 시간당 작업량을 구하시오.
(3) 덤프트럭 2대를 사용할 경우 사토에 필요한 소요일수는 며칠인가?

해답 (1) ① 굴착토량 $= \dfrac{5+11}{2} \times 6 \times 10 = 480\text{m}^3$

② 되메움 토량 $= (480 - 5 \times 5 \times 10) \times \dfrac{1}{0.9} = 255.56\text{m}^3$

③ 사토량 $= 480 - 255.56 = 224.44\text{m}^3$

(2) ① $q_t = \dfrac{T}{\gamma_t}L = \dfrac{15}{1.8} \times 1.25 = 10.42\text{m}^3$

② $Q = \dfrac{60\,q_t f E_t}{C_{mt}} = \dfrac{60\,q_t \dfrac{1}{L} E_t}{C_{mt}}$

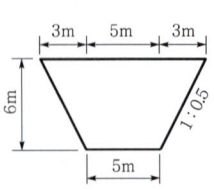

$= \dfrac{60 \times 10.42 \times \dfrac{1}{1.25} \times 0.9}{300} = 1.5\text{m}^3/\text{hr}$

(3) 소요일수 $= \dfrac{224.44}{1.5 \times 6 \times 2} = 12.47 = 13$일

60 ★

다음과 같은 지형에서 시공기준면의 표고를 30m로 할 때 총 토공량은 얼마인가? (단, 격자점의 숫자는 표고를 나타내며 단위는 m이다.)

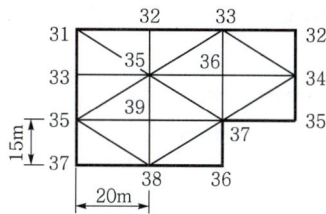

[해답] $V = \dfrac{ab}{6}(\Sigma h_1 + 2\Sigma h_2 + 3\Sigma h_3 + \cdots\cdots + 8\Sigma h_8)$

① $\Sigma h_1 = 7+6+5+2 = 20\text{m}$
② $\Sigma h_2 = 1+3+2 = 6\text{m}$
③ $\Sigma h_4 = 5+8+3+6+4+9 = 35\text{m}$
④ $\Sigma h_6 = 7\text{m}$
⑤ $\Sigma h_8 = 5\text{m}$

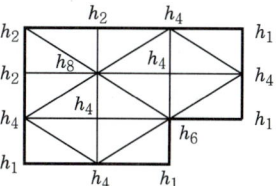

∴ $V = \dfrac{15 \times 20}{6}(20 + 2\times 6 + 4\times 35 + 6\times 7 + 8\times 5) = 12{,}700\,\text{m}^3$

61 ★★★

그림과 같은 구형 유조 탱크를 주유소에 묻고 나머지 흙은 660m²의 마당에 고루 펴고 다지려 한다. 마당은 최소한 얼마나 더 높아지 겠는가? (단, $L=1.2$, $C=0.9$, 구의 체적= $\dfrac{4}{3}\pi r^3$)

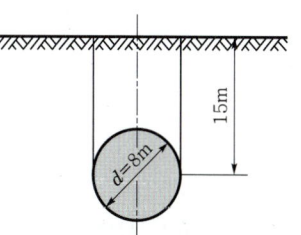
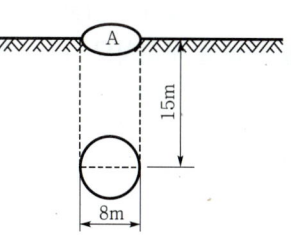

[해답] ① 굴착토량
$= \dfrac{\pi \times 8^2}{4} \times 15 + \dfrac{4}{3} \times \pi \times 4^3 \times \dfrac{1}{2}$
$= 888.02\,\text{m}^3$

② 되메움 토량
$= \left(\dfrac{\pi \times 8^2}{4} \times 15 - \dfrac{4}{3} \times \pi \times 4^3 \times \dfrac{1}{2}\right) \times \dfrac{1}{0.9}$
$= 688.82\,\text{m}^3$

③ 잔토량 $= 888.02 - 688.82 = 199.2\,\text{m}^3$

④ 마당이 높아지는 최소의 높이
$= \dfrac{199.2 \times C}{660} = \dfrac{199.2 \times 0.9}{660} = 0.27\,\text{m}$

62 ★

직경 1m짜리 토관을 지하 1m 깊이에 100m 길이로 그림과 같이 매설하려고 한다. 이때, 되묻고 남은 흙의 총량은 8t 덤프트럭으로 최소한 몇 대 분인가? (단, 흙의 단위중량은 $\gamma=1.7t/m^3$(본바닥)으로 일정하며 $C=0.8$, $L=1.2$)

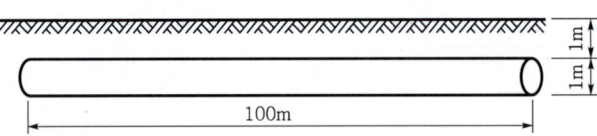

[해답] ① 굴착토량 $= \left(1 \times 1.5 + \pi \times 0.5^2 \times \dfrac{1}{2}\right) \times 100 = 189.27\,m^3$

② 되메움 토량 $= \left(1 \times 1.5 - \pi \times 0.5^2 \times \dfrac{1}{2}\right) \times 100 \times \dfrac{1}{C}$

$= 110.73 \times \dfrac{1}{0.8}$

$= 138.41\,m^3$

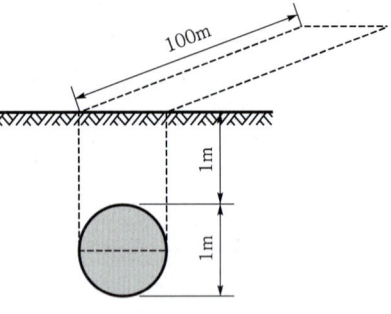

③ 잔토량
$= 189.27 - 138.41 = 50.86\,m^3$

④ 트럭의 적재량
$q_t = \dfrac{T}{\gamma_t}L = \dfrac{8}{1.7} \times 1.2$
$= 5.65\,m^3$

⑤ 트럭의 소요대수
$= \dfrac{50.86 \times L}{5.65} = \dfrac{50.86 \times 1.2}{5.65} = 10.8 ≒ 11$대

63 ★

어떤 지역에서 제방을 축제하려고 한다. 사용되는 흙의 성질상 축제 후 일정시간 후 제방의 상단폭이 2m 줄어들고 높이가 10% 낮아져 그림과 같이 될 것으로 예상된다. 여성토 할 구배를 구하시오. (단, 소수 3째자리에서 반올림하시오.)

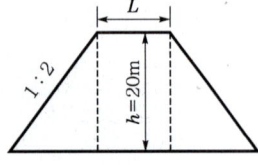

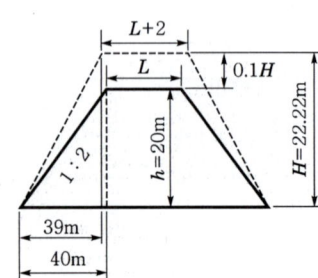

[해답] ① $H - 0.1H = h$
$0.9H = 20$
$\therefore H = 22.22\,m$

② 구배
$22.22 : 39 = 1 : 1.76$

64

그림과 같이 1평짜리 철판의 네 귀를 일정하게 x만큼 오려내고 점선 부분을 안으로 접어 세워 용접하여 현장 실험실용 골재 저장조를 만들려고 한다. 이때, 저장조의 내부 용적이 최대가 되도록 하려면 x를 얼마로 해야 하겠는가?

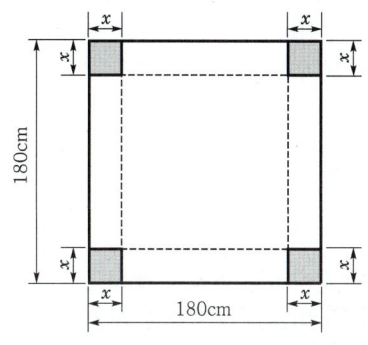

[해답]
① $V = (1.8 - 2x)^2 \times x = (1.8^2 - 2 \times 1.8 \times 2x + 4x^2) \times x$
$\quad = 4x^3 - 7.2x^2 + 3.24x$

② $\dfrac{dV}{dx} = 0$일 때 $V = V_{\max}$이므로

$\dfrac{dV}{dx} = 12x^2 - 14.4x + 3.24 = x^2 - 1.2x + 0.27 = 0$에서

$x = 0.9\text{m}, \ 0.3\text{m}$

여기서, $x = 0.9\text{m}$일 때 $V = 0$, $x = 0.3\text{m}$일 때 $V = 0.432\text{m}^3$이므로

∴ $x = 0.3\text{m}$

65

철근 1t을 조립하는데 소요되는 품이 철근공 0.1인/day, 인부 0.2인/day라고 한다면 현장에 철근공 10명, 인부 20명이 동원되었을 때 철근 50t을 조립하는데 소요되는 시간은 얼마인가? (단, 1day=8시간이다.)

[해답]
(1) 철근 50t 조립하는데 소요되는 품
 ① 철근공=0.1×50=5인/day
 ② 인부=0.2×50=10인/day

(2) 철근공 10인, 인부 20인이므로 소요시간은 $\dfrac{1}{2} \times 8 = 4$시간

66 ★

성토시공방법을 아래표의 예시와 같이 3가지만 쓰시오.

> **예시** • 수평층쌓기법

해답
① 전방층 쌓기법   ② 비계층 쌓기법
③ 물다짐 공법   ④ 유용토 쌓기법

67 ★

용지 재료의 절약 또는 기타의 사정 등으로 인해 공사비를 절감할 목적으로 비탈의 기울기를 훨씬 급하게 하여 구조물 등에 의한 비탈면 보호공을 시공할 경우가 있다. 구조물에 의한 비탈면 보호공법 5가지를 쓰시오.

해답
① 돌, con´c 블록쌓기   ② 돌, con´c 블록붙이기
③ con´c 격자블록 설치   ④ soil nailing 공법
⑤ anchor 공법

68 ★

경량성토공법의 일종으로 석유 정제과정에서 발생하는 styrene monomer(액체)의 종합체로서 얻어지는 polystyrene(고체)과 여기에 첨가하는 발포제를 주요 원료로 하여 이를 블록화 하여 성토체에 활용하거나 구조물의 뒤채움부에 이용하여 특히, 연약지반상의 측방 유동문제 및 교대 배면에 적용하는 이 공법의 이름을 쓰시오.

해답 EPS(Expanded Polystyrene form=발포 폴리스티렌) 공법

> **✱ 참고**
> (1) EPS 공법
>   ① 개요 : EPS 경량재료로 뒤채움하여 토압, 수압을 경감하는 공법
>   ② 특징
>   ㉠ 초경량성, 내압축성, 자립성, 내수성, 시공성이 우수하다.
>   ㉡ 홍수 시 EPS가 부력에 약해 유실되기 쉽다.
> (2) 교대의 측방 이동방지 대책공법
>   ① 연속 culvert box 공법
>   ② 파이프 매설공법
>   ③ box 매설공법
>   ④ EPS 공법
>   ⑤ 성토 지지말뚝공법

69 ★★★

비탈면에 강철봉을 타입 또는 천공 후 삽입시켜 전단력과 인장력에 저항할 수 있도록 하는 시공법은?

해답 soil nailing 공법

70

최근에 개발된 비탈면 보호공인 와이어 프레임 공법(wire frame method)은 와이어 로프를 격자모양으로 교차시킨 후 앵커 볼트와 숏크리트를 이용하여 와이어 로프를 매설하는 공법이다. 이 공법의 장점을 3가지만 쓰시오.

해답 ① 급경사지, 높은 비탈면에도 시공이 용이하다.
② 본바닥의 어떠한 형상, 지질에도 시공이 가능하다.
③ 본바닥에 직접 모르터 또는 콘크리트를 뿜어붙여 비탈틀을 형성하므로 본바닥과의 밀착이 좋고, 우수 등에 의한 본바닥 세굴을 방지할 수 있다.
④ 공기단축이 가능, 안전, 경제적이다.

71 ★

비탈면 붕괴(성토파괴)의 대표적인 형태는 쐐기형 붕괴, 평행 붕괴, 원호 붕괴를 들 수 있다. 이 중에서 쐐기형 붕괴가 생기는 원인을 3가지만 쓰시오.

해답 ① 사면이 급경사이다.
② 전방층 성토이다.
③ 사질토이지만 성토고가 대단히 높다.

72 ★

절취사면 및 굴착면에 대한 유연한 지보 등을 목적으로 네일을 프리스트레싱 없이 비교적 촘촘하게 원지반에 삽입하여, 원지반 자체의 전단강도를 증대시키고 지반 변위를 억제시키는 공법은?

해답 soil nailing공법

73

아래의 표에서 설명하는 사면보호공법의 명칭을 쓰시오.

> 사면의 활동토체를 관통하여 부동지반까지 말뚝을 일렬로 시공함으로써 사면의 활동하중을 말뚝의 수평저항으로 받아 부동지반에 전달시키는 공법이다.

해답 말뚝공법

74

사면안정 대책공법은 크게 사면의 안전율이 감소하는 것을 방지하는 방법과 사면의 안전율을 증가시키는 방법으로 나눌 수 있다. 안전율 감소방지공법에는 배수공법, 블록공법, 피복공법, 표층안정공법 등이 있다. 안전율을 증가시키는 방법 5가지를 쓰시오.

해답
① 절토공(배토공) ② 압성토공
③ 옹벽공 및 돌쌓기공 ④ 말뚝공
⑤ 앵커공 ⑥ soil nailing공

75

토공사에서 운반로 선정 시 고려할 사항 3가지를 쓰시오.

해답
① 트래피커빌리티(trafficability)
② 경사
③ 폭원
④ 평탄성

PART 2

토·목·기·사·실·기

건설기계

01 건설기계
02 기계경비
03 건설기계의 종류 및
　　작업능력의 산정
● 과년도 출제 문제

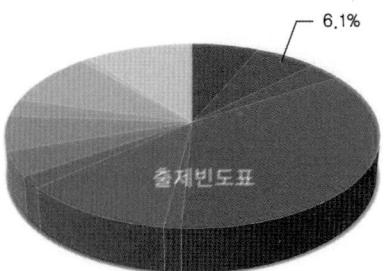

PART 02 건설기계

01 건설기계

1 건설기계

건설기계는 dozer, shovel, truck, roller계로 구분한다.

(1) 기계화 시공의 효과
① 공사규모의 대형화
② 공사비의 절감
③ 공기단축
④ 시공품질 향상
⑤ 불가능한 공사의 해소
⑥ 노동력의 절감

(2) 건설기계 선정 시 고려사항
① 시공성, 경제성
② 공사규모
③ 표준기계와 특수기계
④ 건설기계 조합운영계획

(3) 건설기계 선정 시 고려해야 할 토질조건
① trafficability(트래피커빌리티)
  ㉠ 시공기계 주행의 난이도를 말한다.
  ㉡ cone 지수(q_c)로 나타내며 cone penetrometer로 측정한다.
    ⓐ $q_c ≒ 5q_u ≒ 10C$
    ⓑ 사질토에서는 $q_c ≒ 4N$

> 참고사항

[표 2-1] cone 지수의 최소치

건설기계의 종류	cone 지수(kg/cm^2)
습지 불도저	4 이하라도 작업이 가능
중형 불도저	5~7
대형 불도저	7~10
피견인식 스크레이퍼	7~10
자주식 스크레이퍼	10~13
덤프트럭(6~7.5t)	15 이상 필요

② ripperbility(리퍼빌리티)
  ㉠ ripper에 의하여 작업할 수 있는 능력을 말한다.
  ㉡ 관찰에 의한 방법과 탄성파속도를 측정하는 방법이 있다.

건설기계의 종류	탄성파속도
21t dozer	1.5km/s 이하
32t dozer	2.0km/s 이하
43t dozer	2.5km/s 이하

③ 암괴의 상태 : 암괴의 상태가 조밀한가, 전석인가 여부를 판단하여 발파, ripper, breaker 등의 작업가능 여부를 결정한다.
④ 다짐기계 적용성 : 토질에 따라 다르기 때문에 시험 시공 후 결정한다.

(4) 운반거리별 건설기계 선정

구 분	거 리	토공기계의 종류
단거리	70m 이하	• bulldozer • tractor shovel • scraper dozer
중거리	70~500m	• scraper dozer • 피견인식 scraper • shovel계 굴삭기+dump truck • tractor shovel+dump truck
장거리	500m 이상	• motor scraper • shovel계 굴삭기+dump truck • tractor shovel+dump truck

02 기계경비

❶ 기계손료

(1) 상각비

기계의 사용연수에 따라 기계의 자산가치를 차감하는 것

① 정액법

$$\text{연간 감가상각비} = \frac{\text{구입가격} - \text{잔존가격}}{\text{내용연수}} \quad \cdots\cdots\cdots\cdots\cdots\cdots (2-1)$$

② 비례법 : 가장 이론적인 방법이다.

$$\text{시간당 상각비} = \frac{\text{구입가격} - \text{잔존가격} + \text{정비비의 누계}}{\text{내용시간}} \cdots (2-2)$$

③ 정률법

(2) 정비비

정기적으로 시행하는 over holl, 대수리 등의 비용

(3) 관리비

기계를 소유 관리하는데 필요한 경비

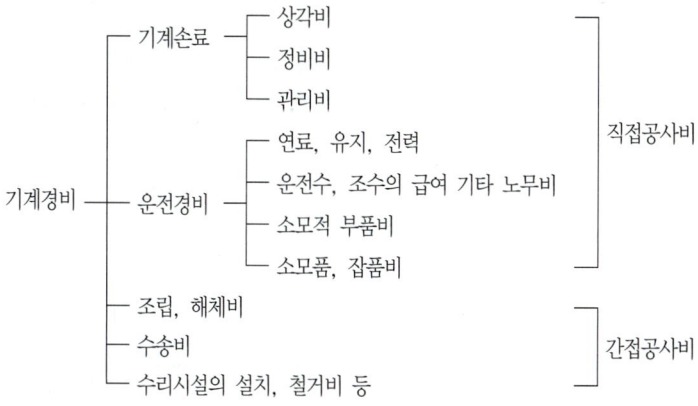

[그림 2-1] 기계경비의 구성

2 기계경비 산정식

① 기계손료＝운전시간당 손료(a)×운전시간(T)＋공용일당 손료(b)
　　　　　×공용일수(D) ·· (2-3)

　여기서, 공용일수란 기계의 반입, 반출을 포함하여 해당 공사에서 소요되는 일수를 말한다.

② 기계경비＝기계손료＋운전경비＋수송비 ························· (2-4)

03 건설기계의 종류 및 작업능력의 산정

1 dozer계 굴착기(excavator of dozer system)

(1) bulldozer★

① bulldozer 작업능력

$$Q = \frac{60\,q\,f\,E}{C_m} \quad \cdots\cdots\cdots (2\text{-}5)$$

여기서, Q : 1시간당 작업량(m³/h)
　　　　q : 1회 굴착압토량(m³)－흐트러진 토량

$$q = q_0\,\rho \quad \cdots\cdots\cdots (2\text{-}6)$$

여기서, q_0 : 배토판의 용량(m³)
　　　　ρ : 구배계수
　　　　f : 토량환산계수
　　　　E : 도저의 작업효율
　　　　C_m : 사이클 타임(min)

$$C_m = \frac{l}{v_1} + \frac{l}{v_2} + t_g \quad \cdots\cdots\cdots (2\text{-}7)$$

여기서, l : 평균 굴착거리(m)
　　　　v_1 : 전진속도(m/min), 1~2단
　　　　v_2 : 후진속도(m/min), 2~4단
　　　　t_g : 기어 변속시간 및 가속시간(min)
　　　　　　　고정값으로 보통 0.25분으로 본다.

● 특성
① 단거리(70m 이내) 토공운반에 적합하다.
② 용도는 굴착, 운반, 다짐, 정지, 매립, 벌개제근, 암제거 등 다양하게 사용된다.
③ blade 작업용량이 크다.
④ ripper 작업을 할 수 있다.
⑤ 습지나 연약지반까지 작업이 가능하다.

● 경험적인 식
$C_m = 0.037l + 0.25$

② ripper(유압식)의 작업능력

$$Q = \frac{60 A_n l f E}{C_m} \quad \cdots\cdots\cdots\cdots\cdots\cdots\cdots\cdots\cdots\cdots (2-8)$$

여기서, Q : 시간당 작업량(m^3/h)
  A_n : 1회 리핑(ripping) 단면적(m^2)
  l : 1회 작업거리(m)
  f : 토량환산계수
  E : 리퍼의 작업효율

③ bulldozer와 ripper의 합성작업능력

$$Q = \frac{Q_1 Q_2}{Q_1 + Q_2} \quad \cdots\cdots\cdots\cdots\cdots\cdots\cdots\cdots\cdots\cdots (2-9)$$

여기서, Q : ripper dozer의 1시간당 작업량(m^3/h)
  Q_1 : dozer의 1시간당 작업량(m^3/h)
  Q_2 : ripper의 1시간당 작업량(m^3/h)

④ 종류(배토판의 형태에 의한 분류)
  ㉠ straight dozer : 트랙터의 종방향 중심축에 직각으로 배토판을 부착한 것으로 배토판을 수평으로한 상·하 조작을 하여 직선적으로 압토, 운반하는 작업에 효과적이다.
  ㉡ angle dozer : straight dozer보다 폭이 넓고 높이가 얕은 배토판을 장착하여 20~30° 정도의 수평방향으로 돌릴 수 있게 만든 것으로 측면굴착과 운반토 작업을 좌우로 향하여 진행할 수 있다.
  ㉢ tilt dozer : 전면에 달린 배토판을 좌하, 우하로 기울게 하여 작업하는 것으로 경사면 굴착과 도랑파기 작업을 한다.
  ㉣ 습지 dozer : 낮은 접지압 0.25kg/cm^2로 습지 혹은 연약지에서의 작업이 가능하다.

(a) bulldozer

(b) angle dozer

[그림 2-2] dozer

⑤ bulldozer 작업의 효율적 공법
  ㉠ 도랑식 압토(slot type) 공법 : 단독작업
     dozer 작업 시 배토판의 양단에서 갈려나오는 흙을 언덕모양으로 남겨두고 도랑의 벽으로 활용하는 방법으로 dozer 작업은 보통 단독작업으로 행하는 경우가 많다.
  ㉡ 병렬식 압토(parallel) 공법 : 병렬작업
     dozer 2대 이상을 나란하게 하여 작업하는 방법으로 지형의 변화가 적고 넓은 작업장에서 이 방법을 행하면 효과적이다.

(2) grader(그레이더)★

① grader 작업능력

$$Q = \frac{60lLDfE}{C_m} \quad \cdots\cdots\cdots (2\text{-}10)$$

여기서, Q : 1시간당 작업량(m³/h)
  l : blade의 유효길이(m)
  L : 1회 편도작업거리(m)
  D : 굴착깊이 또는 흙고르기 두께(m)
  f : 토량환산계수
  E : 그레이더의 작업효율
  C_m : 사이클 타임(min)

㉠ 작업방향으로 방향 변환할 때

$$C_m = 0.06 \frac{L}{V} + t \quad \cdots\cdots\cdots (2\text{-}11)$$

● 특성
① blade 길이로서 대형(3.7m), 중형(3.1m), 소형(2.5m)으로 구분되며 대형을 많이 사용한다.
② 정지작업, 흙깎기, 측구의 굴착, 비탈면 고르기, 횡단구배, 노면보수, 토사의 혼합 등의 작업에 사용된다.

ⓒ 전진작업 후 후진으로 되돌아 올 때

$$C_m = 0.06\left(\frac{L}{V_1} + \frac{L}{V_2}\right) + 2t \quad \cdots\cdots\cdots\cdots\cdots\cdots\cdots\cdots (2-12)$$

여기서, V_1 : 전진속도(km/h)
V_2 : 후진속도(km/h)
t : 기어 변속시간(분)

② 작업소요시간 = $\dfrac{\text{통과횟수} \times \text{작업거리}}{\text{평균 작업속도} \times \text{작업효율}}$ $\cdots\cdots\cdots\cdots\cdots$ (2-13)

[그림 2-3] grader

(3) scraper(스크레이퍼)

① scraper 작업능력

$$Q = \frac{60qfE}{C_m} \quad \cdots\cdots\cdots\cdots\cdots\cdots\cdots\cdots\cdots\cdots (2-14)$$

여기서, Q : 1시간당 작업량(m³/h)
q : 1회 운반토량(m³) - 평적(平積)

$$q = q_0 K \quad \cdots\cdots\cdots\cdots\cdots\cdots\cdots\cdots\cdots\cdots\cdots\cdots (2-15)$$

여기서, q_0 : 보울(bowl)의 용적(m³) - 산적(山積)
K : 적재계수
f : 토량환산계수
E : 스크레이퍼의 작업효율
C_m : 사이클 타임(분)

● 특성
① 중거리(70~500m) 토공운반에 적합하다.
② 용도는 굴착, 싣기, 운반, 폐고르기, 사도 등이고 cycle time을 단축할 수 있는 것이 유리하다.
③ 피견인식과 motor scraper가 있다.

㉠ 피견인식 스크레이퍼일 때

$$C_m = \frac{D}{V_d} + \frac{H}{V_h} + \frac{S}{V_s} + \frac{R}{V_r} + t_g \quad \cdots\cdots\cdots\cdots\cdots\cdots (2\text{-}16)$$

여기서, D : 적재에 요하는 거리(m)
 H : 운반거리(m)
 S : 사토거리(m)
 R : 돌아오는 거리(m)
 V_d : 적재속도(m/min)
 V_h : 운반속도(m/min)
 V_r : 돌아오는 속도(m/min)
 V_s : 사토속도(m/min)
 t_g : 기어 변속시간(분), 보통 0.25분이다.

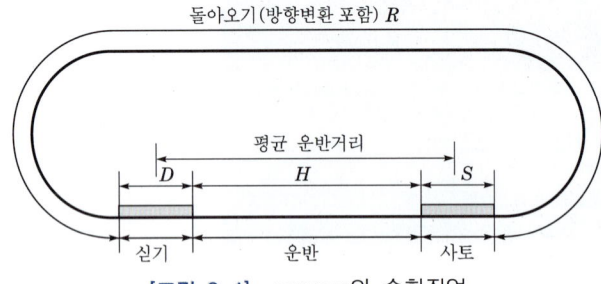

[그림 2-4] scraper의 순환작업

② 모터 스크레이퍼일 때

$$C_m = \frac{60H}{V_h} + \frac{60R}{V_r} + t_d + t_s + t_g \quad \cdots\cdots\cdots\cdots\cdots\cdots (2\text{-}17)$$

여기서, H : 운반거리(km)
 R : 돌아오는 거리(km)
 V_h : 운반속도(km/h)
 V_r : 돌아오는 속도(km/h)
 t_d : 적재에 요하는 시간(min)
 t_s : 사토시간(min)
 t_g : 기어 변속시간(min)

[그림 2-5] motor scraper

❷ shovel계 굴착기(excavator of shovel system)
(1) shovel계 작업능력★

$$Q = \frac{3600\,qkfE}{C_m} \quad \cdots\cdots\cdots\cdots\cdots\cdots\cdots\cdots\cdots (2-18)$$

여기서, Q : 시간당 작업량(m^3/h)
  q : 버킷의 산적용적(m^3)
  k : 버킷계수
  f : 토량환산계수
  C_m : 사이클 타임(sec)

- 트랙터 셔블(loader)의 경우

$$C_m = ml + t_1 + t_2 \quad \cdots\cdots\cdots\cdots\cdots\cdots\cdots\cdots\cdots (2-19)$$

여기서, m : 계수(s/m)(무한궤도식 : 2.0, wheel식 : 1.8)
  l : 운반거리(편도), 특히 거리를 지정하지 않을 때는 $l=8m$ 정도로 한다.
  t_1 : 버킷이 흙을 담는데 소요되는 시간(sec)
  t_2 : 기어 변속시간 등 기본시간(sec)

(2) 굴착기계의 종류

① power shovel(truck shovel) : 기계면보다 높은 곳의 굴착에 사용된다.
② back hoe
  ㉠ 기계면보다 낮은 곳의 굴착에 사용된다.
  ㉡ 도랑파기, 배수로 굴착, 관로 굴착, 구조물의 터파기, 준설작업 등에 사용된다.

[그림 2-6] power shovel

[그림 2-7] 백호(back hoe)

③ drag line
  ㉠ 높은 곳에서 낮은 곳을 굴착한다.
  ㉡ boom의 길이가 길기 때문에 작업반경이 넓고 back hoe와 비슷한 작업을 한다.
  ㉢ 수로, 하상, 넓은 면적과 대용적의 건축 기초의 굴착, 하천의 모래, 자갈 채집에 사용된다.
④ clam-shell(grab bucket)
  ㉠ 지상 또는 수중에서 소범위의 굴착에 사용된다.
  ㉡ 자갈, 모래, 연질토사 등의 굴착, 싣기, 부리기 등에 사용된다.

[그림 2-8] 드래그 라인(drag line)

[그림 2-9] 클램셸(clam-shell)

⑤ tractor shovel(loader)
  ㉠ 협소한 장소에서 싣기작업에 유효하다.
  ㉡ 자갈, 모래, 흙 등의 싣기에 사용된다.
⑥ skimmer-scoup
  ㉠ 회전대의 선단에 붙은 bucket을 rope의 힘으로 전후로 작동하여 지표를 얕게 깎는 기계이다.
  ㉡ 좁은 곳의 얕은 굴착, 대형 기계로 작업이 곤란한 장소에 사용된다.

[그림 2-10] 페이로더(pay-loader)

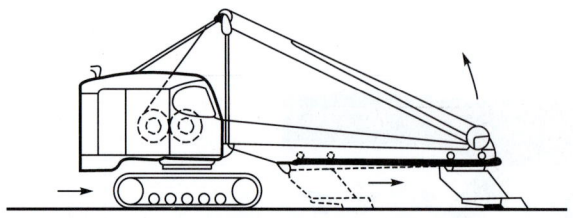

[그림 2-11] 스키머-스코프(skimmer-scoup)

⑦ trencher(트랜처, 도랑을 파는 기계) : 도랑을 파면서 전진하는 기계로 bucket에서 방출하는 굴착토사를 belt conveyer로 받아 기계의 측방에 있는 토운차에 싣는다.

[그림 2-12] 트랜처(trencher)

③ dump truck

(1) dump truck 작업능력★

$$Q = \frac{60\,q_t f\,E_t}{C_{mt}} \quad \cdots\cdots\cdots\cdots\cdots\cdots\cdots\cdots\cdots\cdots\cdots\cdots (2-20)$$

여기서, Q : 시간당 작업량(m^3/h)
q_t : 흐트러진 상태의 1회 적재량(m^3)

$$q_t = \frac{T}{\gamma_t} L \quad \cdots\cdots\cdots\cdots\cdots\cdots\cdots\cdots\cdots\cdots\cdots\cdots\cdots (2-21)$$

여기서, T : 덤프트럭의 적재량(t)

γ_t : 자연상태에서의 토석의 단위중량(습윤밀도)(t/m³)
L : 토량변화율
f : 토량환산계수
E_t : 덤프트럭의 작업효율(표준치 $E_t = 0.9$)
C_{mt} : 덤프트럭의 사이클 타임(min)

① 적재기계 사용 시

$$C_{mt} = \frac{C_{ms}n}{60E_s} + T_1 + T_2 + t_1 + t_2 + t_3 \quad \cdots \cdots \cdots \cdots (2-22)$$

여기서, C_{ms} : 적재기계의 사이클 타임(sec)
n : 덤프트럭 1대 적재 시 요하는 적재기계의 사이클 횟수(정수)

$$n = \frac{q_t}{qk} \quad \cdots \cdots \cdots \cdots (2-23)$$

여기서, q : 적재기계 버킷의 산적용적(m³)
k : 버킷계수
E_s : 적재기계의 작업효율
T_1, T_2 : 덤프트럭의 운반, 돌아가는 시간(min)
t_1 : 사토시간(min)
t_2 : 적재장소에 도착한 후 적재가 개시될 때까지의 시간(min)
t_3 : sheet를 걸고 떼는 시간(min)

② 적재기계를 사용하지 않을 때

$$C_{mt} = t_1 + t_2 + t_3 + t_4 \quad \cdots \cdots \cdots \cdots (2-24)$$

여기서, t_1 : 적재시간(적재방법에 따라 산출한다.)
t_2 : 왕복시간$\left(\text{왕복시간} = \frac{\text{운반거리}}{\text{적재시 주행속도}} + \frac{\text{운반거리}}{\text{공차시 주행속도}}\right)$
t_3 : 석하시산
t_4 : 적재 대기시간

(2) truck의 여유대수★

① $N = 1 + \dfrac{T_1}{T_2}$ $\quad \cdots \cdots \cdots \cdots (2-25)$

여기서, N : 여유대수
T_1 : 왕복과 사토에 요하는 시간
T_2 : 원위치에 도착한 후부터 싣기를 완료하고 출발할 때까지의 시간

② $N = \dfrac{E_s}{E_t}\left\{\dfrac{60(T_1 + T_2 + t_1 + t_2 + t_3)}{C_{ms}n}\right\} + \dfrac{1}{E_t}$ $\quad \cdots \cdots (2-26)$

여기서, E_s : 적재기계의 작업효율(E_s=0.8~0.6)
E_t : 덤프트럭의 작업효율(E_t=0.9)

(3) 우마차 작업능력

$$Q = Nq \quad \cdots\cdots (2-27)$$

여기서, Q : 1일 운반량(m^3 또는 kg)
q : 1회 운반량(m^3 또는 kg)
N : 1일 운반횟수

$$N = \frac{T}{\frac{60 \times L \times 2}{V} + t} = \frac{VT}{120L + Vt} \quad \cdots\cdots (2-28)$$

여기서, T : 1일 실작업시간(분)
t : 싣고 부리는 시간(분)
V : 왕복평균속도(m/h)
L : 수평운반거리

- 고갯길 운반 환산거리

$$환산거리 = \alpha L \quad \cdots\cdots (2-29)$$

여기서, α : 경사와 운반방법에 의하여 변하는 계수

4 roller계

(1) roller계 작업능력*

① 토공량을 다져진 토량으로 표시하는 경우

$$Q = \frac{1000\,VWHfE}{N} \quad \cdots\cdots (2-30)$$

② 토공량을 다진 면적으로 표시하는 경우

$$A = \frac{1000\,VWE}{N} \quad \cdots\cdots (2-31)$$

여기서, Q : 시간당 작업량(m^3/h)
V : 작업속도(km/h)
W : 1회의 유효다짐폭(m)
H : 흙을 까는 두께 또는 1층의 끝손질 두께(m) - 다져진 상태의 두께를 말한다.
f : 토량환산계수

E : 다짐기계의 작업효율
N : 소요 다짐횟수
A : 시간당 끝손질 면적(m^2/h)

(2) 충격식 다짐기계(래머 등) 작업능력★

$$Q = \frac{ANHfE}{P} \quad \cdots\cdots\cdots\cdots\cdots\cdots\cdots\cdots\cdots\cdots\cdots\cdots\cdots\cdots\cdots\cdots \quad (2-32)$$

여기서, Q : 시간당 작업량(m^3/h)
A : 1회의 유효다짐면적(m^2)
N : 시간당 다짐횟수(회/h)
H : 깔기 두께 또는 1층의 끝손질 두께(m)
P : 되풀이 다짐횟수

(3) 다짐기계의 종류

① 전압식 : roller의 자중으로 정적으로 다지는 것

㉠ road roller

ⓐ 종류 : macadam roller, tandem roller

ⓑ 평탄한 성토면을 다질 때 사용

ⓒ 일반 성토와 같이 요철이 많고 침하가 큰 초기 다짐에는 부적합하다.

기 종	적용·토질
macadam roller	ⓐ 쇄석 기층의 다짐 ⓑ 로움질토, 점성토 ⓒ 아스팔트 포장의 초기 전압
tandem roller	ⓐ 로움질토, 점성토 ⓑ 아스팔트 포장의 마무리 전압

(a) 탠덤 롤러

(b) 머캐덤 롤러

[그림 2-13] 도로용 롤러(road roller)

ⓒ tamping roller
　ⓐ 종류 : sheeps foot roller, grid roller, tapper foot roller
　ⓑ 드럼에 많은 양발굽형의 돌기를 붙여 땅 깊숙이 다지는 roller
　ⓒ 함수비가 많은 점토의 다짐에 적합하다.
　ⓓ 돌기로서 흙을 이완시켜 놓으므로 흙을 건조시키고 함수비 조절도 한다.

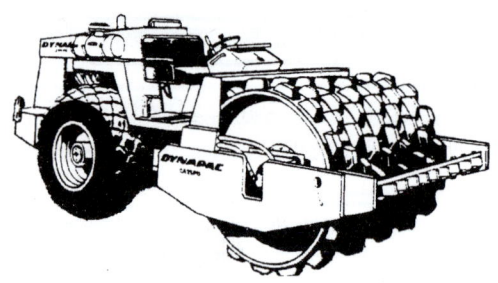

[그림 2-14] 탬핑(또는 sheeps foot) 롤러

ⓒ tire roller
　ⓐ 종류 : 견인식과 피견인식이 있다.
　ⓑ 사질토 다짐에 적합
　ⓒ 심부 다짐이 가능
　ⓓ 함수비가 큰 점토질에 부적합

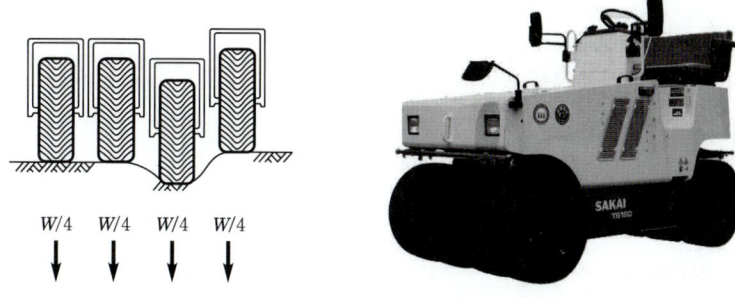

[그림 2-15] 타이어 롤러(tire roller)

② 진동식 : 기계를 진동시켜 다지는 것
　㉠ 종류 : 진동 roller, 진동 compactor, 진동 tire roller
　㉡ 사질토에 효과가 크므로 사질토의 성토에 많이 사용된다.

[그림 2-16] 진동 롤러

[그림 2-17] 컴팩터(compactor)

③ 충격식 : 충격력으로 다지는 것
　㉠ rammer
　　ⓐ 소형이고 가볍기 때문에 대형 기계를 사용할 수 없는 협소한 장소의 다짐에 적합하다.
　　ⓑ 작업능률이 낮다.
　　ⓒ 다짐이 불균일화 되기 쉽다.
　㉡ tamper(tamping rammer)
　　ⓐ 소형으로 접속부의 다짐 등 협소한 장소의 다짐에 사용
　　ⓑ 포장공사에서 콘크리트 등의 표면을 다질 때 사용

[그림 2-18] 래머(rammer)

5 준설기계

(1) 준설선의 종류

수중에 있어서의 토사의 굴착을 준설이라 한다.

① Grab 준설선(grab dredger)
② Dipper 준설선(dipper dredger)
③ Bucket 준설선(bucket dredger)
④ pump 준설선(pump derdger)
⑤ 쇄암선(rock cutter)

(2) pump의 동력

$$E = \frac{1000wQ(H+\sum h)}{75\eta}(HP) \quad \cdots\cdots\cdots\cdots (2-33)$$

> ● 준설선(dredger)
> 선박 위에 각종 굴착기계를 장치한 것을 말한다.

과년도 출제 문제

1 ★ 86 ②, 95 ③

기계화 시공에 있어서 중장비의 비용계산 중 기계손료를 구성하는 요소를 3가지만 쓰시오.

해답
① 상각비 : 기계의 사용 또는 연도에 의한 가치의 감가액
② 정기 정비비 : 정기적으로 시행하는 대수리 등의 비용
③ 현장 수리비
④ 기계 관리비 : 기계를 소요 관리하는데 필요한 경비

2 ★ 93 ②, 99 ②

배토량 5000m³의 굴착성토작업을 시간당 작업량 25m³/h의 불도저 1대를 사용하여 작업하고 있다. 아래 시간당 경비로서 운전경비 3000원, 기계 감가상각비 5000원, 기계 수리비 500원, 고정적 경비로서 수송비 15,000원, 기타 비용 10,000원, 관리비는 전 경비의 10%로 볼 때 소요 작업시간과 총 공사비는?

해답
① 소요 작업시간 = $\dfrac{5000}{25}$ = 200시간
② 총 공사비 = (3000+5000+500)×200+15,000+10,000+1,725,000×0.1
= 1,897,500원

3 10 ①

버킷용량 0.6m³의 power shovel을 총 운전시간 200시간, 공용일수 32일간 공사에 투입하였다. 이때 운전 1시간당 손료는 5000원, 공용일수 1일당 손료는 15000원, 운전 1시간당 경비는 4000원이다. 그리고 트레일러로 운반거리가 200km인 지점까지 power shovel을 운반하는데 km당 500원의 수송비가 들었다. (단, 조립 및 해체비용은 없다.)

(1) 기계손료를 구하시오.
(2) 기계경비를 구하시오.

해답
① 기계손료 = 운전시간당 손료×운전시간+공용일당 손료×공용일수
= 200×5000+32×15000 = 1,480,000원
② 기계경비 = 기계손료+운전경비+수송비
= 1480000+200×4000+200×500×2 = 2,480,000원

4 ★★

평균구배 10%의 하향 굴착작업으로 평균 운반거리 30m에 있어서 20t급 불도저의 운전시간당의 작업량을 구하시오. (단, 소수 3째자리에서 반올림하고, $q_0=2.8\text{m}^3$, 반로(搬路)의 구배에 관한 계수(ρ)=1.18, $C_m=0.037l+0.25$, $L=1.25$, $E=0.6$)

85 ②, 92 ①, 95 ⑤

해답

① $C_m = 0.037l + 0.25 = 0.037 \times 30 + 0.25 = 1.36$분

② $Q = \dfrac{60qfE}{C_m} = \dfrac{60(q_0\rho)\dfrac{1}{L}E}{C_m}$

$= \dfrac{60 \times (2.8 \times 1.18) \times \dfrac{1}{1.25} \times 0.6}{1.36} = 69.97\text{m}^3/\text{h}$

5

평균구배 10% 내리막 굴착작업, 평균 운반거리 50m에 있어서 14ton급 불도저의 운전시간당 작업량을 구하시오. (단, 토질은 조건이 좋은 보통 흙 $f=1/L$로서 $L=1.25$, $E=0.7$, $q_0=2.7\text{m}^3$, 압토거리 노반의 구배에 관한 계수 $\rho=1.08$, $C_m=0.037l+0.25$)

00 ⑤

해답

① $C_m = 0.037l + 0.25 = 0.037 \times 50 + 0.25 = 2.1$분

② $Q = \dfrac{60qfE}{C_m} = \dfrac{60(q_0\rho)\dfrac{1}{L}E}{C_m}$

$= \dfrac{60 \times (2.7 \times 1.08) \times \dfrac{1}{1.25} \times 0.7}{2.1} = 46.66\text{m}^3/\text{h}$

6 ★☆

어느 불도저의 1회 굴착압토량이 3.6m^3이며, 토량변화율(L)은 1.25, 작업효율은 0.6, 평균 굴착압토거리는 60m, 전진속도는 30m/분, 후진속도는 60m/분, 기어 변속시간 및 가속시간이 0.5분일 때 이 불도저 운전 1시간당의 작업량은 본바닥 토량으로 얼마인가?

97 ②, 03 ③, 08 ②, 09 ③, 19 ②, 21 ①, 23 ①

해답

① $C_m = \dfrac{l}{V_1} + \dfrac{l}{V_2} + t_g = \dfrac{60}{30} + \dfrac{60}{60} + 0.5 = 3.5$분

② $Q = \dfrac{60qfE}{C_m} = \dfrac{60 \times 3.6 \times \dfrac{1}{1.25} \times 0.6}{3.5} = 29.62\text{m}^3/\text{h}$

07

다음과 같은 조건일 때 시간당 ripper의 작업량을 계산하시오. (단, 소수 3째 자리에서 반올림하시오.)

조건
- 보통암(탄성파속도 : 900m/s 정도)
- $E=0.60$
- 기종 : 20t급
- $A=0.30\text{m}^2$
- 작업거리(l)=30m
- $C_m=0.05l+0.33$
- 토량환산계수 : 작업량을 자연상태로 표시할 때임.

해답
① $C_m = 0.05l + 0.33 = 0.05 \times 30 + 0.33 = 1.83$ 분

② $Q = \dfrac{60AlfE}{C_m} = \dfrac{60 \times 0.3 \times 30 \times 1 \times 0.6}{1.83} = 177.05 \text{m}^3/\text{h}$

주의
리핑 단면적 A_n이 본바닥 상태이므로 $f=1$이다.

08 ★

9t bulldozer 작업거리가 30m, 전진속도 53m/min, 후진속도 58m/min, 기어변환시간 0.33분, 1회 토공량 3.2m^3, 토량변화계수 0.72, 작업효율 0.637일 때, 시간당 작업량(m^3/h)은 얼마인가? (단, bulldozer는 평탄한 곳에서 경지정리 작업을 하며, 구배계수(ρ)=0.92이다.)

해답
① $C_m = \dfrac{l}{V_1} + \dfrac{l}{V_2} + t_g = \dfrac{30}{53} + \dfrac{30}{58} + 0.33 = 1.41$ 분

② $Q = \dfrac{60qfE}{C_m} = \dfrac{60(q_0\rho)fE}{C_m}$
$= \dfrac{60 \times (3.2 \times 0.92) \times 0.72 \times 0.637}{1.41} = 57.46 \text{m}^3/\text{h}$

09 ★

불도저를 이용한 작업에서 운반거리(l)가 60m, 전진속도(V_1) 2.4km/hr, 후진속도(V_2) 3.0km/hr, 기어변속시간 18초, 굴착압토량(q)은 3.0m^3, 토량변화율(L)은 1.25, 작업효율(E)은 0.8일 때 1시간당 작업량(Q)은 자연상태로 얼마인가?

해답
① $C_m = 0.06\left(\dfrac{l}{V_1} + \dfrac{l}{V_2}\right) + t_g = 0.06\left(\dfrac{60}{2.4} + \dfrac{60}{3}\right) + \dfrac{18}{60} = 3$ 분

$\left(\text{또는 } C_m = \dfrac{l}{V_1} + \dfrac{l}{V_2} + t_g = \dfrac{60}{\frac{2400}{60}} + \dfrac{60}{\frac{3000}{60}} + \dfrac{18}{60} = 3 \text{분}\right)$

② $Q = \dfrac{60qfE}{C_m} = \dfrac{60q\frac{1}{L}E}{C_m} = \dfrac{60 \times 3 \times \frac{1}{1.25} \times 0.8}{3} = 38.4 \text{m}^3/\text{hr}$

10 ★

다음의 조건에서 불도저의 시간당 작업량을 본바닥 토량으로 계산하시오. (단, 소수 2째자리에서 반올림하시오.)

조건
- 흙의 운반거리(L)=60m
- 후진속도 : 80m/분
- 작업효율 : 0.8
- 토량변화율 : L=1.1
- 전진속도 : 40m/분
- 기어변속시간 : 30초
- 1회의 압토량 : 2.3m³

해답

① $C_m = \dfrac{l}{V_1} + \dfrac{l}{V_2} + t_g = \dfrac{60}{40} + \dfrac{60}{80} + \dfrac{30}{60} = 2.75$분

② $Q = \dfrac{60qfE}{C_m} = \dfrac{60 \times 2.3 \times \dfrac{1}{1.1} \times 0.8}{2.75} = 36.5\,\mathrm{m^3/h}$

※ 주의
dozer계 C_m의 단위는 분(min)이다.

11

불도저(bulldozer), 스크레이퍼(scraper), 스크레이퍼 도저(scraper dozer) 등을 사용하여 내리막을 이용하고 굴착운반함으로써 공비와 공기를 절약할 수 있는 공법은?

해답 하향 굴착공법

12 ★★★★

어떤 도저(dozer)가 폭 3.58m의 철제 블레이드(blade)를 달고 속도 5.9km/h의 3단 기어로 작업하고 있다. 이때 블레이드의 효율이 72%라면 폭 7.74m, 길이 100m의 면적에서 제거작업을 할 경우, 필요한 작업시간은 얼마인가? (단, 분(分)으로 풀이하여 소수 2째자리에서 반올림하시오.)

해답

① blade 유효폭 = 3.58 × 0.72 = 2.58m

② 통과횟수 = $\dfrac{7.74}{2.58}$ = 3회

③ 1회 통과시간 = $\dfrac{길이}{속도}$
$= \dfrac{100 \times 2}{5.9 \times \dfrac{1000}{60}} = 2.03$분

④ 작업 소요시간 = 3 × 2.03 = 6.1분

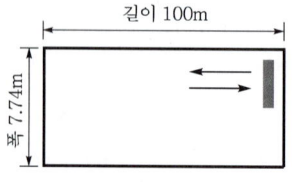

※ 주의
②에서
통과횟수는 절상시켜 절대적으로 정수로 한다.

13 ★★ ⎯⎯⎯⎯⎯⎯⎯⎯⎯⎯⎯⎯⎯⎯⎯⎯⎯⎯⎯⎯⎯⎯⎯⎯⎯⎯⎯⎯⎯ 00 ②, 02 ②, 18 ③

어떤 도저가 폭 3.58m의 철제 블레이드를 달고 속도 5.9km/hr의 3단 기어로 작업하고 있다. 이때 블레이드의 효율이 72%라면 폭 30m, 길이 100m의 면적에서 제거작업을 할 경우 필요한 작업시간은 몇 분인가? (단, 후진속도는 7km/hr이다.)

[해답]
① blade 유효폭 = 3.58×0.72 = 2.58m

② 통과횟수 = $\dfrac{30}{2.58}$ = 11.63 = 12회

③ 1회 통과시간 = $\dfrac{길이}{속도}$ = $\dfrac{100}{5900}×60 + \dfrac{100}{7000}×60$ = 1.87분

④ 작업 소요시간 = 1.87×12 = 22.44분

14 ★★★ ⎯⎯⎯⎯⎯⎯⎯⎯⎯⎯⎯⎯⎯⎯⎯⎯⎯⎯⎯⎯⎯⎯⎯⎯⎯ 92 ③, 95 ①, 96 ③, 98 ③

벌개제근 작업을 위해서 폭 0.4m의 S형 블레이드를 달고서 시속 8km/h의 3단 기어로 작업하는 불도저가 있다. 이 블레이드는 80%가 유효하고 폭 0.8m, 길이 100m의 면적에서 제거작업을 할 경우 필요한 작업시간은?

[해답]
① blade 유효폭 = 0.4×0.8 = 0.32m

② 통과횟수 = $\dfrac{0.8}{0.32}$ = 2.5 = 3회

③ 1회 통과시간 = $\dfrac{길이}{속도}$ = $\dfrac{100×2}{8×\dfrac{1000}{60}}$ = 1.5분

④ 작업 소요시간 = 3×1.5 = 4.5분

15 ⎯⎯⎯⎯⎯⎯⎯⎯⎯⎯⎯⎯⎯⎯⎯⎯⎯⎯⎯⎯⎯⎯⎯⎯⎯⎯⎯⎯⎯ 98 ②

불도저가 폭 3.3m의 철제 블레이드(blade)를 달고 시속 6.5km로 작업하고 있다. 블레이드의 효율이 75%라면 폭 9.4m, 길이 250m의 공간을 작업하는 데 걸리는 시간은 몇 분인가?

[해답]
① blade 유효폭 = 3.3×0.75 = 2.48m

② 통과횟수 = $\dfrac{9.4}{2.48}$ = 3.8 = 4회

③ 1회 통과시간 = $\dfrac{길이}{속도}$ = $\dfrac{250×2}{\dfrac{6500}{60}}$ = 4.62분

④ 작업 소요시간 = 4×4.62 = 18.48분

16 ★★★★

다음과 같은 불도저의 접지압을 계산하시오. (단, 소수 셋째자리에서 반올림하시오.)

[조건]
- 트랙터의 단위중량 : 17t
- 전장비 중량 : 22t
- 접지장 : 270cm
- 캐터필러의 중심거리 : 2m
- 캐터필러의 폭 : 55cm

[해답] 접지압 $= \dfrac{\text{전장비 중량}}{\text{단면적}} = \dfrac{22}{2.7 \times 0.55 \times 2} = 7.41\,\text{t/m}^2$

89 ①, 92 ①, 93 ③, 94 ③, 95 ④

17 ★★★

본바닥 토량 30,000m³를 굴착하여 평균 운반거리 40m까지 11t급 불도저 2대를 사용하여 성토작업을 하고자 한다. 아래의 시공 조건을 이용하여 시간당 작업량과 전체의 공사를 끝내는데 필요한 공기를 구하시오. (단, 시공 조건은 사이클 타임(C_m)=2.1분, 1회 굴착압토량(q)=1.89m³, 토량환산계수(f)=0.85, 작업효율(E)=0.80, 1일 평균 작업시간(t_d)=6h, 실제 가동일수율 : 50%이다.)

[해답] (1) 시간당 작업량(dozer 2대)
① 효율(E)=작업능력계수(E_1)×실작업시간율(E_2)
$= 0.8 \times 0.5 = 0.4$
② $Q = \dfrac{60qfE}{C_m} \times 2 = \dfrac{60 \times 1.89 \times 0.85 \times 0.4}{2.1} \times 2 = 36.72\,\text{m}^3/\text{h}$

(2) 공기 $= \dfrac{30,000}{36.72 \times 6} = 136.17 = 137$일

92 ④, 94 ①, 97 ④, 21 ②

※ 참고

가동일수율 $= \dfrac{\text{운전일수}}{\text{공용일수}}$

여기서, 공용일수는 기계의 반입, 반출을 포함하여 해당 공사에서 소요되는 일수를 말한다.

18 ★

평균운반거리 50m, 배토량 17000m³의 굴착·성토작업을 11t급 불도져 3대로 실시할 때 소요공기를 구하시오. (단, 시공조건은 Cm = 2.1분, 1회 굴착압토량 q = 1.89m³, 작업효율 E = 0.75, 토량변화계수 f = 0.8, 1일 평균작업시간 = 6시간, 실제가동일수율 50%)

[해답] (1) 시간당 작업량(dozer 3대)
① 효율(E) = 작업능력계수(E_1) × 실작업시간율(E_2)
$= 0.75 \times 0.5 = 0.375$
② $Q = \dfrac{60qfE}{C_m} \times 3 = \dfrac{60 \times 1.89 \times 0.8 \times 0.375}{2.1} \times 3 = 48.6\,\text{m}^3/\text{hr}$

(2) 공기 $= \dfrac{17000}{48.6 \times 6} = 58.3 = 59$일

97 ①, 13 ③

19 ★

배토량 4000m³의 굴착작업을 다음과 같은 조건의 불도저 2대를 사용할 때 소요작업일수를 구하시오.

조건
- 도저의 굴착용량 : 2.4m³
- 도저의 전진속도 : 4km/h
- 도저의 후진속도 : 6km/h
- 도저의 기어변환시간 : 30초
- 토량변화율 L : 1.2
- 작업효율 : 80%
- 1일 작업시간 : 8시간
- 흙의 운반거리 : 60m
- 거리 및 구배계수 : 0.85

해답

① $C_m = \dfrac{l}{V_1} + \dfrac{l}{V_2} + t_g = \dfrac{60}{4 \times \dfrac{1000}{60}} + \dfrac{60}{6 \times \dfrac{1000}{60}} + \dfrac{30}{60} = 2$ 분

② dozer 1대 작업량

$$Q = \dfrac{60qfE}{C_m} = \dfrac{60(q_0\rho)\dfrac{1}{L}E}{C_m}$$

$$= \dfrac{60 \times (2.4 \times 0.85) \times \dfrac{1}{1.2} \times 0.8}{2}$$

$$= 40.8 \, \text{m}^3/\text{h}$$

③ dozer 2대 작업량
$Q = 40.8 \times 2 = 81.6 \, \text{m}^3/\text{h}$

④ 작업일수 $= \dfrac{4000}{81.6 \times 8} = 6.13$ 일 ≒ 7일

20 ★★

어떤 공사장에서 불도저로 작업하는데 기계의 고장, 준비불량에 소요된 시간이 30분, 인력부족 및 인원초과로 대기시킨 시간이 1시간이라면 1일의 총 작업시간 8시간 중 실작업시간을 6시간으로 볼 때 가동률은 얼마인가?

해답 실작업시간율(가동률) $= \dfrac{\text{실작업시간}}{\text{운전시간}}$

$$= \dfrac{6 - \dfrac{30}{60} - 1}{8}$$

$$= 0.5625 = 56.25\%$$

21 ★★★★

그림과 같은 유토곡선(mass curve)에서 다음 물음에 답하시오.

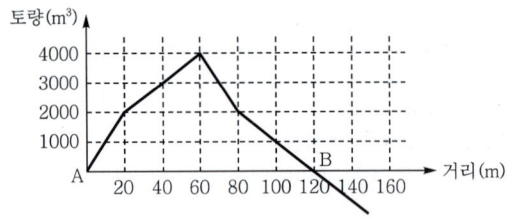

(1) AB 구간에서 절토량 및 운반거리를 구하시오.
(2) AB 구간에서 불도저(bull dozer) 1대로 흙을 운반하는데 필요한 소요일수를 구하시오. (단, 1일 작업시간은 8시간, 불도저의 $q=3.2\text{m}^3$, $L=1.25$, $E=0.6$, 전진속도 : 40m/분, 후진속도 : 46m/분, 기어변속 : 0.25분)

해답 (1) ① 절토량 = 4000m³
② 평균 운반거리 = 80 − 20 = 60m
(2) ① dozer 1대 작업량
㉠ $C_m = \dfrac{l}{V_1} + \dfrac{l}{V_2} + t_g = \dfrac{60}{40} + \dfrac{60}{46} + 0.25 = 3.05$분
㉡ $Q = \dfrac{60qfE}{C_m} = \dfrac{60 \times 3.2 \times \dfrac{1}{1.25} \times 0.6}{3.05} = 30.22\text{m}^3/\text{hr}$
② 소요일수 = $\dfrac{4000}{30.22 \times 8} = 16.55 = 17$일

05 ①, 07 ③, 11 ①, 14 ②, 22 ③

22 ★

리퍼로 암석을 파쇄하면서 불도저 작업을 실시하려고 한다. 리퍼의 작업능력이 80m³/h이고, 불도저의 작업능력이 50m³/h일 때 이들 기계의 조합작업에 의한 시간당 토공량을 계산하시오.

해답 $Q = \dfrac{Q_1 Q_2}{Q_1 + Q_2} = \dfrac{50 \times 80}{50 + 80} = 30.77\text{m}^3/\text{hr}$

95 ③, 96 ④, 97 ④, 03 ①, 07 ②, 13 ①

23

그림과 같은 토적곡선(mass curve)의 a, b 구간에서 불도저로 흙을 운반하고자 할 때 소요시간을 구하시오. (단, 불도저의 $q=2.0\text{m}^3$, $E=0.85$, 전·후진 속도는 3km/h, 기어변환시간 : 15초, $L=1.2$, $C=0.80$이다.)

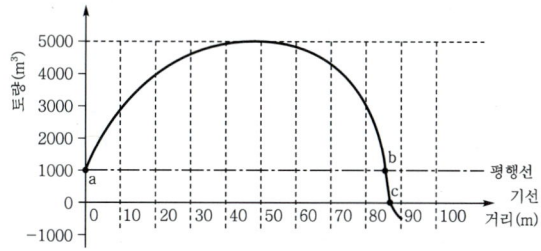

[해답]

① 평균 운반거리 : $L = 80 - 10 = 70\text{m}$

② $C_m = \dfrac{L}{V_1} + \dfrac{L}{V_2} + t_g = \dfrac{70}{3000} \times 60 + \dfrac{70}{3000} \times 60 + \dfrac{15}{60}$

   $= 3.05\text{min}$

③ $Q = \dfrac{60qfE}{C_m} = \dfrac{60 \times 2.0 \times \dfrac{1}{1.2} \times 0.85}{3.05} = 27.87\text{m}^3/\text{hr}$

④ 소요시간 $= \dfrac{4000}{27.87} = 143.52\text{hr}$

24 ★★

탄성파속도 1200m/sec 중질 사암으로 된 수평한 지반을 운반거리 40m, 32톤급의 불도저로 리퍼날 2본 사용하여 리핑하면서 도저작업을 할 때의 1시간당의 작업량을 본바닥 토량으로 구하시오. (단, 토공판 용량 $q_0 = 4.8\text{m}^3$, 운반거리계수 $\rho = 0.88$, 1회 리핑 단면적 $A_n = 0.4\text{m}^2$(2개날 사용), 토량환산계수 $f = 1$ (리핑 작업 시), $f = \dfrac{1}{1.7}$(도저 작업 시), 작업효율 $E = 0.5$, $C_m = 0.05l + 0.25$(리핑 작업 시), $C_m = 0.037l + 0.25$(도저 작업 시)

[해답]

① dozer 작업량

$Q_1 = \dfrac{60qfE}{C_m} = \dfrac{60 \times (4.8 \times 0.88) \times \dfrac{1}{1.7} \times 0.5}{0.037 \times 40 + 0.25} = 43.09\text{m}^3/\text{h}$

② ripping 작업량

$Q_2 = \dfrac{60AlfE}{C_m} = \dfrac{60 \times 0.4 \times 40 \times 1 \times 0.5}{0.05 \times 40 + 0.25} = 213.33\text{m}^3/\text{h}$

③ 시간당 작업량

$Q = \dfrac{Q_1 Q_2}{Q_1 + Q_2} = \dfrac{43.09 \times 213.33}{43.09 + 213.33} = 35.85\text{m}^3/\text{h}$

25 ★★★

92 ②, 94 ③, 97 ③, 00 ③, 10 ①, 11 ②, 17 ①, 18 ①

탄성파속도가 1100m/s인 사암으로 된 수평한 지반을 1개의 리퍼날이 부착된 21t급의 불도저($q_0=3.3\text{m}^3$)로 리핑하면서 작업을 할 때 1시간당 작업량을 본바닥 토량으로 구하시오. (단, 소수 3째 자리에서 반올림하시오.)

조건
- 1개 날의 1회 리핑 단면적 : 0.14m^2
- 작업거리 : 40m
- 불도저의 구배계수 : 0.90
- 리퍼의 사이클 타임 : $C_m=0.05l+0.33$
- 불도저의 사이클 타임 : $C_m=0.037l+0.25$
- 리퍼의 작업효율 : 0.9
- 불도저의 작업효율 : 0.4
- 토량변화율 : $L=1.6$, $C=1.1$

해답

① dozer 작업량

$$Q_1 = \frac{60\,qfE}{C_m} = \frac{60\,(q_0\,\rho)\,\frac{1}{L}\,E}{0.037l+0.25}$$

$$= \frac{60\times(3.3\times0.9)\times\frac{1}{1.6}\times0.4}{0.037\times40+0.25} = 25.75\,\text{m}^3/\text{h}$$

② ripping 작업량

$$Q_2 = \frac{60\,AlfE}{C_m}$$

$$= \frac{60\times0.14\times40\times1\times0.9}{0.05\times40+0.33} = 129.79\,\text{m}^3/\text{h}$$

③ 1시간당 작업량

$$Q = \frac{Q_1\,Q_2}{Q_1+Q_2} = \frac{25.75\times129.79}{25.75+129.79} = 21.49\,\text{m}^3/\text{h}$$

26

02 ③

불도저로 압토와 리핑작업을 동시에 실시하고 있다. 시간당 작업량(Q)은 몇 m^3/hr인가? (단, 압토작업만 할 때의 작업량(Q_1)은 $40\text{m}^3/\text{hr}$이고, 리핑작업만 할 때의 작업량(Q_2)은 $60\text{m}^3/\text{hr}$이다.)

해답 $Q = \dfrac{Q_1\,Q_2}{Q_1+Q_2} = \dfrac{40\times60}{40+60} = 24\,\text{m}^3/\text{hr}$

27

다음과 같은 조건으로 불도저를 사용하여 흙을 굴착할 때 흙 $1m^3$에 대한 굴착단가를 얼마인가?

조건
- 도저의 굴착용량 : $2.5m^3$
- 도저의 전진속도 : 4km/h
- 도저의 후진속도 : 6km/h
- 도저의 기어변환시간 : 30초
- 토량변화율(L)=1.25
- 작업효율 : 85%
- 1일 작업시간 : 8시간
- 1일 사용료(제비용 포함) : 200,000원
- 흙의 운반거리 : 60m
- 거리 및 구배계수 : 0.8

해답

① $C_m = \dfrac{l}{V_1} + \dfrac{l}{V_2} + t_g = \dfrac{60}{4 \times \dfrac{1000}{60}} + \dfrac{60}{6 \times \dfrac{1000}{60}} + \dfrac{30}{60} = 2분$

② $Q = \dfrac{60qfE}{C_m} = \dfrac{60(q_0\rho)\dfrac{1}{L}E}{C_m}$

$= \dfrac{60 \times (2.5 \times 0.8) \times \dfrac{1}{1.25} \times 0.85}{2} = 40.8 m^3/h$

③ 1일 작업량 = 40.8×8 = 326.4m^3

④ $1m^3$당 굴착단가 = $\dfrac{200,000}{326.4}$ = 612.75원

28 ★

불도저 토공에서 2대 이상이 토공판을 수평으로 줄을 맞춰 같은 속도로 전진하여 흙이 토공판에서 흩어지지 않게 밀어나가는 공법은?

해답 병렬작업(parallel) 공법

29

리퍼(ripper)를 이용한 암석의 굴착 가능성(ripperbility) 여부를 결정하는데 주로 활용되는 지반의 특성치는 무엇인가?

해답 탄성파속도(m/s)

참고

암질	발톱 수	탄성파속도(m/s)	E(20t급)
연질	3본	500 700 900	0.85 0.65 0.50
중질	2본	700 900 1200	0.80 0.60 0.40
경질	1본	1000 1300 1600	0.70 0.50 0.30

30

blade 길이 3.7m인 모터 그레이더 1대를 사용하여 표토 제거작업을 시행할 때 편도 작업거리 80m, 전진 작업속도 12km/h, 후진 작업속도 20km/h, 굴착깊이 0.2m로 하면 시간당 작업량은 얼마인가? (단, $f=0.75$, 기어변속시간 $=1.5$분, 유효 blade 길이$=2.3$m, $E=0.6$)

[해답]
① $C_m = 0.06\left(\dfrac{L}{V_1} + \dfrac{L}{V_2}\right) + 2t = 0.06 \times \left(\dfrac{80}{12} + \dfrac{80}{20}\right) + 2 \times 1.5 = 3.64$분

② $Q = \dfrac{60 l L D f E}{C_m} = \dfrac{60 \times 2.3 \times 80 \times 0.2 \times 1 \times 0.6}{3.64} = 363.96\,\text{m}^3/\text{h}$

✱ 주의
작업량이 본바닥 상태이므로 $f=1$이다.

31

모터 그레이더로 작업거리 50m인 운동장 정지작업을 하였다. 시간당 작업량을 구하시오. (단, 사이클타임(C_m)$=0.96$min, 블레이드의 유효길이(l)$=2.9$m, 부설횟수(N)$=3$회, 흙 고르기 두께(H)$=0.3$m, 작업효율(E)$=0.6$, 토량환산계수(f)$=1.0$이다.)

[해답]
$Q = \dfrac{60 l L D f E}{C_m N} = \dfrac{60 \times 2.9 \times 50 \times 0.3 \times 1 \times 0.6}{0.96 \times 3} = 543.75\,\text{m}^3/\text{hr}$

32

모터 그레이더(브레드 유효길이 2.8m)로서 폭 504m, 길이 200m의 성토를 1회 정리하는데 몇 시간을 요하는가? (단, 작업계수$=0.8$, V_1(전진)$=4$km/h, V_2(후진)$=6$km/h)

[해답]
① 통과횟수$= \dfrac{504}{2.8} = 180$회

② 작업 소요시간$= \dfrac{\text{통과횟수} \times \text{거리}}{\text{평균 작업속도} \times \text{효율}}$
$= \dfrac{180 \times 200}{4000 \times 0.8} + \dfrac{180 \times 200}{6000 \times 0.8} = 18.75$시간

33 ★★

모터 그레이더로서 폭 $W=600\text{m}$, $l=200\text{m}$의 성토를 1회 정지하는데 필요한 시간(H)은 얼마인가? (단, 블레이드는 유효길이(B)=3m, 전진속도(V_1)=5km/h, 후진속도(V_2)=6.5km/h, 작업계수(E)=0.8, 소수점 2째자리에서 반올림하시오.)

[해답]
① 통과횟수 = $\dfrac{600}{3} = 200$회

② 작업 소요시간 = $\dfrac{\text{통과횟수} \times \text{거리}}{\text{평균 작업속도} \times \text{효율}}$
$= \dfrac{200 \times 200}{5000 \times 0.8} + \dfrac{200 \times 200}{6500 \times 0.8} = 17.69 ≒ 17.7$시간

34 ★★

그레이더를 사용하여 도로연장 20km의 정지작업을 한다. 2단 기어속도(6km/h)로 1회, 3단 기어속도(10km/h) 2회, 4단 기어속도(15km/h) 2회를 통과작업을 행할 때 소요 작업시간은? (단, 기계의 작업효율 : 0.7)

[해답]
① 평균 작업속도 = $\dfrac{1 \times 6 + 2 \times 10 + 2 \times 15}{1 + 2 + 2} = 11.2 \text{km/h}$

② 작업 소요시간 = $\dfrac{\text{통과횟수} \times \text{거리}}{\text{평균 작업속도} \times \text{효율}}$
$= \dfrac{5 \times 20}{11.2 \times 0.7} = 12.76$시간

35 ★★

모터 그레이더로 3.3시간 걸려 19,800m² 부지를 모두 정지작업하였다. 그레이더의 날은 4.26m이며, 주행방향과 70° 되게 설치하였다. 이때, 작업효율은 0.8이고, 반복을 4회 하였다면 이 장비의 평균 작업속도는 얼마이겠는가?

[해답]
① blade 유효폭 = $4.26 \sin 70° = 4\text{m}$
② 부지폭 = blade 유효폭 × 통과횟수
 = $4 \times 4 = 16\text{m}$
③ 부지의 길이 = $\dfrac{19,800}{16}$
 = $1237.5\text{m} = 1.24\text{km}$
④ 작업 소요시간 = $\dfrac{\text{통과횟수} \times \text{거리}}{\text{평균 작업속도} \times \text{효율}}$
 $3.3 = \dfrac{4 \times 1.24}{V \times 0.8}$ ∴ $V = 1.88 \text{km/h}$

36 ★

채석장에서 로더(loader)가 작업을 하고 있다. 이 로더 중량이 10t이고 구동륜에는 하중이 80% 전달되며 5t에서 미끄러지기 시작한다고 할 때 견인계수는?

해답 rim pull=견인계수×구동륜하중
5=견인계수×(10×0.8)
∴ 견인계수=0.625≒0.63

37 ★★★

자중 12t인 스크레이퍼가 15t의 흙을 싣고 경사 4%인 비포장 언덕길을 내려간다. 이 스크레이퍼의 소요 구동력(rim pull)을 구하시오. (단, 이 도로의 회전저항(rolling resistance) : 45kg/t이고, 경사저항(경사 %) : 10kg/t이다.)

해답 ① 총 중량=12+15=27t
② rim pull=회전저항×총 중량−경사저항×총 중량×경사(%)
　　　　　=45×27−10×27×4=135kg

※ 참고
경사저항(경사 %) 10kg/t의 의미는 경사 1%에 대하여 저항이 총 중량 1t당 10kg이 생긴다는 것을 의미한다.

38 ★

중량 8t인 트럭이 15t의 흙을 싣고 비포장 6% 경사를 올라간다. 이 도로의 회전저항(rolling resistance)이 45kg/t이라 하면 필요한 구동력(rim pull)을 계산하시오. (단, 경사저항(경사 %) : 10kg/t이다.)

해답 ① 총 중량=8+15=23t
② rim pull=회전저항×총 중량+경사저항×총 중량×경사(%)
　　　　　=45×23+10×23×6=2415kg

39

자중 10t인 스크레이퍼가 20t의 흙을 싣고 구배가 1 : 12.5인 비포장길을 올라가고 있다. 이 길의 회전저항(Rolling Resistance ; RR)이 45kg/t이라 할 때 이 스크레이퍼가 필요한 구동력(rim pull)을 구하시오. (단, 구배 1%당 10kg/t의 구동력이 필요함.)

[해답]
① 총 중량=10+20=30t
② 경사=$\frac{1}{12.5}$=0.08=8%
③ rim pull=회전저항×총 중량+경사저항×총 중량×경사(%)
　　　　　=45×30+10×30×8=3750kg

※ 참고

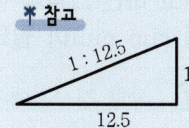

40

자중 20t인 자주식 스크레이퍼가 30m³의 흙을 싣고 3% 경사의 길을 올라가려고 한다. 노면은 자갈로 덮여 있으며 적재 시 구동륜에는 전 중량의 60%가 걸린다고 한다. 다음 자료를 사용하여 이 스크레이퍼의 최대 주행속도를 구하시오.

[조건]
- 원지반 흙의 단위중량 : 1.8t/m³
- 토량환산계수 : L=1.25, C=0.93
- 자갈길에서 타이어의 견인계수 : 0.30
- 소요 림풀(rim pull)=견인계수×구동륜하중
- 경사저항 : 경사 1% 증가에 대하여 총 중량의 1%씩 증가
- 스크레이퍼의 주행제원

기 어	속도(km/h)	rim pull
1단	10	17t
2단	27	8t
3단	58	4t

[해답]
① 총 중량=자중+흙의 무게
$$=20+\frac{q_t\,\gamma_t}{L}=20+\frac{30\times1.8}{1.25}$$
$$=63.2t$$
② rim pull=견인계수×구동륜 하중+총 중량×경사
　　　　　=0.3×(63.2×0.6)+63.2×0.03
　　　　　=13.27t
③ rim pull이 13.27t이므로 1단 기어를 사용한다.
∴ 최대 주행속도는 10km/h

41

경험에 의하면 작업지반의 경사가 1% 변화됨에 따라 작업차량이 극복해야 할 저항은 장비중량의 1%만큼 변화한다. 중량 18t인 차량이 평지에서 작업을 할 때 필요한 rim pull(구동륜의 접지점에서의 접선방향 힘)이 8t이라고 하면 그림과 같은 경사를 올라갈 때는 얼마의 rim pull이 필요한가?

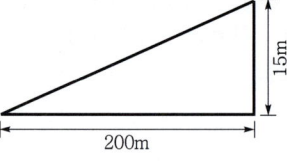

[해답] 상향 경사지에서의 rim pull = 평지에서의 rim pull + 총 중량 × 경사
$$= 8 + 18 \times \frac{15}{200} = 9.35 \text{t}$$

42

활주로 또는 폭이 넓은 도로공사에 사용되는 토공기계로서 절토 → 싣기 → 운반 → 사토(또는 성토)의 작업을 연속적으로 수행하여 cycle 시간을 단축시킬 수 있는 기계의 명칭은?

[해답] 스크레이퍼(scraper)

43

11.5m^3 용량의 모터 스크레이퍼를 가지고 토질은 보통토, 평균 주행거리 800m, 현장조건이 양호한 상태에서 작업하는 경우 운전시간당 작업량을 구하시오. (단, 소수 3째자리에서 반올림하시오. $K=1.13$, $E=0.85$, $t=1.6$, 주행속도는 적재시 : 300m/min, 공차시 : 400m/min, 토량은 흐트러진 상태로 나타낼 것)

[해답] ① $C_m = \dfrac{H}{V_h} + \dfrac{R}{V_r} + t_d + t_s + t_g$

$= \dfrac{800}{300} + \dfrac{800}{400} + 1.6 = 6.27$분

② $Q = \dfrac{60qfE}{C_m} = \dfrac{60(q_0 k)fE}{C_m}$

$= \dfrac{60 \times (11.5 \times 1.13) \times 1 \times 0.85}{6.27} = 105.70 \text{m}^3/\text{h}$

44

도로공사 토공 구간에서 스크레이퍼를 이용하여 사토할 경우 1회 사토에 요하는 시간(초)을 구하시오. (단, 스크레이퍼의 1회 운반량: 13.0m³이고, 사토속도: 30m/min, 사토두께: 30cm, 사토폭: 2.5m이다.)

[해답] 사토시간 = $\dfrac{\text{적재량}(m^3)}{\text{사토속도} \times \text{사토두께} \times \text{사토폭}}$

= $\dfrac{13}{30 \times 0.3 \times 2.5}$ = 0.58분 = 34.8초

45 ★★★★

0.6m³의 백호(back hoe) 한 대를 사용하여 10,000m³의 기초 굴착을 할 때 굴착에 요하는 일수를 다음 조건에 의하여 구하시오. (단, 소수 3째자리에서 반올림하시오. C_m: 24초, dipper 계수: 0.9, 토량환산율: 0.8, 작업능률: 0.8, 1일 운전시간: 8시간)

[해답] ① $Q = \dfrac{3600qkfE}{C_m}$

= $\dfrac{3600 \times 0.6 \times 0.9 \times 0.8 \times 0.8}{24}$ = 51.84m³/h

② back hoe 1일 작업량 = 51.84×8 = 414.72m³

③ 굴착일수 = $\dfrac{10,000}{414.72}$ = 24.11 = 25일

46

유압식 크롤러(crawler)형의 백호(back hoe)를 사용해서 12,000m³의 기초 굴착을 할 때 완료하는데 며칠이 소요되는가? (단, 표준 버킷용량: 0.9m³, 백호의 사이클 타임: 24초, dipper 계수: 0.9, 토량환산계수: 0.85, 작업능률: 0.7, 1일 운전시간: 8시간)

[해답] ① $Q = \dfrac{3600qkfE}{C_m}$

= $\dfrac{3600 \times 0.9 \times 0.9 \times 0.85 \times 0.7}{24}$ = 72.29m³/h

② back hoe 1일 작업량 = 72.29×8 = 578.32m³

③ 굴착일수 = $\dfrac{12,000}{578.32}$ = 20.75 = 21일

47 ★★

그림의 토적곡선에서 c-e 구간의 굴착작업을 2일 내에 완료하기 위해 1.0m^3 백호 몇 대를 동원해야 하는지 계산하시오. (단, 백호의 버킷계수 : 1.0, 사이클 타임 : 30초, 효율 : 0.65, $L=1.2$, $C=0.9$, 1일 : 8시간 작업)

04 ③, 09 ③, 12 ②

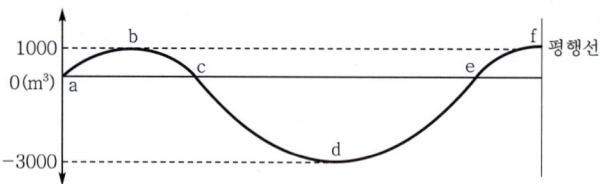

해답
① $Q = \dfrac{3600\,qkfE}{C_m}$

$= \dfrac{3600 \times 1 \times 1 \times \dfrac{1}{1.2} \times 0.65}{30} = 65\,\text{m}^3/\text{h}$

② 백호 1대 2일 작업량 $= 65 \times 8 \times 2 = 1040\,\text{m}^3$

③ 백호 소요대수 $= \dfrac{3000}{1040} = 2.88 ≒ 3$대

48

본바닥 토량 $20{,}000\text{m}^3$를 0.6m^3 백호를 사용하여 굴착하고자 할 때 공기(工期)는 며칠이 되겠는가? (단, $K=1.2$, $E=0.7$, $C_m=25$초, $L=1.2$, 1일 작업시간 : 8시간, 뒷정리 : 1일)

86 ①

해답
① $Q = \dfrac{3600\,qkfE}{C_m}$

$= \dfrac{3600 \times 0.6 \times 1.2 \times \dfrac{1}{1.2} \times 0.7}{25} = 60.48\,\text{m}^3/\text{h}$

② back hoe 1일 작업량 $= 60.48 \times 8 = 483.84\,\text{m}^3$

③ 공기 $= \dfrac{20{,}000}{483.84} + 1 = 42.34 ≒ 43$일

49

트랙터 D-120에 견인된 스크레이퍼 RS D 9의 1일당 작업량 Q를 거리 100m로 하여 구하시오.

조건
- 굴착실기속도(V_1)=40m/min
- 운반속도(V_2)=75m/min
- 사토속도(V_3)=54m/min
- 돌아오는 속도(V_4)=75m/min
- 기어 바꾸어 넣기(t)=0.25min
- 토량환산계수(f)=1.0
- 작업효율(E)=0.83
- 보울 용적 : 평적 9.2m³, 산적 11.5m³
- 커터폭 : 2.68m
- 굴착깊이 : 0.2m
- 보울 적재계수(K)=0.8
- 사토두께 : 0.2m
- 1일 작업시간 : 6시간

해답
(1) $C_m = \dfrac{D}{V_d} + \dfrac{H}{V_h} + \dfrac{S}{V_s} + \dfrac{R}{V_r} + t$

① 굴착거리(D) = $\dfrac{\text{보울 용적}}{\text{커터폭} \times \text{굴착깊이}} = \dfrac{9.2}{2.68 \times 0.2} = 17.16\text{m}$

② 사토거리(S) = $\dfrac{\text{보울 용적}}{\text{커터폭} \times \text{사토두께}} = \dfrac{9.2}{2.68 \times 0.2} = 17.16\text{m}$

③ 운반거리(H) = $100 - 17.16 = 82.84\text{m}$

④ 돌아오는 거리(R) = $100 + 17.16 = 117.16\text{m}$

$\therefore C_m = \dfrac{17.16}{40} + \dfrac{82.84}{75} + \dfrac{17.16}{54} + \dfrac{117.16}{75} + 0.25 = 3.66$분

(2) $Q = \dfrac{60qfE}{C_m} = \dfrac{60 \times 9.2 \times 1 \times 0.83}{3.66} = 125.18\text{m}^3/\text{h}$

(3) 1일당 작업량 = $125.18 \times 6 = 751.08\text{m}^3$

※ 주의
평균(9.2m³) = 산적(11.5m³) × 적재계수(0.8)

50

버킷용량 $q=1.2\text{m}^3$, 흙의 용적변화율 $L=1.25$, 기계의 능률계수 $E=0.8$, 버킷계수 $K=0.9$, 사이클 타임 계산시의 형식에 의한 계수 $m=2.0\text{s/m}$, 싣기 운반거리 $l=10\text{m}$, 버킷으로 재료를 담아올리는 시간 $t_1=15\text{s}$, 기어변환시간 $t_2=20\text{s}$인 트랙터 셔블의 1시간당 작업량 Q는 본바닥의 토량으로 계산할 때 얼마인가?

해답
① $C_m = ml + t_1 + t_2 = 2 \times 10 + 15 + 20 = 55$초

② $Q = \dfrac{3600qkfE}{C_m}$

$= \dfrac{3600 \times 1.2 \times 0.9 \times \dfrac{1}{1.25} \times 0.8}{55} = 45.24\text{m}^3/\text{h}$

51 ★

다음의 조건에 있어서 0.6m^3 파워 셔블의 2일간 작업량은 본바닥으로 대략 얼마인가?

조건
- 셔블의 사이클 타임 : 20s
- 디퍼계수 : 1.0
- 흙의 토량변화율 : 1.2
- 1일의 운전시간 : 6시간
- 작업효율 : 0.75

해답
① $Q = \dfrac{3600qkfE}{C_m} = \dfrac{3600qk\dfrac{1}{L}E}{C_m}$

$= \dfrac{3600 \times 0.6 \times 1 \times \dfrac{1}{1.2} \times 0.75}{20} = 67.5\text{m}^3/\text{h}$

② power shovel 2일 작업량 $= 67.5 \times 6 \times 2 = 810\text{m}^3$

52 ★★★

다음 조건일 때 0.6m^3의 백호 1대를 사용하여 5700m^3의 기초 터파기를 했을 때 굴착에 소요되는 일수는 얼마인가?

조건
- 백호 cycle time(C_m) = 24sec
- 디퍼계수(k) = 0.9
- 토량변화율(L) = 1.2
- 작업효율(E) = 0.8
- 1일의 운전시간 = 7시간

해답
① $Q = \dfrac{3600qkfE}{C_m} = \dfrac{3600 \times 0.6 \times 0.9 \times \dfrac{1}{1.2} \times 0.8}{24} = 54\text{m}^3/\text{h}$

② back hoe 1일 작업량 $= 54 \times 7 = 378\text{m}^3$

③ 굴착일수 $= \dfrac{5700}{378} = 15.08 = 16$일

53 ★★

0.7m^3의 백호(back hoe) 2대를 사용하여 $16{,}300\text{m}^3$의 기초 터파기를 다음 조건으로 했을 때 터파기에 소요되는 일수를 구하시오. (단, 정수로 산출하시오.)

조건
- 백호의 cycle time(C_m) = 20sec
- 버킷계수 = 0.9
- 작업효율 = 0.75
- 토량환산율(f) = 0.8
- 1일 운전시간 = 8시간

[해답] ① $Q = \dfrac{3600\,qkfE}{C_m}$

$= \dfrac{3600 \times 0.7 \times 0.9 \times 0.8 \times 0.75}{20} = 68.04\,\text{m}^3/\text{h}$

② back hoe 2대 1일 작업량 = 68.04×8×2 = 1088.64m³

③ 소요일수 = $\dfrac{16{,}300}{1088.64}$ = 14.97 = 15일

54

다음과 같은 조건일 때 0.6m³ 백호 2대를 사용하여 본바닥 20,000m³를 파기 위한 공기를 계산하시오.

조건
- 파괴계수 : 0.9
- 사이클 타임 : 25초(90° 선회)
- 1일 운전시간 : 7시간
- 굴착 전의 준비공 : 2일
- 파낸 흙을 모두 처리할 수 있는 덤프트럭이 있음.
- 작업효율 : 0.7
- 토량변화율(L) = 1.2
- 가동률 : 0.8
- 뒤처리 : 1일

[해답] ① $Q = \dfrac{3600\,qkfE}{C_m}$

$= \dfrac{3600 \times 0.6 \times 0.9 \times \dfrac{1}{1.2} \times (0.7 \times 0.8)}{25}$

$= 36.29\,\text{m}^3/\text{h}$

② back hoe 2대 1일 작업량 = 36.29×7×2 = 508.06m³

③ 공기 = $\dfrac{20{,}000}{508.06}$ + 2 + 1 = 42.37 = 43일

55

셔블(Shovel)계 굴착기는 부속장치를 바꿈으로써 여러 가지 목적에 사용할 수 있다. 셔블계 굴착기의 종류를 5가지만 쓰시오.

[해답] ① power shovel ② back hoe ③ drag line
④ clam shell ⑤ crane

56 ★★★

03 ②, 12 ②, 17 ②, 24 ②

15t 덤프트럭에 흙을 적재하여 운반하고자 할 때 버킷용량이 0.6m^3이며, 버킷계수가 0.9인 백호를 사용하여 덤프트럭 1대를 적재하려면 필요한 시간은 얼마인가? (단, 흙의 단위중량 $\gamma_t = 1.8\text{t/m}^3$, $L=1.2$, 백호의 cycle time : 30초, 백호의 작업효율 : 0.8)

[해답] ① $q_t = \dfrac{T}{\gamma_t} L = \dfrac{15}{1.8} \times 1.2 = 10\text{m}^3$

② $n = \dfrac{q_t}{qk} = \dfrac{10}{0.6 \times 0.9} = 18.52 = 19$회

③ $C_{mt} = \dfrac{C_{ms} n}{60 E_s} = \dfrac{30 \times 19}{60 \times 0.8} = 11.88$분

57 ★★★

02 ③, 06 ②, 16 ②, 22 ①

15t의 덤프트럭으로 보통토사를 운반하고자 한다. 적재장비는 버킷용량 2.4m^3인 백호를 사용하는 경우 덤프트럭 1대를 적재하는 데 소요되는 시간을 구하시오. (단, 흙의 단위중량은 1.6t/m^3, 토량변화율 $L=1.2$, 버킷계수 $K=0.8$, 적재기계의 싸이클시간 $C_{ms}=30$초, 적재기계의 작업효율 $E_s=0.75$)

[해답] ① $q_t = \dfrac{T}{\gamma_t} L = \dfrac{15}{1.6} \times 1.2 = 11.25\text{m}^3$

② $n = \dfrac{q_t}{qk} = \dfrac{11.25}{2.4 \times 0.8} = 5.86 = 6$회

③ $C_{mt} = \dfrac{C_{ms} n}{60 E_s} = \dfrac{30 \times 6}{60 \times 0.75} = 4$분

58 ★★

98 ①, 05 ①, 10 ③

버킷용량 0.7m^3의 백호로 8t 덤프트럭에 적재하는 경우 백호의 적재시간을 계산하시오. (단, 백호 : 버킷계수$(K)=0.9$, 효율$(E)=0.5$, 사이클 타임$(C_m)=24$초, 덤프트럭 : $E=0.9$, 흙의 단위중량$(\gamma_t)=1.8\text{t/m}^3$, $L=1.15$임.)

[해답] ① $q_t = \dfrac{T}{\gamma_t} L = \dfrac{8}{1.8} \times 1.15 = 5.11\text{m}^3$

② $n = \dfrac{q_t}{qk} = \dfrac{5.11}{0.7 \times 0.9} = 8.11 = 9$회

③ $C_{mt} = \dfrac{C_{ms} n}{60 E_s} = \dfrac{24 \times 9}{60 \times 0.5} = 7.2$분

59

bucket 용량이 $2m^3$인 back hoe를 사용하여 15t dump truck에 흙을 적재하여 운반하고자 할 때 다음을 구하시오. (단, 흙의 단위중량 : $1.5t/m^3$, 토량변화율(L)=1.4, bucket 계수 : 0.7, back hoe의 cycle time : 30초, back hoe의 작업효율 : 0.8)

(1) back hoe의 적재횟수는?
(2) dump truck에 적재하는데 걸리는 소요시간은?

해답 (1) 적재횟수

① $q_t = \dfrac{T}{\gamma_t}L = \dfrac{15}{1.5} \times 1.4 = 14m^3$

② $n = \dfrac{q_t}{qk} = \dfrac{14}{2 \times 0.7} = 10$회

(2) 적재하는 데 걸리는 시간

$C_{mt} = \dfrac{C_{ms}n}{60E_s} = \dfrac{30 \times 10}{60 \times 0.8} = 6.25$분

60

불도저로 밀어 놓은 단위체적중량 $1.8t/m^3$인 사질토 $10,000m^3$가 있다. 싣기 기계 셔블을 이용하여 10km 떨어져 있는 사토장에 10t(적재량) 덤프를 이용하여 사토시키고자 한다.

조건
- 셔블의 조건 : 버킷의 평적용량 $1.48m^3$, 버킷계수 1.1, 토량환산계수 1.0, 작업효율 0.75, 사이클 타임 48초
- 덤프의 조건 : 토량변화율 1.0, 작업효율 0.9, 적재시간 3.65분, 왕복평균시속 50km/h, 적재시간과 왕복주행 이외의 기타 소요시간 5분

(1) 셔블의 총작업시간을 구하시오.
(2) 셔블이 쉬지 않고 작업하기 위한 덤프트럭 대수를 구하시오.

해답 (1) 셔블의 총작업시간

① $Q = \dfrac{3,600qkfE}{C_m} = \dfrac{3,600 \times 1.48 \times 1.1 \times 1 \times 0.75}{48} = 91.58 m^3/hr$

② 총작업시간 $= \dfrac{10,000}{91.58} = 109.19$시간

(2) 덤프트럭 대수

① $q_t = \dfrac{T}{\gamma_t}L = \dfrac{10}{1.8} \times 1 = 5.56m^3$

② $C_{mt} = 3.65 + \dfrac{10 \times 2}{50} \times 60 + 5 = 32.65$분

③ $Q_t = \dfrac{60 q_t f E_t}{C_{mt}} = \dfrac{60 \times 5.56 \times 1 \times 0.9}{32.65} = 9.2 \text{m}^3/\text{hr}$

④ $N = \dfrac{Q}{Q_t} = \dfrac{91.58}{9.2} = 9.95 = 10$대

61 ★

99 ⑤, 10 ③

토사굴착량 900m³를 용적이 5m³인 트럭으로 운반하려고 한다. 트럭의 평균속도는 8km/hr이고, 상·하차시간이 각각 5분일 때 하루에 전량을 운반하려면 몇 대의 트럭이 소요되는가? (단, 1일의 실가동은 8시간이며, 토사장까지의 거리는 2km이다.)

[해답] ① 1일 운반횟수 $= \dfrac{1일\ 작업시간}{1회\ 왕복\ 소요시간}$

$= \dfrac{8 \times 60}{\dfrac{2 \times 2}{8} \times 60 + 5 \times 2} = 12$회

② 1일 트럭 1대 운반량 $= 5 \times 12 = 60 \text{m}^3$

③ 트럭의 소요대수 $= \dfrac{900}{60} = 15$대

※ 참고

① $Q = \dfrac{60\ q\ f\ E}{C_m}$

$= \dfrac{60 \times 5 \times 1 \times 1}{\left(\dfrac{2 \times 2}{8}\right) \times 60 + 5 \times 2}$

$= 7.5 \text{m}^3/\text{hr}$

② 트럭 소요대수

$= \dfrac{900}{7.5 \times 8} = 15$대

62 ★★

86 ②, 92 ①, 94 ③

3km의 거리에서 20,000m³의 자갈을 5m³ 덤프트럭으로 운반하려면 1일에 몇 번 운반할 수 있으며, 10일간 전량을 운반하려면 1일 몇 대의 트럭이 소요되는가? (단, 1일 작업시간 : 8시간, 상·하차시간 : 38분, 평균속도 : 35km/h이다.)

[해답] ① 1일 운반횟수 $= \dfrac{1일\ 작업시간}{1회\ 왕복\ 소요시간}$

$= \dfrac{8 \times 60}{\dfrac{3 \times 2}{35} \times 60 + 38} = 9.94 = 10$회

② 1일 트럭 1대 운반량 $= 5 \times 10 = 50 \text{m}^3$

③ 10일 트럭 1대 운반량 $= 50 \times 10 = 500 \text{m}^3$

④ 트럭의 소요대수 $= \dfrac{20,000}{500} = 40$대

63 ★★

트럭과 굴착기와 조합하여 작업을 한다. 이런 경우에는 트럭의 적당한 대수를 준비해 두어야 한다. 이때, 왕복과 사토에 요하는 시간이 30분, 원위치에 도착하였을 때부터 싣기를 완료한 후 출발할 때까지의 시간이 5분이라면 굴착기가 쉬지 않고 작업할 수 있는 여유대수는 얼마인가?

[89 ①, 95 ①, 19 ②]

[해답] $N = 1 + \dfrac{T_1}{T_2} = 1 + \dfrac{30}{5} = 7$대

64 ★★★★★

버킷용량 3.0m^3의 셔블과 15t 덤프트럭을 사용하여 토공사를 하고 있다. 다음 조건에 따라 물음에 답하시오.

[94 ②, 97 ①, 01 ②, 04 ②, 09 ①, 13 ① ②, 16 ①, 18 ③, 23 ③]

[조건]
- 흙의 단위중량 : 1.8t/m^3
- 셔블의 버킷계수 : 1.1
- 셔블의 작업효율 : 0.5
- 30분 중 상차시간 : 2분
- 토량변화율(L) : 1.2
- 사이클 타임 : 30초
- 덤프트럭의 사이클 타임 : 30분
- 덤프트럭의 작업효율 : 0.8
- 덤프트럭 1대를 적재하는데 필요한 셔블의 사이클 횟수 : 3회

(1) 셔블의 시간당 작업량은 얼마인가?
(2) 덤프트럭의 시간당 작업량은 얼마인가?
(3) 셔블 1대당 덤프트럭의 소요대수는 얼마인가?

[해답] (1) 셔블의 시간당 작업량

$$Q_s = \dfrac{3600\,qkfE}{C_m} = \dfrac{3600 \times 3 \times 1.1 \times \dfrac{1}{1.2} \times 0.5}{30} = 165\,\text{m}^3/\text{h}$$

(2) 덤프트럭의 시간당 작업량

① $q_t = \dfrac{T}{\gamma_t} L = \dfrac{15}{1.8} \times 1.2 = 10\,\text{m}^3$

② $Q_t = \dfrac{60\,q_t f E_t}{C_{mt}} = \dfrac{60 \times 10 \times \dfrac{1}{1.2} \times 0.8}{30} = 13.33\,\text{m}^3/\text{h}$

(3) 덤프트럭의 소요대수

$N = \dfrac{165}{13.33} = 12.38 = 13$대

65 ✱

덤프 소요시간을 8분이라 하고 적재시의 평균속도 $V_1=30$km/h, 공차시의 평균속도 $V_2=42$km/h, 운반거리 $D=600$m, 싣기와 출발할 때까지의 시간을 5분이라 할 때 덤프트럭의 소요 여유대수 N을 구하시오.

[해답] ① 왕복과 사토에 요하는 시간(T_1)

$$T_1 = \frac{600}{30,000} \times 60 + \frac{600}{42,000} \times 60 + 8 = 10.06 ≒ 10분$$

② 원위치에 도착하였을 때부터 싣기를 완료하여 출발할 때까지의 시간(T_2)

$$T_2 = 5분$$

③ 트럭의 여유대수

$$N = 1 + \frac{T_1}{T_2} = 1 + \frac{10}{5} = 3대$$

66 ✱✱✱

흐트러진 상태의 $L=1.15$, 단위중량이 1.7t/m³인 토사를 싣기는 1.34m³의 payloader 1대를 사용하고 운반은 8t 덤프트럭을 사용하여 운반로 10km인 공사현장까지 운반하고자 한다. 이때, 조합토공에 있어서 덤프트럭의 소요대수를 구하시오. (단, payloader 사이클 타임(C_m)$=44.4$초, 버킷계수(K)$=1.15$, 작업효율(E_s)$=0.7$이고, 덤프트럭의 적재 시 주행속도 : 15km/h, 공차 시 주행속도 : 20km/h, $t_1=0.5$분, $t_2=0.4$분, 작업효율(E_t)$=0.9$이다.)

[해답] (1) payloader 작업량

$$Q = \frac{3600\,qkfE}{C_m} = \frac{3600 \times 1.34 \times 1.15 \times \frac{1}{1.15} \times 0.7}{44.4} = 76.05\,\text{m}^3/\text{h}$$

(2) 덤프트럭의 작업량

① $q_t = \dfrac{T}{\gamma_t}L = \dfrac{8}{1.7} \times 1.15 = 5.41\,\text{m}^3$

② $n = \dfrac{q_t}{qk} = \dfrac{5.41}{1.34 \times 1.15} = 3.5 = 4회$

③ $C_{mt} = \dfrac{C_{ms}n}{60E_s} + T_1 + T_2 + t_1 + t_2 + t_3$

$= \dfrac{44.4 \times 4}{60 \times 0.7} + \dfrac{10}{15} \times 60 + \dfrac{10}{20} \times 60 + 0.5 + 0.4 = 75.13분$

④ $Q = \dfrac{60\,q_t f E_t}{C_{mt}} = \dfrac{60 \times 5.41 \times \frac{1}{1.15} \times 0.9}{75.13} = 3.38\,\text{m}^3/\text{h}$

(3) 덤프트럭 소요대수

$$N = \frac{76.05}{3.38} = 22.5 = 23대$$

67 ★★

백호 0.7m^3로 적재하고 덤프 8t으로 흙을 운반할 때 덤프트럭의 단위시간당 작업량을 계산하시오. (단, 백호$(K)=0.9$, $E=0.45$, $C_m=23$초, $f=\dfrac{1}{L}=\dfrac{1}{1.15}=0.87$, 덤프트럭 : 운반거리 20km, $V_1=15\text{km/h}$, $V_2=20\text{km/h}$, $t_3+t_4=2$분, $E=0.9$, $\gamma_t=1.8\text{t/m}^3$이고 소수점 첫째자리까지만 계산할 것)

[해답]

① $q_t = \dfrac{T}{\gamma_t} L = \dfrac{8}{1.8} \times 1.15 = 5.1\text{m}^3$

② $n = \dfrac{q_t}{qk} = \dfrac{5.1}{0.7 \times 0.9} = 8.1 = 9$회

③ $C_{mt} = \dfrac{C_{ms}n}{60 E_s} + T_1 + T_2 + t_3 + t_4$

$= \dfrac{23 \times 9}{60 \times 0.45} + \dfrac{20}{15} \times 60 + \dfrac{20}{20} \times 60 + 2 = 149.7$분

④ $Q = \dfrac{60 q_t f E_t}{C_{mt}} = \dfrac{60 \times 5.1 \times 0.87 \times 0.9}{149.7} = 1.6\text{m}^3/\text{h}$

---

68 ★★★★

0.6m^3 용량의 백호와 10t 덤프트럭의 조합 토공현장에서 현장의 조건이 아래와 같을 경우 다음 물음에 답하시오. (단, 현장흙의 단위중량(γ_t)은 1.7t/m^3이며, 덤프트럭의 운반거리는 5km이다.)

[조건]
- 트럭의 운반속도 : 30km/hr
- 흙부리기 시간 : 1.0분
- 토량변화율 : $L=1.25$, $C=0.85$
- 백호 사이클 타임 : 30초
- 백호의 작업효율 : $E_s=0.7$
- 트럭의 귀환속도 : 25km/hr
- 싣기 대기시간 : 0.5분
- 백호 버킷계수 : 1.10
- 트럭의 작업효율 : $E_t=0.9$

(1) 백호의 시간당 작업량을 구하시오.
(2) 덤프트럭의 시간당 작업량을 구하시오.
(3) 조합토공에 있어서 백호 1대당 덤프트럭의 소요대수는 몇 대인가?

[해답]

(1) $Q = \dfrac{3600 \, qkfE}{C_m} = \dfrac{3600 \times 0.6 \times 1.1 \times \dfrac{1}{1.25} \times 0.7}{30} = 44.35\text{m}^3/\text{h}$

(2) ① $q_t = \dfrac{T}{\gamma_t} L = \dfrac{10}{1.7} \times 1.25 = 7.35\text{m}^3$

② $n = \dfrac{q_t}{qk} = \dfrac{7.35}{0.6 \times 1.1} = 11.14 = 12$회

③ $C_{mt} = \dfrac{C_{ms}n}{60E_s} + T_1 + T_2 + t_3 + t_4$

$= \dfrac{30 \times 12}{60 \times 0.7} + \dfrac{5}{30} \times 60 + \dfrac{5}{25} \times 60 + 1 + 0.5 = 32.07$분

④ $Q_t = \dfrac{60 q_t f E_t}{C_{mt}} = \dfrac{60 \times 7.35 \times \dfrac{1}{1.25} \times 0.9}{32.07} = 9.9 \text{m}^3/\text{h}$

(3) $N = \dfrac{Q}{Q_t} = \dfrac{44.35}{9.9} = 4.48 = 5$대

69

불도저로 밀어 놓은 단위체적중량 1.8t/m^3인 사질토 $10{,}000\text{m}^3$가 있다. 싣기 기계 셔블을 이용하여 10km 떨어져 있는 사토장에 10t(적재량) 덤프를 이용하여 사토시키고자 한다. 셔블의 총 작업시간과 셔블이 쉬지 않고 작업하기 위한 덤프트럭 대수를 구하시오.

> **조건**
> - 셔블의 조건 — 버킷의 평적용량 1.48m^3, 버킷계수 : 1.1, 토량환산계수 : 1.0, 작업효율 : 0.75, 사이클 타임 : 48초
> - 덤프의 조건 — 토량변화율 : 1.0, 작업효율 : 0.9, 적재시간 : 3.65분, 왕복평균시속 : 50km/h, 적재시간과 왕복주행 이외의 기타 소요시간 : 5분

[해답] (1) shovel 작업량

$Q = \dfrac{3600 qkfE}{C_m} = \dfrac{3600 \times 1.48 \times 1.1 \times 1 \times 0.75}{48}$

$= 91.58 \text{m}^3/\text{h}$(흐트러진 토량)

(2) shovel의 총 작업시간 $= \dfrac{10{,}000}{91.58} = 109.2$시간

(3) 덤프트럭의 작업량

① $q_t = \dfrac{T}{\gamma_t} L = \dfrac{10}{1.8} \times 1 = 5.56 \text{m}^3$

② $C_{mt} = 3.65 + \dfrac{10 \times 2}{50} \times 60 + 5 = 32.65$분

③ $Q = \dfrac{60 q_t f E_t}{C_{mt}} = \dfrac{60 \times 5.56 \times 1 \times 0.9}{32.65}$

$= 9.2 \text{m}^3/\text{h}$(흐트러진 토량)

(4) 덤프트럭 대수

$N = \dfrac{91.58}{9.2} = 9.95 = 10$대

70

사질토사 50,000m³(원지반 상태)를 굴착하여 2km 지점에 운반 사토 시 장비 조합 및 1일 8시간 실동 시 실작업일수는?

조건
- dozer : 1cycle당 작업량(흐트러진 토량)=3m³, $E=0.5$, 토량변화율 $C=0.9$, $L=1.25$, cycle time=1.1분
- shovel : 1cycle당 작업량(흐트러진 토량)=1.9m³, $K=0.8$, $E=0.6$, cycle time=42초
- truck : 8t=5.25m³(실적재함 용량), $E=0.9$, cycle time=18분

해답 (1) 장비조합

① dozer 작업량

$$Q = \frac{60qfE}{C_m} = \frac{60 \times 3 \times \frac{1}{1.25} \times 0.5}{1.1} = 65.45\,\text{m}^3/\text{h}$$

② shovel 작업량

$$Q = \frac{3600qkfE}{C_m} = \frac{3600 \times 1.9 \times 0.8 \times \frac{1}{1.25} \times 0.6}{42} = 62.54\,\text{m}^3/\text{h}$$

③ truck 작업량

$$Q = \frac{60q_t fE_t}{C_{mt}} = \frac{60 \times 5.25 \times \frac{1}{1.25} \times 0.9}{18} = 12.60\,\text{m}^3/\text{h}$$

④ truck의 대수 = $\frac{62.54}{12.60} = 4.96 = 5$대

∴ dozer 1대, shovel 1대, truck 5대

(2) 작업일수 = $\frac{50,000}{62.54 \times 8} = 99.94 = 100$일

71 ★★

로드 롤러(road roller : KS D 5410)를 사용하여 전압횟수 8회, 전압두께 0.5m, 유효 전압폭 2.04m, 전압속도 저속으로 1.7km/h라고 할 때 시간당의 전압토량 Q와 시간당의 전압면적 A를 구하시오. (단, 롤러의 효율 : 0.8이고, $f=1$이다.)

해답 (1) $Q = \frac{1000\,VWHfE}{N}$

$= \frac{1000 \times 1.7 \times 2.04 \times 0.5 \times 1 \times 0.8}{8} = 173.4\,\text{m}^3/\text{h}$

(2) $A = \frac{1000\,VWE}{N} = \frac{1000 \times 1.7 \times 2.04 \times 0.8}{8} = 346.8\,\text{m}^2/\text{h}$

72

토적곡선이 그림과 같고, 현장의 사토량을 15t 덤프트럭으로 운반할 때 운반의 소요시간(hour)을 구하시오. (단, 효율은 무시하고 토사의 단위중량 $\gamma_t = 2\text{t/m}^3$, $L=1.2$, $C=0.9$, 덤프트럭의 시간당 왕복횟수는 3회이다.)

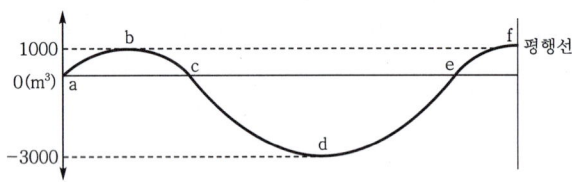

[해답]
① $q_t = \dfrac{T}{\gamma_t} L = \dfrac{15}{2} \times 1.2 = 9\text{m}^3$

② $Q = \dfrac{60 q_t f E_t}{C_{mt}} = \dfrac{60 \times 9 \times \dfrac{1}{1.2} \times 1}{\dfrac{1}{3} \times 60} = 22.5\text{m}^3/\text{h}$

③ 작업 소요시간 $= \dfrac{1000}{22.5} = 44.44$시간

73 ★★

유효 다짐폭 2m의 10t macadam roller 1대를 사용하여 성토다짐을 할 때 1층의 끝손질 다짐두께 20cm, 평균 작업속도 2km/h, 다짐횟수 6회, 토량환산계수 0.8, 작업효율 0.6으로 하면 1시간당 작업량은 얼마인가?

[해답]
$Q = \dfrac{1000\, VWHfE}{N}$
$= \dfrac{1000 \times 2 \times 2 \times 0.2 \times 1 \times 0.6}{6} = 80\text{m}^3/\text{h}$

74

도로 구조물 뒷채움 80kg의 램머를 사용하여 다짐작업 시 작업량 $Q(\text{m}^3/\text{hr})$를 계산하시오. (단, 깔기 두께(D)=0.15m, 토량환산계수 f=0.7, 중복다짐횟수 p=7회, 작업효율 E=0.6, 1회당 유효다짐면적(A)=0.0924m², 시간당 타격횟수(N)=3,600회/h이다.)

[해답]
$Q = \dfrac{ANHfE}{P} = \dfrac{0.0924 \times 3600 \times 0.15 \times 0.7 \times 0.6}{7} = 2.99\text{m}^3/\text{hr}$

75 ★★

60kg의 래머를 이용하여 하층노반의 다짐작업을 하는데 시간당 작업능력 Q를 구하시오. (단, 1층의 흙깔기 두께=0.3m, 토량환산계수 $f=0.8$, 작업효율=0.5, 다지기횟수=6회, 1회의 유효다지기 면적=0.029m^2, 작업속도=3900회/시간, 소수점 아래 4째자리에서 반올림하시오.)

[해답] $Q = \dfrac{ANHfE}{P} = \dfrac{0.029 \times 3900 \times 0.3 \times 0.8 \times 0.5}{6} = 2.262\,\text{m}^3/\text{h}$

88 ③, 89 ②, 96 ④, 98 ①, 99 ①, 03 ②, 13 ①

76 ★★

충격식 다짐기 중량 80kg의 래머로 구조물과 접속부분의 도로 노체를 다짐작업할 때 래머의 1시간당의 작업량(다짐상태)을 계산하시오. (단, 계산결과는 소수점 3째자리에서 반올림하고, 1회당 유효다짐 면적(A)=0.0924m^2, 1시간당 타격횟수(N)=36,000회/h, 1층의 다짐두께(H)=0.15m, 중복 다짐횟수(P)=57회, 토량변화율 $L=1.3$, $C=0.9$, 작업효율(E)=0.6)

[해답] $Q = \dfrac{ANHfE}{P}$
$= \dfrac{0.0924 \times 36{,}000 \times 0.15 \times 1 \times 0.6}{57} = 5.25\,\text{m}^3/\text{h}$

93 ②, 94 ②, 09 ②

77 ★★★★

80kg의 래머를 사용하여 보조기층의 다짐작업을 할 경우 시간당 작업량을 구하시오.

[조건]
- 1회의 유효찍기 다짐면적(A)=0.033m^2
- 1층의 끝손질 두께=0.3m
- 작업효율=0.5
- 1시간당의 찍기 다짐횟수=3600회
- 토량환산계수(f)=0.7
- 되풀이 찍기 다짐횟수=6회

[해답] $Q = \dfrac{ANHfE}{P} = \dfrac{0.033 \times 3600 \times 0.3 \times 0.7 \times 0.5}{6} = 2.08\,\text{m}^3/\text{h}$

99 ②, 07 ③, 11 ③, 14 ②, 17 ①

78

성토장에서 다짐에 사용하는 roller의 유효폭은 3m, 평균속도는 4km/h이며, 시방서에 규정된 바로는 다짐횟수 4회, 1층의 다짐 후 두께는 20cm이다. 이 roller는 시간당 유효작업시간이 55분이며, 덤프트럭 1회전시간(상차 → 운반 → 덤프 → 복귀)이 15분이라면, 최소한 몇 대의 덤프트럭을 가동시켜야 다짐장비와의 균형이 이루어지겠는가? (단, 토량환산계수 $L=1.3$, $C=0.9$, 덤프트럭 체적용량 : 12m³이다.)

해답

① roller 작업량

$$Q = \frac{1000\,VWHfE}{N} = \frac{1000 \times 4 \times 3 \times 0.2 \times \frac{1}{0.9} \times \frac{55}{60}}{4}$$
$$= 611.11\,\text{m}^3/\text{h}$$

② 덤프트럭 작업량

$$Q = \frac{60\,q_t fE_t}{C_{mt}} = \frac{60 \times 12 \times \frac{1}{1.3} \times 0.9}{15} = 33.23\,\text{m}^3/\text{h}$$

③ 덤프트럭의 대수 $= \dfrac{611.11}{33.23} = 18.39 = 19$대

※ 참고

dump truck의 작업효율 (E_t)의 표준치는 0.9이다.

79

1일에 1500m³(흐트러진 토량)의 흙이 운반되어 오는 성토공사에 있어서 유효 다짐폭 2.0m tire roller 1대를 사용하여 다짐을 행하는 경우, 평균 까는 두께 30cm, 평균 작업속도 4km/h, 다짐횟수를 8회로 하면, 이 공사에 있어서 tire roller가 1일에 소비하는 연료는 어느 정도인가? (단, tire roller의 1시간당 연료 소비량은 5l이다.)

해답

① $Q = \dfrac{1000\,VWHfE}{N}$
$= \dfrac{1000 \times 4 \times 2 \times 0.3 \times 1 \times 1}{8}$
$= 300\,\text{m}^3/\text{h}$

② tire roller 1시간당 작업량이 300m³(흐트러진 토량)이므로
300×작업시간=1500
∴ 작업시간=5시간

③ 1일에 소비하는 연료=5×5l=25l

80

자갈, 모래 등이 많이 포함된 소성이 작은 흙이나 다짐두께가 얕은 곳에 유효한 다짐기계는?

[해답] 타이어 롤러(tire roller)

❋참고
tire roller는 자갈, 모래, 실트가 많고 소성이 낮은 흙, 즉 실트질 자갈 또는 모래 혹은 입도분포가 불량한 자갈, 모래, 점토 섞인 흙으로 소성이 낮은 흙에 적합하다. 그러나 함수량이 많은 사질토에는 부적합하다.

81 ★★

tamping roller는 드럼에 많은 양(羊)발굽형 돌기를 붙여 땅 깊숙이 다지는 기계이다. tamping roller의 종류를 3가지만 쓰시오.

[해답]
① sheeps foot roller
② tapper foot roller
③ grid roller
④ turn foot roller

82 ★★

도로나 댐공사에서 흙을 다질 때 탬핑 롤러를 사용하는 경우가 많다. 탬핑 롤러의 종류를 3가지만 쓰고, 탬핑 롤러를 사용하여 다짐을 하기에 적합한 토질재료명을 1가지만 쓰시오.

[해답] (1) 탬핑 롤러의 종류
① sheeps foot roller
② tapper foot roller
③ grid roller
④ turn foot roller
(2) 적합한 토질재료명 : 함수비가 큰 점토

❋참고
tamping roller의 다지기 특징
함수비가 높은 점토일지라도 양발굽모양의 돌기로 일단 흙을 이완시켜 놓으므로 흙을 건조시키고 함수비 조절의 역할도 한다.

83

다짐기계 중 진동 롤러와 탬핑 롤러의 주요 작업 대상 재료를 쓰시오.

[해답]
① 진동 롤러 : (점토질이 함유되지 않은) 사질토
② 탬핑 롤러 : (함수비가 큰) 점토

84

다음 장비 중 왼쪽에 주어진 토질에 따라 가장 적합한 다짐장비 한 가지를 골라서 ( ) 속에 가입하시오.

| 머캐덤 롤러, 탬핑 롤러, 진동 롤러 |

(1) 사질 및 자갈질토 - (　)
(2) 점토질흙 - (　)
(3) 쇄석기층 - (　)

[해답]
(1) 진동 롤러
(2) 탬핑 롤러
(3) 머캐덤 롤러

✱ 참고

기 종	적용토질
macadam roller	ⓐ 쇄석 기층의 다짐 ⓑ loam질토, 점토 ⓒ 아스팔트 포장의 초기 전압에 사용
tandem roller	ⓐ loam질토, 점토 ⓑ 아스팔트 포장의 마무리 전압에 사용

85

규격 100t 아스팔트 플랜트를 사용하여 포장두께 $t=5cm$, 포장폭 $B=6m$의 도로연장 10km를 아스팔트 콘크리트로 포장하고자 한다. 아스팔트 페이버(피니셔)의 시간당 작업량을 구하시오. (단, 아스팔트 페이버의 평균 작업속도(V)=180m/h, 페이버의 시공폭(W)=3m, 다져진 후의 밀도(d)=2.34t/m³, 작업효율(E)=0.8)

[해답]
$Q = VWtdE$
$= 180 \times 3 \times 0.05 \times 2.34 \times 0.8 = 50.54 t/h$

✱ 참고
용어설명
Q : 시간당 포설량(t/h)
V : 아스팔트 페이버의 평균 작업속도(m/h)
W : 아스팔트 페이버의 폭(m)
t : 포설 마무리 두께(m)
d : 다져진 후의 밀도(t/m³)
E : 작업효율(0.8)

86

가열 아스팔트 혼합물의 다짐에 사용하는 롤러 종류를 장비 투입순으로 쓰시오.

[해답]
① macadam roller : 아스팔트 포장의 초기 전압
② tire roller : 아스팔트 포장의 중간 전압
③ tandem roller : 아스팔트 포장의 마무리 전압

87 ★
92 ②, 95 ④

수중의 골재채취 및 배수로의 굴착이나 하상으로부터 제방구축 재료의 채집 및 성토작업에 적합한 토공기계는?

[해답] drag line(드래그 라인)

> **※참고**
> (1) drag line : 기계면보다 낮은 곳을 굴착한다.
>   ① 수로, 하상 또는 면적과 대용량의 건축 기초의 굴착
>   ② 하천의 모래, 자갈의 채집에 사용된다.
> (2) back hoe
>   ① 도랑파기
>   ② 배수로 굴착
>   ③ 관로굴착
>   ④ 기초 터파기 및 기타 준설작업 등에 사용된다.

88
94 ①

넓은 범위의 굴착에 적합하고 기계보다 낮은 곳과 높은 곳 모두 사용할 수 있으나 운반로보다 낮은 장소에 적합하고 하상굴착, 배수로의 굴착, 골재 채취, 연약지반 굴착에 사용되는 셔블계 굴착기는 무엇인가?

[해답] drag line

89 ★
92 ④, 95 ⑤

연속적 버킷이 장치된 굴착기계로서 수도나 하수 파이프 등의 매설을 위한 도랑을 파는데 편리한 토공기계는?

[해답] trencher(트렌처)

90
94 ④

좁은 도랑을 파거나 가스관, 수도관, 암거를 묻기 위해서 파는 기계로 알맞은 기계의 종류 2가지를 쓰시오.

[해답] ① trencher(트렌처)
② back hoe(백호)

91

콘크리트 포장 슬래브의 포설, 다짐, 표면 끝손질 등의 기능을 겸비하여 거푸집을 설치하지 않고 연속적으로 포설하는 장비는 무엇인가?

해답 슬립폼 페이버(slip form paver)

92

셔블계 굴착기가 다른 기종에 비하여 가진 가장 큰 장점 3가지만 쓰시오.

해답
① 굴착과 싣기 작업을 할 수 있다.
② 굴착기의 부속장치를 바꿈으로써 각종 작업에 필요한 굴착기계로 대체할 수 있다.
③ 기계면보다 높은 곳의 굴착(power shovel)이나 낮은 곳의 굴착(back hoe)을 할 수 있다.

93

지하 밑과 같이 지반보다 낮은 곳의 흙을 굴착하여 적재하기 위한 적당한 장비 3가지만 쓰시오.

해답
① back hoe
② clam shell
③ drag line

94

셔블(shovel)계 굴착기는 부속장치를 바꿈으로써 여러 가지 목적에 사용할 수 있다. 셔블계 굴착기의 종류를 5가지만 쓰시오.

해답
① power shovel
② back hoe
③ drag line
④ clam shell
⑤ crane

95

앵글 도저와 유사한데 절삭날을 바람개비와 같은 방향으로 300° 회전시킬 수 있어 수평지반 뿐 아니라 비탈면도 고를 수 있는 기계이다. 절삭날 크기는 폭 4m, 높이 60cm이고 최고 속도는 끝마무리할 때 10km/h, 쌓기를 할 때 6km/h이다. 노면이나 비탈면에 깎기나 바로잡기 또는 도랑깎기에 쓰이는 기계는 무엇인가?

[해답] grader(그레이더)

96

ladder를 이용하여 버킷을 체인의 힘으로 전후 이동시켜 지표를 얇게 깎아내는 기계로 좁은 곳, 얕은 굴착에 유효하다. 기계의 이름은 무엇인가?

[해답] 스키머-스코프(skimmer-scoup)

97

시공장비의 주행의 난이도를 무엇이라 하는가? 또한 주행의 난이도를 판정하는 방법(척도)으로 많이 쓰이고 있는 것은 무엇인가?

[해답] ① trafficability
② cone 지수(q_c)

※ 참고
토공기계에 필요한 최소 cone 지수

장비명	q_c(kg/cm^2)
습지 dozer	3 이상
중형 dozer	5 이상
대형 dozer	7 이상
dump truck	12 이상

98

현장 인근에 운반되어 있는 막자갈을 아래와 같은 조건에서 리어커 소운반(인력 운반)할 경우 1일 운반량(m^3)은? (단, 소수 2째자리에서 반올림하시오.)

[조건]
- 소운반거리 : 90m
- 운반 길의 경사 : 경사구간 40m
- 막자갈 단위중량 : 1800kg/m^3
- 1회 운반량 : 250kg/회
- 운반속도 : $V=2.0$km/h
- $t=5$분
- 계수(α)=1.25
- 1일 작업시간 : 7시간 30분

[해답] ① $N = \dfrac{VT}{120\alpha L + Vt} = \dfrac{2000 \times 450}{120 \times (1.25 \times 40 + 50) + 2000 \times 5} = 40.9$회

② $Q = Nq = 40.9 \times 250 = 10,225$kg

③ $\gamma_t = \dfrac{W}{V}$에서 $1.8 = \dfrac{10.225}{V}$ ∴ $V = 5.7$m^3

99

운반거리가 단거리(80m 이하)일 때, 운반장비의 종류 3가지만 쓰시오.

해답
① bulldozer
② scraper
③ belt conveyer

100

다음과 같은 토공운반 조건에서의 적절한 토공기계의 조합방법(조합기계의 명칭)을 한 가지씩 예를 들어 쓰시오.

(1) 단거리(30~50m)
(2) 단중거리(100~200m)
(3) 중거리
(4) 중장거리

해답
(1) 단거리 : bulldozer + belt conveyer
(2) 단중거리 : motor scraper + belt conveyer
(3) 중거리 : shovel계 굴삭기 + dump truck
(4) 중장거리 : tractor shovel + dump truck

101

건설기계 작업 시 발생될 수 있는 주행저항의 종류 3가지를 쓰시오.

해답
① 전동저항　② 경사저항
③ 가속저항　④ 공기저항

※ 참고
주행저항이 미치는 영향
① 시공효율 저하
② 공사비 증가

102 ★★★

펌프 준설선으로 준설을 하고자 한다. 압송유량은 초당 $1.5\text{m}^3/\text{sec}$, 수면으로부터 배출구까지의 수두차는 5m, 손실수두의 총합은 44m, 토사를 함유한 물의 단위중량은 1.2t/m^3, 펌프의 효율은 0.6이라 할 때, 필요한 펌프의 동력은 몇 마력(HP)인가?

해답
$$E = \frac{1000wQH_e}{75\eta} = \frac{1000wQ(H+\Sigma h)}{75\eta}$$
$$= \frac{1000 \times 1.2 \times 1.5(5+44)}{75 \times 0.6} = 1960\,\text{HP}$$

103 ★★★

해저, 오지, 이지 및 저수지 밑바닥의 퇴사나 니토 등을 굴착하거나 걷어내는 작업을 하는데 필요한 준설선의 종류를 4가지 쓰시오.

[해답]
① pump dredger
② bucket dredger
③ grab dredger
④ dipper dredger

> 00 ②, 06 ③, 11 ③, 15 ③
>
> ※ 참고
> ① 준설(dredging)이라 함은 수중굴착을 말한다.
> ② 준설선의 분류
>   ㉠ 연속식 : pump dredger, bucket dredger
>   ㉡ 불연속식 : grab, dredger, dipper dredger

104

다음 준설기계에 대한 설명에 적합한 준설선의 명칭을 쓰시오.

(1) 해저 토사를 회전형 Cutter로 깎아 펌프로 흡입하여 매립지로 배송(排送)하는 준설선
(2) 해저의 암반이나 암초를 쇄암기나 쇄암추의 끝에 특수한 강철로 된 날끝을 달아 파쇄하는 준설선
(3) 육상 굴착에 이용되는 파워 셔블(Power shovel)을 대선에 설치한 준설선
(4) 버킷 굴착기를 Pontoon 위에 장치한 준설선

[해답]
(1) 펌프준설선(pump dredger)
(2) 쇄암 준설선(rock cutter dredger)
(3) 디퍼준설선(dipper dredger)
(4) 버킷준설선(bucket dredger)

> 19 ③

105 ★★★

해안 준설·매립공사 시 사용되는 준설선의 종류를 4가지만 쓰시오.

[해답]
① pump dredger
② bucket dredger
③ grab dredger
④ dipper dredger

> 04 ②, 22 ①③, 24 ②

106

준설선에 있어서 조류에 대한 저항성이 크고 비교적 밑바닥을 평탄하게 시공할 수 있으나, 예선 및 토운선이 필요하여 준설공비가 비교적 비싼 준설선은?

해답 버킷 준설선(bucket dredger)

107

한 건설회사에서 8000만 원을 주고 백호 한 대를 구입하였다. 이 장비는 만 5년간 사용하고 1000만 원에 처분할 계획이었다. 그러나 사정이 생겨 이 장비를 만 2년을 사용하고 팔아야 했다. 이 장비의 판매가격은 얼마가 적절하겠는가? (단, 연 계수적산(Sum Of Year Digit ; SOYD)법으로 감가상각을 계산하여 가격을 산정하시오.)

해답
① 연 상각비 = $\dfrac{구입가격 - 잔존간격}{내용연수} = \dfrac{8000만\ 원 - 1000만\ 원}{5}$
　　　　＝1400만 원/년
② 2년 후 감가상각액＝1400만 원×2＝2800만 원
③ 잔존간격(판매가격)＝8000만 원－2800만 원＝5200만 원

PART 3

토·목·기·사·실·기

연약지반 개량공법

01 개 론
02 점토지반 개량공법
03 사질토지반 개량공법
04 일시적 지반 개량공법
05 기타 공법
06 문제성 토질에서의 공법
● 과년도 출제 문제

3.3%

출제빈도표

03 PART 연약지반 개량공법

01 개론

① 연약지반이란 함수비가 높고 q_u가 작은 점토, silt, 유기질토 및 느슨한 사질토지반을 총칭한다.
  ① 상층 또는 지지층 아래에 압밀층이 있는 지반
  ② 상층 또는 지지층 아래에 활동층이 있는 지반
  ③ 점토 : $N<6$ 또는 $q_u<1\text{kg/cm}^2$인 지반
  ④ 사질토 : $N<10$ 또는 상대밀도가 0.4 이하인 느슨한 지반

● 일반적인 연약지반의 판정 기준

토성	층 두께	q_u (kg/cm²)	N치
점성토	10m 미만	0.6 이하	4 이하
	10m 이상	1.0 이하	6 이하
사질토	–	–	10 이하

② 연약지반 침하측정방법

측정방법에 의한 분류	측정기
레벨에 의한 측정	지표면 침하계 심층 침하계
지중 앵커방식에 의한 측정	차동 침하계 연속 침하계
연통관의 원리를 이용한 측정	연통관식 침하계
수압계에 의한 측정	수압식 침하계
경사계에 의한 측정	(수평)경사계

③ 연약지반 측방유동 측정방법

측방유동현상은 토압, 수압, 수평하중, 지반활동, 진동 등에 의한 수평방향 변위와 경사로 나눈다.

측정방법에 의한 분류	측정기
거리측정	지표면 변위말뚝 지표면 신축계 테이프 신축계
경사측정	현추 경사계 • 기포관식 • 진자식
변위측정	지중변위계

02 점토지반 개량공법

1 치환공법

연약점토지반의 일부 또는 전부를 제거한 후 양질의 사질토로 치환하여 비교적 단시간 내 지반을 개량하는 공법으로 공기를 단축할 수 있고, 공사비가 저렴하므로 지금도 많이 이용된다.

(1) 공법의 종류*

① 굴착치환 : 굴착기계(또는 준설선)로 연약층을 굴착한 후 여기에 양질의 모래를 메우는 공법으로 가장 일반적이다.
  ㉠ 전굴착 치환공법 : 연약층 전부를 굴착하여 양질토로 치환하는 공법으로 연약층 두께가 3~4m 이하인 경우에 적용하며 단시간 내에 확실한 효과를 얻을 수 있다.
  ㉡ 부분굴착 치환공법 : 연약층이 두꺼운 경우 소요의 지지력을 확보할 수 있는 깊이까지 상부 연약층만 치환하는 공법이다.
② 폭파치환 : 폭약으로 연약층을 일시에 폭파시켜 모래로 치환하는 공법이다.
③ 강제치환(압출치환) : 연약지반상에 모래를 성토하여 그 중량으로 연약지반이 미끄러짐을 일으키게 하여 모래로 치환하는 공법이다.

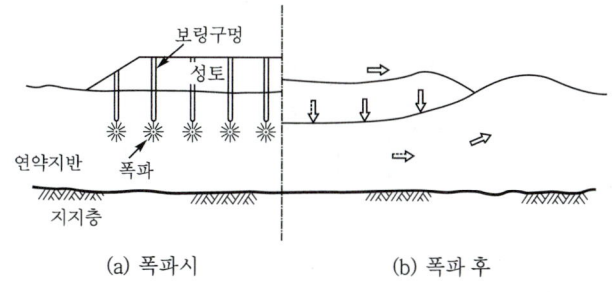

[그림 3-1] 폭파치환

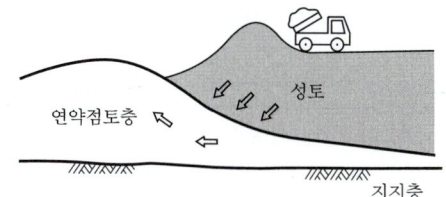

[그림 3-2] 강제치환

(2) 치환 가능한 깊이의 한계

육상의 경우 지표면에서 약 10m 정도이다.

2 동치환공법(dynamic replacement method)

크레인으로 무거운 추를 낙하시켜 연약지반상에 미리 포설하여 놓은 쇄석 또는 모래, 자갈 등의 재료를 타격하여 지반으로 관입시켜 대직경($\phi 0.6 \sim 1m$)의 쇄석기둥을 지중에 형성하는 공법이다.

(1) 적용

① 점성토
② 연약층의 심도가 얕은 경우

(2) 특징

① 쇄석기둥 내에 큰 전단강도가 생긴다.
② 쇄석기둥 사이의 토사층도 강도가 증가된다.
③ 주변 흙의 과잉공급수압 배출통로가 형성된다.

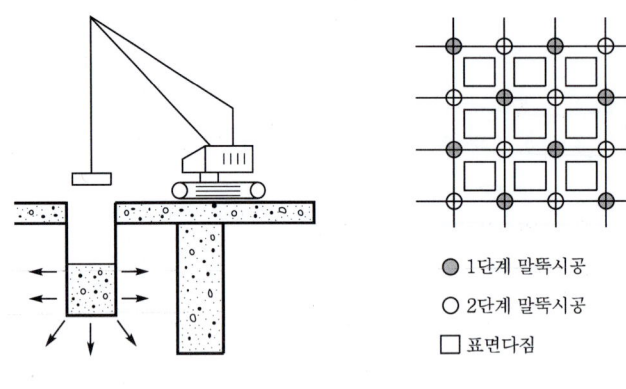

[그림 3-3] 동치환공법   [그림 3-4] 시공순서

(3) 시공한계
① 점성토 연약지반에 실시할 경우 심도 4.5m까지 가능하다.
② 심도 4.5m 이상의 연약지반 개량에는 menard drain 공법과 병용한다.

③ 강제압밀공법

(1) pre-loading 공법(사전압밀공법)
구조물을 축조하기 전에 미리 재하하여 하중에 의한 압밀을 미리 끝나게 하는 공법이다.
① 목적
  ㉠ 압밀침하 촉진
  ㉡ 시공 후의 잔류침하 감소
  ㉢ 공극비를 감소시켜 전단강도 증진
② 특징

장 점	단 점
ⓐ 공사비가 저렴하다. ⓑ 압밀효과가 균등하다.	ⓐ 공기가 길다. ⓑ 재하용 성토재료의 확보

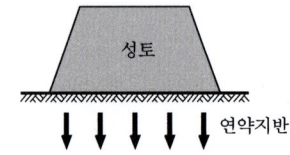

[그림 3-5] pre-loading 공법

(2) 여성토(더돋기, extra-banking) 공법

계획높이 이상으로 재하중을 증가시켜 예상 이상의 침하 또는 강도 증가를 도모하는 공법이다.

① 특징
  ㉠ 잔류침하량이 작아진다.
  ㉡ pre-loading 공법보다 압밀소요시간이 줄어들기 때문에 공기가 단축된다.

② 여성토의 시공

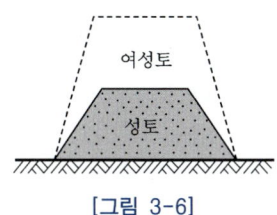

[그림 3-6]

④ vertical drain 공법

(1) sand drain 공법★

연약점토층이 두꺼운 경우 연약한 점토층에 주상의 사주(모래기둥, sand pile)를 다수 박아서 점토층의 배수거리를 짧게 하여 압밀을 촉진함으로써 단기간 내에 연약지반을 처리하는 공법이다. 미국의 Barron에 의해 이론이 체계화되었고 점토층이 두꺼울 때나 pre-loading으로는 장시간이 소요될 때는 sand drain 공법 또는 paper drain 공법이 치환공법과 더불어 섬성토지반 개량공법의 주류를 이루고 있다.

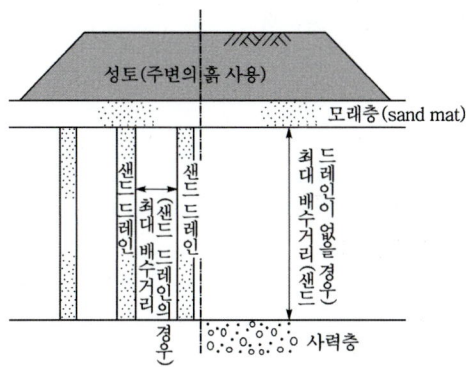

[그림 3-7] sand drain에 의한 압밀의 촉진

① 시공법
  ㉠ sand mat 부설
    ⓐ sand drain을 박기 이전에 약 50cm(양질의 모래가 아닌 경우에는 50~100cm) 정도의 모래를 까는 데 이것을 sand mat라 한다.
    ⓑ 역할
      • 점토 중의 간극수를 측방으로 배수시키는 역할
      • 시공기계의 주행성(trafficability) 확보의 역할
  ㉡ sand drain의 설치★
    ⓐ mandrel법(타입식 케이싱법, 압축공기식 케이싱법)
      • 선단 shoe를 달고 소정의 위치에 놓는다.
      • 해머로 케이싱을 타격하여 지반에 관입시킨다.
      • 케이싱 내 모래를 투입한다.
      • 압축공기를 보내면서 케이싱을 인발한다.
      • sand drain 타설을 완료한다.
    ⓑ water jet식 케이싱법
    ⓒ auger식 케이싱법

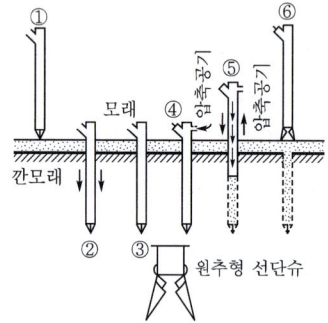

[그림 3-8] 압축공기식 케이싱법의 시공순서

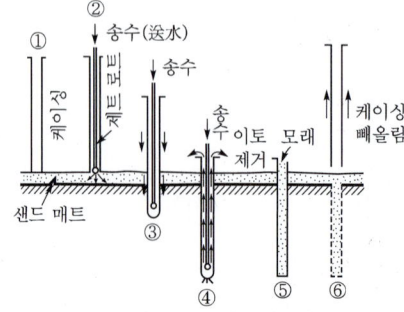

[그림 3-9] water jet식 케이싱법의 시공순서

② sand drain의 설계
  ㉠ sand drain 배열
    ⓐ 정삼각형 배열 : $d_e = 1.05d$ ·············(3-1)
    ⓑ 정사각형 배열 : $d_e = 1.13d$ ·············(3-2)
    여기서, d_e : drain의 영향원 지름
           d : drain의 간격

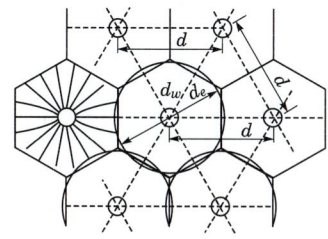
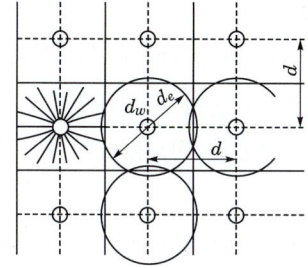

(a) 정삼각형 배열   (b) 정사각형 배열

[그림 3-10] sand drain의 배열과 지배영역

  ㉡ 수평, 연직방향 투수를 고려한 전체적인 평균압밀도
    $$U = 1 - (1 - U_h) \cdot (1 - U_v)$$ ·············(3-3)
    여기서, U_h : 수평방향의 평균압밀도
           U_v : 연직방향의 평균압밀도

  ㉢ sand drain의 간격이 길이의 1/2 이하인 경우에 연직방향 투수를 무시한다.
  ㉣ sand drain의 크기
    ⓐ 지름 : 0.3~0.5m
    ⓑ 간격 : 2~4m
    ⓒ 길이 : 15m 이하에서 효과적(20m 이상이면 공사비가 대단히 비싸다.)

(2) paper drain 공법★

[plastic drain board 공법, wick drain(심지배수) 공법]

sand drain 공법과 원리가 동일하며, 모래말뚝 대신에 합성수지로 된 card board를 땅 속에 박아 압밀을 촉진시키는 공법이다.

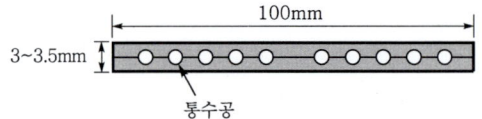

[그림 3-11] card board의 단면

① sand drain 공법에 비해 paper drain 공법의 장점
　㉠ 굴착이 필요 없기 때문에 시공속도가 빠르다. (약 2배 정도)
　㉡ 배수효과가 양호하다.
　㉢ 타입 시 교란이 없다.
　　ⓐ 수평방향 압밀계수 $C_h ≒ 2~4\,C_v$로 설계한다.
　　ⓑ sand drain 타입 시 지반이 교란되므로 $C_h ≒ C_v$로 설계한다.
　㉣ drain 단면이 깊이에 대하여 일정하다.
　㉤ 공사비가 싸다.
　㉥ 장기간 사용 시 열화현상이 생겨 배수효과가 감소한다.(단점)

② 시공법

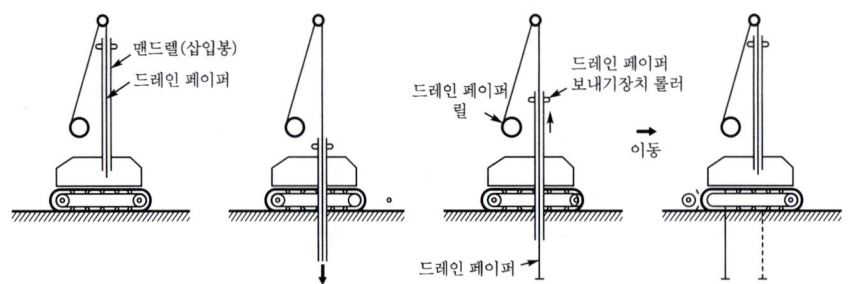

[그림 3-12] paper drain의 타설순서

③ paper drain의 구비조건
　㉠ 주위 지반보다 투수성이 클 것
　㉡ 습윤강도가 클 것
　㉢ 투수성에 변화가 없을 것
　㉣ 전단강도, 파단의 신장률에 있어서 변형이 없을 것

④ paper drain의 설계

$$D = \alpha \cdot \frac{2A + 2B}{\pi} \quad \cdots\cdots\cdots\cdots\cdots\cdots\cdots\cdots\cdots\cdots\cdots\cdots\cdots\cdots(3-4)$$

여기서, D : paper drain의 등치환산원의 지름
        A, B : paper drain의 폭과 두께(cm)
        α : 형상계수(=0.75)

(3) pack drain 공법

sand drain의 결점인 절단, 잘록함을 보완하기 위해 개량형인 합성섬유로 된 포대(ϕ12cm)에 모래를 채워 만든 포대형 sand drain 공법이 개발되었다. 이것이 pack drain 공법이다.

① 특징

장점	ⓐ 강인한 포대 속에 모래를 채워서 drain 하기 때문에 drain이 절단되는 일이 없이 연속적으로 유지할 수 있다. ⓑ 타설 후 포대형 drain이 지면에서 50~100cm 정도 위로 나오기 때문에 설계대로 시공되었는지 간단하게 판단할 수 있고 시공관리가 용이하다. ⓒ 지름 12cm의 작은 sand drain을 시공하므로 사용 모래의 양이 적어 경제적이다. ⓓ 4본을 동시에 시공할 수 있으므로 시공기간이 단축된다.
단점	ⓐ 연약지반 심도변화에 따른 타설심도 조절이 어렵다. ⓑ 동절기 공사 시 초기 항타가 어렵다. ⓒ 동절기 공사 시 모래의 품질관리가 어렵다. ⓓ 장비규모가 커서 작업능률의 저하 및 안전관리가 어렵다. ⓔ 장비 적기수급이 어렵다.

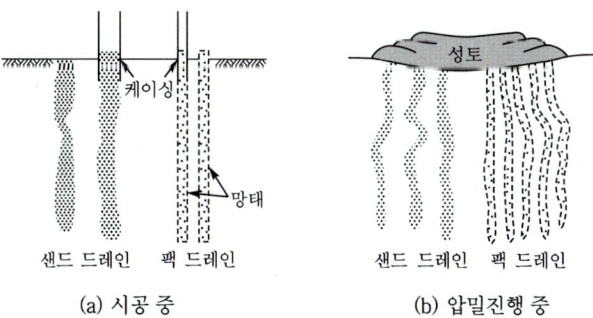

[그림 3-13] 샌드 드레인과 팩 드레인의 모래기둥 변형 비교

② 시공순서

㉠ 케이싱 타설　　㉡ 포대관입　　㉢ 모래충진

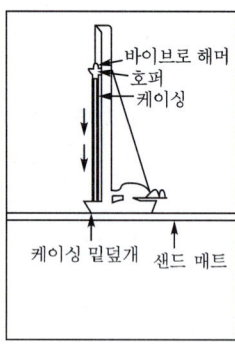 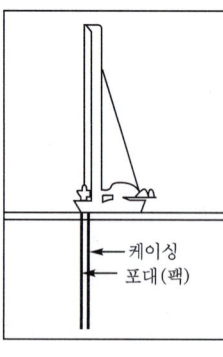 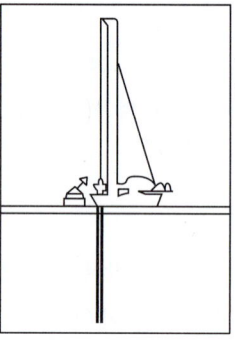

시공계획 위치에 바이브로　시공길이에 맞추어 절단된　바이브로 해머를 이용,
해머를 이용하여 타설　　포대를 넣고 호퍼에 고정　진동을 가하면서 모래 투입

㉣ 케이싱 인발　　㉤ 모래말뚝 형성완료　㉥ 완성된 모래말뚝

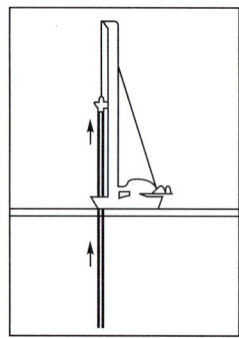 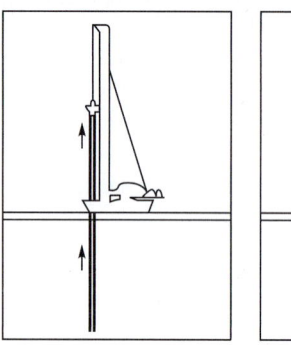 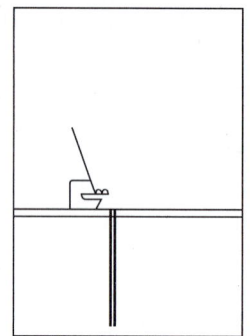

모래투입이 완료된 후 위덮개를
닫고 압축공기를 주입하면서 인발

⑤ sand mat 공법

연약지반상에 0.5~1.0m 정도의 모래 또는 자갈섞인 모래를 부설하여 연약지반 표층부를 개량하는 공법

- sand mat의 역할★
① 연약지반 상부의 배수층 형성 : 압밀촉진 효과
② 성토 내 지하배수층 형성 : 지하수위 저하 효과
③ 시공기계의 주행성(trafficability) 확보

ⓑ 전기침투공법

 물에 포화된 세립토 중에 한 쌍의 전극을 설치하여 직류를 보내면 전기침투(electro-osmosis)라는 현상에 의해 간극수는 (+)극에서 (−)극으로 흐르는데 이 (−)극에 모인 물을 배수하여 압밀을 받을 때와 같이 전단저항을 증가시키는 공법이다.

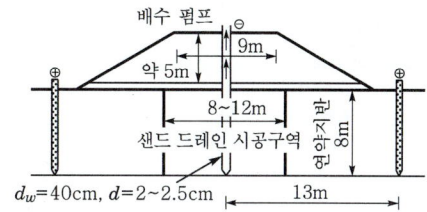

[그림 3-14] 전기침투공법에서의 전극배치의 예

① 특징
  ㉠ 비경제적이며, 광범위한 지반개량에 부적합하다.
  ㉡ 산사태 지역과 같이 재하에 의하여 개량할 수 없는 경우나 구조물 기초를 보강할 때와 같이 특수한 경우에 유효한 공법이다.
  ㉢ 초연약지반, 준설매립토에 적합하며, 불포화토는 효과가 적다.

(2) 활용분야
① 연약지반 개량 : 압밀배수시켜 침하촉진 및 지반강도 증가
② 말뚝
  ㉠ 말뚝주변 마찰력 증가
  ㉡ 말뚝의 항타 또는 인발 시 시공성 향상

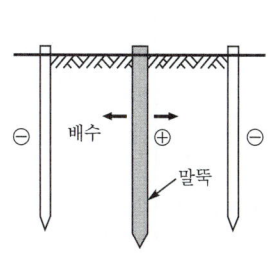 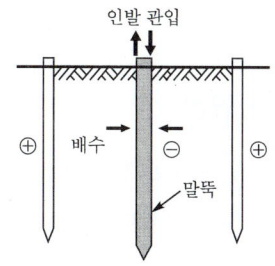

(a) 말뚝주면 마찰력 증가   (b) 말뚝항타, 인발시 시공성 향상

[그림 3-15]

7 침투압(MAIS) 공법*

함수비가 큰 점토층에 반투막 중공원통(ϕ25cm 정도 사용)을 삽입하여 그 속에 농도가 큰 용액(펄프, 공장 폐액)을 넣어 점토분의 수분을 빨아내는 공법이다.

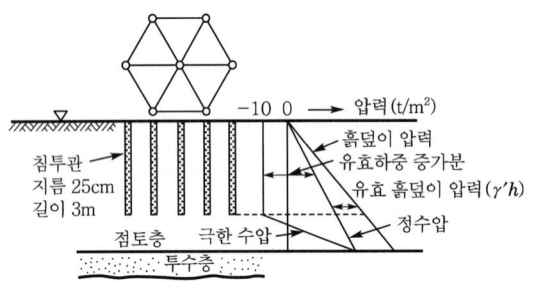

[그림 3-16] 침투압공법 설명도

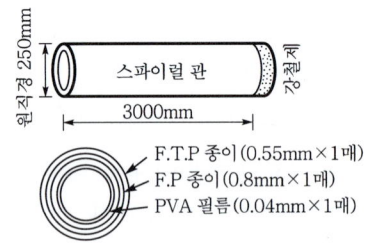

[그림 3-17] 침투관

① sand drain 공법은 상재하중에 의해 점토층을 눌러서 높아진 간극수압을 배출시켜 압밀시키는데 반해 침투압공법은 상재하중을 사용하지 않고 수분을 빨아내어 간극수압을 작게 하고, 유효 상재하중을 증가시킴으로써 압밀되게 한다는 점이 서로 상이하다.
② 깊이 3m 정도의 표층 개량에 사용된다.

8 생석회말뚝(chemico pile) 공법

생석회가 물을 흡수하면 발열반응을 일으켜서 소석회가 되며, 이때에 체적이 2배로 팽창하는 원리를 이용하여 연약점성토 중에 생석회말뚝을 박아 지반을 개량하는 공법이다.

(1) 효과*

① 탈수효과 : 생석회가 소화하는데 필요한 물의 양은 생석회 중량의 0.32배로써 수분을 빨아들이는 힘(suction)이 있어 탈수효과를 나타낸다.

② 건조효과 : 생석회가 소화할 때의 발열량은 276kcal/kg으로써 이 열량의 일부는 지반의 온도상승에 소비되어 전도, 복사, 대류 등에 의해 외계로 없어지지만 일부는 물의 증발을 촉진하여 건조효과를 나타낸다.
③ 팽창효과 : 생석회는 소화와 동시에 체적이 약 2배로 팽창되어 대부분 흙의 체적을 압축 탈수시켜서 점성토를 압밀시킨다.

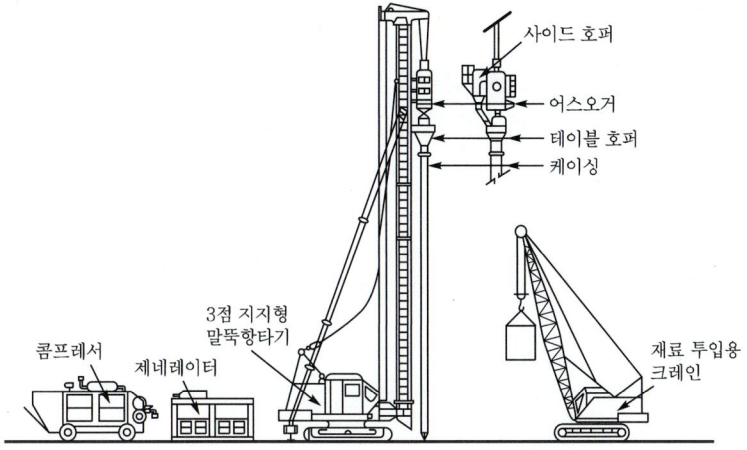

[그림 3-18] 생석회 파일공법의 표준 시공기계

(2) 특징

① 생석회의 수분흡수에 의해 연약지반 내 간극수압 발생 억제
② 생석회와 연약토의 화학반응에 의해 말뚝주변 흙을 고결화
③ 생석회의 팽창에 의한 연약지반의 압밀
④ 말뚝 자체에도 어느 정도의 강도를 기대할 수 있으며, 이때에는 말뚝에 하중을 부담시킬 수도 있다.
⑤ 연약한 점토, 실트질지반의 개량에 적합하다.

03 사질토지반 개량공법

1 다짐말뚝공법

나무말뚝이나 RC, PC 말뚝 등을 땅 속에 다수 박아서 말뚝의 체적만큼 흙을 배제하여 압축함으로써 간극비를 감소시켜 사질토지반의 전단강도를 증진시키는 공법이다.
 ① 역사적으로는 오래된 공법이지만 현재로서는 주로 보조적인 방법으로 사용되고 있다.
 ② 재료비가 비싸서 비경제적이다.

2 다짐모래말뚝공법 (sand compaction pile 공법=compozer 공법)

다짐말뚝공법과 원리가 같지만 나무 또는 RC, PC 말뚝을 박는 대신 충격, 진동타입에 의해서 지반에 모래를 압입하여 잘 다져진 모래말뚝을 만드는 공법이다.

(1) 적용

모래가 70% 이상인 사질토지반에서 효과가 현저하며, 경제적이다.

(2) 공법의 종류

hammering compozer 공법	vibro compozer 공법
ⓐ 전력설비가 없어도 시공이 가능하다.	ⓐ 시공상 무리가 없으므로 기계고장이 적다.
ⓑ 충격시공이므로 소음·진동이 크다.	ⓑ 충격, 진동과 소음이 작다.
ⓒ 주변 흙을 교란시킨다.	ⓒ 균질한 모래기둥을 만들 수 있다.
ⓓ 낙하고의 조절이 가능하므로 강력한 타격에너지가 얻어진다.	ⓓ 진동은 모래의 다짐에 유효하지만 지표면은 다짐효과가 적으므로 vibro tamper로 다진다.
ⓔ 시공관리가 힘들다.	ⓔ 시공관리가 쉽다.

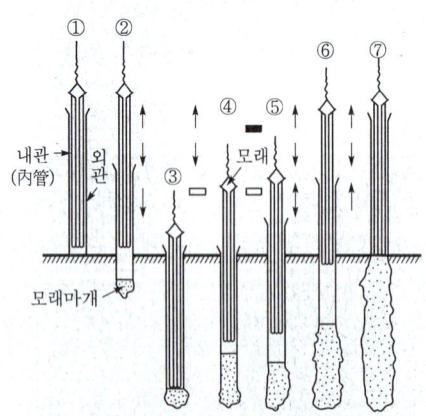

[그림 3-19] 해머링 콤포저공법의 시공순서

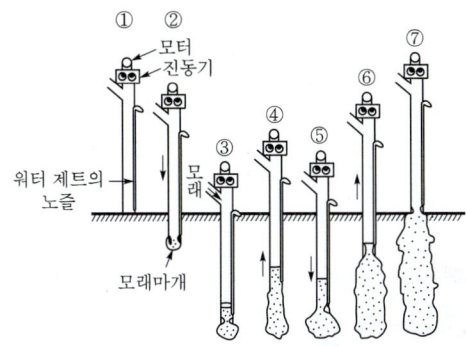

[그림 3-20] 바이브로 콤포저공법의 시공순서

(3) 시공법

① 모래기둥의 지름 : 보통 60~80cm
② 모래기둥의 간격 ─┬─ 사질토지반에서 1.8~2.2m
　　　　　　　　　└─ 점성토지반에서 1.2~1.6m

③ 바이브로 플로테이션 (vibro flotation)

수평방향으로 진동하는 봉상(ϕ 약 20cm)의 바이브로 플로트(vibro flot)로 사수와 진동을 동시에 일으켜서 생긴 빈틈에 모래나 자갈을 채워서 느슨한 모래지반을 개량하는 공법이다.

(1) 적용

느슨한 사질토의 20~30m 깊이까지 시공이 가능하며, 각국에서 널리 사용되고 있다.

(2) 특성

① 수평방향의 진동이므로 지반을 균일하게 다질 수 있고, 강도의 분산이 적다.
② 깊은 곳의 다짐을 지표면에서 할 수 있다.
③ 지하수위의 영향을 받지 않는다.
④ 공기가 빠르고 공사비가 저렴하다.
⑤ 상부 구조물이 진동하는 경우 특히 효과가 있다.
⑥ 느슨한 모래지반의 액상화방지에 효과적이다.

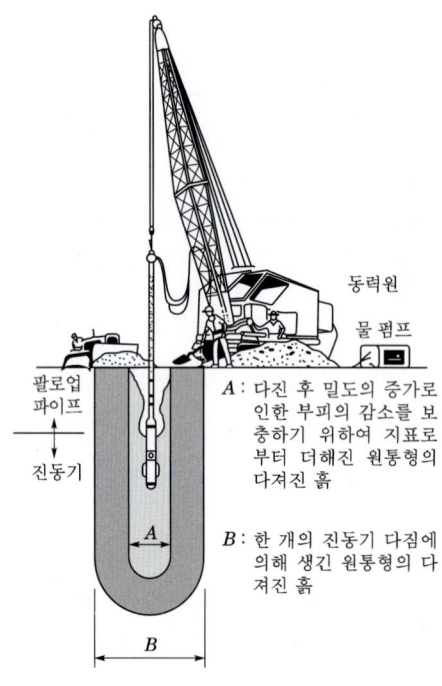

[그림 3-21] 바이브로 플로테이션

4 폭파다짐공법

dynamite를 폭파하든지 인공지진을 일으켜서 느슨한 사질지반을 다지는 공법이다.

(1) 적용
① 광범위한 연약 사질토층의 대규모 다짐에 적용한다.
② 표층 1m 정도는 다짐효과가 없어 vibro tamper로 다진다.

(2) 시공관리
① 인접 구조물 피해, 인명 피해가 없도록 한다.
② 폭파는 개량의 중심에서 외측으로 행한다.
③ 시험시공을 하여 폭약의 종류, 위치, 다짐도 등을 평가한다.

5 전기충격공법

지반에 미리 물을 주입하여 지반을 거의 포화시킨 후에 water jet에 의해 방전전극을 지중에 삽입한 후 이 방전전극에 고압전류를 일으켜서 생긴 충격력에 의해 지반을 다지는 공법이다.

(1) 적용

사질토에서는 양호하나 세립토가 많은 흙에서는 거의 효과가 없다.

(2) 폭파다짐공법에 비해서 전기충격공법의 장점

① 동일 지점에서 수 회의 방전이 가능하다.
② 다짐에너지(방전에너지)를 변화시킬 수 있다.
③ 불발의 우려가 없다.

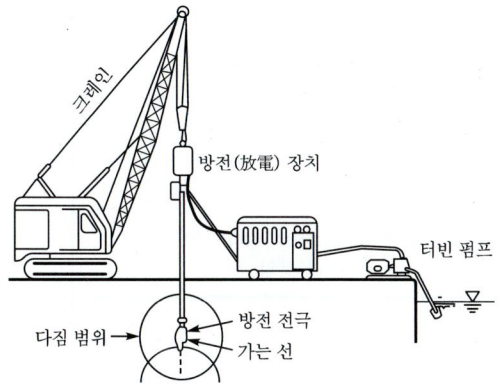

[그림 3-22] 전기충격공법 장치의 배치

ⓑ 약액주입공법

지반 내에 주입관을 삽입하여 약액을 압송 충진시켜 일정시간(gel time) 경과 후 지반을 고결시키는 공법이다. 최근에는 고압분사공법, 혼합처리공법, 컴팩션 주입공법(CGS 공법)도 주입공법으로 발전하였으며, 주입공법에 해당된다.

(1) 목적

① 차수
② 지반의 강도 증가
③ 투수계수 감소
④ 압축률 감소

(2) 특징

① 소음, 진동이 적다.
② 점토, 모래, 자갈, 암반 등 적용지반이 다양하다.
③ 작업이 간편하고 소규모로 시공할 수 있다.

④ 공사비가 비싸다.
⑤ 점토질인 경우에는 주입재의 침투주입이 되지 않고 맥상주입이 되므로 침투주입공법은 좋지 않고, 고압분사공법 또는 혼합처리공법이 바람직하다.

(3) 공법의 종류

주입방식	종 류	목 적
① 침투주입공법	• LW · SGR	• 차수
② 고압분사공법	• 2중관 분사(JSP) • 3중관 분사(RJP, SIG)	• 고강도($30\sim150kg/cm^2$) • 차수 목적 시 비경제적이다.
③ 혼합처리공법	• 천층 혼합처리공법 • 심층 혼합처리공법(SCW)	• 차수 • 중간정도 강도($10\sim60kg/cm^2$)
④ 컴팩션 주입공법	• CGS	• 고강도($30\sim150kg/cm^2$) • 부등침하 복원

(4) 사용되는 공사

약액주입공법은 비싼 공법이지만 강도적으로는 다른 공법보다 훨씬 많은 값이 기대되므로, 다음과 같은 각종 공사에 널리 쓰인다.
① 댐, 터널, 지하철, 흙막이공 등의 지수, 방수공사
② 기초지반의 지지력 강화
③ 기존 기초의 보강 : under pining시
④ tunnel 굴진 시 막장의 붕괴방지
⑤ tunnel 굴진 시 저부의 heaving 방지
⑥ shield 굴진 시

(5) 주입약액의 종류와 특징

① 현탁액형★

종 류	특 징
시멘트계	ⓐ 강도를 증가시킬 수 있는 경제적이고 가장 일반적인 주입재이다. ⓑ 굵은 모래지반의 강도의 증진에만 사용된다.
점토계(bentonite)	강도의 증진효과는 없고 다만, 지수목적으로만 쓰인다.
아스팔트계	

② 용액형 : 현탁액형의 결점을 보완한 것이다.

종 류	특 징
물유리(L_w)계	ⓐ 차수효과가 크다. ⓑ 용액의 점성이 커서 투수계수가 작은 지반에서 사용이 곤란하다. ⓒ 연한 농도의 용액을 사용하면 고결되었을 때 강도가 감소한다.
크롬리그닌 (chrome-lignin) 계	ⓐ 강도 증대효과가 크다. ⓑ 경화시간 조절이 가능하다. ⓒ 수중에서 고결능력이 약하다. ⓓ 독성이 있다.
아크릴아미드 (acrylamide)계	ⓐ 물유리계, 크롬리그린계보다 침투성이 좋다. ⓑ 수중에서 팽창, 수축이 없어 완벽한 방수, 지수가 된다. ⓒ 취급이 용이하다.
요소계	ⓐ 강도효과가 가장 좋다. ⓑ 지수는 아크릴아미드계보다 뒤떨어진다.
우레탄계	ⓐ 물과 접촉하는 순간에 급속히 고결한다. ⓑ 유속이 빠른 지하수의 차수효과가 대단히 좋다. ⓒ 독성이 있다.

(6) 주입관 설치법

① boring에 의한 방법
② 타설에 의한 방법
③ water jetting에 의한 방법

7 동압밀공법 (동다짐공법 : dynamic consolidation method)

개량하고자 하는 지반에 크레인 등을 이용하여 10~200t의 중추를 10~40m 높이에서 낙하시켜 지표면에 가해지는 충격에너지로서 지반의 심층부까지 다지는 공법이다.

(1) 적용

① 모래, 자갈, 사질점토
② 폐기물 등 광범위한 토질에 적용된다.

(2) 특징★

① 지반 내 장애물이 있어도 가능하다.
② 타격에너지를 대폭 증가시켜 깊은 심층부까지도 개량이 가능하다.
③ 전면적에 고르게, 확실한 개량이 가능하다.
④ 불균일성 지반은 타격을 더하는 개량을 촉진한다.

● 동다짐공법
① 사질토지반이나 매립지반을 깊은 곳(20m)까지 개량하는 데 효과적이며, 포화된 점성토에서도 사용이 가능하다.
② 동다짐을 하게 되면 충격지점의 흙이 다져지고, 과잉간극수압이 발생하며 시간에 따라 과잉간극수압이 소산되면서 지반의 지지력이 증가하게 된다.

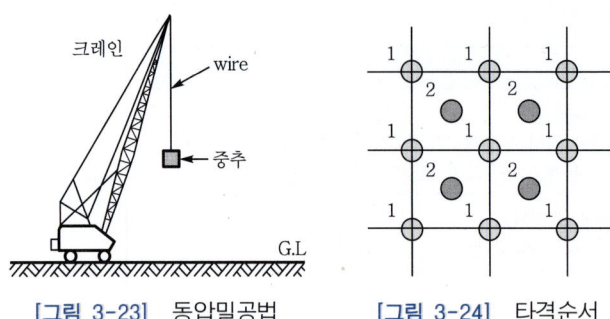

[그림 3-23] 동압밀공법   [그림 3-24] 타격순서

(3) 설계

① 타격방법
  ㉠ 1회 타격에너지와 총 소요에너지의 크기를 비교하여 전 면적에 고르게 필요한 에너지를 공급하도록 격자망을 짜서 타격한다.
  ㉡ 타격순서 : ① → ②([그림 3-24] 참조)

② 타격횟수
  ㉠ 단위면적당 소요에너지 = $\dfrac{\text{타격에너지} \times \text{타격횟수}}{\text{면적}}$ ············ (3-5)
  ㉡ 타격횟수 결정 : 단위면적당 소요에너지는 항상 타격에너지를 상향하도록 타격횟수를 결정한다.

③ 개량심도와 타격에너지 ★

$$D = C\alpha\sqrt{WH} \quad \cdots\cdots\cdots\cdots\cdots\cdots\cdots\cdots\cdots\cdots (3-6)$$

여기서, D : 개량심도
  C : 토질계수
  α : 낙하방법계수
  W : 추의 무게
  H : 낙하고

(4) 문제점 및 대책

문제점	대책
지표면의 충격에 의한 진동발생	깊이 1.5~2.5m의 구덩이를 파서 구덩이 내에 충격에너지를 가한다.
인접 건물의 침하 및 균열발생	충격지점과 구조물 사이에 깊이 1.5~2.5m의 trench를 파서 완충지역을 만들어 진동을 차단한다.

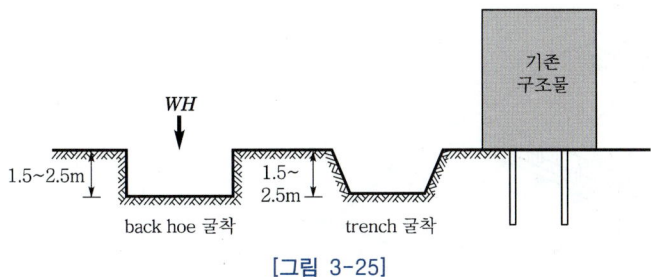

[그림 3-25]

04 일시적 지반 개량공법

1 well point 공법

well point(ϕ2인치, 길이 1m)라는 흡수관을 지하공사 시공지역의 주위에 관입하여 지하수위를 저하시켜 dry work를 하기 위한 강제배수공법이다.

(1) 특징
① 실트질 모래지반까지도 강제배수가 가능하다.(점토지반에서는 적용이 곤란하다.)
② 사질토에서 굴착 시 boiling 방지
③ 점성토에서 압밀촉진 효과
④ dry work 작업 가능

(2) 설계법
① well point의 간격 : 1~2m
② 배수가능 심도 : 6m이며, 6m 이상일 때는 2단 또는 2단 이상(다단)으로 설치한다.

(3) 시공법
① well point에 riser pipe를 연결한 후 water jet에 의해 지중에 관입한다.
② filter층 형성
③ header pipe를 통해 진공 pump와 연결한다.
④ 진공 pump 작동

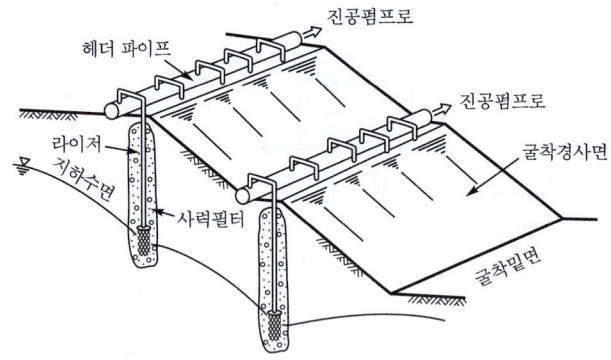

[그림 3-26] well point 공법

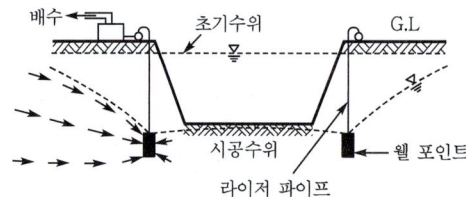

[그림 3-27] well point 배치의 개요

2 deep well 공법(깊은 우물공법)

$\phi 0.3 \sim 1.5$m 정도의 깊은 우물을 판 후 strainer를 부착한 casing(우물관)을 삽입하여 지하수를 펌프로 양수하므로서 지하수위를 저하시키는 중력식 배수공법이다.

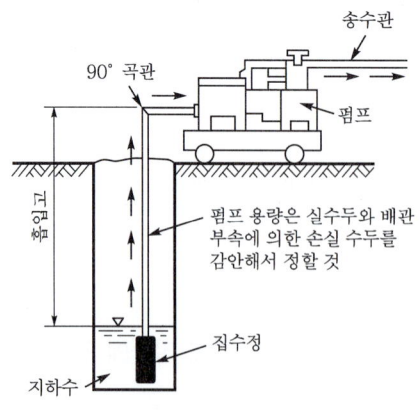

[그림 3-28] deep well 공법

(1) 적용★

① 용수량이 매우 많아 well point의 적용이 곤란한 경우

② 투수계수가 큰 사질토층의 지하수위 저하 시
③ heaving이나 boiling 현상이 발생할 우려가 있는 경우

(2) 특징
① 양수량이 많다.
② 고양정의 pump 사용 시 깊은 대수층의 양수가 가능하다.

(3) 시공순서
① 소정의 깊이까지 우물굴착
② strainer를 부착한 casing(우물관) 삽입
③ 펌프 설치 후 작동

3 대기압공법 (진공압밀공법 ; menard vacuum consolidation 공법)

지표면을 비닐 sheet 등의 기밀한 막으로 덮은 다음 진공 pump를 작동시켜서 내부의 압력을 내려 재하중으로서 성토 대신 대기압으로 연약점토층을 탈수에 의해 압밀을 촉진시키는 공법이다.

① 대기압을 이용하므로 재하중이 필요 없다.
② 압밀 완료 후 철거시간과 cost가 필요 없다.
③ 공기가 짧다.
④ vertical drain 공법과 병용하면 깊은 심도까지 압밀효과가 확실하다.

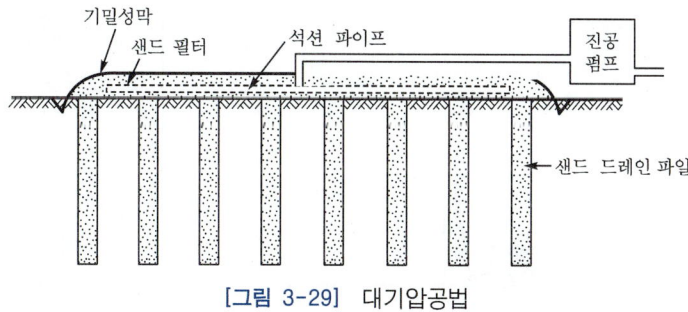

[그림 3-29] 대기압공법

4 동결공법

동결관(ϕ1.5~3인치)을 땅 속에 박고 이 속에 액체질소 등의 냉각제를 흘려 넣어서 주위의 흙을 일시적으로 동결시켜 지반의 강도와 차수성을 높여 가설공사에 일시적으로 이용하는 공법이다.

장 점	단 점
ⓐ 모든 토질에 적용이 가능하다. ⓑ 동결토의 강도가 대단히 크다.(원지반 토보다 수 배에서 수 십배) ⓒ 완전한 차수성이다. ⓓ con´c와 암반과의 부착강도가 크며, 부착도 완벽하다.	ⓐ 동해현상의 피해가 수반된다. ⓑ 지하수가 흐르고 있을 때는 동결이 늦고 지하수의 유속이 빠를 때는 동결이 불가능하다. ⓒ 공사비가 고가 : 타 공법으로 시공이 곤란한 경우 혹은 공기가 부족한 경우에 한정된다.

05 기타 공법

1 JSP(Jumbo Special Pile) 공법

① JSP 공법은 $200kg/cm^2$의 air jet로 경화제인 시멘트풀을 이중관 로드의 하부 노즐로 회전분사(배출치환)하여 원지반을 교란 절삭시켜 soil-cement 고결말뚝을 형성하여 연약지반을 개량하는 지반고결제의 주입공법이다.

② jet grout 공법은 $300kg/cm^2$의 초고압으로 경화제인 시멘트풀을 단관 또는 이중관 로드의 하부 노즐로 회전분사(배출치환)한다.

(1) 용도

① 기초지반 보강
② 구조물 기초보강
③ 차수

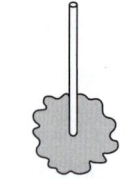
① 콤팩션 주입
(비배출치환)

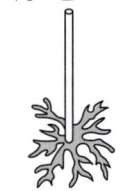
② 시멘트계 주입
(맥상고결)

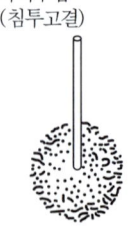
③ 약액주입
(침투고결)

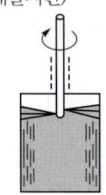
④ 제트 그라우트
(배출치환)

[그림 3-30]

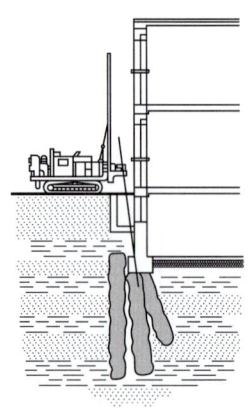
(a) 구조물의 기초보강

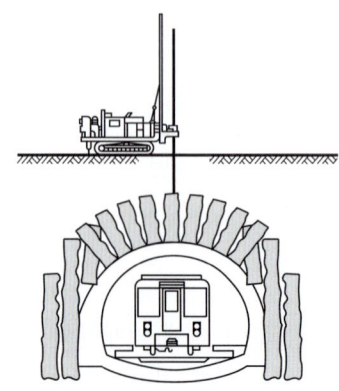
(b) 굴착주변 보강 및 물막이(지상상공)

[그림 3-31] JSP 공법의 예

(2) 특징

장 점	단 점
ⓐ 적용되는 지반의 범위가 넓다. ⓑ 확실한 시공효과를 기대할 수 있다. ⓒ 지반강도와 차수효과를 높이는 이중효과 ⓓ 별도의 토류벽이 필요없다.	ⓐ 공사비가 고가이다. ⓑ 공과 공 사이의 연결부가 취약하다. ⓒ 재료의 손실률이 크다. ⓓ 슬라임 발생 및 처리

(3) 시공순서

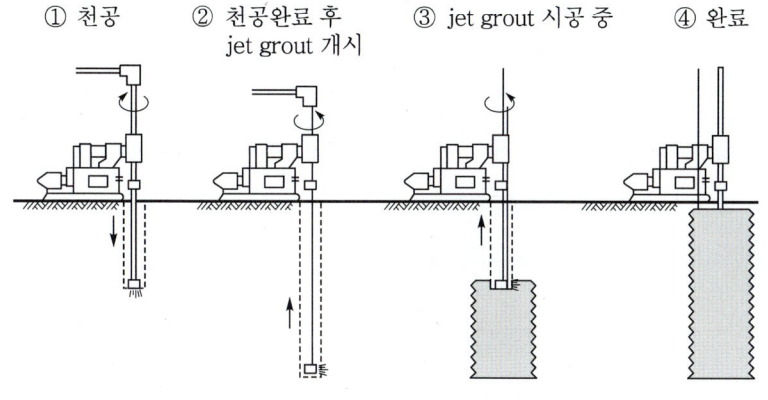

[그림 3-32] jet 공법 시공순서

❷ CGS(Compaction Grouting System) 공법

슬럼프가 2.5cm 이하의 저유동성 모르터를 지중에 방사형으로 압입주입(비배출치환)하여 느슨한 흙을 사방으로 밀어내어 주위 지반을 압축시키고, 간극 속의 물과 공기를 강제배출시켜 원기둥에 가까운 콘크리트 말뚝을 형성하여 말뚝으로서의 지지력과 수위지반의 지내력을 동시에 확보하는 공법이다.

(1) 특징
① 주입재의 slump가 2.5cm 이내이므로 주입재가 계획된 장소에서 이탈되지 않는다.(계획된 장소에 균질한 고결체 형성이 가능하다.)
② 주입재의 방사형 압입으로 인하여 주위 지반을 압축강화시켜 지반을 개량할 수 있다.
③ 고결체의 강도는 30~150kg/cm^{2}이며, 목적에 따라 임의 조절이 가능하며 파일로도 사용이 가능하다.
④ 기설 구조물 또는 지하층 등 좁은 장소에서는 지반보강이 가능하다.
⑤ 무소음, 무진동
⑥ 부등침하된 구조물, 경사 구조물을 계획적으로 복원할 수 있다.

(2) 적용의 예

지반을 개량하거나 과다한 침하가 진행된 구조물을 원상태대로 복원할 때 이용된다.

① 지반개량

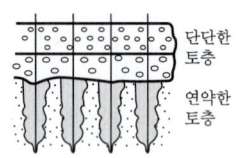

심층에 있는 연약한 토층의
개량(강제혼합식 시공 불가능
지역)

② 부등침하 보강 및 복원

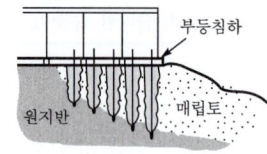

부등침하의 보강 및 복원
(계측기에 의해 측정)

③ 액상화방지

지진 시의 액상화방지
(무진동으로 근접 시공 가능)

④ 구조물 복원

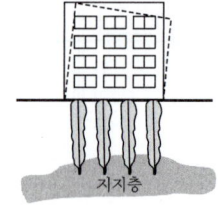

기울어진 구조물 복원

[그림 3-33] CGS 공법 적용의 예

③ SGR 공법(Space Grouting Rocket system)

이중관 rod에 rocket(특수 선단장치)를 결합한 후 gel 상태의 약액 또는 약액과 시멘트 혼합액을 연약지반에 grouting하여 연약지반을 개량하는 공법이다.

(1) 특징

장 점	단 점
ⓐ 주입압력이 적어 지반의 교란이 적다. ⓑ 유도공간을 형성하여 균일한 작업효과를 얻을 수 있다. ⓒ 주입관의 회전 없이 step 주입으로 확실한 주입이 가능하다. ⓓ 급결성, 완결성 grouting의 연결적인 복합 주입이 용이하다.	ⓐ 점토층에서는 맥상으로 주입된다. ⓑ 차수효과는 양호하나 토류벽으로써의 강도는 없다.

(2) 시공순서

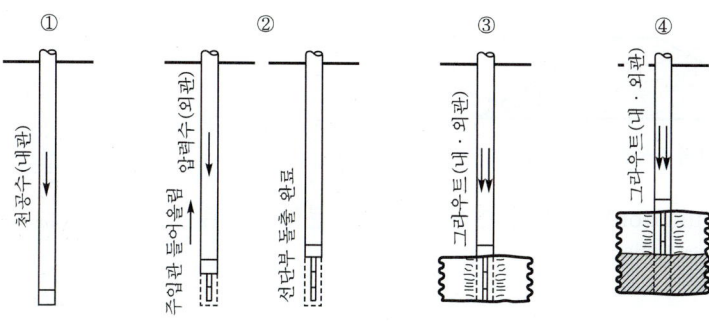

[그림 3-34] SGR 공법 시공순서

4 토목섬유(geosynthetics)

토목섬유는 흙을 보강하는데 사용되는 투수성 섬유를 부르는 일반적인 명칭으로서 geotextile의 filter 기능을 이용하여 piping 방지목적으로 사용하다가 최근에는 배수재, filter재, 분리재, 보강재 등으로 사용하고 있다.

(1) 토목섬유의 종류 및 특징★

종류	특징
① geotextile	토목섬유의 주를 이룬다.
② geomembrane	차수기능, 분리기능
③ geogrid	보강기능, 분리기능
④ geocomposite	배수, 여과, 분리, 보강기능을 겸한다.

(2) geotextile의 종류 및 제조방법

종류	제조 방법
① 직포	평직(平織), 능직(綾織)
② 단섬유 부직포	니들펀칭(needle punching)
③ 장섬유 부직포	스판본드 니들펀칭(spunbonded needle punching)
④ 복합포	니들펀칭(needle punching)

(3) 토목섬유의 기능★

① 배수기능(drainage function) : 섬유가 조립토와 세립토 사이에 놓일 때 섬유는 물이 조립토에서 세립토로 자유롭게 흐를 수 있게 한다.

② 여과기능(filtration function) : 섬유가 세립토에서 조립토로 세굴되

는 것을 막아준다.

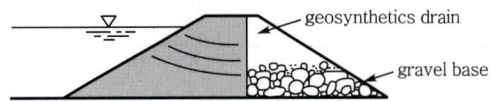

[그림 3-35] 여과기능

③ 분리기능(separation function) : 섬유가 여러 토층으로 분리된 상태로 유지시켜준다.

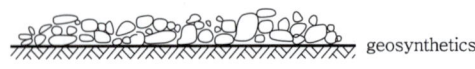

[그림 3-36] 분리기능

④ 보강기능(reinforcement function) : 토목섬유의 인장강도가 토질의 지지력을 증가시킨다.

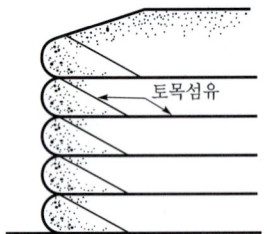

(a) 옹벽공사에서의 토목섬유 사용

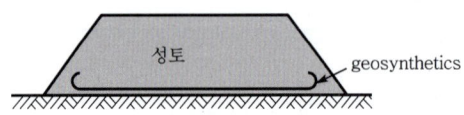

(b) 성토공사에서의 토목섬유 사용

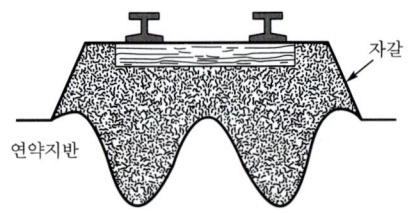

① 토목섬유를 사용하지 않은 철로공사

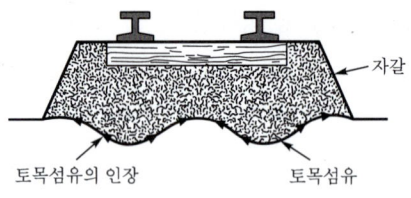

② 토목섬유를 사용한은 철로공사

(c) 철로공사에서의 토목섬유 사용

[그림 3-37] 보강기능

⑤ 차수기능(moisture barrier function)

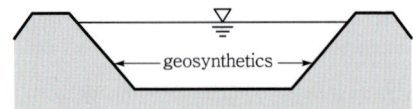

[그림 3-38] 차수기능

⑤ 혼화제를 사용한 안정처리공법

세립토에 혼화제(석회, 석회-fly ash, 시멘트, 아스팔트)를 첨가하여 흙을 안정처리하는 공법이다.

(1) 목적
① 흙의 개량
② 급속 시공
③ 흙의 강도와 내구성 개량

(2) 종류
① 석회 안정처리 : 5~10% 정도의 석회를 세립토에 첨가하면 여러 가지 화학반응이 일어나는데 이러한 반응으로 점토의 구조를 변화시킬 수 있다.
  ㉠ 액성한계 감소
  ㉡ 소성지수 감소
  ㉢ 수축한계 감소
  ㉣ workability 증가
  ㉤ 강도의 증가 등을 유발시킨다.
② 시멘트 안정처리
  ㉠ 도로, 흙댐 건설 시 많이 사용된다.
  ㉡ 사질토, 점성토의 안정처리에 사용된다.
③ 석회-fly ash 안정처리 : 도로의 노반과 노상을 안정처리하는 데 사용된다.
④ 아스팔트 안정처리 : 최근에 자주 사용하지 않는다.

⑥ 압성토공법(surcharge 공법)

성토의 활동파괴를 방지할 목적으로 사면선단에 성토하여 성토의 중량을 이용하여 활동에 대한 저항모멘트를 크게 하여 안정을 유지시키는 공법이다.

(1) 특징
① 측방유동을 방지할 수 있다.
② 압밀에 의해 강도가 증가한 후에는 압성토를 제거할 수 있다.
③ 압성토에 필요한 부지를 확보해야 한다.

(2) 압성토의 시공

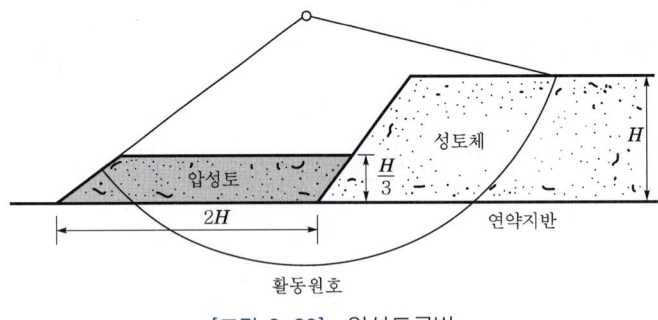

[그림 3-39] 압성토공법

06 문제성 토질에서의 공법

❶ 팽창성 흙(expansive soil)

(1) 개요
① 물을 흡수하면 상당히 팽창하고 수분을 잃으면 수축하는 소성점토가 많이 있는데 이런 소성점토 위에 세워진 기초는 팽창으로 인하여 큰 상향력을 받게 된다.
② 이 상향력을 건물 기초와 지면 슬래브(slab-on-grade member)에 융기, 균열, 파손을 야기시킬 수 있다.
③ $W_L > 40$, $I_P > 15$

(2) 실내에서의 팽창량 측정
① 비구속 팽창 시험(unrestrained swell test)
② 팽창압 시험(swelling pressure test)

(3) 대책공법
① 팽창성 흙을 치환하는 방법 : 지표에 있는 팽창성 토층의 두께가 작을 때는 팽창성 흙을 제거한 후 팽창성이 작은 흙으로 치환한 후 적절히 다진다.
② 팽창성 흙의 성질을 변환하는 방법★
　㉠ 다짐공법 : 최적함수비의 습윤측(3~4% 큰)에서 작은 단위중량으로

다짐할 때 팽창성 흙의 융기는 근본적으로 감소한다.
ⓒ 침수법(pre-wetting) : 연못을 만들어 함수비를 증가시켜 건설 전에 대부분의 융기가 일어나도록 하는 방법이다.
ⓒ 차수벽 설치
ⓐ 차수벽에 의해 흙의 함수비를 제어하여 장기적인 부등 융기를 감소시키는 방법이다.
ⓑ slab 주위에 약 1.5m 깊이의 차수벽을 설치하면 함수비 변화를 제어할 수 있다.
ⓔ 흙의 안정처리공법
ⓐ 석회와 시멘트를 이용한 화학적 안정처리를 하는 방법이다.
ⓑ 상부 토층에 석회, 시멘트, 물을 섞어 다지면 W_L, I_P 흙의 팽창성을 감소시킨다.
ⓒ 대부분 약 5%의 석회 혼합물이면 충분하고, 약 1~1.5m 깊이까지 가능하다.

❷ 붕괴성 흙(collapsible soil)

(1) 개요

① 포화 후 큰 부피변화를 일으키는 불포화토로서 준안정토라고도 한다.
② 붕괴토의 대부분은 풍적토로서 간극비가 크고, 단위중량이 작고, 점성이 없거나 아주 작다.

(2) 대책공법

① 물에 잘 젖는 예상깊이가 지표에서 1.5~2m 정도이면 살수하며 롤러로 다진다.
② 기초 터파기에 규산나트륨, 염화칼슘용액을 채워 화학적으로 흙을 안정시킨다.
③ 10m 깊이까지 수분에 민감할 때에는 기초를 시공하기 전에 흙을 붕괴시킨다.
㉠ vibro flotation(진동부유공법) : 투수층일 때 사용한다.
㉡ ponding(연못공법) : 낮은 둑을 건설하는 공법으로 불투수층일 때 사용하며, 흙댐 시공 시 효과적이다.

과년도 출제 문제

01 ★
85 ①③, 04 ③, 08 ①, 17 ②, 21 ③

연약지반처리 중 치환공법은 지반의 연약토를 제거하고 양질의 토사로 치환하여 비교적 단기간 내에 기초처리를 할 수 있는데 치환공법을 3가지만 쓰시오.

[해답]
① 굴착치환공법
② 강제치환공법
③ 폭파치환공법

02
18 ③

연약지반 개량공법 중 강제치환공법의 단점을 3가지만 쓰시오.

[해답]
① 원하는 심도까지 확실하게 개량하기 어렵다.
② 시공 후 하부에 잔류할 수 있는 연약토로 인하여 잔류침하가 발생한다.
③ 측방지반의 변형 및 융기가 발생한다.

✱ 참고
강제치환공법의 장점
① 연약층의 두께가 얇은 경우에 효과적이다.
② 시공이 단순하고 시공속도가 빠르다.
③ 굴착치환공법에 비하여 공사비가 저렴하다.

03 ★★
85 ②, 87 ③, 96 ①

다음 보기는 연약지반 개량공법 중 어떤 공법에 관한 설명인가?

[보기]
압축성이 큰 정규압밀 점토층에 빌딩, 도로 및 흙댐 등의 건설로 인하여 큰 압밀침하가 예상되는 경우에 본 공사를 실시하기 전에 하중을 가하거나 본 공사 시 영구하중보다 더 큰 하중을 일정기간 가하여 압밀침하를 미리 발생시키는 공법

[해답] pre-loading 공법

04 ★
93 ③, 97 ③

베일러(Bailer)와 케이싱 해머 등을 사용하여 점성토지반에 자갈 또는 쇄석 기둥을 설치하여 연직배수를 촉진시키는 공법은?

[해답] 동치환공법(dynamic replacement method)

5 ★★

샌드 드레인(sand drain) 공법에서 sand pile을 정삼각형으로 배치할 경우에 모래 기둥의 간격은? (단, pile의 유효지름은 40cm이다.)

해답 $d_e = 1.05d$에서 $40 = 1.05d$
∴ $d = 38.1$cm

> ✱ 참고
> Barron 공식
> ① 정3각형 배열
> $d_e = 1.05d$
> ② 정4각형 배열
> $d_e = 1.13d$

92 ③, 95 ③, 97 ③

6

샌드 드레인(sand drain) 공법에서 sand pile을 정사각형으로 배치할 경우 모래 기둥의 간격은? (단, sand pile의 유효 간격은 180cm이다.)

해답 $d_e = 1.13d$
$180 = 1.13d$
∴ $d = 159.29$cm

04 ②

7

연약지반개량공법 중 압밀효과와 보강효과를 동시에 노리는 공법을 3가지만 쓰시오.

해답
① pre-loading 공법
② sand drain 공법
③ paper drain 공법

16 ②

8

자연함수비가 액성한계 이상인 초연약 점성토지반의 압밀을 촉진시키기 위해 가장 적당하고 장기간 사용하면 열화하여 배수효과가 감소하는 이 공법은?

해답 paper drain 공법

예상

9

두께 10~15m로서 N치가 0에 가까운 실트질의 연약지반상에 높이 5m의 성토를 행하였을 때 가장 적당한 지반처리공법은?

해답 vertical drain 공법

84 ③

> ✱ 참고
> 점토층의 두께가 클 때 vertical drain(sand drain, paper drain, pack drain) 공법을 행한다.

10 ★★★

연약지반 처리공법 중 vertical drain 공법으로서는 paper drain과 sand drain을 많이 사용하고 있으나, 근래에는 시공상과 공기 및 재료 구득의 난이 등으로 인하여 paper drain 공법 채택이 증가하고 있다. paper drain 공법이 sand drain 공법과 비교하여 유리한 점 5가지를 쓰시오.

해답
① 시공속도가 빠르다.
② 배수효과가 양호하다.
③ 타입 시 교란이 없다.
④ drain 단면이 깊이 방향에 대하여 일정하다.
⑤ 경제적이다.

11 ★★

연약지반 개량을 위한 sand drain 공법에서 sand pile 타입방법을 3가지만 쓰시오.

해답
① 압축공기식 케이싱법
② water jet식 케이싱법
③ earth auger법

12

PBD(Plastic Board Drain) 공법의 장점 3가지를 쓰시오.

해답
① 시공속도가 빠르다.
② 배수효과가 양호하다.
③ 타입 시 교란이 없다.
④ 공사비가 저렴하고 재료의 구입이 용이하다.

13 ★★

sand drain 공법으로 연약지반을 개량할 때 U_v(연직방향 압밀도)=0.9, U_h(횡방향 압밀도)=0.4인 경우 전체 압밀도 U의 크기는?

해답
$U_{av} = 1 - (1 - U_v)(1 - U_h) = 1 - (1 - 0.9)(1 - 0.4)$
$\quad\quad = 0.94 = 94\%$

14 ★★ 96 ⑤, 99 ③, 04 ①

sand drain 공법에 비해 pack drain 공법의 장점 4가지를 쓰시오.

해답
① drain이 절단되는 일이 없이 연속적으로 유지할 수 있다.
② (타설 후 포대형 drain이 지면에서 50~100cm 정도 위로 나오기 때문에) 설계대로 시공되었는지 간단하게 판단할 수 있고 시공이 용이하다.
③ (지름이 작은 sand drain을 시공하므로 사용 모래의 양이 적어) 경제적이다.
④ (4본을 동시에 시공할 수 있으므로) 시공시간이 단축된다.

15 ★ 00 ④, 06 ①

paper drain 공법에 있어서 drain paper의 구비조건 3가지를 기술하시오.

해답
① 주위지반보다 투수성이 클 것
② 습윤강도가 클 것
③ 투수성에 변화가 없을 것
④ 전단강도, 파단의 신장률에 있어서 변형이 없을 것

16 01 ③

샌드 드레인에 비해 팩 드레인의 단점 2가지를 쓰시오.

해답
① 연약지반 심도변화에 따른 타설심도 조절이 어렵다.
② 동절기 공사 시 초기 항타가 어렵다.
③ 동절기 공사 시 모래의 품질관리가 어렵다.
④ 장비 규모가 커서 작입능력의 저하 및 안전관리가 어렵다.

17 96 ⑤

연약점토지반의 pack drain 공법은 근본적으로 무슨 약점을 보완하기 위한 것인지 가장 중요한 것 한 가지만 쓰시오.

해답 sand drain의 절단

✱ 참고
sand drain의 결함인 ① 절단과 ② 잘록함을 보완하기 위해 개량형인 합성섬유로 된 포대에 모래를 채워 만든 포대형 sand drain 공법이 개발되었다. 이것이 pack drain 공법이다.

18

연직 드레인 공법(샌드 드레인, wick 드레인 등)으로 연약지반을 처리할 때 침하판에 의하여 압밀침하량과 공극수압의 소산 정도를 계측하고, 그 결과로부터 장래의 침하량을 예측하는 방법이 많이 이용되고 있다. 이와 같은 방법으로 장래의 압밀침하량을 예측하여 이용되는 분석법을 2가지만 쓰시오.

해답
① 쌍곡선법
② Hoshino법($\sqrt{t}$ 법)
③ ASAOKA법(직선법)

96 ②

❋ 참고
① 쌍곡선법 : 침하의 평균속도가 쌍곡선적으로 감소한다고 가정
② Hoshino법 : 재하 직후 시간과 함께 증가하는 침하량은 $\sqrt{t}$ 에 비례한다고 가정
③ ASAOKA법 : 1차원 압밀방정식에 의거하여 하중이 일정할 때 침하량을 나타내는 간편법

19

샌드 드레인, 팩 드레인, 페이퍼 드레인 등 연직배수공법은 시공 시 주위지반이 교란되어 예상보다 원지반 압밀속도가 작아진다. 따라서, 연직배수공법을 설계할 때 이러한 교란효과를 고려하여야 하는데 실무에서 사용하고 있는 약식 설계방법 2가지는 무엇인가?

해답
① Kallstenius 계산도표
② Kjellman 경험식

00 ④

20

연약지반상에 모래를 부설하여 압밀을 위한 상부의 배수층을 형성하고, 성토 내의 지하 배수층이 되어 지하수위를 저하시키고, 성토 시공을 하기 위한 트레피커빌리티(trafficability)를 좋게 하고, 샌드 드레인 등의 처리공에 필요한 시공기계의 작업로 또는 지지층이 되게 하기 위한 공법은?

해답 sand mat 공법

86 ②

21 ★★★

연약지반상에 성토할 때 성토재료가 굵은 모래, 자갈, 암석과 같이 투수성이 크고 기초지반 지지력이 크지 않은 경우 먼저 sand mat(부사)를 깔고 성토하는데 이때에 sand mat의 중요한 역할 3가지를 쓰시오.

해답
① 연약지반 상부의 배수층 형성 : 압밀촉진
② 성토 내 지하 배수층 형성 : 지하수위 저하
③ 시공기계의 주행성(trafficability) 확보

87 ②, 91 ③, 93 ①, 14 ①

22 ★★★★

연약지반 처리공법 중 sand drain 공법의 sand mat의 역할 3가지를 쓰시오.

해답
① 연약지반 상부의 배수층 형성 : 압밀촉진
② 성토 내 지하 배수층 형성 : 지하수위 저하
③ 시공기계의 주행성(trafficability) 확보

23 ★★

수분이 많은 점토층에 반투막 중공원통을 넣고, 그 안에 농도가 큰 용액을 넣어서 점토 속의 수분을 빨아내는 방법으로 상재하중 없이 압밀을 촉진시킬 수 있는 지반개량공법은?

해답 침투압(MAIS) 공법

24

샌드 드레인(sand drain) 설계를 하려고 모든 조사를 끝내고 보니 문제가 생겼다. 연약지반에 렌즈 형태로 불규칙하게 모래층이 형성되어 sand pile을 타입한다고 볼 때 배수에 문제가 예상되었다. 현장 여건상 공사기간이 촉박하다고 볼 때 치환공법이나 말뚝 타입이 아닌 가장 좋은 연약지반공법은?

해답 침투압(MAIS) 공법

25 ★

점성토 지반의 개량공법을 4가지만 쓰시오.

해답
① 치환공법
② pre-loading 공법
③ sand drain 공법
④ paper drain 공법
⑤ 침투압공법
⑥ 생석회 말뚝공법

26

sand compaction pile의 시공순서를 4가지만 구분하여 설명하시오.

해답
① 내·외관을 지상에 설치한 후 외관 하단에 모래, 자갈을 넣는다.
② 내관으로 모래의 마개를 때려서 외관을 소정의 깊이까지 관입시킨다.
③ 내관으로 모래를 투입한다.
④ 외관을 인발하면서 내관을 낙하시켜 모래를 압입시킨다.
⑤ 외관을 지상까지 뽑아올려 모래기둥을 완성한다.

27 ★★

모래지반에 봉상(棒狀)의 진동기를 삽입하여 진동시키면서 물을 분사(噴射)시켜 물다짐과 진동에 의해 지반을 다지며, 동시에 발생된 공극과 자갈 등을 보급해서 지반을 개량시키는 공법은?

해답 vibro-flotation 공법

28 ★★

연약점토지반 개량공법 중 생석회 말뚝공법의 주요 효과를 3가지만 쓰시오.

해답 ① 탈수효과   ② 건조효과   ③ 팽창효과

> ✱ 참고 **생석회 말뚝공법의 효과**
> ① 생석회가 소화하는데 필요한 물의 양은 생석회 중량의 0.32배로써 수분을 빨아들이는 힘이 있어 탈수효과를 나타낸다.
> ② 생석회가 소화할 때의 발열량은 276kcal/kg으로써 이 열량의 일부는 지반의 온도상승에 소비되어 전도, 복사, 대류 등에 의해 외계로 없어지지만 일부는 물의 증발을 촉진하여 건조효과를 나타낸다.
> ③ 생석회는 소화와 동시에 체적이 약 2배로 팽창되어 대부분 흙의 체적을 압축 탈수시켜서 점성토를 압밀시킨다.

29 ★

다음 [보기]는 연약지반 개량공법 중 어떤 공법에 관한 설명인가?

> **보기**
> 느슨한 모래나 연약 점토지반에 모래를 다지면서 압입하여 비교적 지름이 큰 모래말뚝을 조성하는 공법으로, 느슨한 모래지반에서는 밀도증가와 액상화 방지, 수평저항력 증가효과를 얻으며, 연약 점토지반에서는 지지력 증대, 압밀침하저감, 측방변위 억제 등의 효과를 얻는 공법

해답 다짐모래 말뚝공법(compozer 공법)

✱ 참고
SCP의 측방유동억제

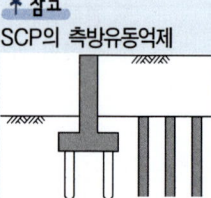

30

비교적 느슨한 모래층을 현장에서 다지는 공법으로서 약 2m 길이의 진동봉을 사출수(water jet)를 이용하여 지중 깊은 심도까지 관입시킨 후 횡방향의 진동을 유발시켜 주변지반을 다져 올라오면서 진동봉에 위치했던 빈 구멍은 모래나 자갈로 채우는 공법은?

[해답] vibro-flotation 공법

31

사질지반 개량을 위해서 진동을 이용한 공법을 4가지만 쓰시오.

[해답]
① vibro-flotation 공법
② compozer(sand compaction pile) 공법
③ dynamic consolidation(동압밀=동다짐) 공법
④ 폭파다짐공법

32

바이브로 플로테이션(vibro flotation) 공법의 개요와 장점을 3가지만 쓰시오.

[해답]
(1) 개요
　　수평방향으로 진동하는 봉상의 vibro flot로 사수와 진동을 동시에 일으켜서 생긴 빈틈에 모래나 자갈을 채워 느슨한 모래지반을 개량하는 공법
(2) 장점
　① 지반을 균일하게 다질 수 있다.
　② 깊은 곳의 다짐을 지표면에서 할 수 있다.(깊이 20~30m)
　③ 지하수위에 영향을 받지 않는다.
　④ 상부 구조물이 진동하는 경우에 특히 효과적이다.

33

사질토의 개량공법 5가지를 쓰시오.

[해답]
① 다짐말뚝공법
② 다짐모래말뚝공법(컴포저 공법)
③ 바이브로 플로테이션 공법
④ 폭파다짐공법
⑤ 전기충격공법
⑥ 약액주입공법

34

약액주입재 중 지반에 주입되어 물과 접촉하는 순간부터 급속히 고결화가 이루어지기 때문에 유속이 빠른 지하수의 차수용으로 효과가 대단히 좋으나 유독성이 문제인 약액주입재는?

[해답] 우레탄계

*참고
우레탄계 특징
① 지반주입 시 물과 닿자마자 고결한다.
② 유속이 빠른 지하수 차수효과가 있다.
③ 유독성에 문제가 있다.

35

약액주입공법(藥液注入工法)이 이용되는 2가지 주요 목적을 쓰시오.

[해답] ① 지반의 투수계수 감소
② 지반의 강도 증대
③ 지반의 압축률 감소

36

약액주입공법의 주입재료 중에 강도를 주목적으로 하는 재료와 지수를 주목적으로 하는 재료를 한 가지씩 쓰시오.

[해답] (1) 강도 목적
① 시멘트계 ② 물유리계
③ 요소계   ④ 우레탄계
(2) 지수 목적
① 벤토나이트(bentonite) ② 아스팔트계

37 ★

지반보강이나 차수를 위한 주입공법의 종류를 3가지만 쓰시오.

[해답] ① 침투주입공법   ② 고압분사공법
③ 혼합처리공법   ④ 컴팩션 주입공법

38 ★

최근 연약지반을 개량한다거나 기존 시설물을 보호하거나 시공을 용이하게 하기 위하여 각종 주입공법을 많이 이용하는데 어떤 주입재를 사용하는지 3가지만 쓰시오.

[해답]
① 시멘트 주입
② 점토, 벤토나이트(bentonite) 주입
③ 약액주입(chemical grouting)
  ㉠ 물유리계
  ㉡ 크롬니그닌계
  ㉢ 아크릴아미드계
  ㉣ 요소계
  ㉤ 우레탄계

39 ★★★

09 ②, 11 ①, 13 ①, 17 ③

최근 연약지반 개량 또는 기존 시설물의 보호 등을 위하여 각종 주입공법을 많이 이용하고 있다. 이러한 주입공법의 주입재 중 비약액계(현탁액형)의 종류를 3가지만 쓰시오.

[해답]
① 시멘트계
② 점토계
③ 아스팔트계

40

13 ③

연약지반 개선을 위한 약액주입공법에서 주입약액으로서 구비해야 할 조건을 3가지만 쓰시오.

[해답]
① 유동성을 갖도록 초기점성이 작아야 한다.
② 간극에 압송된 후 일정한 응결시간 경과 후 고강도를 발휘해야 한다.
③ 흙이나 지하수를 오염시키는 성분이 없어야 한다.

41 ★★

94 ④, 02 ②, 13 ②

다음은 연약지반 개량공법 중 어떤 공법에 관한 설명인가?

[조건]
10~40t의 강재 블록이나 콘크리트 블록과 같은 중추를 10~30m의 높은 곳에서 여러 차례 낙하시켜 충격과 진동으로 지반을 개량하는 방법으로, 사질토반이나 매립지반을 개량하는 데 효과적이며, 포화된 점성토에서도 사용 가능하다.

[해답] 동압밀공법(동다짐공법)

42

동압밀공법은 10~40t의 해머를 10~25m의 높이에서 낙하시켜 충격력 진동에 의해 지반을 다지는 공법이다. 이 공법의 장점을 3가지만 쓰시오.

[해답]
① 지반 내 장애물이 있어도 가능하다.
② 전면적에 고르게 확실한 개량이 가능하다.
③ 깊은 심층부까지도 개량이 가능하다.

43

다음과 같은 조건에서 동다짐공법(dynamic compaction 또는 heavy tamping)을 적용하여 기초지반을 개량하였을 때 개량이 가능한 심도를 개략적으로 계산하시오.

[조건]
- 램(ram)의 단면적 : $1.4m^2$
- 낙하고 : 15.0m
- 램(ram)의 무게 : 10.0t
- 연약지반의 두께 : 12.0m

[해답] $D = C\alpha\sqrt{WH}$
$\alpha = 0.3 \sim 0.7$의 평균치를 사용하면 $\alpha = 0.5$
∴ $D = 0.5\sqrt{10 \times 15} = 6.12m$

44

10m 깊이의 쓰레기층을 동다짐을 이용하여 개량하고자 한다. 사용할 해머의 중량은 20t이고, 하부면적의 반경이 2m인 원형블록을 이용하고자 한다. 이 쓰레기층이 있는 깊이까지 다짐이 되기 위하여 필요한 해머의 낙하고(h)를 구하시오. (단, 토질에 따른 계수(α)는 0.5를 적용한다.)

[해답] $D = C\alpha\sqrt{WH}$
$10 = 0.5\sqrt{20H}$ ∴ $H = 20m$

45

지하수위를 저하시키기 위한 강제배수공법을 3가지만 쓰시오.

[해답]
① well point 공법
② 대기압공법(진공압밀공법)
③ 침투압(MAIS) 공법
④ 전기침투공법

46

폭이 10cm, 두께 0.3cm인 페이퍼 드레인(paper drain)을 이용하여 점토지반에 0.6m 간격으로 정삼각형 배치로 설치했다면 sand drain 이론의 등가환산원의 지름을 구하시오.

[해답] $d_w = \alpha \dfrac{2A+2B}{\pi}$
$= 0.75 \times \dfrac{2\times 10 + 2\times 0.3}{\pi} = 4.92\text{cm}$

47 ★★★★

폭이 10cm, 두께 0.3cm인 paper drain(card board)을 이용하여 점토지반에 0.6m 간격으로 정삼각형 배치로 설치했다면 sand drain 이론의 등가환산원(등가원)의 지름(d_w)과 유효지름(d_e)을 각각 구하시오.

[해답] ① $d_w = \alpha \dfrac{2A+2B}{\pi} = 0.75 \times \dfrac{2\times 10 + 2\times 0.3}{\pi} = 4.92\text{cm}$

② $d_e = 1.05d = 1.05 \times 60 = 63\text{cm}$

48

주변에 구축물이 있는 지하철 공사장의 지하수위 이하를 굴착하려고 한다. 투수계수가 1×10^{-2}cm/s보다 크고, 투수성이 좋은 지반일 경우 가장 알맞은 배수공법은? (단, 지하철 현장의 굴착깊이 $H = 20\text{m}$)

[해답] deep well 공법

※ 참고
① 투수계수가 클 때: deep well 공법
② 투수계수가 작은 세립토부터 실트질 모래일 때: well point 공법
③ 투수계수가 매우 작은 점토: 전기침투공법

49 ★★★

deep well 공법은 우물을 굴착하여 이 속에 유입하는 지하수를 펌프로 양수하는 공법이다. 이 공법이 가장 효과적인 경우를 3가지만 쓰시오.

[해답] ① 용수량이 매우 많아 well point의 적용이 곤란한 경우
② 투수계수가 큰 사질토층의 지하수위 저하 시
③ heaving이나 boiling 현상이 발생할 우려가 있는 경우

50 ★★

모래질지반의 지하수위를 공사 중 임시로 저하시키기 위하여 파이프 선단에 여과기를 부착하여 흡입펌프로 물을 배출시키는 시공방법을 무슨 공법이라고 하는가?

[해답] deep well 공법

51 ★★

웰 포인트(well point) 공법에서 웰 포인트의 스크린(screen)의 상단을 항상 계획굴착면보다 1.0m 정도 깊게 설치하며, 전체 스크린을 동일 레벨(level) 상에 있도록 설계하는 가장 큰 이유는 무엇인가?

[해답] ① 공기유입방지
② 웰 포인트에서 떨어진 곳에서의 용수발생 방지

85 ②, 99 ①, 12 ②

52

연약지반의 일시적인 개량공법 중 사질토 및 silt질 모래지반에서 가장 경제적인 지하수위 저하공법은?

[해답] well point 공법

88 ③

53

웰 포인트로 저하시킬 수 있는 최대 수위의 표준은 몇 m이고, 만일 그 수위를 넘을 때의 시공방법은?

[해답] ① 6m
② 2단 또는 2단 이상으로 well point를 설치한다.

92 ④

✱ 참고
well point는 진공배수이므로 배수 가능 심도는 이론상 10.3m이지만 표준(실용상) 심도는 6m가 한계이다. 또한, 굴착심도가 6m 이상일 때는 2단 또는 2단 이상으로 설치하여야 한다.

54

well point 공법을 사용 시 point의 지층 중의 타입간격은?

[해답] 1~2m

91 ③

55

지하수위 저하공법은 크게 중력배수공법과 강제배수공법으로 나눌 수 있다. 여기서 강제배수공법의 종류를 3가지만 쓰시오.

[해답] ① well point 공법
② 대기압공법(진공압밀공법)
③ 침투압(MAIS) 공법
④ 전기침투공법

16 ③

56

지반 내에 cement paste를 고압으로 분사시켜 시멘트 고결체를 형성하여 지반보강 및 하수공법으로 지하토류 구조물 공사에 이용하는 공법은?

해답   JSP(Jumbo Special Pile) 공법

57

진공압밀공법은 탈수공법의 일종으로서 일반적인 성토에 의한 재하중방법 대신에 진공에 의한 대기압을 재하하는 연약지반 개량공법 중의 하나이다. 진공압밀공법의 장점을 3가지만 쓰시오.

해답   ① 대기압을 이용하므로 재하중이 필요 없다.
② 압밀 완료 후 철거시간과 cost가 필요 없다.
③ 공기가 짧다.
④ paper drain 공법과 병용하면 깊은 심도까지 압밀효과가 확실하다.

58

최근 지하철 연약구간에 사용되고 있는 공법으로 이중관 rod에 특수선단장치(rocket)를 결합시켜 대상지반을 형성하여 순결에 가까운 겔(gel)상태의 초미립 시멘트 혼합액을 사용하여 지반을 grouting하는 지반개량공법은?

해답   SGR(Space Grouting Rocket system) 공법

59

geosynthetics는 전 세계적으로 광범위한 이론적, 실험적 연구결과를 볼 때, 토공 및 기초공학 분야에서 배수재, 필터재, 분리재 및 보강재 등으로 폭 넓게 사용되고 있다. 국내에서도 1980년대 이후 그 수요가 급증하고 있다. 특히, 서해안 사업이 본격화됨에 따라 연약지반보강, 제방의 필터 및 분리 등의 목적으로 사용이 더욱 증가할 것으로 생각되는 geosynthetics의 종류 4가지를 쓰시오.

해답   ① geotextile
② geomembrane
③ geogrid
④ geocomposite

60 ★★

성토부분의 보강토공법에 사용되는 재료로는 합성섬유 계통의 지오텍스타일(geotextile)을 많이 사용하고 있다. 지오텍스타일이 갖는 주요 기능 4가지를 쓰시오.

[해답]
① 배수기능   ② filter 기능
③ 분리기능   ④ 보강기능

> 85 ③, 92 ③, 93 ③, 95 ④,
> 00 ⑤, 06 ①②, 07 ①,
> 09 ③, 12 ②, 19 ③, 20 ①

61 ★

국내에서 토목섬유(Geosynthetics)는 연약지반 보강, 제방의 필터 및 분리 등의 목적으로 사용이 증가되고 있다. 토목섬유의 종류를 4가지만 쓰시오.

[해답]
① geotextile   ② geomembrane
③ geogrid   ④ geocomposite

> 13 ②, 16 ③

62

토목섬유(geosynthetics)의 종류 중 주로 차수목적으로 많이 이용되는 것은?

[해답] geomembrane

> 98 ②

※ 참고
토목섬유의 종류
① geotextile : 토목섬유의 주를 이룬다.
② geomembrane : 방수 및 차단 기능, 분리기능
③ geogrid : 보강기능, 분리기능
④ geocomposite : 배수, 여과, 분리, 보강 기능을 겸한다.

63

지오텍스타일(geotextiles)은 같은 실을 사용하더라도 천을 짜는 방법에 따라 최종 섬유제품의 물리적, 역학적 성질은 상당히 바뀔 수 있다. 이에 따른 지오텍스타일(geotextiles)의 직조법(織造法) 4가지를 쓰시오.

[해답]
① 평직(平織)
② 능직(綾織)
③ 니들펀칭(needle punching)
④ 스판본드 니들펀칭(spunbonded needle punching)

> 97 ②

※ 참고
geotextile의 종류 및 제조방법

종류	제조법
직포	평직, 능직
단섬유 부직포	니들펀칭
장섬유 부직포	스판본드 니들펀칭
복합포	니들펀칭

64

지반의 파괴작용이 일어나 침하가 일어나기 전에 제방의 양측에 흙을 돋우워 그 압력을 균형시켜 흙의 이동을 적게 하는 공법은?

해답 압성토공법

65

성토의 측방에 성토를 시공하여 활출에 저항하는 moment를 증가시켜 성토의 활동으로 인한 파괴를 방지하는 공법은?

해답 압성토공법

66

연약지반상에 성토할 때, 기초 활동파괴를 막기 위하여 활동에 대한 저항모멘트를 크게 하자는 것이 목적이고, 이 공법은 압밀촉진에는 큰 효과가 없으나 필요하다면 이 공법에 sand drain 공법을 병용하면 된다. 이 공법은?

해답 압성토공법

67

물을 흡수하면 상당히 팽창하고, 수분을 잃으면 수축하는 소성점토가 많이 있는데 이런 소성점토 위에 세워진 기초는 팽창으로 인하여 큰 상항력을 받게 된다. 이런 흙의 불교란 시료를 채취하여 일반적으로 많이 행하는 시험법을 2가지만 쓰시오.

해답
① 비구속 팽창시험(unrestrained swell test)
② 팽창압시험(swelling pressure test)

68

팽창성 지반에 기초를 건설할 때 공사방법으로 흙을 치환하는 것과 팽창성 흙의 성질을 변화시키는 두 방법을 생각할 수 있다. 그 중 후자의 방법에 대해서 4가지만 쓰시오.

해답
① 다짐공법
② 침수공법(pre-wetting)
③ 흙의 안정처리공법
④ 차수벽 설치

참고
팽창성 지반이란 물을 흡수하면 팽창하고, 수분을 잃으면 수축하는 소성점토지반을 말한다.

69 ★ — 95 ④, 99 ②

다음 그림과 같은 지반이 있다. 인접 저수지의 영향으로 도로의 하부지반이 영향을 미쳐 도로가 파손되고 있다. 이에 대한 대책을 2가지 쓰시오.

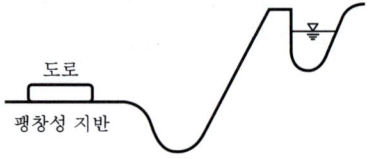

[해답]
① 차수벽 설치
② 흙의 안정처리공법

70 — 96 ①

붕괴성 토질(collapsing soil)로 구성된 지반 위에 구조물을 건설하고자 할 때 적절한 지반개량공법 또는 대책공법을 3가지만 쓰시오.

[해답]
① 살수하며, 롤러로 다진다.
② 기초 터파기에 규산나트륨, 염화칼슘용액을 채워 화학적으로 흙을 안정시킨다.
③ vibro flotation(진동부유공법), ponding(연못공법)을 채용한다.

참고
붕괴성 흙
① 포화 후 큰 부피변화를 일으키는 불포화토로서 준안정토라고도 한다.
② 붕괴토의 대부분은 풍적토로서 간극비가 크고, 단위중량이 작고, 점성이 없거나 아주 작다.

71 — 94 ④

지반안정액의 종류 3가지만 쓰시오.

[해답]
① 석회
② fly-ash
③ 시멘트
④ 아스팔트(현재는 자주 사용하지 않는다.)

참고
흙의 안정처리 목적
① 흙의 개량
② 급속 시공
③ 흙의 강도, 내구성 개량

72 — 97 ③

혼화제에 의한 지반의 안정처리공법의 주목적을 3가지만 쓰시오.

[해답]
① 흙의 개량
② 급속 시공
③ 흙의 강도, 내구성 개량

PART **4**

토·목·기·사·실·기

토질 및 기초공

01 기본사항
02 사면의 안정
03 흙의 압밀(consolidation)
04 토압(earth pressure)
05 흙막이공(braced excavation)
06 흙막이공의 계측관리(정보화 시공)
07 지반조사(정보화 시공)
08 암 반
09 얕은 기초
   (직접 기초 ; direct foundation)
10 말뚝 기초(pile foundation)
11 케이슨 기초
● 과년도 출제 문제

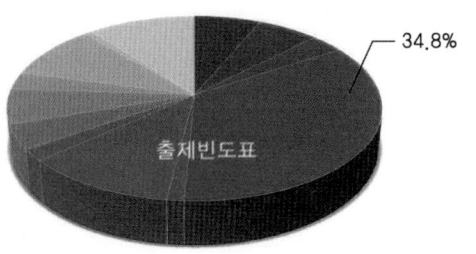

출제빈도표 — 34.8%

04 PART 토질 및 기초공

01 기본사항

1 흙의 다짐

(1) 다짐도 판정법★

① 건조밀도로 판정

   ㉠ 다짐도(degree of compaction)★

   $$C_d(\%) = \frac{\text{현장에서의 } \gamma_d}{\text{실험실에서의 } \gamma_{d\max}} \times 100 \quad \cdots\cdots (4-1)$$

   ㉡ 노체 90% 이상, 노상 95% 이상이면 합격

   ㉢ 신비성이 높고 가장 많이 적용하는 방법으로 일반적으로 사질토에 적용한다.

② 포화도 또는 공기 공극률로 판정

   ㉠ $S_r = \dfrac{w\, G_s}{e}$ (보통 85~95%로 한다.) $\cdots\cdots$ (4-2)

   ㉡ $V_a = \left\{1 - \left(\dfrac{1}{G_s} + \dfrac{w}{S}\right)\dfrac{\gamma_d}{\gamma_w}\right\} \times 100$ (보통 2~10%로 한다.) (4-3)

③ 강도로 판정

   ㉠ 다짐 후 현장에서 측정한 CBR치, PBT시험의 K치, cone 지수(q_c)가 시방서 기준 이상이면 합격이다.

   ㉡ 안정된 흙(암괴, 호박돌, 사실토 등)에 사용된다.

④ 상대밀도로 판정

   ㉠ 상대밀도(relative density)

   $$D_r(\%) = \frac{\gamma_{d\max}}{\gamma_d} \times \frac{\gamma_d - \gamma_{d\min}}{\gamma_{d\max} - \gamma_{d\min}} \times 100 \quad \cdots\cdots (4-4)$$

참고사항

● 다짐(compaction)
함수비를 크게 변화시키지 않고 공극 내의 공기를 배출시켜 입자 간의 결합을 치밀하게 함으로써 단위중량을 증가시키는 과정을 다짐이라 한다.

ⓒ 시방서 기준 이상이면 합격이다.
　　　ⓓ 점성이 없는 사질토에 적합하다.
　⑤ 변형량으로 판정
　　㉠ 종류
　　　ⓐ proof rolling법 : dump truck이나 대형 tire roller를 주행시켜 성토면의 휨변형량을 관찰하는 방법
　　　ⓑ Benkelman beam(벤켈만 빔)법
　　㉡ proof rolling, Benkelman beam(벤켈만 빔) 변형량이 시방서 기준 이하이면 합격이다.
　　㉢ 고성토 구간이나 연약지반과 같이 침하나 변형이 중시되는 구간에 사용된다.
　⑥ 다짐기종과 다짐횟수로 판정
　　㉠ 현장 다짐시험 결과에 따라서 적정 다짐기계로 규정된 횟수 이상 다지면 합격이다.
　　㉡ 토질과 함수량의 변화가 없는 곳에 사용된다.

(2) 다짐도측정을 위한 시험

① 다짐시험
② 흙의 건조밀도측정법
　㉠ 모래치환법(sand cone method, 들밀도시험)
　㉡ 고무막법(rubber baloon method)
　㉢ 절삭법(core cutter method)
　㉣ 방사선 밀도측정기에 의한 방법(the use of nuclear density meter)
③ CBR 시험
④ PBT 시험
⑤ cone 지수(q_c) 측정시험
⑥ proof rolling, Benkelman beam에 의한 변형량 시험

2 액상화현상(liquefaction)

(1) 정의

　　느슨하고 포화된 사질토지반에 진동, 지진 등의 충격하중이 작용하면 체적이 수축함에 따라 과잉공극수압이 발생하여 유효응력이 감소되기 때문에 전단강도가 작아지는 현상을 액화현상이라 한다.

(2) 방지대책 공법

① 간극수압 제거 : vertical drain 공법, gravel drain 공법
② 지하수위 저하 : well point 공법, deep well 공법
③ 입도개량 : 치환공법, 약액주입공법
④ 밀도 증가 : vibro floatation 공법, sand compaction pile 공법, 폭파다짐공법, 동다짐공법
⑤ 전단변형 억제 : sheet pile이나 지중연속벽을 설치
⑥ 기타 : 구조물 자체 강성 확보, 액상화 가능 지역에 구조물 축조를 피한다.

3 유선망*

● 유선과 등수두선으로 이루어지는 곡선군을 유선망이라 한다.

(1) 침투수량

① 등방성 흙인 경우($K_h = K_v$)

$$q = KH\frac{N_f}{N_d} \quad \cdots\cdots\cdots\cdots\cdots\cdots\cdots\cdots\cdots\cdots\cdots\cdots (4-5)$$

여기서, q : 단위폭당 제체의 침투유량(cm³/sec)
K : 투수계수(cm/sec)
N_f : 유로의 수
N_d : 등수두면의 수
H : 상하류의 수두차(cm)

② 이방성 흙인 경우($K_h \neq K_v$)

$$q = \sqrt{K_h\,K_v}\;H\frac{N_f}{N_d} \quad \cdots\cdots\cdots\cdots\cdots\cdots\cdots\cdots (4-6)$$

(2) 간극수압

① 간극수압 $U_p = \gamma_w \times$ 압력수두 $\cdots\cdots\cdots\cdots\cdots\cdots\cdots$ (4-7)
② 압력수두 = 전수두 − 위치수두 $\cdots\cdots\cdots\cdots\cdots\cdots\cdots$ (4-8)
③ 전수두 $= \dfrac{n_d}{N_d} \times H$ $\cdots\cdots\cdots\cdots\cdots\cdots\cdots\cdots\cdots\cdots$ (4-9)

여기서, n_d : 구하는 점에서의 등수두면 수
N_d : 등수두면 수
H : 수두차

4 응력경로(stress path)

삼축압축시험의 결과는 응력경로에 의해서 표시된다. 응력경로는 시험이 진행되는 동안 하중의 변화과정으로 최대전단응력을 나타내는 Mohr 원의 정점을 연결하는 선이다.

(1) $p-q$ diagram

① $p = \dfrac{\sigma_1 + \sigma_3}{2} \left(p = \dfrac{\sigma_v + \sigma_h}{2} \right)$ ·················· (4-10)

② $q = \dfrac{\sigma_1 - \sigma_3}{2} \left(q = \dfrac{\sigma_v - \sigma_h}{2} \right)$ ·················· (4-11)

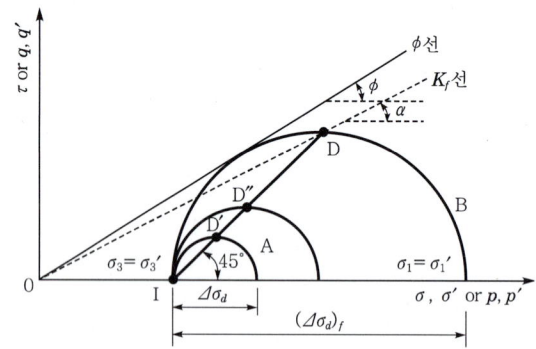

[그림 4-1] 정규압밀점토의 CD 시험에 대한 $p-q(p'-q')$ 응력경로

(2) K_f 선(수정 파괴포락선)과 ϕ선(파괴포락선)과의 상관관계★

① $\sin\phi = \tan\alpha$ ·················· (4-12)

② $a = c \cos\phi$ ·················· (4-13)

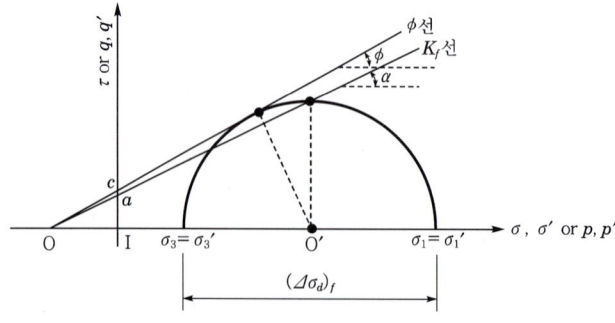

[그림 4-2] ϕ와 α, c와 a의 관계

(3) 응력비(stress ratio : K)

응력비는 응력간의 관계를 나타내는 것으로 토압계수와 유사한 개념이다.

① $K = \dfrac{\sigma_h}{\sigma_v}$ ·· (4-14)

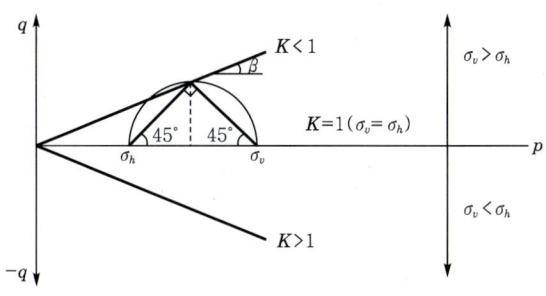

[그림 4-3]

② 응력비와 응력경로의 기울기와의 관계 : 응력경로의 기울기는 일반적으로 β를 사용한다.

$$\dfrac{q}{p} = \tan\beta = \dfrac{1-K}{1+K}$$

$$\therefore K = \dfrac{1-\tan\beta}{1+\tan\beta}$$ ··································· (4-15)

5 동결심도를 구하는 방법

(1) 일 평균기온으로 구하는 법★

① $Z = C\sqrt{F}\,(\text{cm})$ ·· (4-16)

여기서, F : 표고 보정된 동결지수(℃ · day)

② $F = \text{동결지수} \pm 0.9 \times \text{동결기간} \times \dfrac{\text{표고차}}{100}$ ·················· (4-17)

(2) 현장조사에 의한 방법

① 동결심도계
② test pit를 통해 관찰

(3) 열전도율로 구하는 방법

$Z = \sqrt{\dfrac{48kF}{L}}$ ·· (4-18)

여기서, k : 열전도율
F : 동결지수
L : 융해잠재열(cal/cm^3)

02 사면의 안정

① 유한사면의 안정해석

(1) 원형파괴면을 갖는 유한사면의 안정해석

① 질량법 ★

㉠ $\phi=0$인 균질성 점성토의 사면안정해석 : Skempton(1948)이 발표한 것으로 완전 포화된 점토가 비배수상태, 즉 구조물의 시공 직후의 상태라 보고 전응력법으로 해석하는 방법

$$F_s = \frac{c_u r L_a}{We} \quad \cdots\cdots\cdots\cdots\cdots\cdots\cdots\cdots\cdots\cdots\cdots\cdots\cdots\cdots (4-19)$$

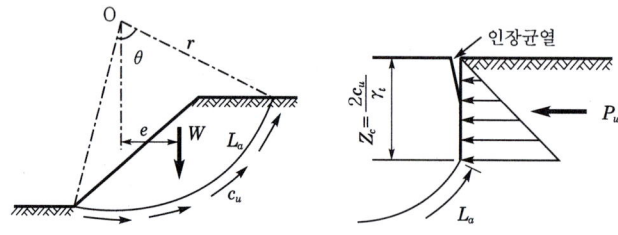

[그림 4-4]

㉡ $\phi>0$인 균질성 점성토의 사면안정해석(마찰원법) : Taylor(1948)가 발전시킨 전응력 해석법이다.

② 절편법(slice method)

㉠ Fellenius 방법(Swedish method, $\phi=0$ 해석법) : 절편의 양 연직면에 작용하는 힘들의 합을 0이라고 가정하여 해석하는 방법이다.

- $X_1 - X_2 = 0 \ (\Sigma X = 0)$
- $E_1 - E_2 = 0 \ (\Sigma E = 0)$

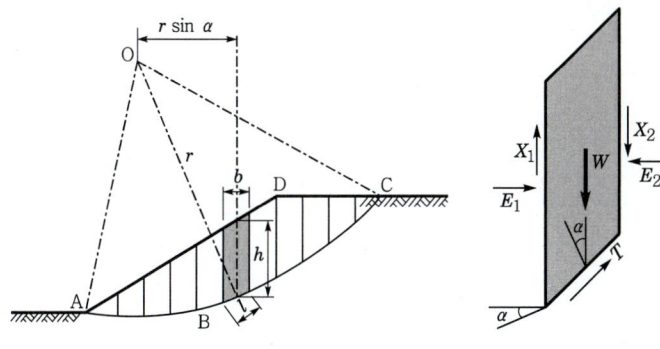

[그림 4-5] 절편법

ⓒ Bishop 방법($c-\phi$ 해석법) : 절편의 양 연직면에 작용하는 힘의 합력은 수평방향으로 작용한다고 가정하여 해석하는 방법이다.

- $X_1 - X_2 = 0 \ (\Sigma X = 0)$

(2) 평면파괴면을 가진 유한사면의 해석(Culmann의 도해법)★

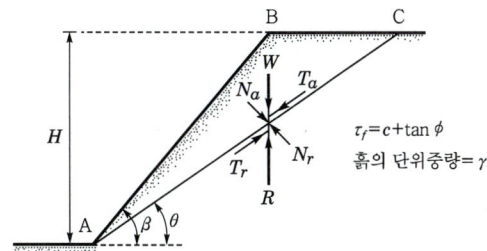

[그림 4-6] Culmann의 방법에 의한 유한사면의 해석

① 한계고

$$H_c = \frac{4c}{\gamma}\left[\frac{\sin\beta\cos\phi}{1-\cos(\beta-\phi)}\right] \quad \cdots\cdots (4-20)$$

② 안전율

㉠ 쐐기 ABC의 무게

$$W = \frac{1}{2} \cdot H \cdot \overline{BC} \cdot 1 \cdot \gamma$$

$$\therefore W = \frac{1}{2}\gamma H^2\left[\frac{\sin(\beta-\theta)}{\sin\beta\sin\theta}\right] \quad \cdots\cdots (4-21)$$

㉡ AC면에 대한 W의 법선, 접선 성분

ⓐ $N_a = W\cos\theta$ ·········· (4-22)

ⓑ $T_a = W\sin\theta$ ·········· (4-23)

ⓒ AC면에 대한 평균 저항전단응력

$$T_r = \overline{AC}\, c + N_a \tan\phi \quad \cdots\cdots (4\text{-}24)$$

ⓔ 안전율

$$F_s = \frac{T_r}{T_a} \quad \cdots\cdots (4\text{-}25)$$

❷ 무한사면의 안정해석

깊이에 비해 사면의 길이가 길 때 파괴면은 사면에 평행하게 형성된다. 사면의 길이는 거의 무한대이므로 양 끝의 영향은 무시한다.

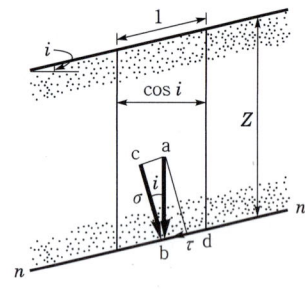

$ab = \gamma_t Z \cos i$

$cb = ab \cos i = \gamma_t Z \cos^2 i$

$ac = ab \sin i = \gamma_t Z \cos i \sin i$

[그림 4-7]

(1) 지하수위가 파괴면 아래에 있을 경우★

① $c \neq 0$일 때

$$F_s = \frac{\tau_f}{\tau} = \frac{c + \gamma_t Z \cos^2 i \tan\phi}{\gamma_t Z \cos i \sin i} = \frac{c}{\gamma_t Z \cos i \sin i} + \frac{\tan\phi}{\tan i} \quad \cdots (4\text{-}26)$$

② $c = 0$일 때(사질토)

$$F_s = \frac{\tan\phi}{\tan i} \quad \cdots\cdots (4\text{-}27)$$

(2) 지하수위가 지표면과 일치할 경우★

① $c \neq 0$일 때

$$F_s = \frac{\tau_f}{\tau} = \frac{c + \gamma_{sub} Z \cos^2 i \tan\phi}{\gamma_{sat} Z \cos i \sin i}$$

$$= \frac{c}{\gamma_{sat} Z \cos i \sin i} + \frac{\gamma_{sub}}{\gamma_{sat}} \frac{\tan\phi}{\tan i} \quad \cdots\cdots (4\text{-}28)$$

② $c = 0$일 때(사질토)

$$F_s = \frac{\gamma_{sub}}{\gamma_{sat}} \frac{\tan\phi}{\tan i} \fallingdotseq \frac{1}{2}\frac{\tan\phi}{\tan i} \quad \cdots\cdots\cdots\cdots\cdots\cdots\cdots\cdots\cdots (4-29)$$

(3) 수중인 경우

① $c \neq 0$일 때

$$F_s = \frac{\tau_f}{\tau} = \frac{c + \gamma_{sub} Z\cos^2 i \tan\phi}{\gamma_{sub} Z \cos i \sin i}$$

$$= \frac{c}{\gamma_{sub} Z \cos i \sin i} + \frac{\tan\phi}{\tan i} \quad \cdots\cdots\cdots\cdots\cdots\cdots\cdots\cdots (4-30)$$

② $c = 0$일 때(사질토)

$$F_s = \frac{\tan\phi}{\tan i} \quad \cdots\cdots\cdots\cdots\cdots\cdots\cdots\cdots\cdots\cdots\cdots\cdots\cdots\cdots (4-31)$$

3 복합 활동면의 사면안정해석

사면 아래에 얇은 연약점토층이 있다면 연약층 위에 있는 사면의 파괴는 연약층을 따라 이동활출하게 된다. 사면은 직선부분을 포함한 복합활출로 계산한다.

(1) 사면 흙의 $c = 0$일 때 안전율★

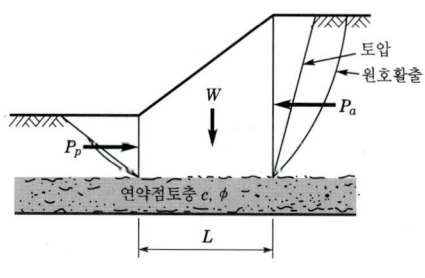

[그림 4-8]

$$F_s = \frac{cL + W\tan\phi + P_p}{P_a} \quad \cdots\cdots\cdots\cdots\cdots\cdots\cdots\cdots (4-32)$$

여기서, c : 연약층의 점착력(t/m^2)
  L : 연약층의 활동에 저항하는 부분의 길이(m)
  W : 연약층 깊이까지의 사면부분의 중량(t/m)
  ϕ : 흙의 내부마찰각
  P_a : W의 부분에 작용하는 주동토압(t/m)
  P_p : W의 부분에 작용하는 수동토압(t/m)

(2) $F_s = \dfrac{cL + [W\cos\theta + P_a\sin(\beta_A - \theta) - P_p\sin(\beta_p - \theta)]\tan\phi}{P_a\cos(\beta_A - \theta) - P_p\cos(\beta_p - \theta) + W\sin\theta}$ ···(4-33)

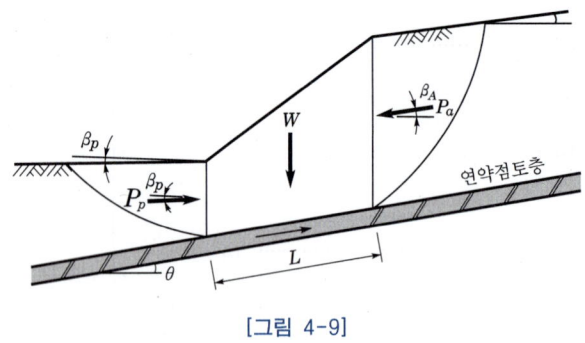

[그림 4-9]

03 흙의 압밀(consolidation)

1 압밀시험 결과의 정리

(1) 압밀계수(C_v)★

① $\sqrt{t}$ 법 : $C_v = \dfrac{0.848H^2}{t_{90}}$ ··· (4-34)

② $logt$ 법 : $C_v = \dfrac{0.197H^2}{t_{50}}$ ··· (4-35)

여기서, H : 배수거리$\left(\text{양면배수 시 : }\dfrac{\text{점토두께}}{2},\ \text{일면배수 시 : 점토두께}\right)$

(2) 과압밀비(OCR)★

$OCR = \dfrac{P_c}{P_0}$ ·· (4-36)

여기서, P_c : 선행압밀하중
P_0 : 유효상재하중(유효연직응력)

① $OCR < 1$: 압밀이 진행 중인 점토
② $OCR = 1$: 정규압밀 점토
③ $OCR > 1$: 과압밀 점토

❷ 압밀침하량

(1) 정규압밀 점토★

① $\Delta H = \dfrac{e_1 - e_2}{1 + e_1} H$ ·· (4-37)

$= \dfrac{C_c}{1 + e_1} \log \dfrac{P_2}{P_1} H$ ···································· (4-38)

여기서, P_1 : 초기 유효연직응력
$P_2 = P_1 + \Delta P$
e_1 : 초기 공극비
H : 점토층의 두께
C_c : 압축지수

② simpson 법칙을 사용하여 점토층 중앙에서의 평균유효응력 증가량을 구하는 공식

$\Delta P = \dfrac{1}{6}(\Delta\sigma_t + 4\Delta\sigma_m + \Delta\sigma_b)$ ································ (4-41)

여기서, $\Delta\sigma_t$: 점토층 상층부의 응력증가량
$\Delta\sigma_m$: 점토층 중앙부의 응력증가량
$\Delta\sigma_b$: 점토층 하단부의 응력증가량

(2) 과압밀 점토

① $P_1 < P_c < P_1 + \Delta P$

$\Delta H = \dfrac{C_s}{1 + e_1} \log \dfrac{P_c}{P_1} H + \dfrac{C_c}{1 + e_1} \log \dfrac{P_1 + \Delta P}{P_c} H$ ············ (4-42)

② $P_1 + \Delta P < P_c$

$\Delta H = \dfrac{C_s}{1 + e_1} \log \dfrac{P_1 + \Delta P}{P_1} H$ ································ (4-43)

● C_c값의 추정
① 교란된 시료
$C_c = 0.007(W_L - 10)$
················ (4-39)
② 불교란 시료
$C_c = 0.009(W_L - 10)$
················ (4-40)

04 토압(earth pressure)

(1) 점성토에서의 Rankine 토압($c \neq 0$, $i = 0$)★

① 인장균열이 발생하기 전의 토압

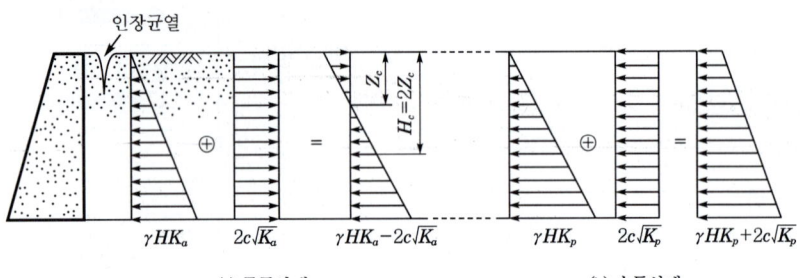

[그림 4-10] 점성이 있는 흙의 토압분포

㉠ $P_a = \dfrac{1}{2}\gamma H^2 K_a - 2c\sqrt{K_a}\,H$ ················· (4-44)

㉡ $P_p = \dfrac{1}{2}\gamma H^2 K_p + 2c\sqrt{K_p}\,H$ ················· (4-45)

② 인장균열이 발생한 후의 주동토압 : 인장균열이 발생한 후에는 지표면에서 깊이 Z_c까지는 흙과 벽 사이에 접촉이 없으므로 Z_c와 H 사이의 벽에 작용하는 주동토압만 고려한다.

$$P_a = \dfrac{1}{2}(\gamma H K_a - 2c\sqrt{K_a})(H - Z_c)$$

$$= \dfrac{1}{2}(\gamma H K_a - 2c\sqrt{K_a})\left(H - \dfrac{2c}{\gamma\sqrt{K_a}}\right)$$

$$= \dfrac{1}{2}\gamma H^2 K_a - 2c\sqrt{K_a}\,H + \dfrac{2c^2}{\gamma} \quad \cdots \cdots (4\text{-}46)$$

(2) 비점성토에서의 Rankine 토압($c = 0$, $i = 0$)

① 등분포 재하 시의 토압

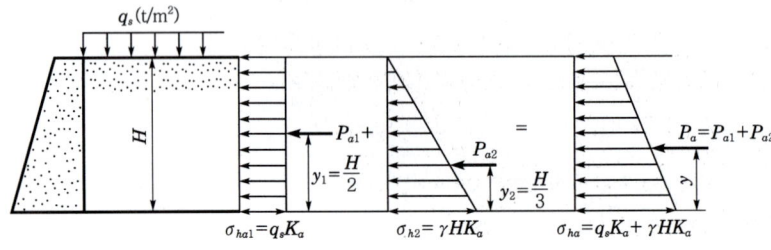

[그림 4-11] 등분포하중 작용 시의 주동토압분포

㉠ $P_a = \dfrac{1}{2}\gamma H^2 K_a + q_s K_a H$ ·················· (4-47)

㉡ $P_p = \dfrac{1}{2}\gamma H^2 K_p + q_s K_p H$ ·················· (4-48)

② 뒤채움 흙이 이질층인 경우의 토압

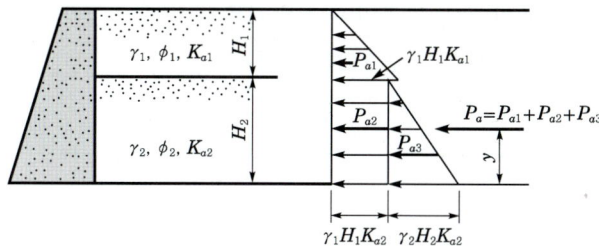

[그림 4-12] 뒤채움 흙이 이질층인 경우의 주동토압분포

㉠ $P_a = \dfrac{1}{2}\gamma_1 H_1^2 K_{a1} + \gamma_1 H_1 H_2 K_{a2} + \dfrac{1}{2}\gamma_2 H_2^2 K_{a2}$ ·········· (4-49)

㉡ $P_p = \dfrac{1}{2}\gamma_1 H_1^2 K_{p1} + \gamma_1 H_1 H_2 K_{p2} + \dfrac{1}{2}\gamma_2 H_2^2 K_{p2}$ ·········· (4-50)

③ 지하수가 있는 경우의 토압

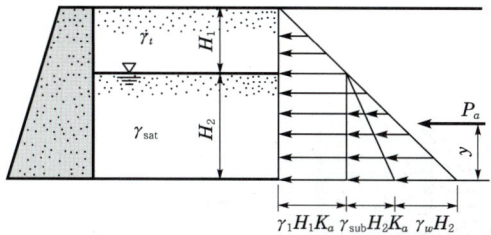

[그림 4-13] 지하수위가 있는 경우의 주동토압분포

㉠ $P_a = \dfrac{1}{2}\gamma H_1^2 K_a + \gamma H_1 H_2 K_a + \dfrac{1}{2}\gamma_{sub} H_2^2 K_a + \dfrac{1}{2}\gamma_w H_2^2$ (4-51)

㉡ $P_p = \dfrac{1}{2}\gamma H_1^2 K_p + \gamma H_1 H_2 K_p + \dfrac{1}{2}\gamma_{sub} H_2^2 K_p + \dfrac{1}{2}\gamma_w H_2^2$ (4-52)

(3) 옹벽 배면에 경사 배수재를 설치한 경우의 토압

$P_a = \dfrac{1}{2}\gamma_{sat} H^2 K_a$ ·················· (4-53)

05 흙막이공(braced excavation)

1 개설

흙막이공은 굴착공사 시 토압이나 수압 때문에 굴착면이 무너지든지 과대한 변형이 일어나지 않도록 굴착면을 흙막이벽으로 보호하는 공사이다.

2 구성요소 및 용어설명

① 토류판(lagging) : 수평 흙막이판
② 널말뚝(sheet pile) : 목제, 콘크리트제, 강제 등이 있으며 연직으로 지반 속에 박힌다.
③ 엄지말뚝(soldier beam) : 토류판에서 전달되는 하중을 지지하기 위해 설치되는 수직보
④ 띠장(wale) : 토류판 또는 널말뚝에서 버팀 반력을 전달하는 수평보
⑤ 버팀(strut) : 굴착면의 한쪽에서 다른 한쪽으로 반력을 전달하는 압축부재

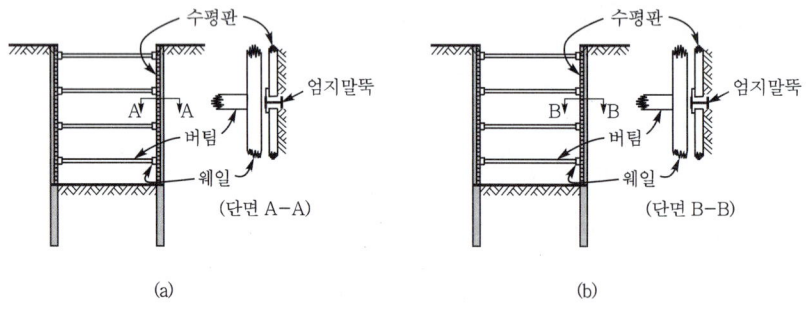

[그림 4-14] 흙막이공의 형식

3 흙막이공법의 종류

(1) 지지방식에 의한 분류

① 자립식(흙막이 open cut) 공법
  ㉠ 지반이 양호하고 특히 용수가 없어 붕괴의 염려가 없고 굴착깊이가 비교적 얕은 경우에 사용된다.
  ㉡ 흙막이의 안정에 문제가 있을 때에는 널말뚝을 깊게 박는다.

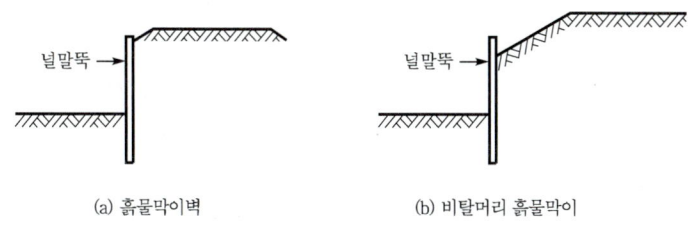

(a) 흙물막이벽   (b) 비탈머리 흙물막이

[그림 4-15] 자립식 흙막이공의 종류

② 버팀대식(strut) 공법
  ㉠ 수평버팀대식 : trench 공법과 같이 양쪽에 널말뚝을 박고 그 사이에 약 3m 간격으로 수평버팀대로 버티면서 굴착해 나가는 공법이다.
    ⓐ 기초부의 범위가 좁고 길며, 바닥면이 연약할 때 사용한다.
    ⓑ 버팀대식 공법 중 가장 많이 사용된다.
  ㉡ 경사버팀대식 : Island 공법과 같이 중앙부를 먼저 굴착하여 본체를 구축한 후 본체의 벽체에 경사지게 버팀대를 걸쳐 흙막이벽을 버티면서 굴착해 나가는 공법이다.
    ⓐ 기초부의 범위가 넓고 기초의 깊이가 얕으며, 파낸 바닥이 견고할 때 사용한다.
    ⓑ 수평버팀대식보다 가설비가 저렴하다.
    ⓒ 건물의 형상이 복잡할 때 유리하다.

[그림 4-16] 수평버팀대식 공법

③ tie-rod anchor 공법 : 흙막이벽 배면에 앵커체를 만든 후 tie-rod로 연결하여 지지하는 공법이다.
  ㉠ 얕은 굴착공사에서 흙막이 두부 부분에 사용한다.
  ㉡ 앵커체로 con´c block, con´c beam, pile 등을 사용한다.
④ tie-back anchor 공법 : 흙막이벽 배면에 earth anchor를 설치하여

지지하는 공법이다.
㉠ 기계화 시공이 가능하다.
㉡ 가장 경제적인 공법이다.
⑤ top-down 공법
⑥ soil-nailing 공법

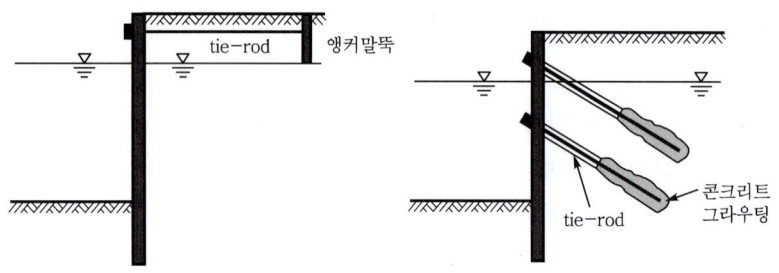

[그림 4-17] tie-rod anchor   [그림 4-18] tie-back anchor

(2) 흙막이벽에 의한 분류(흙막이벽의 종류)

① 엄지말뚝(H-pile) 공법
② 강널말뚝(steel sheet pile) 공법
③ 강관널말뚝공법
④ 지하연속벽공법

4 흙막이공법의 특징

(1) 엄지말뚝(H-pile) 공법

H-pile을 hammer 또는 auger에 의해 일정한 간격으로 설치하고 굴착과 병행하여 H-pile 사이에 토류판을 끼워 흙막이벽을 만드는 공법이다.

장 점	단 점
ⓐ 말뚝의 간폭이 커서 시공속도가 빠르다. ⓑ 공사비가 저렴하다. ⓒ 흙막이벽의 배면의 공동 등 지반상태 점검이 용이하다. ⓓ 엄지말뚝의 재사용이 가능하다.	ⓐ 개수성 토류벽으로 지하수위가 낮고, 용수량이 적은 양질 지반에 사용된다. ⓑ 연약지반에서 boiling, heaving의 우려가 있다.

(2) 강널말뚝(steel sheet pile) 공법

강재의 널말뚝을 지중에 연속적으로 타입하여 수밀성 있는 흙막이벽을 만드는 공법으로 띠장, 버팀대로 지지한다. 널말뚝에는 나무널말뚝, 철근콘크리트 널말뚝, 강널말뚝이 있는데 보통 강널말뚝을 사용한다.

① 특징

장 점	단 점
ⓐ 차수성이 좋다. ⓑ 타입이 용이하고 시공이 쉽다. ⓒ 재사용이 가능하다. ⓓ 연약지반부터 잘 다져진 모래층까지 넓은 범위에 사용된다.	ⓐ 타입 시 소음, 진동 등의 건설공해가 발생한다. ⓑ 타 공법보다 벽체의 강성(EI)이 작아서 휨(수평변형)이 크다. ⓒ 암반, 전석층에는 타입이 곤란하다.

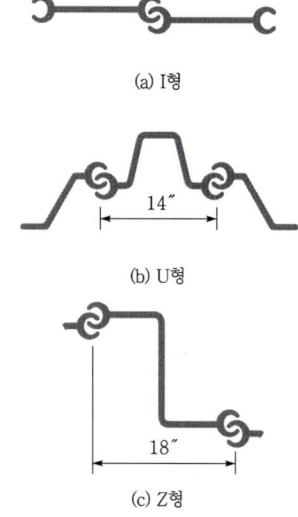

[그림 4-19] 강널말뚝의 종류

[그림 4-20] 강널말뚝공법

② 널말뚝의 시공형태
  ㉠ 캔틸레버식 널말뚝(앵커가 없는 널말뚝) : 준설면 위 약 10m 높이까지의 널말뚝에 사용된다.
  ㉡ 앵커된 널말뚝(anchored sheet pile)
    ⓐ 10m 높이를 초과할 때 사용된다.
    ⓑ 앵커는 소요 근입장을 최소화하고 널말뚝의 단면적과 중량을 감

소시킨다.
ⓒ 설계법
- 자유단 지지법(free-earth-support) : 최소 근입장법으로 널말 뚝의 근입깊이가 얕을 때 사용한다.
- 고정단 지지법(fixed-earth-support) : 널말뚝의 근입깊이가 깊을 때 사용하며 깊은 곳까지 박혀진 널말뚝은 하단 근처의 흙의 저항 때문에 고정상태가 된다.

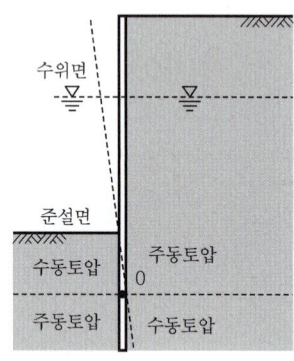

[그림 4-21] 캔틸레버식 널말뚝

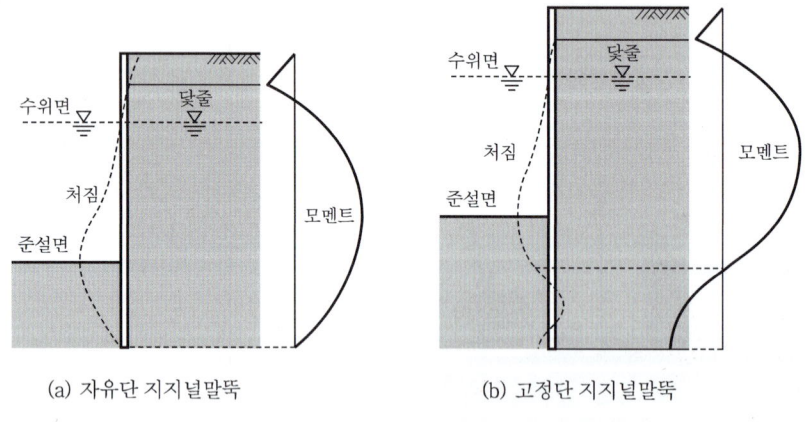

(a) 자유단 지지널말뚝　　　　(b) 고정단 지지널말뚝

[그림 4-22] 앵커된 널말뚝

(3) 강관널말뚝공법

강널말뚝의 강성(EI)을 보완하기 위해 개발된 강관을 주열식으로 타입하여 흙막이벽을 만드는 공법이다. 강관의 이음은 강관 양측에 이음고리가 있어 강관을 연결시킨다.

① 특징

장 점	단 점
ⓐ 벽체의 강성(EI)이 크다. ⓑ 차수성이 좋다. ⓒ 지반조건, 수심조건이 매우 나쁜 기초에 주로 적용된다. ⓓ 기초구조로써 사용이 가능하다.	ⓐ 강관 사이 이음부의 지수에 유의해야 한다. ⓑ 강관의 재사용이 곤란하다.

② 이음고리의 형태

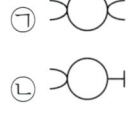

[그림 4-23] 강관널말뚝공법

(4) 지하연속벽공법

① 주열식 지하연속벽공법 : 현장타설말뚝을 연속적으로 시공하여 지하연속벽을 만드는 공법으로 얕은 가설 흙막이널벽으로 널리 사용되고 있으며 구조물의 지수벽, 영구 구조물의 일부로도 사용된다.

㉠ 특징

장 점	단 점
ⓐ 소음, 진동이 적다. ⓑ 강널말뚝에 비해 벽체의 강성(EI)이 크고, 벽체의 변위량이 적다. ⓒ 차수성이 크다. ⓓ 말뚝의 길이를 자유롭게 조절할 수 있다. ⓔ 벽식 지하연속벽공법에 비하여 시공설비가 간단하며 기동성이 좋다.	ⓐ 호박돌층에서는 시공이 곤란하다. ⓑ 지하벽의 길이는 어느 정도 한계가 있다. ⓒ 흙막이벽으로만 사용할 때 공사비가 비싸다.

㉡ 종류

ⓐ CIP(Cast In Place) 공법

ⓑ SCW(Soil Cement Wall) 공법

㉢ 주열의 배치방식

ⓐ 접점배치 : ①④②⑤③

ⓑ 겹침(over lap)배치 : ①④②⑤③

ⓒ 어긋매김배치 : ①④②⑤③

② 벽식 지하연속벽공법 : 지하로 크고 깊은 trench를 굴착하여 철근망을 삽입한 후 콘크리트를 타설하여 지하연속벽을 만드는 공법이다.
　㉠ 종류
　　ⓐ slurry wall 공법
　　ⓑ 이코스(ICOS) 공법
　　ⓒ 엘스(ELSE) 공법
　　ⓓ PC판 차수벽공법
　㉡ panel의 시공순서
　　ⓐ ─[P_1 ● S_1 ●(interlocking pipe(물림관)) P_2 ● S_2 ● P_3]─
　　ⓑ 첫 번째 panel은 $P_1 \rightarrow P_2 \rightarrow P_3$ 순서로 시공 :]───[
　　　(시공형태), panel의 길이는 5~6m가 보통
　　ⓒ 두 번째 panel은 $S_1 \rightarrow S_2$ 순서로 시공(stop end tube는 사용하지 않음) : ⬤ (시공형태)

(5) slurry wall 공법★

지하로 크고 깊은 trench를 굴착하여 철근망을 삽입한 후 콘크리트를 타설하여 지하연속벽을 만드는 공법이다.

① 특징

장 점	단 점
ⓐ 소음, 진동이 작다. ⓑ 벽체의 강성(EI)이 크다. ⓒ 차수성이 크다. ⓓ 흙막이벽의 길이를 자유롭게 조절할 수 있다. ⓔ 주변지반의 영향이 작다. ⓕ 영구 구조물로 이용이 가능하다. ⓖ 깊은 심도의 시공이 가능하다.	ⓐ 공사비가 고가이다. ⓑ 굴착 중 공벽의 붕괴가 우려된다. ⓒ 이수처리가 곤란하다. ⓓ smooth wall을 만들기 어렵다.

② 시공순서
　㉠ guide wall(길잡이벽) 설치
　　ⓐ 굴착기로 굴착 시 흙이 무너지지 않게 보호할 목적
　　ⓑ 굴착기의 충격에 견딜 수 있도록 견고하게 con´c guide wall을 시공
　　ⓒ 연속벽 굴착 시 수직도(오차 10cm 내외) 유지

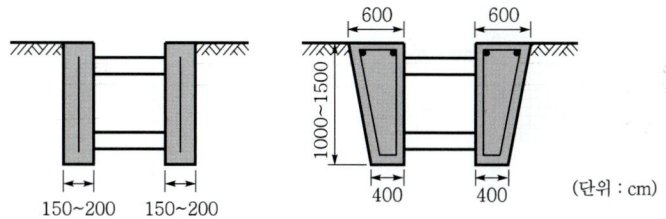

[그림 4-24] guide wall

ⓛ bentonite(벤토나이트) 용액을 주입하면서 지지층까지 굴착
  ⓐ 연속벽의 굴착길이는 보통 5~6m 정도, 벽두께는 보통 80cm 정도로 한다.
  ⓑ 굴착깊이는 40~130m
ⓒ slime 제거
  ⓐ 굴착 완료 후 trench 내 bentonite 용액의 cleaning 작업
  ⓑ slime이 충분히 침전되었을 때(굴착 완료 후 3시간 이상 경과) suction pump, compressor를 이용하여 모래 함유량이 3% 이내가 될 때까지 cleaning

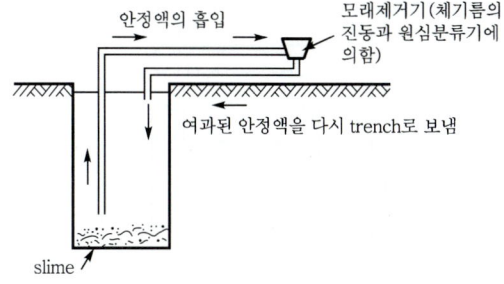

[그림 4-25] 슬라임 제거

ⓡ 경계관(interlocking pipe, 물림관) 설치
  ⓐ 양쪽 panel의 일체화로 지수효과 증대
  ⓑ pipe는 벽두께보다 작은 것을 사용
ⓜ 철근망 설치
ⓗ 트레미관(tremie pipe) 설치
  ⓐ ϕ275mm의 con´c 타설용관
  ⓑ 굴착바닥에서 15cm 뜨게 설치
ⓢ 콘크리트 타설
  ⓐ 트레미관을 통하여 연속적으로 con´c를 타설
  ⓑ slime 제거 후 3시간 이내에 타설

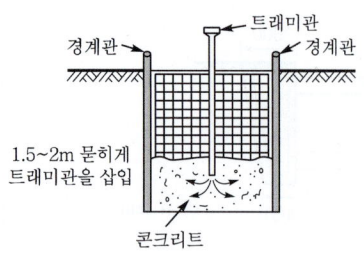

[그림 4-26] con´c 타설

◎ 경계관(interlocking pipe) 인발
   ⓐ con´c 타설 완료 후 초기 경화가 일어날 때 조금씩 인발하여 4~5시간 내 완전히 인발한다.
   ⓑ 인발이 용이하도록 con´c 타설 완료 후 2~3시간 후에 약간 유동시켜 놓는다.

• 시공순서

guide wall 설치 → 굴착 → slime 제거 → interlocking pipe 설치
        안정액 투입   철근망 조립

철근망 설치 → tremie pipe 설치 → con´c 타설 → interlocking pipe 인발

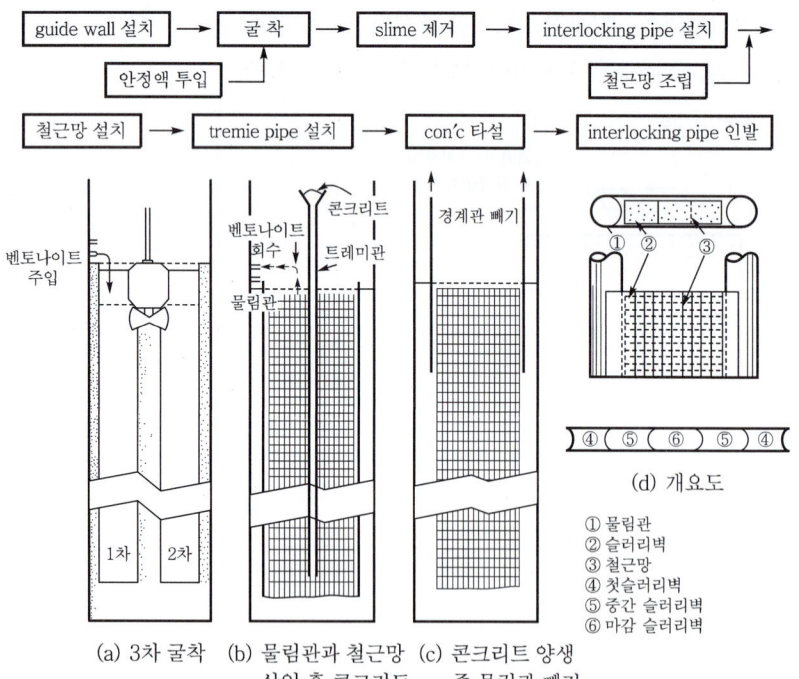

[그림 4-27] 슬러리 웰 시공

(6) 이코스(ICOS) 공법

이탈리아의 ICOS사에서 개발한 공법으로 특수 boring bit 또는 clam shell로 굴착하면서 bentonite 용액을 사용하여 굴착벽면의 붕괴를 방지하면서 굴착공에 철근망을 넣은 후 con´c를 타설하여 원형이나 장방형의 지하연속벽을 만드는 공법이다.

① 표준벽의 두께는 30~80cm, 벽의 깊이는 제한이 없어서 최대 100m 까지의 실적이 있으나 일반적으로 30~50m로 한다.

② 공법의 종류

㉠ 비트 공법(bit method) : 주열식

ⓐ 특수 boring bit로 굴착하여 주열식 지하연속벽을 만드는 공법

ⓑ 시공순서

굴착 → guide casing 삽입 및 안정액 투입 → slime 제거 → 철근망 설치 → tremie pipe 설치 → con´c 타설 → guide casing 인발

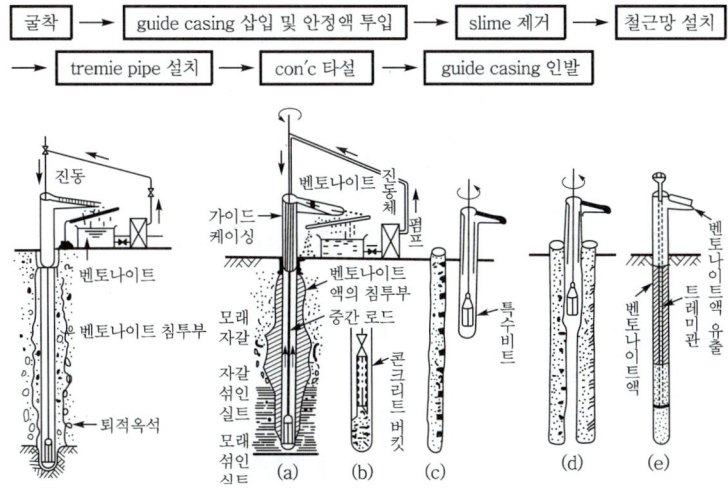

[그림 4-28] 이코스 비트공법의 시공순서

㉡ 크램셸공법(clam shell method) : 벽식

ⓐ guide wall을 설치한 후 어스 드릴 또는 보링기로 2개의 guide hall을 굴착한 후 guide hall 사이를 clam shell로 굴착하여 벽식 지하연속벽을 만드는 공법이다.

ⓑ 시공순서

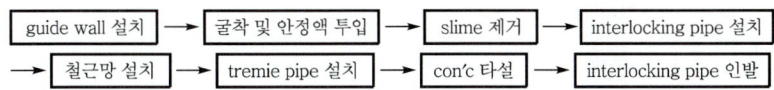

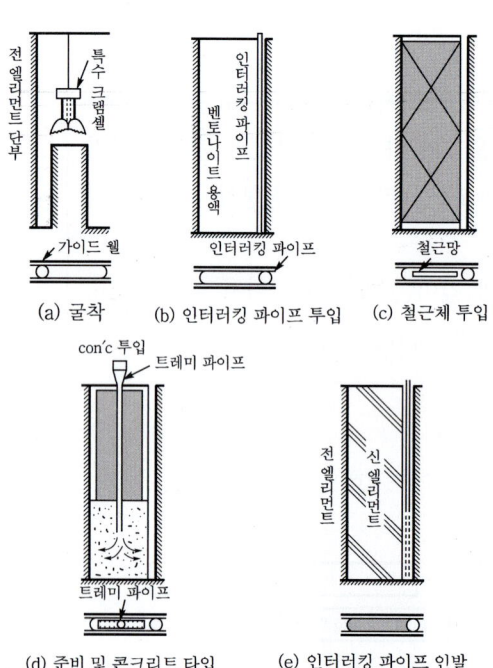

[그림 4-29] 이코스 크램셸공법의 시공순서

(7) 엘스(ELSE) 공법

이탈리아의 ELSE사에서 개발한 공법으로 퍼올림 버킷으로 굴착하여 지하연속벽을 만드는 공법이다.

① 굴착 시 지주를 기준으로 유도벽을 따라 굴착하기 때문에 정밀도가 높으며 5% 전후의 경사로 굴착할 수 있다.
② 연약지반부터 호박돌 섞인 모래층까지 시공할 수 있다.
③ con´c 벽의 두께는 40~100cm이고, 시공깊이는 20~30m까지 가능하다.

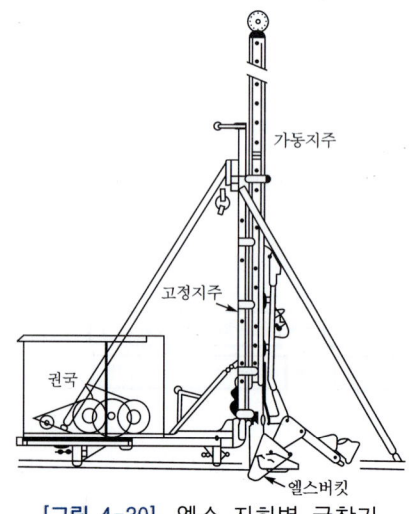

[그림 4-30] 엘스 지하벽 굴착기

(8) SCW(Soil Cement Wall) 공법

개량된 MIP 공법으로 흙에 직접 cement paste를 혼합하여 현장 콘크리트 파일을 연속시켜 지하연속벽을 만드는 공법으로 토류벽, 차수벽으로 이용한다.

① 특징

장 점	단 점
ⓐ 겹침(over lap) 방식이므로 차수성이 우수하다. ⓑ 공기단축, 공사비가 저렴하다. ⓒ 소음, 진동 등 주변피해가 적다.	ⓐ 시공능력에 따라 품질의 편차가 크다. ⓑ 토질의 양부가 강도를 좌우한다.

② 공법의 종류

㉠ 연속방식 : 3축 auger로 제1 element를 시공한 후 제2 element를 반복하며 연속적으로 시공하는 방식이다.

㉡ element 방식 : 3축 auger로 제1 element를 시공하고, 1개 공의 간격을 두고 제2 element를 시공한 후 그 사이에 제3 element를 시공하는 방식이다.

㉢ 선행방식 : 1축 auger로 1개 공의 간격을 두고 먼저 시공한 후 element 방식과 동일하게 시공해 나가는 방식이다.

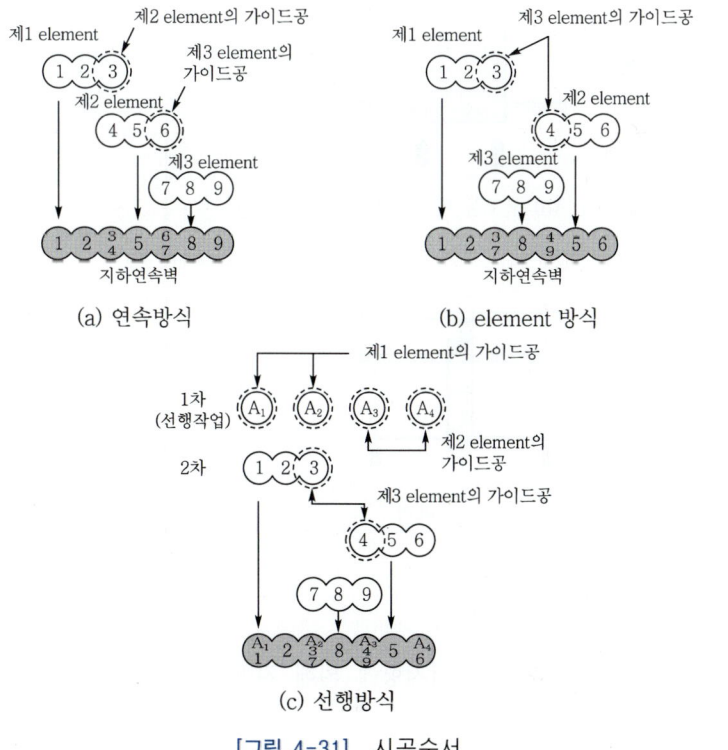

[그림 4-31] 시공순서

(9) earth anchor 공법

흙막이벽 등의 배면에 원통형으로 천공하여 인장재를 삽입한 후 grouting을 하여 주변지반을 지지하는 공법으로 유럽에서 tie back anchor로서 보급되기 시작하여 현재에는 tie rod 등 여러 가지 용도로 사용되고 있다.

① 특징

장 점	단 점
ⓐ 버팀(strut)이 불필요하다. ⓑ 작용공간을 넓게 활용할 수 있다. ⓒ 기계화 시공이 가능하다. ⓓ 공기단축 및 시공이 간단하다. ⓔ 주변지반의 침하, 변위가 작다. ⓕ 안전성이 높다.	ⓐ 시공 후 검사가 어렵다. ⓑ 품질관리가 어렵다. ⓒ 도심지 시공 시 인접대지 사용 동의서가 필요하다.

② 용도

㉠ 흙막이벽의 토류

㉡ 구조물 부상 억제

㉢ 구조물 지반에 고정 : 경사지 구조물, 옹벽 등

㉣ 반력용 : 재하시험, caisson 침하 등

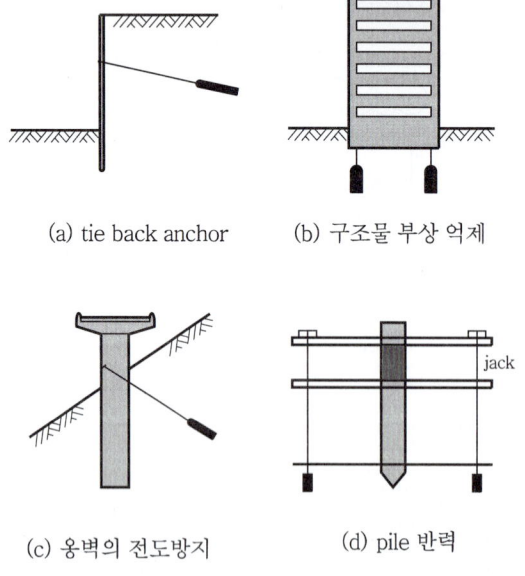

  (a) tie back anchor (b) 구조물 부상 억제

  (c) 옹벽의 전도방지 (d) pile 반력

[그림 4-32] anchor 사용의 예

③ 어스 앵커의 구조★

㉠ 앵커체 : 인장부의 인장력을 마찰저항, 지압저항에 의해 지반에서 저항하도록 설치하는 부분이다.

ⓒ 인장부 : 앵커두부에서 오는 인장력을 앵커체에 전달시키는 부분을 말하며, 인장재는 강선이나 강봉이 사용된다.
ⓓ 앵커두부 : 흙막이벽에 작용하는 힘을 인장부에 전달시키기 위한 부분이다.
  ⓐ 정착구 : 인장재와의 연결을 확실히 하기 위한 것으로 쐐기방식, 너트방식 등의 공구가 사용된다.
  ⓑ 지지판 : 정착구에서 집중된 힘을 분산시켜 구조물에 전달시키기 위한 강판
  ⓒ 대좌 : 구조물의 면과 인장재의 방향이 수직이 아닐 때 주변용으로 삽입되는 공구

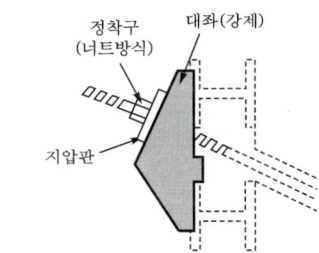

[그림 4-33] anchor 두부의 구성

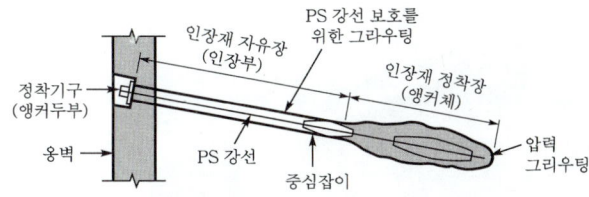

[그림 4-34] earth anchor의 구조

④ 어스 앵커의 분류
 ㉠ 지지방식에 의한 분류★
  ⓐ 마찰형 지지방식
   • anchor체의 주면마찰저항에 의해 인발력에 저항하는 방식이다.
   • 일반적으로 널리 쓰이는 방식이다.
   • 주면마찰저항은 anchor체의 길이에 비례하지만 일정길이 이상은 효과가 없다.
  ⓑ 지압형 지지방식 : anchor체의 일부를 크게 만들어 앞쪽면의 수동토압에 의해 인발력에 저항하는 방식이다.
  ⓒ 복합형 지지방식 : 마찰형과 지압형을 혼합한 방식이다.

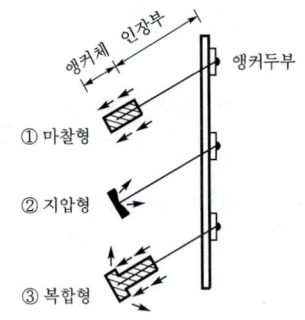

[그림 4-35] anchor의 지지방식

　ⓒ 시공방식에 의한 분류
　　ⓐ 미리 천공한 후 모르터를 주입하여 앵커체를 형성하는 방법
　　ⓑ 천공하지 않고 지반에 직접 압입하여 앵커체를 형성하는 방법
⑤ 시공순서

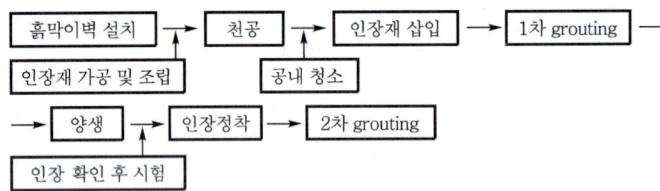

　(a) 천공　　　　　　　　　(b) 인장 및 정착

[그림 4-36] 어스 앵커공법

⑥ 앵커의 설계★
　㉠ tie back의 극한저항
　　ⓐ 사질토에 설치된 타이백의 극한저항

$$P_u = \pi d l \overline{\sigma}_v K \tan\phi \quad \cdots\cdots\cdots\cdots\cdots\cdots\cdots\cdots (4-54)$$

여기서, P_u : 극한저항
　　　　　$\overline{\sigma}_v$: 평균 유효응력(마른 모래의 경우 : γh)
　　　　　K : 토압계수(압력을 주면서 grouting 했을 때 : K_0, K의 하한치는 Rankine 주동토압계수를 취한다.)

　　ⓑ 점성토에 설치된 타이백의 극한저항

$$P_u = \pi dl C_a \quad \cdots\cdots\cdots\cdots\cdots\cdots\cdots\cdots\cdots\cdots\cdots\cdots\cdots\cdots\cdots\cdots\cdots \quad (4\text{-}55)$$

여기서, C_a : 부착력 $\left(C_a = \dfrac{2}{3}c\right)$

ⓒ 각 타이백의 안전율은 1.5~2.0을 취한다.

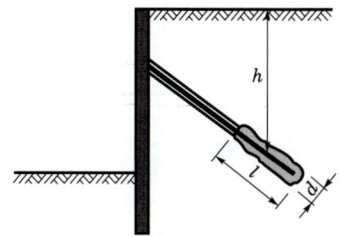

[그림 4-37] 타이백의 극한저항력을 정의하기 위한 변수

ⓛ 앵커의 축력, 정착 길이, 인장재 본수

ⓐ 앵커 축력

$$T = \dfrac{Pa}{\cos\alpha} \quad \cdots\cdots\cdots\cdots\cdots\cdots\cdots\cdots\cdots\cdots\cdots\cdots\cdots\cdots\cdots \quad (4\text{-}56)$$

여기서, T : 앵커 축력
P : 작용하중
a : 앵커 수평간격
α : 앵커 경사각

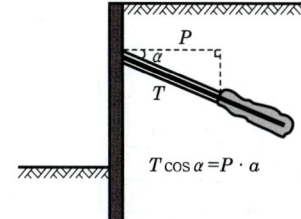

[그림 4-38]

ⓑ 정착 길이 : L_{a1}과 L_{a2} 중 큰 값

• $L_{a1} = \dfrac{TF_s}{\pi D\tau} \quad \cdots\cdots\cdots\cdots\cdots\cdots\cdots\cdots\cdots\cdots\cdots\cdots\cdots\cdots \quad (4\text{-}57)$

여기서, L_a : 정착 길이
F_s : 안전율
D : 앵커체 직경
τ : 앵커체 주변마찰력(현장인발시험으로 구할 수 있으며 설계시는 경험치를 보통 적용한다.)

• $L_{a2} = \dfrac{T}{\pi dn\tau_b} \quad \cdots\cdots\cdots\cdots\cdots\cdots\cdots\cdots\cdots\cdots\cdots\cdots\cdots\cdots \quad (4\text{-}58)$

여기서, d : 인장재 직경
n : 인장재 본수
τ_b : 허용부착응력($0.64\sqrt{f_{ck}}$)

(10) top down 공법(역타공법)

지하연속벽공법으로 구조물 벽체를 시공하고 기둥 및 기초를 시공한 다음 slab를 시공하여 벽체를 지지하는 strut 역할을 하게 한 후 지상에서부터 지하로 굴착하면서 구조물을 구축하는 공법으로 주변구조물에 유해한 영향을 미치지 않고 깊은 지하구조물을 안전하게 시공할 수 있다.

① 특징

장 점	단 점
ⓐ 주변 건물과 근접시공이 가능하며 벽체의 깊이에 제한이 없다.	ⓐ 시공 중 철저한 시공관리와 계측관리가 요구된다.
ⓑ 주변 지하수위와 토질조건에 관계없이 안전시공이 가능하다.	ⓑ 공사비가 비싸다.
ⓒ 굴착 시 주변지반의 변형이 적다.	ⓒ 지하굴착이 어렵다.
ⓓ 지상층과 지하층의 동시 시공으로 공기가 단축된다.	ⓓ 환기, 조명시설이 필요하다.
ⓔ 저소음, 저진동으로 도심지 공사에 적합하다.	ⓔ 콘크리트 이음부 처리가 필요하다.
ⓕ 지하층 슬래브를 치기 위한 거푸집 및 동바리가 필요 없다.	

② 시공순서

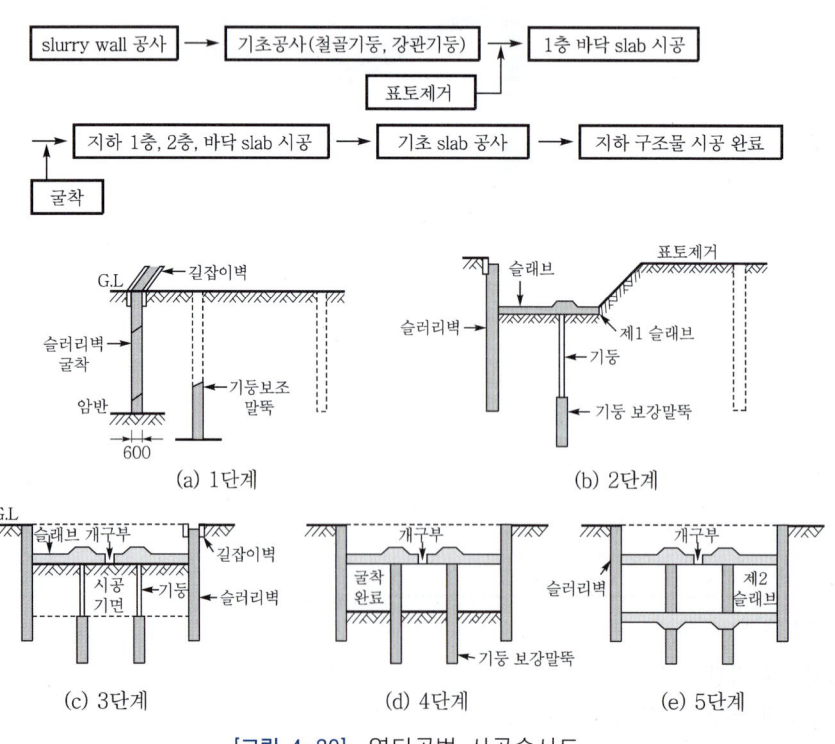

[그림 4-39] 역타공법 시공순서도

[그림 4-40] top down 공법

(11) soil nailing 공법

토사나 암반에 비교적 짧은(2~6m) 보강재(nail)를 프리스트레싱 없이 비교적 촘촘한 간격으로 삽입하고 shotcrete를 타설하여 전단강도를 증대시키는 공법으로 흙막이를 조성하거나 급경사 비탈면을 안정시키는 공법이다.

① 특징

장 점	단 점
ⓐ 시공기계가 소형이므로 장소가 협소하거나 긴 비탈면 등 시공조건이 나쁜 곳에도 적용성이 우수하다. ⓑ 지질상황이나 시공조건의 변화에 대한 순응성이 양호하다. ⓒ 비탈경사를 급경사로 할 수 있다. ⓓ 시공이 간편하고 소음, 진동이 적다. ⓔ 지진하중에 유리하다. ⓕ 공기단축, 공사비가 저렴하다.	ⓐ 지하수위가 없는 지반에 사용된다. ⓑ 깊은 파괴 예상비탈면, 연약 점토지반의 절토면 등 붕괴형태나 지반조건에 따라 적용에 한계가 있다. ⓒ 신공법으로 시공경험이 적다.

② 시공순서

㉠ 지반굴착

ⓐ 네일과 네일 사이의 중간까지 굴착한다.

ⓑ 단계별 최대 연직굴착깊이는 2m이다.

㉡ 천공 : 굴착 후 바로 천공하는 방법(지반이 양호할 때 적용)과 shotcrete 타설 후 천공하는 방법이 있다.

[그림 4-41] 천공　　　[그림 4-42] 네일 삽입

ⓒ nail의 삽입
  ⓐ 이형철근이나 강봉 등을 사용한다.
  ⓑ 영구 구조물에 사용되는 네일은 에폭시 코팅을 하여 사용한다.
  ⓒ 네일의 끝에 화살촉모양의 강제 패널을 용접부착한 후 지반에 타입하여 밀려나오지 않도록 한다.
ⓓ 그라우팅 실시
  ⓐ 공벽의 붕괴를 최소화하기 위해 네일 설치 후 그라우트 주입은 바로 실시한다.
  ⓑ 주입 파이프를 구멍바닥까지 늘어뜨려 바닥에서부터 실시한다.
ⓔ 배수시설(벽면 배수시설) : 굴착지반과 shotcrete 사이의 네일과 네일 사이에 벽체 상단에서 하단까지 수직방향으로 설치한다.

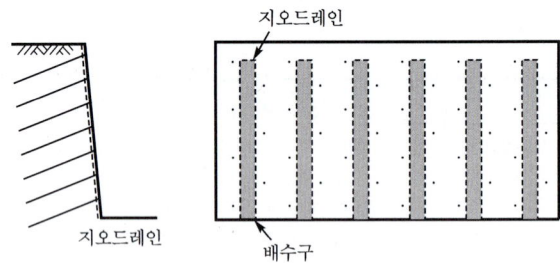

[그림 4-43] 벽면 배수시설

ⓕ 숏크리트 전면판 설치
  ⓐ 1차, 2차로 나누어 치는 방법 : 1차 shotcrete를 치고 와이어 메시, 지압판(150×150×12mm의 강판) 및 볼팅 작업을 한 후에 2차 shotcrete 타설
  ⓑ 한 번에 치는 방법 : 타설두께 1/2의 위치에 와이어 메시를 설치한 후 한꺼번에 shotcrete 타설

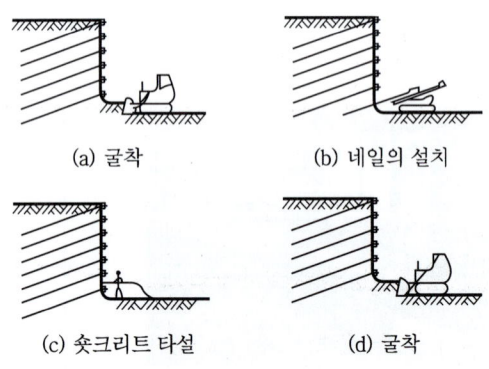

[그림 4-45] soil nailing 공법 시공순서

● 숏크리트치기

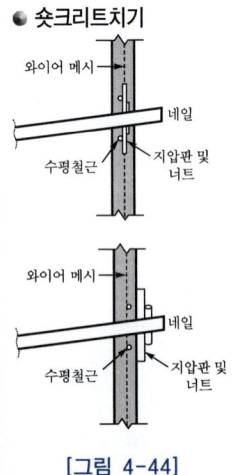

[그림 4-44]

5 흙막이공의 안정

흙막이공을 설계할 때 흙막이에 작용하는 토압, 바닥에 생기는 히빙 및 보일링에 대한 검토가 있어야 한다.

(1) 토압

흙막이 배면에 작용하는 토압분포가 모래지반일 때는 사다리꼴로 작용하고 점토지반일 때에는 삼각형으로 분포한다고 보고 일반적으로 흙막이공의 설계에 이용하고 있다.

(2) heaving 현상★

연약한 점토지반 굴착 시 흙막이벽 전·후의 흙의 중량 차이 때문에 굴착저면이 부풀어 오르는 현상

① 안정성 검사

㉠ 파괴면을 원호로 가정하고 흙기둥의 폭 B_1은 연약토층의 두께 R과 같다고 가정한다. 이때, B_1은 $0.707B$를 초과하지 않는다.

ⓐ heaving을 일으키는 회전모멘트

$$M_d = (\gamma_1 H + q) R \cdot \frac{R}{2} = (\gamma_1 H + q) \frac{R^2}{2} \quad \cdots\cdots\cdots \text{(4-59)}$$

ⓑ heaving에 저항하는 회전모멘트

$$M_r = c_1 HR + c_2 R\pi R = c_1 HR + c_2 \pi R^2 \quad \cdots\cdots\cdots \text{(4-60)}$$

ⓒ 안전율

$$F_s = \frac{M_r}{M_d} \quad (\text{안전율은 보통 1.2로 한다.}) \quad \cdots\cdots\cdots \text{(4-61)}$$

㉡ 굴착깊이가 깊을 때

$$F_s = \frac{5.7c}{\gamma H - \dfrac{cH}{0.7B}} \quad (\text{안전율은 보통 1.4로 한다.}) \quad \cdots\cdots \text{(4-62)}$$

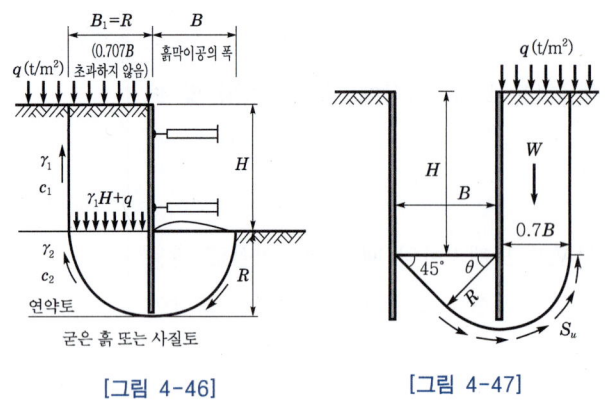

[그림 4-46]　　　　[그림 4-47]

② 방지대책
　㉠ 흙막이의 근입깊이를 깊게 한다.
　㉡ 표토를 제거하여 하중을 적게 한다.
　㉢ 굴착면에 하중을 가한다.
　㉣ 지반 개량을 한다.
　㉤ earth anchor를 설치한다.
　㉥ 전면굴착보다 부분굴착을 한다.

(3) quick sand 현상, boiling 현상, piping 현상★

① 정의
　㉠ quick sand : 모래지반에서 지하수위 아래를 굴착할 때 흙막이벽 배면의 수위가 전면보다 높을 경우 그 수위차로 인하여 상향침투가 발생하는데 이 상향침투에 의해 모래가 물과 함께 분출되는 현상을 분사현상(quick sand)이라 한다.
　㉡ boiling : 상향침투수압이 조금 더 커지면 모래가 지하수와 함께 물이 끓는 상태처럼 분출하는 현상을 boiling 현상이라 한다.
　㉢ piping : boiling 현상의 발생으로 지반 내의 미립토사가 유실되어 모래지반은 더욱 다공질 상태가 되어 투수계수는 급격히 증가하게 되므로 지반 내에 pipe 모양의 구멍이 뚫리게 된다. 이와 같은 현상을 piping 현상이라 한다.

② 안정성 검사
　㉠ 대표적 boiling법
$$F_s = \frac{\overline{\sigma}}{F} = \frac{\gamma_{\text{sub}} D}{\frac{1}{2}\gamma_w h} \quad \text{(안전율은 보통 1.2~1.5로 한다.)} \cdots (4\text{-}63)$$

ⓒ 동수경사법

$$F_s = \frac{i_c}{i} = \frac{\dfrac{G_s - 1}{1+e}}{\dfrac{h}{L}}$$ (안전율은 보통 1.2~1.5로 한다.)·· (4-64)

여기서, $L = h + 2D$

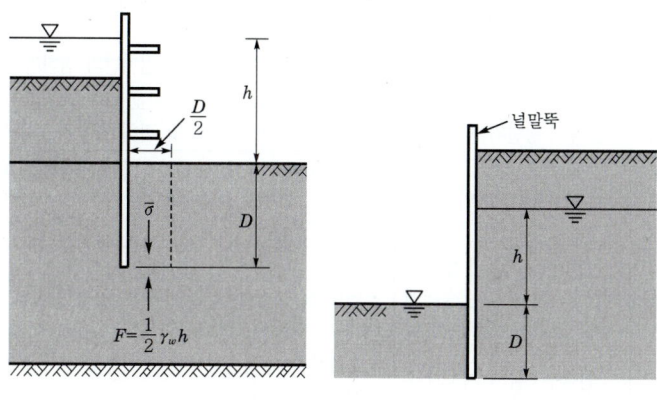

[그림 4-48] boiling법　　[그림 4-49] 동수경사법

③ 방지대책
 ㉠ 흙막이의 근입깊이를 깊게 한다.
 ㉡ 모래를 조밀하게 다진다.
 ㉢ 굴착저면을 고결시킨다.(grouting, 약액주입)
 ㉣ 지하수위를 저하시킨다.
 ㉤ 상·하류의 수위차를 줄인다.

06 흙막이공의 계측관리(정보화 시공)

① 개론

흙막이 벽체 및 인접구조물의 변형 및 붕괴를 방지할 목적으로 토압, 변형, 응력 등을 계측하여 관리하는 것을 계측관리라 한다.

② 계측기기의 용도 및 설치위치

계측기	설치 위치	계측 항목	측정 목적
soil pressuremeter (토압계)	토류벽 지보공	토압	• 주위지반의 하중에 의한 토압의 변화를 측정하여 토압의 실측치와 설계치의 비교 검토(흙막이벽체의 안정성 검토)
piezometer (간극수압계)	토류벽 배면의 연약지반	간극수압	• 굴착에 따른 과잉간극수압의 변화를 측정하여 안정성 검토
water level meter (지하수위계)	토류벽 배면의 지반	지하수위	• 시공 중 지하수위의 변화를 측정하여 토류벽의 토압 증가상태를 검토 • 지하수위 저하에 따른 인접지반의 침하가능성 검토
inclinometer (지중경사계)	토류벽 또는 배면지반	수평변위(토류벽 및 지반의 수평변위를 측정)	• 설계치의 예상변위량과 비교 검토하여 지반의 이완영역, 가설구조물의 안전도 및 피해 영향권을 추정
extensometer (지반수직변위계)	토류벽 배면의 지반	지반수직변위	• 인접지층의 각 층별 침하량의 변동상태를 파악하여 보강 대상과 범위를 결정 • 최종 침하량을 예측
strain gauge (변형률계)	토류벽, nail, strut, 띠장, 각종 강재 또는 con´c	변형(초기응력 및 시간경과에 따르는 응력에 대한 지반의 변형을 측정)	• 변형 및 응력상태를 파악하여 안정성 검토
tiltmeter (건물경사계)	구조물의 벽체 또는 골조	인접구조물의 기울기	• 구조물의 경사변형상태를 실측하여 구조물 안전진단에 활용

③ 목적

① 시공관리(계측결과를 설계계획과 비교 검토하여 다음 단계의 굴착에 지장이 없는지를 판단)
② 설계 및 시공방법 개선(feed back=follow up)
③ 안전진단 및 평가
④ 경제성 향상

④ 계측기의 배치★

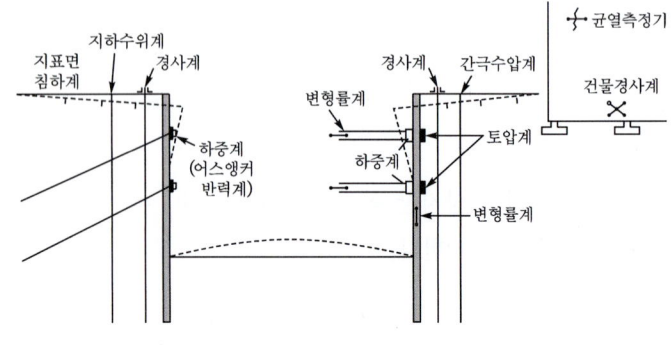

[그림 4-50] 수평변위 측정

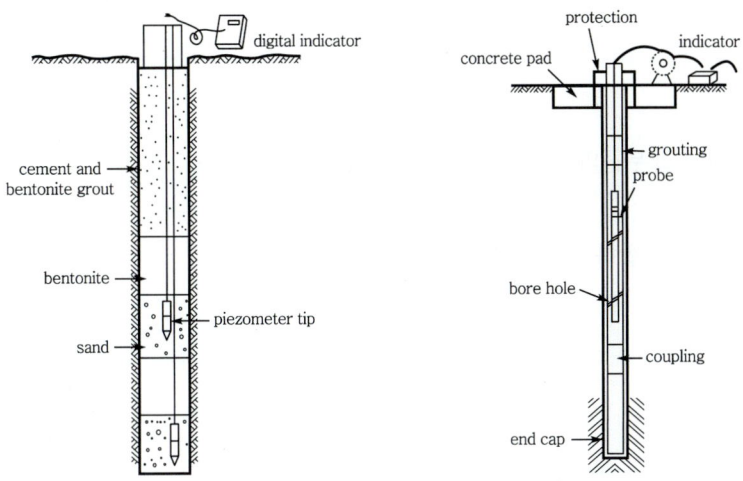

[그림 4-51] 간극수압계 설치 표준도   [그림 4-52] 지중경사계 설치 표준도

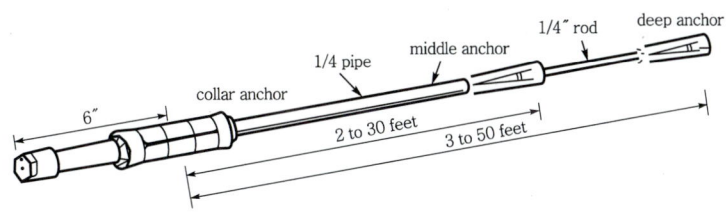

[그림 4-53] double point rod extensometer

07 지반조사(정보화 시공)

1 개설

기초의 설계, 시공에 필요한 자료를 얻기 위해 실시하는 조사를 지반조사라 한다.

2 목적

① 구조물에 적합한 기초의 형태와 깊이 결정
② 기초의 지지력 계산
③ 구조물의 예상침하량 산정
④ 지하수위 파악
⑤ 지반조건에 따른 시공법의 결정

③ 지반조사의 종류

(1) Test pit(시험굴)
① 간단하면서 가장 확실하게 지표부근의 지반형상을 알 수 있다.(2~3m 깊이에서 가장 경제적이다.)
② 도로공사를 위한 지반조사에 적합하여 시험굴의 바닥에서 sounding을 하여 깊은 지반의 강성을 조사할 수 있다.

(2) Boring
보링공 자체의 상태를 파악하는 것 이외에도 보링공을 이용하여 샘플링과 원위치시험을 하기 위한 예비적 보조수단이 된다.
① 목적
  ㉠ 지반의 구성상태 파악
  ㉡ 지하수위 파악
  ㉢ 토질시험을 위한 불교란시료의 채취(sampling)
  ㉣ boring 공내에서의 원위치시험
② 종류
  ㉠ 오거 보링(auger boring)
  ㉡ 수세식 보링(wash boring)
  ㉢ 충격식 보링(percussion boring)
  ㉣ 회전식 보링(rotary boring)

(3) 원위치시험(In-situ test)
현장에서 흙의 성질을 직접 측정하는 시험으로 토질시험에 필요한 불교란시료를 채취하는 것이 곤란한 경우나 역학적으로 복잡한 지반의 강도를 자연상태로 측정한다.
① sounding
  ㉠ 휴대용 원추관입시험(portable cone penetration test)
    ⓐ 점질토 또는 이탄질토를 주체로 한 연약지반에서 군용차량의 통과여부를 판정할 목적으로 휴대하기 편하고 측정이 신속하도록 고안된 차량통과용량 시험기이다.
    ⓑ 콘을 사용하여 심도 10cm의 간격으로 1cm/sec의 관입속도로 연약토층의 점착력을 신속하게 측정한다.
    ⓒ $q_c = 5q_u = 10C$

● 콘지수(q_c)는 건설기계의 주행성(trafficability)을 표시한다.

계통	방식	장치 형식	시험 명칭
동적	타입식	단관 cone	동적 원추관입시험 (dynamic cone penetration test)
		단관 split spoon sampler	표준관입시험(SPT)
정적	압입식	단관 cone	휴대용 원추관입시험 (portable cone penetration test)
		이중관 cone	화란식 원추관입시험 (dutch cone penetration test)
	추재하, 회전관입	단관 screw point	스웨덴식 관입시험 (swedish penetration test)
	인발	• wire rope • 저항날개	이스키미터시험(isky meter test)
	완속 회전	단관 vane	베인시험(vane test)

ⓛ 화란식 원추관입시험(dutch cone penetration test) : 호박돌을 제외한 모든 토질에서 q_c를 측정하여 토층의 경연 및 조밀한 정도를 구하는 시험이다.

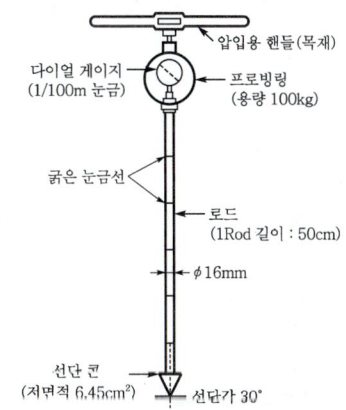

[그림 4-54] 휴대용 콘 페네트로미터

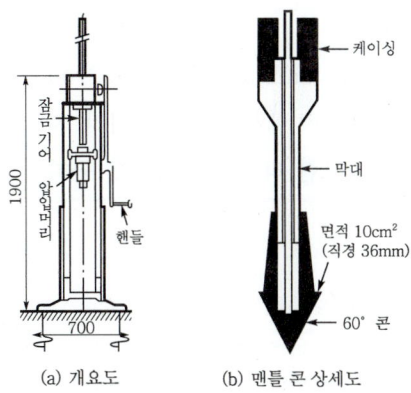

[그림 4-55] 더치 콘 페네트로미터

ⓒ 스웨덴식 관입시험(swedish penetration test) : 선단에 스크루 포인트(screw point)를 달아 중추의 무게와 회전력에 의하여 관입저항을 측정하는 시험이다.

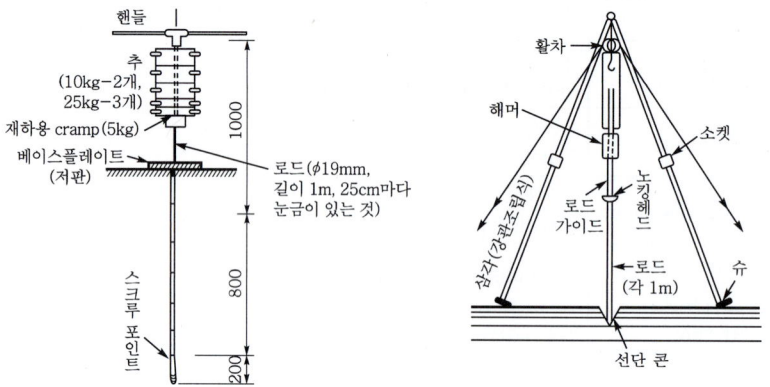

[그림 4-56] 스웨덴식 페네트로미트   [그림 4-57] 동적 콘 페네트로미터

ⓔ 이스키미터(isky meter) : 닫혀진 상태로 땅 속에 압입한 후 wire rope를 이용하여 잡아당길 때의 저항을 측정하여 흙의 전단강도를 측정하는 시험이다.

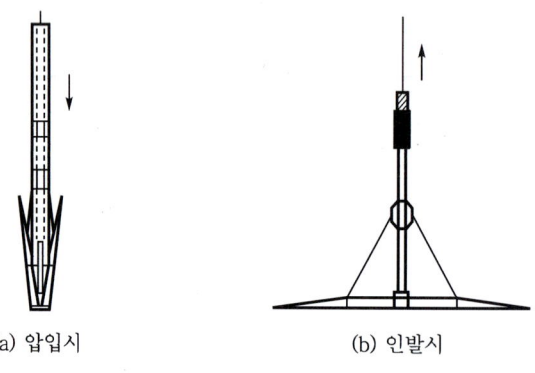

[그림 4-58] 이스키미터

ⓜ 표준관입시험(SPT) : 중공의 split spoon sampler를 boring rod 끝에 붙여서 63.5kg의 해머로 76cm의 높이에서 자유낙하시켜 지반에 sampler를 30cm 관입시키는데 필요한 타격횟수 N치를 구하는 시험이다.

ⓐ N치의 수정 ★
- rod 길이에 대한 수정

$$N_1 = N'\left(1 - \frac{x}{200}\right) \quad \cdots\cdots\cdots\cdots\cdots\cdots\cdots\cdots (4-65)$$

여기서, N_1 : 수정 N치
N' : 실측 N치
x : rod 길이(m)

- 토질에 의한 수정

$$N_2 = 15 + \frac{1}{2}(N_1 - 15) \quad \cdots\cdots\cdots\cdots (4-66)$$

여기서, $N_1 > 15$일 때 토질에 의한 수정을 한다.

- 상재압에 의한 수정

$$N = N'\left(\frac{5}{1.4P+1}\right) \quad \cdots\cdots\cdots\cdots (4-67)$$

여기서, P : 유효상재하중(kg/cm^2) ≤ 2.8kg/cm^2

ⓑ 면적비 : 일반적으로 면적비가 10% 이하이면 샘플러 속의 시료를 불교란시료로 취급한다.

$$A_r(\%) = \frac{D_w^2 - D_e^2}{D_e^2} \times 100 \quad \cdots\cdots\cdots\cdots (4-68)$$

여기서, D_w : 샘플러의 외경
D_e : 샘플러의 내경

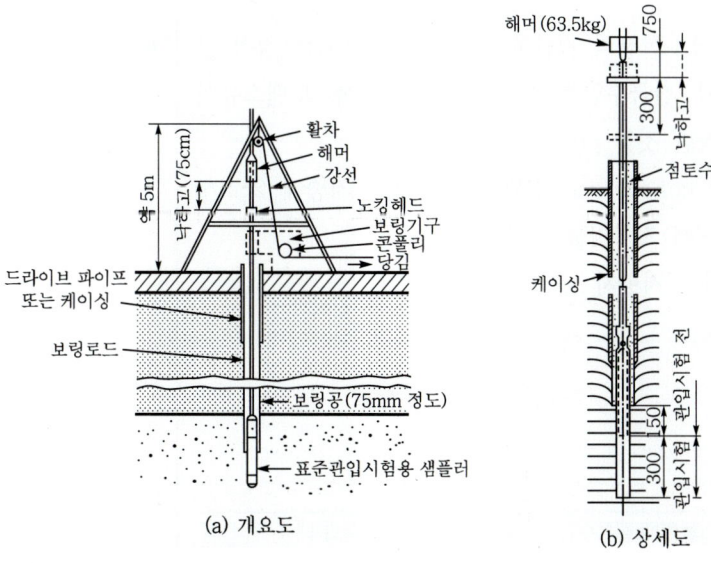

[그림 4-59] 표준관입시험

ⓑ 베인시험(vane test)
ⓐ 깊이 10m 미만의 연약한 점토지반의 전단저항(점착력)을 지반 내

에서 직접 측정하는 시험이다.
ⓑ 전단강도

$$C = \frac{M_{\max}}{\pi D^2 \left(\dfrac{H}{2} + \dfrac{D}{6}\right)} \quad \cdots\cdots\cdots\cdots\cdots\cdots\cdots\cdots\cdots\cdots\cdots\cdots (4-69)$$

여기서, C : 점착력(kg/cm²)
$M_{\max}$: 날개 회전 시 최대 비틀림 모멘트(kg·cm)
H : 날개의 높이(cm)
D : 날개의 폭(cm)

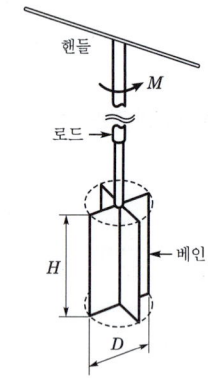

[그림 4-60] 베인시험

ⓐ piezo cone 관입시험 : 현장의 지반조사에 널리 사용되는 정적 콘 관입시험(CPT)에다가 간극수압을 측정할 수 있도록 트랜스듀서(transducer)를 부착한 것을 piezo cone이라 한다.
  ⓐ 시험방법 : 전기식 cone을 rod 선단에 부착하여 지중에 2cm/s 속도로 관입시키면서 저항치를 측정한다.
  ⓑ 연속적으로 측정하는 저항치
   • 선단 cone 저항(q_c)
   • 마찰저항(f_s)
   • 간극수압(u)

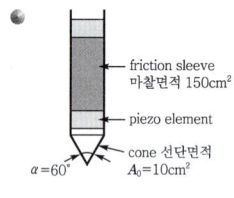

[그림 4-61]

② 현장재하시험

시험 명칭	득할 토질정수	시험결과의 내용
평판재하시험(PBT)	ⓐ 지반반력계수(K_v) ⓑ 변형계수(E)	ⓐ 지반의 지지력 ⓑ 구조물의 침하량 ⓒ 지반반력 계산 ⓓ 노반 다짐관리

현장 CBR	CBR	ⓐ 노상, 노반의 지지력 ⓑ 포장두께의 결정 ⓒ 노반 다짐관리
공내 수평재하시험	ⓐ 횡방향 지반반력계수(K_h) ⓑ 수평방향 변형계수(탄성계수)	ⓐ 지반의 횡방력 지지력 ⓑ 횡방향 지반반력과 변위계산
공내 연직재하시험 (심층재하시험)	ⓐ 지반반력계수(K_v) ⓑ 변형계수(E)	ⓐ 지반의 지지력 ⓑ 구조물의 침하량 ⓒ 깊은 지반의 지반반력 계산

㉠ 공내 수평재하시험 ★
  ⓐ boring 공내에 고무원관(3개의 cell로 구성된 probe)을 넣어 공의 반경방향으로 압력을 공벽에 가하여 그때의 압력과 공벽의 변위를 측정하여 지반의 횡방향 강도와 변형을 알기 위한 시험이다.
  ⓑ 종래의 원위치시험은 지반상태에 따라 많은 제약이 따르는데 비해 공내 수평재하시험은 연약점토에서 경암까지 가압장치의 용량에 따라 모든 지반에 적용이 가능하나 많은 시간과 비용이 들며 지반의 내부 성질까지 알아내는 데는 어려움이 많다.

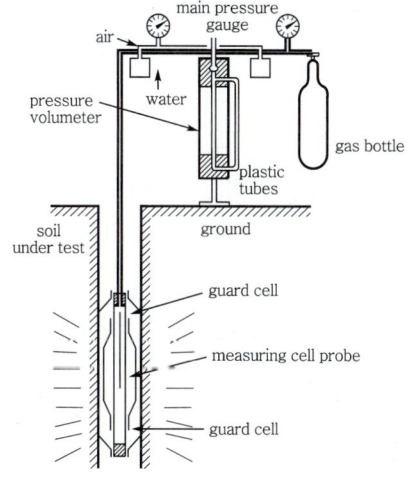

[그림 4-62] Menard-type pressure meter

  ⓒ 종류
    • PMT(Pressure Meter Test)
    • DMT(Dilato Meter Test)
    • LLT(Lateral Load Test)
㉡ 공내 연직재하시험 : boring 공저에 설치한 재하평면에 의해 깊은 위치의 지반의 연직방향 지지력 등을 산정하는 원위치시험이다.

③ 현장단위중량시험

시험명칭	득할 정수	시험결과의 내용
ⓐ 모래치환법(들밀도시험) ⓑ 고무막법 ⓒ 절삭법 ⓓ 방사선 밀도측정기에 의한 방법	ⓐ 건조밀도(γ_d) ⓑ 습윤밀도(γ_t)	ⓐ 다짐관리 ⓑ 토압 ⓒ 지반의 지지력 계산

④ 지하수에 관한 시험

시험명칭	득할 정수	시험결과의 내용
현장투수시험	투수계수(K)	ⓐ 양수량 추정 ⓑ 침투력 해석 ⓒ 배수계획
지하수위 측정		최고 및 최저 지하수위 결정

㉠ 현장투수시험

ⓐ 개단시험(open end test)

충분한 깊이까지 시추공을 굴진한 후 시추공 바닥까지 케이싱을 박는다. 물을 케이싱 상단에서 일정한 속도로 공급하여 시추공 바닥으로 빠져나가게 한다. 물의 공급이 일정한 속도로 되면 투수계수를 계산한다.

ⓑ 팩커시험(packer test, lugeon test)

보링공을 이용하여 단부에 팩커를 설치한 후 그 속에 일정압의 압력수를 주입하여 단위시간당의 주수량을 측정함으로써 투수계수를 구하는 방법으로 원래 암석의 투수계수를 측정하기 위해 사용되었으나 흙에서도 사용할 수 있다.

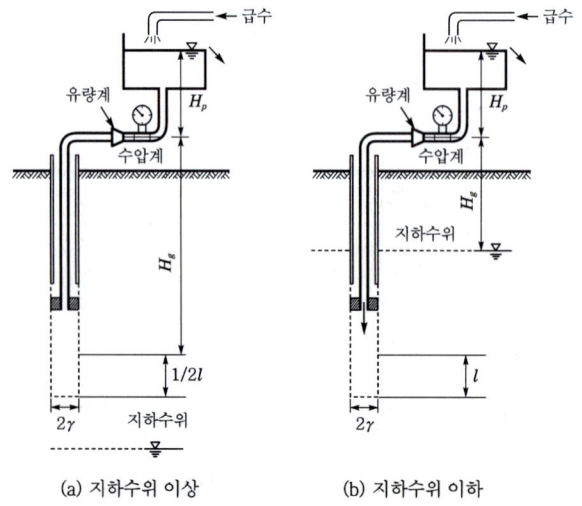

(a) 지하수위 이상   (b) 지하수위 이하

[그림 4-63] 압력주수법(팩커시험)

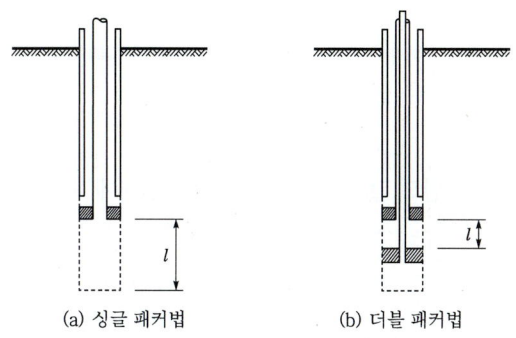

[그림 4-64] 패커의 위치와 투수구간장

- 암반의 투수성은 일반적으로 Lugeon치로 표시되며, 주입압이 10kgf/cm²로 1m당 주입량이 1ℓ/min일 때를 1Lugeon이라 한다.

$$1\text{Lugeon} = 1\ell/\min/m/10\text{kgf/cm}^2$$

ⓒ 지하수위 관찰 : 기초 근처에 있는 지하수위는 기초의 지지력과 침하에 큰 영향을 미치므로 계절에 따라 변화하는 지하수위는 최고 및 최저 지하수위로 결정해야 한다.

(4) 물리탐사

지반의 물리학적 성질을 측정 비교하여 지하 지질구조를 파악하는 방법이다.

① 개설

넓은 지역에 대강의 판단을 내릴 수 있고 굴착에 의한 종래의 방법보다 비용이 저렴하지만 정확한 판단을 내리기는 어렵다. 따라서, 이 방법은 예비적인 작업으로만 사용된다.

② 종류

㉠ 탄성파탐사법(지진탐사법) : 지반의 탄성파 전파속도는 지질의 종류, 풍화의 정도 등에 따라 각각 다르므로 화약폭발, 중추낙하 등으로 지반에 탄성파를 발생시킨 후 P, S, R, L파 중 전파속도가 가장 빠른 P파를 이용하여 그 도달시간을 측정하여 지하 지질구조를 파악하는 방법이다.

- P파의 속도

$$V = \sqrt{\dfrac{E}{\left(\dfrac{\gamma}{g}\right)}} \cdot \sqrt{\dfrac{(1-\mu)}{(1-2\mu)(1+\mu)}} \quad \cdots\cdots\cdots (4\text{-}70)$$

● 물리탐사의 장·단점

① 장점
　㉠ 넓은 지역을 짧은 시간 내에 비용을 적게 들이고 조사할 수 있다.
　㉡ 시추조사는 1개 지점의 수직분포를 알 수 있으나 물리탐사는 전체적인 지반상태를 조사할 수 있다.
　㉢ 시추가 필요 없다.

② 단점
　㉠ 시층 성체의 구분은 가능하나 지반의 특성을 개략적으로 나타냄.
　㉡ 실내시험을 하거나 육안 관찰할 시료가 채취되지 못함.

여기서, E : 탄성계수
γ : 암반의 단위중량
g : 중력가속도
μ : 푸아송비

 ⓛ 전기비저항탐사법(전기탐사법) : 지반의 토질과 공극, 함수상태에 따라서 전기비저항이 다르게 나타나는 것을 이용하여 지하수 조사나 지하 지질구조를 파악하는 방법으로 국내에서는 특히 지하수 조사에 이용되고 있다.

 ⓒ 음파탐사법 : 관측선의 선저에서 전기발진기로 수중에 0.1~10kHz 정도의 음파를 발사하여 수저면과 지층경계면에서 반사된 반사파를 측정하여 지하 지질구조를 파악하는 방법이다.

 ⓔ 방사능탐사법 : 단층, 파쇄대 부분에서 자연방사능이 강하게 나타나는 것을 이용하여 지하 지질구조를 파악하는 방법이다.

 ⓜ 시추공탐사법 : 발진기와 수진기 중 하나 또는 두 가지를 시추공 속에 설치하여 지층 속에서 직선으로 전파되는 탄성파(P파, S파)의 속도를 측정하고 그 결과를 이용하여 지질구조를 파악하는 방법이다.

 ⓗ 지하전자기파탐사법(GPR탐사법 ; ground penetration radar) : 지하로 방사시킨 전자파가 지층경계면이나 지하매설물 등에서 반사되어 돌아오는 것을 수신하여, 지층의 구조나 지하매설물의 위치 등을 파악하는 방법이다.

(5) 시료채취(sampling)

교란시료 및 불교란시료의 채취를 sampling이라 한다.

[표 4-1] 각종 샘플러의특징

샘플러의 종류	적합한 토질	채취시료 상태	특징
thin wall tube sampler(고정 피스톤식)	연약 점성토 ($N=0\sim4$)	불교란시료	• 연약 점성토의 불교란시료를 채취하는 샘플러로서 가장 신뢰성이 높아 널리 사용되고 있다.
split spoon sampler	사질토	교란시료	• 샘플링과 병행하여 지반의 관입저항을 얻을 수 있다.
foil sampler	연약 점성토 ($N=0\sim4$)	불교란시료	• 연속적으로 불교란시료를 채취할 수 있다. • 샘플링 직후에 시료를 인출하여 시험을 해야 한다.
denison sampler	경질 점성토 ($N=4\sim20$)	불교란시료	• 연약 점성토의 샘플링에는 부적합하고 경질 점성토의 불교란시료를 채취하는데 적합하다.
scraper bucket sampler	자갈섞인 모래	교란시료	• 자갈 때문에 split spoon sampler로 시료채취가 곤란할 때 사용한다.
core boring	경질 점성토, 암석 ($N=30$ 이상)		• 경질토 이상의 고결도이면 시료채취가 가능하다.
auger boring	자갈 및 고결토를 제외한 모든 토질	교란시료	• 가장 간편한 방법이다. • 얕은 지층에서 교란시료를 채취한다.

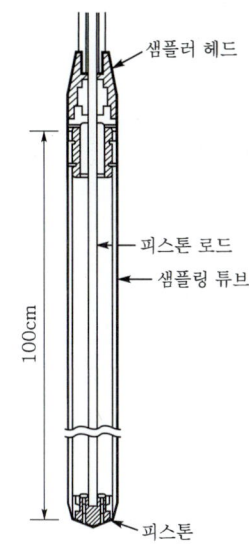
[그림 4-65] 고정 피스톤식 딘월 샘플러

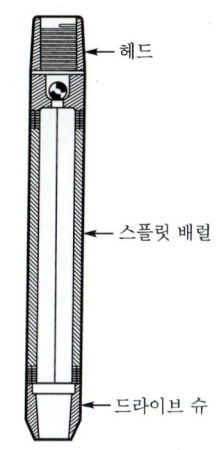
[그림 4-66] 표준관입시험용 스플릿 스푼 샘플러

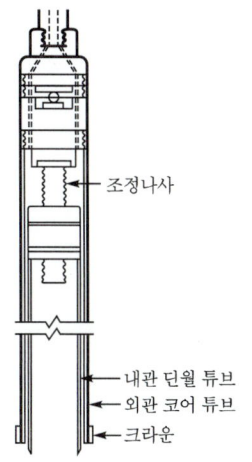
[그림 4-67] 데니슨형 샘플러

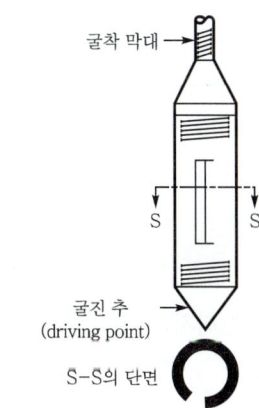
[그림 4-68] 스크레이퍼 버킷 샘플러

(6) 암석 시료채취

굴착 중에 암석층이 나타나면 암석 시료를 채취해야 한다. 시료채취 시 굴착봉에 코어 배럴을 부착시키고 코어 배럴의 바닥에 코어 비트를 부착시킨 후 회전굴착을 하여 시료를 채취한다.

① 코어 배럴의 형태에 따른 분류
  ㉠ 단관 코어 배럴 : 비틈력 때문에 채취된 암석 시편이 매우 교란되고 조각이 많이 난다.

ⓒ 이중관 코어 배럴

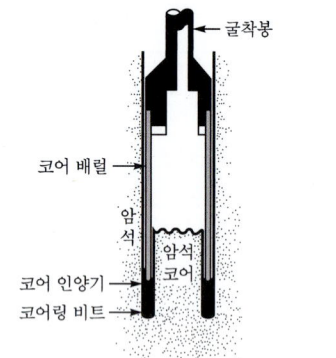

(a) 단관 코어 배럴   (b) 이중관 코어 배럴

[그림 4-69]

② 케이싱, 코어 배럴 그리고 굴착봉의 표준 크기 및 규정

케이싱과 코어 배럴 규정	코어 배럴 비트의 외경(mm)	굴착봉 규정
EX	36.51	E
AX	47.63	A
BX	58.74	B
NX	74.61	N

③ 시료채취에서 회수된 암석의 길이에 의해 암석의 질을 평가하기 위해 회수율과 암질지수(Rock Quality Designation ; RQD)를 사용한다.

㉠ 회수율(%) = $\dfrac{\text{회수된 암석의 길이}}{\text{암석 코어의 이론상의 길이}} \times 100$ ………… (4-71)

회수율 1은 신선암이며, 부스러지기 쉬운 암석에서는 회수율이 0.5 이하가 된다.

㉡ RQD(%) = $\dfrac{10\text{cm 이상으로 회수된 암석조각들의 길이의 합}}{\text{암석 코어의 이론상의 길이}} \times 100$

……………………………………………………… (4-72)

● RQD의 이용
① RMR 분류
② Q 분류
③ 지지력 추정

[표 4-2] RQD와 현장 암질과의 관계

RQD(%)	암 질
0~25	매우 불량(very poor)
25~50	불량(poor)
50~75	보통(fair)
75~90	양호(good)
90~100	우수(excellent)

08 암반

1 개설

암석(rock)은 암반을 구성하는 소재로서 지질적 불연속면을 함유하고 있지 않는 암편이며, 암반(rock mass)은 토목공사의 대상이 될 정도의 공간적 크기를 갖는 암석 집합체로서 불연속면을 갖는 암체이다.

2 암반의 특성

(1) 불연속면(discontinuities in rock mass)

① 정의
  ㉠ 모든 암반 내에 존재하는 절리, 퇴적암에 존재하는 층리, 변성암에 존재하는 편리, 대규모 지질 구조와 관련된 단층과 파쇄대 등 암반 내에 있는 연속성이 없는 면을 불연속면이라 한다.
  ㉡ 불연속면에서 상대적인 이동이 없으면 절리(joint), 있으면 단층(fault)이라 한다.

② 불연속면의 종류
  ㉠ 절리(joint) : 암반에 작용한 응력으로 형성된 분리면
  ㉡ 층리(bedding) : 퇴적암의 단위퇴적 경계면
  ㉢ 편리(schistosity) : 변성암의 변성과정에서 발달된 편상구조
  ㉣ 단층(fault) : 절리면이 상대적으로 이동한 이력이 있는 면

(2) 불연속면(절리)의 공학적 평가를 위한 조사항목

① 절리방향(주향, 경사 ; strike, dip)
  사면 안정성 평가에 있어 중요한 인자로 붕괴 가능성, 붕괴형태 영향이 크다.
② 절리간격(spacing)
③ 절리의 연속성(persistence)
  연속성이 크면 위험하고 절리면 전단강도가 적다.
④ 절리의 거칠음(roughness)
⑤ 절리 간극(틈새 크기, aperture)
⑥ 절리 간극의 충전물(filling)

- 불연속면은 기하학적으로나 역학적으로 그의 특성은 여러 가지로 변화한다. 공학적으로는 표준적인 기술법을 사용하여 이들을 평가할 필요가 있다. ISRM의 제안에 의하면 불연속면(절리)을 나타내는 요소로서 10개의 항목을 들고 있다.

- 절리면은 보통 점착력은 없고 내부마찰각만 고려하나 연속성이 적으면 점착력도 고려할 수 있다.

⑦ 블록 크기(block size)

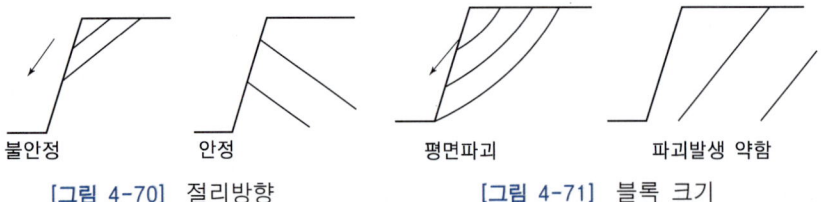

[그림 4-70] 절리방향   [그림 4-71] 블록 크기

③ 초기지압(initial ground stress)

(1) 개설

초기지압이라 함은 지반 내부에 터널 또는 지하발전소와 같은 공동을 굴착할 때, 그 이전에 지반에 작용하고 있던 1차 지압을 말한다.

굴착 이후에는 초기지압의 국부적 해방으로 지반 내의 응력상태가 변화하여 2차 지압이 형성된다. 이때 1차 지압 및 2차 지압을 총칭하여 지압이라 한다.

● 암반의 지압을 석압, 토사 지반의 지압을 토압이라 한다.

(2) 원인별 분류

① 지반자중에 의한 응력
② 지각변동에 따른 응력
③ 지형의 영향에 의한 응력
④ 암반의 물리적, 화학적 변화에 의한 응력

(3) 측정방법

① 응력해방법(overcoring)
② 수압파쇄법
③ AE법
④ 응력회복법

④ 암반 분류법*

(1) RMR(Rock Mass Rating) 분류법

시추자료로부터 ① 암석의 일축압축강도 ② RQD ③ 불연속면의 간격 ④ 불연속면의 상태 ⑤ 지하수의 상태 ⑥ 불연속면의 방향 등의 분류인자에 대하여 각 인자별로 점수를 합산한 값을 RMR로 정하여 이에 따라 암반을 분류하는 방법이다.

● RMR법의 장단점
① 장점
 ㉠ 가장 보편화된 분류법이다.
 ㉡ 암 거동의 중요한 요소인 불연속면 방향성에 주안을 둔 암반분류법이다.
② 단점
 ㉠ 유동성이거나 팽창성 암과 같이 취약한 암에는 부적당하다.
 ㉡ Q분류법에서 고려하는 현장 응력을 고려하지 않았다.

[표 4-3] 분류평점 합계에 의한 암반 등급

평점합계	100~81	80~61	60~41	40~21	<20
암반등급	I	II	III	IV	V
암반상태	매우 양호	양호	보통	불량	매우 불량

(2) Q(rock mass Quality) 분류법

Q값에 따라 암반을 분류하는 방법이다.

① $Q = \dfrac{RQD}{J_n} \cdot \dfrac{J_r}{J_a} \cdot \dfrac{J_w}{SRF}$ ································ (4-73)

여기서, J_n : 절리군의 수에 관련된 변수
J_r : 절리면의 거칠기에 관련된 변수
J_a : 절리면의 변질에 관련된 변수
J_w : 지하수에 관련된 변수
RQD : 암질지수
SRF : 응력저감계수

● Q값에 의하여 암반의 보강방법과 보강 정도를 결정할 수 있으며, 보통 Q값은 $10^{-3} \sim 10^3$ 범위에 속하며, Q값이 0.1 이하이면 암반이 매우 나쁜 상태이고, 400 이상이면 매우 좋은 상태를 나타낸다.

② 위의 식 중에서
㉠ 1항은 암반을 형성하는 block의 크기
㉡ 2항은 절리의 전단강도
㉢ 3항은 암반의 응력상태를 나타낸다.

5 암반의 변형시험

암반의 변형 특성을 나타내는 탄성계수를 구하는 방법이다.

(1) jacking test(암반의 평판재하시험)

터널의 천장과 바닥 사이에서 유압 잭으로 여러 단계의 하중을 재하와 제하를 반복하고 재하판(지름 30~100cm 강제원판)의 침하량이 안정되면 측정을 마친다. 재하속도는 5~15kgf/cm²/min으로 1단계마다 1분 정도로 하며, 지속하중은 6~12시간 정도 지속하고 최대하중은 설계응력의 1~1.5배를 표준으로 3~5회 반복한다.

$$E = \dfrac{1-\nu^2}{2\gamma} \dfrac{\Delta P}{\Delta \delta} \quad \cdots\cdots\cdots\cdots\cdots\cdots\cdots\cdots (4-74)$$

여기서, ν : 암반의 Poisson비, γ : 재하판의 반지름(cm)
ΔP : 하중의 증가량(kgf/cm²), $\Delta \delta$: 변위의 증가량(cm)

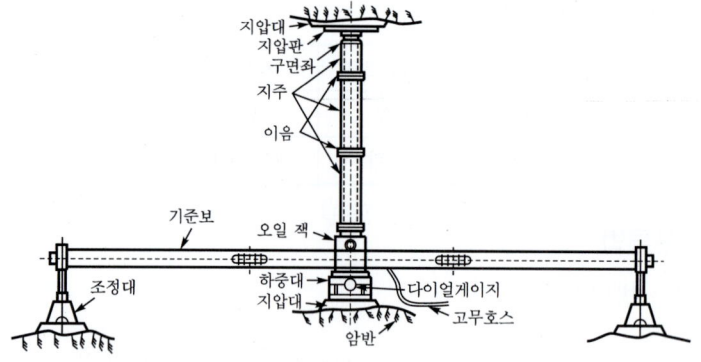

[그림 4-72] 등변위법에 의한 재킹시험장치

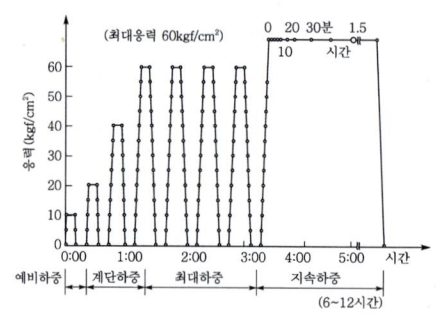

[그림 4-73] 재하방법의 예

(2) 공내 재하시험

보링공 내에 압력 셀을 삽입하여 공벽에 등분포 내압을 가해 공경의 팽창량을 측정하여 탄성계수를 구한다.

(3) 압력수실시험

시험용 횡갱 또는 샤프트 내에서 원형단면의 시험부분(지름 : 2m 정도, 길이 : 지름의 2배 이상)을 굴착한 후 양단의 플러그 및 라이닝으로 둘러싸인 수실을 설치한 다음 수압을 설계압력의 1.5배 정도로 0.3~1 kg/cm^2/min 가압속도로 송수가압하여 갱벽의 변위를 측정하여 탄성계수를 구한다.

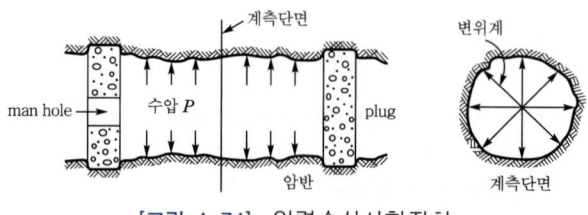

[그림 4-74] 압력수실시험장치

(4) 동적 반복재하시험

ⓑ 암반사면의 파괴형태

(1) 개설
암반사면의 파괴형태는 토사사면과 달리 암석의 강도에 의한 것보다는 사면에 발달하고 있는 불연속면의 상태, 불연속면의 주향과 경사, 절취면의 주향과 경사에 따라 결정된다.

(2) 암반사면의 파괴형태
① 평면파괴
   층리면과 같은 불연속면의 경사방향이 절개면의 경사방향과 평행하고 불연속면이 한 방향으로 발달할 때 발생한다.
② 쐐기파괴
   2개의 불연속면이 2방향으로 발달하여 불연속면이 교차될 때 발생한다.
③ 전도파괴
   절개면의 경사방향과 절리면의 경사방향이 반대일 때 발생한다.
④ 원호파괴
   풍화가 심하거나 절리가 심하게 발달된 암반에서 발생한다.

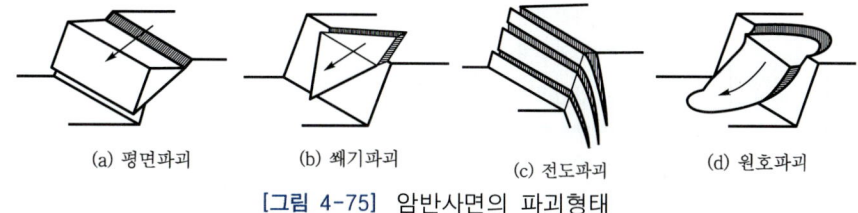

(a) 평면파괴   (b) 쐐기파괴   (c) 전도파괴   (d) 원호파괴

[그림 4-75] 암반사면의 파괴형태

(3) 암반사면 안정성 평가
① 현장시험
   ㉠ schmidt hammer test : 암석의 일축압축강도 측정
   ㉡ point load test : core시료에 대하여 일축압축강도 측정
   ㉢ Tilt test : 절리면의 붕괴 경사각을 측정
   ㉣ profile gauge test : 절리면의 거칠기 정도를 측정
② 암석시험
   ㉠ 일축압축시험 : 일축압축강도, 포아슨 비, 탄성계수 측정
   ㉡ 삼축압축시험 : c, ϕ 산출
   ㉢ 절리면 전단시험 : 절리면의 c, ϕ 산출

09 얕은 기초 (직접 기초 ; direct foundation)

1 기초의 분류

- 얕은 기초(직접 기초)
  - footing 기초 : 독립푸팅, 복합푸팅, 캔틸레버식 푸팅, 연속푸팅
  - mat 기초

  $$\left(\frac{D_f}{B} \leq 1,\ \text{최근에는}\ \frac{D_f}{B} \leq 3\sim 4\right)$$

- 깊은 기초 $\left(\frac{D_f}{B} > 1,\ \text{최근에는}\ \frac{D_f}{B} > 3\sim 4\right)$
  - 말뚝기초
    - 기성 말뚝기초
      - 재료별
        - 나무말뚝
        - 기성 콘크리트말뚝 : RC 말뚝, PC 말뚝, PHC 말뚝
        - 강말뚝 : 강관말뚝, H형 강말뚝
      - 공법별
        - 타입공법
          - 타격공법
          - 진동공법
        - 매입공법
          - 압입공법
          - water jet 공법(사수식)
          - 중굴공법
          - pre-boring 공법
          - SIP 공법
    - 현장 타설 con´c 말뚝기초
      - 기계굴착
        - benoto 공법(all casing 공법)
        - earth drill 공법
        - RCD 공법
      - 인력굴착 — 심초공법
        - chicago 공법
        - Gow 공법
      - 관입공법
        - franky pile
        - pedestal pile
        - raymond pile
        - compressol pile
        - simplex pile
      - 치환공법
        - CIP 공법
        - MIP 공법
        - PIP 공법
  - caisson 기초
    - open caisson 기초(50m)
    - pneumatic caisson 기초(35m)
    - box caisson 기초(아주 얕을 때)
  - 특수 기초
    - 강관 sheet pile식
    - 다주식
    - 지하연속벽식(slurry wall)

2 기초의 구비조건

① 최소한의 근입깊이를 가질 것
② 안전하게 하중을 지지할 것
③ 침하가 허용치를 넘지 않을 것
④ 시공이 가능하고 경제적일 것

3 얕은 기초의 근입깊이 결정 시 고려사항

① 체적변화를 일으키는 깊이
② 지하매설물 및 인접구조물의 영향
③ 동결깊이
④ 지하수위
⑤ 세굴과 하상저하

4 기초의 지지력(bearing capacity)

(1) Terzaghi의 수정지지력*

① 극한지지력(ultimate bearing capacity)

$$q_u = \alpha c N_c + \beta B \gamma_1 N_r + D_f \gamma_2 N_q \quad \cdots\cdots\cdots\cdots\cdots\cdots (4\text{-}75)$$

② 지하수위의 영향

㉠ $0 \leq D_1 \leq D_f$ 인 경우(지하수위가 기초의 근입깊이 부분에 있을 때)

ⓐ $\gamma_1 = \gamma_{\text{sub}}$ $\quad\cdots\cdots\cdots\cdots\cdots\cdots (4\text{-}76)$

ⓑ $D_f \gamma_2 = D_1 \gamma_t + D_2 \gamma_{\text{sub}}$ $\quad\cdots\cdots\cdots\cdots\cdots\cdots (4\text{-}77)$

㉡ $0 \leq d \leq B$ 인 경우(지하수위가 기초 저면 밑에 있을 때)

ⓐ $\gamma_1 = \gamma_{\text{sub}} + \dfrac{d}{B}(\gamma_t - \gamma_{\text{sub}})$ $\quad\cdots\cdots\cdots\cdots\cdots\cdots (4\text{-}78)$

ⓑ $\gamma_2 = \gamma_t$ $\quad\cdots\cdots\cdots\cdots\cdots\cdots (4\text{-}79)$

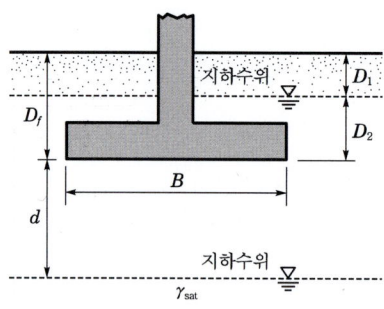

[그림 4-76] 지하수위가 있는 경우에 대한 지지력 공식의 수정

③ 순극한지지력 : 기초 주위면에 있는 흙의 압력을 제외한 것으로 기초면 아래에 있는 흙에 의해 지지될 수 있는 단위면적당의 극한지지력

$$q_{u(net)} = q_u - q \quad \cdots\cdots\cdots\cdots\cdots\cdots\cdots\cdots\cdots\cdots (4-80)$$

여기서, $q = \gamma_2 D_f$

④ 순허용지지력

$$q_{a(net)} = \frac{q_{u(net)}}{F_s} = \frac{q_u - q}{F_s} \quad \cdots\cdots\cdots\cdots\cdots\cdots\cdots (4-81)$$

여기서, $F_s = 3$

(2) 편심하중을 받을 때의 극한지지력★

편심하중을 받는 footing의 극한지지력은 하중작용점에 대칭인 부분만이 유효하고 나머지는 계산상 불필요하다고 생각하는 Meyerhof의 유효면적법으로 구할 수 있다.

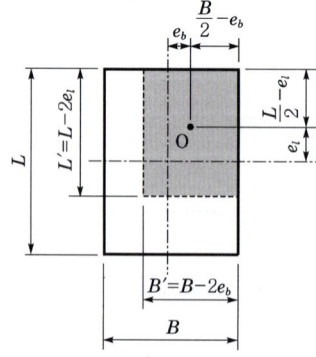

[그림 4-77] 편심하중을 받는 구형 단면의 유효폭

① 기초의 유효크기

㉠ 유효폭 : $B' = B - 2e_b \quad \cdots\cdots\cdots\cdots\cdots\cdots\cdots\cdots (4-82)$

  ⓒ 유효길이 : $L' = L - 2e_l$ ·· (4-83)

② $q_u' = \dfrac{P_u}{B'L'}$ ··· (4-84)

③ $F_s = \dfrac{P_u}{P}$ ··· (4-85)

(3) Skempton의 극한지지력(실제 현장경험 및 실험에 의한 공식)★
 $\phi = 0$인 포화점토에 대해 다음 식을 제안하였다.

$$q_u = cN_c + \gamma D_f \quad \cdots\cdots\cdots\cdots\cdots (4\text{-}86)$$

 여기서, N_c : Skempton의 지지력계수$\left(\dfrac{D_f}{B}$에 의해 결정된다.$\right)$

(4) Meyerhof의 극한지지력
 ① 두꺼운 모래층에 축조된 기초에 적합하다.
 ② 표준관입시험 및 콘관입시험을 이용한 식이다.
 ③ 경험식으로 사용이 간편하고 비교적 신뢰도가 높다.

$$q_u = 3NB\left(1 + \dfrac{D_f}{B}\right) \; (\text{t/m}^2) \quad \cdots\cdots\cdots\cdots (4\text{-}87)$$

$$q_u = \dfrac{3}{40}q_c B\left(1 + \dfrac{D_f}{B}\right) \; (\text{t/m}^2) \quad \cdots\cdots\cdots\cdots (4\text{-}88)$$

 여기서, N : 표준관입시험의 N치
    q_u : 극한지지력(t/m^2)
    q_c : cone의 관입지형(t/m^2)

(5) 재하시험에 의한 허용지지력 결정법★
 ① 장기 허용지지력

$$q_a = q_t + \dfrac{1}{3}\gamma D_f N_q \quad \cdots\cdots\cdots\cdots\cdots (4\text{-}89)$$

 ② 단기 허용지지력

$$q_a = 2q_t + \dfrac{1}{3}\gamma D_f N_q \quad \cdots\cdots\cdots\cdots\cdots (4\text{-}90)$$

 여기서, q_t : $\dfrac{q_y(\text{항복강도})}{2}$, $\dfrac{q_u(\text{극한강도})}{3}$ 중에서 작은 값

(6) 재하시험에 의한 극한지지력, 침하량 결정법★

① 지지력

㉠ 점토지반 : 재하판 폭에 무관하다.

$$q_{u(기초)} = q_{u(재하판)} \quad \cdots\cdots\cdots\cdots\cdots (4-91)$$

㉡ 모래지반 : 재하판 폭에 비례한다.

$$q_{u(기초)} = q_{u(재하판)} \cdot \frac{B_{(기초)}}{B_{(재하판)}} \quad \cdots\cdots\cdots\cdots\cdots (4-92)$$

② 침하량

㉠ 점토지반 : 재하판 폭에 비례한다.

$$S_{(기초)} = S_{(재하판)} \cdot \frac{B_{(기초)}}{B_{(재하판)}} \quad \cdots\cdots\cdots\cdots\cdots (4-93)$$

㉡ 모래지반

$$S_{(기초)} = S_{(재하판)} \cdot \left[\frac{2B_{(기초)}}{B_{(기초)} + B_{(재하판)}}\right]^2 \quad \cdots\cdots\cdots (4-94)$$

5 접지압

(1) $e \leqq \dfrac{B}{6}$ 일 때

① $q_{\max} = \dfrac{Q}{BL}\left(1 + \dfrac{6e}{B}\right) \quad \cdots\cdots\cdots (4-95)$

② $q_{\min} = \dfrac{Q}{BL}\left(1 - \dfrac{6e}{B}\right) \quad \cdots\cdots\cdots (4-96)$

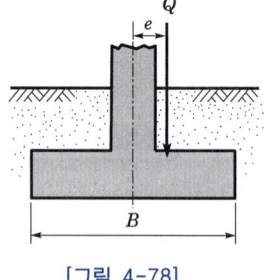

[그림 4-78]

(2) $e > \dfrac{B}{6}$ 일 때★

$$q_{\max} = \frac{4Q}{3L(B-2e)} \quad \cdots\cdots\cdots\cdots\cdots (4-97)$$

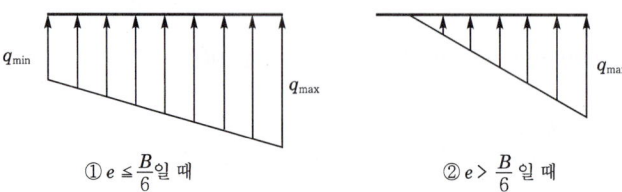

[그림 4-79]

ⓑ 직접 기초의 굴착공법

(1) open cut 공법(절개공법)
넓은 대지면적이 있을 때 시공한다.

(2) trench cut 공법
Island 공법과 반대로 먼저 둘레부분을 굴착하고 기초의 일부분을 만든 후 중앙부를 굴착, 시공하는 방법이다.

(3) Island 공법
굴착할 부분의 중앙부를 먼저 굴착하고 여기에 일부분의 기초를 먼저 만들어 이것에 의지하여 둘레부분을 파고 나머지 부분을 시공하는 방법으로 기초의 깊이가 얕고 면적이 넓은 경우에 사용한다.

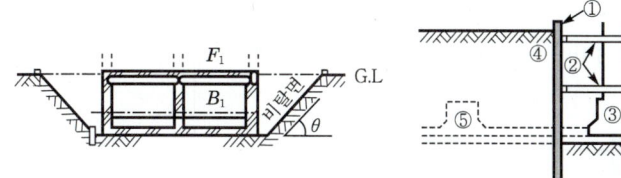

[그림 4-80] open cut 공법   [그림 4-81] trench cut 공법

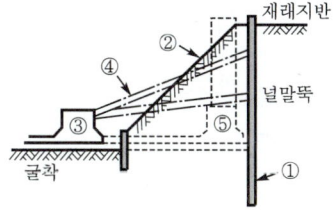

[그림 4-82] Island 공법

10 말뚝 기초(pile foundation)

❶ 개설

구조물의 하중이 너무 크든지 기초지반의 지내력이 너무 작아서 직접 기초로서는 구조물의 하중을 충분히 지지할 수 없는 경우에 지내력이 충분한 지지층까지 말뚝을 도달시켜 구조물의 하중을 전달하는 기초

2 말뚝의 분류

(1) 지지방법에 의한 분류

① 선단지지말뚝(end bearing pile) : 상부의 점토지반을 관통하여 하부의 암반에 도달한 말뚝이며, 순전히 말뚝 선단의 지지력에 의존하는 말뚝
② 마찰말뚝(friction pile) : 말뚝의 주면마찰력에 의존하는 말뚝
③ 하부지반 지지말뚝(bearing pile) : 선단지지말뚝+마찰말뚝
④ 다짐말뚝(compaction pile) : 말뚝의 타입 시 지반의 다짐효과를 향상시키는 말뚝으로 느슨한 사질토지반에 주로 사용
⑤ 인장말뚝(tensile pile) : 인발력에 저항하는 말뚝
⑥ 활동방지말뚝(stabilizing pile) : 사면의 활동을 방지하는데 사용되는 말뚝으로 일명 흙막이말뚝이라 함.
⑦ 수평저항말뚝(lateral resistance pile) : 안벽 등에 있어서 횡력에 저항하기 위해 사용되는 말뚝

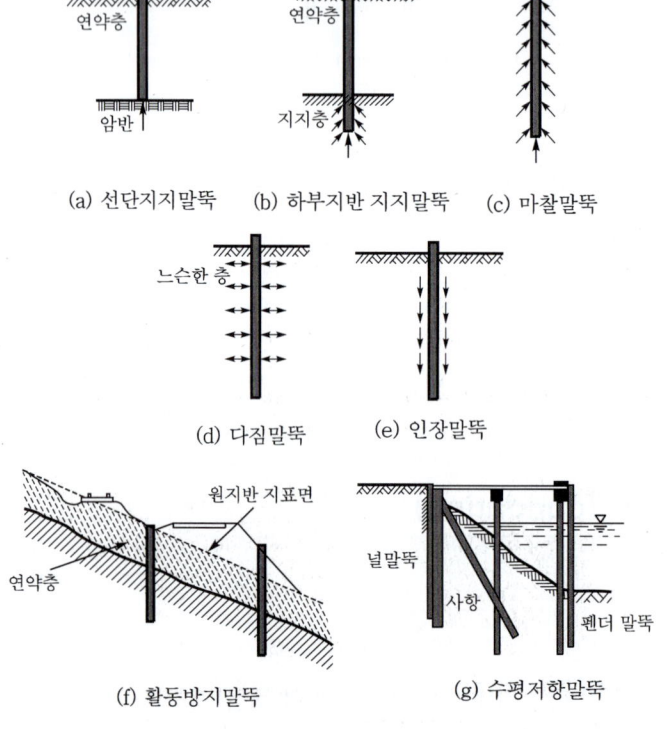

[그림 4-83] 말뚝의 분류

(2) 기초의 형식에 의한 분류

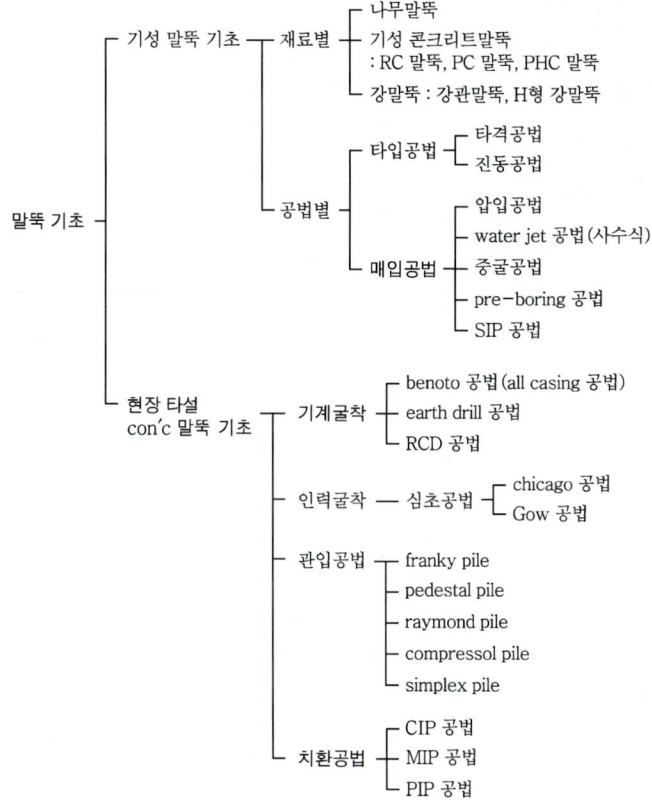

(3) 말뚝재의 조합에 의한 분류

① 이음말뚝(connected pile) : 같은 재료의 말뚝을 2개 이상 이은 말뚝
② 합성말뚝(composed pile) : 다른 재료의 말뚝으로 이은 말뚝

③ 기성말뚝 기초 시공법

(1) 타입공법

(2) 매입공법*

① 압입공법 : oil jack의 반력으로 말뚝에 정적 압입력을 가해 말뚝을 압입하는 공법이다.
  ㉠ 소음, 진동이 없다.
  ㉡ 두부손상이 없다.
  ㉢ 주위지반의 교란이 없다.
  ㉣ water jet, pre-boring, 중굴공법 등과 병용한다.

② water jet 공법(사수식) : 말뚝선단의 노즐에서 고압수($3 \sim 5kg/cm^2$)를 분사하여 말뚝의 선단 및 주위지반을 무르게 하여 말뚝을 자중으로 침하시키는 공법이다.
  ㉠ 소음, 진동이 거의 없다.
  ㉡ 사질지반에 사용한다.
  ㉢ 점토지반에 사용 시 말뚝의 지지력이 저하되므로 부적합하다.
  ㉣ 타입공법, 압입공법 등의 보조공법으로 이용한다.
③ 중굴공법(중공굴착공법) : 대구경의 중공 강관말뚝 내부에 auger, hammer grab 등을 넣어 굴착한 후 말뚝을 설치하는 공법이다.
  ㉠ 저소음, 저진동이다.
  ㉡ 두부손상이 없다.
  ㉢ 지름이 작을 때 auger로 굴착한다.
  ㉣ 지름이 클 때 hammer grab로 굴착한다.
  ㉤ 최종 관입은 타입 또는 압입한다.
④ pre-boring 공법 : auger 등으로 지반을 천공한 후 기성말뚝을 공내에 매입하는 공법이다.
  ㉠ 천공 시 공벽유지는 bentonite로 한다.
  ㉡ 저소음, 저진동이다.
  ㉢ 천공경은 pile 지름보다 약 100mm 크게 한다.
  ㉣ 굳은 층이 있어도 시공이 가능하다.
  ㉤ 최종 관입은 타입 또는 압입한다.

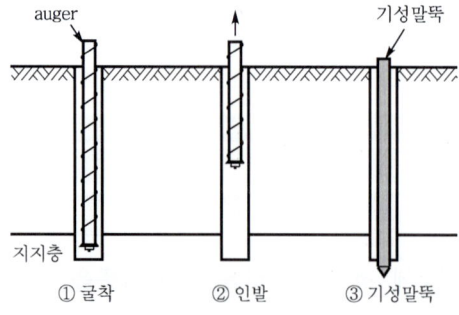

[그림 4-84] pre-boring 공법순서

⑤ SIP(Soil Cement Injected Precast pile) 공법 : auger로 cement paste를 주입하면서 굴착한 후 cement paste를 주입하면서 auger를 인발하여 기성말뚝을 삽입하는 공법으로 pre-boring 공법과 cement mortar 주입공법을 합한 공법이다.

㉠ 저소음, 저진동이다.
㉡ 여러 종류의 지반에 사용이 가능하다.
㉢ 풍화암까지 시공이 가능하다.

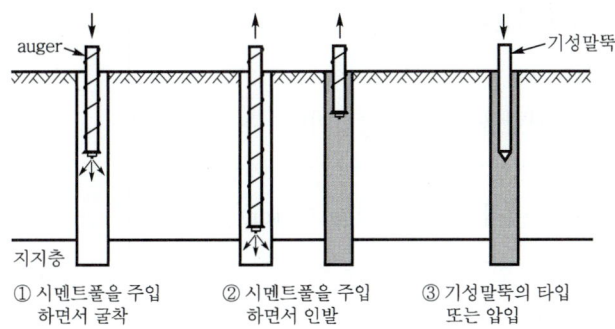

[그림 4-85] SIP 공법순서

4 RC pile 항타 시 두부, 선단부 파손원인 및 대책공법

(1) 말뚝 두부파손

원 인	대 책
ⓐ 편타 ⓑ hammer와 말뚝의 축선 불일치 ⓒ cushion 두께의 부족 ⓓ hammer 무게의 과다 ⓔ 타격에너지의 과다 ⓕ 말뚝강도 부족	ⓐ 말뚝의 연직도 확인 : 편타방지 ⓑ hammer와 말뚝의 축선 일치 ⓒ 적정 hammer 선정 ⓓ 말뚝의 취급주의

(2) 말뚝 선단부파손

원 인	대 책
ⓐ 지지층 경사 ⓑ 지중 장애물에 의한 편타	ⓐ 하부지반조사 철저 ⓑ 지반조건에 맞는 시공법을 선정

5 말뚝 기초의 지지력

(1) 축방향 압축력에 대한 허용지지력★

① 정역학적 지지력 공식

㉠ Terzaghi 공식

ⓐ 사질토의 마찰저항력(f_s)

$$f_s = K\sigma_v' \tan\delta \quad \cdots\cdots\cdots\cdots (4-98)$$

여기서, K : 토압계수($K_0 = 1 - \sin\phi$)

σ_v' : 고려 중인 깊이에서 유효연직응력

(σ_v'를 계산하는 깊이의 한계(임계깊이)는 $L' = 15d$)

δ : 흙과 말뚝 사이의 마찰각

ⓑ 점성토의 마찰저항력(f_s)

- α 방법 : 전응력으로 마찰저항을 구하는 방법이다.

$$f_s = \alpha c \quad \cdots\cdots\cdots\cdots\cdots\cdots\cdots\cdots\cdots\cdots \quad (4\text{-}99)$$

여기서, α : 말뚝과 흙 사이의 부착계수(adhesion factor)

- β 방법 : 유효응력으로 얻은 전단강도정수를 가지고 마찰저항을 구하는 방법이다.

$$f_s = \beta \sigma_v' \quad \cdots\cdots\cdots\cdots\cdots\cdots\cdots\cdots\cdots \quad (4\text{-}100)$$

여기서, $\beta : K\tan\phi'$

K : 토압계수(정규압밀 점토 시 $K = 1 - \sin\phi'$,

과압밀 점토 시 $K = (1 - \sin\phi')\sqrt{OCR}$)

- λ 방법 : 전응력과 유효응력을 조합하여 마찰저항을 구하는 방법이다.

$$f_{av} = \lambda(\overline{\sigma_v'} + 2c) \quad \cdots\cdots\cdots\cdots\cdots\cdots\cdots \quad (4\text{-}101)$$

여기서, c : 점착력

ⓒ 극한지지력

$$R_u = R_P + R_f \quad \cdots\cdots\cdots\cdots\cdots\cdots\cdots\cdots \quad (4\text{-}102)$$

$$= q_P A_P + f_s A_s \quad \cdots\cdots\cdots\cdots\cdots\cdots \quad (4\text{-}103)$$

$$= (cN_c^* + q'N_q^*)A_P + f_s u l \quad \cdots\cdots\cdots \quad (4\text{-}104)$$

여기서, q_P : 단위 선단지지력(t/m²)

A_P : 말뚝의 선단지지면적(m²)

c : 말뚝 선단주위 흙의 점착력(t/m²)

q' : 말뚝 선단에서의 유효연직응력(t/m²)

f_s : 단위 마찰저항력(t/m²)

u : 말뚝의 둘레길이(m)

l : 말뚝의 관입깊이(m)

ⓓ 허용지지력

$$R_a = \frac{R_u}{F_s}(F_s = 3) \quad \cdots\cdots\cdots\cdots\cdots\cdots\cdots \quad (4\text{-}105)$$

ⓛ Meyerhof 공식 : 모래층에서의 깊은 기초의 이론이지만 제3항을 넣어서 말뚝 둘레에 점토층이 있는 경우에도 적용할 수 있게 한 것이다.

ⓐ 극한지지력

$$R_u = R_P + R_f$$
$$= 40NA_P + \frac{1}{5}\overline{N_s}A_s + \frac{1}{2}\overline{N_c}A_c \quad \cdots\cdots\cdots\cdots (4\text{-}106)$$

여기서, A_P : 말뚝의 선단면적(m²)
N : 말뚝 선단부위의 N치
$\overline{N_s}$: 모래층 N치의 평균치

$$\overline{N_s} = \frac{N_1 h_1 + N_2 h_2}{h_1 + h_2} \quad \cdots\cdots\cdots\cdots (4\text{-}107)$$

$\overline{N_c}$: 점성층 N치의 평균치
A_s : Ul_s로 모래층의 말뚝의 주면적(m²)
A_c : Ul_c로 점토층의 말뚝의 주면적(m²)
l_s : 모래층의 말뚝길이(m)
l_c : 점토층의 말뚝길이(m)
U : 말뚝의 둘레길이(m)

ⓑ 허용지지력

$$R_a = \frac{R_u}{F_s}(F_s = 3) \quad \cdots\cdots\cdots\cdots (4\text{-}108)$$

② 동역학적 지지력 공식

㉠ Hiley 공식

ⓐ 극한지지력

$$R_u = \frac{W_h h e}{S + \frac{1}{2}(C_1 + C_2 + C_3)} \left(\frac{W_h + n^2 W_P}{W_h + W_P} \right) \cdots (4\text{-}109)$$

여기서, W_h : 해머의 무게(t)
h : 낙하고(cm)
S : 말뚝의 최종관입량(cm)
n : 반발계수(완전 탄성일 때 $n=1$, 완전 비탄성일 때 $n=0$)
W_P : 말뚝의 무게(t)
$C_1,\ C_2,\ C_3$: 말뚝, 지반, cap cushion의 탄성변형량(cm)
e : hammer 효율

ⓑ 허용지지력

$$R_a = \frac{R_u}{F_s}\,(F_s = 3) \quad \cdots\cdots\cdots\cdots\cdots\cdots\cdots\cdots\cdots\cdots\cdots\cdots\cdots\cdots\cdots\cdots\cdots\cdots\cdots\cdots\;(4\text{-}110)$$

ⓛ Weisbach 공식

ⓐ 극한지지력

$$R_u = \frac{A_P E}{L}\left(-S + \sqrt{S^2 + W_h H \frac{2L}{AE}}\right) \quad \cdots\cdots\cdots\cdots\cdots\cdots\cdots\;(4\text{-}111)$$

여기서, A_P : 말뚝의 단면적(㎡)
　　　　E : 말뚝의 탄성계수(t/㎡)
　　　　L : 말뚝의 길이(m)
　　　　S : 말뚝의 최종관입량(m)

ⓑ 허용지지력

$$R_a = 0.15 R_u \quad \cdots\cdots\cdots\cdots\cdots\cdots\cdots\cdots\cdots\cdots\cdots\cdots\cdots\cdots\cdots\cdots\cdots\cdots\cdots\cdots\cdots\cdots\;(4\text{-}112)$$

ⓒ Engineering News 공식

ⓐ drop hammer

$$R_u = \frac{W_h H}{S + 2.54} \quad \cdots\cdots\cdots\cdots\cdots\cdots\cdots\cdots\cdots\cdots\cdots\cdots\cdots\cdots\cdots\cdots\cdots\cdots\;(4\text{-}113)$$

ⓑ 단동식 steam hammer

$$R_u = \frac{W_h H}{S + 0.254} \quad \cdots\cdots\cdots\cdots\cdots\cdots\cdots\cdots\cdots\cdots\cdots\cdots\cdots\cdots\cdots\cdots\cdots\;(4\text{-}114)$$

ⓒ 복동식 steam hammer

$$R_u = \frac{(W_h + A_P P)H}{S + 0.254} \quad \cdots\cdots\cdots\cdots\cdots\cdots\cdots\cdots\cdots\cdots\cdots\cdots\cdots\cdots\;(4\text{-}115)$$

③ 정재하시험(압축재하시험)

ⓛ 정재하시험방법

ⓐ 압축재하시험 : 완속재하시험(표준재하시험), 급속재하시험, 등속재하시험이 있다.

ⓑ 인발재하시험

ⓒ 수평재하시험

ⓛ 하중재하방법

ⓐ 재하장치 위에 철강이나 콘크리트 블록과 같은 사하중을 재하하는 방법

ⓑ 시험말뚝 옆에 인장말뚝을 박고 강보로 연결하여 유압잭으로 재

● 말뚝의 지지력은 재하시험에서 가장 실제에 가까운 값이 구해진다.

하하는 방법

ⓒ earth anchor의 인발저항력을 이용하는 방법

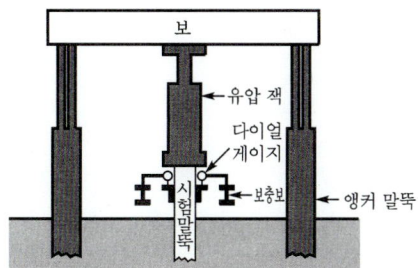

[그림 4-86] 말뚝재하시험장치의 개략도

④ 동재하시험(항타분석기(PDA)를 이용하는 방법)
  ㉠ 항타 즉시 말뚝의 지지력을 얻을 수 있다.
  ㉡ 항타 즉시 해머의 효율 및 적합성을 판단할 수 있다.(말뚝과 해머의 성능을 동시에 측정할 수 있어서 합리적 시공관리를 할 수 있다.)
  ㉢ 깊이별 저항력 분포를 알 수 있다.
  ㉣ 항타 후 다음 항타 시까지 시간간격을 조절하여 시간경과에 따른 말뚝의 지지력 변화를 알 수 있다.
  ㉤ 시험시간이 짧고 간편하며, 비용이 저렴하다.
  ㉥ 말뚝의 종류, 시공법에 관계없이 적용할 수 있으며 재하를 위한 사하중, 반력말뚝 등이 필요 없다.

● 동적재하시험 결과로 말뚝의 정적지지력을 추정하는 것은 아직 신뢰성이 적기 때문에 동일한 말뚝에 대해 정적재하시험 결과와 비교하여 검증한 후에 적용해야 한다. 이때, 시간과 비용이 많이 소요되는 정재하시험 횟수를 줄일 수 있어서 경제적이다.

(2) 수평력에 대한 허용지지력

수평방향 허용지지력은 공내 수평재하시험에서 구한 $K_h(\text{kg/cm}^3)$를 사용하여 (수평방향)허용변위량에 대한 수평력이 허용지지력이다.

① 지반이 균일하고 말뚝길이가 $\dfrac{\pi}{\beta}$ 이상일 때

  ㉠ 푸팅과 말뚝상단의 연결이 힌지(hinge)일 때

$$\delta = \frac{2\beta H}{KD} \quad \cdots\cdots\cdots\cdots\cdots\cdots\cdots\cdots\cdots\cdots\cdots\cdots\cdots \text{(4-116)}$$

여기서, δ : 말뚝상단의 수평변위량(cm)
       H : 말뚝상단에 작용하는 수평력(kg)

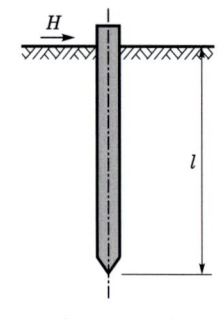

[그림 4-87]

$$\beta = \sqrt[4]{\frac{KD}{4EI}} \quad \cdots\cdots\cdots\cdots\cdots\cdots\cdots\cdots\cdots\cdots\cdots\cdots\cdots\cdots (4-117)$$

여기서, K : 횡방향 지반반력계수($=K_h$) (kg/cm³)
D : 말뚝의 폭(cm)
E : 말뚝의 탄성계수(kg/cm²)
I : 말뚝의 단면 2차 모멘트(cm⁴)

ⓒ 푸팅과 말뚝상단의 연결이 강결일 때

$$\delta = \frac{\beta H}{KD} \quad \cdots\cdots\cdots\cdots\cdots\cdots\cdots\cdots\cdots\cdots\cdots\cdots\cdots\cdots (4-118)$$

② 지반이 균일하지 않든가 말뚝길이가 $\frac{\pi}{\beta}$ 미만일 때 : 3분할 조건식을 풀어서 구한다.

(3) 기성 말뚝기초의 지지력 감소요인

① 말뚝이음
② 세장비 : 세장비가 클수록 지지력이 감소한다.
③ 군항의 효과
④ 말뚝의 침하량
⑤ 부마찰력

ⓑ 단항(single pile)과 군항(group pile)

(1) 판정기준

$$D = 1.5\sqrt{rl} \quad \cdots\cdots\cdots\cdots\cdots\cdots\cdots\cdots\cdots\cdots\cdots\cdots\cdots\cdots (4-119)$$

여기서, D : 말뚝에 의한 지중응력이 중복되지 않기 위한 말뚝의 간격
r : 말뚝의 반지름, l : 말뚝의 관입깊이

① $D > d$: 군항
② $D < d$: 단항 (여기서, d : 말뚝 중심간격)

(2) 군항의 허용지지력★

① $R_{ag} = ENR_a$ ··· (4-120)

여기서, E : 군항의 효율
N : 말뚝의 개수
R_a : 말뚝 1개의 허용지지력

② Converse-Labarre 공식

$$E = 1 - \frac{\phi}{90}\left[\frac{m(n-1) + (m-1)n}{mn}\right] \quad \cdots\cdots\cdots\cdots (4-121)$$

$$\phi = \tan^{-1}\frac{D}{S} \quad \cdots\cdots\cdots\cdots\cdots\cdots\cdots\cdots\cdots\cdots (4-122)$$

여기서, S : 말뚝간격(m)
D : 말뚝지름(m)
m : 각 열의 말뚝수
n : 말뚝 열의 수

❼ 부주면 마찰력(negative skin friction)★

연약한 점토층을 관통하여 지지층에 도달한 지지말뚝의 경우에 성토를 하든지, 지하수위가 저하될 때 연약층의 침하에 의하여 말뚝주면 침하량이 말뚝의 침하량보다 상대적으로 클 때 말뚝을 아래로 끌어내리려는 주면마찰력을 부마찰력이라 한다.

부주면마찰력은 말뚝에 재하되는 축방향 하중역할을 한다.

(1) 극한지지력

$R_u = R_P - R_{nf}$ ··· (4-123)

(2) 부주면마찰력

$R_{nf} = f_n A_s$ ··· (4-124)

여기서, A_s : 부주면마찰력이 작용하는 부분의 말뚝주면적($= ul$)
f_n : 단위면적당 부주면마찰력$\left(\text{연약한 점토 시 } f_n = \frac{1}{2}q_u\right)$

$$f_n = K'\sigma'\tan\delta \quad \cdots\cdots\cdots\cdots\cdots\cdots\cdots\cdots\cdots \quad (4\text{-}125)$$

여기서, K' : 토압계수($K_0 = 1-\sin\phi$)
σ_v' : 중립점 깊이까지의 유효연직응력(물로 포화되었을 시 r'를 사용)
δ : 흙-말뚝의 마찰각

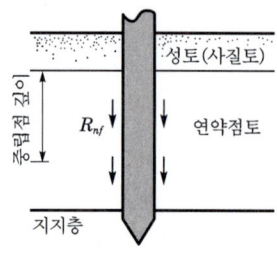

[그림 4-88] 부주면마찰력

(3) 중립점 깊이

① 말뚝주면 압밀침하량은 지표면에서 최대이고 깊이에 따라 점차 감소하여 압밀층 내의 한 점에서는 지반침하와 말뚝의 침하가 같아서 상대적으로 침하량이 0이 되는 중립점까지의 깊이이다.
② 부주면마찰력은 중립점 이상에서만 발생한다.
③ 중립점 깊이 $= n \cdot H$ $\cdots\cdots\cdots\cdots\cdots\cdots\cdots\cdots$ (4-126)

조 건	n
마찰말뚝, 불완전 지지말뚝	0.8
보통 모래, 모래자갈층에 지지된 말뚝	0.9
암반, 굳은 지층에 완전 지지된 말뚝	1.0

(4) 발생원인

① 지반 중에 연약한 점토층의 압밀침하
② 연약한 점토층 위의 성토(사질토) 하중
③ 지하수위 저하
④ pile 간격을 조밀하게 시공

(5) 부마찰력을 줄이는 공법

① 표면적이 작은 말뚝(H-형강 말뚝)을 사용하는 방법
② 말뚝지름보다 크게 pre-boring하여 부마찰력을 감소시키는 방법
③ 말뚝지름보다 약간 큰 casing을 박아서 부마찰력을 차단하는 방법
④ 말뚝표면에 역청재를 칠하여 부마찰력을 감소시키는 방법

⑤ 항타 이전에 연약지반을 개량하여 지지력을 확보하는 방법
⑥ 마찰력의 저감효과가 있는 군말뚝으로 시공하는 방법
⑦ 지하수위를 미리 저하시키는 방법

⑧ 무리말뚝의 하중분담★

$$Q_i = \frac{Q}{n} \pm \frac{M_y}{\sum x_i^2}x_i \pm \frac{M_x}{\sum y_i^2}y_i \quad \cdots\cdots\cdots\cdots\cdots (4-127)$$

여기서, $Q_i = i$번째 말뚝에 작용하는 연직하중
$Q =$ 무리말뚝에 작용하는 연직하중의 합력
$n =$ 말뚝의 개수
$M_x, M_y =$ 무리말뚝의 중심을 지나가는 x축, y축에 대한 모멘트
$x_i, y_i = i$번째 말뚝에서 x축, y축까지의 거리

⑨ 현장타설 콘크리트 말뚝(제자리 콘크리트 말뚝)

현장에서 지중에 구멍을 뚫고 그 속에 콘크리트 또는 철근 콘크리트를 넣어 만든 말뚝

(1) 현장타설 콘크리트 말뚝 공법의 종류 및 특징

① benoto 공법(all casing 공법)

프랑스 Benoto사가 개발한 공법으로 casing tube를 왕복 요동시키면서 경질의 지반까지 압입시킨 후 내부를 해머 그래브로 굴착한 후 공내에 철근망을 넣고 콘크리트를 타설하면서 casing tube를 인발시켜 현장타설 콘크리트 말뚝을 만드는 공법이다.

㉠ 특징

장 점	단 점
ⓐ all casing 공법으로 공벽붕괴의 우려가 없다. ⓑ 암반을 제외한 전 토질에 적합하다. ⓒ 경사말뚝 시공이 가능(약 15°)하다. ⓓ 저소음, 저진동이다. ⓔ 시공속도가 빠르다.	ⓐ 굵은 자갈, 호박돌이 섞인 지층에서는 케이싱 압입이 어렵다. ⓑ 기계가 대형이고 무거워(32t) 넓은 작업장이 필요하며, 기동성이 둔하다. ⓒ 케이싱 인발 시 철근망 부상 우려가 있다. ⓓ 지하수위 하에 세립의 모래층이 5m 이상인 경우 케이싱 인발이 어렵다.

[그림 4-89] benoto 공법

ⓛ 시공순서

casing tube 세우기 → 굴착 및 casing tube 삽입 → 철근망 넣기 → tremie관 삽입 → con´c 타설 → casing tube 인발

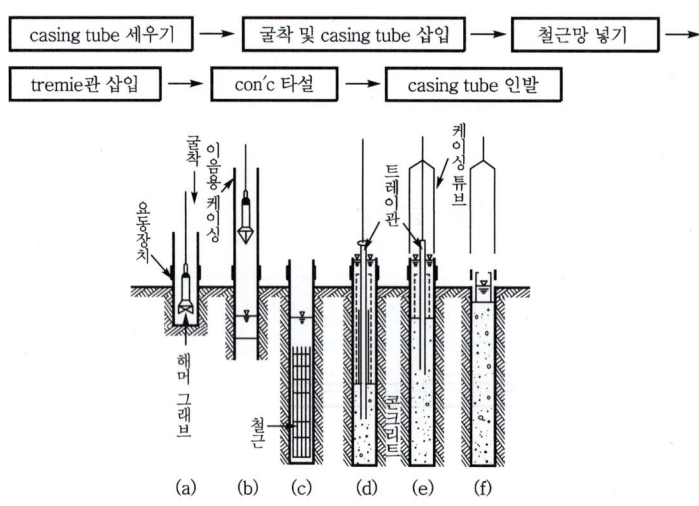

[그림 4-90] 베노토 굴착기의 시공순서

② earth drill 공법(Calwelde 공법)

미국의 Calwelde사가 개발한 공법으로 회전식 bucket으로 굴착한 후 철근망을 넣고 콘크리트를 타설하여 현장타설 콘크리트 말뚝을 만드는 공법이다.

㉠ 장·단점

장 점	단 점
ⓐ 점성토지반에 적합하다.(드릴 버켓을 사용하므로 경질 점토층의 굴착이 가능하다.)	ⓐ 공벽붕괴의 우려가 있다.
ⓑ 기계장치가 간단하여 기동성이 좋다.	ⓑ 전석, 호박돌 층이 있으면 시공이 곤란하다.
ⓒ 베노토 공법보다 소음, 진동이 적다.	ⓒ 지반 중에 고압의 피압수, 복류수가 있으면 시공이 곤란하다.
ⓓ 저소음, 저진동이다.	ⓓ 안정액 관리가 어렵고, 굴착토사의 폐기처리가 곤란하다.
ⓔ 다른 현장타설말뚝에 비해 시공속도가 빠르고 공사비가 저렴하다.	ⓔ 굴착 시 시공관리가 소홀하면 굴착공의 연직도를 확보하기 어렵다.
ⓕ 굴착기 1대로 전체 작업이 가능하다.	

ⓛ 특징 : benoto 공법과의 차이점은 casing tube를 사용하지 않는 것이다. 그러나 주벽이 무너질 우려가 있을 때에는 부분적으로 casing을 삽입할 때도 있다.
ⓒ 시공순서

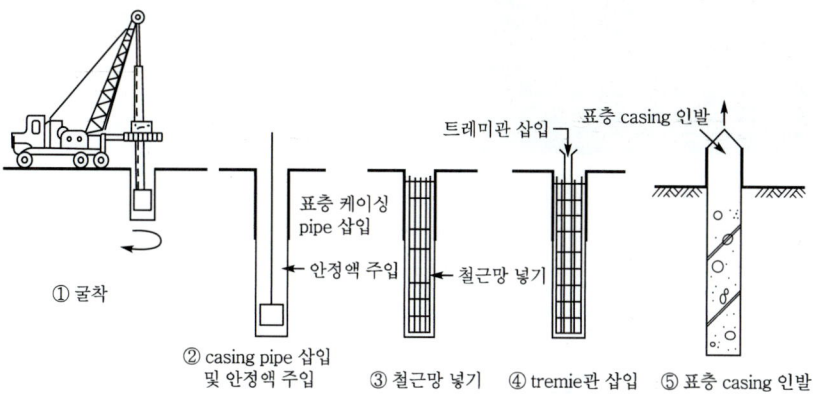

[그림 4-91]

③ Reverse Circulation Drill 공법(RCD ; 역순환공법)

독일에서 개발된 공법으로 특수 bit의 회전으로 토사를 굴착한 후 공벽을 정수압($0.2kg/cm^2$)으로 보호하고 철근망을 삽입한 후 콘크리트를 타설하여 현장타설 콘크리트 말뚝을 만드는 공법이다.

장 점	단 점
ⓐ 정수압에 의해 공벽붕괴를 방지하면서 굴착하므로 casing tube가 필요 없다. ⓑ 암반굴착이 가능하다. ⓒ 사력토지반에 적합하다. ⓓ 좁은 장소의 시공에 가장 유리하나. ⓔ 장비가 가벼워 해상작업이 용이하다. ⓕ rod의 이음으로 깊은 굴착이 가능하다.(약 100~200m) ⓖ 대구경이 가능하다.(독일에서 6m가 개발되고 있다.) ⓗ 저진동, 저소음이다. ⓘ 슬라임 침적이 적다. ⓙ 연속굴삭방식이므로 시공속도가 빠르다.	ⓐ 굴착토사의 지름이 drill pipe의 지름(15~20cm)보다 큰 경우에 시공이 곤란하다. ⓑ 지반 중에 고압의 피압수, 복류수가 있으면 시공이 곤란하다. ⓒ 굴착토사는 수분이 많아서 폐기처리가 곤란하다.

[그림 4-92] RCD 공법

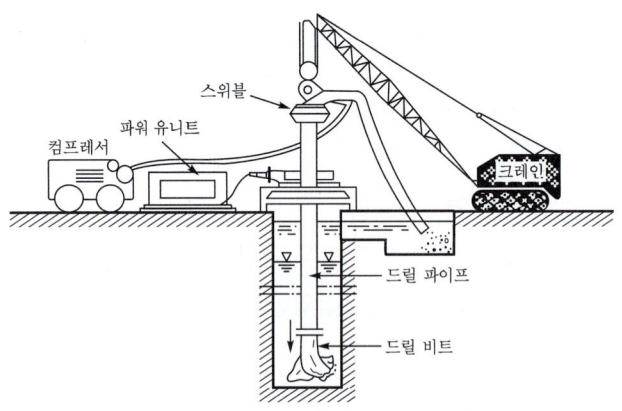

[그림 4-93] RCD 공법 개요도

[표 4-4] 공법별 비교표

구 분	benoto	earth drill	RCD
공벽유지	casing tube	bentonite	정수압(0.2kg/cm^2)
적용토질	암반을 제외한 전 토질	점성토	사력토, 암반
굴착장비	hammer grab	회전 bucket	drill bit
최대구경	2m	2m	6m
최대심도	40~50m	40~50m	100~200m
좁은 장소	불가	불가	가능
문제점	세사층 관입 불능	rod 이음시간	다량의 물

④ compressol pile(컴프레솔 말뚝)

원추형의 추(그림 ⓐ)를 자유낙하시켜 구멍을 뚫고 그 속에 con´c를 채운 후 끝이 둥근 추와 평평한 추(그림 ⓑ, ⓒ)를 교대로 다져서 말뚝을 형성하는 공법이다.

㉠ 지하수가 없는 단단한 지반에 짧은 말뚝을 만들 때 사용한다.
㉡ 설비, 시공이 간단하다.

ⓒ 큰 진동, 충격 때문에 도심지 공사에는 곤란하다.

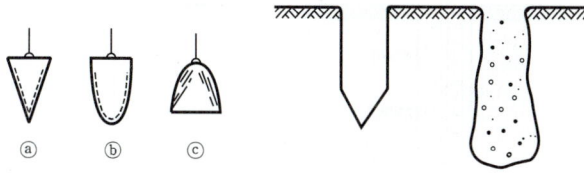

[그림 4-94] compressol pile

⑤ simplex pile(심플렉스 말뚝)

지반에 shoe(신)가 달린 외관을 박고 con′c를 채운 후 중추로 다지면서 외관을 뽑아올려 말뚝을 형성하는 공법이다.

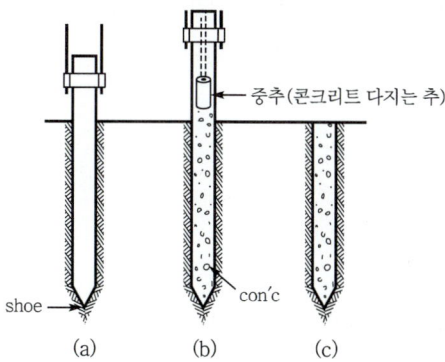

[그림 4-95] simplex pile

⑥ CIP(Cast In place Pile)

earth auger로 굴착하여 철근망을 넣은 후 자갈을 채우고 pre-packed mortar를 주입하여 현장타설말뚝을 만드는 공법이다.

㉠ 특성
ⓐ casing, 이수가 필요 없다.
ⓑ 저소음, 저진동이다.
ⓒ 경질지반에 사용한다.
ⓓ MIP, PIP에 비해 지지력이 크다.
ⓔ 공벽붕괴, slime 처리에 주의해야 한다.

㉡ 시공순서

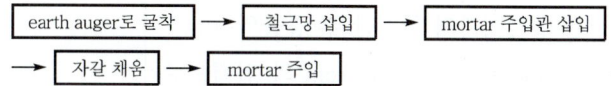

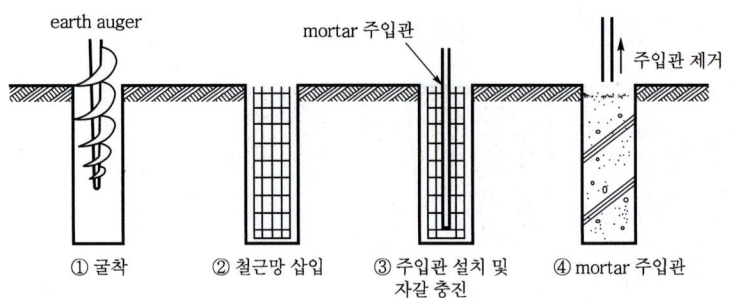

[그림 4-96] CIP 시공순서

⑦ MIP(Mixed In place Pile)

지반을 굴착한 토사와 auger의 축선단부에서 분출된 cement paste를 교반, 혼합하여 일종의 soil con´c를 만드는 공법으로 auger를 뽑아낸 후 철근망을 삽입하여 현장타설말뚝을 완성한다.

㉠ 특징
ⓐ casing, 이수가 필요 없다.
ⓑ 저소음, 저진동이다.
ⓒ 비교적 연약지반에 사용한다.
ⓓ 흙을 골재로 이용하므로 경제적이다.
ⓔ 토사를 파올리지 않기 때문에 지지층의 확인이 불확실하다.
ⓕ soil cement와 비슷하여 강도가 불규칙하다.

㉡ 시공순서

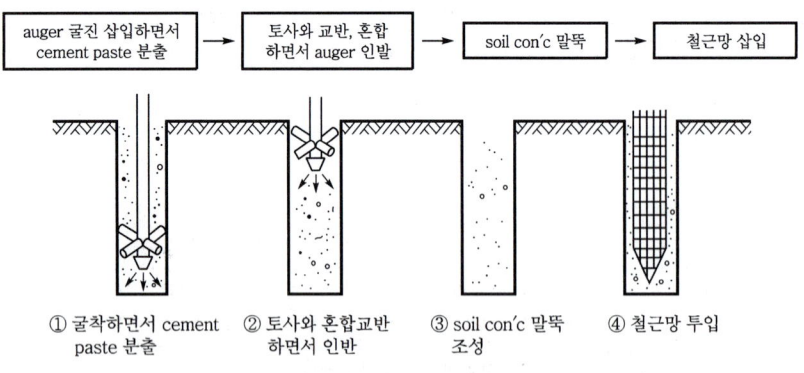

[그림 4-97] MIP 시공순서

⑧ PIP(Packed In place Pile)

연속날개가 달린 auger로 소정의 깊이까지 굴착한 후 중공의 auger shaft 선단에서 pre-packed mortar를 3~7kg/cm² 의 압력으로 사출하면서 auger를 올려 mortar 말뚝을 만드는 공법으로 auger를 뽑아낸 후 철근망이나 형강을 삽입하여 현장타설말뚝을 완성한다.
- ㉠ 특징
    - ⓐ casing, 이수가 필요 없다.
    - ⓑ 저소음, 저진동이다.
    - ⓒ 토사를 파올리지 않기 때문에 지지층의 확인이 불확실하다.
    - ⓓ 장치가 간단하고 취급하고 용이하다.
- ㉡ 시공순서

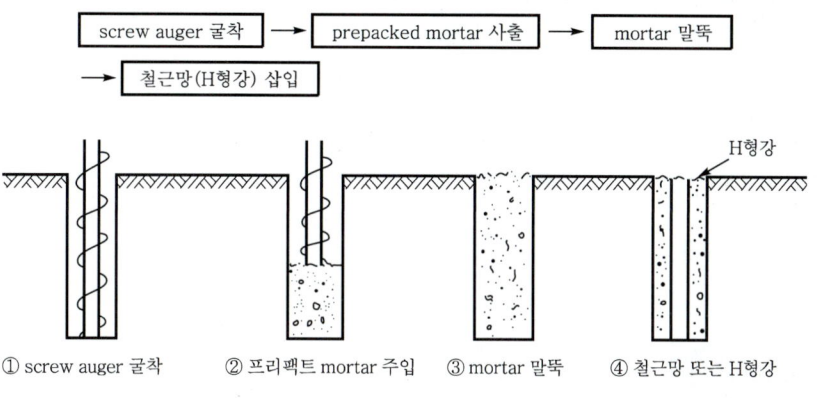

[그림 4-98] PIP 시공순서

⑨ 그물망식 뿌리말뚝(Reticulated Root Piles ; RRP)

뿌리말뚝은 중심에 보강재가 들어있는 직경 75~250mm인 소구경 현장시공 콘크리트 말뚝이다. 그물망식 뿌리말뚝(RRP)은 뿌리말뚝(root pile)을 그물식으로 배치하여 흙과 말뚝이 일체로 거동하도록 한 흙-말뚝 복합체로서 주로 기초 보강, 옹벽, 사면 안정공 등에 사용된다.

- ㉠ 목적 : 여러 방향으로 박힌 뿌리말뚝으로 형성된 흙-말뚝 3차원 지항체, 즉 RRP를 흙 속에 만들어 현장 흙의 거동을 개선하고 현장 흙을 있는 그대로 이용하는 것이다.(굴착하지 않고 일종의 현장 보강토 구조물을 흙 속에 만드는 것이다.)
- ㉡ 특징
    - ⓐ 암석이 많은 지반이나 사질토지반에 사용되는 경우, 자갈이나 암석을 하나로 묶어 강성체와 비슷하게 거동하는 저항체를 형성한다.
    - ⓑ 점성토지반에서는 말뚝 간격을 작게 하면 흙-말뚝 구조물이 일체가 되어 중력식 옹벽처럼 거동한다.
    - ⓒ 마찰말뚝으로 사용되는 경우, 시공 당시에는 작용하지 않지만 구조물이 침하하면 즉시 반응하여 하중을 분담하고 흙 속의 응력을

● 보강재
지오텍스타일, 지오그리드, 강그리드 등 철근 및 섬유재와 같은 인장강성이 있는 재료

감소시킨다. 따라서 기존 구조물에 응력을 주지 않는다.
ⓒ 뿌리말뚝의 시공

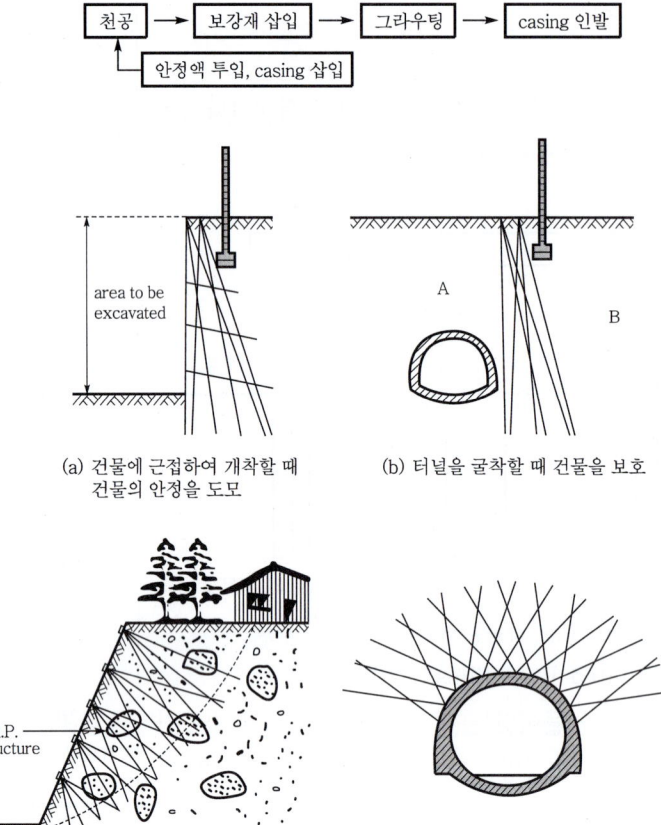

[그림 4-99] typical application of pali radice(from Lizzi, 1983)

(2) 현장타설 말뚝의 슬라임 처리방법

① 슬라임(slime) 영향

㉠ 현장타설 말뚝은 일반적으로 지지말뚝으로 사용되기 때문에 콘크리트를 타설할 때 공저에 슬라임의 퇴적이 있으면 침하의 원인이 되고, 말뚝 자체의 시공관리를 아무리 잘해도 말뚝으로서의 기능이 현저하게 저하된다.

㉡ 슬라임은 굴착토사 중에서 지상으로 배출되지 않고 공저부근에 남아 있다가 굴착중지와 동시에 곧바로 침전된 것과 순환수 혹은 공내수 중에 떠있던 미립자가 굴착 중지 후 시간이 경과함에 따라 서서히 공저에 침전된 것이 있다.

② 슬라임 제거방법★
  ㉠ air lift 방법
  ㉡ suction pump 방법
  ㉢ water jet 방법
  ㉣ 수중펌프 방법

(3) 지지력에 영향을 미치는 요인(시공상의 문제)
  ① 마찰저항력
    굴착에 의한 이완영역이 발생하여 마찰저항이 감소한다.
  ② 선단지지력
    ㉠ slime 침전 : ⓐ slime 침전 시 선단 지지력이 작다.
              ⓑ 콘크리트 타설 전에 제거한다.
    ㉡ 피압수에 의한 boiling 현상
    ㉢ 굴착기 충격과 진동 등에 의한 선단지반의 교란
    ㉣ 말뚝 설치과정에서 응력의 이력이 없다 : 침하량이 큰 국부전단파괴가 발생한다.
    ㉤ 굴착기를 끌어올릴 때 선단지반의 이완

11 케이슨 기초

① 개설

육상 또는 수상에서 건조된 케이슨을 자중 또는 적재 하중에 의해 소정의 깊이까지 침하시켜 기초를 만드는 것으로 깊은 기초 중 지지력과 수평저항력이 가장 큰 기초이다.

② 시공방법에 의한 분류★

① open caisson(우물통, 정통) 기초
② 공기 케이슨(pneumatic caisson) 기초
③ 박스 케이슨(box caisson) 기초

③ open caisson 기초(우물통 기초, 정통(well) 기초)

우물통과 같이 상하가 개방된 원통 또는 각 통의 케이슨을 지반 위에 앉힌 다음 내부의 토사를 clam shell 등으로 굴착하여 지지층까지 침하시키는 공법이다. 1로드(높이 2~3m 정도)씩 구분, 제작하여 연결하면서 침하시킨다.

● 케이슨은 일반적으로 높이 2~3m로 구분하여 제작하며, 이것을 lot 또는 lift라고 한다.

(1) 특징★

장 점	단 점
ⓐ 침하깊이에 제한이 없다. ⓑ 공사비가 저렴하다. ⓒ 기계설비가 비교적 간단하다. ⓓ 지지력과 강성이 크다.	ⓐ 기초지반 토질의 확인, 지지력 측정이 곤란하다. ⓑ 굴착 시 날끝의 하부지반이 이완되어 기초지반의 보일링과 히빙이 일어날 수 있다. ⓒ 저부 콘크리트의 수중 시공으로 품질이 저하된다. ⓓ 중심이 높아져서 케이슨이 경사질 우려가 있다. ⓔ 지지암반 경계면이 불규칙하든가 경사진 경우에는 케이슨이 경사질 우려가 있다. ⓕ 굴착 중 장애물이 있거나 수중 굴착일 경우에는 굴착에 시일이 걸려 공기가 길어진다. ⓖ 전석, 호발돌층에는 부적당하다.

(2) open caisson의 시공순서

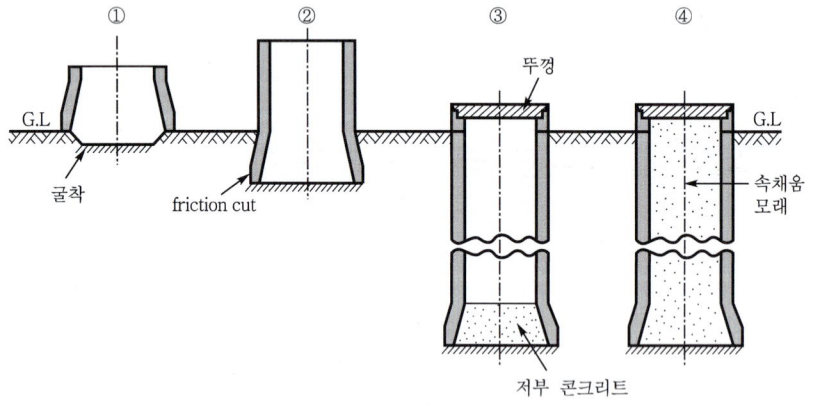

[그림 4-100]

(3) caisson의 제자리 놓기(거치공)

① 육상거치
② 수중거치★
  ㉠ 축도법(Island method) : 수심에 따라 흙가마니, 널말뚝 등으로 물을 막고 내부를 토사로 채운 후 육상거치와 같이 케이슨을 놓고 침하시키는 방법이다.
    ⓐ 수심 5m까지 사용된다.

ⓑ 가장 안전하고 일반적인 방법이다.
ⓒ 비계식(발판식) : 케이슨을 발판 위에서 만든 다음 서서히 끌어내려 침설시키는 방법이다.
  ⓐ 중량 때문에 소형의 케이슨에 사용된다.
  ⓑ 케이슨을 가라앉혔을 때 상단부가 수면 위 50cm 이상 나오는 정도의 높이로 만든다.
  ⓒ 수심이 낮은 경우에 사용된다.

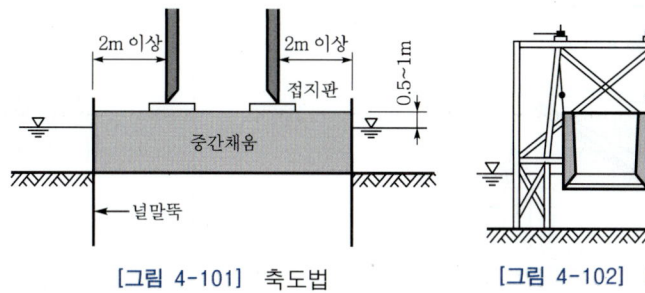

[그림 4-101] 축도법   [그림 4-102] 비계식

ⓒ 예항식(부동식) : 케이슨의 측벽을 철제로 만들어 floating caisson(부상 케이슨)으로 하여 소정의 위치까지 물에 띄워 끌고 간 후 콘크리트를 타설하여 침설시키는 방법이다.
  ⓐ 수심이 5m 이상으로 깊은 경우에 사용된다.
  ⓑ 조류, 파도 등의 영향을 받고 설치지반이 모래층, 전석층으로 강널말뚝의 타입이 어려워 안정한 축도의 시공이 곤란한 경우에 사용된다.

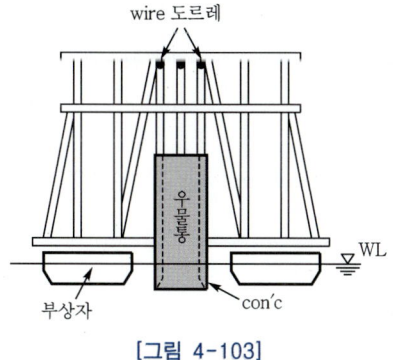

[그림 4-103]

(4) 굴착공

① 종류
  ㉠ 인력굴착 : 소형의 케이슨일 때 지하수위에 도달할 때까지

ⓒ 기계굴착 : 대형의 케이슨일 때 clam shell, cutmil 등을 사용
ⓒ 수중굴착
② 굴착순서 : 자중에 의한 부등침하 때문에 대칭 굴착한다.

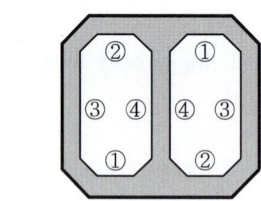

[그림 4-104]

● 굴착에 쓰이는 버킷 종류

(a) 크램셸

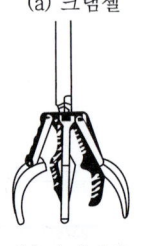

(b) 오렌지필

(c) 컷 밀

[그림 4-105]

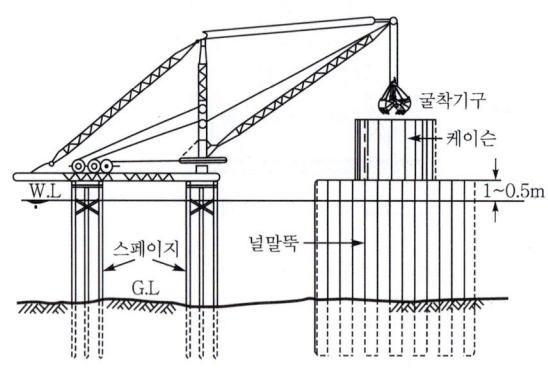

[그림 4-106] 굴착설비

(5) 케이슨의 침하★

① 침하조건

$$W > F + Q + B \quad \cdots\cdots\cdots\cdots\cdots (4-128)$$

여기서, W : 케이슨의 수직하중(자중+재하중)(ton)
F : 총 주면마찰력($=f_s uh$)(ton)
f_s : 단위면적당 주면마찰력(t/m²)
u : 케이슨의 주장(m)
h : 케이슨의 관입깊이(m)
Q : 케이슨 선단부의 지지력($=q_u A$)(ton)
q_u : 지반의 극한지지력(t/m²)
A : 날끝면적(m²)
B : 부력(ton)

● 케이슨 침하 시 유의 사항
① 초기 3m까지는 경사 및 이동이 생기기 쉽다.
② 케이슨의 정확한 위치의 확보가 중요하다.
③ 토질에 따라 케이슨의 침하속도가 다르므로 사전조사가 중요하다.
④ 편심이 생기지 않도록 주의해야 한다.

② 침하공법
  ㉠ 재하중식 : 침하에 요하는 하중을 가하여 케이슨을 침하시키는 공법이다.

ⓐ 재하에는 강재, con´c block, 흙가마니 등을 사용한다.
　　ⓑ 매 rod마다 재하를 제거한 후 다시 재하하므로 작업이 복잡하고 번거롭다.
　ⓒ jet(분사식) 공법 : 날끝 부근에서 공기, 물을 분사시켜 일시적으로 주면마찰력을 감소시켜 케이슨을 침하시키는 공법으로 water jet, 분기식이 있다.
　　ⓐ 점성토일 때 공기를 분사하는 분기식을 적용한다.
　　ⓑ 사질토일 때 water jet를 분사하는 water jet식을 적용한다.

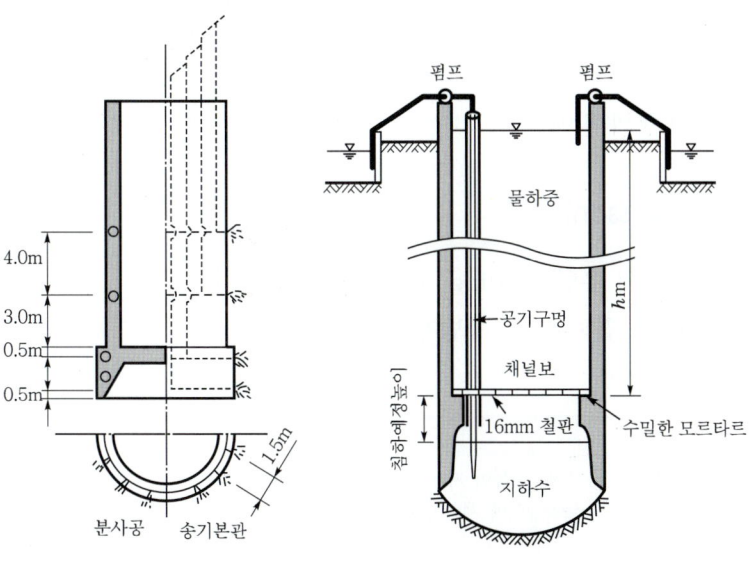

[그림 4-107] jet 공법　　　　[그림 4-108] 물하중식 공법

　ⓒ 물하중식 침하공법 : 케이슨의 하부에 수밀한 선반을 만들어 여기에 물을 넣어서 침하하중으로 한 공법이다.
　　ⓐ 하중비가 저렴, 물을 펌프로 넣으므로 재하준비가 간단하다.
　　ⓑ 중심이 하부에 있으므로 케이슨이 경사질 우려가 적다.
　　ⓒ 공기 분기식과 병용하면 효과가 크다.
　ⓓ 발파에 의한 공법 : 케이슨의 내부에 물을 담아놓고 날끝 밑에서 화약을 발파시켜 마찰저항을 감소시켜 침하시키는 공법이다.
　ⓔ 케이슨 내 수위저하공법 : 케이슨 내부의 수위를 내려서 부력을 감소시키므로써 케이슨의 무게를 증가시키는 공법으로 수위를 너무 내리면 boiling과 heaving 현상이 발생하여 케이슨의 급격한 침하 또는 경사가 발생한다.

(6) 편위의 원인

① 개설
   ㉠ 정확한 거치를 하고 제1 Lot를 짧게 타설하여 정확하게 침설한다.
   ㉡ 편위의 수정은 침하심도가 얕을 때에는 용이하나 심도가 깊어지면 곤란하므로 깊어지기 전에 반대편을 굴착하여 재하하는 등의 방법으로 위치와 경사를 수정한다.

② 원인
   ㉠ 유수, 파랑 등의 수평하중
   ㉡ 지층의 경사 또는 연약지반으로 인한 슈의 지지력 불균등
   ㉢ 침하하중의 불균등
   ㉣ 호박돌, 전석, 유목(流木) 등의 장애물

● 케이슨 작업 중 제일 중요한 것이 편위이다.

4 공기 케이슨(pneumatic caisson) 기초

작업실에 압축공기를 넣어 지하수의 유입, boiling, heaving 등을 방지하면서 인력굴착에 의하여 케이슨을 침하시키는 공법이다.

(1) 특징★

장 점	단 점
ⓐ dry work이므로 침하공정이 빠르고 장애물 제거가 쉽고 시공이 확실하다. ⓑ 토질의 확인이 가능하고 정확한 지지력 측정이 가능하다. ⓒ 저부 콘크리트의 신뢰도가 크다. ⓓ 보일링, 히빙을 방지할 수 있어 인접구조물에 피해를 주지 않는다. ⓔ 지지력과 강성이 크다.	ⓐ 소음, 진동이 커서 도시에서는 부적당하다. ⓑ 굴착깊이에 제한이 있다. 　(수면하 35~40m) ⓒ 노무자의 모집이 곤란하고 노무비가 비싸다. ⓓ 케이슨병이 발생한다. ⓔ 공사비가 비싸다.

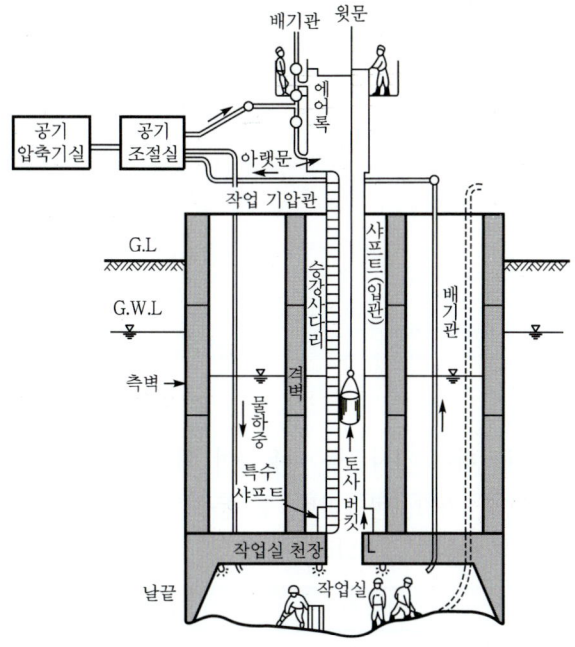

[그림 4-109] 뉴메틱 케이슨의 구조

(2) 공기 케이슨을 사용하는 경우★

공기 케이슨은 많은 특수장비와 전문 인력이 필요하고, 공사비가 많이 소요되므로 다음과 같은 특수한 경우가 아니면 사용하지 않는다.
① 인접구조물의 안전을 위해 기존지반의 교란을 최소화해야 할 경우
② 기존구조물에 인접하여 깊이가 더 깊은 구조물의 기초를 시공해야 할 경우
③ 선석층이나 호박돌층 또는 깊게 깔린 풍화암층을 관통해야 할 경우
④ 기초 암반이 경사졌거나 불규칙할 경우

(3) 공기 케이슨의 설비

① 입관(shaft) : $\phi 0.9 \sim 1.2m$, $l=3m$의 철판제 원관으로 공정이 진행됨에 따라 이어서 길게 한다.
② 기갑(air lock) : $\phi 1.8 \sim 2m$, $l=3 \sim 3.5m$의 철통으로 입관의 최상단에 설치한다.
③ 요양갑(hospital lock)

(4) 공기 케이슨의 침하★

$$W > U + F + Q + B \quad \cdots \cdots \cdots \cdots \cdots \cdots \cdots \cdots \quad (4-129)$$

여기서, W : 케이슨의 수직하중(자중+재하중)(ton)
U : 작업공기에 의한 양압력(ton)
F : 총 주면마찰력(ton)
Q : 선단지지력(ton)
B : 부력(ton)

(5) 공기 케이슨의 거치

open caisson과 동일하다.

⑤ box caisson

밑이 막혀있는 box형이며, 육상에서 제작하여 경사로를 이용하여 해상에 띄워 소정의 위치에 예인한 후 내부에 모래, 자갈, 콘크리트, 물 등을 채워 침하시키는 공법으로 횡하중을 받는 항만구조물에 사용된다.

장 점	단 점
ⓐ 공사비가 저렴하다. ⓑ 현위치에서 케이슨을 구축하는 것이 비싸거나 부적당할 때 적용된다.	ⓐ 지반의 표면이 원래 수평이거나 또는 수평면으로 굴착해야 한다. ⓑ 케이슨을 지지하기에 적합한 지층이 지표면 부근에 있는 경우에 적합하다. ⓒ 기초 저부가 세굴되지 않도록 해야 한다. ⓓ 파압, 풍하중에 의하여 수중작업 중 기울어지거나 전도될 위험이 있다.

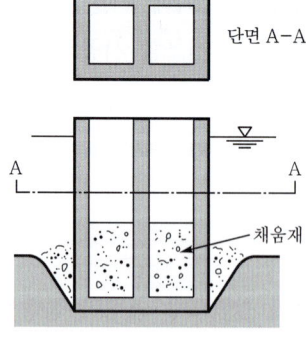

[그림 4-110] box caisson

과년도 출제 문제

01 ★★★★ 　　　　　　　　　　　　　　　　　　　　　　　　　94 ②, 99 ①, 09 ①, 10 ②, 16 ①

유기질토는 대개 지하수가 지면 위나 지면 가까이에 있는 넓은 지역에서 발견된다. 지하수면이 높으면 수생식물이 썩어 유기질토가 형성된다. 이 유기질토의 특징을 3가지만 쓰시오.

해답　① 압축성이 크다.
　　　② 2차 압밀침하량이 크다.
　　　③ 자연함수비가 200~300% 정도이다.

02 ★　　　　　　　　　　　　　　　　　　　　　　　　　　　　　　　88 ③, 95 ①

우리 나라에 전반적으로 분포되어 있는 화강풍화토는 현장에서 여러 가지로 문제점을 야기하고 있다. 이 흙의 일반적인 특징을 3가지만 쓰시오.

해답　① 물에 극히 약하여 물로 포화되면 전단강도가 현저히 떨어지고, 특히 점착력이 0에 가까워진다.
　　　② 토립자가 파쇄되어 세립화되기 쉽다.
　　　③ 투수성은 자연상태에서는 크지만 인공적으로 잘 다진 것은 $K=1\times10^{-5}$ ~1×10^{-7}cm/s의 불투수성이 된다.
　　　④ 압축성은 사질토와 점성토의 중간 정도이다.

03 ★★★　　　　　　　　　　　　　　　　　　　　　　　　　08 ③, 09 ①, 11 ①, 16 ②

어떤 흙의 체분석시험 결과가 다음과 같을 때 통일분류법에 따라 이 흙을 분류하시오.

- $D_{10}=0.077$mm, $D_{30}=0.54$mm, $D_{60}=2.27$mm
- No.4체(4.76mm) 통과율=58.1%, No.200체(0.074mm) 통과율=4.34%

해답　① $P_{No.200}=4.34\%<50\%$이고 $P_{No.4}=58.1\%>50\%$이므로 모래이다.
　　　② $C_u=\dfrac{D_{60}}{D_{10}}=\dfrac{2.27}{0.077}=29.48>6$

　　　　$C_g=\dfrac{D_{30}^2}{D_{10}D_{60}}=\dfrac{0.54^2}{0.077\times2.27}=1.67=1\sim3$이므로 양립도이다.

　　　　∴ SW이다.

4 ★★★

흙의 노상재료 분류법으로서 흙의 성질을 숫자로 나타낸 것을 군지수(group index)라고 한다. 이러한 군지수를 구할 때 필요로 하는 지배요소 3가지를 쓰시오.

해답 ① 액성한계   ② 소성지수   ③ No.200체 통과율

5 ★★

흙의 에터버그(atterberg)한계 종류 3가지를 쓰시오.

해답 ① 액성한계   ② 소성한계   ③ 수축한계

6

"흙의 분류에서 자갈 (①), (②) S, 무기질 점토 (③)"에서 ( )를 채우시오.

해답 ① G   ② 모래   ③ C

7 ★★★★

자연함수비 12%인 흙으로 성토하고자 한다. 시방서에는 다짐한 흙의 함수비를 16%로 관리하도록 규정하였을 때 매 층마다 1m²당 몇 l의 물을 살수해야 하는가? (단, 1층의 다짐두께는 20cm이고, 토량변화율은 $C=0.9$이며, 원지반상태에서 흙의 단위중량은 18kN/m³임.)

해답

① 1m²당 본바닥체적 $=(1\times1\times0.2)\times\dfrac{1}{0.9}=0.222\mathrm{m}^3$

② $w=12\%$일 때 흙의 무게

$\gamma_t=\dfrac{W}{V}$ $18=\dfrac{W}{0.222}$ ∴ $W=4\mathrm{kN}=4000\mathrm{N}$

③ $w=12\%$일 때 물의 무게

$W_s=\dfrac{W}{1+\dfrac{w}{100}}=\dfrac{4000}{1+\dfrac{12}{100}}=3571.43\mathrm{N}$

∴ $W_w=W-W_s=4000-3571.43=428.57\mathrm{N}$

④ $w=16\%$일 때 물의 무게

$w=\dfrac{W_w}{W_s}\times100$

$16=\dfrac{W_w}{3571.43}\times100$ ∴ $W_w=571.43\mathrm{N}$

⑤ 살수량 $=571.43-428.57=142.86\mathrm{N}=\dfrac{142.86}{9.8}=14.58l$

※ 참고

① 해설 ②에서
$\gamma_t=\dfrac{W}{V}$
$18=\dfrac{W}{(1\times1\times0.2)\times\dfrac{1}{0.9}}$
∴ $W=4\mathrm{kN}$

② $1\mathrm{m}^3=1000l=1000\mathrm{kg}$
∴ $1l=1\mathrm{kg}=9.8\mathrm{N}$

08

현장 건조단위중량시험의 하나인 샌드 콘방법(sand cone method)를 이용, 다음과 같은 시험결과를 얻었다. 이 실험결과를 가지고 현장 원지반의 건조단위중량(kN/m^3)을 구하시오.

시험결과
- 표준사의 건조단위중량 : $16.5kN/m^3$
- 현장에서 파낸 흙의 중량 : 33N
- 파낸 부분에 채워진 표준사의 중량 : 30N
- 파낸 흙의 함수비 : 11.6%

해답

① $\gamma_{모래} = \dfrac{W}{V}$　　$16.5 = \dfrac{0.03}{V}$　　∴ $V = 1.82 \times 10^{-3} m^3$

② $\gamma_t = \dfrac{W}{V} = \dfrac{0.033}{1.82 \times 10^{-3}} = 18.13 kN/m^3$

③ $\gamma_d = \dfrac{\gamma_t}{1+\dfrac{w}{100}} = \dfrac{18.13}{1+\dfrac{11.6}{100}} = 16.25 kN/m^3$

09

현장에서 모래치환법에 의한 흙의 단위중량 시험 성과표가 다음과 같을 때 상대다짐도를 구하시오.

구멍 속의 모래무게+깔때기 속 모래무게(N)	27
깔때기 속 모래무게(N)	12
표준사의 단위중량(N/m^3)	16.5
구멍 속 흙 무게(N)	18
구멍 속 흙의 함수비(%)	11.2
실내 최대건조밀도(N/m^3)	18.9

해답

① $\gamma_{모래} = \dfrac{W}{V}$　　$16.5 = \dfrac{0.027-0.012}{V}$　　∴ $V = 9.09 \times 10^{-4} m^3$

② $\gamma_t = \dfrac{W}{V} = \dfrac{0.018}{9.09 \times 10^{-4}} = 19.8 kN/m^3$

③ $\gamma_d = \dfrac{\gamma_t}{1+\dfrac{w}{100}} = \dfrac{19.8}{1+\dfrac{11.2}{100}} = 17.81 kN/m^3$

④ $C_d = \dfrac{\gamma_d}{\gamma_{d\max}} \times 100 = \dfrac{17.81}{18.9} \times 100 = 94.23\%$

10 ★

현장다짐을 실시한 후, 모래치환법에 의한 단위무게시험을 수행하였다. 시험결과 파낸 부분 체적과 현장 흙의 무게는 각각 $V=1,820\,\mathrm{cm}^3$, $W=38.7\,\mathrm{N}$이었으며, 함수비는 12.6%였다. 흙의 비중이 $G_s=2.65$, 실내 표준다짐 시 최대 건조단위중량이 $\gamma_{dmax}=19.7\,\mathrm{kN/m^3}$일 때 상대다짐도를 구하시오.

[해답]

① $\gamma_t = \dfrac{W}{V} = \dfrac{0.0387}{1,820\times 10^{-6}} = 21.26\,\mathrm{kN/m^3}$

② $\gamma_d = \dfrac{\gamma_t}{1+\dfrac{w}{100}} = \dfrac{21.26}{1+\dfrac{12.6}{100}} = 18.88\,\mathrm{kN/m^3}$

③ $C_d = \dfrac{\gamma_d}{\gamma_{dmax}}\times 100 = \dfrac{18.88}{19.7}\times 100 = 95.84\%$

11 ★★

어떤 토공현장에서 흙시료를 채취하여 실내다짐시험하여 최대건조단위중량 $19.4\,\mathrm{kN/m^3}$, 최적함수비 10.3%를 얻었다. 이 현장에서 다짐을 실시하여 상대다짐도 95% 이상을 얻으려고 한다. 다짐을 실시한 후 들밀도시험을 실시하였더니 $V=1630\,\mathrm{cm}^3$, $W=29.34\,\mathrm{N}$이었다. 흙의 비중이 2.62, 현장 흙의 함수비가 9.8%일 때 합격여부를 판정하시오.

[해답]

① $\gamma_t = \dfrac{W}{V} = \dfrac{29.34\times 10^{-3}}{1630\times 10^{-6}} = 18\,\mathrm{kN/m^3}$

② $\gamma_d = \dfrac{\gamma_t}{1+\dfrac{w}{100}} = \dfrac{18}{1+\dfrac{9.8}{100}} = 16.39\,\mathrm{kN/m^3}$

③ $C_d = \dfrac{\gamma_d}{\gamma_{d\max}}\times 100 = \dfrac{16.39}{19.4}\times 100 = 84.48\% < 95\%$ 이므로 불합격이다.

12 ★

현장다짐 시 최대건조밀도 $\gamma_{d\max}=19.5\,\mathrm{kN/m^3}$이었다. 다짐도를 95%로 정했을 때 흙의 건조밀도를 구하고, 이 흙의 비중을 2.7, 함수비를 13%라 할 때 포화도(S_r)를 구하시오. (단, 물의 단위중량은 $9.81\,\mathrm{kN/m^3}$이고 소수 3째자리에서 반올림하시오.)

[해답]

① $C_d = \dfrac{\gamma_d}{\gamma_{d\max}}\times 100$

$95 = \dfrac{\gamma_d}{19.5}\times 100$ ∴ $\gamma_d = 18.53\,\mathrm{kN/m^3}$

② $\gamma_d = \dfrac{G_s}{1+e}\gamma_w$

$18.53 = \dfrac{2.7}{1+e} \times 9.81$ ∴ $e = 0.43$

③ $Se = wG_s$

$S \times 0.43 = 13 \times 2.7$ ∴ $S_r = 81.63\%$

13 ★

다짐 후 건조단위중량을 구하는 방법 3가지를 쓰시오.

[해답]
① 들밀도시험(모래치환법)
② 고무막법
③ 절삭법
④ 방사선 밀도측정기에 의한 방법

14

모래, 실트 그리고 점토 등과 같은 여러 가지 크기의 흙입자가 혼합된 것을 무엇이라 하는가?

[해답] 로움(loam)

15 ★

교란된 시료의 강도는 불교란시료에 비해 현저하게 떨어진다. 그러나, 시간이 지남에 따라 강도의 일부가 회복된다. 이런 현상을 무엇이라 하는가?

[해답] 딕소트로피(thixotrophy) 현상

16 ★★★

도로 토공현장에서 다짐도를 판정하는 방법을 5가지만 쓰시오.

[해답]
① 건조밀도로 판정
② 포화도 또는 공기공극률로 판정
③ 강도로 판정
④ 상대밀도로 판정
⑤ 변형량으로 판정

17

흙의 다짐의 정의와 다짐의 목적에 대하여 쓰시오.

(1) 흙의 다짐의 정의 :
(2) 흙의 다짐의 목적 :

[해답] (1) 함수비를 크게 변화시키지 않고 공극 내의 공기를 배출시켜 입자 간의 결합을 치밀하게 함으로써 단위중량을 증가시키는 것
(2) 주어진 시료에 대하여 함수비와 최대건조밀도의 상관관계를 구하여 현장 시공 시 필요시방(specification)을 제시하여 줌.

18

흙의 다짐에 관한 다음 물음에 답하시오.

(1) 다짐의 정의를 간단히 설명하시오.
(2) 다짐의 기대되는 효과 3가지를 쓰시오.

[해답] (1) 함수비를 크게 변화시키지 않고 공극 내의 공기를 배출시켜 입자 간의 결합을 치밀하게 함으로써 단위중량을 증가시키는 것
(2) ① 흙의 단위중량이 증가한다.
② 전단강도가 증가한다.
③ 압축성이 감소한다.
④ 투수계수가 감소한다.
⑤ 지반의 지지력이 증가한다.

19 *

자연함수비가 15%이며 간극비가 0.6이고 비중이 2.7인 토취장의 흙을 사용하여 체적이 38,180m^3인 제방을 건설하기 위해 덤프트럭으로 흙을 운반한다. 이때, 트럭당 흙의 평균 무게는 58.97kN이나, 운반된 흙은 제방을 만들기 위해 함수비가 18%될 때까지 살수하며 동시에 건조단위중량이 17.62kN/m^3가 되도록 다짐을 한다. 다음 물음에 답하시오.

(1) 덤프트럭당 운반된 흙의 평균 체적이 덤프트럭의 용량과 같을 때 제방 완성을 위해 몇 대분의 흙이 필요한가?
(2) 제방건설에 사용된 모든 흙을 토취장으로부터 가져온다면 제방건설 후 토취장의 줄어든 체적은 얼마인가?
(3) 운반 중 발생되는 물의 손실을 무시한다면 제방건설을 위해 트럭당 소요되는 살수량은 얼마인가?

(4) 만약 제방 완공 후 제방이 포화되었다면(제방의 체적변화 무시) 그 제방의 포화함수비는 얼마인가?
(5) 만약 제방이 본래 체적보다 15% 팽창된다면 그 제방의 포화함수비는 얼마인가?

해답

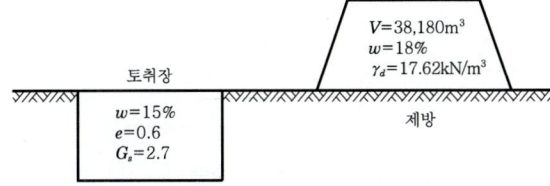

(1) ① $\gamma_{d(제방)} = \dfrac{W_s}{V}$ $17.62 = \dfrac{W_s}{38.180}$

∴ $W_s = 672,731.6 \text{kN}$

② $W_s = \dfrac{W}{1 + \dfrac{w}{100}}$ $672,731.6 = \dfrac{W}{1 + \dfrac{15}{100}}$

∴ $W = 773,641.34 \text{kN}$

③ 소요대수 $= \dfrac{773,641.34}{58.97} = 13,119.24 = 13,120$대

(2) ① $\gamma_{d(토)} = \dfrac{G_s}{1+e}\gamma_w = \dfrac{2.7}{1+0.6} \times 9.8 = 16.54 \text{kN/m}^3$

② $\gamma_{d(토)} = \dfrac{W_s}{V}$ $16.54 = \dfrac{672,731.6}{V}$

∴ $V = 40,673.01 \text{m}^3$

(3) ① $w = 15\%$일 때 물의 무게
$W_w = W - W_s = 773,641.34 - 672,731.6 = 100,909.74 \text{kN}$

② $w = 18\%$일 때 물의 무게
$w = \dfrac{W_w}{W_s} \times 100$ $18 = \dfrac{W_w}{672,731.6} \times 100$ ∴ $W_w = 121,091.69 \text{kN}$

③ 추가해야 할 물의 무게 $= 121,091.69 - 100,909.74 = 20,181.95 \text{kN}$

④ 트럭당 살수량 $= \dfrac{20,181.95}{13,120} = 1.53826 \text{kN} = 1,538.26 \text{N}$

(4) ① $\gamma_{d(제방)} = \dfrac{G_s}{1+e}\gamma_w$ $17.62 = \dfrac{2.7}{1+e} \times 9.8$ ∴ $e = 0.5$

② $S e = w G_s$ 에서 $100 \times 0.5 = w \times 2.7$ ∴ $w = 18.52\%$

(5) ① $\gamma_{d(제방)} = \dfrac{W_s}{V} = \dfrac{672,731.6}{38,180 \times 1.15} = 15.32 \text{kN/m}^3$

② $\gamma_d = \dfrac{G_s}{1+e}\gamma_w$ $15.32 = \dfrac{2.7}{1+e} \times 9.8$

∴ $e = 0.73$

③ $S e = w G_s$ $100 \times 0.73 = w \times 2.7$

∴ $w = 27.04\%$

20 ★
간극수압의 상승으로 인하여 유효응력이 감소되고 그 결과 사질토가 외력에 대한 전단저항을 잃게 되는 현상을 무엇이라 하는가?

해답 액상화(liquefaction) 현상

92 ③, 97 ②

21
다짐토층의 건조밀도를 측정하는 방법으로 KS F에 모래치환법에 의한 방법을 규정하고 있다. 그러나 외국에서는 이보다 간편 신속한 방법으로 원자력을 이용하는 방법을 공업규격에 규정하고 있다. 이 시험기의 이름은 무엇인가?

해답 방사능 밀도측정기

91 ③

22
고성토 구간이나 연약지반과 같이 침하나 변형이 필요한 도로에서 다짐도를 판정하는 방법으로 변형량을 측정하는 방법은?

해답 proof rolling법

94 ④

❋ 참고
proof rolling법
대형 타이어 롤러를 주행시켜 성토면의 휨변형을 관찰하는 방법

23
다음 (   ) 안에 알맞은 말을 넣으시오.

> 지하수로 포화되어 있으며 입경이 균등하고 느슨한 상태로 퇴적되어 있고 전단에 의하여 쉽게 체적이 감소하는 사질토층에 지진이 발생하면 이 지반은 (①)하기 쉬운 지반이며, 이의 대표적인 대책 공법은 (②), (③), 쇄석 드레인 공법 등이 있다.

해답 ① 액상화, ② 바이브로 플로테이션 공법, ③ 다짐 모래말뚝공법

94 ①

24 ★
액상화현상에 대한 대책으로는 흙의 성질을 바꾸는 방법과 응력-변형 조건을 변경시키는 방법이 있는데 이 가운데 응력-변형 조건을 바꾸는 방법을 2가지만 쓰시오.

해답 ① sheet pile을 설치하는 방법
② 지중연속벽을 설치하는 방법

96 ①, 00 ⑤

25

적용성으로 깊이 8m까지의 N값 20 정도까지의 사질지반에서 액상화방지를 위해서 가장 유효하게 사용되는 공법은?

해답 바이브로 플로테이션(vibro floatation) 공법

26 ★★

투수계수(k)는 침투와 관련된 공학적 문제를 해결하기 위해 꼭 필요한 값이다. 투수계수에 영향을 미치는 요소 4가지만 쓰시오.

해답 ① 유효입경(D_s) ② 물의 점성계수(μ)
② 공극비(e) ④ 합성 형상계수(C)

27

공극비가 0.5, 투수계수가 5×10^{-5}cm/s, 수두차가 7m, 물의 흐름방향으로의 길이가 50m이었을 때 다음 물음에 답하시오.

(1) Darcy 법칙에 의한 이론상의 침투속도(V)를 구하시오.
(2) 실제 침투속도(V_s)를 구하시오.
(3) 이론상의 침투속도와 실제 침투속도가 다른 이유를 설명하시오.

해답 (1) $V = Ki = (5\times 10^{-5})\times \dfrac{700}{5000} = 7\times 10^{-6}$cm/sec

(2) ① $n = \dfrac{e}{1+e} = \dfrac{0.5}{1+0.5} = 0.33$

② $V_s = \dfrac{V}{n} = \dfrac{7\times 10^{-6}}{0.33} = 2.12\times 10^{-5}$cm/sec

(3) Darcy 법칙에서 A는 흙의 단면 전체를 생각하고 있으며 물의 흐름에 대한 공극의 단면이 아니기 때문에 V와 V_s가 다르다.

28 ★

유선과 등수두선으로 이루어지는 사각형을 유선망이라 하는데 이러한 유선망의 특징을 3가지만 쓰시오.

해답 ① 각 유로의 침투유량은 같다.
② 인접한 등수두선간의 수두차는 모두 같다.
③ 유선과 등수두선은 서로 직교한다.
④ 유선망으로 되는 사각형은 이론상 정사각형이므로 유선망의 폭과 길이는 같다.

29 ★★★

댐에서 유선망이 그림과 같이 주어졌을 때 댐의 단위폭당 하루에 침투하는 유량은 몇 m^3인가? (단, $H=20m$, 투수계수 $K=0.001cm/min$, 소수 4째자리에서 반올림하시오.)

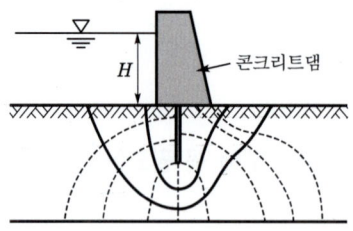

[해답] $Q = KH \dfrac{N_f}{N_d}$

$= (0.001 \times 10^{-2} \times 24 \times 60) \times 20 \times \dfrac{3}{9} = 0.096 \, m^3/day$

30 ★

다음과 같은 유선망에서 단위폭(1m)당 1일 침투수량을 구하고 점 A에서 간극수압을 계산하시오. (단, $K_h = 2 \times 10^{-4} cm/sec$, $K_v = 8.0 \times 10^{-4} cm/sec$이고 $\gamma_w = 9.8 kN/m^3$이다.)

(1) 단위 폭(1m)당 침투수량을 구하시오.
(2) A점의 간극수압을 구하시오.

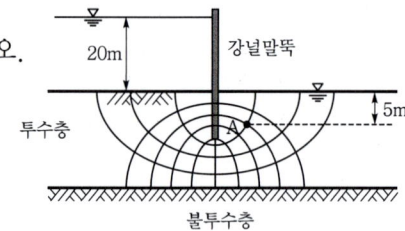

[해답] (1) ① $K = \sqrt{K_h K_v}$
$= \sqrt{(2 \times 10^{-4}) \times (8 \times 10^{-4})} = 4 \times 10^{-4} cm/sec$

② $Q = KH \dfrac{N_f}{N_d} = (4 \times 10^{-6}) \times 20 \times \dfrac{4}{10}$
$= 3.2 \times 10^{-5} m^3/sec = 2.76 \, m^3/day$

(2) ① 전수두 $= \dfrac{n_d}{N_d} H = \dfrac{2}{10} \times 20 = 4m$

② 위치수두 $= -5m$

③ 간극수압 $= \gamma_w \times$압력수두 $= 9.8 \times [4-(-5)] = 88.2 kN/m^2$

31 ★

다음 그림과 같이 $50kN/m^2$의 외력이 무한대의 지표면에 작용할 경우 A점에 작용하는 총 연직응력은 얼마인가?

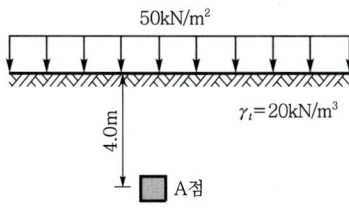

[해답] $\sigma_v = \gamma_t h + q_s = 20 \times 4 + 50 = 130 kN/m^2$

32

다음 그림에서 A의 수평 전응력(σ_h)은 얼마인가? (단, K_0(정지토압계수)는 0.8이다.)

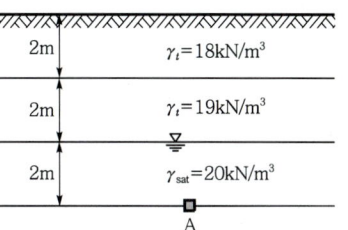

[해답] $\sigma_h = (18 \times 2 + 19 \times 2 + 10.2 \times 2)$
$\quad \times 0.8 + 9.8 \times 2$
$= 95.12 kN/m^2$

33 ★

그림과 같은 모래지반에 지표면으로부터 2m 아래에 지하수위가 있을 때 지표면으로부터 5m 되는 깊이에서의 전단강도는 얼마인가? (단, 모래의 $c=0$, $\phi=30°$이다.)

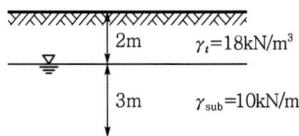

[해답] ① $\overline{\sigma} = 18 \times 2 + 10 \times 3 = 66 kN/m^2$
② $\tau = c + \overline{\sigma} \tan\phi = 0 + 66\tan30° = 38.11 kN/m^2$

34 ★★★　　　　　　　　　　　　　　　　　　　　　　　　　00 ②, 06 ①, 08 ③, 13 ①, 14 ③

그림과 같이 10m 두께의 포화된 점토층 아래에 모래층이 위치한다. 모래층이 수두 6m의 피압을 받고 있을 때 점토층의 바닥이 솟음을 일으키지 않는 최대 굴착깊이를 계산하시오. (단, 점토층의 포화단위중량은 19kN/m^3)

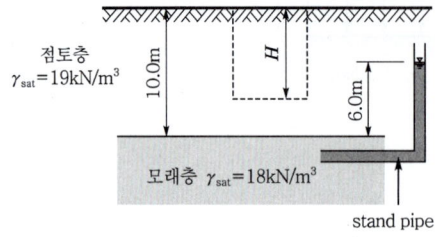

[해답]
① $\sigma = (10-H)\gamma_{\text{sat}} = (10-H) \times 19$
② $u = \gamma_w h = 9.8 \times 6 = 58.8 \text{kN/m}^2$
③ $\bar{\sigma} = 0$일 때 heaving이 발생하므로
　$\bar{\sigma} = \sigma - u = (10-H) \times 19 - 58.8 = 0$
　$\therefore H = 6.91\text{m}$

35 ★★★　　　　　　　　　　　　　　　　　　　　　　　　　98 ③, 08 ①, 10 ②, 23 ①

다음과 같은 지반에서 히빙이 일어나지 않기 위한 지반의 굴착깊이는 얼마인가? (단, 물의 단위중량 $\gamma_w = 9.81\text{kN/m}^3$)

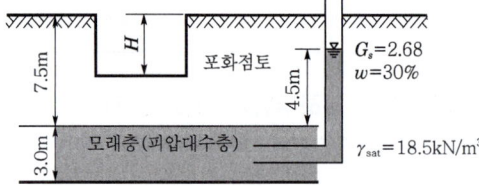

[해답] (1) 점토의 단위중량
① $Se = wG_s$　　$1 \times e = 0.3 \times 2.68$　　$\therefore e = 0.8$
② $\gamma_{\text{sat}} = \dfrac{G_s + e}{1+e}\gamma_w = \dfrac{2.68 + 0.8}{1+0.8} \times 9.81 = 18.97\text{kN/m}^3$

(2) 최대 굴착깊이
① $\sigma = (7.5-H)\gamma_{\text{sat}} = (7.5-H) \times 18.97$
② $u = \gamma_w h = 9.81 \times 4.5 = 44.15\text{kN/m}^2$
③ $\bar{\sigma} = 0$일 때 heaving이 발생하므로
　$\bar{\sigma} = \sigma - u = (7.5-H) \times 18.97 - 44.15 = 0$
　$\therefore H = 5.17\text{m}$

36 ★

아래 그림과 같이 10m 두께의 비교적 단단한 포화 점토층 밑에 모래층이 있다. 모래층은 피압상태(artesian pressure)에 있을 때, 점토층에서 바닥의 융기(heaving)현상이 없이 굴착할 수 있는 최대깊이 H를 구하시오. (단, 물의 단위중량 $\gamma_w = 9.81 \text{kN/m}^3$)

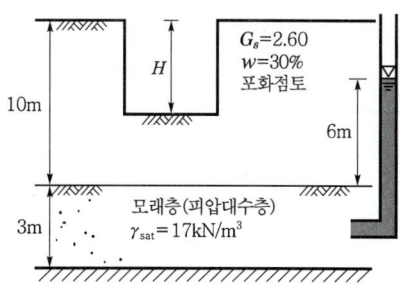

[해답] (1) 점토의 단위중량

① $Se = wG_s$ $1 \times e = 0.3 \times 2.6$ ∴ $e = 0.78$

② $\gamma_{sat} = \dfrac{G_s + e}{1 + e}\gamma_w = \dfrac{2.6 + 0.78}{1 + 0.78} \times 9.81 = 18.63 \text{kN/m}^3$

(2) 최대굴착깊이

① $\sigma = (10 - H)\gamma_{sat} = (10 - H) \times 18.63$

② $u = 9.81 \times 6 = 58.86 \text{kN/m}^2$

③ $\overline{\sigma} = \sigma - u = (10 - H) \times 18.63 - 58.86 = 0$

∴ $H = 6.84 \text{ m}$

37

현장에서 채취한 불교란 사질토를 성형하여 CU-test를 실시하였다. $\sigma_3 = 10\text{MPa}$이었을 때 축차응력 $\Delta\sigma = 10\text{MPa}$에서 파괴되었다. 이 흙의 내부마찰각 ϕ를 구하시오.

[해답] ① $\sigma_1 = \sigma + \sigma_3 = 10 + 10 = 20 \text{MPa}$

② $\phi = \sin^{-1}\left(\dfrac{\sigma_1 - \sigma_3}{\sigma_1 + \sigma_3}\right) = \sin^{-1}\left(\dfrac{20 - 10}{20 + 10}\right) = 19.47°$

38 ★

다음 그림과 같은 $p-q$ diagram에서 K_f선이 파괴선을 나타낼 때, 이 흙의 내부마찰각을 구하시오.

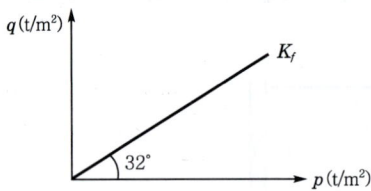

[해답] $\sin\phi = \tan\alpha$
  $\sin\phi = \tan 32°$
  $\therefore \phi = 38.67°$

39 ★★

다음 그림과 같은 $p-q$ 다이어그램에서 K_f선이 파괴선을 나타낼 때, 이 흙의 강도정수 c, ϕ를 구하시오.

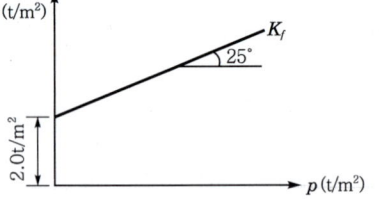

[해답] ① $\sin\phi = \tan\alpha$
   $\sin\phi = \tan 25°$
   $\therefore \phi = 27.79°$
  ② $a = c\cos\phi$
   $2 = c\cos 27.79°$
   $\therefore c = 2.26 \text{t/m}^2$

40 ★

다음 $p-q$ 다이어그램에서 $\tan\beta = \dfrac{1}{3}$일 때 K_0는 얼마인가?

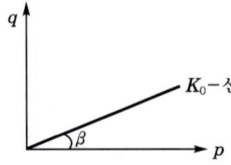

[해답] $K_0 = \dfrac{1-\tan\beta}{1+\tan\beta} = \dfrac{1-\dfrac{1}{3}}{1+\dfrac{1}{3}} = 0.5$

41

과압밀점토(OC)의 정지토압계수(K')는 정규압밀점토(NC)의 정지토압계수(K_0)와 다음과 같은 관계가 있다.

$$K' = K_0 \sqrt{OCR}$$

정규압밀점토의 정지토압계수를 0.5라고 하면 응력경로(stress path)의 PQ 다이어그램에서 p축 아래 선이 있기 위해서는 OCR이 얼마 이상이어야 하는가?

[해답] $K' = K_0 \sqrt{OCR} = 0.5\sqrt{OCR} > 1$
∴ $OCR > 4$

*참고

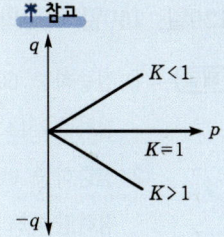

42 ★★

과압밀비(OCR)에 대하여 간단히 설명하시오.

[해답] (1) 흙이 현재 받고 있는 유효연직응력에 대한 선행압밀압력의 비
(2) ① OCR<1 : 압밀이 진행 중인 점토
② OCR=1 : 정규압밀점토
③ OCR>1 : 과압밀점토

43 ★★

포화 연약점토지반상에 성토작업을 1년 6개월에 걸쳐 행한다. 성토작업을 점증하중으로 보는 경우, 시공 시작 후 2년 6개월 뒤의 압밀침하량은 순간하중으로 보는 경우의 몇 개월 후의 압밀침하량으로 간주하는가? (단, Terzaghi의 개념으로부터)

[해답] 9+12=21개월

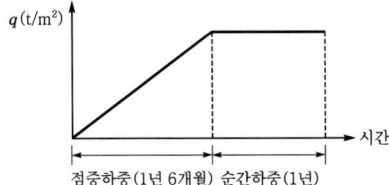

44

연약점토지반에 도로성토를 하는 경우, 공사 완료 기간이 120일일 때 압밀이론에 의한 순간하중으로 보는 경우의 각 일수에 따른 침하량이 옆의 표와 같았다. Terzaghi 방법으로부터 점증하중으로 보는 경우 공사시작 시각으로부터 60일, 90일, 120일, 150일 각각의 침하량을 구하시오.

일수(일)	침하량(mm)
30	14
45	24
60	30
75	34
90	37
120	39

[해답]
① 점증하중 60일은 순간하중 30일이므로
 침하량 $= 14 \times \dfrac{60}{120} = 7\,\text{mm}$
② 점증하중 90일은 순간하중 45일이므로
 침하량 $= 24 \times \dfrac{90}{120} = 18\,\text{mm}$
③ 점증하중 120일은 순간하중 60일이므로
 침하량 $= 30\,\text{mm}$
④ 점증하중 150일은 순간하중 60+30 = 90일이므로
 침하량 $= 37\,\text{mm}$

참고

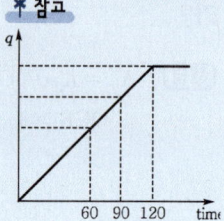

45 ★★★

점토층의 두께 5m, 간극비 1.4, 액성한계 60%, 점토층 위의 유효 상재압력이 $100\,\text{kN/m}^2$에서 $182\,\text{kN/m}^2$로 증가할 때의 침하량은 얼마인가?

[해답]
① $C_c = 0.009(W_L - 10)$
  $= 0.009 \times (60 - 10) = 0.45$
② $\Delta H = \dfrac{C_c}{1+e_1} \log \dfrac{P_2}{P_1} H$
  $= \dfrac{0.45}{1+1.4} \times \log \dfrac{182}{100} \times 500 = 24.38\,\text{cm}$

46

그림과 같이 매우 넓은 $120\,\text{kN/m}^2$의 등분포하중이 작용할 때 정규압밀 점토층에 발생하는 압밀침하량을 구하시오.

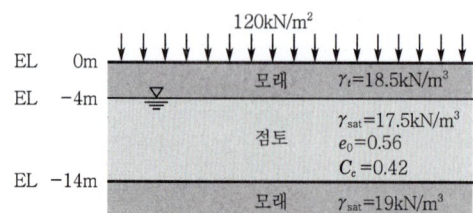

해답 ① $P_1 = 18.5 \times 4 + (17.5 - 9.8) \times \dfrac{10}{2} = 112.5 \, \text{kN/m}^2$

② $P_2 = P_1 + \Delta P = 112.5 + 120 = 232.5 \, \text{kN/m}^2$

③ $\Delta H = \dfrac{C_c}{1+e_0} \log \dfrac{P_2}{P_1} H$

$= \dfrac{0.42}{1+0.56} \times \log \dfrac{232.5}{112.5} \times 1000 = 84.88 \, \text{cm}$

47 ★

점토층의 두께 5m, 공극률 60%, 액성한계 50%, 점토층 위의 유효 상재압력이 $100 \, \text{kN/m}^2$에서 $140 \, \text{kN/m}^2$로 증가할 때의 침하량은 얼마인가?

해답 ① $C_c = 0.009(W_L - 10) = 0.009 \times (50 - 10) = 0.36$

② $e = \dfrac{n}{100-n} = \dfrac{60}{100-60} = 1.5$

③ $\Delta H = \dfrac{C_c}{1+e_1} \log \dfrac{P_2}{P_1} H = \dfrac{0.36}{1+1.5} \times \log \dfrac{140}{100} \times 500 = 10.52 \, \text{cm}$

48

그림과 같이 매우 넓은 $200 \, \text{kN/m}^2$의 등분포하중이 작용할 때 점토층의 1차 압밀침하량을 계산하시오. (단, 정규압밀점토로 가정하며, 압축지수는 경험식을 사용하며, W_L은 액성한계임)

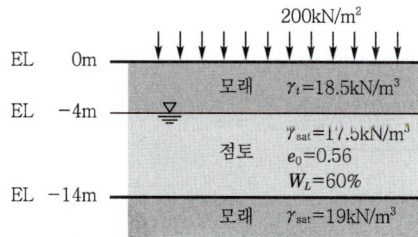

해답 ① $C_c = 0.009(W_L - 10) = 0.009(60 - 10) = 0.45$

② $P_1 = 18.5 \times 4 + (17.5 - 9.8) \times \dfrac{10}{2} = 112.5 \, \text{kN/m}^2$

③ $P_2 = P_1 + \Delta P = 112.5 + 200 = 312.5 \, \text{kN/m}^2$

④ $\Delta H = \dfrac{C_c}{1+e_0} \log \dfrac{P_2}{P_1} H$

$= \dfrac{0.45}{1+0.56} \times \log \dfrac{312.5}{112.5} \times 1000 = 127.99 \, \text{cm}$

49 ★★

그림과 같은 지반에 상부 모래지반까지 지하수위가 위치하고 있다가 3m 하강했을 때의 정규압밀점토층에 발생하는 압밀침하량을 구하시오.

```
γ_t = 18kN/m³       모래  5m
γ_sat = 19kN/m³
─────────────
G_s = 2.7           점토  6m
C_c = 0.6
e = 1.2
```

[해답]

① 점토의 포화단위중량
$$\gamma_{sat} = \frac{G_s + e}{1+e}\gamma_w = \frac{2.7+1.2}{1+1.2} \times 9.8 = 17.37 \text{kN/m}^3$$

② $p_1 = (19-9.8) \times 5 + (17.37-9.8) \times \frac{6}{2} = 68.71 \text{kN/m}^2$

③ $p_2 = 18 \times 3 + 9.2 \times 2 + 7.57 \times \frac{6}{2} = 95.11 \text{kN/m}^2$

④ $\Delta H = \frac{C_c}{1+e_1} \log \frac{p_2}{p_1} H = \frac{0.6}{1+1.2} \times \log \frac{95.11}{68.71} \times 600 = 23.11 \text{cm}$

50 ★★

아래 그림과 같은 지반에서 지하수위가 지표면에 위치하다가 지표하부 2m까지 저하하였다. 점토지반의 압밀침하량을 산정하시오. (단, 정규압밀 점토임)

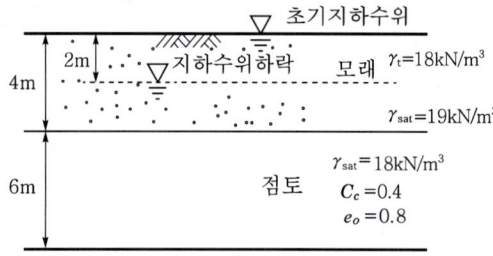

[해답]

① $P_1 = (19-9.8) \times 4 + (18-9.8) \times \frac{6}{2} = 61.4 \text{kN/m}^2$

② $P_2 = 18 \times 2 + 9.2 \times 2 + 8.2 \times \frac{6}{2} = 79 \text{kN/m}^2$

③ $\Delta H = \frac{C_c}{1+e_o} \log \frac{P_2}{P_1} H$
$= \frac{0.4}{1+0.8} \times \log \frac{79}{61.4} \times 600 = 14.59 \text{cm}$

51

두께가 3m인 정규압밀 점토층에서 시료를 채취하여 압밀시험을 실시하였다. 시험결과가 다음과 같을 때 체적변화계수(m_v)를 구하시오.

조건
- 초기상태의 유효응력(σ_0) : 0.55MPa
- 실험 후 유효응력(σ_1) : 1.05MPa
- 초기 간극비(e_0) : 1.12
- 실험 후 간극비(e_1) : 0.92

해답
① $a_v = \dfrac{e_0 - e_1}{\sigma_1 - \sigma_0} = \dfrac{1.12 - 0.92}{1.05 - 0.55} = 0.4 \, \text{m}^2/\text{MN}$

② $m_v = \dfrac{a_v}{1 + e_0} = \dfrac{0.4}{1 + 1.12} = 0.19 \, \text{m}^2/\text{MN}$

52 ★

모래층 아래 점토층이 있다. 모래층 4m중에 1.5m는 50% 포화되어 있고 나머지는 완전포화되어 있다. 모래층 위에 50kN/m^2의 등분포하중이 작용할 때 (1) 점토층 중간의 초기 유효연직응력을 구하고, (2) 정규압밀점토층에 발생하는 압밀침하량을 구하시오.

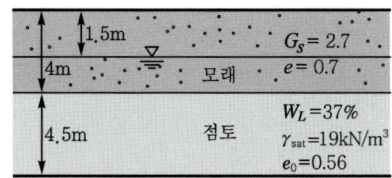

해답
(1) ① 모래지반의 단위중량

㉠ $\gamma_t = \dfrac{G_s + Se}{1 + e} \gamma_w = \dfrac{2.7 + 0.5 \times 0.7}{1 + 0.7} \times 9.8 = 17.58 \, \text{kN/m}^3$

㉡ $\gamma_{\text{sat}} = \dfrac{G_s + e}{1 + e} \gamma_w = \dfrac{2.7 + 0.7}{1 + 0.7} \times 9.8 = 19.6 \, \text{kN/m}^3$

② $P_1 = 17.58 \times 1.5 + (19.6 - 9.8) \times 2.5 + (19 - 9.8) \times \dfrac{4.5}{2}$

$= 71.57 \, \text{kN/m}^2$

(2) ① $C_c = 0.009(W_L - 10) = 0.009(37 - 10) = 0.243$

② $\Delta H = \dfrac{C_c}{1 + e_1} \log \dfrac{P_2}{P_1} H$

$= \dfrac{0.243}{1 + 0.56} \times \log\left(\dfrac{71.57 + 50}{71.57}\right) \times 450$

$= 16.13 \, \text{cm}$

별해

① $\sigma = 17.58 \times 1.5 + 19.6 \times 2.5 + 19 \times \dfrac{4.5}{2}$
$= 118.12 \, \text{kN/m}^2$

② $u = 9.8 \times \left(2.5 + \dfrac{4.5}{2}\right)$
$= 46.55 \, \text{kN/m}^2$

③ $P_1 = \bar{\sigma} = \sigma - u$
$= 118.12 - 46.55$
$= 71.57 \, \text{kN/m}^2$

53 ★★★

아래 그림과 같은 지층 위에 성토로 인한 50kN/m^2의 등분포하중이 작용할 때 다음 물음에 답하시오. (단, 점토층은 정규압밀점토이며, W_L은 액성한계이다.)

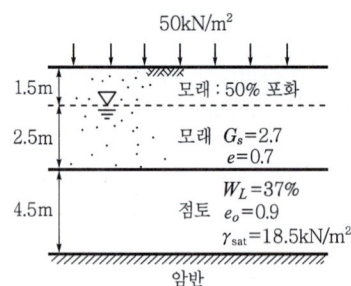

(1) 점토층 중앙의 초기 유효연직압력을 구하시오.
(2) 점토층에 발생하는 압밀침하량을 구하시오.

해답 (1) ① 모래지반의 단위중량

$$\text{㉠ } \gamma_t = \frac{G_s + Se}{1+e}\gamma_w = \frac{2.7 + 0.5 \times 0.7}{1+0.7} \times 9.8 = 17.58\,\text{kN/m}^3$$

$$\text{㉡ } \gamma_{sat} = \frac{G_s + e}{1+e}\gamma_w = \frac{2.7 + 0.7}{1+0.7} \times 9.8 = 19.6\,\text{kN/m}^3$$

② $P_1 = 17.58 \times 1.5 + (19.6 - 9.8) \times 2.5 + (18.5 - 9.8) \times \dfrac{4.5}{2}$

$\quad = 70.45\,\text{kN/m}^2$

(2) ① $C_c = 0.009(W_L - 10) = 0.009(37 - 10) = 0.243$

② $\Delta H = \dfrac{C_c}{1+e_1} \log \dfrac{P_2}{P_1} H = \dfrac{0.243}{1+0.9} \times \log\left(\dfrac{70.45 + 50}{70.45}\right) \times 450 = 13.41\,\text{cm}$

54 ★

연약 점토층의 두께가 10m인 현장 지반에서 시료를 채취하여 압밀시험을 실시하였다. 이때 압밀시험한 결과 하중강도가 0.24MPa에서 0.36MPa으로 증가할 때, 간극비는 1.8에서 1.2로 감소하였다. 이 지반 위에 단위중량 20kN/m^3인 성토재를 5m 성토할 때 최종침하량을 구하시오. (단, 원지반의 간극비(e_o)는 2.2이다.)

해답 ① $a_v = \dfrac{e_1 - e_2}{P_2 - P_1} = \dfrac{1.8 - 1.2}{0.36 - 0.24} = 5\,\text{m}^2/\text{MN} = 0.005\,\text{m}^2/\text{kN}$

② $\Delta H = m_v \Delta P H = \dfrac{a_v}{1+e_o} \Delta P H$

$\quad = \dfrac{0.005}{1+2.2} \times (20 \times 5) \times 10 = 1.5625\,\text{m} = 156.25\,\text{cm}$

55

아래 그림과 같이 지하수위가 지표면에 위치하다가 완전갈수기에 지하수위가 넓은 범위에 걸쳐 3m 하락하였다. 이 경우 점토지반에서의 압밀침하량을 구하시오.

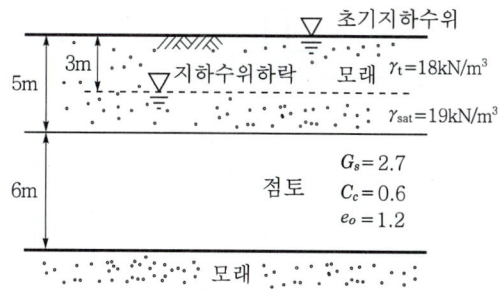

해답

① 점토지반의 포화단위중량

$$\gamma_{sat} = \frac{G_s + e}{1+e}\gamma_w = \frac{2.7+1.2}{1+1.2} \times 9.8 = 17.37 \text{kN/m}^3$$

② $P_1 = (19-9.8) \times 5 + (17.37-9.8) \times \frac{6}{2} = 68.71 \text{kN/m}^2$

③ $P_2 = 18 \times 3 + (19-9.8) \times 2 + (17.37-9.8) \times \frac{6}{2} = 95.11 \text{kN/m}^2$

④ $\Delta H = \frac{C_c}{1+e_1} \log \frac{P_2}{P_1} H = \frac{0.6}{1+1.2} \times \log \frac{95.11}{68.71} \times 600 = 23.11 \text{cm}$

56 ★★

점토층의 두께가 1.5m이고 상대밀도가 45%인 느슨한 사질토지반에서 실내 다짐시험을 한 결과 $e_{max}=0.7$, $e_{min}=0.35$이었다. 이 지반의 상대밀도가 80%될 때까지 압축을 받았을 때 점토층의 두께 변화량을 구하시오.

해답

① $D_r = \frac{e_{max}-e}{e_{max}-e_{min}} \times 100$

$45 = \frac{0.7-e_1}{0.7-0.35} \times 100 \quad \therefore e_1 = 0.54$

$80 = \frac{0.7-e_2}{0.7-0.35} \times 100 \quad \therefore e_2 = 0.42$

② $\Delta H = \frac{e_1-e_2}{1+e_1}H = \frac{0.54-0.42}{1+0.54} \times 150 = 11.69 \text{cm}$

57 ★★

아래 그림과 같은 지반에서 다음 물음에 답하시오.

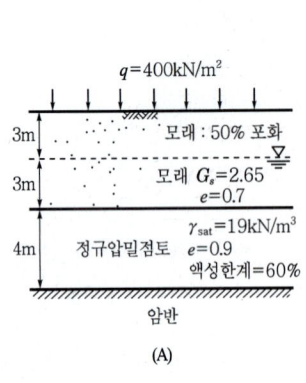
(A)

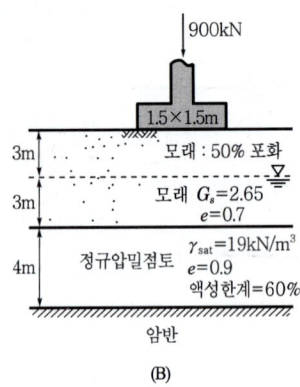
(B)

(1) 그림 (A)와 같이 지표면에 400kN/m^2의 무한히 넓은 등분포하중이 작용하는 경우 압밀침하량을 구하시오.

(2) 그림 (B)와 같이 지표면에 설치한 정사각형 기초에 900kN의 하중이 작용하는 경우 압밀침하량을 구하시오. (단, 응력증가량 계산은 2 : 1분포법을 사용하고, 평균유효응력 증가량($\Delta\sigma$)은 $(\Delta\sigma_t + 4\Delta\sigma_m + \Delta\sigma_b)/6$으로 구한다. 여기서, $\Delta\sigma_t$, $\Delta\sigma_m$, $\Delta\sigma_b$은 점토층의 상단부, 중간층, 하단부에서 응력의 증가량이다.)

[해답] (1) ① 모래지반의 단위중량

㉠ $\gamma_t = \dfrac{G_s + Se}{1+e}\gamma_w = \dfrac{2.65 + 0.5 \times 0.7}{1+0.7} \times 9.8 = 17.29\text{kN/m}^3$

㉡ $\gamma_{sat} = \dfrac{G_s + e}{1+e}\gamma_w = \dfrac{2.65 + 0.7}{1+0.7} \times 9.8 = 19.31\text{kN/m}^3$

② $P_1 = 17.29 \times 3 + (19.31 - 9.8) \times 3 + (19 - 9.8) \times \dfrac{4}{2} = 98.8\text{kN/m}^2$

③ $C_c = 0.009(W_L - 10) = 0.009(60 - 10) = 0.45$

④ $\Delta H = \dfrac{C_c}{1+e_1} \log \dfrac{P_2}{P_1} H = \dfrac{0.45}{1+0.9} \times \log\left(\dfrac{98.8 + 400}{98.8}\right) \times 400$

　　$= 66.62\text{cm}$

(2) ① $\Delta\sigma_t = \dfrac{P}{(B+Z)(L+Z)} = \dfrac{900}{(1.5+6)(1.5+6)} = 16\text{kN/m}^2$

② $\Delta\sigma_m = \dfrac{900}{(1.5+8)(1.5+8)} = 9.97\text{kN/m}^2$

③ $\Delta\sigma_b = \dfrac{900}{(1.5+10)(1.5+10)} = 6.81\text{kN/m}^2$

④ $\Delta\sigma = \dfrac{\Delta\sigma_t + 4\Delta\sigma_m + \Delta\sigma_b}{6} = \dfrac{16 + 4 \times 9.97 + 6.81}{6} = 10.45\text{kN/m}^2$

✱ 참고

① $\sigma = 17.29 \times 3 + 19.31$
　　$\times 3 + 19 \times \dfrac{4}{2}$
　　$= 147.8\text{kN/m}^2$

② $u = 9.8 \times \left(3 + \dfrac{4}{2}\right)$
　　$= 49\text{kN/m}^2$

③ $P_1 = \bar{\sigma} = \sigma - u$
　　$= 147.8 - 49$
　　$= 98.8\text{kN/m}^2$

⑤ $\Delta H = \dfrac{C_c}{1+e_1} \log \dfrac{P_2}{P_1} H = \dfrac{0.45}{1+0.9} \times \log\left(\dfrac{98.8+10.45}{98.8}\right) \times 400$
   $= 4.14\text{cm}$

58 ★★★

두께가 3m인 정규압밀 점토층에서 시료를 채취하여 압밀시험을 실시하였다. 시험결과가 다음과 같을 때 이 점토층이 압밀도 60%에 이르는 데 걸리는 시간(일)을 구하시오. (단, 배수조건은 일면배수이다.)

조건
- 초기 상태의 유효응력(σ_0) : 0.02MPa
- 실험 후 유효응력(σ_1) : 0.04MPa
- 시험점토의 투수계수(k) : 3.0×10^{-7}cm/sec
- 60% 압밀시 시간계수(T_v) : 0.287
- 초기 간극비(e_0) : 1.2
- 실험 후 간극비(e_1) : 0.97

해답
① $a_v = \dfrac{e_0 - e_1}{\sigma_1 - \sigma_0} = \dfrac{1.2 - 0.97}{0.04 - 0.02} = 11.5\text{m}^2/\text{MN} = 11.5 \times 10^{-3}\text{m}^2/\text{kN}$

② $m_v = \dfrac{a_v}{1+e_0} = \dfrac{11.5 \times 10^{-3}}{1+1.2} = 5.23 \times 10^{-3}\text{m}^2/\text{kN}$

③ $C_v = \dfrac{k}{m_v \gamma_w} = \dfrac{3.0 \times 10^{-9}}{5.23 \times 10^{-3} \times 9.8}$
   $= 5.85 \times 10^{-8}\text{m}^2/\text{sec}$

④ $t_{60} = \dfrac{0.287 H^2}{C_v} = \dfrac{0.287 \times 3^2}{5.85 \times 10^{-8}}$
   $= 44,153,846.15$초 $= 511.04$일

59

그림과 같이 지하수위가 지표면과 일치하는 지반에 하중을 가했더니 A지점에서 수위가 3m 증가하였다. A지점에서의 간극수압을 구하시오.

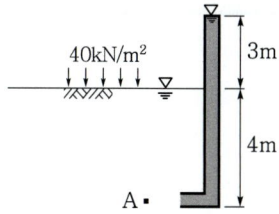

해답 $u = 9.8 \times (3+4) = 68.6\text{kN/m}^2$

60 ★★★★

07 ②, 09 ①, 10 ③, 16 ②
23 ①

그림과 같이 지하 5m 되는 곳에 피에조미터를 설치하고 연약지반에서 공사를 진행한다. 구조물 축조 직후에 수주가 지표면으로부터 8m였다. 8개월 후 수주가 3m가 되었다면, 지하 5m 되는 곳의 압밀도를 구하시오.

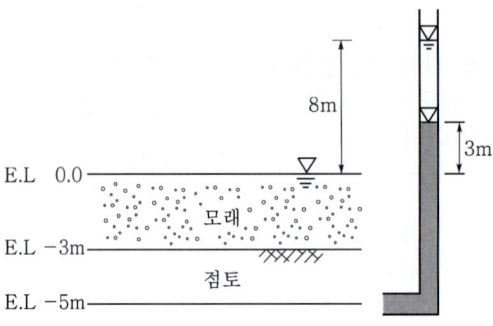

[해답]
① $u_i = \gamma_w h = 9.8 \times 8 = 78.4 \text{kN/m}^2$
② $u = \gamma_w h = 9.8 \times 3 = 29.4 \text{kN/m}^2$
③ $U_z = \dfrac{u_i - u}{u_i} = \dfrac{78.4 - 29.4}{78.4} = 0.625 = 62.5\%$

61 ★★

06 ③, 09 ①, 21 ②

다음 그림과 같은 포화점토층이 상재하중에 의하여 압밀도(u) = 90%에 도달하는데 소요되는 시간(년)을 각각의 경우에 대하여 구하시오. (단, $C_v = 3.6 \times 10^{-4} \text{cm}^2/\text{sec}$, $T_v = 0.848$이다.)

(1)의 경우 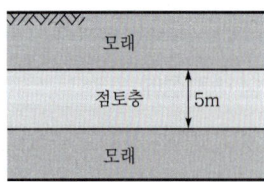   (2)의 경우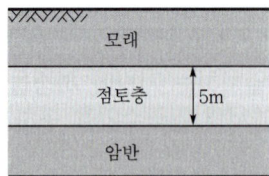

[해답] (1)의 경우

$$t_{90} = \dfrac{0.848 H^2}{C_v}$$

$$= \dfrac{0.848 \times \left(\dfrac{500}{2}\right)^2}{3.6 \times 10^{-4}} = 147{,}222{,}222.2 \text{초} = 4.67 \text{년}$$

(2)의 경우

$$t_{90} = \frac{0.848H^2}{C_v}$$

$$= \frac{0.848 \times 500^2}{3.6 \times 10^{-4}} = 588,888,888.9초 = 18.67년$$

62 ★

10 ②, 15 ①

다음 그림과 같이 지반에 50kN의 집중하중이 작용할 때 물음에 답하시오.

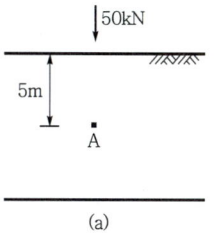
(a)

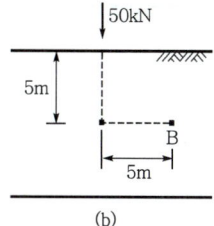
(b)

(1) (a)의 경우에 연직유효응력 증가량은 얼마인가? (소수점 4째자리에서 반올림하시오.)

(2) (b)의 경우에 연직유효응력 증가량은 얼마인가? (소수점 4째자리에서 반올림하시오.)

[해답] (1) $\Delta\sigma_Z = \frac{P}{Z^2}I = \frac{50}{5^2} \times \frac{3}{2\pi} = 0.955\,\text{kN/m}^2$

(2) ① $I = \frac{3Z^5}{2\pi R^5} = \frac{3 \times 5^5}{2\pi(\sqrt{5^2+5^2})^5} = 0.084$

② $\Delta\sigma_Z = \frac{P}{Z^2}I = \frac{50}{5^2} \times 0.084 = 0.168\,\text{kN/m}^2$

63 ★★★★

04 ①, 05 ③, 07 ②, 08 ③, 12 ②

sand drain 공법과 단위중량 20kN/m³인 성토재를 5m 성토하여 연약지반을 개량하였다. 연직방향 압밀도=0.9, 수평방향 압밀도=0.2인 경우 개량된 지반의 강도는 얼마인가? (단, 개량전 원지반강도는 $C=50\,\text{kN/m}^2$이며, 강도 증가비 $C/P=0.18$이다.)

[해답] ① $U_{vh} = 1-(1-U_v)(1-U_h)$
$= 1-(1-0.9)(1-0.2) = 0.92$

② $\Delta C = \frac{C}{P}\Delta PU = 0.18 \times (20 \times 5) \times 0.92 = 16.56\,\text{kN/m}^2$

③ $C = C_0 + \Delta C = 50 + 16.56 = 66.56\,\text{kN/m}^2$

64 ★

아래 그림과 같이 지표면에 100kN의 집중하중이 작용할 때 다음 물음에 답하시오. (단, 소수점 이하 4째 자리에서 반올림하시오.)

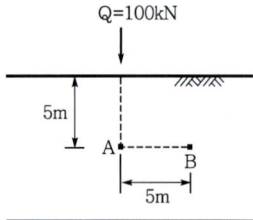

(1) A점에서의 연직응력의 증가량을 구하시오.
(2) B점에서의 연직응력의 증가량을 구하시오.

해답

(1) $\Delta \sigma_Z = \dfrac{P}{Z^2} I = \dfrac{100}{5^2} \times \dfrac{3}{2\pi} = 1.91 \, \text{kN/m}^2$

(2) ① $I = \dfrac{3Z^5}{2\pi R^5} = \dfrac{3 \times 5^5}{2\pi(\sqrt{5^2+5^2})^5} = 0.084$

② $\Delta \sigma_Z = \dfrac{P}{Z^2} I = \dfrac{100}{5^2} \times 0.084 = 0.336 \, \text{kN/m}^2$

65 ★

그림과 같은 과압밀 점토지반 위에 넓은 지역에 걸쳐 $\gamma_t = 19.5 \, \text{kN/m}^3$ 흙을 3.0m 높이로 성토계획을 세우고 있다. 이 점토지반의 중앙단면에서의 압밀침하량 계산에 압축지수(C_c) 대신에 팽창지수(C_e)만을 사용할 수 있는 OCR의 한계값을 구하시오.

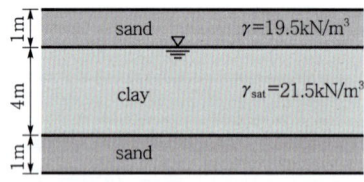

해답

① $P = 19.5 \times 1 + (21.5 - 9.8) \times \dfrac{4}{2} = 42.9 \, \text{kN/m}^2$

② $\Delta P = 19.5 \times 3 = 58.5 \, \text{kN/m}^2$

③ $\text{OCR} \geqq \dfrac{P + \Delta P}{P} = \dfrac{42.9 + 58.5}{42.9} = 2.36$

66 ★★★

불투수층 위에 놓인 8m 두께의 연약 점토지반에 직경 40cm의 샌드 드레인(sand drain)을 정사각형으로 배치하고 그 위에 상재 유효압력 100kN/m²인 제방을 축조하였다. 축조 6개월 후 제방의 허용 압밀침하량을 25mm로 하려고 한다. 다음 물음에 답하시오. (단, 연약 점토지반의 체적변화계수 $m_v = 2.5 \times 10^{-4} \text{m}^2/\text{kN}$이다.)

(1) 축조 6개월 후 압밀도를 몇 %까지 해야 하는가?
(2) 축조 6개월 후 연직방향 압밀도가 20%이었다면 이때의 수평방향 압밀도는?
(3) 배수영향 반경이 샌드 드레인 반경의 10배라면 샌드 드레인 간의 중심 간격은?

해답 (1) ① $\Delta H = m_v \Delta PH = (2.5 \times 10^{-4}) \times 100 \times 8 = 0.2\text{m} = 20\text{cm}$

② $\overline{U}_{av} = \dfrac{S_t(\text{임의 시간에서의 압밀침하량})}{S_c(\text{최종 압밀침하량})}$

$= \dfrac{20 - 2.5}{20} = 0.875 = 87.5\%$

(2) $\overline{U}_{av} = 1 - (1 - U_v)(1 - U_h)$
$0.875 = 1 - (1 - 0.2)(1 - U_h)$ ∴ $U_h = 84.38\%$

(3) $d_e = 1.13d$
$40 \times 10 = 1.13d$ ∴ $d = 353.98\text{cm}$

67 ★

어느 지역의 월평균 기온이 아래 표와 같다. 동결지수를 구하시오.

월	월평균 기온(℃)
11	+1
12	-6.3
1	-8.3
2	-6.4
3	-0.2

해답 동결지수(F) = 영하온도 × 지속일수
$= 6.3 \times 31 + 8.3 \times 31 + 6.4 \times 28 + 0.2 \times 31$
$= 638\text{℃} \cdot \text{day}$

68 ★

어느 지역의 월평균 기온이 아래 표와 같다. 데라다(寺田)의 공식을 이용하여 동결깊이를 구하시오. (단, 정수 $C=4.0$으로 한다.)

월	월평균 기온(℃)
11	3.5
12	−7.8
1	−9.6
2	−4.2
3	−1.1

[해답]
$Z = C\sqrt{F}$
$= 4\sqrt{7.8 \times 31 + 9.6 \times 31 + 4.2 \times 28 + 1.1 \times 31}$
$= 105.16\,cm$

69 ★

아스팔트 콘크리트 포장의 두께 결정에 있어 기상조건을 고려해야 할 점 중의 하나가 동상을 방지하기 위한 동결심도이다. 동상이 일어나기 쉬운 조건 3가지만 쓰시오.

[해답]
① 동상을 받기 쉬운 흙(실트질토)이 존재한다.
② 0℃ 이하의 온도지속시간이 길다.
③ ice lens를 형성할 수 있도록 물의 공급이 충분해야 한다.

70 ★

0℃ 이하의 기온이 계속되면 지표면의 위쪽부터 흙이 동결하기 시작한다. 이에 따른 동상대책을 3가지만 쓰시오.

[해답]
① 배수구를 설치하여 지하수위를 낮춘다.
② 지하수위보다 높은 곳에 조립의 차단층(모래, 콘크리트, 아스팔트)을 설치하여 모관상승을 방지한다.
③ 동결심도 상부의 흙을 동결하기 어려운 재료(자갈, 쇄석, 석탄재)로 치환한다.
④ 지표면 근처에 단열재료(석탄재, 코크스)를 넣는다.

71

지반의 동결 정도를 지배하는 인자를 4가지 쓰시오.

해답 ① 모관상승고의 크기
② 흙의 투수성
③ 지하수위
④ 동결온도의 지속기간

72

동결심도를 구하는 방법을 2가지만 쓰시오.

해답 ① 동결심도계에 의한 방법
② 일 평균기온으로 구하는 방법
③ 열전도율로 구하는 방법

73 ★

지하수위 아래 흙을 채취하면 물속에 용해되어 있던 산소는 그 수압이 없어져 체적이 커지고 기포를 형성하므로 포화도는 100%보다 떨어진다. 이러한 시료는 불포화된 시료를 형성하여 올바른 값이 되지 않게 된다. 그러므로 이 기포가 다시 용해되도록 원상태의 압력을 받게 가하는 압력으로 삼축압축시험에 사용된다. 이 압력은 무슨 압력인가?

해답 배압(back pressure)

74

토압은 주동토압, 수동토압, 정지토압 3가지가 있는데 이중 정지토압을 판별할 수 있는 구조물 3가지를 쓰시오.

해답 ① 지하벽
② 암거
③ 교대

75 ★

그림과 같이 지표면과 지하수위가 같은 옹벽에 작용하는 전주동토압을 구하시오. (단, Rankine의 토압이론을 사용하시오.)

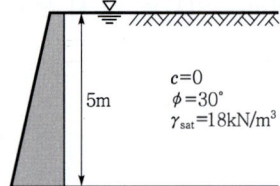

[해답]
① $K_a = \tan^2\left(45° - \dfrac{\phi}{2}\right) = \tan^2\left(45° - \dfrac{30°}{2}\right) = \dfrac{1}{3}$

② $P_a = \dfrac{1}{2}\gamma_{sub}h^2 K_a + \dfrac{1}{2}\gamma_w h^2$

$= \dfrac{1}{2} \times (18 - 9.8) \times 5^2 \times \dfrac{1}{3} + \dfrac{1}{2} \times 9.8 \times 5^2$

$= 156.67\,\text{kN/m}$

76 ★★★

그림과 같은 옹벽에 작용하는 전주동토압은 얼마인가? (단, Rankine의 토압이론을 사용하시오.)

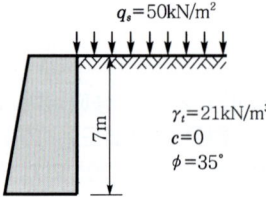

[해답]
① $K_a = \tan^2\left(45° - \dfrac{\phi}{2}\right) = \tan^2\left(45° - \dfrac{35°}{2}\right) = 0.27$

② $P_a = \dfrac{1}{2}\gamma_t h^2 K_a + q_s K_a h$

$= \dfrac{1}{2} \times 21 \times 7^2 \times 0.27 + 50 \times 0.27 \times 7 = 233.42\,\text{kN/m}$

77 ★★★★

다음 그림과 같은 널말뚝에 작용하는 주동토압을 구하시오. (단, 지하수위는 점토지반 상부에 위치하며, 벽마찰각은 무시한다.)

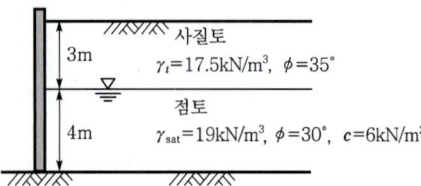

[해답] ① $K_{a1} = \tan^2\left(45° - \dfrac{35°}{2}\right) = 0.27$

$K_{a2} = \tan^2\left(45° - \dfrac{30°}{2}\right) = 0.33$

② $P_a = \dfrac{1}{2}\gamma_t h_1^2 K_a + \gamma_t h_1 h_2 K_{a2} + \dfrac{1}{2}\gamma_{sub} h_2^2 K_{a2} + \dfrac{1}{2}\gamma_w h_2^2 - 2c\sqrt{K_{a2}}\,h_2$

$= \dfrac{1}{2} \times 17.5 \times 3^2 \times 0.27 + 17.5 \times 3 \times 4 \times 0.33 + \dfrac{1}{2} \times 9.2 \times 4^2 \times 0.33$

$+ \dfrac{1}{2} \times 9.8 \times 4^2 - 2 \times 6 \times \sqrt{0.33} \times 4$

$= 165.68\,\text{kN/m}$

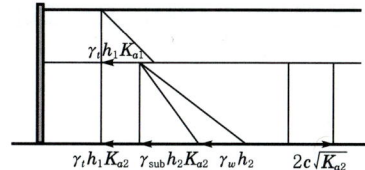

78 ★

05 ②, 15 ③

다음 그림과 같은 옹벽이 있다. 아래 물음에 답하시오.

(1) 인장균열의 깊이를 구하시오.
(2) 인장균열이 발생하기 전의 전체 주동토압(P_a)을 구하시오.
(3) 인장균열이 발생한 후의 전체 주동토압(P_a)을 구하시오.

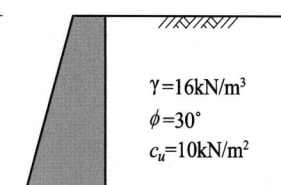

[해답] (1) $Z_c = \dfrac{2c}{\gamma_t}\tan\left(45° + \dfrac{\phi}{2}\right) = \dfrac{2 \times 10}{16} \times \tan\left(45° + \dfrac{30°}{2}\right) = 2.17\,\text{m}$

(2) ① $K_a = \tan^2\left(45° - \dfrac{\phi}{2}\right) = \tan^2\left(45° - \dfrac{30°}{2}\right) = \dfrac{1}{3}$

② $P_a = \dfrac{1}{2}\gamma_t H^2 K_a - 2c\sqrt{K_a}\,H$

$= \dfrac{1}{2} \times 16 \times 7^2 \times \dfrac{1}{3} - 2 \times 10 \times \sqrt{\dfrac{1}{3}} \times 7 = 49.84\,\text{kN/m}$

(3) $P_a = \dfrac{1}{2}\gamma_t H^2 K_a - 2c\sqrt{K_a}\,H + \dfrac{2c^2}{\gamma_t}$

$= \dfrac{1}{2} \times 16 \times 7^2 \times \dfrac{1}{3} - 2 \times 10 \times \sqrt{\dfrac{1}{3}} \times 7 + \dfrac{2 \times 10^2}{16} = 62.34\,\text{kN/m}$

79

Rankine 토압과 Coulomb 토압의 가장 큰 차이점을 한 가지씩 쓰시오.

[해답] ① Rankine 토압 : 벽면과 흙의 마찰을 무시함.
② Coulomb 토압 : 벽면과 흙의 마찰을 고려함.

80 ★★★

아래 그림과 같은 옹벽에서 인장균열이 발생한 후의 옹벽에 작용하는 전체 주동토압을 구하시오. (단, 인장균열 위의 토압은 무시하고 상재하중으로 고려하여 계산하시오.)

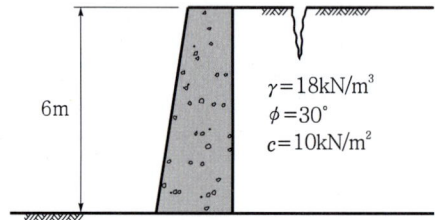

[해답]
① $K_a = \tan^2\left(45° - \dfrac{\phi}{2}\right) = \tan^2\left(45° - \dfrac{30°}{2}\right) = \dfrac{1}{3}$

② $Z_c = \dfrac{2c\tan\left(45° + \dfrac{\phi}{2}\right)}{\gamma_t} = \dfrac{2 \times 10 \times \tan\left(45° + \dfrac{30°}{2}\right)}{18} = 1.92\,\text{m}$

③ $P_a = \dfrac{1}{2}\gamma_t H^2 K_a - 2c\sqrt{K_a}\,H + \dfrac{2c^2}{\gamma_t} + q_s K_a (H - Z_c)$

$= \dfrac{1}{2} \times 18 \times 6^2 \times \dfrac{1}{3} - 2 \times 10 \times \sqrt{\dfrac{1}{3}} \times 6 + \dfrac{2 \times 10^2}{18}$

$+ (18 \times 1.92) \times \dfrac{1}{3} \times (6 - 1.92) = 96.83\,\text{kN/m}$

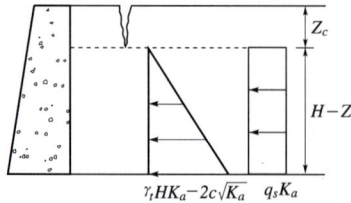

81 ★★

흙으로 축조된 비탈안정의 역학적 검사를 시행하여 활동면에 대한 안전율을 구하고자 한다. 이때, 안전율 산정에 요구되는 흙의 토질실험의 성과 3가지를 쓰시오.

[해답] ① 점착력   ② 내부마찰각   ③ 단위중량

82 ★

아래 그림과 같이 6.0m의 연직옹벽에 연속적인 강우로 뒤채움 흙이 완전 포화되어 있다. 뒤채움 흙은 $\gamma_{sat}=19.8\text{kN/m}^3$, $\phi=38°$인 사질토이며, 벽면마찰각 $\delta=15°$이다. 이때 Coulomb의 주동토압계수는 0.219이고 파괴면이 수평면과 55°라고 가정할 경우 아래의 물음에 답하시오. (단, 물의 단위중량 $\gamma_w=9.8\text{kN/m}^3$)

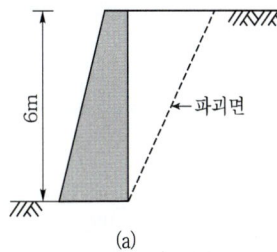
(a)

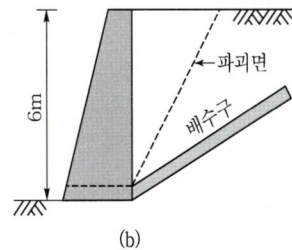
(b)

(1) 그림 (a)와 같이 옹벽배면에 배수구가 없을 경우 옹벽에 작용하는 전주동토압(kN/m)을 구하시오.
(2) 그림 (b)와 같이 파괴면 아래쪽에 배수구를 경사지게 설치했을 경우 옹벽에 작용하는 전주동토압(kN/m)을 구하시오.

[해답] (1) $P_a = \frac{1}{2}\gamma_{sub}H^2C_a + \frac{1}{2}\gamma_w H^2 = \frac{1}{2}\times(19.8-9.8)\times 6^2\times 0.219 + \frac{1}{2}\times 9.8\times 6^2$
$= 215.82\text{kN/m}$

(2) $P_a = \frac{1}{2}\gamma_{sat}H^2C_a = \frac{1}{2}\times 19.8\times 6^2\times 0.219 = 78.05\text{kN/m}$

83 ★★★

내부마찰각 $\phi_u=0$, 점착력 $c_u=45\text{kN/m}^2$, 단위중량이 19kN/m^3되는 포화된 점토층에 경사각 45°로 높이 8m인 사면을 만들었다. 그림과 같은 하나의 파괴면을 가정했을 때 안전율은? (단, 총 폭당 중량(W)=1330kN/m, 호의 길이(L_a)=20m이다.)

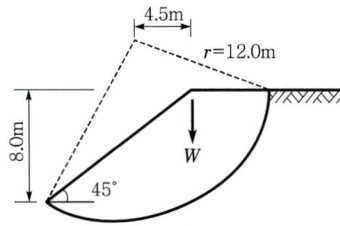

[해답] ① $\tau = c + \overline{\sigma}\tan\phi = c = 45\text{kN/m}^2$
② $F_s = \frac{\tau r L_a}{We} = \frac{45\times 12\times 20}{1330\times 4.5} = 1.8$

84

흙의 단위중량이 $18kN/m^3$, 내부마찰각이 $10°$, 점착력이 $0.045MPa$인 지반의 인장균열을 고려한 경우 이론적으로 연직굴착이 가능한 깊이는?

[해답]
$$H_c = \frac{4c'\tan\left(45° + \frac{\phi}{2}\right)}{\gamma_t}$$
$$= \frac{4 \times \left(\frac{2}{3} \times 45\right) \times \tan\left(45° + \frac{10°}{2}\right)}{18} = 7.95m$$

※ 참고
인장균열 고려 시
$H' = \frac{2}{3}H_c$
$\left(\because c' = \frac{2}{3}c\right)$

85 ★

그림과 같은 인장균열이 발생하여 지표면까지 수압이 작용한다면 $F_s = \frac{M_r}{M_0}$의 개념으로 F_s를 구하시오.

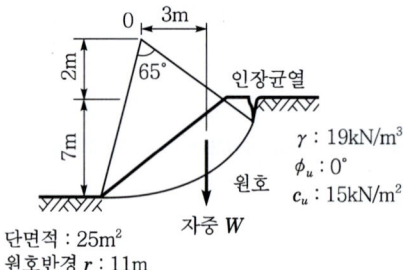

단면적 : $25m^2$
원호반경 r : 11m
γ : $19kN/m^3$
ϕ_u : $0°$
c_u : $15kN/m^2$

[해답]
① $\tau = c + \overline{\sigma}\tan\phi = c = 15kN/m^2$
② $L_a = r\theta = 11 \times \left(65° \times \frac{\pi}{180°}\right)$
　　　$= 12.48m$
③ $W = A\gamma = 25 \times 19 = 475kN/m$
④ $P_u = \frac{1}{2}\gamma_w h^2 = \frac{1}{2}\gamma_w Z_c^2 = \frac{1}{2} \times 9.8 \times 1.58^2 = 12.23kN/m$
　$\left(\because Z_c = \frac{2c\tan\left(45° + \frac{\phi}{2}\right)}{\gamma_t} = \frac{2 \times 15 \times \tan 45°}{19} = 1.58m\right)$
⑤ $y = 2 + \frac{2}{3}Z_c = 2 + \frac{2}{3} \times 1.58 = 3.05m$
⑥ $F_s = \frac{\tau r L_a}{We + P_u y} = \frac{15 \times 11 \times 12.48}{475 \times 3 + 12.23 \times 3.05} = 1.41$

86 ★

그림과 같은 유한사면에서 사면파괴가 한 평면을 따라 발생한다면(Culmann의 가정) 아래 물음에 답하시오.

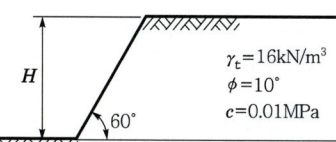

(1) 사면의 임계높이를 구하시오.
(2) 활동에 대한 안전율이 2가 되도록 사면높이 H를 구하시오.

[해답] (1) 사면의 임계높이

$$H_{cr} = \frac{4c}{\gamma_t}\left[\frac{\sin\beta\cos\phi}{1-\cos(\beta-\phi)}\right] = \frac{4\times10}{16}\times\frac{\sin60°\times\cos10°}{1-\cos(60°-10°)} = 5.97\,\mathrm{m}$$

(2) 사면높이

① $F_c = F_s = \dfrac{c}{c_d}$ $2 = \dfrac{10}{c_d}$ $\therefore\ c_d = 5\,\mathrm{kN/m^2}$

② $F_\phi = F_s = \dfrac{\tan\phi}{\tan\phi_d}$ $2 = \dfrac{\tan10°}{\tan\phi_d}$ $\therefore\ \phi_d = 5.04°$

③ $H = \dfrac{4c_d}{\gamma_t}\left[\dfrac{\sin\beta\cos\phi_d}{1-\cos(\beta-\phi_d)}\right] = \dfrac{4\times5}{16}\times\dfrac{\sin60°\times\cos5.04°}{1-\cos(60°-5.04°)} = 2.53\,\mathrm{m}$

87 ★

다음 그림과 같은 사면에서 AC는 가상파괴면을 나타낸다. 쐐기 ABC의 활동에 대한 안전율은 얼마인가?

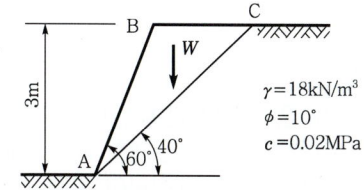

[해답] 평면 파괴면을 가진 유한사면의 해석(Culmann 도해법)

① $W = \dfrac{1}{2}\gamma H^2\left[\dfrac{\sin(\beta-\theta)}{\sin\beta\,\sin\theta}\right]$

$= \dfrac{1}{2}\times18\times3^2\times\left[\dfrac{\sin(60°-40°)}{\sin60°\times\sin40°}\right] = 49.77\,\mathrm{kN}$

② $N_a = W\cos\theta = 49.77\times\cos40° = 38.13\,\mathrm{kN}$

③ $T_a = W\sin\theta = 49.77\times\sin40° = 31.99\,\mathrm{kN}$

④ $F_s = \dfrac{\overline{AC}\,c + N_a\tan\phi}{T_a}$

$= \dfrac{\dfrac{3}{\sin40°}\times20 + 38.13\times\tan10°}{31.99} = 3.13$

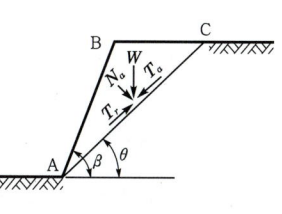

88

사면안정 해석방법인 Bishop의 간편법에서는 어떠한 가정을 하여 사면안정 해석의 내적부정정을 해결하였는가?

해답 Bishop 방법(Bishop Simplified method, $c-\phi$ 해석법)
절편의 양 연직면에 작용하는 힘의 합력은 수평방향으로 작용한다고 가정하였다.
즉, $X_1 - X_2 = 0$이다.

참고
Fellenius 방법(Swedish method, $\phi=0$ 해석법)
절편의 양 연직면에 작용하는 힘들의 합을 0으로 가정하여 해석하는 방법이다. 즉, ΣE, $\Sigma X = 0$이다.

89 ★★

한 무한 자연사면의 경사가 15°이고 경사방향으로 흐르는 지하수면이 지표면과 일치하여 지표면에서 5m 깊이에 암반층이 있다고 할 때 이 사면의 안전율은 얼마인가?

$c=0$
$\gamma_{sat}=18\text{kN/m}^3$
$\phi=30°$
5m
암반층

해답
$$F_s = \frac{\gamma_{sub}}{\gamma_{sat}} \frac{\tan \phi}{\tan i}$$
$$= \frac{18-9.8}{18} \times \frac{\tan 30°}{\tan 15°} = 0.98$$

90 ★★

어느 지역에 지표면경사가 30°인 자연사면이 있다. 지표면에서 6m 깊이에 암반층이 있고, 지하수위 면은 암반층 아래 존재할 때 이 사면의 활동 파괴에 대한 안전율을 구하시오. (단, 사면 흙을 채취하여 토질시험을 실시한 결과 $c=25\text{kN/m}^2$, $\phi=35°$, $\gamma_t=18\text{kN/m}^3$이다.)

해답
$$F_s = \frac{c}{\gamma_t Z \cos i \sin i} + \frac{\tan\phi}{\tan i}$$
$$= \frac{25}{18 \times 6 \times \cos 30° \times \sin 30°} + \frac{\tan 35°}{\tan 30°} = 1.75$$

91 ★

한 사질토사면의 경사가 26°로 측정되었다. 지표면으로부터 5m 깊이에 암반층이 존재하며, 사면 흙을 채취하여 토질시험을 한 결과 $c'=0$, $\phi=42°$, $\gamma_{sat}=19\text{kN/m}^3$였다. 갑자기 폭우가 쏟아져 지하수위가 지표면과 일치한 상태에서 침투가 발생한다면 이때 사면의 안전율은 얼마인가?

[해답] $F_s = \dfrac{\gamma_{sub}}{\gamma_{sat}} \dfrac{\tan\phi}{\tan i} = \dfrac{19-9.8}{19} \times \dfrac{\tan 42°}{\tan 26°} = 0.89$

92 ★★

95 ③, 96 ③, 98 ②, 00 ⑤, 01 ③, 08 ③, 17 ③

한 무한 자연사면의 경사가 20°이고 경사방향으로 흐르는 지하수면이 지표면과 일치하여 지표면에서 5m 깊이에 암반층이 있다고 할 때 이 사면의 안전율은 얼마인가?

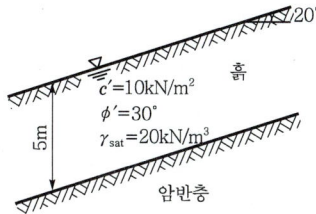

[해답] $F_s = \dfrac{c}{\gamma_{sat} Z \cos i \sin i} + \dfrac{\gamma_{sub}}{\gamma_{sat}} \dfrac{\tan\phi}{\tan i}$

$= \dfrac{10}{20 \times 5 \times \cos 20° \times \sin 20°} + \dfrac{10.2}{20} \times \dfrac{\tan 30°}{\tan 20°} = 1.12$

93 ★★

99 ⑤, 02 ②, 09 ②

$G_s = 2.65$, $n = 30\%$인 사질토($c=0$)의 반무한 사면에서 침투류가 전혀 없는 경우가 침투류가 지표면과 일치되는 경우에 비해 몇 배 만큼 안전율이 큰가?

[해답]
① $e = \dfrac{n}{100-n} = \dfrac{30}{100-30} = 0.43$
② $\gamma_{sat} = \dfrac{G_s + e}{1+e} \gamma_w = \dfrac{2.65+0.43}{1+0.43} \times 9.8 = 21.11\,\text{kN/m}^3$
③ $\gamma_{sub} = \gamma_{sat} - \gamma_w = 21.11 - 9.8 = 11.31\,\text{kN/m}^3$
④ 침투류가 전혀 없는 경우
$F_s = \dfrac{\tan\phi}{\tan i}$
⑤ 침투류가 지표면과 일치하는 경우
$F_s = \dfrac{\gamma_{sub}}{\gamma_{sat}} \dfrac{\tan\phi}{\tan i}$
∴ $\dfrac{\gamma_{sat}}{\gamma_{sub}} = \dfrac{21.11}{11.31} = 1.87$

94

그림과 같은 사질토 반무한 사면에서의 안전율을 구하시오.

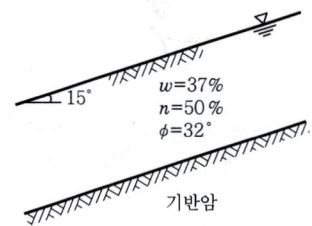

해답

① $e = \dfrac{n}{100-n} = \dfrac{50}{100-50} = 1$

② $Se = wG_s$
  $1 \times 1 = 0.37 \times G_s$
  $\therefore G_s = 2.7$

③ $\gamma_{sat} = \dfrac{G_s + e}{1+e} \gamma_w$
  $= \dfrac{2.7+1}{1+1} \times 9.8 = 18.13 \, kN/m^3$

④ $F_s = \dfrac{c}{\gamma_{sat} Z \cos i \sin i} + \dfrac{\gamma_{sub}}{\gamma_{sat}} \dfrac{\tan \phi}{\tan i}$
  $= 0 + \dfrac{8.33}{18.13} \times \dfrac{\tan 32°}{\tan 15°} = 1.07$

참고

$\gamma_{sat} = \dfrac{G_s + e}{1+e} \gamma_w$

$= \dfrac{G_s + wG_s}{1+e} \gamma_w$

$= \dfrac{(1+w)G_s \gamma_w}{1+e}$

$= \dfrac{(1+w)G_s \gamma_w}{\dfrac{e}{n}}$

$= n \dfrac{(1+w)G_s \gamma_w}{e}$

$= n \dfrac{(1+w)G_s \gamma_w}{wG_s}$

$= n \dfrac{1+w}{w} \gamma_w$

$\therefore \gamma_{sat} = n \dfrac{1+w}{w} \gamma_w$

$= 0.5 \times \dfrac{1+0.37}{0.37} \times 9.8$

$= 18.14 \, kN/m^3$

95

한 무한 자연사면의 경사가 20°이고 지표면에서 6m 깊이에 암반층이 있다고 할 때 이 사면의 안전율은 얼마인가?

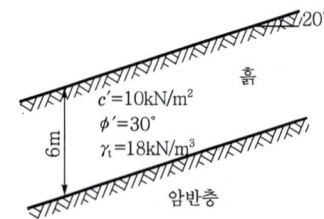

해답 $F_s = \dfrac{c}{\gamma_t Z \cos i \sin i} + \dfrac{\tan \phi}{\tan i}$

$= \dfrac{10}{18 \times 6 \times \cos 20° \times \sin 20°} + \dfrac{\tan 30°}{\tan 20°} = 1.87$

96 ★★★

$G_s = 2.65$, $n = 35\%$인 사질토($c=0$, $\phi=38°$)의 반무한 사면의 경우 침투류가 지표면과 일치되는 경우 안전율을 구하시오. (단, 사면의 경사각은 20°이다.)

해답
① $e = \dfrac{n}{100-n} = \dfrac{35}{100-35} = 0.54$

② $\gamma_{sat} = \dfrac{G_s + e}{1+e}\gamma_w = \dfrac{2.65+0.54}{1+0.54} \times 9.8 = 20.3 \text{kN/m}^3$

③ $F_s = \dfrac{c}{\gamma_{sat} Z \cos i \sin i} + \dfrac{\gamma_{sub}}{\gamma_{sat}}\dfrac{\tan\phi}{\tan i} = 0 + \dfrac{10.5}{20.3} \times \dfrac{\tan 38°}{\tan 20°} = 1.11$

97 ★★★

다음 그림과 같은 조건하에 있는 복합활동 파괴면에 대한 안전율을 구하시오. (단, 소수점 둘째자리에서 반올림하시오.)

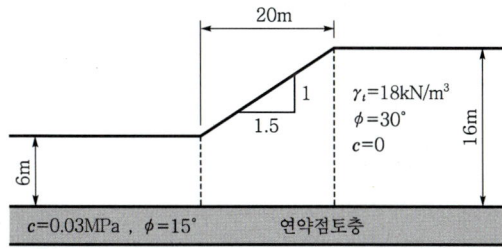

해답
① $cL = 30 \times 20 = 600 \text{kN/m} (\because c = 0.03\text{MPa} = 30\text{kN/m}^2)$

② $W\tan\phi = \dfrac{6+16}{2} \times 20 \times 18 \times \tan 15° = 1061.1 \text{kN/m}$

③ $P_p = \dfrac{1}{2}\gamma_t h^2 K_p$
$= \dfrac{1}{2} \times 18 \times 6^2 \times \tan^2\left(45° + \dfrac{30°}{2}\right) = 972 \text{kN/m}$

④ $P_a = \dfrac{1}{2}\gamma_t h^2 K_a$
$= \dfrac{1}{2} \times 18 \times 16^2 \times \tan^2\left(45° - \dfrac{30°}{2}\right) = 768 \text{kN/m}$

⑤ $F_s = \dfrac{cL + W\tan\phi + P_p}{P_a}$
$= \dfrac{600 + 1061.1 + 972}{768} = 3.4$

98

그림과 같은 조건하의 복합활동에 대하여 물음에 답하시오. (단, 토압은 Rankine식을 이용하고 단위 길이당에 대하여 계산하고 소수 3째 자리에서 반올림 하시오.)

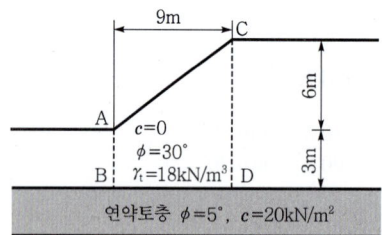

(1) CD면에 작용하는 주동토압(P_a) :
(2) AB면에 작용하는 수동토압(P_p) :
(3) 점착력에 의한 저면(BD)의 저항력(P_c) :
(4) ABDCA의 자중에 의한 저면의 마찰저항력(P_f) :
(5) 활동에 대한 안전율(F_s) :

[해답]

(1) $P_a = \dfrac{1}{2}\gamma_t h^2 K_a = \dfrac{1}{2}\gamma_t h^2 \tan^2\left(45° - \dfrac{\phi}{2}\right)$
$= \dfrac{1}{2} \times 18 \times 9^2 \times \tan^2\left(45° - \dfrac{30°}{2}\right) = 243\,\text{kN/m}$

(2) $P_p = \dfrac{1}{2}\gamma_t h^2 K_p = \dfrac{1}{2}\gamma_t h^2 \tan^2\left(45° + \dfrac{\phi}{2}\right)$
$= \dfrac{1}{2} \times 18 \times 3^2 \times \tan^2\left(45° + \dfrac{30°}{2}\right) = 243\,\text{kN/m}$

(3) $P_c = cL = 20 \times 9 = 180\,\text{kN/m}$

(4) $P_f = W\tan\phi$
$= \dfrac{3+9}{2} \times 9 \times 18 \times \tan 5° = 85.04\,\text{kN/m}$

(5) $F_s = \dfrac{cL + W\tan\phi + P_p}{P_a}$
$= \dfrac{180 + 85.04 + 243}{243} = 2.09$

99 ★

다음 그림과 같은 조건하에 있는 복합활동 파괴면에 대한 안전율을 구하시오.

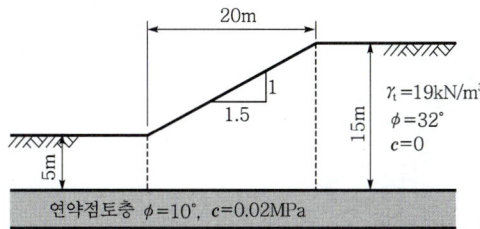

[해답]
① $cL = 20 \times 20 = 400\,\text{kN/m}(\because c = 0.02\text{MPa} = 20\text{kN/m}^2)$

② $W\tan\phi = \dfrac{5+15}{2} \times 20 \times 19 \times \tan 10° = 670.04\,\text{kN/m}$

③ $P_p = \dfrac{1}{2}\gamma_t h^2 K_p = \dfrac{1}{2} \times 19 \times 5^2 \times \tan^2\left(45° + \dfrac{32°}{2}\right) = 772.96\,\text{kN/m}$

④ $P_a = \dfrac{1}{2}\gamma_t h^2 K_a = \dfrac{1}{2} \times 19 \times 15^2 \times \tan^2\left(45° - \dfrac{32°}{2}\right) = 656.77\,\text{kN/m}$

⑤ $F_s = \dfrac{cL + W\tan\phi + P_p}{P_a} = \dfrac{400 + 670.04 + 772.96}{656.77} = 2.81$

100 ★★

그림과 같은 사면의 안전율을 구하시오. (단, $\gamma = 18\text{kN/m}^3$)

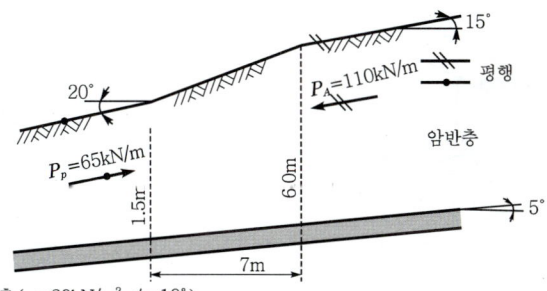

[해답]
① $L = \dfrac{7}{\cos 5°} = 7.03\,\text{m}$

② $W = \dfrac{1.5+6}{2} \times 7 \times 18 = 472.5\,\text{kN/m}$

③ $F_s = \dfrac{cL + [W\cos\theta + P_a\sin(i_a - \theta) - P_p\sin(i_p - \theta)]\tan\phi}{P_a\cos(i_a - \theta) - P_p\cos(i_p - \theta) + W\sin\theta}$

$= \dfrac{20 \times 7.03 + [472.5 \times \cos 5° + 110 \times \sin(15° - 5°) - 65 \times \sin(20° - 5°)]\tan 10°}{110 \times \cos(15° - 5°) - 65 \times \cos(20° - 5°) + 472.5 \times \sin 5°}$

$= 2.58$

101 ★

흙막이공법은 개수성 토류벽공법과 차수성 토류벽공법으로 대별한다. 아래 그림과 같은 개수성 토류벽공법인 H-Pile 흙막이 공법의 부재 명칭을 쓰시오.

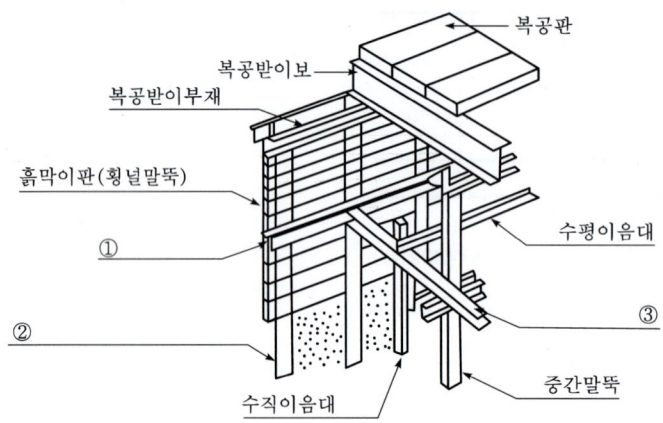

[해답] ① 띠장(wale)
② 엄지말뚝(H-pile)
③ 버팀(strut)

102

그림과 같은 H-pile 흙막이 공의 각 부재 명칭을 쓰시오.

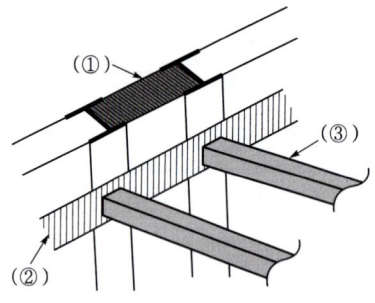

[해답] ① 토류판   ② 띠장   ③ 버팀

103

수평판 또는 널말뚝에서 버팀(strut)에 반력을 전달하는 역할을 하는 수평보를 무엇이라고 하는가?

[해답] 띠장(wale)

104

흙막이공의 타이백(앵커) 또는 내부 브레이스에 의한 버팀 시스템이 사용될 때 연속 수평부재로 쓰이는 버팀형식은?

해답 띠장(wale)

105

토류벽의 구성요소 3가지를 쓰시오.

해답 ① 토류판   ② 띠장   ③ 버팀

106 *

흙막이벽을 크게 4가지로 나눌 때 종류를 쓰시오.

해답 ① H-pile 토류벽
② steel sheet pile(강널말뚝) 토류벽
③ 강관널말뚝 토류벽
④ 지하연속벽(주열식, 벽식)

107

흙막이공법에는 흙막이벽과 흙막이 지보공이 있다. 그 중 흙막이벽의 종류를 5가지만 쓰시오.

해답 ① H-pile 토류벽
② steel sheet pile(강널말뚝) 토류벽
③ 강관널말뚝 토류벽
④ 벽식 지하연속벽
⑤ 주열식 지하연속벽

108

비교적 깊은 기초의 굴착 및 흙막이공법에서 주로 사용되고 있는 토류벽체의 대표적인 지지방법 2가지를 쓰시오.

해답 ① 버팀대식(strut 공법)
② tie-back anchor 공법

109 ★

널말뚝에 사용되는 앵커(anchor)는 여러 형식이 있다. 종류 3가지만 쓰시오.

[해답] ① 앵커판과 데드맨(dead man) ② tie-back anchor
③ 수직앵커말뚝 ④ 경사말뚝에 의해 지지되는 앵커 보

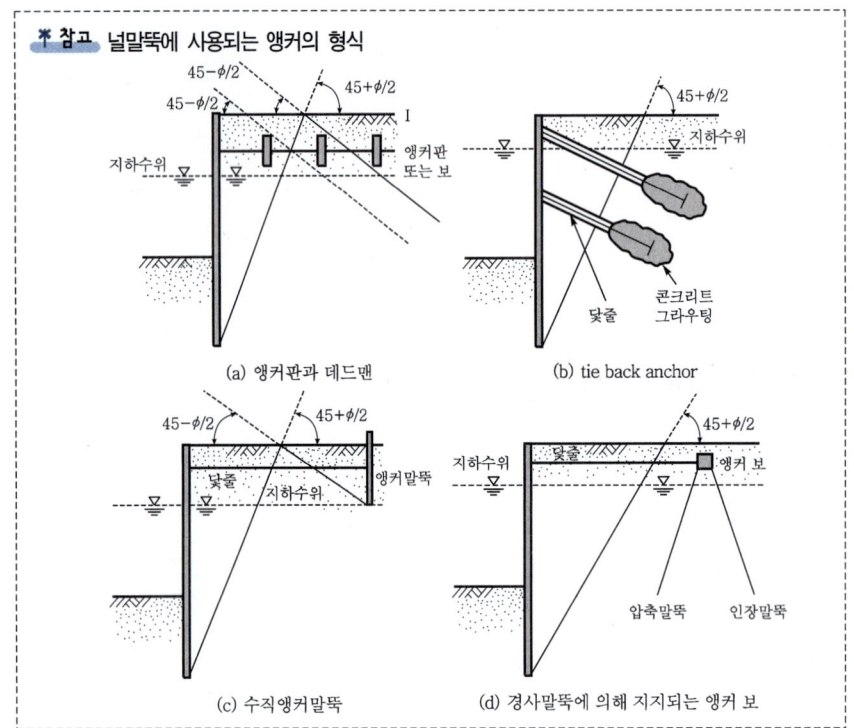

참고 널말뚝에 사용되는 앵커의 형식

(a) 앵커판과 데드맨
(b) tie back anchor
(c) 수직앵커말뚝
(d) 경사말뚝에 의해 지지되는 앵커 보

110

지하 굴토공사 시 토류벽체의 지지방법을 3가지만 쓰시오.

[해답] ① 자립식(self type) 공법
② 버팀대식(strut type) 공법
③ tie-rod anchor 공법
④ tie back anchor 공법

111 ★

정착대상 지반에 PS 강재(PS 강봉, PS 강선)를 사용하여 긴장력을 주어 흙막이 구조물을 정착시키는 공법을 무엇이라 하는가?

[해답] 어스 앵커공법(earth anchor method)

112 ****

Earth anchor의 지지방법 중에서 지지방법에 따라 3가지를 쓰시오.

[해답] ① 마찰형 지지방법
② 지압형 지지방법
③ 복합형 지지방법

92 ③, 93 ②, 94 ④, 95 ④, 00 ④

113 ****

가설흙막이의 지지, 옹벽의 전도방지, 산사태의 방지 등으로 사용되는 earth anchor의 주요 구성요소를 3가지 쓰시오.

[해답] ① 앵커체   ② 인장부   ③ 앵커두부

99 ③, 01 ①, 06 ③, 21 ①③

114

구조물과 지반을 결합시키기 위해 설치되는 앵커(anchor)는 힘의 전달경로를 기준으로 3가지 구성요소로 나누어서 생각할 수 있다. 3가지 구성요소를 쓰시오.

[해답] ① 앵커체   ② 인장부   ③ 앵커두부

05 ①

115 *

anchor된 널말뚝의 설계는 free earth support와 fixed earth support 두 가지 방법으로 구분하는 데 근본적으로 무엇에 의한 구분인가?

[해답] 근입깊이

93 ①, 95 ①

✱ 참고
앵커된 널말뚝
(anchored sheet pile)
① 자유단 지지법 : 최소 근입장법
② 고정단 지지법 : 널말뚝의 하단이 고정되어 회전할 수 없다고 가정한다.

116

널말뚝은 접안구조물이나 버팀대로 바친 토류벽에 많이 이용되는 구조물이다. 이 널말뚝은 재질에 따라 나무 널말뚝, 프리캐스트 콘크리트 널말뚝, 강 널말뚝 등이 있고 토질조건에 따라 크게 두 가지 타입으로 시공되고 있다. 이 두 가지를 쓰시오.

[해답] ① 캔틸레버식 널말뚝
② 앵커된 널말뚝

92 ③

117 ★★   96③, 98③, 02③

Anchor식 널말뚝의 anchor 효과가 캔틸레버식 널말뚝에 비해 널말뚝 자체에 어떠한 경제적 효과가 있는지 2가지를 쓰시오.

해답
① 널말뚝의 소요 근입깊이를 최소화할 수 있다.
② 널말뚝의 단면적과 중량을 감소시킨다.

118 ★★   95③, 00③, 03③

다음의 그림에서 점토지반에 설치된 earth anchor(tie backs)의 극한저항을 구하시오. (단, 점착전단저항은 c의 2/3를 취한다.)

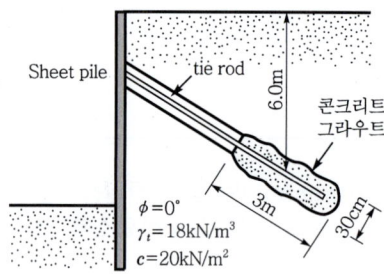

해답
$P_u = \pi dl\, C_a = \pi dl \cdot \dfrac{2}{3} c$
$\quad = \pi \times 0.3 \times 3 \times \left(\dfrac{2}{3} \times 20\right) = 37.7\,\text{kN}$

119 ★   92④, 96③, 01②, 04①, 21③, 22③

다음의 그림에서 모래층에 설치한 earth anchor(=tie backs)의 극한저항은? (단, 콘크리트 그라우팅은 일정한 압력하에서 시공되었으므로 정지토압계수 상태 K_0로 본다. $K_0 = 1-\sin\phi$ 이용)

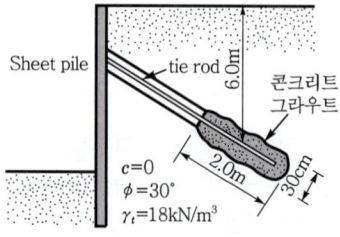

해답
$P_u = \pi dl\, \overline{\sigma}\, K_0 \tan\phi$
$\quad = \pi dl\, \overline{\sigma}\,(1-\sin\phi)\tan\phi$
$\quad = \pi \times 0.3 \times 2 \times (18 \times 6) \times (1-\sin 30°) \times \tan 30° = 58.77\,\text{kN}$

120

다음 그림과 같은 사질토에 설치된 앵커의 극한저항력을 구하시오.

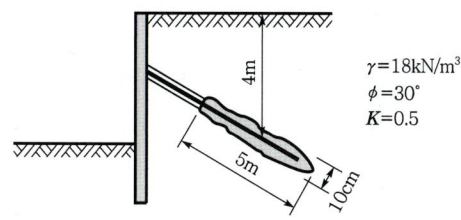

[해답]
$$P_u = \pi dl\overline{\sigma}K_0 \tan\phi$$
$$= \pi \times 0.1 \times 5 \times (18 \times 4) \times 0.5 \times \tan 30° = 32.65\,\text{kN}$$

121 ★

다음 지반조건으로 지반굴착을 할 경우 이에 설치한 지반앵커(ground anchor)의 정착장(L)을 구하시오. (단, 안전율은 1.5 적용)

[조건]
- 앵커반력 : 250kN
- 정착부의 주면마찰저항 : 0.2MPa
- 천공직경 : 10cm
- 설치각도 : 수평과 30°
- H-pile 설치간격(앵커 설치간격) : 1.5m

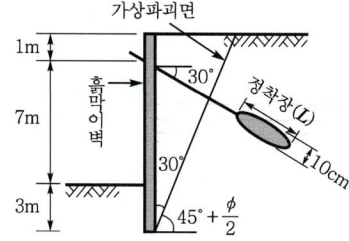

[해답]
① 앵커축력
$$T = \frac{Pa}{\cos\alpha} = \frac{250 \times 1.5}{\cos 30°} = 433.01\,\text{kN}$$

② 정착장
$$L = \frac{TF_s}{\pi D\tau} = \frac{433.01 \times 1.5}{\pi \times 0.1 \times 200} = 10.34\,\text{m}$$

122

흙의 성질을 보완하기 위하여 흙 속에 흙과는 성질이 다른 아연도금강, 강섬유(steel fiber) 등의 재료를 매립하여 성토 자중이나 외력에 대한 안정성을 갖도록 하는 흙막이공법은?

[해답] 보강토공법

123

그림과 같은 널말뚝이 앵커에 의해 지지되어 있다. 자유단 지지법에 의하여 산정된 널말뚝의 깊이 d는 약 몇 m인가? (단, 수동토압에 대한 안전율을 $S=2$라 가정하고, 지반은 지하수위와 관계없이 $\phi'=30°$인 모래지반으로 이루어져 있다.)

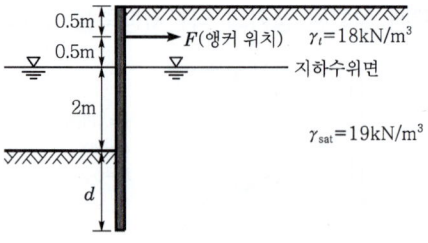

[해답] (1) 토압계수

① $K_a = \tan^2\left(45° - \dfrac{\phi}{2}\right) = \tan^2\left(45° - \dfrac{30°}{3}\right) = \dfrac{1}{3}$

② $K_P = \tan^2\left(45° + \dfrac{\phi}{2}\right) = \tan^2\left(45° + \dfrac{30°}{3}\right) = 3$

(2) 토압

① $P_{a1} = \dfrac{1}{2}\gamma_t h_1^2 K_a$
$= \dfrac{1}{2} \times 18 \times 1^2 \times \dfrac{1}{3} = 3\,\text{kN/m}$

② $P_{a2} = \gamma_t h_1 h_2 K_a = \gamma_t h_1 (2+d) K_a$
$= 18 \times 1 \times (2+d) \times \dfrac{1}{3} = 6(2+d)\,\text{kN/m}$

③ $P_{a3} = \dfrac{1}{2}\gamma_{\text{sub}} h_2^2 K_a = \dfrac{1}{2}\gamma_{\text{sub}}(2+d)^2 K_a$
$= \dfrac{1}{2} \times (19-9.8) \times (2+d)^2 \times \dfrac{1}{3} = 1.53(2+d)^2\,\text{kN/m}$

④ $P_P = \dfrac{1}{2}\gamma_{\text{sub}} d^2 K_P = \dfrac{1}{2} \times (19-9.8) \times d^2 \times 3 = 13.8 d^2\,\text{kN/m}$

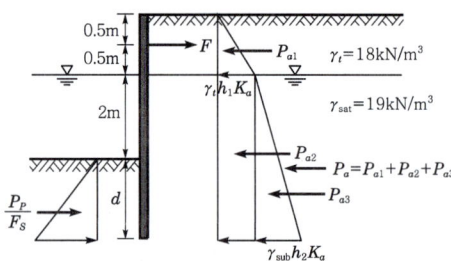

(3) $\Sigma M = 0$ (정착점에서 모멘트합이 0이다.)

$P_{a1}\left(\dfrac{2}{3} \times 1 - 0.5\right) + P_{a2}\left(0.5 + \dfrac{2+d}{2}\right) + P_{a3}\left\{0.5 + \dfrac{2}{3} \times (2+d)\right\}$
$\qquad - \dfrac{P_P}{F_S}\left(0.5 + 2 + \dfrac{2}{3} \times d\right) = 0$

식을 정리하면 $d^3 + 2.06d^2 - 8.46d - 8.3 = 0$
반복법으로 계산하면 $d ≒ 2.55\,\text{m}$

124

연약한 점토질지반을 굴착할 때 토류공 배면에 흙의 중량이 굴착면 이하 지반의 극한지지력보다 크게 되어 배면토사가 토류공의 내측을 향해서 유동하기 시작하여 이것 때문에 굴착저면이 팽창하는 현상을 무엇이라 하는가?

해답 heaving 현상

125

지하수위 아래의 지반을 흙막이공을 하여 굴착할 때, 흙막이공 내외의 수위차 때문에 침투수압이 생긴다. 더욱 침투수압이 커지면 지하수와 함께 토사가 분출하여 굴착저면이 마치 물이 끓는 상태가 되는 현상은?

해답 boiling 현상

126

흙막이공의 파괴원인 중에는 연약점토지반에서 굴착면의 팽출로 인한 (①) 현상과 연약 사질토지반에서 굴착면에 침투수류가 용출하여 급격히 지반파괴가 생기는 (②) 현상이 있다. 이때 ( ) 안에 알맞은 것은?

해답
① heaving
② piping

127 ★

다음과 같은 그림에서 말뚝 하단의 활동면에 대한 히빙현상의 안전율을 구하시오.

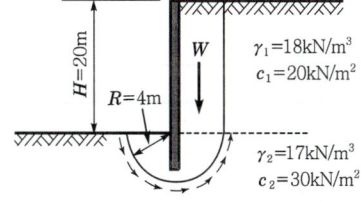

해답
① $M_d = (\gamma_1 H + q)\dfrac{R^2}{2} = (18 \times 20 + 0) \times \dfrac{4^2}{2} = 2,880\,\text{kN}\cdot\text{m}$

② $M_r = c_1 HR + c_2 \pi R^2 = 20 \times 20 \times 4 + 30 \times \pi \times 4^2 = 3,107.96\,\text{kN}\cdot\text{m}$

③ $F_s = \dfrac{M_r}{M_d} = \dfrac{3,107.96}{2,880} = 1.08$

128 ★★

히빙(Heaving)에 대한 아래의 물음에 답하시오.

(1) 오른쪽 그림과 같은 점성토 지반에서 말뚝의 하단을 통하는 활동면에 대한 히빙의 안전율을 구하시오.
(2) 히빙의 방지대책을 3가지만 쓰시오.

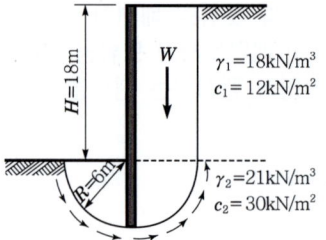

해답 (1) ① $M_d = (\gamma_1 H + q)\dfrac{R^2}{2}$

$= (18 \times 18 + 0) \times \dfrac{6^2}{2} = 5,832 \text{kN} \cdot \text{m}$

② $M_r = c_1 HR + c_2 \pi R^2 = 12 \times 18 \times 6 + 30 \times \pi \times 6^2$

$= 4,688.92 \text{kN} \cdot \text{m}$

③ $F_s = \dfrac{M_r}{M_d} = \dfrac{4,688.92}{5,832} = 0.8$

(2) ① 표토를 제거하여 하중을 적게 한다.
② 흙막이의 근입깊이를 깊게 한다.
③ 양질의 재료로 지반개량을 한다.
④ 굴착면에 하중을 가한다.
⑤ earth anchor를 설치한다.

129 ★

그림과 같이 시공되어 있는 널말뚝에서 히빙에 대한 안전검토를 하시오. (단, 안전율 $F = 1.2$이다.)

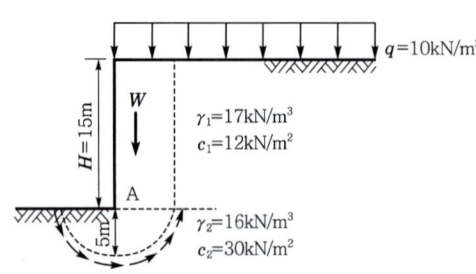

[해답] ① $M_d = (\gamma_1 H + q)\dfrac{R^2}{2} = (17 \times 15 + 10) \times \dfrac{5^2}{2} = 3312.5 \text{kN} \cdot \text{m}$

② $M_r = c_1 HR + c_2 \pi R^2 = 12 \times 15 \times 5 + 30 \times \pi \times 5^2 = 3256.19 \text{kN} \cdot \text{m}$

③ $F_s = \dfrac{M_r}{M_d} = \dfrac{3256.12}{3312.5} = 0.98 < 1.2$

∴ heaving의 우려가 있다.

130 ★★★★

92 ④, 96 ③, 97 ③, 03 ②, 08 ③

heaving이 발생할 우려가 있는 지반의 대책을 3가지만 쓰시오.

[해답] ① 표토를 제거하여 하중을 적게 한다.
② 흙막이의 근입깊이를 깊게 한다.
③ 양질의 재료로 지반개량을 한다.
④ 굴착면에 하중을 가한다.
⑤ earth anchor를 설치한다.

131 ★★

04 ①, 13 ③, 21 ③

히빙의 정의와 방지대책을 2가지만 쓰시오.

(1) 히빙의 정의를 간단하게 쓰시오.
(2) 히빙의 방지대책을 2가지만 쓰시오.

[해답] (1) 연약한 점토지반의 굴착 시 흙막이벽 전·후의 흙의 중량차이 때문에 굴착저면이 부풀어오르는 현상

(2) ① 표토를 제거하여 하중을 적게 한다.
② 흙막이의 근입깊이를 깊게 한다.
③ earth anchor를 설치한다.

132 ★

03 ②, 18 ③

모래지반에서 지하수위 이하를 굴착할 때 흙막이공의 기초깊이에 비해서 배면의 수위가 너무 높으면 굴착저면의 모래입자가 지하수와 더불어 분출하여 굴착저면이 마치 물이 끓는 상태와 같이 되는 현상을 보일링 또는 퀵샌드(quick sand)라 하는데 이러한 보일링 현상을 방지하기 위한 대책 3가지를 쓰시오.

[해답] ① 흙막이의 근입깊이를 깊게 한다.
② 지하수위를 저하시킨다.
③ 굴착저면을 고결시킨다.

133

분사현상의 진전으로 물막이나 흙댐의 하부에 침윤세굴(piping) 현상이 일어나서 구조물의 안전에 영향을 줄 수 있다. 침윤세굴현상에 대한 대책을 3가지만 쓰시오.

[해답] ① 흙막이의 근입깊이를 깊게 한다.
② 모래를 조밀하게 다진다.
③ 굴착저면을 고결시킨다.(grouting, 약액주입)
④ 지하수위를 저하시킨다.
⑤ 상·하류의 수위차를 줄인다.

05 ①

134

모래지반에서 지하수위 이하를 굴착할 때 흙막이공의 기초깊이에 비해서 배면의 수위가 너무 높으면 굴착저면의 모래입자가 지하수와 더불어 분출하여 굴착저면이 마치 물이 끓는 상태와 같이 되는 현상을 무엇이라고 하며 이 현상을 방지하기 위한 대책 2가지를 쓰시오.

(1) 명칭 :
(2) 방지 대책 2가지를 쓰시오.

[해답] (1) boiling 현상
(2) ① 흙막이의 근입깊이를 깊게 한다.
② 지하수위를 저하시킨다.
③ 굴착저면을 고결시킨다.

20 ①

135 ★★★★

그림에서와 같이 강널말뚝(steel sheet pile)으로 지지된 모래지반의 굴착에서 지하수의 분출로 인하여 예상되는 파이핑(piping)에 대한 안전율을 계산하시오. (단, 모래층의 포화단위중량은 $17kN/m^3$이고, 입자의 비중은 2.65임.)

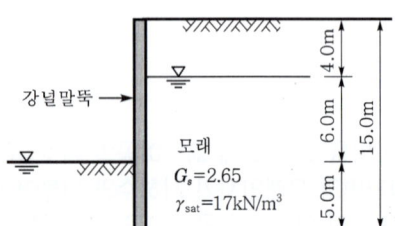

96 ⑤, 99 ③, 00 ⑤, 03 ②, 05 ②, 08 ②, 10 ①, 13 ②, 16 ③, 18 ③

[해답] $F_s = \dfrac{i_c}{i} = \dfrac{\dfrac{\gamma_{sub}}{\gamma_w}}{\dfrac{h}{L}} = \dfrac{\dfrac{7.2}{9.8}}{\dfrac{6}{6+5+5}} = 1.96$

❋ 참고
F_s는 1.2~1.5이면 좋다.

136 ***

그림에서와 같이 강널말뚝으로 지지된 모래지반의 굴착에서 지하수의 분출로 인하여 예상되는 파이핑에 대한 안전율을 2.0으로 할 때 근입심도(D)를 결정하시오. (단, 모래층의 포화단위중량은 $17kN/m^3$이고, 입자의 비중은 2.65이다.)

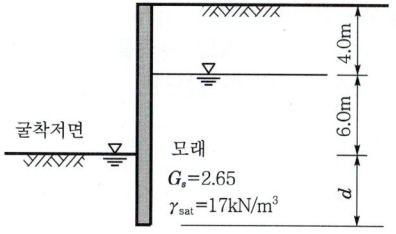

[해답]
$$F_s = \frac{i_c}{i} = \frac{\frac{G_s-1}{1+e}}{\frac{h}{L}} = \frac{\frac{\gamma_{sub}}{\gamma_w}}{\frac{h}{L}}$$

$$2 = \frac{\frac{7.2}{9.8}}{\frac{6}{6+2d}} \quad \therefore d = 5.17m$$

137 **

그림과 같은 널말뚝을 모래지반에 타입하고 지하수위 이하를 굴착할 때의 boiling을 검토하시오.

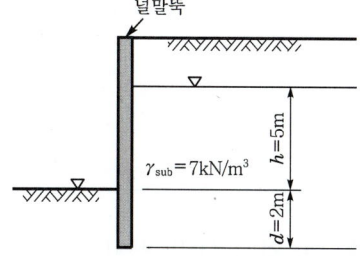

[해답]
$$F_s = \frac{i_c}{i} = \frac{\frac{\gamma_{sub}}{\gamma_w}}{\frac{h}{L}} = \frac{\frac{7}{9.8}}{\frac{5}{5+2+2}} = 1.29 > 1.2$$

∴ boiling에 안전하다.

138 ★★

분사현상에 대한 한계동수구배(critical hydraulic gradient)를 보통 1.0으로 보는 경우가 있다. 이것은 대략 모래의 공극률(간극률)을 얼마 정도로 간주하는 것인가? (단, 흙의 비중은 타당한 값으로 가정하시오.)

[해답]
① $i_c = \dfrac{G_s - 1}{1+e} = 1$ 에서

$G_s = 2.65$로 가정하면

$\dfrac{2.65-1}{1+e} = 1$ ∴ $e = 0.65$

② $n = \dfrac{e}{1+e} \times 100 = \dfrac{0.65}{1+0.65} \times 100 = 39.39\%$

92 ②, 95 ①, 97 ③

139

다음 그림에서 piping 대책으로 가장 적당한 것은?

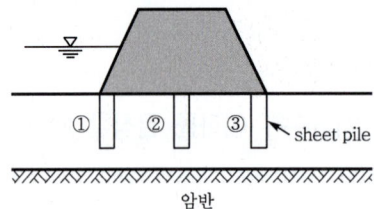

[해답] ①

95 ⑤

※ 참고
①의 대책공법
㉠ sheet pile의 근입깊이를 깊게 한다.
㉡ 강성을 크게 한다.
㉢ 수밀성을 유지한다.

140 ★★

흙막이공의 흙막이벽 근입깊이 계산 시 가장 중요한 것 3가지만 쓰시오.

[해답]
① (점토지반의) heaving에 대한 안정
② (모래지반의) piping에 대한 안정
③ 토압에 대한 안정(주동과 수동토압에 의한 토압의 균형)

93 ②, 94 ②, 02 ②, 06 ①, 07 ②, 10 ①, 20 ②

141 ★

엄지말뚝 횡널말뚝(soldier beam) 흙막이공과 강관널말뚝(steel sheet pile) 흙막이공의 특징을 비교 설명하시오.

[해답] (1) 엄지말뚝 횡널말뚝(H-pile) 흙막이공
① 개수성이다.
② 엄지말뚝의 재사용이 가능하다.

85 ③

③ 양질의 지반에 사용한다.
(2) 강관널말뚝(steel sheet pile) 흙막이공
① 차수성이다.
② 강관 재사용이 곤란하다.
③ 지반조건, 수심조건이 매우 나쁜 곳에도 사용이 가능하다.

142

지하수수위가 높은 지역에 강널말뚝(Steel Sheet Pile)을 설치하여 토류벽을 설치하고자 한다. 강널말뚝의 타입방법을 4가지만 쓰시오.

[해답] ① 유압식 압입 인발공법
② 바이브로 해머에 의한 항타공법
③ Auger 압입공법
④ Water Jet 공법

143 ★

연속날개를 붙인 오거로 소정의 깊이까지 굴착을 하고 속이 비어있는 오거 샤프트 선단에서 프리팩트 모르터를 사출하면서 오거를 끌어올려 모르터 말뚝을 만드는 주열식 지하연속벽공법인 PIP(Pact In Place) 공법의 장점 4가지만 쓰시오.

[해답] ① auger만으로 굴착하므로 소음, 진동이 없다.
② 장치가 간단하고 취급이 용이하다.
③ 연속적으로 시공하여 주열식 흙막이 지수벽으로 이용한다.
④ 지지말뚝으로 사용한다.

144

그림과 같은 엄지말뚝식 흙막이공을 "연약~중간 점토" 지반에 굴착고 H만큼 설치할 때 토압분포도(peck)를 작도하시오.

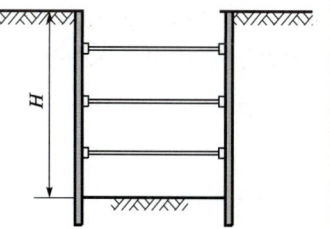

[해답]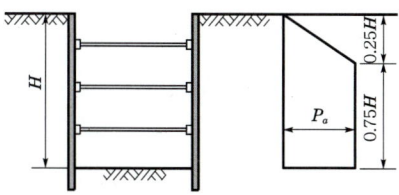

> **참고** 사질토와 점성토의 토류벽에 대한 peck의 토압분포도
> ① 모래일 때
> $$P_a = 0.65\gamma H K_a$$
> $$K_a = \tan^2\left(45° - \frac{\phi}{2}\right)$$
> ② 연약~중간 점토일 때
> $$P_a = \gamma H\left(1 - \frac{4c}{\gamma H}\right) \text{ 또는 } P_a = 0.3\gamma H \text{ 중에서 큰 값}$$
> ③ 견고한 점토일 때
> $$P_a = 0.2\gamma H \sim 0.4\gamma H \text{ (평균 } P_a = 0.3\gamma H\text{)}$$
>
>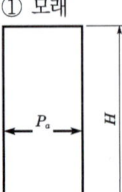
> ① 모래   ② 연약~중간 점토   ③ 견고한 점토

145 ★   96 ②, 00 ⑤

점토지반에 그림과 같이 흙막이 공을 설치하였다. 버팀대(strut)에 작용하는 힘 P_A, P_B, P_C를 간편법에 의하여 결정하시오. (단, 버팀보는 수평방향으로 2m 간격으로 설치하며, 토류벽에 작용하는 토압은 그림과 같이 peck의 수평토압분포로 가정한다.)

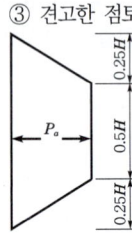

[해답]

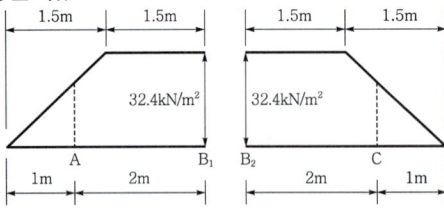

① $\Sigma M_{B1} = 0$ 에서
$$R_A \times 2 - \frac{1.5 \times 32.4}{2} \times \left(1.5 + \frac{1.5}{3}\right) - (1.5 \times 32.4) \times \frac{1.5}{2} = 0$$
$$\therefore R_A = 42.53\,\text{kN/m}$$

② $\Sigma V = 0$ 에서
$$R_A + R_{B_1} = \frac{1.5 \times 32.4}{2} + 1.5 \times 32.4 = 72.9\,\text{kN/m}$$
$$\therefore R_{B1} = 72.9 - 42.53 = 30.37\,\text{kN/m}$$

③ 대칭이기 때문에 $R_{B2} = 30.37\,\text{kN/m}$, $R_C = 42.53\,\text{kN/m}$

④ 버팀대가 받는 하중
  ㉠ $P_A = R_A \times$ 버팀대의 수평간격 $= 42.53 \times 2 = 85.06 \text{kN}$
  ㉡ $P_B = (R_{B1} + R_{B2}) \times$ 버팀대의 수평간격 $= (30.37 + 30.37) \times 2 = 121.48 \text{kN}$
  ㉢ $P_C = R_C \times$ 버팀대의 수평간격 $= 42.53 \times 2 = 85.06 \text{kN}$

146

지하철공사를 위하여 지반을 수직으로 굴착하면서 흙막이벽을 설치하고자 한다. 토질은 견고한 사질토이며, 이러한 지반에 설치한 흙막이벽에 작용하는 토압은 $0.2\gamma H$(γ : 흙의 단위중량, H : 굴착깊이)로 본다고 한다. 다음 시공자료에 따라 흙막이판의 두께를 결정하시오. (단, 소수 3째자리에서 반올림하시오.)

[조건]
- 굴착깊이 : 12m
- 엄지말뚝 순간격 : 1.8m
- 흙의 단위중량 : 18kN/m³
- 흙막이 재료, 미송(허용 휨응력) : 10MPa

[해답]
① $w = 0.2\gamma H = 0.2 \times 18 \times 12$
  $= 43.2 \text{kN/m}^2$
② $M_{\max} = \dfrac{wl^2}{8} = \dfrac{43.2 \times 1.8^2}{8}$
  $= 17.5 \text{kN} \cdot \text{m}$
③ 휨응력
  $\sigma = \dfrac{M}{I}y = \dfrac{M}{Z} = \dfrac{6M}{bh^2}$
  $10000 = \dfrac{6 \times 17.5}{1 \times h^2}$
  $\therefore h = 0.1025 \text{m} = 10.25 \text{cm}$

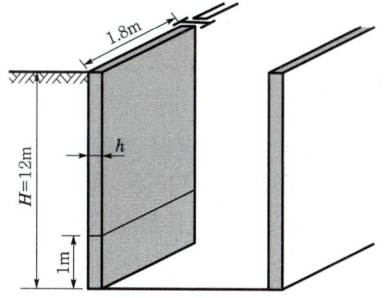

147

최근 지하철이나 지하상가 굴착 시 고압으로 가압되어진 경화제를 air jet와 함께 특수 노즐로부터 분사시켜 지반의 토립자를 교반하여 경화제와 혼합시켜 지반보강과 차수벽공사에 이용하는 무진동 무소음공법은?

[해답] JSP 공법(Jumbo Special Place pile method)

148

지반 내에 cement paste를 고압으로 분사시켜 시멘트 고결체를 형성하여 지반보강 및 차수공법으로 지하 토류구조물 공사에 이용되는 공법은?

[해답] JSP 공법(Jumbo Special Place pile method)

149 ★★

지하연속벽공법의 장점 5가지만 쓰시오.

해답
① 소음, 진동이 적다.
② 벽체의 강성(EI)가 크다.
③ 차수성이 크다.
④ 주변지반에 대한 영향이 적다.
⑤ 영구구조물로 이용할 수 있다.
⑥ 흙막이벽의 길이를 자유롭게 조절할 수 있다.

89 ①, 92 ③, 96 ①

150

진동과 소음이 적어 시가지 공사에 적합하고 벤토나이트 용액을 사용한 흙막이 공법은?

해답 지하연속벽공법

88. ②

151

도시 내 공사에서 주로 사용하는 공법으로서 주위의 지반에 진동이나 소음을 주지 않고 시공하는 흙막이공법이다. 이 원리는 벤토나이트(bentonite) 현탁액을 이용하여 지반에 구멍을 뚫고 콘크리트를 연속적으로 시행하여 일련의 벽체를 만드는 이 공법은?

해답 주열식 지하연속벽공법

85 ③

152

연속지하벽(slurry wall) 공법의 굴착 시 벽면의 안정을 유지하기 위해 트렌치(trench)에 일정 수위 이상 주입되는 안정액의 주성분은?

해답 벤토나이트(bentonite) 용액

92 ③

153

연속지하벽(slurry wall) 공법에서 벤토나이트로 채워진 트렌치(trench)에 콘크리트를 타설할 때 콘크리트와 벤토나이트 안정액이 혼합되지 않도록 어떻게 하는가?

해답 트레미관(tremie pipe) 사용

92 ③

154

벽식 지중연속벽 시공 시에 각각의 패널을 일체화시키고 패널간 이음부의 연속성 및 누수문제 등을 처리하기 위하여 패널과 패널 사이에 시공하는 파이프의 명칭을 쓰시오.

[해답] 경계관(물림관)

155 ★★

벤토나이트 안정액을 사용하여 벽면을 보호하면서 지반을 굴착하고 공내에 철근 콘크리트 벽을 구축하여 토압과 수압에 모두 견딜 수 있는 흙막이 벽의 명칭을 쓰고, 이 흙막이 벽의 장점을 3가지만 쓰시오.

(1) 이 흙막이 벽의 명칭
(2) 이 흙막이 벽의 장점 3가지

[해답] (1) slurry wall
(2) ① 소음, 진동이 작다.
② 벽체의 강성(EI)이 크다.
③ 차수성이 크다.
④ 흙막이 벽의 길이를 자유롭게 조절할 수 있다.
⑤ 주변지반의 영향이 작다.

156

slurry wall 공법의 가장 큰 단점을 3가지 쓰시오.

[해답] ① 공사비가 고가이다.
② 굴착 중 공벽의 붕괴가 우려된다.
③ bentonite 이수처리가 곤란하다.
④ smooth wall 만들기 어렵다.

157

시가지에서 지하터파기를 할 때, 주로 가설 토류벽체 배면에 고결화공법을 많이 쓴다. 이의 주목적은 무엇인지 2가지만 쓰시오.

[해답] ① 지반의 강도 증진
② 주위지반 침하방지
③ 간극수압 발생 억제

158 ★
오거(auger) 로드에 케이싱을 설치하여 굴착하고 물·시멘트비가 100% 넘는 시멘트 용액을 주입하여 현장토사와 교반 혼합하여 지수벽을 만들어 주변침하를 막는 공법으로 최근 도심지 굴착 시 인접건물의 피해(침하)를 막기 위하여 사용하는 공법은?

해답 SCW(Soil Cement Wall) 공법

159
다음은 지하연속벽의 시공공법이다. 시공순서대로 번호를 쓰시오.

① 연결부분의 거푸집 역할 및 차수 효과를 위하여 물림관(interlocking pipe, stop end tube)를 설치한다.
② 벤토나이트 안정액 속에 혼합된 부유물과 토사가 바닥에 가라앉아 퇴적된 슬라임(slime)을 제거한다.
③ 전 굴착길이를 5~6m 정도의 구간(panel)으로 나누어, 벤토나이트 안정액을 주입하면서 굴착을 한다.
④ 콘크리트 초기 경화가 이루어지면(4~5시간 후) 물림관을 인발한다.
⑤ 트레미관을 이용하여 콘크리트를 타설하고, 떠올라오는 벤토나이트 용액은 회수한다.
⑥ 크램셸(clam shell) 굴착기로 굴착할 때 흙이 무너지지 않도록 보호하는 안내벽(guide wall)을 설치한다.
⑦ 철근망을 조립하여 삽입 설치한다.

해답 ⑥ → ③ → ② → ① → ⑦ → ⑤ → ④

160 ★★
굴착공사와 병행하여 지하 영구구조물 자체를 지표면에서 가까운 부분부터 역순으로 시공하여 강성이 큰 지하층의 slab와 beam을 흙막이 지보공으로 이용하면서 지상층과의 작업을 병행할 수 있는 흙막이 지보공법은?

해답 top down 공법(역타공법)

161 ★★★
기존 구조물이 얕은 기초에 인접하고 있어 새로이 깊은 별도의 기초를 축조할 때 구 기초를 보강할 필요가 생긴다. 이 보강공법은?

해답 under pining 공법

162 ★
`96 ④, 02 ①`

역타(역권) 공법의 장점을 5가지만 쓰시오.

[해답]
① 주변 건물과 근접시공이 가능하다.
② 벽체의 깊이에 제한이 없다.
③ 지하수위와 토질조건에 관계없이 안전시공이 가능하다.
④ 지하와 지상층을 동시에 시공하므로 공기가 단축된다.
⑤ 저소음, 저진동
⑥ 저하층 슬래브를 치기 위한 거푸집 및 동바리공이 필요없다.

163 ★
`04 ①, 05 ③, 08 ①, 15. ③, 19 ①, 24 ①`

도심지 굴착공사 중 계측관리 시 아래 그림에서 ①~③에 해당되는 계측기기를 쓰시오.

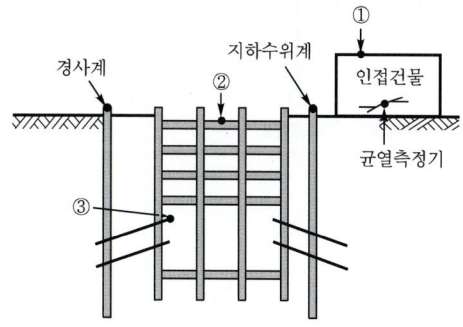

[해답]
① 건물경사계(tilt meter)
② 변형률계(strain gauge)
③ 하중계(load cell)

164 ★
`03 ①, 20 ②`

도심지에서 행해지는 지하 굴착공사에서 안전을 목적으로 하는 계측기의 종류를 5가지만 쓰시오.

[해답]
① 토압계
② 지중경사계
③ 지반수직변위계
④ 변형률계
⑤ 지하수위계

165

연약지반상에 성토한 경우 성토구조물의 변화를 관측, 측정할 수 있는 계측기기를 5가지만 쓰시오.

해답
① 층별 침하계
② 지표 침하계
③ 지중 경사계
④ 지하 수위계
⑤ 간극 수압계

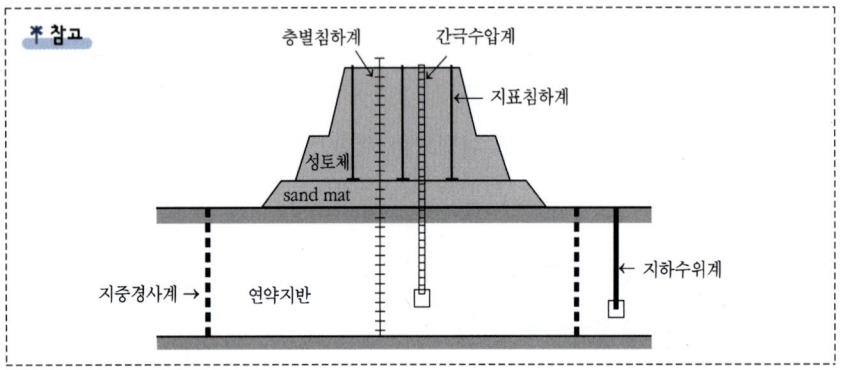

166

표준관입시험에서 얻은 N치는 현장 상황에 따라 기술자가 수정하여 N치를 설계에 이용해야 한다. 수정을 하는 3가지 큰 이유를 쓰시오.

해답
① rod 길이에 대한 수정 : 심도가 깊어지면 rod의 변형에 의한 타격에너지의 손실과 마찰때문에 해머의 효율이 저하되어 N치가 크게 나오므로 rod 길이가 15m보다 큰 경우에 대하여 수정한다.
② 토질에 대한 수정 : 포화된 미세한 실트질 모래지반에서 N치가 15 이상으로 조밀한 경우에는 샘플러의 관입 시 부의 간극수압이 발생하여 유효응력이 증가하게 되어 실제보다 N치가 크게 나타나므로 N치가 15 이상인 경우에 토질에 대하여 수정을 한다.
③ 상재압에 의한 수정 : 모래지반의 지표면 부근에서 N치가 작게 나오므로 수정한다.

167 ★

물로 포화된 실트질 세사의 표준관입시험 결과 $N=40$이 되었다면 수정 N값은? (단, 측정까지의 rod의 길이는 50m임.)

[해답] ① rod 길이에 대한 수정

$$N_1 = N\left(1-\frac{x}{200}\right) = 40 \times \left(1-\frac{50}{200}\right) = 30$$

② 토질에 의한 수정

$$N_2 = 15 + \frac{1}{2}(N_1 - 15)$$

$$= 15 + \frac{1}{2} \times (30-15) = 22.5 = 23$$

168

길이 35m 위치에서 가는 포화된 실트(silt)질 지반의 N치 측정결과 $N=33$이었다. 수정 N치는?

[해답] ① rod 길이에 대한 수정

$$N_1 = N\left(1-\frac{x}{200}\right)$$

$$= 33 \times \left(1-\frac{35}{200}\right) = 27.23$$

② 토질에 의한 수정

$$N_2 = 15 + \frac{1}{2}(N_1 - 15)$$

$$= 15 + \frac{1}{2} \times (27.23-15) = 21.12 = 21$$

169

표준관입시험 시 해머의 타격으로 인해 driving rod에 전달된 에너지가 이론적 에너지의 52%로 측정되었다. 동일한 장비로 측정한 N치가 15이었을 때 이론적 에너지의 60%에 해당하는 에너지로 환산한 N치(N_{60})를 계산하시오.

[해답]
$$N_{52} : N_{60} = \frac{1}{E_{52}} : \frac{1}{E_{60}}$$

$$15 : N_{60} = \frac{1}{52} : \frac{1}{60}$$

$$\therefore N_{60} = 13$$

※ 참고
국제표준 N_{60}의 설계
SPT의 N치는 driving rod에 전달된 에너지비에 반비례한다.

170

다음 그림은 사질토에 대한 시추주상도이다. 깊이 3m, 6m, 9m에서의 N값을 유효 상재압의 크기에 따라 수정한 값을 구하시오. (단, 수정공식 $N' = \dfrac{3.12}{\sqrt{\sigma_v'}} N$를 사용할 것)

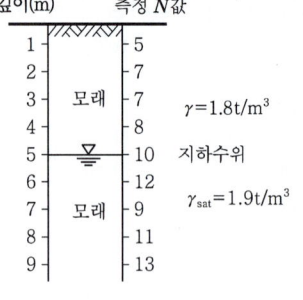

(1) 깊이 3m
(2) 깊이 6m
(3) 깊이 9m

[해답] (1) 깊이 3m
① $\sigma_v' = \gamma_t h = 1.8 \times 3 = 5.4 \text{t/m}^2$
② $N' = \dfrac{3.12}{\sqrt{\sigma_v'}} N = \dfrac{3.12}{\sqrt{5.4}} \times 7 = 9.4 = 9$회

(2) 깊이 6m
① $\sigma_v' = \gamma_t h_1 + \gamma_{\text{sub}} h_2$
$= 1.8 \times 5 + (1.9 - 1) \times 1 = 9.9 \text{t/m}^2$
② $N' = \dfrac{3.12}{\sqrt{\sigma_v'}} N = \dfrac{3.12}{\sqrt{9.9}} \times 12 = 11.9 = 12$회

(3) 깊이 9m
① $\sigma_v' = \gamma_t h_1 + \gamma_{\text{sub}} h_2$
$= 1.8 \times 5 + (1.9 - 1) \times 4 = 12.6 \text{t/m}^2$
② $N' = \dfrac{3.12}{\sqrt{\sigma_v'}} N = \dfrac{3.12}{\sqrt{12.6}} \times 13 = 11.4 = 11$회

171 ★★★★

모래지반에서 N치로 직·간접으로 구할 수 있는 토질정수를 4가지만 쓰시오.

[해답] ① 내부마찰각(ϕ) ② 상대밀도(D_r)
③ 지지력계수 ④ 탄성계수

172 ★

사질토지반에서 표준관입시험(S.P.T)의 결과로 측정된 N치로 추정되는 사항을 4가지만 쓰시오.

[해답] ① 내부마찰각(ϕ) ② 상대밀도(D_r)
③ 지지력계수 ④ 탄성계수

173 ★★

점성토지반에서 표준관입시험 결과치(N)로 판정, 추정할 수 있는 사항을 4가지만 기술하시오.

[해답]
① 컨시스턴시(consistancy)
② 일축압축강도(q_u)
③ 점착력(c)
④ 파괴에 대한 극한지지력 또는 허용지지력

> ※ **참고** N치로 직접 추정되는 사항
>
> | 구 분 | 판별, 추정사항 |
> |---|---|
> | 모래지반 | • 상대밀도 • 내부마찰각 • 지지력계수
• 침하량에 대한 허용지지력 • 탄성계수 |
> | 점토지반 | • 컨시스턴시 • 일축압축강도 • 점착력
• 극한 또는 허용지지력 |
>
> **(1) 모래지반**
> ① $\phi = \sqrt{12N} + 15 \sim 20$
> ② 사질토에서의 N값과 탄성계수 E_s의 관계
>
> | 흙 | E_s/N |
> |---|---|
> | 실트, 모래질 실트 | 4 |
> | 가늘거나 약간 굵은 모래 | 7 |
> | 굵은 모래 | 10 |
> | 모래질 자갈, 자갈 | 12~15 |
>
> **(2) 점토지반**
> $$R_u = 40NA_p + \frac{1}{5}\overline{N_s}A_s + \frac{1}{2}\overline{N_c}A_c$$

174

보링과 병행하여 표준관입시험을 실시함에 있어서 N치를 정확하게 구하기 위하여 필요한 유의사항을 요약하여 3가지를 쓰시오.

[해답]
① rod 길이에 대한 수정을 한다.
② $N > 15$일 때 토질에 의한 수정을 한다.
③ 모래지반의 지표면 부근에서는 상재압에 의한 수정을 한다.

175

다음 그림과 같은 sampler로 채취하는 시료의 교란여부를 평가하시오.

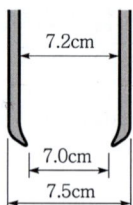

해답 $A_r = \dfrac{D_w^2 - D_e^2}{D_e^2} \times 100 = \dfrac{7.5^2 - 7^2}{7^2} \times 100 = 14.8 > 10\%$

∴ 교란시료이다.

> **참고**
> $A_r < 10\%$이면 불교란시료이다.

`05 ①`

176 ★★★★

표준관입시험(SPT)기의 split-spoon sampler의 외경이 50.8mm, 내경이 34.93mm이다. 면적비(A_r)를 구하고, 왜 이 SPT 시료를 교란된 시료로 간주하는지 설명하시오.

해답
① $A_r = \dfrac{D_w^2 - D_e^2}{D_e^2} \times 100 = \dfrac{50.8^2 - 34.93^2}{34.93^2} \times 100 = 111.51\%$

② $A_r = 111.51 > 10\%$이면 sampler의 삽입시 여잉토가 혼입되기 때문에 교란된 시료가 된다.

`94 ①④, 06 ②, 19 ②, 23 ①`

177 ★

표준관입시험의 N치가 33일 때, 현장에서 채취한 모래는 입자가 둥글며, 균등계수가 7이고 곡률계수가 2이었다. Dunham의 식을 이용하여 이 모래의 내부마찰각을 추정하시오.

해답 $\phi = \sqrt{12N} + 20$
$= \sqrt{12 \times 33} + 20 = 39.9°$

> **참고**
> 모래일 때 $C_u > 6$, $C_g = 1 \sim 3$이면 양립도이다. 입자가 둥글고, 양립도이면 $\phi = \sqrt{12N} + 20$

`01 ②, 03 ②`

178 ★★

어떤 모래에 대한 토질시험 결과가 아래의 표와 같을 때 Dunham의 식을 이용하여 이 모래의 내부마찰각을 추정하시오. (단, 모래의 입자는 둥글다.)

시험결과
- 표준관입시험의 N값 : 35
- 입도시험결과 : $D_{10} = 0.08$mm, $D_{30} = 0.12$mm, $D_{60} = 0.14$mm

`16 ①, 24 ②`

해답 ① $C_u = \dfrac{D_{60}}{D_{10}} = \dfrac{0.14}{0.08} = 1.75 < 6$

$C_g = \dfrac{D_{30}^2}{D_{10}D_{60}} = \dfrac{0.12^2}{0.08 \times 0.14} = 1.29 = 1 \sim 3$ 이므로 빈립도이다.

② $\phi = \sqrt{12N} + 15 = \sqrt{12 \times 35} + 15 = 35.49°$

179 ★★

표준관입시험의 N치가 35일 때, 현장에서 채취한 모래는 입자가 모나고, 균등계수 $C_u = 7$, 곡률계수 $C_g = 2$이었다. Dunham의 식을 이용하여 이 모래의 내부마찰각을 추정하시오.

해답 $\phi = \sqrt{12N} + 25 = \sqrt{12 \times 35} + 25 = 45.49°$

참고
입자가 모나고 양립도이면
$\phi = \sqrt{12N} + 25$

180 ★★★

표준관입시험의 N치가 35이고 현장에서 채취한 모래는 입자가 둥글고 균등계수가 5이고 곡률계수가 5이었다. Dunham의 식을 이용하여 이 모래의 내부마찰각을 추정하시오.

해답 $\phi = \sqrt{12N} + 15 = \sqrt{12 \times 35} + 15 = 35.49°$

181

다음 ( ) 안에 알맞은 말을 넣으시오.

> 모래(砂)지반의 N치와 상대밀도, 내부마찰각과의 관계는 Terzaghi, Peck, (①), Dunham 및 (②)씨 등에 의하여 구하였으나 세계에 보급하였다.

해답 ① Meyerhof
② 오자끼

참고
① Terzaghi-peck 공식
$q_u = \dfrac{N}{8}$ (kg/cm²)
② Peck 공식
$\phi = 0.3N + 27$
③ Dunham 공식
$\phi = \sqrt{12N} + (15 \sim 25)$
④ 오자끼 공식
$\phi = \sqrt{20N} + 15$
⑤ Meyerhof 공식
$D_r = 21\sqrt{\dfrac{N}{\sigma_v' + 0.7}}$ (%)

182

연약지반, 점토지반의 전단강도를 지반의 원위치에서 시험하는 현장시험방법 중 대표적인 것은?

해답 베인 전단시험(vane shear test)

183 ★★

boring 공 내에 측정관을 넣어 내부에 유체압을 주어 공벽을 변형량과 가해진 압력과의 관계로부터 지반의 변형계수, 횡방향 지지력계수, 항복하중 등 자연 상태의 역학적 성질을 알기 위한 현장 재하시험방법은?

해답   PMT(Pressure Meter Test)

184

현장투수시험은 지층에 뚫은 우물이나 시추공 등 현장에서 직접 실시하는 투수 시험으로, 크게 양수시험과 주수시험으로 나눌 수 있다. 여기서 양수시험과 주수시험의 종류를 각각 2가지씩 쓰시오.

해답   (1) 양수시험의 종류 2가지
① 깊은 우물에 의한 방법
② 굴착정에 의한 방법
(2) 주수시험의 종류 2가지
① open-end test(개단시험)
② packer test

185 ★

횡방향 지반반력계수 K_h를 구하는 현장시험을 3가지만 쓰시오.

해답   boring공 내 수평재하시험
① PMT(Pressure Meter Test)
② DMT(Dilato Meter Test)
③ LLT(Lateral Load Test)

186 ★★

보링공으로부터의 투수를 나타내기 위한 것으로 $10kg/cm^2$의 압력으로 보링공에 송수하였을 때 공장(孔長) 1m에 대하여 매 초의 투수량을 리터수로 표시하고 보통 10분간의 시험평균치를 취하고 투수계수의 측정이 곤란할 때에 쓰면 편리한 계수는?

해답   Lugeon 계수

참고
① 암의 투수성은 Lugeon 치로 표시되며 dam의 grouting 효과 확인에 이용된다.
② 1 Lugeon이란 주입압이 $10kgf/cm^2$로 투수구간 1m당 주입량이 $1l/min$로 정의된다.

187 ★

암반층에 설치된 시추공 내의 일정길이 부분을 packer에 의하여 폐색하고, 이 부분부터 압력 $10kg/cm^2$의 물을 암반층 내부에 주입시켜 이때의 단위시간당 투수량을 측정하여 암반의 투수성을 평가하기 위한 시험은?

[해답] Lugeon test(packer test)

188 ★★★★

원추형 콘 관입시험(CPT)의 일종인 piezo cone으로 측정할 수 있는 값을 3가지 쓰시오.

[해답]
① 선단 cone 저항(q_c)
② 마찰저항(f_s)
③ 간극수압(u)

189 ★

다음 물음에 답하시오.

(1) 사운딩의 정의를 간단히 쓰시오.
(2) 정적 사운딩의 종류를 3가지만 쓰시오.

[해답]
(1) Rod 선단에 설치한 저항체를 땅 속에 삽입하여 관입, 회전, 인발 등의 저항치로부터 지반의 특성을 파악하는 지반조사방법이다.
(2) ① 휴대용 원추관입시험
② 정적콘관입시험(CPT)
③ 베인시험
④ 피조콘관입시험기(CPTU)

190 ★★★

점성토지반에 사용되는 정적사운딩에 대한 시험기의 종류를 3가지만 쓰시오.

[해답]
① 휴대용 원추관입시험기
② 정적콘관입시험기(CPT)
③ 베인시험기
④ 피조콘관입시험기(CPTU)

191

지반조사를 위하여 지반흙의 시료를 채취하려고 할 때 사용되는 시료채취방법 3가지만 쓰시오.

[해답]
① split spoon sampling
② thin wall tube sampling
③ foil sampling
④ denison sampling

192 ★

신속한 지반 특성을 평가하는데 유용하게 사용되는 탐사법으로 보통 조사보다 비용이 적게 들고 해석이 복잡한 물리탐사법을 3가지만 쓰시오.

[해답] ① 탄성파 탐사법   ② 전기 탐사법   ③ 방사능 탐사법

193 ★

기초지반의 물리적 탐사는 지반의 물리적 성질의 차이를 측정 비교하여 지반을 분류하여 지하 지질구조를 알고자 하는 수단으로 물리적 탐사법을 시행하고 있다. 이 탐사법의 종류명을 5가지만 쓰시오.

[해답]
① 탄성파 탐사법   ② 전기 비저항 탐사법(전기 탐사법)
③ 방사능 탐사법   ④ 음파 탐사법
⑤ 시추공 탐사법   ⑥ 지하전자기파 탐사법(GPR 탐사법)

194 ★★

어느 암반 지층에서 core를 채취하여 탄성파시험을 한 결과 압축파(P파)의 속도가 3500m/sec로 측정되었다. 암반의 단위중량이 2.3t/m^3이라 할 때 암반의 탄성계수(E)를 구하시오.

[해답]
$$V = \sqrt{\dfrac{E}{\left(\dfrac{\gamma}{g}\right)}}$$

$$3500 = \sqrt{\dfrac{E}{\left(\dfrac{2.3}{9.8}\right)}}$$

$$\therefore E = 2{,}875{,}000 \text{t/m}^2$$

※ 참고
① 탄성파 굴절탐사(seismic refraction survey) P파의 속도

$$V = \sqrt{\dfrac{E}{\left(\dfrac{\gamma}{g}\right)}} \cdot \sqrt{\dfrac{(1-\mu)}{(1-2\mu)(1+\mu)}}$$

여기서, E : 탄성계수
γ : 암반의 단위중량
g : 중력가속도
μ : 푸아송 비

② 암반의 단위중량이 kN/m^3이면 탄성계수의 단위는 kN/m^2이다.

195

암석과 같은 탄성체에 급격한 충격을 가하면 그 충격은 일종의 굴절파 또는 반사파가 되어 주위의 매질에 전파되어 지하지질 구조와 특히 대수층의 역할을 하는 암석 내의 파쇄대나 단층과 같은 구조를 탐사하는 조사방법은?

해답 탄성파 탐사법

196 ★

수평 길이 L의 간격으로 땅속에 굴착된 두 개의 홀에 어느 하나의 시추공의 바닥에서 충격막대에 의해 연직충격을 발생시켜 연직으로 민감한 트랜스 듀서에 의해 전단파를 기록할 수 있는 지구물리학적인 지반조사 방법은?

해답 cross hole test(크로스 홀 탄성파 탐사법)

197 ★★

전체심도 5m의 시추작업을 통해 획득한 6개의 암석코어의 길이는 아래와 같고 풍화토 시료도 함께 산출되었다. 시추대상 암반에 대한 코어회수율을 구하시오.

> 145cm, 35cm, 120cm, 50cm, 45cm, 95cm

해답
$$회수율 = \frac{회수된\ 암석의\ 길이}{암석\ 코어의\ 이론상의\ 길이} \times 100$$
$$= \frac{145+35+120+50+45+95}{500} \times 100 = 98\%$$

198

암질의 평가기준으로 RQD(Rock Quality Designation)를 사용하는 경우가 많다. 계산방법을 설명하시오. 그리고 불량한 암질의 RQD 값은 대략 얼마 이하인가?

해답
① 암질지수(RQD ; Rock Quality Designation)
$$RQD = \frac{10cm\ 이상으로\ 회수된\ 암석조각들의\ 길이의\ 합}{암석\ 코어의\ 이론상의\ 길이} \times 100$$
② RQD = 25~50%

참고 RQD와 현장 암질과의 관계

RQD(%)	암 질
0~25	매우 불량
25~50	불량
50~75	보통
75~90	양호
90~100	우수

199

RQD의 공식과 RQD가 보통일 때의 판정범위를 기술하시오.

해답
① RQD= $\dfrac{10\text{cm 이상으로 회수된 암석조각들의 길이의 합}}{\text{암석 코어의 이론상의 길이}} \times 100$

② RQD=50~75%

200 ★★

지반조사 시추현장에서 다음과 같은 크기의 암석시료를 코어 채취기로부터 채취하였다. 회수율과 암질(RQD)의 값을 구하시오. (단, 굴착된 암석의 코어 배럴 진행길이는 2.0m이다.)

[회수 코어표]

코어 번호	1	2	3	4	5	6	7	8	9
코어 크기	10.5	16.5	6.0	8.5	3.9	18.0	20.5	3.0	5.5
개 수	1	2	1	1	1	1	2	1	2

해답
① 회수율= $\dfrac{10.5+16.5\times 2+6+8.5+3.9+18+20.5\times 2+3+5.5\times 2}{200} \times 100$

  =67.45%

② RQD= $\dfrac{10.5+16.5\times 2+18+20.5\times 2}{200} \times 100 = 51.25\%$

201 ★★★★

기초 암반을 조사하기 위해 길이 1m의 암석 core를 채취하여 추출한 암편의 길이를 측정하였더니 다음 그림과 같았다. 기초 암반의 RQD와 회수율을 산정하고 RQD로부터 암질을 판정하시오. (단, 암질은 '우수', '양호', '보통', '불량', '매우 불량'으로 표시)

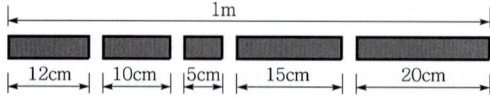

해답
① RQD= $\dfrac{12+10+15+20}{100} \times 100 = 57\%$

② 회수율= $\dfrac{\text{회수된 암석의 길이}}{\text{암석 코어의 이론상의 길이}} \times 100$

  = $\dfrac{12+10+5+15+20}{100} \times 100 = 62\%$

③ RQD=57%이므로 "보통"이다.

※ 참고
보통 암질의 RQD
=50~75%

202

암반의 사면파괴 형태 3가지를 쓰시오.

해답
① 평면파괴
② 쐐기파괴
③ 전도파괴
④ 원호파괴

203

암반의 사면파괴 형태가 다음 그림과 같다. 알맞은 파괴 형태를 쓰시오.

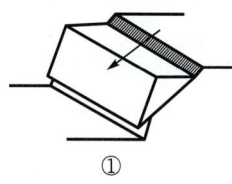 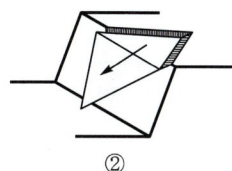 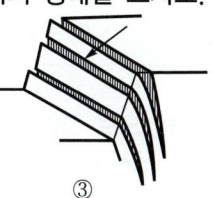

① ② ③

해답
① 평면파괴
② 쐐기파괴
③ 전도파괴

204

암반의 공학적 분류 방법 4가지를 기술하시오.

해답
① RMR 분류법
② Q 분류법
③ RQD에 의한 분류법
④ 절리의 간격에 의한 분류법
⑤ 풍화도에 의한 분류법

205 ★★

암반분류법(rock classification)의 하나인 RMR 값을 구성하는 요소 4가지만 쓰시오.

해답
① 암석의 강도
② RQD
③ 불연속면의 간격
④ 불연속면의 상태
⑤ 지하수의 상태

206

암반의 안정성은 암반 내에 발달하고 있는 불연속면(절리면)에 따라서 크게 좌우된다. 이러한 불연속면의 공학적 평가를 위한 조사항목을 3가지만 쓰시오.

해답
① 절리 방향(주향과 경사)
② 절리 간격(spacing)
③ 절리의 연속성(persistence)
④ 절리의 거칠음(roughness)
⑤ 절리 간극(aperture ; 틈새크기)
⑥ 절리 간극의 충전물(filling)

12 ②

참고
불연속면(Discontinuities in rock mass)
① 모든 암반 내에 존재하는 절리, 퇴적암에 존재하는 층리, 변성암에 존재하는 편리, 대규모 지질구조와 관련된 단층과 파쇄대 등 암반 내에 있는 연속성이 없는 면을 불연속면이라 한다.
② 불연속면에서 상대적인 이동이 없으면 절리(joint), 있으면 단층(fault)이라 한다.

207

암반 내에 발달하고 있는 불연속면으로 전이가 일어난 경우(①)와 전이가 일어나지 않는 경우(②)의 명칭을 쓰시오.

해답
① 단층(fault) ② 절리(Joint)

19 ③

208

암반 중에 천공한 보어 홀에 액체를 주입하여 압력을 상승시키고 공벽에 균열을 유도하여 현지지압을 계산하는 방법을 무엇이라 하는가?

해답 수압파쇄법(Hydraulic fracturing test)

13 ②

209

절리가 발달된 암반을 공학적으로 판단하기 위한 분류법에서 사용되는 암질변수 4가지를 쓰시오.

해답
① 암석의 강도   ② RQD
③ 불연속면의 간격   ④ 지하수의 상태

00 ②

210 ★★

암반 분류방법 중 Barton의 Q-시스템에서 Q값을 구하는 아래 식의 각 항이 의미하는 것을 쓰시오.

$$Q = \frac{\text{RQD}}{J_n} \cdot \frac{J_r}{J_a} \cdot \frac{J_w}{\text{SRF}}$$

08 ②, 11 ③, 22 ③

해답 ① $\dfrac{\text{RQD}}{J_n}$: 암반을 형성하는 block의 크기

② $\dfrac{J_r}{J_a}$: 절리의 전단강도

③ $\dfrac{J_w}{\text{SRF}}$: 암반의 응력상태

211 ★★★

00 ⑤, 04 ①, 05 ②, 11 ①, 15 ①, 17 ②, 20 ②, 23 ③

어느 암반지대에서 RQD의 평균값은 60%, 절리군의 수(J_n)는 6, 절리면 변질계수(J_a)는 2, 지하수 보정 계수(J_w)는 1, 절리면 거칠기 계수(J_r)는 2, 응력저감계수(SRF)는 1일 경우 Q값을 계산하시오.

해답 Q(Rock Mass Quality) = $\dfrac{\text{RQD}}{J_n} \cdot \dfrac{J_r}{J_a} \cdot \dfrac{J_w}{\text{SRF}} = \dfrac{60}{6} \times \dfrac{2}{2} \times \dfrac{1}{1} = 10$

> **참고** Q값에 의하여 암반의 보강방법과 보강정도를 결정할 수 있으며, 보통 Q값은 $10^{-3} \sim 10^3$ 범위에 속하며, Q값이 0.1 이하이면 암반이 매우 나쁜 상태이고, 400 이상이면 매우 좋은 상태를 나타낸다.

참고 용어설명
J_n : 절리군의 수에 관련된 변수
J_r : 절리면의 거칠기에 관련된 변수
J_a : 절리면의 변질에 관련된 변수
J_w : 지하수에 관련된 변수
RQD : 암질지수
SRF : 응력저감계수

212 ★

07 ②

Q-system에서 고려되는 평가요소 4가지를 쓰시오.

해답 ① RQD ② 불연속면의 수
③ 불연속면의 거칠기 ④ 불연속면 풍화도
⑤ 지하수 상태 ⑥ SRF

213 ★★

96 ④, 01 ②, 09 ②

암반 굴착현장에서 직접 탄성계수를 결정하는 방법을 3가지만 쓰시오.

해답 ① Jacking test(암반의 평판재하시험)
② 공내 재하시험
③ 동적 반복재하시험

214 ★★

95 ④, 01 ①, 04 ②

최근 들어 토목구조물의 안전진단 문제가 날로 심각해지고 있다. 안전진단을 위한 검사장비로 구조물이 변형될 때 발생하는 자체의 음을 이용한 안전도를 추정하는 계측장비의 이름을 쓰시오.

해답 AE(Accoustic Emission)

> **참고** 비파괴검사 시험법
> ① Schmidt hammer법 : 타설된 콘크리트의 압축강도를 비파괴로 판정하는 방법으로 콘크리트 표면의 반발경도를 측정하여 이 결과로부터 압축강도를 측정하는 방법
> ② Ultra sonics(초음파검사)법 : 인간의 귀로 들을 수 없는 영역의 고주파수를 이용하여 강도, 균열심도, 내부결함을 검사하는 방법
> ③ Accoustic Emission(AE)법 : 나무가 부러질 때 "삐걱삐걱"하는 소리가 나듯이 모든 재료는 하중에 대한 균열 등의 부분적인 파괴가 일어날 때 생기는 소리를 감지하여 균열의 변화를 검사하는 방법으로 통상 1kHz~1MHz이다.
> ④ 충격 탄성파 검사법 : 물이나 고체로 된 탄성체를 통해 전달되는 파를 총칭하여 탄성파라 하는데 이 탄성파를 인위적으로 발생하여 그것을 센서로 잡아 철근이나 공동의 위치를 추정하는 방법

215 ★

암반의 초기응력 측정방법 3가지를 쓰시오.

해답
① 응력해방법   ② 수압파쇄법
③ AE법   ④ 응력회복법

216

원통형 암석시편에 압축하중을 가하여 암석의 인장강도를 결정하는 간접 인장시험방법을 무엇이라 하며, 이때의 인장강도(σ_t) 산정식은? (단, 파괴 시 압축하중 : P, 시편직경 : D, 시편길이 : L이다.)

해답
① 압열인장시험[Brazilian test(브라질리언시험)]
② $\sigma_t = \dfrac{2P}{\pi DL}$

217 ★

예민비의 정의에 대해 기술하시오.

해답
① 불교란시료의 강도에 대한 교란시료의 강도의 비
② $S_t = \dfrac{q_u}{q_{ur}}$

218

기초지반에 요구되는 지지력 및 예상침하량은 상부구조의 각종 하중의 종류와 크기에 의해서 정해지는데 이 중에서 기초설계 시에 고려하여야 할 하중을 3가지만 쓰시오.

[해답] ① 상부구조물의 사하중과 활하중
② 기초자중
③ 기초 위의 흙무게

219

얕은 기초가 제기능을 발휘하기 위한 지반의 주된 두 가지 조건을 쓰시오.

[해답] ① 지지력에 대한 안정
② 침하량에 대한 안정

220 ★★★

기초공은 구조물의 기본이 되는 것으로 기초공의 경계 및 시공이 불완전하면 상부구조의 침하, 경사, 전도, 활동 등의 원인이 되어 심하면 구조물이 파괴되는 경우가 있다. 이와 같이 기초는 구조물 축조에 대단히 중요한 몫을 차지한다. 기초가 구비하여야 할 구조상의 요구조건 4가지만 쓰시오.

[해답] ① 최소한의 근입깊이를 가질 것 ② 안전하게 하중을 지지할 것
③ 침하가 허용치를 넘지 않을 것 ④ 시공이 가능하고 경제적일 것

221 ★★★★

구조물 안전을 위한 기초의 형식을 선정할 때, 얕은 기초의 구비조건 4가지를 쓰시오.

[해답] ① 최소한의 근입깊이를 가질 것
② 안전하게 하중을 지지할 것
③ 침하가 허용치를 넘지 않을 것
④ 시공이 가능하고 경제적일 것

222

구조물 안전을 위한 기초의 형식을 선정할 때 아래의 사항을 제외한 기초의 구비조건 3가지를 쓰시오.

> 시공이 가능하고 경제적일 것

[해답] ① 최소한의 근입깊이를 가질 것
② 안전하게 하중을 지지할 것
③ 침하가 허용치를 넘지 않을 것

223 ★★

얕은 기초의 근입깊이 결정 시 고려사항을 3가지만 쓰시오.

[해답]
① 체적변화를 일으키는 깊이
② 동결깊이
③ 지하수위
④ 지하매설물 및 인접구조의 영향

93 ①, 04 ③, 07 ③

224 ★★

얕은기초(직접기초) 지반에 하중을 가하면 그에 따라서 침하가 발생되면서 기초지반은 점진적인 파괴가 발생된다. 이때 대표적인 파괴형태 3가지를 쓰시오.

[해답] ① 전반전단파괴   ② 국부전단파괴   ③ 관입전단파괴

07 ②, 11 ③, 16 ①

225

지하수위가 지표면과 일치하는 포화된 연약 점성토층의 깊이 2m 지점에서 폭 1.2m의 연속기초를 설치하였다. 연약 점성토층의 포화단위중량은 18.5kN/m^3이며, 강도 정수 $c_u = 25 \text{kN/m}^2$, $\phi_u = 0$일 때 극한지지력을 구하시오. (단, $\phi_u = 0$일 때 $N_c = 5.14$, $N_r = 0$, $N_q = 1.00$이며, 전반전단파괴로 가정하며, Terzaghi 공식을 사용하시오.)

16 ②

[해답]
$q_u = \alpha c N_c + \beta B \gamma_1 N_r + D_f \gamma_2 N_q = 1 \times 25 \times 5.14 + 0 + 2 \times (18.5 - 9.8) \times 1$
$= 145.9 \text{kN/m}^2$

226 ★★★★

3m×3m인 정방형 기초가 있다. 점착력은 10kN/m^2이고, 흙의 단위중량이 17kN/m^3, 내부마찰각 $\phi = 20°$, 안전율이 3일 때 이 기초의 허용지지력과 허용하중을 구하시오. (단, 기초의 근입깊이는 2m이고, 지하수위는 고려하지 않는다. $N_c = 18$, $N_r = 5$, $N_q = 7.5$)

02 ①, 10 ②, 17 ③, 18 ②, 19 ③

[해답]
(1) ① $q_u = \alpha c N_c + \beta B \gamma_1 N_r + D_f \gamma_2 N_q$
    $= 1.3 \times 10 \times 18 + 0.4 \times 3 \times 17 \times 5 + 2 \times 17 \times 7.5$
    $= 591 \text{kN/m}^2$

② $q_a = \dfrac{q_u}{F_s} = \dfrac{591}{3} = 197 \text{kN/m}^2$

(2) $q_a = \dfrac{Q_{all}}{A}$ $197 = \dfrac{Q_{all}}{3 \times 3}$
    $\therefore Q_{all} = 1773 \text{kN}$

227 ★★★

3m×3m 크기의 정사각형 기초를 마찰각 $\phi=30°$, 점착력 $c=50\text{kN/m}^2$인 지반에 설치하였다. 흙의 단위중량 $\gamma=17\text{kN/m}^3$이며, 기초의 근입깊이는 2m이다. 지하수위가 지표면에서 3m 깊이에 있을 때의 허용지지력을 구하시오. (단, 지하수위 아래의 흙의 포화단위중량은 19kN/m^3이고, Terzaghi 공식을 사용하고, $\phi=30°$일 때 $N_c=36$, $N_r=19$, $N_q=22$)

[해답]
① $\gamma_1 = \gamma_{\text{sub}} + \dfrac{d}{B}(\gamma_t - \gamma_{\text{sub}})$
$= 9.2 + \dfrac{1}{3} \times (17-9.2)$
$= 11.8\text{kN/m}^3$
② $\gamma_2 = \gamma_t = 17\text{kN/m}^3$
③ $q_u = \alpha c N_c + \beta B \gamma_1 N_r + D_f \gamma_2 N_q$
$= 1.3 \times 50 \times 36 + 0.4 \times 3 \times 11.8 \times 19 + 2 \times 17 \times 22$
$= 3{,}357.04\text{kN/m}^2$
④ $q_a = \dfrac{q_u}{F_s} = \dfrac{3{,}357.04}{3} = 1{,}119.01\text{kN/m}^2$

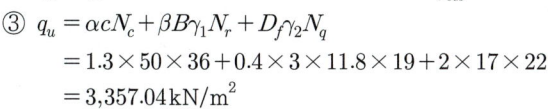

228

기초면 주위에 있는 흙에 의해 생기게 되는 압력을 제외한 것으로서 기초면 아래에 있는 흙에 의해 지지될 수 있는 단위면적당 극한지지력으로 정의되는 힘은?

[해답] 순극한지지력

229 ★★

그림과 같은 연속 기초의 지지력(q_a)을 Terzaghi(테르자기)식으로 구하시오. (단, 점착력 $c=0.01\text{MPa}$, 내부마찰각 $\phi=15°$, 물의 단위중량 $\gamma_w=9.81\text{kN/m}^3$, $N_c=6.5$, $N_q=2.7$, $N_r=1.2$이다.)

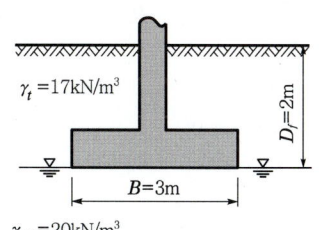

[해답]
① 연속 기초의 형상계수는 $\alpha=1.0$, $\beta=0.5$
② $\gamma_1 = \gamma_{\text{sub}} = 10.19\text{kN/m}^3$
③ $q_u = \alpha c N_c + \beta B \gamma_1 N_r + D_f \gamma_2 N_q$
$= 1 \times 10 \times 6.5 + 0.5 \times 3 \times 10.19 \times 1.2 + 2 \times 17 \times 2.7 = 175.14\text{kN/m}^2$
④ $q_a = \dfrac{q_u}{F_s} = \dfrac{175.14}{3} = 58.38\text{kN/m}^2$

참고
$c = 0.01\text{MPa} = 10\text{kN/m}^2$

230 ★

기초 폭이 1.5m×1.5m의 크기인 정방형 기초가 $\phi=20°$, $c=29\text{kN/m}^2$인 지반에 위치하고 있다. 지하수위의 영향은 없으며, 흙의 습윤단위중량 $\gamma_t=17\text{kN/m}^3$이고, 안전율이 3일 때 이 기초의 허용지지력을 구하시오. (단, 기초의 근입깊이는 1m이고, 국부전단파괴가 일어난다고 가정하고, $N_c=17.69$, $N_q=7.44$, $N_r=4.97$이다.)

[해답]
① $c' = \dfrac{2}{3}c = \dfrac{2}{3} \times 29 = 19.33\text{kN/m}^2$

② $q_u = \alpha c' N_c + \beta B \gamma_1 N_r + D_f \gamma_2 N_q$
$= 1.3 \times 19.33 \times 17.69$
$\quad + 0.4 \times 1.5 \times 17 \times 4.97$
$\quad + 1 \times 17 \times 7.44$
$= 621.71 \text{kN/m}^2$

③ $q_a = \dfrac{q_u}{F_s} = \dfrac{621.71}{3} = 207.24 \text{kN/m}^2$

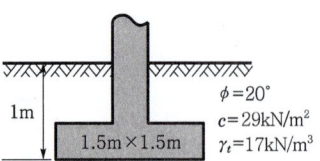

231 ★

기초의 폭(B)이 6m이고, 길이(L)가 12m인 직사각형 기초가 있다. 이 기초의 근입깊이는 3.5m이고, 지하수위는 지표로부터 1.5m 아래에 있다. 기초지반의 흙은 단위중량이 18.5kN/m³인 사질토로서 $c=6\text{kN/m}^2$, $\phi=22°$일 때 지반의 허용지지력(kN/m²)을 구하시오. (단, 물의 단위중량 $\gamma_w=9.8\text{kN/m}^3$, $\phi=22°$일 때 $N_c=21.1$, $N_r=11.6$, $N_q=13.5$이고, 안전율은 3으로 한다.)

[해답] (1) 형상계수

① $\alpha = 1 + 0.3 \dfrac{B}{L}$
$= 1 + 0.3 \times \dfrac{6}{12} = 1.15$

② $\beta = 0.5 - 0.1 \dfrac{B}{L}$
$= 0.5 - 0.1 \times \dfrac{6}{12} = 0.45$

(2) $\gamma_1 = \gamma_{\text{sub}} = 8.7 \text{kN/m}^3$

(3) $D_f \gamma_2 = D_1 \gamma_t + D_2 \gamma_{\text{sub}}$
$= 1.5 \times 18.5 + 2 \times 8.7 = 45.15 \text{kN/m}^2$

(4) $q_u = \alpha c N_c + \beta B \gamma_1 N_r + D_f \gamma_2 N_q$
$= 1.15 \times 6 \times 21.1 + 0.45 \times 6 \times 8.7 \times 11.6 + 45.15 \times 13.5$
$= 1027.6 \text{kN/m}^2$

(5) $q_a = \dfrac{q_u}{F_s} = \dfrac{1027.6}{3} = 342.53 \text{kN/m}^2$

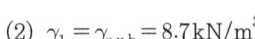

232 ★

98 ④, 05 ①, 10 ③, 13 ③, 16 ③, 21 ③

3m×3m 크기의 정사각형 기초를 마찰각 $\phi=30°$, 점착력 $c=50\text{kN/m}^2$인 지반에 설치하였다. 흙의 단위중량 $\gamma=17\text{kN/m}^3$이며, 기초의 근입깊이는 2m이다. 지하수위가 지표면에서 1m, 3m, 5m 깊이에 있을 때의 극한지지력을 각각 구하시오. (단, 지하수위 아래의 흙의 포화단위중량은 19kN/m^3이고, Terzaghi 공식을 사용하고, $\phi=30°$일 때 $N_c=36$, $N_r=19$, $N_q=22$)

(1) 지하수위가 1m 깊이에 있는 경우
(2) 지하수위가 3m 깊이에 있는 경우
(3) 지하수위가 5m 깊이에 있는 경우

[해답] (1) 지하수위가 지표면하 1m 깊이에 있을 때
① $\gamma_1 = \gamma_{sub} = 9.2\text{kN/m}^3$
② $D_f\gamma_2 = D_1\gamma_t + D_2\gamma_{sub}$
   $= 1\times17 + 1\times9.2 = 26.2\text{kN/m}^2$
③ $q_u = \alpha c N_c + \beta B \gamma_1 N_r + D_f\gamma_2 N_q$
   $= 1.3\times50\times36 + 0.4\times3\times9.2$
   $\times19 + 26.2\times22$
   $= 3,126.16\text{kN/m}^2$

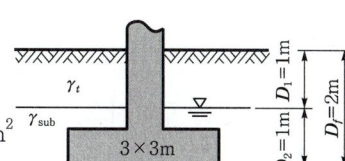

(2) 지하수위가 지표면하 3m 깊이에 있을 때
① $\gamma_1 = \gamma_{sub} + \dfrac{d}{B}(\gamma_t - \gamma_{sub})$
   $= 9.2 + \dfrac{1}{3}\times(17-9.2)$
   $= 11.8\text{kN/m}^3$
② $\gamma_2 = \gamma_t = 17\text{kN/m}^3$
③ $q_u = \alpha c N_c + \beta B \gamma_1 N_r + D_f\gamma_2 N_q$
   $= 1.3\times50\times36 + 0.4\times3\times11.8\times19$
   $+ 2\times17\times22$
   $= 3,357.04\text{kN/m}^2$

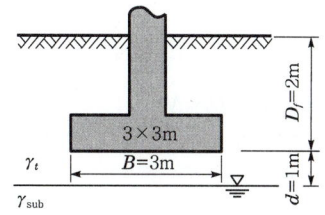

(3) 지하수위가 지표면하 5m 깊이에 있을 때
① $\gamma_1 = \gamma_2 = \gamma_t = 17\text{kN/m}^3$
② $q_u = \alpha c N_c + \beta B \gamma_1 N_r + D_f\gamma_2 N_q$
   $= 1.3\times50\times36 + 0.4\times3\times17\times19$
   $+ 2\times17\times22$
   $= 3,475.6\text{kN/m}^2$

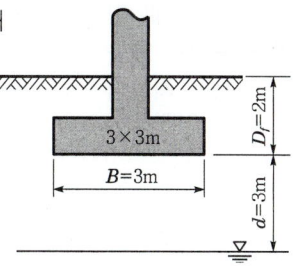

233 ★★

다음과 같은 연속 기초의 극한지지력을 테르자기(Terzaghi)식을 이용하여 ①, ②의 경우에 대해 각각 구하시오. (단, 점착력 $c=0.01\text{MPa}$, 내부마찰각 $\phi=15°$, $N_c=6.5$, $N_r=1.2$, $N_q=2.7$이며 전반전단파괴가 발생하며, 흙은 균질이다.)

① 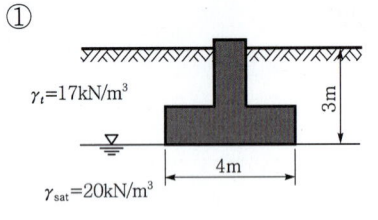 ②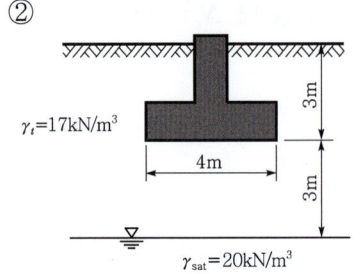

(1) ①의 경우에 대하여 극한지지력을 구하시오.
(2) ②의 경우에 대하여 극한지지력을 구하시오.

[해답] (1) $q_u = \alpha c N_c + \beta B \gamma_1 N_r + D_f \gamma_2 N_q$
  $= 1 \times 10 \times 6.5 + 0.5 \times 4 \times 10.2 \times 1.2 + 3 \times 17 \times 2.7$
  $= 227.18 \text{kN/m}^2$

(2) ① $\gamma_1 = \gamma_{sub} + \dfrac{d}{B}(\gamma_t - \gamma_{sub})$
  $= 10.2 + \dfrac{3}{4}(17 - 10.2) = 15.3 \text{kN/m}^3$

② $q_u = \alpha c N_c + \beta B \gamma_1 N_r + D_f \gamma_2 N_q$
  $= 1 \times 10 \times 6.5 + 0.5 \times 4 \times 15.3 \times 1.2 + 3 \times 17 \times 2.7$
  $= 239.42 \text{kN/m}^2$

234 ★

Terzaghi 공식을 이용하여 다음 그림과 같이 0.3m 거리에 편심하중이 작용하는 연속 기초의 허용지지력을 구하시오. (단, 지지력 계수는 $N_c=0$, $N_r=20$, $N_q=22$, 안전율=3 적용)

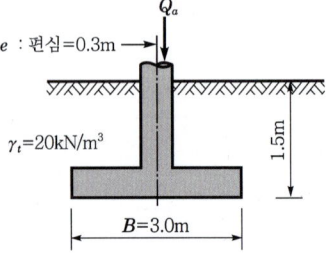

[해답] ① $B' = B - 2e = 3 - 2 \times 0.3 = 2.4\text{m}$
② $q_u = \alpha c N_c + \beta B' \gamma_1 N_r + D_f \gamma_2 N_q$
  $= 0 + 0.5 \times 2.4 \times 20 \times 20 + 1.5 \times 20 \times 22 = 1{,}140 \text{kN/m}^2$
③ $q_a = \dfrac{q_u}{F_s} = \dfrac{1{,}140}{3} = 380 \text{kN/m}^2$

235 ★

2m×2m 정방형 기초가 1.5m 깊이에 있다. 이 흙의 단위중량 $\gamma=17\text{kN/m}^3$, 점착력 $c=0$이며 $N_r=19$, $N_q=22$이다. Terzaghi 공식을 이용하여 전허용하중(Q_{all})과 순허용하중($Q_{\text{all(net)}}$)을 각각 구하시오.

[해답] (1) ① $q_u = \alpha c N_c + \beta B \gamma_1 N_r + D_f \gamma_2 N_q$
$= 0 + 0.4 \times 2 \times 17 \times 19 + 1.5 \times 17 \times 22 = 819.4 \text{kN/m}^2$

② 전허용하중
$$q_a = \frac{q_u}{F_s} = \frac{819.4}{3} = 273.13 \text{kN/m}^2$$
$$q_a = \frac{Q_{\text{all}}}{A} \quad 273.13 = \frac{Q_{\text{all}}}{2 \times 2}$$
$$\therefore Q_{\text{all}} = 1{,}092.52 \text{kN}$$

(2) 순허용하중
$$q_{a(\text{net})} = \frac{q_u - q}{F_s} = \frac{q_u - \gamma D_f}{F_s} = \frac{819.4 - 17 \times 1.5}{3} = 264.63 \text{kN/m}^2$$
$$q_{a(\text{net})} = \frac{Q_{\text{all(net)}}}{A} \quad 264.63 = \frac{Q_{\text{all(net)}}}{2 \times 2}$$
$$\therefore Q_{\text{all(net)}} = 1{,}058.52 \text{kN}$$

※ 참고

① 순극한지지력 : 기초면 주위에 있는 흙에 의해 생기는 압력을 제외한 것으로서 기초면 아래의 흙에 의해 지지될 수 있는 단위면적당의 극한지지력으로 정의된다.
$$q_{u(\text{net})} = q_u - q = q_u - \gamma \cdot D_f$$

② 순허용지지력
$$q_{a(\text{net})} = \frac{q_u - q}{F_s}$$

236 ★

그림과 같은 정방향 기초의 경우 Terzaghi의 지지력 공식을 이용하여 허용지지력과 순허용지지력을 구하시오. (단, 안전율은 3으로 하고, $N_c=17.7$, $N_r=5.0$, $N_q=7.4$이다.)

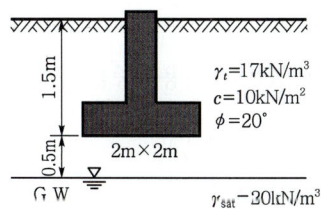

[해답] (1) ① $\gamma_1 = \gamma_{\text{sub}} + \frac{d}{B}(\gamma_t - \gamma_{\text{sub}})$
$= 10.2 + \frac{0.5}{2} \times (17 - 10.2)$
$= 11.9 \text{kN/m}^3$

② $q_u = \alpha c N_c + \beta B \gamma_1 N_r + D_f \gamma_2 N_q$
$= 1.3 \times 10 \times 17.7 + 0.4 \times 2 \times 11.9 \times 5 + 1.5 \times 17 \times 7.4$
$= 466.4 \text{kN/m}^2$

③ $q_a = \frac{q_u}{F_s} = \frac{466.4}{3} = 155.47 \text{kN/m}^2$

(2) $q_{a(\text{net})} = \frac{q_u - q}{F_s} = \frac{q_u - \gamma D_f}{F_s} = \frac{466.4 - 17 \times 1.5}{3}$
$= 146.97 \text{kN/m}^2$

237 ★★★★

1.5m×1.5m의 크기인 정방형 기초가 마찰각 $\phi=20°$, $c=1.55\text{N/cm}^2$인 지반에 위치해 있다. 흙의 단위중량 $\gamma=18.2\text{kN/m}^3$이고, 안전율이 3일 때, 기초상의 허용 전하중을 결정하시오. (단, 기초깊이는 1m이고, 전반전단파괴가 일어난다고 가정하고, $N_c=17.7$, $N_q=7.4$, $N_r=5$이다.)

[해답] ① $q_u = \alpha c N_c + \beta B \gamma_1 N_r + D_f \gamma_2 N_q$
$= 1.3 \times 15.5 \times 17.7 + 0.4 \times 1.5 \times 18.2 \times 5 + 1 \times 18.2 \times 7.4$
$= 545.94 \text{kN/m}^2$

② $q_a = \dfrac{q_u}{F_s} = \dfrac{545.94}{3} = 181.98 \text{kN/m}^2$

③ $q_a = \dfrac{Q_{\text{all}}}{A}$

$181.98 = \dfrac{Q_{\text{all}}}{1.5 \times 1.5}$ ∴ $Q_{\text{all}} = 409.46 \text{kN}$

238

$c=20\text{kN/m}^2$, $\phi=15°$, $\gamma_t=17\text{kN/m}^3$인 지반에 3.0×3.0m의 정사각형 기초가 근입깊이 2m에 놓여있고 지하수위 영향은 없다. 이때 이 정사각형 기초의 극한지지력과 총허용하중을 구하시오. (단, Terzaghi의 지지력공식을 이용하고 안전율은 3이고, $N_c=6.5$, $N_r=1.1$, $N_q=4.7$)

(1) 극한지지력을 구하시오.
(2) 기초지반이 받을 수 있는 총허용하중을 구하시오.

[해답] (1) $q_u = \alpha c N_c + \beta B \gamma_1 N_r + D_f \gamma_2 N_q$
$= 1.3 \times 20 \times 6.5 + 0.4 \times 3 \times 17 \times 1.1 + 2 \times 17 \times 4.7$
$= 351.24 \text{kN/m}^2$

(2) ① $q_a = \dfrac{q_u}{F_s} = \dfrac{351.24}{3} = 117.08 \text{kN/m}^2$

② $q_a = \dfrac{P_a}{A}$

$117.08 = \dfrac{P_a}{3 \times 3}$

∴ $P_a = 1053.72 \text{kN}$

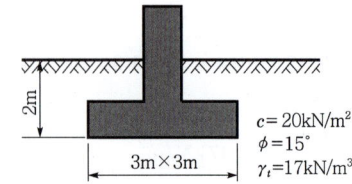

239 ★★★
> 92 ②, 96 ④, 98 ②, 02 ②

다음 그림과 같은 구형 얕은 기초에 편심이 작용하는 경우의 극한지지력 $q_u' = 500\text{kN/m}^2$이었다. 지지력파괴에 대한 안전율을 Meyerhof 방법으로 구하시오.

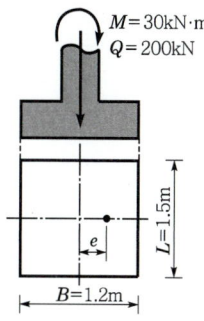

해답
(1) 편심거리
 $M = Qe$
 $30 = 200 \times e$ ∴ $e = 0.15\text{m}$
(2) 기초의 유효크기
 ① 유효폭 : $B' = B - 2e = 1.2 - 2 \times 0.15 = 0.9\text{m}$
 ② 유효길이 : $L' = L = 1.5\text{m}$
(3) 기초가 부담할 수 있는 극한하중
 $q_u' = \dfrac{Q_u}{B'L'}$
 $500 = \dfrac{Q_u}{0.9 \times 1.5}$ ∴ $Q_u = 675\text{kN}$
(4) 안전율
 $F_s = \dfrac{Q_u}{Q} = \dfrac{675}{200} = 3.38$

240 ★
> 93 ④, 98 ①

다음 그림과 같이 구형 얕은 기초에 기초 길이(L) 방향에 대한 편심이 작용하는 경우 극한지지력 $q_u' = cN_cF_{cs}F_{cd}F_{ci} + qN_qF_{qs}F_{qd}F_{qi} + \dfrac{1}{2}\gamma B'N_\gamma F_{\gamma s}F_{\gamma d}F_{\gamma i}$에서 B'를 구하시오.
(단, Meyerhof의 방법 이용)

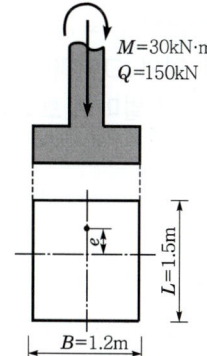

해답
① $M = Qe$
 $30 = 150 \times e$ ∴ $e = 0.2\text{m}$
② $B' = L - 2e = 1.5 - 2 \times 0.2 = 1.1\text{m}$

❋ 참고
① 유효폭
 $B' = L - 2e = 1.1\text{m}$
② 유효길이
 $L' = B = 1.2\text{m}$

241 ★★★

94 ④, 99 ④, 00 ⑤, 06 ③,
15 ①③, 18 ③, 22 ①③

다음 그림과 같이 연직하중과 모멘트를 받는 구형 기초의 극한하중과 안전율을 Terzaghi 공식을 이용하여 구하시오. (단, $N_c=37.2$, $N_q=22.5$, $N_r=19.7$ 이다.)

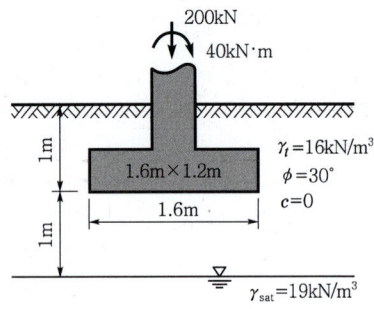

[해답] (1) 편심거리

$$M = Pe \qquad 40 = 200 \times e$$
$$\therefore e = 0.2\text{m}$$

(2) 기초의 유효크기
 ① 유효폭 : $B' = B = 1.2\text{m}$
 ② 유효길이 : $L' = L - 2e = 1.6 - 2 \times 0.2 = 1.2\text{m}$

(3) $\gamma_1 = \gamma_{sub} + \dfrac{d}{B}(\gamma_t - \gamma_{sub}) = 9.2 + \dfrac{1}{1.2} \times (16 - 9.2) = 14.87\text{kN/m}^3$

(4) $q_u' = \alpha c N_c + \beta B' \gamma_1 N_r + D_f \gamma_2 N_q$
 $= 0 + 0.4 \times 1.2 \times 14.87 \times 19.7 + 1 \times 16 \times 22.5 = 500.61\text{kN/m}^2$

(5) $q_u' = \dfrac{P_u}{B'L'} \qquad 500.61 = \dfrac{P_u}{1.2 \times 1.2}$
 $\therefore P_u = 720.88\text{kN}$

(6) $F_s = \dfrac{P_u}{P} = \dfrac{720.88}{200} = 3.6$

242

94 ①

Terzaghi의 극한지지력 공식 $q_u = \alpha c N_c + \beta B \gamma_1 N_r + D_f \gamma_2 N_q$에서 옆의 그림과 같이 지하수위가 있는 경우 γ_1은 얼마로 보아야 하는가?

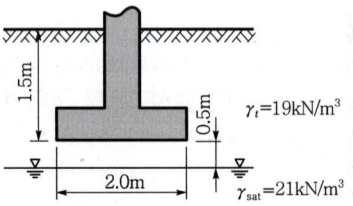

[해답] $\gamma_1 = \gamma_{sub} + \dfrac{d}{B}(\gamma_t - \gamma_{sub})$
 $= 11.2 + \dfrac{0.5}{2} \times (19 - 11.2) = 13.15\text{kN/m}^3$

243

그림과 같이 연직하중(800kN)과 모멘트(40kN·m)를 받는 정사각형 기초의 극한지지력과 안전율을 Terzaghi 공식을 이용하여 구하시오. (단, $N_c = 37.2$, $N_q = 22.5$, $N_\gamma = 19.70$이다. 기초지반은 균일한 점성토 지반으로 $\gamma_t = 16\text{kN/m}^3$, $\gamma_{sat} = 19\text{kN/m}^3$, $\phi = 30°$, $c = 0$이다.)

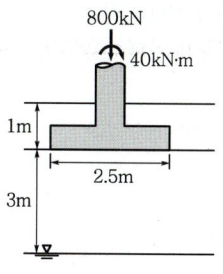

(1) 극한지지력을 구하시오.
(2) 안전율을 구하시오.

[해답] (1) ① 편심거리
  $M = Pe$ $40 = 800 \times e$ ∴ $e = 0.05\text{m}$
  ② 기초의 유효크기
   ㉠ 유효폭 : $B' = B - 2e = 2.5 - 2 \times 0.05 = 2.4\text{m}$
   ㉡ 유효길이 : $L' = L = 2.5\text{m}$
  ③ 형상계수
   ㉠ $\alpha = 1 + 0.3 \dfrac{B'}{L'} = 1 + 0.3 \times \dfrac{2.4}{2.5} = 1.29$
   ㉡ $\beta = 0.5 - 0.1 \dfrac{B'}{L'} = 0.5 - 0.1 \times \dfrac{2.4}{2.5} = 0.4$
  ④ $q_u = \alpha c N_c + \beta B' \gamma_1 N_r + D_f \gamma_2 N_q$
    $= 0 + 0.4 \times 2.4 \times 16 \times 19.7 + 1 \times 16 \times 22.5$
    $= 662.59 \text{kN/m}^2$

(2) ① $q_u = \dfrac{P_u}{B'L'}$ $662.59 = \dfrac{P_u}{2.4 \times 2.5}$
    ∴ $P_u = 3,975.54\text{kN}$
  ② $F_s = \dfrac{P_u}{P} = \dfrac{3,975.54}{800} = 4.97$

244 ★

두꺼운 모래층 위에 구조물을 축조하는 경우의 지반에 대하여 표준관입시험을 하였더니 $N = 15$이었다. 이 구조물의 기초폭이 3m, 근입깊이가 2m인 경우에 Meyerhof 공식에 의한 극한지지력은?

[해답] $q_u = 3NB\left(1 + \dfrac{D_f}{B}\right) = 3 \times 15 \times 3 \times \left(1 + \dfrac{2}{3}\right) = 225\text{t/m}^2 = 2205\text{kN/m}^2$

✱ 참고
Meyerhof 공식은 두꺼운 모래층에 축조된 기초의 극한지지력 계산에 적합하고 경험식으로 사용이 간편하고 비교적 신뢰도가 높다.

245

기초폭 4m, 근입깊이 3m의 연속 기초를 설치하려고 표준관입시험을 실시해서 지지력을 측정해 본 결과 $N=18$을 얻었다. 이 지반의 극한지지력을 Meyerhof 공식을 이용하여 구하시오.

[해답] $q_u = 3NB\left(1+\dfrac{D_f}{B}\right) = 3\times 18\times 4\times\left(1+\dfrac{3}{4}\right) = 378\,\text{t/m}^2 = 3704.4\,\text{kN/m}^2$

246 ★

그림과 같이 500kN의 축하중을 받는 정사각형 기초의 폭 B를 구하시오. (단, 안전율=3)

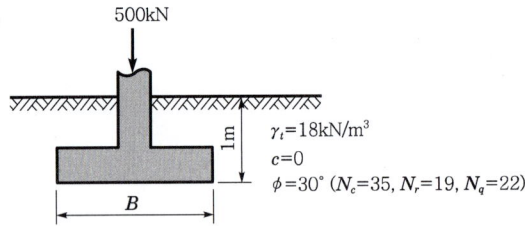

[해답]
① $q_u = \alpha c N_c + \beta B \gamma_1 N_r + D_f \gamma_2 N_q$
  $= 0 + 0.4\times B\times 18\times 19 + 1\times 18\times 22 = 136.8B + 396$

② $q_a = \dfrac{q_u}{F_s} = \dfrac{136.8B+396}{3}$

③ $q_a = \dfrac{P}{B^2}$

$\dfrac{136.8B+396}{3} = \dfrac{500}{B^2}$

$136.8B^3 + 396B^2 - 1500 = 0$

반복법에 의해 $B ≒ 1.57\text{m}$

247 ★★

폭 10m에 걸쳐 $q_s=100\text{kN/m}^2$의 무한 등분포하중이 점토지반 위에 놓여있다. 점토지반의 평균 비배수강도를 30kN/m^2라 할 때 지지력에 대한 안전율은 얼마인가? (단, Skempton 방법일 때 $N_c=5.1$)

[해답]
① $\tau = c + \bar{\sigma}\tan\phi = c = 30\text{kN/m}^2$
② $q_u = cN_c + \gamma D_f = 30\times 5.1 + 0 = 153\text{kN/m}^2$
③ $F_s = \dfrac{q_u}{q_a} = \dfrac{153}{100} = 1.53$

248 ★

$c=0$, $\phi=30°$, $\gamma_t=18\text{kN/m}^3$인 사질토지반 위에 근입깊이 1.5m의 정방형 기초가 놓여있다. 이때, 이 기초의 도심에 1500kN의 하중에 작용하고 지하수위의 영향은 없다고 본다. 이 기초의 폭 B는? (단, Terzaghi의 지지력 공식을 이용하고, 안전율은 $F_s=3$, 형상계수 $\alpha=1.3$, $\beta=0.4$, $\phi=30°$일 때, 지지력 계수는 $N_c=37$, $N_q=23$, $N_r=20$이다.)

87 ③, 89 ①

해답 ① $q_u = \alpha c N_c + \beta B \gamma_1 N_r + D_f \gamma_2 N_q$
$= 0 + 0.4 \times B \times 18 \times 20 + 1.5 \times 18 \times 23$
$= 144B + 621$

② $q_a = \dfrac{q_u}{F_s} = \dfrac{144B + 621}{3}$

③ $q_a = \dfrac{P}{B^2}$

$\dfrac{144B + 621}{3} = \dfrac{1500}{B^2}$

$144B^3 + 621B^2 - 4500 = 0$
반복법에 의해 $B = 2.19\text{m}$

249 ★

내부마찰각(ϕ)=0°이고, 점착력(c)=0.04MPa, $\gamma_t = 18\text{kN/m}^3$인 단단한 점토지반 위에 근입깊이 1.5m의 정사각형 기초를 설계하고자 한다. 이 기초의 도심에 1500kN의 하중이 작용하고 지하수위의 영향은 없다고 할 때 가장 경제적인 기초폭(B)를 구하시오. (단, Terzaghi의 지지력 공식을 이용하고, 안전율은 3, 지지력 계수는 $N_c = 5.14$, $N_r = 0$, $N_q = 1.00$이다.)

07 ①, 16 ①

해답 ① $q_u = \alpha c N_c + \beta B \gamma_1 N_r + D_f \gamma_2 N_q$
$= 1.3 \times 40 \times 5.14 + 0 + 1.5 \times 18 \times 1$
$= 294.28 \text{kN/m}^2$

② $q_a = \dfrac{q_u}{F_s} = \dfrac{294.28}{3} = 98.09 \text{kN/m}^2$

③ $q_a = \dfrac{1500}{B^2}$ $\quad 98.09 = \dfrac{1500}{B^2}$

$\therefore B = 3.91\text{m}$

250 ★

지표면까지 포화된 연약 점성토지반을 개량하기 위해 상당히 넓은 지역에 흙을 쌓아 하중을 재하시키려고 한다. 점성토지반의 평균 비배수강도가 25kN/m^2일 때, 쌓을 수 있는 높이를 결정하시오. (단, 점성토의 단위중량은 18kN/m^3이고, 안전율은 2.0을 사용하고, $N_c=5.14$이다.)

[해답] ① 극한지지력(skempton)
$$q_u = cN_c + \gamma D_f = 25 \times 5.14 + 0 = 128.5 \text{kN/m}^2$$
② $F_s = \dfrac{q_u}{q_a} = \dfrac{128.5}{18 \times D_f} = 2 \qquad \therefore D_f = 3.57\text{m}$

251 ★

다음과 같은 점토지반에 직경이 10m, 자중이 40000kN인 물탱크가 설치되어 있다. 극한지지력에 대한 안전율(F_s)이 3일 때 최대로 채울 수 있는 물의 높이는 얼마인가? (단, $N_c=5.14$)

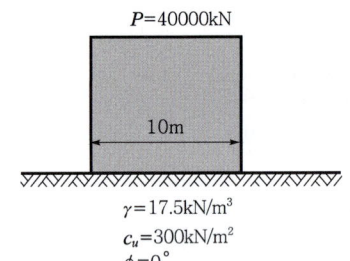

[해답] ① $q_u = \alpha c N_c + \beta B \gamma_1 N_r + D_f \gamma_2 N_q$
$\qquad = 1.3 \times 300 \times 5.14 + 0 + 0 = 2{,}004.6\text{kN/m}^2$

② $q_a = \dfrac{q_u}{F_s} = \dfrac{2{,}004.6}{3} = 668.2\text{kN/m}^2$

③ $P = whA = 9.8 \times h \times \dfrac{\pi \times 10^2}{4} = 769.69h$

④ $769.69h + 40{,}000 = 668.2 \times \dfrac{\pi \times 10^2}{4} \qquad \therefore h = 16.21\text{m}$

252 ★★★

아래 그림과 같은 기초 지반에 평판재하시험을 실시하여 $\log P - \log S$ 곡선을 그려 항복하중을 구했더니 210kN, 극한하중은 300kN이었다. 이때 기초지반의 장기 허용지지력은 얼마인가? (단, 기초하중면보다 아래에 있는 지반의 토질에 따른 계수(N_q)는 3이다.)

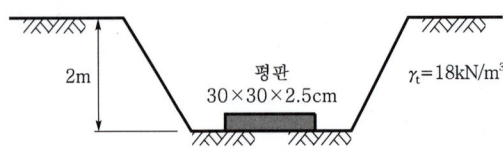

해답 (1) q_t의 결정

① $\dfrac{q_y}{2} = \dfrac{\dfrac{210}{0.3 \times 0.3}}{2} = 1,166.67 \, \text{kN/m}^2$

② $\dfrac{q_u}{3} = \dfrac{\dfrac{300}{0.3 \times 0.3}}{3} = 1,111.11 \, \text{kN/m}^2$ 이므로 $q_t = 1,111.11 \, \text{kN/m}^2$

(2) $q_a = q_t + \dfrac{1}{3}\gamma_t D_f N_q = 1,111.11 + \dfrac{1}{3} \times 18 \times 2 \times 3 = 1,147.11 \, \text{kN/m}^2$

253 ★ 〔05 ③, 22 ②〕

지름 30cm의 재하판을 사용하여 평판재하시험을 한 결과 재하판이 1.25mm 침하될 때 하중강도가 0.25MPa이었다. 지지력계수 K_{75}는 얼마인가?

해답 ① $K_{30} = \dfrac{q}{y} = \dfrac{0.25}{1.25 \times 10^{-3}} = 200 \, \text{MN/m}^3$

② $K_{30} = 2.2 K_{75}$ $200 = 2.2 K_{75}$

∴ $K_{75} = 90.91 \, \text{MN/m}^3$

254 ★ 〔93 ③, 15 ③〕

그림과 같은 지반 위에 평판재하시험을 실시하여 항복하중이 800kN/m^2, 극한하중이 1100kN/m^2임을 알았다. 푸팅 바닥면에서의 허용지지력을 구하시오. (단, 점성토에서의 $N_q = 1.0$, 사질토에서의 $N_q = 1.3$이다.)

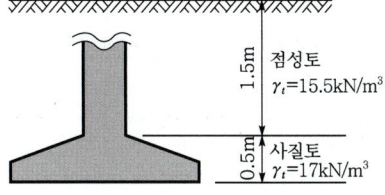

해답 (1) q_t의 결정

① $\dfrac{q_y}{2} = \dfrac{800}{2} = 400 \, \text{kN/m}^2$

② $\dfrac{q_u}{3} = \dfrac{1100}{3} = 366.67 \, \text{kN/m}^2$ ∴ $q_t = 366.67 \, \text{kN/m}^2$

(2) $q_a = q_t + \dfrac{1}{3}\gamma D_f N_q$

$= 366.67 + \dfrac{1}{3} \times (15.5 \times 1.5 \times 1 + 17 \times 0.5 \times 1.3) = 378.1 \, \text{kN/m}^2$

255

어떤 기초지반의 평판재해시험 결과 $\log P - \log S$ 곡선을 그려 항복하중을 구했더니 360kN, 극한하중을 구했더니 420kN이었다. 이때, 사용한 재하판이 30×30 ×2.5(cm)인 경우 다음을 구하시오.

(1) 항복하중에 의한 단위면적당의 실험 허용지지력
(2) 극한하중에 의한 단위면적당의 실험 허용지지력
(3) 실제에 이용되는 실험 허용지지력
(4) 기초지반의 토질시험 결과 $\gamma_t = 18\text{kN/m}^3$, 근입깊이 $D_f = 2\text{m}$, $N_q = 3$ 일 때 장기 허용지지력과 단기 허용지지력

[해답]

(1) $\dfrac{q_y}{2} = \dfrac{\frac{360}{0.3 \times 0.3}}{2} = 2{,}000\,\text{kN/m}^2$

(2) $\dfrac{q_u}{3} = \dfrac{\frac{420}{0.3 \times 0.3}}{3} = 1{,}555.56\,\text{kN/m}^2$

(3) q_t는 $\dfrac{q_y}{2}$, $\dfrac{q_u}{3}$ 중에서 작은 값이므로 $q_t = 1{,}555.56\,\text{kN/m}^2$

(4) ① 장기 허용지지력
$$q_a = q_t + \frac{1}{3}\gamma D_f N_q = 1{,}555.56 + \frac{1}{3} \times 18 \times 2 \times 3 = 1{,}591.56\,\text{kN/m}^2$$
② 단기 허용지지력
$$q_a = 2q_t + \frac{1}{3}\gamma D_f N_q = 2 \times 1{,}555.56 + \frac{1}{3} \times 18 \times 2 \times 3 = 3{,}147.12\,\text{kN/m}^2$$

256

균질한 모래층 위에 설치한 폭(B) 1m, 길이(L) 2m 크기의 직사각형 강성기초에 150kN/m^2의 등분포하중이 작용할 경우 기초의 탄성침하량을 구하시오. (단, 흙의 포아송비$(\mu) = 0.4$, 지반의 탄성계수$(E_s) = 15000\,\text{kN/m}^2$, 폭과 길이(L/B)에 따라 변하는 계수$(\alpha_r) = 1.2$)

[해답] $S_i = qB\dfrac{1-\mu^2}{E} \times \alpha = 150 \times 1 \times \dfrac{1-0.4^2}{15000} \times 1.2 = 0.01\,\text{m} = 1\,\text{cm}$

257

아래 그림의 조건에서 기초의 장기 및 단기 허용지지력을 각각 구하시오.

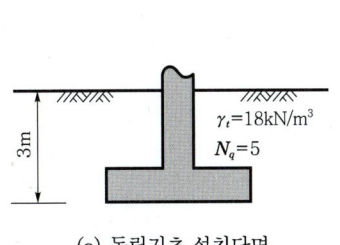

(a) 독립기초 설치단면

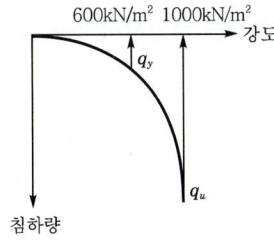

(b) 지표 3m 지점 평판재하시험 결과

[해답] ① q_t의 결정

$$\frac{q_y}{2} = \frac{600}{2} = 300\,\text{kN/m}^2, \quad \frac{q_u}{3} = \frac{1000}{3} = 333.33\,\text{kN/m}^2 \text{이므로 } q_t = 300\,\text{kN/m}^2$$

② 장기 허용지지력

$$q_a = q_t + \frac{1}{3}D_f\gamma N_q = 300 + \frac{1}{3}\times 3\times 18\times 5 = 390\,\text{kN/m}^2$$

③ 단기 허용지지력

$$q_a = 2q_t + \frac{1}{3}D_f\gamma N_q = 2\times 300 + \frac{1}{3}\times 3\times 18\times 5 = 690\,\text{kN/m}^2$$

258

평판재하시험을 통해 지반의 항복하중을 결정하여 그 결과를 기초지반에 이용하고자 할 때 가장 중요한 고려사항 3가지를 쓰시오.

[해답] ① 시험한 지점의 토질종단을 알아야 한다.
② 지하수위면과 그 변동을 고려하여야 한다.
③ scale effect를 고려하여야 한다.

259

평판재하시험 결과로부터 항복하중을 구하는 방법 3가지를 쓰시오.

[해답] ① $P-S$법
② $\log P - \log S$법
③ $S - \log t$법

260 ★★★

사질토 지반에서 30×30cm 크기의 재하판을 이용하여 평판재하시험을 실시하였다. 재하시험 결과 극한지지력이 250kN/m², 침하량이 10mm이었다. 실제 3×3m의 기초를 설치할 때 예상되는 극한지지력과 침하량을 구하시오.

[해답] ① 극한지지력

$$q_{u(기초)} = q_{u(재하판)} \times \frac{B_{(기초)}}{B_{(재하판)}}$$

$$= 250 \times \frac{3}{0.3} = 2500 \text{kN/m}^2$$

② 침하량

$$S_{(기초)} = S_{(재하판)} \times \left[\frac{2B_{(기초)}}{B_{(기초)} + B_{(재하판)}}\right]^2$$

$$= 10 \times \left[\frac{2 \times 3}{3 + 0.3}\right]^2 = 33.06 \text{mm}$$

> **✱ 참고** 재하판 크기에 의한 영향(scale effect)
> **(1) 지지력**
> ① 점토지반 : 재하판 폭에 무관하다.
> $$q_{u(기초)} = q_{u(재하판)}$$
> ② 모래지반 : 재하판 폭에 비례한다.
> $$q_{u(기초)} = q_{u(재하판)} \cdot \frac{B_{(기초)}}{B_{(재하판)}}$$
> **(2) 침하량**
> ① 점토지반 : 재하판 폭에 비례한다.
> $$S_{(기초)} = S_{(재하판)} \cdot \frac{B_{(기초)}}{B_{(재하판)}}$$
> ② 모래지반
> $$S_{(기초)} = S_{(재하판)} \left[\frac{2B_{(기초)}}{B_{(기초)} + B_{(재하판)}}\right]^2$$

261

직경 30cm의 평판재하시험을 한 결과 극한지지력이 300kN/m²이고, 침하량이 20mm이었다. 직경 1.5m의 실제 기초의 점토지반에서의 극한지지력과 침하량을 구하시오.

[해답] ① 극한지지력

$$q_{u(기초)} = 300 \text{kN/m}^2$$

② 침하량

$$S_{(기초)} = S_{(재하판)} \times \frac{B_{(기초)}}{B_{(재하판)}} = 20 \times \frac{1.5}{0.3} = 100 \text{mm}$$

262 ★

기초의 평판재하시험에 대한 아래의 물음에 답하시오.

(1) 직경 30cm인 평판으로 재하시험을 실시한 결과, 침하량 25.4mm일 때 극한지지력이 400kPa이었다. 동일한 허용침하량이 발생할 때 직경 1.2m인 실제기초의 극한지지력을 점토지반인 경우와 사질토지반인 경우에 대하여 각각 구하시오.
① 점토인 경우 :
② 사질토인 경우 :

(2) 직경 30cm인 평판의 재하시험에서 작용압력이 300kPa일 때 침하량이 20mm 발생하였다. 직경 1.2m의 실제기초에서 동일한 압력이 작용할 때의 침하량을 점토지반인 경우와 사질토지반인 경우에 대하여 각각 구하시오.
① 점토인 경우 :
② 사질토인 경우 :

[해답] (1) ① $q_{u(기초)} = 400\text{kPa}$

② $q_{u(기초)} = q_{u(재하판)} \times \dfrac{B_{(기초)}}{B_{(재하판)}} = 400 \times \dfrac{1.2}{0.3} = 1,600\text{kPa}$

(2) ① $S_{(기초)} = S_{(재하판)} \times \dfrac{B_{(기초)}}{B_{(재하판)}} = 20 \times \dfrac{1.2}{0.3} = 80\text{mm}$

② $S_{(기초)} = S_{(재하판)} \times \left[\dfrac{2B_{(기초)}}{B_{(기초)} + B_{(재하판)}}\right]^2$

$= 20 \times \left[\dfrac{2 \times 1.2}{1.2 + 0.3}\right]^2 = 51.2\text{mm}$

263 ★★★★

직경 30cm 평판재하시험에서 작용압력이 200kPa일 때 침하량이 15mm라면, 직경 1.5m의 실제기초에 200kPa의 압력이 작용할 때 사질토지반에서의 침하량의 크기는 얼마인가?

 $S_{(기초)} = S_{(재하판)} \left[\dfrac{2B_{(기초)}}{B_{(기초)} + B_{(재하판)}}\right]^2$

$= 15 \times \left[\dfrac{2 \times 1.5}{1.5 + 0.3}\right]^2 = 41.67\text{mm}$

264 ★

다음 그림과 같은 얕은 기초에 기초폭(B) 방향에 대한 편심이 작용하는 경우 지반에 작용하는 최대 압축응력을 구하시오.

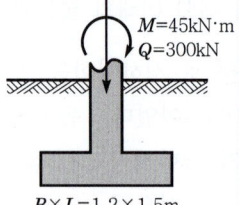

해답

① $M = Qe$

$45 = 300 \times e$ ∴ $e = 0.15\,\text{m}$

② $e < \dfrac{B}{6} = \dfrac{1.2}{6} = 0.2\,\text{m}$

③ $q_{\max} = \dfrac{Q}{BL}\left(1 + \dfrac{6e}{B}\right) = \dfrac{300}{1.2 \times 1.5} \times \left(1 + \dfrac{6 \times 0.15}{1.2}\right) = 291.67\,\text{kN/m}^2$

265 ★

두 개의 평판재하시험 결과가 다음과 같을 때, 허용침하량이 25mm인 원형 기초가 700kN의 하중을 지지하기 위한 기초의 크기를 Housel 방법을 이용하여 구하시오.

평판직경 B(m)	적용하중 Q(kN)	침하량(mm)
0.3	40	25
0.6	90	25

해답

(1) $Q = Am + Pn$

$40 = \left(\dfrac{\pi \times 0.3^2}{4}\right) \times m + (\pi \times 0.3) \times n$ ·················· ①

$90 = \left(\dfrac{\pi \times 0.6^2}{4}\right) \times m + (\pi \times 0.6) \times n$ ·················· ②

식 ①, ②를 연립방정식으로 계산하면 $m = 70.74\,\text{kN/m}^2$, $n = 37.14\,\text{kN/m}$

(2) $Q = Am + Pn$

$700 = \left(\dfrac{\pi \times D^2}{4}\right) \times 70.74 + \pi D \times 37.14$

$55.56 D^2 + 116.68 D - 700 = 0$ 판별식으로 계산하면 $D ≒ 2.65\,\text{m}$

> **※ 참고** Housel(1929)의 침하에 의하여 얕은 기초의 지지력을 구하는 방법
> ① 평판 1의 전하중
> $Q_1 = A_1 m + P_1 n$ ·················· ⓐ
>   평판 2의 전하중
> $Q_2 = A_2 m + P_2 n$ ·················· ⓑ
>   여기서, A_1, A_2 : 평판 1, 2의 면적, P_1, P_2 : 평판 1, 2의 둘레길이
>   식 ⓐ, ⓑ를 연립방정식으로 계산하여 m, n값을 결정한다.
> ② 기초의 설계
> $Q = Am + Pn$에서 Q, m, n을 알고 있으므로 기초의 폭을 결정할 수 있다.

266 ★★★

99 ③, 10 ③, 13 ①, 16 ③

두 번의 평판재하시험 결과가 다음과 같을 때 허용침하량이 25mm인 정사각형 기초가 1500kN의 하중을 지지하기 위한 실제 기초의 크기는 얼마인가?

원형 평판직경 B(m)	0.3	0.6
작용하중 Q(kN)	100	250
침하량(mm)	25	25

[해답] (1) $Q = Am + Pn$

$100 = \left(\dfrac{\pi \times 0.3^2}{4}\right) \times m + (\pi \times 0.3) \times n$ ············ ①

$250 = \left(\dfrac{\pi \times 0.6^2}{4}\right) \times m + (\pi \times 0.6) \times n$ ············ ②

식 ①, ②에서 $m = 353.68 \text{kN/m}^2$, $n = 79.58 \text{kN/m}$

(2) $Q = Am + Pn$

$1,500 = D^2 \times 353.68 + 4D \times 79.58$

∴ $D = 1.66 \text{m}$

267 ★

93 ③, 97 ③

다음 그림과 같은 구형 얕은 기초에 기초폭(B) 방향에 대한 편심이 작용하는 경우 지반에 작용하는 최대 압축응력을 구하시오.

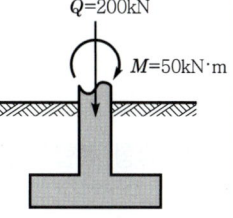

$B \times L = 1.32 \times 1.55 \text{m}$

[해답] ① $M = Qe$ $50 = 200 \times e$

∴ $e = 0.25 \text{m}$

② $e > \dfrac{B}{6} = \dfrac{1.32}{6} = 0.22 \text{m}$

③ $q_{\max} = \dfrac{4Q}{3L(B-2e)}$

$= \dfrac{4 \times 200}{3 \times 1.55 \times (1.32 - 2 \times 0.25)} = 209.81 \text{kN/m}^2$

✱ 참고
편심하중이 작용할 때의 접지압
① $e \leq \dfrac{B}{6}$ 일 때
$q_{\max} = \dfrac{Q}{BL}\left(1 + \dfrac{6e}{B}\right)$
② $e > \dfrac{B}{6}$ 일 때
$q_{\max} = \dfrac{4Q}{3L(B-2e)}$

268 ★

93 ①, 95 ⑤

다음 그림과 같은 구형 얕은 기초에 기초폭(B) 방향에 대한 편심이 작용하는 경우, 지반에 인장응력이 발생되지 않기 위해서는 moment가 얼마 이하이어야 하는가?

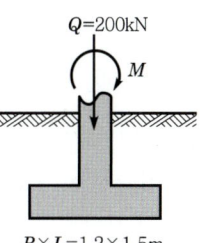

$B \times L = 1.2 \times 1.5 \text{m}$

[해답] $e \leq \dfrac{B}{6}$ 일 때 지반에 인장응력이 발생하지 않으므로

$e \leq \dfrac{B}{6} = \dfrac{1.2}{6} = 0.2 \text{m}$

∴ $M \leq Qe = 200 \times 0.2 = 40 \text{kN·m}$

269

연직하중 400kN, 독립 기초 2m×2m 사각형일 때 가는 모래층의 최대 압축력 σ_c는 얼마인가? 모래층의 허용지지력 200kN/m²일 때 이 기초는 안전한가를 판별하시오. (단, 굴착깊이는 2m)

[해답]
① $\sigma_c = \dfrac{P}{A} = \dfrac{400}{2 \times 2} = 100 \text{kN/m}^2$
② $\sigma_c < q_a = 200 \text{kN/m}^2$이므로 안정하다.

270 ★

다음 그림과 같은 콘크리트벽이 전도되지 않으려면 폭 B를 얼마 이상으로 하여야 하는가? (단, 벽의 단위중량은 23kN/m³이다.)

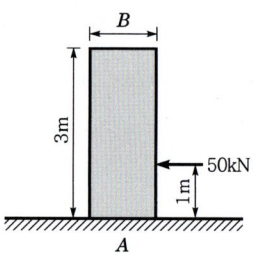

[해답]
$(3 \times B \times 1) \times 23 \times \dfrac{B}{2} \geqq 50 \times 1$
$34.5 B^2 \geqq 50 \quad \therefore B \geqq 1.2 \text{m}$

271 ★★★★

다음과 같은 조건일 때, 직사각형 복합확대기초의 크기(B, L)를 구하시오.

[조건]
· 지반의 허용지지력 $q_a = 150 \text{kN/m}^2$
· 기둥 1 : 0.4m×0.4m, $Q_1 = 600$kN
· 기둥 2 : 0.5m×0.5m, $Q_2 = 900$kN

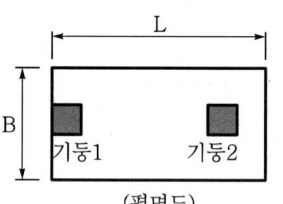
(평면도)

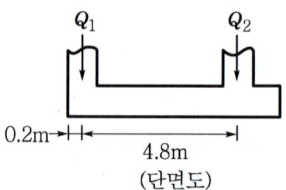
(단면도)

[해답]
① $\sum V = 0$
$600 + 900 = 150 \times BL$
$\therefore BL = 10 \cdots\cdots\cdots$ ㉠
② $\sum M_o = 0$
$600 \times 0.2 + 900 \times 5 = 150 \times BL \times \dfrac{L}{2}$
$BL^2 = 61.6 \cdots\cdots\cdots$ ㉡
식 ㉠, ㉡에서 $L = 6.16 \text{m}$, $B = 1.62 \text{m}$

272 ★★★

옆의 그림과 같은 복합 footing에 있어서 L 및 B를 결정하시오. 기초지반의 허용지내력은 $10kN/m^2$이다. (단, 소수 3째자리에서 반올림하시오.)

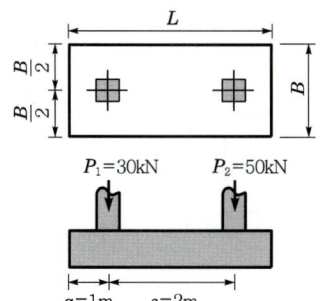

[해답]

① $\Sigma V = 0$
$30 + 50 = 10 \times BL$
$BL = 8$ ················· ㉠

② $\Sigma M_0 = 0$
$30 \times 1 + 50 \times 3 = 10 \times (BL) \times \dfrac{L}{2}$
$BL^2 = 36$ ················· ㉡

식 ㉠, ㉡에서 $L = 4.5m$, $B = 1.78m$

273 ★★★

다음과 같은 조건일 때 사다리꼴 복합 확대 기초의 크기 B_1, B_2를 구하시오. (단, 지반의 허용지지력 $q_a = 100kN/m^2$)

[조건]
- 기둥 1 : $0.5m \times 0.5m$, $Q_1 = 1000kN$
- 기둥 2 : $0.5m \times 0.5m$, $Q_2 = 800kN$

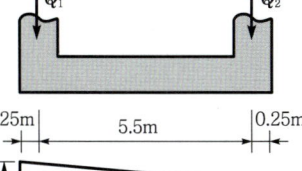

[해답]

① $\Sigma V = 0$
$1000 + 800 = 100 \times \left(\dfrac{B_1 + B_2}{2} \times 6\right)$
$\therefore B_1 + B_2 = 6$ ················· ㉠

② $\Sigma M_0 = 0$
$1000 \times 0.25 + 800 \times 5.75 = 100 \times \left(\dfrac{B_1 + B_2}{2} \times 6\right) \times \left(\dfrac{B_1 + 2B_2}{B_1 + B_2} \times \dfrac{6}{3}\right)$ ··· ㉡

식 ㉠을 식 ㉡에 대입하여 정리하면
$B_1 = 3.92m$, $B_2 = 2.08m$

274 ★★★

다음 그림과 같은 복합 footing에 있어서 기초지반의 허용지내력이 20kN/m^2 일 때 L 및 B를 구하시오.

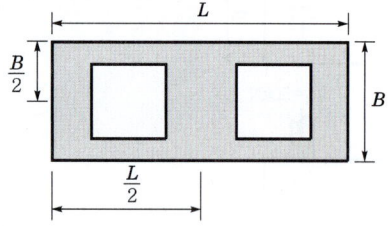 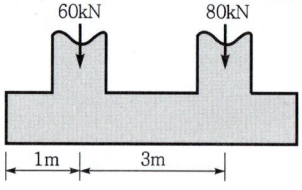

[해답]
① $\Sigma V = 0$
   $60 + 80 = 20 \times BL$
   $BL = 7$ ·················· ㉠
② $\Sigma M_0 = 0$
   $60 \times 1 + 80 \times 4 = 20 \times BL \times \dfrac{L}{2}$
   $BL^2 = 38$ ·················· ㉡
   식 ㉠, ㉡에서 $L = 5.43\text{m}$, $B = 1.29\text{m}$

99 ③, 01 ①, 08 ①, 17 ③

275 ★★

모래지반에 기초폭 $B = 1.2\text{m}$인 얕은 기초에서 편심 $e = 0.15\text{m}$로 연직하중이 작용하고 있다. 하중 작용점 아래의 탄성침하가 12mm, 하중 작용점 기초 모서리에서의 탄성침하가 16mm이었다. 이 기초의 침하각도를 구하시오. (단, Prakash의 방법 이용)

[해답] $\theta = \sin^{-1}\left(\dfrac{S_1 - S_2}{\dfrac{B}{2} - e}\right) = \sin^{-1}\left(\dfrac{1.6 - 1.2}{\dfrac{120}{2} - 15}\right) = 0.51°$

93 ④, 97 ③, 12 ①

276 ★★★

$30 \times 40\text{m}$의 전면 기초에 120,000kN의 하중이 작용하고 있다. 이 기초는 연약토층 위에 놓여있고, 이 연약토층의 단위체적중량이 18kN/m^3이다. 완전보상 기초(fully compensated foundation)의 근입깊이를 구하시오.

[해답] $D_f = \dfrac{Q}{A\gamma} = \dfrac{120{,}000}{(30 \times 40) \times 18} = 5.56\text{m}$

92 ②, 93 ④, 94 ②, 95 ⑤

> **✱ 참고**
> ① 완전보상 기초(fully compensated foundation) : 흙에 작용하는 순압력(q)이 전혀 생기지 않는 기초
> $$q = \frac{Q}{A} - \gamma D_f = 0 \quad \therefore D_f = \frac{Q}{A\gamma}$$
> ② 부분보상 기초 : $q>0$인 기초
> $$q = \frac{Q}{A} - \gamma D_f \quad \therefore F_s = \frac{q_{u(net)}}{q} = \frac{q_{u(net)}}{\frac{Q}{A} - \gamma D_f}$$

277 ★★★ 93 ①, 96 ④, 08 ②, 13 ③

다음 그림과 같이 20×30m 전면 기초의 부분보상 기초(partially compensated foundation)의 지지력파괴에 대한 안전율을 구하시오.

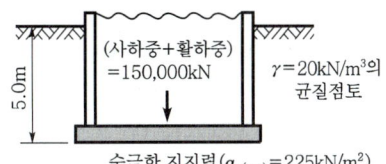

[해답]
$$F_s = \frac{q_{u(net)}}{\frac{Q}{A} - \gamma D_f}$$
$$= \frac{225}{\frac{150,000}{20 \times 30} - 20 \times 5} = 1.5$$

278 94 ②

전면 기초를 시공할 때의 가장 나쁜 점을 1가지만 쓰시오.

[해답] ① 부등침하 ② 시공관리

279 92 ③

전면 기초 해석 시 지반을 무한개의 탄성스프링으로 대치하여 이 스프링 이외의 영향은 받지 않는다고 가정하는 해법은?

[해답] 근사적인 연성설계법

280 96 ③

토압이 직선적으로 분포하고 토압의 중심이 기둥하중의 합력의 작용선과 일치한다고 가정하는 설계법은?

[해답] 강성설계법

> ※ 참고 　전면 기초의 구조설계
> (1) 재래식 강성설계법(conventional rigid method)
>   ① 전면 기초를 완전 강체라고 가정
>   ② 토압이 직선으로 분포하고 토압의 중심이 기둥 하중의 합력의 작용선과 일치한다고 가정
> (2) 근사적인 연성설계법
>   　흙이 무한한 수의 탄성스프링과 같다고 가정한 이론으로 Winkler 기초라고도 한다.

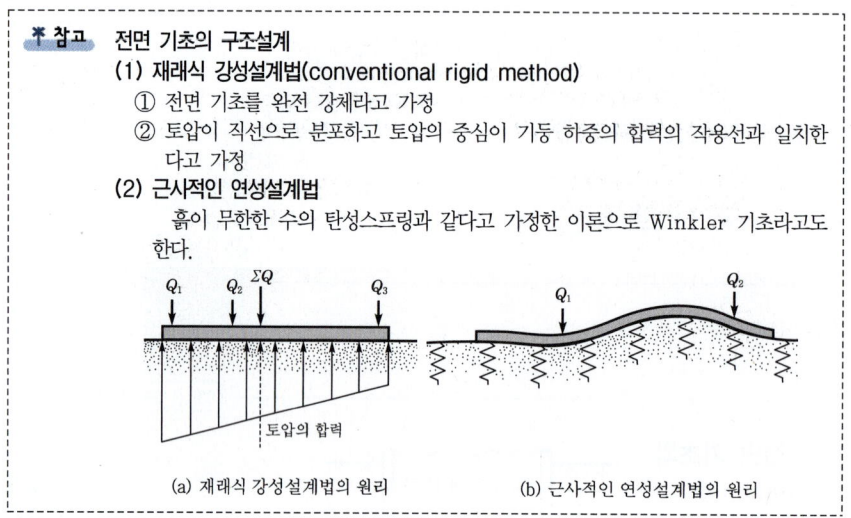

(a) 재래식 강성설계법의 원리 　　(b) 근사적인 연성설계법의 원리

281

구조물 하중에 의해 생기는 응력증가는 반드시 변형을 동반하게 되고 지반의 압축에 의한 구조물의 침하가 발생하게 되는데 이러한 침하의 종류 3가지를 쓰시오.

해답　① 균등침하　② 전도　③ 불균등 침하

282 ★★

구조물 공사는 지하수가 배제된 상태에서 시공하거나 또는 원지반에 구조물을 축조한 후 주변을 성토하여 구조물을 완성하게 된다. 이 경우 지하수위의 상승으로 양압력에 의한 피해가 발생할 수 있는데 이러한 구조물의 기초 바닥에 작용하는 양압력(부력)에 저항하는 방법 3가지를 쓰시오.

해답
① 사하중 증가(자중증대)에 의한 방법
② 영구 anchor에 의한 방법
③ 외부 배수처리에 의한 방법
④ 내부 배수처리에 의한 방법
⑤ Micro pile 공법

283

지하수위가 높은 경우의 지하구조물 설계시 양압력(Uplift Force)에 대해 검토하고 그에 따른 처리 방안을 강구해야 한다. 양압력 처리 방법을 3가지만 쓰시오.

해답 ① 사하중 증가(자중증대)에 의한 방법
② 영구 anchor에 의한 방법
③ 외부 배수처리에 의한 방법
④ 내부 배수처리에 의한 방법

284

먼저 주변부를 굴착, 축조하고 후에 중앙부를 굴착 시공하는 것으로 중앙부의 토질이 연약할 때 주변부를 먼저 시공해 두면 흙의 붕괴를 막고 안전하게 시공할 수 있는 공법은?

해답 trench cut 공법

285

양호한 토질이며 부지에 여유가 있고, 또 흙막이가 필요할 때에는 나무널말뚝, 강널말뚝 등을 사용하는데 이런 경우 가장 적당한 공법은?

해답 open cut 공법(절개공법)

286

폐기물 매립지반(sanitary landfill) 위에 얕은 기초를 설치할 경우, 그 파괴 형상은 피복토의 두께에 따라 2가지로 나타나게 된다. 이 두 가지를 쓰시오.

해답 ① 관입파괴   ② 회전활동 전단파괴

> **참고** 폐기물 성토에서의 기초 파괴형태
> 폐기물 위에 덮은 흙을 다진 폐기물 성토에 축조된 얕은 기초의 파괴형태는 다음과 같다.
> ① 관입파괴 : 피복토의 두께가 기초의 폭에 비해 클 때 발생한다.
> ② 회전활동 전단파괴 : 피복토의 두께가 기초의 폭에 비해 작고, 피복토의 강도가 작을 때 발생한다.

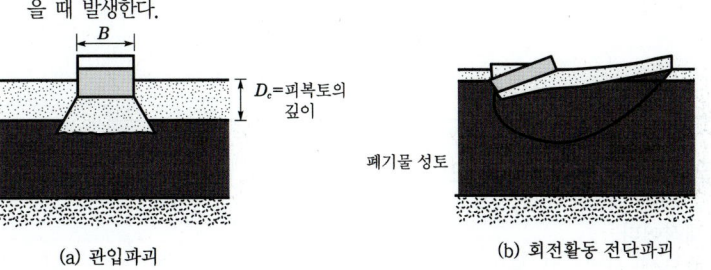

(a) 관입파괴   (b) 회전활동 전단파괴

287

단순한 현장 concrete 말뚝으로는 소요의 지지력을 지탱하지 못할 때 사용되는 말뚝형태로 아랫부분은 강재로, 윗부분은 현장 콘크리트로 구성되는 말뚝은?

해답 합성말뚝(composite pile)

288

상부에는 모멘트를 받는 강관말뚝을 사용하며, 하부에는 압축력을 받는 PHC로 된 말뚝 명칭을 쓰시오.

해답 매입형 복합말뚝(HCP : Hybrid Composite Pile)

> **※ 참고** 매입형 복합말뚝(HCP)
> ① 개요
>   말뚝 상부는 강관말뚝을, 말뚝 하부는 PHC 말뚝을 결합구로 용접시킨 매입형 복합말뚝이다.
> ② 원리
>   지중에 설치되는 말뚝은 재하하중, 지반 상태, 기초 결합조건에 따라 편차가 있지만 대부분 말뚝 상부에서 휨 모멘트가 크게 작용하고, 말뚝 하부로 내려가면 수직력이 지배적이다. 이러한 말뚝의 거동을 고려하여 휨 모멘트가 큰 말뚝 상부와 수직력이 지배적인 말뚝 하부를 다른 재질(강관+PHC)로 구성하여 말뚝의 구조적 안정성을 확보하면서 경제성을 향상시키는 구조이다.

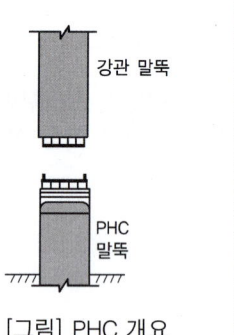

[그림] PHC 개요

289

임의의 조건하에 지표면 근처의 흙을 적당히 다지기 위하여 모래와 같은 입상토에 짧은 말뚝을 받아 말뚝박기의 효과를 얻도록 하고 있다. 이러한 말뚝을 무슨 말뚝이라고 하는가?

해답 다짐말뚝

290

원심력 철근콘크리트 말뚝의 장점 3가지를 쓰시오.

해답
① 15m 이하에서 경제적이다.
② 재질이 균일하기 때문에 신뢰도가 높다.
③ 강도가 크기 때문에 지지말뚝에 적합하다.

291 ★
원심력을 이용하여 만든 철근 콘크리트 말뚝은 큰 지지력을 가지고 있고 지하수가 깊은 경우도 이용할 수 있어 가장 많이 사용되는 말뚝이다. 이 말뚝은 장점도 많지만 단점도 있다. 원심력 철근 콘크리트 말뚝의 단점 4가지만 쓰시오.

[해답]
① 말뚝이음의 신뢰성이 적다.
② 중간 정도의 굳은 지층($N=30$ 정도)의 관통이 어렵다.
③ 무게가 크다.
④ 항타 시 말뚝 본체에 압축 또는 인장력이 작용하여 균열이 생기기 쉽다.

94 ③, 02 ③

292 ★
원심력 철근 콘크리트 말뚝은 내구성이 크고 구하기가 비교적 쉽고 재질도 균일하고 신뢰성이 있다. 이 말뚝을 가장 경제적으로 생산할 수 있는 최대 길이는 얼마인가?

[해답] 15m

94 ②, 97 ②

293 ★
강말뚝(steel pile)의 부식 방지대책을 3가지만 쓰시오.

[해답]
① 말뚝두께를 두껍게 하는 방법
② 도료를 사용하여 말뚝표면에 보호막을 만드는 방법
③ 콘크리트로 피복하는 방법
④ 전기방식법

95 ①, 96 ⑤

294
프리스트레스트 콘크리트 말뚝(prestressed concrete pile)의 장점을 5가지만 쓰시오.

[해답]

장 점	단 점
ⓐ 균열발생이 적어 내구성이 크다. ⓑ 타입 시 프리스트레스가 유효하게 작용하여 인장파괴가 일어나지 않는다. ⓒ 휨응력을 받을 때 변형량이 적다. ⓓ 시공 시 말뚝이음이 쉽고, 신뢰성이 좋다. ⓔ 대구경(ϕ 1~2m)의 제조와 시공이 가능하다.	ⓐ RC 말뚝보다 고가이다. ⓑ 말뚝길이가 15m 이하일 때 RC 말뚝보다 비경제적이다.

84 ①

참고
① PSC 말뚝 종류
  ㉠ pre-tension 방식 : 최근에 많이 사용
  ㉡ post-tension 방식
② PSC 말뚝은 RC 말뚝의 단점을 보완하여 만든 말뚝이다.

295

강관 파일(steel pile)의 장점을 4가지만 쓰시오.

해답
① 재료의 강도가 크다.
② 재질이 균일하고 신뢰성이 크다.
③ 지지층($N=60$)에 깊게 관입할 수 있고 지지력이 크다.
④ 이음이 확실하고 길이 조절이 용이하다.
⑤ 운반 및 취급이 쉽다.
⑥ 대구경 강관말뚝의 제조가 가능하다.

296 ★★

깊은 기초에 대해서 간단히 설명하고 깊은 기초의 종류 3가지를 쓰시오.

해답
(1) 깊은 기초 : $\dfrac{D_f}{B} > 1$인 기초
(2) 깊은 기초의 종류
   ① 말뚝 기초   ② pier 기초   ③ caisson 기초

297

현장타설 피어공법으로 소정의 지지지반까지 구멍을 파서 그 속에 콘크리트를 타설하여 확실한 원형의 주상 기초를 만드는 공법이다. 케이싱 튜브의 인발 시 철근이 따라 뽑히는 공상(共上)현상이 일어나는 단점이 있는 공법은?

해답 benoto(all casing) 공법

298

무공해 말뚝 시공기계로서 유일하게 15° 정도의 경사말뚝의 시공이 가능한 공법은?

해답 benoto 공법(all casing 공법)

299

수직공을 굴착하는데 있어서 베노토(benoto) 공법에 비하여 calwelde(또는 calwelde earth drill) 공법의 유리한 점을 3가지만 쓰시오.

해답
① 소음, 진동이 적다.
② 기계장치가 간단하여 기동성이 좋다.
③ 시공속도가 빠르고 공사비가 저렴하다.

300

다음 [보기]는 베노토(benoto) 공법에 의한 제자리 말뚝 기초의 시공방법을 나열한 것이다. 시공순서를 쓰시오.

[보기]
① 양수
② 트레미관의 삽입
③ 말뚝머리 처리
④ 케이싱의 압입 및 굴착
⑤ 조립철근의 내림
⑥ 콘크리트의 타설 및 케이싱의 인발

[해답] ④ → ① → ⑤ → ② → ⑥ → ③

301

피어 기초방법 중 benoto 공법의 단점 3가지만 쓰시오.

[해답]
① 굵은 자갈, 호박돌이 섞인 지층에서는 케이싱 압입이 어렵다.
② 기계가 대형이고 무거워 넓은 작업장이 필요하며 기동성이 둔하다.
③ 케이싱 인발 시 철근망의 부상 우려가 있다.
④ 지하수위하에 세립의 모래층이 5m 이상인 경우 케이싱 인발이 어렵다.

302

독일에서 개발된 공법으로 특수 비트의 회전으로 굴착한 토사는 저수탱크에 배출되며 물은 다시 구멍 속으로 돌아가며 연속굴착이 가능하여 시공능률이 좋은 기초공법은?

[해답] Reverse Circulation Drill 공법(RCD 공법 ; 역순환공법)

303

다음은 대구경 현장타설말뚝의 기계굴착공법의 일반적인 특징을 정리한 표이다. (a), (b), (c)에 들어갈 공법 이름을 쓰시오. (단, 숫자로 주어진 값은 절대적인 값은 아님)

공법이름	(a)	(b)	(c)
공벽 유지	정수압	casing tube	bentonite
적용 토질	사력토, 암반	암반을 제외한 전 토질	점성토
굴착 장비	drill bit	hammer grab	회전 bucket
최대 구경	6m	2m	2m
최대 심도	100m	50m	50m

[해답] (a) RCD 공법   (b) benoto 공법   (c) earth drill 공법

304 ★★★

다음은 피어 시공방법 중 무슨 방법에 관한 설명인가?

> 비트(bit)를 회전시켜 굴착한 흙을 굴착 파이프(drill pipe)를 통해 물과 함께 배출하는 공법이다. 이 공법에서는 굴착 파이프를 연장해 주는 것만으로 연속굴착이 가능하며, 다른 공법에서처럼 버킷을 끌어올릴 필요가 없으므로 작업능률이 좋다.

해답 RCD 공법(역순환공법)

305

다음은 피어 시공방법 중 무슨 공법에 관한 설명인가?

> 절삭날(cutting edge)이나 절삭톱니(cutting teeth)가 부착된 나선형 오거를 회전하여 구멍을 굴착하는 공법이다. 켈리(Kelly)라고 불리는 정사각형 축에 부착된 오거를 흙 속에 관입하고 회전하며, 날개(flight)에 흙이 채워지면 오거를 지표면 위로 끌어올린다.

해답 earth drill 공법(Calwelde 공법)

306

어스 오거(earth auger) 굴착기로 말뚝구멍을 굴착하려고 중벽을 벤토나이트로 채운 후, 그 속에 철근망을 넣어서 타설하는 현장말뚝공법을 무엇이라고 하는가?

해답 earth drill 공법(Calwelde 공법)

307 ★★

다음은 어스 드릴(earth drill) 공법의 시공방법을 나열한 것이다. 시공순서를 쓰시오.

> **보기**
> ① 벤토나이트 주입   ② 굴착작업   ③ 케이싱 뽑기
> ④ 철근망태 삽입   ⑤ 슬라임(slime) 처리 ⑥ 케이싱의 삽입
> ⑦ 콘크리트 타설

해답 ② → ⑥ → ① → ⑤ → ④ → ⑦ → ③

308

현장 콘크리트 말뚝 중 Franky 말뚝과 Pedestal 말뚝의 차이점을 2가지만 쓰시오.

[해답] (1) Franky 말뚝
① hammer가 콘크리트를 타격하므로 소음, 진동이 적다.
② 외관을 사용
(2) Pedestal 말뚝
① hammer가 직접 케이싱을 타격하므로 소음, 진동이 크다.
② 굳은 지반에도 시공이 가능
③ 내·외관 사용

309 *

케이싱을 직접 타격하여 땅 속에 박는 것이므로 다소 굳은 지반도 뚫고 들어갈 수 있어 충분한 지지층까지 도달시킬 수 있고, 이음을 피하고 싶은 경우에 적당하며, 외관과 내관을 소정의 깊이까지 때려박은 후, 내관을 빼내고 외관 내에 콘크리트를 다져 넣으면서 점차로 외관을 빼올려 끝에 구근을 만들면서 지중에 말뚝을 형성하는 이 말뚝 이름은?

[해답] pedestal pile

310 *

현장타설 말뚝 공법 중 기계굴착식 공법의 종류를 3가지만 쓰시오.

[해답] ① benoto 공법
② earth drill 공법
③ RCD 공법

※ 참고
현장타설 콘크리트 말뚝
① 기계굴착
㉠ benoto 공법
㉡ earth drill 공법
㉢ RCD 공법
② 치환공법
㉠ CIP 공법
㉡ MIP 공법
㉢ PIP 공법

311 **

다음의 기초 파일공법의 명칭을 각각 기입하시오.

A. 굴착 소요깊이까지 케이싱 관입 후 및 내부 굴착 후, 케이싱 인발, 철근망 투입, 콘크리트 타설, 완성
B. 표층 케이싱 설치, 굴착공 내에 압력수를 순환시킴. 드릴 파이프 내의 굴착토사 배출
C. 얇은 철관의 내·외관 동시 관입, 내관 인발, 외관 내부에 콘크리트 타설

[해답] A : Benoto 공법, B : RCD 공법, C : Raymond 말뚝공법

312 ★

아래에서 설명하는 말뚝의 명칭은 무엇인가?

> 말뚝의 중심에 이형철근이나 강봉과 같은 보강재가 들어있는 현장타설 콘크리트 말뚝으로 말뚝지름은 대체로 100~250mm 정도이다. 이 말뚝은 그 용도에 따라 하중지지말뚝과 지반보강말뚝으로 구분되며, 특히 지반보강말뚝은 나무뿌리가 지반에 뻗은 형상과 같이 배치되어 root pile이라고 불린다.

[해답] 그물망식 뿌리말뚝(RRP)

> 01 ①, 24 ①

> ★ 참고
> 그물망식 뿌리말뚝(RRP)은 뿌리말뚝(root pile)을 그물식으로 배치하여 흙과 말뚝이 일체로 거동하게 한 흙-말뚝 복합체로서 주로 기초 보강, 옹벽, 사면 안정공 등에 사용된다.

313 ★

연속날개를 붙인 earth auger기로 지중에 구멍을 뚫고 그 구멍에 auger shaft의 선단으로부터 주입 모르타르(prepacked mortar)를 3~7kg/cm²로 압출하면서 auger를 뽑고 철근을 삽입하여 현장말뚝을 시공하는 공법은?

[해답] PIP(Packed-In-place Pile) 공법

> 93 ④, 97 ②

314 ★

현장타설말뚝은 일반적으로 지지말뚝으로 사용되기 때문에 콘크리트를 칠 때 공저에 슬라임(slime)이 퇴적되어 있으면 침하원인이 되고 말뚝으로서 기능이 현저하게 저하한다. 이같은 슬라임을 제거하기 위한 방법을 3가지만 쓰시오.

[해답]
① air lift 방법
② suction pump 방법
③ water jet 방법
④ 수중펌프방법

> 03 ①, 04 ③, 06 ③, 11 ①, 14 ③, 18 ①

315

말뚝 기초는 기성말뚝 기초와 현장타설 콘크리트 말뚝으로 대별된다. 이 중 기성말뚝 기초의 지지력 저하요인을 3가지만 기술하시오.

[해답]
① 이음
② 부주면 마찰력
③ 군말뚝의 효과
④ 말뚝의 침하량
⑤ 세장비(세장비가 클수록 지지력이 감소한다.)

> 04 ②

316

현장타설 말뚝기초의 지지력이 감소하게 되는 요인을 4가지만 기술하시오.

해답
① 응력해방에 의한 지반의 이완
② 선단에 슬라임 퇴적
③ 지지층 요철로 말뚝이 지지층에 도달하지 못함
④ 지지층의 두께가 지반조사 결과보다 얇음

317

프리스트레스트 콘크리트 말뚝(PSC 말뚝)의 시공방법을 3가지만 쓰시오.

해답
① 타입공법
② 진동공법
③ 압입공법
④ water jet 공법(사수식공법)

318

프리스트레스트 콘크리트 말뚝(PSC 말뚝)의 시공방법을 3가지만 쓰시오.

해답
(1) 타입공법
　① 타격공법　　② 진동공법
(2) 매입공법
　① 압입공법　　② water jet(사수식) 공법
　③ 중굴공법　　④ pre-boring 공법

319

구조물 설치를 위한 말뚝박기 작업을 할 경우 말뚝박기 순서에 대하여 아래의 경우에 대해 각각 설명하시오.

(1) 한 구조물의 말뚝 기초 작업 시
(2) 해안선에서 작업 시
(3) 기존건물 가까운 지점 작업 시

해답
(1) 중앙부에서 외측으로 향하여 말뚝을 박는다.
(2) 육지쪽에서 바다쪽으로 말뚝을 박는다.
(3) 기존건물 부근에서 먼쪽으로 말뚝을 박는다.

320 ★ 95 ③, 02 ③

말뚝을 조밀한 자갈층이나 혈암 및 연암층과 같이 단단한 층에 타입할 때, 강말뚝 선단에 부착하는 것은?

해답 shoe(슈)

321 94 ①

초고층(30층) 빌딩을 신축하려고 한다. 현장 주위에 건축공사가 진행하고 있는 좁은 면적에 가장 알맞은 기초공법은?

조건
- 지하 1~5m까지 모래 섞인 풍화토. N치 30/30~50/28
- 지하 6~12m까지 풍화대로서 치밀함. N치 50/14~50/3
- 지하 12m 이하 연암, 균열이 심함. N치 -, sample core 채취
  (단, 지하수위 7.5m, PC pile l=14m까지 생산함.)

해답 SIP(Soil cement Injected Precast pile) 공법

322 97 ③

최근 국내에서 많이 이용되고 있는 말뚝시공공법인 SIP(Soil cement Injection Precast pile)의 장점을 2가지 쓰시오.

해답
① 무소음, 무진동
② 여러 종류의 지반에 사용이 가능
③ 풍화암까지 시공이 가능

323 92 ④

말뚝체에 손상을 주지 않고 무진동, 무소음으로 말뚝을 지반에 타입하는 공법으로 말뚝주변이나 선단부를 교란시키지 않는 말뚝타입공법을 무엇이라 하는가?

해답 압입공법

324 85 ②

말뚝타입장비 중 디젤해머(diesel hammer)와 진동해머(vibro hammer)의 장점을 각 2가지씩 쓰시오.

해답 ① diesel hammer

장 점	단 점
ⓐ 취급이 간단하고 기동성이 좋다.	ⓐ 큰 소음, 진동이 발생한다.
ⓑ 타격력이 커서 시공능률이 좋다.	ⓑ 연약지반에서는 시공능률이 떨어진다.
ⓒ 연료비가 싸서 경제적이다.	ⓒ 큰 경사말뚝 시공(약 30°)이 곤란하다.
ⓓ 굳은 지반에 적합하다.	

② vibro hammer

장 점	단 점
ⓐ 타입 시 소음이 적다.	ⓐ 특수 캡(cap)이 필요하다.
ⓑ 말뚝두부 손상이 없다.	ⓑ 전기 설비비가 많이 든다.
ⓒ 말뚝의 인발이 가능하다.	ⓒ 다른 공법으로 타입된 말뚝보다 지지력이 적다.
ⓓ 말뚝의 타입속도가 빠르다.	

325

오거 스크루(auger screw), 회전식 버킷(bucket), 회전식 비트(bit) 등을 써서 벤토나이트(bentonite) 용액으로 공벽(孔壁)을 보호하면서 말뚝구멍에 말뚝을 압입하는 공법은?

해답 pre-boring 공법

326

말뚝타입장비 중 최근 도심구간에서는 진동해머의 사용이 빈번하다. 기존 디젤해머에 비하여 장점을 3가지만 쓰시오.

해답 ① 타입 시 소음이 적다.　② 말뚝두부 손상이 없다.
③ 말뚝의 인발이 가능하다.　④ 말뚝의 타입속도가 빠르다.

327 *

RC 파일을 항타할 때 파일 두부에 파손이 있다. 이에 대한 원인 3가지만 쓰시오.

해답 ① 편타　② hammer 무게의 과다
③ 타격에너지의 과다

★참고 말뚝 두부 파손

원 인	대 책
ⓐ 편타	ⓐ 말뚝의 연직도 확인 → 편타방지
ⓑ hammer와 말뚝의 축선 불일치	ⓑ hammer와 말뚝의 축선 일치
ⓒ cushion 두께의 부족	ⓒ 적정 hammer 선정
ⓓ hammer 무게의 과다	ⓓ 말뚝의 취급주의
ⓔ 타격에너지의 과다	
ⓕ 말뚝강도 부족	

328

일반적으로 말뚝 기초의 지지력을 산정하는 방법에는 정역학적 지지력공식, 항타공식, 정재하시험 그리고 항타분석기(PDA)를 이용한 방법 등이 있다. 이 중 항타분석기는 다른 방법에 비해 지지력의 산정 이외에도 시공관리의 장점이 있는데 이를 3가지만 쓰시오.

99 ①

해답
① 항타 즉시 말뚝의 지지력을 얻을 수 있다.
② 항타 즉시 항타기의 효율 및 적합성을 판단할 수 있다.
③ 시험시간이 짧고 간편하며, 비용이 저렴하다.
④ 말뚝의 종류, 시공법에 관계없이 적용할 수 있다.
⑤ 재하를 위한 사하중, 반력말뚝 등이 필요없다.

329 ★

말뚝의 지지력을 산정하는 방법을 3가지만 쓰시오.

85 ①, 86 ②, 16 ②, 18 ②, 19 ③, 22 ②

해답
① 정역학적 지지력 공식   ② 동역학적 지지력 공식
③ 정재하시험에 의한 방법

330 ★

말뚝의 정적재하 시험방법 3가지를 쓰시오.

07 ②, 11 ③

해답
① 압축재하시험   ② 인발재하시험   ③ 수평재하시험

참고
정재하시험
① 압축재하시험 : 완속재하시험, 급속재하시험, 등속재하시험
② 인발재하시험
③ 수평재하시험

331

말뚝의 압축재하시험 종류 3가지를 쓰시오.

17 ③

해답
① 정재하시험   ② 동재하시험   ③ 정동재하시험

332

수평력을 받는 말뚝은 말뚝과 지반 중에서 어느 것이 움직이는 주체인가에 따라서 주동말뚝과 수동말뚝으로 나뉘는데 그 중에서 수동말뚝은 말뚝에 측방토압이 작용함으로써 주변의 지반을 변형시키는데 수동말뚝의 검토사항을 3가지만 쓰시오.

10 ①

해답
① 말뚝의 응력   ② 말뚝의 변위
③ 연약층에 대한 사면안정

> **참고** **(1) 주동말뚝(active pile)**
> ① 말뚝이 변형함에 따라 말뚝주변지반이 저항하고 이 저항으로 하중이 지반에 전달된다. 이 경우에는 말뚝이 움직이는 주체가 되어 먼저 움직이고 말뚝의 변위가 주변지반의 변형을 유발시킨다.
> ② 편토압, 풍압, 파력을 받는 구조물(교대, 해양구조물 등)의 기초말뚝, 선박의 충격력에 의한 항만구조물의 기초말뚝 등이 있다.
> **(2) 수동말뚝(passive pile)**
> ① 말뚝주변지반이 먼저 변형하여 그 결과로서 말뚝에 수평토압이 작용하는 경우이다. 이 경우에는 말뚝주변지반이 움직이는 주체가 되어 말뚝이 지반변형의 영향을 받게 된다.
> ② 성토에 의해 측방변형이 생기는 연약지반 속의 기초말뚝, 사면파괴나 지반의 측방유동을 방지하기 위해 설치하는 말뚝 등이 있다.

333 ★ — 18 ③

주동말뚝은 말뚝머리에 기지(旣知)의 하중(수평력 및 모멘트)이 작용하는 반면에 수동말뚝은 어떤 원인에 의해 지반이 먼저 변형하고 그 결과 말뚝에 측방토압이 작용한다. 이러한 수동말뚝은 해석하는 방법을 3가지만 쓰시오.

[해답]
① 간편법　　② 지반반력법
③ 탄성법　　④ 유한요소법

> **참고** **수동말뚝 해석법**
> ① 간편법 : 지반의 측방변형으로 발생할 수 있는 최대 측방토압을 고려한 상태에서 해석하는 방법
> ② 지반반력법 : 주동말뚝에서와 같이 지반을 독립된 Winkler 모델로 이상화시켜 해석하는 방법
> ③ 탄성법 : 지반을 이상적 탄성체 혹은 탄소성체로 가정하여 해석하는 방법
> ④ 유한요소법

334 — 10 ③

다음 ( )안에 설명하는 A, B, C에 해당하는 말뚝의 이름을 쓰시오.

[조건] 횡방향 이동 말뚝(A), 횡방향으로 약간 이동하는 말뚝(B), 천공말뚝(C)

[해답]
① 배토말뚝
② 소배토말뚝
③ 비배토말뚝

> **참고**
> **배토말뚝과 비배토말뚝**
> ① 종류
> ㉠ 배토말뚝 : 타격, 진동으로 박는 폐단 기성말뚝
> ㉡ 소배토말뚝 : H말뚝, 선굴착 최종 항타말뚝
> ㉢ 비배토말뚝 : 중굴말뚝, 현장타설말뚝
> ② 평가
> 배토말뚝이 비배토말뚝보다 지지력이 크다.

335

구조물 기초용 말뚝이 배열에 있어 말뚝 사이의 최소 간격 및 기초 측벽과 말뚝 중심과의 최소 간격은 얼마로 하는가?

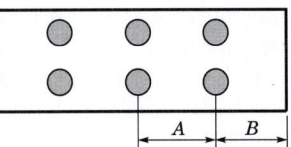

[해답]
① $A = 2.5d$ 이상
② $B = 1.5d$ 이상

참고
말뚝 사이의 간격은 최소한 말뚝지름의 2.5배 이상이며, 푸팅측면과 말뚝중심의 간격은 최소한 말뚝지름의 1.5배 이상이어야 한다.

336

극한지지력 $Q_u = 200\text{kN}$이고, RC pile의 직경이 30cm, 주면마찰력이 25kN/m^2, 말뚝의 선단지지력 $q_u = 280\text{kN/m}^2$이라 할 때 RC pile의 지중깊이는 얼마나 박으면 될 것인가? (단, 정역학적 지지력공식 개념에 의함.)

[해답]
$$R_u = R_p + R_f = q_u A_p + f_s A_s$$
$$200 = 280 \times \left(\frac{\pi \times 0.3^2}{4}\right) + 25 \times (\pi \times 0.3 \times l) \quad \therefore\ l = 7.65\text{m}$$

337

직경 40cm, 깊이 10m의 말뚝 기초 시공 시에 말뚝이 지탱할 수 있는 최대 상부하중을 구하시오. (단, 지반의 극한지지력 $= 800\text{kN/m}^2$, 주면마찰력 $= 0.04\text{MPa}$, 정역학적 지지력공식의 개념으로부터 구함.)

[해답]
$$R_u = R_p + R_f = q_u A_p + f_s A_s$$
$$= 800 \times \frac{\pi \times 0.4^2}{4} + 40 \times (\pi \times 0.4 \times 10) = 603.19\text{kN}$$

338

말뚝의 허용지지력을 검토하기 위한 말뚝의 축방향 허용압입지지력을 구하려 할 때, 말뚝의 종류를 어떻게 구분하는가?

[해답] $R_u = R_p + R_f$ 이므로 선단지지말뚝과 마찰말뚝으로 구분한다.

339

점성토 중에 지름 40cm의 PC 말뚝을 타입할 때 점성토의 교란에 의하여 압축이 생기는 범위는 말뚝 중심에서 얼마나 떨어져 발생하는가?

[해답] 말뚝주면에서 말뚝지름의 1.5배이므로
∴ $2.0d = 2 \times 40 = 80\text{cm}$

✱참고
① 완전 교란되는 범위 : $0.5d$
② 교란에 의해 현저한 압축이 생기는 범위 : $1.5d$
③ 포화점토에서 간극수압이 상승하는 범위 : $6d$

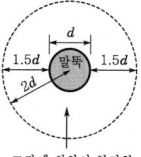
교란에 의하여 현저한 압축이 생기는 범위

340

그림과 같이 말뚝을 설치하였을 때 군항 또는 단항인지 여부를 판정하시오. (단, 말뚝의 길이는 15m)

[해답]
① $D = 1.5\sqrt{rl} = 1.5\sqrt{0.1 \times 15} = 1.84\text{m}$
② $D < d = 2\text{m}$ 이므로
∴ 단항

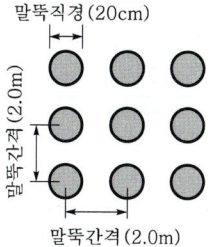

341

3.5×3.5m 정사각형 기초의 저면에 1.0m 간격으로 말뚝직경(D) = 30cm, 말뚝의 관입길이(L) = 12m인 말뚝을 9개 배치하였다. 외말뚝(Single Pile)과 무리말뚝(Group Pile) 여부를 판단하고 무리말뚝인 경우 말뚝기초 전체의 허용지지력을 구하시오. (단, 군항의 효율은 0.7이고 외말뚝 본당 허용지지력은 300kN임)

(1) 외말뚝 또는 무리말뚝 여부
(2) 말뚝기초 전체 허용지지력

[해답] (1) ① $D = 1.5\sqrt{rl} = 1.5\sqrt{0.15 \times 12} = 2.01\text{m}$
② $D > d = 1m$ 이므로 무리말뚝이다.
(2) $R_{ag} = ENR_a = 0.7 \times 9 \times 300 = 1,890\text{kN}$

342 ★★★★

지름 30cm인 나무말뚝 36본이 기초 슬래브를 지지하고 있다. 이 말뚝의 배치는 6열 각열 6본이다. 말뚝의 중심간격은 1.3m, 1본의 말뚝은 단독으로 150kN을 지지한다고 할 때, Converse Labarre 공식을 사용하여 군항의 지지력을 구하시오.

[해답]
① $\phi = \tan^{-1}\dfrac{D}{S} = \tan^{-1}\dfrac{0.3}{1.3} = 13.0°$
② $E = 1 - \phi\left[\dfrac{m(n-1)+(m-1)n}{90mn}\right] = 1 - 13 \times \left(\dfrac{6\times5+5\times6}{90\times6\times6}\right) = 0.76$
③ $R_{ag} = ENR_a = 0.76 \times 36 \times 150 = 4,104\,\text{kN}$

87 ③, 03 ③, 09 ③, 14 ③
23 ③

343 ★★

그림에서와 같이 20개의 말뚝으로 구성된 군항이 있다. 말뚝 1개의 허용지지력이 200kN일 때 말뚝 기초의 허용지지력은?

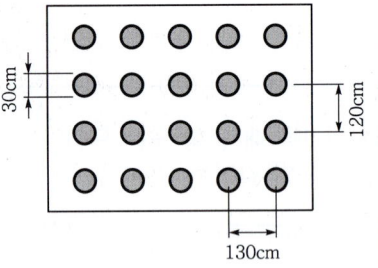

[해답]
① $\phi = \tan^{-1}\dfrac{D}{S} = \tan^{-1}\dfrac{30}{120} = 14.04°$
② $E = 1 - \phi\left[\dfrac{m(n-1)+(m-1)n}{90mn}\right]$
$= 1 - 14.04 \times \left(\dfrac{5\times3+4\times4}{90\times5\times4}\right) = 0.76$
③ $R_{ag} = ENR_a = 0.76 \times 20 \times 200 = 3,040\,\text{kN}$

95 ⑤, 99 ②, 00 ④

※ 참고
① S는 말뚝의 중심간격으로 좁은 간격값을 취한다.
② ϕ값의 단위는 도(°)이다.

344

점토지반 위에 15개의 마찰말뚝이 군항을 형성하며 놓여있다. 말뚝의 직경이 30cm이고 말뚝간의 간격이 1m이다. 말뚝재하시험 결과 말뚝 1개의 허용지지력이 100kN일 때 Converse-Labarre 공식을 사용하여 군항의 지지력을 구하시오.

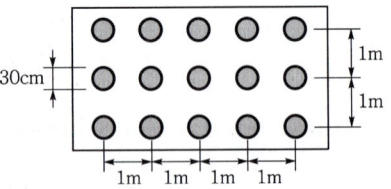

06 ③

[해답]
① $\phi = \tan^{-1}\dfrac{D}{S} = \tan^{-1}\dfrac{30}{100} = 16.7°$
② $E = 1 - \phi\left[\dfrac{m(n-1)+(m-1)n}{90mn}\right]$
$= 1 - 16.7 \times \left(\dfrac{3\times4+2\times5}{90\times3\times5}\right) = 0.73$
③ $R_{ag} = ENR_a = 0.73 \times 15 \times 100 = 1,095\,\text{kN}$

345 ★

깊이 20m이고, 폭이 30cm인 정방형 철근 콘크리트 말뚝이 두꺼운 균질한 점토층에 박혀있다. 이 점토의 전단강도는 60kN/m^2, 단위중량은 18kN/m^3이며, 부착력은 점착력의 0.9배이나, 지하수위는 지표면과 일치한다. 극한지지력을 구하시오. (단, $N_c = 9$, $N_q = 1$)

96 ③, 98 ②, 00 ③, 02 ③, 17 ②, 18 ③

[해답]
① $q_p = cN_c^* + q'N_q^* = 60 \times 9 + (8.2 \times 20) \times 1 = 704 \text{kN/m}^2$
   ($\because \tau = c + \bar{\sigma}\tan\phi$에서 $\tau = c = 60 \text{kN/m}^2$)
② $A_p = 0.3 \times 0.3 = 0.09 \text{m}^2$
③ $f_s = 0.9c = 0.9 \times 60 = 54 \text{kN/m}^2$
④ $A_s = 0.3 \times 4 \times 20 = 24 \text{m}^2$
⑤ $R_u = R_p + R_f = q_p A_p + f_s A_s = 704 \times 0.09 + 54 \times 24 = 1{,}359.36 \text{kN}$

346

주택단지를 조성하려고 현장조사를 하였더니 평균 비배수 전단강도가 50kN/m^2인 두꺼운 점토일 때, 아래 물음에 답하시오.

01 ①

(1) 직경 0.5m 말뚝을 점토지반 내 깊이 20m까지 박을 때 시공 직후의 극한하중의 크기는? (단, 주면부착요소 $\alpha = 0.82$, 말뚝과 지반 사이의 밀도차는 무시하고 $N_c = 9.0$으로 한다.)

(2) 말뚝간 중심간격을 2.5m로 유지하고, 12×10개의 직사각형 형태로 군말뚝을 설치할 때 허용하중의 크기는? (단, 안전율=3이고, 말뚝효율은 Converse-Labarre식을 사용할 것.)

[해답]
(1) ① $q_p = cN_c^* = 50 \times 9 = 450 \text{kN/m}^2$ ($\because \tau = c = 50 \text{kN/m}^2$)
   ② $A_p = \dfrac{\pi \times 0.5^2}{4} = 0.2 \text{m}^2$
   ③ $f_s = \alpha c = 0.82 \times 50 = 41 \text{kN/m}^2$
   ④ $A_s = \pi \times 0.5 \times 20 = 31.42 \text{m}^2$
   ⑤ $R_u = R_p + R_f = q_p A_p + f_s A_s$
      $= 450 \times 0.2 + 41 \times 31.42 = 1{,}378.22 \text{kN}$

(2) ① $\phi = \tan^{-1}\dfrac{D}{S} = \tan^{-1}\dfrac{0.5}{2.5} = 11.31°$
   ② $E = 1 - \phi\left[\dfrac{(m-1)n + m(n-1)}{90mn}\right]$
      $= 1 - 11.31 \times \left(\dfrac{11 \times 10 + 12 \times 9}{90 \times 12 \times 10}\right) = 0.77$
   ③ $R_{ag} = ENR_a = 0.77 \times 120 \times \dfrac{1{,}378.22}{3} = 42{,}449.18 \text{kN}$

347 ★★

94 ①, 96 ④, 99 ①, 00 ⑤, 02 ①, 04 ①, 12 ①, 14 ②

직경 300mm RC 말뚝을 평균 비배수 일축압축강도가 20kN/m^2인 포화점토지반에 1m 간격으로 가로방향 3개, 세로방향 4개씩 15m 깊이까지 타입하였다. 아래의 물음에 답하시오. (단, 점토지반의 지지력계수 $N_c' = 9$이며, 점착계수 $\alpha = 1.25$이다. 또한, 말뚝 자체의 중량은 무시하고 안전율은 3으로 하며, 무리말뚝의 효율은 Converse-Labarre식에 의한다.)

(1) 말뚝 한 개가 받을 수 있는 최대 하중
(2) 무리말뚝의 효율
(3) 무리말뚝의 허용지지력

[해답] (1) ① $q_u = 2c$ $20 = 2c$ ∴ $c = 10\text{kN/m}^2$

② $A_p = \dfrac{\pi \cdot D^2}{4} = \dfrac{\pi \times 0.3^2}{4} = 0.07\text{m}^2$

③ $f_s = \alpha c = 1.25 \times 10 = 12.5\text{kN/m}^2$

④ $R_u = R_p + R_f = (cN_c^* + q'N_q^*)A_p + f_s u l$
    $= (10 \times 9) \times 0.07 + 12.5 \times (\pi \times 0.3) \times 15 = 183.01\text{kN}$

(2) ① $\phi = \tan^{-1}\dfrac{D}{S} = \tan^{-1}\dfrac{0.3}{1} = 16.70°$

② $E = 1 - \phi\left[\dfrac{(m-1)n + m(n-1)}{90mn}\right] = 1 - 16.7 \times \left[\dfrac{2 \times 4 + 3 \times 3}{90 \times 3 \times 4}\right]$
    $= 0.74$

(3) ① $R_a = \dfrac{R_u}{F_s} = \dfrac{183.01}{3} = 61\text{kN}$

② $R_{ag} = ENR_a = 0.74 \times 12 \times 61 = 541.68\text{kN}$

348

96 ④

말뚝의 마찰저항력 $Q_s = \Sigma P \Delta L f$에서 단위마찰저항력 $f = K\overline{\sigma_v}'\tan\delta$인데 유효수직응력 σ_v'는 일반적으로 말뚝직경의 몇 배 깊이까지 증가하다가 거의 일정한 것으로 보는가?

[해답] 15배(15~20배를 사용하나 안전한 값은 15배이다.)

---

349 ★

00 ④, 03 ①

그림과 같이 길이 10m, 직경 40cm의 원형 말뚝이 점토지반에 설치되었다. 전주면마찰력을 α 방법으로 구하시오.

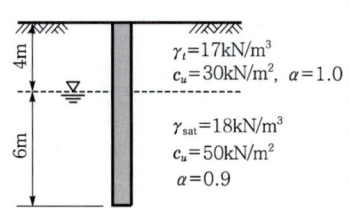

[해답] $R_f = f_{s1} A_{s1} + f_{s2} A_{s2}$
$= \alpha_1 c_1 \cdot A_{s1} + \alpha_2 c_2 \cdot A_{s2}$
$= (1 \times 30) \times \pi \times 0.4 \times 4 + (0.9 \times 50) \times \pi \times 0.4 \times 6$
$= 490.09 \, \text{kN}$

350

그림과 같은 직경 45cm, 길이 18.0m의 현장콘크리트 말뚝에 대한 주면마찰력을 계산하시오. (단, 횡방향 토압계수 $K=1.0$, 부착계수(adhesion factor)는 0.40, 말뚝과 흙과의 마찰각은 0.5ϕ로 함.)

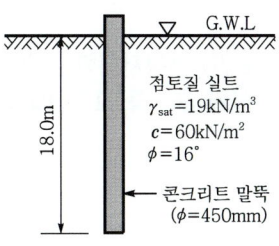

[해답] (1) 사질토의 마찰저항력

$\overline{\sigma_v}'$의 임계깊이 $L' = 15D$이므로 $Z = 15D$에서
$\overline{\sigma_v} = \gamma_{\text{sub}} \cdot 15D = 9.2 \times (15 \times 0.45) = 62.1 \, \text{kN/m}^2$

① $Z = 0 \sim 15D$
  ㉠ $f_{av} = K \overline{\sigma_v} \tan\delta = 1 \times \dfrac{62.1}{2} \times \tan(0.5 \times 16°)$
  $= 4.36 \, \text{kN/m}^2$
  ㉡ $R_{f1} = f_{av} A_s = f_{av} (\pi D \times 15D)$
  $= 4.36 \times (\pi \times 0.45 \times 15 \times 0.45)$
  $= 41.61 \, \text{kN}$

② $Z = 15D \sim 18 \text{m}$
  ㉠ $f_{av} = K \overline{\sigma_v} \tan\delta = 1 \times 62.1 \times \tan(0.5 \times 16°)$
  $= 8.73 \, \text{kN/m}^2$
  ㉡ $R_{f2} = f_{av} A_s = 8.73 \times [\pi \times 0.45 \times (18 - 6.75)]$
  $= 138.84 \, \text{kN}$

③ $R_f = R_{f1} + R_{f2}$
  $= 41.61 + 138.84$
  $= 180.45 \, \text{kN}$

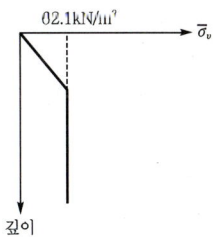

(2) 점토의 마찰저항력
① $f_s = \alpha c = 0.4 \times 60 = 24 \, \text{t/m}^2$
② $R_f = f_s \cdot A_s = 24 \times (\pi \times 0.45 \times 18)$
  $= 610.73 \, \text{kN}$

(3) 전체 마찰저항력 $= 180.45 + 610.73 = 791.18 \, \text{kN}$

351 ★

pile 이론에서 λ, α, β 방법을 이용하는 것은 어느 지반의 pile의 무엇을 구하는 방법들인가?

해답 점토의 마찰(주면)저항력

352

점토지반말뚝의 단위마찰(표면) 부착저항력을 구하는 방법은 λ, α, β 방법 중 발생된 과잉간극수압이 소산된 후, 즉 교란상태의 유효응력 정수에 근거한 방법은?

해답 β 방법

353 ★

그림과 같이 표준관입값이 다른 3종의 모래지층으로 되어 있는 기초지반에 지름 30cm, 길이 12m의 콘크리트 말뚝을 박았을 때 말뚝의 허용지지력을 안전율 3으로 하여 Meyerhof의 공식으로 구하시오.

해답

(1) ① $A_p = \dfrac{\pi D^2}{4} = \dfrac{\pi \times 0.3^2}{4} = 0.07 \, \text{m}^2$

② $A_s = \pi D l = \pi \times 0.3 \times 12 = 11.31 \, \text{m}^2$

③ $\overline{N_s} = \dfrac{N_1 h_1 + N_2 h_2 + N_3 h_3}{h_1 + h_2 + h_3} = \dfrac{10 \times 3 + 20 \times 4 + 40 \times 5}{3 + 4 + 5} = 25.83$

④ $R_u = 40 N A_p + \dfrac{1}{5} \overline{N_s} A_s$

$= 40 \times 40 \times 0.07 + \dfrac{1}{5} \times 25.83 \times 11.31 = 170.43 \, \text{t} = 1{,}670.21 \, \text{kN}$

(2) $R_a = \dfrac{R_u}{F_s} = \dfrac{1{,}670.21}{3} = 556.74 \, \text{kN}$

※ 참고

$R_u = 40 N A_p + \dfrac{1}{5} \overline{N_s} A_s$

$= 40 \times 40 \times 0.07$

$\quad + \dfrac{1}{5}(10 \times \pi \times 0.3 \times 3$

$\quad + 20 \times \pi \times 0.3 \times 4$

$\quad + 40 \times \pi \times 0.3 \times 5)$

$= 170.43 \, \text{t} = 1{,}670.21 \, \text{kN}$

354 ★★★★

그림과 같은 지층에 직경 400mm의 말뚝이 항타되어 박혀있을 때의 극한지지력은 얼마인가? (단, Meyerhof식을 적용)

[해답] ① $A_p = \dfrac{\pi D^2}{4} = \dfrac{\pi \times 0.4^2}{4} = 0.13\,\text{m}^2$

② $A_s = \pi D l = \pi \times 0.4 \times 22 = 27.65\,\text{m}^2$

③ $\overline{N_s} = \dfrac{N_1 h_1 + N_2 h_2 + N_3 h_3}{h_1 + h_2 + h_3} = \dfrac{5 \times 5 + 8 \times 13 + 45 \times 4}{5 + 13 + 4} = 14.05$

④ $R_u = 40 N A_p + \dfrac{1}{5}\overline{N_s} A_s = 40 \times 45 \times 0.13 + \dfrac{1}{5} \times 14.05 \times 27.65 = 311.7\,\text{t}$
$= 3{,}054.66\,\text{kN}$

355 ★★
96 ④, 98 ③, 04 ③

균질한 사질토($c = 0$)에 타입된 콘크리트 말뚝의 길이가 12m이고, 말뚝은 한 변이 30cm인 정사각형 단면이다. 사질토의 표준관입시험치 N이 20으로 균일할 때 말뚝의 극한지지력을 Meyerhof 공식을 사용하여 구하시오.

[해답] ① $A_p = 0.3 \times 0.3 = 0.09\,\text{m}^2$

② $A_s = 0.3 \times 4 \times 12 = 14.4\,\text{m}^2$

③ $R_u = 40 N A_p + \dfrac{1}{5}\overline{N_s} A_s = 40 \times 20 \times 0.09 + \dfrac{1}{5} \times 20 \times 14.4 = 129.6\,\text{t}$
$= 1{,}270.08\,\text{kN}$

356 ★★★★
94 ①②, 99 ①, 00 ②, 03 ③, 07 ③, 10 ②, 12 ③, 14 ②, 21 ②

Meyerhof 공식을 이용하여 콘크리트 말뚝 지름 30cm, 길이 14m인 말뚝을 표준관입치가 다른 3종의 지층으로 되어 있는 기초지반에 박을 경우 말뚝의 허용지지력을 구하시오. (단, 안전율은 3으로 계산하고, 최종 계산값을 소수 3째자리에서 반올림할 것.)

[해답] (1) ① $A_p = \dfrac{\pi D^2}{4} = \dfrac{\pi \times 0.3^2}{4} = 0.07\,\text{m}^2$

② $A_s = \pi D l = \pi \times 0.3 \times 14 = 13.19\,\text{m}^2$

③ $\overline{N_s} = \dfrac{N_1 h_1 + N_2 h_2 + N_3 h_3}{h_1 + h_2 + h_3} = \dfrac{5 \times 3 + 8 \times 5 + 13 \times 6}{3 + 5 + 6} = 9.5$

④ $R_u = 40 N A_p + \dfrac{1}{5}\overline{N_s} A_s$
$= 40 \times 13 \times 0.07 + \dfrac{1}{5} \times 9.5 \times 13.19 = 61.46\,\text{t} = 602.31\,\text{kN}$

(2) $R_a = \dfrac{R_u}{F_s} = \dfrac{602.31}{3} = 200.77\,\text{kN}$

357

다음과 같은 조건의 지층에 직경 350mm의 강관말뚝(관입깊이 22m)을 타입 시공하였다. 허용지지력을 Meyerhof방법을 이용하여 구하시오. (단, 말뚝선단은 완전히 폐색된 것으로 가정하며, 안전율은 3을 사용하시오.)

조건
지표로부터 0~5m 느슨한 모래 $N_1 = 5$
5~18m 실트질 모래 $N_2 = 8$
18~22m 촘촘한 모래 $N_3 = 45$

해답

① $A_p = \dfrac{\pi D^2}{4} = \dfrac{\pi \times 0.35^2}{4} = 0.1 \, \text{m}^2$

② $A_s = \pi D l = \pi \times 0.35 \times 22 = 24.19 \, \text{m}^2$

③ $\overline{N_s} = \dfrac{N_1 h_1 + N_2 h_2 + N_3 h_3}{h_1 + h_2 + h_3} = \dfrac{5 \times 5 + 8 \times 13 + 45 \times 4}{5 + 13 + 4} = 14.05$

④ $R_u = 40 N A_p + \dfrac{1}{5}\overline{N_s} A_s = 40 \times 45 \times 0.1 + \dfrac{1}{5} \times 14.05 \times 24.19 = 247.97 \, \text{t}$
$= 2,430.11 \, \text{kN}$

⑤ $R_a = \dfrac{R_u}{F_s} = \dfrac{2,430.11}{3} = 810.04 \, \text{kN}$

358

다음 그림과 같이 수평방향으로 100kN의 하중이 작용할 때 말뚝머리의 수평변위는 얼마나 발생하겠는가?

- 말뚝직경 $D = 400\text{mm}$
- 수평지반 반력계수 $K_h = 30,000 \, \text{kN/m}^3$
- $\beta = \sqrt[4]{\dfrac{K_h D}{4 EI}} = 0.3 \, \text{m}^{-1}$

해답 $\delta = \dfrac{2\beta H}{KD} = \dfrac{2 \times 0.3 \times 100}{30,000 \times 0.4}$
$= 0.005\text{m} = 0.5\text{cm}$

359

그림과 같이 9개의 말뚝이 군항을 이루고 있다. A점에 600kN의 하중이 가해질 때 1번 말뚝에 가해지는 하중을 구하시오.

[해답] $P_n = \dfrac{P}{n} \pm \dfrac{M_y \cdot x}{\Sigma x^2} \pm \dfrac{M_x \cdot y}{\Sigma y^2}$ 에서

$P_1 = \dfrac{600}{9} - \dfrac{(600 \times 0.2) \times 0.5}{0.5^2 \times 6} + \dfrac{(600 \times 0.15) \times 0.5}{0.5^2 \times 6} = 56.67 \text{kN}$

360

그림에서와 같이 9개의 말뚝으로 구성된 군항에서 A점에 450kN의 힘이 가해지고 있다. 1, 6, 8번 말뚝에 가해지는 하중은?

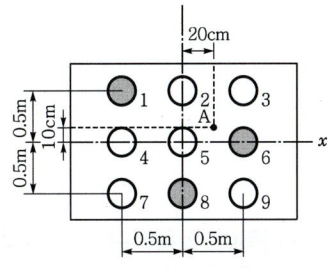

[해답] $P_n = \dfrac{P}{n} \pm \dfrac{M_y \cdot x}{\Sigma x^2} \pm \dfrac{M_x \cdot y}{\Sigma y^2}$

① $P_1 = \dfrac{450}{9} - \dfrac{(450 \times 0.2) \times 0.5}{6 \times 0.5^2} + \dfrac{(450 \times 0.1) \times 0.5}{6 \times 0.5^2} = 35 \text{kN}$

② $P_6 = \dfrac{450}{9} + \dfrac{(450 \times 0.2) \times 0.5}{6 \times 0.5^2} + 0 = 80 \text{kN}$

③ $P_8 = \dfrac{450}{9} + 0 - \dfrac{(450 \times 0.1) \times 0.5}{6 \times 0.5^2} = 35 \text{kN}$

361 ★★★

95 ④, 97 ④, 99 ②, 00 ③, 06 ①, 10 ③, 13 ①, 18 ②

다음과 같이 배치된 말뚝 A, B에 작용하는 하중을 검토(계산)하시오. (단, 말뚝의 부마찰력, 군항의 효과, 기초와 흙과의 사이에 작용하는 토압은 무시한다.)

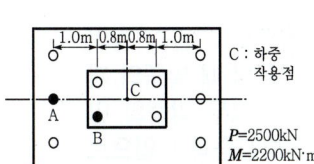

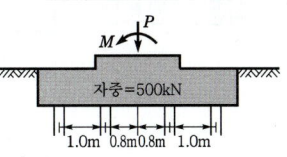

[해답] (1) $P = 2500 + 500 = 3000 \text{kN}$

(2) $P_n = \dfrac{P}{n} \pm \dfrac{M_y \cdot x}{\Sigma x^2} \pm \dfrac{M_x \cdot y}{\Sigma y^2}$

① $P_A = \dfrac{3000}{10} + \dfrac{2200 \times 1.8}{6 \times 1.8^2 + 4 \times 0.8^2} + 0$
$= 480 \text{kN}$

② $P_B = \dfrac{3000}{10} + \dfrac{2200 \times 0.8}{6 \times 1.8^2 + 4 \times 0.8^2} + 0$
$= 380 \text{kN}$

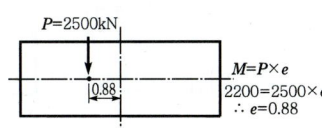

362

다음과 같은 지반상에 점선과 같은 굴착공사를 실시한다. 이러한 공사로 말미암아 건물 주변이 침하하여 결국 구조물 기초의 파괴에까지 이르렀다면 말뚝 주위의 연약지반이 말뚝에 미치는 영향력은 무엇인가?

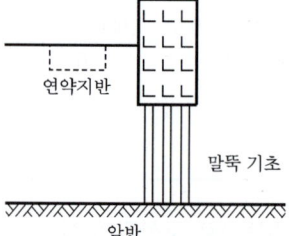

해답 부마찰력(negative skin friction)

363 ★★

말뚝이 통과하는 토층의 침하량이 말뚝선단의 침하량보다 큰 경우 부마찰력(negative skin friction)이 작용하게 된다. 이러한 부마찰력을 감소시키는 방법을 3가지 쓰시오.

해답
① 표면적이 작은 말뚝(H-형강 말뚝)을 사용하는 방법
② 말뚝지름보다 크게 pre-boring하는 방법
③ 말뚝지름보다 약간 큰 casing을 박는 방법
④ 말뚝표면에 역청재를 칠하는 방법

364 ★

중력식 옹벽의 기초 보강용으로 그림과 같이 단위길이당 2본의 말뚝을 시공할 때 말뚝의 개당 허용연직응력이 150kN인 경우 말뚝의 안전성을 검토하시오. (단, 옹벽자중과 토압으로 인한 총 연직력은 140kN이며, 작용 모멘트는 100kN·m이다.)

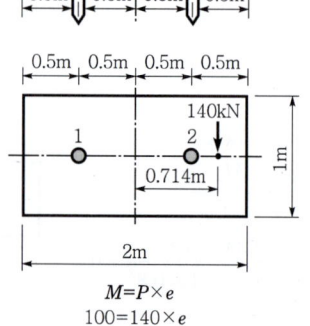

해답 $P_n = \dfrac{P}{n} \pm \dfrac{M_y \cdot x}{\Sigma x^2}$

① $P_1 = \dfrac{140}{2} - \dfrac{100 \times 0.5}{2 \times 0.5^2} = -30\,\text{kN}(\text{인장})$

② $P_2 = \dfrac{140}{2} + \dfrac{100 \times 0.5}{2 \times 0.5^2} = 170\,\text{kN}(\text{압축})$

∴ 불안정

$M = P \times e$
$100 = 140 \times e$
∴ $e = 0.714\,\text{m}$

365 ★

말뚝 기초에 발생하는 부마찰력의 발생원인을 4가지만 쓰시오.

[해답]
① 연약한 점토층의 압밀침하
② 연약한 점토층 위의 성토(사질토) 하중
③ 지하수위 저하
④ 말뚝을 타설하여 과잉공극수압이 발생한 후 시간의 경과에 따라 과잉공극수압이 소산되는 경우
⑤ 말뚝주변지반이 말뚝의 침하량보다 상대적으로 큰 침하를 일으키는 경우

366

연약지반에서 말뚝 기초를 시공했을 때, 연약지반은 상재하중 등에 의해 지반침하가 발생하고 이 지반침하에 따라 말뚝은 하향력을 받게 되어 말뚝의 지지력이 감소되는데, 이때의 하향력을 무엇이라 하는가?

[해답] 부주면 마찰력(negative skin friction)

367 ★★

다음 물음에 답하시오.

(1) 부마찰력의 정의를 쓰시오.
(2) 부마찰력 발생원인 2가지를 쓰시오.
(3) 지반의 일축압축강도가 19kN/m²인 연약점성토층을 직경 40cm의 철근콘크리트 파일로 관입깊이 13m를 관통하여 박았을 때 부마찰력을 구하시오.

[해답] (1) 부마찰력의 정의
연약층의 침하에 의하여 말뚝주면 침하량이 말뚝의 침하량보다 상대적으로 클 때 말뚝을 아래로 끌어내리려는 주면마찰력을 부마찰력이라 한다.
(2) 부마찰력의 발생원인
① 지반 중에 연약한 점토층의 압밀침하
② 연약한 점토층 위의 성토(사질토) 하중
③ 지하수위 저하
(3) $R_{nf} = f_n A_s = \dfrac{q_u}{2} \pi Dl$
$= \dfrac{19}{2} \times (\pi \times 0.4 \times 13) = 155.19 \text{kN}$

368 ★★

지반의 일축압축강도가 $18kN/m^2$인 연약 점성토층을 직경 40cm의 철근 콘크리트 파일로 관입깊이 12m를 관통하여 박았을 때 부마찰력(negative friction)을 구하시오.

[해답] $R_{nf} = f_n A_s = \dfrac{q_u}{2} \pi Dl$

$= \dfrac{18}{2} \times (\pi \times 0.4 \times 12) = 135.72 kN$

369 ★★

그림과 같은 항타 기록을 보고 Hiley식을 이용하여 허용지지력을 산정하시오. (단, 안전율은 3, 타격에너지 6000kN·cm, 해머중량 20kN, 반발계수 0.5, 말뚝무게 40kN, 해머효율은 50%, $C_1 + C_2 + C_3$ = 리바운드 양으로 가정한다.)

[조건]
Hiley식

$R_u = \dfrac{W_h he}{S + \dfrac{1}{2}(C_1 + C_2 + C_3)} \left(\dfrac{W_h + n^2 W_p}{W_h + W_p} \right)$

[해답] ① $R_u = \dfrac{W_h he}{S + \dfrac{1}{2}(C_1 + C_2 + C_3)} \left(\dfrac{W_h + n^2 W_p}{W_h + W_p} \right)$

$= \dfrac{6000 \times 0.5}{0.5 + \dfrac{1}{2} \times 1} \times \dfrac{20 + 0.5^2 \times 40}{20 + 40} = 1500 kN$

② $R_a = \dfrac{R_u}{F_s} = \dfrac{1500}{3} = 500 kN$

370 ★★

기초말뚝의 설계에 있어서 말뚝이 지지하는 안전하중을 100kN으로 하고, 추의 무게 4000N, 낙하고 3.0m로 하면 말뚝의 침하량이 몇 cm에 달하면 하중을 안정하게 지지할 수 있는지 샌더(sander) 공식에 의하여 구하시오.

[해답] $R_a = \dfrac{W_H H}{8S}$ $100 = \dfrac{4 \times 300}{8 \times S}$

$\therefore S = 1.5 cm$

371 ★★★

직경 30cm, 길이가 5m인 원심력 철근콘크리트 말뚝을 낙하고가 2m, 추의 무게가 20kN인 단동식 해머로 1회 타격했을 때 말뚝의 침하량이 1cm이었을 때 이 말뚝의 허용지지력을 구하시오. (단, Engineering News Record 공식을 적용)

[해답]
① $R_u = \dfrac{W_h H}{S+0.254} = \dfrac{20 \times 200}{1+0.254} = 3{,}189.79\,\text{kN}$

② $R_a = \dfrac{R_u}{F_s} = \dfrac{3{,}189.79}{6} = 531.63\,\text{kN}$

372

드롭 해머의 무게가 3000N, 추의 낙하고 1.8m, 1회 타격으로 말뚝의 침하량이 2cm이었다. 이때, 말뚝의 허용지지력을 샌더(sander) 공식을 이용하여 구하시오.

[해답] $R_a = \dfrac{wh}{8S} = \dfrac{3000 \times 180}{8 \times 2} = 33{,}750\,\text{N}$

373 ★

외경 30cm, 두께 6cm, 길이 10m인 원심력 철근 콘크리트 말뚝을 무게 20kN인 drop hammer로 박는다. hammer의 낙하고가 3m일 때, 1회 타격당 최종 침하량이 2cm이면 지지력은 얼마인가? (단, Engineering News Record의 공식 적용)

[해답]
① $R_u = \dfrac{W_h H}{S+2.54} = \dfrac{20 \times 300}{2+2.54} = 1{,}321.59\,\text{kN}$

② $R_a = \dfrac{R_u}{F_s} = \dfrac{1{,}321.59}{6} = 220.27\,\text{kN}$

374 ★★

우물통 기초는 오픈 케이슨 또는 웰 공법이라고도 부르며 교각, 옹벽 등의 기초에 많이 사용되는 공법이다. 이 우물통 기초의 장점에 대하여 4가지만 쓰시오.

[해답]
① 침하깊이에 제한이 없다.
② 기계설비가 비교적 간단하다.
③ 무진동으로 시공할 수 있어서 시가지 공사에도 적합하다.
④ 공사비가 저렴하다.

375 *

케이슨 침하 시 케이슨의 주면마찰력을 감소시키기 위해 날끝 부근에서 공기, 물 또는 그 외 혼합물을 분사시켜 침하를 촉진시키는 공법은?

해답 jet(분사식) 공법

93 ①, 97 ④

376 ****

케이슨기초의 침하공법을 5가지만 쓰시오.

해답
① 재하중식 침하공법   ② jet(분사식) 공법
③ 물하중식 침하공법   ④ 발파에 의한 공법
⑤ 케이슨 내 수위저하공법

92 ①, 94 ④, 00 ④, 11 ③, 16 ③

377 *

open caisson의 침하 시 굴착방법 3가지를 쓰시오.

해답 ① 인력굴착   ② 기계굴착   ③ 수중굴착

84 ③, 92 ④

378 *

우물통 기초의 침하 시 편위의 원인을 4가지 쓰시오.

해답
① 유수, 파랑 등의 수평하중
② 지층의 경사 또는 연약지반으로 인한 슈의 지지력 불균등
③ 침하하중의 불균등
④ 호박돌, 전석, 유목(流木) 등의 장애물

03 ①, 22 ①

✱ 참고
① 정확한 거치를 하고 제1 Lot를 짧게 타설하여 정확하게 침설한다.
② 편위의 수정은 침하심도가 얕을 때에는 용이하나 심도가 깊어지면 곤란하므로 깊어지기 전에 반대편을 굴착하여 재하하는 등의 방법으로 위치와 경사를 수정한다.

379

다음은 오픈 케이슨(open caisson)의 시공방법이다. 시공순서대로 번호를 쓰시오.

96 ⑤

보기
① 케이슨 하부에 수중 콘크리트를 타설하여 바닥을 막는다.
② 모래, 자갈이나 콘크리트 등으로 속채움을 한다.
③ 케이슨 제1 로드를 소정의 위치에 놓고 그래브 버킷(grab bucket)으로 케이슨 내의 흙을 굴착하여 침하시킨다.
④ 케이슨 상부는 완전히 육상시공에 의하여 콘크리트를 쳐서 상부 슬래브를 만든다.
⑤ 저면 콘크리트(concrete seal)가 양생이 되면 케이슨 내의 물을 펌프로 퍼낸다.
⑥ 다음 로드를 연결하고 작업을 진행하여 지지층까지 침하시킨다.

해답 ③ → ⑥ → ① → ⑤ → ② → ④

380

정통공법에서 정통의 제자리 거치 중 제1 로드는 직접 지반을 파고들어가는 부분이므로 특별히 견고하게 한 구조인 철제 커브 슈(curve shoe)를 붙인다. 이 커브 슈는 토질의 종류에 따라 각도를 다르게 한다. 다음의 토질에서 커브 슈의 날카로운 것부터 순서를 쓰시오.

| 보기 | ① 단단한 지반 ② 연약지반 ③ 중간 정도의 지반 |

해답 ① → ③ → ②

92 ③

✱ **참고**
curve shoe의 각도
① 경지반 : 30°
② 중간지반 : 45°
③ 연약지반 : 60°

381 ★

정통공법에서 케이슨의 수중 거치방법을 3가지만 쓰시오.

해답 ① 축도법 ② 비계식(발판식)법 ③ 부동식(예항식)법

92 ②④, 95 ⑤, 05 ①, 07 ③, 08 ②

382 ★

케이슨(caisson)은 깊은 기초 중 지지력과 수평저항력이 가장 큰 기초 형식이다. 시공방법에 따라 3가지로 분류하시오.

해답
① 오픈 케이슨(open caisson)
② 공기 케이슨(pneumatic caisson)
③ 박스 케이슨(box caisson)

95 ①, 03 ③, 06 ①, 07 ①, 09 ③, 10 ②

383

케이슨을 진수하는 공법 3가지를 쓰시오.

해답
① 기중기선 진수   ② 건선거 진수
③ 부선거 진수   ④ 경사로 진수
⑤ 사상진수   ⑥ 가체절방식 진수

24 ①

✱ **참고** 대형 caisson 진수방법
① 기중기선 진수 : 크레인을 사용하여 진수
② 건선거(dry dock) 진수 : 케이슨 제작 후 선박에 물을 채워 진수
③ 부선거(floating dock) 진수 : 부선거 위에서 케이슨 제작 후 진수
④ 경사로 진수 : 경사로에 레일을 설치하여 진수
⑤ 사상 진수 : 케이슨 하부의 모래지반을 준설하여 진수

384 ★★

공기케이슨 공법과 비교하였을 때 오픈케이스 공법의 시공상 단점을 3가지만 쓰시오.

[해답]
① 기초지반 토질의 확인, 지지력 측정이 곤란하다.
② 저부 콘크리트의 수중시공으로 품질이 저하된다.
③ 중심이 높아져서 케이슨이 경사질 우려가 있다.
④ 굴착 시 boiling, heaving의 우려가 있다.
⑤ 굴착 중 장애물이 있거나 수중굴착일 경우 공기가 길어진다.

89 ②, 13 ③, 18 ①

385 ★★

공기 케이슨(pneumatic caisson) 공법의 단점 4가지를 쓰시오.

[해답]
① 압축공기를 이용하여 시공하므로 기계설비가 비싸다.
② 노무자의 모집이 곤란하며 노무비가 비싸다.
③ 케이슨병이 발생한다.
④ 소음과 진동이 크므로 도심지 공사에서는 부적당하다.
⑤ 굴착깊이에 제한이 있다.

85 ①, 94 ①, 03 ②

386 ★★

지중에 설치하는 기초 케이슨 중에 공기 케이슨은 많은 장비와 인력이 필요하고 공사비가 많이 소요되므로 특수한 경우가 아니면 사용하지 않는다. 공기 케이슨이 사용되는 경우를 3가지 쓰시오.

[해답]
① 인접구조물의 안전을 위해 기존 지반의 교란을 최소화해야 할 경우
② 기존구조물에 인접하여 깊이가 더 깊은 구조물의 기초를 시공해야 할 경우
③ 전석층이나 호박돌층 또는 깊게 깔린 풍화암층을 관통해야 할 경우
④ 기초 암반이 경사졌거나 불규칙할 경우

01 ①, 09 ②, 17 ③

> 참고
> 공기 케이슨은 많은 특수 장비와 전문인력이 필요하고, 공사비가 많이 소요되므로 상기와 같은 특수한 경우가 아니면 사용하지 않는다.

387

우물통 기초에서 우물통의 수직하중을 W, 단위면적당 주면마찰력을 f_s, 우물통 흙의 주변장을 u, 우물통의 관입깊이를 h, 지반의 극한지지력을 q_u, 날 끝의 면적을 A, 부력을 B라 할 때, 다음 물음에 답하시오.

(1) 우물통 기초의 침하조건식을 쓰시오.
(2) $W=200$kN, $f_s=2$kN/m², $u=10$m, $h=3$m, $q_u=150$kN/m², $A=0.5$m², $B=3$kN이라 할 때 침하조건을 계산하시오.

[해답]
(1) $W > F + Q + B = f_s uh + q_u A + B$
(2) 200kN > 2×10×3+150×0.5+3=138kN이므로 침하가 일어난다.

99 ④

388 ★★
[04 ②, 21 ②, 23 ③]

우물통 케이슨 기초의 수직하중이 W, 주면마찰력이 F, 선단부 지지력이 Q, 부력이 B일 때 침하조건식을 작성하고, 적절한 침하촉진방법을 2가지만 쓰시오.

[해답]
(1) 침하조건식
$$W > F + Q + B$$
(2) 침하촉진방법
① 재하중식 공법   ② 분사(jet)식 공법
③ 물하중식 공법   ④ 발파에 의한 공법

389 ★
[01 ②, 05 ②]

오픈 케이슨(우물통) 공법과 공기 케이슨 공법에서의 침하조건은 다르다. 각각의 공식을 제시하여 그 차이점을 설명하시오.

[해답]

구 분	오픈 케이슨 공법	공기 케이슨 공법
침하조건	$W > F + Q + B$	$W > U + F + Q + B$
용어설명	W : 케이슨 수직하중(자중+재하중)(ton) U : 작업공기에 의한 양압력(ton) F : 총 주면마찰력(ton) Q : 선단지지력(ton) B : 부력(ton)	

390 ★
[94 ①, 99 ①]

통상 토목구조물 기초의 경우 구조물의 내진설계방법을 3가지 쓰시오.

[해답]
① 정적해석법
② 반응 스펙트럼 해석법
③ 시간 이력해석법

> **✱ 참고** 내진설계법
> (1) 정적해석법(의사 정적방법)
>   동적하중을 환산등가 정적하중으로 환산하여 정적해석을 하는 방법
> (2) 동적해석법
>   ① 반응 스펙트럼 해석법 : 어느 지진 또는 다수의 지진기록을 기본으로 한 반응 스펙트럼(response spectrum)을 사용하여 진동계의 최대 응답치를 구하는 방법
>   ② 시간 이력해석법 : 그 지역에 적당하다고 생각되는 지진파를 작동시켜 진동의 response를 시간별로 구하는 방법

391

언더피닝(underpining) 공법이 적용되는 경우를 3가지 쓰시오.

[해답] ① 기존 기초의 지지력이 불충분한 경우
② 신구조물을 축조할 때 기존 기초에 접근하여 굴착하는 경우
③ 기존구조물의 직하에 신구조를 만드는 경우
④ 구조물을 이동하는 경우

*참고
underpining 공법
기존구조물에 대해 기초부분을 신설, 개축 또는 증강하는 공법이다.

01 ③

392

토목공사의 토질조사 시 시행하는 표준관입시험의 "N치"의 정의를 간단히 설명하고, 이 결과로 얻어지는 "N치"로 추정되는 사항을 3가지 쓰시오

(1) 정의
(2) N치의 추정

[해답] (1) (63.5±0.5)kg의 해머를 (76±1)cm의 높이에서 자유낙하시켜 표준관입시험용 샘플러를 30cm 관입시키는데 필요한 타격 횟수
(2) ① 내부마찰각(ϕ)
② 상대밀도(D_r)
③ 지지력계수
④ 탄성계수

21 ①

393

정지토압을 적용하는 구조물 3가지를 쓰시오.

[해답] ① 암거(box culvert)
② 지하실
③ 지하배수시설

21 ③

394

다음과 같은 그림에서 횡방향 수평토압 문제를 계산하시오.

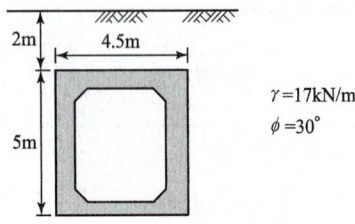

21 ①

(1) 깊이 2m, 7m에 대한 수평토압을 구하시오.
(2) 그림을 보고 토압분포를 그리시오.

[해답] (1) ① $K_o = 1 - \sin\phi = 1 - \sin 30° = 0.5$
$\sigma_{ho} = \gamma_t h_1 K_o = 17 \times 2 \times 0.5 = 17 \text{kN/m}^2$
② $\sigma_{ho} = \gamma_t h_2 K_o = 17 \times 7 \times 0.5 = 59.5 \text{kN/m}^2$
(2)

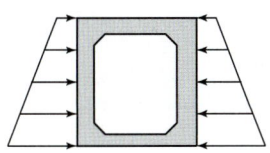

395

그림과 같은 박스암거(Box Culvert)를 땅속에 설치하였을 때 다음 물음에 답하시오. (단, 암거 상판두께는 0.30m이고 측벽의 두께는 0.35m, 저판의 두께는 0.40m, 흙의 포화단위중량은 22.0kN/m^3, 콘크리트의 단위중량은 23.0kN/m^3, 흙의 내부마찰각은 30°이다.)

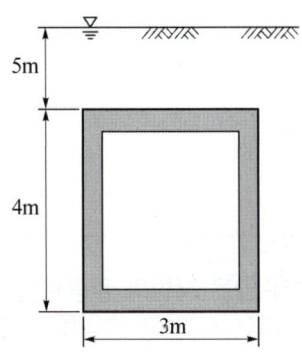

(1) 박스 암거 깊이 5m에 대한 연직응력을 구하시오.
(2) 박스 암거 깊이 5m, 9m에 대한 수평응력(정지토압)을 구하시오.
 ① 5m에 대한 수평응력을 구하시오.
 ② 9m에 대한 수평응력을 구하시오.

[해답] (1) $\sigma_v = \gamma_{sat} h = 22 \times 5 = 110 \text{kN/m}^2$
(2) ① $K_o = 1 - \sin\phi = 1 - \sin 30° = 0.5$
$\sigma_{ho} = \gamma_{sub} h K_o + \gamma_w h$
$= (22 - 9.8) \times 5 \times 0.5 + 9.8 \times 5 = 79.5 \text{kN/m}^2$
② $\sigma_{ho} = (22 - 9.8) \times 9 \times 0.5 + 9.8 \times 9 = 143.1 \text{kN/m}^2$

396

다음 물음에 답하시오.

(1) 히빙의 정의를 간단하게 쓰시오.
(2) 그림과 같이 시공되어 있는 널말뚝에서 히빙에 대한 안전을 검토하시오.
    (단, 안전율 $F=1.2$이다.)

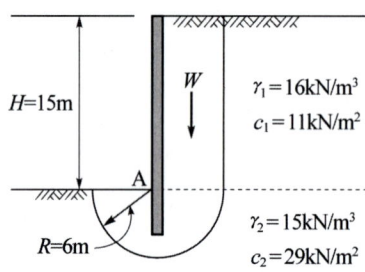

해답 (1) 연약한 점토지반의 굴착 시 흙막이벽 전·후의 흙의 중량차이 때문에 굴착저면이 부풀어오르는 현상

(2) ① $M_d = (\gamma_1 H + q)\dfrac{R^2}{2} = (16 \times 15 + 0) \times \dfrac{6^2}{2} = 4320 \text{kN} \cdot \text{m}$

　② $M_r = c_1 HR + c_2 \pi R^2 = 11 \times 15 \times 6 + 29 \times \pi \times 6^2 = 4269.82 \text{kN} \cdot \text{m}$

　③ $F_s = \dfrac{M_r}{M_d} = \dfrac{4269.82}{4320} = 0.99 < 1.2$

　∴ heaving의 우려가 있다.

397

그림과 같이 배수가 양호한 지반과 배수가 잘 되지 않은 지반의 주동토압을 구하고 토압 분포도를 그리시오. (단, $\gamma_{\text{sat}} = 9.81 \text{kN/m}^3$이고 수압에 의한 토압도 고려하여라.)

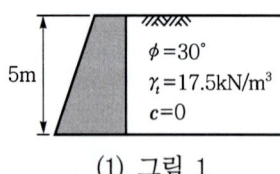
(1) 그림 1

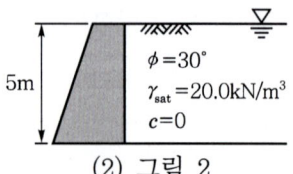
(2) 그림 2

해답 (1) 주동토압

　① 그림 1

$$K_a = \tan^2\left(45° - \dfrac{\phi}{2}\right) = \tan^2\left(45° - \dfrac{30°}{2}\right) = \dfrac{1}{3}$$

$$P_a = \dfrac{1}{2}\gamma_t h^2 K_a = \dfrac{1}{2} \times 17.5 \times 5^2 \times \dfrac{1}{3} = 72.92 \text{kN/m}$$

② 그림 2
$$P_a = \frac{1}{2}\gamma_{sub}h^2 K_a + \frac{1}{2}\gamma_w h^2$$
$$= \frac{1}{2} \times (20-9.81) \times 5^2 \times \frac{1}{3} + \frac{1}{2} \times 9.81 \times 5^2 = 165.08 \text{kN/m}$$

(2) 토압분포도

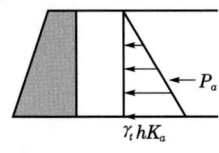
① 그림 1

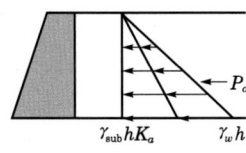
② 그림 2

PART 5

암석 발파공

01 천공(drilling)
02 발파 이론
03 폭약과 화공품
04 폭파에 의한 암반굴착
05 폭파에 의하지 않는 암반굴착
06 발파공해
● 과년도 출제 문제

PART 05 암석 발파공

01 천공(drilling)

1 착암기의 종류

(1) 운동방식에 의한 분류

① 타격식 : 브레이커(breaker), 픽 해머(pick hammer), 픽 스틸

② 회전식

③ 타격 회전식 : 왜곤 드릴(wagon drill), 크롤러 드릴(crawler drill), 점보 드릴(jumbo drill), 레그 드릴(leg drill)

(2) 천공방향에 따른 분류

① 드리프터(drifter) : 수평천공용

② 싱커(sinker) : 하향천공용, jack hammer라고도 한다.

③ 스토퍼(stopper) : 상향천공용, rock bolt용의 천공 등에 쓰인다.

[그림 5-1] 점보 드릴

❷ 천공방법과 능률

(1) 천공방향
최소저항선과 평행하게 하지 않고 어느 각도를 주는 것이 유리하다.

(2) 천공의 치수
연암은 지름이 크고, 깊이는 얕게, 경암은 지름이 작고, 깊이는 깊게 천공한다.

(3) 천공의 능률

① $V_T = \alpha C_1 C_2 V$ ★ ·· (5-1)

여기서, V_T : 천공속도(cm/min)
α : 전천공시간에 대한 순천공시간의 비율(보통 $\alpha = 0.65$)
C_1 : 표준암(화강암)에 대한 대상암의 암석 저항계수
C_2 : 암석의 상태에 의한 작업조건계수
V : 표준암을 천공하는 순속도(cm/min)

② $Q = \dfrac{LNE}{BH}$ (m³/h) ·· (5-2)

여기서, Q : 시간당 작업량(m³/h)
L : 시간당 천공깊이
N : 착암기 투입대수
B : 1m³당 천공수(발파공수 및 뇌관수)
H : 1회 발파공의 깊이 (보통 1.2m)
E : 작업효율 $\left(E = \dfrac{T-a}{T}\right)$
T : 1일 가동시간
a : 가동시간 중 손실시간

● 천공속도에 영향을 미치는 요소
① 암반의 물리적 성질
② 착암기의 작동상태

02 발파 이론

❶ 기본 사항

(1) 자유면
암석이 외계(공기 또는 물)와 접하는 표면(그림에서 AB면)

(2) 최소저항선
장약(chage)의 중심에서 자유면까지의 최단거리(W)

(3) 누두공(crater, 분화구)
폭파에 의해 자유면 방향에 생긴 원추형의 공

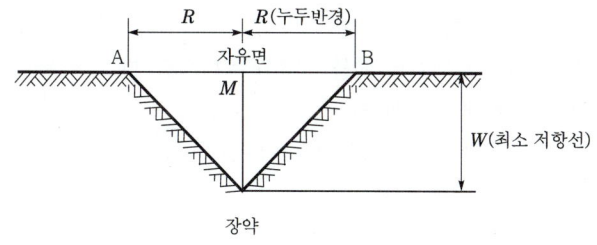

[그림 5-2] 발파 누두공

(4) 누두반경(R)
누두공의 반지름

(5) 누두지수★

$$n = \frac{R}{W} \quad \cdots\cdots\cdots (5-3)$$

여기서, $n=1$일 때 표준장약
$n>1$일 때 과장약 : 암석이 비산된다.
$n<1$일 때 약장약 : 암석이 파괴되지 않는 공발의 원인이 되며 폭파효과는 적다.

(6) 임계심도(optimum depth)
분화구가 최대의 체적을 표시할 때의 심도

$$N = EL^{\frac{1}{3}} \quad \cdots\cdots\cdots (5-4)$$

여기서, N : 임계심도(m)
E : 변형에너지(암석의 경우 4.0~5.0)
L : 장약량(kg)

② 발파의 기본식(Hauser 공식)

(1) $L = CW^3$ ★ ··· (5-5)

여기서, L : 표준장약량(kg)
C : 발파계수
W : 최소 저항선(m)

(2) 1자유면의 경우 발파계수(C)

$C = gedf(w)$ ··· (5-6)

여기서, g : 암석의 저항력계수(폭파에 저항하는 계수)
e : 폭약계수(다이너마이트 No.1(NG 60%)를 기준($e=1$)으로 다른 폭약과의 폭파효력을 비교하는 계수)
d : 전색계수(항상 1 이상이며 완전 전색이면 $d=1$이다.)
$f(w)$: 약량 수정계수

$$f(w) = \left(\sqrt{1+\frac{1}{W}} - 0.41\right)^3 \text{(Lares 식)} \cdots (5-7)$$

$$f(n) = (\sqrt{1+n^2} - 0.41)^3 \text{ (Dambrun 식)} \cdots (5-8)$$

$$f(n) = \frac{(1+n^2)^{\frac{3}{2}}}{2\sqrt{2}} \text{ (Belidor 식)} \cdots (5-9)$$

● 폭약계수 e는 다른 폭약과의 발파효력을 비교하는 계수이며, 강력한 폭약일수록 e값은 작다.

03 폭약과 화공품

암석을 폭파하려면 폭약과 이를 폭파시키기 위한 뇌관이나 도화선(fuse) 등의 화공품이 필요하다.

1 폭파약

(1) 흑색화약
직접 폭약으로 직접 점화, 충격, 열에 의해 폭파된다.

(2) 폭약
간접 폭약으로 뇌관의 폭발에 의해 폭파된다.

① 니트로글리세린(Nitroglycerine)
  ㉠ 감미가 있는 무색, 무취, 투명의 액체이다.
  ㉡ 충격 및 마찰에 예민하다.
  ㉢ 가장 강력한 폭약이다.

② 다이너마이트(Dynamite) : 니트로글리세린을 주로 하여 초산, 니트로 화합물을 첨가한 것이다.

③ 카알릿(Carlit) : 과염소산 암모니아를 주로 한 무기염류 분말상의 폭약이다.
  ㉠ 다이너마이트보다 발화점이 높고(295℃), 충격에 둔감하므로 취급상 위험이 적다.
  ㉡ 폭발력은 다이너마이트보다 우수하며, 흑색화약의 4배 정도이다.
  ㉢ 유해 gas 발생이 많고 흡수성이 커서 터널공사에는 부적당하다.

④ ANFO 폭약(초유폭약)
  ㉠ 저렴하고 취급·보관이 용이하다.
  ㉡ 내습성이 불량하므로 용수가 없는 갱외용에 사용한다.

⑤ 슬러리 폭약(함수폭약) : 초안, TNT, 물을 미음상으로 혼합한 것이다.
  ㉠ 충격 등에 대단히 둔하다.
  ㉡ 後 독가스는 극히 양호하다.
  ㉢ 내수성이 대단히 좋다.
  ㉣ 위력은 다이너마이트보다 약간 약하고 ANFO 폭약보다 강력하다.
  ㉤ ANFO 폭약의 사용이 힘든 경암이나 용수개소에 많이 사용한다.

2 화공품

(1) 도화선(blasting fuse)
흑색화약을 중심으로 하여 그 주위를 마사와 종이테이프로 감아 방수도료를 바른 $\phi 4\sim 6mm$의 선이다.

① 흑색화약이나 뇌관을 점화하기 위한 것이다.
② 연소속도 : 1m당 120~140초

(2) 도폭선(blasting cord)
① 대폭파, 채석발파, pipe의 절단, 수중폭파를 동시에 실시하기 위해 뇌관 대신 사용하는 cord선이다.
② 연소속도 : 3000~6000m/s

(3) 뇌관(detonator)
도화선에 전달된 열을 받아 소폭발을 일으켜 이를 폭약에 전달시켜 폭약의 폭발을 유발시키는 것이다.
① 공업뇌관(blasting cab) : 도화신에 의해 기폭약의 폭발하면 침장약의 폭발을 거쳐 폭약이 폭발한다.
② 전기뇌관(electric detonator) : 공업뇌관에 전기점화장치를 조합시킨 것으로 보통 여러 개를 동시에 발파할 때 사용한다.
㉠ 순발전기뇌관 : 점화와 동시에 기폭약이 폭발한다.
㉡ 지발전기뇌관 : 점화 후 일정한 시간이 지난 후에 기폭약이 폭발한다.
　ⓐ DS(Decisecond) 전기뇌관 : 지연시간이 0.1초 이상
　ⓑ MS(Millisecond) 전기뇌관 : 지연시간이 0.01초 이상

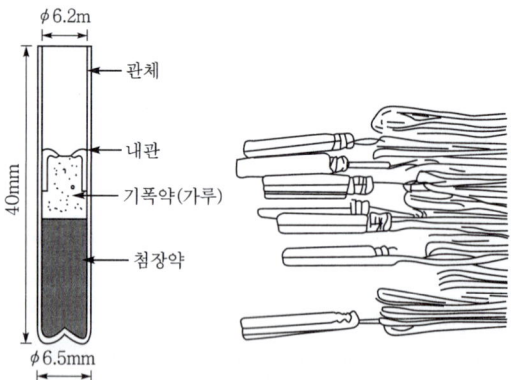

[그림 5-3] 공업뇌관

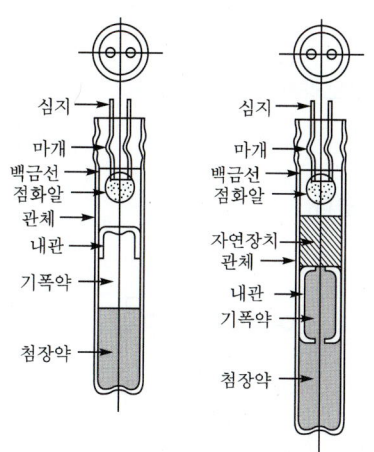

(a) 순발전기뇌관   (b) 지발전기뇌관

[그림 5-4] 전기뇌관의 구조

04 폭파에 의한 암반굴착

1) 심빼기(심발, cut out blasting) 발파*

발파를 효과적으로 하려면 자유면이 많아야 하므로 이를 위하여 터널 또는 원지반의 굴착면에 심빼기 발파를 한다.

(1) 스윙 컷(swing cut)
① 연직도갱의 밑의 발파에 사용한다.
② 용수가 많을 때 편리하다.
③ 버력을 많이 비산하시 않는 심빼기에 유효하다.

(2) 번 컷(burn cut)
① 천공방향이 모두 수평, 평행이므로 천공 및 기계적 이동이 쉽고 굴착면적에 관계없이 천공길이를 길게 할 수 있다.
② 좁은 도갱의 긴 구멍 발파에 편리하다.(심공발파가 가능하다.)
③ 발파 시 암석의 비산거리가 가장 짧고 폭약이 절약된다.
④ 천공이 쉽다.

(3) 노 컷(no cut)
심빼기 부분에 수직한 평행공을 다수 천공하여 장약량을 집중시킨 후 순발뇌관으로 폭파시켜 폭파 쇼크에 의해 심빼기를 하는 방법이다.

● burn cut
수개의 심발공을 공간거리를 근접시켜 평행으로 천공하면 그 중 몇 구멍은 무장약공으로 새로운 자유면의 역할을 하게 되므로 효과적이다.

(4) V컷(wedge cut, 다이아몬드 컷)
천공설비에 따라 횡방향 또는 종방향 쐐기모양으로 되어 있다.

(5) 피라밋 컷(pyramid cut)
심빼기 구멍이 한 점에 마주치도록 되어 있다.

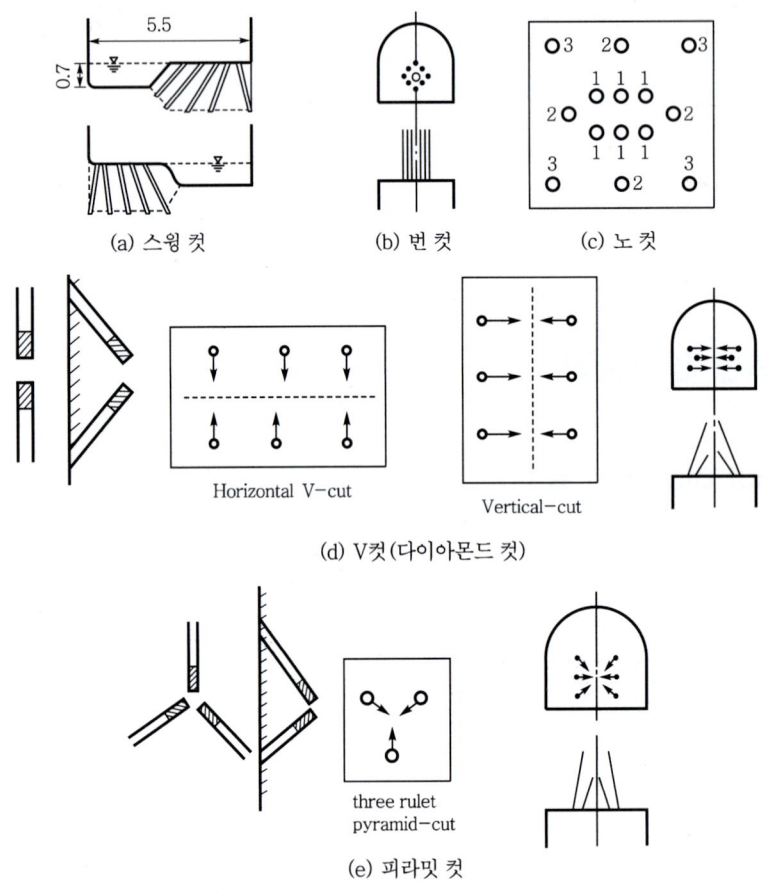

[그림 5-5] 각종 심빼기공법

2 갱도식 발파

석산에 사람이 들어갈 정도의 갱도를 굴착한 후 한 곳 또는 여러 곳에 200kg 이상의 폭약을 집중 장약하고 갱도를 되메워 봉쇄한 다음 이를 폭파하여 일거에 대량의 암반을 굴착하는 방법이다.

(1) 특징

① 대량의 원석 채취, 대규모 굴착, 댐 기초굴착 등에 사용
② 공기단축, 공사비 저렴

(2) 장약량 계산

$$L = CW^2S \ (S < W \text{ 경우}) \quad \cdots\cdots\cdots\cdots\cdots\cdots (5-10)$$

여기서, L : 장약량(kg)
C : 발파계수
W : 최소저항선(m)
S : 약실의 간격(m)

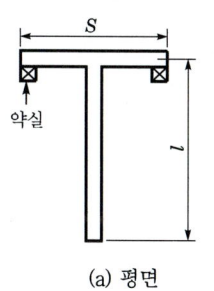
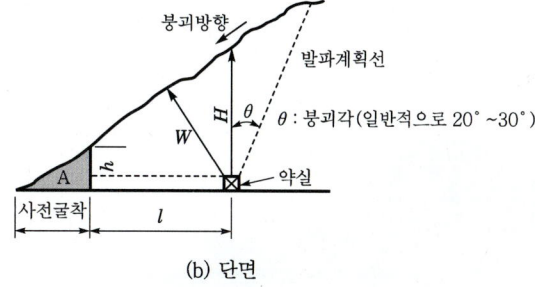

(a) 평면 (b) 단면

[그림 5-6] 갱도 발파공법

❸ 벤치 컷(bench cut) 발파

평탄하게 시공한 벤치 위에서 수직(또는 경사)으로 천공하여 2자유면 발파를 함으로써 경사면을 계단상으로 굴착해 내려가는 공법이다.

(1) 특징

① 벤치높이 $H=7\sim8$m가 많으나 고성능 착암기를 사용하여 $15\sim20$m로 할 때도 있다.
② 천공깊이를 벤치높이와 같게 하면 구멍 밑부분의 폭파가 불완전하게 되므로 보통 최소저항선 W의 $10\sim30\%$ 만큼 과천공한다.

즉, 천공깊이 $h = H + (0.1 \sim 0.3)W$ $\quad\cdots\cdots\cdots\cdots\cdots\cdots (5-11)$

③ 장약은 천공깊이의 $60\sim70\%$의 높이까지 한다.

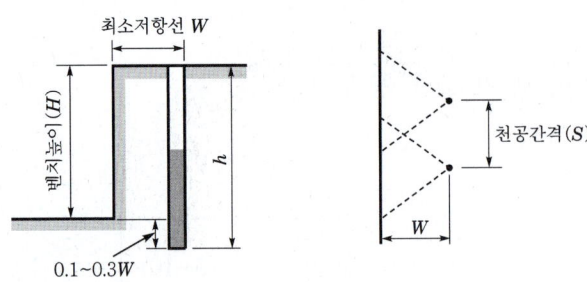

[그림 5-7] 벤치 컷 공법

(2) 장약량 계산

$$L = CW^2H = CWSH \quad \cdots\cdots\cdots (5-12)$$

여기서, L : 장약량(kg), C : 발파계수, W : 최소저항선 길이(m)
H : 벤치높이(m), S : 천공간격(m)

[그림 5-8] 벤치 컷 발파

❹ 폭파조절(controlled blasting) 공법

보통 폭파공법은 여굴이나 혹이 생기는데 이와 같은 결함을 적게 하기 위한 것이 폭파조절공법이다.

(1) 특징

① 여굴 감소
② 암석면이 매끄럽고 뜬돌(부석)떼기 작업이 감소
③ 낙석의 위험성이 적다.
④ 복공(lining) 콘크리트량이 절약

(2) 폭파조절공법의 종류★

① 라인 드릴링 공법(line drilling method) : 폭파조절공법의 기본이 되는 공법으로 굴착계획선에 따라 무장약 공열을 설치하여 인공적인 파단면을 만들어 폭파 시에 공열선보다 깊게 응력, 진동, 균열이 전해지지 않게 하는 공법이다.
  ㉠ 제1열은 굴착계획선으로 무장약, 제2열은 50% 장약공, 제3열은 100% 장약공으로 자유면쪽으로 설치한다.
  ㉡ 공경은 7.5cm 정도, 천공간격은 공경의 2~4배
  ㉢ 특징
    ⓐ 매끈한 면을 얻을 수 있다.
    ⓑ 암반의 손상이 가장 적다.
    ⓒ 매우 균일한 암반에 적합하다.
    ⓓ 천공수가 많아서 천공비가 많다.
    ⓔ 고성능의 천공기계, 고도의 천공기술이 필요하다.

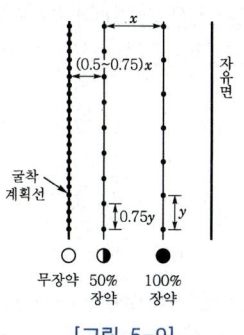

● line drilling 공법

[그림 5-9]

② 쿠션 블라스팅 공법(cushion blasting method) : 장약을 적게 하여 분산장약하고, 공내를 모래 등으로 완전히 전색시킨 다음 주발파를 한 후에 주변공(쿠션 발파공)을 발파하는 공법이다.
  ㉠ 제1열은 굴착계획선으로 분산장약, 제2열과 제3열은 100% 장약공
  ㉡ 천공간격은 90~200cm
  ㉢ 특징
    ⓐ line drilling보다 천공간격을 크게 할 수 있어 천공비가 적다.
    ⓑ 완전한 전색으로 충격을 흡수하여 균열과 인장력을 최소화한다.

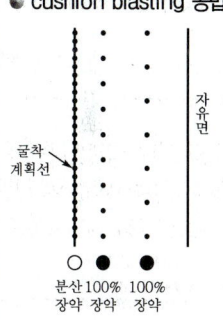

● cushion blasting 공법

[그림 5-10]

③ 프리 스프리팅 공법(pre-splitting method) : 다른 공법과 반대로 처음 주변공을 폭파하여 파괴단면을 만든 후 나머지 전면(前面)의 주발파를 하는 공법이다.
  ㉠ 제1열은 50% 장약공, 제2열과 제3열은 100% 장약공
  ㉡ 공경은 5~10cm, 천공간격은 30~60cm
  ㉢ 특징
    ⓐ 굴착선에 따라 예비파괴단면을 만들어서 주발파에 의한 진동, 파괴영향을 적게 하여 여굴을 방지한다.
    ⓑ 암반에 균열이 많은 경우에 효율이 적어진다.

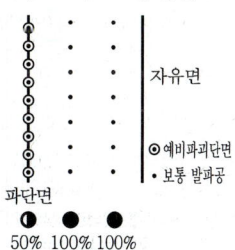

● pre-splitting 공법

[그림 5-11]

④ 스무스 블라스팅 공법(smooth blasting method) : 원리는 cushion blasting과 같으나 주변공(스무스 블라스팅공)과 주발파를 동시에 발파하는 것이 특징이다.

㉠ 제1열은 정밀화약, 제2열과 제3열은 100% 장약공
㉡ 공경은 4~5cm, 천공간격은 60~75cm
㉢ 특징
ⓐ 암반의 손상이 적다.
ⓑ 여굴이 적고 매끈한 굴착면을 얻을 수 있다.
ⓒ 부석이 적다.
ⓓ 소음, 진동이 적다.

● smooth blasting 공법

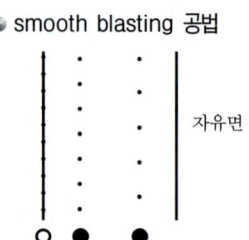

[그림 5-12]

⑤ ABS(Agua Blasting System) 공법

천공하여 장약한 후 물을 넣고 마개를 하여 봉한 다음 발파시키는 공법이다.

① 발파력이 천공축 직각방향으로 고르게 전파한다.
② 수압발파공법이라고도 한다.
③ ABS 공법과 재래식 발파의 비교

공법 항목	재래발파	ABS 공법
충격파형	구면파(球面波)	원통파(圓筒波)
충격파 진행방향	공축(孔軸)에 대하여 45°	90°
진동	크다.(3.5)	적다.(1.0)
충격파 작용범위	협소하다.	넓다.

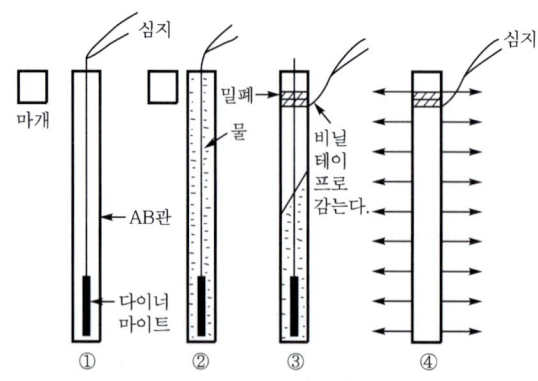

① AB관에 다이너마이트를 넣는다.
② 물을 넣는다.
③ 마개를 하고 심지를 이으면 한 개의 폭약이다.
④ 점폭과 동시에 수압에너지는 구멍축 직각방향으로 고르게 전파한다.

[그림 5-13] ABS 공법 순서

ⓑ 2차 폭파(조각발파)

(1) 폭파에서 생긴 암석덩어리가 셔블 등으로 처리할 수 없을 정도로 크면 (전석) 조각을 낼 필요가 있다. 이와 같이 조각을 내기 위한 폭파를 2차 폭파라 한다.

(2) 방법★

① 블록 보링(block boring)법 : 암석덩어리의 중심부로 향하여 연직천공하고 장약한 후 흙으로 전색하는 방법이다.

② 스네이크 보링(snake boring)법 : 암석덩어리의 아래측에 장약하는 방법으로 암석덩어리의 대부분이 지하에 묻혀있는 경우에 사용되는 방법이다.

③ 머드 캡핑(mud caping)법 또는 복토법 : 바윗덩어리의 지름이 작은 곳에 장약하고 그 위를 굳은 점토로 덮어놓는 방법이다.

$$L = CD^2 \quad \cdots\cdots\cdots\cdots\cdots\cdots\cdots\cdots\cdots\cdots\cdots\cdots\cdots\cdots\cdots\cdots\cdots\cdots (5-13)$$

여기서, L : 장약량(g)
C : 발파계수(0.15~0.20)
D : 암석의 최소지름(cm)

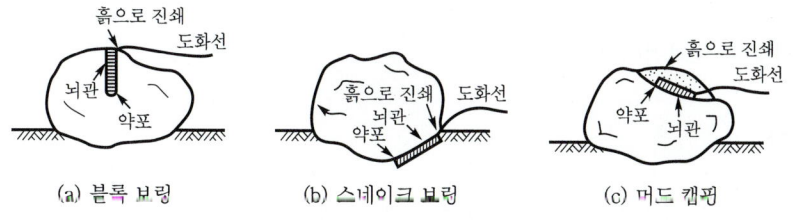

[그림 5-14] 2차 발파공법

⑦ 시험발파

(1) 목적

발파계수(C), 적정 장약량(L_1)을 구해 경제적인 채석방법, 이상적인 입도분포를 갖는 재료를 채취하는 방법 등을 검토하기 위한 자료의 수집이다.

(2) 발파계수

$$C = \frac{L_1}{W^3 \cdot f(n)} \quad \cdots\cdots\cdots\cdots\cdots\cdots\cdots\cdots\cdots\cdots\cdots\cdots\cdots\cdots\cdots\cdots\cdots\cdots\cdots\cdots\cdots\cdots \quad (5-14)$$

여기서, L_1 : 적정 장약량(kg)
        C : 발파계수
        W : 최소저항선(m)
        $f(n)$: 약량 수정계수

05 폭파에 의하지 않는 암반굴착

1 기계에 의한 암반굴착

립퍼(ripper)나 브레이커(breaker)로 굴착하는 방법이다.

2 수력 jet에 의한 암반굴착

직경 0.15~1m 정도의 노즐에서 분사되는 jet를 암반에 대면 우선 금이 생기고 그 금에 고압수(jet)를 압입하면 암반이 파괴된다. 이 방법은 연암의 천공, 도랑깎기, 사면의 절토에 효과적이다.

3 열에 의한 암반굴착

제트 피어싱(jet piercing)으로 암반을 가열하면 암반 중에 발생하는 열응력이나 화학적 변화를 이용하여 굴착하는 방법이다.

4 팽창성 파쇄제에 의한 암반굴착

팽창성 파쇄제의 수화작용에 의해 발생되는 팽창압($3000t/m^2$)에 의해 암석, 콘크리트를 파쇄하는 방법이다.

(1) 팽창성 파쇄제의 종류

캄마이트(Calmmite), S-마이트(S-mite), 브라이스터(Brister)

(2) 특징

① 위험물이 아니므로 화약류와 같은 법적 규제가 없다.
② 파쇄 시 소음, 진동, 비석, 분진, 가스 발생이 없다.(무공해)
③ 취급, 보관이 간편하다.
④ 안전하다.
⑤ 모든 콘크리트와 암석을 파쇄할 수 있다.

06 발파공해

1 발파진동

(1) 발파진동이 인체 및 구조물에 미치는 영향

발파작업을 실시하는 주변 지역 주민에 대한 심리적 또는 생리적인 것과 구조물에 대한 피해에 관한 것의 2가지 경우가 있다.

(2) 발파진동의 경감대책

① 저폭속의 폭약사용(화약류 선택에 의한 경감방법)
② 장약량의 제한 및 분할발파
③ MS 뇌관에 의한 감소효과
④ 인공자유면을 이용한 심빼기 발파
⑤ 방진공 천공으로 인한 감쇄방법

(3) 진동속도(particle velocity)

$$V = K\left(\frac{R}{\sqrt{L}}\right)^n \quad \cdots\cdots (5\text{-}15)$$

여기서, V : 진동속도(cm/s)
L : 장약량(kg)
R : 진원에서부터의 거리
K, n : 파쇄할 암질, 종류에 따른 계수 및 지수

● 각 진동파의 일반적 요약
① P파 : 종파, 지표면을 통해서 가장 먼저 도착하는 파
② S파 : 횡파, 지표면을 통해서 중간에 도착하는 파로 수직진동으로 변환하는 파
③ R파 : Rayleigh파라 하며 수직파로 전형적인 지표면 이동파

2 발파에 의한 비산

(1) 비석의 원인
① 점화순서와 뇌관시차선택의 착오에 의한 지나친 지발시간
② 단층, 균열, 연약면 등에 의한 암반의 강도 저하
③ 과다한 장약량
④ 천공 시 잘못으로 인한 국부적인 장약공의 집중현상

(2) 발파에 의한 비석 대책
① 과장약을 피하고 약간 약장약을 한다.
② 공발이 되지 않도록 전색물을 충분히 한다.
③ 천공 오차를 극히 작게 한다.
④ 장약공을 충분히 청소를 한 후 소정의 위치에 장약한다.

과년도 출제 문제

01 ─────────────────────────── 85 ①

발파용 천공에 사용되는 천공기는 회전식 착암기와 충격식 착암기로 크게 나누는데, 그 중 충격식 착암기의 종류를 3가지만 쓰시오.

[해답] ① 브레이커
② 픽 해머
③ 픽 스틸

02 ─────────────────────────── 88 ②

jack hammer와 leg drill은 어떤 차이가 있는지 사용 용도별로 구분 설명하시오.

[해답]

착암기 종류	천공방향	천공방식	특 징
jack hammer (sinker)	하향 천공용	회전 타격식	ⓐ 폭파공 천공용 ⓑ 작업원이 손으로 들고 작업한다.(수동)
leg drill	수평 천공용	회전 타격식	ⓐ 폭파공 천공용 ⓑ 모든 암반을 신속하게 천공할 수 있다. ⓒ 소음과 진동이 작다.

03 ★★ ─────────────────────── 87 ②③, 19 ②

보통암을 천공하는데 착공속도 $V_T = 42$cm/min, $C_1 = 1.50$, $C_2 = 0.8$, $\alpha = 0.5$일 때, 표준암을 착공하는 순속도를 구하시오.

[해답] $V_T = \alpha C_1 C_2 V$
$42 = 0.5 \times 1.5 \times 0.8 \times V$
$\therefore V = 70$cm/min

04 ─────────────────────────── 95 ④

착암기(鑿岩機)로 암석(岩石)을 천공하는 속도를 0.3m/min이라 할 때, 2.0m 깊이의 구멍을 10개 천공하는데 드는 시간을 구하시오.

[해답] $t = \dfrac{L}{V_T} = \dfrac{2.0 \times 10}{0.3} = 66.67$분 $= 1.11$시간

5 ★★ 93 ③, 95 ①, 04 ②

사암을 발파하기 위해 천공장 3m짜리 30공을 착암기 1대로 천공하고자 한다. 소요시간은 얼마인가? (단, 표준암 천공속도 $V=35$cm/min, $\alpha=0.65$, 저항력계수 $C_1=1.35$, 작업조건계수 $C_2=0.5$)

해답 ① 천공속도
$$V_T = \alpha C_1 C_2 V$$
$$= 0.65 \times 1.35 \times 0.5 \times 35 = 15.36 \text{cm/min}$$
② 소요시간
$$t = \frac{천공장(L)}{천공속도(V_T)} = \frac{300 \times 30}{15.36}$$
$$= 585.94분 = 9.77시간$$

6 ★★★★ 89 ②, 91 ③, 92 ②, 94 ③, 02 ①

착암기로 표준암을 천공하니 60cm/min의 천공속도를 얻었다. 천공깊이 3.0m, 천공개수 15공을 한 대의 착암기로 암반을 천공할 경우 소요되는 총 시간을 구하시오. (단, 표준암에 대한 천공 대상암의 암석항력계수 : 1.35, 암석의 상태에 의한 작업조건계수 : 0.60, 순천공시간이 전천공시간에 점유하는 비율 : 0.65)

해답 ① 천공속도
$$V_T = \alpha C_1 C_2 V$$
$$= 0.65 \times 1.35 \times 0.6 \times 60 = 31.59 \text{cm/min}$$
② 소요시간
$$t = \frac{천공장(L)}{천공속도(V_T)} = \frac{300 \times 15}{31.59} = 142.45분 = 2.37시간$$

7 ★★ 06 ②, 08 ②, 19 ①

착암기로 표준암을 천공한 결과 $V=55$cm/min이었다. 안산암으로 이루어진 막장에서 암석저항계수 $C_1=1.35$, 작업조건계수 $C_2=0.6$, 작업시간율 $\alpha=0.65$이고, 천공장을 3.0m라고 할 때 15공을 천공하는데 필요한 소요시간은 얼마인가?

해답 ① $V_T = \alpha C_1 C_2 V = 0.65 \times 1.35 \times 0.6 \times 55 = 28.96$cm/min
② $t = \frac{L}{V_T} = \frac{300 \times 15}{28.96} = 155.39분 = 2.59시간$

8

착암기로 표준암을 천공한 결과 55cm/min이었다. 안산암으로 이루어진 막장에서 암석저항계수 $C_1=1.15$, 작업조건계수 $C_2=0.85$, 작업시간율 $\alpha=0.65$이고, 천공장을 3.5m라 할 때 다음에 답하시오.

(1) 안산암에서의 천공속도(V_T)는 몇 cm/min인가?
(2) 1공을 천공하는데 소요되는 시간은 몇 분인가?
(3) 착암기 1대가 1시간 동안 천공할 수 있는 천공수(N)는?

[해답]

(1) $V_T = \alpha\, C_1\, C_2\, V$
$= 0.65 \times 1.15 \times 0.85 \times 55 = 34.95\,\text{cm/min}$

(2) $t = \dfrac{L}{V_T} = \dfrac{350}{34.95} = 10.01$분

(3) $N = \dfrac{60}{10.01} = 5.99$공

9 ★

착암기로 표준암을 천공하여 55cm/min의 천공속도를 얻었다. 지금 굳은 정도가 좋고 균열도 있는 견경한 안산암으로 이루어진 본바닥을 천공하고자 한다. 천공 길이가 4m일 때 1시간당 천공수는? (단, $\alpha=0.65$, $C_1=1.15$, $C_2=0.85$이고, 정수로 답하시오.)

[해답]

① $V_T = \alpha\, C_1\, C_2\, V = 0.65 \times 1.15 \times 0.85 \times 55 = 34.95\,\text{cm/min}$

② 1공의 천공시간
$t = \dfrac{L}{V_T} = \dfrac{400}{34.95} = 11.44$분

③ 1시간당의 천공수
$N = \dfrac{60}{11.44} = 5.24 ≒ 5$공

10

주성분은 과염소산암모니아(NH_4ClO_4)이며, 여기에 규산철(Fe_2SiO_4), 목분(木粉), 중유(重油) 등을 조합한 분말로서, 다이너마이트(dynamite)보다 발화점이 높고, 충격에 둔(鈍)하여 취급상 위험이 적으며, 폭발위력은 흑색 화약의 4배 정도 커 대폭파에 좋은 이 폭약은?

[해답] 카알릿(Carlit)

11

질산암모늄과 연료유의 단순한 혼합물로 다습한 곳에서는 사용할 수 없는 단점이 있으나, 값이 싸고 안전하며 취급이 간단한 이 폭약은?

[해답] ANFO(Ammonium Nitrate Fuel Oile Mixture) 폭약

> ※ 참고
> 최근에 토목공사용으로 다이너마이트, ANFO 폭약, slurry 폭약 등이 많이 사용되고 있다.
> ① ANFO 폭약(초유폭약) : 연암으로 용수가 없는 갱외용에 사용
> ② slurry 폭약(함수폭약) : ANFO 폭약보다 강력하고 내수성이 있고, ANFO 폭약의 사용이 힘든 경암이나 용수개소에 많이 사용

12

초안, TNT, 물로 미음과 같이 혼합한 것이고, AN-FO 폭약에 비하여 강력하고, 내수성이 강하고 용수가 있는 곳에도 사용이 가능한 폭약은?

[해답] slurry 폭약

13

폭약을 폭파시키는 기폭제로 공업용 뇌관, 전기 뇌관, 도화선이 있다. 전기 뇌관에는 지연발파 뇌관(지발 뇌관)이 있는데 지발(遲發) 간격에 따라 MS와 DS 뇌관으로 구분한다. 두 뇌관의 기폭간격은?

[해답]
① MS(Millisecond) : 0.01초 이상
② DS(Desisecond) : 0.1초 이상

14

발파에 있어서 장전되는 폭약의 형상에 관계없이 폭약의 중심에서 자유면까지의 최단거리를 무엇이라 하는가?

[해답] 최소저항선

15

발파에 의해서 파괴되는 물체가 외계(공기, 물)와 접하고 있는 면을 무엇이라 하는가?

[해답] 자유면

16

폭파에 있어서 미파괴 물체의 표면을 (①)이라 하며, 장약 중심부터 자유면까지의 최단거리를 (②)이라 부르고, 자유면을 향해 생긴 원추공을 (③)이라 한다. ( ) 안을 채우시오.

[해답] ① 자유면
② 최소저항선
③ 누두공

17

그림과 같이 누두공의 반경 R과 저항선 W의 비를 누두지수 n이라 하며, $n = R/W \lessgtr 1$일 때 다음 ( ) 내의 A, B, C에 맞는 말을 써 넣으시오.

- $n = 1$이면 (①)
- $n > 1$이면 (②)
- $n < 1$이면 (③)

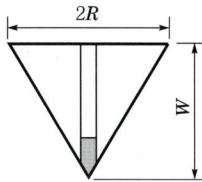

[해답] ① 표준장약
② 과장약
③ 약장약

참고
① 폭파에 의해 자유면방향에 생긴 원추공을 누두공(crater, 분화구)라 하고 그 반경 R을 누두반경이라 한다.
② 누두지수 $n = R/W$

18 ★

그림은 폭파에서 1자유면(AB)을 가진 상태로 $R = 2$m, $W = 3$m로 장약을 폭약 중심에 하였다. 다음에 답하시오.

(1) R을 무엇이라 하는가?
(2) W는 무엇이라 하는가?
(3) 누두지수 n은?
(4) 이 현장의 장약상태는 어떤지 설명하시오.

[해답] (1) 누두반경
(2) 최소저항선
(3) $n = \dfrac{R}{W} = \dfrac{2}{3} = 0.67$
(4) $n = 0.67 < 1$이므로 약장약 상태이다.

19 ★

암석지반의 발파 누두공(漏斗孔)에 관한 아래 용어의 정의를 간단히 쓰시오.

(1) 최적심도(最適深度) :
(2) 누두지수(漏斗指數) :

해답 (1) 최적심도(最適深度) : 분화구가 최대의 체적을 표시할 때의 심도
(2) 누두지수(漏斗指數) : 발파 단면에서 누두반경에 대한 최소저항선의 비

20 ★

암석발파에서 화약량이 8kg이고 변형에너지계수 $E=4.0$일 때 임계심도 N을 구하시오.

해답 $N = EL^{\frac{1}{3}} = 4 \times 8^{\frac{1}{3}} = 8\text{m}$

21 ★

폭약장약량은 암석의 압축강도가 클수록 더 (①) 필요하고, 내부 진충을 시킨 경우가 진충시키지 않은 경우보다 더 (②) 필요하며, 폭약 종류에 따른 효력계수(e)가 작을수록 더 (③) 필요하다. 이때 ( ) 안을 채우시오.

해답 ① 많이   ② 적게   ③ 적게

22 ★

내부 장약법에서 장약량을 나타내는 식(Hauser 식) $L = CW^3$에서 1자유면인 경우 C(폭파영향계수)에 영향을 미치는 요소 4가지를 쓰시오.

해답 ① 암석의 항력계수
② 폭약계수
③ 전색계수
④ 약량 수정계수

❋ 참고
$C = gedf(w)$
여기서,
C : 발파계수
g : 암석의 항력계수
e : 폭약계수
d : 전색계수
$f(w)$: 약량 수정계수

23 ★

내부 장약법에서 1자유면인 경우 폭파영향계수 $C = d \cdot e \cdot g \cdot f(w)$식에서 e는 폭약효력계수인데 어느 폭약을 $e=1.0$으로 기준하는가?

해답 다이너마이트 No.1(NG 60% 함유)

24

발파 시 첫번의 발파에 의하여 자유면을 증대시켜 다음 발파를 용이하게 하기 위한 작업으로 발파 중 가장 중요한 발파는?

해답 심발(심빼기) 발파(cut out blasting)

25 ★★

심발공(심빼기 발파공)의 종류 중 4가지만 쓰시오.

해답
① 스윙 컷(swing cut) ② 번 컷(burn cut)
③ 노 컷(no cut) ④ V 컷(wedge cut)
⑤ 피라밋 컷(pyramid cut)

26 ★

저항선이 1.0m일 때 4.0kg의 폭약을 사용하였다면 저항선 1.5m로 하였을 경우는 얼마의 폭약이 필요한가?

해답
① $L = CW^3$
　$4 = C \times 1^3$　∴ $C = 4$
② $L = CW^3 = 4 \times 1.5^3 = 13.5 \text{kg}$

27 ★

시험발파에서 최소저항선(W)을 1m로 할 때의 표준장약량이 0.8kg이라고 하면 발파계수(C)는 얼마인가? 또, 동일한 장소에서 최소저항선을 4m로 하여 발파하려면 표준장약량은 몇 kg이 되는가? (단, Hauser의 식을 그대로 이용하면 장약량이 많아져서 비산의 문제가 발생하므로 리레의 수정식 $f(w) = \left(\sqrt{1 + \dfrac{1}{W}} - 0.41\right)^3$ 을 적용하여 계산하시오.)

(1) 발파계수(C)
(2) 표준장약량

해답
(1) $L = CW^3$
　$0.8 = C \times 1^3$　∴ $C = 0.8$
(2) ① $f(w) = \left(\sqrt{1 + \dfrac{1}{W}} - 0.41\right)^3 = \left(\sqrt{1 + \dfrac{1}{4}} - 0.41\right)^3 = 0.35$
　② $L = CW^3 f(w) = 0.8 \times 4^3 \times 0.35 = 17.92 \text{kg}$

참고
심발 발파
발파를 효과적으로 하기 위해서는 가능한 자유면이 많아야 하므로 이를 위하여 터널 또는 원지반의 굴착면에 심빼기 발파를 하여 순차로 깎아 넓히기를 한다.

28

벤치 컷(bench cut)의 높이 $H=5$, 천공간격 $B=5m$, 최소저항선 $W=5m$로 할 때 이 암석굴착에 필요한 장약량 $L(kg)$은 얼마인가? (단, 암석 저항계수$(g)=0.5$, 폭약계수$(e)=0.8$, 진쇄계수(채움상태계수 : d)=1.0(완전 진쇄), 약량 수정계수 $f(n) = \left(\sqrt{1+\dfrac{1}{W}} - 0.41\right)^3$, 천공깊이 $N=H$로 한다. 소수점 3째자리에서 반올림하시오.)

[해답]
① $f(n) = \left(\sqrt{1+\dfrac{1}{W}} - 0.41\right)^3 = \left(\sqrt{1+\dfrac{1}{5}} - 0.41\right)^3 = 0.32$
② $C = g\,e\,d\,f(n) = 0.5 \times 0.8 \times 1 \times 0.32 = 0.13$
③ $L = C\,W\,S\,H = 0.13 \times 5 \times 5 \times 5 = 16.25 kg$

29 *

경질 화강암으로 된 1자유면의 암반에 4m 깊이에 내부 장약하여 폭발굴착을 하려한다. 필요한 폭약량을 구하면 얼마인가? (단, 폭약 효력계수$(e)=0.85$, 암반의 항력계수$(g)=0.65$, 장약 후 완전히 구멍을 진쇄하였으며, Dambrown식 $f(n) = \left(\sqrt{1+\dfrac{1}{W}} - 0.41\right)^3$ 적용)

[해답]
① $f(n) = \left(\sqrt{1+\dfrac{1}{W}} - 0.41\right)^3 = \left(\sqrt{1+\dfrac{1}{4}} - 0.41\right)^3 = 0.35$
② $C = g\,e\,d\,f(n)$
   $= 0.65 \times 0.85 \times 1 \times 0.35 = 0.19$
③ $L = C\,W^3$
   $= 0.19 \times 4^3 = 12.16 kg$

참고
장약 후 완전진공이면 진공계수 $d=1$이다.

30

암반굴착 또는 채석을 위한 대량의 암석을 굴착하기 위해 굴착량당의 사용 폭약이 적어도 되는 경제적인 암발파공법은?

[해답] 벤치 컷 공법(bench cut method)

참고
bench cut 발파공법
암반굴착 시 경사면을 계단상으로 굴착 또는 파쇄해 내려가는 공법
① 자유면이 증대되어 폭파효율이 좋고 천공 장약도 용이하고 버럭처리도 기계화 시공이 가능하다.
② 계획적 채굴이 됨으로써 다량 채석에 적합하고 생산량을 확보할 수 있다.

31 ★★

1 자유면의 3.0m 길이에 8.5kg의 폭약량을 사용하여 내부장약으로 시험발파를 해 본 결과 누두반지름 $R=3.6$m이었다. 다음 공식을 이용하여 표준장약량을 구하시오. (단, 공식 : $f(n)=\dfrac{(1+n^2)^{\frac{3}{2}}}{2\sqrt{2}}$)

92 ②, 97 ②, 00 ③

[해답]
① $n=\dfrac{R}{W}=\dfrac{3.6}{3}=1.2$

② 누두지수 함수
$$f(1)=\dfrac{(1+1^2)^{\frac{3}{2}}}{2\sqrt{2}}=1$$
$$f(1.2)=\dfrac{(1+1.2^2)^{\frac{3}{2}}}{2\sqrt{2}}=1.35$$

③ 표준장약량
$$\dfrac{L}{L_0}=\dfrac{f(1)}{f(1.2)}=\dfrac{1}{1.35}$$
$$\dfrac{L}{8.5}=\dfrac{1}{1.35} \quad \therefore L=6.3\text{kg}$$

✱ 참고
장약량 L_0로 시험발파를 한 후 누두지수 n을 사용하여 표준장약량 L을 추정한다.

32

어떤 암석층에 대하여 장약량 800g으로 시험폭파를 했을 때 누두공 $n=1.4$가 되었다고 한다. 동일한 조건하에 $n=1$인 폭파누두공이 되기 위한 표준장약량을 구하시오. (단, 약량 수정계수 $f(n)=(\sqrt{1+n^2}-0.41)^3$을 Dambrun 공식을 이용하여 구하시오.)

98 ②

[해답]
① 누두지수 함수
$$f(1)=(\sqrt{1+1^2}-0.41)^3=1.00$$
$$f(1.4)=(\sqrt{1+1.4^2}-0.41)^3=2.25$$

② 표준장약량
$$\dfrac{L}{L_0}=\dfrac{f(1)}{f(1.4)}=\dfrac{1.00}{2.25}$$
$$\dfrac{L}{800}=\dfrac{1}{2.25} \quad \therefore L=355.56\text{g}$$

33 ★ 93 ②, 96 ④

터널굴착을 위하여 장약량 7kg으로 시험발파한 결과 누두지수가 1.2이고, 폭파반경(R)이 3m였다. 최소저항선 길이를 2m로 할 때 필요한 장약량은 몇 kg인가?

[해답]
① $n = \dfrac{R}{W}$ $1.2 = \dfrac{3}{W}$ ∴ $W = 2.5\,\text{m}$

② $L = CW^3$ $7 = C \times 2.5^3$ ∴ $C = 0.45$

③ $L = CW^3 = 0.45 \times 2^3 = 3.6\,\text{kg}$

※ 참고 최소저항선 길이가 2m일 때 표준장약량을 구해본다.

① 누두지수 함수

$$f(n) = \dfrac{(1+n^2)^{\frac{3}{2}}}{2\sqrt{2}} \qquad f(1.2) = \dfrac{(1+1.2^2)^{\frac{3}{2}}}{2\sqrt{2}} = 1.35$$

② 표준장약량

$\dfrac{L}{L_0} = \dfrac{f(1)}{f(1.2)} = \dfrac{1}{1.35}$ 에서 $\dfrac{L}{7} = \dfrac{1}{1.35}$ ∴ $L = 5.19\,\text{kg}$

③ $n = \dfrac{R}{W}$ 에서 $1.2 = \dfrac{3}{W}$ ∴ $W = 2.5\,\text{m}$

④ $L = CW^3$ 에서 $5.19 = C \times 2.5^3$ ∴ $C = 0.33$

⑤ $L = CW^3 = 0.33 \times 2^3 = 2.64\,\text{kg}$

---

34 99 ④

직교하는 2자유면의 암석을 발파하려고 한다. 공경(d)을 45mm, 장약길이를 12d로 하여 발파하고자 할 때 최소저항선(W), 천공길이(D), 장약량(L)을 구하시오. (단, 암석계수 $C_a = 0.015$, 암석비중=2.65, 폭약비중=1.5이다.)

[해답]
① $W = \dfrac{0.46d}{C_a} = \dfrac{0.46 \times 4.5}{0.015} = 138\,\text{cm}$

② $D = W + \dfrac{m}{2} = 138 + \dfrac{12 \times 4.5}{2} = 165\,\text{cm}$

③ $L = 9.42d^3g = 9.42 \times 4.5^3 \times 1.5 = 1287.6\,\text{g}$

※ 참고
① 최소저항선

$$W = \dfrac{A}{C_a S} = \dfrac{nd \times d}{C_a\, 2(nd+d)} = \dfrac{nd}{2C_a(n+1)}$$

여기서, A : 압력의 작용면적
S : 압력이 작용하는 면의 주변길이

장약길이 m을 구멍지름의 12배로 하면 $m = nd = 12d$이므로 $n = 12$

$$W = \dfrac{12d}{2C_a(12+1)} = \dfrac{12d}{26C_a} ≒ \dfrac{0.46d}{C_a}$$

② 장약량

$L = \dfrac{\pi d^2}{4}ndg$ 에서 $m = 12d$로 하면 $n = 12$이므로

$L = \dfrac{\pi d^2}{4} \times 12 \times d \times g = 9.42d^3g$

③ 채석량
㉠ 채석체적 $V = W^2 D = 1.38^2 \times 1.65 = 3.14\,\text{m}^3$
㉡ 채석량 $= V \times$ 암석의 비중 $= 3.14 \times 2.65 = 8.32\,\text{t}$

35

지상을 계단식으로 수평으로 굴진하며 굴착에는 크롤러 드릴(crawler drill), 적사에는 파워 셔블(power shovel), 운반에는 덤프트럭에 의하는 암석 굴착에 적용되는 공법은?

[해답] 벤치 컷 공법(bench cut method)

36

암반 굴착 시 계단모양으로 굴착하며, 계단식으로 점차 아래쪽으로 옮겨가면서 발파작업을 계속하여 암석 굴착하는 방법을 무엇이라 하는가?

[해답] 벤치 컷(bench cut) 공법

37

벤치컷의 종류 3가지를 쓰시오.

[해답]
① long bench cut
② short bench cut
③ multi bench cut
④ mini bench cut

38 ★★

자유면 높이 12m의 벤치 컷(bench cut) 공법의 암석굴착에서 천공간격 3.7, 최소저항선 길이 7m일 때 장약량을 구하시오. (단, $C=0.3$이다.)

[해답] $L = CWSH = 0.3 \times 7 \times 3.7 \times 12 = 93.24 \text{kg}$

39 ★

2 자유면을 가진 벤치 컷에 있어서 구멍과 구멍의 간격을 1.0m라 하고 최소저항선을 1.5m, 그 장약량을 8.5kg이라 할 때 천공깊이 N을 구하시오. (단, $C=0.58$임.)

[해답]
① $L = CWSH$
  $8.5 = 0.58 \times 1.5 \times 1 \times H$ ∴ $H = 9.77 \text{m}$
② 천공깊이
  $N = H + (0.1 \sim 0.3)W = 9.77 + (0.1 \sim 0.3) \times 1.5 = 9.92 \sim 10.22 \text{m}$
  $= 10.07 \text{m}$

40 *

굴착선에 따라 폭파로 예비 파괴단면을 만들어 놓고 주폭파에 의한 진동, 파괴 등의 영향을 적게 하고 여굴(餘掘)을 방지하려는 공법이다. 공경은 5~10cm, 천공간격은 30~60cm 정도로 한다. 이 공법은?

해답 프리-스프리팅 공법(pre-splitting method)

41

일반적인 발파 기법과 달리 마감면의 주변공을 최초에 발파하여 미리 파단선을 형성하고, 그 후에 잔여공을 발파하는 방법으로 암반의 파괴는 미리 균열되어진 파단선을 넘지 않아서 과발파에 따르는 문제점이 해결되는 제어발파(control blasting) 공법은?

해답 pre-splitting 공법

42

후면에 약발파로 암반의 균열을 이루어 놓고 전면의 주발파로 면이 깨끗이 이루어지도록 하는 암발파방법을 무엇이라 하는가?

해답 pre-splitting 공법

43

주굴착의 폭발공과 동시에 점화하고 그 최종단에서 폭파시키는 것이 특징인 발파공법은?

해답 스므스 블라스팅 공법(smooth blasting method)

44

터널의 여굴(over break)과 복공(lining)의 콘크리트량을 줄이기 위한 발파공법으로 주발파와 동시에 점화하고 그 최종단에서 발파시키는 것이 특징인 이 공법은?

해답 스므스 블라스팅 공법(smooth blasting method)

45

여굴을 적게 하고 파단선을 매끈하게 하기 위한 조절발파 공법(controlled blasting)에 대한 다음 물음에 답하시오.

(1) 조절발파 공법의 목적 2가지를 쓰시오.
(2) 조절발파 공법의 종류를 4가지만 쓰시오.

[해답] (1) ① 여굴 감소
② lining(복공) 콘크리트량이 절약
③ 뜬돌(부석)떼기 작업이 감소
④ 낙석 위험성이 적다.
(2) ① 라인 드릴링(line drilling) 공법
② 쿠션 블라스팅(cushion blasting) 공법
③ 스므스 블라스팅(smooth blasting) 공법
④ 프리 스프리팅(pre-splitting) 공법

46 ★★★★

여굴을 적게 하고 파단선을 매끈하게 하기 위한 조절발파(controlled blasting) 공법의 종류를 4가지만 쓰시오.

[해답] ① 라인 드릴링(line drilling) 공법
② 쿠션 블라스팅(cushion blasting) 공법
③ 스므스 블라스팅(smooth blasting) 공법
④ 프리 스프리팅(pre-splitting) 공법

47 ★

터널 굴착 시 여굴의 감소대책을 3가지만 쓰시오.

[해답] ① smooth blasting 공법 채택 ② 발파 후 조속한 shotcrete 실시
③ 적정 폭약량 사용 ④ 적절한 장비 선정
⑤ 정밀화약 사용

48 ★

터널굴착 시 여굴(over break) 발생원인을 3가지만 쓰시오.

[해답] ① 화약의 과장약 및 부적합한 공간격
② 암반절리
③ 천공 시 장비 형태로 인하여 굴착진행 방향과 평행하게 천공할 수 없으므로 불가피한 여굴 발생

49 ★

발파에 의한 공사수행 시 발파에 의해 발생하는 지반진동의 크기가 기준치 이상이 되면 인적·물적인 피해가 발생될 수 있다. 이의 방지를 위해 진동치를 기준치 이하로 제어하는 방법을 3가지만 기술하시오.

해답
① 저폭 속의 폭약사용(화약류 선택에 의한 경감방법)
② 장약량의 제한 및 분할발파
③ MS 뇌관에 의한 감소효과
④ 인공자유면을 이용한 심빼기 발파
⑤ 방진공 천공으로 인한 감쇄방법

50

암석 발파 시 비산이 발생되는 원인을 3가지만 쓰시오.

해답
① 과다한 장약량
② 지나친 지발시간
③ 단층, 균열, 연약면 등에 의한 암반의 강도 저하
④ 천공 시 잘못으로 인한 국부적인 장약공의 집중현상

참고
전색의 효과
① 밀폐에 의해 구멍내 폭약이 완전히 폭발한다.
② 밀폐에 의해 폭파에너지의 효과가 상승한다.
③ 가스에 의한 안전성이 향상된다.

51 ★

목적하는 파단선을 따라 조밀한 간격으로 천공하고 이 공(孔)은 장전하지 않은 채 무장약공으로 발파하여, 인접공에 대한 발파에너지의 영향으로 공열에 의해 형성된 마감면까지 파괴시키는 제어발파(control blasting) 공법은?

해답 라인 드릴링 공법(line drilling method)

52

제어발파공법에 대하여 아래의 물음에 답하시오.

(1) 굴착계획선에 따라 무장약공열로 설치하고 인접공에 대한 발파에너지의 영향으로 공열에 의해 형성된 마감면까지 파괴시키는 제어발파공법은?
(2) 굴착선에 따라 폭파로 예비파괴단면을 만들어 놓고 주폭약에 의한 진동, 파괴 등의 영향을 적게 하고 여굴을 방지하는 공법은?

해답
(1) 라인 드릴링 공법
(2) 프리 스프리팅 공법

53 ★★

발파진동에 의한 주변 건물에 미치는 피해 정도를 분석하는데 지반입자의 진동속도(particle velocity)가 많이 이용된다. 이때 진동속도의 크기에 영향을 미치는 인자 중 3가지만 쓰시오.

96 ①, 99 ①, 06 ②

[해답]
① 장약량
② 진원에서부터의 거리
③ 파쇄할 암질, 종류에 따른 계수 및 지수

❋참고
진동속도
$$V = K\left(\frac{R}{\sqrt{L}}\right)^n$$
여기서,
V : 진동속도(cm/s)
L : 장약량(kg)
R : 진원에서부터의 거리
K, n : 파쇄할 암질, 종류에 따른 계수 및 지수

54 ★★

1차 발파에서 생긴 암덩어리가 후속 작업에 필요로 하는 크기보다 크거나 적재기계로 적재할 수 없을 정도로 크면 조각을 낼 필요가 있다. 이와 같이 조각을 내기 위한 발파를 2차 발파라고 한다. 이러한 2차 발파의 종류를 3가지만 쓰시오.

96 ②, 12 ③, 16 ③

[해답]
① 블록 보링(block boring)법
② 스네이크 보링(snake boring)법
③ 머드 캡핑(mud caping)법

❋참고
① block boring법 : 암석 덩어리의 중심부에서 연직 천공한 후 장약하는 방법
② snake boring법 : 바윗덩어리의 아래측에 장약하는 방법
③ mud caping법 : 바윗덩어리의 지름이 작은 곳에 장약한 후 그 위를 굳은 점토로 덮어놓는 방법

55 ★

폭파에서 생긴 바윗덩어리가 삽이나 곡괭이로 처리할 수 없게 크면 이를 다시 조각내어야 한다. 이와 같이 조각을 내기 위한 폭파를 2차 폭파 또는 조각폭파라 한다. 다음 설명은 2차 발파방법 중 어떤 방법인가?

00 ⑤, 04 ①

> 천공시간이 충분하지 못할 경우나 바윗덩어리 등이 대부분 지하에 묻혀있고, 바윗덩어리 아래측에 따라 장약을 설치한다.

[해답] 스네이크 보링(snake boring)법

56 ★★

그림과 같은 암덩어리를 복토법(mud caping)을 이용하여 조각발파하려고 할 때 장약량을 구하시오. (단, 폭파계수 $C = 0.17$로 한다.)

93 ④, 98 ①, 05 ③

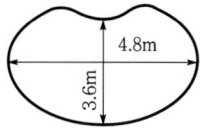

[해답] $L = CD^2 = 0.17 \times 360^2 = 22,032g = 22.03kg$

57 * — 92 ③, 96 ③

발파작업에서 채석방법, 암석의 비산상태, 장약량, 안전성을 고려해서 발파방법, 사용 약량 등을 여러 가지로 변화시키면서 암석과 폭약에 대한 계수를 결정하기 위한 발파방법을 무엇이라 하는가?

[해답] 시험발파

58 — 84 ①

암석에 시험발파를 하는 주목적은 무엇을 구하기 위해 하는가?

[해답] ① 발파계수
② 적정 장약량

59 * — 94 ①, 97 ②

물과의 수화작용에 의하여 발생하는 팽창압을 이용하여 암석이나 콘크리트를 파쇄하는 완화 파쇄제로서 무소음, 무진동이 요구되는 공사에 적합한 폭약은?

[해답] 캄마이트(Calmmite)

※ 참고
완화 파쇄제의종류
① Calmmite : 우리나라에서 생산된다.
② S-mite
③ CRS

60 * — 88 ③, 94 ④

한국화약제품으로 무성, 무진동의 폭약이다. 발파에 의하지 않고 팽창에 의하여 기존건물이나 암들을 폭파하는 폭약은?

[해답] 캄마이트(Calmmite)

61 — 85 ③

수중에서 기계에 의하여 다량의 암석을 제거하는 방법은 어떤 것이 있는가?

[해답] ① 준설선(dredger)에 의한 방법
② 중추식 쇄암선에 의한 방법
③ 연속충격식 쇄암기에 의한 방법

PART 6

토·목·기·사·실·기

콘크리트공

01 용어의 정의
02 시멘트
03 혼화재료
04 골 재
05 콘크리트
06 특수 콘크리트
● 과년도 출제 문제

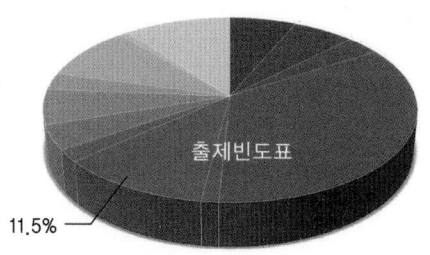

출제빈도표

11.5%

06 PART 콘크리트공

01 용어의 정의

(1) **생콘크리트(fresh concrete)** : con´c를 반죽한 직후의 상태로서 콘크리트 중의 시멘트가 아직 수화작용을 일으키지 않은 상태의 콘크리트

(2) **가열콘크리트(hot concrete)** : 비빈 직후의 콘크리트 온도를 40℃ 이상 되게 한 콘크리트

(3) **부배합(rich mixed)** : 배합설계에서 산출된 단위시멘트량보다 많은 양의 시멘트를 사용한 배합

(4) **빈배합(lean mixed)** : 배합설계에서 산출된 단위시멘트량보다 적은 양의 시멘트를 사용한 배합

(5) **가외철근** : 콘크리트의 건조수축, 온도변화, 기타의 원인에 의하여 콘크리트에 일어나는 인장응력에 대비해서 가외로 더 넣은 보조적인 철근

(6) **간격재(spacer)** : 철근 또는 긴장재나 시스에 소정의 덮개를 가지게 하거나 그 간격을 정확하게 유지시키기 위하여 쓰이는 콘크리트제, 모르터제, 금속제, 플라스틱 등의 부품

(7) **갇힌 공기(entrapped air)** : 혼화제를 쓰지 않아도 콘크리트 속에 자연적으로 함유되어 있는 공기

(8) **잔골재**
① 10mm 체(호칭 치수)를 전부 통과하고 5mm 체를 거의 다 통과하며, 0.08mm 체에 거의 다 남은 골재
② 5mm 체를 다 통과하고, 0.08mm 체에 다 남는 골재

(9) 굵은골재
  ① 5mm 체에 거의 다 남는 골재
  ② 5mm 체에 다 남는 골재

(10) 골재의 조립률(粗粒率) : 80mm, 40mm, 20mm, 10mm, 5mm, 2.5mm, 1.2mm, 0.6mm, 0.3mm, 0.15mm 체 등 10개의 체를 1조로 하여 체가름시험을 하였을 때, 각 체에 남는 누계량의 전 시료(全試料)에 대한 중량백분율의 합을 100으로 나눈 값

(11) 굵은골재의 최대치수 : 중량으로 90% 이상을 통과시키는 체 중에서 최소치수의 체눈을 체의 호칭치수로 나타낸 굵은골재의 치수

02 시멘트

1 시멘트의 종류

(1) 포틀랜드 시멘트(portland cement)
  ① 보통 포틀랜드 시멘트(normal portland cement) : 가장 보편적인 시멘트이다.
  ② 중용열 포틀랜드 시멘트(moderate-heat portland cement)
    ㉠ 조기강도가 작고 장기강도가 크다.
    ㉡ 수화열이 작아 건조수축, 균열이 작다.
    ㉢ 내수성, 화학적 저항성이 크다.
    ㉣ 매스콘크리트에 사용된다.
  ③ 조강 포틀랜드 시멘트(high-early strength portland cement)
    ㉠ 조기강도가 크다.(보통 시멘트의 28일 강도를 7일만에 낸다.)
    ㉡ 수화열이 커서 건조수축에 의한 균열이 크다.
    ㉢ 긴급공사, 한중 con'c 공사, 수중공사에 적합하다.
  ④ 백색 포틀랜드 시멘트(white portland cement)
    ㉠ 산화철 성분을 적게 하여 백색으로 만든 시멘트이다.
    ㉡ 장식용, 미관용에 사용된다.

(2) 혼합 시멘트(blended cement)★

① 고로 시멘트(slag cement) : 제철소의 폐기물인 slag를 clinker에 첨가하여 만든 시멘트이다.
  ㉠ 조기강도가 작고, 장기강도가 크다.
  ㉡ 수화열이 작으나 건조수축은 약간 크다.
  ㉢ bleeding이 작다.
  ㉣ 화학적 저항성이 커서 해안구조물에 사용된다.

② 플라이 애시 시멘트(fly-ash cement) : 화력발전소에서 배연되는 ash(회분)를 집진기로 모은 구상의 fly-ash를 clinker에 혼합하여 만든 시멘트이다.
  ㉠ 조기강도가 작고, 장기강도가 크다.
  ㉡ 수화열이 작아 건조수축, 균열이 작다.
  ㉢ 구상의 입자이므로 workability가 커진다.
  ㉣ 수밀성, 내구성이 크다.
  ㉤ 해수에 대한 화학적 저항성이 크다.

③ 포졸란 시멘트(Pozzolan cement) : 플라이 애시 등 포졸란과 석고를 clinker에 혼합하여 만든 시멘트이다.
  ㉠ 조기강도가 작고, 장기강도가 크다.
  ㉡ workability가 커지고, bleeding이 작아진다.
  ㉢ 수밀성, 내구성이 크다.
  ㉣ 화학적 저항성이 크다.

● 포졸란 시멘트를 실리카 시멘트라고도 한다.

(3) 특수 시멘트

① 알루미나 시멘트(alumina cement) : 알루미늄의 원광석인 보오크사이트(bauxite)같은 알루미나 성분을 석회석과 혼합하여 용융할 때까지 소성(burning)하여 급격히 냉각시켜 분쇄한 시멘트이다.
  ㉠ 조기강도가 커서 재령 1일로 포틀랜드 시멘트의 28일 강도를 낸다.
  ㉡ 수화열이 커서 한중공사에 적합하다.
  ㉢ 해수에 대한 저항성, 내화성이 크다.
  ㉣ 수화물의 전이에 의한 강도저하가 일어난다.

② 초조강 시멘트 : clinker 속의 앨리트(alit)를 증대시켜 분말도를 높이고 석고성분을 많이 첨가한 시멘트이다.

㉠ 조기강도가 크다.
㉡ 재령 1일로 보통 포틀랜드 시멘트의 7일 강도를 낸다.
㉢ 재령 1일로 조강 포틀랜드 시멘트의 3일 정도를 낸다.
③ 초속경 시멘트(regulated cement) : 성분조성에 따라 응결, 경화시간을 임의로 조절할 수 있는 시멘트로 초조강 시멘트보다 강도발현이 빠르고 제트 시멘트(jet cement)라 불린다.
㉠ 특징
ⓐ 응결시간이 짧고, 경화 시 발열이 크다.
ⓑ 2~3시간에 큰 강도를 발휘한다.
ⓒ 타설 후 침하량이 적어 침하균열이 적다.
ⓓ 알루미나 시멘트와 같은 전이현상이 없다.
㉡ 적용대상 : 긴급을 요하는 공사(도로 보수공사 등), 한중공사, shotcrete, grouting재에 사용된다.
④ 팽창 시멘트(expansive cement) : 건조수축이 균열의 원인이 되기 때문에 이 수축성을 개선한 것이 팽창시멘트이다.
㉠ 수축으로 인한 균열이 현저히 감소한다. (20~30%)
㉡ 균열 보수공사, PS 콘크리트, grouting재에 사용된다.

2 시멘트의 성질

(1) 시멘트의 풍화

시멘트 분말이 공기 중의 수분을 흡수하여 약간의 수화작용으로 탄산석회를 생성하여 굳어지는 것
• 풍화된 시멘트의 특징★
① 강도의 발현이 저하된다.(초기강도, 압축강도가 현저히 작아진다.)
② 강열감량이 증가한다.
③ 내구성이 작아진다.
④ 응결이 지연된다.
⑤ 비중이 작아진다.

(2) 분말도(fineness)

시멘트 입자의 굵고 가는 정도를 나타내는 것
• 분말도가 클수록(시멘트 입자가 미세할수록)
① workability 증가, bleeding 감소한다.

② 조기강도가 크며, 강도 증진율이 높다.
③ 건조수축, 균열이 증가한다.
④ 수화작용이 빠르다.
⑤ 시멘트가 풍화되기 쉽다.

3 시멘트의 취급

(1) 시멘트 저장

① 지상 30cm 위의 마루에 적재한다.
② 쌓아올리는 높이는 13포대 이하이고 장기간 저장 시 7포대 이하로 한다.
③ 3개월 이상 또는 습기를 받은 시멘트는 시험 후 사용한다.
④ 풍화된 시멘트는 사용하지 않는다.
⑤ 입하순으로 사용한다.

(2) 시멘트 저장면적

$$A = 0.4\frac{N}{n} \quad \cdots\cdots\cdots\cdots\cdots\cdots\cdots\cdots\cdots\cdots\cdots\cdots (6-1)$$

여기서, A : 면적(m^2)
　　　　N : 총 포대수
　　　　n : 쌓아올린 포대수

03 혼화재료

1 혼화재료의 분류

(1) 혼화재(additive)

사용량이 비교적 많아서 콘크리트 배합설계 시 고려하는 것(시멘트 중량의 5% 이상 사용)

- 종류
  ① slag　　　　　　　　　　② fly-ash
  ③ silica fume(실리카 흄)　　④ pozzolan

● pozzolan
① 단독으로는 수경성이 없지만 수산화칼슘과 반응하여 불용성의 화합물을 만드는 미분상태의 재료
② 종류
　㉠ 천연 포졸란
　　 : 응회암, 규조토
　㉡ 인공 포졸란
　　 : fly-ash, silica fume

(2) 혼화제(agent)

사용량이 비교적 적어서 콘크리트 배합설계 시 무시하는 것(시멘트 중량의 1% 이하 사용)

- 종류
    ① AE제 ② 촉진제
    ③ 감수제 ④ 고성능감수제(유동화제)
    ⑤ 수축저감제

2 혼화재료의 사용목적

① 워커빌리티 개선
② 강도의 증진 및 내구성 증진
③ 응결, 경화시간의 조절
④ 발열량 저감
⑤ 수밀성의 증진 및 철근의 부식방지

3 혼화제

(1) AE제(air entraining admixture)

AE제는 콘크리트 내부에 독립된 미세기포(0.025~0.25mm)를 발생시켜 콘크리트의 워커빌리티 개선과 동결융해에 대한 저항성을 갖도록 하기 위해 사용하는 혼화제이다.

① 특징★
  ㉠ 공기량 1% 증가에 따라 slump 2.5cm 증가, 압축강도 5% 감소한다.
  ㉡ workability 증대, 단위수량 감소
  ㉢ bleeding 및 골재분리 감소
  ㉣ 동결융해에 대한 내구성 증가, 수밀성 증가
  ㉤ 알칼리 골재반응 감소

② 종류
  ㉠ 빈졸레진(vinsol resin)
  ㉡ 다렉스(darex)
  ㉢ 포조리드(pozzolith)
  ㉣ 프로텍스(protex)

(2) 촉진제★

시멘트의 수화작용에 촉진하는 혼화제로써 거푸집의 조기 탈형에 의한 거푸집 사용, 한랭 시 콘크리트의 응결·경화불량 방지, 양생기간의 단축 등을 목적으로 사용한다.

① 특징
  ㉠ 조기강도 증가, 수화열 증가
  ㉡ 철근이 부식된다.
  ㉢ 균열 증가, 내구성 감소
  ㉣ slump 감소, 마모저항 증가
② 종류 : 염화칼슘(대표적인 촉진제), 규산나트륨, 규산칼슘, TEA 등

(3) 감수제

시멘트 입자를 분산시킴으로써 콘크리트의 소요의 워커빌리티를 얻는 데 필요한 단위수량을 감소시킬 목적으로 사용되는 혼화제로써 분산제라고도 한다.

① workability 증가, 단위수량 감소(10~16% 정도)
② 동일 워커빌리티 및 강도를 얻기 위해 필요한 단위시멘트량 감소
③ bleeding, 골재분리 감소
④ 압축강도 증가, 수밀성 증가

(4) 고성능 감소제, 유동화제

일반적인 감수제의 기능을 더욱 향상시켜 시멘트를 효과적으로 분산시키고 응결지연 및 지나친 공기연행, 강도 저하 등의 악영향 없이 높은 첨가율로 사용하여 단위수량을 대폭 감소시킬 수 있는 혼화제이다.

① workability가 크게 증가하고, 단위수량이 크게 감소한다.(20~30% 정도)
② bleeding, 골재분리 감소
③ 압축강도 증가, 수밀성 증가

(5) 수축 저감제

건조시에 발생하는 수축을 감소시키는 효과를 가진 혼화제로서 모르터, 콘크리트의 균열 감소나 방지, 충진성의 향상, 박리방지 등을 주목적으로 사용한다.

04 골재

1 골재로서 필요한 성질

① 깨끗하고 유기불순물, 염화물 등의 유해량을 함유해서는 안 된다.
② 물리, 화학적으로 안정해야 한다.
③ 내구성, 내화성, 내마모성이 커야 한다.
④ 입도가 좋고(대·소립이 적당히 혼합되어 있고) 소요의 중량을 가져야 한다.
⑤ 모양이 입방체 또는 구에 가깝고 부착이 좋은 표면조직을 가져야 한다.

● 비중에 의한 골재의 분류
① **경량골재** : 비중이 2.5 이하인 골재
② **보통골재** : 비중이 2.5~2.65인 일반적인 골재
③ **중량골재** : 비중이 2.7 이상인 골재

2 골재의 저장

① 종류와 입도가 다른 골재는 각각 구분하여 별도로 저장한다.
② 대·소립이 분리되지 않도록 한다.(G_{max}이 60mm 이상일 때 대·소 2종으로 저장)
③ 표면수가 일정하도록 저장한다.
④ 빙설의 혼입이나 동결을 막기 위한 시설을 하여 저장한다.
⑤ 직사광선을 피하기 위한 시설을 하여 저장한다.

3 골재의 흡수량★

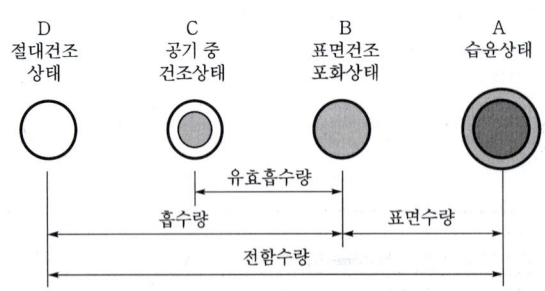

[그림 6-1] 골재의 함수상태

① 표면수량(율) = $\dfrac{A-B}{B} \times 100$ ·· (6-2)

② 유효흡수량(율) = $\dfrac{B-C}{C} \times 100$ ·· (6-3)

③ 흡수량(율)= $\dfrac{B-D}{D} \times 100$ ································· (6-4)

④ 전함수량(율)= $\dfrac{A-D}{D} \times 100$ ································· (6-5)

05 콘크리트

❶ 굳지 않은 콘크리트의 성질

(1) 반죽질기(consistencey)

수량의 다소에 따르는 반죽이 되고 진 정도를 나타내는 아직 굳지 않은 콘크리트의 성질

(2) 시공연도(workability)

반죽질기 여하에 따르는 작업의 난이도 및 재료분리에 저항하는 정도를 나타내는 아직 굳지 않은 콘크리트의 성질

(3) 성형성(plastictiy)

거푸집에 쉽게 다져넣을 수 있고 거푸집을 제거하면 천천히 형상이 변하기는 하지만 허물어지거나 재료가 분리하는 일이 없는 아직 굳지 않은 콘크리트의 성질

(4) 피니셔빌리티(finishability ; 마무리성)

굵은골재의 최대치수, 잔골재율, 잔골재의 입도, 반죽질기 등에 의한 콘크리트 표면의 마무리 정도를 나타내는 아직 굳지 않은 콘크리트의 성질

❷ workability(시공연도)

(1) workability 증진대책 방법

① 물·시멘트비를 크게 한다.
② 단위수량을 크게 한다.
③ 혼화재료(AE제, 감수제 등)를 사용한다.
④ 분말도가 큰 시멘트를 사용한다.
⑤ 입형이 좋은 골재를 사용한다.

⑥ 비빔시간을 충분하게 한다.

(2) workability 측정법★
① 슬럼프시험(slump test) : 가장 많이 사용한다.
② 흐름시험(flow test)
③ 리몰딩시험(remolding test)
④ 케리볼시험(kelly ball penetration test)
⑤ 비비(vee-bee) 반죽질기시험
⑥ 일리발렌시험(iribarren test)
⑦ 다짐계수시험(compaction factor test)

● 리몰딩시험은 slump test, flow test보다 더 정확한 workability 측정법이다.

③ 굳지 않은 콘크리트의 재료분리

(1) 타설작업 중에 생기는 재료분리
① 원인
  ㉠ 굵은골재의 최대치수가 지나치게 큰 경우
  ㉡ 입자가 거친 잔골재를 사용한 경우
  ㉢ 단위골재량이 너무 많은 경우
  ㉣ 단위수량이 너무 많은 경우
② 재료분리의 대책
  ㉠ 잔골재율을 크게 한다.
  ㉡ 물·시멘트비를 작게 한다.

(2) 타설작업 후의 재료분리(bleeding)
① 블리딩이 클 때 콘크리트에 미치는 영향
  ㉠ 강도, 수밀성 및 내구성이 작아진다.
  ㉡ 골재 알이나 수평 철근 밑부분에 수막이 생겨 시멘트 풀과의 부착이 나빠진다.
② 블리딩 방지법★
  ㉠ 단위수량 감소
  ㉡ 분말도가 큰 시멘트 사용
  ㉢ AE제 사용
  ㉣ 응결촉진제를 사용

● 블리딩(bleeding)
거푸집에 콘크리트를 친 후 시멘트의 입자, 골재 알 등이 가라앉으면서 물이 올라와 콘크리트 표면에 떠오르는 현상을 블리딩이라 한다.

4 콘크리트의 내구성을 저하시키는 열화원인

(1) 화학적 작용

① 염해 : 콘크리트 중에 염화물(NaCl)이 존재하나 염화물이온(Cl^-)의 침입으로 철근이 부식하여 그 팽창압에 의해 균열이 발생한다.

② 중성화★ : 공기 중의 탄산가스에 의해 콘크리트 중의 수산화칼슘(강알칼리)이 서서히 탄산칼슘(약알칼리)으로 되어 콘크리트가 중성화됨에 따라 물과 탄산가스에 의해 철근이 부식하여 체적이 팽창(약 2.6배)하게 되어 균열이 발생한다.

- 중성화 방지대책
  ㉠ 물-시멘트비를 작게 한다.
  ㉡ AE제, 감수제를 사용한다.
  ㉢ 콘크리트의 피복두께를 크게 한다.
  ㉣ 골재는 흡수율이 작은 단단한 것을 사용한다.

③ 알칼리 골재반응(Alkali Aggregate Reaction ; AAR) : 시멘트의 알칼리 성분이 골재의 실리카 물질과 반응하여 gel 상태의 화합물을 만들어 수분을 흡수, 팽창하여 균열이 발생한다.

(2) 물리적 작용

① 동해 : 콘크리트에 함유되어 있는 수분이 동결하면 수분이 동결팽창(9%)하여 콘크리트가 균열된다.

② 손식 : 콘크리트의 마모작용에는 차량 등에 의한 마멸작용과 물속의 모래 등에 의한 충돌작용의 두 종류가 있다.

기상작용	기계적작용
ⓐ 동해 ⓑ 온도변화 ⓒ 건조수축	ⓐ 손식 ⓑ 진동, 충격

● 콘크리트 염화물 함유량 측정 시험
① 흡광광도법
② 소염은 적정법
③ 전위차 적정법

● 중성화
① $Ca(OH)_2 + CO_2$
  $\rightarrow CaCO_3 + H_2O$
② 철근 주위를 둘러싸고 있는 콘크리트가 중성화하여 균열이 발생하면 균열로부터 부식에 필요한 물과 공기가 공급되어 철근의 부식은 더욱 증가한다.

5 콘크리트의 압축강도에 영향을 미치는 요인

(1) 배합방법

① W/C비
  ㉠ 콘크리트 강도에 가장 크게 영향을 미친다.
  ㉡ W/C가 작을수록 강도가 증가한다.

● 콘크리트 압축강도에 영향을 미치는 요인
① 배합방법
② 재료의 품질
③ 시공방법 : 비빔, 운반, 타설, 다짐
④ 양생 및 재령

② 골재의 입도
　㉠ 양립도일수록 강도가 증가한다.
　㉡ 양부의 판정
　　ⓐ 잔골재 FM=2.3~3.1
　　ⓑ 굵은골재 FM=6~8
③ slump치 : 시공이 가능한 한 작게 한다.
④ 연행공기량
　㉠ AE 공기 1% 증가에 따라 압축강도 5% 감소한다.
　㉡ AE 공기량을 증가하면 workability가 좋아져 W/C비를 줄일 수 있어 강도 증가의 요인이 되기도 한다.(AE 공기량은 콘크리트 용적의 4~7% 사용이 표준이다.)

(2) 재료의 품질

① 물
　㉠ 수질이 콘크리트의 응결시간 및 강도발현에 영향을 미친다.
　㉡ 식수 정도가 적당하다.
② 시멘트
　㉠ 콘크리트 강도는 시멘트 강도에 비례한다.
　㉡ 분말도가 클수록 초기강도가 크다.
　㉢ 풍화된 시멘트를 사용하면 콘크리트 강도가 저하된다.
③ 골재
　㉠ 골재의 강도는 시멘트풀의 강도보다 큰 것을 사용한다.
　㉡ 부순돌을 사용한 콘크리트가 강자갈을 사용한 경우보다 부착력이 크기때문에 콘크리트 강도가 크다.
④ 혼화제

ⓑ 콘크리트 품질관리 및 검사

(1) 콘크리트 재료시험

[표 6-1] 콘크리트 재료시험

시멘트	골 재
ⓐ 비중시험 ⓑ 분말도시험 ⓒ 시멘트 모르터 압축강도시험 ⓓ 응결시간 측정시험	ⓐ 체가름시험 ⓑ 골재의 안정성시험 ⓒ losangles 마모시험

(2) 콘크리트시험

① 공사 개시 전·중 : 공사개시 전에 하는 시험은 콘크리트 배합을 정하기 위한 시험이다.

공사 개시 전	공사중
ⓐ slump 시험 ⓑ 콘크리트 압축강도시험 ⓒ 공기량시험 ⓓ 골재의 체가름시험	ⓐ slump 시험 ⓑ 콘크리트 압축강도시험 ⓒ 공기량시험 ⓓ 콘크리트 단위용적중량시험 ⓔ 굳지 않은 콘크리트의 염화물 함유량시험

● 현장으로 반입되는 레미콘의 인수자가 해야 할 시험
① 슬럼프시험
② 공기량시험
③ 강도시험(압축강도, 휨강도)
④ 염화물함유량시험
⑤ 단위체적중량시험

② 공사 후
  ㉠ 콘크리트 비파괴시험
    ⓐ 슈미트 해머법(schmidt hammer)
    ⓑ 초음파 검사법(ultra sonics)
    ⓒ 탄성파 검사법
    ⓓ 전자파(마이크로파) 검사법
    ⓔ 방사선 검사법
    ⓕ Accoustic Emission(AE)법
  ㉡ 구조물의 콘크리트에서 절취한 core에 대하여 실시하는 압축강도시험
  ㉢ 구조물의 재하시험

● 슈미트 해머

[그림 6-2]

7 콘크리트 배합설계(mixing design)

(1) 배합법의 종류

① 시방배합(specified mixture)
  ㉠ 시방서 또는 책임기술자가 지시한 배합
  ㉡ 골재는 표면건조포화상태의 것으로, 잔골재는 5mm 체를 다 통과하고 굵은골재는 5mm 체에 남는 것을 사용한다.
② 현장배합(field mixture) : 시방배합에 맞도록 현장에서 재료의 상태와 계량방법에 따라 정한 배합

(2) 배합의 표시법

시방서에 규정된 시방배합의 표시법에 의해 재료의 배합을 표시하는 것으로 콘크리트 1m³당 물, 시멘트, 골재, 혼화재료 등을 중량으로 표시하고 굵은골재의 최대치수, 슬럼프, W/C비, 공기량, S/a 등을 표시하여 아래와 같이 나타낸다.

[표 6-2] 배합의 표시법

굵은골재의 최대치수 (mm)	슬럼프의 범위 (cm)	공기량의 범위 (%)	물·시멘트비 W/C (%)	잔골재율 S/a (%)	단위량(kg/m³)					
					물 W	시멘트 C	잔골재 S	굵은골재 G		혼화재료	
								mm~mm	mm~mm	혼화재[1]	혼화제[2]

(3) 콘크리트 배합설계★

① 배합강도의 결정

　㉠ 표준편차를 이용하는 경우(둘 중 큰 값 사용)

　　ⓐ $f_{cq} \leq 35\text{MPa}$인 경우

　　　• $f_{cr} = f_{cq} + 1.34s$ ·········· (6-6)

　　　• $f_{cr} = (f_{cq} - 3.5) + 2.33s$ ·········· (6-7)

　　ⓑ $f_{cq} > 35\text{MPa}$인 경우

　　　• $f_{cr} = f_{cq} + 1.34s$ ·········· (6-8)

　　　• $f_{cr} = 0.9f_{cq} + 2.33s$ ·········· (6-9)

　　여기서, f_{cq} : 품질기준강도, 설계기준 압축강도(f_{ck})와 내구성기준 압축강도(f_{cd}) 중 큰 값

　　　　　s : 압축강도의 표준편차(MPa)

　㉡ 시험횟수가 14회 이하이거나 기록이 없는 경우

호칭강도, f_{cn}(MPa)	배합강도, f_{cr}(MPa)
21 미만	$f_{cn} + 7$
21 이상 35 이하	$f_{cn} + 8.5$
35 초과	$1.1f_{cn} + 5$

$f_{cn} = f_{cq} + T_n$

　여기서, f_{cn} : 호칭강도

　　　　　T_n : 기온보정강도

② slump 결정 : 운반, 치기, 다짐 등의 작업에 알맞은 범위 내에서 가능한 한 작은 값으로 정한다.

● 콘크리트 배합설계의 순서
① W/C 결정
② 굵은골재 최대치수 결정
③ 슬럼프 결정
④ S/a 결정
⑤ 단위수량(W) 결정
⑥ 시방배합의 산출 및 조정
⑦ 현장배합으로 수정

● 호칭강도
레디믹스트 콘크리트 주문 시 KSF4009의 규정에 따라 사용되는 콘크리트 강도

[표 6-3] 슬럼프의 표준값[콘크리트 표준시방서(2009)]

종 류		소요 슬럼프(cm)
철근 콘크리트	일반적인 경우	8~15
	단면이 큰 경우	6~12
무근 콘크리트	일반적인 경우	5~15
	단면이 큰 경우	5~10

③ 잔골재율(S/a) 결정 : 소요의 workability를 얻을 수 있는 범위 내에서 단위수량이 최소가 되도록 한다.

[표 6-4] 콘크리트의 단위굵은골재용적, 잔골재율 및 단위수량의 표준값

굵은 골재의 최대치수 (mm)	단위 굵은 골재용적 (%)	AE제를 사용하지 않은 콘크리트			AE 콘크리트				
		갇힌 공기 (%)	잔골재율 S/a (%)	단위수량 W (kg)	공기량 (%)	양질의 AE제를 사용한 경우		양질의 AE 감수제를 사용한 경우	
						잔골재율 S/a(%)	단위수량 W(kg)	잔골재율 S/a(%)	단위수량 W(kg)
15	58	2.5	49	190	7.0	47	180	48	170
20	62	2.0	45	185	6.0	44	175	45	165
25	67	1.5	41	175	5.0	42	170	43	160
40	72	1.2	36	165	4.5	39	165	40	155

(1) 이 표의 값은 골재로서 보통 입도의 모래(조립률 2.80 정도) 및 자갈을 사용한 물·시멘트비 55% 정도, 슬럼프 약 8cm의 콘크리트에 대한 것이다.
(2) 사용재료 또는 콘크리트의 품질이 (1)의 조건과 다를 경우에는 위의 표의 값을 다음 표와 같이 보정한다.

구 분	S/a의 보정(%)	W의 보정(kg)
모래의 조립률이 0.1 만큼 클(작을) 때마다	0.5 만큼 크게(작게) 한다.	보정하지 않는다.
슬럼프값이 1cm 만큼 클(작을) 때마다	보정하지 않는다.	1.2% 만큼 크게(작게) 한다.
공기량이 1% 만큼 클(작을) 때마다	0.5~1.0만큼 작게(크게) 한다.	3% 만큼 작게(크게) 한다.
물·시멘트비가 0.05 클(작을) 때마다	1 만큼 크게(작게) 한다.	보정하지 않는다.
S/a가 1% 클(작을) 때마다	-	1.5kg 만큼 크게(작게) 한다.
부순돌을 사용할 경우	3~5 만큼 크게 한다.	9~15kg 만큼 크게 한다.
부순모래를 사용할 경우	2~3 만큼 크게 한다.	6~9kg 만큼 크게 한다.

④ 시방배합의 산출 및 조정

㉠ 단위시멘트량 = $\dfrac{단위수량}{물 \cdot 시멘트비}$ (kg)

㉡ 단위골재량 절대체적
$$= 1 - \left(\dfrac{단위수량}{1000} + \dfrac{단위시멘트량}{시멘트\ 비중 \times 1000} + \dfrac{공기량}{100}\right)(\text{m}^3)$$

ⓒ 단위잔골재량 절대체적=단위골재량 절대체적×잔골재율(m³)
ⓔ 단위잔골재량=단위잔골재량 절대체적×잔골재 비중×1000(kg)
ⓕ 단위굵은골재량 절대체적
　　=단위골재량 절대체적－단위잔골재량 절대체적(m³)
ⓖ 단위굵은골재량
　　=단위굵은골재량 절대체적×굵은골재 비중×1000(kg)

8 계량, 비비기, 운반, 타설, 양생

(1) 재료의 계량

① 재료는 1batch분씩 중량으로 계량하는 것을 원칙으로 한다.
② 계량의 허용오차[콘크리트 표준시방서(2009)]★

재료의 종류	허용오차(%)		
	콘크리트	포장 콘크리트	댐 콘크리트
물	1	1	1
시멘트	1	1	2
혼화재	2	2	2
골재, 혼화제 용액	3	3	3

(2) 비비기(mixing)

① 작업 시 유의사항
　ⓐ 균등질의 콘크리트를 얻을 수 있을 때까지 충분히 비빈다.
　ⓑ 재료의 투입순서는 물을 먼저 넣고 전 재료를 동시에 균등하게 넣는다.
　ⓒ 비비기 시간 { 가경식 믹서 → 1분 30초 이상 / 강제식 믹서 → 1분 이상 } 을 표준으로 한다.
　ⓓ 비비기는 미리 정해 둔 비비기 시간의 3배 이상 계속해서는 안 된다.
　ⓔ 비비기 시작 전에 미리 믹서에 모르타르를 부착시킨다.
　ⓕ 믹서는 사용 전·후에 충분히 청소한다.
② 거듭 비비기와 되비비기
　ⓐ 거듭 비비기 : 콘크리트 또는 모르타르가 엉기기 시작하지는 않았으나 비빈 후 상당한 시간이 지났거나 또는 재료가 분리한 경우에 다시 비비는 작업
　ⓑ 되비비기 : 콘크리트 또는 모르타르가 엉기기 시작하였을 경우에 다시 비비는 작업

③ 콘크리트 mixer
  ㉠ 배처 믹서(batcher mixer)

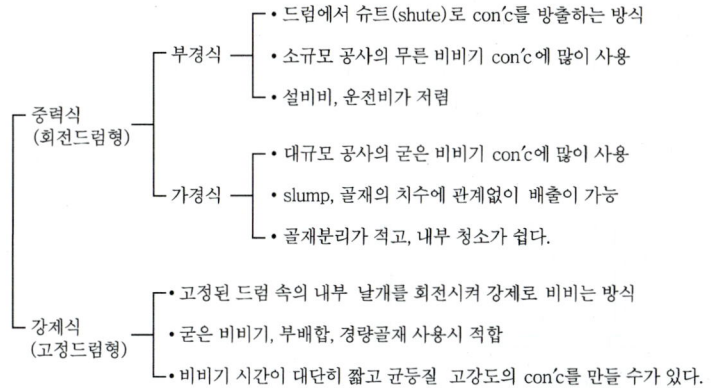

  ㉡ 연속 믹서(continuous mixer) : 잘 사용하지 않는다.

[그림 6-3] 배처 플랜트(batcher plant)

(3) 콘크리트 운반(유의사항)

① 콘크리트는 신속하게 운반하여 즉시 타설한다.
② 비비기부터 치기가 끝날 때까지의 시간[콘크리트 표준시방서(2009)]★
  ㉠ 외기온도가 25℃ 이상일 때 : 1.5시간 이하
  ㉡ 외기온도가 25℃ 이하일 때 : 2시간 이하
③ 재료분리, 손실, slump, 공기량 감소 등이 적게 일어나도록 해야 한다.

(4) 콘크리트 치기 및 다지기

① 치기 작업 시 유의사항
  ㉠ 철근의 배치나 거푸집이 흐트러지지 않도록 한다.
  ㉡ 타설한 콘크리트를 거푸집 안에서 횡방향으로 이동해서는 안 된다.
  ㉢ 한 구획내의 콘크리트는 타설이 완료될 때까지 연속적으로 친다.
  ㉣ 콘크리트 표면이 수평이 되도록 친다.
  ㉤ 2층 이상으로 나누어 칠 경우 상층과 하층이 일체가 되도록 하층의

● **콘크리트 운반**
운반차, 트럭믹서(애지테이터), 버킷(bucket), 콘크리트 펌프(con´c pump), 콘크리트 플레이서(con´c placer), 벨드 긴베이어(belt conveyer), 손수레(hand car), 슈트(chute)

● **이어치기 허용시간간격의 표준[콘크리트 표준시방서(2009)]★**

외기온도	허용이어치기 시간간격
25℃ 초과	2.0시간
25℃ 이하	2.5시간

콘크리트가 굳기 전에 위층의 콘크리트를 친다.
ⓑ 연직시공 높이는 1.5m 이하로 하고 거푸집의 높이가 높은 경우 연직 슈트 등을 사용한다.
ⓐ 쳐올라가는 속도 : 단면의 크기, 배합 등에 따라 다르나 일반적으로 30분에 1~1.5m가 적당하다.

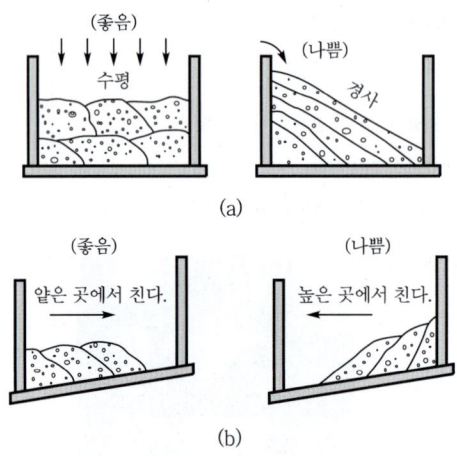

[그림 6-4] con´c 치기 작업

② 치기 작업 시 다짐방법
  ㉠ 찔러 다지기   ㉡ 진동기 다지기   ㉢ 거푸집을 두드리는 방법
  ㉣ 가압방법   ㉤ 원심력방법   ㉥ 진공처리방법

③ 다지기 작업 시 유의사항
  ㉠ 내부진동기 사용을 원칙으로 한다.
    ⓐ 얇은 벽 등 내부진동기 사용이 곤란한 장소 : 거푸집진동기 사용
    ⓑ 콘크리트 포장과 같이 얇고 넓은 콘크리트 다지기 : 표면진동기 사용
  ㉡ 타설 직후 충분히 다진다.
  ㉢ 상·하층이 일체가 되도록 내부 진동기를 하층 콘크리트 속으로 0.1m 정도 연직으로 찔러 넣는다.
  ㉣ 내부진동기는 연직으로 일정한 간격으로 찔러 넣는다.(삽입간격은 일반적으로 0.5m 이하)
  ㉤ 내부진동기는 콘크리트에서 천천히 빼내어 구멍이 남지 않도록 한다.
  ㉥ 내부진동기로 콘크리트를 횡방향으로 이동시켜서는 안 된다.

● 진동기의 종류
① 내부진동기
② 외부진동기(거푸집진동기)
③ 표면진동기

● 내부진동기 사용방법의 표준
① 내부진동기를 하층의 콘크리트 속으로 0.1m 정도 찔러넣는다.
② 내부진동기는 연직으로 찔러넣으며 삽입간격은 0.5m 이하로 한다.
③ 1개소당 진동시간은 5~15초로 한다.

(5) 양생(curing)

치기가 끝난 콘크리트가 건조수축에 의한 균열이 생기지 않고 충분히 경화할 수 있도록 일정기간동안 적당한 온도와 습도를 유지하며, 유해한 작용의 영향을 받지 않도록 보존하는 작업을 양생이라 한다.

① 습윤양생(wet curing)
  ㉠ 콘크리트 노출면을 가마니, 마포, 모래 등을 적셔서 덮거나 살수하여 습윤상태를 유지하는 방법
  ㉡ 콘크리트 습윤양생기간

[콘크리트 표준시방서(2009)]

일 평균기온	보통 포틀랜드 시멘트	고로 슬래그 시멘트 플라이 애시 시멘트 B종	조강 포틀랜드 시멘트
15℃ 이상	5일	7일	3일
10℃ 이상	7일	9일	4일
5℃ 이상	9일	12일	5일

② 막양생(피복양생 ; membrane curing)
  ㉠ 콘크리트 표면에 막을 만드는 막양생제를 살포하여 증발을 막는 방법
  ㉡ 습윤양생이 곤란한 곳에 사용
  ㉢ 막양생제 : 피막양생제(유성, 수성), 방수지, plastic sheet 등
③ 증기양생(steam curing)
  ㉠ 고온, 고압의 수증기로 양생하는 방법
  ㉡ precast con´c 제품(공장제품), 한중 콘크리트에 사용
④ 전기양생(electric curing) : 저압전류를 콘크리트 속에 보내 전기저항에 의해 발생되는 열을 이용하여 양생하는 방법
⑤ 온도제어양생(인공냉각법)
  ㉠ 프리쿨링(pre-cooling) : 콘크리트 재료의 일부 또는 전부를 비비기 전에 미리 냉각하여 콘크리트 온도를 저하시키는 공법
    ⓐ 혼합용수의 냉각법
      • 가장 간단한 방법으로 물을 1~5℃로 냉각하여 사용하는 방법
      • 콘크리트 온도저하 : 1~2℃ 정도
    ⓑ 얼음을 혼합용수에 넣는 방법
      • 혼합수의 일부를 세편의 얼음으로 사용하는 방법
      • 얼음 사용량 : 혼합용수의 10~40%
      • 콘크리트 온도저하 : 3~7℃ 정도

● 양생에 영향을 미치는 요인(유해한 작용)
① 직사광선, 바람, 소낙비
② 급격한 온도변화, 건조, 저온
③ 진동, 충격, 과대하중

● 증기양생방법
① 거푸집과 함께 증기양생실에 넣는다.
② 비빈 후 2~3시간 경과 후부터 증기양생을 실시한다.(온도 상승 속도 : 1시간당 20℃ 이하, 최고 온도 : 65℃)
③ 양생실의 온도를 외기 온도 정도까지 서서히 내린다.
④ 양생실에서 제품을 꺼내 실외 저장소로 옮겨 보관한다.

ⓒ 냉풍송입법
- 굵은골재의 저장조(bin)의 저부에서 1~4℃의 냉풍을 송풍하여 굵은골재를 냉각하는 방법
- 콘크리트 온도저하 : 6~9℃ 정도

ⓛ 파이프쿨링(pipe-cooling) : 콘크리트 타설 전 매입한 pipe에 냉각수를 순환시켜 수화열을 없애고 콘크리트 온도를 저하시키는 공법
ⓐ cooling pipe
- ∅25mm의 강관
- 설치간격 : 1.5m마다 1개씩 설치

ⓑ 통수기간 : 콘크리트 치기 전부터 개시하여 2~3주간(수온과 콘크리트 온도 차가 20℃ 이내)

9 콘크리트 이음(줄눈, joint)

(1) 시공이음(construction joint)

작업시간, 거푸집 조립, 1일 타설능력 등의 이유로 콘크리트 타설 시 필요에 의해 두는 이음

① 설치이유
㉠ 철근의 조립, 거푸집 반복사용
㉡ 거푸집에 미치는 콘크리트 압력
㉢ 콘크리트의 검사
㉣ 콘크리트 내의 온도 상승
㉤ 야간작업 등 무리한 작업을 피하려고

② 설치위치 및 방향
㉠ 전단력이 작은 위치(압축력이 작용하는 방향과 직각)에 설치한다.
㉡ 전단력이 큰 위치에 부득이 설치한 경우에는 시공이음에 장부 또는 홈을 만들거나 철근으로 보강한다.

③ 시공 시 유의사항
㉠ 온도, 건조수축 등에 의한 균열발생을 고려한다.
㉡ 구 콘크리트의 laitance나 나쁜 품질의 콘크리트를 제거한다.
㉢ 구 콘크리트에 충분하게 물을 흡수한다.
㉣ 이음면 시공방법
ⓐ 구 콘크리트 경화 전 처리방법 : 구 콘크리트가 굳기 전에 고압의

물 및 공기로 콘크리트 표면을 얇게 제거하고 굵은골재를 노출시
킨 후 신 콘크리트를 친다.
ⓑ 구 콘크리트 경화 후 처리방법 : 구 콘크리트 표면을 거칠게 하고
깨끗이 청소한 후 시멘트풀이나 모르타르를 바르고 신 콘크리트
를 친다.

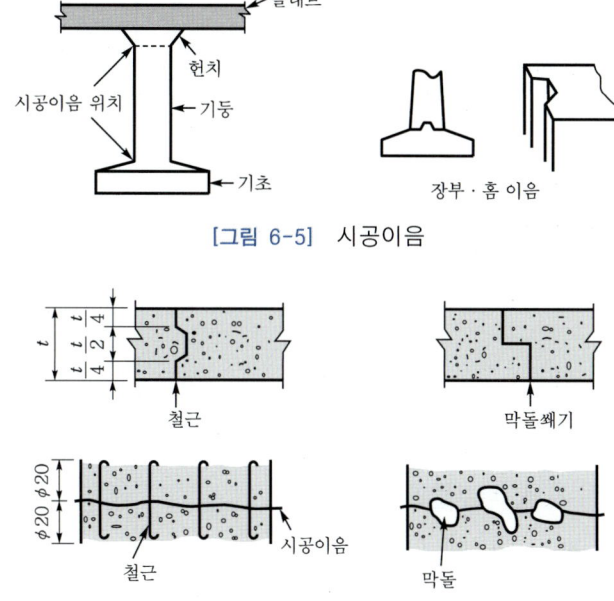

[그림 6-5] 시공이음

[그림 6-6] 시공이음 보강

(2) 신축이음(expansion joint)

콘크리트 구조물의 온도변화, 건조수축, 기초의 부등침하 등에 의하여 생기는 균열을 방지하기 위해 실시하는 이음으로 두께는 1~3cm로 하면 적당하다.

① 시공 시 유의사항
  ㉠ 서로 접하는 구조물의 양쪽 부분을 절연시킨다.
  ㉡ 완전히 절연된 신축이음에서 신축이음에 턱이 생길 위험이 있을 때
    는 장부 또는 홈을 만들거나 슬립바(slip bar)를 사용한다.
  ㉢ 신축이음의 줄눈에 흙 등이 들어갈 염려가 있을 때는 채움재(filler)
    를 사용한다.
  ㉣ 수밀을 요할 때는 지수판을 사용한다.

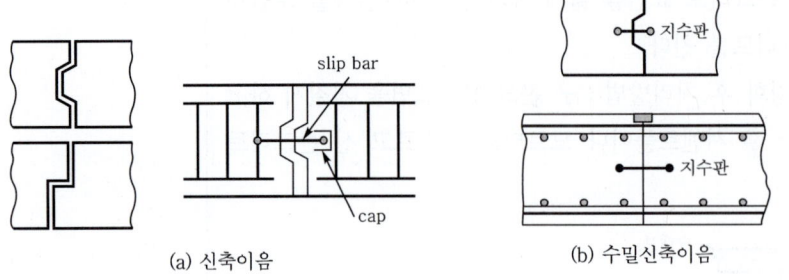

[그림 6-7] 신축이음

② 신축이음재의 구비조건
  ㉠ 온도변화에 의한 신축이 자유로울 것
  ㉡ strain에 의한 변위가 자유로울 것
  ㉢ 강성 및 내구성이 클 것
  ㉣ 방수 및 배수가 완전할 것
  ㉤ 평탄하고 주행성이 있을 것
③ 신축이음재
  ㉠ 채움재(filler)
    ⓐ 이음 채움재(줄눈) : 합성수지제, 나무널판, mastic
    ⓑ 주입 채움재(충진재) : asphalt, asphalt mortar, 합성고무, compound
  ㉡ 지수판 : 동판, 강판, 염화비닐판, 고무재

● 신축이음의 간격
① 댐, 옹벽과 같은 큰 구조물 : 10~15m
② 얇은벽 : 6~9m
③ 도로포장 : 6~10m

(3) 균열유발줄눈(contraction joint)

온도변화, 건조수축, 외력 등에 의해서 발생되는 균열을 미리 어느 정해진 장소에 단면 결손부를 설치하여 균열이 강제적으로 생기게 하는 이음

● 균열유발줄눈 시공 시 유의사항
수밀구조물인 경우 미리 지수판을 설치한다.

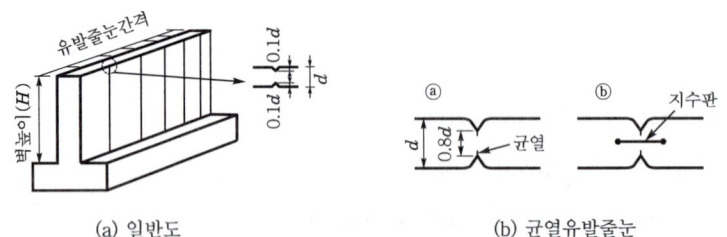

[그림 6-8] 균열유발줄눈

(4) cold joint★

콘크리트를 계속해서 칠 때 신·구 콘크리트 사이에 비교적 긴 시간차로 인하여 계획되지 않은 개소에 생기는 이음

① cold joint에 의한 피해
　㉠ 내구성 저하
　㉡ 철근이 부식되어 중성화가 촉진되며, 팽창으로 인한 균열이 발생
　㉢ 수밀성 저하로 누수의 원인이 된다.
② 방지대책
　㉠ 응결지연제 사용
　㉡ 레미콘 배차계획 및 간격을 엄수
　㉢ 레미콘 공장 생산실태를 고려하여 사전에 시공이음을 계획한다.
　㉣ 콘크리트 온도를 낮춘다.
　㉤ 고온일 때 타설 중지

10 콘크리트의 균열(hair crack)

(1) 경화 전의 균열(초기균열)

콘크리트를 거푸집에 타설한 후부터 응결이 종료될 때까지 발생하는 균열

① 소성수축균열(plastic shrinkage crack)
　㉠ 굳지 않은 콘크리트 표면의 증발속도가 bleeding 속도보다 빠를 때 발생하는 균열이다.
　㉡ 고온저습한 기온이나 바람에 노출되거나 bleeding이 적은 된비빔 콘크리트를 사용할수록 수성수축균열은 커진다.
　㉢ 방지대책
　　ⓐ 타설 직후 외기에 노출되지 않게 한다.
　　ⓑ 막양생을 실시한다.
　　ⓒ 해막이, 바람막이 등을 설치한다.
② 침하균열(settlement crack)
　㉠ 콘크리트 타설 후 콘크리트의 압밀현상에 의해 발생되는 균열이다.
　㉡ 철근의 지름이 클수록, slump가 클수록 침하균열이 증가한다.
　㉢ 다짐 불충분, 거푸집 불량, 콘크리트 덮개가 작을수록 침하균열이 증가한다.
　㉣ 방지대책
　　ⓐ 충분한 다짐
　　ⓑ slump 최소화
　　ⓒ 거푸집의 정확한 설계

● 초기균열의 원인에 의한 분류★
① 소성수축균열
② 침하균열
③ 거푸집변형에 따른 균열
④ 진동·재하에 따른 균열

(2) 경화 후의 균열
① 건조수축균열(건조수축에 의한 균열)
② 온도균열(온도변화에 의한 균열)
③ 화학적 침식에 의한 균열
④ 기상작용에 의한 균열
⑤ 과하중에 의한 균열
⑥ 철근의 부식에 의한 균열

● 건조수축균열이 콘크리트의 균열을 일으키는 가장 큰 원인중의 하나이다.

(3) 균열의 보수기법★
① 에폭시 주입법
  ㉠ 균열에 따라서 적다한 간격으로 구멍을 뚫어 압력으로 에폭시를 주입하는 방법으로 0.5mm 정도의 폭을 가진 균열에 사용한다.
  ㉡ 건물, 교량, 댐 등의 콘크리트 균열보수에 효과적으로 사용되고 있다.
② 봉합법
  ㉠ 균열에 봉합제(에폭시 복합재, 우레탄)를 채워넣는 방법이다.
  ㉡ 발생된 균열이 멈춰있거나 구조적으로 중요하지 않을 경우에 사용되고 있으며, 시공이 간단하지만 계속 진행되고 있는 균열에는 효과를 발휘하기 힘들다.
③ 짜깁기법
  ㉠ 균열의 양측에 어느 정도 간격을 두고 구멍을 뚫어 철쇠를 박아넣는 방법이다.
  ㉡ 균열 직각방향의 인장강도를 증강시킬 때 사용된다.
④ 보강철근 이용방법
  ㉠ 교량 거더 등의 균열에 구멍을 뚫어 에폭시를 주입하며, 철근을 끼워넣어 보강하는 방법이다.
  ㉡ 교량 거더 등의 균열보수에 사용된다.
⑤ 그라우팅
  ㉠ 시멘트 그라우트를 주입하는 방법이다.
  ㉡ 콘크리트 댐이나 두꺼운 콘크리트 벽체 등의 균열보수에 사용된다.

11 거푸집(form) 및 동바리(timbering)

(1) 거푸집 및 동바리 구비조건
① 거푸집의 구비조건

㉠ 강도와 강성이 크고 외력에 대하여 변형이 없을 것
㉡ 조립 및 해체가 용이할 것
㉢ 내구성이 크고 반복사용이 가능할 것
㉣ 형상 및 치수가 정확할 것
㉤ 수밀성이 있어야 하고 시멘트풀이 새어나가지 않을 것
② 동바리의 구비조건
㉠ 강도와 강성이 크고 외력에 대하여 변형이 없을 것
㉡ 조립 및 해체가 용이할 것
㉢ 내수성이 크고 반복사용이 가능할 것

(2) 거푸집 및 동바리 설계 시 고려해야 할 하중

① 연직방향 하중
㉠ 사하중 : 콘크리트, 철근, 거푸집, 동바리의 자중
㉡ 활하중 : 작업원, 콘크리트 운반 작업차, 시공 기계·기구, 가설설비 등의 중량 및 충격
② 횡방향 하중 : 작업 시의 진동, 충격, 편심하중, 풍압, 유수압, 지진 등
③ 콘크리트 측압 : 굳지 않은 콘크리트의 측압
④ 특수 하중 : 비대칭 콘크리트의 편심하중, 거푸집 저면의 경사에 의한 수평분력 등

● 굳지 않은 콘크리트의 측압에 영향을 미치는 인자
① 배합
② 치기속도
③ 다짐방법
④ 타설높이
⑤ 타설 시의 온도
⑥ 진동

(3) 시공

① 거푸집의 시공
㉠ 볼트 또는 강봉으로 거푸집을 단단하게 조인다.
㉡ 거푸집 내면에 바리제를 바른다.
㉢ 형상 및 치수가 정확하다.
㉣ 시멘트풀이 새어나가지 않게 한다.
② 동바리의 시공
㉠ 시공에 앞서 기초지반을 정지하여 소요의 지지력을 얻도록 한다.
㉡ 부등침하가 일어나지 않도록 적당한 보강을 한다.
㉢ 동바리의 조립은 높이, 경사를 고려하여 충분한 강도와 안정성을 갖도록 한다.
㉣ 하중을 완전하게 기초에 전달하고자 한다.
㉤ 콘크리트 자중에 따른 침하, 변형을 고려하여 적당한 솟음을 둔다.

● 거푸집 내면에 박리제를 바르는 이유
① 콘크리트가 거푸집에 부착되는 것을 방지
② 거푸집 떼어내기 작업의 용이
③ 수분흡수방지(목제 거푸집), 방청효과(금속제 거푸집)
④ 거푸집의 전용횟수 증가

● 콘크리트 타설 전에 거푸집을 검사해야 할 사항
① 거푸집의 부풀음
② 모르타르가 새어 나오는 것
③ 이동
④ 경사
⑤ 침하
⑥ 접속부의 느슨해짐

(4) 거푸집 및 동바리의 검사

거푸집 및 동바리는 콘크리트 타설 전은 물론 타설 중에서 다음 사항을 검사한다.
① 거푸집의 부풀음
② 모르타르가 새어나오는 것
③ 이동
④ 경사
⑤ 침하
⑥ 접속부의 느슨해짐
⑦ 기타의 이상 유무

(5) 거푸집 및 동바리 떼어내기

거푸집 및 동바리는 콘크리트가 자중 및 시공 중에 가해지는 하중에 충분히 견딜만한 강도를 가질 때까지 떼어내서는 안 된다.

[표 6-5] 거푸집을 떼어내도 좋은 시기(콘크리트 압축강도를 시험한 경우)*

부 재	콘크리트의 압축강도(f_{cu})
확대 기초, 보 옆, 기둥, 벽 등의 측벽	5MPa 이상
슬래브 및 보의 밑면, 아치 내면	설계기준 압축강도의 2/3배 이상 또한, 최소 14MPa 이상

12 특수 거푸집

(1) climbing form

거푸집을 상향이나 수평으로 그대로 이동하면서 콘크리트 타설 완료시까지 거푸집을 해체하지 않고 콘크리트를 연속적으로 타설하는 공법이다.
① 특징
  ㉠ 벽 구축용 거푸집이다.
  ㉡ 연속 타설로 joint(시공이음) 발생이 거의 없고 수밀성이 크다.
  ㉢ 공기단축
  ㉣ 동바리, 비계 등 가설공사가 불필요하다.
  ㉤ 재료비, 노무비 절감
  ㉥ silo, 교각, 전망대, 도로포장, 수로 등과 같은 특수한 곳에 사용된다.
② 종류

● **시공이음면의 거푸집 철거**
① 시공이음면의 거푸집 철거는 콘크리트가 굳은 후 되도록 빠른 시기에 한다. 다만, 거푸집의 제거 시기를 너무 빨리 하면 콘크리트에 유해한 영향을 주기 때문에 주의해야 한다.
② 일반적으로 연직시공이음부의 거푸집제거시기는 콘크리트를 타설하고 난 후 여름에는 4~6시간, 겨울에는 10~15시간 정도로 한다.

● **거푸집을 떼어내는 순서**
비교적 하중을 받지 않는 부분을 먼저 떼어낸 후, 나머지 중요한 부분을 떼어낸다.
예 기둥, 벽 등의 연직부재의 거푸집은 보 등의 수평부재의 거푸집보다 일찍 떼어내는 것이 원칙이며 보의 양 측면의 거푸집은 바닥판보다 먼저 떼어내도 좋다.

[그림 6-9] 슬립 폼

㉠ slip form

ⓐ 단면변화가 일정하게 있는 구조물에 적용

ⓑ 특히 연직구조물의 축조에 사용

ⓒ 거푸집 높이 : 0.9~1.2m 정도

㉡ sliding form

ⓐ 단면변화가 없는 평면형의 구조물에 적용

ⓑ 거푸집 높이 : 1~1.2m 정도

③ 중요부품

㉠ yoke : 거푸집을 끌어올리는 틀로서 심봉에 따라 올라간다.

㉡ form : 거푸집

㉢ wale

㉣ jack

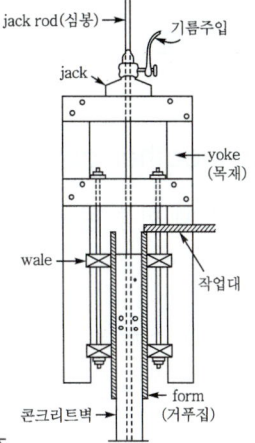

[그림 6-10] 슬립 폼의 구조

(2) travelling form

수평으로 이동이 가능한 대형의 system화 된 거푸집으로 콘크리트를 연속적으로 타설하는 공법이다.

① 벽 구축용 거푸집이다.

② 연속시공으로 공기단축

③ 재료비, 노무비 절감

④ 터널공사, 대형 수로공사, 지하철공사 등에 사용

[그림 6-11] travelling form

(3) table form

바닥판 거푸집과 동바리를 일체화하여 table 모양으로 만들어 수평이동하면서 콘크리트를 타설하는 공법이다.

① 바닥(slab) 구축용 거푸집이다.
② 공기단축
③ 재래식공법보다 합리적이다.
④ slab 형태가 동일한 APT, 호텔, 병원 등의 건축물 등에 사용한다.

06 특수 콘크리트

1) 한중 콘크리트(cold weather concrete)

일 평균기온이 4℃ 이하일 때 한중 콘크리트로 시공한다.

(1) 재료
① 시멘트는 포틀랜드 시멘트 사용을 표준으로 한다.
② 수화열에 의한 균열의 문제가 없을 때에는 조강 포틀랜드 시멘트를 사용한다.
③ 골재는 동결되지 않도록 시트 등으로 덮어 보관한다.
④ 재료를 가열할 때 물, 골재 등을 가열한다.
 • 물 → 40℃ 이내, 골재 → 간접 가열하여 65℃ 이내
⑤ 시멘트 직접 가열금지

(2) 배합
① AE 콘크리트 사용이 원칙이다.
② 초기동해를 피하기 위해 단위수량을 가능한 한 적게 한다.

(3) 운반 및 치기
① 열량의 손실을 방지해야 하며 신속히 운반하여 친다.
② 칠 때의 콘크리트 온도는 5~20℃ 범위 내
③ 동결된 콘크리트는 제거한다.

(4) 양생
① 초기동해를 피한다.

② 양생 시 콘크리트 온도는 10℃이다.
③ 충분한 강도가 얻어질 때까지 양생한다.
④ 양생 후 콘크리트 온도가 급격히 저하되지 않게 한다.

(5) 시공상 특히 주의사항(목표로 해야할 점)
① 초기동해 방지
② 동결융해작용에 대하여 충분한 저항성 확보
③ 예상되는 하중에 대하여 충분한 강도 확보

(6) 콘크리트의 온도
① 재료를 가열하여 제조한 콘크리트의 대체적인 온도(T)

$$T = \frac{S(W_a \cdot T_a + W_c \cdot T_c) + W_f \cdot T_f + W_w \cdot T_w}{S(W_a + W_c) + W_f + W_w} \quad \cdots\cdots (6-10)$$

여기서, W_a, T_a : 골재의 중량과 온도
W_c, T_c : 시멘트의 중량과 온도
W_f, T_f : 골재 표면수량과 온도
W_w, T_w : 혼합용수의 중량과 온도
S : 건조재료의 비열(일반적으로 0.2를 사용)
T : 비빌 때의 온도

② 치기 종료 시의 콘크리트 온도(T_2)★

$$T_2 = T_1 - 0.15(T_1 - T_0)t \quad \cdots\cdots\cdots\cdots\cdots\cdots\cdots (6-11)$$

여기서, T_2 : 치기가 끝났을 때의 온도(℃)
T_1 : 비벼진 온도(℃)
T_0 : 주위의 온도(℃)
t : 비벼졌을 때부터 치기가 끝날 때까지의 시간(hr)

❷ 서중 콘크리트(cold weather concrete)

일 평균기온이 25℃ 이상일 때 서중 콘크리트로 시공한다.

(1) 재료
① 시멘트, 골재 등은 직사광선을 피하고, 가능한 온도를 낮춘 후 사용
② 저온의 물 사용(물 → 냉각수 사용, 물탱크 → 보온 단열재로 보양)
③ 감수제 및 AE 감수제 사용

(2) 배합

소요의 강도, workability를 얻을 수 있는 범위 내에서 단위수량 및 단위시멘트량을 가능한 적게 한다.

(3) 운반

① slump가 저하되지 않도록 신속히 운반한다.
② dump truck 사용 시 콘크리트 표면을 덮는다.
③ 레미콘 사용 시 장시간 대기시키지 않도록 배차계획을 세운다.

(4) 치기작업 시 주의사항★

① 치기 전에는 지반과 거푸집 등을 살수하거나 덮개를 하여 습윤상태를 유지해야 한다.
② 비빈 후 가능한 한 빨리 치며, 비빈 후 치기를 시작할 때까지의 시간은 1.5시간 이내로 한다.
③ 치기할 때의 콘크리트 온도는 35℃ 이하로 한다.
④ cold joint가 생기지 않도록 적절한 계획에 따라 실시한다.

(5) 양생

① 치기작업 완료 후 즉시 양생을 하여 콘크리트 표면이 건조해지지 않도록 한다.
② 살수 또는 덮개를 하여 표면의 건조를 최대한 억제한다.
③ 넓은 면적이기에 습윤양생이 곤란한 경우에는 막양색을 한다.

③ 수중 콘크리트

수중 콘크리트를 사용하는 구조물에는 해양 등 수면하의 비교적 넓은 면적에 콘크리트를 쳐서 만드는 구조물과 현장치기 말뚝 또는 지하연속벽과 같이 비교적 좁은 곳에 콘크리트를 쳐서 만드는 것이 있다. 수중 콘크리트는 재료분리가 적게 되도록 시공해야 한다.

(1) 배합

① W/C : 50% 이하
② 단위시멘트량 : 370kg/m^3 이상
③ S/a : 40~45%
④ slump

[표 6-6] 수중 콘크리트의 슬럼프 표준

시공방법	슬럼의 범위(cm)
트레미, 콘크리트 펌프	13~18
밑열림상자, 밑열림포대	10~15

(2) 치기작업 시 주의사항★

① 물막이를 하여 정수 중에서 친다. (유속 : 5cm/sec 이하)
② 수중에 낙하시켜서는 안 된다.
③ 소정의 높이 또는 수면상에 이를 때까지 연속해서 친다.
④ 콘크리트가 경화될 때까지 물의 유동을 방지한다.
⑤ 레이턴스를 완전히 제거한 후 다음 구획의 콘크리트를 친다.
⑥ 트레미나 콘크리트 pump를 사용하여 치는 것을 원칙으로 한다. 부득이한 경우에는 밑열림상자나 밑열림포대를 사용해도 좋다.

(3) 수중 콘크리트 타설공법★

① 트레미(tremie)
  ㉠ 트레미는 수밀성이고 콘크리트가 자유롭게 낙하할 수 있는 크기를 가져야 한다.(안지름은 굵은골재 최대치수의 8배 정도)
  ㉡ 트레미 1개로 치는 면적을 30m² 이하로 한다.
  ㉢ 콘크리트 타설 중에 트레미 하반부가 항상 콘크리트로 채워져 있어야 한다.
  ㉣ 콘크리트 타설 중에 트레미를 수평이동해서는 안 된다.

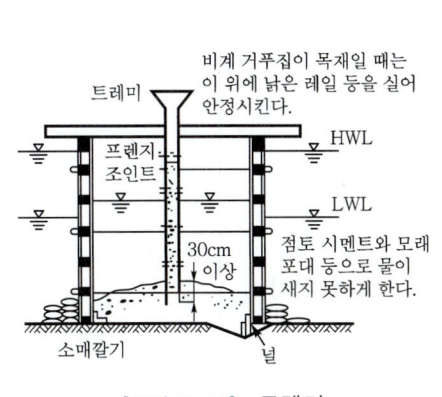

[그림 6-12] 트레미

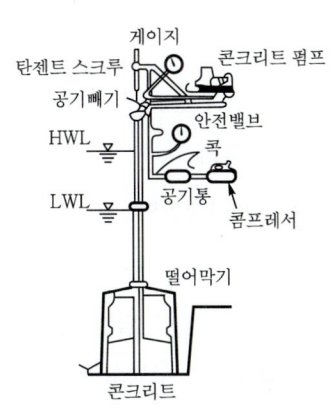

[그림 6-13] 콘크리트 펌프

② 콘크리트 펌프(con´c pump)
　㉠ 펌프의 배관은 수밀해야 한다.
　㉡ 수송관 1개로 치는 면적은 5m² 정도이다.
　㉢ 치는 방법은 트레미에 준한다.
③ 밑열림상자
④ 밑열림포대

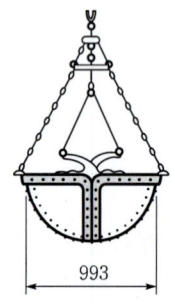

[그림 6-14] 밑열림상자　　[그림 6-15] 밑열림포대

4 수밀 콘크리트

수밀 콘크리트를 사용하는 구조물에는 투수, 투습에 의해 영향을 받는 구조물로 지하구조물, 수리구조물, 수조, 각종 저장시설, 터널 등이 있다.

(1) 배합
① W/C : 55% 이하
② 양질의 AE제, AE 감수제, 감수제, 고성능 감수제, 포졸란 등을 사용한다.

(2) 시공
① 가능한 한 연속적으로 친다.
② 적당한 간격의 시공이음을 둔다.
③ 연직시공이음에는 지수판을 사용한다.

(3) 시공 시 주의사항
① 균열, cold joint 등 누수의 원인이 되는 결함이 생기지 않게 한다.
② 시공이음, 신축이음 등 이음부의 수밀성에 주의한다.
③ 콘크리트 자체의 수밀성을 높인다.

● 콘크리트 펌프 사용 시 파이프가 막히는 plug-ging 현상 원인
① 내리막 경사배관에 의한 콘크리트 내에 공기막 형성
② slump치 부적당
③ 굵은골재 최대치수가 규정치 이상
④ 최초의 모르터 압송량이 적은 경우
⑤ 압송 중 장시간 콘크리트 수송의 중단
⑥ 수송관의 청소 불량

● 콘크리트 펌프의 압송성 향상을 위한 방법
① 부배합
② 혼합제 사용
③ 굵은골재의 형상이 원형에 가까운 것을 사용

⑤ 유동화 콘크리트

유동화제를 첨가하여 콘크리트의 유동성을 일시적으로 크게 한 콘크리트로서 콘크리트의 품질을 변화시킨 것이 아니라 일정시간 동안만 콘크리트의 유동성을 증대한 콘크리트이다.

(1) 배합
① 유동화 콘크리트의 slump는 18cm 이하로 하며 가능한 한 작게 한다.
② slump 증가량 : 10cm 이하

(2) 유동화제
① 멜라민 설포산염 혼합물
② 나프탈렌 설폰산염 혼합물
③ 변형 리그닌 설폰산염

(3) 특징
① 치기, 다짐 등의 시공성이 향상된다.
② workability 증가, bleeding 감소
③ 건조수축 감소
④ 수밀성, 내수성 증가

⑥ 프리플레이스트 콘크리트

특정한 입도의 굵은골재를 거푸집에 채워넣고, 그 공극 속에 특수한 모르터를 적당한 압력으로 주입하여 만든 콘크리트이다. 특수한 모르터(intrusion mortar)란 유동성이 크고, 재료의 분리가 적고, 적당한 팽창성을 가진 주입 모르터로서 모르터에 fly-ash, 감수제, 알루미늄 분말을 혼합한 것이다.

(1) 재료
① 결합재 : 포틀랜드 시멘트에 fly-ash를 혼합하여 사용
② 혼화제 : 감수제, 지연제, 발포제(알루미늄 분말)
③ 잔골재 : FM=1.4~2.2 범위의 것
④ 굵은골재 최소치수 : 15mm 이상

(2) 특징
① 재료분리, bleeding이 적다.
② 건조수축이 보통 콘크리트의 1/2이다.
③ 내구성, 장기강도가 크다.
④ 해수에 대한 저항성이 크다.
⑤ 동결융해에 대한 저항성이 크다.
⑥ 수중공사에 적합하다.
⑦ 시공이 곤란한 곳에 적합하다.
⑧ 신·구 콘크리트의 부착강도가 크다.

(3) 시공 시 주의사항
① 거푸집강도를 크게 할 것
② 주입 모르터의 유출방지
③ 굵은골재는 주입 전 물로 충분히 적신다.
④ 주입은 최하부부터 시작하여 연직 주입관을 뽑아올리면서 위쪽으로 실시한다. (상승속도 0.5~1.5m/h)
⑤ 주입관의 콘크리트 속에 매입되는 깊이는 0.5~2.0m로 한다.

(4) 적용대상
① 댐, 교각, 항만, 방파제 등의 수중공사
② 기존 건축물의 보수공사
③ 터널의 복공(lining)

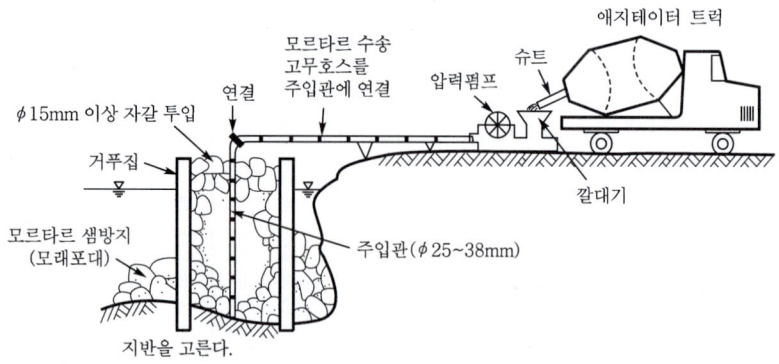

[그림 6-16] 프리플레이스트 콘크리트

⑦ 숏크리트(shotcrete, 뿜어붙이기 콘크리트)

압축공기로 모르타르나 콘크리트를 시공면에 뿜어붙이는 콘크리트 공법이다.

(1) 재료

① 시멘트
  ㉠ 보통 포틀랜드 시멘트 사용이 원칙이다.
  ㉡ 급속시공이 필요한 경우 : 조강 포틀랜드 시멘트, 초속경 시멘트를 사용
  ㉢ 염분의 영향을 받을 경우 : 고로 시멘트 사용

② 골재
  ㉠ 굵은골재 : 부순돌, 강자갈 사용(G_{max}=10~15mm)
  ㉡ 잔자갈 : FM=2.3~3.1

③ 혼화제
  ㉠ 급결제 : 부착한 콘크리트의 응결을 촉진시킬 경우에 사용
  ㉡ AE 감수제, 감수제 : 적절한 반죽질기를 얻기 위해 사용

(2) 배합설계 시 고려해야 할 사항

① shotcrete의 강도
② 호스의 폐색이 없어야 한다.
③ 골재의 rebound 및 분진이 작을 것
④ shotcrete의 박리, 박락, 표면의 처짐이 없어야 한다.
⑤ 경제성

(3) 특징

장 점*	단 점
ⓐ 거푸집이 불필요하고, 급속시공이 가능하다. ⓑ 시공기계가 소형으로 기동성이 크다. ⓒ 협소한 장소, 급경사면 등에서도 작업이 가능하다. ⓓ 광범위한 지질에 적용된다. ⓔ 콘크리트 두께를 자유롭게 조절할 수 있다.	ⓐ 리바운드 등의 재료손실이 많고, 분진이 발생한다. ⓑ 수밀성이 적다. ⓒ 수축균열이 크다. ⓓ 평활한 마무리면을 얻기 어렵다. ⓔ 용수가 있으면 부착이 곤란하다.

(4) 공법의 종류

① 건식공법* : 시멘트와 골재를 건비빔하여 노즐(nozzle)로 운반한 후 nozzle에서 물과 혼합하여 압축공기로 뿜어붙이는 공법

● wire mesh
① shotcrete의 부착강도가 충분하지 않을 때 사용
② 용접철망 또는 마름모형 철망을 사용

● 터널보강재인 숏크리트가 갖추어야 할 조건
① 내구성
② 부착성
③ 시공성
④ 소요강도

장 점	단 점
ⓐ 물과 재료가 분리운반되므로 수송시간에 제약이 없다. ⓑ 수송거리가 500m까지 가능하다.	ⓐ nozzle에서 물과 재료(시멘트, 골재)가 혼합되므로 품질관리가 어렵다. ⓑ 분진발생이 많다. ⓒ rebound(반발)량이 많다. ⓓ 작업원의 숙련도에 따라 품질변화가 크다.

② 습식공법 : 전 재료를 믹서에서 비벼 nozzle로 운반한 후 nozzle에서 압축공기로 뿜어붙이는 공법

장 점	단 점
ⓐ 전 재료를 mixer에서 혼합하여 토출시키므로 품질관리가 용이하다. ⓑ 분진발생이 적다. ⓒ rebound량이 적다. ⓓ 시공기간이 단축된다.	ⓐ 수송시간에 제약이 있고 수송거리가 짧다.(수송거리 : 100m) ⓑ 노즐이 막힐 우려가 있고 청소가 곤란하다. ⓒ 재료공급에 제한을 받는다.

(5) 시공 시 주의사항

① 노즐은 시공면과 직각이 되도록 하고 적절한 뿜어붙이는 거리가 있어야 한다.
② rebound량이 최소가 되도록 하고 rebound된 재료가 다시 반입되지 않도록 한다.
③ 뿜어붙인 콘크리트가 흘러내리지 않는 범위 내에서 소정의 두께가 될 때까지 계속 뿜어붙인다.
④ shotcrete의 표면은 shotcrete만으로 마무리 한다.
⑤ 강제 지보공을 설치한 곳에서는 강제 지보공과 뿜어붙일 면 사이에 공극이 생기지 않도록 뿜어붙인다.

(6) rebound 및 분진발생 감소대책

① rebound량 감소대책 ★
  ㉠ 습식공법 채용
  ㉡ nozzle을 시공면과 직각이 되게 한다.
  ㉢ 단위시멘트량을 크게 한다.
  ㉣ 단위수량을 크게 한다.(W/C=40~60%)
  ㉤ 잔골재율을 크게 한다.(S/a=55~75%)
  ㉥ 굵은골재 최대치수를 작게 한다.(G_{max}=10~15mm)
② 분진발생 감소대책
  ㉠ 습식공법 채용

● 숏크리트 타설 시 뿜어붙일 면에 대한 사전처리 작업
① 작업 중 낙하할 위험이 있는 돌, 풀, 나무 등은 주의해서 제거한다.
② 뿜어붙일 면에 용수가 있을 경우에는 배수파이프나 배수필터 등을 설치하여 배수처리 한다.
③ 뿜어붙일 면이 흡수성인 경우에는 미리 물을 뿌려야 한다.
④ 비탈면이 동결하였거나 빙설이 있는 경우에는 녹여서 표면의 물을 없앤다.

ⓒ 분진발생을 적게 하는 재료의 선택 및 관리
　　　　ⓐ 액체급결제, 분진저감제 사용
　　　　ⓑ 잔골재 표면수량의 관리
　③ 분진발생 처리
　　ⓐ 환기에 의한 확산희석
　　ⓒ 집진장치의 설치

⑧ AE 콘크리트

AE제를 첨가하여 콘크리트 중에 미세한 기포($\phi 0.02 \sim 0.05$mm 정도)를 발생시킨 콘크리트

① workability가 좋아진다.
② 단위수량이 감소한다.
③ 동결융해에 대한 내구성, 내산성 증가
④ 수축, 균열 감소
⑤ 수밀성 증대
⑥ 알칼리 골재반응이 적어진다.

⑨ PS 콘크리트(prestressed concrete ; PSC)

PS 강선이나 강봉에 인장력을 주어 콘크리트에 압축응력이 생기도록 하여 콘크리트에 하중이 작용할 때 생기는 인장응력과 서로 상쇄되도록 만든 콘크리트이다.

(1) 특징

장 점	단 점
ⓐ 내구성 및 복원성이 크다. ⓑ 구조물의 자중이 작고 지간을 길게 할 수 있다. ⓒ 구조물의 안정성이 높다. ⓓ 콘크리트가 지닐 수 있는 강도를 전부 이용할 수 있다. ⓔ PS 강선 강도를 전부 이용할 수 있다.	ⓐ RC에 비해 강성이 작아 변형이 크고 진동하기 쉽다. ⓑ 내화성이 작다. ⓒ 재료비가 비싸고, 고도의 기술을 요한다. ⓓ 설계 및 작업에 특별관리가 필요하다.

(2) prestressing 방법

① pretension 방법
② post-tension 방법

(3) post-tension에 의한 prestressing 방법(PS 강재의 정착공법)

① 프레시네 공법(Freyssinet method, 프랑스)
② 디비닥 공법(Dywidag method, 독일)
③ BBRV 공법(스위스)
④ 레온할트 공법(Leonhardt method, 독일)

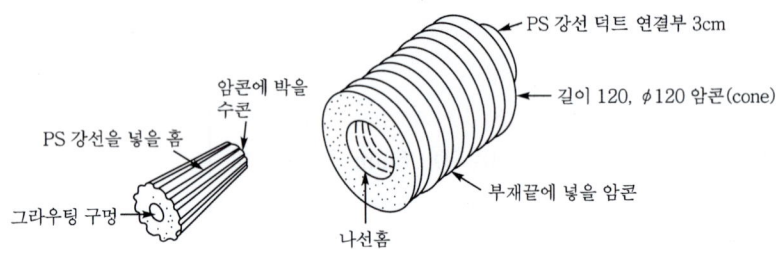

(a) 프레시네 공법

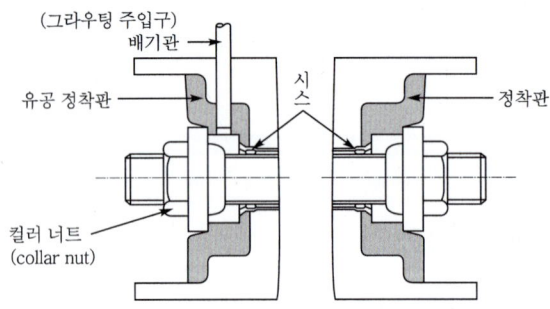

(b) 디비닥 공법

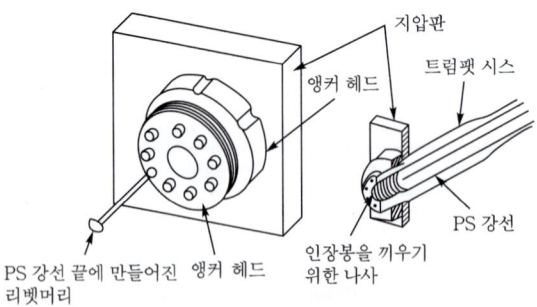

(c) BBRV 공법

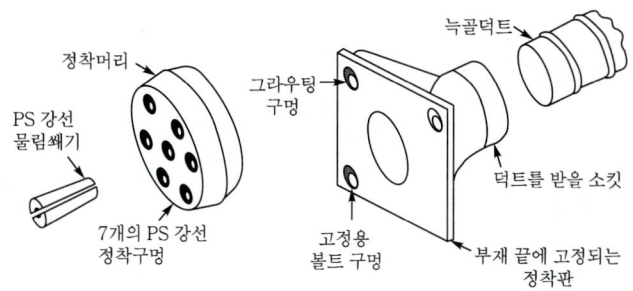

(d) 레온할트 공법

[그림 6-17] PS 강선 정착공법

(4) PS 강재에 인장력을 주는 방법

① 기계적 방법 : jack으로 긴장하는 방법으로 가장 많이 사용한다.
② 화학적 방법 : 팽창 시멘트를 사용하여 긴장하는 방법이다.
③ 전기적 방법 : PS 강재에 전류를 보내어 그 저항으로 가열되어 늘어난 PS 강재를 정착하는 방법이다.

(5) 프리스트레스 손실원인★

PS 강재의 인장응력이 감소하면 콘크리트에 도입된 프리스트레스(prestress)도 감소된다. 이러한 현상을 프리스트레스의 손실이라 한다.

① 도입 시 일어나는 손실원인
　㉠ 콘크리트의 탄성변형
　㉡ PS 강재와 시스(sheath) 사이의 마찰(곡률마찰, 파상마찰)
　　ⓐ 긴장재의 곡률마찰로 인한 손실
　　ⓑ 긴장재의 파상마찰로 인한 손실
　　ⓒ 긴장재의 곡률과 파상의 영향을 동시에 받는 마찰손실
　㉢ 정착장치의 활동

② 도입 후 손실원인
　㉠ 콘크리트 크리프
　㉡ 콘크리트 건조수축 : 프리스트레스 손실 중에서 가장 큰 원인이다.
　　ⓐ pretension : 7~10% 정도
　　ⓑ posttension : 5% 정도
　㉢ PS 강재의 relaxation

10 섬유 보강 콘크리트(Fiber Reinforced Concrete ; FRC)

콘크리트의 인장강도와 균열에 대한 저항성을 높이고, 인성을 개선시킬 목적으로 콘크리트 속에 각종 섬유를 보강시켜 만든 콘크리트

(1) 특징★

① 인장강도, 휨강도, 전단강도가 증대
② 인성이 증대
③ 균열에 대한 저항성이 증대
④ 내열성, 내구성, 내충격성이 증대
⑤ 압축강도는 별로 증대되지 않는다.

(2) 섬유의 종류

무기계 섬유	유기계 섬유
ⓐ 강섬유(steel fiber) ⓑ 유리섬유(glass fiber) ⓒ 탄소섬유(carbon fiber)	ⓐ 아라미드 섬유 ⓑ 폴리프로필렌 섬유 ⓒ 비닐론 ⓓ 나일론 ⓔ 테트론

(3) 강섬유 보강 콘크리트(Steel Fiber Reinforced Con´c ; SFRC)

① 강선절단, 박판절단 등의 방법으로 강섬유($\phi 0.3 \sim 0.6mm$, $L = 25 \sim 60mm$)를 콘크리트 용적의 0.5~2.0% 혼입한 콘크리트
② 인장강도, 휨강도, 균열에 대한 저항성, 인성, 전단강도, 내열성, 내충격성 등이 크게 향상된다.

11 경량 콘크리트(light-weight concrete)

콘크리트 자중의 경량을 위해 경량골재, 기포 등을 혼입하여 만든 콘크리트로서 단위중량이 $1.7t/m^3$ 내외이다.

(1) 특징

장 점	단 점
ⓐ 자중이 적다. ⓑ 내화성, 단열성이 크다. ⓒ 흡음률이 크다. ⓓ 가공성이 크다.	ⓐ 압축강도, 탄성계수가 작다. ⓑ 건습에 의한 건조수축이 크다. ⓒ 철근의 부식 방지력이 저하된다.

(2) 종류★

① 경량골재 콘크리트(light-weight aggregate con´c) : 비중이 작은 다공질의 경량골재를 사용하여 만든 콘크리트
② 경량기포 콘크리트(autoclaved light-weight con´c) : 경량골재를 사용하지 않고 발포제에 의해 콘크리트 속에 많은 기포를 발생시켜 중

● 경량기포콘크리트(ALC)
강제 탱크 속에 석회질 또는 규산질 원료와 발포제를 넣은 후 고온(약 180℃), 고압(약 10기압)하에서 15~16시간 정도 오토클레이브 양생하여 만든 다공질의 경량기포 콘크리트를 ALC라 한다.

량을 가볍게 한 콘크리트
③ 무세골재 콘크리트(porous con´c, 다공질 콘크리트) : 골재 사이에 공극을 형성시키기 위하여 잔골재를 사용하지 않고 입경이 작은 굵은골재(10~20mm)만을 사용하여 만든 다공질의 투수성이 있는 콘크리트

(3) 배합
① 단위수량은 가능한 한 적게 한다.
② AE제, AE 감수제를 사용하는 것을 원칙으로 한다.
③ slump는 가능한 한 적게 한다.(slump=50~180mm가 표준)

(4) 시공상 주의사항
① pre-wetting : 경량골재는 흡수량이 크므로 사용 전 반드시 분수하여 사용한다.
② 콘크리트 비비기 : 보통 콘크리트보다 고속으로 회전하여 비빔시간을 길게 한다. (재료투입 후부터 강제식 믹서 : 1분 이상, 가경식 믹서 : 2분 이상)
③ 치기작업은 vibrator를 사용한다.
④ 건조수축균열이 생기기 쉬우므로 습윤양생을 확실히 한다.

12 레디 믹스트 콘크리트(ready mixed concrete ; RMC)

batcher plant가 잘 정비되어 있고 수요자가 지정한 배합의 콘트리트를 비벼 지정된 장소에 운반하여 시공하는 콘크리트

(1) 센트럴 믹스트 콘크리트(central mixed con´c)
plant에서 콘크리트를 완전 혼합한 후 애지테이터 트럭으로 운반하는 방법

(2) 쉬링크 믹스트 콘크리트(shrink mixed con´c)
plant에서 1/2 정도 혼합한 후 애지테이터 트럭으로 운반하면서 1/2 혼합하는 방법

(3) 트랜싯 믹스트 콘크리트(transit mixed con´c)
plant에서 재료만 실은 후 운반하면서 애지테이터 트럭으로 완전 혼합하는 방법

13 매스콘크리트(mass concrete)

부재 또는 구조물의 치수가 커서 시멘트의 수화열로 인한 온도의 상승 및 하강에 따른 콘크리트의 과도한 팽창과 수축을 고려하여 시공해야 하는 콘크리트를 매스콘크리트라 한다.

① 단위시멘트량을 가능한 적게 하고 수화열이 낮은 시멘트를 사용한다.
② 균열을 방지하기 위하여 타설 시 온도를 25℃ 이하로 한다.
③ 칠 때 온도를 낮게 하기 위하여 골재를 냉각시키거나 물속에 얼음을 넣는 프리쿨링(pre-cooling)을 한다.
④ 콘크리트 중에 매입한 냉각관에 냉각수를 보내는 파이프쿨링(pipe cooling)을 한다.
⑤ 1회 치는 높이는 0.75~2.0m가 표준이다.

14 콘크리트 – 폴리머 복합체

시멘트와 같은 무기질 시멘트를 전혀 사용하지 않고 고분자 화학공학의 산물인 polymer만으로 골재를 결합시켜 만든 콘크리트를 총칭하여 콘크리트-폴리머 복합체라 한다.

(1) 종류★

① 폴리머 시멘트 콘크리트(Polymer Cement Con'c, PCC) : 결합재로 시멘트와 시멘트 혼화용 폴리머를 사용한 콘크리트
② 폴리머 콘크리트(Polymer Con'c, PC) : 결합재로서 시멘트와 같은 무기질 시멘트를 전혀 사용하지 않고 폴리머만으로 골재를 결합시켜 만든 콘크리트
③ 폴리머 함침 콘크리트(Polymer Impregnated Con'c, PIC) : 경화된 콘크리트의 미세한 공극에 폴리머를 침투시켜 함침·중합함으로써 콘크리트와 폴리머를 일체화시킨 콘크리트

(2) 특징

① 콘크리트 자중이 감소
② 골재와의 접착성이 크고 시공시간이 빠르다.
③ 수밀성, 내동결 융해성이 크다.
④ 내열성이 적고 경화 시 수축이 크다.

⑮ 해양 콘크리트

항만, 해안, 해양에서 시공하는 콘크리트를 해양 콘크리트라 한다.

(1) 재료

해수의 물리적·화학적 작용, 기상작용, 파랑이나 표류 고형물에 의한 충격이나 마모 등에 의해 점차적으로 손상을 받기 때문에 해수작용에 대한 내구성, 강도, 수밀성이 커야 한다.

① 시멘트 : 고로 시멘트, 중용열 포틀랜드 시멘트, fly-ash 시멘트를 사용한다.

② 골재
  ㉠ 내구성이 클 것
  ㉡ 내마모성이 클 것
  ㉢ 내동해성이 클 것

③ 철근(철근의 부식방지대책, 해사의 염해대책)
  ㉠ 피복두께를 크게 한다.
  ㉡ 균열폭을 작게 한다.
  ㉢ 철근의 피복 : 아연도금, epoxy 수지, 도막철근을 사용한다.
  ㉣ 콘크리트 표면의 피복 : 염화비닐, 에폭시 수지, 폴리에틸렌 등으로 콘크리트 표면을 라이닝한다.
  ㉤ 제염법
    ⓐ 옥외에서 강우를 맞히는 방법
    ⓑ 수중 침적시키는 방법
    ⓒ screening 시 물을 뿌리는 방법
    ⓓ 일반 모래와 섞어서 사용하는 방법

④ 혼화제 : 양질의 AE제, 감수제, AE 감수제를 사용한다.

(2) 시공 시 주의사항

① 치기, 다지기, 양생을 충분히 한다.
② 최고수위 위로 60cm, 최저수위 아래 60cm 사이의 감조부분(感潮部分)에는 시공이음을 두지 않는다.
③ 콘크리트가 재령 5일까지는 해수에 직접 닿지 않게 한다.
④ 강재와 거푸집판 사이에 간격재를 설치하여 소정의 덮개를 확보한다.

● 해면하에서 해수의 작용을 받는 구조물에 사용되는 콘크리트 뿐만 아니라 육상이나 해면상에서 파랑, 해수 물보라, 조풍의 작용을 받는 구조물에 사용되는 콘크리트를 **해양 콘크리트**라 한다.

과년도 출제 문제

01 ────────────────────────────────────── 92 ②

혼합 시멘트의 종류 중 워커빌리티를 증가시킬 수 있고 값이 싸고 수화작용이 늦은 시멘트는?

[해답] 플라이 애시 시멘트(fly-ash cement)

02 * ────────────────────────────────────── 91 ③, 97 ①

미국에서 개발된 시멘트로 응결, 경화시간을 임의로 바꿀 수 있는 시멘트를 말하며, 일명 제트 시멘트(jet cement)라고도 불린다. 이 시멘트는 강도발현이 빠르기 때문에 긴급을 요하는 공사, 동절기 공사, 숏크리트, 그라우팅용 등으로 사용된다. 이 시멘트는?

[해답] 초속경 시멘트(regulated cement)

> **※ 참고 초속경 시멘트**
> 성분조성에 따라 응결, 경화시간을 조절할 수 있는 시멘트로 초조강 시멘트보다 강도발현이 빠르다.
> (1) 특징
>   ① 온도의 고저에 관계없이 강도발현이 빠르다.
>   ② bleeding, 재료분리가 감소한다.
>   ③ 타설 후 침하량이 적어 침하균열 발생이 적다.
> (2) 적용대상
>   ① 긴급공사(도로 보수공사 등)
>   ② shotcrete
>   ③ grouting

03 **** ────────────────────────────────────── 89 ①, 01 ①, 05 ②, 08 ①
                                                      23 ②

시멘트가 풍화되었을 때 나타나는 현상을 3가지만 쓰시오.

[해답]
  ① 강도의 발현이 저하된다.
  ② 강열감량이 증가한다.
  ③ 응결이 지연된다.
  ④ 비중이 작아진다.

> **※ 참고**
> **강열감량(ignition loss)**
> 시멘트를 950~1050℃에서 강열하였을 때의 감량을 말하며 주로 시멘트 속에 포함된 물과 탄산가스(CO_2)의 양으로서 신선한 시멘트의 강열감량은 보통 0.6~0.8% 정도이다.

4

3000포의 보통 시멘트를 10포대씩 쌓아올리기 위한 창고의 필요한 면적은? (단, 통로는 없는 것으로 가정한다.)

해답 $A = 0.4 \cdot \dfrac{N}{n} = 0.4 \times \dfrac{3000}{10} = 120\,\mathrm{m^2}$

5

면적이 800m² 의 창고에 저장할 수 있는 최대 시멘트량은 몇 포대인가?(단, 통로는 없는 것으로 가정한다.)

해답 $A = 0.4 \cdot \dfrac{N}{n}$

$800 = 0.4 \times \dfrac{N}{13}$

$\therefore N = 26{,}000$ 포대

6

KS에 규정되어 있는 포틀랜드 시멘트의 종류 중 3가지를 쓰시오.(단, 보통 포틀랜드 시멘트, 중용열 포틀랜드 시멘트는 제외)

해답
① 조강 포틀랜드 시멘트
② 저열 포틀랜드 시멘트
③ 내황산 포틀랜드 시멘트
④ 백색 포틀랜드 시멘트

7 ★

혼합 시멘트의 종류 3가지를 쓰시오.

해답
① 고로 시멘트
② 포졸란 시멘트(실리카 시멘트)
③ 플라이 애시 시멘트

8

폐기물쓰레기에서 나온 오니를 혼합하여 재활용하는 시멘트는 무엇인가?

해답 에코 시멘트(친환경 시멘트)

09

화력발전소와 같은 대형 공장에서 석탄연료를 사용할 때 연소 후에 수집된 석탄연소의 부산물의 가는 분말인데 주로 실리카알루미나와 여러 산화물과 알칼리로 구성된 포졸란은?

[해답] 플라이 애시(fly-ash)

10 ★

플라이 애시를 사용한 콘크리트의 성질 중 장점 3가지만 쓰시오.

[해답]
① workability 증대
② bleeding 감소
③ 장기강도 증대
④ 내구성 증대
⑤ 수밀성 향상

11

콘크리트 혼화제의 용도별 종류를 3가지 쓰고 그 혼화제가 콘크리트의 성질에 주는 영향을 간단히 쓰시오.

[해답]

혼화제의 종류	콘크리트의 성질에 주는 영향
AE제	ⓐ workability 증대, 단위수량 감소 ⓑ bleeding 및 골재분리 감소 ⓒ 동결융해에 대한 내구성 증가, 수밀성 증가
촉진제	ⓐ 조기강도 증가, 수화열 증가 ⓑ 철근이 부식된다. ⓒ 균열 증가, 내구성 감소
감수제	ⓐ workability 증가, 단위수량 감소 ⓑ bleeding 및 골재분리 감소 ⓒ 압축강도 증가, 수밀성 증가

12 ★

Concrete 배합에 사용되는 혼화재료는 혼화제와 혼화재로 구분된다. 혼화재의 종류를 3가지만 쓰시오.

[해답]
① slag(슬래그)
② fly-ash(플라이 애시)
③ silica fume(실리카 흄)
④ pozzolan(포졸란)

13

prepacked concrete에 쓰이는 혼화재료를 2가지만 쓰시오.

해답
① 플라이 애시(fly-ash)
② 고로(slag)
③ 감수제
④ 팽창제

14 ★

경화촉진제로서 한중 콘크리트에 사용하는 것으로 수화열의 발생과 조기강도의 발전을 촉진시킴으로써 콘크리트의 보호기간을 단축하여 거푸집의 제거시간을 앞당기는 장점이 있으나 내구성이 떨어지고 철근을 부식시키는 단점이 있는 촉진제는?

해답 염화칼슘($CaCl_2$)

15 ★

염화칼슘($CaCl_2$)을 혼합한 콘크리트의 성질을 4가지만 쓰시오.

해답
① 조기강도 증가　② 수화열 증가
③ 철근이 부식된다.　④ 균열증가, 내구성 감소
⑤ slump 감소, 마모저항 증가

16

콘크리드 혼화제 중 콘크리트 경화촉진제를 두 가지 쓰시오.

해답
① 염화칼슘
② 규산나트륨
③ 규산칼슘

※ 참고
(1) AE제
① 빈졸레진 ② 다렉스
③ 포조리드 ④ 프로텍스
(2) 지연제
① pozzolith
② plastiment
③ 리타르(retar)

17

염화칼슘($CaCl_2$)을 콘크리트에 혼합할 경우 기대할 수 있는 장점을 3가지 쓰시오.

해답
① 조기강도 증가　② 수화열 증가
③ slump 감소　④ 마모저항 증가

18

콘크리트용 혼화제인 AE제에 의해 콘크리트 내부에 연행된 공기가 콘크리트의 성질에 미치는 영향에 대하여 5가지만 쓰시오.

해답
① workability 개선 ② bleeding 감소
③ 동결, 융해에 대한 내구성 증대 ④ 골재의 알칼리 골재반응 감소
⑤ 수밀성 증대 ⑥ 수축, 균열 감소
⑦ 사용수량의 15% 정도 감소

19

AE제의 경화 전 영향에 대하여 3가지만 쓰시오.

해답
① 블리딩 및 골재분리 감소
② 워커빌리티 증대, 단위수량 감소
③ 공기량 증가로 슬럼프 1.5cm 증가, 압축강도 5% 감소
④ 알칼리 골재반응 감소

20 ★★

AE 콘크리트는 공기연행 콘크리트라고 하며 혼합제를 콘크리트 속에 혼합하면 무수히 많은 미세한 기포가 발생하여 유동성이 좋은 콘크리트가 된다. 이 AE 콘크리트의 장점 5가지만 쓰시오.

해답
① workability 개선
② bleeding 감소
③ 동결, 융해에 대한 내구성 증대
④ 골재의 알칼리 골재반응 감소
⑤ 수밀성 증대
⑥ 수축, 균열 감소
⑦ 사용수량의 15% 정도 감소

21 ★

콘크리트의 건조수축이나 경화수축 등에 기인하는 균열의 발생을 저감할 수 있고, 충진성의 향상, 박리방지 등을 주목적으로 사용하는 혼화제를 무엇이라 하는가?

해답 수축저감제

> ※ 참고 수축저감제(한국 콘크리트학회)
> (1) 개요
>   건조 시에 발생하는 수축을 감소시키는 효과를 가진 혼화제로서 모르터, 콘크리트에 있어서 균열의 감소나 방지, 충진성의 향상, 박리방지 등을 주목적으로 사용한다.
> (2) 수축을 감소시키는 대표적인 방법
>   ① 콘크리트에 팽창성을 부여하는 방법
>   ② 물의 물리적인 특성을 변화시키는 것을 특징으로 하는 유기계 혼화제를 사용하는 방법

22

고속도로 노상판의 보수공사, 교량공사, 기계의 바닥 및 기초공사 등과 같이 단시간 내의 강도를 발현시켜야 하는 경우나 터널 공사 시 용수나 누수를 막기 위해 속경성과 수압에 견딜 수 있는 조기강도의 발현이 필요한 경우에 쓰이는 혼화제를 무엇이라고 하는가?

[해답] 급경제

> ※ 참고 응결 · 경화시간 조절제(한국 콘크리트학회)
>   ① 급결제 : 주입 콘크리트에 사용하여 콘크리트의 순간적인 응결, 경화가 일어나도록 하는 혼화제
>   ② 급경제 : 긴급 보수공사 등과 같이 단시간 내에 강도를 발현시켜야 하는 경우나 터널공사 시 용수나 누수를 막기 위해 속경성과 수압에 견딜 수 있는 조기강도의 발현이 필요한 경우에 쓰이는 혼화제
>   ③ 촉진제 : 시멘트의 수화작용을 촉진하는 혼화제
>   ④ 지연제 : 시멘트의 수화작용을 지연하는 혼화제

23 ★

다음 그림은 골재의 함수상태를 나타낸 그림이다. (A)~(D)에 알맞은 용어를 쓰시오.

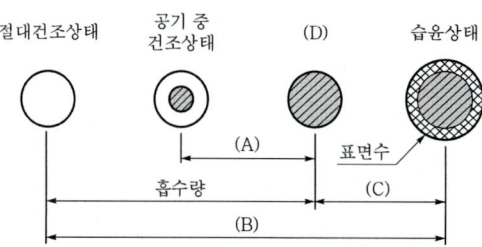

[해답]
(A) : 유효흡수량 (B) : 전함수량
(C) : 표면수량   (D) : 표면건조포화상태

24

다음 설명의 ( )에 알맞은 말은 써 넣으시오.

> 굵은골재 최대치수는 철근 순간격 최소거리의 (①), 부재 최소치수의 (②)이다.

[해답] ① $\frac{3}{4}$ 이하, ② $\frac{1}{5}$ 이하

25

콘크리트 강도에 영향을 주는 요소 5가지만 쓰시오.

[해답]
① 물·시멘트비
② slump치
③ 골재의 입도
④ 시멘트의 품질
⑤ 골재의 품질

> ✽ 참고 콘크리트의 압축강도에 영향을 주는 요인
> (1) 배합방법
>   ① W/C비   ② slump치   ③ 골재의 입도   ④ 연행공기량
> (2) 재료의 품질
>   ① 물의 품질   ② 시멘트의 품질   ③ 골재의 품질   ④ 혼화제
> (3) 시공방법
>   ① 운반   ② 비빔   ③ 타설   ④ 다짐
> (4) 양생 및 재령

26 ★

concrete는 여러 가지 환경하에서 표면에 손상을 받는다. 이것을 손식(損蝕)이라고 하기도 하는데 이는 결국 콘크리트 구조물의 내구성에 나쁜 영향을 끼친다. 손식작용의 4가지 현상을 쓰시오.

[해답]
① 콘크리트 강도저하
② 콘크리트 균열발생
③ 철근부식
④ 수밀성 저하
⑤ 콘크리트 구조물에 백화발생

27 ★

콘크리트 표면에서 공기 중 탄산가스의 작용을 받아 콘크리트 중의 수산화칼슘이 서서히 탄산칼슘으로 변하여 콘크리트의 알칼리성을 상실하는 것을 무엇이라 하는가?

[해답] 콘크리트의 중성화

28

concrete의 내구성을 저하시키는 열화원인을 화학적 반응 및 물리적 반응으로 구분하여 2가지씩 쓰시오.

(1) 화학적 반응
(2) 물리적 반응

[해답] (1) 화학적 반응 : ① 염해, ② 중성화, ③ 알칼리 골재반응
 (2) 물리적 반응 : ① 동해, ② 손식

> **참고** 화학적 작용
> ① 염해 : 콘크리트 중의 염화물($CaCl$)이나 대기 중의 염화물이온(Cl^-)의 침입으로 콘크리트의 알칼리성이 저하되어 철근이 부식하여 체적의 팽창으로 균열발생
> ② 중성화 : 탄산가스, 산성비 등으로 콘크리트가 강알칼리(수산화칼슘) 상태에서 약알칼리(탄산칼슘) 상태로 변하여 철근부식, 체적팽창(2.6배)하여 균열발생
> ③ 알칼리 골재반응 : 시멘트의 알칼리 성분이 골재의 실리카 물질과 반응하여 gel 상태의 화합물을 만들어 수분을 흡수팽창(9%)하여 균열발생

29 ★

수화반응으로 생성된 콘크리트는 PH=12~13정도로 강알칼리성을 가지고 있다. 이 콘크리트에 포함된 수산화칼슘이 공기 중의 탄산가스(CO_2)와 결합하여 탄산칼슘과 물로 변화되면서 알칼리성이 상실되어 PH=8.5~10으로 산성화되어 콘크리트 속에 있는 철근을 부식시키고 콘크리트의 성능저하를 일으키게 된다.

(1) 이러한 현상을 무엇이라 하는가?
(2) 방지대책 3가지를 기술하시오.

[해답] (1) 콘크리트 중성화현상
 (2) ① 물-시멘트비를 작게 한다.
 ② AE제, 감수제를 사용한다.
 ③ 콘크리트의 피복두께를 크게 한다.
 ④ 골재는 흡수율이 작은 단단한 것을 사용한다.

> **참고**
> 중성화
> ① $Ca(OH)_2 + CO_2 \rightarrow CaCO_3 + H_2O$
> ② 철근 주위를 둘러싸고 있는 콘크리트가 중성화하여 물과 공기가 침투하면 철근이 녹슬어 구조물의 내력과 내구성을 상실한다.

30

철근 콘크리트 구조물 공사 시 철근을 소요두께의 콘크리트로 덮는 이유(일명: 콘크리트 피복두께라고도 함) 3가지를 쓰시오.

[해답] ① 철근의 산화방지 ② 내화구조로 만들기 위해 ③ 부착응력 확보

31 ⁕   08 ①, 09 ②

철근의 정착방법 3가지를 쓰시오.

[해답] ① 매입길이에 의한 방법
② 갈고리에 의한 방법
③ 철근의 가로방향에 T형이 되도록 용접하는 방법
④ 특별한 정착장치를 사용하는 방법

32 ⁕   93 ①④

공사 중에는 필요에 따라 콘크리트시험을 실시하는데 가장 중요한 것 4가지만 쓰시오.

[해답] ① 슬럼프시험
② 공기량시험
③ 콘크리트 압축강도시험
④ 콘크리트 단위용적중량시험

33   98 ②

콘크리트공사에서 다음 3단계에 해당하는 대표적인 시험 종류를 각각 3가지씩 쓰시오.

(1) 공사 개시 전 검사
(2) 공사 중 검사
(3) 공사 종료 후 검사

[해답] (1) 공사 개시 전
① 슬럼프시험
② 콘크리트 압축강도시험
③ 골재의 체가름시험 : FM, G_{max} 결정
(2) 공사 중
① slump test
② 콘크리트 압축강도시험
③ 공기량시험
(3) 공사 후
① 콘크리트의 비파괴시험(슈미트 해머법, 초음파검사법, 충격탄성파 검사법, 전자파 검사법)
② 구조물의 콘크리트에서 절취한 core에 대하여 실시하는 압축강도시험
③ 구조물의 재하시험

34

현장으로 운반되어 오는 레미콘의 인수 시 인수자가 해야 할 실험을 최근의 현장조건에 비추어 3가지만 쓰시오.

[해답]
① 슬럼프시험 　　　　　　　　② 공기량시험
③ 강도시험(압축강도, 휨강도시험) 　④ 염화물 함유량시험
⑤ 단위체적중량시험 　　　　　　⑥ 체적시험

※ 참고
시료채취방법
트럭 애지데이터를 30초간 고속으로 휘저은 후 최초로 배출되는 콘크리트 약 $0.5m^3$를 제외한 후, 콘크리트 흐름의 전 횡단면에서 채취한다.

35

레디 믹스트 콘크리트를 사용하여 구조물공사를 수행할 때 반드시 실시해야 할 현장 품질관리시험의 종류를 4가지만 쓰시오.

[해답]
① 슬럼프시험 　　　　　　　　② 공기량시험
③ 강도시험(압축강도시험, 휨강도시험) 　④ 염화물 함유량시험
⑤ 단위체적중량시험

36

콘크리트 염화물 함유량을 측정하는 시험방법 3가지를 쓰시오.

[해답] ① 흡광광도법　　② 소염은적정법　　③ 전위차적정법

37

콘크리트 반죽질기시험(consistency test)에 필요한 슬럼프 몰드(mold) 일명 cone의 높이는 몇 cm인가?

[해답] 30cm

※ 참고
slump cone

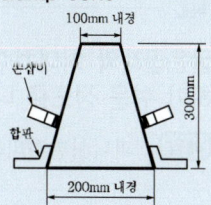

38

시멘트에 대한 품질시험을 위한 휨강도시험에서 최대하중이 P일 때 최대하중 $(P) \times \dfrac{15}{64}$가 휨강도로 표시되는 근거를 쓰시오. (단, 공시체의 크기는 4×4×16cm이고, 지간은 10cm임.)

[해답] $f = \dfrac{M}{Z} = \dfrac{\frac{Pl}{4}}{\frac{bh^2}{6}} = \dfrac{\frac{P \times 10}{4}}{\frac{4 \times 4^2}{6}} = P \times \dfrac{15}{64}$

39

콘크리트 또는 암석 등의 대략적인 압축강도를 알기 위하여 표면에 타격 후 그 반발값으로 압축강도를 측정하는 비파괴시험기는 무엇인가?

해답 슈미트 해머(schmidt hammer)

87 ③, 96 ③

＊참고
schmidt hammer법 (반발경도법)
타설된 콘크리트의 압축강도를 비파괴로 판정하는 방법으로 콘크리트 표면의 반발경도를 측정하여 이 결과로부터 압축강도를 측정하는 방법

40

콘크리트의 비파괴시험방법을 3가지만 쓰시오.

해답
① 슈미트 해머법(schmidt hammer)
② 초음파 검사법(ultra sonics)
③ 탄성파 검사법
④ 전자파(마이크로파) 검사법
⑤ 방사선 검사법
⑥ Accoustic Emission(AE)법

94 ①

41

반죽질기 여하에 따르는 작업난이의 정도 및 재료의 분리에 저항하는 정도를 나타내는 굳지 않은 콘크리트의 성질을 무엇이라 하는가?

해답 workability(시공연도)

87 ③

42

굵은골재의 최대치수, 잔골재율, 잔골재의 입도, 반죽질기 등에 의한 마무리하기 쉬운 정도를 나타내는 굳지 않은 콘크리트의 성질을 무엇이라 하는가?

해답 피니셔빌리티(finishability)

89 ②

43

콘크리트의 워커빌리티(workability)를 좋게 하는 방법 5가지만 쓰시오.

해답
① 물·시멘트비를 크게 한다.
② 단위수량을 크게 한다.
③ 혼화재료(AE제, 감수제 등) 사용
④ 분말도가 큰 시멘트를 사용
⑤ 입형이 좋은 골재를 사용
⑥ 비빔시간을 충분하게 한다.

86 ②

44

구조물 표면이 하얗게 얼룩지는 현상을 말하는 것으로 이는 구조물이 비에 젖었다, 말랐다 하면서 염분용해와 수분증발이 되풀이 되면서 생기는 것인데 이러한 현상을 무엇이라 하는가?

[해답] 백화(efflorescence) 현상

45

bleeding 현상이 심한 경우 콘크리트에 미치는 영향을 3가지만 쓰시오.

[해답] ① 강도 감소   ② 수밀성 감소   ③ 내구성 감소

46 ★★★

콘크리트 시공에서 bleeding의 방지법을 3가지만 쓰시오.

[해답] ① 단위수량 감소
② 단위시멘트량 증대
③ AE제 사용
④ 분말도가 큰 시멘트 사용

47 ★

콘크리트의 분리와 블리딩의 방지방법에 대하여 4가지만 쓰시오.

[해답] ① 단위수량을 적게 한다.
② 단위시멘트량을 크게 한다.
③ AE제를 사용한다.
④ 분말도가 큰 시멘트를 사용한다.
⑤ 잔골재율을 크게 한다.

48 ★★★

굳지 않은 콘크리트의 워커빌리티(workability) 측정방법을 3가지 쓰시오.

[해답] ① 슬럼프시험(slump test)
② 흐름시험(flow test)
③ 리몰딩시험(remolding test)
④ 구관입시험(ball penetration test)
⑤ 비비(vee-bee) 반죽질기시험
⑥ 일리발렌시험(iribarren test)

49

댐콘크리트 배합설계 시 물·시멘트비를 결정할 때 반드시 고려해야 하는 기본 항목 3가지를 쓰시오.

해답
① 압축강도
② 내구성
③ 수밀성

50 ★★★

물·시멘트비(W/C)를 증가시키지 않고 슬럼프값을 크게 하는 방법을 3가지 쓰시오.

해답
① 분말도가 큰 시멘트 사용
② AE제 사용
③ 감수제 사용
④ 입형이 좋은 골재를 사용

51

체가름 시험결과 잔골재 조립률 FM=3.5, 굵은골재 조립률 FM=8이었다. 잔골재 대 굵은골재를 1 : 2로 할 때 혼합골재의 조립률을 구하시오.

해답 조립률이 F_a, F_b인 골재의 중량비 $x : y$로 혼합한 혼합골재의 조립률

$$FM = \frac{x}{x+y}F_a + \frac{y}{x+y}F_b$$
$$= \frac{1}{1+2} \times 3.5 + \frac{2}{1+2} \times 8$$
$$= 6.5$$

52

골재는 크러싱 플랜트(crushing plant)로 몇 개의 골재군으로 생산하여 시방 입도가 되게 혼합하는데 골재의 혼합비를 산출하는 방법 1가지만 쓰시오.

해답
① 시산법
② 연립방정식을 이용하는 방법
③ 도표를 사용하는 방법
④ 중량배합법

53 ★★

콘크리트 배합에서 시방배합과 현장배합이 있는데 두 방법 중 골재의 계량과 단위량의 표시방법의 차이점을 쓰시오.

[해답]

구 분 배합의 종류	골재의 계량	단위량의 표시방법
시방배합	중량 계량	$1m^3$
현장배합	중량 또는 용적 계량	1배치(batch) 용량

54 ★

다음 콘크리트의 시방배합을 현장배합으로 환산하여 이때의 단위수량을 구하시오.

[시방배합]
- 단위 수량 : $200kg/m^3$
- 단위시멘트량 : $400kg/m^3$
- 잔골재량 : $800kg/m^3$
- 굵은골재량 : $1,500kg/m^3$
- 잔골재의 표면수 : 5%
- 굵은골재의 표면수 : 1%
- 잔골재의 No 4(5mm)체 잔류량 : 4%
- 굵은골재의 No 4(5mm)체 통과량 : 5%

[해답]

(1) 골재량의 수정

   잔골재량을 $x(kg)$, 굵은골재량을 $y(kg)$이라 하면

   $x + y = 800 + 1500 = 2300$ ……………………………… ①

   $0.04x + (1 - 0.05)y = 1500$ ……………………………… ②

   식 ①, ②를 연립방정식으로 풀면

   $x = 752.75kg$, $y = 1547.25kg$

(2) 표면수량 수정

   ① 잔골재 표면수량 = $752.75 \times 0.05 = 37.64kg$

   ② 굵은골재 표면수량 = $1547.25 \times 0.01 = 15.47kg$

(3) 단위수량 = $200 - (37.64 + 15.47) = 146.89kg$

55

콘크리트 배합 시 시방배합에서 잔골재량이 $450kg/m^3$, 굵은골재량이 $550kg/m^3$으로 결정된 후, 현장의 입도시험 결과 굵은골재는 정량으로 계량되었으나, 5mm체에 남는 잔골재량이 잔골재 배합량의 5%이고, 잔골재의 표면수량이 잔골재량의 3%일 때 잔골재의 현장배합량을 구하시오.

[해답]

(1) 골재량의 수정 : 잔골재량을 $x(kg)$ 굵은골재량을 $y(kg)$이라 하면,

   $x + y = 450 + 550 = 1000$ ……………………………… ①

   $0.05x + y = 550$ ……………………………… ②

   식 ①, ②에서 $x = 473.68kg$, $y = 526.32kg$

(2) 잔골재 표면수량 = $473.68 \times 0.03 = 14.21kg$

(3) 잔골재의 현장배합량 = $473.68 + 14.21 = 487.89kg$

56 ★★★

어떤 콘크리트의 시방배합에서 잔골재량이 720kg, 굵은골재량이 1200kg이다. 이 골재의 현장조건이 다음과 같을 때 현장배합 잔골재량과 굵은골재량을 구하시오.

> [조건]
> • 현장 잔골재 : 야적상태에서 포함된 굵은골재=2%
> • 현장 굵은골재 : 야적상태에서 포함된 잔골재=4%

[해답] 잔골재량을 x(kg), 굵은골재량을 y(kg)이라 하면,
$x+y = 720+1200 = 1920$ ·· ①
$0.02x+(1-0.04)y = 1200$ ·· ②
식 ①, ②를 연립방정식으로 풀면
$x=684.26$kg, $y=1235.74$kg
∴ 잔골재량=684.26kg, 굵은골재량=1235.74kg

57 ★★

콘크리트 시방배합과 현장 골재상태로부터 현장배합의 단위량을 결정하시오.

> [시방배합] • 단위수량 : 180kg/m³   • 단위시멘트량 : 380kg/m³
> 　　　　　 • 잔골재량 : 800kg/m³   • 굵은골재량 : 1200kg/m³
> [현장상태] • 잔골재 표면수량 : 4%
> 　　　　　 • 굵은골재 표면수량 : 0.5%
> 　　　　　 • No.4체 잔류 잔골재량 : 3%
> 　　　　　 • No.4체 통과 굵은골재량 : 5%

[해답] (1) 골재량의 수정 : 잔골재량을 x(kg), 굵은골재량을 y(kg)이라 하면,
　　　　$x+y = 800+1200 = 2000$ ·· ①
　　　　$0.03x+(1-0.05)y = 1200$ ·· ②
　　　　식 ①, ②를 연립방정식으로 풀면
　　　　$x=760.87$kg, $y=1239.13$kg
　　(2) 표면수량 수정
　　　　① 잔골재 표면수량=760.87×0.04=30.43kg
　　　　② 굵은골재 표면수량=1239.13×0.005=6.20kg
　　(3) 현장배합
　　　　① 단위시멘트량=380kg
　　　　② 단위수량=180-(30.43+6.20)=143.37kg
　　　　③ 잔골재량=760.87+30.43=791.30kg
　　　　④ 굵은골재량=1239.13+6.20=1245.33kg

58 ★★★

94 ①, 96 ②④, 99 ③

시방배합으로 단위수량 148kg, 단위시멘트량 320kg, 단위잔골재량 730kg, 단위굵은골재량 1230kg으로 계산되었다. 그러나 현장골재의 입도시험의 결과 다음과 같았다. 이 시험결과로부터 현장배합으로 수정하시오.

(1) 잔골재가 4.76mm 체에 남는 중량이 4%
(2) 굵은골재가 4.76mm 체에 통과하는 중량이 5%

[해답] 잔골재량을 $x(\text{kg})$, 굵은골재량을 $y(\text{kg})$이라 하면,
$x+y=730+1230=1960$ ……………………………………… ①
$0.04x+(1-0.05)y=1230$ ……………………………………… ②
식 ①, ②를 연립방정식으로 풀면
$x=694.51\text{kg}, \ y=1265.49\text{kg}$
∴ 잔골재량=694.51kg, 굵은골재량=1265.49kg

59 ★★

00 ④, 13 ②, 20 ②

단위시멘트량이 310kg/m^3, 단위수량이 160kg/m^3, 단위잔골재량이 690kg/m^3, 단위굵은골재량이 1390kg/m^3인 콘크리트의 시방배합을 아래 표의 현장골재상태에 맞게 현장배합으로 환산하여 이때의 단위수량을 구하시오.

[현장 골재 상태]
· 잔골재가 5mm체에 남는 양 : 3.5%   · 잔골재의 표면수량 : 4.6%
· 굵은골재가 5mm체를 통과하는 양 : 4.5%   · 굵은골재의 표면수량 : 0.7%

[해답] (1) 골재량의 수정
  잔골재량을 x(kg), 굵은골재량을 y(kg)이라 하면
  $x+y=690+1390=2080$ …………… ①
  $0.035x+(1-0.045)y=1390$ ………… ②
  식 ①, ②를 연립방정식으로 풀면
  $x=648.26\text{kg}, \ y=1431.74\text{kg}$

(2) 표면수량 수정
  ① 잔골재 표면수량= $648.26 \times 0.046 = 29.82\text{kg}$
  ② 굵은골재 표면수량 = $1431.74 \times 0.007 = 10.02\text{kg}$

(3) 단위수량= $160-(29.82+10.02)=120.16\text{kg}$

60 ★★

다음 콘크리트의 시방배합을 현장배합으로 환산하시오. (단, 단위시멘트량 300kg, 단위수량 155kg, 모래 685kg, 자갈 1300kg, 현장골재의 상태는 모래의 표면수 4.6%, 자갈의 표면수 0.7%, 모래의 No.4 체 잔류량 3.4%, 자갈의 No.4 체 통과량 4.6%이다.)

해답
(1) 골재량의 수정 : 잔골재량을 x(kg), 굵은골재량을 y(kg)이라 하면,
  $x + y = 685 + 1300 = 1985$ ·················· ①
  $0.034x + (1 - 0.046)y = 1300$ ·················· ②
  식 ①, ②를 연립방정식으로 풀면
  $x = 645.32$kg, $y = 1339.68$kg
(2) 표면수량 수정
  ① 잔골재 표면수량 = 645.32 × 0.046 = 29.68kg
  ② 굵은골재 표면수량 = 1339.68 × 0.007 = 9.38kg
(3) 현장배합
  ① 단위시멘트량 = 300kg
  ② 단위수량 = 155 − (29.68 + 9.38) = 115.94kg
  ③ 모래 = 645.32 + 29.68 = 675kg
  ④ 자갈 = 1339.68 + 9.38 = 1349.06kg

61 ★★

콘크리트 시방배합과 현장 골재상태로부터 현장배합의 단위량을 결정하시오.

[시방배합]	• 단위수량 : 155kg	• 단위시멘트량 : 300kg
• 단위잔골재량 : 685kg	• 단위굵은골재량 : 1300kg
• 잔골재 표면수량 : 5%	• 굵은골재 표면수량 : 1%
• 잔골재의 No.4 체 잔류량 : 3%	• 굵은골재의 No.4 체 통과량 : 4%

해답
(1) 골재량의 수정 : 잔골재량을 x(kg), 굵은골재량을 y(kg)이라 하면,
  $x + y = 685 + 1300 = 1985$ ·················· ①
  $0.03x + (1 - 0.04)y = 1300$ ·················· ②
  식 ①, ②를 연립방정식으로 풀면
  $x = 651.18$kg, $y = 1333.82$kg
(2) 표면수량 수정
  ① 잔골재 표면수량 = 651.18 × 0.05 = 32.56kg
  ② 굵은골재 표면수량 = 1333.82 × 0.01 = 13.34kg
(3) 현장배합
  ① 단위시멘트량 = 300kg
  ② 단위수량 = 155 − (32.56 + 13.34) = 109.10kg
  ③ 잔골재량 = 651.18 + 32.56 = 683.74kg
  ④ 굵은골재량 = 1333.82 + 13.34 = 1347.16kg

62 ★★

콘크리트 $1m^3$를 만드는데 소요되는 잔골재량과 굵은골재량을 구하시오. (단, $W/C=50\%$, 단위 시멘트량 $=280kg$, $S/a=42\%$, 시멘트 비중 $=3.15$, 굵은골재 밀도 $=2.65g/cm^3$, 잔골재 밀도 $=2.6g/cm^3$, 공기량 $=4.5\%$이다.)

[해답] (1) 단위잔골재량
① 단위수량
$W/C=0.5 \qquad W/280=0.5 \qquad \therefore W=140kg$
② 단위골재량 절대체적
$$V_a = 1 - \left(\frac{단위수량}{1000} + \frac{단위시멘트량}{시멘트\ 비중 \times 1000} + \frac{공기량}{100}\right)$$
$$= 1 - \left(\frac{140}{1000} + \frac{280}{3.15 \times 1000} + \frac{4.5}{100}\right) = 0.73m^3$$
③ 단위잔골재량 절대체적 : $V_s = V_a \times S/a = 0.73 \times 0.42 = 0.31m^3$
④ 단위잔골재량 $= V_s \times$ 잔골재 비중 $\times 1000 = 0.31 \times 2.6 \times 1000 = 806kg$

(2) 단위굵은골재량
① 단위굵은골재량 절대체적
$V_G = V_a - V_s = 0.73 - 0.31 = 0.42m^3$
② 단위굵은골재량
$= V_G \times$ 굵은골재 비중 $\times 1000 = 0.42 \times 2.65 \times 1000 = 1113kg$

63 ★

단위수량 $W=175kg$, 단위굵은골재량 $G=1150kg$, 물·시멘트비 $W/C=60\%$, 굵은골재 비중 2.65, 잔골재 비중 2.60, 시멘트 비중 3.15, 갇힌 공기량이 1%일 때, 단위잔골재량 S는?

[해답] ① 단위시멘트량
$W/C=60\% \qquad 175/C=0.6 \qquad \therefore C=291.67kg$
② 단위골재량 절대체적
$$V_a = 1 - \left(\frac{단위수량}{1000} + \frac{단위시멘트량}{시멘트\ 비중 \times 1000} + \frac{공기량}{100}\right)$$
$$= 1 - \left(\frac{175}{1000} + \frac{291.67}{3.15 \times 1000} + \frac{1}{100}\right) = 0.72m^3$$
③ 단위굵은골재량 $= V_G \times$ 굵은골재 비중 $\times 1000$
$1150 = V_G \times 2.65 \times 1000 \qquad \therefore V_G = 0.43m^3$
④ $V_a = V_s + V_G$
$0.72 = V_s + 0.43 \qquad \therefore V_s = 0.29m^3$
⑤ 단위잔골재량
$= V_s \times$ 잔골재 비중 $\times 1000$
$= 0.29 \times 2.6 \times 1000$
$= 754kg$

64 ★★★

시멘트의 밀도가 3.15g/cm^3, 잔골재의 밀도가 2.62g/cm^3, 굵은골재의 밀도가 2.67g/cm^3인 재료를 사용하여 물·시멘트비 55%, 단위수량 165kg/m^3, 단위 잔골재량 780kg/m^3인 배합을 실시하여 콘크리트의 단위중량을 측정한 결과가 2290kg/m^3일 경우 이 콘크리트의 단위굵은골재량과 잔골재율을 구하시오.

[02 ③, 07 ③, 13 ①, 21 ②]

[해답] (1) 단위굵은골재량

① $\dfrac{W}{C}=0.55$ $\dfrac{165}{C}=0.55$ ∴ $C=300\text{kg}$

② 단위굵은골재량 = $2290-(165+300+780)=1045\text{kg}$

(2) 잔골재율

① 단위굵은골재량 절대체적 = $\dfrac{1045}{2.67\times 1000}=0.39\text{m}^3$

② 단위잔골재량 절대체적 = $\dfrac{780}{2.62\times 1000}=0.30\text{m}^3$

③ 잔골재율 = $\dfrac{S}{S+G}=\dfrac{0.3}{0.3+0.39}=43.48\%$

65 ★★★★

어떤 골재를 이용하여 시방배합을 수행한 결과 단위 시멘트량 320kg/m^3, 단위수량 165kg/m^3, 단위 잔골재량 650kg/m^3, 단위 굵은 골재량 1200kg/m^3이 얻어졌다. 이 골재의 현장 야적상태가 표와 같을 때 이를 이용하여 현장배합을 수행하여 단위수량, 단위 잔골재량, 단위 굵은 골재량을 구하시오.

[99 ④, 04 ③, 07 ②, 14 ①, 19 ②]

잔골재		굵은 골재	
체	잔류량(g)	체	잔류량(g)
5mm	20	40mm	10
2.5mm	55	30mm	120
1.2mm	120	25mm	150
0.6mm	145	20mm	160
0.3mm	110	15mm	180
0.15mm	35	10mm	220
0.07mm	15	5mm	140
팬	0	팬	20
표면수=3%		표면수=−1%	

[해답] (1) 5mm(No.4) 체 잔류 잔골재량 = $\dfrac{20}{500}\times 100=4\%$

(2) ① 5mm(No.4) 체 잔류 굵은골재량 = $\dfrac{980}{1000}\times 100=98\%$

② 5mm(No.4) 체 통과 굵은골재량 = $100-98=2\%$

(3) 골재량의 수정 : 잔골재량을 $x(\text{kg})$, 굵은골재량을 $y(\text{kg})$이라 하면

$x+y=650+1200=1850$ ……………………………………… ①

$0.04x+(1-0.02)y=1200$ ………………………………………… ②

식 ①, ②에서 $x=652.13\text{kg}$, $y=1197.87\text{kg}$

(4) 표면수량 수정
   ① 잔골재 표면수량＝652.13×0.03＝19.56kg
   ② 굵은골재 표면수량＝1197.87×(-0.01)＝-11.98kg
(5) 현장배합
   ① 단위수량＝165-(19.56-11.98)＝157.42kg/m³
   ② 잔골재량＝652.13＋19.56＝671.69kg/m³
   ③ 굵은골재량＝1197.87-11.98＝1185.89kg/m³

66 ★★ 03 ③, 06 ③, 12 ③

콘크리트 1m³를 만드는 데 소요되는 굵은골재량을 구하시오. (단, 단위수량 165kg/m³, 물·시멘트비 55%, 잔골재율(S/a) 34%, 시멘트 비중 3.15, 잔골재의 비중 2.65, 굵은골재 비중 2.70, 공기량 2%이다.)

[해답]
① $\frac{W}{C}=0.55$ $\frac{165}{C}=0.55$ ∴ $C=300$kg

② $V_a = 1 - \left(\frac{단위수량}{1000} + \frac{단위시멘트량}{시멘트\ 비중 \times 1000} + \frac{공기량}{100}\right)$
   $= 1 - \left(\frac{165}{1000} + \frac{300}{3.15 \times 1000} + \frac{2}{100}\right) = 0.72 \text{m}^3$

③ $V_s = V_a \times \frac{S}{a} = 0.72 \times 0.34 = 0.24 \text{m}^3$

④ $V_G = V_a - V_s = 0.72 - 0.24 = 0.48 \text{m}^3$

⑤ 단위굵은골재량 $= V_G \times$굵은골재 비중$\times 1000$
   $= 0.48 \times 2.7 \times 1000 = 1296$kg

67 ★★ 04 ②, 16 ③, 20 ③

굵은골재 최대치수 25mm, 단위수량 157kg, 물-시멘트비 50%, 슬럼프 80mm, 잔골재율 40%, 잔골재 표건밀도 2.60g/cm³, 굵은골재 표건밀도 2.65g/cm³, 시멘트밀도 3.14g/cm³, 공기량 4.5%일 때 콘크리트 1m³에 소요되는 굵은골재량을 구하시오.

[해답] ① 단위수량
   $\frac{W}{C}=0.5$ $\frac{157}{C}=0.5$ ∴ $C=314$kg

② 단위골재량 절대체적
   $V_a = 1 - \left(\frac{단위수량}{1000} + \frac{단위시멘트량}{시멘트\ 비중 \times 1000} + \frac{공기량}{100}\right)$
   $= 1 - \left(\frac{157}{1000} + \frac{314}{3.14 \times 1000} + \frac{4.5}{100}\right) = 0.7 \text{m}^3$

③ 단위잔골재량 절대체적
   $V_s = V_a \times \frac{S}{a} = 0.7 \times 0.4 = 0.28 \text{m}^3$

④ 단위굵은골재량 절대체적
   $V_G = V_a - V_s = 0.7 - 0.28 = 0.42 \text{m}^3$

⑤ 단위굵은골재량 $= 0.42 \times 2.65 \times 1000 = 1113$kg

68

골재의 최대치수 25mm, 슬럼프 12cm, 물·시멘트비 58.8%의 콘크리트 $1m^3$를 만들기 위한 다음 배합표를 완성하시오. (단, 시멘트의 비중 3.17, 잔골재의 비중 2.57, 잔골재의 조립률 2.85, 굵은골재의 비중 2.75, AE제는 사용하지 않는다.)

[표 1] 배합설계 참고표

굵은골재의 최대치수 (mm)	단위굵은 골재 용적(%)	AE제를 사용하지 않은 콘크리트			AE 콘크리트				
		갇힌 공기 (%)	잔골재율 S/a(%)	단위 수량 W(kg)	공기량 (%)	양질의 AE제를 사용한 경우		양질의 AE 감수제를 사용한 경우	
						잔골재율 S/a(%)	단위수량 W(kg)	잔골재율 S/a(%)	단위수량 W(kg)
15	58	2.5	49	190	7.0	47	180	48	170
20	62	2.0	45	185	6.0	44	175	45	165
25	67	1.5	41	175	5.0	42	170	43	160
40	72	1.2	36	165	4.5	39	165	40	155

① 이 표의 값은 골재로서 보통 입도의 모래(조립률 2.80 정도) 및 자갈을 사용한 물·시멘트비 55% 정도, 슬럼프 약 8cm의 콘크리트에 대한 것이다.
② 사용재료 또는 콘크리트의 품질이 ①의 조건과 다를 경우에 위 표의 값을 아래 표와 같이 보정해야 한다.

[표 2] S/a 및 W의 보정표

구 분	S/a의 보정(%)	W의 보정(kg)
모래의 조립률이 0.1만큼 클(작을) 때마다	0.5만큼 크게(작게)한다.	보정하지 않는다.
슬럼프값이 1cm만큼 클(작을) 때마다	보정하지 않는다.	1.2% 만큼 크게(작게)한다.
공기량이 1%만큼 클(작을) 때마다	0.5~1.0만큼 작게(크게)한다.	3% 만큼 작게(크게)한다.
물·시멘트비가 0.05 클(작을) 때마다	1만큼 크게(작게)한다.	보정하지 않는다.
S/a가 1% 클(작을) 때마다	보정하지 않는다.	1.5kg만큼 크게(작게)한다.
부순돌을 사용할 경우	3~5만큼 크게 한다.	9~15kg만큼 크게 한다.
부순모래를 사용할 경우	2~3만큼 크게 한다.	6~9kg만큼 크게 한다.

※ 비고 : 단위굵은골재용적에 의하는 경우에는 모래의 조립률이 0.1만큼 커질(작아질) 때마다 단위굵은골재용적을 1%만큼 작게(크게) 한다.

[해답] (1) 잔골재율 및 단위수량

구 분	수정계산	$S/a(\%)$	$W(\text{kg})$
잔골재의 FM=2.85	$41+\dfrac{(2.85-2.8)\times 0.5}{0.1}=41.25$	41.25	175
$\dfrac{W}{C}=58.8\%$	$41.25+\dfrac{(58.8-55)\times 1}{5}=42.01$	42.01	175
slump=12cm	$175+\dfrac{(12-8)\times(175\times 0.012)}{1}=183.4$	42.01	183.4

(2) 단위시멘트량

$$\frac{W}{C}=0.588$$

$$\frac{183.4}{C}=0.588$$

$$\therefore C=311.90\text{kg}$$

(3) 단위골재량

① 단위골재량 절대체적

$$V_a=1-\left(\frac{단위수량}{1000}+\frac{단위시멘트량}{시멘트\ 비중\times 1000}+\frac{공기량}{100}\right)$$

$$=1-\left(\frac{183.4}{1000}+\frac{311.90}{3.17\times 1000}+\frac{1.5}{100}\right)=0.7\text{m}^3$$

② 단위잔골재량 절대체적

$$V_s=V_a\times\frac{S}{a}=0.7\times 0.4201=0.29\text{m}^3$$

③ 단위잔골재량 $=0.29\times 2.57\times 1000=745.3\text{kg}$

④ 단위굵은골재량 절대체적

$$V_G=V_a-V_s=0.7-0.29=0.41\text{m}^3$$

⑤ 단위굵은골재량 $=0.41\times 2.75\times 1000=1127.5\text{kg}$

(4) 배합표

굵은골재의 최대치수 (mm)	슬럼프 (cm)	W/C (%)	잔골재율 $S/a(\%)$	단위량(kg/m³)			
				물 (W)	시멘트 (C)	잔골재 (S)	굵은골재 (G)
25	12	58.80	42.01	183.40	311.90	745.3	1127.5

69 ★★

10 ②, 13 ②, 17 ③

다음 표와 같은 설계조건 및 재료, 참고표를 이용하여 콘크리트를 배합설계하여 아래 배합표를 완성하시오.

[설계조건 및 재료]
- 물-시멘트는 50%로 한다.
- 굵은골재는 최대치수 25mm의 부순돌을 사용한다.
- 양질의 공기연행제(AE제)를 사용하며 그 사용량은 시멘트 질량의 0.03%로 한다.
- 물-시멘트는 목표로 하는 슬럼프는 120mm, 공기량은 5%로 한다.
- 사용하는 시멘트는 보통포틀랜드시멘트로서 밀도는 $0.00315g/mm^3$이다.
- 잔골재의 표건밀도는 $0.0026g/mm^3$이고, 조립률은 2.85이다.
- 굵은골재의 표건밀도는 $0.0027g/mm^3$이다.

[배합설계 참고표]

굵은골재 최대치수 (mm)	단위 굵은골재 용적 (%)	공기연행제를 사용하지 않은 콘크리트				공기연행 콘크리트			
						양질의 공기연행제를 사용한 경우		양질의 공기연행감수제를 사용한 경우	
		갇힌 공기 (%)	잔골재율 S/a(%)	단위수량 W(kg/m³)	공기량 (%)	잔골재율 S/a(%)	단위수량 W(kg/m³)	잔골재율 S/a(%)	단위수량 W(kg/m³)
15	58	2.5	53	202	7.0	47	180	48	170
20	62	2.0	49	197	6.0	44	175	45	165
25	67	1.5	45	187	5.0	42	170	43	160
40	72	1.2	40	177	4.5	39	165	40	155

주 1) 이 표의 값은 보통의 입도를 가진 잔골재(조립률 2.8 정도)와 부순돌을 사용한 물-시멘트비 55% 정도, 슬럼프 80mm 정도의 콘크리트에 대한 것이다.

2) 사용재료 또는 콘크리트의 품질이 주1)의 조건과 다를 경우에는 위의 표의 값을 아래 표에 따라 보정한다.

구분	S/a의 보정(%)	W의 보정(kg)
잔골재의 조립률이 0.1만큼 클(작을) 때마다	0.5만큼 크게(작게) 한다.	보정하지 않는다.
슬럼프값이 10mm만큼 클(작을) 때마다	보정하지 않는다.	1.2%만큼 크게(작게) 한다.
공기량이 1%만큼 클(작을) 때마다	0.5~0.1만큼 작게(크게) 한다.	3%만큼 작게(크게) 한다.
물-시멘트비가 0.05만큼 클(작을) 때마다	1만큼 크게(작게) 한다.	보정하지 않는다.

※ 비고 : 단위굵은 골재용적에 의하는 경우에는 모래의 조립률이 0.1만큼 커질(작아질) 때마다 단위굵은 골재는 골재용적을 1%만큼 작게(크게) 한다.

[배합표]

굵은골재의 최대치수 (mm)	슬럼프 (mm)	공기량 (%)	$\dfrac{W}{C}$(%)	잔골재율 S/a(%)	단위량(kg/m³)				혼화제 (g/m³)
					물	시멘트	잔골재	굵은골재	
25	120	5	50						

[해답] (1) 잔골재율 및 단위수량

구 분	수정 계산	S/a(%)	W(kg)
잔골재의 FM = 2.85	$42 + \dfrac{(2.85-2.8) \times 0.5}{0.1} = 42.25$	42.25	170
$\dfrac{W}{C} = 50\%$	$42.25 + \dfrac{(50-55) \times 1}{5} = 41.25$	41.25	170
slump = 12cm	$170 + \dfrac{(12-8) \times 170 \times 0.012}{1} = 178.16$	41.25	178.16

(2) 단위 시멘트량

$\dfrac{W}{C} = 0.5$ $\dfrac{178.16}{C} = 0.5$ $\therefore C = 365.32$kg

(3) 단위골재량

① 단위골재량 절대체적
$$V_a = 1 - \left(\dfrac{178.16}{1000} + \dfrac{356.32}{3.15 \times 1000} + \dfrac{5}{100}\right) = 0.66\text{m}^3$$

② 단위잔골재량 절대체적
$$V_S = V_a \times \dfrac{s}{a} = 0.66 \times 0.4125 = 0.27\text{m}^3$$

③ 단위잔골재량
$= 0.27 \times 2.6 \times 1000 = 702$kg

④ 단위굵은골재량 절대체적
$V_G = V_a - V_s = 0.66 - 0.27 = 0.39\text{m}^3$

⑤ 단위굵은골재량
$= 0.39 \times 2.7 \times 1000 = 1053$kg

⑥ AE제량
$= 356.32 \times 0.0003 = 0.106896 = 106.9$g

(4) 배합표

굵은골재의 최대치수 (mm)	슬럼프 (mm)	공기량 (%)	$\dfrac{W}{C}$ (%)	잔골재율 S/a(%)	단위량(kg/m³)				혼화제 (g/m³)
					물	시멘트	잔골재	굵은골재	
25	120	5	50	41.25	178.16	356.32	702	1053	106.9

70

콘크리트 1m³를 만드는 데 필요한 굵은골재량을 구하시오. (단, 단위시멘트량 =220kg, 물·시멘트비=55%, 잔골재율(S/a)=34%, 시멘트 비중=3.15, 모래 비중=2.65, 자갈 비중=2.7, 공기량=2%, 혼화제=1.23g/m³)

[해답] ① 단위골재량 절대체적 $= 1 - \left(\dfrac{121}{1000} + \dfrac{220}{3.15 \times 1000} + \dfrac{2}{100}\right) = 0.79\text{m}^3$

② 단위잔골재량 절대체적 $= 0.79 \times 0.34 = 0.27\text{m}^3$

③ 단위굵은골재량 절대체적 $= 0.79 - 0.27 = 0.52\text{m}^3$

④ 단위굵은골재량 $= 0.52 \times 2.7 \times 1000 = 1404$kg

71

다음 표와 같은 설계조건 및 재료, 참고표를 이용하여 콘크리트를 배합설계하여 아래 배합표를 완성하시오.

[설계조건 및 재료]
- 물 시멘트비는 50%로 한다.
- 굵은골재는 최대치수 20mm의 부순돌을 사용한다.
- 양질의 공기연행제(AE제)를 사용하며, 사용량은 시멘트 질량의 0.03%로 한다.
- 목표로 하는 슬럼프는 100mm, 공기량은 5.0%로 한다.
- 사용하는 시멘트는 보통포틀랜드시멘트로서, 밀도는 $3.15g/cm^3$이다.
- 잔골재의 표건밀도는 $2.60g/cm^3$이고, 조립률은 2.85이다.
- 굵은골재의 표건밀도는 $2.70g/cm^3$이다.

[배합설계 참고표]

굵은골재 최대치수 (mm)	단위 굵은골재 용적 (%)	공기연행제를 사용하지 않은 콘크리트				공기연행 콘크리트			
		갇힌 공기 (%)	잔골재율 S/a(%)	단위수량 W(kg/m³)	공기량 (%)	양질의 공기연행제를 사용한 경우		양질의 공기연행감수제를 사용한 경우	
						잔골재율 S/a(%)	단위수량 W(kg/m³)	잔골재율 S/a(%)	단위수량 W(kg/m³)
15	58	2.5	53	202	7.0	47	180	48	170
20	62	2.0	49	197	6.0	44	175	45	165
25	67	1.5	45	187	5.0	42	170	43	160
40	72	1.2	40	177	4.5	39	165	40	155

주 1) 이 표의 값은 보통의 입도를 가진 잔골재(조립률 2.8 정도)와 부순돌을 사용한 물-시멘트비 55% 정도, 슬럼프 80mm 정도의 콘크리트에 대한 것이다.
2) 사용재료 또는 콘크리트의 품질이 주 1)의 조건과 다를 경우에는 위의 표의 값을 아래 표에 따라 보정한다.

구 분	S/a의 보정(%)	W의 보정(kg)
잔골재의 조립률이 0.1만큼 클(작을) 때마다	0.5만큼 크게(작게) 한다.	보정하지 않는다.
슬럼프값이 10mm만큼 클(작을) 때마다	보정하지 않는다.	1.2%만큼 크게(작게) 한다.
공기량이 1%만큼 클(작을) 때마다	0.75만큼 작게(크게) 한다.	3%만큼 작게(크게) 한다.
물-시멘트비가 0.05만큼 클(작을) 때마다	1만큼 크게(작게) 한다.	보정하지 않는다.
S/a가 1% 클(작을) 때마다	보정하지 않는다.	1.5kg만큼 크게(작게) 한다.

※ 비고 : 단위굵은골재용적에 의하는 경우에는 모래의 조립률이 0.1만큼 커질(작아질) 때마다 단위굵은골재용적을 1%만큼 작게(크게) 한다.

[배합표]

굵은골재의 최대치수 (mm)	슬럼프 (mm)	공기량 (%)	$\dfrac{W}{C}$(%)	잔골재율 S/a(%)	단위량(kg/m³)				혼화제 (g/m³)
					물	시멘트	잔골재	굵은 골재	
20	100	5.0	50						

[해답] (1) 잔골재율 및 단위수량

구 분	수정 계산	S/a(%)	W(kg)
잔골재의 FM = 2.85	$44 + \dfrac{(2.85-2.8)\times 0.5}{0.1} = 44.25$	44.25	175
$\dfrac{W}{C} = 50\%$	$44.25 + \dfrac{(50-55)\times 1}{5} = 43.25$	43.25	175
slump = 10cm	$175 + \dfrac{(10-8)\times 175 \times 0.012}{1} = 179.2$	43.25	179.2
공기량 = 5%	$43.25 + \dfrac{(6-5)\times 0.75}{1} = 44$ $179.2 + \dfrac{(6-5)\times 175 \times 0.03}{1} = 184.45$	44	184.45

(2) 단위 시멘트량

$\dfrac{W}{C} = 0.5$ 　　　 $\dfrac{184.45}{C} = 0.5$ 　　　 $\therefore\ C = 368.9\text{kg}$

(3) 단위골재량

① 단위골재량 절대체적
$$V_a = 1 - \left(\dfrac{184.45}{1000} + \dfrac{368.9}{3.15 \times 1000} + \dfrac{5}{100}\right) = 0.65\text{m}^3$$

② 단위잔골재량 절대체적　$V_s = V_a \times \dfrac{S}{a} = 0.65 \times 0.44 = 0.29\text{m}^3$

③ 단위잔골재량 $= 0.29 \times 2.6 \times 1000 = 754\text{kg}$

④ 단위굵은골재량 절대체적　$V_G = V_a - V_s = 0.65 - 0.29 = 0.36\text{m}^3$

⑤ 단위굵은골재량 $= 0.36 \times 2.7 \times 1000 = 972\text{kg}$

⑥ 단위공기연행제량 $= 368.9 \times 0.0003 = 0.11067\text{kg} = 110.67\text{g}$

(4) 배합표

굵은골재의 최대치수 (mm)	슬럼프 (mm)	공기량 (%)	$\dfrac{W}{C}$(%)	잔골재율 S/a(%)	단위량(kg/m³)				혼화제 (g/m³)
					물	시멘트	잔골재	굵은골재	
20	100	5.0	50	44	184.45	368.9	754	972	110.67

72

프리플레이스트 콘크리트에 사용된 굵은골재는 단위용적중량(절건상태)이 $1580kg/m^3$, 비중 2.65, 흡수율 1.2%이며, 주입 모르터는 다음 조건과 같이 배합하고자 한다. 굵은골재의 공극률 및 프리플레이스트 콘크리트의 단위시멘트량(C), 단위잔골재량(S), 단위수량(W) 및 단위 플라이 애시량(F)을 구하여 다음의 표를 완성하시오.

조건
① $W/(C+F)=0.4$ ② $F/(C+F)=0.2$
③ $S/(C+F)=1.0$ ④ 시멘트의 비중=3.15
⑤ 플라이 애시의 비중=2.20 ⑥ 모래의 비중=2.62

| 굵은골재의 | 주입모르터의 단위량(kg/m^3) | | | |
공극률(%)	수량(W)	시멘트량(C)	플라이 애시량(F)	잔골재량(S)

해답 (1) 굵은골재의 공극률
$$V=\left(1-\frac{w}{g}\right)\times 100=\left(1-\frac{1.58}{2.65}\right)\times 100=40.38\%$$

(2) ① $\frac{W}{C+F}=0.4 \quad C+F=\frac{W}{0.4} \quad \frac{F}{C+F}=0.2$

$C+F=\frac{F}{0.2} \quad \frac{W}{0.4}=\frac{F}{0.2} \quad \therefore F=0.5W$

② $\frac{W}{C+F}=0.4 \quad \frac{W}{C+0.5W}=0.4 \quad \therefore C=2W$

③ $\frac{S}{C+F}=1.0 \quad \frac{S}{2W+0.5W}=1 \quad \therefore S=2.5W$

④ $0.4038m^3$=(물+시멘트+플라이 애시+잔골재)의 절대체적이므로
$$0.4038=\frac{W}{1000}+\frac{2W}{3.15\times 1000}+\frac{0.5W}{2.2\times 1000}+\frac{2.5W}{2.62\times 1000}$$

$\therefore W=143.37kg$
$C=2W=2\times 143.37=286.74kg$
$F=0.5W=0.5\times 143.37=71.69kg$
$S=2.5W=2.5\times 143.37=358.44kg$

⑤ 흡수율을 고려한 단위수량
$W=143.37+1580\times 0.012=162.33kg$

(3) 배합표

| 굵은골재의 | 주입모르터의 단위량(kg/m^3) | | | |
공극률(%)	수량(W)	시멘트량(C)	플라이 애시량(F)	잔골재량(S)
40.38	162.33	286.74	71.69	358.43

✽ 참고 흡수율=$\frac{표면건조포화상태\ 시료의\ 무게-노건조\ 시료의\ 무게}{노건조\ 시료의\ 무게}\times 100$

$1.2=\frac{표면건조포화상태\ 시료의\ 무게-1580}{1580}\times 100$

∴ 포건포화상태 시료의 무게=$1580+1580\times 0.012(흡수량)=1598.96kg$

73 ★

콘크리트의 압축강도는 일반적으로 시멘트·물비와 비례한다고 가정할 경우 물·시멘트비 60% 및 50%에서의 압축강도를 측정한 결과가 200kgf/cm² 및 250kgf/cm²이었다. 물·시멘트비 40%인 콘크리트의 압축강도를 구하시오.

[해답]
① $f = a + b \cdot \dfrac{C}{W}$

$200 = a + b \times \dfrac{1}{0.6}$ ·· ①

$250 = a + b \times \dfrac{1}{0.5}$ ·· ②

∴ $a = -50$, $b = 150$

② $f = -50 + 150 \times \dfrac{1}{0.4} = 325 \, \text{kgf/cm}^2$

74 ★★

콘크리트의 설계기준강도가 24MPa이고, 이 현장에서 압축강도시험의 기록이 없는 경우 배합강도(f_{cr})를 구하시오.

[해답] $f_{cr} = f_{ck} + 8.5 = 24 + 8.5 = 32.5 \, \text{MPa}$

✱ 참고
표준편차를 계산하기 위한 현장강도 기록이 없거나 압축강도의 시험횟수가 14회 이하인 경우의 배합강도

설계기준강도 f_{ck}(MPa)	배합강도 f_{cr}(MPa)
21 미만	$f_{ck} + 7$
21~35	$f_{ck} + 8.5$
35 초과	$1.1 f_{ck} + 5$

75

콘크리트 표준공시체를 14회 반복 압축강도시험을 하였을 때 재령 28일 강도가 $f_{ck} = 20\,\text{MPa}$이었을 때 콘크리트의 배합강도(f_{cr})를 구하시오.

[해답] $f_{cr} = 20 + 7 = 27 \, \text{MPa}$

76

재령 28일 강도가 $f_{ck} = 28\,\text{MPa}$일 때 30회 반복 압축강도시험을 했을 때 표준편차가 2.0MPa인 경우의 f_{cr}의 값은 얼마인가?

[해답]
$f_{cr} = f_{ck} + 1.34 S = 28 + 1.34 \times 2 = 30.68 \, \text{MPa}$
$f_{cr} = (f_{ck} - 3.5) + 2.33 S = (28 - 3.5) + 2.33 \times 2 = 29.16 \, \text{MPa}$
두 값 중에서 큰 값이므로
∴ $f_{cr} = 30.68 \, \text{MPa}$

77 ★★★

설계기준 압축강도가 40MPa이고, 22회의 콘크리트 압축강도시험으로부터 구한 표준편차가 4.5MPa이었다. 이 콘크리트의 배합강도를 구하시오. (단, 압축강도 시험 횟수가 20회일 때 표준편차의 보정계수는 1.08, 25회일 때 보정계수는 1.03이다.)

[해답]
① 시험횟수 22회일 때 표준편차 보정계수
$$= 1.03 + \frac{(1.08-1.03)\times 3}{5} = 1.06$$
② 직선 보간한 표준편차
$\sigma = 1.06 \times 4.5 = 4.77\text{MPa}$
③ $f_{cr} = f_{ck} + 1.34S = 40 + 1.34 \times 4.77 = 46.39\text{MPa}$
$f_{cr} = 0.9f_{ck} + 2.33S = 0.9 \times 40 + 2.33 \times 4.77 = 47.11\text{MPa}$
두 값 중 큰 값이 배합강도이므로
∴ $f_{cr} = 47.11\text{MPa}$

78 ★★

콘크리트의 설계기준 압축강도는 28MPa이고, 18회의 압축강도시험으로부터 구한 표준편차는 3.6MPa이다. 아래 표를 참고하여 이 콘크리트의 배합강도를 구하시오.

[시험횟수가 29회 이하일 때 표준편차의 보정계수]

시험횟수	표준편차의 보정계수	비 고
15	1.16	이 표에 명시되지 않은 시험횟수에 대해서는 직선보간 한다.
20	1.08	
25	1.03	
30 이상	1.00	

[해답]
① 직선 보간한 표준편차 : $S = 3.6 \times 1.112 = 4.00\text{MPa}$
② $f_{cr} = f_{ck} + 1.34S = 28 + 1.34 \times 4 = 33.36\text{MPa}$
$f_{cr} = (f_{ck} - 3.5) + 2.33S = (28-3.5) + 2.33 \times 4 = 33.82\text{MPa}$
두 값 중에서 큰 값이 배합강도이므로
∴ $f_{cr} = 33.82\text{MPa}$

79 *

35회 시험한 콘크리트의 설계기준강도가 28MPa이고, 표준편차가 2.4MPa일 때 배합강도를 구하시오.

[해답]
① $f_{cr} = f_{ck} + 1.34S = 28 + 1.34 \times 2.4 = 31.22\text{MPa}$
② $f_{cr} = (f_{ck} - 3.5) + 2.33S$
   $= (28 - 3.5) + 2.33 \times 2.4 = 30.09\text{MPa}$
∴ $f_{cr} = 31.22\text{MPa}$

80

콘크리트의 설계기준 압축강도가 40MPa이고, 27회의 콘크리트 압축강도 시험으로부터 구한 표준편차가 5.0MPa이다. 아래 표를 참고하여 이 콘크리트의 배합강도를 구하시오.

[시험횟수가 29회 이하일 때 표준편차의 보정계수]

시험횟수	표준편차의 보정계수
15	1.16
20	1.08
25	1.03
30 또는 그 이상	1.00

[해답]
① 시험횟수 27회일 때 표준편차의 보정계수
   $= 1 + \dfrac{(1.03 - 1) \times 3}{5} = 1.018$
② 직선 보간한 표준편차
   $\sigma = 1.018 \times 5 = 5.09\text{MPa}$
③ $f_{cr} = f_{ck} + 1.34S = 40 + 1.34 \times 5.09 = 46.82\text{MPa}$
   $f_{cr} = 0.9f_{ck} + 2.33S = 0.9 \times 40 + 2.33 \times 5.09 = 47.86\text{MPa}$
   두 값 중 큰 값이 배합강도이므로
   ∴ $f_{cr} = 47.86\text{MPa}$

81 ★★★   12 ③, 15 ②, 20 ①, 24 ①

배합강도 결정을 위한 콘크리트의 압축강도 측정결과가 다음과 같을 때 배합설계에 적용할 표준편차를 구하고 설계기준강도가 45MPa일 때 콘크리트의 배합강도를 구하시오. (단, 소수점이하 넷째자리에서 반올림하시오.)

[압축강도 측정결과(단위 : MPa)]

48.5	40	45	50	48	42.5	54	51.5
52	40	42.5	47.5	46.5	50.5	46.5	47

(1) 배합강도 결정에 적용할 표준편차를 구하시오. (단, 시험 횟수가 15회일 때 표준편차의 보정계수는 1.16이고, 20회일 때는 1.08이다.)
(2) 배합강도를 구하시오.

해답 (1) ① $\bar{x} = \dfrac{\sum x}{n} = \dfrac{752}{16} = 47\text{MPa}$

② $S = (48.5-47)^2 + (40-47)^2 + (50-47)^2 + \cdots + (47-47)^2 = 262$

③ $\sigma = \sqrt{\dfrac{S}{n-1}} = \sqrt{\dfrac{262}{16-1}} = 4.179\text{MPa}$

④ 직선보간한 표준편차
$\sigma = 4.179 \times 1.144 = 4.781\text{MPa}$

$\left(\begin{array}{l}\text{직선보간} \\ 1.08 + \dfrac{(1.16-1.08)\times 4}{5} = 1.144\end{array}\right)$

(2) $f_{cr} = f_{ck} + 1.34S = 45 + 1.34 \times 4.781 = 51.407\text{MPa}$
$f_{cr} = 0.9f_{ck} + 2.33S = 0.9 \times 45 + 2.33 \times 4.781 = 51.64\text{MPa}$
두 값 중에서 큰 값이 배합강도이므로
∴ $f_{cr} = 51.64\text{MPa}$

82   85 ②

콘크리트 또는 모르터가 엉기기 시작하지는 않았으나 비빈 후 상당한 시간이 지났거나 또는 재료가 분리한 경우에 다시 비비는 작업을 무엇이라 하는가?

해답 거듭 비비기

83

콘크리트 배합강도를 구하기 위한 전체 시험횟수 16회의 콘크리트 압축강도의 측정결과가 아래 표와 같고 설계기준강도가 28MPa일 때 아래의 물음에 답하시오.

[압축강도 추정결과(단위 : MPa)]

33.4	33.6	31.4	31.8	28.3	33.8
29.2	28.3	27.9	32.9	27.1	28.3
21.5	30.5	24.2	21.8		

(1) 위 표를 보고 압축강도의 평균값을 구하시오.
(2) 압축강도 측정결과 및 아래의 표를 이용하여 배합강도를 구하기 위한 표준편차를 구하시오.

[시험횟수가 29회 이하일 때 표준편차의 보정계수]

시험횟수	표준편차의 보정계수	비 고
15	1.16	이 표에 명시되지 않은 시험횟수에 대해서는 직선보간 한다.
20	1.08	
25	1.03	
30 이상	1.00	

(3) $f_{ck} = 28$MPa일 때 배합강도를 구하시오.

[해답] (1) 평균치 : $\bar{x} = \dfrac{\Sigma x}{n} = \dfrac{464}{16} = 29$ MPa

(2) ① $S = (33.4-29)^2 + (33.6-29)^2 + \cdots + (21.8-29)^2 = 232.08$

② 표준편차 : $\sigma = \sqrt{\dfrac{S}{n-1}} = \sqrt{\dfrac{232.08}{16-1}} = 3.93$ MPa

③ 직선보간한 표준편차 : $\sigma = 3.93 \times 1.144 = 4.5$ MPa

(3) $f_{cr} = f_{ck} + 1.34S = 28 + 1.34 \times 4.5 = 34.03$ MPa
$f_{cr} = (f_{ck} - 3.5) + 2.33S = (28-3.5) + 2.33 \times 4.5 = 34.99$ MPa
두 값 중 큰 값이 배합강도이므로
∴ $f_{cr} = 34.99$ MPa

84 ★

콘크리트 배합강도를 구하기 위한 시험횟수 15회의 콘크리트 압축강도 측정결과가 아래표와 같고 설계기준강도가 40MPa일 때 아래 물음에 답하시오.

[압축강도 측정결과(MPa)]

36	40	42	36	44	43	36	38
44	42	44	46	42	40	42	

(1) 배합설계에 적용할 표준편차를 구하시오. (단, 압축강도의 시험횟수가 15회일 때 표준편차의 보정계수는 1.16이다.)

(2) 배합강도를 구하시오.

해답

(1) ① $\bar{x} = \dfrac{\sum x}{n} = \dfrac{615}{15} = 41\text{MPa}$

② $S = (36-41)^2 + (40-41)^2 + (42-41)^2 + \cdots + (42-41)^2 = 146$

③ $\sigma = \sqrt{\dfrac{S}{n-1}} = \sqrt{\dfrac{146}{15-1}} = 3.23\text{MPa}$

④ 보정된 표준편차
$\sigma = 1.16 \times 3.23 = 3.75\text{MPa}$

(2) $f_{cr} = f_{ck} + 1.34S = 40 + 1.34 \times 3.75 = 45.03\text{MPa}$
$f_{cr} = 0.9f_{ck} + 2.33S = 0.9 \times 40 + 2.33 \times 3.75 = 44.74\text{MPa}$
두 값 중에서 큰 값이 배합강도이므로
∴ $f_{cr} = 45.03\text{MPa}$

85

콘크리트의 배합설계에서 설계기준강도 $f_{ck} = 28\text{MPa}$이고, 30회 이상의 압축강도시험으로부터 구한 표준편차 $S = 5\text{MPa}$이다. 시험을 통해 시멘트-물(C/W)비와 재령 28일 압축강도 f_{28}과의 관계식 $f_{28} = -14.7 + 20.7 C/W$로 얻었을 때 콘크리트의 물-시멘트($W/C$)비를 결정하시오.

해답

① $f_{cr} = f_{ck} + 1.34S = 28 + 1.34 \times 5 = 34.7\text{MPa}$
$f_{cr} = (f_{ck} - 3.5) + 2.33S = (28 - 3.5) + 2.33 \times 5 = 36.15\text{MPa}$
두 값 중 큰 값이 배합강도이므로
∴ $f_{cr} = 36.15\text{MPa}$

② $f_{28} = -14.7 + 20.7\dfrac{C}{W}$
$36.15 = -14.7 + 20.7\dfrac{C}{W}$
∴ $\dfrac{W}{C} = 0.4071 = 40.71\%$

86 ★★

콘크리트 배합강도를 구하기 위한 전체 시험횟수 21회의 콘크리트 압축강도의 측정결과가 다음 표와 같고 설계기준강도가 24MPa일 때 다음 물음에 답하시오.

[압축강도 추정결과(단위 : MPa)]

27.4	28.5	26.3	26.9	23.3	28.8	24.2
23.1	22.4	21.9	27.9	21.1	23.3	21.7
21.3	26.9	27.8	29.0	26.9	22.2	24.1

(1) 위 표를 보고 압축강도의 평균값을 구하시오.
(2) 압축강도 측정결과 및 아래의 표를 이용하여 배합강도를 구하기 위한 표준편차를 구하시오.

[시험횟수가 29회 이하일 때 표준편차의 보정계수]

시험횟수	표준편차의 보정계수	비 고
15	1.16	이 표에 명시되지 않은 시험횟수에 대해서는 직선보간 한다.
20	1.08	
25	1.03	
30 이상	1.00	

(3) $f_{ck}=24$MPa일 때 배합강도를 구하시오.

해답 (1) 평균치
$$\bar{x}=\frac{\Sigma x}{n}=\frac{525}{21}=25\,\text{MPa}$$

(2) ① $S=(27.4-25)^2+(28.5-25)^2+(26.3-25)^2+\cdots+(24.1-25)^2$
$\qquad = 152.06$

② 표준편차
$$\sigma=\sqrt{\frac{S}{n-1}}=\sqrt{\frac{152.06}{21-1}}=2.76\,\text{MPa}$$

③ 직선보간한 표준편차
$\qquad \sigma=2.76\times 1.07=2.95\,\text{MPa}$

(3) $f_{cr}=f_{ck}+1.34S=24+1.34\times 2.95=27.95\,\text{MPa}$
$\quad f_{cr}=(f_{ck}-3.5)+2.33S=(24-3.5)+2.33\times 2.95=27.37\,\text{MPa}$
두 값 중 큰 값이 배합강도이므로
$\therefore f_{cr}=27.95\,\text{MPa}$

87

강제식 믹서는 어떤 콘크리트를 비비는 데 적당한지 2가지만 쓰시오.

해답
① 굳은 비빔
② 부배합
③ 경량골재 사용 시

> **※ 참고**
> 배처 믹서(batcher mixer)
> (1) 중력식(회전드럼형)
>   ① 부경식 : 소규모 공사의 무른 비비기에 사용
>   ② 가경식 : 대규모 공사의 굳은 비비기에 사용
> (2) 강제식(고정드럼형) : 굳은 비빔, 부배합, 경량골재 사용 시 적합

88

최근 도심지 콘크리트 타설공사 시 많이 이용되는 콘크리트 펌프 시공 시의 장·단점을 한 가지씩 쓰시오.

해답
(1) 장점
  ① 기동성이 좋다.   ② 노동력 절감
  ③ 공기단축   ④ 공사준비 및 타설작업 용이
(2) 단점
  ① 압송거리, 압송높이에 한계가 있다. (수평거리 : 300m, 수직거리 : 40m)
  ② 관의 폐쇄가 우려
  ③ 콘크리트 품질약화 및 변화

> **※ 참고**
> ① G_{max} : 40mm 이하
> ② slump : 10~18cm

89 ★

다음과 같은 아치교의 콘크리트를 치려고 할 때 치는 순서를 쓰시오.

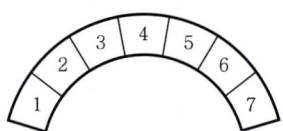

해답 3, 5 → 1, 7 → 2, 6 → 4

90 ★

다음 그림과 같은 연속 슬래브교의 슬래브 콘크리트를 타설하려 할 때 콘크리트 타설순서를 쓰시오.

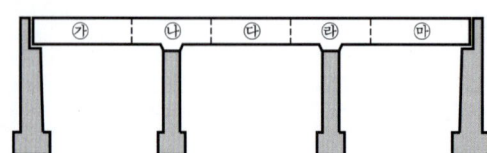

> **※ 참고**
> 콘크리트의 타설은 처짐에 의한 침하가 큰 곳부터 타설한다.

해답 딴 → ㉮, ㉲ → ㉯, ㉱

91 ★

다음 그림과 같은 교각을 타설할 때 콘크리트 타설순서를 쓰시오.

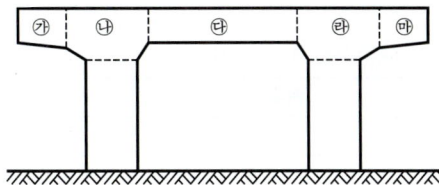

[해답] ㉰→㉮, ㉲→㉯, ㉱

92 ★

콘크리트의 재료로 사용되는 시멘트, 모래, 자갈, 물의 용적을 측정하고자 한다. 이때, 배합오차 허용범위가 작은 재료로부터 나열하시오.

[해답] 물·시멘트, 모래, 자갈

※ 참고
계량의 허용오차
[콘크리트 표준시방서(2009)]
콘크리트의 타설은 처짐에 의한 침하가 큰 곳부터 타설한다.

재료의 종류	허용오차(%)
물·시멘트	1
혼화재	2
골재, 혼화제	3

93

콘크리트 배합설계 시 재료로 사용되는 물·시멘트 혼화제의 배합오차 허용범위는 몇 %씩인가?

[해답]

재료의 종류	허용오차(%)
물	1
시멘트	1
혼화제	3

94 ★★

콘크리트 운반 시 제일 중요한 사항을 3가지만 쓰시오.

[해답]
① 신속하게 운반하여 즉시 타설한다.
② 재료분리방지
③ 재료의 손실방지
④ 공기량 감소 및 slump 저하방지

95 ★ 　　　　　　　　　　　　　　　　　　　　　　　　　84 ②, 06 ②

콘크리트의 포장공사에 사용되는 콘크리트 재료의 계량오차 허용범위는 몇 %씩인가?

해답 포장 콘크리트 계량의 허용오차[콘크리트 표준시방서(2009)]

재료의 종류	허용오차(%)
물·시멘트	1
혼화재	2
골재·혼화제	3

96 　　　　　　　　　　　　　　　　　　　　　　　　　　　　93 ④

콘크리트 포장공사를 위한 연속식 배치 플랜트(batch plant)가 있다. 다음 재료의 계량오차 허용범위는 각 몇 %인가?

(1) 시멘트 혼화재
(2) 골재
(3) 물

해답 (1) 2%　　(2) 3%　　(3) 1%

97 　　　　　　　　　　　　　　　　　　　　　　　　　　　　84 ①

콘크리트 타설 시 주입장소가 다음과 같을 때 가장 적합한 장비 1가지씩 쓰시오.

(1) 주입장소가 상대적으로 낮을 때
(2) 주입장소가 수평면에 있을 때
(3) 주입장소가 상대적으로 높을 때
(4) 주입장소가 대단히 높을 때
(5) 주입장소가 수중일 때

해답 (1) 슈트(chute)
　　　(2) 트럭 믹서(agitator)
　　　(3) 콘크리트 펌프(concrete pump)
　　　(4) 타워 크레인(tower crane)
　　　(5) 트레미(tremie)

98

콘크리트 타설에 콘크리트 펌프를 많이 사용하고 있는데 사용 도중에 파이프가 막히는 plugging 현상이 생기는데 그 이유를 4가지만 쓰시오.

[해답]
① 내리막 경사 배관에 의한 콘크리트 내에 공기막 형성
② slump치 부적당
③ 굵은골재 최대치수가 규정치 이상
④ 최초의 모르타르 압송량이 적은 경우
⑤ 압송 중 장시간 콘크리트 수송의 중단
⑥ 수송관의 청소불량

84 ③

※ 참고
폐쇄(폐색)현상 방지대책
① 굵은골재 : 형상→원형에 가까운 것, 입도분포→대소(大小) 혼입이 적당
② 부배합
③ slump 저하가 예상시에는 혼화제 사용
④ 내리막 경사 배관을 피한다.
⑤ 장비의 세척 및 정비

99 ★★

콘크리트 타설 시의 다짐방법을 5가지만 쓰시오.

[해답]
① 찔러 다지기
② 진동기 다지기
③ 거푸집을 두드리는 방법
④ 가압방법
⑤ 원심력방법
⑥ 진공처리방법

84 ①, 89 ②, 96 ⑤

※ 참고
진동기 종류
① 내부진동기
② 외부진동기
  (거푸집 진동기)
③ 표면진동기

100 ★

콘크리트 다지기 시 사용되는 내부진동기의 사용방법에 대하여 ( )를 채우시오.

(1) 내부진동기를 하층의 콘크리트 속으로 ( )m 정도 찔러넣는다.
(2) 내부진동기의 삽입간격은 일반적으로 ( )m 이하로 한다.
(3) 1개소당 진동시간은 ( )~( )초로 한다.

[해답] (1) 0.1   (2) 0.5   (3) 5, 15

92 ②, 07 ②

> **※ 참고** 내부진동기 사용방법[콘크리트 표준시방서(2009)]
> ① 내부진동기를 하층의 콘크리트 속으로 0.1m 정도 찔러넣는다.
> ② 내부진동기는 연직으로 찔러넣으며, 그 간격은 진동이 유효하다고 인정되는 범위의 지름 이하로서 일정한 간격으로 한다. 삽입간격은 일반적으로 0.5m 이하로 하는 것이 좋다.
> ③ 1개소당 진동시간은 다짐할 때 시멘트 페이스트가 표면상부로 약간 부상하기까지 한다.
> ④ 내부진동기는 콘크리트로부터 천천히 빼내어 구멍이 남지 않도록 한다.

101

콘크리트의 재료분리를 방지하기 위한 다음 [보기]의 운반방법 중 어느 것을 사용하는 것이 가장 적당한가?

[보기]
덤프 트럭, 버킷, 벨트 컨베이어, 슈트

[해답] 버킷(bucket)

※ 참고
① bucket은 운반수단으로 가장 우수하나 배출 시 재료분리에 주의해야 한다.
② bucket은 크레인이나 케이블 크레인(cable crane)으로 콘크리트를 담아 운반한다.

102

콘크리트 치기를 끝내면 건조수축에 의한 균열이 생기지 않고 충분히 경화되도록 일정한 기간, 적당한 온도와 습도를 유지시켜 보존시키는 작업을 양생이라 한다. 일반적으로 많이 쓰이는 양생방법의 종류명을 4가지만 쓰시오.

[해답]
① 습윤양생　② 막양생
③ 증기양생　④ 전기양생

103

보통 포틀랜드 시멘트를 사용한 콘크리트의 습윤 양생기간을 쓰시오.

일 평균기온	양생기간
15℃ 이상	(①)일
10~15℃	(②)일
5~10℃	(③)일

[해답] ① 5　② 7　③ 9

104

콘크리트 타설 후 습윤상태를 유지해야하는 양생기간을 보통 포틀랜드 시멘트, 고로슬래그 시멘트, 조강 포틀랜드 시멘트별로 일평균기온 15℃, 10℃, 5℃에서 3개씩 각각 쓰시오.

[해답]

일평균기온	보통 포틀랜드 시멘트	고로슬래그 시멘트	조강 포틀랜드 시멘트
15℃ 이상	5일	7일	3일
10℃ 이상	7일	9일	4일
5℃ 이상	9일	12일	5일

105 ★

콘크리트의 양생 중 막(膜)양생제로 쓰이는 것을 3가지만 쓰시오.

[해답] ① 피막양생제(유성, 수성)
② 플라스틱 시트(plastic sheet)
③ 방수지

106 ★★★

콘크리트의 경화나 강도 발현을 촉진하기 위해 실시하는 양생을 촉진양생이라고 한다. 이러한 촉진양생방법의 종류를 3가지만 쓰시오.

[해답] ① 상압증기양생   ② 고압증기양생(오토클레이브 양생)
③ 전기양생   ④ 적외선양생

107

콘크리트의 증기양생 시에 양생 cycle에 대하여 4단계를 간단히 쓰시오.

(1) 1단계
(2) 2단계
(3) 3단계
(4) 4단계

[해답] (1) 1단계 : 거푸집과 함께 증기양생실에 넣는다.
(2) 2단계 : 비빈 후 2~3시간 경과 후부터 증기양생을 실시한다.
(온도 상승속도 : 1시간당 20℃ 이하, 최고온도 : 65℃)
(3) 3단계 : 양생실의 온도를 외기온도 정도까지 서서히 내린다.
(4) 4단계 : 양생실에서 제품을 꺼내 실외 저장장소로 옮겨 보관한다.

108

콘크리트 제품의 촉진양생 중 증기양생에 의한 콘크리트의 강도는 성숙도 (maturity=degree(℃)×hour)와 관계가 있다. 만일 45℃에서 $13\frac{1}{3}$시간 양생하여 일정강도를 얻은 콘크리트가 있다. 같은 종류의 콘크리트를 60℃에서 양생한다면 몇 시간에 같은 강도를 얻을 수 있는가?

[해답] 성숙도=온도×시간
$45 \times 13\frac{1}{3} = 60 \times$시간   ∴ 시간=10h

109

콘크리트의 비비기에 대한 아래의 물음에 답하시오.

(1) 비비기는 미리 정해둔 비비기 시간의 몇 배 이상 계속해서는 안 되는가?
(2) 가경식 믹서의 비비기 시간은 얼마인가?
(3) 강제식 믹서의 비비기 시간은 얼마인가?

해답
(1) 3배
(2) 1분 30초 이상
(3) 1분 이상

※ 참고
비비기
[2009년 콘크리트 표준시방서]
비비기 시간은 시험에 의해 정하는 것을 원칙으로 한다. 비비기 시간에 대한 시험을 실시하지 않은 경우 그 최소시간은 가경식 믹서일 때 1분 30초 이상, 강제식 믹서일 때 1분 이상을 표준으로 한다.

110

일반콘크리트의 시공에 관한 아래 표의 ( )에 알맞은 시간을 쓰시오.

> 콘크리트는 신속하게 운반하여 즉시 타설하고, 충분히 다져야 한다. 비비기로부터 타설이 끝날 때 까지의 시간은 원칙적으로 외기온도가 25℃ 이상일 때는 (①)시간, 25℃ 미만일 때에는 (②)시간을 넘어서는 안 된다.

해답 ① 1.5 ② 2

> **※ 참고** 운반 및 치기[콘크리트 표준시방서(2009)]
> 콘크리트는 신속하게 운반하여 즉시 타설하고, 충분히 다져야 한다. 비비기로부터 타설이 끝날 때까지의 시간은 원칙적으로 외기온도가 25℃ 이상일 때는 1.5시간, 25℃ 미만일 때에는 2시간을 넘어서는 안 된다. 다만, 양질의 지연제 등을 사용하여 응결을 지연시키는 등의 특별한 조치를 강구한 경우에는 콘크리트의 품질 변동이 없는 범위 내에서 책임기술자의 승인을 받아 이 시간제한을 변경할 수 있다.

111

시공이음 계획 및 설치에 있어서 주의하여야 할 사항을 3가지만 쓰시오.

해답
① 전단력이 작은 곳에 설치한다.
② 전단력이 큰 장소에 시공이음을 할 경우에는 철근으로 보강을 하거나 장부 또는 홈을 만든다.
③ 구 콘크리트의 laitance나 나쁜 품질의 콘크리트를 제거한다.

112

콘크리트 타설 시 이음은 구조물의 강도, 내구성 및 외관에 큰 영향을 미치는 경우가 있다. 콘크리트 구조물의 성질상 시공이음을 설치하여야 할 위치 및 원칙, 부득이 설치할 경우, 시공이음 계획 시 고려할 사항 등에 대하여 각각 1가지씩만 쓰시오.

(1) 위치 및 설치 시 원칙
(2) 부득이 설치할 경우
(3) 시공이음 계획 시 고려할 사항

[해답] (1) ① 압축력의 방향과 직각이 되게 설치
     ② 전단력이 작은 곳에 설치
  (2) ① 철근으로 보강
     ② 장부 또는 홈을 만든다.
  (3) ① 구 콘크리트의 laitance나 나쁜 품질의 콘크리트를 제거한다.
     ② 구 콘크리트에 충분하게 물을 흡수시킨다.

참고
이음(joint)
① 시공이음(construction joint)
② 신축이음(expansion joint)
③ 균열유발줄눈(contraction joint, 수축이음)
④ cold joint

113

콘크리트 포장 시 온도변화나 함수량의 변화에 따른 콘크리트 슬래브에 생기는 응력을 경감시키기 위하여 설치하는 것은?

[해답] 줄눈(joint)

114

옹벽의 신축이음 설치간격은 보통 얼마로 하는가?

[해답] 10~15m

참고
신축이음의 간격
① 댐, 옹벽과 같은 큰 구조물 : 10~15m
② 얇은벽 : 6~9m
③ 도로포장 : 6~10m

115

전단력이 큰 곳에서 부득이 시공이음을 설치하여야 할 필요성이 있는 곳에 설치하는 철근은?

[해답] 전단보강 철근

116

콘크리트에 신축이음을 두는 가장 큰 이유는?

[해답] 콘크리트 구조물의 온도변화, 건조수축, 기초의 부등침하 등에 의하여 생기는 균열방지

117 *

온도변화, 건조수축, 기초의 부등침하 등에서 생기는 균열을 방지하기 위하여 콘크리트 구조물에 설치하는 것을 무엇이라 하는가?

[해답] 신축이음(expansion joint)

118

다음과 같은 이유로 두는 이음(joint)을 무슨 이음이라 하는가?

[이유]
① 무리한 야간작업을 피함.
② 거푸집의 여러 번 사용이 가능함.
③ 댐 콘크리트의 경우에는 콘크리트의 온도상승을 되도록 적게 하기 위함.
④ 대단히 견고한 거푸집 및 동바리공을 축조하지 않아도 됨.

[해답] 시공이음(construction joint)

119 *

콘크리트 구조물에서 시공이음을 설치하고자 할 때 그 위치 또는 방향에 대해 아래와 각 물음에 답하시오.

(1) 바닥틀과 일체로 된 기둥 또는 벽의 시공이음 위치로 적합한 곳은?
(2) 바닥틀의 시공이음 위치로 적합한 곳은?
(3) 아치에 시공이음을 설치하고자 할 때 적합한 방향은?

[해답]
(1) 바닥틀과의 경계부근
(2) 슬래브 또는 보의 경간 중앙부 부근
(3) 아치축에 직각 방향

120

신축이음 장치 3가지를 기술하시오.

[해답]
① 고무조인트
② 강재조인트
③ 특수조인트

121

신축이음 재료로 쓰이는 충진재(filler)는 방수와 미관의 두 조건을 만족시켜야 된다. 충진재 4가지만 쓰시오.

[해답]
① asphalt
② asphalt mortar
③ compound
④ 합성고무

122

콘크리트 신축이음의 재료가 갖추어야 할 조건 중 중요한 것 3가지만 쓰시오.

[해답]
① 온도변화에 의한 신축이 자유로울 것
② strain에 의한 변위가 자유로울 것
③ 강성 및 내구성이 클 것
④ 방수 및 배수가 완전할 것

123

콘크리트의 신축이음 재료로서 충진재(filler), 줄눈, 지수판(water stop plate)의 3가지로 크게 구분된다. 이 중 지수판으로 어떤 재료가 가장 많이 이용되는지 2가지를 쓰시오.

[해답]
① 동판
② 강판
③ 염화비닐판
④ 고무재

124 ★★

계속해서 콘크리트를 칠 경우 먼저 친 콘크리트와 나중에 친 콘크리트와의 사이에서 비교적 긴 시간차로 인하여 계획되지 않은 개소에 생기는 이음은?

[해답] cold joint

125

대량의 콘크리트를 연속해서 타설할 경우 이미 친 콘크리트가 경화를 시작한 후 그 위에 타설한 콘크리트는 일체로 되지 않고 불연속상태로 된다. 이 불연속면을 무엇이라 부르는가?

[해답] cold joint

126 ★

다음 cold joint를 간단히 설명하시오.

[해답] 콘크리트를 계속해서 칠 때 신·구 콘크리트 사이에 비교적 긴 시간차로 인하여 계획되지 않은 개소에 생기는 이음

> 92 ①, 05 ③
>
> ※ 참고
> **방지대책**
> ① 응결지연제 사용
> ② 레미콘 배차계획 및 간격을 엄수
> ③ 레미콘 공장생산 실태를 고려하여 사전에 시공이음을 계획한다.
> ④ 콘크리트 온도를 낮춘다.
> ⑤ 고온일 때 타설 중지

127 ★★

콘크리트를 2층 이상으로 나누어 타설할 경우, 상층의 콘크리트 타설은 원칙적으로 하층의 콘크리트가 굳기 시작하기 전에 해야 하며, 상층과 하층이 일체가 되도록 시공한다. 또한 콜드 조인트가 발생하지 않도록 하나의 시공 구획면적, 콘크리트의 공급능력, 이어치기 허용시간 간격 등을 정하여야 한다. 이때 이어치기 허용시간 간격의 표준에 대한 다음 표의 빈 칸을 채우시오.

외기온	허용 이어치기 시간 간격
25℃ 초과	① ( ) 시간
25℃ 이하	② ( ) 시간

[해답] ① 2   ② 2.5

> 06 ③, 11 ①, 17 ③

128

콘크리트의 초기균열인 침하수축균열과 플라스틱 수축균열의 원인을 간단히 설명하시오.

[해답]
① 침하균열 : 콘크리트 타설 후 콘크리트의 압밀현상에 의해 발생되는 균열
② 소성수축균열(플라스틱 수축균열) : 굳지 않은 콘크리트 표면의 증발속도가 bleeding 속도보다 빠를 때 발생하는 균열

> 93 ④

129 ★★★★

콘크리트는 다공질 구조체로 역학적 거동이나 특성이 복잡, 다양하다. 콘크리트 균열도 그 발생원인이나 기구(mechanism)가 복잡하다. 이로 인해 발생하는 균열의 보수·보강 공법을 4가지만 기술하시오.

[해답]
① 에폭시 주입법   ② 봉합법
③ 짜깁기법   ④ 보강철근 이용방법
⑤ 그라우팅

> 01 ②, 03 ③, 15 ②, 18 ③, 24 ②

130 ★★

콘크리트를 거푸집에 타설한 후부터 응결이 종결될 때까지에 발생하는 균열을 일반적으로 초기균열이라고 한다. 초기균열은 그 원인에 의하여 크게 나눌 수 있다. 3가지만 쓰시오.

[해답]
① 소성수축균열(plastic shrinkage crack)
② 침하균열(settlement crack)
③ 거푸집 변형에 따른 균열
④ 진동·재하에 따른 균열

95 ④, 00 ④, 05 ①, 07 ③, 13 ①, 17 ②, 18 ①

✱ 참고
균열의 분류
(1) 미경화 콘크리트의 균열(초기균열)
  ① 소성수축균열(plastic shrinkage crack)
  ② 침하균열(settlement crack)
(2) 경화 콘크리트의 균열
  ① 온도변화에 의한 균열
  ② 건조수축에 의한 균열
  ③ 화학적 침식에 의한 균열
  ④ 기상작용에 의한 균열
  ⑤ 과하중에 의한 균열
  ⑥ 시공불량에 의한 균열

131 ★★★

콘크리트의 압축강도를 시험하여 거푸집널의 해체시기를 결정하는 경우 그 기준을 나타내는 아래표의 빈칸을 채우시오.

부재	콘크리트 압축강도(f_{cu})
확대기초, 보, 기둥 등의 측면	( )
슬래브 및 보의 밑면, 아치 내면	( )

94 ④, 98 ④, 12 ②, 20 ②

[해답] 거푸집을 떼어내도 좋은 시기(콘크리트 압축강도를 시험한 경우)
[콘크리트 표준시방서(2009)]

부재	콘크리트 압축강도(f_{cu})
확대 기초, 보 옆, 기둥, 벽 등의 측벽	5MPa 이상
슬래브 및 보의 밑면, 아치 내면	설계기준 압축강도의 $\frac{2}{3}$배 이상 또한, 최소 14MPa 이상

132

콘크리트 시공에서 시공이음면의 거푸집 철거는 콘크리트가 굳은 후 되도록 빠른 시기에 하여야 한다. 일반적인 연직시공이음부의 거푸집 제거시기에 대한 아래의 물음에 답하시오.

(1) 여름의 경우 콘크리트를 타설하고 난 후 몇 시간 정도에 연직시공이음부의 거푸집을 제거하여야 하는지 그 범위를 쓰시오.
(2) 겨울의 경우 콘크리트를 타설하고 난 후 몇 시간 정도에 연직시공이음부의 거푸집을 제거하여야 하는지 그 범위를 쓰시오.

[해답] (1) 4~6시간   (2) 10~15시간

12 ③

✱ 참고
시공이음면의 거푸집 철거
[콘크리트 표준시방서(2009)]
시공이음면의 거푸집 철거는 콘크리트가 굳은 후 되도록 빠른 시기에 한다. 다만, 거푸집의 제거시기를 너무 빨리하면 콘크리트에 유해한 영향을 주기 때문에 주의하여야 한다.
일반적으로 연직시공이음부의 거푸집 제거 시기는 콘크리트를 타설하고 난 후 여름에는 4~6시간 정도, 겨울에는 10~15시간 정도로 한다.

133

다음 [보기]의 구조 중 거푸집의 존치기간(存置期間)이 짧은 것부터 순서대로 열거하시오.

[보기]
기둥, footing 기초, 스팬이 짧은 보, 스팬이 긴 보, 콘크리트 포장

[해답] 콘크리트 포장 → footing 기초 → 기둥 → 스팬이 짧은 보 → 스팬이 긴 보

134

강제 거푸집의 내용연수(內容年數)를 4년, 잔존가격이 0.1(10%)인 경우 연상각률을 구하시오.

[해답] 연상각률 $= \dfrac{\text{구입가격} - \text{잔존가격}}{\text{내용연수}}$

$= \dfrac{1 - 0.1}{4} = 0.225 = 22.5\%$

135

콘크리트 타설 전에 거푸집을 검사하여야 하는데, 검사할 사항 5가지만 쓰시오.

[해답]
① 거푸집의 부풀음
② 모르타르가 새어나오는 것
③ 이동
④ 경사
⑤ 침하
⑥ 접속부의 느슨해짐

136

거푸집 박리제의 사용목적을 2가지만 쓰시오.

[해답]
① 콘크리트가 거푸집에 부착되는 것을 방지
② 거푸집 떼어내기 작업의 용이
③ 수분흡수방지(목제 거푸집), 방청효과(금속제 거푸집)
④ 거푸집의 전용횟수 증가

137 93 ③

거푸집, 동바리는 여러 가지 시공조건을 고려하여 어떤 하중을 생각하고 설계하여야 하는지 3가지만 쓰시오.

[해답] (1) 연직방향 하중
　　　　① 사하중 : 콘크리트, 철근, 거푸집, 동바리의 자중
　　　　② 활하중 : 작업원, 콘크리트 운반작업차, 시공 기계·기구, 가설설비 등의 중량 및 충격
　　　(2) 횡방향 하중 : 작업 시의 진동, 충격, 편심하중, 풍압, 유수압, 지진 등
　　　(3) 콘크리트 측압 : 굳지 않은 콘크리트의 측압
　　　(4) 특수하중 : 비대칭 콘크리트의 편심하중, 거푸집 저면의 경사에 의한 수평분력 등

138 03 ①

거푸집의 설계에는 굳지 않은 콘크리트의 측압을 고려해야 하는데 측압에 영향을 미치는 인자를 4가지만 쓰시오.

[해답] ① 배합　　　　② 치기속도
　　　　③ 다짐방법　　　④ 타설높이
　　　　⑤ 타설 시의 온도　⑥ 진동
　　　　⑦ 부재단면 치수

139 98 ③

동바리의 설계 시 고려사항을 4가지만 쓰시오.

[해답] ① 연직하중에 대해 충분한 강도를 가지며, 좌굴에 안정해야 한다.
　　　　② 조립이나 떼어내기가 편리한 구조이어야 한다.
　　　　③ 이음이나 접속부에서 하중을 안전하게 전달해야 한다.
　　　　④ 동바리의 기초가 과도한 침하나 부등침하가 일어나지 않도록 해야 한다.
　　　　⑤ 콘크리트 자중에 따른 침하, 변형을 고려하여 적당한 솟음을 둔다.

140 ★ 87 ③, 95 ④

이 공법의 특성은 거푸집을 일단 조립하면 콘크리트 타설작업이 완료될 때까지 거푸집을 해체하지 않고 계속작업을 할 수 있어, 동일 규격의 단면을 갖는 콘크리트 작업 시 사용되며, 거푸집을 상향이나 수평으로 콘크리트면에 밀착시킨 상태에서 그대로 이동시켜 재타설할 수 있고, 사일로, 벽, 교각 타워 등에 이용하면 좋은 강제 거푸집공법은?

[해답] slip form 공법

✱ 참고
slip form 공법
(활동 거푸집공법)
거푸집을 상향이나 수평으로 그대로 이동하면서 콘크리트를 연속적으로 타설하는 공법

141 ★★★★ 96 ①, 98 ②, 99 ⑤, 18 ①, 22 ①

높은 교각이나 사일로, 수조 등의 공사에 사용되는 특수 거푸집으로 시공속도가 빠르고 이음이 없는 수밀성의 콘크리트 구조물을 만들 수 있는 대표적 특수 거푸집공법 3가지만 쓰시오.

해답
① slip form 공법
② sliding form 공법
③ self climbing form 공법

---

142 86 ②

강제 거푸집공법 중 슬립 폼(slip form) 공법의 작업방법에 대하여 설명하고 중요부품을 4가지만 쓰시오.

해답
(1) 작업방법 : 거푸집을 상향이나 수평으로 그대로 이동하면서 콘크리트 타설 완료시까지 거푸집을 해체하지 않고 콘크리트를 연속적으로 타설한다.
(2) 중요부품
① yoke ② form ③ wale ④ jack

---

143 85 ②

콘크리트 표준시방서에 규정된 한중 콘크리트 시공에 있어서 목표로 해야 할 점을 3가지만 쓰시오.

해답
① 초기동해방지
② 동결융해작용에 대하여 충분한 저항성 확보
③ 예상되는 하중에 대하여 충분한 강도 확보

---

144 92 ②

콘크리트는 일 평균기온 4℃ 이하로 예상될 경우 한중 콘크리트로 시공해야 하는데 기온이 (①)℃에서는 간단한 주의와 보온으로, (②)℃에서는 물 또는 물과 골재를 가열하여야 하며, (③)℃ 이하에서는 본격적인 한중 콘크리트로서 필요에 따라 적절한 보온, 급열에 의하여 쳐넣은 콘크리트를 소요의 온도로 유지하는 등의 조치를 취하여야 한다. 이때 ( ) 안을 채우시오.

해답 ① 0~4℃ ② −3~0℃ ③ −3℃

145

다음은 콘크리트 시방서에 규정된 한중 콘크리트의 시공에 관한 사항이다. ( )와 물음에 알맞은 내용을 쓰시오.

(1) 시멘트는 ( ) 시멘트를 사용하는 것을 표준으로 한다.
(2) 가열한 재료와 시멘트를 믹서에 투입하는 순서를 쓰시오.
(3) 양생 중의 콘크리트의 온도를 약 ( )℃로 유지하는 것을 표준으로 한다.
(4) 물·시멘트비가 55%, 온도가 10℃이고, 보통 포틀랜드 시멘트를 사용할 경우 자주 물로 포화되는 부분의 양생일수 표준은 며칠인가?
(5) 골재를 ( )℃ 이상 가열하면 취급이 곤란하고 시멘트를 급결시킬 염려가 있다.

[해답]
(1) 포틀랜드 시멘트
(2) 뜨거운 물 → 굵은골재 → 잔골재 → 시멘트
(3) 10℃
(4) 7일
(5) 65℃

> **※ 참고** 콘크리트 표준시방서(2009년)
> ① 시멘트는 포틀랜드 시멘트를 사용하는 것을 표준으로 한다.
> ② 가열한 재료를 믹서에 투입하는 순서는 시멘트가 급결하지 않도록 한다. 가열한 물과 시멘트가 접촉하면 시멘트가 급결할 우려가 있으므로 먼저 가열한 물과 굵은 골재, 다음에 잔골재를 넣어서 믹서 안의 재료의 온도가 40℃ 이하가 된 후 최후에 시멘트를 넣는다.
> ③ 양생일수
>
> | 시멘트 종류
구조물의 노출상태 | | 보통 포틀랜드 시멘트 | 조강 포틀랜드, 보통 포틀랜드+촉진제 |
> |---|---|---|---|
> | (1) 계속해서 또는 자주 물로 포화되는 부분 | 5℃ | 9일 | 5일 |
> | | 10℃ | 7일 | 4일 |
> | (2) 보통의 노출상태에 있고 (1) 이외의 부문 | 5℃ | 4일 | 3일 |
> | | 10℃ | 3일 | 2일 |
>
> ④ 골재를 65℃ 이상으로 가열하면 다루기가 어려워지며, 시멘트를 급결시킬 우려가 있다. 일반적으로 물과 골재혼합물의 온도는 40℃ 이하로 해두면 이와 같은 우려는 없다.

146

한중 콘크리트 시공 시 단위수량을 적게 하는 가장 큰 이유는?

[해답] 초기동해방지

147

동계 콘크리트를 타설하고자 한다. 시방에는 타설 시 콘크리트의 온도를 10℃ 이상으로 하며, 양생기간 중에는 적절한 보온수단을 강구할 것을 규정하고 있다. (현재 시멘트, 조골재 및 세골재의 온도는 -2℃이며, 배합비는 다음 표와 같다.)

시멘트	조골재	세골재	물
300kg/m³	1150kg/m³	650kg/m³	150kg/m³

혼합수를 미리 가열하여 콘크리트의 온도를 조절하려 할 경우 몇 ℃까지 가열해야 하는가? (단, 소수 첫째자리에서 반올림하고, 시멘트, 조골재 및 세골재의 비열은 0.22로 가정한다.)

[해답]

$$T = \frac{S(W_a \cdot T_a + W_c \cdot T_c) + W_f \cdot T_f + W_w \cdot T_w}{S(W_a + W_c) + W_f + W_w}$$

여기서, W_a, T_a : 골재의 중량과 온도
W_c, T_c : 시멘트의 중량과 온도
W_f, T_f : 골재 표면수량과 온도
W_w, T_w : 혼합용수의 중량과 온도
S : 건조재료의 비열(일반적으로 0.2를 사용)
T : 비빌 때의 온도

$$10 = \frac{0.22[1800 \times (-2) + 300 \times (-2)] + 0 + 150 \times T_w}{0.22(1800 + 300) + 0 + 150}$$

∴ $T_w = 46.96 = 47℃$

148 ★

한중 콘크리트를 시공하려고 한다. 시멘트, 조골재 및 잔골재, 물의 온도가 다음 표와 같으며, 조골재 및 잔골재의 표면수는 각각 1%, 4%이며, 표면수의 온도는 4℃이다. 콘크리트 타설 시 온도를 10℃ 이상으로 하기 위해 물의 온도는 얼마로 해야 하는가? (단, 건조재료의 비열은 0.2, 비비기 중의 콘크리트 온도 저하는 2℃로 가정한다.)

구 분	시멘트	조골재	잔골재	물
단위수량(kg/m³)	310	1160	700	135
온도(℃)	2	4	3	-

[해답]

① $T = 10 + 2 = 12℃$
$W_a = 700 + 1160 = 1860$kg
$W_f = 700 \times 0.04 + 1160 \times 0.01 = 39.6$kg
$W_w = 135 - 39.6 = 95.4$kg

② $T = \frac{S(W_a T_a + W_c T_c) + W_f T_f + W_w T_w}{S(W_a + W_c) + W_f + W_w}$

$$12 = \frac{0.2[(700 \times 3 + 1160 \times 4) + 310 \times 2] + 39.6 \times 4 + 95.4 T_w}{0.2(1860 + 310) + 39.6 + 95.4}$$

∴ $T_w = 54.48℃$

149 ★★★

07 ②, 09 ③, 11 ③, 18 ①

한중 콘크리트 타설 시 비볐을 때의 온도가 25℃, 주위온도가 3℃, 비빈 후 타설이 끝났을 때의 시간은 1시간 30분이었다. 비빈 후 콘크리트의 온도를 구하시오.

[해답] $T_2 = T_1 - 0.15(T_1 - T_0)t = 25 - 0.15(25-3) \times 1.5 = 20.05℃$

✻ 참고
$T_2 = T_1 - 0.15(T_1 - T_0)t$
여기서,
T_2 : 치기가 끝났을 때의 온도(℃)
T_1 : 비벼진 온도(℃)
T_0 : 주위의 온도(℃)
t : 비벼졌을 때부터 치기가 끝날 때까지의 시간(hr)

150 ★★★

84 ①, 85 ②, 13 ③, 22 ①

수중 콘크리트 작업 시 주의사항을 3가지만 쓰시오.

[해답]
① 물막이를 하여 정수 중에서 타설(유속 : 5cm/sec 이하)
② 수중에 낙하시켜서는 안 된다.
③ 소정의 높이 또는 수면상에 도달할 때까지 연속적으로 타설
④ 경화 시까지 물의 유동방지
⑤ 레이턴스를 완전히 제거한 후 다음 구획의 콘크리트를 친다.

✻ 참고
수중 콘크리트
① W/C : 50% 이하
② 단위시멘트량 : 370kg/m³ 이상
③ S/a : 40~45%

151

10 ①

수중콘크리트 치기 작업 시 콘크리트 표준시방규정에서 규정한 유의사항 3가지를 쓰시오. (단, 아래 조건은 제외한다.)

[조건] • 물막이를 하여 정수 중에서 타설한다.

[해답]
① 콘크리트 면을 가능한 한 수평하게 유지하면서 소정의 높이 또는 수면상에 이를 때까지 연속해서 타설해야 한다.
② 타설하는 도중에 가능한 콘크리트가 흐트러지지 않도록 물을 휘젓거나 펌프의 선단 부분을 이동시켜서는 안 되며, 콘크리트가 경화될 때까지 물의 유동을 방지하여야 한다.
③ 한 구획의 콘크리트 타설을 완료한 후 레이턴스를 모두 제거하고 다시 타설하여야 한다.
④ 시멘트가 물에 씻겨서 흘러나오지 않도록 트레미나 콘크리트 펌프를 사용하여 타설해야 한다.

152 ★★

서중 콘크리트 시공에 있어서 기온이 높아지면 그에 따라 콘크리트의 타설온도가 높아져서 서중 콘크리트 시방규정에 따라 시공하여야 한다. 서중 콘크리트 치기 작업 시 콘크리트 표준시방서에서 규정한 유의사항 4가지만 쓰시오.

해답
① 치기 전에는 지반과 거푸집 등을 살수하거나 덮개를 하여 습윤상태를 유지해야 한다.
② 비빈 후 가능한 한 빨리 치며, 비빈 후 치기를 시작할 때까지의 시간은 1.5시간 이내로 한다.
③ 치기할 때의 콘크리트 온도는 35℃ 이하로 한다.
④ cold joint가 생기지 않도록 적절한 계획에 따라 실시한다.

153 ★★★

서중 콘크리트 시공에 있어서 기온이 높아지면 그에 따라 타설온도가 높아져서 서중 콘크리트 시방규정에 따라 시공하여야 한다. 서중 콘크리트 치기 작업 시 콘크리트 표준시방서에서 규정한 유의사항 3가지만 쓰시오. (단, 재료에 관한 사항은 제외한다.)

해답
① 치기 전에는 지반과 거푸집 등을 살수하거나 덮개를 하여 습윤상태를 유지해야 한다.
② 비빈 후 가능한 한 빨리 치며, 비빈 후 치기를 시작할 때까지의 시간은 1.5시간 이내로 한다.
③ 치기할 때의 콘크리트 온도는 35℃ 이하로 한다.
④ cold joint가 생기지 않도록 적절한 계획에 따라 실시한다.

154 ★★★★

수중 콘크리트를 치는 시공방법에 대하여 4가지만 쓰시오.

해답
① 트레미(tremie) 방법
② con´c pump 방법
③ 밑열림상자 및 밑열림포대 방법
④ 포대 콘크리트(sacked con´c) 방법

155

처음에는 조골재를 거푸집 내에 채우고 pump에 의하여 특수 모르타르를 서서히 주입하여 콘크리트를 만드는 공법은?

해답 프리플레이스트 콘크리트

156

다음 ( ) 안에 알맞은 말을 써 넣으시오.

(1) 일 평균기온이 (①)℃ 이하에서는 한중 콘크리트 타설준비를 하여야 하며, 콘크리트 타설 시의 기온이 (②)℃를 넘으면 서중 콘크리트로서의 여러 가지 성상이 현저해지므로 일 평균기온이 (③)℃ 이상일 때는 서중 콘크리트 타설준비를 하는 것이 좋다.

(2) 콘크리트는 신속하게 운반하여 즉시 치고, 다져야 하는데 비비기로부터 치기가 끝날 때까지 시간은 원칙적으로 대기온도가 25℃ 이상일 때는 (①)시간, 25℃ 이하일 때도 (②)시간을 넘어서는 안 된다.

[해답] (1) ① 4 ② 30 ③ 25
(2) ① 1.5 ② 2

※ 참고
운반 및 치기
[콘크리트 표준시방서(2009)]
콘크리트는 신속하게 운반하여 즉시 타설하고, 충분히 다져야 한다. 비비기로부터 타설이 끝날 때까지의 시간은 원칙적으로 외기온도가 25℃ 이상일 때는 1.5시간, 25℃ 미만일 때에는 2시간을 넘어서는 안 된다. 다만, 양질의 지연제 등을 사용하여 응결을 지연시키는 등의 특별한 조치를 강구한 경우에는 콘크리트의 품질 변동이 없는 범위 내에서 책임기술자의 승인을 받아 이 시간제한을 변경할 수 있다.

157

뿜어붙이기 콘크리트(shotcrete)의 배합결정 시 고려할 사항 4가지만 쓰시오.

[해답]
① shotcrete의 강도
② 호스의 폐색이 없어야 한다.
③ 골재의 rebound 및 분진이 작을 것
④ shotcrete의 박리, 박락이 없어야 한다.

※ 참고
배합결정 시 shotcrete가 강도 등 소요의 품질을 나타내는 범위 내에서 골재의 리바운드량을 적게 하고 또한 양호한 작업성을 갖도록 해야 한다.

158

터널 보강재인 숏크리트(shotcrete)가 갖추어야 할 요건 4가지를 쓰시오.

[해답]
① 내구성   ② 부착성
③ 시공성   ④ 소요강도

※ 참고
① 숏크리트의 재령 1일 강도 : $100kgf/cm^2$ 이상
② 숏크리트의 재령 28일 강도 : $180kgf/cm^2$ 이상

159

숏크리트 공법의 장점을 3가지만 쓰시오.

[해답]
① 거푸집이 필요 없다.
② 급속시공이 가능하다.
③ 협소한 장소, 급경사면 등에서도 작업이 가능하다.
④ 광범위한 지질에 적용된다.
⑤ 콘크리트의 두께를 자유롭게 조절할 수 있다.

160 ★★★   94 ③, 98 ①, 04 ①, 07 ①

숏크리트 타설 시 shotting 방법은 건식과 습식방법이 있다. 그 중 건식방법의 단점을 3가지만 쓰시오.

[해답]
① 노즐에서 물과 시멘트, 골재가 혼합되므로 품질관리가 어렵다.
② 분진발생이 많다.
③ rebound(반발)량이 많다.

> **※ 참고** (1) 건식공법
>
> | 장 점 | 단 점 |
> |---|---|
> | ⓐ 수송시간에 제약이 없다. (∵ 물과 재료가 분리 운반되므로)
ⓑ 수송가능 거리가 500m까지 가능하다. | ⓐ 노즐에서 물과 시멘트, 골재가 혼합되므로 품질관리가 어렵다.
ⓑ 분진발생이 많다.
ⓒ rebound(반발)량이 많다. |
>
> (2) 습식공법(최근에 많이 사용한다.)
>
> | 장 점 | 단 점 |
> |---|---|
> | ⓐ 전 재료를 mixer에서 혼합하여 토출시키므로 품질관리가 용이하다.
ⓑ 분진발생이 적다.
ⓒ rebound량이 적다.
ⓓ 시공시간이 단축된다. | ⓐ 수송시간에 제약이 있고 수송거리가 짧다.
ⓑ 노즐이 막힐 우려가 있고 청소가 곤란하다. |

161 ★   09 ②, 18 ②

숏크리트 타설 시 건식방법 특징 3가지만 쓰시오.

[해답]
① 수송기간에 제약이 없다.
② 분진발생이 많다.
③ 리바운드량이 많다.

162 ★★★   88 ②, 92 ③④, 03 ②

NATM 공법에 있어서 숏크리트의 리바운드량을 감소시키는 방법 4가지만 쓰시오.

[해답]
① 습식공법 채용
② nozzle을 시공면과 직각이 되도록 한다.
③ 단위시멘트량을 크게 한다.
④ 단위수량을 크게 한다. ($W/C = 40 \sim 60\%$)
⑤ 잔골재율을 크게 한다. ($S/a = 55 \sim 75\%$)
⑥ 굵은골재 최대치수를 작게 한다. ($G_{max} = 10 \sim 15mm$)

163
숏크리트 타설 시 뿜어붙일 면에 대한 사전처리 작업을 3가지만 쓰시오.

[해답]
① 작업 중 낙하할 위험이 있는 돌, 풀, 나무 등은 주의해서 제거한다.
② 뿜어붙일 면에 용수가 있을 경우에는 배수 파이프나 배수 필터 등을 설치하여 배수처리한다.
③ 뿜어붙일 면이 흡수성인 경우에는 미리 물을 뿌려야 한다.
④ 비탈면이 동결하였거나 빙설이 있는 경우에는 녹여서 표면의 물을 없앤다.

02 ①

164
최근들어 구조물이 대형화 되고 치기높이가 높아짐에 따라 콘크리트 펌프를 사용하여 콘크리트를 치는 경우가 많다. 그러나 압송관이 막혀 공사가 중단되는 사례가 발생하기도 한다. 압송성(pumpability) 향상을 위한 방안을 3가지만 기술하시오.

[해답]
① 부배합
② 혼합제 사용
③ 굵은골재의 형상이 원형에 가까운 것 사용

04 ③

165 ★
프리스트레스 콘크리트(prestressed concrete)의 주요한 단점 3가지를 쓰시오.

[해답]
① 강성이 작아 변형이 크고, 진동하기 쉽다.
② 내화성이 작다.
③ 재료비가 비싸고, 고도의 기술을 요한다.
④ 설계 및 작업에 특별관리가 필요하다.

96 ③, 99 ②

✻ 참고
장점
① 콘크리트가 지닐 수 있는 강도를 전부 이용할 수 있다
② PS 강선 강도를 전부 이용할 수 있다.
③ 내구성 및 복원성이 크다.
④ 구조물의 자중이 작고, 지간을 길게 할 수 있다.

166
프리스트레스 콘크리트에서 포스트텐션(post-tension) 방법으로 널리 알려진 방식을 3가지만 쓰시오.

[해답]
① 프레시네 공법(freyssinet method)
② 디비닥 공법(dywidag method)
③ 레온할트 공법(leonhart method)
④ BBRV 공법

84 ③

167

스위스에서 개발된 PSC 공법으로 PS 강선을 동시 긴장하여 쐐기 정착시키는 공법으로서 케이블은 반집중식 또는 분산식이며, 적은 인장력에서 큰 인장력으로 임의 변경할 수 있는 이 공법은?

해답 BBRV 공법

94 ②

참고
PS 강재의 정착공법
① 프레시네 공법(프랑스)
② 디비닥 공법(독일)
③ BBRV 공법(스위스)
④ 레온할트 공법(독일)

168

독일에서 개발된 PSC 공법의 일종으로 PS 강봉을 사용하며, 강봉의 정착, 이음매 기구의 용이성, 확실성에 특성이 있는 공법으로, 우리 나라에서도 근래 시공경험이 있는 공법의 이름은?

해답 디비닥 공법(dywidag method)

87 ②

169 ★★

프리스트레스트 콘크리트의 손실원인 5가지를 쓰시오.

해답
① 콘크리트의 탄성변형
② PS 강재와 시스 사이의 마찰
③ 정착장치의 활동
④ 콘크리트 크리프(creep)
⑤ 콘크리트 건조수축
⑥ PS 강재의 relaxation

99 ②, 06 ②, 09 ①

참고
prestress 손실원인
(1) prestress 도입 시 일어나는 손실원인
 ① 콘크리트 탄성변형
 ② PS 강재와 sheath 사이의 마찰
 ③ 정착장치의 활동
(2) prestress 도입 후 일어나는 손실원인
 ① 콘크리트 creep
 ② 콘크리트 건조수축
 ③ PS 강재의 relaxation

170

프리스트레스 도입 시 일어나는 손실원인에 대하여 3가지만 쓰시오.

해답
① 콘크리트의 탄성변형
② PS 강재와 시스 사이의 마찰
③ 정착장치의 활동

08 ②

171 *

프리스트레스의 도입 후 손실원인에 대하여 3가지만 쓰시오.

해답
① 콘크리트 크리프 ② 콘크리트 건조수축
③ PS 강재의 릴랙세이션

172

정착 대상지반을 암반으로 하여 PS 강선 등을 비교적 길게 하여 1개소당의 내력을 크게 하며, 긴장력을 가하여 구조물을 정착시키는 공법은?

해답 록 앵커 공법

173 *

다음 용어의 정의를 쓰시오.

(1) 롤러다짐 콘크리트
(2) 관로식 냉각(pipe cooling)
(3) 선행 냉각(pre-cooling)

해답
(1) 매우 된반죽의 콘크리트를 얇은 층으로 깔고 진동롤러로 다지기를 한 콘크리트
(2) 콘크리트 중에 매입한 냉각관에 냉각수를 순환시켜 콘크리트의 온도를 낮추는 방법
(3) 골재를 냉각시키거나 물속에 얼음을 넣어 콘크리트의 온도를 낮추는 방법

174

아래 물음에 대한 콘크리트의 정의를 쓰시오.

(1) 매스콘크리트
(2) 프리캐스트 콘크리트
(3) 빈 배합 콘크리트

해답
(1) 부재 또는 구조물의 치수가 커서 시멘트의 수화열로 인한 온도의 상승 및 하강에 따른 콘크리트의 과도한 팽창과 수축을 고려하여 시공해야 하는 콘크리트
(2) 완전 정비된 공장에서 제조된 콘크리트
(3) 배합설계에서 산출된 단위시멘트량보다 적은 양의 시멘트를 사용한 콘크리트

175 ★★

매스콘크리트에서는 구조물에 필요한 기능 및 품질을 손상시키지 않도록 온도균열을 제어하기 위해 적절한 조치를 강구해야 한다. 온도균열을 억제하기 위한 방법을 3가지만 쓰시오.

[해답]
① 수화열이 적은 중용열 포틀랜드시멘트를 사용한다.
② fly-ash 등의 혼화재를 사용한다.
③ 굵은골재 최대 치수를 가능한 한 크게 하여 단위 시멘트량을 작게 한다.
④ pre-cooling, pipe-cooling을 한다.
⑤ 이음 간격을 짧게 한다.
⑥ 균열제어 철근을 배치한다.

16 ②, 20 ③, 21 ①

176

숏크리트(shotcrete)의 취약점을 보완하기 위하여 0.25~0.5mm 정도의 steel fiber를 concrete 속에 단위시멘트량의 1.0~1.5% 섞어 보강효과를 나타내는 콘크리트는?

[해답] 강섬유 보강 콘크리트(Steel Fiber Reinforced Con´c ; SFRC, SRC)

95 ①

✱ 참고
강섬유 보강 콘크리트
① 강선절단, 박판절단 등의 방법으로 강섬유($\phi 0.3$~0.6mm, $L=25$~60mm)를 콘크리트 용적의 0.5~2.0% 혼입한 콘크리트
② 인장강도, 휨강도, 균열에 대한 저항성, 인성, 전단강도, 내열성, 내구성, 내충격성 등이 크게 향상된다.

177 ★

이미 경화한 매시브한 콘크리트 위에 슬래브를 타설할 때 부재의 평균 최고온도와 외기온도와의 온도차가 12.8℃ 발생하였다. 아래의 표를 이용하여 온도균열 발생확률을 구하시오. (단, 간이적인 방법을 사용하며, 외부구속의 정도를 표시하는 계수(R)은 0.6을 적용한다.)

16 ③, 19 ②

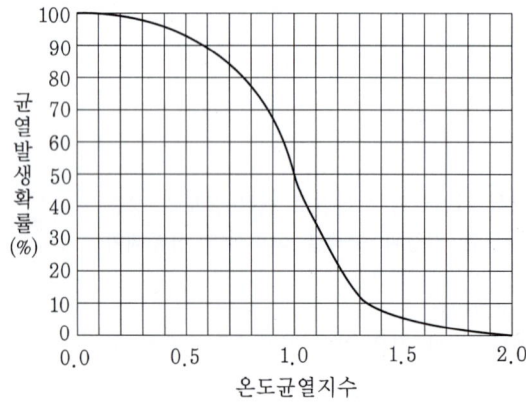

해답

$$I_{cr} = \frac{10}{R\Delta T_o} = \frac{10}{0.6 \times 12.8} = 1.3$$

∴ 균열발생확률 = 14%

> **※ 참고** 온도균열지수 : 암반이나 매시브한 콘크리트 위에 타설된 벽체나 평판구조 등과 같이 외부구속응력이 큰 경우
>
> $$I_{cr} = \frac{10}{R\Delta T_o}$$
>
> 여기서, I_{cr} : 온도균열지수
> ΔT_o : 부재의 평균 최고온도와 외기온도와의 온도차(℃)
> R : 외부 구속의 정도를 표시하는 계수
> ① 비교적 연한 암반 위에 콘크리트를 타설할 때 : 0.5
> ② 중간정도의 단단한 암반 위에 콘크리트를 타설할 때 : 0.65
> ③ 경암 위에 콘크리트를 타설할 때 : 0.8
> ④ 이미 경화된 콘크리트 위에 타설할 때 : 0.6

178

콘크리트의 인성 및 균열에 대한 저항성을 높이기 위하여 콘크리트에 강(鋼), 섬유, 석면, 레이온, 나일론 등의 재료를 혼입하여 만든 콘크리트를 무엇이라 하는가?

해답 섬유 보강 콘크리트

179 ★★

강섬유 보강 concrete의 우수한 성능을 일반 concrete와 비교하여 4가지만 쓰시오.

해답
① 인장강도, 휨강도, 전단강도가 크다.
② 인성이 크다.
③ 균열에 대한 저항성이 크다.
④ 동결융해에 대한 저항성이 크다.
⑤ 내열성, 내구성, 내충격성이 크다.

180 ★★★★

레디 믹스트 콘크리트는 비비기와 운반방법의 조합에 의하여 3가지로 나눈다. 이 3가지를 쓰시오.

해답
① 센트럴 믹스트 콘크리트(central mixed concrete)
② 쉬링크 믹스트 콘크리트(shrink mixed concrete)
③ 트랜싯 믹스트 콘크리트(transit mixed concrete)

181 *

레미콘 사용에서 운반시간의 허용범위와 1회 채취 시 강도는 주문강도의 몇 % 이상인가? (단, agitator 사용 시)

해답
① 혼합하기 시작 후부터 공사지점에 배출 시까지 1.5시간 이내
② 85% 이상

89 ①, 91 ③

✱ 참고
레미콘의 품질에 대한 지정
[콘크리트 표준시방서(2009)]
콘크리트의 비빔 시작부터 타설 종료까지의 시간의 한도는 외기기온이 25℃ 미만의 경우에는 120분, 25℃ 이상의 경우에는 90분으로 한다. 이 이상이 생겼을 경우에는 책임기술자의 승인을 받아 변경할 수 있다.

182 ★★

신 건설재료의 일종으로 콘크리트-폴리머 복합체로 이루어진 콘크리트의 종류 3가지를 쓰시오.

해답
① 폴리머 시멘트 콘크리트(PCC)
② 폴리머 콘크리트(PC)
③ 폴리머 함침 콘크리트(PIC)

02 ②, 06 ②, 09 ③

✱ 참고
콘크리트-폴리머 복합체
시멘트 콘크리트는 결합재가 시멘트 수화물로서 늦은 경화시간, 낮은 인장강도, 큰 건조수축 등의 결점을 가지고 있다. 고분자 화학공학의 산물인 폴리머(polymer)를 사용하여 이러한 결점을 개선한 콘크리트를 총칭하여 콘크리트-폴리머 복합체라 한다.

183

경량 콘크리트의 일종으로 잔골재를 사용하지 않고 석회질과 규산질을 주원료로 하여 여기에 기포제를 가하여 다공질화하여 양생한 콘크리트는?

해답 경량기포 콘크리트

96 ②

> **✱ 참고** **경량 콘크리트(light weight concrete)**
> ① 경량골재 콘크리트 : 비중이 작은 다공질의 경량골재를 사용하여 만든 콘크리트
> ② 경량기포 콘크리트 : 경량골재를 사용하지 않고 발포제에 의해 콘크리트 속에 많은 기포를 발생시켜 중량을 가볍게 한 콘크리트
> ③ 무세골재 콘크리트(다공질 콘크리트) : 잔골재를 사용하지 않고 입경이 작은 굵은 골재(10~20mm)만을 사용하여 만든 다공질의 투수성이 있는 콘크리트

184 *

약칭해서 ALC라 하고, 고온 고압으로 양생시킨 것으로 단열과 방음효과가 크며 경화 후 변형이 적은 장점이 있으나 흡수율이 큰 단점이 있는 콘크리트를 무엇이라 하는가?

해답 경량기포 콘크리트(autoclaved lightweight concrete)

95 ⑤, 98 ④

✱ 참고
경량기포 콘크리트(ALC)
강제 탱크 속에 석회질 또는 규산질 원료와 발포제를 넣은 후 고온(약 180℃), 고압(약 10기압)하에서 15~16시간 정도 오토클레이브 양생하여 만든 다공질의 경량기포 콘크리트를 ALC라 한다.

185 ★
02 ①, 16 ③

보통 콘크리트보다 단위중량이 작은 $2t/m^3$ 이하인 콘크리트를 경량 콘크리트라 하며, 이러한 경량 콘크리트를 제조하는 방법에 따라 크게 3가지로 구분하시오.

[해답] ① 경량골재 콘크리트
② 경량기포 콘크리트
③ 무세골재 콘크리트

186
94 ③

소요밀도를 보유하고 건조수축이나 온도응력에 의한 균열이 없고 기건중량이 $3 \sim 6t/m^3$이며, 방사선 차폐를 주목적으로 원자력 발전시설 구조물에 사용하는 콘크리트의 명칭은?

[해답] 중량 콘크리트

✱ 참고
콘크리트의 단위중량을 높이기 위해 비중이 큰 골재를 사용한다.

187 ★
95 ⑤, 98 ④

최근 건설현장에서 인부들이 시공이 어려워 레미콘에 물을 타서 시공을 하여 강도 및 내구성에 상당한 영향을 주고 있다. 이들 문제의 근본적인 해결을 위해 개발된 콘크리트를 쓰시오.

[해답] 유동화 콘크리트(super plasticized concrete)

✱ 참고
유동화 콘크리트
① 유동화제(고성능 감수제)의 첨가에 의해 유동성을 크게 한 콘크리트이다.
② 콘크리트의 품질을 변화시키는 것이 아니라 workability를 증대시켜 치기 및 다짐 등의 시공성을 개선한 것이다.

188
97 ③

해양 콘크리트 철근의 부식을 억제하는 방법을 4가지만 쓰시오.

[해답] ① 피복두께를 크게 한다.
② 균열폭을 적게 한다.
③ 철근을 피복한다.
④ 콘크리트 표면을 피복한다.

189

워커빌리티(workability)의 정의와 유동성(fluidity)에 대하여 서술하시오.

(1) 워커빌리티(workability)

(2) 유동성(fluidity)

[해답] (1) 반죽질기에 의한 작업의 난이한 정도와 균질한 질의 콘크리트를 만들기 위하여 필요한 재료의 분리에 저항하는 정도를 나타내는 굳지 않은 콘크리트의 성질
(2) 중력이나 외력에 의해 유동하기 쉬운 정도를 나타내는 굳지 않은 콘크리트의 성질

190

콘크리트를 2층 이상으로 나누어 타설할 경우 상층의 콘크리트 타설은 원칙적으로 하층의 콘크리트가 굳기 시작하기 전에 해야 하며, 상층과 하층이 일체가 되도록 시공하여야 한다. 이러한 시공을 위하여 아래의 각 경우에 대한 답을 쓰시오.

(1) 허용 이어치기 시간 간격을 두는 이유는 무엇의 예방을 하기 위해서인가?

(2) 허용 이어치기 시간 간격의 표준을 쓰시오.
　　① 외기온도가 25℃를 초과하는 경우 :
　　② 외기온도가 25℃ 이하인 경우 :

[해답] (1) 콜드 조인트(cold joint)
(2) ① 2시간 ② 2.5시간

191

"매스 콘크리트에서 온도균열을 제어하기 위해 (　　) 시멘트를 사용하고 제어방법으로는 콘크리트의 (　　), (　　) 등에 의한 온도 저하 및 제어방법이 있다"에서 (　　) 안에 알맞은 용어를 쓰시오.

[해답] ① 중용열
② pipe-cooling(관로식 냉각)
③ pre-cooling(선행 냉각)

PART **7**

토·목·기·사·실·기

터널공

01 터널의 지질
02 터널굴착방법
03 터널공법
04 암반보강공법
05 배수터널과 비배수터널
06 터널 내 환기
● 과년도 출제 문제

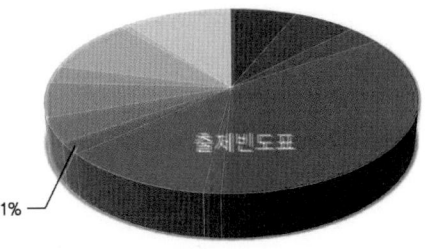

07 PART 터널공

토·목·기·사·실·기

01 터널의 지질

참고사항

1 지질 구조

(1) 습곡
① 지질작용(횡압력)으로 인하여 옷주름같이 산에 세로진 지층의 주름
② 지질이 복잡하고 불안정하므로 터널설치를 피한다.

(2) 단층
지층이 끊어져서(한쪽은 가라앉고 한쪽은 솟음) 어긋난 곳

(3) 단구
물에 쓸려간 흙이나 모래 또는 지층의 융기로 인해 계단모양으로 된 지층

(4) 애추
지층의 풍화작용으로 인해 낭떠러지나 산허리에 쌓여 모인 바위의 부스러기가 퇴적한 곳

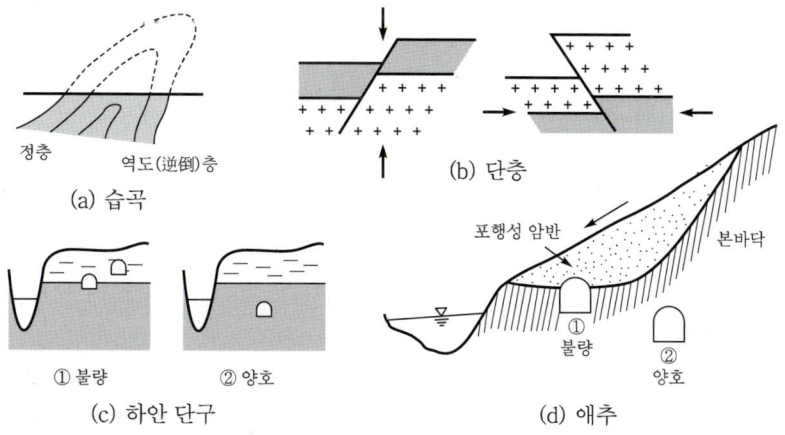

[그림 7-1] 지질 구조

2 이상지압

이상지압이 발생하면 동바리공이나 콘크리트 복공은 변형하여 경우에 따라서는 파괴되기도 한다.

- **이상지압의 원인**

(1) 편압
① 터널의 토피가 얕거나 지형이 급경사인 경우에 생기기 쉽다.
② 대책공법
  ㉠ 압성토
  ㉡ 보호절취
  ㉢ 갱구 부근에서의 포괄 콘크리트(embrace concrete) 시공

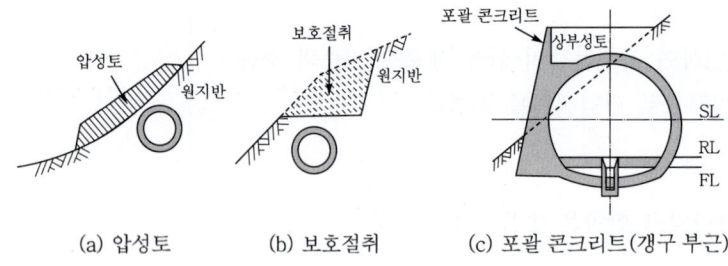

(a) 압성토   (b) 보호절취   (c) 포괄 콘크리트(갱구 부근)

[그림 7-2] 편압에 대한 대책공법

(2) 본바닥의 팽창
지질이 bentonite, 연암, 사문암 등일 때 이들이 급속하게 풍화되어 생긴다.

(3) 잠재응력의 해방
지각운동에 의하여 생긴 원지반의 내부응력과 터널굴착에 의하여 생긴 응력과 합하여 터널에 작용한다.

02 터널굴착방법

1 도갱을 굴착하지 않는 경우

(1) 전단면공법
jumbo drill로 전단면에 걸쳐 천공한 후 폭파하여 전단면을 동시에 굴착하는 공법

① 지질이 안정하고, 양질의 경암일 때 채용한다.
② 원칙적으로 도갱을 하지 않으며 비교적 짧은 터널에 채용한다.
③ 대형의 시공기계를 사용할 수 있고, 굴진속도가 빠르다.

(2) 상부 반단면공법

상부 반단면을 굴착한 후 하반부를 굴착하는 공법
① 지질이 양호하고, 용수가 적은 지반에 채용한다.
② 짧은 터널에 적합하다.
③ 대형의 시공기계를 사용할 수 있다.
④ 하반부의 굴착은 bench cut 공법을 이용한다.
⑤ 공기가 길다.

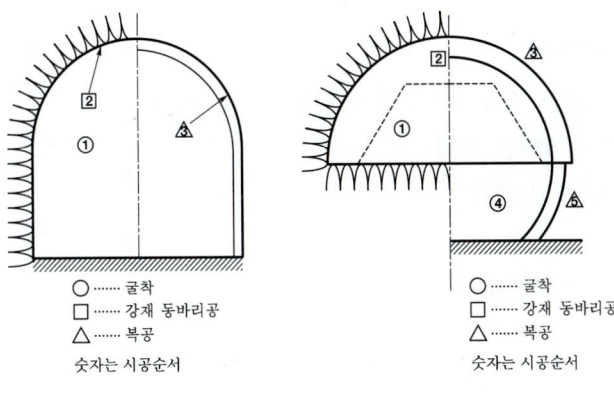

[그림 7-3] 전단면공법   [그림 7-4] 상부 반단면공법

2 도갱을 굴착하는 경우

(1) 서설노갱 선진상부 반단면공법(신 오스트리아식 반단면공법)

① 현재 가장 많이 사용하고 있는 표준적인 공법이다.
② 공정에 대한 안전성이 높다.
③ 공사비가 비싸다.

(2) 측벽도갱 선진상부 반단면공법(side pilot tunneling method)

① 큰 지압이나 대용수가 예상될 때 채용
② 팽창성 지질, 연약층에 유리

(3) 링 컷 공법(ring cut method)

상부 반단면을 일시에 굴착하면 막장이 붕괴할 우려가 있을 때 우선 링

상으로 부분굴착을 하여 강아치 동바리공을 세워 지지한 후 굴진하는 공법

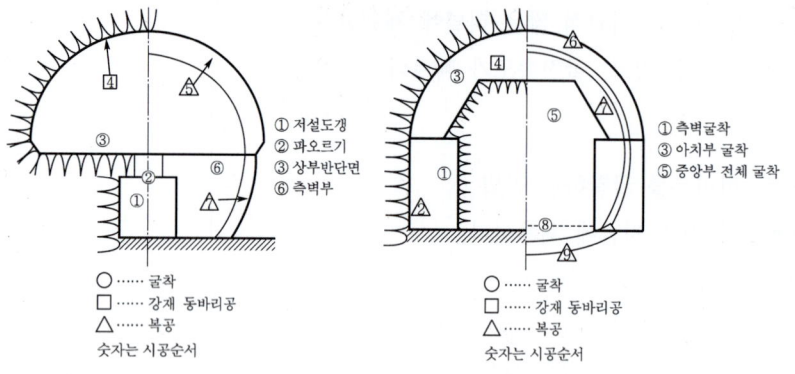

[그림 7-5] 저설도갱 선진상부 반단면공법

[그림 7-6] 측벽도갱 선진링 굴착공법

(4) 선진도갱공법(pilot drift method)

본터널과 다소 떨어진 곳에 도갱을 병렬시켜 먼저 굴착한 후 본터널과의 연락갱도를 만들어 본터널을 굴착하는 공법

① 장대한 터널공사, 하저 터널공사에 채용
② 선진도갱의 역할
    ㉠ 버럭반출   ㉡ 재료운반
    ㉢ 환기   ㉣ 배수
    ㉤ 지질조사   ㉥ 본터널의 부분굴착

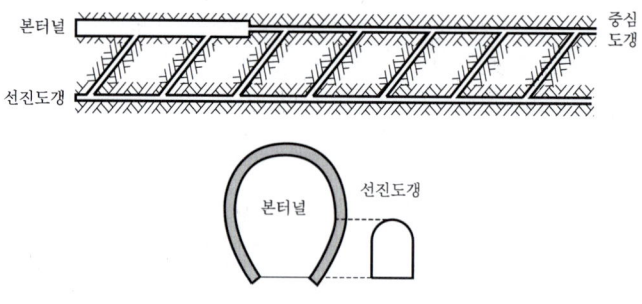

[그림 7-7] 선진도갱공법

(5) 수직도갱공법

산을 완전히 붕괴시켜야 하는 대규모 굴착을 장기간에 걸쳐할 때 효과적인 방법

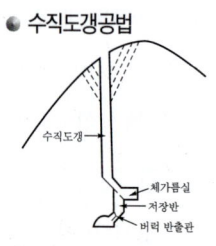

● 수직도갱공법

[그림 7-8]

03 터널공법

1 개착공법(open cut method)

지상에서 큰 도랑을 굴착하여 그 속에 터널본체를 구축한 후 되메움하여 원상태로 복구하는 공법이다.

(1) 특징
① 지하철 공사의 표준공법이다.
② 굴착깊이가 극단적으로 깊은 경우를 제외하고는 타 공법보다 시공성, 경제성, 안전성이 크다.
③ 지중의 기설 매설물을 쉽게 확인할 수 있고 상황변화에 신속히 대처할 수 있다.
④ 현장 작업조건이 비교적 명확하므로 공정관리가 용이하다.

(2) 굴착공법의 종류
① V형 cut 공법 : 흙막이공을 시공하지 않고 흙의 안정구배를 이용하여 굴착하는 공법이다.
② 전단면 굴착공법 : 연직흙막이를 사용하여 전단면을 동시에 굴착하는 공법으로 개착공법의 표준적인 공법이다.
③ 부분 굴착공법 : 부분적으로 굴착하는 공법으로 trench 공법, Island 공법, 역권공법 등이 있다.

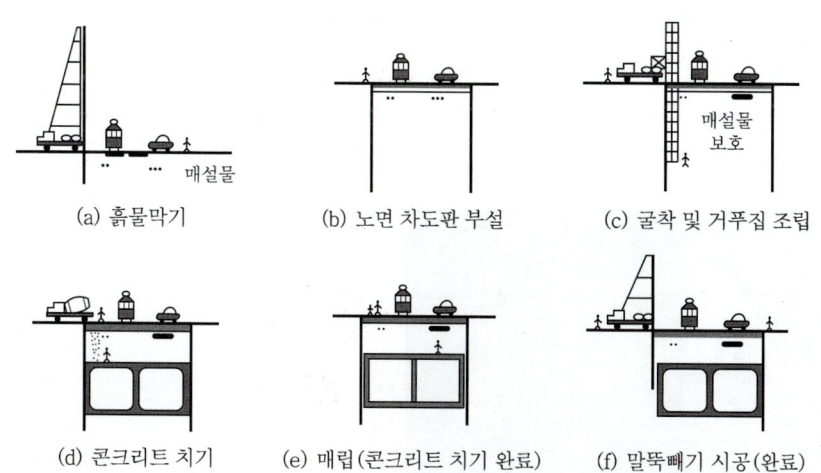

[그림 7-9] 오픈 컷 공법의 시공순서(단구식)

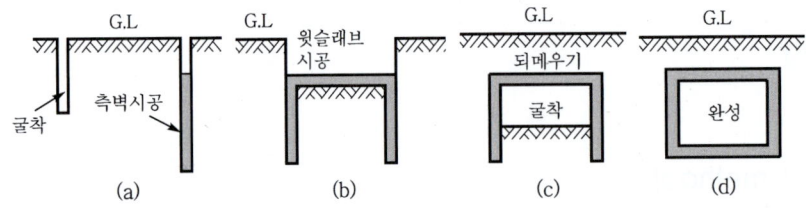

[그림 7-10] 트렌치 공법의 시공순서

2 쉴드 공법(shield tunneling)

쉴드라 하는 강제의 원통을 땅 속에 압입하여 막장의 토사를 밀면서 앞부분을 전진하고 shield 내부를 굴착한 다음 shield 후방에 활꼴거푸집(segment)으로 아치를 조립하여 이것을 1차 복공(lining)하며 터널을 구축하는 공법이다.

● 쉴드 공법
본래는 하천, 바다밑 등의 연약지반이나 대수층지반의 터널공법으로 개발된 것이나 지상에서 모든 영향을 받지 않으므로 최근에는 도시터널 시공에 널리 사용하고 있다.

(1) 특징

장 점	단 점
ⓐ 공사 중 지상에 미치는 영향이 적다. ⓑ 시공속도가 빠르다. ⓒ 반복작업이므로 공정관리가 용이하다. ⓓ 암반을 제외한 모든 지반에 적용할 수 있고 특히 연약지반에 대단히 유리하다.	ⓐ 굴착단면 변경이 어렵다. ⓑ 급곡선의 시공이 어렵다. ⓒ 초기 투자비가 크고 전문 기능공이 필요하다. ⓓ 단거리 공사인 경우 공사비가 고가이다.

(2) 공법의 종류

① 굴착방식에 따른 분류

㉠ 인력굴착

㉡ 기계굴착(mechanical shield) : 막장 전면에 밀착시킨 cutter head를 회전시켜 전면을 동시에 연속적으로 굴착한다.

㉢ 반기계굴착(semi shield) : 유압 셔블 등으로 막장의 일부 또는 대부분을 굴착한다.

[그림 7-11] shield TBM

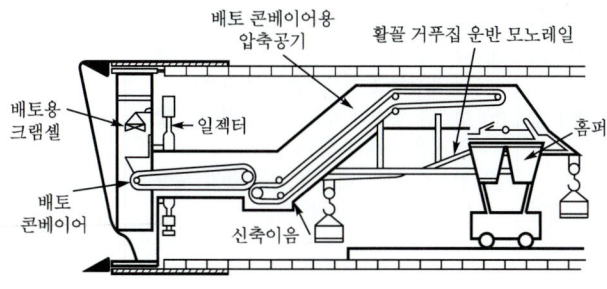

[그림 7-12] 부분압기식 쉴드기

② 전면형식에 따른 분류
　㉠ 개방형 : 막장이 안정한 경우에 사용
　㉡ 폐쇄형 : 연약한 본바닥에 사용되며 shield 전면의 격벽(diaphragm)으로 막장의 붕괴를 막으면서 굴진한다.

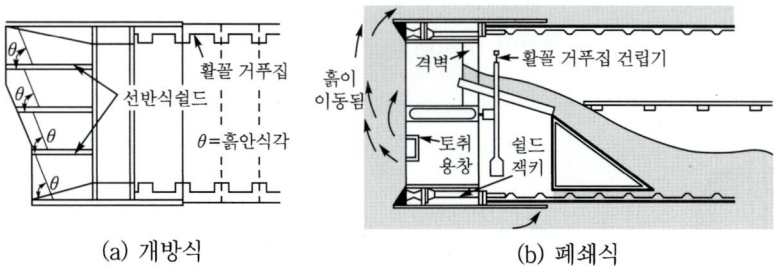

(a) 개방식　　　　　　　(b) 폐쇄식

[그림 7-13] 쉴드 공법

③ 침매공법(immersed tunnel method)

터널 일부를 케이슨모양으로 육상에서 제작하여 이것을 물에 띄워 침설장소까지 예선하여 소정의 위치에 침하시켜 기설부분과 연결한 후 되메우기 한 다음 속의 물을 빼서 터널을 구축하는 공법이다.

● **침매공법**
수저 또는 지하수면하에 터널을 시공하기 위한 공법이다.

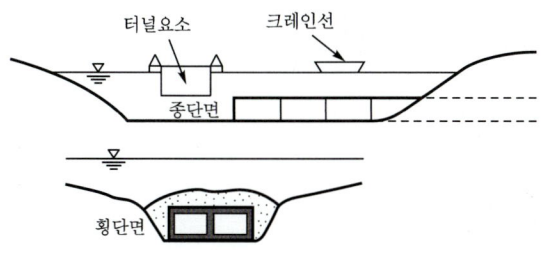

[그림 7-14] 침매공법

장 점	단 점
ⓐ 단면 형상이 비교적 자유롭고 큰 단면으로 할 수 있다. ⓑ 수심이 얕은 곳에 침설하면 터널연장이 짧아도 된다. ⓒ 매우 깊은 수심에서도 시공이 가능하다. ⓓ 지상에서 제작하므로 터널 본체의 품질이 좋고, 공기가 단축된다. ⓔ 수중에 설치하므로 자중이 적고, 연약지반 상에서도 시공이 가능하다.	ⓐ 유수가 빠른 곳에는 강력한 작업비계가 필요하고 침설작업이 곤란하다. ⓑ 협소한 장소의 수로나 항행선박이 많은 곳은 장해가 생긴다. ⓒ 암초가 있을 때는 터널을 놓기 위한 트렌치 굴착이 곤란하다.

4 잠함공법(pneumatic caisson method)

터널의 일부분이 되는 하부에 잠함작업실(lock chamber)을 만들어 소정의 위치에 운반침하시킨 후 압축공기를 작업실로 보내 외부에서의 침수를 막으면서 잠함부가 그 속에서 기초로 될 부분의 흙을 굴착한다. 이와 같이 하여 몇 개의 잠함작업실을 침하시키고 이를 연결하여 수저터널을 축조하는 공법이다.

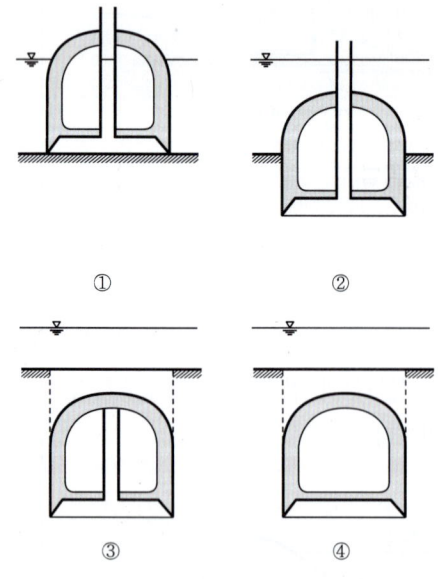

[그림 7-15] 잠함공법

5 체절공법(coffer dam method)

터널굴착 위치의 주위에 다수의 흡수관을 박아 강력한 펌프로 지하수위를 저하시킨 후 굴착하는 공법이다.

① 사질지반에 이용한다.
② 지하수위 저하공법이라고도 한다.

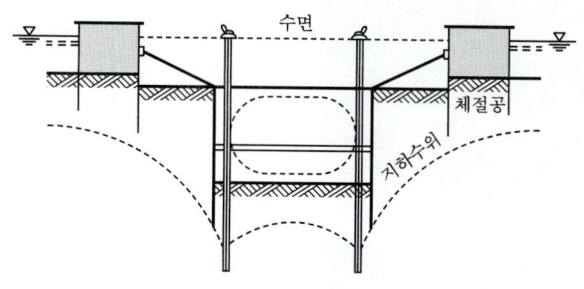

[그림 7-16] 체절공법

ⓑ TBM(Tunnel Boring Machine) 공법

TBM은 재래식의 천공 및 발파를 하여 굴착하는 공법과는 달리 무진동, 무발파에 의한 자동화된 터널굴착장비로써 전단면을 굴착해 나가는 공법이다.

(1) 터널 굴착기계의 종류

① TBM : 전단면 굴착기계
  ㉠ 로빈슨식
    ⓐ disk cutter라 하는 주판알 같은 독자적인 커터를 다수 붙인 커터 헤드(cutter head)를 막장 앞면을 눌러 회전하면서 암반을 원형단면으로 굴착하는 것이다.
    ⓑ 압축강도 $1000 \sim 1500 kg/cm^2$까지의 암석에 적합하다.
  ㉡ 월마이어식
    ⓐ 설삭형 커터 헤드(cutter head)로 암반을 굴착하는 것이다.
    ⓑ 압축강도 $700 \sim 800 kg/cm^2$의 연암에 적합하다.
② shield TBM : 전단면 굴착기계-연약지반, 용수지대인 하저터널에 이용된다.
③ load header : 부분 단면 굴착기계-자유로이 움직이는 붐 끝에 고속 회전하는 절삭기가 부착되어 있어 여러 형상의 단면을 절삭할 수 있는 기계이다.

[그림 7-17] TBM

(2) TBM 적용이 곤란한 지반

① 팽창성 지반
② 풍화된 지반
③ 단층
④ 파쇄대 등이 많은 지반

(3) TBM의 특징★

장 점	단 점
ⓐ 발파작업이 없으므로 낙반이 적고 공사의 안전성이 높다. ⓑ 정확한 원형단면 절취가 가능하고 여굴이 적다. ⓒ 굴착속도가 빠르다. ⓓ 복공이 적고, 지보공이 절약(약 20%)된다. ⓔ 노무비가 절약된다. ⓕ 갱 내 분진, 진동 등 환경조건이 양호하다. ⓖ 버력처리량이 적다.	ⓐ 굴착단면을 변경할 수 없다. ⓑ 지질에 따라 적용에 제약이 있다. ⓒ 구형, 마제형 등의 단면에는 적용할 수 없다. ⓓ 장비가 고가로 초기 투자비가 크다. ⓔ 기계중량이 크므로 현장 반입·반출이 어렵다.

7 NATM 공법(New Australian Tunneling Method)

터널굴착 시 rock bolt, shotcrete, wire mesh, steel 지보공을 지반 계측결과에 따라 활용하여 지반과 지보재가 평형을 이루도록 하는 공법이다.

(1) 특징
① 지반 자체가 tunnel의 주지보재이다.
② rock bolt, shotcrete, steel rib 등은 지반이 주지보재가 되도록 하는 보조수단이다.
③ 연약지반에서부터 극경암까지 적용이 가능하다.
④ 계측에 의한 안전시공이 가능하다.
⑤ 변화단면 시공에 유리하다.
⑥ 여굴이 많다.
⑦ 지보공 규모가 작다.
⑧ 시공속도가 빠르고 경제적이다.

[그림 7-18] NATM

(2) 지보재의 종류 및 역할*

지보재의 종류	효과 및 역할
rock bolt	ⓐ 봉합효과(매달기효과) : 이완지반을 견고한 지반에 매다는 역할 ⓑ 내압효과 : 삼축응력상태로 유지, 내공변위 방지 ⓒ 보의 형성효과 ⓓ 보강효과 : 불연속면 보강
shotcrete	ⓐ 지반이완방지 ⓑ 암반의 탈락방지 ⓒ crack 발달의 방지 ⓓ 암반표면의 풍화방지 ⓔ 굴착 후 안정성 확보(con´c arch로서 하중분담)
wire mesh	ⓐ shotcrete 전단보강 ⓑ shotcrete 부착력 증진
steel rib (강지보공)	ⓐ 지반이완방지 ⓑ 본바닥 지지 ⓒ shotcrete 경화 전 지보 ⓓ fore poling 등의 반력지보

(3) 계측관리(정보화 시공)
① 목적
- ㉠ 지반거동관리
- ㉡ 지보공효과 확인
- ㉢ 지반 안전성 확인
- ㉣ 근접구조물 안전성 확인
- ㉤ 장래 공사설계의 자료확보
- ㉥ 경제성 도모

② 계측항목
- ㉠ 일상계측(A 계측)★ : 일상적인 시공관리상 반드시 실시해야 할 항목으로서 시공 중 공사의 안전성 및 시공의 적합성을 확인하는 것을 목적으로 20~50m마다 실시한다.
  - ⓐ 갱내 관찰조사
  - ⓑ 내공변위 측정
  - ⓒ 천단침하 측정
  - ⓓ rock bolt 인발시험
- ㉡ 정밀계측(B 계측) : 지반조건에 따라 일상계측에 추가하여 선정하는 항목으로서 설계의 타당성을 판단하고 장래 공사의 계획, 설계에 필요한 자료를 얻을 목적으로 200~500m 구간 중 대표위치에서 실시한다.
  - ⓐ 지중변위 측정
  - ⓑ 지표 및 지중침하 측정
  - ⓒ rock bolt 축력 측정
  - ⓓ 콘크리트 lining 응력 측정

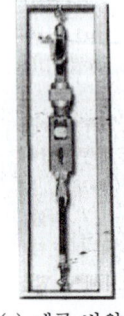 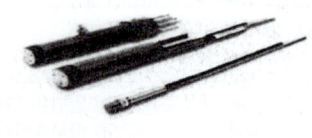

(a) 내공 변위계   (b) 지중 변위계

[그림 7-19] 계측기

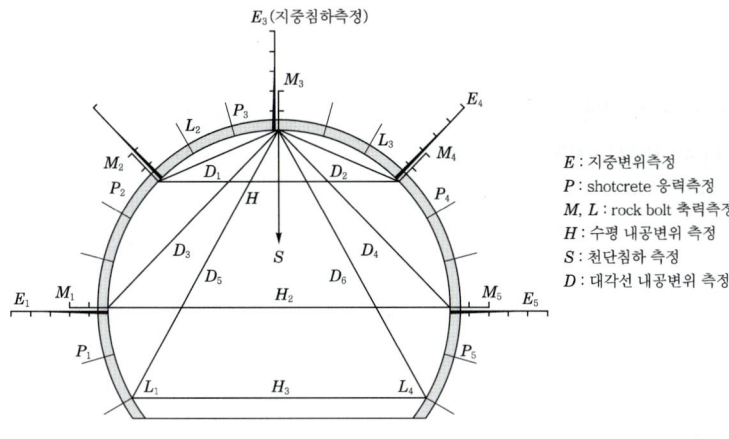

[그림 7-20] 계측 표준단면도

8 메서 공법(messer method)

터널 형상에 따라 조합한 특수 강판(메서 흙막이판)을 특수 jack으로 1매씩 본바닥에 관입시켜서 이 흙막이판으로 둘러싼 공간을 안전하게 굴착하면서 동바리공을 설치하는 공법이다.

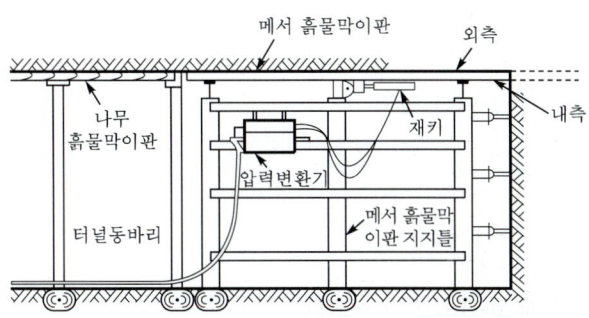

[그림 7-21] 터널 종단면

(1) 보통공법에 비하여 메서 공법의 특징

① 무소음, 무진동이다.
② 여굴이 적고 복공량이 적다.
③ 막장단면의 급변화에 적응할 수 있다.
④ 흙막이판이 적어도 되고 공사비가 저렴하다.
⑤ 안전하다.
⑥ 숙련공이 필요 없고, 노무자가 적어도 된다.
⑦ 곡선부의 시공이 어렵다.

(2) shield 공법에 비하여 메서 공법의 특징

① 임의의 단면(대·소 단면)으로 굴착할 수 있다.
② 시공기계가 간단하고, 공사비가 저렴하다.
③ 연약지반 또는 보통 토사지반에도 적용이 가능하다.
④ 지표침하가 적다.
⑤ 압기공법을 병용할 수 없다.

04 암반보강공법

1 록 볼트(rock bolt)

이완된 암반표면을 깊은 곳에 있는 경암까지 볼트로 고정시켜 암반의 탈락을 방지하고 터널 주변에 본바닥의 아치를 형성시켜 안정을 기하려는 공법이다.

(1) 효과★
① 봉합효과(매달기효과) : 이완지반을 견고한 지반에 매다는 역할
② 내압효과 : 삼축응력상태로 유지, 내공변위 방지
③ 보의 형성효과
④ 보강효과 : 불연속면 보강

(2) 특징
① 원지반 자체가 가진 강도를 이용해 원지반을 지지한다.
② 터널 내 공간을 넓게 할 수 있다.
③ 사용재료가 비교적 적다.
④ 터널의 단면형상 변화에 대해 적응성이 크다.
⑤ 광범위한 지질에 사용할 수 있다.
⑥ 터널의 강도 및 경제성을 높일 수 있다.

(3) 록 볼트의 정착형식★
① 선단정착형 : 록 볼트의 선단을 지반에 정착한 후 프리스트레스를 도입하는 형식
   ㉠ 쐐기형(wedge형) : 볼트 선단의 홈에 쐐기를 삽입한 후 stopper(망치)

● 참고
① **선단정착형**
  봉합효과를 목적으로 할 때 사용한다.
② **전면접착형**
  록 볼트 전장에서 원지반을 구속한다.
③ **혼합형**

등으로 bolt를 강타하여 홈에 쐐기를 밀어 넓혀서 정착하는 방식
  ⓒ 신축형(expansion형) : taper가 붙은 shell과 cone을 달아 볼트를 회전시켜 shell을 밀어 넓혀서 정착하는 방식
  ⓒ 선단접착형 : 볼트 선단부를 시멘트 모르타나 수지(resin) 등의 접착제를 사용하여 정착하는 방식
② 전면접착형 : 록 볼트 전장을 수지, 모르터, 시멘트 밀크 등으로 지반에 정착하는 형식
  ㉠ 충전형 : 모르터 정착형, resin형, perfo형
  ㉡ 주입형 : grout형
③ 혼합형 : 선단정착형+전면접착형

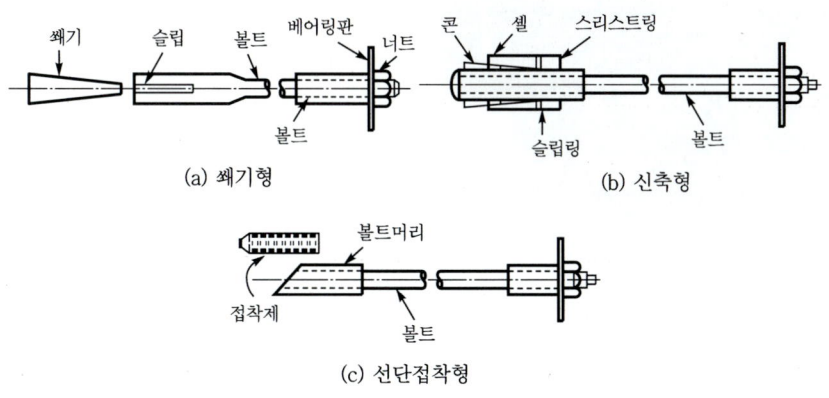

[그림 7-22] 선단정착형 록 볼트의 종류

② 숏크리트(shotcrete)

도갱 굴착 후 신속히게 보강 콘크리트 또는 속경성의 콘크리트를 암반의 표면에 철사망을 친 후 뿜어붙이기를 하여 이것을 1차 복공으로 하는 것이다.

(1) 1차 복공(lining) 목적(효과)

① 지반의 이완방지
② 암반의 낙석방지
③ crack 발달의 방지
④ 암반 표면의 풍화를 방지
⑤ 굴착 후 안정성 확보(콘크리트 arch로서 하중분담)

(2) 공법의 종류

① 건식공법

② 습식공법

(3) shotcrete 응용분야
① 철근(무근) 콘크리트 구조물의 보수
② 비탈사면의 보호
③ 면적이 넓고 곡면이 많은 개소의 콘크리트 타설
④ 각종 lining
⑤ tunnel 공사

[그림 7-23] 숏크리트

3 강지보공(steel rib)

(1) 효과
① 지반의 이완방지
② 본바닥 지지
③ shotcrete 경화 전 지보
④ fore poling 등의 반력지보

(2) 형상★
H형강, U형강, 강관, 격자지보(lattice girder)

(3) 형식
① 2piece형 : 중·소 단면의 터널에 가장 많이 사용한다.
② 인버트 버팀형 : 측압이 큰 경우나 저부에 팽창압력이 있을 때 사용한다.
③ 전 원형 : 팽창압이나 좌굴토압이 작용하는 경우에 사용한다.
④ 4piece형 : 대단면 터널에 사용한다.

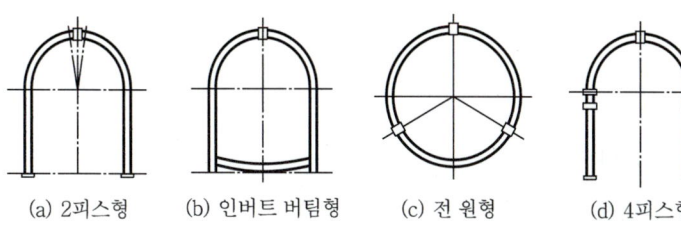

[그림 7-24] 강아치 동바리공

[그림 7-25] 강지보공

4 복공(lining)

불규칙하게 굴착된 터널 내벽면에 콘크리트를 쳐서 터널 내면을 매끈하게 하는 것

(1) 목적
① 터널 주벽의 붕괴방지
② 낙석, 낙수의 방지
③ 암반 표면의 풍화방지
④ 굴착 후 안정성 확보(콘크리트 arch로서 하중분담)

(2) 콘크리트 타설순서에 따른 분류
① 바른치기(normal lining) 공법
  ㉠ 측벽 콘크리트를 먼저 치고 arch 콘크리트를 치는 공법
  ㉡ 전단면공법, 측벽도갱 선진상부 반단면공법에 채용
② 역치기(inverted lining) 공법
  ㉠ arch 콘크리트를 친 후에 측벽 콘크리트를 치는 공법
  ㉡ 지질이 불량한 곳에 적합
  ㉢ 상부 반단면 선진공법, 저설도갱 선진상부 반단면공법 등에 채용

5 Grouting

(1) 주입재료
① 현탁액형 : 시멘트, 점토, 벤토나이트
② 용액형 : 물유리계, 크롬리그닌계

(2) 천공 후 grouting 시공법
① 1단식
② stage식
③ packer식

05 배수터널과 비배수터널

1 개요
터널은 지하수의 처리형식에 따라 배수형 터널과 비배수형 터널로 구분한다.

2 배수터널
방수포를 아치부와 측벽부에 설치하고, 터널로 유입되는 지하수를 인버트의 배수로로 유도한 후 터널 밖으로 배수하는 형식이다.

(1) 특징★

장 점	단 점
ⓐ 수압이 작용하지 않으므로 구조상 안전하고 얇은 무근 콘크리트의 라이닝도 가능하다. ⓑ 누수 시 보수가 용이하다. ⓒ 시공비가 적게 든다. ⓓ 대단면의 시공이 가능하다. ⓔ 인버트부의 평면굴착이 가능하다.(마제형 단면)	ⓐ 지속적인 배수로 인한 유지관리비가 소요된다. ⓑ 지하수위 저하에 따른 지반침하, 환경변화가 발생한다. ⓒ 배수시설의 기능저하 시 수압이 작용하므로 불안정을 초래한다.

(2) 적용
① 지하수위가 높은 경우(수압이 큰 경우)
② 유입 지하수량이 적은 경우

③ 비배수터널(완전 방수터널)

터널 전단면에 방수포를 설치하여 유입되는 지하수를 완전히 차단하는 형식이다.

(1) 특징★

장 점	단 점
ⓐ 유지비가 적게 든다. ⓑ 터널 내부가 청결하고 관리가 용이하다. ⓒ 지하수위 저하에 따른 지반침하, 환경변화가 없다.	ⓐ 수압이 작용하므로 라이닝 두께가 커진다. ⓑ 누수 시 보수가 어렵다. ⓒ 시공비가 많이 든다. 또한, 완전한 시공이 어렵다. ⓓ 터널이 원형으로 굴착량이 많다.

(2) 적용

① 지하수위가 높지 않은 경우
② 지하수량이 많아 유지관리비가 크게 증가하는 경우
③ 환경적인 측면이 강조되는 경우

- 용수대책공법
  ① 차수공법
  ㉠ 주입공법
  ㉡ 동결공법
  ㉢ 압기공법
  ② 배수공법
  ㉠ 수발boring공법
  ㉡ 수발갱공법
  ㉢ well point공법
  ㉣ deep well공법

06 터널 내 환기

① 환기 원인

① 발파에 의한 후 gas
② 작업기계의 배기 gas
③ 작업자의 호흡
④ 지중에서 용출하는 불량 gas
⑤ 분진
⑥ 갱목 등의 유기물 부패

2 공사 중 터널의 환기

(1) 자연환기

(2) 기계환기

① 집중방식 : 배기식, 송기식
② 직렬방식 : 흡인식(연속식, 단속식)

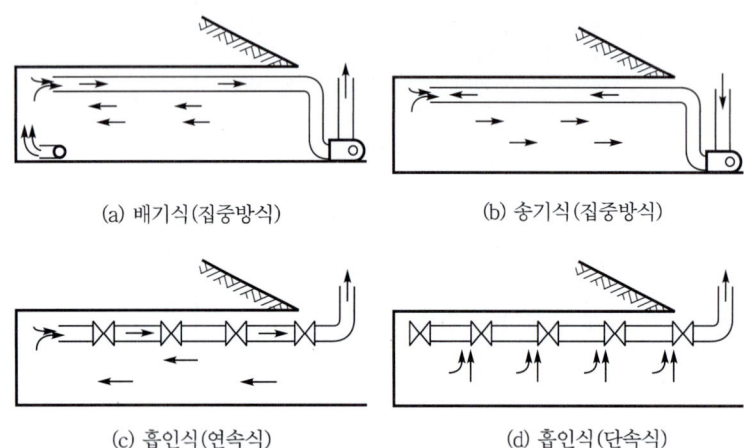

(a) 배기식(집중방식)　　(b) 송기식(집중방식)

(c) 흡인식(연속식)　　(d) 흡인식(단속식)

[그림 7-26] 터널공사 환기방식

[표 7-1] 공사 중 환기방법과 장·단점

환기	방법	장점	단점
집중방식	배기식	ⓐ 공사 진척에 따라 송풍관만을 연장하면 된다. ⓑ 송풍기 등의 설비가 집중되므로 유지보수가 타에 비하여 쉽다. ⓒ 송풍관에 경질관을 쓰면 누풍이 거의 없다.	ⓐ 배기식이므로 갱내 도중에 배출되는 가스가 모두 막장에 흘러간다. ⓑ 송풍관은 약한 관을 쓸 수 없다. ⓒ 터널 진척에 맞추어 송풍기의 규모를 바꾸지 않으면 비경제적이다. ⓓ 막장부에 송풍기(local fan)가 반드시 필요하다.
	송기식	배기식과 같다.	ⓐ 오염된 공기가 전 갱내를 통과한다. ⓑ 송풍관을 약한 것을 사용하면 누풍이 커진다. ⓒ 터널 진척에 맞추어 송풍기를 변화시키지 않으면 비경제적이다.
직렬방식	연속식	송풍기가 소규모로서 동력도 적고 경제적이다.	ⓐ 관 이음부분이 많으므로 누풍 우려가 있다. ⓑ 송풍관이 연질이면 부압을 받아 단면이 축소되어 저항이 커진다. ⓒ 1대의 송풍기가 고장이 나면 인접한 송풍기에 부담이 커진다.
	단속식	연속식과 같다.	ⓐ 단속되어 있으므로 누풍이 대단히 커진다. ⓑ 기타 흡인식과 같다.

[그림 7-27] 터널 내 환기

③ 완성된 터널의 환기

(1) 자연환기
(2) 기계환기

① 횡류식
② 반횡류식
③ 종류식

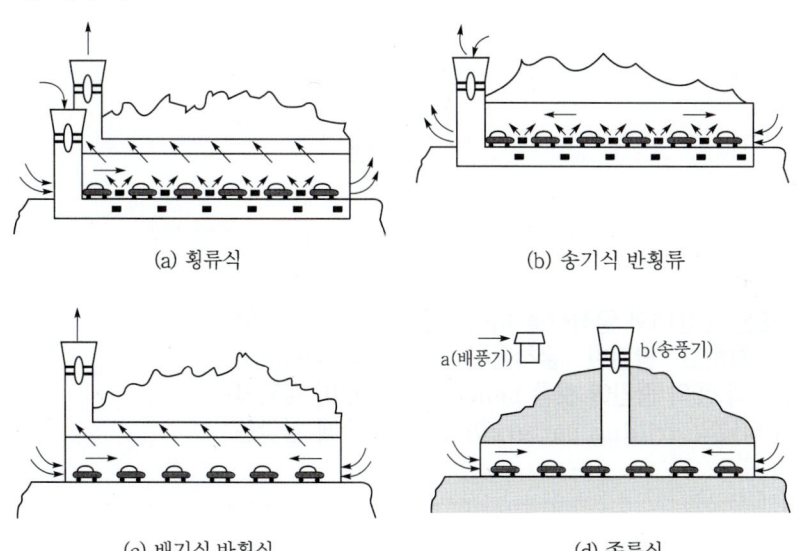

(a) 횡류식   (b) 송기식 반횡류

(c) 배기식 반횡식   (d) 종류식

[그림 7-28] 터널의 환기방식

과년도 출제 문제

1 ★★
96 ②, 98 ④, 99 ③

tunnel이 편압(偏壓)으로 이상지압(異常地壓)을 받는 경우, 그 대책공법 3가지를 설명하시오.

해답
① 압성토
② 보호절취
③ 갱구 부근에서의 복공 콘크리트 시공

2 ★
94 ①, 97 ④

그림과 같은 drilling pattern의 터널굴착에서 ( ) 내의 A, B, C에 알맞은 명칭을 쓰시오.

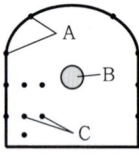

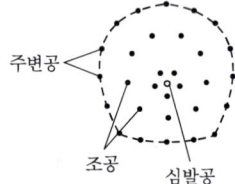

해답
① A : 주변공
② B : 심공
③ C : 조공

3
93 ①

터널굴착에서 처음 폭발에서 생긴 공동을 (①)이라 하는데 이것은 다음 발파공의 자유면으로 이용된다. 또한, (①)과 굴착선을 따라 천공하는 (②)은 여굴(over excavation)을 방지하고 평탄한 굴착면이 생기도록 smooth blasting 기술을 활용한다. ①과 ②의 중간에 보통 bench blasting이 계획되는 (③)으로 구성되는 것이 터널의 drilling pattern이다. ( ) 속에 알맞은 말을 쓰시오.

해답
① 심발공
② 주변공
③ 조공

4

터널굴착 시 여굴 감소방법 3가지를 기술하시오.

해답
① smooth blasting공법 채택 ② 발파 후 조속한 숏크리트 실시
③ 적정 폭약량 사용 ④ 적절한 장비 선정
⑤ 정밀화약 사용

5

터널 막장의 불연속면의 파괴종류를 3가지만 쓰시오.

해답
① 평면파괴
② 쐐기파괴
③ 원호파괴
④ 전도파괴

> **참고**
> **불연속면의 종류**
> ① 절리(joint) : 암반에 작용한 응력으로 형성된 분리면
> ② 층리(bedding) : 퇴적암의 단위퇴적 경계면
> ③ 편리(schistosity) : 변성암의 변성과정에서 발달된 편상구조
> ④ 단층(fault) : 절리면이 상대적으로 이동한 이력이 있는 면

6

상부 반단면을 일시에 굴착하면 막장이 붕괴할 우려가 있을 때 우선 링상으로 부분굴착을 하여 여기에 강아치 동바리공을 세워 지지시키고 그 후에 굴진하는 굴착방법은?

해답 링 컷 공법(ring cut method)

7

터널 공법 중 도갱을 선진시켜 용수의 확인을 한 다음 ring상으로 굴착, 동바리공, 복공을 행하는 공법은?

해답 저설도갱 선진링 공법(신 오스트리아식 반단면공법)

8

작업능률은 낮으나 지질이 불량하여 큰 지압이나 대용수가 예상될 때 적합한 공법으로 양측벽에 따라 도갱굴착, 측벽 콘크리트 치기, 나머지 구간 굴착순으로 시공하는 방법은?

해답 측벽도갱 선진링 공법(side pilot tunneling method)

9 ★

본 터널을 시공하기 전에 본 터널에서 약간 떨어진 곳에 파이럿 터널을 시공하는 주목적을 3가지만 쓰시오.

[해답] ① 버력 반출 ② 재료 운반
③ 환기 ④ 배수

> ✱ 참고
> **선진도갱식 굴착법 (pilot drift method)**
> 도갱(pilot tunnel)을 본 터널에 병렬시켜 먼저 굴착하고 여기에서부터 연락항을 굴착하여 본 터널을 완성시키는 공법으로 하저터널, 장대터널 등에 많이 채택한다.

10 ★

수저(水底) 또는 지하수면 아래에 터널을 굴착하기 위하여 터널의 일부를 케이슨형으로 육상에서 제작하여 이것을 물에 띄워 부설현장까지 예항하여 소정의 위치에 침하시켜서 가설부분과 연결한 후 되메우기한 다음 속의 물을 빼서 터널을 구축하는 공법은?

[해답] 침매공법

11

수저 터널 구축의 전부 또는 일부를 드라이 도크 또는 슬립 웨이로 구축하고 이의 양쪽 끝에 가벽을 설치하여 물에 띄워 운반한 후 미리 굴착된 도랑 속에 매설, 수중접합을 하고 되메워서 수저 터널을 구축하는 공법은?

[해답] 침매공법

> ✱ 참고
> **침매공법의 단점**
> ① 유수가 빠른 곳에는 곤란하다.
> ② 협소한 장소의 수로나 항행선박이 많은 곳은 장해가 생긴다.

12

침매공법은 하저 횡단 터널 공법으로 다른 공법보다 우수한 점을 3가지만 구체적으로 쓰시오.

[해답] ① 단면 형상이 자유롭고 큰 단면으로 시공할 수 있다.
② 수심이 매우 깊은 곳에도 시공할 수 있다.
③ 육상에서 제작하므로 신뢰성이 높은 터널 본체를 만들 수 있다.

13 ★

지하철공사 시 한강과 같은 큰 강을 지하로 통과할 때는 개착식과 터널식의 두 가지가 있다. 그 중 개착식공법으로 수심이 낮은 곳에 채택되는 공법으로 현재 서울 지하철 5호선에서 시공되고 있는 공법명을 쓰시오.

[해답] double sheet pile 공법

> ✱ 참고
> **open cut 공법(개착식 공법)**
> 지상에서 도랑을 파고 그 속에 터널 본체를 구축한 후 되메움하여 원상태로 복구하는 공법

14 *

용수를 동반하는 연약지반에 터널을 만들기 위한 공법으로 본래는 하천, 바다 밑 등의 연약지반이나 대수층 지반에 있어서의 터널 공법으로 개발된 것으로 최근 도시터널시공 등에 이용되는 공법은?

[해답] shield 공법

15

터널의 외형 단면 크기의 강제통이나 틀을 굴착진행방향에 따라 설치한 후 jack에 의하여 압입하여 나가는 연약지반의 터널굴착공법은?

[해답] shield 공법

❋ 참고
쉴드 공법(shield method)
① 하천, 바다밑 등의 연약 지반이나 대수층 지반의 터널수축에 사용된다.
② 지상에서 영향을 받지 않으므로 도시터널의 시공에 널리 사용된다.

16

강제의 원통을 땅 속으로 압입하여 막장의 토사를 밀면서 앞 부분을 전진시키고, 후방에서 조립된 아치를 1차 라이닝으로 하는 터널굴진공법은?

[해답] 쉴드(shield) 공법

17

지하철공사 시 한강과 같은 큰 강을 지하로 통과할 때는 개착식 공법과 터널식 공법의 2가지 있다. 그 중 터널식 공법의 종류 3가지를 쓰시오.

[해답] ① shield 공법
② NATM 공법
③ 침매공법
④ 잠함공법(pneumatic caisson method)

18

비발파로 터널을 굴착하는 것으로 굴착기를 이용 암석을 파쇄하면서 굴진하는 공법을 TBM 공법이라고 부른다. 남산 1호 터널공사에서 1차선 진도갱(직경 4.5m) 굴진을 TBM으로 완료한 후 2차로 장비를 투입굴착(직경 11.3m)을 하여 공사를 완료하였다. 2차에 투입한 굴착장비의 이름을 무엇이라고 부르는가?

[해답] load header

❋ 참고
load header
① 자유로이 움직이는 붐 끝에 고속회전하는 절삭기가 부착되어 있어 여러 형상의 단면을 절삭할 수 있는 기계
② 부분단면 굴착기계

19

터널 보링기 중에는 암석굴착공법 중 디스크 커터(disk cutter)라고 부르는 주판알과 같은 커터를 다수 부착한 대원반을 막장면에 눌러 회전하면서 커터의 쐐기력으로 암면을 갈면서 전단파괴하는 것이 있다. 압축강도가 1000~1500kg/cm² 정도까지의 암석에 적합한 이 기계는?

[해답] 로빈슨형 터널 보링기(robins type TBM)

> **참고** 터널 보링기(TBM)
> (1) 로빈슨형 TBM
>   ① disk cutter라 불리는 주판알 같은 독자적인 커터를 다수 붙인 1장의 대원반(cutter head)을 막장면에 눌러 회전하면서 커터의 쐐기력으로 암반을 갈면서 전단파괴하는 것이다.
>   ② 압축강도 1000~1500kg/cm² 정도까지의 암석에 적합하다.
> (2) 윌마이어형 TBM
>   ① 막장면에 있는 암석을 커터로 눌러 암석을 굴착하는 것이다.
>   ② 압축강도 700~800kg/cm² 정도까지의 연암에 적합하다.

20

터널굴착공법 중 TBM 공법은 수평으로만 이동굴진이 가능하다. 상하좌우 boom대를 이동시켜 굴착하는 공법은?

[해답] load header 공법

21

다음 ( ) 안에 알맞는 말을 넣으시오.

> "터널굴착에 있어서 극경암의 경우는 폭약을 사용하여 발파굴착을 하나, 연약한 지질의 경우는 기계굴착을 하는 것이 유리한 경우가 많다. 이때 전형적인 기계굴착공법은 (①)이며, 암질이 좋고 균질한 암의 터널 등은 최근 (②)이 가장 많이 사용되고 있다."

[해답] ① shield 공법　② TBM 공법

22

발파공법에 비하여 효과적이며 여굴이 없고 지산(地山)을 손상하지 않으므로 지보공을 절약할 수 있으며 전단면 굴착과 급속 시공이 가능한 굴진기를 이용하는 이 공법은?

[해답] TBM 공법

23

현재 지하철공사나 터널공사에 많이 사용되는 시공법 3가지를 쓰시오.

해답 ① NATM 공법 ② TBM 공법 ③ shield 공법

24 ★★★

터널굴착의 신공법인 TBM(Tunnel Boring Machine)에 의한 터널굴착의 장점을 4가지만 쓰시오.

해답
① 주위지반을 이완시키지 않는다.
② 낙반이 적고 작업자의 안전성이 높다.
③ 복공(lining)의 두께를 얇게 할 수 있다.
④ 여굴이 적다.
⑤ 지보공이 절약된다.
⑥ 공기오염도가 적다.
⑦ 노무비가 절약된다.

✱ 참고
단점
① 설비 투자액이 크다.
② 지질에 따라 적용범위가 제한적이다.
③ 굴착단면의 변경이 곤란하다.

25

TBM 공법의 단점을 아래의 보기와 같이 3가지만 쓰시오.

> 투자액이 고가이므로 초기 투자비가 많이 든다.

해답
① 굴착 단면을 변경할 수 없다.
② 지질에 따라 적용에 제약이 있다.
③ 구형, 마제형 등의 단면에는 적용할 수 없다.
④ 기계 중량이 크므로 현장 반입·반출이 어렵다.

26

다음은 어느 굴진공사의 시공순서 일부이다. 이 공법의 이름을 무엇이라고 하는가?

> "천공 → 발파 → 환기 → 버럭처리 → 숏크리트(shotcrete) → 록 볼트 → 계기측정"

해답 NATM 공법

27 ★
96 ⑤, 98 ④, 99 ①, 04 ①, 09 ③, 12 ③

NATM 터널의 설계는 지반조건에 상관없이 대부분 1차 지보재를 영구구조물로 인정하고 있다. 따라서 터널은 어떤 형태로든지 1차 지보재에 의해 안정되고 내부 라이닝은 구조적 기능보다는 부수적 기능유지를 목적으로 하기 때문에 1차 지보재가 지반에 밀착 시공되어 지반이 주지보재가 되도록 합리적으로 보조해 주는 역할을 담당한다. 여기에서 1차 지보재의 종류를 3가지 쓰시오.

[해답]
① rock bolt
② shotcrete
③ steel rib(강지보)
④ wire mesh(철망)

28 ★
93 ①, 94 ②, 00 ④, 07 ①, 09 ①, 10 ③

NATM 터널공사 시 일상의 시공관리를 위하여 반드시 실시하여야 할 계측항목 3가지를 쓰시오.

[해답]
① 갱내 관찰조사
② 내공변위 측정
③ 천단침하 측정
④ rock bolt 인발시험

★ 참고 **계측항목별 평가사항**

계측종별	계측항목	주요 평가사항
일상계측	갱내 관찰조사	ⓐ 막장의 안정성 ⓑ 암질, 파쇄대, 변질대 등의 지반상태 및 용수상태 ⓒ 기 시공구간의 안정성 ⓓ 지반 재분류 및 재평가
	내공변위 측정	・변위량, 변위속도에 의해 ⓐ 주변지반의 안정성 ⓑ 1차 지보설계, 시공의 타당성 ⓒ 콘크리트 라이닝 타설시기 등을 판단
	천단침하 측정	터널 천단의 절대침하량을 측정하여 단면 변형상태를 파악하고 터널 천단의 안정성을 판단
	록볼트 인발시험	록볼트의 인발력 측정으로부터 적절한 록볼트 선택
정밀계측	지중변위 측정	주변지반의 이완영역 변위를 판단하여 설계 및 시공의 타당성을 검증
	록볼트 축력 측정	록볼트의 축력 측정에 의한 보강효과 확인 및 록볼트 시공의 타당성 평가
	콘크리트 라이닝 응력측정	콘크리트 라이닝의 내부응력상태 측정을 통한 터널의 안정성 평가[주]
	지표, 지중침하 측정	ⓐ 터널의 굴착에 따른 지표 및 지중침하량을 측정하여 굴착이 주변 구조물에 미치는 영향 평가 ⓑ 지상에서의 굴착영향 범위 파악

[주] 1) 뿜어붙임 콘크리트 및 콘크리트 라이닝의 응력측정을 모두 포함한다.

29

NATM 공법에서 시공 중의 각종 계측치는 굴착 중의 안정성을 판단하는데 있어서 가장 중요한 역할을 한다. 굴착 직후부터 설치하는 계측장치를 4가지만 쓰시오.

해답
① 내공변위 측정기 ② 천단침하 측정기
③ 록볼트 인발시험기 ④ 지중변위 측정기

30

NATM의 계측항목 중 터널 벽면간 거리변위, 변위의 최대치, 변위속도 등을 측정할 수 있어 주변지반의 안정, 설계형태(pattern)의 적성 등의 판단자료로 할 수 있는 것은?

해답 내공변위

31

터널공사시 암반보강공법을 3가지만 쓰시오.

해답
① rock bolt 공법 ② shotcrete 공법
③ fore poling 공법 ④ grouting 공법
⑤ 강관 다단 grouting 공법

32 ★★★★

터널 시공 시 굴착면의 자립시간이 짧은 지반에서는 터널 막장의 안정을 위해 터널보조공법을 적용하는데 터널보조공법 4종류를 쓰시오.

해답
① rock bolt 공법 ② shotcrete 공법
③ fore poling 공법 ④ grouting 공법
⑤ 강관 다단 grouting 공법

33

암반보강공법 중에서 rock bolt, shotcrete를 제외한 4가지를 쓰시오.

해답
① fore poling 공법 ② 그라우팅 공법
③ 강관 다단 그라우팅 공법 ④ pipe roof 공법

34 ★ 12 ②

토사지반에 터널굴착 시 터널 천단의 침하로 지표면의 침하 및 붕괴와 같은 대규모 사고가 발생할 수 있다. 이러한 토사지반에서 터널의 천단 안정공법을 3가지만 쓰시오.

해답
① fore poling 공법
② 강관다단 grouting 공법
③ 우레탄 보강공법
④ 약액 주입공법(LW 보강공법)

35 ★ 12 ①

막장에서 전방 원지반 내에 볼트, 단관파이프 등의 보조재를 삽입하여 막장 천단의 지지와 원지반의 이완방지를 위하여 설치하는 것을 무엇이라 하는가?

해답 포 폴링(fore poling)

36 ★ 98 ①

pipe messer 공법의 장점을 4가지만 쓰시오.

해답
① 무소음, 무진동이다.
② 여굴이 적고 복공량이 적다.
③ 막장 단면의 급변화에 적용할 수 있다.
④ 안전하고 숙련공이 필요 없다.
⑤ 연약지반 또는 보통 토사지반에도 적용이 가능하다.

※ 참고
shield 공법에 비하여 messer 공법의 특징
① 임의의 단면(대·소 단면)으로 굴착할 수 있다.
② 시공기계가 간단하고 공사비가 저렴하다.
③ 연약지반 또는 보통 토사지반에도 적용이 가능하다.
④ 지표침하가 적다.
⑤ 압기공법을 병용할 수 없다.

37 ★ 95 ③, 97 ②

터널 및 지하구조물 굴착의 보조공법으로 굴착에 앞서 강관을 수평으로 터널 주위에 미리 삽입하여 이것을 roof로 하고 지보 역할도 할 수 있도록 하는 굴착공법은?

해답 pipe roof 공법

※ 참고
pipe roof 공법의 특징
① 무진동, 무소음
② 지표면 침하억제
③ 지하수를 함유한 연약지반에서부터 암반까지 모든 지반에 적용이 가능
④ 임의의 단면형상에 적용이 가능
⑤ 큰 하중 조건하에서도 적용이 가능

38

터널 및 지하구조물을 만들 때의 보조공법으로서 굴착 단면 외주를 따라 파이프(강관)를 압입하여 단면형상에 맞출 루프(roof)를 형성하여 굴착으로 인한 지반의 느슨함과 지표면의 변형을 억제시키면서 내부 단면을 굴착한 후 콘크리트를 타설하여 구조물을 축조하는 이 공법은?

해답 pipe roof 공법

39

터널의 암반보강을 위한 강지보재의 종류 3가지만 쓰시오.

해답
① H형강
② U형강
③ 강관
④ 격자지보(lattice girder)

40

암비탈면의 암반의 층리(bedding plane), 절리(joint), 엽리(foaliation) 등이 암탈락(rock fall), 전도(topple), 활동(slide) 등을 유발할 수 있는 곳에 암비탈면 보강공법은?

해답 록 볼트 공법(rock bolt method)

41

정착대상 지반을 암반으로 하며, 이완부분 깊은 곳에 있는 경암까지 볼트로 고정시켜 암반의 탈락을 방지하고, 앵커 재료는 철근이나 볼트 등이 사용되고, 길이가 짧고 내력이 적은 앵커 공법을 무엇이라 하는가?

해답 록 볼트 공법(rock bolt method)

42 ★★★

암반의 이완부분부터 경암까지 볼트를 고정시켜 암반의 탈락을 방지하고 터널 주변에 본바닥의 아치를 형성시켜 안정을 기하는 공법은?

해답 록 볼트 공법(rock bolt method)

43 ★★　　　　　　　　　　　　　　　　　　　　　　　　　　　87 ②, 95 ③, 02 ④

터널 보강공사에 많이 쓰이는 rock bolt의 기능을 3가지만 쓰시오.

[해답] ① 봉합기능　② 보의 형성기능　③ 보강기능

44 ★　　　　　　　　　　　　　　　　　　　　　　　　　　　　16 ①, 20 ②

터널 보강에 많이 쓰이는 rock Bolt의 역할을 3가지만 쓰시오.

[해답] ① 봉합역할(매달기 역할)　② 내압역할
　　　　③ 보의 형성 역할　　　　　　④ 보강역할

45 ★★★　　　　　　　　　　　　　　　　　　　　　00 ⑤, 08 ②, 10 ①, 21 ③

터널 보강재인 록 볼트(rock bolt)의 정착형식 3가지를 쓰시오.

[해답] ① 선단정착형　② 전면 접착형　③ 혼합형

46 ★　　　　　　　　　　　　　　　　　　　　　　　　　　　　18 ①, 22 ①

터널에 사용하고 있는 록 볼트(rock bolt) 인발시험의 목적에 대하여 3가지만 쓰시오.

[해답] ① 록 볼트의 인발내력 측정　② 정착효과 확인
　　　　③ 록 볼트의 적정길이 판단　④ 록 볼트의 종류 선정

47　　　　　　　　　　　　　　　　　　　　　　　　　　　　　　09 ③

NATM 공법에 있어서 Shotcrete의 Rebound량을 감소시키는 방법 3가지만 쓰시오.

[해답] ① 습식 공법 채용
　　　　② 노즐을 시공면과 직각이 되도록 한다.
　　　　③ 단위시멘트량을 크게 한다.
　　　　④ 단위수량을 크게 한다. $\left(\dfrac{W}{C} = 40 \sim 60\%\right)$
　　　　⑤ 잔골재율을 크게 한다. $\left(\dfrac{S}{a} = 55 \sim 75\%\right)$
　　　　⑥ 굵은골재 최대치수를 작게 한다. ($G_{max} = 10 \sim 15\text{mm}$)

48

숏크리트 작업에서 뿜어붙일 면에 용수가 있을 경우에 대한 대책을 3가지만 쓰시오.

[해답]
① 배합설계 변경 : 급결제, 시멘트량을 증가시키는 등 배합설계 변경
② 배수파이프나 배수필터를 설치하여 배수처리를 한다.
③ 초기에 dry mix concrete를 뿜어 부쳐서 용수와 융합시킨 후 서서히 물을 첨가하여 뿜어 붙인다.
④ 물빼기 boring 설치

49

숏크리트(shotcrete)는 rock bolt 및 강지보공과 함께 NATM 공법에서는 중요한 지보공의 하나이다. 이 shotcrete 시공 시 유의해야 할 점 3가지만 쓰시오.

[해답]
① 노즐은 시공면과 직각이 되도록 하고 적절한 뿜어붙이는 거리가 있어야 한다.
② rebound량이 최소가 되도록 하고 rebound된 재료가 다시 반입되지 않도록 한다.
③ 뿜어붙인 콘크리트가 흘러내리지 않는 범위 내에서 소정의 두께가 될 때까지 계속 뿜어붙인다.
④ 강지보공을 설치한 곳에서는 강지보공과 뿜어붙일 면 사이에 공극이 생기지 않도록 뿜어붙인다.

50 ★★

숏크리트(shotcrete) 타설은 암석의 이완을 신속히 차단시켜야 되므로 조기강도가 중요하다. 이때, 사용되는 조강제의 종류를 3가지만 쓰시오.

[해답]
① 탄산소다(Na_2CO_3) ② 염화알루미늄($AlCl_3$)
③ 알루민산소다(Al_2O_3) ④ 규산소다(Na_2SiO_3)

※ 참고
숏크리트 혼화재료
터널공사 등과 같이 위쪽으로 숏크리트를 시공할 경우에는 작업능률을 높이고, 부착된 콘크리트가 자중에 의해 박리하는 것을 적게 하기 위해 콘크리트의 응결을 촉진시킬 필요가 있다. 이때, 급결제를 사용한다.

51 ★

터널을 굴착함에 있어 막장면의 용수에 의해 대규모 붕괴사고를 유발하게 된다. 용수대책공법을 4가지만 기술하시오.

[해답]
① 물빼기 갱(수발터널) 설치 ② 물빼기 보링(수발보링) 설치
③ 약액주입공법 ④ 웰 포인트 공법
⑤ 동결공법

52

NATM 공법을 이용한 터널시공시 보조공법에 대해 다음 물음에 답하시오.

(1) 터널의 막장 안정을 위한 공법을 3가지만 쓰시오.
(2) 지하수 처리를 위한 대책공법 3가지만 쓰시오.

해답 (1) ① rock bolt 공법
　　　　② shotcrete 공법
　　　　③ fore poling 공법
　　　　④ grouting 공법
　　　　⑤ 강관 다단 grouting 공법
　　 (2) ① 물빼기 갱(수발터널) 설치
　　　　② 물빼기 보링(수발보링) 설치
　　　　③ 약액주입공법
　　　　④ 웰 포인트 공법
　　　　⑤ 동결공법

20 ③

53

터널의 복공에서, 지질이 불량한 곳에서 arch lining을 먼저 한 후 경화를 기다려 측벽 lining을 시공하는 공법을 무슨 공법이라 하는가?

해답 역치기공법(inverted lining)

> ✱ 참고 lining의 콘크리트 타설순서에 따른 분류
> (1) 바른치기(normal lining) 공법
> 　① 측벽 콘크리트를 먼저 치고 arch 콘크리트를 치는 공법
> 　② 전단면 공법, 측벽도갱 선진상부 반단면공법 등에 사용한다.
> (2) 역치기(inveted lining) 공법
> 　① arch 콘크리트를 친 후에 측벽 콘크리트를 치는 공법
> 　② 지질이 불량한 곳에 적합
> 　③ 상부 반단면 선진공법, 저설도갱 선진상부 반단면공법 등에 사용한다.

89 ①

54 ✱

터널공사에서 용수에 의해 시공이 곤란하게 되는 경우나 지보효과가 저하하는 경우에 용수대책으로 차수공법 또는 배수공법을 쓰게 되는데 차수공법의 종류 3가지를 쓰시오.

해답 ① 주입공법　② 동결공법　③ 압기공법

02 ③, 05 ③

✱ 참고
배수공법
① 수발 boring 공법
② 수발갱
③ well point 공법
④ deep well 공법

55 ★ `98②, 00③`

일반적으로 터널은 지하수의 처리방법에 따라 배수, 방수, 방·배수 터널로 구분되어진다. 이 중 배수터널의 장점과 단점을 각각 2가지만 쓰시오.

[해답]

장 점	단 점
① 구조상 안전하다.	① 유지관리비가 많이 든다.
② 누수 시 보수가 용이하다.	② 지하수위 저하에 따른 지반침하, 환경변화가 발생한다.
③ 시공비가 적게 든다.	③ 배수시설의 기능 저하 시 불안정을 초래한다.

56 `12①`

지하수 대책에 따른 터널의 형식에는 배수형 터널과 비배수형 터널이 있다. 비배수형 터널의 단점을 3가지만 쓰시오.

[해답]
① 수압이 작용하므로 라이닝 두께가 커진다.
② 누수 시 보수가 어렵다.
③ 시공비가 많이 든다.
④ 터널이 원형으로 굴착량이 많다.

✴ 참고
장점
① 유지비가 적게 든다.
② 터널 내부가 청결하고 관리가 용이하다.
③ 지하수위 저하에 따른 지반침하, 환경변화가 없다.

57 `94③`

tunnel의 환기방식은 자연대류에 의한 자연환기와 송풍기에 의한 기계적 강제환기가 있다. 특히 자연환기는 기상조건이나 tunnel 형식에 영향을 받으므로 기계적 강제환기를 해야 하는데 기계적 환기의 3가지 방식을 쓰시오.

[해답]   ① 배기식   ② 송기식   ③ 흡인식

✴ 참고
공사 중 터널의 환기
① 자연환기
② 기계환기 : 배기식, 송기식, 흡인식(연속식, 단속식)

58 `00②`

tunnel의 환기방식 3가지만 기술하시오.

[해답]
① 배기식
② 송기식
③ 흡인식(연속식, 단속식)

59 `17②`

터널의 방재시설 종류를 3가지만 쓰시오.

[해답]   ① 소화설비   ② 소방활동설비
③ 경보설비   ④ 피난설비

> **참고** 터널의 방재시설
> (1) 개요
>   도로 교통의 원활한 소통을 확보하고 도로 이용자의 안전을 도모하기 위하여 터널에 설치하는 시설물을 말한다.
> (2) 분류
>   1) 교통안전시설 : 안전하고 원활한 교통소통 확보
>   ① 환기설비
>   ② 조명설비
>   2) 비상방재시설 : 사고로 인한 위험상황 발생 시의 비상시설
>   ① 소화설비 : 소화기구, 옥내소화전 설비
>   ② 소방활동설비 : 제연설비, 연결송수관 설비
>   ③ 경보설비 : 비상경보설비, 자동화재탐지설비
>   ④ 비상전원설비 : 비상발전설비, 무정전 전원설비
>   ⑤ 피난설비 : 비상조명등, 유도표지판, 피난연락갱, 비상주차대

60

터널을 수치해석으로 설계할 때 3차원적 거동을 2차원으로 해석하기 위하여 사용하는 방법을 2가지만 쓰시오.

[해답]
① 응력분배법(stress distribution method)
② 강성 변화법(stiffness variation method)
③ 점탄성 해석법(visco-elastic analysis method)

> **참고** 터널 해석 시 3차원 효과가 고려된 2차원 해석기법
> ① 응력분배법(stress distribution method) : 막장에서 떨어진 위치에 따라 종방향 아치효과가 변화하는 영향을 고려하기 위해 2차원 해석의 각 해석단계를 3차원 터널 축상의 각 위치와 대응시켜 해석단계별로 굴착에 의해 발생되는 하중을 분배하여 적용시키는 방법
> ② 강성 변화법(stiffness variation method) : 터널굴착 시 주변응력의 3차원 배열은 강성(탄성계수)과 직접 관계된다고 보고 굴착단계별로 강성을 변화시켜서 응력분배와 같은 효과를 내는 방법
> ③ 점탄성 해석법(visco-elastic analysis method) : 지반재료 모델에 크리프 변화율을 고려하여 해석하는 방법

61

터널의 보강공법 중 숏크리트의 기능을 4가지만 쓰시오.

[해답]
① 지반의 이완방지
② 암반의 낙석방지
③ crack 발달의 방지
④ 암반 표면의 풍화를 방지
⑤ 굴착 후 안정성 확보(콘크리트 arch로서 하중분담)

PART 8

토·목·기·사·실·기

옹벽공, 암거 배수공, 교량공

01 옹벽공
02 암거 배수공
03 교량공
● 과년도 출제 문제

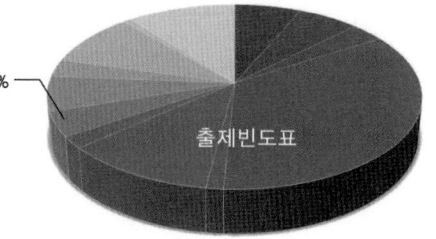

PART 08 옹벽공, 암거 배수공, 교량공

01 옹벽공

성토 또는 절토 비탈면을 흙의 안식각보다 급한 기울기로 유지하기 위하여 사용되는 구조물의 총칭을 옹벽(retaining wall)이라 한다.

1 옹벽의 종류

(1) 중력식 옹벽(gravity retaining wall)

자중으로 토압을 저항한 것으로 높이가 4m 이내의 낮은 경우에 적당하다.

(2) 반중력식 옹벽(semigravity retaining wall)

중력식 옹벽을 작은 양의 철근으로 보강하여 옹벽 단면의 크기를 줄인 옹벽을 말하며 높이가 4m 이내가 적당하다.

(3) 캔틸레버식 옹벽(역T형 옹벽)

높이가 비교적 높은 곳에 사용되며 높이가 8m일 때 경제적이다.

(4) 부벽식 옹벽(counterfort retaining wall)

일정한 간격으로 부벽을 두어 수직벽의 강도를 보강한 옹벽으로 높이가 8m 이상인 경우에 사용된다.

> **참고사항**
>
> ● 부벽식 옹벽
> ① 부벽식 옹벽은 일정한 간격으로 벽과 바닥판을 결합시켜 주는 부벽(counterfort)이라는 얇고 수직인 con'c slab가 있다는 점을 제외하면 캔틸레버식 옹벽과 비슷하다.
> ② 부벽을 세우는 목적은 전단력 감소, 휨모멘트 감소를 위한 것이다.

(a) 중력식 옹벽

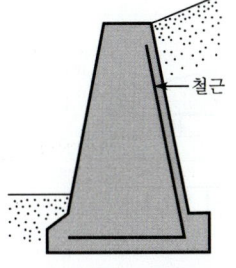
(b) 반중력식 옹벽

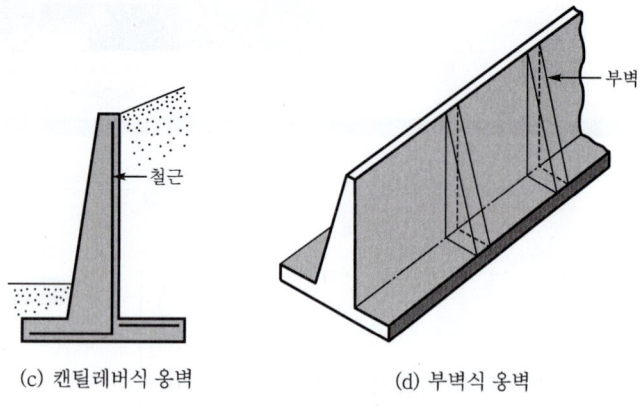

(c) 캔틸레버식 옹벽   (d) 부벽식 옹벽

[그림 8-1] 옹벽의 형태

② 옹벽의 안정조건

(1) 전도에 대한 안정

① 안전율★

$$F_s = \frac{W x + P_V B}{P_H y} \geq 2.0 \quad \cdots\cdots\cdots\cdots\cdots\cdots (8-1)$$

② 안전율을 크게 하는 방법
  ㉠ 옹벽높이를 낮게 한다.
  ㉡ 뒷굽길이를 길게 한다.

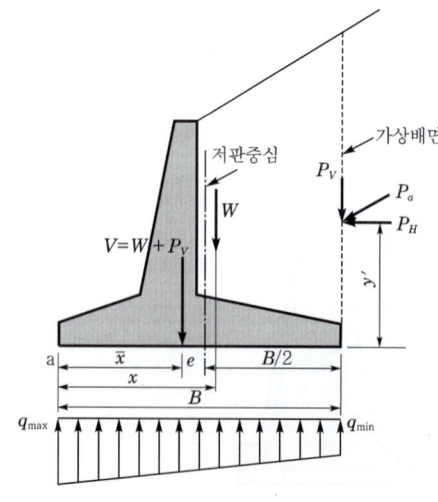

[그림 8-2]

(2) 활동에 대한 안정

① 안전율★

$$F_s = \frac{(W+P_V)\tan\delta + CB + P_P}{P_H} \geq 1.5 \quad \cdots\cdots\cdots (8-2)$$

여기서, W : 옹벽의 자중+저판위의 흙의 중량
P_V : 토압의 연직분력
P_H : 토압의 수평분력
δ : 옹벽 저변과 지반 사이의 마찰각

● 많은 경우에, 활동에 대한 안전율 계산에서 P_P는 무시한다.

② 안전율을 크게 하는 방법
㉠ 저판 폭을 크게 한다.
㉡ 활동방지벽(shear key) 설치
㉢ 사항(batter pile) 설치

(3) 지지력에 대한 안정

① 안전율★

$$F_s = \frac{q_a}{q_{max}} \geq 1 \quad \cdots\cdots\cdots (8-3)$$

㉠ $q_{max} = \dfrac{V}{B}\left(1+\dfrac{6e}{B}\right) = \dfrac{W+P_V}{B}\left(1+\dfrac{6e}{B}\right) \cdots (8-4)$

㉡ $q_{min} = \dfrac{V}{B}\left(1-\dfrac{6e}{B}\right) = \dfrac{W+P_V}{B}\left(1-\dfrac{6e}{B}\right) \cdots (8-5)$

② 안전율을 크게 하는 방법
㉠ 양질의 재료로 치환한다.
㉡ 저판폭을 크게 한다.
㉢ 말뚝기초를 시공한다.

(4) 원호활동에 대한 안정

전항에서의 안정이 확인되어도 옹벽이 연약지반상에 있거나 경사지에 있을 때는 옹벽 및 기초지반 전체를 포함한 활동파괴에 대한 안정성을 검토하여야 한다.

① 안전율

$$F_s = \frac{q_a}{q_{max}} \geq 1 \quad \cdots\cdots\cdots (8-6)$$

② 안전율을 크게 하는 방법
   ㉠ 기초 slab의 근입깊이를 깊게 한다.
   ㉡ 말뚝기초를 시공한다.

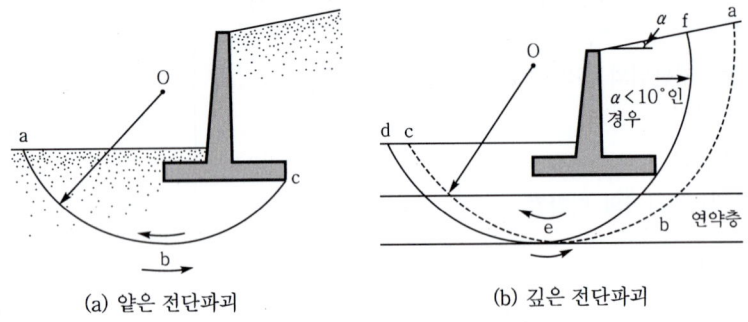

[그림 8-3] 원호활동파괴

③ 옹벽 설계 시의 설계하중

(1) 평상시의 설계하중
① 정하중 : 옹벽, footing, 뒤채움 토사의 중량
② 재하중 : 활하중
③ 토압

(2) 지진 시의 설계하중
① 정하중
② 토압
③ 지진토압

④ 시공 시 유의사항

(1) 배수
① 배수공의 종류 ★
   ㉠ 간이 배수공
      ⓐ 연직벽 앞면에 물구멍을 설치하고 배면에는 그 주변에 자갈, 깬돌 등으로 filter를 만든다.
      ⓑ 배면재료의 투수계수가 큰 경우에 사용한다.
   ㉡ 연속배면 배수공 : 연직벽의 전 배면에 배수층을 만들어 집수시켜 물구멍으로 배수하는 방법

ⓒ 경사 배수공 : 경사진 배수층(여과층)을 설치하여 집수시켜 물구멍으로 배수하는 방법
ⓔ 저면 배수공 : 옹벽의 하단에 수평방향으로 배수층을 설치하여 배수하는 방법

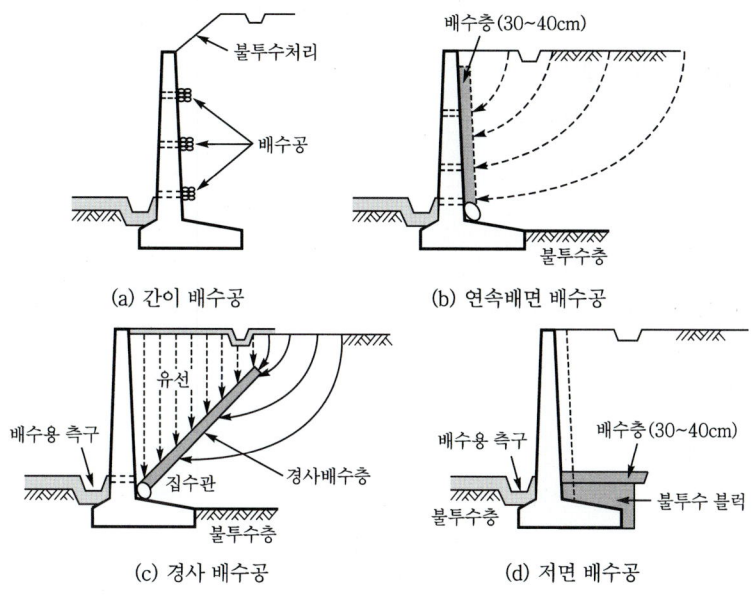

[그림 8-4] 배수공의 종류

② 배수대책
  ㉠ 지표면에 불투수층을 설치함과 동시에 지표면수를 모아서 옹벽에 영향을 미치지 않는 곳으로 유도하는 배수구를 만들어 표면배수를 한다.
  ㉡ $\phi 5 \sim 10\mathrm{cm}$의 배수공을 수평 및 수직간격 3.0m 이내마다 둔다.(뒷부벽식일 때는 각 격간에 1개 이상을 둔다.)
  ㉢ 두께 30~40cm의 자갈이나 쇄석으로 배수층을 둔다.
  ㉣ 유하된 물이 기초 slab 바닥의 흙을 연화시키지 않도록 그 주변을 불투수층으로 차단시킨다.

(2) 뒤채움

① 안전확보를 위한 대책
  ㉠ 다짐을 철저히 하여 전단강도를 높인다.
  ㉡ 구조물이 완전히 양생된 후 뒤채움 실시
  ㉢ 편토압 발생방지
  ㉣ 지표수 유입방지

　　　　ⓜ 굴착법면 bench cut 시공

　　　　ⓗ 층다짐 시공

　② 토압을 감소시키기 위한 대책

　　　㉠ 내부마찰각이 큰 재료를 사용

　　　㉡ 점착력이 있는 재료를 사용

　　　㉢ 지하수위를 저하시키는 공법을 채택

　　　㉣ 배수처리 철저(경사 배수공이 유리)

　③ 뒤채움 재료

　　　㉠ 공학적으로 안정한 재료

　　　　ⓐ 입도 양호($C_u > 10$, $C_g = 1 \sim 3$)

　　　　ⓑ 압축성과 팽창성이 적은 재료

　　　　ⓒ 전단강도가 큰 재료

　　　　ⓓ 지지력이 큰 재료

　　　　ⓔ 지하수에 저항하는 재료

　　　㉡ 투수계수가 큰 재료

　　　㉢ 토압이 적은 재료

　　　㉣ 도로구조물의 뒤채움에 사용되는 재료의 규정

최대 크기	100mm
No.4체 통과량	25~100%
No.200체 통과량	0~15%
PI(%)	10 이하
수침 CBR(%)	10 이상

(3) joint

　① 신축이음

　　　㉠ 목적

　　　　ⓐ 콘크리트 온도변화, 건조수축 등에 의한 균열방지

　　　　ⓑ 부등침하에 의한 균열방지

　　　㉡ 간격

　　　　ⓐ 중력식 옹벽 : 10m 이하

　　　　ⓑ cantilever식 옹벽 : 15~20m

　② 수축이음

　　　㉠ 건조수축에 의한 균열방지 목적으로 벽의 표면에 저판의 상부부터 옹벽의 윗면까지 V형의 홈을 가진 수축이음을 둔다.

ⓛ 간격 : 9m 이하

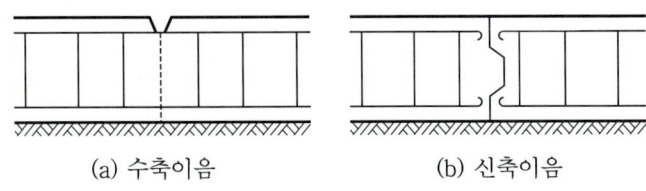

[그림 8-5] 이음(joint)

● 수직줄눈은 폭이 6~8mm, 깊이가 12~16mm 정도이다.

(4) 구조 세목
① 뒷부벽식 옹벽에서 전면벽과 저판에 인장철근의 20% 이상의 배력철근을 둔다.
② 앞부벽식 옹벽에서 전면벽에 인장철근의 20% 이상의 배력철근을 둔다.
③ 수축과 온도변화에 의한 균열을 방지하기 위해 가능한 가는 철근을 좁은 간격으로 배치한다.
④ 덮개
    ㉠ 벽의 노출면에서 3cm 이상
    ⓛ 콘크리트가 흙에 접하는 면에서 5cm 이상
⑤ 벽의 노출면에는 1 : 0.02 정도의 경사를 둔다.

5 보강토공법(reinforced earth method)

(1) 개요
① 흙쌓기 되는 흙구조물 내에 보강재를 설치하고 전면판과 연결하여 흙구조물을 보강함으로써 연직 흙쌓기를 하는 공법이다.
② 보강재를 매설하면
    ㉠ 흙과 보강재 사이의 마찰력에 의한 전단강도의 증가
    ⓛ 흙의 인장강도의 증가가 일어난다.

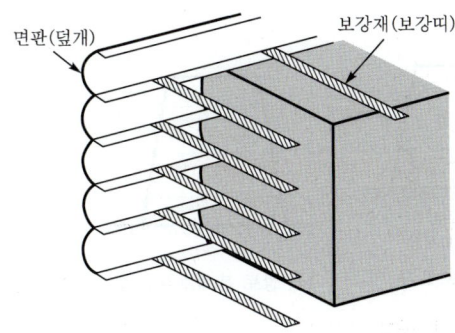

[그림 8-6] 보강토 옹벽

(2) 구성요소★

① 전면판(skin plate)
  ㉠ 뒤채움 흙의 유실방지
  ㉡ 보강재와의 연결
  ㉢ 외관효과가 가장 크다.
  ㉣ 재료 : 콘크리트(일반적으로 사용한다.), 금속재

② 보강재(strip bar)
  ㉠ 일정한 간격으로 설치되는 얇고 넓은 띠
  ㉡ 재료 : 아연도 강판, 합성 수지, 스테인리스강, 강철판 등
  ㉢ 보강재 선정 시 고려사항
    ⓐ 강성   ⓑ 흙과의 마찰저항   ⓒ 유연성
    ⓓ 내부식성   ⓔ creep 변형

③ 뒤채움 흙
  ㉠ 내부마찰각이 큰 사질토
  ㉡ 배수성이 좋고, 함수비 변화에 따른 강도변화가 적은 흙
  ㉢ 보강재 부식을 야기시키는 화학적 성분이 적은 흙
  ㉣ 뒤채움에 사용되는 재료의 규정

흙입자의 크기	통과백분율	비 고
250mm	100%	삼축압축시험 또는 직접전단시험에 의한 내부마찰각이 26° 이상일 것
100~250mm	25% 이하	
No.200 체(75μ)	25% 이하	

(3) 종류

① 벽식 공법
② 성토 기초보강공법
③ 성토 본체보강공법

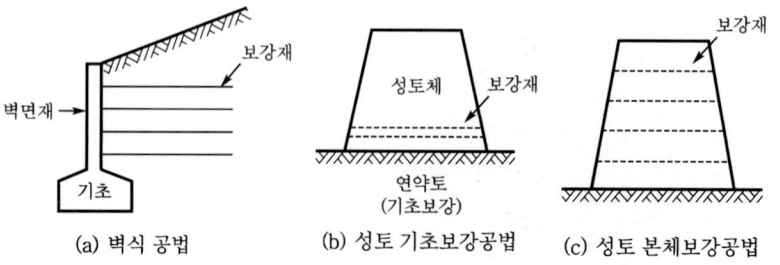

[그림 8-7] 보강토공법

(4) 특징

장 점	단 점
ⓐ 시공이 빠르다.(공기단축) ⓑ 높은 옹벽축조가 가능하다. ⓒ 용지폭이 작게 소요된다. : 높은 직립 비탈면의 설치가 가능하므로 용지폭이 작아도 된다. ⓓ 건설공해가 적다 : 현지작업이 간단한 조립작업의 연속이므로 소음, 진동 등의 건설 공해가 발생되지 않는다. ⓔ 연약지반에서도 시공이 가능하다 : 콘크리트 옹벽에 비해 기초의 부등침하에 대한 저항성이 크다. ⓕ 충격과 진동에 강한 구조이므로 고성토에 적합하다.(높이가 10~20m 이상일 때 경제적)	ⓐ 흙 속에서 보강띠가 부식되기 쉽다. (부식방지를 위해 아연도금 강판을 많이 사용한다.) ⓑ 소규모 공사에서는 비경제적이다.

(5) 보강띠 설계법

① Rankine법
② Coulomb 응력법(coulomb force method)
③ Coulomb 모멘트법(coulomb moment method)

02 암거 배수공

1 암거의 배치*

(1) 자연유하식

(2) 머리빗식(comb system)

시공하는 지역이 한 방향으로 완만한 습지대인 경우에 적합하다.

(3) 오늬무늬식(herringbone system)

시공지역이 양쪽에서 중앙을 향해 완만하게 경사되어 중앙이 오목하게 된 지역에 적합하다.

(4) 차단식(cut off system)

건물 등 특정구역 내에 물이 스며들지 못하게 구역 둘레에 배수암거를 매설하는 방식이다.

(5) 이중간선식

배수지구 중앙부에 두 개의 평행한 집수거를 설치한 후 여기에 각각 한쪽 흡수거를 평행하게 합류시키는 방식이다.

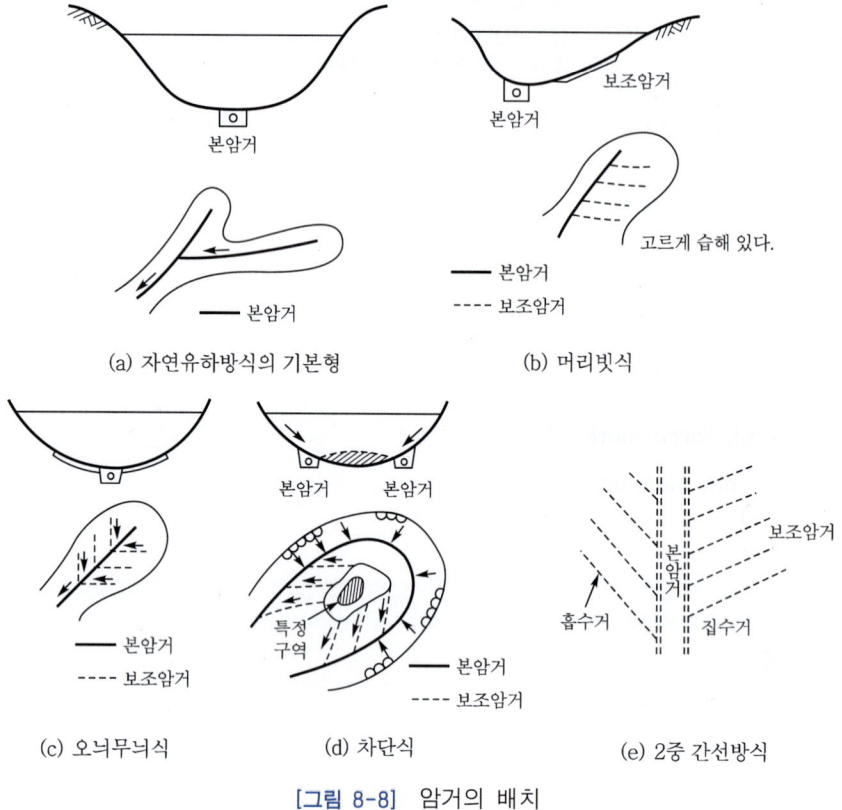

[그림 8-8] 암거의 배치

❷ 암거의 설계

(1) 도랑형 매설관에 작용하는 토압

① 토기관, 콘크리트관, 주철관 등과 같은 강성관의 토압 ★

$$W_c = C_d \gamma_t B^2 \quad \cdots\cdots\cdots\cdots\cdots\cdots\cdots\cdots\cdots\cdots\cdots\cdots \text{(8-7)}$$

여기서, W_c : 매설관의 단위길이당 작용하는 연직토압(t/m)
  C_d : 하중계수
  B : 관 상단에서의 굴착폭

② PVC, 얇은 벽체로 된 관 등과 같은 연성관의 토압

$$W_c = C_d \gamma_t BD \quad \cdots\cdots\cdots\cdots\cdots\cdots\cdots\cdots\cdots\cdots\cdots\cdots \text{(8-8)}$$

여기서, D : 관 외경(m)

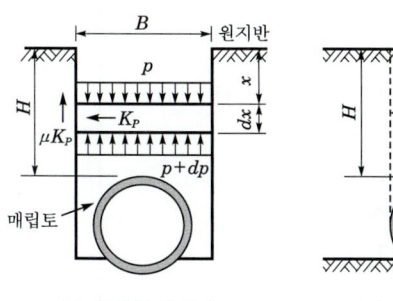

(a) 도랑형 매설관   (b) 정돌출형 매설관

[그림 8-9] 지하매설관의 토압해석

(2) 암거의 구배와 유속(Giesler 공식)★

$$V = 20\sqrt{\frac{Dh}{L}} \quad \cdots\cdots\cdots\cdots\cdots\cdots\cdots\cdots (8-9)$$

여기서, V : 관 내의 평균유속(m/sec)
　　　　D : 관의 직경(m)
　　　　L : 암거 길이(m)
　　　　h : 관 길이 L에 대한 낙차(m)

(3) 암거 매설깊이, 매설간격, 지하수면 구배와의 관계

$$D = \frac{2(H-h-h_1)}{\tan\beta} \quad \cdots\cdots\cdots\cdots\cdots\cdots\cdots (8-10)$$

여기서, D : 암거간의 간격
　　　　H : 암거 매설깊이
　　　　h : 지하수면의 깊이
　　　　h_1 : 암거와 지하수면의 최저점과의 거리
　　　　β : 지하수면 구배

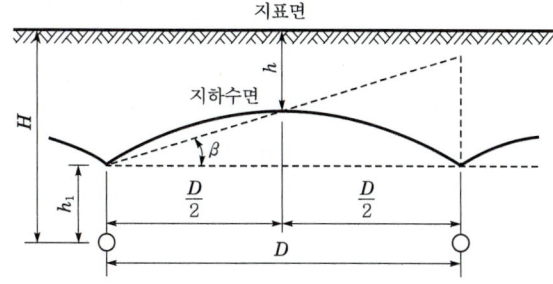

[그림 8-10] 지표면이 평탄할 때 암거간의 지하수면 구배

(4) 암거 매설간격과 배수량과의 관계★

$$D = \frac{4k}{Q}(H_0^2 - h_0^2) \quad \cdots\cdots\cdots\cdots\cdots\cdots\cdots\cdots\cdots\cdots\cdots\cdots (8-11)$$

여기서, D : 암거간의 간격
H_0 : 불투수층에서 최소 침강 지하수면까지의 거리
h_0 : 불투수층에서 암거매립 위치까지의 거리
k : 투수계수

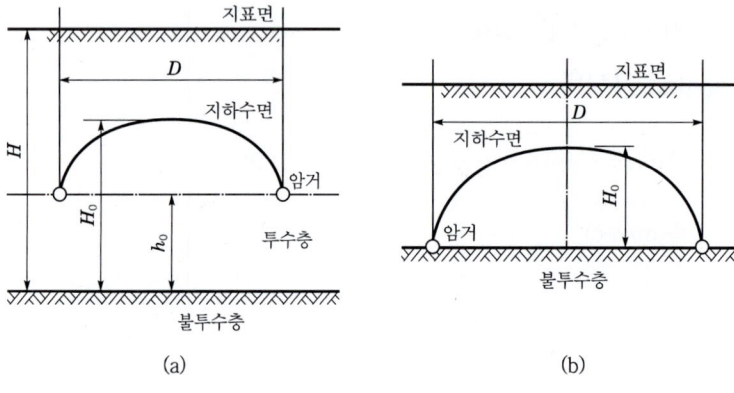

[그림 8-11] Donnan 이론

❸ 암거의 시공

(1) 개착공법(open cut 공법)

① 나무 널말뚝 사용 : 굴착깊이 2~3m 정도의 소규모 공사에 사용, 지수효과가 없다.
② 강 널말뚝 사용 : 굴착깊이 5m 이상의 대규모 공사나 지하수위가 높을 때 사용

(2) 추진공법(pipe pushing 공법)

수직구멍을 파고 잭키 가동용 가압판을 설치한 후 매설할 관을 잭키로 밀어넣어 관을 부설하는 공법으로 터널공사에 쓰이는 shield 공법과 유사한 공법이다.
특징은 다음과 같다.
① 도로, 철도 횡단, 건축물 아래에 암거를 부설해야 할 때 등 개착공법이 곤란할 때 채용한다.
② 매설깊이가 깊을 때 open cut 공법보다 저렴하고 안전하게 시공할

수 있다.
③ 추진관 속에 들어오는 흙을 인력 굴착하므로 관경이 $\phi 60cm$ 이상이어야 한다. (최대지름 : 3m)
④ 곡선 부설이 곤란하다.

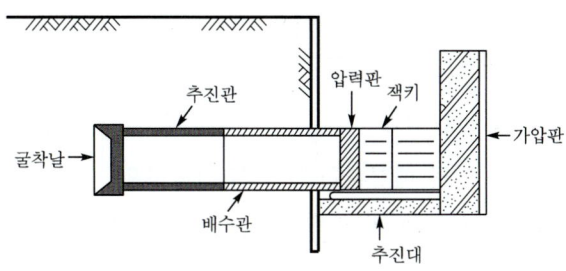

[그림 8-12] 추진공법

(3) front jacking method*

수직구멍을 뚫은 다음 견인용 철선으로 암거나 원관 등을 jack으로 직접 잡아당겨 부설하는 공법

① 작업순서
   ㉠ 작은 구멍을 먼저 뚫어 PS 강선을 관통시킨다.
   ㉡ 전방에 설치된 견인 jack으로 암거나 관을 견인하면서 이어나간다.
   ㉢ 관 속의 토사를 굴착한다.

② 특징
   ㉠ 철도, 수로, 도로 횡단 등 개착공법(open cut method)이 곤란한 경우에 쉽게 시공할 수 있다.
   ㉡ 연약지반의 터널 시공에도 사용할 수 있다.

③ 견인법에 의한 분류

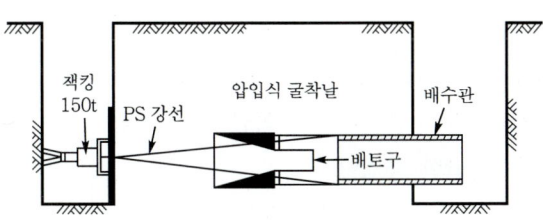

(a) 한쪽 견인법(원관)

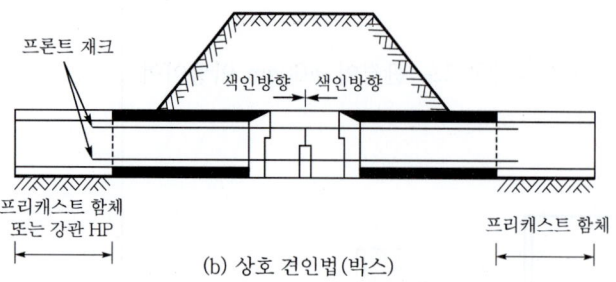

[그림 8-13] front jacking 공법

  ㉠ 한쪽 견인법 : 길이와 단면이 적은 지하 매설관을 견인하는 데 사용
  ㉡ 상호 견인법 : 크고 긴 관벽체를 견인하는 데 사용

(4) front shield method

한쪽의 견인설비에 의해 shield를 직접 잡아당긴 후 shield 공법과 같이 segment를 조립하여 터널을 구축하는 공법
① 보통 shield 공법보다 저렴하다.
② 시공이 용이하다.
③ 지지벽은 사용 후 그대로 벽체 일부로 사용할 수 있으므로 경제적이다.

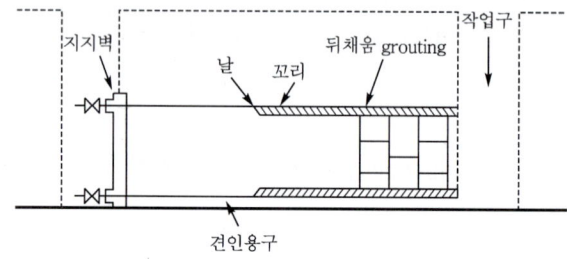

[그림 8-14] front shield 공법

(5) front semi shield method

shield 공법이 segment의 조립을 동반하는 데 대하여 semi shield method는 흄관을 사용하므로 segment의 조립이나 2차 복공 등의 시간이 절약되고 shield 공법보다 대단히 간단한 공법이다.

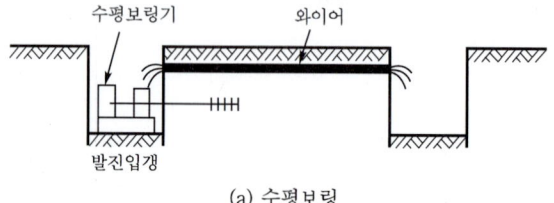

(a) 수평보링

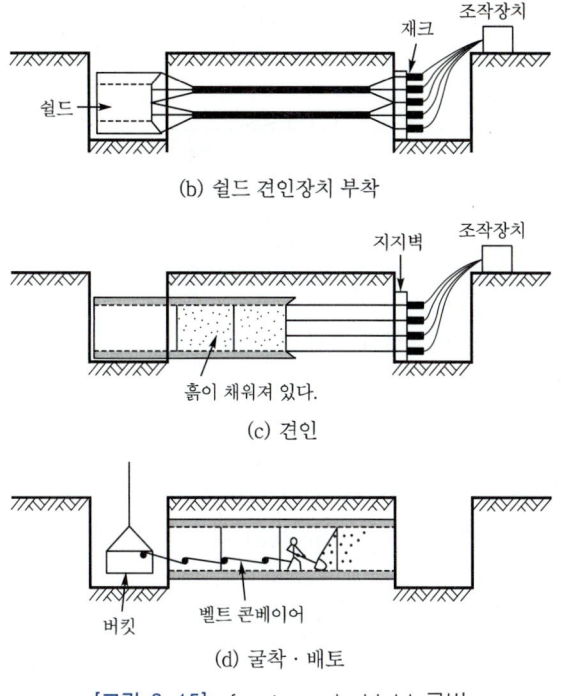

(b) 쉴드 견인장치 부착

(c) 견인

(d) 굴착 · 배토

[그림 8-15] front semi shield 공법

03 교량공

1 교량의 분류 및 교량의 하부구조

(1) 교량의 분류

① 상판의 위치에 의한 분류★

㉠ 상로교(Deck bridge) : 교량의 상판이 girder나 트러스보다 위쪽에 위치해 있는 것

㉡ 중로교(Half trough bridge) : 교량의 상판이 girder 높이의 중간 정도에 위치해 있는 것

㉢ 하로교(Trough bridge) : 상판이 girder나 트러스보다 아래쪽에 위치하는 것으로 수면이나 지표면으로부터 공간의 높이가 충분하지 못할 때 주로 사용한다.

㉣ 2층교(double-deck bridge) : 한 교량에 상판이 2개 있는 것으로

● **도로교의 활하중**
① **종류** : DB-하중(표준트럭하중), DL-하중(차로하중), 궤도의 차량 하중
② **하중의 제원** : DB-하중은 3축으로 구성된 자동차 1대를 말하고, DL-하중은 등분포하중과 집중하중으로 구성된 자동차군을 말한다.

※ **DB-하중의 제원**

교량등급	하중 W(tf)
1등교	DB-24
2등교	DB-18
3등교	DB-13.5

교량설계 시 예상 교통량을 초과하거나 도로와 철도를 하나의 교량이 건설할 때 사용된다.

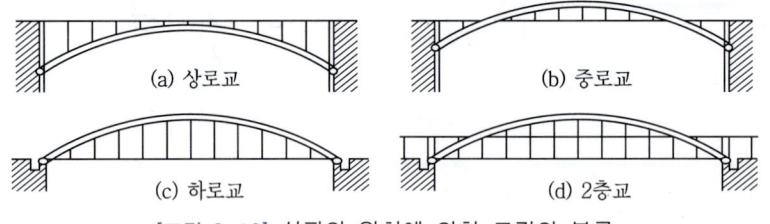

[그림 8-16] 상판의 위치에 의한 교량의 분류

② 구조형식에 의한 분류
  ㉠ 거더교(Girder bridge) : 거더를 주체로 하는 교량을 말하며 형강의 종류에 따라 I형 거더교, H형 거더교, 상자형 거더교(box girder bridge), 격자형 거더교, 판형교(plate girder bridge) 등이 있다.
  ㉡ 트러스교(Truss bridge) : 거더 대신 트러스를 사용하는 교량을 말하며 지간이 길 때 거더교보다 유리하다. 골조형태에 따라 와렌 트러스(warren truss), 프래트 트러스(pratt truss), 하우 트러스(howe truss), K 트러스(K-truss) 등이 있다.

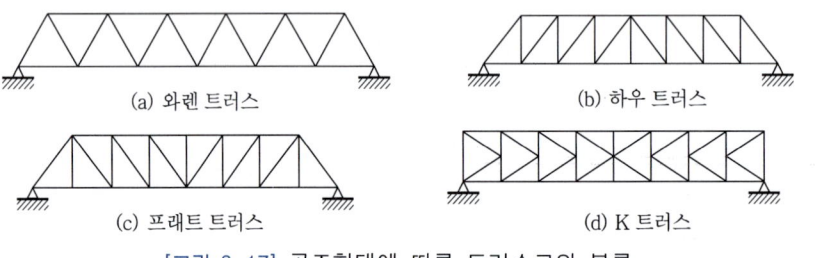

[그림 8-17] 골조형태에 따른 트러스교의 분류

  ㉢ 라멘교(Rahmen bridge) : 라멘을 거더로 한 교량으로 부재의 기능을 유효하게 발휘하도록 하고 공간을 효율적으로 이용할 수 있다.

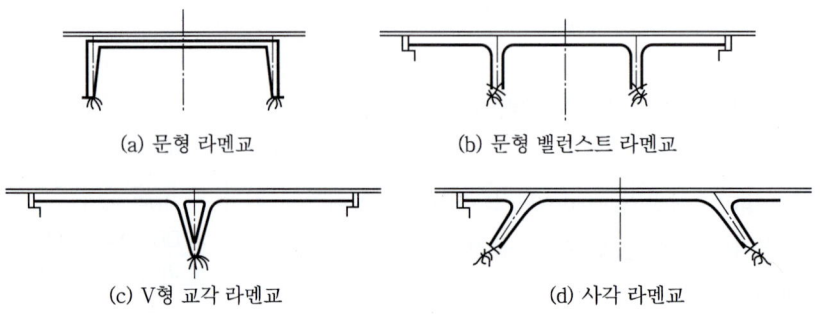

[그림 8-18] 라멘교의 분류

● 거더교
① I형 거더교

② 격자형 거더교
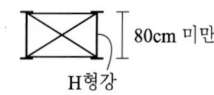
③ **판형교** : 철판으로 I형의 거더를 만들고 그 위에 콘크리트 슬래브를 얹은 형식이다.
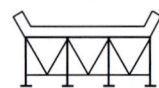
④ **강상판형교** : 교량 슬래브가 콘크리트가 아닌 철판으로 제작하여 자중을 감소시킨 형식이다.
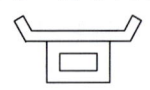

[그림 8-19] 거더교의 분류

② 아치교(Arch bridge) : 교량의 구조를 곡선형으로 만들어 주위 경관과 조화를 이루게 한 교량이다. 트러스의 종류에 따라 타이드 아치교(tied arch bridge), 랭거교(langer bridge), 로제 아치교(lohse bridge), 닐센교(nielssen bridge) 등이 있다.

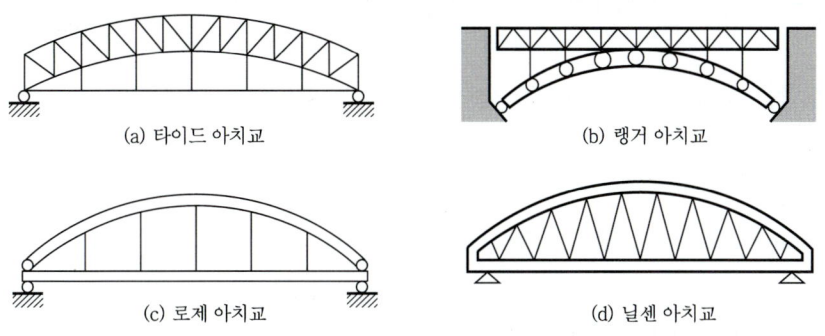

[그림 8-20] 아치교의 분류

⑥ 사장교(Cable-stayed bridge)★ : 주탑, 케이블, 주형(主桁)의 3요소로 구성되어 있고 현수교와는 다르게 케이블을 거더에 정착시킨 교량으로 장지간 교량에 적합하다. 케이블의 배치방법에 따라 방사형(radiation), 하프형(harp), 부채형(fan), 스타형(star)의 4가지 형태로 분류된다.

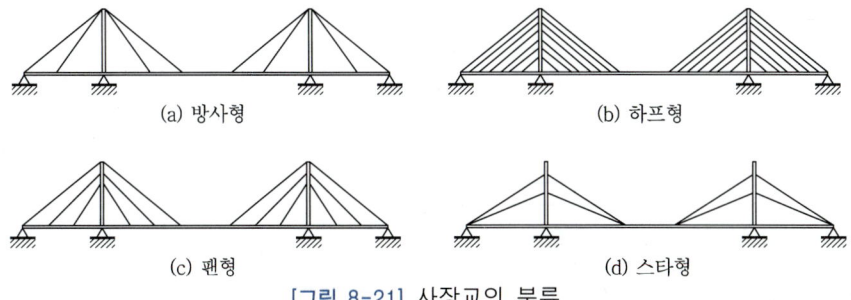

[그림 8-21] 사장교의 분류

⑭ 현수교(Suspension bridge) : 모든 사하중과 활하중의 대부분을 케이블이 부담하도록 설계된 교량으로 대경간의 교량에 적합하다.

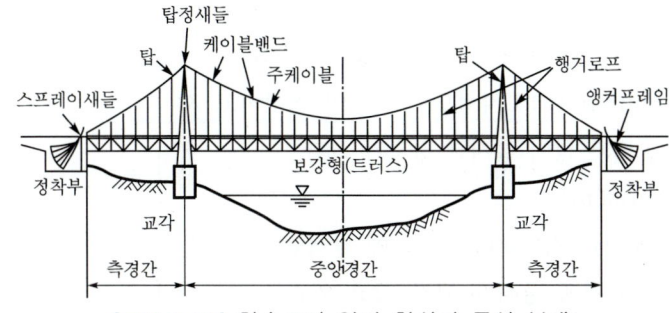

[그림 8-22] 현수교의 일반 형상과 구성 부재

(2) 교량의 하부구조

하부구조는 구체와 기초로 구성되며, 구체는 상부구조로부터의 하중을 기초에 전달하는 부분으로서 교대, 교각 등이 있으며 기초는 구체로부터 하중을 지반에 전달하는 부분으로서 확대기초, 말뚝기초, 우물통기초 등이 있다.

① 교대공 : 교대는 토압을 지지하고 연직하중을 지반에 전달하는 교량의 양끝에 있는 구조물이다.

㉠ 교대 각 부의 명칭
- ⓐ 교좌(bridge seat) : 교량의 일단을 지지하는 곳(그림 A)
- ⓑ 배벽(흉벽 ; parapet wall) : 뒷면 축제의 상부를 지지하며 교좌에 무너지는 것을 막는 벽체(그림 B)
- ⓒ 구체(body) : 상부구조에서 오는 전하중을 기초에 전달하고 배후 토압에 저항한다.(그림 C)
- ⓓ 교대 기초(footing) : 구체의 하부를 확대하여 하중을 기초지반에 넓게 분포시켜 교대의 안정을 도모한다. (그림 D)
- ⓔ 날개벽(wing wall) : (그림 E)

● 날개벽의 시공목적
① 교대 배면토의 유실방지
② 외관

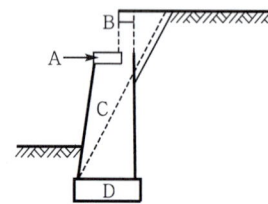 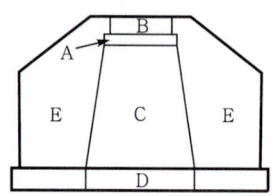

[그림 8-23] 교대의 구조

㉡ 평면형상에 의한 분류 : 교대의 종류는 교량과 도로와의 지형적 조건, 기초 토질상태, 하천의 유수방향과 교량의 방향, 경제성에 따라서 각각 달라진다.
- ⓐ 직벽교대(straight abutment) : 유수에 의해 하안이 쇄굴될 위험이 있으므로 유수가 없는 곳에 사용하면 매우 경제적이다.
- ⓑ U형 교대(U-type abutment) : U자형으로 측벽이 직각이고 재료가 많이 필요하며 공비가 많이 들지만 강도가 크다.
- ⓒ T형 교대(T-type abutment)
- ⓓ 익벽교대(wing abutment) : 직벽교대의 양측에 날개모양의 벽을 설치한 것으로 하천의 유수에 장해가 되지 않고 외관이 좋아서 시가지 교대에 적합하다.

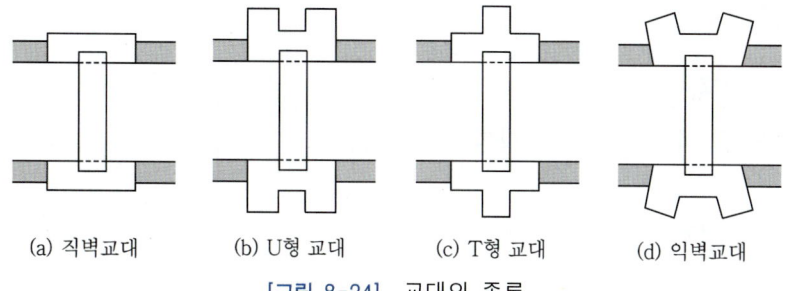

(a) 직벽교대   (b) U형 교대   (c) T형 교대   (d) 익벽교대

[그림 8-24] 교대의 종류

  ⓒ 구조형식에 의한 분류
    ⓐ 중력식 교대
    ⓑ 반중력식 교대
    ⓒ cantilever식 교대
    ⓓ 부벽식 교대(counterforted abutment)
    ⓔ 특수교대(아치형)
  ⓔ 교대의 측방유동 방지 대책공법★

원 인	대책공법
ⓐ 교대 배면의 성토높이	ⓐ 연속 culvert box 공법
ⓑ 교대 배면의 성토체의 단위중량	ⓑ 파이프 매설공법
ⓒ 연약점토층의 두께	ⓒ box 매설공법
ⓓ 연약점토층의 전단강도	ⓓ EPS 공법
ⓔ 기초형식	ⓔ 성토 지지말뚝공법

 ② 교각공 : 교각은 교량의 거더나 트러스를 지지할 목적으로 교대 사이에 1개 또는 여러 개의 기둥형의 벽체로 지주를 만든 구조물이다.

(3) 교각에 작용하는 외력

 ① 연직력
  ㉠ 교각의 자중
  ㉡ 상부구조물의 중량
  ㉢ 통과 활하중 및 충격하중
 ② 수평력
  ㉠ 활하중의 견인력 ㉡ 풍압
  ㉢ 유수압 ㉣ 지진력
  ㉤ 유수 혹은 유목 및 선박 등에 의한 충격력
 ③ 풍압

2 교각의 세굴방지 대책

(1) 신설교량의 세굴방지 대책
① 불리한 홍수의 흐름양상을 피할 수 있는 교량의 위치 선정
② 교각의 유선형화
③ 교량기초를 충분히 깊게 설치한다.

(2) 기존교량의 세굴방지대책
① 교각에 사석공설치
② 도류제의 설치
③ 하천의 개수공사
④ 교량기초의 강화

3 측방유동

(1) 개설
연약지반 위에 설치된 교대나 옹벽과 같이 성토재하중을 받는 구조물에서는 배면성토 중량이 하중으로 작용하여 연약지반이 붕괴되어 지반이 수평방향으로 이동하는 현상을 측방유동이라 한다.

(2) 교대에 발생하는 측방유동의 원인★
① 교대 뒷면의 토사 및 재하중에 의한 토압
② 다리 축방향에 작용하는 견인 및 제동력
③ 교량 위에서 궤도가 곡선을 이룰 때 일어나는 원심력
④ 풍하중

(3) 측방유동 대책공법★
① 연속 culvert box 공법
② 파이프 매설공법
③ box 매설공법
④ EPS 공법
⑤ 성토 지지말뚝공법
⑥ 교량 연장
⑦ 교대 전면에 압성토 실시

● 도류제(導流堤)
① 도류제는 하천으로 이송된 토사가 퇴적되지 않도록 유도하거나 해안에서 파랑, 조석류 등에 의해서 유송된 표사(漂砂)가 하구로 침입되는 것을 막기 위한 하구의 시설물이다.
② 교각의 세굴방지대책으로 도류제의 설치목적은 홍수터 위의 흐름이 교량의 주하도(主河道)로 돌아가는데 미끄러운 천이구간을 제공하는 것이다. 또한 상류에 있는 최대세굴지점을 이동시키는 작용을 한다.

4 PSC교 가설공법

(1) 동바리공법(FSM 공법 ; Full Staging Method)

동바리를 설치한 후 콘크리트를 타설하여 상부구조를 제작하고 pre-stressing 작업을 실시한다. 동바리는 교량 가설 후 해체한다.

① 특징
   ㉠ 가설높이가 20m 이상이며 동바리가 500개 이상 필요시에는 비경제적이다.
   ㉡ 전 구간 지보공 설치 시공으로 확실한 시공이 가능하다.
   ㉢ 동바리, 거푸집의 해체 및 조립에 문제가 많다.

② 종류
   ㉠ 전체지지식
   ㉡ 지주지지식(bent식)
   ㉢ 거더지지식

(2) 캔틸레버공법(Dywidag 공법, FCM 공법 ; Free Cantilever Method)

독일의 Dywidag사가 개발한 공법으로 이동작업차(form traveller)를 이용하여 교각을 중심으로 좌우로 1 segment씩 콘크리트를 타설한 후 pre-stress를 도입하여 일체화시켜 가는 공법이다.

① 특징
   ㉠ 장대교 시공이 가능하다.
   ㉡ 동바리(비계)가 필요 없으므로 깊은 계곡, 하천횡단이나 교통량이 많은 해상, 육상에 교량 시공 시 유리하다.
   ㉢ 3~4m마다 시공블록이 분할 시공되므로 변단면 시공이 가능하다.
   ㉣ 이동작업차(폴바우바겐)에서 시공하므로 전천후 시공이 가능하다.
   ㉤ 반복작업으로 시공속도가 빠르고 작업능률이 향상된다.
   ㉥ 시공블록마다 설계치의 캠버(camber)를 두므로 시공 정밀도가 높다.
   ㉦ 불균형 모멘트에 대한 대책수립이 필요하다.

② 시공방법에 따른 분류
   ㉠ 현장타설공법(form traveller(이동작업차)에 의한 공법)
   ㉡ P & Z 공법(힐프스트레거공법) : 이동식 가설 트러스에 의한 공법
   ㉢ 가설 트러스공법
   ㉣ precast prestressed segment method(PSM 공법)
     ⓐ balanced cantilever method

● 장대지간의 교량가설에 가장 적합한 공법이며 원효대교(최대 경간 100m, 총 연장 1470m)는 국내에서 최초로 디비닥공법으로 가설된 PSC 교량이며, 올림픽대교의 중앙부 300m가 이 공법으로 가설된 PSC 사장교이다.

ⓑ span by span 공법
ⓒ 전진가설공법(progressive placement method)
③ 구조형식의 분류
 ㉠ 라멘형식(중앙힌지 형식)
  ⓐ 교각과 강결상태
  ⓑ hinge 부분 처짐이 크고 주행감 불량
  ⓒ 가고정(temporary support)이 필요 없다.
  ⓓ 원효대교, 청풍교, 상진교
 ㉡ 연속보식
  ⓐ 처짐이 적고 주행감 양호
  ⓑ shoe(교좌장치)가 필요하다.
  ⓒ 가설 중에 교각과 보를 고정해 주는 가고정공이 필요하다.
  ⓓ 강동대교, 올림픽대교

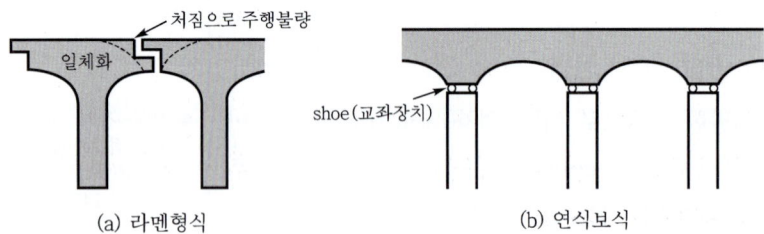

[그림 8-25] 구조형식

④ 시공법
 ㉠ form traveller(이동작업차)에 의한 공법 : form traveller(폼바우바겐)를 이용하여 교각을 중심으로 좌우로 1 segment(3~4m의 시공블록)씩 콘크리트를 현장타설 → prestress 도입하여 일체화시키면서 이어나가는 공법이다.

[그림 8-26] FCM 공법

ⓛ 힐프스트레거공법(P & Z 공법) : 이동식 가설 트러스에 의한 공법으로 대형 이동 가설빔을 이용하여 전방이동 가설장치와 후방이동 가설장치에서 PS 빔을 이어나가면서 가설하는 공법이다.

[그림 8-27] P & Z 공법(힐프스트레거공법)

(3) 이동동바리공법(MSS 공법 ; Movable Scaffolding System)

교량의 상부구조 시공 시 동바리를 사용하지 않고 거푸집이 부착된 특수한 이동식 동바리를 이용하여 한 경간씩(span by span) 한 번에 시공해 가는 공법이다.

● 노량대교에 적용함.

① 특징

장 점	단 점
ⓐ 동바리공이 필요 없으므로 하천, 도로 등 교량의 하부조건에 관계없이 시공 ⓑ 고교각, 다경간의 교량시공에 유리하다. ⓒ 고도의 기계화된 동바리와 거푸집을 사용하므로 신속, 안전, 확실하게 시공 ⓓ 반복작업으로 소수의 인원으로도 시공이 가능하고 시공관리도 확실하게 할 수 있다. ⓔ 전천후 시공이 가능하다. ⓕ 유사교량 시공 시 거푸집 및 동바리의 전용이 가능하다.	ⓐ 이동식 동바리가 대형이고 중량이 크다. ⓑ MSS 장비비가 고가이다. ⓒ 단면의 변화에 적응이 곤란하다.

② 공법의 종류
  ㉠ 하부이동식(support type, 지지방식) : 이동동바리의 주 truss 빔이 교량 상부구조 아래에 위치하여 거푸집을 지지하며 1 span씩 차례로 시공하는 공법
    ⓐ Rechenstab 방식
    ⓑ Kettiger hang 방식
    ⓒ Mannesmann 방식
  ㉡ 상부이동식(hanger type, 매달기방식) : 이동동바리의 주 truss 빔이

교량 상부구조 위쪽에 위치하여 거푸집을 매달아 1 span씩 차례로 시공하는 공법으로 Gerustwagen(게루스트바겐) 공법이 효시이다.

[그림 8-28] MSS 공법(하부이동식)

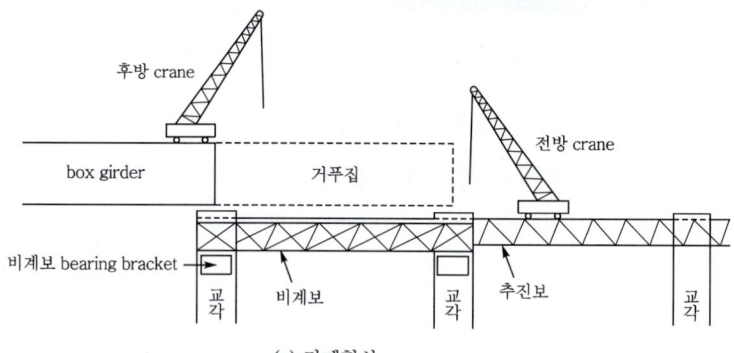

[그림 8-29] 하부이동식 MSS 구조

(4) 압출공법(ILM 공법 ; Incremental Launching Method)

교대 후방의 제작장에서 제 1 segment 선단에 추진코(nose)를 연결하고 1 segment씩 PSC 빔(PSC box girder)을 제작 양생한 후 전방에 미리 가설된 PSC 빔에 연결시켜 전방으로 압출하면서 장대교를 가설하는 공법이다.

독일(1964년)에서 개발한 공법으로 1지간(길어도 가능함)의 구간에 벤트(bent)나 동바리공이 필요 없다.

● 호남고속도로 구간의 금곡천교, 행주대교 등에 적용함.

● ILM공법의 종류
① 추진코식(손펴기식)
② 연결식
③ 대선식
④ 이동벤트식

① 특징

장 점	단 점
ⓐ 동바리(비계) 없이 시공하므로 교대 밑의 장애물에 관계없이 시공이 가능하다. ⓑ 거푸집에 대한 공사비가 절감된다. ⓒ 대형 crane 등 거치장비가 필요 없고 launching truss 등의 설치비가 절감된다. ⓓ 전천후 시공이 가능하다. ⓔ 장대교 시공에 경제적이고 공기가 단축된다. ⓕ 연속교이므로 주행성이 좋고 외관이 미려하다. ⓖ 반복시공으로 노무비가 절감된다. ⓗ 계획적인 공정관리가 가능하다.	ⓐ 교량의 선형에 제약을 받는다.(직선 및 동일 곡선의 교량에 적합) ⓑ 콘크리트 타설 시 엄격한 품질관리가 필요하다. ⓒ 상부구조물의 단면이 일정해야 한다.(변화단면에 적응이 곤란하다.) ⓓ 상당한 면적의 제작장이 필요하다.

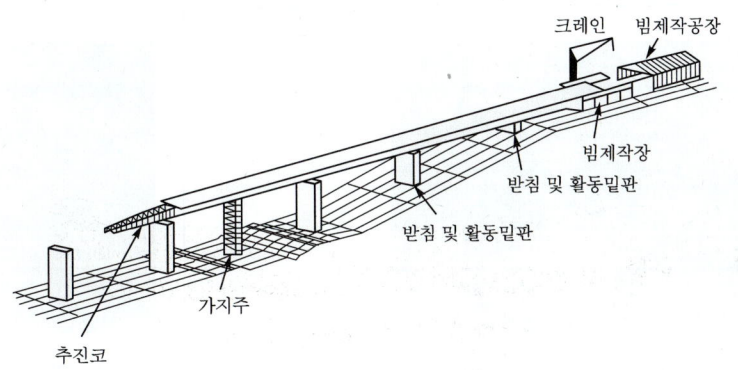

[그림 8-30] ILM 공법

② 공법의 종류★

㉠ 집중압출공법 : lift & pushing공법, pulling공법

㉡ 분산압출공법

(5) precast prestressed segment method(PSM 공법)

precast된 콘크리트 segment를 제작장에서 제작 → 가설위치로 운반 → crane 등의 순서대로 가설위치에 거치 → post-tension 공법으로 각 segment를 일체화시켜 나가는 공법이다.

① 특징

장 점	단 점
ⓐ PSC 제품으로 품질이 우수하다. ⓑ 공기단축 ⓒ 경제성, 시공성이 우수하다. ⓓ 건설공해가 적다. ⓔ 외관이 좋다. ⓕ 가설 후 건조수축, creep에 의한 prestress 감소량이 적다. ⓖ 장대교량에 유리하고 경제적 경간은 30~120m이다.	ⓐ 운반, 가설에 대형장비가 필요하다. ⓑ 초기 투자비가 크다. ⓒ segment의 제작, 운반, 가설 시 고도의 품질관리가 필요하다.

② 가설공법
  ㉠ balanced cantilever method : precast 공법＋FCM 공법의 복합 공법
  ㉡ span by span 공법 : precast 공법＋MSS 공법의 복합 공법
  ㉢ 전진가설공법 : 교량의 한쪽에서 반대쪽으로 전진가설하는 공법

Blanced cantilever 공법	Span by span 공법	전진가설공법
ⓐ segment 지지점 양쪽으로 1개씩 segment를 설치 ⓑ post-tension 조립한다.	ⓐ 교각과 교각을 연결하는 assembly truss 설치 ⓑ post-tensioning해서 연결	교량 한쪽에서 다른쪽으로 연속적으로 가설

[그림 8-31] PSM 공법(서해대교)

[그림 8-32] PSM 공법

[표 8-1] PSC교 가설공법의 분류

구분	동바리를 사용한 공법	동바리를 사용하지 않는 공법			
	현장타설공법	현장타설공법			프리캐스트공법
	FSM공법	FCM공법	MSS공법	ILM공법	PSM공법
종류	ⓐ 전체지지식 ⓑ 지주지지식 ⓒ 거더지지식	ⓐ form traveller(이동작업차에 의한 공법) ⓑ P & Z 공법(이동식 가설 트러스에 의한 공법)	ⓐ 하부이동식 (support type) ⓑ 상부이동식 (hanger type)	ⓐ 집중압출공법 ⓑ 분산압출공법	ⓐ balanced cantilever method ⓑ span by span 공법 ⓒ 전진가설공법
시공법	ⓐ 동바리를 설치한 후 con'c를 타설하여 상부구조를 제작하고 prestressing 작업을 실시한다. ⓑ 동바리는 교량가설 후 해체한다.	이동작업차를 이용하여 교각을 중심으로 좌우로 1segment씩 con'c를 타설한 후 prestress를 도입하여 일체화 시킨다.	거푸집이 부착된 특수한 이동식 동바리를 이용하여 한 경간식 한 번에 시공해 나간다.	교대 후방의 제작장에서 1segment씩 제작 양생한 후 전방에 미리 가설된 PSC 빔에 연결시켜 전방으로 압출한다.	precast된 con'c segment를 제작장에서 제작하여 가설위치로 운반한 후 거치하고 post-tention 공법으로 각 segment를 일체화시켜 나간다.
경제성 및 시공속도	ⓐ 교각높이가 낮을 때 경제적 ⓑ 가장 느리다.	ⓐ 경간(span)이 길수록 경제적 ⓑ 12주/segment	ⓐ 다경간 시공 시 경제적 ⓑ 20일/segment	ⓐ 교각높이가 높을 때 매우 경제적 ⓑ 10일/segment	운반비, 접합비가 많이 소요
특징	ⓐ PSC box 단면 포물선 가능 ⓑ 지반이 연약한 곳 pile 시공 ⓒ 소교량에 사용	동바리공이 불가능 시, 수심이 깊거나 깊은 계곡, 선박이 다니는 곳에 적용	주로 교각 위에 브래키트를 설치 그 위를 이동	ⓐ 추진 시 캔틸레버 모멘트를 줄이기 위해 steel nose 사용 ⓑ 계곡, 도로, 철도 횡단 등 전 동바리 사용이 어려운 곳에 사용	ⓐ PSC 제품으로 품질이 우수 ⓑ 건설공해가 작다.

5 교량의 진단(강재의 비파괴 검사)

용접부를 검사한 후 정확한 해석과 올바른 판단을 내리는 것은 공사의 시공 및 품질관리 측면에서 매우 중요하다.

(1) 종류
① 내부결함검사 : 방사선투과검사, 초음파탐상검사
② 표면결함검사 : 자기분말탐상검사, 침투탐상검사

(2) 시험법
① 방사선투과검사 : 방사선(X선, γ선)을 용접부에 투과시켜 그 상태를 필름에 감광시켜 내부결함을 조사하는 방법으로 가장 신뢰성이 있어 널리 사용된다.
② 초음파탐상검사 : 초음파(0.4~10MHz)의 반사파를 피검사체 1면에 입사시켜 그 반사파의 시간과 크기를 브라운관을 통해 관찰하여 결함을 검출하는 방법으로 검사속도가 빠르고 경제적이다.
③ 자기분말탐상검사 : 시험체의 표면이나 표면 근방의 결함, 표면직하 결함을 검출하는 방법으로 결함부 국부자장에 의해 자분이 자화되어 흡착한다.
④ 침투탐상검사 : 표면에 개구되어 있는 결함에 침투액을 도포하여 검출하는 방법으로 비금속에도 적용이 가능하고 검사가 간단하다.

● 교량의 내진해석 방법
① 단일모드 스펙트럼 해석법
② 다중모드 스펙트럼 해석법
③ 시간이력 해석법

● 내진설계의 용어
① 가속도계수(acceleration coefficient) : 내진설계에서 설계지진력을 산정하기 위하여 교량의 중량에 곱하는 계수로서 지역에 따라 그 값이 다르다.
② 지반계수(site coefficient) : 지반상태가 탄성지진 응답계수에 미치는 영향을 반영하기 위한 보정계수
③ 응답수정계수(response modification factor) : 탄성해석으로 구한 각 요소의 내력으로부터 실제의 설계지진력을 산정하기 위한 수정계수

과년도 출제 문제

01 — 23 ①

옹벽의 형식 3가지를 쓰시오.

[해답] ① 중력식 옹벽   ② 반중력식 옹벽
③ 부벽식 옹벽   ④ 캔틸레버식 옹벽(역T형 옹벽)

02 — 98 ③

옹벽은 중력식, 반중력식, 역T형, 부벽식 등의 종류가 있고 건설공사에 많이 시공되어 있다. 그 중 부벽식 옹벽에서 부벽을 설치하는 2가지 큰 이유를 쓰시오.

[해답] ① 전단력 감소
② 휨모멘트 감소

※ 참고
① 부벽식 옹벽은 일정한 간격으로 벽과 바닥판을 결합시켜 주는 부벽(counterfort)이라는 얇고 수직인 con´c slab가 있다는 점을 제외하면 캔틸레버식 옹벽과 비슷하다.
② 부벽을 세우는 목적은 전단력 감소, 휨모멘트 감소를 위한 것이다.

03 ★ — 96 ④, 98 ②

캔틸레버식 옹벽구조물 설계 시에 고려되어야 할 외력을 3가지 쓰시오.

[해답] ① 정하중
② 재하중
③ 토압

※ 참고
옹벽설계 시의 설계하중
(1) 평상시의 설계하중
① 정하중 : 옹벽, footing, 뒤채움 토사의 중량
② 재하중 : 활하중
③ 토압
(2) 지진 시의 설계하중
① 정하중
② 토압
③ 지진토압

04 ★ — 95 ①, 97 ③

다음 그림과 같은 역T형 옹벽구조물에서의 주철근 배치를 바르게 나타내시오.

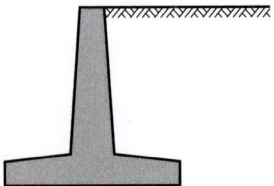

[해답]

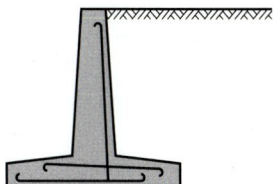

○5 ★★★　　　　　　　　　　　　　　　　　　　　　　　　　　　94 ③, 96 ①, 19 ②, 22 ③

아래 옹벽에 대한 전도 및 활동에 대한 안정을 검토하시오. (단, 안전율은 모두 2.0 이상이어야 한다.)

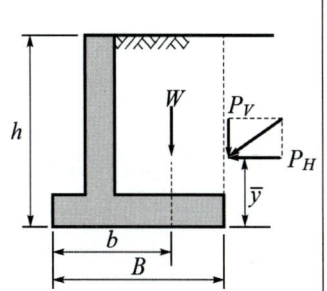

조건
- $c = 0$
- W(옹벽자중＋저판위의 흙의 무게)$= 240 \text{kN/m}$
- $P_H = 200 \text{kN/m}$
- $P_V = 100 \text{kN/m}$
- $B = 4 \text{m}$
- $b = 2.5 \text{m}$
- $h = 6 \text{m}$
- $\overline{y} = 2 \text{m}$
- μ(옹벽저판과 기초와의 마찰계수)$= 0.5$

(1) 전도에 대한 안정검토
(2) 활동에 대한 안정검토

[해답]
(1) $F_s = \dfrac{Wb + P_V B}{P_H y} = \dfrac{240 \times 2.5 + 100 \times 4}{200 \times 2} = 2.5 > 2.0$

∴ 안정하다.

(2) $F_s = \dfrac{cB + (W + P_V)\tan\delta}{P_H} = \dfrac{0 + (240 + 100) \times 0.5}{200} = 0.85 < 2.0$

∴ 불안정하다.

　　　　　　　　　　　　　　　　　　　　　　　　　　　97 ②

옹벽의 뒤채움(back fill) 시공 시 토압을 감소시키기 위한 대책을 구체적으로 3가지만 쓰시오.

[해답]
① 내부마찰각이 큰 재료를 사용
② 점착력이 있는 재료를 사용
③ 지하수위를 저하시키는 공법을 채택
④ 배수처리 철저(경사 배수공이 유리)

7 ★★★

그림과 같은 중력식 옹벽의 전도(overturning)에 대한 안전율을 계산하시오. (단, 콘크리트의 단위중량은 $23kN/m^3$이다.)

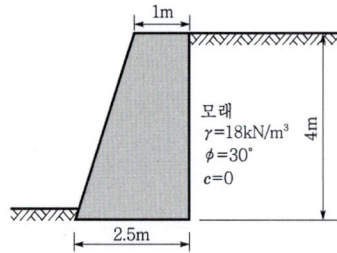

[해답]
$$F_s = \frac{Wb + P_V B}{P_H y} = \frac{Wb}{P_H y}$$

$$= \frac{\left(\frac{1.5 \times 4}{2} \times 23\right) \times \frac{2 \times 1.5}{3} + (1 \times 4 \times 23) \times 2}{\frac{1}{2} \times 18 \times 4^2 \times \tan^2\left(45° - \frac{30°}{2}\right) \times \frac{4}{3}} = 3.95$$

8 ★

다음과 같은 모양의 중력식 옹벽을 설치하려고 한다. 흙의 단위중량 $\gamma_t = 17.5kN/m^3$, 내부마찰각 $\phi = 30°$, 점착력 $c = 0$, 콘크리트의 단위중량 $\gamma_c = 24kN/m^3$일 때 옹벽의 전도(over-turning)에 대한 안전율을 Rankine의 식을 이용하여 계산하시오. (단, 옹벽 전면에 작용하는 수동토압은 무시한다.)

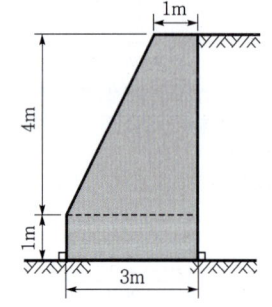

[해답]
① $P_a = \frac{1}{2}\gamma h^2 K_a = \frac{1}{2}\gamma h^2 \tan^2\left(45° - \frac{\phi}{2}\right)$
$= \frac{1}{2} \times 17.5 \times 5^2 \times \tan^2\left(45° - \frac{30°}{2}\right) = 72.92 kN/m$

② $F_s = \frac{Wb + P_V B}{P_H y} = \frac{Wb}{P_a y}$

$$= \frac{\left\{(1+5) \times \frac{2}{2} \times 24\right\} \times \frac{1+2\times 5}{1+5} \times \frac{2}{3} + \{(1 \times 5) \times 24\} \times 2.5}{72.92 \times \frac{5}{3}} = 3.92$$

9 ★

옹벽이라 함은 흙의 붕괴를 방지하기 위하여 흙을 지지할 목적으로 절취, 성토 비탈면에 축조하는 구조물이다. 이때의 옹벽의 안정성 검토항목 중 3가지만 쓰시오.

[해답] ① 전도 ② 활동 ③ 지지력

10 ★★★★

그림과 같이 중력식 옹벽을 설치할 때 수평활동에 대한 안정도를 검토하시오.
(단, Rankine식 이용)

[조건]
- 흙의 단위중량 : 18kN/m³
- 흙의 내부마찰각 : 30°
- concrete 저면과 흙과의 마찰각 : 20°
- concrete 단위중량 : 23kN/m³

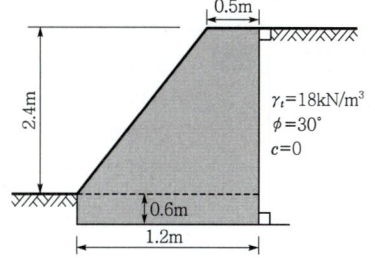

95 ⑤, 97 ②, 00 ③, 06 ①, 12 ①

[해답]

① $W = \left\{ 0.6 \times 1.2 + (0.5 + 1.2) \times \dfrac{2.4}{2} \right\} \times 23 = 63.48 \text{kN/m}$

② $P_p = \dfrac{1}{2}\gamma h^2 K_p = \dfrac{1}{2}\gamma h^2 \tan^2\left(45° + \dfrac{\phi}{2}\right)$

$\quad = \dfrac{1}{2} \times 18 \times 0.6^2 \times \tan^2\left(45° + \dfrac{30°}{2}\right) = 9.72 \text{kN/m}$

③ $P_a = \dfrac{1}{2}\gamma h^2 K_a = \dfrac{1}{2}\gamma h^2 \tan^2\left(45° - \dfrac{\phi}{2}\right)$

$\quad = \dfrac{1}{2} \times 18 \times 3^2 \times \tan^2\left(45° - \dfrac{30°}{2}\right) = 27 \text{kN/m}$

④ $F_s = \dfrac{(W + P_V)\tan\delta + CB + P_p}{P_a}$

$\quad = \dfrac{(63.48 + 0) \times \tan 20° + 0 + 9.72}{27} = 1.22 < 1.5$

∴ 불안정하다.

※ 참고
많은 경우에 활동에 대한 안전을 계산에서 P_p를 무시한다.

11

97 ①

콘크리드 옹벽 뒤채움에시의 배수를 위하여 물구멍이나 구멍뚫린 수발공을 사용하여 적절히 배수시켜야 한다. 일반적으로 사용되는 수발공의 지름과 수발공 1개소가 설치되는 적당한 벽면적을 기록하시오.

(1) 지름
(2) 벽면적

[해답]
(1) 지름 : 5~10cm
(2) 벽면적 : 9m²

※ 참고
① 콘크리트 옹벽공사에서 뒤 채움재의 물이 배수되지 않으면 물로 인한 토압이 증가하고 마침내 붕괴를 초래하는 수가 있다. 이를 대비하기 위해 옹벽 종벽에 수평 및 수직 간격 3.0m 이내마다 지름 5~10cm의 배수공을 설치한다.
② 콘크리트 블록 및 돌쌓기에는 원칙적으로 2m2에 1개의 비율로 지름 5~8cm의 물빼기공(수발공)을 돌쌓기 앞면 아래쪽에 상·하가 어긋나게 배치한다.

12 ★★★★

다음 그림과 같은 중력식 옹벽에 대하여 Rankine토압론을 이용하여 아래 물음에 답하시오.

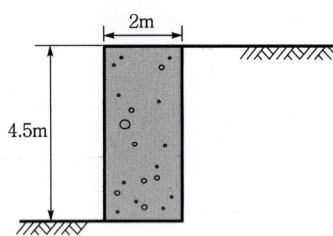

조건
- 흙의 단위중량 : $\gamma_t = 18\text{kN/m}^3$
- 흙의 내부마찰각 : $\phi = 37°$
- 점착력 : $c = 0$
- 지반의 허용지지력 : $q_a = 300\text{kN/m}^2$
- 콘크리트 단위중량 : $\gamma_c = 24\text{kN/m}^3$

(1) 전도에 대한 안전율을 구하시오.
(2) 활동에 대한 안전율을 구하시오.
(3) 지지력에 대한 안전율을 구하시오.

해답 (1) 전도에 대한 안전율

① $P_a = \dfrac{1}{2}\gamma h^2 K_a = \dfrac{1}{2}\gamma h^2 \tan^2\left(45° - \dfrac{\phi}{2}\right)$
$= \dfrac{1}{2} \times 18 \times 4.5^2 \times \tan^2\left(45° - \dfrac{37°}{2}\right)$
$= 45.3\text{kN/m}$

② $W = 2 \times 4.5 \times 24 = 216\text{kN/m}$

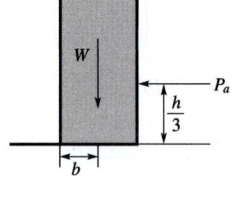

③ $F_s = \dfrac{M_r}{M_d} = \dfrac{Wb}{P_a y} = \dfrac{216 \times \dfrac{2}{2}}{45.3 \times \dfrac{4.5}{3}} = 3.18$

(2) 활동에 대한 안전율

$F_s = \dfrac{(W + P_V)\tan\delta + cB + P_p}{P_a}$
$= \dfrac{(216 + 0)\tan 37° + 0 + 0}{45.3} = 3.59$

(3) 지지력에 대한 안전율

① $V = W + P_V = 216 + 0 = 216\text{kN/m}$

② $e = \dfrac{B}{2} - x = \dfrac{B}{2} - \dfrac{M_r - M_d}{V}$
$= \dfrac{2}{2} - \dfrac{216 \times \dfrac{2}{2} - 45.3 \times \dfrac{4.5}{3}}{216} = 0.31\text{m}$

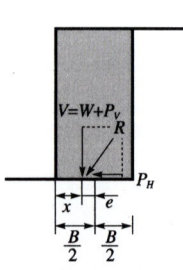

③ $q_{\max} = \dfrac{V}{B}\left(1 + \dfrac{6e}{B}\right)$
$= \dfrac{216}{2}\left(1 + \dfrac{6 \times 0.31}{2}\right) = 208.44\text{kN/m}^2$

$\left(Vx = M' = M_r - M_d \therefore x = \dfrac{M_r - M_d}{V}\right)$

④ $F_s = \dfrac{q_a}{q_{\max}} = \dfrac{300}{208.44} = 1.44$

13

다음과 같은 하중이 작용하는 옹벽에서 물음에 답하시오. (단, 옹벽자중은 무시한다.)

(1) 옹벽저면(AB)에 발생한 수직방향의 지반반력의 최대값과 최소값은 각각 몇 kN/m²인가?
(2) 지반의 허용지지력이 150kN/m²이라면 지지력에 대한 안정여부를 판단하시오.

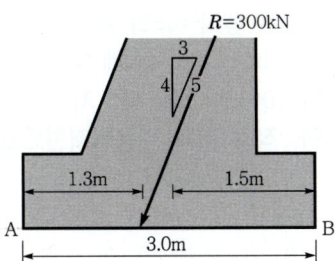

해답 (1) ① $q_{max} = \dfrac{V}{B}\left(1+\dfrac{6e}{B}\right) = \dfrac{W+P_V}{B}\left(1+\dfrac{6e}{B}\right)$

$= \dfrac{0+300\times\dfrac{4}{5}}{3}\times\left(1+\dfrac{6\times 0.2}{3}\right) = 112 \text{kN/m}^2$

② $q_{min} = \dfrac{V}{B}\left(1-\dfrac{6e}{B}\right) = \dfrac{W+P_V}{B}\left(1-\dfrac{6e}{B}\right)$

$= \dfrac{0+300\times\dfrac{4}{5}}{3}\times\left(1-\dfrac{6\times 0.2}{3}\right) = 48 \text{kN/m}^2$

(2) 지지력에 대한 안정검토

$F_s = \dfrac{q_a}{q_{max}} = \dfrac{150}{112} = 1.34 > 1$ ∴ 안정하다.

14

옹벽(Retaining Wall)은 배면으로부터 작용하는 주동토압을 최소화시켜 활동, 전도 등의 안정성을 증대시키는 것이 설계·시공의 주안점이다. 주동토압을 최소화시키는 방법을 3가지만 기술하시오.

해답 ① 내부마찰각이 큰 재료를 사용
② 점착력이 있는 재료를 사용
③ 지하수위를 저하시키는 공법을 채택
④ 배수처리 철저

15

옹벽에 시공되는 배수공의 종류 4가지를 쓰시오.

해답 ① 간이 배수공   ② 연속배면 배수공
③ 경사 배수공   ④ 저면 배수공

16 ★★★

뒤채움 지표면에 재하중이 없는 높이 6m의 옹벽에 작용하는 지진력에 의한 전체 주동토압(P_{ae})이 Mononobe-Okabe식에 의해 160kN/m이고, 정적인 상태의 전체 주동토압(P_a)이 100kN/m일 때, 지진력에 의한 전체 주동토압의 작용 위치를 구하시오. (단, 작용 위치는 옹벽저면으로부터의 거리이다.)

96 ②, 07 ①, 11 ②, 14 ②, 19 ②

[해답]

① 지진력에 의한 주동토압

$$P_{ae} = \frac{1}{2}\gamma_t h^2 (1-K_V) K_{ae} = 160 \text{kN/m}$$

② $P_a = \frac{1}{2}\gamma_t h^2 C_a = 100 \text{kN/m}$

③ $\triangle P_{ae} = P_{ae} - P_a = 160 - 100 = 60 \text{kN/m}$

④ $\triangle P_{ae} \times 0.6h + P_a \times \dfrac{h}{3} = P_{ae} \times y$

$60 \times (0.6 \times 6) + 100 \times \dfrac{6}{3} = 160 \times y$

∴ $y = 2.6\text{m}$

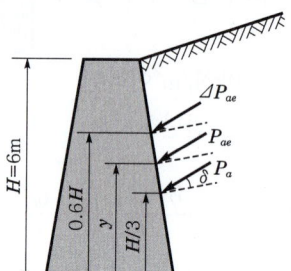

✱참고

① $K_h = \dfrac{\text{지진속도의 수평성분}}{g}$

② $K_V = \dfrac{\text{지진가속도의 연직성분}}{g}$

③ K_{ae} : 지진을 고려한 주동토압계수

17

옹벽시공 시 수축으로 인한 피해를 막기 위해 기초저면 위에서 벽체의 꼭대기까지, 벽의 표면에서 꼭대기까지 설치하는 것으로 폭이 6~8mm, 깊이 12~16mm 정도인 수직줄눈은?

94 ③

[해답] 수축줄눈(shrinkage joint)

✱참고
수축이음(shrinkage joint, contraction joint)
① 이것은 콘크리트를 크게 손상시키지 않고 수축하게 하는 벽의 정면에 저판의 상부부터 옹벽의 윗면까지 설치하는 수직이음이다.
② 홈의 폭이 6~8mm, 길이가 12~16mm이다.

18

흙은 입자 상호간에 강하게 부착되어 있지 않아 다른 재료와는 달리 외력과 자중에 의하여 쉽게 파괴되는 약점을 보완하기 위하여 흙과 성질이 다른 재료를 매입하여 흙의 성질을 개량하고 토류옹벽에 주로 사용되는 최신 공법은?

91 ③

[해답] 보강토공법(reinforced earth method)

19 ★

옹벽에서 강봉이나 강봉띠 또는 토목섬유 등으로 흙의 마찰저항을 증가시킬 목적으로 사용되는 공법을 쓰시오.

97 ②, 19 ①

[해답] 보강토공법

20 ★

보강토 옹벽의 구성은 크게 3요소로 이루어진다. 그 3가지가 무엇인지 쓰시오.

해답
① 전면판(skin plate)
② 보강띠(strip bar)
③ 뒤채움재(back fill)

21

보강토 옹벽의 특징 중 장점을 3가지만 쓰시오.

해답
① 시공이 빠르다.(공기단축)
② 높은 옹벽 축조가 가능하다.
③ 용지폭이 작게 소요된다.
④ 건설공해가 적다.
⑤ 연약지반에서도 시공이 가능하다.
⑥ 충격과 진동에 강한 구조이므로 고성토에 적합하다.

22 ★

보강토벽은 옹벽, 교대, 방수벽 등에 사용되는 최신 공법으로 높이가 높을수록 경제적인데 보통 몇 m 이상이면 경제적인가?

해답 10~20m

23 ★★

보강토벽은 옹벽, 교대, 방수벽에 사용되는 최신 공법으로 횡토압에 저항하는 타이의 설계방법으로 3가지 기본방법이 있는데 그 3가지 방법은 무엇인가?

해답
① Rankine법 : 가장 간단하고 널리 사용되는 방법
② Coulomb 응력법(Coulomb force method)
③ Coulomb 모멘트법(Coulomb moment method)

24

간선 집수거의 연장을 적게 또는 배수구의 수가 1개 정도로서 습윤지대에 설치하는 암거의 배열방식은?

해답 머리빗식(comb system) 배열

25 ★★★★

암거의 배열방식을 3가지만 쓰시오.

해답
① 자연유하식
② 머리빗식
③ 오늬무늬식
④ 차단식

26 ★★★

관암거의 직경이 20cm, 유속이 0.8m/s, 암거길이가 300m일 때 원활한 배수를 위한 암거낙차를 Giesler 공식을 이용하여 구하시오.

해답 $V = 20\sqrt{\dfrac{Dh}{L}}$ $0.8 = 20\sqrt{\dfrac{0.2h}{300}}$

$\therefore h = 2.4\,\text{m}$

27 ★★★

외경 70cm, 두께 7cm의 강성관을 개착식으로 매설하고자 한다. 매설깊이는 관의 상단에서 2m이며, 터파기폭은 관의 상단에서 1.5m이다. 매설관에 작용하는 단위폭당의 하중은 몇 kN/m인가? (단, 하중계수는 2.2이고, 흙의 단위중량은 18kN/m³이고, Marston의 공식 사용)

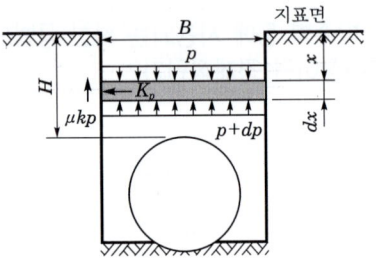

해답 $W_c = C_d \gamma_t B^2 = 2.2 \times 18 \times 1.5^2 = 89.1\,\text{kN/m}$

28 ★

지하수 침강 최소깊이가 200cm, 암거 매립간격 800cm, 투수계수 10^{-5}cm/sec 일 때 불투수층에 놓인 암거를 통한 단위길이당 배수량을 구하시오. (단, 소수점 이하 4째자리에서 반올림할 것)

해답 $D = \dfrac{4k}{Q}(H_0^2 - h_0^2)$

$800 = \dfrac{4 \times 10^{-5}}{Q}(200^2 - 0)$

$\therefore Q = 0.002\,\text{cm}^2/\text{sec} = 0.002\,\text{cm}^3/\text{cm/sec}$

29

암거의 단면형상에 의한 분류를 3가지 쓰시오. (예를 들어 원형암거가 있다.)

해답
① 구형암거
② 마제형암거
③ 계란형암거
④ 아치형암거

30

철도 밑을 관통하는 지하차도 공사 시에 근래 사용되는 공법으로 비개착공법이 있다. 공사중 열차운행이나 도로교통의 차단없이 사용되는 프리캐스트공법으로 품질관리가 용이하고 공기단축은 물론 토공 절취량이 적고 안정성이 좋은 공법은?

해답 프론트 잭킹공법(front jacking method)

31 ★★

암거매설공법 중 고속도로 및 철도하부로 횡단하여 암거구조물을 설치할 경우 개착공법에 의하지 않고 양쪽에 발진기지를 설치하여 함체를 직접 견인시켜 구조물 안으로 들어오는 토사를 굴착하여 소정의 구조물을 설치함으로써 상부 교통에 지장을 주지 않고 시공하는 공법은?

해답 프론트 잭킹공법(front jacking method)

32 ★★

개착공법(open cut)에 의하지 않고 땅 속에서 작업대를 만들어 암거나 원통형의 관 등을 잭으로 직접 잡아 당겨서 부설하는 공법의 명칭을 쓰시오.

해답 front jacking method(프론트 잭킹 공법)

33

교량시공을 위한 교대시공 시 날개벽(wing)의 시공목적은?

해답
① 교대 배면토의 유실방지
② 외관

34 ★★

교대의 구조형식에 의한 분류 5가지를 쓰시오.

[해답]
① 중력식 교대
② 반중력식 교대
③ cantilever식 교대
④ 특수 교대(아치형)
⑤ 부벽식 교대

35

다음 그림은 교대의 단면도와 정면도이다. 영어로 표기한 각 부분의 명칭을 쓰시오.

(1) A :
(2) B :
(3) C :
(4) D :
(5) E :

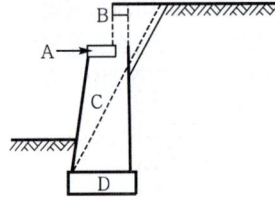
[교대의 단면도]

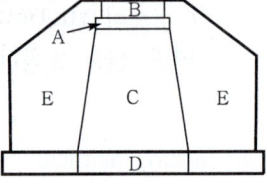
[교대의 정면도]

[해답]
(1) A : 교좌(bridge seat)
(2) B : 배벽(흉벽, parapet wall)
(3) C : 구체(body)
(4) D : 교대기초(footing)
(5) E : 날개벽(wing wall)

36 ★

교대는 교량의 상부구조물을 지지하는 구조물로서 교량의 하부구조이다. 교대의 종류는 교량과 도로와의 지형적 조건, 기초 토질상태, 하천의 유수방향과 교량의 방향, 경제성 등에 따라서 각각 달라진다. 이와 같은 점을 고려한 교대의 종류명을 4가지만 쓰시오.

[해답]
① 직벽교대(straight abutment)
② U형 교대(U-type abutment)
③ T형 교대(T-type abutment)
④ 익벽교대(wing abutment)

37 ★

교대의 형식과 구조는 경제적이고 안전해야 한다. 토압과 수평력이 대단히 큰 경우에 설치하는 교대는?

[해답] 부벽식 교대

> **참고** 교대의 분류
> (1) 평면형상에 의한 분류
>   ① 직벽교대   ② U형 교대   ③ T형 교대   ④ 익벽교대
> (2) 구조에 의한 분류
>   ① 중력식 교대 : 높이 4m 이하
>   ② 반중력식 교대 : 높이 4m 이하
>   ③ cantilever식 교대 : 높이 6m까지
>   ④ 부벽식 교대 : 높이 6m 이상
>   ⑤ 특수식 교대(아치형)

38 ★

교각(Pier)의 세굴(Scouring)방지공법을 3가지만 쓰시오.

[해답] ① 교각에 사석공 설치   ② 도류제의 설치
② 하천의 개수공사   ④ 교량기초의 강화

12 ②, 24 ①

> **참고**
> **도류제**
> 교각의 세굴방지대책으로 도류제의 설치목적은 홍수 터 위의 흐름이 교량의 주 하도(主河道)로 돌아가는데 매끄러운 천이구간을 제공 하는 것이다. 또한 상류에 있는 최대세굴지점을 이동 시키는 작용을 한다.

39 ★

교량은 상판의 위치, 구조형식, 사용재료 및 용도 등 여러 가지 관점에서 분류할 수 있다. 상판의 위치에 의하여 분류한 교량의 형식 4가지를 쓰시오.

[해답] ① 상로교   ② 하로교   ③ 중로교   ④ 2층교

01 ①, 07 ③, 09 ③, 16 ①, 21 ①, 23 ①

40

교량등급별 DB-하중 3가지를 쓰시오.

[해답] ① DB-24   ② DB-18   ③ DB-13.5

10 ③

> **참고**
> **DB-하중의 제원**
> | 교량등급 | 하중 W(tf) |
> |---|---|
> | 1등교 | DB-24 |
> | 2등교 | DB-18 |
> | 3등교 | DB-13.5 |

41 ★

트러스교를 골조형태로 분류할 때 종류를 3가지만 쓰시오.

[해답] ① 와렌 트러스(warren truss)
② 프래트 트러스(pratt truss)
③ 하우 트러스(howe truss)
④ 파커 트러스(parker truss)
⑤ K 트러스(K-truss)

08 ③, 22 ③

42 ★★★

PS 콘크리트 교량건설공법 중 동바리를 사용하지 않는 현장타설공법의 종류 3가지를 쓰시오.

[해답]
① 캔틸레버공법(FCM 공법) ② 이동동바리공법(MSS 공법)
③ 압출공법(ILM 공법) ④ PSM공법

> 92 ②, 94 ③, 00 ②, 03 ③, 04 ③, 07 ②, 10 ③, 11 ①, 14 ②, 17 ①, 18 ②, 19 ③, 21 ①③, 22 ③, 23 ①

43 ★★

교량 공사 시 동바리를 설치하지 않고 교각 위의 주두부(柱頭部)로부터 좌우로 평형을 유지하면서 이동식 작업차(form traveller)를 이용하여 3~5m 길이의 segment를 순차적으로 시공한 후 경간 중앙부에서 캔틸레버구조물을 힌지나 강결로 연결하는 공법은?

[해답] 디비닥공법(Dywidag 공법, FCM 공법)

> 93 ④, 99 ②, 06 ①

44

FCM 거더교 구조형식 중 교각과 상부 거더(girder)가 분리되어 교좌장치(shoe)가 필요하고 중앙부위가 강결되어 크리프(creep)에 의한 처짐이 적고 주행감이 양호한 형식은?

[해답] 연속 빔 형식

> 97 ④

✽참고 캔틸레버공법(디비닥공법, FCM 공법)
(1) 라멘형식(중앙힌지 형식)
  ① 교각과 강결상태
  ② hinge 부분 처짐이 크고 주행감 불량
  ③ 가고정(temporary support)이 필요 없다.
  ④ 원효대교, 청풍교, 상진교에 시공함.
(2) 연속보식
  ① 처짐이 적고 주행감 양호
  ② shoe(교좌장치)가 필요하다.
  ③ 가설 중에 교각과 보를 고정해 주는 가고정공이 필요하다.
  ④ 강동대교, 올림픽대교에 시공함.

45

FCM(Free Cantilever Method) 공법의 구조형식은 어떤 종류가 있는지 2가지를 쓰시오.

[해답]
① 라멘형식(중앙힌지 형식)
② 연속보식

> 97 ②

46

PSC 교량에 사용되는 PS 강재의 프리스트레스는 여러 가지 원인에 의하여 감소한다. 프리스트레스를 도입할 때 일어나는 손실의 원인을 3가지만 쓰시오.

해답
① 콘크리트의 탄성변형
② PS 강재와 시스(sheath) 사이의 마찰(곡률마찰, 파상마찰)
③ 정착장치의 활동

47

FCM 공법의 구조형식 중 상하부가 분리되어 교각 위에 교좌장치가 필요하고 시공 중 발생하는 불균형 모멘트에 대비한 일시 지지용 가설물이 필요함은 물론 시공 중 처짐관리가 어려운 구조형식은?

해답 연속 빔 형식

48

강트러스교 가설공법명을 4가지만 쓰시오.

해답
① 압출공법   ② 캔틸레버식 공법
③ cable식 공법   ④ crane식 공법

> ※ 참고 강교 가설공법
> (1) 비계를 사용하는 공법
>   ① saddle 공법
>   ② bent 공법
>   ③ erection truss 공법(가설 트러스공법)
> (2) 비계를 사용하지 않는 방법
>   ① 압출공법
>   ㉠ bracket erection 공법(손펴기식, 추진코식)
>   ㉡ 연결식
>   ㉢ 대선식
>   ㉣ 이동벤트식(traveling bent 공법)
>   ② 캔틸레버식 공법
>   ③ cable식 공법
>   ④ crane식 공법
>   ⑤ floating crane 공법

49 ★

FCM 구조형식 중 상하부가 일체여서 교각에 별도의 교좌장치가 필요 없고 상부시공 중에 발생하는 불균형 모멘트에 대비한 별도의 가설물 공사가 필요 없는 형식은?

해답 라멘형식

50

4차선, 지간(span) 50m의 PSC교를 형하공간(clearance)이 높고 유속이 빠른 장소에서 30지간을 가설하고자 할 때 적합한 최신 개발된 공법 이름은? (단, 서울의 노량대교에 적용된 공법이다.)

[해답] 이동동바리공법(MSS 공법 ; Movable Scaffolding System)

51 *

유압 제크(hydraulic jack)을 이용하여 거푸집을 이동시키면서 진행방향으로 slab를 타설하는 교량가설공법으로 main girder의 상하 좌우 조절이 가능한 공법은?

[해답] 이동동바리공법(MSS 공법 ; Movable Scaffolding System)

52

교대 후방의 제작장에서 segment로 교량의 제작된 상부구조물에 교량 지간을 통과할 수 있도록 프리스트레스를 가한 후 특수 장비를 이용하여 밀어내는 공법은 무엇인가?

[해답] 압출공법(ILM 공법 ; Incremental Launching Method)

✱ 참고
ILM 공법
교대 후방의 작업장에서 일정한 길이의 segment를 제작한 후 압출장치를 이용하여 압출하여 교량을 가설하는 공법

53 **

교량의 상부 구조물을 교대 또는 제1 교각의 후방에 설치한 주형 제작장에서 프리캐스트 세그먼트를 연속적으로 제작하여 직선 또는 일정 곡률반지름의 교량을 가설하는 공법의 명칭을 쓰시오.

[해답] 압출공법(ILM 공법)

54 ***

ILM(압출공법)에 적용하는 압출방법을 3가지만 쓰시오.

[해답] ① lift & pushing 공법
② pulling 공법
③ 분산압출공법

✱ 참고
ILM공법의 종류
① 추진코식(손펴기식)
② 연결식
③ 대선식
④ 이동벤트식

55

다음은 교량의 가설공법 중 ILM 공법의 시공방법을 나열한 것이다. 시공순서를 쓰시오.

조건
① 교대시공　② 제작장 설치　③ 노즈설치
④ 세그먼트 제작　⑤ 슬라이딩 패드　⑥ 래터럴가이드 설치
⑦ 압출　⑧ 강재긴장　⑨ 부대공사

해답　①→②→③→④→⑥→⑤→⑦→⑧→⑨

※참고
① 추진코(launching nose)
교량의 최선단에 부착 고정시켜 장지간 추진 통과시 중량의 콘크리트 박스 구조물이 전방 교각에 도달하기 전에 먼저 도달시켜 중량의 상부구조물에 의한 캔틸레버 부모멘트를 감소시키는 역할을 하는 가설구조물
② 미끄럼판(sliding pad)
받침부의 마찰저항을 작게 해서 상부구조물을 원활하게 압출하기 위해 주형하면과 횡방향 가이드에 끼워 넣는 패드
③ 횡방향 가이드(lateral guide)
교량 상부구조물 압출 작업 시 선형성 유지, 이탈방지를 위해 교대, 교각 등의 측면에 설치된 H형강 구조물
④ 부대공사
압출완료 후 거더와 영구교좌장치 고정

56

교량가설 공법 중 압출공법(ILM)의 단점을 3가지만 쓰시오.

해답
① 교량의 선형에 제약을 받는다.
② 상부구조물의 단면이 일정해야 한다.(변화단면에 적응이 곤란하다.)
③ 상당한 면적의 제작장이 필요하다.
④ 교량 연장이 짧을 경우 비경제적이다.

57

분할된 교량 상부부재를 공장에서 제작하고, 이를 현장으로 운반하여 이동식 가설트러스 위에 크레인으로 인양 배열하여 PS 강선을 긴장 단부에 정착시키는 PS 공법은?

해답　precast prestressed segment method(PSM 공법)

※참고
PSM 공법
precast된 콘크리트 segment를 공장에서 제작하고 가설위치로 운반하여 crane 등을 이용하여 순서대로 가설위치에 거치시킨 다음 post-tention 공법으로 각 segment를 일체화시켜 가는 공법이다.

58

PSC교량에 사용되는 PS강재의 정착방법 중에서 가장 보편적으로 쓰이는 정착방식들은 정착장치의 형식에 따라 3가지로 분류할 수 있다. 그 3가지를 쓰시오.

해답
① 쐐기식
② 지압식
③ 루프식

> **참고** post-tension 방식의 정착방법
> (1) 쐐기식 : 프레시네 공법, VSL공법
>   PS강재와 정착장치 사이의 마찰력을 이용하여 쐐기작용으로 PS강재를 정착하는 방식이다.
> (2) 지압식
>   ① 리벳머리식 : BBRV 공법
>   PS강선 끝을 못머리와 같이 제두 가공하여 이것을 지압판으로 정착하는 방식이다.
>   ② 너트식 : 디비닥 공법
>   PS강봉 끝의 전조된 나사에 너트를 끼워 정착판에 정착하는 방식이다.
> (3) 루프식 : Leoba공법
>   Loop 모양으로 가공한 PS 강선 또는 강연선을 콘크리트 속에 묻어 넣어 콘크리트와의 부착 또는 지압에 의해 정착하는 방식이다.

59

PSC 공법으로 PS 강재의 정착공법 3가지만 쓰시오.

해답
① 프레시네공법
② 디비닥공법
③ BBRV 공법
④ 레온할트공법

60

강상자형교(steel box girder bridge)는 얇은 강판을 상자형 단면으로 결합하여 외력에 저항하는 구조이다. 이러한 강상자형교를 box 단면의 구성형태에 따라 3가지로 분류하시오.

해답
① 단실박스(single-cell box)
② 다실박스(multi-cell box)
③ 다중박스(multiple single-cell box)

> **참고** 강상자형교(steel box girder bridge)
> (1) **개요** : 강상자형은 얇은 강판을 상자형 단면으로 결합하여 외력에 저항하는 구조 부재로서 I형 거더에 비해 휨에 대한 저항성이 뛰어나고 비틀림 강성도 크므로 곡선교나 지간 30m 이상의 직선교에 널리 사용되고 있다.
> (2) **단면의 구성형태에 따른 분류** : 교폭이 좁은 경우에는 주로 단실박스가 사용되고 교폭이 넓은 경우에는 다실박스나 다중박스가 사용된다.
>   ① 단실박스(single-cell box)
>   ② 다실박스(multi-cell box)
>   ③ 다중박스(multi single-cell box) : 단실박스를 2개 이상 병렬로 연결한 것
>
>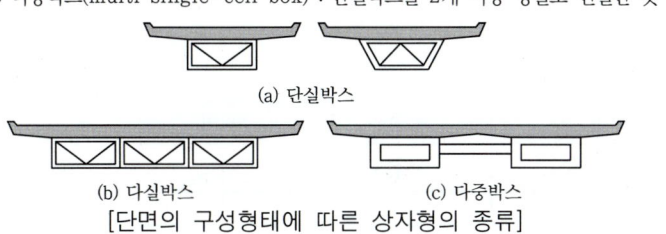
> [단면의 구성형태에 따른 상자형의 종류]

61

사장교의 종방향 케이블 배치형태를 분류한 아래표의 빈칸을 예시와 같은 형태로 채우시오.

구 분	형 상
(예시) 방사형	

[해답]

구 분	형 상
방사형	
하프형	
팬형	
스타형	

62 ★★★★

장대교량에 사용되는 사장교는 주부재인 케이블의 교축방향 배치방식에 따라 크게 4가지로 분류되는데 이를 쓰시오.

[해답]
① 방사형(radiation)
② 하프형(harp)
③ 부채형(fan)
④ 스타형(star)

> **✱참고** 사장교의 케이블 배치방법에 따른 분류
>
> | 방사형 | 하프형 | 부채형 | 스타형 |
> |---|---|---|---|

63

강재의 용접부 비파괴검사법을 3가지만 쓰시오.

[해답]
① 방사선투과검사(Radiographic Test)
② 초음파탐상검사(Ultrasonic Test)
③ 자기분말탐상검사(Magnetic particle Test)
④ 침투탐상검사(Penetration Test)

64

강구조물의 연결에는 고장력 볼트가 많이 사용되는데, 이러한 고장력 볼트의 일반적인 파괴형태를 3가지로 분류하여 쓰시오.

[해답] ① 전단파괴 ② 지압파괴 ③ 인장파괴

> **✱참고** 고장력 볼트(high tension bolt)
> 보통 볼트에 비해 훨씬 큰 인장강도를 가진 볼트이다.
> (1) 고장력 볼트의 접합 : 마찰접합, 지압접합, 인장접합이 있으며 보통 마찰접합을 사용한다.
> ① 마찰접합 : 볼트 조임에 의해 생기는 부재면의 마찰력으로 힘을 전달하는 방식
> ② 지압접합 : 볼트의 전단력과 볼트구멍의 지압내력에 의해 힘을 전달하는 방식
> ③ 인장접합 : 볼트의 인장내력으로 힘을 전달하는 방식
>
>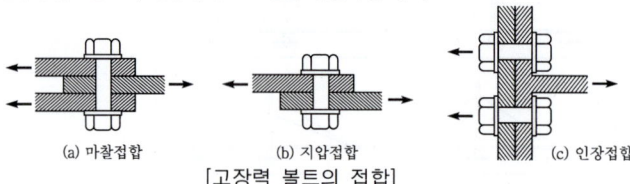
>
> (a) 마찰접합   (b) 지압접합   (c) 인장접합
> [고장력 볼트의 접합]

(2) 특징

장 점	단 점
ⓐ 소음이 적다. ⓑ 불량개소 수정이 용이하다. ⓒ 리벳작업이나 용접작업보다는 재해의 위험성이 적다. ⓓ 이음부분의 강도가 크다. ⓔ 현장시공 설비가 간단하며 공기를 단축시킬 수 있다.	ⓐ 접촉면 관리가 어렵다. ⓑ 조이기 검사가 번거롭다.

65 ★★★ 03 ③, 12 ③, 13 ①, 18 ③

연약지반상에 교대를 설치하면 측방으로 이동하여 성토체가 침하함은 물론 수평변위가 생겨 포장파손 등 문제점을 유발한다. 이같은 측방유동을 최소화시킬 수 있는 방안을 3가지만 기술하시오.

[해답] ① 연속 culvert box 공법
② 파이프 매설공법
③ box 매설공법
④ EPS 공법
⑤ 성토 지지말뚝공법

66 ★★★★ 05 ①, 08 ③, 12 ②, 16 ①, 22 ①

연약지반에 설치한 교대에 발생하기 쉬운 측방유동에 영향을 미치는 주요 요인을 3가지만 쓰시오.

[해답] ① 교대 배면의 성토높이
② 교대 배면의 성토체의 단위중량
③ 연약 점토층의 두께
④ 연약 점토층의 전단강도

✱ 참고
교각에 작용하는 수평력
① 활하중의 견인력
② 풍압
③ 유수압
④ 지진력
⑤ 유수 혹은 유목 및 선박 등에 의한 충격력

67 95 ①

교량, 포장구조, 항만 및 해양 구조물 크레인 거더 등과 같은 구조는 반복하중을 받게 되면 부재가 정적 압축강도보다 낮은 하중에서 파괴된다. 이러한 현상을 무엇이라고 하는가?

[해답] 피로현상

68

합성형교에서 강재 거더와 바닥판 콘크리트 사이에서 각종 하중의 조합에 의해서 발생하는 전단력에 저항하기 위해서 설치하는 장치의 이름을 쓰시오.

해답 전단연결재(shear connector)

69

교량의 상부구조와 하부구조의 접점에 위치하여 상부구조에서 전달되는 하중을 하부구조에 전달하고, 상하부간의 상대변위 및 상부구조의 회전변형을 흡수하는 구조를 무엇이라 하는가?

해답 교좌장치(shoe)

70

도로교 신축이음장치의 종류를 3가지만 쓰시오.

해답
① 핑거 조인트(finger joint)
② 마게바 조인트(megeba joint)
③ 트랜스플랙스 조인트(transflex joint)
④ 심리스 조인트(seamless joint)

71

교량의 내진설계는 지진에 의해 교량이 입는 피해정도를 최소화 시킬 수 있는 내진성을 확보하기 위해 실시한다. 이러한 내진설계 시 사용하는 내진해석방법을 3가지만 쓰시오.

해답
① 단일모드 스펙트럼 해석법
② 다중모드 스펙트럼 해석법
③ 시간이력 해석법

72

지진 발생 시 교량의 안정에 대하여 지진 보호장치 3가지만 쓰시오.

해답
① 점성댐퍼
② 지진격리받침(isolation bearing)
③ 받침보호장치(전단키)
④ 낙교방지장치

> **참고** 지진보호장치

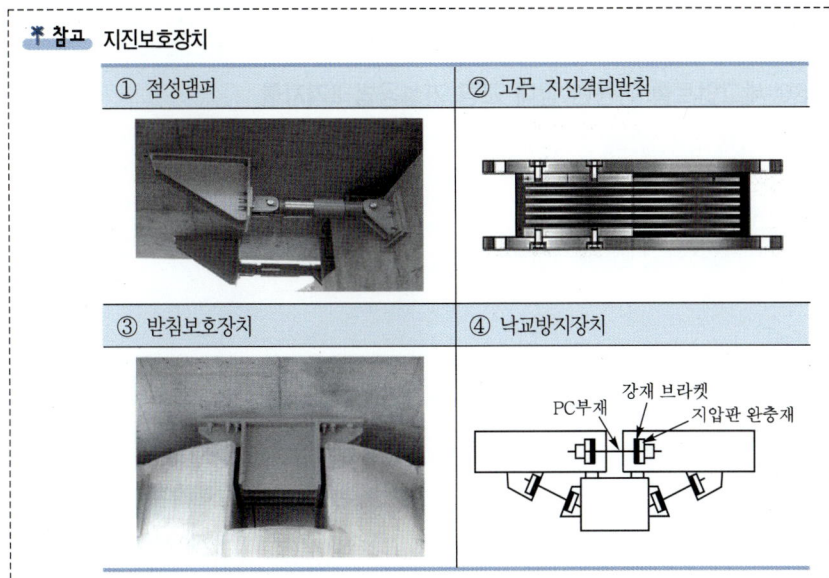

73 ★★

교량의 내진설계 시 설계지진력을 산정하기 위하여 교량의 중량에 곱해 주는 계수로 지역에 따라 다르게 사용하는 계수를 무엇이라 하는가?

[해답] 가속도계수(acceleration coefficient)

74

내진설계 시 사용하는 3가지 계수를 제시하고 그 계수에 대해 각각 설명하시오.

[해답]
① 가속도계수 : 내진설계에서 설계지진력을 산정하기 위하여 교량의 중량에 곱하는 계수로서 지역에 따라 그 값이 다르다.
② 응답수정계수 : 탄성해석으로 구한 각 요소의 내력으로부터 실제의 설계지진력을 산정하기 위한 수정계수
③ 지반계수 : 지반상태가 탄성지진응답계수에 미치는 영향을 반영하기 위한 보정계수
④ 탄성지진응답계수 : 모드 스펙트럼 해석법에서 등가정적지진하중을 구하기 위한 무차원량

75

PSM 교량 가설공법으로 PSC 세그먼트를 이용한 장대 교량 가설공법 3가지를 쓰시오.

[해답]
① balanced cantilever 공법
② span by span 공법
③ 전진가설공법

PART 9

토·목·기·사·실·기

포장공

01 아스팔트 포장과 콘크리트 포장의 비교
02 도로 포장에 사용되는 역청재의 분류
03 노상, 노반의 안정처리공법
04 prime coat, tack coat, seal coat
05 품질관리
06 아스팔트 포장
07 콘크리트 포장
08 아스팔트 포장설계
09 동상방지층, 충격흡수시설, 측구
● 과년도 출제 문제

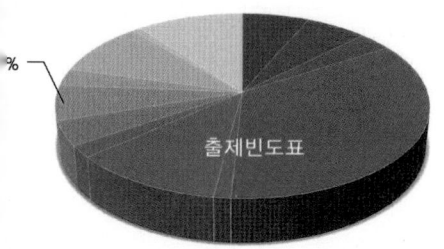

출제빈도표

09 PART 포장공

01 아스팔트 포장과 콘크리트 포장의 비교

> 참고사항

1 기본 개념

아스팔트 포장(역청 포장, 가요성 포장)	콘크리트 포장(강성 포장)
ⓐ 교통하중을 상부층에서 점차적으로 분산시켜 노상에서는 아주 작은 하중을 받도록 한 개념 ⓑ 교통하중을 포장체가 노반에 전달 흡수시켜 하중을 지지한다.	ⓐ 포장 slab가 강성체로서 교통하중을 직접 지지(전단응력, 휨응력에 저항) ⓑ 보조기층은 상부하중(교통, 포장)에 대한 균등한 지지력과 기상작용에 대한 저항성을 고려하여 두께 및 재질을 결정한다.

2 구조적 특성

아스팔트 포장	콘크리트 포장
포장: 표층 / 중간층 / 기층 / 보조기층 치환층 또는 동상방지층 15~30cm 노상(하 1m) 노체	포장: 콘크리트 slab 25~30cm / 상층 보조기층 15~30cm / 하층 보조기층 15cm 이상 / 차단층 15cm 이상 노상(1m) 노체
① 표층(surface course) • asphalt와 골재가 결합되어 형성 • 전단응력에 저항하고 휨응력은 하부에 전달 • 마모방지, 노면수 침투방지, 평탄성 확보	① con´c slab • 교통하중 지지(전단응력, 휨응력에 저항) • 노면수 침투방지
② 중간층(binder course) • 필요시 설치한다. • 표층과 일체로 작용	② 보조기층(sub-base course) • 빈배합 콘크리트 혹은 시멘트 및 아스팔트 안정처리로 구성 • con´c slab를 균등히 지지하는 역할 • 배수, 동상방지 역할

● 보조기층 재료의 품질
① 견고하며 내구적인 부순돌, 자갈, 모래, 슬래그 등의 혼합물로서 점토, 유기물 등을 함유해서는 안 된다.
② 외형은 비교적 균일한 형상을 가져야 한다.

아스팔트 포장	콘크리트 포장
③ 기층(base course) • 입도조정처리 또는 아스팔트 혼합물로 구성 • 상부하중 지지, 휨응력을 하부에 전달 ④ 보조기층(sub-base course) • 현지의 막자갈, 모래 등을 이용하여 잘 다져서 형성 • 상부포장 지지, 휨응력을 노상에 전달 • 배수, 동상방지 역할	③ 노상(sub-grade) • 양질의 흙을 잘 다져서 형성 • 포장두께에서 제외됨. • 포장 전체를지지

● 노상
노상의 두께는 1m가 표준이며 상부노상(두께 40cm), 하부노상(두께 60cm)으로 구분한다.

3 장·단점

포장구분 항목	아스팔트 포장	콘크리트 포장
내구성	• 중차량에 대한 포장수명이 짧다. • 5~10년마다 덧씌우기 필요	• 중차량에 대한 내구성 양호 • 포장수명 20~30년 추정
주행성	• 소음, 진동이 적고 평탄성 양호(주행성이 좋다.)	• 소음, 진동이 있고 평탄성 불리(주행성이 나쁘다.)
시공성	• 시공경험이 풍부, 포장설비 유리 그러나 품질관리에 숙련도 요함.	• 포장장비가 다소 까다로우나 최근 slip form 사용으로 시공성이 향상됨.
미끄럼 저항성	• 다소 불리	• 초기에는 역청 포장에 비해 다소 유리
양생기간	• 양생기간이 짧아 즉시 교통개방 가능	• 양생기간이 길다.
유지·보수 및 경제성	• 유지·보수가 잦아 보수비는 고가 • 보수작업이 용이함. • 유가변동에 영향 받음.	• 유지·보수가 별로 없어 보수비 저렴 • 보수작업이 어렵다. • 시멘트 수급파동에 영향 받음.

02 도로 포장에 사용되는 역청재의 분류

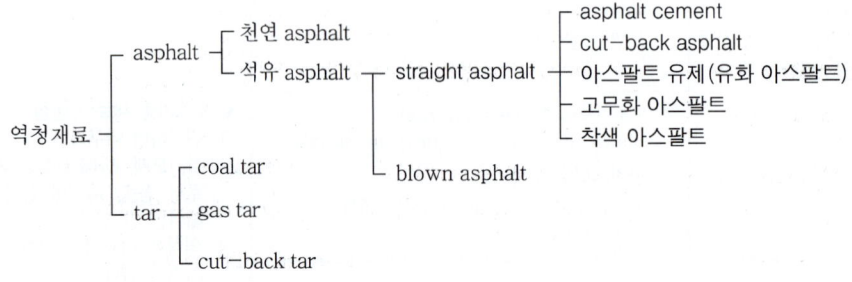

1 아스팔트 시멘트(asphalt cement)

원유를 증류하고 남은 반고체상태의 잔유물인 straight asphalt를 도로 포장용으로 규격에 맞게 가공한 것

2 컷백 아스팔트(cut-back asphalt)*

asphalt cement에 적절한 용제를 가하여 상온에서 점도를 낮게 하여 액체상태로 만든 아스팔트

용제의 증발속도에 따라 분류하면 다음과 같다.
① 급속경화(RC ; Rapid Curing) : 아스팔트에 휘발유로 희석시킨 것으로 용제의 증발속도가 매우 빠르다.
② 중속경화(MC ; Medium Curing) : 아스팔트에 경유, 등유 등으로 희석시킨 것으로 용제의 증발속도가 약간 느리다.
③ 완속경화(SC ; Slow Curing) : 아스팔트에 중유로 희석시킨 것으로 용제의 증발속도가 느리다.

3 아스팔트 유제(유화 아스팔트)

석유 아스팔트를 미립자로 만들어 유화제와 안정제가 첨가된 물속에 분산시켜 액체로 만든 것

아스팔트 유제의 분해속도에 따라 분류하면 다음과 같다.
① 급속응결(RS ; Rapid Setting)
② 중속응결(MS ; Medium Setting)
③ 완속응결(SS ; Slow Setting)

4 고무 아스팔트(rubberized asphalt)

straight asphalt에 분산제와 액체나 분말상태의 고무를 2~5% 정도 섞어 용해하여 만든 것으로 골재와 잘 부착하지는 않으나 한 번 부착되면 부착력과 응집력이 매우 크다.

스트레이트 아스팔트와 비교하였을 때의 장점*은 다음과 같다.
① 감온성이 작다.(온도에 따른 연도의 변화가 작다.)
② 부착력, 응집력이 크다.
③ 탄성 및 충격저항이 크다.

④ 내노화성이 크다.
⑤ 마찰계수가 크다.

5 착색 아스팔트

미관을 위해 아스팔트의 검은색을 제거시켜 아스팔트를 백색, 황색, 홍색, 녹색 등의 색깔로 만든 것이다.
① 결합력이 강하고 투명하다.
② 도로의 교통표식, 박람회장의 바닥용 등에 사용된다.

03 노상, 노반의 안정처리공법

노상, 노반의 재료에 특정의 첨가제를 혼합하여 노반의 안정성, 내구성, 내수성의 증대를 도모하는 공법이다.

1 목적

① 저품질의 현지 토질의 개량
② 노상, 노반의 지지력 증대
③ 포장두께의 감소
④ 건조·습윤, 동결융해에 대한 저항성 증대
⑤ 함수량 관리(함수비 변화에 의한 지지력 변화를 적게 한다.)

2 공법의 적합성

① 양질의 재료를 구득하기 어려울 때
② 양질의 재료를 사용하는 것보다 경제적일 때
③ 현장의 발생토를 유용해야 할 때

3 공법의 종류★

(1) 물리적 방법
① 치환공법 : 불량토를 양질의 재료로 치환하는 공법
㉠ 비교적 간단하게 처리가 가능하나 깊이가 깊을 때에는 적용하기 어렵다.

㉡ 대규모 사토장과 양질의 재료가 필요하다.
② 입도조정공법 : 좋은 입도가 되도록 2종류 이상의 재료를 혼합하여 부설하고 다시는 공법
　　㉠ interlocking 효과가 있다.
　　㉡ 입도가 좋아 부설 및 다짐이 쉽다.
　　㉢ 기계화 시공이 가능하다.
　　㉣ 다짐완료 후 prime coat 한다.
③ 다짐 및 함수비 조절공법 : 함수비 조절과 다짐에 의해 안정처리하는 공법
　　㉠ 강도 증대
　　㉡ 지하수위 상승에 의한 지지력 약화방지
　　㉢ 침하방지

(2) 첨가제에 의한 방법

① 시멘트 안정처리공법 : 흙에 시멘트를 첨가 혼합다짐을 하여 시멘트의 화학적 고화작용에 의해 흙을 안정처리하는 공법
② 역청 안정처리공법 : 흙에 역청제를 첨가 혼합다짐을 하여 역청제의 점착력에 의해 흙을 안정처리하는 공법
　　㉠ 가열혼합식
　　㉡ 상온혼합식
　　　　ⓐ 노상혼합
　　　　ⓑ plant 혼합
③ 석회 안정처리공법 : 흙에 석회를 첨가 혼합다짐을 하여 석회의 화학적 고화작용에 의해 흙을 안정처리하는 공법
④ 화학적 재료에 의한 안정처리공법
　　㉠ 염화칼슘($CaCl_2$)을 사용하면 동결온도 저하, 흙 속 수분증발 저하의 효과가 있다.
　　㉡ 염화나트륨($NaCl$)을 사용하면 건습에 따른 강도변동 감소효과가 있다.

[그림 9-1] 스태빌라이저

(3) 기타 공법

① macadam 공법 : 가장 오래된 공법으로 주골재인 부순돌을 깔고 이들이 파손되지 않도록 채움골재로 공극을 채워 interlocking(맞물림)이 일어나도록 다짐하는 공법

　㉠ 물다짐 macadam 공법 : 채움골재로 13mm 이하의 부순돌 부스러기를 사용하고 살수하면서 다지는 공법

　㉡ 모래다짐 macadam 공법 : 채움골재로 산모래, 강모래를 사용하여 다짐하는 공법

　㉢ 쐐기돌 macadam 공법 : 쐐기돌 골재를 사용하여 다지는 공법

　㉣ 침투식 공법 : 역청재료를 살포, 침투시켜 골재의 맞물림과 역청재료의 결합력에 의해 안정성이 높은 층을 만드는 공법

② membrane 공법 : plastic sheet 역청제의 막을 깔아 방수벽(water barrier) 역할을 하게 함으로써 흙의 함수량을 조절하여 노상, 노반을 안정처리 하는 공법

04 prime coat, tack coat, seal coat

1) prime coat(프라임 코트)*

보조기층, 기층 등의 입상재료층에 점성이 낮은 역청재료를 살포 침투시켜 보조기층, 기층 등의 방수성을 높이고 기층의 모세공극을 메워 그 위에 포설하는 아스팔트 혼합물층과의 부착을 좋게 하기 위해 역청재료를 얇게 피복하는 것

- 프라임 코트의 목적
    ① 기층과 그 위에 포설하는 아스팔트 혼합물층과의 부착을 좋게 한다.
    ② 보조기층, 기층 등의 방수성 증대, 강우에 의한 세굴방지
    ③ 보조기층, 기층 등의 작업차에 의한 파손방지
    ④ 보조기층으로 부터의 모관상승 차단

② tack coat(택 코트)

구 포장층 또는 아스팔트 안정처리 기층과 그 위에 포설하는 아스팔트 혼합물층과의 부착을 좋게 하기 위해 구 포장층 또는 아스팔트 안정처리 기층에 역청재료를 살포하는 것

③ seal coat(실 코트)

아스팔트 포장면의 내구성, 수밀성, 미끄럼저항을 크게 하기 위해 역청재료와 골재를 살포하여 전압하는 아스팔트 표면처리, 일반적으로 포장 유지보수에 이용되며 목적에 따라서 골재를 배합하거나 않을 수도 있다.
- 실 코트의 목적★
    ① 포장면의 내구성 증대, 노화방지
    ② 포장면의 수밀성 증대
    ③ 포장면의 미끄럼저항 증대

05 품질관리

① 품질관리 목적

품질관리라 함은 설계서, 시방서에 나타나 있는 규격을 만족하는 포장을 경제적으로 만들기 위한 수단으로 취하는 것이다.
    ① 포장의 파손을 사전에 방지
    ② 사용재료의 품질변동을 최소화
    ③ 공사의 신뢰성 증대
    ④ 시험결과를 차후의 공사에 적용

2 품질관리 시험

시공 중에 실시한다.

적 요	품질관리시험
표층	ⓐ 폭, 높이, 두께를 측정 ⓑ core 채취에 의한 밀도시험
기층, 보조기층	ⓐ 폭, 높이, 두께를 측정 ⓑ proof rolling
노상	ⓐ 다짐시험 ⓑ 현장밀도시험 ⓒ 도로평판재하시험
노체	ⓐ 다짐시험 ⓑ 현장밀도시험 ⓒ 함수량시험

● 아스팔트 품질특성 시험
① 침입도 시험
② 인화점 시험
③ 신도 시험
④ 안정도 시험
⑤ 비중 시험

즉, asphalt 포장 각 층에 대하여 폭, 높이, 두께, 밀도, 함수비, 입도, 시멘트량, 아스팔트량, 온도, 외관상태, 평탄성에 대한 품질관리를 실시한다.

[그림 9-2] profile meter 측정기

(1) proof rolling

① 개요 : 노상, 보조기층의 다짐도를 판정하기 위해 노상의 최종마무리를 하기 전에 tire roller나 dump truck을 노상면에 주행시켜 유해한 변형을 일으키는 불량개소를 조사하는 것

② 목적
  ㉠ 유해한 변형을 일으키는 불량개소의 발견
  ㉡ 장래 생길 변형을 감소

③ 목적에 따른 분류
  ㉠ 검사다짐(inspection rolling)

- 유해한 변형을 일으키는 불량개소의 발견(조사) 목적
- 불량부분에 대해서 양질의 재료로 치환 등의 재시공하여 변형량이 허용치 이하가 되도록 개선한다.
  ⓒ 추가다짐(additonal rolling) : 장래, 다짐부족에 의한 침하와 변형이 일어나는 것을 방지 목적
④ 시험방법
  ㉠ tire roller나 dump truck으로 3회 정도 주행하면서 최종회에서 주행 중 차륜변형을 조사하여 변형개소를 석회로 표시한 후 ben-kelman beam으로 변형량을 측정한다.
  ⓒ 초과 변형량 부분은 굴착하여 양질의 재료로 치환 또는 함수비를 조절하여 재전압을 실시한다.

(2) 다짐도 검사
① 모래치환법
② 방사능 밀도측정기에 의한 법
③ proof rolling법

06 아스팔트 포장

1 아스팔트 포장의 파손원인과 대책

(1) 파손원인
포장의 파손은 노상토의 지지력, 교통량, 포장두께의 3가지 균형이 깨져서 발생한다.
① 노면성상에 관한 파손 및 원인
  ㉠ 국부적인 균열
   • 원인 : 혼합물의 품질불량, 시공불량, 다짐불량, 기층의 균열 등
  ⓒ 단차
   • 원인 : 지반의 부등침하, 혼합물의 다짐불량

ⓒ 변형

종 류	개 요	원 인
소성변형(rutting)★	횡단방향의 요철	ⓐ 대형차의 교통 ⓑ 혼합물의 품질불량
종방향 요철	도로 연장방향의 파장이 긴 요철	ⓐ 혼합물의 품질불량 ⓑ 노상, 보조기층의 지지력 불균일
코루게이션 (corrugation)	도로 연장방향의 규칙적인 파장이 짧은 요철	prime coat, tack coat의 시공불량으로 아스팔트 혼합물의 일체성 부족
범프(bump)	포장 표면이 국부적으로 밀려 혹모양으로 솟아오른 것	

ⓒ 마모
- 라벨링(ravelling) : 포장표면의 골재입자가 이탈된 상태로 표면의 몰탈분이 이탈되고 표면이 거칠어진 상태
- 폴리싱(polishing) : 포장표면이 마모작용을 받아 몰탈분과 골재가 함께 닳아 미끄럽게 된 상태

② 구조에 관한 파손 및 원인 : 전면적인 균열

ⓐ 거북등 균열
- 원인 : 포장두께의 부족, 혼합물의 품질불량, 노상과 보조기층의 지지력 불균일, 대형차의 교통과 교통량

ⓑ 동상 및 이수분출
- 원인 : 포장두께의 부족, 동상방지층 두께의 부족, 지하수위 상승

(2) 유지·보수 공법★

① patching 공법
ⓐ 아스팔트 포장의 pot hole, 단차, 부분적인 균열, 침하부분에 부분적으로 걷어내고 수선 후 포장재료를 채우는 공법
ⓑ 응급적인 보수공법

② 표면처리공법 : 아스팔트 포장이 노후되어 표면에 균열이 생기거나 마모되었을 때 손상표면에 2.5cm 이하의 얇은 층으로 sealing층을 시공하는 공법

종 류	개 요
seal coat, armor coat 공법	포장표면에 역청재를 살포한 후 그 위에 모래, 부순돌을 살포하여 부착시키는 공법
carpet coat 공법	아스팔트 혼합물을 얇게(두께 1.5~2.5cm) 포설한 후 다지는 공법

fog seal 공법	포장표면에 유화 아스팔트를 얇게 살포하여 작은 균열과 표면의 공극을 채워 노면을 보수하는 공법
slurry seal 공법	유화 아스팔트, 잔골재, 석분과 적당량의 물을 가한 상온 혼합물을 slurry와 같이 만들어 얇게 포설하는 공법

③ over lay 공법(덧씌우기공법) : 포장 전면을 아스팔트 혼합물로 덧씌우기 하는 공법
  ㉠ 균열이 심해 표면처리공법으로는 보수가 어려운 경우나 전면적으로 파손이 생긴 경우에 적용
  ㉡ 기존 포장의 강도 부족, 균열로 인한 빗물 침투방지 목적
④ 절삭 over lay 공법 : 포장의 표면을 절삭한 후 over lay하는 공법
  ㉠ 소성변형, corrugation이 심해 over lay 공법으로는 보수가 어려울 때 사용
  ㉡ 인접지 보도, 배수시설 높이 등으로 over lay 공법이 곤란한 경우에 사용
⑤ 절삭(milling) 공법
  ㉠ 포장의 요철부분을 기계로 깎아서 평탄성과 미끄럼저항성을 회복하는 공법
  ㉡ 소성변형, corrugation 발생 시 적용
⑥ 재포장공법 : 기존 포장을 제거한 후 재포장하는 공법이다.
  ㉠ 포장의 파손 정도가 심해 다른 공법으로는 보수할 수 없을 때 적용한다.
  ㉡ 부분 재포장공법과 전면 재포장공법이 있다.

[그림 9-3] 아스팔트 피니셔

2 특수 아스팔트 포장

보통 일반적으로 이용되고 있는 포장에 비하여 재료, 용도, 설계, 시공방법 등이 다른 것을 의미하여 아스팔트계 특수 포장과 시멘트 콘크리트계 특수포장으로 나눌 수 있다.

(1) 구스 아스팔트(Guss Asphalt) 포장

① 스트레이트 아스팔트에 열가소성 수지 등의 개질재를 혼합한 아스팔트로서 롤러로 다짐을 하지 않고 고온 시 혼합물의 유동성을 이용하

여 된 비비기 콘크리트처럼 치고 피니셔로 평활하게 고른 것이다.
② 아스팔트 포장 중에서 특히 마모저항성이 크고 내구적이다. 강슬래브 포장 콘크리트 고가교면 포장, 한랭지 포장 등에 사용된다.

(2) SMA(Stone Mastic Asphalt) 포장★

① 개요
  ㉠ 아스팔트 자체의 성능보다는 골재의 맞물림 효과를 최대로 하여 소성변형의 발생을 최소화하고, 가능한 한 많은 양의 아스팔트를 함유, 골재에 대한 아스팔트의 피복두께를 두껍게 하여 골재의 이탈이나 균열 및 노화를 방지한 것이다.
  ㉡ SMA는 모든 골재가 다른 골재와 접촉이 되기 때문에 소성변형에 대한 저항성은 골재의 성질에 좌우된다.

② 용도 : 중하중차량이 통행하는 도로, 공항의 활주로, 교량 상판의 교면포장, 버스 정류장 등에 사용되고 있다.

③ 특징
  ㉠ 소성변형에 대한 저항성이 크다.
  ㉡ 균열에 대한 저항성이 크다.
  ㉢ 내구성이 크다.
  ㉣ 표면마찰에 대한 저항성이 크다.
  ㉤ 반사균열에 대한 저항성이 크다.
  ㉥ 포장 수명이 길어진다.(기존 포장의 약 2~3배 이상)

(3) 투수성 포장(배수성 포장)

① 포장체를 통하여 빗물을 노상에 침투시켜 흙 속으로 환원시키는 기능을 갖는 포장이다.

② 특징
  ㉠ 접착층(prime coat, tack coat)을 두지 않는다.
  ㉡ 10^{-2}cm/sec 정도의 높은 투수계수를 갖으며 공극률을 높이기 위해 잔골재는 거의 포함하지 않는다.

③ 용도 : 보도, 경교통 차도, 주차장, 구내 및 인도 포장 등에 사용된다.

④ 효과
  ㉠ 식생 등의 지중생태의 개선
  ㉡ 하수도의 부담 경감과 도시하천의 범람방지
  ㉢ 지하수 함양

● 아스팔트 품질특성 시험
① 8번체(2.5mm) 통과량이 35~50%는 밀입도, 20~35%는 조립도, 5~20%는 개립도라 한다.
② 밀입도는 조밀하게 골재가 구성되어 있어 여러 가지 성능면에서 우수하고 잔골재가 많이 포함되어 있어 승차감이 좋다.

ㄹ 노면 배수시설의 경감 또는 생략
　　ㅁ 미끄럼 저항성 증대 및 보행성의 개선

(4) 롤드 아스팔트(Rolled Asphalt) 포장
① 세사, 필러, 아스팔트로 이루어진 아스팔트 모르터에 비교적 단입도의 조골재를 일정량 혼입한 불연속 입도의 혼합물에 의한 포장이다.
② 미끄럼 저항성, 내구성, 수밀성, 내마모성이 우수하기 때문에 적설 한랭지, 산악지 도로에 사용된다.

(5) 폼드 아스팔트(Foamed Asphalt) 포장
① 아스팔트 플랜트에서 가열 아스팔트 혼합물을 제조할 때 가열한 아스팔트를 거품(foam) 상태로 만들어 믹서 속에 분사하여 제조한 혼합물에 의한 포장이다.
② 아스팔트의 점도가 감소되므로 침투피복이 잘 되며 피니셔빌리티가 좋다. 세립분을 많이 함유하는 한냉지 포장에 효과적이다.

(6) 반강성(semi-rigid) 아스팔트 포장
① 공극이 큰 아스팔트 포장을 시공한 후, 그 공극에 침투용 시멘트풀을 침투시킨 것이다.
② 시멘트 페이스트가 표면을 덮기 때문에 백색에 가까운 명색(明色) 포장도 되어 교차점 부근, 터널, 주차장 등에 사용된다.

(7) 착색 포장(color 포장)
① 노면의 넓은 면적에 전체를 착색하거나 몇 가지 색으로 만들어 주위 경관과 대조시켜 미저 효과를 얻고자 사용하는 포장이다.
② 목적 : 미적효과, 교통의 안전대책 등이다.

07 콘크리트 포장

1 콘크리트 포장의 파손원인과 대책

(1) 무근콘크리트 포장의 파손 및 원인
① 노상 및 보조기층에 기인한 파손

② 가로균열 및 세로균열
③ 우각부균열
④ blow-up★
  ㉠ 비압축성의 단단한 이물질이 줄눈에 침입하여 콘크리트 슬래브가 가열 팽창할 때 줄눈이 그 팽창량을 흡수하지 못해 슬래브가 부분적으로 떠오르는 좌굴현상이다.
  ㉡ 공용개시 후 수년이 지난 콘크리트 포장에서 고온다습한 날이 계속될 때 발생한다.
⑤ spalling★
  ㉠ 비압축성의 단단한 이물질이 줄눈에 침입하여 콘크리트 slab가 가열 팽창할 때 국부적으로 압축파괴되는 현상이다.
  ㉡ 줄눈부에서 콘크리트가 압축파괴된다.
⑥ pumping★
  보조기층이나 노상의 흙이 우수의 침입과 교통하중의 반복에 의해 줄눈이나 균열부에서 노면으로 뿜어내는 현상이다. 이는 단차의 원인이 되고 지지력 저하 등에 의하여 concrete slab는 파괴에 이르게 된다.
⑦ 경화 시에 발생하는 균열 : 비교적 얇으며 길이가 짧다.

침하균열	ⓐ 다짐이 불충분하여 콘크리트의 침하에 의해 발생되는 균열 ⓑ 철망이나 철근의 매설깊이가 부적당하여 콘크리트의 침하가 방해되어 망상으로 발생하는 균열
plastic 균열	콘크리트 표면에 직사광선이나 온도의 급격한 저하, 강풍, 양생불량에 의해 발생되는 균열

⑧ 단차(faulting) : 다짐이 불충분하여 콘크리트의 침하에 의해 발생되는 균열

(2) 연속 철근콘크리트 포장(CRCP)의 파손 및 원인

① spalling
  ㉠ 줄눈이나 균열 부위에 비압축성 입자의 침입에 의해 발생
  ㉡ 철근부식에 의한 철근의 체적팽창으로 발생
② punch out : 포장체에서 작은 부분이 떨어져나가는 현상
  ㉠ 2줄의 가로균열과 세로균열로 둘러싸인 부분이 교토하중에 의해 함몰하여 발생한다.
  ㉡ CRCP의 파손 중에서 가장 중대한 파손이다.

● 콘크리트 포장의 초기균열의 종류★
① 침하균열
② plastic균열
③ 진동·재하에 따른 균열

● 반사균열(reflection crack)★
① 콘크리트 slab의 줄눈 및 균열이 덧씌우기 표면에 그대로 나타나는 균열
② 덧씌우기 두께가 얇을수록 쉽게 나타나고 두꺼울수록 생기지 않는다.
③ reflection crack 방지법
  ㉠ 주입공법 시공으로 slab 수직변위를 적게 한다.
  ㉡ 줄눈부의 덧씌우기 아랫면에 reflection crack 방지재를 넣는다.

● punch out
① CRCP에 주로 발생
② 원인
  ㉠ 지지력 부족
  ㉡ 균열간격이 좁은 경우
  ㉢ 피로하중

③ 철근의 파단
  ㉠ CRCP의 철근이 파단되는 현상이다.
  ㉡ 철근의 부식 또는 punch out과 같은 상황 등이 발생원인이다.

(3) 콘크리트 포장의 유지 · 보수 공법

① patching 공법 : 파손부분을 걷어내고 cement mortar, cement, 아스팔트계 재료, 수지계 재료로 채우는 공법
② 표면처리 공법 : 손상표면에 얇은 층의 포장을 시공하는 방법
③ over lay 공법
④ sealing 공법(줄눈 및 균열부의 주입공법) : 줄눈 및 균열부에 epoxy 수지나 줄눈 주입재를 주입하는 공법
  ㉠ 줄눈 및 균열부를 통하여 표면수가 노상 및 보조기층에 침투하는 것을 방지
  ㉡ 줄눈 및 균열부에 이물질이 들어가는 것을 방지
⑤ 주입공법 : 콘크리트 포장 slab에 구멍을 뚫어 그 구멍에 주입재료(cement mortar, asphalt)를 주입하여 포장 slab와 보조기층 사이의 공극을 채워 slab 침하를 방지하거나 침하가 생긴 포장 slab에 압력을 가하여 정상의 위치로 들어올리는 공법

종 류	특 징
asphalt 주입공법	시공 후 1시간이면 교통 개방
cement 주입공법	조강제를 사용하지 않았을 때 3일 이상의 양생이 필요하다.

⑥ 재포장공법

❷ 무근콘크리트 포장의 표면마무리, 줄눈

(1) 표면마무리

표면은 평탄하고도 거치른 면으로 마무리한다.
① 초벌마무리 : 초벌면의 높이, 표면상태를 균일하게 하는 마무리이다.
  ㉠ 평탄마무리 작업에 큰 영향을 준다.
  ㉡ finisher 또는 slip form paver를 쓰는 것을 원칙으로 한다.
② 평탄마무리 : 평탄성 증진을 위한 마무리이다.
  ㉠ 평탄마무리 중 살수금지(hair crack 방지)
  ㉡ 기계마무리와 인력마무리가 있다.

● 콘크리트 slab의 표면은 치밀하고 견고해야 하며 차량진행방향으로 파형이 적게 되도록 마무리해야 한다. 또, 차량이 미끄러지거나 광선의 반사 때문에 운전에 방해가 되지 않고 쾌적한 승차기분이 되도록 노면이 평탄하고도 거친 면으로 마무리해야 한다.

③ 거친면 마무리 : 평탄마무리 종료 후 표면에 물기가 없어지면 주행차량의 미끄럼저항을 높이기 위하여 마무리장비로 빗자국 내기를 하는 것이다.
  ㉠ 홈의 방향 : 도로 중심선에 직각이 되도록 한다.
  ㉡ 시공 시기 : 표면의 물이 없어진 후 콘크리트가 경화되기 직전의 시기에 실시한다.
  ㉢ 줄눈절단 예정부위 양측 3cm는 tinning(빗자국 내기)하지 않는다.

[그림 9-4] slip form paver에 의한 콘크리트 포장시공

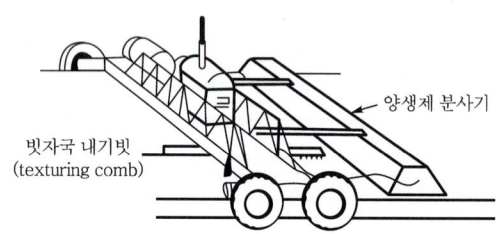

[그림 9-5] 빗자국 내기(tinning) 및 양생제 살포

(2) 줄눈

① 설치 목적
  ㉠ 콘크리트의 건조수축, 온도·습도 변화에 의한 신축, 뒤틀림에 의한 균열방지
  ㉡ 콘크리트 slab의 응력강화
② 줄눈자르기 시기 : 타설 2~24시간 후
③ 줄눈의 종류*, 기능, 간격

줄눈의 종류	기 능	간 격	설치 장소
가로수축줄눈 (contraction joint)	건조수축에 의한 균열방지	6m 이하	CRCP(연속 철근콘크리트 포장)는 생략
가로팽창줄눈 (expansion joint)	온도상승에 의한 blow up 방지	60~480m	일반구조물 또는 타 종류의 접속부
세로줄눈 (longitudinal joint)	세로방향 균열방지	차선 위 4.5m 이하	도로의 진행방향으로 차선과 차선간에 설치
시공줄눈 (construction joint)	장비고장 및 일기 변화		1일 시공마무리 지점 또는 갑작스런 작업중단 개소

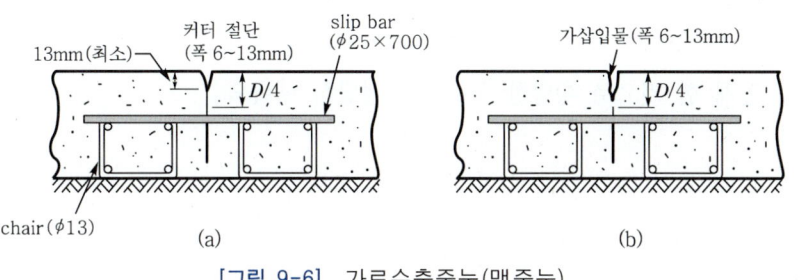

[그림 9-6] 가로수축줄눈(맹줄눈)

● 세로줄눈의 종류

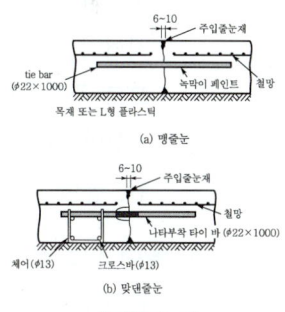

[그림 9-7]

3 콘크리트 포장★

(1) 무근콘크리트 포장(Jointed Concrete Pavement ; JCP)

다월바(dowel bar), 타이바(tie bar)를 제외하고는 철근 보강이 없는 포장으로서 일정한 간격(6m 내외)으로 줄눈을 설치한다.

(2) 철근콘크리트 포장(Jointed Reinforced concrete Pavement ; JRCP)

무근콘크리트 포장의 많은 줄눈으로 인한 문제점을 감소시키기 위한 것으로 줄눈의 개수를 감소시키고 균열이 과대하게 벌어지는 것을 방지하기 위하여 종방향 철근을 사용한 포장이다.

(3) 연속 철근콘크리트 포장(Continuously Reinforced Concrete Pavement ; CRCP)

슬래브의 횡방향 줄눈을 모두 생략한 것으로서, 이 때문에 생기는 슬래브 횡방향 균열에 대해서 상당량의 종방향 철근을 사용하여 균열의 폭을 좁게 하려고 한 것이다.

① 연속된 종방향 철근을 사용하여 콘크리트 건조수축에 따른 균열저항성을 증가시켜 차량의 주행성을 개선한 포장이다.

② 장·단점

장 점	단 점
ⓐ 가로수축줄눈이 생략된다. ⓑ 포장의 불연속성을 방지하므로 차량의 주행성이 증대된다. ⓒ 줄눈부 파손이 없고 유지관리비가 적게 든다.	ⓐ 초기 건설비가 다소 비싸다. ⓑ 부등침하 시 보수가 어렵다.

(4) 프리스트레스트 콘크리트 포장(Prestressed Concrete Pavement ; PCP)

① 콘크리트 슬래브에 프리스트레스트를 도입하여 슬래브의 두께를 증가시키지 않고 강성을 높게 한 것으로 횡방향 줄눈수가 상당히 생략되므로 주행성이 좋다.

② 노상이 연약한 구간, 터널 용수 등에 의해 지지력 저하가 예상되는 구간, 공항 포장 등에 사용된다.

(5) 롤러 전압콘크리트 포장(Roller Compacted Concrete Pavement ; RCCP)

① 무슬럼프 콘크리트를 사용하여 아스팔트 페이버로 포설한 후 롤러로 다져 포장하는 공법으로 단위수량이 적어 건조수축이 적게 발생되며 조기에 교통개방이 가능하다.

② 평탄성이 우수하게 요구되지 않는(평탄성 지수 PrI≒50, 자동차 설계속도 $V \leqq 60$km/h) 인터체인지, 주차장, 공항 하역장 등에 주로 사용된다.

③ 롤러 전압콘크리트의 설계기준강도는 일반 콘크리트와 동일하게 적용한다.

(6) 진공콘크리트 포장(Vacuum Concrete Pavement ; VCP)

① 콘크리트 포장의 표면마무리 직후의 콘크리트면에 진공매트를 놓아 진공펌프로 매트 내의 압력을 떨어뜨려 콘크리트 중의 잉여수 및 기포 등을 빨아냄과 동시에 대기압을 이용하여 콘크리트를 다지는 효과를 나타내는 공법이다.

② 특징
  ㉠ 조기강도가 크다.
  ㉡ 경화수축이 감소된다.

ⓒ 마모저항성, 표면 경도, 밀도, 강도가 증대된다.
ⓔ 동해에 대한 저항성이 증대된다.
ⓜ 교통 개방시기가 빠르다.

08 아스팔트 포장설계

① AASHTO 86 설계법

(1) 포장두께지수(SN ; structural Number)

$$SN = a_1 D_1 m_1 + a_2 D_2 m_2 + a_3 D_3 m_3 \cdots \quad (9-1)$$

여기서, SN : 포장두께지수
a_i : i번째 층의 상대강도계수
D_i : i번째 층의 두께(cm)
m_i : i번째 층의 배수계수

(2) 입력변수★

① 계획기간 동안 설계차선에 대한 등가단축하중 교통량(ESAL)
② 노반의 강도
③ 환경적 영향요소(ΔPSI)
④ 신뢰도
⑤ 설계해석 기간

② AASHTO 72 설계법

(1) 포장두께지수(SN)★

$$SN = \alpha_1 D_1 + \alpha_2 D_2 + \alpha_3 D_3 \quad (9-2)$$

여기서, SN : 포장두께지수(Stuctural Number)
$\alpha_1, \alpha_2, \alpha_3$: 표층, 기층, 보조기층 각각의 상대강도계수
D_1, D_2, D_3 : 표층, 기층, 보조기층 각각의 설계두께(cm)

(2) 입력변수

① 노상토의 지지력계수(SSV)

● MR(동탄성계수)의 정의[1986, AASHTO 포장설계법]
포장 각 층 재료들이 받는 반복적인 윤하중에 대한 응력-변형관계를 나타내는 것으로 포장구조의 물리적인 반응을 계산하기 위한 선형 탄성과 비선형 다층 시스템의 이론에 적용 할 수 있다.

② 지역계수(R_f)
③ 설계차선당 설계기간 누가 ESAL 통과횟수($W_{8.2}$)
④ 최종 설계서비스지수(P_t)

3 T_A 설계법

(1) 교통량 분석

5년 후 대형차의 1일 1방향 교통량을 추정하여 다음 표와 같이 4종으로 구분한다.

[표 9-1] 교통량 구분

교통량 구분	대형차 교통량(일/日 · 1방향)	해당 설계 윤하중
A	250 미만	3t
B	250~1000 미만	5t
C	1000~3000 미만	8t
D	3000 이상	12t

(2) 설계 CBR 결정★

① 포장두께를 결정하기 위해서 노상토를 채취하여 설계 CBR을 구한다.
② 노상의 깊이방향으로 이질토층일 때 노상면에서 깊이 1m 사이의 평균 CBR을 구한다.

$$\mathrm{CBR}_m = \left(\frac{h_1 \mathrm{CBR}_1^{1/3} + h_2 \mathrm{CBR}_2^{1/3} + \cdots + h_n \mathrm{CBR}_n^{1/3}}{100}\right)^3 \cdots (9-3)$$

여기서, CBR_m : 평균 CBR
CBR_1, CBR_2, $\cdots$: 각각 제1층, 제2층, $\cdots$ 흙의 CBR
h_1, h_2, $\cdots$: 각각 제1층, 제2층, $\cdots$의 두께(cm)
$h_1 + h_2 + \cdots + h_n = 100$

③ 설계 CBR의 결정★ : 각 지점의 CBR 값 중 극단치를 제외하고 다음 식으로 설계 CBR을 결정한다.

$$\text{설계 CBR} = \text{각 지점의 CBR 평균} - \frac{\text{CBR 최대치} - \text{CBR 최소치}}{d_2} \cdots\cdots (9-4)$$

[표 9-2] 설계 CBR 계산용계수(d_2)

개수(n)	2	3	4	5	6	7	8	9	10 이상
d_2	1.41	1.91	2.24	2.48	2.67	2.83	2.96	3.08	3.18

구해진 CBR은 절사하여 [표 9-3]의 설계 CBR에 맞춘다.
예를 들면 CBR=3.8→3.5, CBR=9.5→8로 한다.

④ 포장두께 설계 : 설계 CBR과 [표 9-1]에서 [표 9-3]의 목표로 하는 T_A보다 크고, 또한 전 두께도 [표 9-3]의 목표로 하는 전 두께보다 1/5 이상 감소한 값이 되지 않도록 각 층의 두께를 결정한다.

$$T_A = a_1 T_1 + a_2 T_2 + \cdots + a_n T_n \quad \cdots\cdots\cdots\cdots\cdots\cdots\cdots (9-5)$$

여기서, $a_1, a_2, \cdots, a_n$: 등치환계수[표 9-4]
$T_1, T_2, \cdots, T_n$: 구성 각 층의 두께(cm)

[표 9-3] T_A와 포장 전 두께 목표치

설계 CBR	목표로 하는 값(cm)							
	A 교통		B 교통		C 교통		D 교통	
	T_A	전 두께	T_A	전 두께	T_A	전 두께	T_A	전 두께
3	18	49	25.5	58	34	70	45	82
3.5	17.5	45	24.5	54	32.5	65	43.5	76
4	17	41	23.5	50	31	61	42	70
5	15.5	35	22	43	29.5	54	39	60
6	14.5	30	21	38	28	48	36	53
8	13.5	27	19	33	26	40	33	47
10 이상	12.5	23	17.5	29	24	34	31	40

[표 9-4] T_A 계산용 등치환산계수

공 종	재 료	조 건	등치환산계수
표층 중간층	가열 아스팔트 혼합물		1.00
기층	아스팔트 안정처리	안정도 350kg 이상	0.80
		안정도 250~350kg	0.65
	시멘트 안정처리	일축압축강도 30kg/cm² 이상	0.55
	입도조정	수정 CBR 80 이상	0.35
	침투식		0.55
	머캐덤		0.35
보조기층	모래 섞인 자갈, 자갈, 모래 등	수정 CBR 30 이상	0.25
		수정 CBR 20~30	0.20

㈜ 위의 등치환산계수는 각 공법, 재료의 1cm 두께가 표층용 가열 아스팔트 혼합물 몇 cm에 상당하는가를 나타내는 값이다.

T_A가 [표 9-3]의 목표로 하는 T_A보다 적을 때나 전 두께가 [표

9-3]의 목표로 하는 전 두께보다 $\frac{1}{5}$ 이상 감소할 때는 포장의 구성을 바꾸어 다시 계산한다.

[표 9-5] 표층+중간층의 최소두께

교통량 구분	표층+중간층의 최소두께(cm)
A	5
B	10(5)
C	15(10)
D	20(15)

주 ( ) 안은 기층에 아스팔트 안정처리를 택했을 때의 최소두께임.

✱참고 T_A와 H에 따라 다음 표와 같이 예시하고 있다.

[설계 예(cm)]

교통	설계 CBR	표층 가열 혼합물	기층 역청 안정처리	기층 입도조정	보조기층 모래 섞인 자갈	T_A	포장 전 두께
A 교통	3	5	–	20	25	18.3	50
	3.5	5	–	20	22	17.5	47
	4	5	–	20	20	17.0	45
	5	5	–	20	18	16.5	43
	6	5	–	15	18	14.8	38
	8	5	–	15	15	14.0	35
	10 이상	5	–	15	10	12.8	30
B 교통	3	5	10	20	25	26.3	60
	3.5	5	10	20	20	25.0	55
	4	5	10	18	20	24.3	53
	5	5	10	15	15	22.0	45
	6	5	10	13	15	21.3	43
	8	5	8	13	15	19.7	41
	10 이상	5	8	10	12	17.9	35
C 교통	3	10	12	25	25	34.6	72
	3.5	10	12	20	23	32.5	65
	4	10	12	20	20	31.6	62
	5	10	12	15	20	29.9	57
	6	10	12	10	20	28.1	52
	8	10	10	10	18	26.0	48
	10 이상	10	10	10	10	24.0	40
D 교통	3	15	18	25	30	45.7	88
	3.5	15	18	20	30	43.9	83
	4	15	18	15	30	42.2	78
	5	15	18	15	20	39.7	68
	6	15	15	15	15	36.0	60
	8	15	12	15	15	33.6	57
	10 이상	15	12	10	15	31.9	52

09 동상방지층, 충격흡수시설, 측구

1 동상방지층 두께 설계법

(1) 완전방지법
동결작용에 의한 포장단면의 변위량을 없애기 위해 충분한 두께의 비동결성층을 설치하는 방법

(2) 감소노상강도법
설계기준으로서 해빙기간 중에 일어나는 노상강도 감소를 근거로 하여 동결에 대비한 포장두께를 결정하는 방법

(3) 노상동결관입허용법
동결깊이가 노상으로 얼마쯤 관입된다 하더라도 동상으로 인한 융기량이 포장파괴를 일으킬만한 양이 아니면 노상의 동결을 어느 정도 허용하는 경제적인 방법으로 국내 도로 설계법에 적용하고 있다.

2 충격흡수시설*

① 철제 드럼(drum)
② 하이드로셀 샌드위치(hydro cell sandwich)
③ 모래채우기 플라스틱통
④ 하이드리셀 샌드위치(highdri cell sandwich)

3 측구(roadside drain)

(1) 콘크리트 측구
가장 많이 사용하는 것으로 U형, L형의 무근콘크리트 또는 철근콘크리트제로서 현장타설형이 있고 프리캐스트형이 있다.

(2) 돌쌓기 측구, 블록쌓기 측구
측구의 측면을 돌쌓기 또는 블록쌓기한 것으로 V형, 사다리꼴형이 있다.

(3) 떼붙임 측구, 돌붙임 측구
측구바닥의 세굴을 방지하기 위하여 떼, 조약돌 등을 붙여 보강한 것으

● 측구
노면 또는 인접사면의 물을 집수하고 배수하기 위하여 도로의 종단방향에 따라 설치하는 배수구이다.

로 형상은 편평한 곡선구조이며 배수량이 많지 않은 곳에 사용한다.

(4) 막파기 측구

　가옥이 없는 산지, 농경지 등의 도로에 장래 콘크리트 구조로 하기 위한 잠정적 시설로 사용되며 단면형은 V형, 사다리꼴형이 있다.

과년도 출제 문제

1. 　　　　　　　　　　　　　　　　　　　　　　　　　23 ②

도로계획에서 평면선형을 구성할 때 고려해야 할 요소를 3가지만 쓰시오.

[해답] ① 평면곡선 반지름　　　② 평면곡선부의 편경사
③ 평면곡선부의 확폭　　④ 완화곡선 및 완화구간

> **※ 참고** 　도로선형
> ① 평면선형 : 평면적으로 본 도로의 형상으로 직선, 원곡선, 완화곡선으로 구성되어 있다.
> ② 종단선형 : 도로의 높낮이의 형상으로 직선, 원곡선, 포물선으로 구성되어 있다.

2. 　　　　　　　　　　　　　　　　　　　　　　　　　96 ④

구조물과 토공 접속부 시공 시 부등침하의 구체적인 원인 4가지를 쓰시오.

[해답] ① 구조물은 침하하지 않는 구조(비압축성)로 되어 있는데 반해 여기에 접속된 성토체는 상대적으로 침하되기 쉽다.
② 불충분한 다짐
③ 지하수의 용출, 지표수의 침투에 의한 성토체의 연약화
④ 구조물 주위지반의 지지력이 상이
⑤ 성토체 기초지반의 경사
⑥ 토압으로 인한 구조물의 변형
⑦ 불량한 연약지반상에 구조물 시공

3. 　　　　　　　　　　　　　　　　　　　　　　　　　94 ③

교대에 인접한 도로 기초지반의 부등침하 대책공법을 2가지만 쓰시오.

[해답] ① 구조물에 접속된 토공부분의 재료로서 투수성이 좋고 잘 다져지는 재료를 사용한다.
② 충분히 다진다.
③ 배수처리를 확실하게 한다.
④ 뒤채움재를 안정처리한다.
⑤ 연약지반처리를 확실히 한 후 시공한다.
⑥ 뒤채움부에 여성토(extra banking)하여 가능한 조기에 침하를 완료시킨다.
⑦ 포장체의 강성을 증가시킨다.
⑧ 답괴판(approach slab)을 설치한다.

> **※ 참고**
> 교량이나 되메우기 두께가 1m 이하(포장두께는 제외)인 강성배수구 등 구조물에 접속된 토공부분의 되메우기 및 뒤채움 재료의 규정(국토해양부)
>
> | | |
> |---|---|
> | 최대크기(mm) | 100 |
> | No.4체 통과량(%) | 25~100 |
> | No.200체 통과량(%) | 0~25 |
> | 소성지수 | 10 이하 |

4 ★

그림과 같은 단면도에서 포장두께를 구하시오. (단, 단위는 cm임.)

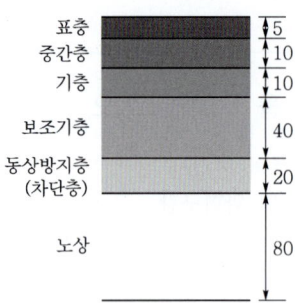

[해답] 포장두께=5+10+10+40=65cm

참고
① con´c 포장두께=con´c slab+상층 보조기층+하층 보조기층
② asphalt 포장두께=표층+중간층+기층+보조기층
③ asphalt con´c 포장두께=표층+기층+상층 보조기층+하층 보조기층

5 ★

도로 신설 시 노체 부분의 성토재료로서 암버럭이 사용되고 있다. 도로 성토재료로서 암버럭 사용 시 특히 유의하여 시공해야 할 사항을 4가지만 쓰시오.

[해답]
① 상부 노체 완성면 아래 50cm 이내에서는 직경 15cm 이상의 암버럭을 사용할 수 없다.
② 암버럭의 최대입경은 60cm 이하이다.
③ 한 층당 두께를 가능한 한 얇게 한다.
④ 마지막 흙쌓기부에 작은 조각, 입상재료, soil cement 등의 중간층을 두어 공극을 충분히 메운다.
⑤ 암버럭과 기타 재료를 동시에 포설한 경우에 암버럭은 외측에, 기타 재료는 중앙부에 포설한다.
⑥ 다짐장비는 가능한 무거운 것, 기진력이 큰 것을 사용한다.(25t tire roller, 4t 피견인식 진동롤러 이상 사용)
⑦ 충분히 다진다.

6

콘크리트 포장과 아스팔트 포장의 포장 표준 구성층의 차이점을 그림을 그려 설명하시오.

[해답] ① 콘크리트 포장(강성 포장) ② 아스팔트 포장(가요성 포장)

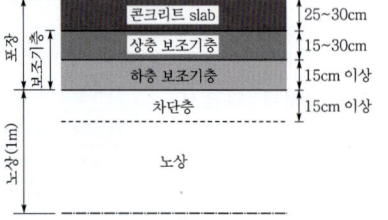
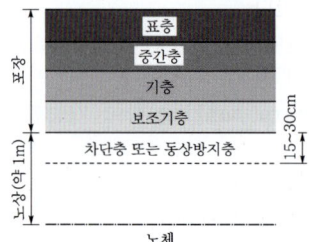

7

다음과 같은 토공작업 시 다짐의 기준과 매 층별 시공두께를 쓰시오.

공종\구분	다짐기준	1층 마무리두께
노체		
노상		
구조물 뒤채움		

[해답]

공종\구분	다짐기준	1층 시공두께 (마무리두께)	두께의 표준
노체	최대건조밀도 90% 이상의 밀도가 되도록 균일하게 다진다.	30cm 이하	노체 마무리면에서 1m 깊이까지
노상	최대건조밀도 95% 이상의 밀도가 되도록 균일하게 다진다.	20cm 이하	포장 밑면에서 1m 깊이까지
구조물 뒤채움	최대건조밀도 95% 이상의 밀도가 되도록 균일하게 다진다.	20cm 이하	

8 ★★★

도로 노상의 지지력을 평가할 수 있는 현장시험 평가방법을 3가지만 쓰시오.

[해답]
① 도로 평판재하시험
② CBR시험
③ proof rolling

9

도로 포장두께를 결정하기 위하여 하는 지반현장시험 방법으로 대표적인 것 2가지만 쓰시오.

[해답]
① PBT
② CBR

10 ★★

콘크리트 포장에 비해 아스팔트 포장이 갖는 장점을 3가지만 쓰시오.

[해답]
① 주행성이 좋다.(소음, 진동이 적고 평탄성이 양호)
② 양생기간이 짧아 즉시 교통개방이 가능하다.
③ 시공성이 좋다.
④ 보수작업이 용이하다.

11

노상층에 설치하는 인공층으로써, 표층이나 기층에 전달된 하중을 더욱 분산시켜서 노상에 안전하게 전달하는 역할을 하며 구조적 기능 이외에 세립노상토의 침입방지, 동결작용에 다른 손상방지, 포장층내의 자유수의 고임방지, 시공장비를 위한 작업로 제공 등의 기능을 하는 것의 명칭을 쓰시오.

[해답] 보조기층(sub-base course)

12

연성 포장과 강성 포장에서 표층의 역할을 각각의 차이점을 위주로 쓰시오.

[해답] ① 연성 포장 : 전단응력에 저항하고 휨응력은 하부에 전달
② 강성 포장 : 전단응력과 휨응력에 저항

13 ★★

강성 포장 구조체에 설치된 보조기층의 주요 기능을 3가지만 쓰시오.

[해답] ① 콘크리트 slab를 균등히 지지
② 배수
③ 동상방지

✱ 참고
보조기층의 구조
현장재료(모래, 막자갈)를 이용하여 잘 다져서 형성

14 ★

연한 스트레이트 아스팔트(straight asphalt)에 적당한 휘발성 용제를 가하여 점도를 저하시켜 유동성을 양호하게 한 아스팔트는?

[해답] cut-back asphalt

15

아스팔트 포장공사 시 접착제(binder)로 사용되는 역청재의 종류를 4가지만 쓰시오.

[해답] ① asphalt cement
② cut-back asphalt
③ 아스팔트 유제(유화 아스팔트)
④ 포장용 타르(road tar)

16 *

아스팔트는 상온에서 반고체상태이므로 골재와 혼합하거나 살포시 가열하여야 하는 불편이 있으므로 스트레이트 아스팔트에 용재(flux)를 섞어 연하게 만들어 사용하는 것으로 용재의 종류에 따라 급속경화형(RC), 중속경화형(MC), 완속경화형(SC) 3가지로 분류하는 아스팔트를 무슨 아스팔트라고 부르는가?

해답 cut-back asphalt(컷-백 아스팔트)

96 ④, 00 ②

✱ 참고
도로 포장에 사용되는 역청재의 분류
(1) asphalt(용도상 분류)
  ① 아스팔트 시멘트
  ② 컷-백 아스팔트
    : RC, MC, SC
  ③ 아스팔트 유제
    : RS, MS, SS
  ④ 고무 아스팔트
  ⑤ 착색 아스팔트
(2) tar
  ① 콜 타르(coal tar)
  ② 가스 타르(gas tar)
  ③ 피치(pitch)
  ④ 포장용 타르(road tar)
  ⑤ cut-back tar

17 ★★

아스팔트의 품질개선을 위한 고무아스팔트의 장점 4가지를 쓰시오.

해답
① 감온성이 작다.　　② 부착력, 응집력이 크다.
③ 탄성 및 충격저항이 크다.　④ 내노화성이 크다.
⑤ 마찰계수가 크다.

95 ⑤, 00 ③, 02 ②

18

주골재인 큰입자의 부순돌을 깔고, 이들이 서로 잘 맞물림(interlocking) 될 때까지 전압하여 그 맞물림상태가 교통하중에 의하여 파괴되지 않도록 채움골재로 공극을 채워서 마무리하는 기층처리공법은?

해답 macadam 공법

94 ③

19 *

포장공사에서 노반의 안정처리공법을 3가지만 쓰시오.

해답
① 시멘트 안정처리공법
② 석회 안정처리공법
③ 역청 안정처리공법
④ 화학적 재료에 의한 안정처리공법

98 ①, 00 ④

20 *

비교적 입자가 큰 쇄석을 깔아 치합(interlocking)이 잘 될 때까지 채움골재로 공극을 채우면서 다짐하여 기층처리하는 공법은?

[해답] macadam 공법(머캐덤공법)

> 95 ⑤, 02 ②
>
> ✱ 참고
> **macadam 공법**
> 가장 오래 사용된 공법으로 부순돌을 깔고 이들이 서로 맞물리도록(interlocking) 채움골재로 공극을 채워 다짐하는 공법
> ① 물다짐 머캐덤공법 : 채움골재로 13mm 이하의 부순돌 부스러기를 사용하고 살수하면서 다지는 공법
> ② 모래다짐 머캐덤공법 : 채움골재로 산모래, 강모래를 사용하여 다지는 공법

21

도로의 노상이나 보조기층의 지지력을 개선하기 위하여 우리나라에서 실용되고 있는 안정처리(천층 안정처리)공법의 종류를 3가지만 쓰시오.

[해답]
① 시멘트 안정처리공법
② 석회 안정처리공법
③ 역청 안정처리공법

> 94 ①

22 ★★★

아스팔트 포장은 일반적으로 표층, 기층 및 보조기층, 노상, 노체로 대별한다. 기층 및 보조기층의 안정처리공법을 4가지만 쓰시오.

[해답]
① 입도조정공법   ② 시멘트 안정처리공법
③ 역청 안정처리공법   ④ 석회 안정처리공법
⑤ 물다짐 마카담공법

> 09 ①②, 11 ②, 12 ①

23 *

도로에서 기층은 표층에 가해지는 하중을 분산시켜 보조기층에 전달하며, 교통하중에 의한 전단에 저항하는 역할을 한다. 이러한 역할을 하는 기층을 만들기 위해 사용되는 공법을 3가지만 쓰시오.

[해답]
① 입도조정공법   ② 시멘트 안정처리공법
③ 역청 안정처리공법   ④ 물다짐 마카담공법

> 16 ①, 17 ③

24

도로의 노상이나 보조기층의 지지력을 개선하기 위하여 우리나라에서 실용되고 있는 안정처리공법은 물리적인 방법과 첨가제에 의한 방법 등으로 구분할 수 있는데 이 중 첨가제에 의한 공법을 3가지만 쓰시오.

[해답] ① 시멘트 안정처리공법 ② 석회 안정처리공법
③ 역청 안정처리공법

> **※ 참고** 노상·노반의 안정처리공법
> (1) 물리적인 방법
>   ① 치환공법 ② 입도조정공법
>   ③ 다짐 및 함수비조절공법
> (2) 첨가제에 의한 방법
>   ① 시멘트 안정처리공법 ② 석회 안정처리공법
>   ③ 역청 안정처리공법 ④ 화학적 재료에 의한 안정처리공법
> (3) 기타 공법
>   ① macadam 공법
>   ㉠ 물다짐 머캐덤공법 ㉡ 모래다짐 머캐덤공법
>   ㉢ 쐐기돌 머캐덤공법
>   ② membrane 공법 : plastic sheet 역청제의 막을 깔아 방수벽의 역할을 하게 하여 흙의 함수량을 조절하여 노반, 노상을 안정처리하는 방법

25

아스팔트 포장에 실 코트(seal coat)를 하는 목적을 3가지만 쓰시오.

[해답] ① 포장면의 내구성 증대
② 포장면의 수밀성 증대
③ 포장면의 미끄럼저항 증대
④ 포장면의 노화방지

> **※ 참고**
> (1) prime coat 목적
>   ① 기층과 그 위에 깔 asphalt 혼합물과의 부착을 좋게 한다.
>   ② 기층 또는 보조기층의 직입자에 의한 파손방지, 강우에 의한 세굴방지, 방수성 증대
>   ③ 보조기층으로부터의 모관상승 차단
> (2) tack coat 목적
>   구 포장층과 그 위에 포설하는 asphalt 혼합물층과의 부착을 좋게 하기 위함.

26

아스팔트 포장면의 내구성, 수밀성 또는 미끄럼저항성을 증진시키기 위해 역청과 골재를 살포하여 전압하는 표면처리를 무엇이라 하는가?

[해답] seal coat

27

프라임 코트의 목적 3가지를 쓰시오.

[해답] ① 기층과 아스팔트 혼합물층과의 부착증대
② 보조기층, 기층 등의 방수성 증대
③ 보조기층, 기층 등의 강우에 의한 세굴방지
④ 보조기층으로부터의 모관상승 차단

28

다음 도로 포장의 시공에 관한 설명에 적합한 명칭(용어)을 ( ) 안에 쓰시오.

(1) 콘크리트 포장 슬래브의 포설, 다짐 및 표면 끝손질 등의 기능을 갖는 거푸집을 설치하지 않고 연속적으로 포설하는 장비 : (   )
(2) 입도조정공법이나 머캐덤공법으로 된 기층의 방수성을 높이고 그 위에 포설하는 아스팔트 혼합물 층과 부착이 잘 되도록 역청재료를 살포한 것 : (   )
(3) 아스팔트 포장의 기층으로 사용하는 시멘트 콘크리트의 슬래브 : ( )

[해답] (1) slip form paver(슬립 폼 페이버)
(2) prime coat
(3) white base

29

아스팔트 포장 시 기존의 포장면 또는 아스팔트 안정처리 기층에 역청재료를 살포하여 그 위에 포설할 아스팔트 혼합물층과 부착성을 높이는 것을 무엇이라 하는지 쓰시오.

[해답] 택코트(tack coat)

30 ★

노상, 보조기층, 기층의 다짐이 적당한 것인지, 불량한 곳은 없는지를 조사하기 위하여 시공 시에 사용한 다짐기계와 같거나 그 이상의 다짐효과를 갖는 롤러나 트럭 등으로 다짐이 완료된 면을 수회 주행시켜 윤하중에 의한 표면의 침하량을 관측 또는 측정하는 다짐을 무엇이라고 하는가?

[해답] proof rolling

31 ★★★

89 ①, 95 ④, 97 ②, 19 ②

도로의 노체부위에 대한 성토작업을 할 때 품질관리를 위한 시험 방법을 3가지만 쓰시오.

[해답]
① 다짐시험
② 현장밀도시험
③ 함수량시험

※ 참고
asphalt 포장 품질관리시험
품질관리는 시공 중에 실시한다.

적 요	품질관리시험
기층, 중간층, 표층	폭, 높이, 두께를 측정
노상	ⓐ 다짐시험 ⓑ 현장밀도시험 ⓒ 도로 평판재해시험
노체	ⓐ 다짐시험 ⓑ 현장밀도시험 ⓒ 함수량시험

32

85 ①

도로공사의 현장에서 마무리면의 품질(강도)검정에 관한 시험은 모래치환법에 의한 현장밀도측정과 같은 점(點)을 대상으로 관리하는 시험방법 외에 면(面)적인 관리방법도 많이 쓰인다. 면(面)적인 관리의 목적 및 방법을 쓰시오.

(1) 목적

(2) 시험

[해답]
(1) 목적
① 유해한 변형을 일으키는 불량개소의 발견(조사)
② 장래 생길 변형을 감소
(2) 시험 : proof rolling

※ 참고
proof rolling
① 개요 : 노상, 보조기층의 다짐도를 판정하기 위해 노상의 최종마무리를 하기 전에 tire roller나 dump truck을 노상면에 주행시켜 유해한 변형을 일으키는 불량개소를 조사하는 것
② 목적
㉠ 유해한 변형을 일으키는 불량개소의 발견
㉡ 장래 생길 변형을 감소

33

97 ①

노상면의 최종 마무리를 하기 위하여 노상표면 본체에 프루프 롤링(proof rolling)을 실시하도록 하고 있다. 이때, 실시하는 프루프 롤링의 목적 2가지를 쓰시오.

[해답]
① 유해한 변형을 일으키는 불량개소의 발견
② 장래 생길 변형을 감소

※ 참고
proof rolling의 목적에 따른 분류
① 검사다짐(inspection rolling)
② 추가다짐(additional rolling)

34 ★

우리 나라 도로공사 노상, 기층, 표층의 평탄성 및 측정방법에 대하여 쓰시오.

[해답] 시멘트 콘크리트 포장의 평탄성

적요	측정법	평탄성 평가
노상	proof rolling	처짐량
기층	ⓐ 3m 직선자 ⓑ 3m profile meter	표준편차
표층	ⓐ 7.6m profile meter	PrI(profile index)
	ⓑ 3m 직선자 ⓒ 3m profile meter	표준편차

35

포장콘크리트의 슬럼프값과 포장의 내구성을 증진시키기 위하여 사용되는 혼화제는 무엇인가?

[해답] ① AE제   ② 감수제   ③ AE 감수제

36 ★★★

마샬 안정도시험(Marshall stabilsity test)은 포장용 아스팔트 혼합물의 소성유동에 대한 저항성을 측정하여 설계 아스팔트량의 결정에 적용되는데 이 시험 결과로부터 얻을 수 있는 3가지의 설계기준은?

[해답] ① 안정도(kg)
② 흐름값 $\left(\dfrac{1}{100}\text{cm}\right)$
③ 밀도(g/cm^2)

✱ 참고
마샬(Marshall) 시험을 하여 공시체의 안정도, 흐름값, 밀도를 측정한 후 공극률과 포화도를 산출한다.

37 ★

아스팔트 혼합물의 마샬 안정도 시험방법에 대한 아래 내용 중 ( )에 들어갈 알맞은 수치를 쓰시오.

- 공시체를 (①)분 동안 수조 속에 침수시켜, 가열 아스팔트 공시체 온도가 (②)℃로 유지되도록 한다.
- 재하 잭 혹은 분당 (③)mm의 비율로 움직이는 시험기 두부를 가진 시험기로 공시체에 일정한 비율로 하중을 가한다.

[해답] ① 30   ② 60±1   ③ 50.8

> **참고** 마샬 안정도 시험(KSF 2337:2017)
> ① 공시체를 30분 동안 수조 속에 침수시켜 가열 아스팔트 공시체 온도가 60±1℃로 유지되도록 한다. 재하 헤드는 20~40℃를 유지해야 한다.
> ② 재하 잭 혹은 분당 50.8mm의 비율로 움직이는 시험기 두부를 가진 시험기로 공시체에 일정한 비율로 하중을 가한다.

38 ★★

asphalt 혼합물의 Marshall 안정도시험 결과가 우측과 같았다. 안정도와 흐름치를 각각 구하시오. 또한, 안정도시험의 압축변위속도를 얼마인가?

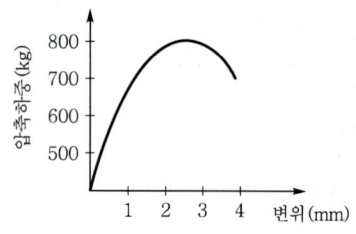

[해답] ① 마샬 안정도 : 800kg
② 흐름치 : $25\left(\dfrac{1}{100}\text{cm}\right)$
③ 압축변위속도 : 50mm/분

94 ④, 99 ④, 02 ③

참고 흐름치의 값은 $\dfrac{1}{100}$ cm로 표시한다.

39 ★★

도로포장용으로 쓰이는 아스팔트의 품질을 정하는 시험의 종류 4가지만 쓰시오.

[해답] ① 침입도시험
② 인화점시험
③ 신도시험
④ 마샬 안정도시험
⑤ 비중시험

99 ②, 05 ③, 19 ①

40

아스팔트 혼합물의 다짐속도는 천천히 등속도로 하여야 한다. 즉, 빠르면 헤어크랙의 원인이 되고 느리면 혼합물의 온도 저하로 다짐효과가 상당히 떨어진다. 최적의 다짐속도는 시간당 얼마인가?

[해답] ① road roller : 2~3km/h
② tire roller : 6~10km/h

97 ③

✱참고 아스팔트 혼합물의 다짐
(1) 다짐작업 순서

다짐순서	혼합물 온도	다짐장비	주의사항
joint 전압	빠를수록 좋다.	8t 이상 머캐덤 롤러	한쪽바퀴는 밖으로 나가는 것이 좋다.
1차 전압	110~140℃	8t 이상 머캐덤 롤러	혼합물이 변위나 hair crack이 생기지 않는 한 높은 온도에서 다진다.
2차 전압	70~90℃	15t 이상 tire roller	1차 전압에 이어 충분히 다진다.
마무리 전압	60℃	12t 이상 tandem roller	roller 자국을 없애도록 다진다.

(2) 최적의 다짐속도
① road roller : 2~3km/h   ② tire roller : 6~10km/h
(3) 다짐의 4원칙
① 조인트부터   ② 낮은 쪽에서 높은 쪽으로
③ roller의 구동륜(후륜)을 앞세워서   ④ 같은 위치에 서지 않는다.

41 ★   93 ③, 95 ①

아스팔트 포장공사를 시행할 때 혼합물을 포설한 후 전압을 위한 다짐장비를 투입순으로 쓰시오.

[해답]

전압의 종류	다짐장비	다짐온도
① 1차 전압(초기 전압)	8t 이상의 macadam roller	110~140℃
② 2차 전압(중간 전압)	15t 이상의 tire roller	70~90℃
③ 마무리 전압	12t 이상의 tandem roller	60℃

42 ★★   92 ①, 95 ④, 97 ③

도로 횡단방향의 요철로 차륜의 통과빈도가 가장 많은 위치에 규칙적으로 생기는 凹형 패임을 무엇이라고 하는가? (단, 강우 시 배수가 되지 않고, 주위 또는 통행인에게 물보라를 입히며 대형차, 후속차의 안전운행에 지장을 준다.)

[해답] rutting

✱참고 아스팔트 포장의 파손원인 중 변형
(1) rutting
 ① 소성변형으로 도로 횡단방향의 요철이다.
 ② 과대한 대형차의 교통과 혼합물의 품질불량 등이 원인이다.
(2) bump : 포장 표면이 국부적으로 밀려 혹모양으로 솟아오른 것이다.
(3) corrugation : 도로 연장방향에 규칙적으로 생기는 파장이 비교적 짧은 파장의 요철

43

콘크리트 포장에서 균열이나 줄눈부에 단단한 이물질이 침입하여 콘크리트 slab가 가열 팽창하여 국부적으로 압축 파괴되는 현상을 무엇이라 하는가?

해답 Spalling

09 ③

44 *

시멘트 콘크리트 포장에서 보조기층이나 노상의 흙이 우수의 침입과 교통하중의 반복에 의해 이토화(泥土化)되어 균열 틈이나 줄눈부로 뿜어오르는 현상으로 이와 같은 현상이 반복됨에 따라 Slab하부에 공극과 공동이 생겨 단차가 발생하고 콘크리트 슬래브가 파괴에 이르게 된다. 이러한 현상을 무엇이라 하는가?

해답 pumping

12 ②, 17 ②

※ 참고
pumping
보조기층이나 노상의 흙이 우수의 침임과 교통하중의 반복에 의해 줄눈이나 균열부에서 노면으로 뿜어내는 현상이다. 이는 단차의 원인이 되고 지지력 저하 등에 의하여 concrete slab는 파괴에 이르게 된다.

45

아스팔트 포장 중 가열혼합식 공법은 포설 시 혼합물의 온도가 (①)℃ 이하로 내려가서는 안 되며, 원칙적으로 기온이 (②)℃ 이하일 때는 포설해서는 안 된다. 이때 ( ) 속 ①, ②를 채우시오.

해답 ① 120℃ ② 5℃

85 ②

※ 참고
① 포설 시 혼합물의 온도가 120℃ 이상으로 한다.
② 기온이 5℃ 이하인 때에는 포설해서는 안 된다.

46

아스팔트 포장에서 차량의 진행방향을 따라 차바퀴가 지나는 곳이 움푹하게 패여니기는 현상으로 디짐불량 및 과대 윤하중이 그 원인이 되며 심하면 비가 올 때 그곳을 따라 물이 괴어 hydroplanning이 되어 매우 위험하다. 이러한 손상을 무엇이라 하는가?

해답 rutting

99 ③

47 ***

콘크리트 포장에서 기온의 상승 등에 따라 콘크리트 슬래브가 팽창할 때 줄눈의 부적정 등으로 더이상 팽창력을 지탱할 수 없을 때 생기는 좌굴현상으로 인하여 슬래브가 솟아오르는 것을 무엇이라고 하는가?

해답 blow up

88 ②, 97 ①, 97 ③, 07 ①

48

포장 파손의 현상에 대한 아래 표의 설명에서 ( )에 적합한 용어를 쓰시오.

> 일종의 좌굴현상으로 줄눈 또는 균열부에 이물질이 침투하여 슬래브(Slab)가 솟아오르는 현상을 (①)현상이라 하며 연속철근 콘크리트 포장(CRCP)에서 균열간격이 좁은 경우, 지지력 부족 및 피로하중에 의해 (②)이 발생한다. 또한 보조기층 또는 노상에 우수가 침투하여 반복하중에 의한 지지력 저하 및 단차원인이 되는 (③)현상이 발생한다.

[해답]
① blow up
② punch out
③ pumping

49 ★

기존 아스팔트 포장에 생긴 균열에 대한 일반적인 보수방법을 3가지만 쓰시오.

[해답]
① patching 공법
② 표면처리공법
③ over lay(덧씌우기) 공법
④ 절삭 over lay 공법
⑤ 절삭(milling) 공법

50 ★★

콘크리트 포장에서 초기균열발생의 종류 3가지를 쓰시오.

[해답]
① plastic 균열
② 침하균열
③ 진동·재하에 따른 균열

51

세골재, 휠라, 아스팔트 유재에 적정량의 물을 가하여 혼합한 slurry를 만들어 이것을 포장면에 얇게 깔아 미끄럼방지와 균열을 덮어 씌우는 데 사용되는 표면처리공법은?

[해답] slurry seal 공법

> **참고** asphalt 포장의 유지
> (1) patching(패칭) 공법 : 아스팔트 포장의 단차, 포트 홀, 부분적인 균열이나 침하 등과 같은 파손이 생겼을 때 부분적으로 걷어내고 수선 후 포장재료로 채우는 응급처리공법
> (2) 표면처리공법 : 기존 포장에 2.5cm 이하의 얇은 층으로 sealing층을 시공하는 공법
>   ① seal coat 공법 : 포장표면에 살포한 역청재료 위에 모래와 부순돌을 살포하여 부착시키는 공법
>   ② fog seal 공법 : 물로 묽게 한 유화 아스팔트를 얇게 살포하여 작은 균열과 표면의 공극을 채워 노면을 소생시키는 공법
>   ③ slurry seal 공법 : 유화 아스팔트, 잔골재, 석분과 적당량의 물을 가한 상온혼합물을 slurry 모양으로 만들어 얇게 포설하는 공법
> (3) 부분 재포장공법 : 포장의 파손정도가 심해 다른 공법으로는 보수할 수 없다고 판단될 때 파손이 미친 부분의 표층 또는 기층까지 부분적으로 포장을 재포장하는 공법으로 면적이 10m² 이상인 것을 말한다.

52

콘크리트판이나 시멘트 안정처리를 기층으로 한 아스팔트 표층에 기층의 이음부 또는 균열이 그대로 표층에 나타나는 균열(crack)을 무엇이라 하는가?

해답 reflection crack(반사균열)

> **참고**
> reflection crack(반사균열)
> ① 포설 시 혼합물의 온도가 120℃ 이상으로 한다.
> ② 기온이 5℃ 이하인 때에는 포설해서는 안 된다.

53

무근콘크리트 도로포장 시공 시 콘크리트 표면의 직사광선, 온도의 급격한 저하, 강풍에 의하여 양생이 불량하여 생기는 균열은?

해답 plastic 균열(plastic shrinkage crack)

54 ★

시멘트 콘크리트 포장 덧씌우기 층에서 윤하중의 반복으로 인해 하부의 기존 층에 존재하던 균열이 급속히 덧씌우기층으로 전달되어 포장체의 조기 파손을 초래시키는 균열을 무엇이라 하는가?

해답 reflection crack(반사균열)

55

hammer drill의 소형으로 도로공사 등에서 concrete 포장의 파괴에 사용되는 장비는?

해답 concrete breaker

56 ★★

93 ①, 95 ⑤, 00 ⑤

도로 포장이 파손되어 재포장하는 경우, white base와 black base란 무엇인가?

[해답]
① white base : 아스팔트 포장의 기층에 사용되는 soil cement나 cement con´c 기층
② black base : 아스팔트 포장의 기층에 사용되는 아스팔트 안정처리 기층

✱참고
white base, black base를 사용했을 때의 특징
① 포장두께를 줄일 수 있다.
② 기상조건에 크게 지장을 받지 않는다.
③ 값싼 지방재료를 이용할 수 있다.
④ 양생이 불필요하다.
⑤ 품질관리가 용이하다.
⑥ 내수성, 내동해성이 된다.

57 ★★

88 ②③, 89 ②

콘크리트 포장의 표면마무리의 종류를 시공순서대로 쓰시오.

[해답]
① 초벌마무리
② 평탄마무리
③ 거친면마무리

✱참고
con´c slab의 표면은 치밀하고 견고해야 하며 차량진행방향으로 파형이 적게 되도록 마무리해야 한다. 또, 차량이 미끄러지거나 광선의 반사 때문에 운전에 방해가 되지 않고 쾌적한 승차기분이 되도록 노면이 평탄하고도 거치른 면으로 마무리해야 한다.

58 ★★

87 ②, 11 ①, 17 ①

콘크리트 포장의 시공 시 설치하는 줄눈의 종류를 3가지만 쓰시오.

[해답]
① 가로수축줄눈(contraction joint)
② 가로팽창줄눈(expansion joint)
③ 세로줄눈(longitudinal joint)
④ 시공줄눈(construction joint)

✱참고
줄눈의 종류 및 기능
① 가로 수축 줄눈 : 건조수축에 의한 균열 방지
② 가로 팽창 줄눈 : 온도상승에 의한 blow up 방지
③ 세로 줄눈 : 세로 방향 균열 방지
④ 시공 줄눈 : 1일 마무리면, 장비고장 및 일기변화

59 ★★★

04 ②, 06 ③, 19 ②, 24 ①

콘크리트 포장은 콘크리트 균열을 조절하기 위해 설치하는 줄눈 및 철근의 유무에 따라 그 종류가 구분되는데 그 종류를 3가지만 기술하시오.

[해답]
① JCP(Jointed Concrete Pavement)
② JRCP(Jointed Reinforced Concrete Pavement)
③ CRCP(Continuous Reinforced Concrete Pavement)
④ PCP(Prestressed Concrete Pavement)

60 ★

슬럼프가 없는 포틀랜드시멘트 콘크리트를 사용하여 개조된 아스팔트 포장장비로 포설한 후 진동 및 타이어 롤러에 의해 다져 만드는 포장공법은?

해답 롤러 전압콘크리트 공법(RCCP 공법 ; Roller Con´c Compacted Pavement)

> **참고** 롤러 전압콘크리트 포장(RCCP)
> ① 무슬럼프 콘크리트를 사용하여 아스팔트 페이버로 포설한 후 롤러로 다져 포장을 만드는 공법
> ② 평탄성이 우수하게 요구되지 않는(평탄성 지수 PrI≒50, 자동차 설계속도 $V \leq$ 60km/h) 인터체인지, 주차장, 공항 하역장 등에 주로 사용된다.
> ③ 롤러 전압 콘크리트는 무슬럼프 콘크리트로서 설계기준강도는 일반 콘크리트와 동일하게 적용한다.

61

캐나다에서 최초로 실용화되어 현재 그 이용이 증대되고 있는 새로운 포장공법으로서 무슬럼프(non-slump)의 콘크리트를 토공 다짐기계로 다져 시공을 하는 포장공법을 무슨 포장공법이라 하는가?

해답 롤러 전압콘크리트 공법(RCCP 공법)

62 ★★

시멘트 콘크리트 포장공법 중 단위수량이 적은 낮은 슬럼프(slump)의 된비빔 콘크리트를 토공에서와 같이 다져서 시공하는 공법으로서, 건조수축이 작고 줄눈간격을 줄일 수 있으며, 공기단축이 가능한 반면에, 포장 표면의 평탄성이 결여되는 단점이 있는 포장공법은?

해답 롤러 전압콘크리트 공법(RCCP 공법)

63

콘크리트 포장 슬래브의 포설, 다짐, 표면끝손질 등의 기능을 겸비하여 거푸집을 설치하지 않고 연속적으로 포설하는 장비는 무엇인가?

해답 슬립 폼 페이버(slip form paver)

64

콘크리트 포장방법을 크게 나누면 사이드 폼(side form) 방식과 슬립 폼(slip form) 방식이 있다. 이 두 가지 시공법의 차이점을 4가지만 쓰시오.

[해답]

종류 구분	side form 공법	slip form 공법
시공법	거푸집을 설치하여 spreader, finisher 등으로 콘크리트를 타설한다.	거푸집을 설치하지 않고 포설, 다짐, 표면마무리를 동시에 수행하는 기능을 갖고 있는 slip form paver로 콘크리트 slab를 연속적으로 타설한다.
적용	소규모 공사의 재래식 시공	공사규모가 크고 연속시공이 가능한 곳에 사용한다.
구조물 접속부	인력 시공한다.	시공할 수 없다.
시공속도	느리다.	매우 빠르므로 콘크리트의 공급능력에 따라 좌우된다.

65

포장층을 통하여 빗물을 노반에 침투시켜 흙 속으로 물을 환원시키는 기능을 가지는 포장으로 보도, 주차장, 운동장 등에 적합한 포장의 이름은?

[해답] 투수성 포장

※ 참고
투수성 포장
포장체를 통하여 빗물을 직접 노상에 침투시켜서 흙 속으로 환원시키는 기능을 갖는 포장
① 특징
　㉠ 접착층(prime 및 tack)을 두지 않는다.
　㉡ 10^{-2}cm/sec 정도의 투수계수를 갖는다.
② 용도
　㉠ 보도 ㉡ 경교통도로
　㉢ 주차장 ㉣ 구내포장

66

특수 아스팔트 포장의 시공에서 최근 배수성포장이 널리 적용되고 있다. 배수성포장의 효과를 3가지만 쓰시오.

[해답]
① 식생 등의 지중생태의 개선
② 하수도의 부담경감과 도시하천의 범람 방지
③ 지하수 함양
④ 노면 배수 시설의 경감 또는 생략
⑤ 미끄럼 저항성 증대 및 보행성의 개선

67

연속된 종방향의 철근을 사용하여 콘크리트 포장의 횡줄눈을 생략시켜 주행성을 좋게 하는 포장공법을 무엇이라 하는가?

해답 연속 철근콘크리트 공법(CRCP 공법)

＊참고
연속 철근콘크리트 포장
① 연속된 세로방향 철근을 사용하여 콘크리트 건조수축에 따른 균열저항성을 증가시켜 가로줄눈을 생략하고 차량의 주행성을 개선시킨 공법이다.
② 이 공법은 보강철근 사용을 제외하고는 일반 콘크리트 포장과 유사한 장비로 시공한다.

68

시멘트 콘크리트 포장공법 중 연속철근 콘크리트포장(CRCP) 공법의 특징을 3가지만 기술하시오.

해답
① 가로줄눈이 생략된다.
② 차량의 주행성이 증대된다.
③ 줄눈부 파손이 없다.
④ 유지관리비가 적게 든다.

69

아스팔트 포장공법중 SMA 공법의 장점 3가지를 쓰시오.

해답
① 소성변형에 대한 저항성이 크다.
② 균열에 대한 저항성이 크다.
③ 내구성이 크다.
④ 표면마찰에 대한 저항성이 크다.

＊참고
SMA 포장
기본적으로 개립도 골재의 맞물림에 의해 소성변형과 내구성이 최대가 되도록 많은 양의 골재(stone), 채움재(filler), 역청(bitumen)과 섬유보강재와 같은 결합재로 구성된 조밀한 개립도 가열아스팔트 혼합물이다.

70 ★★★

아스팔트 포장의 단점인 소성변형(rutting)에 대한 저항성이 우수한 포장공법으로 아스팔트 바인더(asphalt binder) 자체의 물성에 따른 혼합물 개념보다는 골재의 맞물림 효과를 최대로 하여 기존 밀입도 아스팔트 혼합물의 단점을 개선한 공법은?

해답 SMA 포장공법(Stone Mastic Asphalt ; 쇄석 매스틱 아스팔트)

71 *

롤러전압에 의하지 않고 조골재, 세골재 및 필러를 쿠커(cooker) 속에서 고온으로 교반, 혼합한 고온 시 혼합물의 유동성을 이용하여 된비비기 콘크리트처럼 치고 피니셔로 평활하게 고르는 아스팔트 포장방식은?

해답 구스 아스팔트 포장(Guss asphalt pavement)

08 ③, 11 ①

72

콘크리트 포장의 장점인 강성과 아스팔트 포장의 가요성을 겸비한 포장 공법으로 개립도 아스팔트 혼합물에 시멘트 또는 플라이 애시 등을 사용하고 별도의 첨가제를 추가하는 포장 공법은?

해답 반강성 포장공법

09 ①

73

빗물이 포장면 내로 스며들어 노면의 미끄럼에 대한 저항성을 증대시켜주는 개립도 아스팔트 포장공법을 쓰시오.

해답 에코팔트포장공법(eco-phalt 포장공법, 배수성 포장공법)

10 ②

74 *

포장콘크리트 등에 있어서 진공 매트(vacuum mat) 또는 진공 패널(vacuum panel)을 이용하여 진공처리할 경우의 장점 3가지만 쓰시오.

해답
① 조기강도가 크다.
② 경화수축이 감소된다.
③ 표면경도, 마모저항성, 밀도, 강도가 증대된다.
④ 동해에 대한 저항성이 증대된다.
⑤ 교통 개방시기가 빠르다.

93 ③, 95 ③

✻ 참고
진공콘크리트 포장(vacuum con'c pavement)
콘크리트 포장의 표면마무리 직후의 콘크리트면에 진공 mat를 놓아 진공 pump로 매트 내의 압력을 떨어뜨려 콘크리트 중의 잉여수 및 기포 등을 빨아냄과 동시에 대기압을 이용하여 콘크리트를 다지는 효과를 나타내는 공법

75

산지나 도시하천 연변의 도로를 확장 시 일정한 폭의 구조물을 설치하여 절·성토량을 줄이면서 자연경관의 손상과 파괴를 최소화할 수 있는 경제적인 공법을 무슨 공법이라고 부르는가?

해답 캔티공법(canty method)

97 ①

> **※ 참고** **캔티공법**
> (1) 개요 : 지형이 험한 조건하에서 절·성토량을 줄이기 위한 비교적 쉬운 광폭공법이다.
> (2) 특징
>   ① 절·성토량이 최소한으로 억제되기 때문에 지연경관을 손상, 파괴하지 않는다.
>   ② PSC 부재를 사용하므로 공기가 단축되고 현장관리가 양호하다.
>   ③ 안전성이 높고 경제적이다.

76

97 ③

토지, 지리 등에 관련된 다양한 정보를 그들 특성에 따라 공간적 위치기준에 맞추어 입력, 저장하여 컴퓨터에 의한 처리를 함으로써 여러 가지의 목적에 맞도록 활용분석 및 출력을 할 수 있는 정보체계를 통칭하여 무엇이라고 하는가?

[해답] 지형공간 정보시스템(GSIS)

77

24 ②

교차로에서 교통섬(traffic island)의 목적 3가지를 쓰시오.

[해답]
① 자동차의 원활한 교통처리
② 보행자의 안전한 도로횡단
③ 신호등, 도로표지, 조명 등 노상시설의 설치장소 제공
④ 차량 정지선 간격을 좁히는 역할

> **※ 참고** **교통섬**
> 교차로 또는 차도의 분기점 등에 설치하는 섬 모양의 시설

78 ★★★★

96 ④, 07 ②, 17 ②, 20 ③
24 ①

차량이 곡선부를 주행할 때 원심력으로 인하여 곡선부 바깥쪽으로 미끄러지거나 전도할 위험이 있으므로 최소 곡선반경을 산정하여 차량이 안전하고 쾌적하게 주행할 수 있도록 하고 있다. 다음의 주어진 값을 적용하여 최소 곡선반경(m)을 구하시오.

> **조건**
> • 설계속도 : 100km/h
> • 횡방향 미끄럼 마찰계수(f)=0.11
> • 편구배(i)=6%

[해답] $R \geqq \dfrac{V^2}{127(i+f)} = \dfrac{100^2}{127(0.06+0.11)}$
= 463.18m

79 **** *00 ②, 05 ③, 08 ①, 18 ③, 21 ①*

도로 곡선부의 평면선형을 설계함에 있어서 곡선반경이 710m, 설계속도가 120km/hr일 때의 최소 편구배를 계산하시오. (단, 타이어와 노면의 횡방향 미끄럼 마찰계수는 0.10임.)

해답
$$R = \frac{V^2}{127(i+f)}$$
$$710 = \frac{120^2}{127(i+0.10)} \qquad \therefore i = 0.06 = 6\%$$

80 * *94 ①, 99 ④*

최근 포장설계 시 노상지지력계수, CBR 대신에 사용되는 포장재료 물성으로서 동적시험에 의해 결정되는 탄성물성은 무엇인가?

해답 동탄성계수(MR ; Resilient Modulus)

참고
동탄성계수(MR)의 개요 ('86, AASHTO 포장설계법)
동탄성계수는 동륜하중을 받는 가요성 포장하에 있는 노상재료의 물리적인 상태와 응력상태를 합리적으로 나타내는 것으로 탄성계수는 포장구조의 물리적인 반응을 계산하기 위한 선형탄성과 비선형 다층 시스템의 이론에 적용할 수 있다.

81 *12 ③*

겨울철에 0℃ 이하의 기온이 계속되면 흙 속의 물이 동결하여 얼음층(Ice Lens)이 발생한다. 이로 인해 지표면이 융기하는 현상을 동상(凍上)현상이라 한다. 도로에서 동상방지층 설계방법 3가지를 쓰시오.

해답
① 완전방지법
② 감소노상강도법
③ 노상동결관입허용법

참고
노상동결관입허용법
동결깊이가 노상으로 얼마쯤 관입된다 하더라도 동상으로 인한 융기량이 포장파괴를 일으킬만한 양이 아니면 노상의 동결을 어느 정도 허용하는 경제적인 방법으로 국내 도로 설계법에 적용하고 있다.

82 *98 ④*

아스팔트 포장의 두께결정에 있어서 동상을 방지하기 위한 동결심도를 고려해야 한다. 동상이란 겨울에 흙 속에 포화되어 있는 수분이 얼어 체적이 팽창하여 지면이 부풀어오르는 현상을 말한다. 이러한 동상이 일어나는 원인을 3가지만 쓰시오.

해답
① 모관상승고가 크다.
② 투수성이 크다.
③ 지하수위가 높아 동결선 위쪽에 있다.
④ 영하의 온도 지속기간이 길다.(동결지수가 크다.)

83 *

다음의 조건에 대하여 수정 동결지수를 구하시오.

> **조건**
> • 인천 측후소 표고 : 84.9m • 계획지점이 가장 높은 표고 : 260m
> • 동결지수 : 592°F • 동결기간 : 37일

해답 수정 동결지수 = 동결지수 ± 0.9×동결기간× $\dfrac{\text{표고차}}{100}$

$$= 592 + 0.9 \times 37 \times \dfrac{(260-84.9)}{100} = 650.31°F \cdot day$$

84 **

도로의 배수에서 노면에 흐르는 물 및 근접하는 지대로부터 도로면에 흘러 들어오는 물을 집수하고, 배수하기 위하여 도로의 종단방향에 따라 설치한 배수구를 측구라 한다. 측구의 형식을 3가지만 쓰시오.

해답
① 콘크리트 측구(U형, L형) ② 돌쌓기 측구
③ 블록쌓기 측구 ④ 떼붙임 측구
⑤ 막파기 측구

＊참고
측구
노면 또는 인접사면의 물을 집수하고 배수하기 위하여 도로의 종단방향에 따라 설치하는 배수구이다.

85 ***

일반적으로 도로에서 차량의 충격위험을 방지하는 충격흡수시설의 종류를 3가지만 쓰시오.

해답
① 철제 드럼(drum)
② 하이드로셀 샌드위치(hydro cell sandwich)
③ 모래채우기 플라스틱통
④ 하이드리셀 샌드위치(highdri cell sandwich)

86

도로의 배수처리는 도로의 기능 및 교통안전에 중요한 요소로 작용한다. 다음 배수시설 종류별로 대표적인 것 1가지씩만 쓰시오.

① 표면 배수 :
② 지하 배수 :
③ 횡단 배수 :

해답 ① 측구, 가거(side gutter) ② 유공관 암거, 맹암거 ③ 도로암거

> **✱참고** 도로의 배수시설[국토교통부 도로 배수시설 설계(2020)]
> ① **표면 배수시설** : 도로 부지내 강우 또는 강설에 의해 발생한 우수와 도로 인접 지역에서 유입되는 우수를 원활히 처리하기 위해 설치한다.
> ② **지하 배수시설** : 지하수위를 저하시켜 포장체의 지지력을 확보하고, 도로에 근접하는 비탈면, 옹벽 등의 손상을 방지하기 위해 설치한다. 지하 배수시설은 종방향배수, 횡단 및 수평배수, 배수층에 의한 배수로 구분한다.
>
>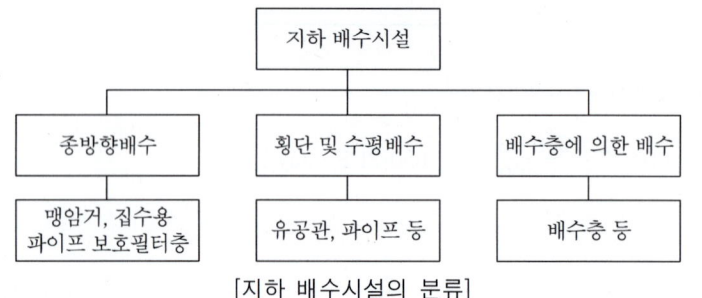
>
> [지하 배수시설의 분류]
>
> ③ **횡단 배수시설** : 도로를 횡단하는 소하천 또는 수로를 위한 시설로서 도로의 횡방향으로 설치되는 파이프, 박스 등의 배수시설물이다.

87 08 ②, 10 ①

AASHTO 포장 설계법에 의한 아스팔트 포장두께를 결정하는 요소 3가지를 구하시오.

[해답] ① 계획기간 동안 설계차선에 대한 등가단축하중 교통량(ESAL)
② 노반의 강도
③ 환경적 영향요소(ΔPSI)
④ 신뢰도
⑤ 설계해석기간

88 11 ③

1972 AASHTO 포장설계법에 의한 아스팔트 포장두께를 결정하는 요소 3가지를 쓰시오.

[해답] ① 노상토의 지지력계수(SSV)
② 지역계수(R_f)
③ 설계차선당 설계기간 누가 ESAL 통과횟수($W_{8.2}$)
④ 최종 설계서비스지수(P_t)

89 ★

도로를 설계하기 위하여 5개 지점의 건설구간에서 시료를 채취하여 각 지점에 있어서의 평균 CBR을 구하였다. 이때의 설계 CBR을 계산하시오.

조건
① 각 지점의 평균 CBR : 6.8, 8.5, 4.8, 6.3, 7.2
② 계수

개수(n)	2	3	4	5	6	7	8	9	10 이상
d_2	1.41	1.91	2.24	2.48	2.64	2.83	2.98	3.08	3.18

해답
① 각 지점의 CBR 평균 $= \dfrac{6.8+8.5+4.8+6.3+7.2}{5} = 6.72$

② 설계 CBR
$=$ 각 지점의 CBR 평균 $- \dfrac{\text{CBR 최대치} - \text{CBR 최소치}}{d_2}$

$= 6.72 - \dfrac{8.5-4.8}{2.48} = 5.23 = 5$

04 ②, 06 ①, 14 ①, 14 ③
17 ②, 22 ③

90 ★★

도로 포장을 설계하기 위해 다음과 같이 CBR을 구하였다. 포장설계를 위한 설계 CBR을 구하시오. (단, $d_2 = 2.83$)

| 4.6 | 3.9 | 5.9 | 4.8 | 7.0 | 3.3 | 4.8 |

해답
① 각 지점의 CBR 평균 $= \dfrac{4.6+3.9+5.9+4.8+7.0+3.3+4.8}{7} = 4.9$

② 설계 CBR
$=$ 각 지점의 CBR 평균 $- \dfrac{\text{CBR 최대치} - \text{CBR 최소치}}{d_2}$

$= 4.9 - \dfrac{7-3.3}{2.83} = 3.6 = 3$

01 ①, 06 ③, 09 ②, 11 ③,
16 ①, 19 ③, 23 ③

91 ★

96 ⑤, 98 ②, 99 ⑤, 12 ①, 17 ③, 21 ②

도로연장 3km, 건설구간에서 7지점의 시료를 채취하여 다음과 같은 CBR을 구하였다. 이때의 설계 CBR은 얼마인가? (단, 소수점 둘째자리까지만 계산하시오.)

조건
① 7지점의 CBR : 5.3, 5.7, 7.6, 8.7, 7.4, 8.6, 7.2
② 설계 CBR 계산용 계수

개수(n)	2	3	4	5	6	7	8	9	10 이상
d_2	1.41	1.91	2.24	2.48	2.60	2.83	2.96	3.08	3.18

해답
① 각 지점의 CBR 평균 = $\dfrac{5.3+5.7+7.6+8.7+7.4+8.6+7.2}{7}$ = 7.21

② 설계 CBR = 각 지점의 CBR 평균 − $\dfrac{\text{CBR 최대치} - \text{CBR 최소치}}{d_2}$

$= 7.21 - \dfrac{8.7-5.3}{2.83} = 6$

92 ★★

94 ②, 97 ④, 10 ③

다음과 같은 조건하에서 설계 CBR을 계산하시오. (단, 포장두께를 설계할 구간 내의 각 지점의 평균 CBR 및 개수(n)에 따른 계수(d)는 다음과 같다.)

조건
각 지점의 평균 CBR치 : 4.5, 5.4, 6.2, 7.1, 7.4, 8.4

n	2	3	4	5	6	7	8	9
d_2	1.41	1.91	2.24	2.48	2.60	2.83	2.96	3.08

해답
① 각 지점의 CBR 평균 = $\dfrac{4.5+5.4+6.2+7.1+7.4+8.4}{6}$ = 6.5

② $n=6$이므로 $d_2=2.60$

③ 설계 CBR = 각 지점의 CBR 평균 − $\dfrac{\text{CBR 최대치} - \text{CBR 최소치}}{d_2}$

$= 6.5 - \dfrac{8.4-4.5}{2.6} = 5$

93 ★★

다음 조건하에서 설계 CBR과 포장두께를 T_A법에 의하여 구하시오.

조건
① 실내 CBR 시험 결과치 : 5.6, 6.0, 5.0, 5.3, 6.2
② 설계 CBR 계산용계수

n	2	3	4	5	6	7
d_2	1.41	1.91	2.24	2.48	2.67	2.83

③ 교통량 "B" 교통
④ T_A와 포장 총두께 목표치

설계 CBR	B 교통	
	T_A(cm)	두께(cm)
3	26	58
4	24	49
6	21	38
8	19	32

⑤ 등치환산계수 : 표층 1.0, 아스팔트 역청 안정처리 기층 0.8, 보조기층 0.25
⑥ 동결심도는 고려하지 않는다.

[해답] (1) 설계 CBR 결정

① 각 지점의 CBR 평균 $= \dfrac{5.6+6.0+5.0+5.3+6.2}{5} = 5.62$

② n(개수)$=5$이므로 $d_2 = 2.48$

③ 설계 CBR $=$ 각 지점의 CBR 평균 $- \dfrac{\text{CBR 최대치} - \text{CBR 최소치}}{d_2}$

$\qquad = 5.62 - \dfrac{6.2-5.0}{2.48} = 5.14$(절사)$= 4$

$\left(\begin{array}{l}\text{계산에서 구한 CBR을 절사한 후 "}T_A\text{와 포장 총두께 목표치"의}\\ \text{설계 CBR에 맞춘다.}\end{array}\right)$

(2) T_A법에 의한 포장두께의 설계

① 기층에 역청 안정처리를 하였으므로 표층의 최소두께를 5cm 이상으로 하여 총두께가 49cm 이상이 되도록 포장두께를 다음과 같이 가정한다.
표층 5cm, 아스팔트 역청 안정처리 기층 20cm, 보조기층 25cm

② 가정치의 확인

㉠ $T_A = a_1 T_1 + a_2 T_2 + a_3 T_3$
$\qquad = 1 \times 5 + 0.8 \times 20 + 0.25 \times 25 = 27.25\text{cm} > 24\text{cm}$

㉡ $H = 5 + 20 + 25 = 50\text{cm} > 49\text{cm}$

∴ 안전하다.

94

다음 조건하에서 보조기층의 두께를 T_A법에 의하여 구하시오. (단, T_A는 26.3cm이다.)

기층의 종류	등치 환산계수	두께(cm)
표층	$a_1 = 1.0$	5
아스팔트 역청 안정처리 기층	$a_2 = 0.8$	20
보조기층	$a_3 = 0.25$	

[해답]
$T_A = a_1 T_1 + a_2 T_2 + a_3 T_3$
$= 1 \times 5 + 0.8 \times 20 + 0.25 T_3$
$= 21 + 0.25 T_3 > 26.3$
$\therefore T_3 > 21.2 \text{cm}$

95 ★★

가요성포장(Flexible Pavement)의 구조설계 시, AASHTO(1972) 설계법에 의한 소요포장두께지수(SN)가 4.3으로 계산되었다. 포장을 표층, 기층 및 보조기층의 3개층으로 구성하고 각 층 재료별 상대강도계수와 표층 및 기층의 두께를 다음과 같이 배분할 경우의 보조기층 두께를 계산하시오.

포장층	재료	상대강도계수	두께(cm)
표 층	높은 안정도의 아스팔트 콘크리트	0.176	5
기 층	쇄 석	0.055	25
보조기층	모래섞인 자갈	0.043	

[해답]
$SN = \alpha_1 D_1 + \alpha_2 D_2 + \alpha_3 D_3$
$4.3 = 0.176 \times 5 + 0.055 \times 25 + 0.043 D_3$
$\therefore D_3 = 47.56 \text{cm}$

> **★참고** 포장용 재료 물성지수
> ① 72년 AASHTO설계법
> $SN = \alpha_1 D_1 + \alpha_2 D_2 + \alpha_3 D_3$
> 여기서, SN : 포장두께지수(Structural Number)
> $\alpha_1, \alpha_2, \alpha_3$: 표층, 기층, 보조기층 각각의 상대강도계수
> D_1, D_2, D_3 : 표층, 기층, 보조기층 각각의 설계두께(cm)
> ② T_A 설계법
> $T_A = a_1 T_1 + a_2 T_2 + a_3 T_3$
> 여기서, T_A : 포장을 표층용 가열아스팔트 혼합물로 할 때에 필요한 두께
> a_1, a_2, a_3 : 등치환산계수
> T_1, T_2, T_3 : 각 포장층의 두께(cm)

PART 10

댐(dam)

01 전류공
02 가체절공(coffer dam)
03 댐의 종류
04 dam의 기초처리
05 중력댐의 검사랑
06 수리구조물
● 과년도 출제 문제

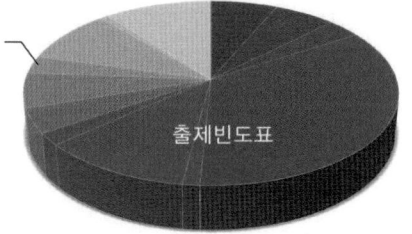

출제빈도표

PART 10 댐(dam)

01 전류공

댐을 건설하기 위해 댐 지점의 하천수류를 다른 방향으로 전환하는 것으로 댐 본체공사의 전체 공정을 크게 좌우하는 중요한 공사이다.

1 가배수 터널공(전체절공법)

댐(dam) 가설지점의 하천을 완전히 막고 가배수 터널(diversion tunnel)을 설치하여 유수를 전환하는 방식이다.

(1) 적용
① 하폭이 좁은 협곡상인 곳
② 하천이 만곡되어 short cut할 수 있는 곳

(2) 특징
① 전면적인 기초굴착 및 제체의 시공이 가능
② 가물막이 마루를 공사용 도로로 이용할 수 있다.
③ 공사비, 공기 증가

2 반하천 체절공

하천의 반을 막아 유수의 다른 반으로 전환하여 제체를 축조하고 나머지 반을 이와 같이 시공하는 방식이다.

(1) 적용
① 하폭이 넓고 한쪽씩 시공이 가능한 곳
② 유량이 많고 가배수 터널이나 가배수 개거로 홍수처리가 어려운 곳

(2) 특징
① 공기단축

② 시공 중 월류가 허용되는 콘크리트 dam, rock fill dam 등에 적용

❸ 가배수로 개거공

한쪽 하안에 가배수로를 설치하여 유수를 이곳으로 소통시켜 제체를 축조하고 다시 하천을 돌려서 반체절방식과 같은 방법으로 시공하는 방식
- 적용 : 하폭이 넓고 유량이 많지 않은 곳

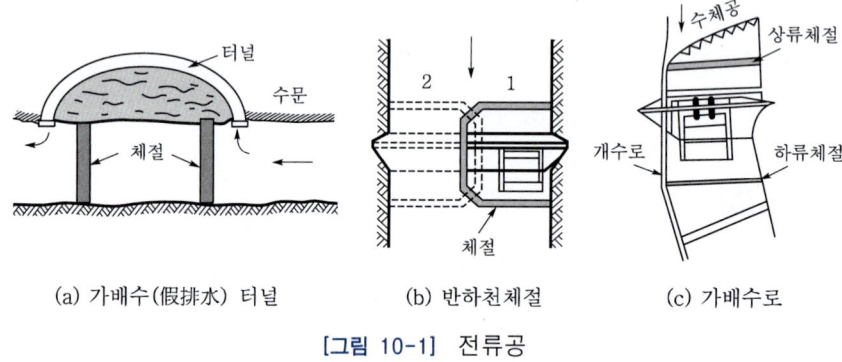

(a) 가배수(假排水) 터널   (b) 반하천체절   (c) 가배수로

[그림 10-1] 전류공

02 가체절공(coffer dam)

댐구조물이 물속 또는 물옆에 축조되는 경우 건작업(dry-work)을 하기 위해 물을 배제하는 물막기를 하는 것

❶ 중력식★

(1) 흙 dam식 공법

돌이나 토사로 성토하는 형식
① 적용 : 얕은 수심(약 3m)에 적용
② 특징
  ㉠ 수심에 비해 넓은 부지가 필요하다.
  ㉡ 많은 양의 축제 토사가 필요하고 쉽게 구할 수 있어야 한다.
  ㉢ 지반의 기복이 많을 때 유리하다.

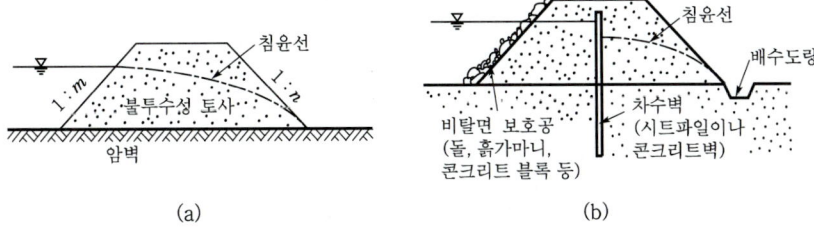

[그림 10-2] 흙 댐식 가체절공

(2) Caisson식 공법

육상에서 제작한 caisson을 설치한 후 속채움하는 공법

① 적용 : 깊은 수심(10m 이상)인 경우 강널말뚝의 타입이 어려울 때 적용
② 특징
  ㉠ 안전성이 있고 공기가 빠르다.
  ㉡ 공사비가 비싸다.
  ㉢ 가물막이를 본체로 이용할 수 있다.
  ㉣ caisson 운반설치용 대형 장비가 필요하다.

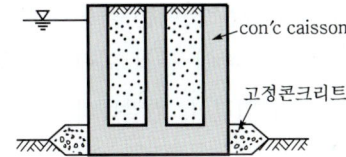

[그림 10-3] Caisson식 가체절공

(3) corrugate cell식 공법

육상에서 corrugate 강판을 조립한 corrugate cell(벌집)을 운반 설치한 후 속채움하는 공법

① 적용
  ㉠ 수심이 깊고(10m) 강널말뚝으로는 강성이 부족할 때
  ㉡ 깅널밀뚝의 타입이 어려울 때
② 특징
  ㉠ 시공 중 안전성이 양호하다.
  ㉡ 이음부 지수가 불량하다.
  ㉢ 속채움 완료시까지 파력, 하천의 흐름 등에 의한 유수압에 약하다.

(4) box식 공법

나무나 철제의 box를 설치한 후 그 내부를 돌로 채우는 공법

① 적용
  ㉠ 소규모 물막이에 적용
  ㉡ 응급처치용

② 특징
　㉠ 보수 및 복구가 용이하다.
　㉡ 지수성이 나쁘다.

2 sheet pile식*

(1) 한겹 sheet pile식 공법

sheet pile 자체로 수압 등의 외력에 저항하는 공법

① 적용
　㉠ 지질이 좋은 소규모 공사에 적용
　㉡ 수심 5m 정도

② 특징
　㉠ 연약지반이나 수심이 깊은 곳에는 적용이 어렵다.
　㉡ sheet pile의 강성으로 수압 등의 외력에 저항한다.
　㉢ 고려사항 : 널말뚝의 근입깊이, 널말뚝의 종류, boiling, heaving 등

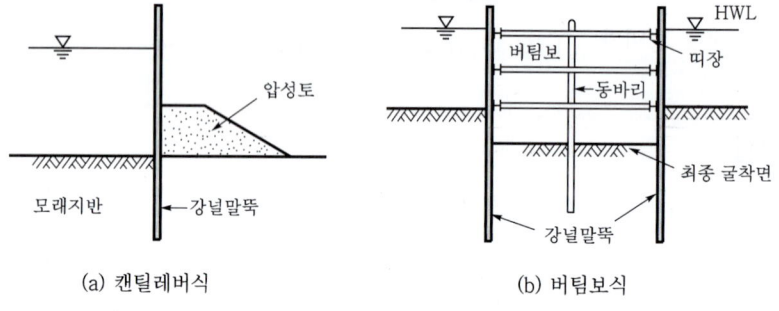

[그림 10-4] 외겹 시트파일 가체절공

(2) 두겹 sheet pile식 공법

2열로 타입한 sheet pile을 tie-rod로 연결한 후 그 사이에 토사를 채우는 공법

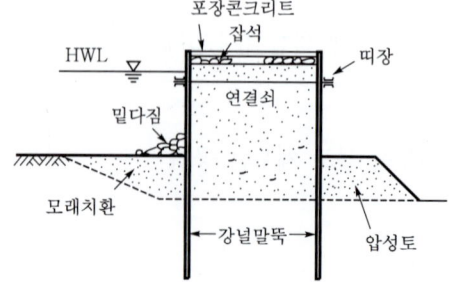

[그림 10-5] 두겹 강널말뚝 가체절공

① 적용
  ㉠ 대규모 물막이공사에 적용
  ㉡ 수심 10m 정도
② 특징
  ㉠ 부지의 점유면적에 비해 큰 수심의 가체절이 가능하다.
  ㉡ 한겹 sheet pile 보다 강성이 크고 외력에 대한 저항력이 크다.
  ㉢ 속채움 완료시까지 안정성은 Caisson식 공법보다 나쁘다.

(3) cell식 공법

sheet pile을 cell 형태로 타입하고 속채움하는 공법

• 특징
① 깊은 수심의 가체절이 가능하다.(약 10m)
② 안전성이 크다.
③ 공기단축
④ 공사비가 저렴하다.
⑤ 시공이 정밀도가 요구된다.

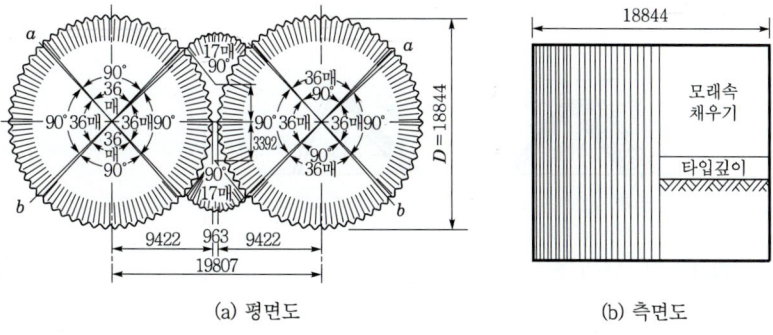

[그림 10-6] cell식 가체절공

(4) ring beam식 공법

sheet pile과 원형으로 된 ring beam으로 저항하는 공법

(5) 강관 sheet pile식 공법

이음고리가 부착된 강관 널말뚝을 연결 타입하여 가체절하는 공법

03 댐의 종류

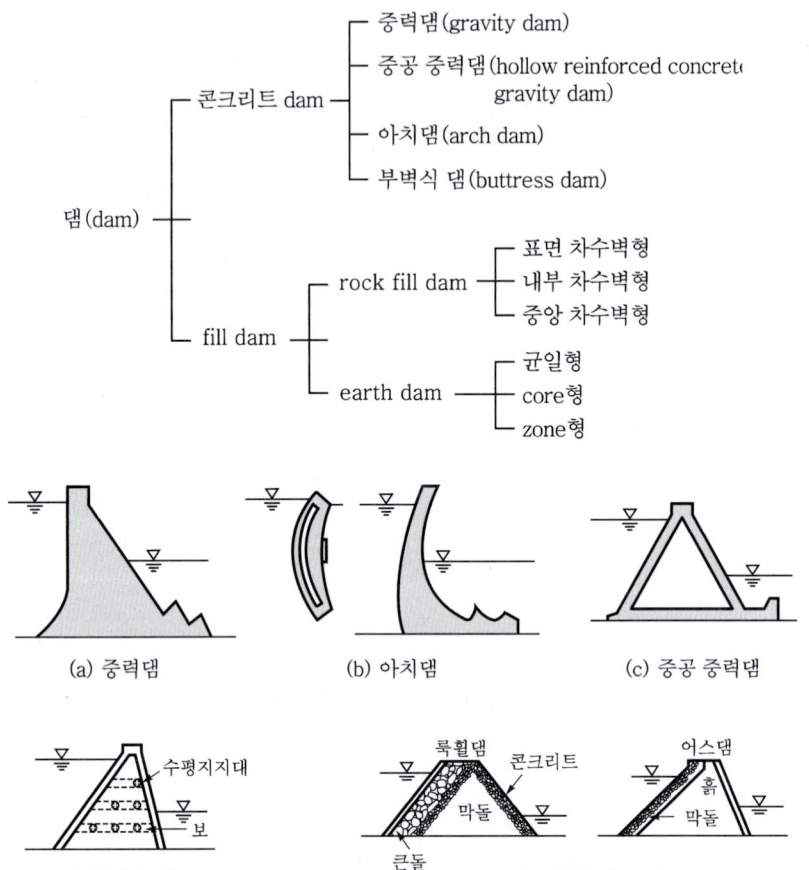

[그림 10-7] 댐의 종류

댐의 위치선정
① 댐을 건설할 계곡폭이 가장 좁고, 양안이 높고, 마주보고 있는 곳
② 댐 기초바닥부는 양질의 암으로 두꺼운 층
③ 다량의 저수가 가능하고 집수면적이 큰 곳
④ 집수분지를 이루고 있는 곳

1 fill dam

흙과 같은 자연재료를 성토하여 만든 댐

(1) fill dam의 분류

① rock fill dam★ : 절반 이상이 돌로 구성되어 있는 댐
  ㉠ 표면 차수벽형
    ⓐ 상류측에 콘크리트, asphalt 등으로 차수벽을 만든 형식이다.
    ⓑ rock fill의 양이 가장 적다.
    ⓒ 내수성이 적다.

록 필댐에서 필터재의 기능
① 배수(간극수압 발생 방지)
② 코어(심벽) 유출방지
③ piping 방지

표면 차수벽형 석괴댐의 종류
① CFRD(Concrete Faced Rockfill Dam)
② AFRD(Asphaltic concrete Faced Rockfill Dam)
③ SFRD(Steel membrane Faced Rockfill Dam)

ⓒ 내부 차수벽형(경사 차수벽형)
  ⓐ 변형하기 쉬운 토질로 축조한 차수벽을 만들어 침하 등에 의한 균열을 방지한 형식이다.
  ⓑ 상류측에 보호층이 필요하다.
ⓒ 중앙 차수벽형
  ⓐ 침하에 의한 영향이 적다.
  ⓑ 차수벽을 본체 rock fill과 동시에 시공한다.

● plinth(플린스)
① 차수벽 선단에 설치하여 차수벽의 토대역할을 하고 차수벽과 댐 기초 사이의 침투수를 차단하고 기초 grout cap 역할을 하는 철근 콘크리트 구조물
② 폭은 10~20m이다.

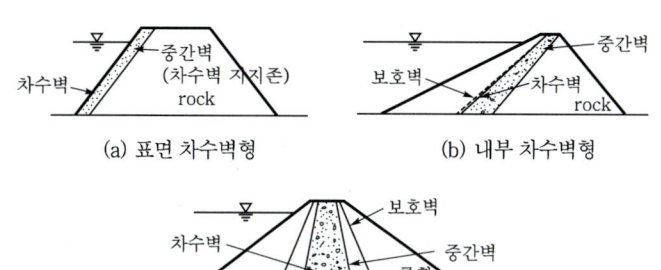

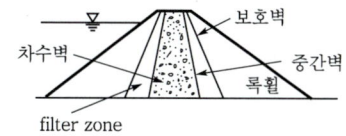

[그림 10-8] rock fill dam 형식

② earth dam : 절반 이상이 흙으로 구성되어 있는 댐
  ㉠ 균일형
    ⓐ 수밀성이 균일한 재료로 축조하는 형식이다.
    ⓑ 침윤선이 하류단 비탈면에 나타나면 안전성이 저하되므로 구배를 완만하게 하든지 하류측 비탈 밑에 투수성 재료를 배치한다.
  ㉡ core(심벽)형
    ⓐ 중심부에 불투수층벽을 설치하는 형식이다.
    ⓑ 가장 안정성이 큰 형식이며 특히 댐높이가 높을수록 그 이점이 크다.
  ㉢ zone형
    ⓐ dam 내부를 몇 개의 부분(zone)으로 나누어 수밀성이 큰 재료를 단면 중심부에 두는 형식이다.
    ⓑ 상·하류 비탈면에는 투수성 재료를 사용하므로 전단강도가 크고 간극수압 발생이 적어 상·하류 비탈면을 급하게 할 수 있다.

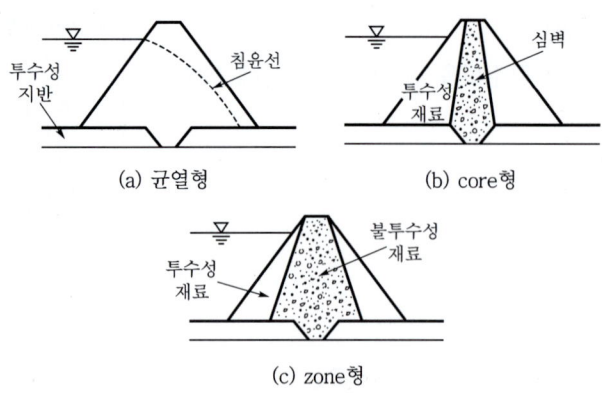

[그림 10-9] earth dam 형식

(2) fill dam의 재료

① 차수재료

㉠ $K = 1 \times 10^{-5}$ cm/s 이하

㉡ 전단강도가 크다.

㉢ 변형, 압축성이 적고 다짐이 용이하다.

② 반투수재료(filter 재료)

㉠ $K = 1 \times 10^{-3} \sim 10^{-4}$ cm/s

㉡ 전단강도가 클 것

㉢ 차수 zone의 유출방지를 할 수 있는 입도분포를 가질 것

㉣ 다짐이 용이, 점착력이 없을 것

㉤ filter 재료의 구비조건

ⓐ $\dfrac{D_{15(F)}}{D_{15(S)}} > 5$ …… filter는 침투압이나 수압이 발생하지 않도록 투수성이 좋아야 한다.

ⓑ $\dfrac{D_{15(F)}}{D_{85(S)}} < 5$ …… filter 공극의 크기는 충분히 작아서 보호층의 입자가 흡수되어서는 안 된다.

ⓒ $P_{\#200} < 5\%$

여기서, $D_{15(F)}$: filter 재료의 15% 입경
$D_{15(S)}$: filter로 보호되는 재료의 15% 입경
$D_{85(S)}$: filter로 보호되는 재료의 85% 입경

③ 투수성 재료

㉠ 투수성이 커야 한다.(배수 가능)

ⓒ 내구성, 전단강도가 크다.
　　ⓔ 대·소의 돌덩이가 적당히 섞인 입도

(3) fill dam의 안정조건
　① 경사면 안정
　② piping(침윤선) 안정
　③ 누수량

❷ 특수 콘크리트 dam

(1) BCP(Belt Conveyer Placing system) 공법
　배처 플랜트에서 비빈 콘크리트를 벨트 컨베이어로 댐 시공장소까지 운반타설하는 공법

(2) PCD(Pump Compacted Dam) 공법
　콘크리트 pump에 의하여 콘크리트를 시공장소까지 압송하는 공법

(3) RCD(Roller Compacted Dam) 공법★
　콘크리트 중력댐을 시공할 때 된비빔 콘크리트를 bulldozer로 포설, 진동 roller로 다져서 dam을 축조하는 공법으로 일반 콘크리트 dam에 비해 pipe cooling이나 pre-cooling이 필요 없는 신공법이다.

　① 특징
　　ⓐ slump값이 0이다.(수화열 감소)
　　ⓑ 단위시멘트량이 적다.
　　ⓒ 콘크리트치기는 전면 layer 치기방식으로 한다.(댐이 수평 전체면을 연속적으로 시공)
　　ⓓ 1 lift 높이는 70cm(dozer로 15~20cm씩 고르게 편다.)
　　ⓔ 이음 시 진동 cutter로 절단한 후 이음한다.(종래의 방법은 거푸집으로 형성한다.)
　　ⓕ 다짐장비는 자주식 roller를 사용한다.

　② 장점
　　ⓐ 시공비 저렴
　　ⓑ 공기단축
　　ⓒ 콘크리트 타설면이 넓어서 기계화 시공이 가능
　　ⓓ 시공관리가 안전

04 dam의 기초처리

댐의 기초암반은 균일하지 않고 파쇄대, 단층 등의 약점이 있고, 표면부분은 풍화되어 있어서 암반 내부에 비하여 약하다. 또한, 굴착에 의하여 표면은 손상을 받고 또한 잠재적으로 동결, 균열 등의 손상을 받아 허물어지기 쉽다. 이와 같은 약점은 댐이 하중을 받으면 변형에 차이가 생겨 댐기초의 전단저항 약화, 수압에 의한 누수로 양압력이 생겨 댐 안정에 큰 영향을 주고, 암반연화의 원인이 된다. 처리방법으로는 grouting, 콘크리트 치환공법 등이 있다.

1 grouting 공법

시멘트풀, 약액, bentonite 등을 암반 중의 grouting공에 고압력으로 압입시켜 암반 속의 공극을 완전 밀폐시켜 견고한 지반으로 개량하는 댐 기초 암반 개량공법

● 그라우팅 주입재료
① 시멘트풀
② 벤토나이트와 점토와의 용액
③ 아스팔트제 용액
④ 약액

(1) 종류★

① 컨솔리데이션 그라우팅(consolidation grouting) : 기초암반의 변형성 억제, 강도를 증대하여 지반개량하는 것으로 기초전반에 걸쳐 격자형으로 grouting하는 공법으로 blanket grouting과 거의 유사하다.
  ㉠ 목적 : 얕은 심도의 지반개량
    ⓐ 기초암반의 변형성 억제
    ⓑ 기초암반의 강도 증대
  ㉡ 주입공 배치
    ⓐ 기초전면에 격자형으로 배치
    ⓑ 간격 : 2.5~5m
    ⓒ 심도 : 10m 이하(보통 5m)
      [월류부 10m(2층 주입), 비월류부 5m(1층 주입)]
    ⓓ 주입압 : 1층 → $3kg/cm^2$, 2층 → $5kg/cm^2$

② 커튼 그라우팅(curtain grouting) : 기초암반을 침투하는 물의 지수를 목적으로 기초 상류측에 병풍모양으로 grouting하는 공법
  ㉠ 목적 : 지수, 기초 암반내 양압력 경감, 누수로 인한 기초 암반의 열화 방지

ⓒ 주입공 배치
  ⓐ 상류측에 병풍모양으로 1열 또는 2열로 배치
  ⓑ 간격 : 0.5~3m
  ⓒ 심도 : $d = \dfrac{h}{3} + C$ ·· (10-1)
     여기서, h : 구멍위 부터의 댐높이(m)
            C : 계수(5~15m)
  ⓓ 주입압 : 1stage(단계) → 5kg/cm²
            2stage(단계) → 10kg/cm²
            3stage(단계) → 15kg/cm²

③ 블랭킷 그라우팅(blanket grouting) : 커튼 그라우팅 앞서 시공되며, 커튼 그라우팅의 양측에 비교적 얕은 그라우팅을 하는 것으로 암반의 표층부에서 침투류의 억제 및 커튼 그라우팅과 컨솔리데이션 그라우팅의 효과증대를 목적으로 실시한다.

④ contact grouting : 암반과 dam의 접속부 차수목적

● 기타
① Rim grouting
   좌·우안 차수목적으로 실시한다.
② Joint grouting
   시공이음으로 누수가 되는 것을 방지할 목적으로 실시한다.

● grouting의 단면배치의 예

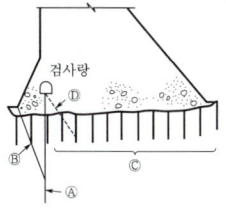

Ⓐ : 주 커튼 그라우트
Ⓑ : 보조 커튼 그라우트
Ⓒ : 컨솔리데이션 그라우트
Ⓓ : 배수공

[그림 10-10]

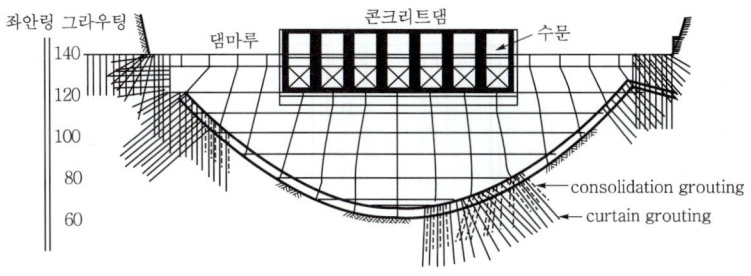

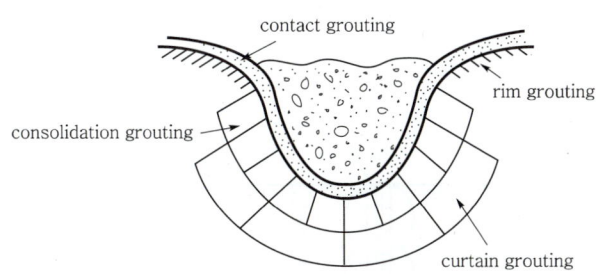

[그림 10-11] grouting의 정면배치의 예

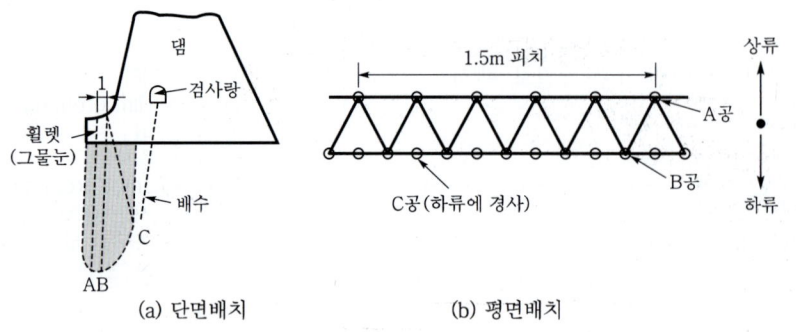

[그림 10-12] curtain grouting 2열 배치

(2) 주입공법

① 1단식 : 예정심도 주입을 1회로 grouting하는 공법으로 얕은 공에 적용

② stage식(다단식) : 천공 후 주입을 단계적으로 반복시공하여 계획심도까지 grouting하는 공법

　㉠ curtain grouting 등에 채용
　㉡ 연암, 균열이 많은 곳
　㉢ cost 높고, 공기가 많이 소요된다.

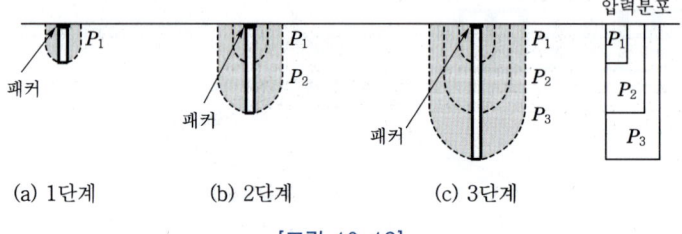

[그림 10-13]

③ packer식 : 계획심도까지 천공한 후 pack를 사용하여 하단부터 상부로 grouting하는 공법

　㉠ 균열이 적은 암질이 좋은 곳
　㉡ 공기단축과 연속작업이 가능하다.

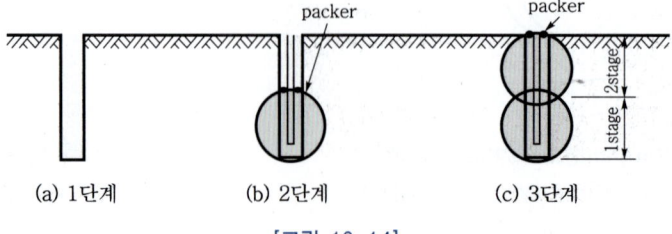

[그림 10-14]

2 연약층 처리공법

(1) 콘크리트 치환공법
기초지반 내의 연약층을 제거한 후 콘크리트로 치환하는 공법
- 목적
  ① 강도 증대
  ② 변형 억제
  ③ 수밀성 확보

(2) doweling 공법
기초암반의 연약부위를 부분적으로 콘크리트로 치환하는 공법
- 목적
  ① 단층부의 전단저항 증대
  ② 암반 내 응력분포 개선

(3) 추력전달 구조공

(4) 암반 prestress 공법

05 중력댐의 검사랑

댐시공 후 댐관리상 예상된 사항을 알기 위해 댐 내부에 설치한다.

(1) 목적★
① dam 내부의 균열검사
② dam 내부의 누수 및 배수 검사
③ dam 내부의 수축량검사
④ 양압력, 온도측정
⑤ grouting 이용

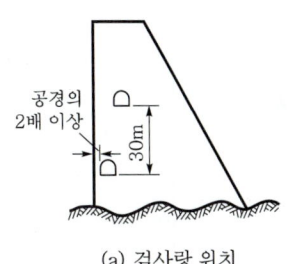 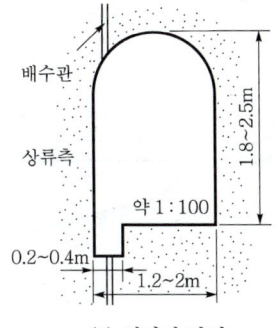

(a) 검사랑 위치   (b) 검사랑 단면

[그림 10-15]

(2) 설계 시 고려사항

① 상류측 하부에 설치(하류측 수위를 고려함.)
② 높은 댐은 높이 30m마다 설치
③ 상류면에서의 거리는 공경의 2배

06 수리구조물

(1) spill way(여수토)★

① 슈트식 여수토(chute spill way)
  댐의 본체에서 완전히 분리시켜 설치하는 여수토로서 보통 dam의 가장자리에 설치한다.

② 측수로 여수토(side channel spill way)
  rock fill dam과 같이 댐 정부를 월류시킬 수 없을 때 dam의 한쪽 또는 양쪽에 설치하는 여수토이다.

③ 그롤리 홀 여수토(grolley hole spill way)
  모양은 원형, 나팔형으로 되어 있고, 자유낙하부, 연직갱부, 곡관부, 원형터널 등으로 되어 있다.

④ 사이펀 여수토(siphon spill way)
  상·하류면의 수위차를 이용한 여수토로서 동일단면에서 자유월류의 경우보다 다량의 물을 배출시킬 수 있다.

⑤ 댐마루 월류식 여수토
  콘크리트 중력댐의 경우 홍수량을 댐마루 수문에 의해 조절 방류하는 형식이다.

> 댐의 부속설비는 spill way(여수토), gate(수문), intake tower(취수탑), 검사랑 등이 있다.

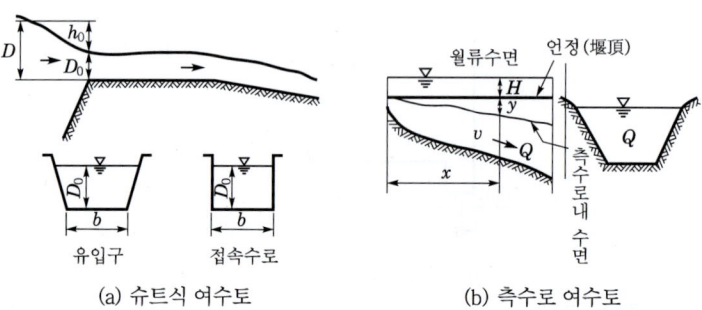

(a) 슈트식 여수토   (b) 측수로 여수토

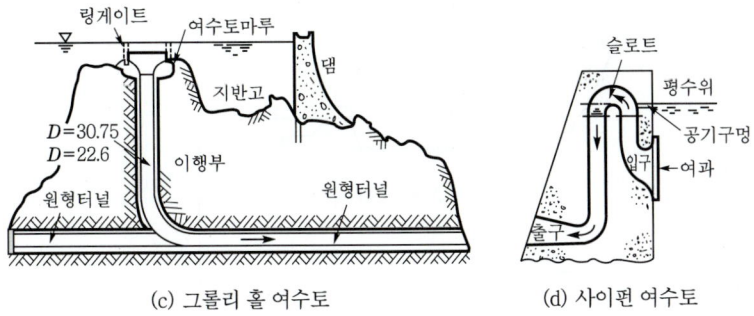

(c) 그롤리 홀 여수토   (d) 사이펀 여수토

[그림 10-16] 여수토의 종류

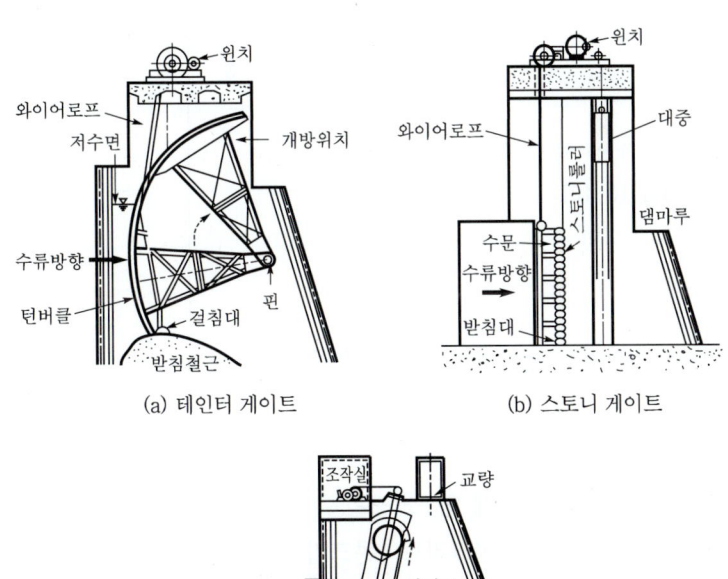

(a) 테인터 게이트   (b) 스토니 게이트

(c) 롤링 게이트

[그림 10-17] 수문의 종류

(2) 감세공★

① 경사 에이프론(sloping apron)
② 감세수로단 턱(sill)
③ 버킷형 에너지 감세구조물(bucket-type energy dispator)
④ 감세지(stilling pool)
⑤ 감세용 블록(blocks or baffles)

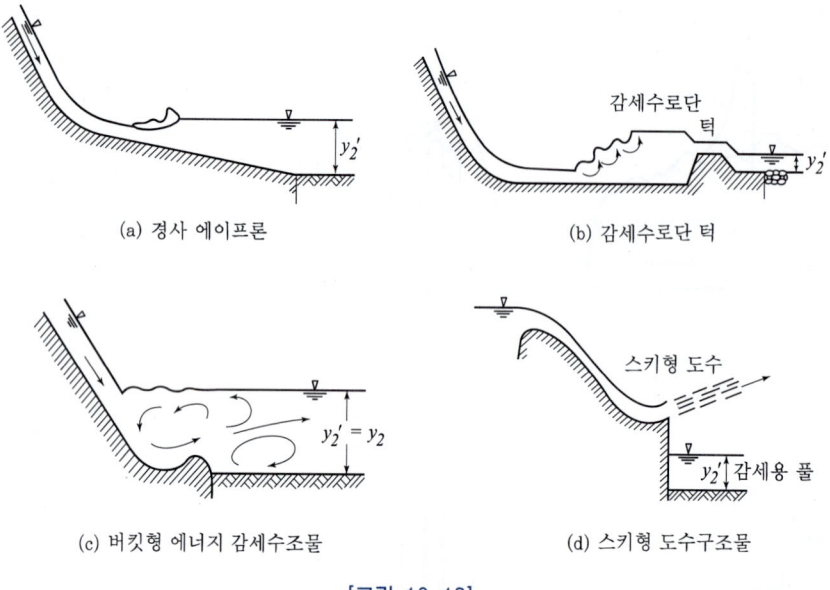

[그림 10-18]

(3) 방파제(break water)
① 개설

방파제는 항내를 무풍상태로 유지하고 선박의 항행과 정박의 안전, 항내시설의 보존, 하역의 원활화를 위해 설치하는 구조물이다.

② 구조형식에 따른 분류★

㉠ 직립제(직립방파제) : 벽체를 수직에 가깝게 한 것으로 주로 파도의 에너지를 반사시키는 것이다. 현장치기 콘크리트, 콘크리트 블록, 케이슨 등을 사용한다.

㉡ 경사제(경사방파제) : 벽체를 경사지게 한 것으로서 파도가 제체에 부딪쳐서 그 에너지를 줄게 한 것이다. 테트라포트(tetrapot), 콘크리트 블록, 막돌 등을 사용한다.

㉢ 혼성제(혼성방파제) : 사석부 위에 직립벽을 설치한 것이다.

(4) 보(weir)
① 개설

수위를 높여 수심을 유지하거나 또는 역류를 방지하기 위하여 하천을 횡단하여 설치하는 것으로 각종 용수의 취수, 주운 등을 위하여 수위를 높이고 조수의 역류를 방지하기 위해 하천을 횡단하여 설치하는 제방의 기능을 갖지 않는 시설을 말한다.

② 보의 종류

㉠ 취수보 : 하천의 수위를 조절하여 생활용수, 공업용수, 발전용수 등을 취수하기 위해 설치하는 보
㉡ 분류보 : 하천의 홍수를 조절하고 저수를 유지하기 위해 하천의 분류점 부근에 설치하여 유량을 조절 또는 분류시킴으로써 수위를 조절하는 보
㉢ 방조보 : 하구나 감조구간에 설치하여 조수의 역류를 방지하고 유수의 정상적인 기능을 유지하기 위해 설치하는 보이고 하구둑은 방조보에 속한다.

과년도 출제 문제

01 — 89 ②
재료로 분류한 가물막이공법 3가지를 쓰시오.

[해답] ① 흙댐식 공법 ② sheet pile 공법
③ ring beam식 공법 ④ 콘크리트 caisson식 공법

02 ★★★ — 02 ②, 12 ①, 19 ③, 22 ③
댐 건설을 위해 댐 지점의 하천수류를 전환시키는 댐의 유수전환방식을 3가지 쓰시오.

[해답] ① 가배수 터널공 ② 반하천 체절공 ③ 가배수로 개거공

03 ★ — 97 ①, 02 ①
가물막이공사는 하천이나 해안 등에 구조물을 시공할 때 dry work를 위한 가설구조물 시공인데 크게 중력식 공법과 sheet pile식의 2가지로 대별된다. 그 중 중력식 공법의 종류를 4가지를 쓰시오.

[해답] ① 흙 dam식 공법 ② caisson 공법
③ corrugate cell식 공법 ④ box식 공법

04 ★ — 01 ①, 04 ①, 05 ③, 10 ②, 17 ①, 18 ②
가체절공(coffer dam)의 종류를 3가지 쓰시오.

[해답] ① 한겹 sheet pile식 ② 두겹 sheet pile식
③ cell식 ④ ring beam식

05 ★★★ — 96 ③, 01 ③, 09 ③, 17 ③
가물막이 공사는 하천이나 해안 등에 구조물을 시공할 때 dry work를 위한 가설구조물 시공으로 크게 중력식 공법과 sheet pile식의 2가지가 된다. 그 중에서 sheet pile식의 종류 4가지를 쓰시오.

[해답] ① 한겹 sheet pile식 ② 두겹 sheet pile식
③ cell식 ④ ring beam식
⑤ 강관 sheet pile식

6 ★★

가물막이(coffer dam)공사에서 sheet pile식 공법의 종류 4가지를 쓰시오.

[해답]
① 한겹 sheet pile식
② 두겹 sheet pile식
③ cell식
④ ring beam식
⑤ 강관 sheet pile식

7 ★

댐(dam) 구조물이 물속 또는 물 옆에 축조되는 경우 건조상태의 작업(dry work)을 하기 위하여 물을 배제하는 구조물을 설치하는데 이것을 무엇이라 하는가?

[해답] 가체절공(coffer dam)

> **※ 참고**
> (1) **가체절공** : dam 구조물이 물속 또는 물옆에 축조되는 경우 건작업(dry work)을 하기 위하여 물을 배제하는 물막이공사
> (2) **전류공** : dam을 건설하기 위해 dam 지점의 하천수류를 다른 방향으로 이동시키는 공사
> ① 가배수 터널공(전체절공법)
> ② 반하천 체절공
> ③ 가배수로 개거공

8 ★★★

댐 여수로(dam spill way)의 말단부 또는 각종 급경사 수로의 방류부(放流部)에서 발생하는 고유속 흐름의 막대한 에너지로 인한 하상(河床) 또는 수로바닥의 세굴(洗掘) 방지를 위해 설치되는 댐의 주요 부속구조물은?

[해답] 감세공

9 ★

댐 여수로의 급경사수로를 유하한 고속류의 운동에너지를 감세시켜 하류하천에 안전하게 유하시키기 위한 시설을 감세공이라 한다. 이러한 감세공의 종류를 3가지 쓰시오.

[해답]
① 경사 에이프론(sloping apron)
② 감세수로단 턱(sill)
③ 버킷형 에너지 감세구조물(bucket-type energy dispator)
④ 감세지(stilling pool)
⑤ 감세용 블록(blocks or baffles)

10 ★★★
92 ①, 95 ⑤, 00 ③, 06 ②

구조선의 일종, 단열, 압쇄 등 작용에 의해 각력-점토상으로 파쇄된 암반 중의 불규칙한 균열의 집합이 어떤 방향으로 달려 거의 일정한 폭을 갖고 있으며 댐 건설에 장애가 되는 zone을 무엇이라고 하는가?

[해답] 파쇄대(fractured zone)

11 ★★★
11 ③, 12 ③, 16 ③, 22 ②

록 필댐(Rock fill Dam)의 종류를 3가지만 쓰시오.

[해답] ① 표면 차수벽형　② 내부 차수벽형　③ 중앙 차수벽형

12 ★
94 ②, 05 ②

현재 시공하고 있는 진주 남강 다목적 dam과 같이 상류측에 콘크리트로 지수벽을 만들고 중앙 및 하류측은 석괴로 쌓아올리는 dam의 형식은?

[해답] 표면 차수벽형

✱ 참고
fill dam
(1) rock fill dam
　① 표면 차수벽형
　② 내부 차수벽형
　③ 중앙 차수벽형
(2) earth fill dam
　① 균일형
　② core형
　③ zone형
(3) 토석댐

13
19 ③

필댐의 종류 3가지를 기술하시오.

[해답] ① earth dam(흙댐)　② rock fill dam(석괴댐)
③ earth-rock fill dam(토석댐)

14
10 ③

표면 차수벽형 석괴댐에서 댐기초와 차수벽을 수밀상태로 연결하고 일종의 기초 그라우트 캡 역할을 하며 차수벽과 제체에서 전이되는 하중을 지지하여 지반으로 전달하는 차수벽의 주춧돌 역할을 하는 철근콘크리트 구조물의 명칭을 쓰시오.

[해답] plinth

✱ 참고
plinth
① 차수벽 선단에 설치하여 차수벽의 토대역할을 하고 차수벽과 댐기초 사이의 침투수를 차단하고 기초 grout cap 역할을 한다.
② 폭은 10~20m이다.

15

터널, dam 등의 암반, 기초굴착 시 문제가 되는 fault zone이란 무엇인지 간단히 설명하시오.

[해답] ① 단층지대이다.
② 지각현상으로 지층이 끊어져서(한쪽은 가라앉고 한쪽은 솟음) 어긋난 곳이다.

87 ②

✱ 참고
경제적, 수리적 조건이 허용하는 한 fault zone을 피한다.

16 ★★

흙댐에 사용되는 filter 재료의 입도설계조건에 적용되는 가적통과율의 입경에는 3가지가 있다. 그것을 나타내시오.

[해답] ① D_{15} ② D_{50} ③ D_{85}

96 ③, 98 ③, 00 ③

✱ 참고 filter 재료의 구비조건

① $\dfrac{D_{15(F)}}{D_{15(S)}} > 5$ …… filter는 침투압이나 수압이 발생하지 않도록 투수성이 좋아야 한다.

② $\dfrac{D_{15(F)}}{D_{85(S)}} < 5$ …… filter 공극의 크기는 충분히 작아서 보호층의 입자가 흡수되어서는 안 된다.

③ $\dfrac{D_{50(F)}}{D_{50(S)}} < 25$

여기서, $D_{15(F)}$, $D_{50(F)}$: filter의 가적통과율 15%, 50%일 때의 입경
$D_{15(S)}$, $D_{50(S)}$, $D_{85(S)}$: filter로 보호되는 흙의 가적통과율 15%, 50%, 85%일 때의 입경

---

17 ★

댐 콘크리트 설계 시 고려사항 3가지를 쓰시오.

[해답] ① 전도파괴에 대한 안정
② 전단파괴에 대한 안정
③ 기초의 지내력에 대한 안정

19 ③

18 ★

댐의 안정조건 3가지를 쓰시오.

[해답] ① 전도파괴에 대한 안정
② 전단파괴에 대한 안정
③ 기초의 지내력에 대한 안정

20 ②

19 ★

댐 성토시험 시에 시험해야 할 항목 3가지만 쓰시오.

[해답]
① 다짐시험 ② 함수비시험
③ 투수시험 ④ 전단강도시험

95 ⑤, 00 ⑤

20 ★★

록 필댐(rock fill dam)은 일반적으로 심벽재(core), 필터재(filter), 사력 존(rock)으로 구성되어 있다. 이 중 필터재의 기능을 2가지만 기술하시오.

[해답]
① 배수(간극수압 발생방지)
② 코아(심벽) 유출방지
③ piping 방지

04 ②, 08 ③, 19 ①

✱ 참고
필터의 역할
① 물만 통과시키고 토립자의 유출을 방지
② 역학적 완충역할
③ 코어재의 자기 치유작용을 지원

21 ★

항만구조물설계 시 기초지반의 액상화 평가 시 실시되는 현장시험을 3가지만 쓰시오.

[해답]
① SPT ② CPT ③ 탄성파탐사시험

16 ②, 21 ①

22 ★★

댐의 기초암반에 보링공을 천공한 후, 시멘트풀, 점토 및 약액 등을 압력으로 주입하여 지반개량 및 차수를 목적으로 시행하는 것을 그라우팅이라고 한다. 이러한 그라우팅의 종류를 3가지만 쓰시오.

[해답]
① 압밀그라우팅(consolidation grouting)
② 차수그라우팅(curtain grouting)
③ 접촉그라우팅(contact grouting)
④ 림 그라우팅(rim grouting)
⑤ 조인트 그라우팅(joint grouting)

11 ①, 21 ①②

23

기초암반의 변형성이나 강도를 개량하여 균일성을 주기 위하여 기초전반에 걸쳐 격자형으로 그라우팅하는 방법으로 콘크리트댐 기초공사에 많이 이용되는 그라우팅방법은?

[해답] consolidation grouting

89 ①

24

주로 콘크리트댐 기초암반의 일부 또는 전체에 걸쳐 6~12m의 비교적 얕은 구멍을 뚫어서 cement paste를 주입함으로써 기초지반의 지지력과 수밀성을 증대시키기 위한 그라우팅은?

[해답] consolidation grouting

25 ★★

댐의 기초암반을 침투하는 물을 방지하기 위하여 지수의 목적으로 댐의 축방향 기초 상류부에 병풍모양으로 시멘트용액 또는 벤토나이트와 점토의 혼합용액을 주입하는 공법을 쓰시오.

[해답] 커튼 그라우팅(curtain grouting)

26

다음 (   ) 안에 알맞은 말을 넣으시오.

흙댐을 축조하는 지반의 그라우팅은 차수를 목적으로 2~5루전(lugeon) 정도의 (①), 기초지반의 일체화에 의한 변형성을 개량하기 위한 (②), 암반의 표층부에서 침투류의 억제를 위한 (③)을 하며 깊이는 5~10m 정도이다.

[해답]
① curtain grouting
② consolidation grouting
③ blanket grouting

※ 참고

grouting 종류	개량 목표
consolidation grouting	ⓐ 중력 dam : 5~10Lu ⓑ arch dam : 2~5Lu
curtain grouting	ⓐ 콘크리트 dam : 1~2Lu ⓑ fill dam : 2~5Lu

27 ★

다음 (   ) 안에 알맞은 말을 넣으시오.

댐 공사 시 기초암반의 비교적 얕은 부분의 절리를 충전시켜 댐 기초의 변형을 억제하고, 지지력을 증가시키기 위해 기초전반에 걸쳐 격자형으로 그라우팅을 하는데 이것을 (①)이라고 하며, 기초암반의 지수성을 높여서 시공 중 침수에 의한 공사의 지연을 막기 위한 그라우팅을 (②)이라고 한다.

[해답]
① consolidation grouting
② curtain grouting

28 *

댐의 기초암반 처리공법 중 커튼 그라우팅(curtain grouting)의 목적 3가지를 쓰시오.

해답
① 기초암반의 차수
② 기초암반 내 양압력 경감
③ 누수로 인한 기초암반의 열화방지

01 ①, 12 ①

29 *

댐의 기초처리 공사 시 그라우팅 공사의 주입재료를 3가지만 쓰시오.

해답
① 시멘트 용액
② 벤토나이트와 점토와의 용액
③ 아스팔트제 용액
④ 약액

01 ②, 19 ②

30 **

댐 기초지반 처리에서 consolidation grouting과 curtain grouting을 실시하는 중요한 이유를 간단히 쓰시오.

(1) consolidation grouting

(2) curtain grouting

해답
(1) consolidation grouting : 지반개량(변형성 억제, 강도 증대)하여 기초암반의 균일성을 갖게 할 목적
(2) curtain grouting : 기초암반을 침투하는 물을 방지하기 위한 지수의 목적

95 ③, 01 ③, 24 ①

31 *

그라우팅(grouting) 공법 중 최종깊이까지 한 번에 착공한 후 구멍 밑에서부터 순차적으로 주입재료를 주입하는 것으로서 주입심도가 깊고, 암질이 좋은 경우에 적용하는 방법은?

해답 packer 방법

95 ④, 99 ④

> ✱ 참고   grouting 시공법
> (1) 1단식
>   ① 예정심도 주입을 1회로 하는 방법이다.
>   ② 얕은 공에 적용된다.
> (2) stage식
>   ① 각 stage 마다 착공과 주입을 반복하는 방법이다.
>   ② 암질이 좋지 않은 주입심도가 깊은 공에 적용된다.
> (3) packer식
>   ① 최종 깊이까지 한 번에 착공한 후 공 하부부터 순차적으로 grouting하는 방법이다.
>   ② 암질이 좋고 주입심도가 깊은 공에 적용된다.

32 ★★★★

95 ⑤, 97 ④, 04 ①, 18 ① ③

중력식 댐의 시공 후 관리상 내부에 설치하는 검사랑의 시공목적을 4가지만 쓰시오.

[해답]
① 콘크리트 내부의 균열검사   ② 누수 및 배수
③ 양압력   ④ 온도측정
⑤ 수축량 검사   ⑥ grouting

> ✱ 참고
> **중력댐의 검사랑**
> 댐 시공 후 댐 관리상 예정된 사항을 알기 위해 검사랑을 댐 내부에 설치한다.

33

95 ①

중력댐을 시공한 후 댐의 안전관리 목적을 위한 사항, 예를 들면 균열검사, 간극수압측정, 온도측정 등을 실시하기 위해 댐 내부에 설치하는 것을 무엇이라 하는가?

[해답] 검사랑

34 ★

94 ②, 10 ②

콘크리트 중력댐을 시공할 때 된비빔 콘크리트를 불도저로 포설하여 진동롤러로 다져서 댐을 축조하는 방식은 무엇인가?

[해답] RCD 공법(Roller Compacted Dam method)

> ✱ 참고
> ① BCP(Belt Conveyer Placing system) 공법 : 배처 플랜트에서 비빈 콘크리트를 벨트 컨베이어로 댐 시공장소까지 운반 타설하는 공법
> ② RCD(Roller Compacted Dam) 공법 : 콘크리트 중력댐을 시공할 때 된비빔 콘크리트를 진동롤러에 의하여 다지면서 시공하는 공법

35

콘크리트댐의 뒷면과 같은 경사면 콘크리트 타설 시 발생 기포가 밖으로 쉽게 빠져나가게 하기 위한 거푸집은?

[해답] 포라스 거푸집(유공 거푸집, polars form)

> **※참고** 포라스 거푸집(유공 거푸집)
> ① ϕ5mm의 작은 구멍들이 뚫린 금속 거푸집판에 다공성 섬유(textile)를 접착제 없이 그 주변 앵글로 고정시킨 것이다.
> ② 포라스 거푸집을 이용하여 콘크리트를 치면 콘크리트 속의 상승 기포가 다공성 섬유를 통해 금속 거푸집 구멍으로 빠져나가 콘크리트면에 공기집으로 인한 흉터가 안 생기게 된다.

36

다음은 어느 댐공사의 시공순서이다. 이 공법의 이름을 무엇이라고 하는가?

> 경동믹서에 의한 콘크리트 비빔 → 덤프트럭에 의한 운반 → 불도저에 의한 포설 → 진동롤러에 의한 다짐 → vibro cutter에 의한 이음절단 및 염화비닐판 삽입 → 콘크리트 양생

[해답] RCD 공법(Roller Compacted Dam method)

37

필댐의 여수로(spill way)에는 어떤 종류가 있는지 3가지만 쓰시오.

[해답]
① 슈트식 여수로(chute spill way)
② 측수로 여수로(side channel spill way)
③ 그롤리 홀 여수로(grolley hole spill way)
④ 사이펀 여수로(siphon spill way)

38

댐의 계획 홍수위 시 댐의 안정을 위해 물을 조속히 배제하기 위한 여수로의 종류를 3가지만 쓰시오.

[해답]
① 슈트식 여수로
② 측수로 여수로
③ 그롤리홀 여수로
④ 사이펀 여수로

39 ★★

그림과 같은 방파제의 활동에 대한 안전율을 계산하시오. (단, 소수 3째자리에서 반올림하시오.)

조건
- 파고(h) = 3.0m
- 케이슨 단위중량(w) = 18.95kN/m³
- 해수 단위중량(w') = 10.25kN/m³
- 마찰계수(f) = 0.6
- 파압공식(P) = $1.5w'h$(kN/m²)

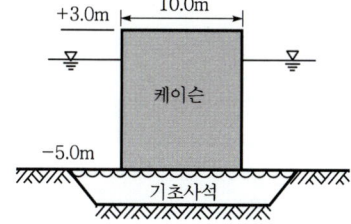

[해답]
① 케이슨의 수직하중 = 자중 − 부력
$W = (8 \times 10) \times 18.95 - (8 \times 10) \times 10.25 = 696$ kN/m

② 파압
$P = 1.5w'h = 1.5 \times 10.25 \times 3 = 46.13$ kN/m²

③ 케이슨에 작용하는 수평력
$P_H = (3+5) \times 46.13 = 369.04$ kN/m

④ 안전율
$F_s = \dfrac{fW}{P_H} = \dfrac{0.6 \times 696}{369.04} = 1.13$

40 ★★

다음과 같은 모래지반에 위치한 댐의 piping의 발생에 대한 안전율을 구하시오. (단, safe weighted creep ratio는 6.0이다.)

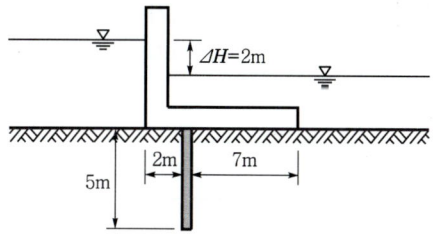

[해답]
① 가중 creep 거리 = 수직거리(45° 보다 급한 것) + 수평거리(45° 이하)의 $\dfrac{1}{3}$

$= 5 \times 2 + \dfrac{2+7}{3} = 13$ m

② 가중 creep비 = $\dfrac{\text{가중 creep 거리}}{\text{유효수두}} = \dfrac{13}{2} = 6.5$

③ $F_s = \dfrac{6.5}{6} = 1.08$

41 ★

모래지반상에 그림과 같은 작은 dam을 축조할 때 piping 작용을 막기 위한 시판(失板)의 최소깊이 D를 구하시오. (단, creep ratio $C=12$)

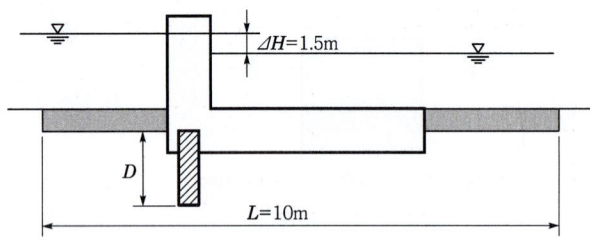

[해답] Lane의 가중 creep(weighted creep) 방법

① 가중 creep 거리=수직거리(45° 보다 급한 것)+수평거리(45° 이하)의 $\frac{1}{3}$

$$= 2D + \frac{L}{3}$$

② 유효수두=수두차=1.5m

③ 가중 creep비=$\dfrac{\text{가중 creep 거리}}{\text{유효수두}}$

$$12 = \frac{2D + \dfrac{L}{3}}{1.5} = \frac{2D + \dfrac{10}{3}}{1.5}$$

∴ $D = 7.33\text{m}$

42 ★

모래지반상에 그림과 같은 작은 dam을 축조할 때 piping 작용을 막기 위한 시판(失板)의 최소깊이 D를 구하시오. (단, safe weighted creep ratio $C=6$)

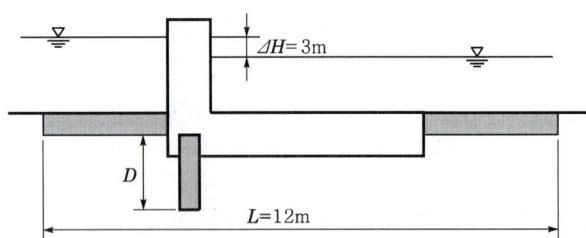

[해답] 가중 creep비=$\dfrac{\text{가중 creep 거리}}{\text{유효수두}}$

$$6 = \frac{2D + \dfrac{L}{3}}{3} = \frac{2D + \dfrac{12}{3}}{3}$$

∴ $D = 7\text{m}$

43

항만 내의 선박과 하구의 보호 및 하구폐색 방지를 목적으로 설치한 항만 외곽시설을 무엇이라고 하는가?

해답 방파제(break water)

> ✱ 참고
> **방파제(break water)**
> 방파제는 항내를 무풍상태로 유지하고 선박의 항행과 정박의 안전, 항내시설의 보존, 하역의 원활화를 위해 설치하는 구조물이다.

44 ★

방파제(break water)란 외곽시설로 항내정온을 유지하고 선박의 항행을 원활히 하기 위해 축조된 구조물이다. 방파제의 구조형식에 따른 종류를 3가지만 쓰시오.

해답 ① 직립제 ② 경사제 ③ 혼성제

45 ★

하천 제방의 누수방지에 대한 방법을 3가지만 쓰시오.

해답
① 투수층 내 지수벽 설치 : 제체 및 기초지반의 투수층에 지수벽(sheet pile, 심벽 등)을 설치하여 지수시키는 방법
② 제방부지 확폭
③ 피복재 설치
④ 압성토 설치

46

하천공사에서 각종 용수의 취수, 주운(舟運) 등을 위하여 수위를 높이고 조수의 역류를 방지하기 위하여 하천의 횡단방향으로 설치하는 댐 이외의 구조물을 무엇이라 하는가?

해답 보(weir)

> ✱ 참고 **보(weir)**
> ① 수위를 높여 수심을 유지하거나 또는 역류를 방지하기 위하여 하천을 횡단하여 설치하는 것으로 각종 용수의 취수, 주운 등을 위하여 수위를 높이고 조수의 역류를 방지하기 위해 하천을 횡단하여 설치하는 제방의 기능을 갖지 않는 시설을 말한다.
> ② 보의 종류
>   ㉠ 취수보 : 하천의 수위를 조절하여 생활용수, 공업용수, 발전용수 등을 취수하기 위해 설치하는 보
>   ㉡ 분류보 : 하천의 홍수를 조절하고 저수를 유지하기 위해 하천의 분류점 부근에 설치하여 유량을 조절 또는 분류시킴으로써 수위를 조절하는 보
>   ㉢ 방조보 : 하구나 감조구간에 설치하여 조수의 역류를 방지하고 유수의 정상적인 기능을 유지하기 위해 설치하는 보이고 하구둑은 방조보에 속한다.

47

하류관거 유하능력이 부족한 곳, 하류지역 펌프장 능력이 부족한 곳 및 방류수로 유하능력이 부족한 곳 등에 설치하여 우수유출 시 효과적인 기능을 하는 저류 및 배수시설을 무엇이라 하는지 쓰시오.

해답 유수지(우수 조정지)

> **※ 참고** 유수지
> 도시화 등에 의해 우수 유출량이 증대 되었지만 반면에 하류의 배수시설(관로, 펌프장)의 우수 배제능력이 부족하거나 방류수역의 유하능력이 부족할 경우에 우수량을 일정기간 저류시켜 방류하는 시설이다.

48

유수(流水)의 흐름방향과 유속을 제어하여 하안, 제방의 침식현상을 방지하기 위해 호안이나 하안 전면부에 설치하는 구조물을 무엇이라 하는가?

해답 수제(spur dyke)

> **※ 참고** 수제의 설치목적
> ① 하안의 침식 및 호안의 파손방지   ② 유로의 고정   ③ 유량의 확보

49

다음 용어의 물음에 답하시오.

(1) 여수로 상부에 유량을 조절하기 위해 부채꼴 형태로 설치한 수문의 종류를 쓰시오.
(2) 댐 콘크리트의 온도상승을 억제하고 균열을 방지할 목적으로 콘크리트를 치기 전에 외경 25mm 정도의 파이프를 수평으로 배치하고 그 속에 자연지하수나 인공냉각수를 통과시켜서 콘크리트의 온도를 낮추는 것을 무엇이라고 하는가?
(3) 기초암반의 변형성이나 강도를 개량하여 균일성을 주기 위하여 기초 전반에 걸쳐 격자형으로 그라우팅하는 방법으로 콘크리트댐 기초공사에 많이 이용되는 그라우팅 방법을 쓰시오.

해답
(1) 테인터식 수문(radial gate)
(2) 파이프 쿨링(pipe cooling)
(3) 압밀 그라우팅(consolidation grouting)

50

다음 수문곡선이 나타내는 유출을 깊이로 나타내면 얼마인가? (단, 유역면적은 5km²이다.)

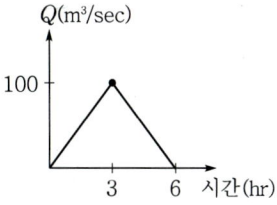

[해답] ① 유출량 $= \dfrac{100 \times (6 \times 3600)}{2} = 1{,}080{,}000 \, \text{m}^3$

② 깊이 $= \dfrac{1{,}080{,}000}{5 \times 10^6} = 0.216\text{m} = 21.6\text{cm}$

51

100년 빈도의 홍수를 지지하게 댐을 설계하였을 때 100년 안에 댐이 파괴될 확률은?

[해답] $R = \dfrac{1}{T} = \dfrac{1}{100} = 0.01 = 1\%$

52

암거의 예상 설계수명이 20년인 경우 다음을 구하시오.

(1) 설계수명기간 동안 암거의 용량을 최소한 한 번 초과할 위험허용확률이 20%일 때 설계재현기간을 구하시오.

(2) (1)에서 산출한 설계재현기간을 기반으로 향후 20년 동안 암거가 초과하지 않을 확률을 구하시오.

[해답]

(1) $R = 1 - \left(1 - \dfrac{1}{T}\right)^n$

$0.2 = 1 - \left(1 - \dfrac{1}{T}\right)^{20}$ ∴ $T = 90.13$년

(2) $P = \left(1 - \dfrac{1}{T}\right)^n = \left(1 - \dfrac{1}{90.13}\right)^{20} = 0.8 = 80\%$

53

부벽식 댐의 특징 3가지를 쓰시오.

[해답]
① 중력식 댐만큼 견고한 암반이 필요 없다.
② 콘크리트 소요량이 적고 댐체 검사가 용이하다.
③ 댐체의 내구성이 작다.
④ 구조가 복잡하고 시공이 어렵다.
⑤ 중력식 댐보다는 내진력이 작다.

PART **11**

토·목·기·사·실·기

공정관리

01 공사관리(시공관리)
02 원가관리(cost control)
03 공정관리
04 입찰방식의 종류
● 과년도 출제 문제

9.4%

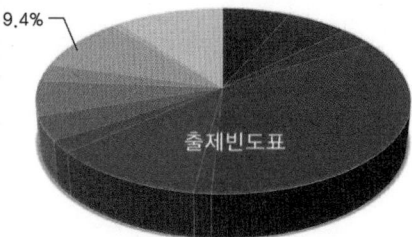

출제빈도표

PART 11 공정관리

01 공사관리(시공관리)

1 개요

① 공사관리는 생산수단 5M을 효과적으로 사용하여 공정, 원가, 품질, 안전 등에 대하여 좋은 것을 싸게, 빨리, 안전하게 만들 수 있도록 관리하는 기술이다.

② 모든 관리는 Plan(계획) → Do(실시) → Check(검토) → Action(처리)를 반복 진행한다.

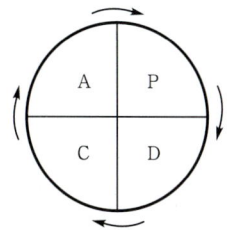

[그림 11-1] 관리 cycle의 4단계

2 공사관리의 3대 목표 및 상관관계

(1) 공사관리의 3대 목표

공사관리	목 표	공사요소
① 원가관리	싸게	경제성
② 품질관리	좋게	품질
③ 공정관리	빨리	공사기간

(2) 공정, 원가, 품질의 상관관계

① 공정과 품질 사이에는 공정을 빨리 하면 품질이 저하된다.
② 품질과 원가 사이에는 품질을 좋게 하면 원가는 높아진다.

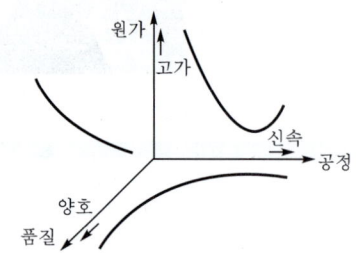

[그림 11-2] 공정, 원가, 품질과의 관계

3 공사관리의 생산수단 5M과 5R

생산수단 5M을 효과적으로 사용하여 5R(5가지 목표)을 달성한다.

생산수단 5M	공사관리	5R(5가지 목표)
① Man(인력)	① 원가관리	① Right price(적정가격)
② Machine(기계)	② 품질관리	② Right time(적정시기)
③ Material(재료)	③ 공정관리	③ Right product(적정제품)
④ Method(방법)	④ 안전관리	④ Right quality(적정품질)
⑤ Money(자금)		⑤ Right quantity(적정수량)

관리 cycle
P → D → C → A

02 원가관리(cost control)

공사금액 중 실제 원가를 절감하기 위한 관리기술을 원가관리라 한다.

1 원가관리의 목적

① 원가절감
② 원가관리 체계 확립
③ 시공계획

2 원가관리방법(기법)

(1) 시공계획서 및 실행예산 편성(Plan)

① 시공계획서 작성 시 각 공종별, 항목별로 예산을 편성

② 도급계약서의 단가를 기준으로 하고 시공계획서를 참고하여 실행예산을 편성

(2) 원가절감(Do)
① 시공계획과 실제 시공을 비교
② 자재조달계획과 실제 조달을 비교
③ 노무, 장비동원계획과 실제 동원을 비교

(3) 공사원가 대비(Check)
실제의 자재비, 노무비, 장비비를 토대로 공사원가 계획서를 작성하고 예산상의 기성과 투자를 비교한다.

(4) 조치(Action)
투자분석 결과에 의해 공법 변경, 시공계획 변경 여부를 결정한다.

03 공정관리

공정표(chart)를 작성하여 공기에 맞게 공사를 진행시키는 관리기술을 공정관리라 한다.

① 공정표의 종류

(1) bar chart(gantt chart, 횡선식 공정표)
(2) 기성고 공정곡선(banana 곡선, S-curve, 사선식 공정표)
(3) Net Work 공정표
  ① 화살선도(arrow diagram) : 일정계산, 여유시간계산 등에 사용하며, 가장 일반적으로 사용된다.
  ② 흐름도(flow diagram) : 특수한 용도에 사용된다.
  ③ 시간눈금에 의한 화살선도(time scale diagram) : 실제의 공정표로 사용할 때의 표현법이다.

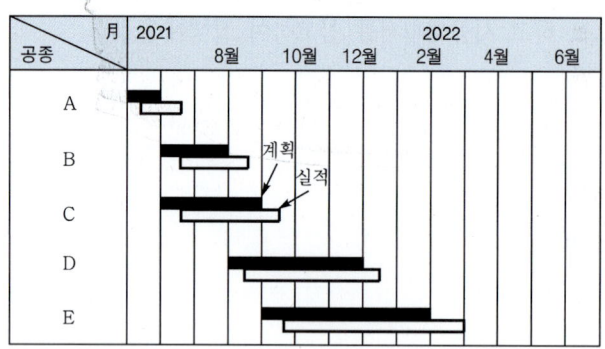

[그림 11-3] bar chart

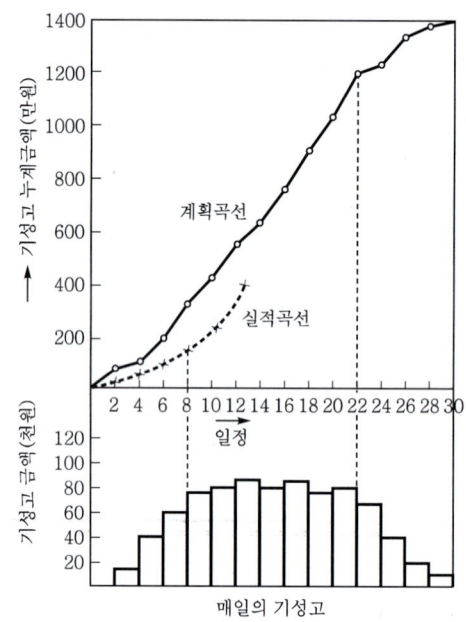

[그림 11-4] 기성고 공정곡선

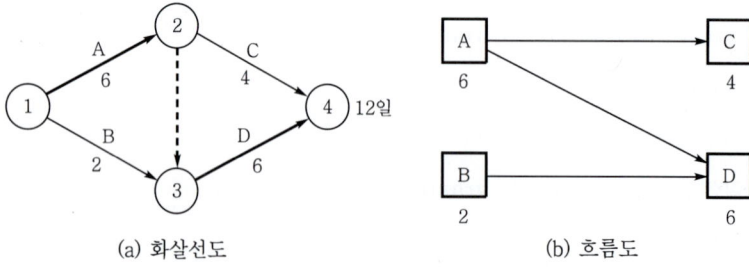

(a) 화살선도   (b) 흐름도

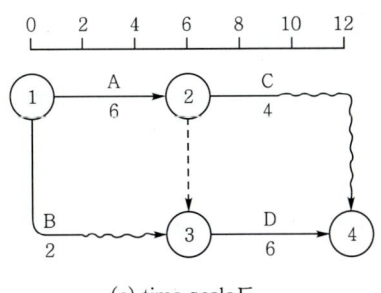

(c) time scale도

[그림 11-5] Net Work 공정표

② 공정관리 기법의 비교

기법 구분	bar chart	기성고 공정곡선	Net Work
장점	ⓐ 작성이 쉽다. ⓑ 공사계획과 진척사항을 쉽게 알 수 있다. ⓒ 전체 공정의 파악이 쉽다. ⓓ 보기 쉽다.	ⓐ 전체 공정의 진도파악이 용이 ⓑ 계획과 실적의 진도파악이 용이 ⓒ 시공속도 파악이 용이 ⓓ banana 곡선에 의하여 관리목표가 얻어진다. ⓔ 가격상황의 파악이 용이	ⓐ 작업 상호관계가 명확 ⓑ 작업 선후관계가 명확 ⓒ 작업의 문제점 예측이 가능 ⓓ 최저 비용으로 공기단축이 가능 ⓔ 효과적인 예산통제가 가능 ⓕ CP에 의해 중점관리가 가능 ⓖ 신뢰도가 크다.
단점	ⓐ 작업 상호관계 파악이 불가능 ⓑ 대형공사에서 세밀한 일정계획을 세울 수 없다. ⓒ 작업의 사전예측 및 사후 통제가 곤란	ⓐ 공정의 세부사항을 알 수 없다. ⓑ 공정의 조정이 불가능 ⓒ 보조적인 수단으로만 사용	ⓐ 공정표 작성에 많은 시간이 소요 ⓑ 수정변경에 많은 시간이 소요 ⓒ 작성 및 검사에 기술이 필요
용도	ⓐ 간단한 공정표 ⓑ 개략적인 공정표 ⓒ 시급을 요할 때 ⓓ 간단한 공사 ⓔ 보고, 선전용	ⓐ 다른 방법과 병용(보조수단) ⓑ 원가관리 ⓒ 공정의 경향분석	ⓐ 대형 공사 ⓑ 복잡한 공사 ⓒ 중요한 공사(공사기간을 엄수해야 할 공사)

③ Net Work 공정표 PERT, CPM 관리기법의 비교

기법 구분	PERT(Program Evaluation and Review Technique)	CPM(Critical Path Method)
주목적	공기단축	공비절감
대상	신규사업, 비반복사업, 경험이 없는 사업	반복사업, 경험이 있는 사업
작성법	event를 중심으로 일정계산을 작성	activity를 중심으로 일정계산을 작성
공기추정	3점 견적법 $t_e = \dfrac{t_0 + 4t_m + t_p}{6}$ 여기서, t_e : 기대시간(expected time) t_0 : 낙관시간(optimistic time) t_m : 정상시간(most likely time) t_p : 비관시간(pessimistic time)	1점 견적법 $t_e = t_m$
MCX (최소비용)	이론이 없다.	CPM의 핵심이론이다.
일정계산	event 중심의 일정계산 ⓐ T_E(earliest event time) : 최조시간 전진계산에서 가장 큰 값을 계산치로 한다. ⓑ T_L(latest event time) : 최지시간 후진계산에서 가장 작은 값을 계산치로 한다.	activity 중심의 일정계산 ⓐ EST(earliest start time) : 최조 개시시간 ⓑ EFT(earliest finish time) : 최조 완료시간 ⓒ LST(latest start time) : 최지 개시시간 ⓓ LFT(latest finish time) : 최지 완료시간
여유시간	slack : event 중심의 여유($T_L - T_E$) ⓐ PS(postive slack) : 정여유 ⓑ NS(negative slack) : 부여유 ⓒ ZS(zero slack) : 영여유	float : activity 중심의 여유 ⓐ TF(total float) : 총여유 ⓑ FF(free float) : 자유여유 ⓒ DF(dependent float) : 간섭여유
CP(주공정)	$T_E - T_L = 0$인 곳	TF=0인 곳

● PERT는 확률적인 모델이고 CPM은 확정적인 모델이다.

④ Net Work 기법

(1) Net Work 구성요소

① event(결합점)
   ㉠ ○으로 표시하며, 작업순서에 따라 번호를 붙인다.
   ㉡ activity의 시작점 및 완료점

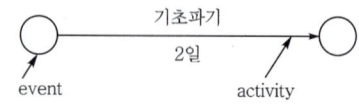

[그림 11-6] event와 activity

② activity(활동)
  ㉠ →로 표시하며, 화살의 방향은 작업순서를 나타낸다.
  ㉡ 화살표의 위에는 작업명, 아래에는 공기(소요시간)를 기입한다.
③ dummy(명목상 작업)
  ㉠ -----(점선)로 표시한다.
  ㉡ 실제 작업은 없으나 선행과 후속의 관계를 표시하기 위해 사용한다.
  ㉢ 작업 소요시간은 0이고 CP가 될 수 있다.

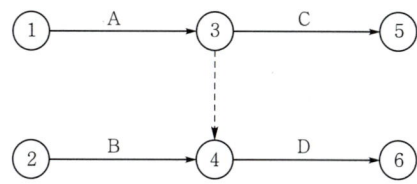

[그림 11-7] Dummy

④ CP(Critical Path, 최장 경로)
  ㉠ 굵은 선으로 표시한다.
  ㉡ Net Work상의 최장경로로서 모든 작업을 마치는데 시간이 가장 긴 경로이다.
  ㉢ CP는 2개 이상 있을 수 있다.

(2) Net Work 작성의 기본원칙

① 공정원칙
  ㉠ 모든 공정은 독립된 공정으로 수행, 완료되어야 한다.
  ㉡ 작업순서에 맞게 작성한다.

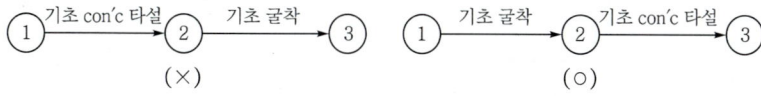

② 단계원칙 : 선행 activity가 끝나지 않으면 후속 activity는 개시하지 못한다. (activity의 시작과 끝은 event와 연결되어야 한다.)

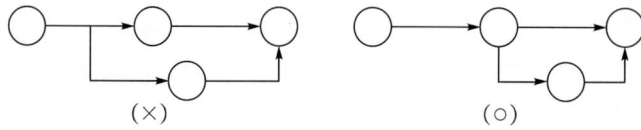

[그림 11-8]

③ 연결원칙 : activity의 방향은 한쪽방향(오른쪽방향)으로만 표시한다.

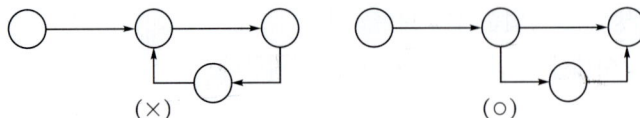

[그림 11-9]

④ 활동원칙 : event 사이에는 1개의 activity만 존재한다.

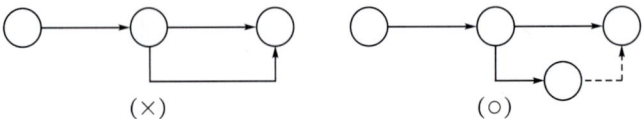

[그림 11-10]

주의사항

① 가능한 한 activity 상호간의 교차를 피한다.

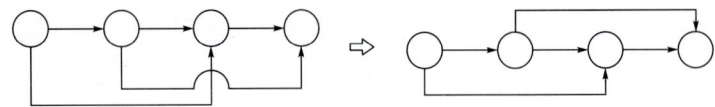

② 무의미한 dummy(더미)를 피한다.

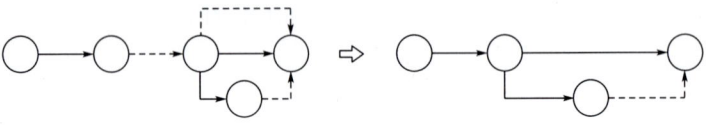

(3) Net Work 표시법

① event 사이에 2개 이상의 activity가 존재할 때의 표시

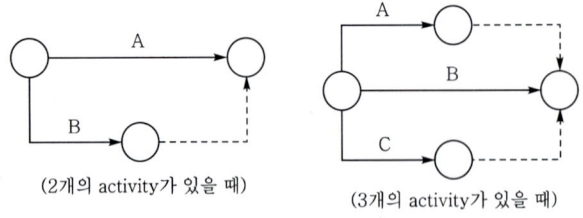

(2개의 activity가 있을 때)   (3개의 activity가 있을 때)

[그림 11-11]

② 종속관계의 표시

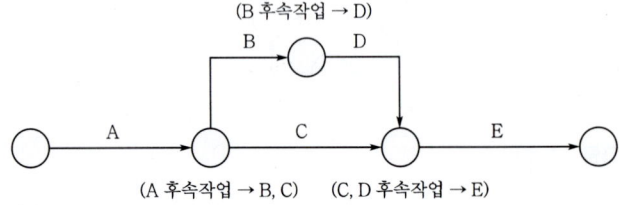

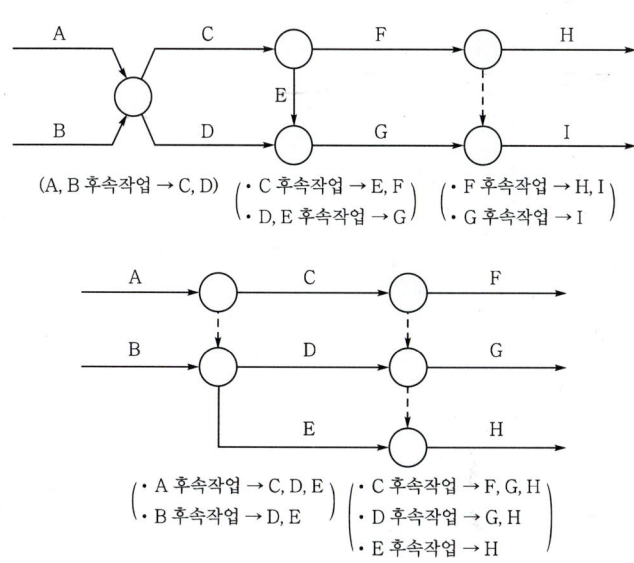

(A, B 후속작업 → C, D)   (· C 후속작업 → E, F)   (· F 후속작업 → H, I)
                        (· D, E 후속작업 → G)   (· G 후속작업 → I)

(· A 후속작업 → C, D, E)   (· C 후속작업 → F, G, H)
(· B 후속작업 → D, E   )   (· D 후속작업 → G, H   )
                            (· E 후속작업 → H   )

[그림 11-12]

5 일정계산, 여유시간, activity 소요일수(공기)

(1) 일정계산

① event 중심의 일정계산(PERT 기법의 일정계산)

㉠ T_E(earlist event time ; TE)

ⓐ 전진계산에서 가장 큰 값을 계산치로 한다.

ⓑ $T_{E2} = T_{E1} + D$ ··· (11-1)

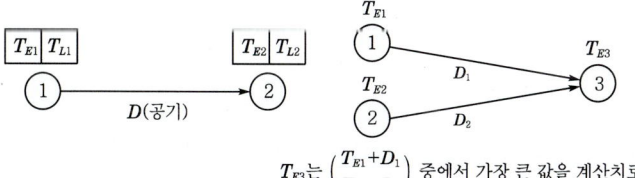

T_{E3}는 $\begin{pmatrix} T_{E1}+D_1 \\ T_{E2}+D_2 \end{pmatrix}$ 중에서 가장 큰 값을 계산치로 한다.

[그림 11-13]

㉡ T_L(latest event time ; TL)

ⓐ 후진계산에서 가장 작은 값을 계산치로 한다.

ⓑ $T_{L1} = T_{L2} - D$ ··· (11-2)

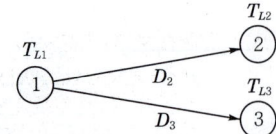

T_{L1}는 $\begin{pmatrix} T_{L2}-D_2 \\ T_{L3}-D_3 \end{pmatrix}$ 중에서 가장 작은 값을 계산치로 한다.

[그림 11-14]

② activity 중심의 일정계산(CPM 기법의 일정계산)
- ㉠ EST(earlist start time ; 최조 개시시간)
  - ⓐ 작업을 착수하는데 가장 빠른 시간
  - ⓑ 전진계산에서 가장 큰 값을 계산치로 한다.
  - ⓒ event에서 EST=EFT이다.
- ㉡ EFT(earlist finish time ; 최조 완료시간)
  - ⓐ 작업을 종료할 수 있는 가장 빠른 시간
  - ⓑ $\boxed{EFT = EST + 공기}$ ·················· (11-3)
- ㉢ LST(latest start time ; 최지 개시시간)
  - ⓐ 작업을 가장 늦게 착수해도 좋은 시간으로 LST 보다 늦게 착수하면 공기가 지연된다.
  - ⓑ $\boxed{LST = LFT - 공기}$ ·················· (11-4)
- ㉣ LFT(latest finish time ; 최지 완료시간)
  - ⓐ 작업을 가장 늦게 종료해도 좋은 시간
  - ⓑ 후진계산에서 가장 작은 값을 계산치로 한다.
  - ⓒ event에서 LFT = LST이다.

(2) 여유시간계산

① TF(total float ; 총 여유시간)
  - ㉠ 전체 작업의 최종 완료일에 영향을 주지 않고 지연될 수 있는 최대 여유시간
  - ㉡ $\boxed{\begin{array}{l} TF = LST - EST \\ = LFT - EFT \end{array}}$ ·················· (11-5)

② FF(free float ; 자유 여유시간)
  - ㉠ 모든 작업이 EST로 시작될 때 이용 가능한 여유시간
  - ㉡ $\boxed{FF = 후속작업의\ EST - EST - 공기}$ ·················· (11-6)

③ DF(dependent float ; 간섭 여유시간)
  ㉠ 후속작업에 영향을 주는 여유시간
  ㉡ DF = TF − FF ··· (11-7)

※ 공정관리의 일정계산, 여유시간, 표기법 등은 원칙적으로 처음부터 이해하기가 무척 어렵기 때문에 수검생들을 위해 암기법을 정리하여 제시한다.

(1) PERT

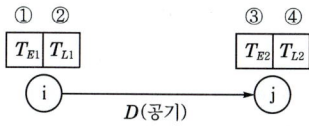

정 의	암기법
EST= T_{E1}	EST=①
EFT= $T_{E1}+D$	EFT=①+D
LST= $T_{L2}-D$	LST=④−D
LFT= T_{L2}	LFT=④
TF= $T_{L2}-T_{E1}-D$	TF=④−①−D
FF= $T_{E2}-T_{E1}-D$	FF=③−①−D
DF=TF−FF	DF=TF−FF
T_E=EST	T_E=③
T_L=LFT	T_L=①
EST=EFT	②=③
LST=LFT	①=④

(2) CPM

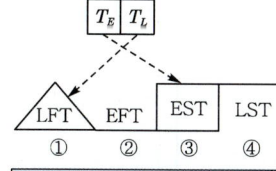

정 의	암기법
T_E=EST	T_E=③
T_L=LFT	T_L=①
EST=EFT	②=③
LST=LFT	①=④

일정계산(T_E, T_L의 예 ①)

다음 네트워크(Net Work)의 최초 착수시간 T_E와 최지 착수시간 T_L을 계산하시오.

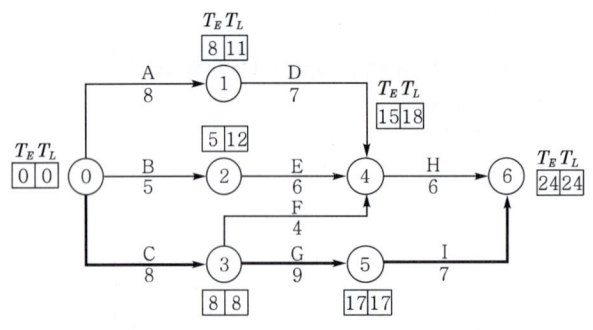

[해답]

event	T_E	T_L
0	0	$\left.\begin{array}{l}11-8=3\\12-5=7\\8-8=0\end{array}\right\}$ 0
1	0+8=8	18-7=11
2	0+5=5	18-6=12
3	0+8=8	$\left.\begin{array}{l}18-4=14\\17-9=8\end{array}\right\}$ 8
4	$\left.\begin{array}{l}8+7=15\\5+6=11\\8+4=12\end{array}\right\}$ 15	24-6=18
5	8+9=17	24-7=17
6	$\left.\begin{array}{l}15+6=21\\17+7=24\end{array}\right\}$ 24	24

① T_E (earlist event time ; TE) : 전진계산에서 가장 큰 값을 계산치로 한다.
② T_L (latest event time ; TL) : 후진계산에서 가장 작은 값을 계산치로 한다.

일정계산(T_E, T_L의 예 ②)

다음 네트워크(Net Work) 공정표에서 각 작업의 일정계산 및 여유시간을 구하고 각 결합점에서는 △LFT EFT | EST | LST 로 표시하시오.

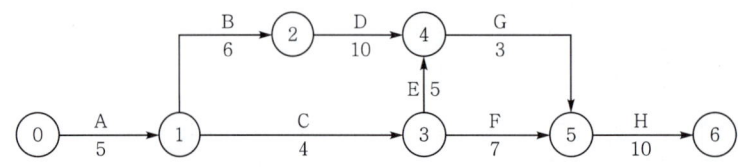

[해답] (1) 공정표

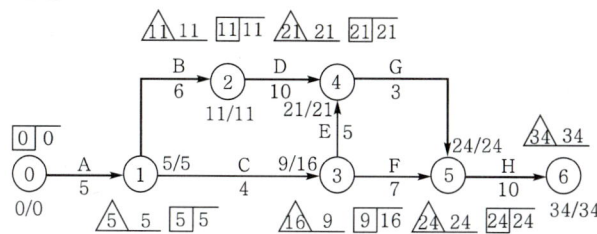

(2) 일정계산 및 여유시간 계산

작업명	소요일수	T_E EST	T_E EFT	T_L LST	T_L LFT	TF	FF	DF
A	5	0	0+5=5	5−5=0	5	5−0−5=0	5−0−5=0	0−0=0
B	6	5	5+6=11	11−6=5	11	11−5−6=0	11−5−6=0	0−0=0
C	4	5	5+4=9	16−4=12	16	16−5−4=7	9−5−4=0	7−0=7
D	10	11	11+10=21	21−10=11	21	21−11−10=0	21−11−10=0	0−0=0
E	5	9	9+5=14	21−5=16	21	21−9−5=7	21−9−5=7	7−7=0
F	7	9	9+7=16	24−7=17	24	24−9−7=8	24−9−7=8	8−8=0
G	3	21	21+3=24	24−3=21	24	24−21−3=0	24−21−3=0	0−0=0
H	10	24	24+10=34	34−10=24	34	34−24−10=0	34−24−10=0	0−0=0

(3) activity 소요일수(duration) 추정

duration은 activity의 개시부터 종료까지 요하는 시간이다.

① 추정 시 고려사항

   ㉠ 확률이 높은 일수로 계산한다.

   ㉡ activity의 중요도, 완성 예정공기 등을 의식하지 않는다.

   ㉢ 1일의 노동시간은 실무치로 한다.

   ㉣ 천후, 기후, 가동시간, 재료조달 상황 등의 조건을 고려한다.

② 견적법

   ㉠ 1점 견적법

   ㉡ 3점 견적법

   ⓐ 기대시간(기대치) : Net Work에 사용할 작업일수

$$t_e = \frac{t_0 + 4t_m + t_p}{6} \quad \cdots\cdots\cdots (11-8)$$

   ⓑ 분산

$$\sigma^2 = \left(\frac{t_p - t_0}{6}\right)^2 \quad \cdots\cdots\cdots (11-9)$$

여기서, t_e : 기대시간(기대치 : expected time)
t_0 : 낙관시간(낙관치 : optimistic time)
t_m : 최확시간(최확치 : most likely time)
t_p : 비관시간(비관치 : pessimistic time)

ⓑ 진도관리(follow up)

(1) 개요
① project의 수행은 단지 계획을 세우는 것만으로는 관리의 효과를 발휘하지 못한다.
② 각 공정이 계획공정표와 실적공정표를 비교하여 전체 공기를 준수할 수 있도록 공사지연의 대책을 세우고 수정 조치하는 것을 진도관리라 한다.

(2) 진도관리의 주기
① 공사의 종류, 난이도, 공기 등에 따라 다르나 보통 15일(2주), 30일(4주)을 기준으로 실시한다.
② 최대 30일을 초과하지 않도록 한다.

(3) 진도관리법
① bar chart법
② banana 곡선법(S-curve법)
③ Net Work법

(4) banana 곡선의 진도관리

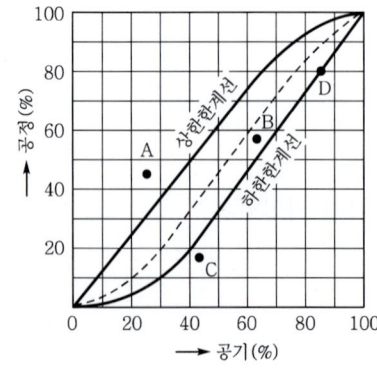

[그림 11-15] banana 곡선

① A점 : 공정이 예정보다 너무 많이 진행된 상태(허용한계 외에 있으므

로 비경제적 시공이 되고 있으며, 공사내용에 과오(miss)가 생길 우려가 있으므로 충분한 검토가 필요하다.)
② B점 : 공정이 적당히 진행된 상태(예정에 가까우므로 그 속도로 진행하면 된다.)
③ C점 : 공정이 대단히 늦어진 상태(허용한계를 벗어나서 늦어졌으므로 공정을 촉진시켜야 한다.)
④ D점 : 공정을 더욱 촉진시켜야 할 상태(허용한계선상에 있으므로 공정을 더욱 촉진시켜야 한다.)

7 공기단축 기법

(1) 개요
① 계산공기가 지정공기보다 길거나 공사가 진행 중에 지연되었을 때 공사를 특급계획(crash plan)으로 변경하여 일정을 단축하는 것이다.
② 가능한 한 공비를 증가시키지 않고 일정을 단축해야 한다.

(2) 공기단축 기법의 종류
① MCX(최소비용계획)법
② 지정공기법
③ 진도관리법

(3) MCX(최소비용계획 ; minimum cost expediting)법
각 작업의 공기와 비용을 조사하여 최소의 비용으로 공기를 단축하는 방법
① 공기와 공사비의 관계
  ㉠ 직접비(direct cost)
    ⓐ 재료비, 노무비, 기계경비 등 공사에 직접 소요되는 경비
    ⓑ 공기를 단축하면 직접비는 증가한다.
    ⓒ 비용경사(cost slope ; CS)

$$\text{비용경사} = \frac{\text{특급공비} - \text{표준공비}}{\text{표준공기} - \text{특급공기}} \quad \cdots\cdots (11-10)$$

여기서, 특급공기(crash time) : 아무리 많은 비용을 들여도 그 이상 작업일수를 줄일 수 없는 공기의 한계
특급공비(crash cost) : 특급공기로 작업시의 공비
표준공기(normal time) : 표준공비로 작업시의 공기

표준공비(normal cost) : 공기를 늘려 최소 공비로 공사할 때의 공비

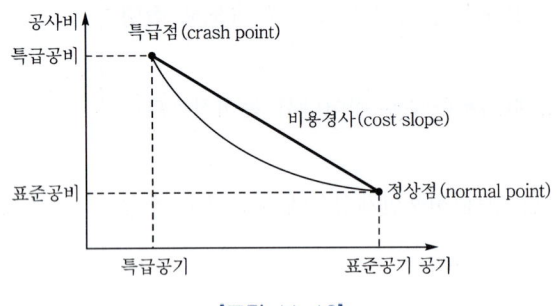

[그림 11-16]

ⓛ 간접비(indirect cost)
- 일반관리비, 가설을 위한 임대료 등 공사와 직접 관계가 없는 비용
- 공기를 단축하면 간접비는 감소한다.

ⓒ 공사비＝직접비＋간접비 ·· (11-11)

ⓔ 최적공기 : 양질의 공사를 하되 경제적으로 비용이 가장 적게 드는 공기 즉, 직접비와 간접비를 합한 공사비가 최소가 되는 가장 경제적인 공기를 최적공기라 한다.

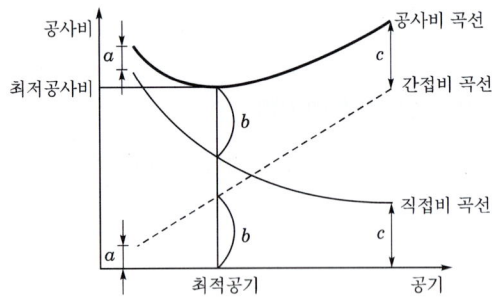

[그림 11-17] 공기와 공사비의 관계

✱ 참고
(1) 직접비와 간접비는 공기의 장·단에 따라 반대의 성질을 가지고 있으므로 공기가 길어지면 직접비는 내려오고 간접비는 올라간다.
(2) 일반관리비(general administration cost)
① 공사와 직접 관계가 없는 관리운영상의 경비
② 광열비, 현장경비, 이자, 벌금, 간접노무비 등

② 공기단축방법
  ㉠ Net Work 공정표를 작성한 후 CP를 표시한다.
  ㉡ 비용경비(cost slope)를 구한다.
  ㉢ CP상에서 비용경사가 가장 적은 작업부터 순차적으로 단축한다.
  ㉣ sub CP가 발생하면 비용경사를 각각 비교하여 적은 것부터 단축한다.
  ㉤ 소요의 공기까지 추가비용이 최소가 되도록 단축을 반복 실시한다.
③ 추가비용(extra cost)

$$EC = 단축일수 \times 비용경사 \quad \cdots\cdots\cdots\cdots\cdots\cdots\cdots\cdots (11-12)$$

④ 총 공사비(total cost)

$$총\ 공사비 = 표준공비 + 추가비용 \quad \cdots\cdots\cdots\cdots\cdots (11-13)$$

공기단축계산의 예

다음 네트워크(Net Work)에서 공기를 7일 단축하고 단축 시 추가비용 및 총 공사비를 구하시오.

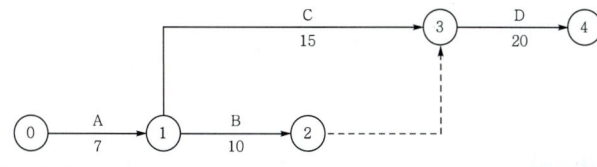

작업명	표준상태		특급상태	
	공기(일)	공비(만 원)	공기(일)	공비(만 원)
A	7	65	7	65
B	10	200	6	260
C	15	150	13	170
D	20	280	15	320

[해답] (1) 공정표

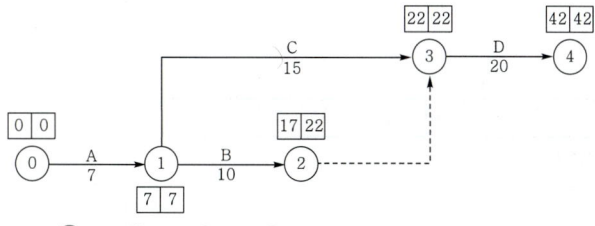

CP : ⓪ → ① → ③ → ④

(2) 비용경사(cost slope)

작업명	단축가능 일수	비용경사(만 원)
A	7-7=0	0
B	10-6=4	$\frac{260-200}{10-6}=15$
C	15-13=2	$\frac{170-150}{15-13}=10$
D	20-15=5	$\frac{320-280}{20-15}=8$

(3) 공기단축
  ① 1차 : CP에서 비용경사가 가장 적은 D 작업에서 단축가능한 5일을 단축한다.
  ② 2차 : CP에서 비용경사가 D 작업 다음으로 C 작업이 적으므로 C 작업에서 2일을 단축한다.

단축단계	작업명	단축일수	추가비용(만 원)
1단계	D	5	5×8=40
2단계	C	2	2×10=20

(4) 추가비용(extra cost) : EC=40+20=60만 원
(5) 총 공사비(total cost)
  ① 표준공비(normal cost)=65+200+150+280=695만 원
  ② 추가비용(EC)=60만 원
  ∴ 총 공사비=695+60=755만 원

⑧ 자원배당(resource allocation)

자원의 효율화, 공사비 절감을 위해 자원(인원, 자재, 장비, 자금 등)을 합리적으로 배분하는 것

(1) 목적
  ① 자원의 효율화
  ② 공사비 절감(최소의 자원동원으로 최대의 효과를 냄)
  ③ 자원변동의 최소화

(2) 자원배당방법

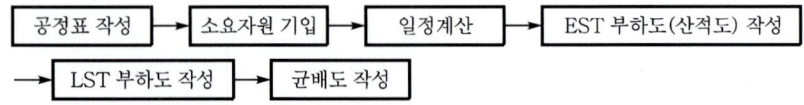

  ① 공정표 작성
  ② 소요자원 기입 : 공정표에 자원과 공기를 기입한다.

③ 일정계산
④ EST 부하도(산적도) 작성
　㉠ EST에서 시작하여 소요일수만큼 전진계산하여(우측으로) 작성한다.
　㉡ CP를 먼저 작성한다.
⑤ LST 부하도(산적도) 작성
　㉠ LFT에서 시작하여 소요일수만큼 역진계산하여(좌측으로) 작성한다.
　㉡ CP를 먼저 작성한다.
⑥ 균배도(leveling) 작성
　㉠ EST, LFT 범위 내에서 움직여 부하(산적)의 높이가 최소가 되도록 작성한다.
　㉡ CP를 먼저 작성한다.

(3) 자원배당 순서

① CP를 최우선 배당한다.
② 작업순서 유지(선행작업 후 후속작업을 자원배당한다.)
③ TF가 작은 것부터 배당한다.
④ TF가 같을 때에는 공기(duration)가 적은 것부터 배당한다.

자원배당의 예

다음 네트워크(Net Work)에서 공정표, 일정계산, EST와 LST에 의한 인력산적표를 작성하고, 가장 적합한 인력배당을 실시하시오. (단, ( ) 안의 숫자는 1일당 소요인원이다.)

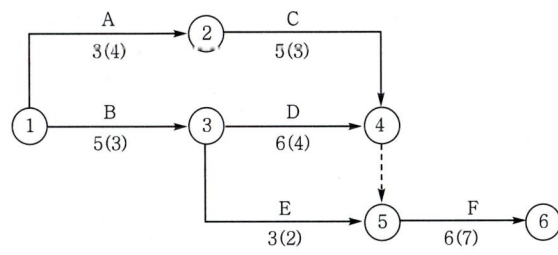

[해답] (1) 공정표

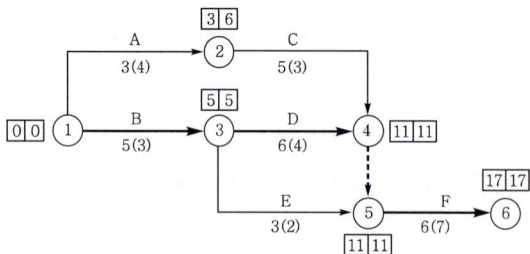

(2) EST 부하도(산적도)

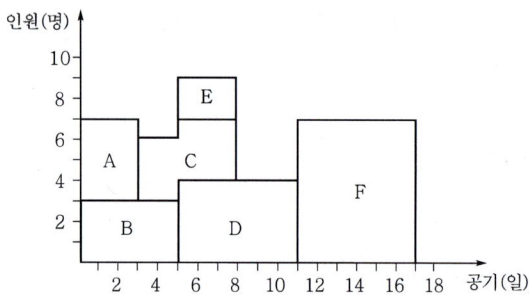

(3) LST 부하도(산적도)

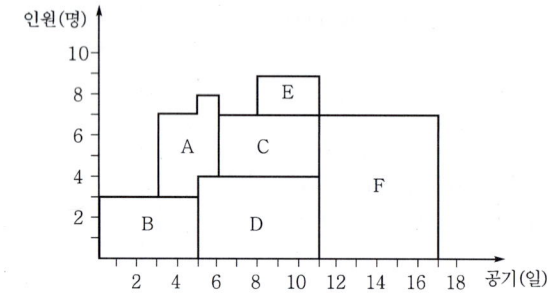

(4) 균배도

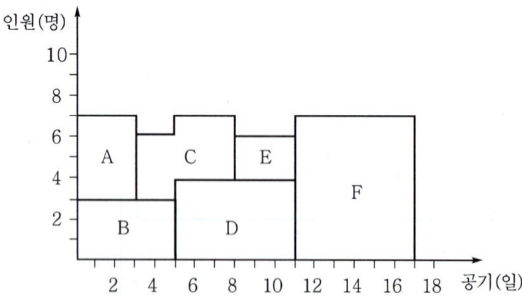

(5) 최대, 최소 동원 인원수
  ① EST 부하도
    ㉠ 최대 동원 인원수 : 9명
    ㉡ 최소 동원 인원수 : 4명

②　LST 부하도
　　㉠ 최대 동원 인원수 : 9명
　　㉡ 최소 동원 인원수 : 3명
③　균배도
　　㉠ 최대 동원 인원수 : 7명
　　㉡ 최소 동원 인원수 : 6명
(6) 총 동원 인원수 : 114명

04 입찰방식의 종류

1 경쟁입찰

(1) 공개경쟁입찰(general open bid)

입찰참가자를 공모(신문게시, 관보)하여 유자격자는 모두 참가시켜 입찰하는 방식

(2) 지명경쟁입찰(limited bid)

① 기업주가 그 공사에 가장 적격하다고 인정하는 3~7개 정도의 시공회사를 선정하여 입찰하는 방식
② 공개경쟁입찰과 특명입찰의 중간 방식

(3) 제한경쟁입찰(limited open bid)

입찰참가자에게 제한을 가하여 이 제한에 해당되는 업체라면 모두 참가시켜 입찰하는 방식

2 특명입찰(individual negotiation)

기업주가 시공회사의 재산, 신용, 기술, 경력, 중기보유 등을 고려하여 그 공사에 가장 적합한 한 회사만을 지명하여 입찰하는 방식

과년도 출제 문제

1
현장 공사관리의 생산수단 5가지를 쓰시오.

[해답]
① Man(인력)   ② Machine(기계)
③ Material(재료)   ④ Method(방법)
⑤ Money(자금)

> ❋ 참고   (1) 공사관리는 계획대로 시공하기 위해 공정(process), 원가(production cost), 품질(quality), 안전(safety) 등에 대하여 관리하는 기술이다.
> (2) 공사관리의 생산수단 5M
>   ① Man(인력)   ② Machine(기계)
>   ③ Material(재료)   ④ Method(방법)
>   ⑤ Money(자금)

2 ★★
공사관리의 3대 요소를 쓰시오.

[해답]
① 공정관리
② 원가관리
③ 품질관리

3
공사시공의 3원칙은?

[해답]
① 공기는 신속하게
② 원가는 저렴하게
③ 품질은 양호하게

❋ 참고
(1)

공사관리	목 적
공정관리	신속하게
원가관리	저렴하게
품질관리	양호하게

(2) 시공의 기본이념은 좋은 것을 싸게, 좋게, 안전하게 만드는 것이다.

4

다음 그림은 공사관리의 3요소인 품질, 공정, 원가의 관계를 나타낸 것이다. x축, y축, z축은 각각 무엇을 나타내는가?

[해답] ① x축 : 공정 ② y축 : 원가 ③ z축 : 품질

> **참고**
> **품질, 원가, 공정의 상관관계**
> ① 품질과 원가 : 품질을 좋게 하면 원가는 높아진다.
> ② 품질과 공정 : 품질을 좋게 하면 공정이 느려진다.
> ③ 공정과 원가 : 공정을 어느 한도 이상으로 하면 원가는 높아진다.
>
>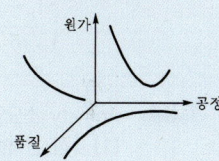

5

시공계획을 구성하는 기본적 사항으로는 품질, 공정, 원가 3가지를 들 수 있다. 3가지 요소간의 상호관계를 답란의 그래프상에 표현하시오.

[해답]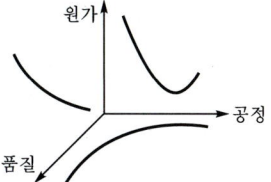

6

시공의 3요소에 관련된 다음 그래프를 완성하시오.

[해답]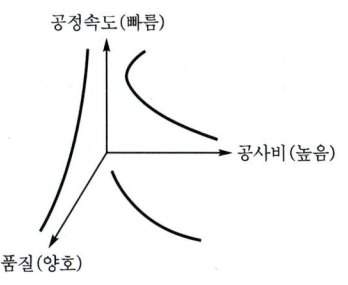

7 ★

PERT 기법에 의한 공정관리 기법에서 정상시간이 11일, 비관적 시간이 14일, 낙관적 시간이 8일이라면 공정상의 기대시간과 분산(分散)은 각각 얼마인가?

[해답] ① 기대시간(기대치)

$$t_e = \frac{t_0 + 4t_m + t_p}{6} = \frac{8 + 4 \times 11 + 14}{6} = 11일$$

② 분산

$$\sigma^2 = \left(\frac{t_p - t_0}{6}\right)^2 = \left(\frac{14 - 8}{6}\right)^2 = 1$$

> **※ 참고** Activity 소요일수의 계산
> (1) 1점 견적법
> (2) 3점 견적법
>   ① 기대시간(기대치) : Net Work 작성에 사용할 작업일수
> $$t_e = \frac{t_0 + 4t_m + t_p}{6}$$
>   ② 분산
> $$\sigma^2 = \left(\frac{t_p - t_0}{6}\right)^2$$
>   여기서, t_e : 기대시간(기대치 ; expected time)
> t_0 : 낙관시간(낙관치 ; optimistic time)
> t_m : 최확시간(최확치 ; most likely time)
> t_p : 비관시간(비관치 ; pessimistic time)

8 ★★

어느 토목공사의 공정에 있어서 낙관치 27일, 정상치 28일, 비관치 35일일 때 기대치를 계산하시오.

[해답] $t_e = \dfrac{t_0 + 4t_m + t_p}{6} = \dfrac{27 + 4 \times 28 + 35}{6} = 29일$

9 ★★★★

어느 작업의 정상 소요일수는 15일이며, 가장 빨리 끝낼 경우 12일이 소요되고, 아무리 늦어도 20일 이내에는 끝낼 수 있다. 이 작업이 소요되는 소요일수를 계산하고, 이때의 분산을 구하시오.

[해답] ① 기대 소요일수(기대치)

$$t_e = \frac{t_0 + 4t_m + t_p}{6} = \frac{12 + 4 \times 15 + 20}{6} = 15.33일$$

② 분산

$$\sigma^2 = \left(\frac{t_p - t_0}{6}\right)^2 = \left(\frac{20 - 12}{6}\right)^2 = 1.78$$

10 ★

어떤 작업의 정상적인 소요일수는 11일이며, 가장 빨리 끝낼 경우 8일이 소요되고 아무리 늦어도 15일 이내에는 끝낼 수 있다. 이 작업의 기대되는 소요일수는 며칠이며, 이는 확률적으로 무엇을 의미하는가?

해답
① 기대 소요일수
$$t_e = \frac{t_0 + 4t_m + t_p}{6} = \frac{8 + 4 \times 11 + 15}{6} = 11.17 일$$
② 확률적으로 의미하는 것 : 3점 견적법에 의한 작업일수의 추정

11 ★

PERT 기법에 의한 공정관리 기법에서 낙관시간치 2, 정상시간치 5, 비관시간치 8일 때 기대시간치와 분산을 구하시오.

해답
① 기대시간(기대치)
$$t_e = \frac{t_0 + 4t_m + t_p}{6} = \frac{2 + 4 \times 5 + 8}{6} = 5 일$$
② 분산
$$\sigma^2 = \left(\frac{t_p - t_0}{6}\right)^2 = \left(\frac{8-2}{6}\right)^2 = 1$$

12

어느 토목공사의 공정에 있어서 낙관값 $a = 7$일, 최확값 $m = 9$일, 비관값 $b = 13$일일 때, 3점 견적법에 의한 공기의 기대시간 및 분산값을 구하시오.

해답
① 기대시간(기대치)
$$t = \frac{a + 4m + b}{6} = \frac{7 + 4 \times 9 + 13}{6} = 9.33 일$$
② 분산
$$\sigma^2 = \left(\frac{b-a}{6}\right)^2 = \left(\frac{13-7}{6}\right)^2 = 1$$

13

공정표 작성에서 경험이 없는 처음 작업 소요시간을 구할 때 3개의 추정치를 취하여 이들에 대하여 확률계산을 해서 공사기간을 산출하는 방법으로, $D = 1/6(a + 4m + b)$이다. 이때, a, m, b는 무엇을 뜻하는지 설명하시오.

해답
① a : 낙관치(가장 짧은 일수)
② m : 최확치(표준적으로 생각하는 일수)
③ b : 비관치(가장 긴 일수)

※ 참고
① $D \rightarrow t_e$: 기대시간(기대치)
② $a \rightarrow t_0$: 낙관시간(낙관치)
③ $m \rightarrow t_m$: 최확시간(최확치)
④ $b \rightarrow t_p$: 비관시간(비관치)

14

공정표의 종류 3가지를 쓰시오.

해답
① bar chart(막대 공정표)
② 기성고 공정곡선(사선식 공정표)
③ Network 공정표

15 ★★

공정관리 기법 중 기성고 공정곡선의 장점 3가지만 쓰시오.

해답
① 전체 공정의 진도파악이 용이하다.
② 계획과 실적의 진도파악이 용이하다.
③ 시공속도 파악이 용이하다.
④ 가격상황의 파악이 용이하다.
⑤ banana 곡선에 의하여 관리목표가 얻어진다.

16

다음과 같은 기성고 공정곡선(banana 곡선)에서 A, B, C, D는 각각 어떠한 상태인가?

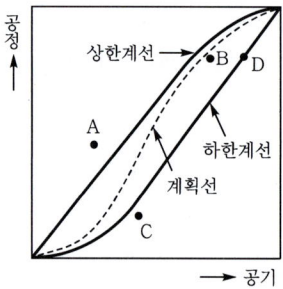

해답
① A : 공정이 예정보다 너무 많이 진행된 상태(허용한계 외에 있으므로 비경제적 시공이 되고 있으며, 공사내용에 과오(miss)가 생길 우려가 있으므로 충분한 검토가 필요하다.)
② B : 공정이 적당히 진행된 상태(예정에 가까우므로 그 속도로 진행하면 된다.)
③ C : 공정이 대단히 늦어진 상태(허용한계를 벗어나서 늦어졌으므로 공정을 촉진시켜야 한다.
④ D : 공정을 더욱 촉진시켜야 할 상태(허용한계선상에 있으므로 공정을 더욱 촉진시켜야 한다.)

> **참고** 진도관리(follow up) : 공정관리 기법
> (1) 개요
>   ① project의 수행은 단지 계획을 세우는 것만으로는 관리의 효과를 발휘하지 못한다.
>   ② 각 공정이 계획공정표와 실적공정표를 비교하여 전체 공기를 준수할 수 있도록 공사지연의 대책을 세우고 수정 조치하는 것을 진도관리라 한다.
> (2) 진도관리법
>   ① bar chart법
>   ② banana 곡선법(S-curve법)
>   ③ Net Work법

17

MCX 이론(Minimum Cost Expediting Theory)을 간단히 설명하시오.

[해답] 공사비를 증가시켜 공기를 단축하되 공사비를 최소로 하여 계획공기를 단축하는 최소비용 최적공기 견적법

18 ★★

1일 1교대(8시간 근무)로 12일간의 업무를 야간작업도 하여 1일 2교대로 함으로서 6일간에 마치려고 한다. 주간 1교대 시 20,000원/일 씩 일당을 지급하고, 야간작업 시에는 50%의 야간수당을 더 줄 경우 비용증가율(비용경사)을 구하시오.

[해답]
① 특급공비 = 20,000×6 + 20,000×1.5×6 = 300,000원
② 표준공비 = 20,000×12 = 240,000원
③ 비용증가율(비용경사, cost slope)
$$= \frac{특급공비 - 표준공비}{표준공기 - 특급공기}$$
$$= \frac{300,000 - 240,000}{12 - 6} = 10,000원/일$$

19

다음 그림은 CPM의 고찰에 의한 비용과 시간증가율을 표시한 것이다. 그림의 기호에 해당하는 용어를 ( ) 속에 써 넣으시오.

[해답]
① A : 특급비용
② B : 표준비용
③ C : 특급일수
④ D : 표준일수

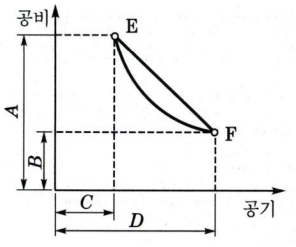

> **참고**
> 비용증가율(비용경사)
> $$= \frac{특급공비 - 표준공비}{표준공기 - 특급공기}$$

20 ★

성토다짐, 아스팔트 콘크리트의 다짐 등의 품질검사에 있어서 그림과 같은 검사 특성곡선이 사용된다. 이 곡선에서 P_0와 α는 무엇을 나타내는가?

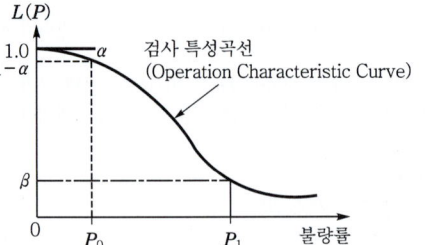

[해답] ① P_0 : 합격 품질수준
② α : 생산자 위험률

21 ★★★

거푸집 제작공정에 따른 비용증가율을 그림과 같이 표현한다. 이 공정을 계획보다 3일 단축할 때 소요되는 추가 직접비용은 얼마인가?

[해답] ① 비용경사
$= \dfrac{특급공비 - 표준공비}{표준공기 - 특급공기}$
$= \dfrac{150,000 - 100,000}{9 - 5} = 12,500$원/일
② 추가 직접비용 $= 3 \times 12,500 = 37,500$원

22 ★

다음은 어떤 공사의 작업에 요하는 시간과 비용의 관계를 나타낸 곡선이다. 다음 물음에 답하시오.

(1) 곡선 aa′, bb′, cc′는 각각 무엇을 나타내며 이들 세 곡선 사이의 관계는?
(2) d점의 x, y값은 각각 무엇을 나타내는가?
(3) 공기를 Q에서 P로 단축할 때 bb′의 비용증가율은? (단, b 및 b′ 점의 x, y값은 다음과 같다. b점 : $x=7$, $y=45,000$, b′점 : $x=10$, $y=30,000$)

[해답] (1) ① aa′ : 간접비곡선
② bb′ : 직접비곡선
③ cc′ : 총 공비곡선
④ 총 공비곡선(cc′) = 간접비곡선(aa′) + 직접비곡선(bb′)
(2) ① x값 : 최적공기
② y값 : 최소공사비

(3) 비용증가율 = $\dfrac{\text{특급공비} - \text{표준공비}}{\text{표준공기} - \text{특급공기}}$
   = $\dfrac{45,000 - 30,000}{10 - 7}$ = 5000원/일

23

공정관리 기법 중 막대그래프 공정표의 용도를 3가지만 쓰시오.

[해답]
① 간단한 공사
② 시급을 요할 때
③ 보고용, 선전용
④ 개략적인 공정표

24

공정관리기법 중 막대 공정표의 장점을 3가지만 쓰시오.

[해답]
① 작성이 쉽다.
② 공사계획과 진척사항을 쉽게 알 수 있다.
③ 전체 공정의 파악이 쉽다.
④ 보기 쉽다.

25

Net Work를 짤 때는 세 가지 사항(작업)을 반드시 고려하여 시행하여야 한다. 그 3가지는 무엇인가?

[해답] ① 선행작업 ② 후속작업 ③ 병행작업

26

Net Work가 작성되면 각 activity time을 추정해야 한다. 이때, 고려해야 될 중요사항을 3가지 쓰시오.

[해답]
① 확률이 높은 일수로 계산한다.
② activity의 중요도를 의식하지 않는다.
③ 완성 예정공기를 의식하지 않는다.
④ 1일의 노동시간은 실무치로 한다.
⑤ 천후의 영향을 고려한다.

✱ 참고
activity 소요일수 추정 시 고려사항
① 천후, 기후, 가동시간, 재료조달 상황 등의 조건을 고려한다.
② activity의 중요도, 완성 예정공기 등을 의식하지 않고 표준상태의 작업일수로 계산한다.

27 ★

공정관리에서 자원배당의 목적은 최소의 자원동원으로 최대의 효과를 보는 것이다. 자원배당에 관련된 각 항목을 순서대로 나열하시오.

> [조건]
> A : time-scale Net Work 작성   B : 여유시간 내 자원평준화
> C : 최조 개시시각, 최지 개시시각 계산   D : 일별 자원불균형 집계

[해답]   A → C → D → B

> ※참고   자원배당(resource allocation)
> (1) 개론 : 자원의 효율화, 공사비 절감을 위해 자원(인원, 자재, 장비, 자금 등)을 합리적으로 배분하는 것
> (2) 자원배당 순서
>
> 공정표 작성 → 일정계산 (·EST ·EFT ·LST ·LFT) → EST 부하도 작성 → LST 부하도 작성 → 균배도 작성

28

다음 (   ) 안에 알맞은 말을 쓰시오.

> Net Work 공정표에 의한 공정관리방법 중 PERT법은 (①)는(은) 신규사업, CPM법은 비용 문제를 포함한 (②)는(은) 반복사업에 적합하다.

[해답]   ① 경험이 없는   ② 경험이 있는

> ※참고   PERT와 CPM 기법의 차이점
>
> | 구 분 | PERT | CPM |
> |---|---|---|
> | 주목적 | 공기단축 | 공비절감 |
> | 대상 | 신규사업, 비반복사업, 경험이 없는 사업 | 반복사업, 경험이 있는 사업 |
> | 작성법 | event를 중심으로 작성 | activity를 중심으로 작성 |
> | 시간추정 | 3점 견적법 $t_e = \dfrac{t_0 + 4t_m + t_p}{6}$ | 1점 견적법 $t_e = t_m$ |

29

다음 Net Work의 최조 착수시간 T_E와 최지 착수시간 T_L을 계산하고, 주공정선(critical path)을 답안지에 굵은 선으로 표시하시오.

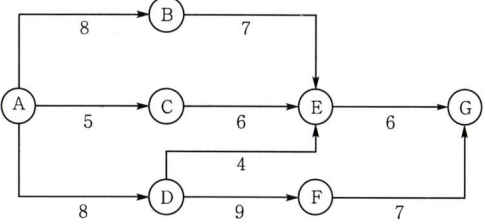

[해답]

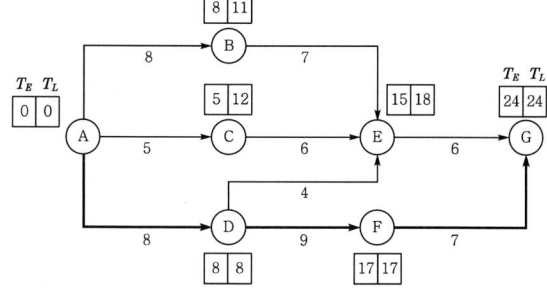

✱ 참고 (1) T_E, T_L의 계산
　　　　① T_E(earlist event time) : 전진계산에서 가장 큰 값을 계산치로 한다.
　　　　② T_L(latest event time) : 후진계산에서 가장 작은 값을 계산치로 한다.
　　(2) critical path(주공정선)
　　　　① PERT : $T_L - T_E = 0$인 곳
　　　　② CPM : TF=0인 곳

30

다음 Net Work의 최조시간 T_E와 최지시간 T_L을 계산하고, 주공정선(CP)은 굵은 선으로 답안지에 표시하시오.

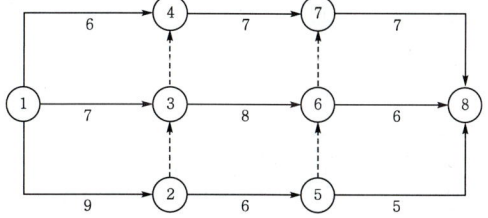

[해답]

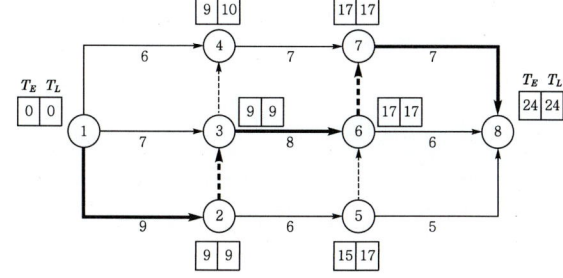

31

다음의 조건을 갖는 작업으로 구성된 공사의 Net Work를 그리고, critical path를 표시하시오.

작업기호	A	B	C	D	E	F	G	H	I
선행작업	-	-	A, B	A, B	D	C, E	F	C, E	G, H
소요일수	3	6	2	1	2	2	2	5	1

[해답]

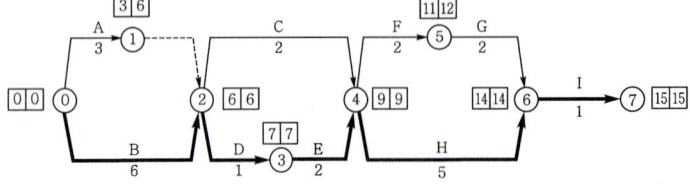

32 ★

다음과 같은 Net Work 공정표에서 각 작업(activity)의 전여유(total float)를 구하고, 한계공정선(critical path)을 제시하시오. (단, 전여유는 각 작업일수의 하단 ( ) 속에 표시하고, 한계공정선은 각 작업선에 굵게 표시한다.)

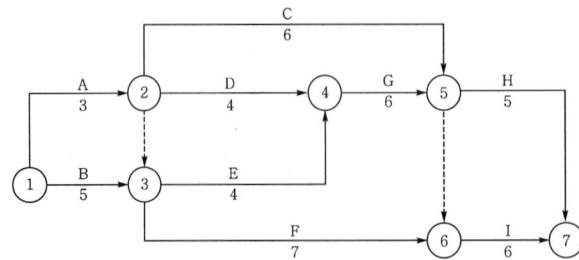

[해답] (1) 공정표

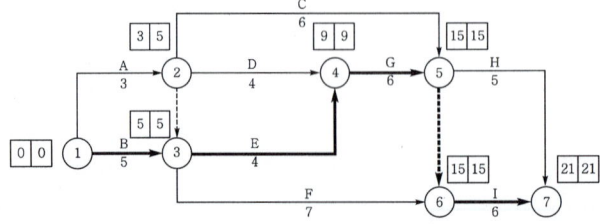

(2) 일정계산

작업명	activity (활동)	소요일수	T_E		T_L		TF	CP
			EST	EFT	LST	LFT		
A	1→2	3	0	0+3=3	5−3=2	5	5−0−3=2	
B	1→3	5	0	0+5=5	5−5=0	5	5−0−5=0	★

C	2→5	6	3	3+6=9	15−6=9	15	15−3−6=6	
D	2→4	4	3	3+4=7	9−4=5	9	9−3−4=2	
E	3→4	4	5	5+4=9	9−4=5	9	9−5−4=0	★
F	3→6	7	5	5+7=12	15−7=8	15	15−5−7=3	
G	4→5	6	9	9+6=15	15−6=9	15	15−9−6=0	★
H	5→7	5	15	15+5=20	21−5=16	21	21−15−5=1	
I	6→7	6	15	15+6=21	21−6=15	21	21−15−6=0	★

※ 참고

(1) $EST = T_{E1}$ ………… ①
(2) $EFT = T_{E1} + D$ ……… ①+D
(3) $LST = T_{L2} - D$ ……… ④−D
(4) $LFT = T_{L2}$ ………… ④
(5) $TF = T_{L2} - T_{E1} - D$ · ④−①−D
(6) $FF = T_{E2} - T_{E1} - D$ · ③−①−D
(7) $DF = TF - FF$

33 ★

다음 data로부터 Net Work를 결정하시오.

작업	선행작업	후속작업
A	−	B, C, D
B	A	E, F
C	A	F
D	A	G
E	B	G
F	B, C	G
G	D, E, F	완료

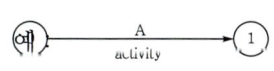

[해답]

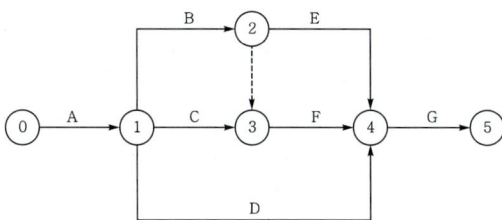

34

다음과 같은 Net Work 공정표에서 작업의 전여유(total float)를 구하고, 한계공정선(critical path)을 구하시오. (단, 아래 표의 빈 칸을 채우고 CP는 event 번호로 표시하시오.)

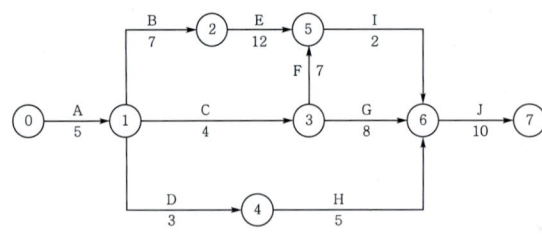

작업명	activity (I→J)	소요 일수	T_E		T_L		TF
			EST	EFT	LST	LFT	
A	0→1	5					
B	1→2	7					
C	1→3	4					
D	1→4	3					
E	2→5	12					
F	3→5	7					
G	3→6	8					
H	4→6	5					
I	5→6	2					
J	6→7	10					

해답 (1) ① 공정표

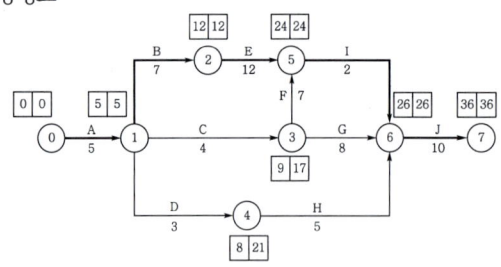

② CP : ⓪ → ① → ② → ⑤ → ⑥ → ⑦

(2) 일정계산

작업명	activity (활동)	소요 일수	T_E		T_L		TF	CP
			EST	EFT	LST	LFT		
A	0→1	5	0	0+5=5	5−5=0	5	5−0−5=0	★
B	1→2	7	5	5+7=12	12−7=5	12	12−5−7=0	★
C	1→3	4	5	5+4=9	17−4=13	17	17−5−4=8	
D	1→4	3	5	5+3=8	21−3=18	21	21−5−3=13	
E	2→5	12	12	12+12=24	24−12=12	24	24−12−12=0	★
F	3→5	7	9	9+7=16	24−7=17	24	24−9−7=8	
G	3→6	8	9	9+8=17	26−8=18	26	26−9−8=9	
H	4→6	5	8	8+5=13	26−5=21	26	26−8−5=13	
I	5→6	2	24	24+2=26	26−2=24	26	26−24−2=0	★
J	6→7	10	26	26+10=36	36−10=26	36	36−26−10=0	★

35

다음 데이터를 네트워크 공정표로 작성하고 요구작업에 대해서 여유시간을 계산하시오. (단, 주공정선(CP)은 굵은 선으로 표시하시오.)

작업명	공정관계	작업일수	선행작업
A	0→1	5	-
B	0→2	4	-
C	0→3	6	-
D	1→4	7	A, B, C
E	2→5	8	B, C
F	3→6	4	C
G	4→7	6	D, E, F
H	5→7	4	E, F
I	6→7	5	F
J	7→8	2	G, H, I

작업명	TF (총 여유)	FF (자유여유)	DF (간섭여유)
B			
D			
F			
G			
I			

[해답] (1) 공정표

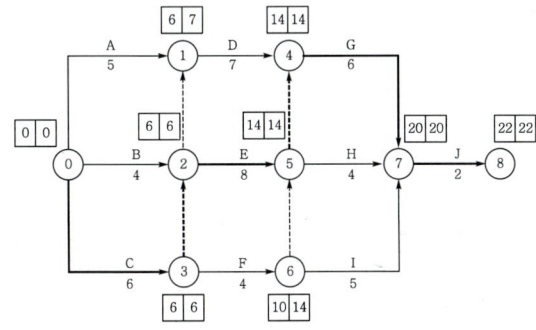

(2) 여유시간

작업명	TF (총 여유)	FF (자유여유)	DF (간섭여유)
B	6-0-4=2	6-0-4=2	2-2=0
D	14-6-7=1	14-6-7=1	1-1=0
F	14-6-4=4	10-6-4=0	4-0=4
G	20-14-6=0	20-14-6=0	0-0=0
I	20-10-5=5	20-10-5=5	5-5=0

36 ★

다음 작업 list를 가지고 Net Work를 그리고, critical paht를 굵은 선으로 표시하고 최종 소요공기 일수를 구하시오.

작업명	선행작업	후속작업	소요공기 일수
A	-	C, D	5
B	-	E, F	9
C	A	E, F	7
D	A	H	8
E	B, C	G	5
F	B, C	H	4
G	E	-	4
H	D, F	-	8

[해답] (1) 공정표

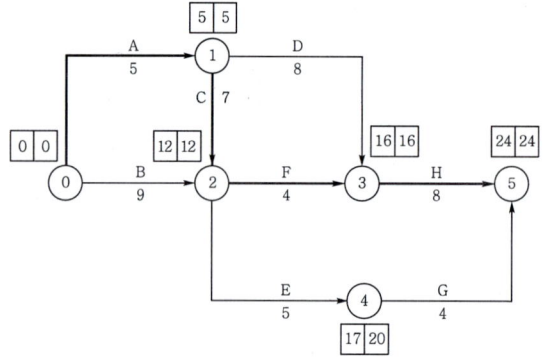

(2) 최종 소요공기 일수 : 24일

✻참고
공정표를 다음과 같이 작성해도 좋습니다.

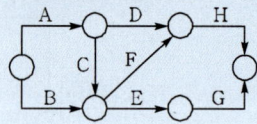

37 ★

다음 데이터를 네트워크 공정표로 작성하시오.

작업명	작업일수	선행작업	비 고
A	5	없음	주공정선은 굵은 선으로 표시한다. 각 결합점 일정계산은 PERT 기법에 의거 다음과 같이 계산한다. $\xrightarrow{\text{작업명}\atop\text{작업일수}}$ (i) $\boxed{\text{ET}|\text{LT}}$ $\xrightarrow{\text{작업명}\atop\text{작업일수}}$ (단, 결합점 번호는 규정에 따라 반드시 기입한다.)
B	7	없음	
C	3	없음	
D	4	A, B	
E	8	A, B	
F	6	B, C	
G	5	B, C	

[해답]

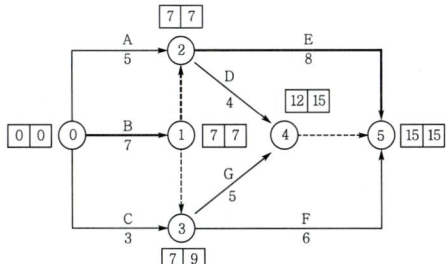

38 ★★★

다음 조건을 갖는 공사의 Net Work를 그려 CP를 표시하고 공사완료 소요일수를 구하시오.

03 ③, 06 ③, 10 ①, 24 ②

작업명	A	B	C	D	E	F	G	H	I	J	K	L	M	N	O	P	Q
선행작업	—	—	A,B	A,B	A,B	E	C,F	C,F	C,F	G,H,I	J	J	C,D,F	M	K,L	O	N
소요일수	5	3	2	3	2	2	3	2	2	7	3	4	4	3	3	2	5

(1) 네트워크 공정표를 그리고 critical path를 표시하시오.
(2) 공사완료 소요일수를 구하시오.

[해답] (1) ① 공정표

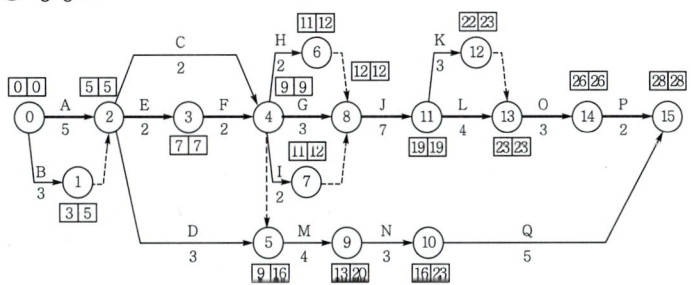

② CP : ⓪ → ② → ③ → ④ → ⑧ → ⑪ → ⑬ → ⑭ → ⑮

(2) 공사완료 소요일수 = 28일

[참고] CPM 기법으로 표시한 공정표(24 ②)

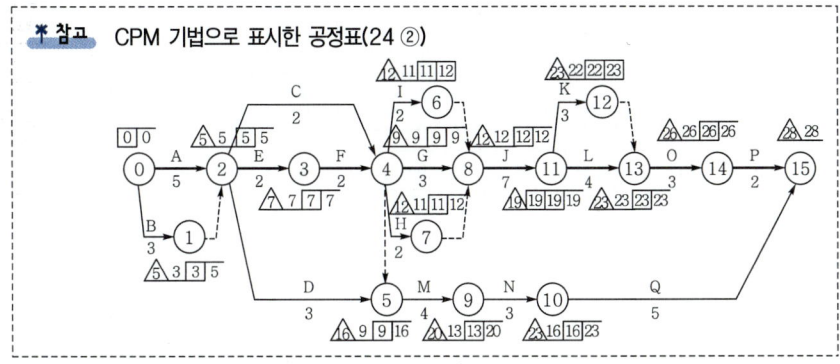

39

다음의 활동 목록표를 계산에 의해 완성하고 한계공정선(critical paht)을 제시하시오.

활 동	공사기간	가장 빠른 작업		가장 늦은 작업	
		개시시간	완료시간	개시시간	완료시간
1→2	2				
1→3	5				
2→4	2				
3→4	0				
3→6	3				
4→5	4				
5→6	0				
5→7	4				
6→7	6				

[해답] (1) 공정표

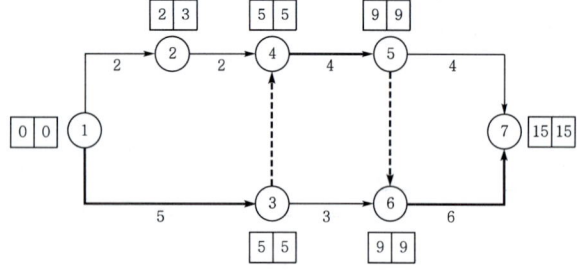

(2) 일정계산

activity	공사기간	T_E		T_L		TF	CP
		EST	EFT	LST	LFT		
1→2	2	0	0+2=2	3−2=1	3	3−0−2=1	
1→3	5	0	0+5=5	5−5=0	5	5−0−5=0	★
2→4	2	2	2+2=4	5−2=3	5	5−2−2=1	
3→4	0	5	5+0=5	5−0=5	5	5−5−0=0	★
3→6	3	5	5+3=8	9−3=6	9	9−5−3=1	
4→5	4	5	5+4=9	9−4=5	9	9−5−4=0	★
5→6	0	9	9+0=9	9−0=9	9	9−9−0=0	★
5→7	4	9	9+4=13	15−4=11	15	15−9−4=2	
6→7	6	9	9+6=15	15−6=9	15	15−9−6=0	★

40 ★

다음 데이터를 네트워크 공정표로 작성하시오.

(1) 결합점 시각 및 작업 여유시간은

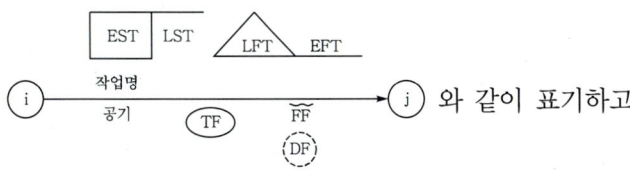

와 같이 표기하고

(2) 주공정선은 굵은 선으로 표시한다.

작업명	선행작업	작업일수	비 고
A	없음	3	더미는 작업이 아니므로 여유시간 계산에서는 대상에서 제외하고 실작업의 여유만 계산한다.
B	없음	5	
C	없음	2	
D	B	3	
E	A, B, C	4	
F	C	2	

[해답] (1) 공정표

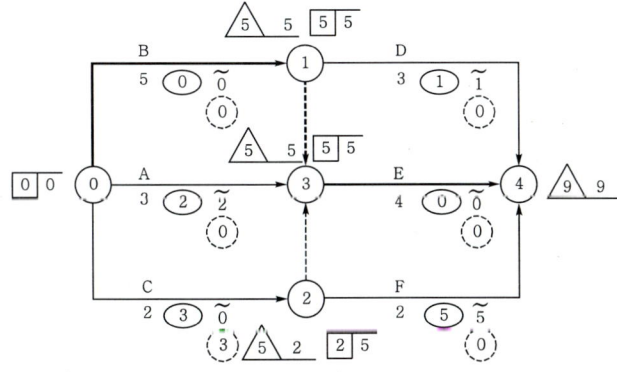

(2) 여유시간

작업명	작업일수	TF	FF	DF	CP
A	3	5−0−3=2	5−0−3=2	2−2=0	
B	5	5−0−5=0	5−0−5=0	0−0=0	★
C	2	5−0−2=3	2−0−2=0	3−0=3	
D	3	9−5−3=1	9−5−3=1	1−1=0	
E	4	9−5−4=0	9−5−4=0	0−0=0	★
F	2	9−2−2=5	9−2−2=5	5−5=0	

41 ★

08 ②, 21 ①

다음의 작업 list가 있다. 물음에 답하시오.

작업경로	작업일수	비고
① → ②	3	
② → ③	3	
② → ④	4	
② → ⑤	5	
③ → ⑥	4	ET LT 로 표기하고 주공정선은 굵은 선으로 표기하시오.
④ → ⑥	6	
④ → ⑦	6	
⑤ → ⑧	7	
⑥ → ⑨	8	
⑦ → ⑨	4	
⑧ → ⑨	2	
⑨ → ⑩	2	

(1) Net Work 공정표를 작성하고 표준일수에 대한 CP를 찾으시오.
(2) 다음의 작업 list의 빈 칸을 채우시오.

작업경로	작업일수	T_E		T_L		TF
		EST	EFT	LST	LFT	
① → ②	3					
② → ③	3					
② → ④	4					
② → ⑤	5					
③ → ⑥	4					
④ → ⑥	6					
④ → ⑦	6					
⑤ → ⑧	7					
⑥ → ⑨	8					
⑦ → ⑨	4					
⑧ → ⑨	2					
⑨ → ⑩	2					

[해답] (1) ① Net Work 공정표

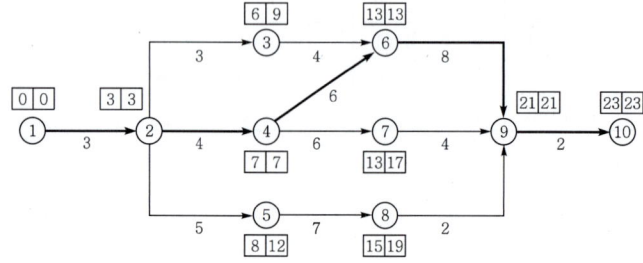

② CP : ① → ② → ④ → ⑥ → ⑨ → ⑩

(2) 일정계산

작업경로	작업일수	T_E		T_L		TF
		EST	EFT	LST	LFT	
① → ②	3	0	3	0	3	0
② → ③	3	3	6	6	9	3
② → ④	4	3	7	3	7	0
② → ⑤	5	3	8	7	12	4
③ → ⑥	4	6	10	9	13	3
④ → ⑥	6	7	13	7	13	0
④ → ⑦	6	7	13	11	17	4
⑤ → ⑧	7	8	15	12	19	4
⑥ → ⑨	8	13	21	13	21	0
⑦ → ⑨	4	13	17	17	21	4
⑧ → ⑨	2	15	17	19	21	4
⑨ → ⑩	2	21	23	21	23	0

42 ★

93 ④, 21 ②

다음 데이터를 네트워크 공정표로 작성하고, 각 작업의 여유시간을 구하시오.

작업명	작업일수	선행작업
A	5	없음
B	3	없음
C	2	없음
D	2	A, B
E	5	A, B, C
F	4	A, C

비 고

$\boxed{EST | LST}$ $\triangle\overline{LFT | EFT}$

i ─작업명/작업일수→ j

로 표기하고, 주공정선은 굵은 선으로 표기하시오.

[해답] (1) 공정표

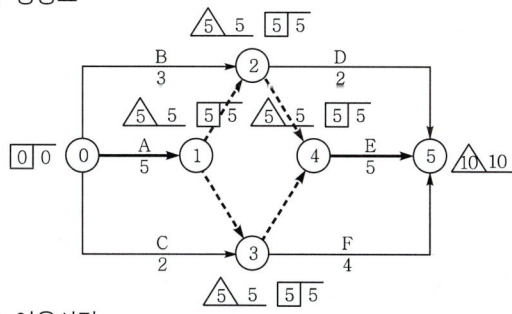

(2) 여유시간

작업명	작업일수	TF	FF	DF	CP
A	5	5−0−5=0	5−0−5=0	0−0=0	★
B	3	5−0−3=2	5−0−3=2	2−2=0	
C	2	5−0−2=3	5−0−2=3	3−3=0	
D	2	10−5−2=3	10−5−2=3	3−3=0	
E	5	10−5−5=0	10−5−5=0	0−0=0	★
F	4	10−5−4=1	10−5−4=1	1−1=0	

43

다음 데이터를 네트워크 공정표로 작성하시오.

작업명	작업일수	선행작업	비 고
A	1	없음	단, 화살형 네트워크로 주공정선은 굵은 선으로 표시하고, 각 결합점에서의 계산은 다음과 같다.
B	2	없음	
C	3	없음	
D	6	A, B, C	
E	4	B, C	
F	2	C	

(1) 네트워크 공정표를 그리고 critical path를 표시하시오.
(2) 작업의 총여유를 구하시오.

작업명	작업일수	T_E		T_L		TF
		EST	EFT	LST	LFT	
A						
B						
C						
D						
E						
F						

[해답] (1) ① 네트워크 공정표

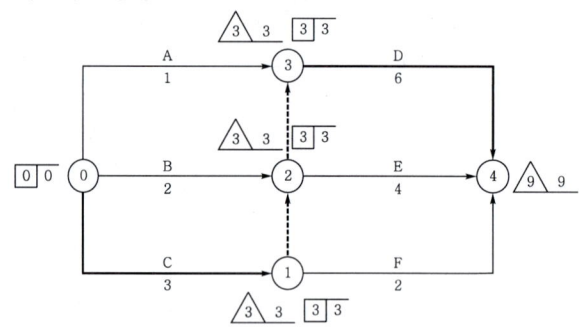

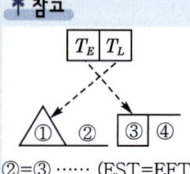

②=③ ······ (EST=EFT)
①=④ ······ (LST=LFT)

② CP : ⓪→①→②→③→④

(2) 작업의 총여유

작업명	작업일수	T_E		T_L		TF
		EST	EFT	LST	LFT	
A	1	0	0+1=1	3−1=2	3	3−0−1=2
B	2	0	0+2=2	3−2=1	3	3−0−2=1
C	3	0	0+3=3	3−3=0	3	3−0−3=0
D	6	3	3+6=9	9−6=3	9	9−3−6=0
E	4	3	3+4=7	9−4=5	9	9−3−4=2
F	2	3	3+2=5	9−2=7	9	9−3−2=4

44 ★

다음 네트워크와 작업 데이터는 어느 공사계획의 일부이다. 전체 공정에서 8일간의 공기를 단축할 필요가 생겼다. 어떤 작업에서 몇 일간씩 단축하여야만 최소의 추가비용이 발생하며, 그 금액은 얼마인가? (단, 이 경우 증가비용은 단축일수에 비례하는 것으로 한다.)

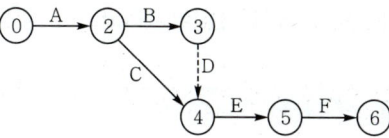

88 ②, 95 ③

(단위 : 일, 만 원)

작업명	표준상태		특급상태		비용경사
A	10	75	10	75	
B	15	200	12	221	
C	25	300	20	350	
D	-	-	-	-	
E	20	700	14	748	
F	5	150	4	170	

[해답] (1) 공정표

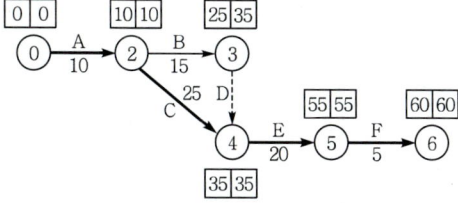

(2) 비용경사(cost slope)

작업명	단축가능 일수	비용경사(만 원)
A	0	0
B	3	$\dfrac{221-200}{15-12}=7$
C	5	$\dfrac{350-300}{25-20}=10$
E	6	$\dfrac{748-700}{20-14}=8$
F	1	$\dfrac{170-150}{5-4}=20$

(3) 공기단축

단축단계	작업명	단축일수	추가비용(extra cost)
1단계	E	6	6×80,000=480,000
2단계	C	2	2×100,000=200,000

(4) 추가비용=480,000+200,000=680,000원

✱ 참고
① 공기단축방법 : CP 중에서 비용경사가 가장 적은 작업에서 단축가능 일수만큼 공기단축한다.
② 총 비용=정상작업 시 총 비용+추가비용

45

00 ②, 05 ②, 09 ③, 11 ②, 14 ②, 17 ①, 20 ②

다음 작업 리스트에서 네트워크 공정표를 작성하고, 각 작업의 여유시간을 구하시오.

작업명	선행작업	작업일수	비 고
A	없음	4	(1) CP는 굵은 선으로 표시하시오.
B	A	6	(2) 각 결합점에는 다음과 같이 표시한다.
C	A	5	□EST □LST △LFT △EFT
D	A	4	(3) 각 작업은 다음과 같이 표시한다.
E	B	3	②—작업명—③
F	B, C, D	7	작업일수
G	D	8	
H	E	6	
I	E, F	5	
J	E, F, G	8	
K	H, I, J	6	

(1) 공정표를 작성하시오.
(2) 여유시간을 구하시오.

[해답] (1) 공정표

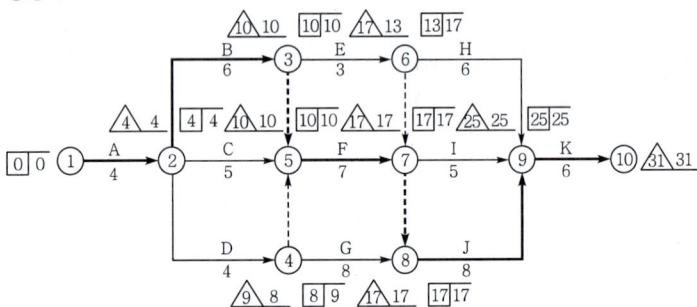

(2) 여유시간

작업명	TF	FF	DF	CP
A	4−0−4=0	4−0−4=0	0−0=0	★
B	10−4−6=0	10−4−6=0	0−0=0	★
C	10−4−5=1	10−4−5=1	1−1=0	
D	9−4−4=1	8−4−4=0	1−0=1	
E	17−10−3=4	13−10−3=0	4−0=4	
F	17−10−7=0	17−10−7=0	0−0=0	★
G	17−8−8=1	17−8−8=1	1−1=0	
H	25−13−6=6	25−13−6=6	6−6=0	
I	25−17−5=3	25−17−5=3	3−3=0	
J	25−17−8=0	25−17−8=0	0−0=0	★
K	31−25−6=0	31−25−6=0	0−0=0	★

46

다음에 주어진 횡선식 공정표(bar chart)를 네트워크(Net Work) 공정표로 작성하시오. (단, 주공정선은 굵은 선으로 표시하고 화살형 네트워크로 하며, 각 결합점에서의 계산은 다음과 같다.)

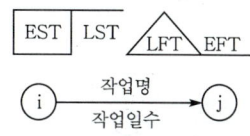

작업명\일정	1	2	3	4	5	6	7	8	9	10	11	12	비고
A													
B													
C													
D													
E													
F													
G													

[해답] (1) data 작성

작업명	공기	후속작업	작업명	공기	후속작업
A	10	G	E	3	G
B	2	D, E	F	10	G
C	4	D, E	G	2	–
D	1	G			

(2) 공정표 작성

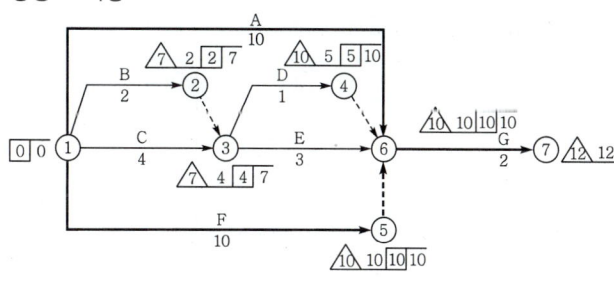

※ 참고

bar chart를 가지고 공정표를 작성하는 방법
① DF를 무시한다. (bar chart에서 [------] 으로 표시됨.)
② data를 작성한다.
③ 공정표를 작성한다.

47

다음 data를 Net Work 공정표로 작성하고, PERT 기법으로 각 결합점 여유시간을 계산하며, CPM 기법으로 각 작업 여유시간을 계산하시오.

구 분	작업일수	선행작업	비 고
A	4	–	
B	2	–	
C	4	–	
D	2	–	
E	7	C, D	
F	8	A, B, C, D	
G	10	A, B, C, D	
H	5	E, F	

로 표기하고 주공정선은 굵은 선으로 표기하시오.

참고
① PERT 기법의 event 중심의 여유시간을 slack이라 한다.
② CPM 기법의 activity 중심의 여유시간을 float라 한다.

[해답] (1) 공정표

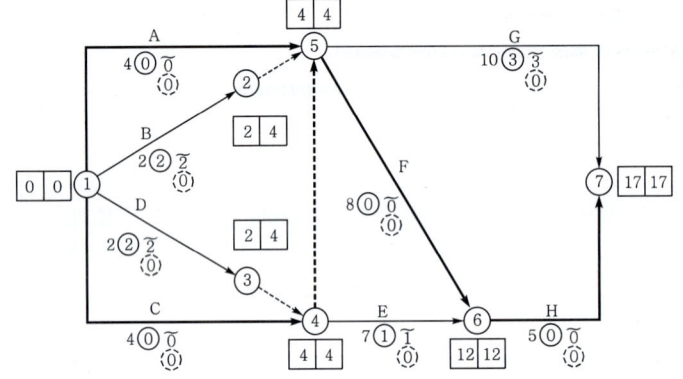

(2) 여유시간

PERT 기법의 여유시간(slack)		CPM 기법의 여유시간(float)			
event No	slack	작업명	TF	FF	DF
①	0−0=0	A	4−0−4=0	4−0−4=0	0
②	4−2=2	B	4−0−2=2	4−0−2=2	0
③	4−2=2	C	4−0−4=0	4−0−4=0	0
④	4−4=0	D	4−0−2=2	4−0−2=2	0
⑤	4−4=0	E	12−4−7=1	12−4−7=1	0
⑥	12−12=0	F	12−4−8=0	12−4−8=0	0
⑦	17−17=0	G	17−4−10=3	17−4−10=3	0
		H	17−12−5=0	17−12−5=0	0

48 *

94 ②, 97 ①

다음 그림과 같은 Net Work에 대하여 정상공기와 정상공기에 의한 공비 그리고 특급공기와 특급공기에 의한 공사비가 다음과 같이 주어져 있다. 공기를 4일간 단축하려고 한다. 최소의 추가공사비를 계산하시오.

소요작업	정상 공기(일)	정상 공비(원)	특급 공기(일)	특급 공비(원)
1→2	10	20,000	9	30,000
1→3	22	24,000	10	50,000
2→3	14	28,000	13	50,000
2→4	24	20,000	22	25,000
3→4	12	68,000	8	84,000
합계		160,000		239,000

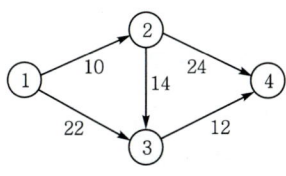

해답 (1) 공정표

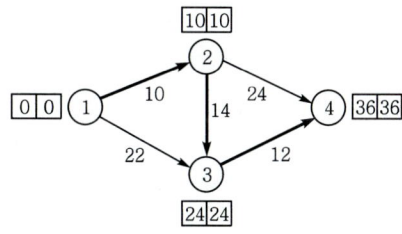

(2) 비용경사(cost slope)

소요작업	단축가능 일수	비용경사(원)
1→2	1	$\dfrac{30,000-20,000}{10-9}=10,000$
1→3	12	$\dfrac{50,000-24,000}{22-10}=2167$
2→3	1	$\dfrac{50,000-28,000}{14-13}=22,000$
2→4	2	$\dfrac{25,000-20,000}{24-22}=2500$
3→4	4	$\dfrac{84,000-68,000}{12-8}=4000$

(3) 공기단축

단축단계	소요작업	단축일수	추가비용(extra cost)
1단계	3→4	2	2×4000=8000원
2단계	2→4	2	2×2500=5000원
	3→4	2	2×4000=8000원

(4) 추가비용=8000+5000+8000=21,000원

> **참고** 2단계 공기단축
> 2가지 방법의 비용경사를 비교해 본다.
> ① 1방법 : 1→2 작업에서 공기 1일 단축 시 비용경사는 10,000원
> ② 2방법
>   ㉠ 2→4 작업에서 공기 1일 단축 시 비용경사는 2500원 ⎫ 합계 6500원
>   ㉡ 3→4 작업에서 공기 1일 단축 시 비용경사는 4000원 ⎭
>   2방법의 비용경사가 적으므로 { 2→4 작업에서 2일 단축 / 3→4 작업에서 2일 단축 } 한다.

49 ★★

아래의 작업 리스트를 이용하여 다음 사항을 구하시오.

작업명	선행작업	후속작업	표준일수	특급일수	비용경사(만 원/일)
A	–	B, C	4	3	5
B	A	D	8	7	3
C	A	F	10	9	7
D	B	E	10	8	6
E	D	G	5	3	8
F	C	G	13	11	10
G	E, F	–	6	4	10

(1) Net Work(화살선도)를 작도하고 Critical Path를 표시하시오.
(2) 공사완료 기간을 27일로 지정했을 때 추가 투입되는 직접비의 최소금액을 구하시오.

[해답] (1) ① 공정표

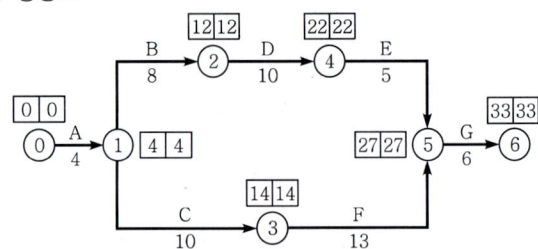

② CP : ⓪→①→②→④→⑤→⑥
　　　 ⓪→①→③→⑤→⑥

(2) ① 공기단축

단축단계	작업명	단축일수	추가비용(만 원)
1단계	A	1	1×5=5
2단계	G	2	2×10=20
3단계	B, C	1	1×3+1×7=10
4단계	D, F	2	2×6+2×10=32

② 추가비용(extra cost)
EC=5+20+10+32=67만 원

50

다음의 작업 리스트에서 Net Work(화살선도)를 작도하고, 공사기간을 6일 단축했을 때 추가로 소요되는 최소비용을 구하시오.

작업명	작업일수(일)	선행작업	단축가능 일수(일)	비용경사
A	5	없음	1	6만 원
B	7	A	1	4만 원
C	10	A	1	7만 원
D	9	B	2	6만 원
E	12	C	2	5만 원
F	6	D	2	8만 원
G	4	E, F	2	10만 원

(1) net work(화살선도)를 작도하시오.

(2) 공사기간을 6일 단축했을 때 추가로 소요되는 최소비용을 구하시오.

해답 (1) 공정표

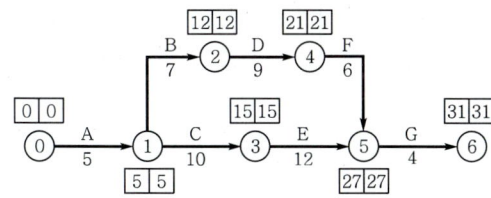

(2) ① 공기단축 : 전 공정이 all CP이다.

단축단계	작업명	단축일수	추가비용(만 원)
1단계	A	1	1×6=6
2단계	B, E	1	1×4+1×5=9
3단계	G	2	2×10=20
4단계	D, E	1	1×6+1×5=11
5단계	C, D	1	1×7+1×6=13

② 추가비용(extra cost)
EC=6+9+20+11+13=59만 원

51 ★★★★

89 ①, 91 ③, 94 ④, 02 ①
17 ②

다음의 Net Work와 작업 데이터는 어떤 공사계획의 일부이다. 이 공정에서 공기를 3일 단축할 필요가 생겼을 때 extra-cost(여분출비)는 얼마인가? (단, 증가비용은 단축일수에 비례하는 것으로 한다.)

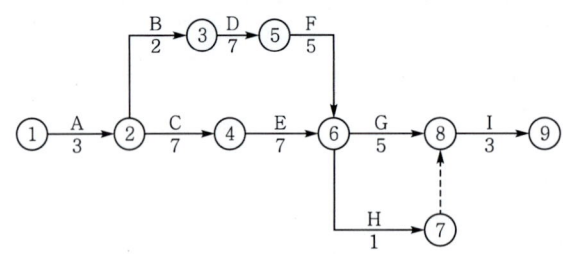

작업명	표준작업		crash 상태	
	작업일수	비 용	작업일수	비 용
A	3	30만 원	2	33만 원
B	2	40만 원	1	50만 원
C	7	60만 원	5	80만 원
D	7	100만 원	5	130만 원
E	7	80만 원	5	90만 원
F	5	50만 원	3	74만 원
G	5	70만 원	5	70만 원
H	1	15만 원	1	15만 원
I	3	20만 원	3	20만 원

[해답] (1) 공정표

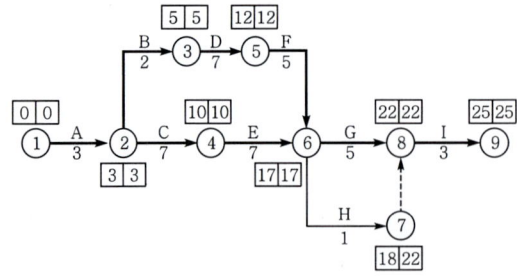

(2) 비용경사(cost slope)

작업명	단축가능 일수	비용경사(원)
A	1	$\dfrac{330,000-300,000}{3-2}=30,000$
B	1	$\dfrac{500,000-400,000}{2-1}=100,000$
C	2	$\dfrac{800,000-600,000}{7-5}=100,000$
D	2	$\dfrac{1,300,0000-1,000,0000}{7-5}=150,000$
E	2	$\dfrac{900,000-800,000}{7-5}=50,000$
F	2	$\dfrac{740,000-500,000}{5-3}=120,000$
G	0	0
H	0	0
I	0	0

(3) 공기단축

단축단계	작업명	단축일수	추가비용(extra cost)
1단계	A	1	1×30,000=30,000원
2단계	B	1	1×100,000=100,000원
	F	1	1×120,000=120,000원
	E	2	2×50,000=100,000원

(4) 추가비용=30,000+100,000+120,000+100,000=350,000원

52

다음 작업 list를 가지고 화살선도를 그리고, 표준일수에 대한 critical path를 그리고, 공비증가율, EST, EFT, LST, LFT, TF, FF, DF의 빈 칸을 채우고, 총 공사비가 가장 적게 들기 위한 최적공기를 구하시오. (단, 간접비는 1일당 60만 원이 소요)

작업명	선행작업	후속작업	표준 일수	표준 직접비(만 원)	특급 일수	특급 직접비(만 원)	공비증가율	개시 EST	개시 LST	완료 EFT	완료 LFT	float TF	float FF	float DF
A	–	C, D	4	210	3	280								
B	–	E, F	8	400	6	560								
C	A	E, F	6	500	4	600								
D	A	H	9	540	7	600								
E	B, C	G	4	500	1	1100								
F	B, C	H	5	150	4	240								
G	E	–	3	150	3	150								
H	D, F	–	7	600	6	750								

[해답] (1) 공정표

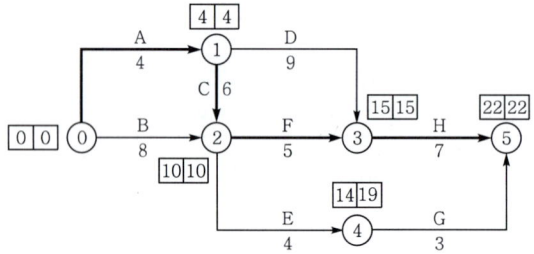

※ 참고
공정표를 다음과 같이 작성해도 좋습니다.

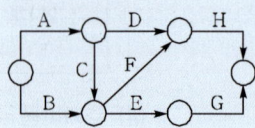

(2) 공비 증가율(비용경사) 및 일정계산

작업명	작업일수	공비증가율 (만 원)	T_E EST	T_E EFT	T_L LST	T_L LFT	TF	FF	DF
A	4	$\frac{280-210}{4-3}=70$	0	0+4=4	4–4=0	4	4–0–4=0	4–0–4=0	0–0=0
B	8	$\frac{560-400}{8-6}=80$	0	0+8=8	10–8=2	10	10–0–8=2	10–0–8=2	2–2=0
C	6	$\frac{600-500}{6-4}=50$	4	4+6=10	10–6=4	10	10–4–6=0	10–4–6=0	0–0=0
D	9	$\frac{600-540}{9-7}=30$	4	4+9=13	15–9=6	15	15–4–9=2	15–4–9=2	2–2=0
E	4	$\frac{1100-500}{4-1}=200$	10	10+4=14	19–4=15	19	19–10–4=5	14–10–4=0	5–0=5
F	5	$\frac{240-150}{5-4}=90$	10	10+5=15	15–5=10	15	15–10–5=0	15–10–5=0	0–0=0
G	3	0	14	14+3=17	22–3=19	22	22–14–3=5	22–14–3=5	5–5=0
H	7	$\frac{750-600}{7-6}=150$	15	15+7=22	22–7=15	22	22–15–7=0	22–15–7=0	0–0=0

(3) 공기단축

작업명	단축가능 일수	비용경사(만 원)
A	1	70
B	2	80
C	2	50
D	2	30
E	3	200
F	1	90
G	0	0
H	1	150

단축단계	작업명	단축일수	추가비용(extra cost)	공기(일)	비고
1단계	C	2	2×50만 원=100만 원	20	최적공기
2단계	D, F	1	1×120만 원=120만 원	19	

∴ 총 공사비가 최소가 되는 최적공기=22−2=20일

※ 참고 (1) 최적공기 20일 산출근거

간접비가 1일당 60만 원이 소요되므로 비용경사가 60만 원 이하가 되어야 총 공사비가 최소가 된다.
① 제1단계 단축에서 C의 비용경사 : 50만 원
② 제2단계 단축에서 D, F의 비용경사 : 30만 원+90만 원=120만 원
제1단계 단축일 때가 총 공사비가 최소가 되는 최적공기이다. } 이므로

(2) 총 공사비

단축단계	총 공사비
정상	3050만 원+22×60만 원=4370만 원
1단계	4370만 원+100만 원−2×60만 원=4350만 원
2단계	4350만 원+120만 원−1×60만 원=4410만 원

53

다음과 같은 작업 List가 있다. 아래 물음에 답하시오.

작업명	선행작업	후속작업	표준		특급	
			일수	직접비 (만 원)	일수	직접비 (만 원)
A	-	C, D	4	21	3	28
B	-	E, F	8	40	6	56
C	A	E, F	6	50	4	60
D	A	H	9	54	7	60
E	B, C	G	4	50	1	110
F	B, C	H	5	15	4	24
G	E	-	3	15	3	15
H	D, F	-	7	60	6	75

(1) 작업 List를 가지고 화살선도를 그리고 표준일수에 대한 Critical Path를 표시하시오.
(2) 공사 완료기간을 19일로 단축했을 때 발생하는 추가 최소공사비를 구하시오.

해답 (1) ① 공정표

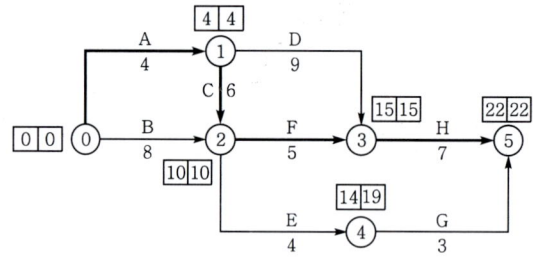

② CP : ⓪→①→②→③→⑤

(2) ① 비용경사(cost slope)

작업명	단축가능 일수	비용경사 (만 원)
A	1	$\frac{28-21}{4-3}=7$
B	2	$\frac{56-40}{8-6}=8$
C	2	$\frac{60-50}{6-4}=5$
D	2	$\frac{60-54}{9-7}=3$
E	3	$\frac{110-50}{4-1}=20$
F	1	$\frac{24-15}{5-4}=9$
G	0	0
H	1	$\frac{75-60}{7-6}=15$

② 공기단축

단축단계	작업명	단축일수	추가비용 (만 원)	공기 (일)
1단계	C	2	2×5=10	21
2단계	D, F	1	1×12=12	19

③ 추가비용＝100,000+120,000=220,000원

54 ★

96③, 99③, 00⑤, 11③, 15②, 20③

다음과 같은 공정표에서 임계공정선(CP)을 구하고, 정상 공사기간과 공사비용, 정상 공사기간을 4일 줄일 때 발생하는 추가비용의 최소치를 구하시오. (단, 기간의 단위는 "일"이며 비용의 단위는 "만 원"이다.)

node	공정명	정상기간	정상비용	특급기간	특급비용
0→2	A	3	15	3	15
0→4	B	5	20	4	25
2→6	D	6	36	5	43
2→8	F	8	40	6	50
4→6	E	7	49	5	65
4→10	G	9	27	7	33
6→8	H	2	10	1	15
6→10	C	2	16	1	25
10→12	K	4	28	3	38
8→12	J	3	24	3	24

(1) 네트워크 공정표를 작성하고 임계공정선(CP)을 구하시오.
(2) 정상 공사기간과 공사비용을 구하시오.
(3) 정상 공사기간을 4일 줄일 때 발생하는 추가비용의 최소치를 구하시오.

[해답] (1) ① 공정표

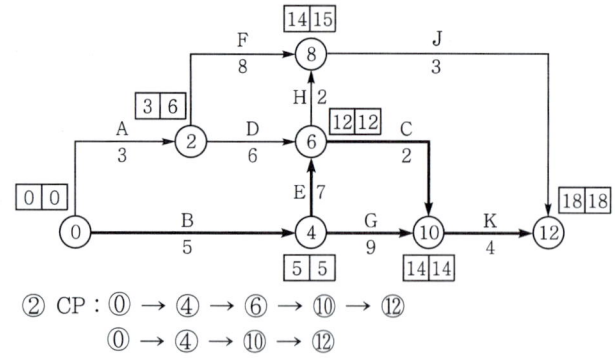

※ 참고
공정표를 다음과 같이 작성해도 좋습니다.

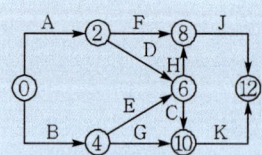

② CP : ⓪ → ④ → ⑥ → ⑩ → ⑫
   ⓪ → ④ → ⑩ → ⑫

(2) 정상 공사기간과 공사비용
 ① 정상 공사기간 = 18일
 ② 정상 공사비용 = 265만 원
  (∵ 15+20+36+40+49+27+10+16+24+28=265)

(3) ① 비용경사(cost slope)

작업명	단축가능 일수	비용경사(만 원)
A	0	0
B	1	$\frac{25-20}{5-4}=5$
D	1	$\frac{43-36}{6-5}=7$
F	2	$\frac{50-40}{8-6}=5$
E	2	$\frac{65-49}{7-5}=8$
G	2	$\frac{33-27}{9-7}=3$
H	1	$\frac{15-10}{2-1}=5$
C	1	$\frac{25-16}{2-1}=9$
J	0	0
K	1	$\frac{38-28}{4-3}=10$

② 공기단축

단축단계	작업명	단축일수	추가비용(만 원)
1단계	B	1	1×5=5
2단계	K	1	1×10=10
3단계	E, G	2	2×8+2×3=22

③ 추가비용=5+10+22=37만 원

55 ★★★★

04 ②, 06 ①, 12 ②, 16 ②, 22 ①

다음과 같은 공정표(CPM table)를 보고 다음 물음에 답하시오.

node		공정명	정상기간	정상비용	특급기간	특급비용
1	2	A	3일	30만 원	3일	30만 원
1	3	B	4일	24만 원	3일	30만 원
1	4	C	4일	40만 원	3일	60만 원
2	3	dummy	0일	0만 원	0일	0만 원
2	5	E	7일	35만 원	5일	49만 원
3	5	F	4일	32만 원	4일	32만 원
3	6	H	6일	48만 원	5일	60만 원
3	7	G	9일	45만 원	6일	69만 원
4	6	I	7일	56만 원	6일	66만 원
5	7	J	10일	40만 원	7일	55만 원
6	7	K	8일	64만 원	8일	64만 원
7	8	M	5일	60만 원	3일	96만 원

(1) Net Work(화살선도)를 작도하고, 표준일수에 대한 critical path를 표시하시오.
(2) 정상공사 기간 4일을 줄일 때 발생하는 추가비용의 최소치를 구하시오.

[해답] (1) ① Net Work

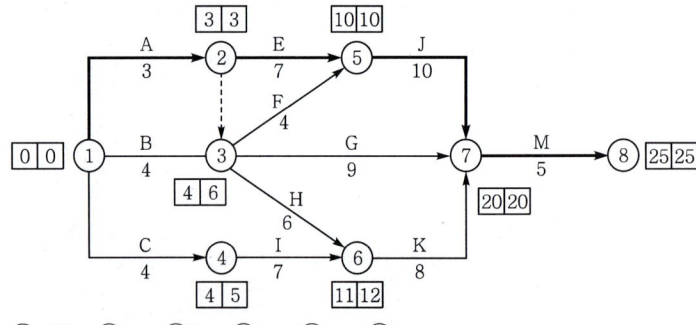

② CP : ① → ② → ⑤ → ⑦ → ⑧

(2) ① 비용경사(cost slope)

공 정	단축가능 일수	비용경사(만 원)
A	0	0
B	1	$\dfrac{30-24}{4-3}=6$
C	1	$\dfrac{60-40}{4-3}=20$
E	2	$\dfrac{49-35}{7-5}=7$
F	0	0
H	1	$\dfrac{60-48}{6-5}=12$
G	3	$\dfrac{69-45}{9-6}=8$
I	1	$\dfrac{66-56}{7-6}=10$
J	3	$\dfrac{55-40}{10-7}=5$
K	0	0
M	2	$\dfrac{96-60}{5-3}=18$

② 공기단축

단축단계	작업명	단축일수	추가비용(만 원)	공기(일)
1단계	J	1	1×5=5	24
2단계	J, I	1	1×5+1×10=15	23
3단계	M	2	2×18=36	21

③ 추가비용(extra cost)
  EC=50,000+150,000+360,000=560,000원

56 ★★★★

다음 데이터를 이용하여 normal time 네트워크 공정표를 작성하고 공기를 3일 단축할 때 최소의 추가공사비를 산출하시오. (단, ① Net Work 공정표 작성은 화살표 Net Work로 한다. ② 주공정선(critical paht)는 굵은선 또는 이중선으로 한다. ③ 각 결합점에는 다음과 같이 표시한다.)

작업명	정상비용		특급비용	
(activity)	공기(일)	공비(원)	공기(일)	공비(원)
A(0→1)	3	20,000	2	26,000
B(0→2)	7	40,000	5	50,000
C(1→2)	5	45,000	3	59,000
D(1→4)	8	50,000	7	60,000
E(2→3)	5	35,000	4	44,000
F(2→4)	4	15,000	3	20,000
G(3→5)	3	15,000	3	15,000
H(4→5)	7	60,000	7	60,000
계		280,000		334,000

(1) normal time 네트워크 공정표를 작성하시오.

(2) 공기를 3일간 단축할 때 최소의 추가공사비를 구하시오.

[해답] (1) 공정표

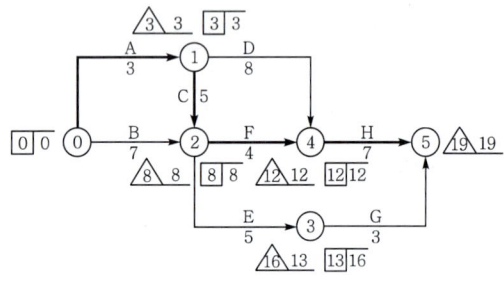

(2) ① 비용경사(cost slope)

작업명	단축가능 일수	비용경사(원)
A	1	$\dfrac{26,000-20,000}{3-2}=6000$
B	2	$\dfrac{50,000-40,000}{7-5}=5000$
C	2	$\dfrac{59,000-45,000}{5-3}=7000$
D	1	$\dfrac{60,000-50,000}{8-7}=10,000$
E	1	$\dfrac{44,000-35,000}{5-4}=9000$
F	1	$\dfrac{20,000-15,000}{4-3}=5000$
G	0	0
H	0	0

② 공기단축

단축단계	작업명	단축일수	추가비용(원)
1단계	F	1	5000
2단계	A	1	6000
3단계	B, C, D	1	5000＋7000＋10,000＝22,000

③ 추가비용(extra cost)
   EC＝5,000＋6,000＋22,000＝33,000원

57

다음의 작업표와 네트워크에서 5일간 공기를 단축시킬 때 더 들어가는 공사비는 얼마인가?

작업명	표준일수(일)	단축가능 일수(일)	비용경사(만 원/일)
A	7	1	7
B	6	1	9
C	7	2	5
D	11	3	4
E	5	1	11
F	7	1	8
G	5	1	11

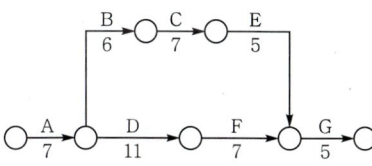

[해답] (1) 공정표

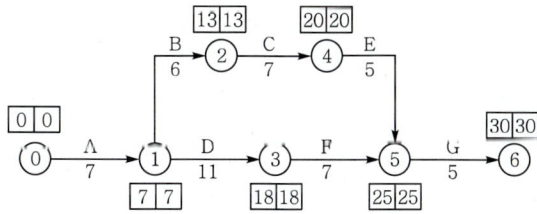

(2) 공기단축 : 전공정이 all CP이다.

단축단계	작업명	단축일수	추가비용(만 원)	공기(일)
1단계	A	1	1×7＝7	29
2단계	C, D	2	2×5＋2×4＝18	27
3단계	G	1	1×11＝11	26
4단계	B, D	1	1×9＋1×4＝13	25

(3) 추가비용(extra cost)
   EC＝7＋18＋11＋13＝49만 원

58 ★★★

다음과 같은 작업 리스트가 있다. 다음 물음에 답하시오.

작업명	선행작업	후속작업	표준일수 (일)	단축가능 일수 (일)	1일 단축의 소요비용(만 원/일)
A	-	B, C	6	2	5
B	A	D	8	1	7
C	A	F	10	2	3
D	B	E	6	2	4
E	D	G	4	4	8
F	C	G	7	1	9
G	E, F	-	5	2	10

(1) Net Work(화살선도)를 작도하고, 표준일수에 대한 CP를 찾으시오.
(2) 공사기간을 4일 단축하고자 하는 경우 최소의 여분출비(extra cost)를 계산하시오.

해답 (1) ① Net Work

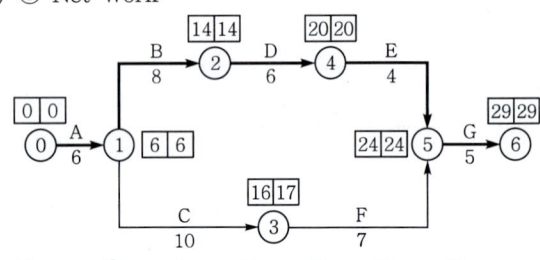

② CP : ⓪ → ① → ② → ④ → ⑤ → ⑥

(2) ① 공기단축

단축단계	작업명	단축일수	추가비용(만 원)
1단계	D	1	1×4=4
2단계	A	2	2×5=10
3단계	C, D	1	1×3+1×4=7

② 추가비용(extra cost)
EC=40,000+100,000+70,000=210,000원

59 ★★★★

다음의 작업 리스트를 이용하여 다음 물음에 답하시오. (단, 표준일수에 대한 간접비가 60만 원이고, 1일 단축 시 5만 원씩 감소하며, 표준일수에 대한 직접비는 60만 원이다.)

작업명	선행작업	후속작업	표준일수	특급일수	1일 단축하는데 필요한 직접비용 증가액(만 원/일)
A	-	B, C	5	2	6
B	A	E	4	2	4
C	A	F	6	4	7
D	-	G	5	4	5
E	B	H	6	3	8
F	C	-	4	3	5
G	D	H	7	5	8
H	E, G	-	5	3	9

(1) Net Work(화살선도)를 작도하고 표준일수에 대한 CP를 구하시오.
(2) 최적공기와 그 때의 총 공사비를 구하시오.

[해답] (1) ① Net Work

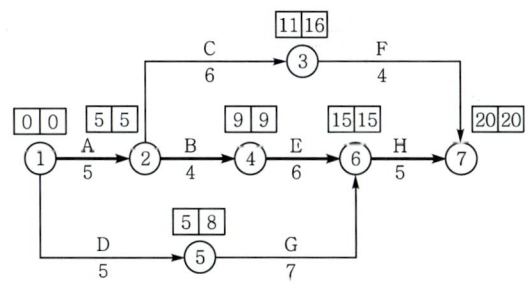

② CP : ① → ② → ④ → ⑥ → ⑦

(2) 최적공기와 총 공사비

단축작업명	단축일수	기 간	직접비용 증가액 (만 원)	직접비 (만 원)	간접비 (만 원)	총 공비 (만 원)
-	-	20일	-	60	60	60+60=120
B	1	19일	1×4=4	60+4=64	60-5=55	64+55=119
B	1	18일	1×4=4	64+4=68	55-5=50	68+50=118
A	1	17일	1×6=6	68+6=74	50-5=45	74+45=119

① 최적공기=18일
② 총 공사비=118만 원

다음의 작업 list가 있다. 물음에 답하시오.

작업명	선행작업	후속작업	표 준		특 급	
			일 수	직접비(만 원)	일 수	직접비(만 원)
A	-	B, C	6	210	5	240
B	A	D, E	4	450	2	630
C	A	F, G	4	160	3	200
D	B	G	3	300	2	370
E	B	H	2	600	2	600
F	C	I	7	240	5	340
G	C, D	I	5	100	3	120
H	E	I	4	130	2	170
I	F, G, H	-	2	250	1	350

(1) Net Work(화살선도)를 작도하시오.
(2) 표준일수에 대한 CP를 찾으시오.
(3) 다음의 작업 list 빈 칸을 채우시오.

작업명	공비증가율 (만 원/일)	개 시		완 료		여유시간		
		EST	LST	EFT	LFT	TF	FF	DF
A								
B								
C								
D								
E								
F								
G								
H								
I								

(4) 총 공기에 대한 간접비가 2천만 원인데 표준일수를 단축하는 경우 1일당 80만 원씩 감소한다고 할 때 최적공기와 그때의 총 공비를 구하시오.

[해답] (1) Net Work

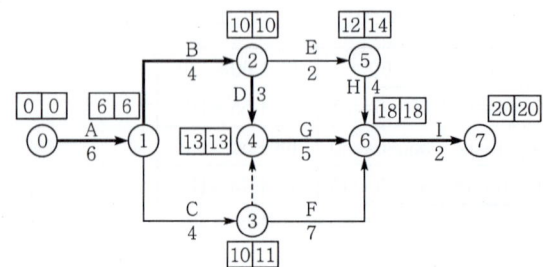

(2) CP : ⓪ → ① → ② → ④ → ⑥ → ⑦

(3) 공비증가율(비용경사) 및 일정계산

작업명	공비증가율 (만 원/일)	개 시		완 료		여유시간		
		EST	LST	EFT	LFT	TF	FF	DF
A	$\frac{240-210}{6-5}=30$	0	6−6=0	0+6=6	6	6−0−6=0	6−0−6=0	0−0=0
B	$\frac{630-450}{4-2}=90$	6	10−4=6	6+4=10	10	10−6−4=0	10−6−4=0	0−0=0
C	$\frac{200-160}{4-3}=40$	6	11−4=7	6+4=10	11	11−6−4=1	10−6−4=0	1−0=1
D	$\frac{370-300}{3-2}=70$	10	13−3=10	10+3=13	13	13−10−3=0	13−10−3=0	0−0=0
E	0	10	14−2=12	10+2=12	14	14−10−2=2	12−10−2=0	2−0=2
F	$\frac{340-240}{7-5}=50$	10	18−7=11	10+7=17	18	18−10−7=1	18−10−7=1	1−1=0
G	$\frac{120-100}{5-3}=10$	13	18−5=13	13+5=18	18	18−13−5=0	18−13−5=0	0−0=0
H	$\frac{170-130}{4-2}=20$	12	18−4=14	12+4=16	18	18−12−4=2	18−12−4=2	2−2=0
I	$\frac{350-250}{2-1}=100$	18	20−2=18	18+2=20	20	20−18−2=0	20−18−2=0	0−0=0

(4) ① 비용경사(cost slope)

작업명	단축가능 일수	비용경사(만 원)
A	1	$\frac{240-210}{6-5}=30$
B	2	$\frac{630-450}{4-2}=90$
C	1	$\frac{200-160}{4-3}=40$
D	1	$\frac{370-300}{3-2}=70$
E	0	0
F	2	$\frac{340-240}{7-5}=50$
G	2	$\frac{120-100}{5-3}=10$
H	2	$\frac{170-130}{4-2}=20$
I	1	$\frac{350-250}{2-1}=100$

② 공기단축

단축단계	작업명	단축일수	추가비용(만 원)	공기(일)
1단계	G	1	1×10=10	19
2단계	A	1	1×30=30	18
3단계	C, G	1	1×40+1×10=50	17

③ 공기=20−3=17일

④ 총 공사비=직접비+간접비+추가비용−단축일수×80만 원
  =2440만 원+2000만 원+90만 원−3×80만 원
  =4290만 원

61 ★★★★

다음 작업 리스트를 가지고 화살선도를 그리고 표준일수에 대한 critical path를 구하고 총 공사비(직접비+간접비)가 가장 적게 들기 위한 최적공기를 구하시오. (단, 간접비는 1일당 20만 원이 소요)

작업명	선행작업	후속작업	표준 일수	표준 직접비(만 원)	특급 일수	특급 직접비(만 원)
A	−	B, C	3	30	2	33
B	A	D	2	40	1	50
C	A	E	7	60	5	80
D	B	F	7	100	5	130
E	C	G, H	7	80	5	90
F	D	G, H	5	50	3	74
G	E, F	I	5	70	5	70
H	E, F	I	1	15	1	15
I	G, H	−	3	20	3	20

(1) 표준일수에 대한 화살선도를 그리고 critical path를 구하시오.
(2) 총 공사비가 가장 적게 들기 위한 최적공기를 구하시오.

[해답] (1) ① 공정표

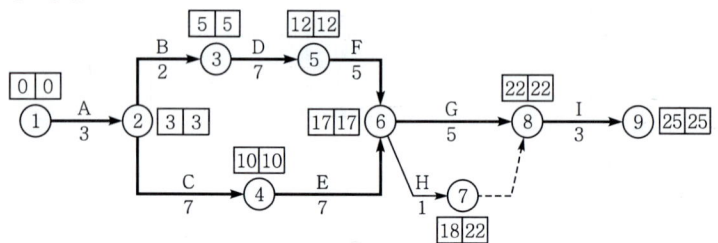

② CP : A → B → D → F → G → I
A → C → E → G → I

(2) ① 비용경사(cost slope)

작업명	단축가능 일수	비용경사(만 원)
A	1	$\dfrac{33-30}{3-2}=3$
B	1	$\dfrac{50-40}{2-1}=10$
C	2	$\dfrac{80-60}{7-5}=10$
D	2	$\dfrac{130-100}{7-5}=15$
E	2	$\dfrac{90-80}{7-5}=5$
F	2	$\dfrac{74-50}{5-3}=12$
G	0	0
H	0	0
I	0	0

② 공기단축

단축단계	작업명	단축일수	추가비용(extra cost)	공기(일)	비고
1단계	A	1	1×3만 원=3만 원	24	
2단계	B, E	1	1×15만 원=15만 원	23	
3단계	E, F	1	1×17만 원=17만 원	22	최적공기
4단계	C, F	1	1×22만 원=22만 원	21	

③ 총 공사비가 최소가 되는 최적공기=25-3=22일

62

각 작업에 따른 표준일수, 특급일수, 공비증가율이 다음과 같은 조건에서 총 공기를 다음 그림의 화살선도와 같이 20일까지 단축하였다. 이때, 총 공기를 19일로 1일 더 단축시키기 위해 가장 경제적인 방법을 설명하시오.

작업	표준일수	특급일수	공비증가율 (만 원/일)
A	4	3	7
B	8	6	8
C	6	4	5
D	9	7	3
E	4	1	20
F	5	4	9
G	3	3	0
H	7	6	15

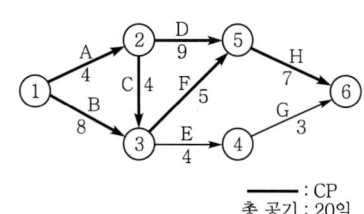

──── : CP
총 공기 : 20일

[해답]
① 제1방법 : 비용경사가 가장 적은 D 작업에서 1일 단축하려면
   ㉠ D : 1일 단축 cost slope → 3만 원
   ㉡ F : 1일 단축 cost slope → 9만 원 } total cost slope : 12만 원
② 제2방법
   H : 1일 단축 cost slope → 15만 원
③ 1, 2방법 중에서 1방법의 비용경사가 적으므로 D, F 작업에서 1일씩 공기단축을 한다.

참고
공기 1일 단축에 따른 비용 증가(extra cost)=120,000원

63 ★★★★

다음 그림과 같은 화살선도가 있다. 화살선 밑의 숫자 좌측이 표준시간, 우측이 특급시간을 표시하고 있다. ( ) 내의 숫자는 1일 단축하는데 필요한 직접비 할증비용, 즉 공비증가율이다. 표준시간에 대한 간접비가 60만 원이고 1일 단축 시 5만 원씩 감소하며, 표준시간에 대한 직접비는 60만 원일 때 다음 사항을 구하시오.

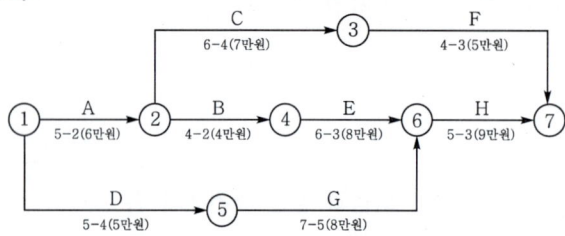

(1) CP를 찾으시오. (단, 표준시간에 대한 것이다.)
(2) 공기단축에 대한 답란의 공비증가액(직접비)이 적은 것부터 차례로 적어서 완성하시오.

단축작업명	단축일수	기 간	직접비용 증가액
	-	20일	
	1	19일	
	1	18일	
	1	17일	
	1	16일	
	1	15일	
	1	14일	
	1	13일	
	1	12일	

(3) 답란에 주어진 graph에 직접비, 간접비, 총 공비곡선을 작도하시오.
(4) 최적공기와 그때의 총 공비를 구하시오.

해답 (1) ① 공정표

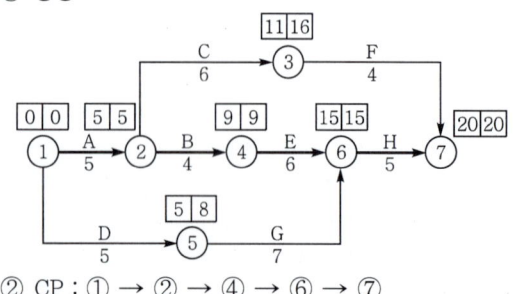

② CP : ① → ② → ④ → ⑥ → ⑦

(2)

단축작업명	단축일수	기 간	직접비용 증가액(만 원)	직접비 (만 원)	간접비 (만 원)	총 공비 (만 원)
-	-	20일	-	60	60	60+60=120
B	1	19일	1×4=4	60+4=64	60-5=55	64+55=119
B	1	18일	1×4=4	64+4=68	55-5=50	68+50=118
A	1	17일	1×6=6	68+6=74	50-5=45	74+45=119
H	1	16일	1×9=9	74+9=83	45-5=40	83+40=123
H	1	15일	1×9=9	83+9=92	40-5=35	92+35=127
A, D	1	14일	1×6+1×5=11	92+11=103	35-5=30	103+30=133
A, G	1	13일	1×6+1×8=14	103+14=117	30-5=25	117+25=142
E, G	1	12일	1×8+1×8=16	117+16=133	25-5=20	133+20=153

(3) 직접비, 간접비, 총 공비곡선

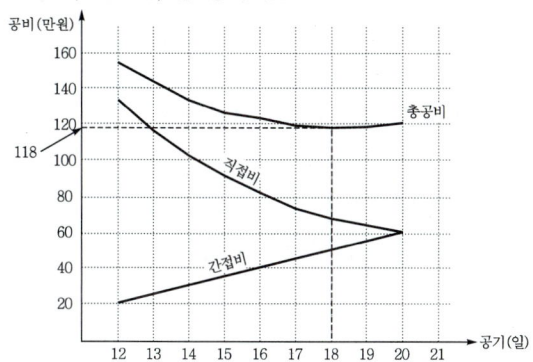

(4) ① 최적공기=18일
② 총 공비=118만 원

 ★★

각 작업별로 그림과 같은 공기를 가진 네트워크에서 공사 완료기간을 27일로 지정했을 때 추가 투입되는 직접비의 최소 금액은 얼마인가? (단, 괄호 내는 단축가능 일수와 1일 단축 시 추가비용임.)

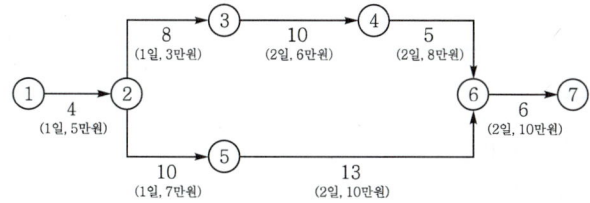

[해답] 총 공기가 33일이고 지정공기가 27일이므로 6일 공기단축을 한다.

단축단계	activity	단축일수	추가비용(만 원)	공기(일)
1단계	① → ②	1	1×5=5	32
2단계	② → ③, ② → ⑤	1	1×3+1×7=10	31
3단계	⑥ → ⑦	2	2×10=20	29
4단계	③ → ④, ⑤ → ⑥	2	2×6+2×10=32	27

∴ 추가비용=5+20+10+32=67만 원

65 ★★★

다음과 같은 네크워크에서 물음에 답하시오.

작 업	잔여공기	작 업	잔여공기
1→2	0	3→5	7
1→6	0	4→5	2
1→9	0	7→8	10
2→3	3	10→8	7
6→7	2	5→11	2
9→10	3	8→11	5
3→4	4	7→10	1

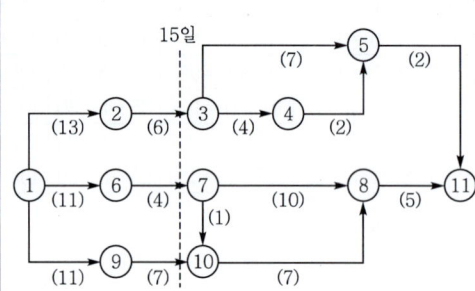

(1) 다음의 그림과 같은 Network에서 critical path와 공기를 구하시오. (단, 괄호 안은 각 작업공기이다.)
(2) 네트워크에서 공사 시작 후 15일째에 진도관리를 행한 결과, 각 작업별 잔여공기가 다음 표와 같이 판단되었다면 당초의 공기와 비교하여 전체 공기에는 어떠한 영향이 미치는가?

[해답] (1) 공정표

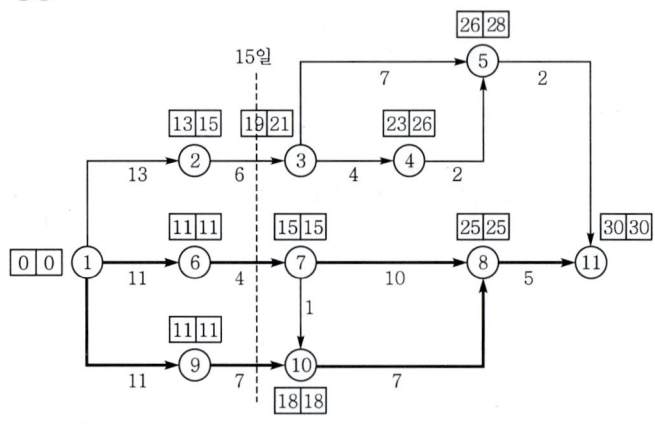

① CP : ① → ⑥ → ⑦ → ⑧ → ⑪
　　　① → ⑨ → ⑩ → ⑧ → ⑪
② 공기 = 30일

(2) 공기분석

작 업	여유일	잔여일	분 석
2→3	21−15=6	3	3일 빠름
6→7	15−15=0	2	2일 지연
9→10	18−15=3	3	정상

∴ 공기가 2일 지연되어 있다.

다음 네트워크에서 다음 사항에 대해 작성하시오. (단, ( ) 속의 숫자는 1일당 소요인원)

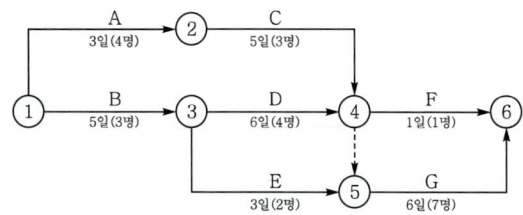

(1) 최초 개시 때의 산적표를 작성하시오.
(2) 최지 개시 때의 산적표를 작성하시오.
(3) 인력 평준화표를 작성하시오.(단, 제한인원은 7명으로 한다.)
(4) 1일 인원을 7명으로 제한할 경우 수정 네트워크를 작성하시오.

해답 (1) ① 공정표

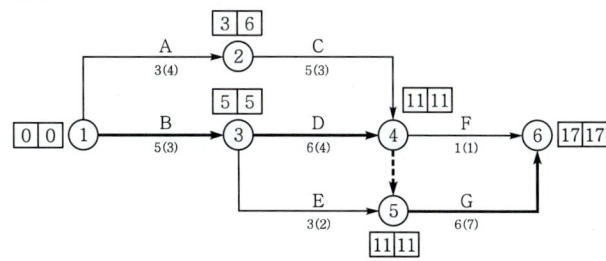

② 최초 개시 때의 산적표

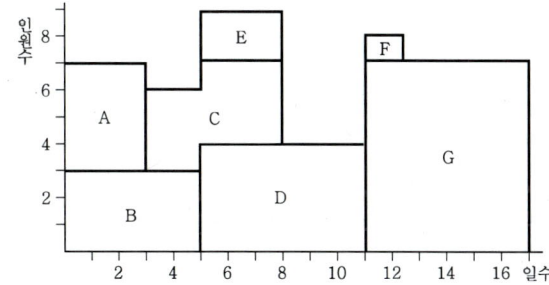

(2) 최지 개시 때의 산적표

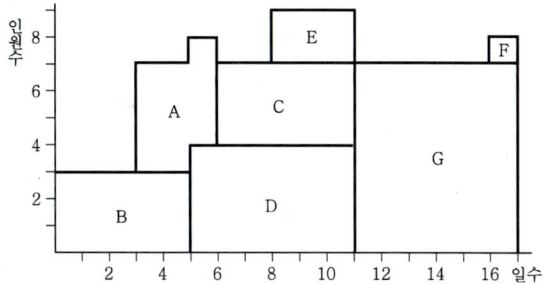

(3) 인력 평준화표(단, 제한인원은 7명으로 한다.)

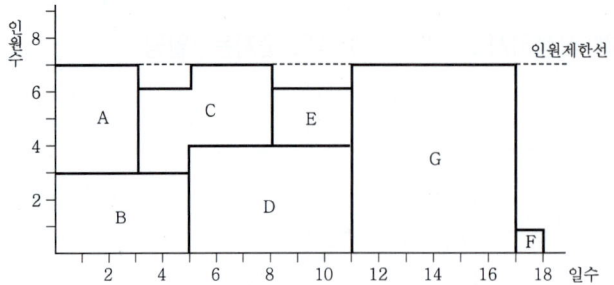

(4) 1일 인원을 7명으로 제한한 경우 수정 네트워크(타임 스케일 공정표)

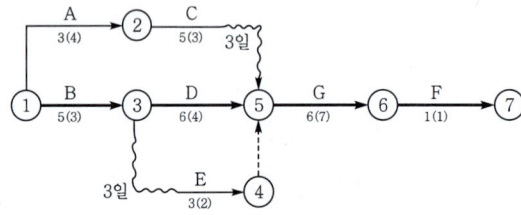

67

다음의 그림과 같은 Net Work에서 Critical Path를 나타내고, 공사 완료기간을 27일로 지정했을 때 다음 물음에 답하시오.

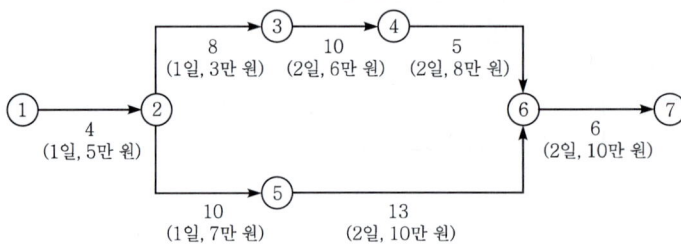

(1) 단축 가능일수를 구하시오. (단, ( ) 안은 단축가능일수와 1일 단축 시 추가비용이며, pert 기법을 사용하시오.)
(2) 공사 완료기간을 27일로 지정했을 때, 추가 투입되는 직접비의 최소금액을 구하시오.

[해답] (1) ① 공정표

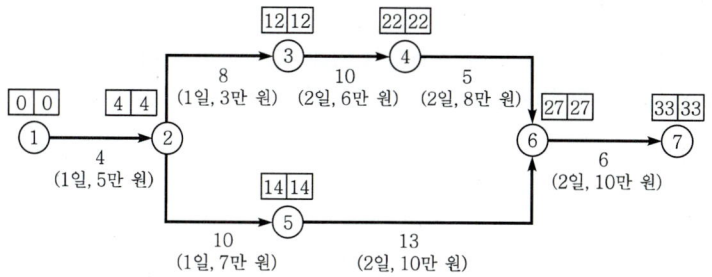

② 단축가능일수 = 33−27 = 6일

(2) ① 공기단축

단축단계	소요작업	단축일수	추가비용(만 원)
1단계	1 → 2	1	1×5 = 5
2단계	6 → 7	2	2×10 = 20
3단계	2 → 3 2 → 5	1	1×3 + 1×7 = 10
4단계	3 → 4 5 → 6	2	2×6 + 2×10 = 32

② 추가비용(extra cost)
EC = 5 + 20 + 10 + 32 = 67만 원

68 ★ 93 ③, 97 ②

공사의 규모, 질, 공기 등을 고려하여 수주자의 자격(실적, 중기보유, 자본금, 기술진 등)을 검토하고 발주자에게 신용이 있는 회사만을 선정하여 입찰시키는 방식은?

[해답] 지명경쟁입찰(limited bid)

> **참고** 입찰방식의 종류
> (1) 경쟁입찰
>   ① 공개경쟁입찰(general open bid) : 입찰참가자를 공모(신문게시, 관보)하여 유자격자는 모두 참가시켜 입찰하는 방식
>   ② 지명경쟁입찰(limited bid)
>   ㉠ 기업주가 그 공사에 가장 적격하다고 인정하는 3~7개 정도의 시공회사를 선정하여 입찰하는 방식
>   ㉡ 공개경쟁입찰과 특명입찰의 중간방식
>   ③ 제한경쟁입찰(limited open bid) : 입찰참가자에게 제한을 가하여 이 제한에 해당되는 업체라면 모두 참가시켜 입찰하는 방식
> (2) 특명입찰(individual negotiation) : 기업주가 시공회사의 재산, 신용, 기술, 경력, 중기보유 등을 고려하여 그 공사에 가장 적합한 회사만을 지명하여 입찰하는 방식

69 ★

기업주가 도급자의 재산, 신용, 기술, 경력 등을 조사하여 당해 공사에 가장 적합한 같은 정도의 수명의 업자를 선택하여 입찰하는 방식은?

해답 지명경쟁입찰(limited bid)

70

정부가 최근 잇달아 발생하고 있는 건설부분(철도, 지하철, 항만 등) 부실공사의 근본적인 방지를 위해 '93년 7월부터 공사비 이상의 정부 주요 공사에 도입키로 한 제도는?

해답 적격심사 입찰제

PART 12

토·목·기·사·실·기

품질관리

01 개요
02 품질관리 기법
● 과년도 출제 문제

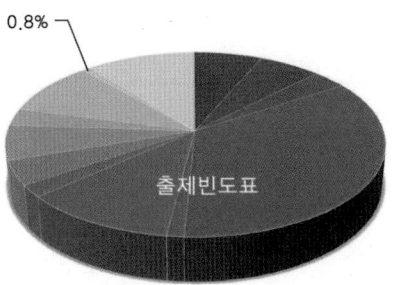
0.8%
출제빈도표

12 PART 품질관리

토·목·기·사·실·기

01 개 요

설계도, 시방서에 규정한 품질의 구조물을 만들기 위한 관리기술을 품질관리라 한다.

> 참고사항
>
> ● 품질관리는 공정의 최후 단계에서 검사하여 불량품을 제거하는 것이 아니라 공정도중 단계에서 불량품이 생기는 원인을 제거함으로써 목표를 달성하는 것이다.

1 품질관리의 목적

① 품질확보(설계도의 정해진 규격의 구조물을 만드는 것)
② 품질유지(품질의 변동을 최소화)
③ 품질보증(품질에 대한 신뢰성 증가)
④ 품질향상
⑤ 하자발생을 사전에 방지
⑥ 원가절감

2 품질관리 순서

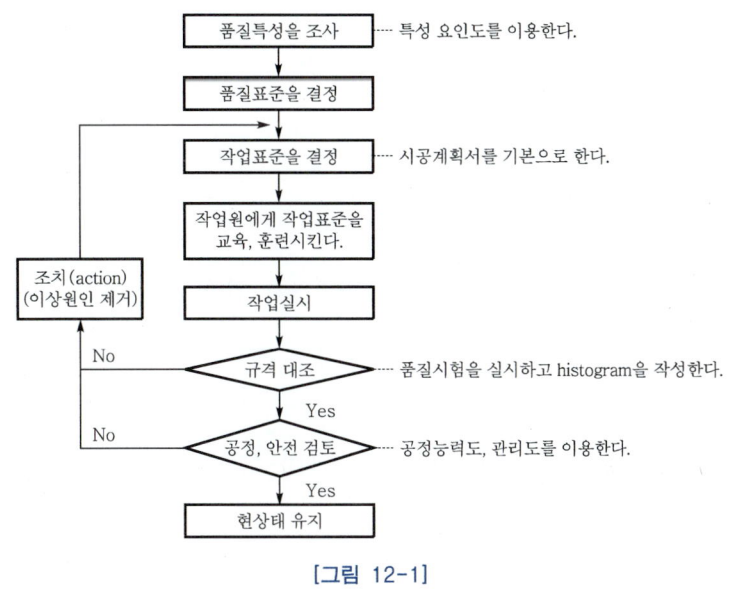

[그림 12-1]

02 품질관리 기법

1 특성 요인도(causes and effect diagram)

① 품질특성에 영향을 미치는 요인을 분석하여 중점 관리할 특성을 결정하기 위해 작성한 그림이다.
② brain storming 작성 후 5M(Man, Machine, Material, Method, Money)으로 분류하여 특성 요인도를 작성한다.

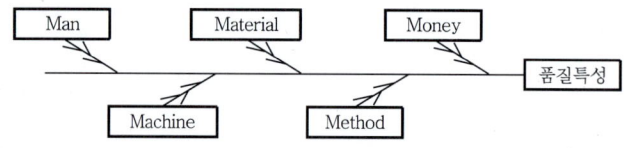

[그림 12-2] 특성 요인도

2 histogram(주상도, 도수도)

data의 분산을 파악하기 위해 작성한 주상도이다.

(1) 작성법

① data(약 100개 이상)를 구한다.
② 범위 R을 구한다.

$$R = 최대치 - 최소치 \quad \cdots\cdots\cdots (12-1)$$

③ 일정한 폭의 class(부류)로 나눈다.
④ 2개의 경계치 합의 1/2을 class의 중심치로 하여 histogram을 그린다.(중심치를 곡선으로 이은 것이 도수 분포곡선이다.)

(2) 규격치에 대한 여유

histogram이 규격치에 대하여 충분한 여유를 가지고 만족하기 위한 조건

① 양측규격의 경우

$$\frac{|SU - SL|}{\sigma} \geq 6 \quad \cdots\cdots\cdots (12-2)$$

② 편측규격의 경우

$$\frac{|SU(\text{또는 } SL) - \overline{x}|}{\sigma} \geq 3 \quad \cdots\cdots\cdots\cdots\cdots\cdots\cdots (12-3)$$

여기서, SU : 상한 규격치($=UCL$)
SL : 하한 규격치($=LCL$)
σ : 표준편차

3 관리도(control chart)

공정이 품질기준에 맞게 진행되고 있는지를 확인하기 위해 실시하는 것

(1) 관리도의 종류

① 계량치를 중심으로 하는 것
  ㉠ $\overline{x}$ 관리도(평균치 관리도)
  ㉡ $\tilde{x}$ 관리도(중앙치 관리도)
  ㉢ R 관리도(범위 관리도)
  ㉣ x 관리도(1점 관리도)

② 계수치를 대상으로 하는 것
  ㉠ P 관리도(불량률 관리도)
  ㉡ P_n 관리도(불량개수 관리도)
  ㉢ C 관리도(결점수 관리도) : 시료크기가 일정한 경우의 결점수 관리도
  ㉣ U 관리도(결점발생률 관리도) : 시료크기가 일정하지 않는 경우의 단위당의 결점수 관리도

(2) $\overline{x} - R$ 관리도

① $\overline{x}$ 관리도의 관리선

중심선(center line)	$CL = \overline{\overline{x}}$
상부 관리한계(upper control line)	$UCL = \overline{\overline{x}} + A_2 \overline{R}$
하부 관리한계(lower control line)	$LCL = \overline{\overline{x}} - A_2 \overline{R}$

$\quad\quad\cdots\cdots\cdots (12-4)$

여기서, $\overline{\overline{x}}$: $\overline{x}$의 평균치
$\overline{R}$: R의 평균치
A_2 : 군(群)의 크기에 따라 정하는 계수

② R 관리도의 관리선

중심선(center line)	$CL = \overline{R}$
상부 관리한계(upper control line)	$UCL = D_4 \overline{R}$
하부 관리한계(lower control line)	$LCL = D_3 \overline{R}$

············ (12-5)

여기서, D_3, D_4 : 군(群)의 크기에 따라 정하는 계수

[표 12-1] 관리한계 계수의 값

시료의 크기	$\overline{x}$ 관리도		R 관리도		$\tilde{x}$ 관리도	x 관리도
	$\overline{\overline{x}} \pm A_2 \overline{R}$		$D_4 \overline{R}$	$D_3 \overline{R}$	$\overline{\overline{x}} \pm m_3 A_2 \overline{R}$	$\overline{\overline{x}} \pm E_2 \overline{R}$
	A_2		D_4	D_3	$m_3 A_2$	E_2
2	1.88		3.27	—	1.88	2.66
3	1.02		2.57	—	1.19	1.77
4	0.73		2.28	—	0.80	1.46
5	0.58		2.11	—	0.69	1.29
6	0.48		2.00	—	0.55	1.18
7	0.42		1.92	0.08	0.51	1.11
8	0.37		1.86	0.14	0.43	1.05
9	0.34		1.82	0.18	0.41	1.01
10	0.31		1.78	0.22	0.36	0.98

주 이 표는 계산에 의한 관리한계의 계수치이다.

[표 12-2] 관리도의 종류와 관리한계

대상	종류	관리한계
계량치를 대상으로 한 관리도	$\overline{x}$	$\overline{\overline{x}} \pm A_2 \overline{R}$
	R	$D_4 \overline{R}$, $D_3 \overline{R}$
	$\tilde{x}$	$\overline{\overline{x}} \pm m_3 A_2 \overline{R}$
	x	$\overline{\overline{x}} \pm E_2 \overline{R}$
계수치를 대상으로 한 관리도	P	$\overline{P} \pm 3 \sqrt{\dfrac{\overline{P}(1-\overline{P})}{n}}$
	P_n	$\overline{P} \pm 3 \sqrt{\overline{P_n}(1-\overline{P})}$
	C	$\overline{C} \pm 3 \sqrt{\overline{C}}$
	U	$\overline{U} \pm 3 \sqrt{\dfrac{\overline{U}}{n}}$

(3) 관리도를 보는 법

① 타점이 { 한계 내에 있을 때 : 공정이 안정된 상태(관리상태)
한계 외에 있을 때 : 공정에 이상이 생긴 상태

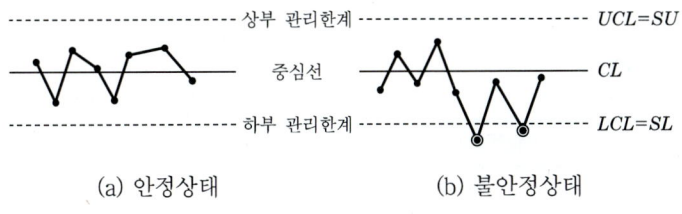

(a) 안정상태   (b) 불안정상태

[그림 12-3] 관리도

② 타점이 한계 내에 있어도 다음의 경우는 관리상태에 없다고 본다.
㉠ 타점이 연속하여 중심선의 한쪽에 집합하는 경우(그림 ⓐ)
  (연속수가 6이면 주의, 7 이상이면 이상이 있는 상태)
㉡ 주기적 파형인 경우(그림 ⓑ)
㉢ 연속하여 상승 또는 하강할 때(그림 ⓒ)

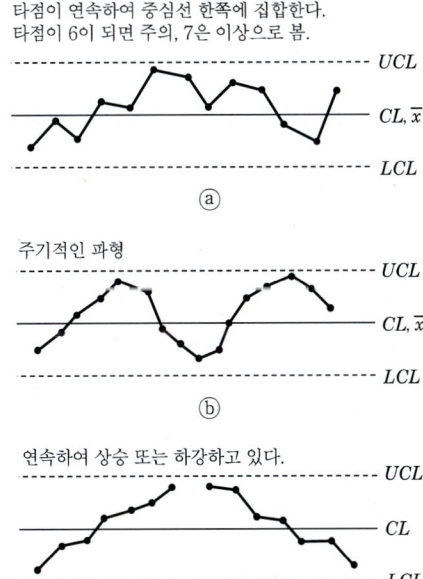

[그림 12-4] 관리도

③ 해석용 관리도에서 다음의 경우는 관리상태로 본다.
  ㉠ 연속 25점 이상 관리한계 내에 있는 경우
  ㉡ 연속 35점 중 한계 외의 점이 1점 이내인 경우
  ㉢ 연속 100점 중 한계 외의 점이 2점 이내인 경우

3 자료의 분석(analysis of data)

data 분석	계산의 예(data : 9, 7, 4, 2, 8)
① $\bar{x}$(평균치) : data의 산술평균 $$\bar{x} = \frac{x_1 + x_2 + \cdots + x_n}{n}$$	$\bar{x} = \dfrac{9+7+4+2+8}{5} = 6$
② $\tilde{x}$(중앙치) : data를 크기 순으로 나열했을 때의 중앙치	data를 크기 순으로 나열하면 9, 8, 7, 4, 2 ∴ $\tilde{x} = 7$(중앙값이 2개이면 중앙값 2개의 평균치로 한다.)
③ R(범위) : data의 최대치와 최소치와의 차 $R = x_{\max} - x_{\min}$	$R = 9 - 2 = 7$
④ S(편차의 2승 합) : 각 data와 평균치의 차를 2승한 것들의 합	$S = (9-6)^2 + (7-6)^2 + (4-6)^2$ $+ (2-6)^2 + (8-6)^2 = 34$
⑤ σ^2(분산) : S를 data의 수 n으로 나눈 것으로 data 1개당 산포의 크기를 말한다. $\sigma^2 = \dfrac{S}{n}$	$\sigma^2 = \dfrac{34}{5} = 6.8$
⑥ σ(표준편차) : 분산의 평방근 $\sigma = \sqrt{\dfrac{S}{n}}$	$\sigma = \sqrt{6.8} = 2.6$
⑦ V(불편분산) $V = \dfrac{S}{n-1}$	$V = \dfrac{34}{5-1} = 8.5$
⑧ $\bar{\sigma}$(불편분산의 표준편차) $\bar{\sigma} = \sqrt{\dfrac{S}{n-1}}$	$\bar{\sigma} = \sqrt{8.5} = 2.9$
⑨ C_V(변동계수) $C_V = \dfrac{\sigma}{\bar{x}} \times 100$ <table><tr><th>변동계수</th><th>품질관리</th></tr><tr><td>10% 이하</td><td>매우 우수</td></tr><tr><td>10~15%</td><td>우수</td></tr><tr><td>15~20%</td><td>보통</td></tr><tr><td>20% 이상</td><td>불량</td></tr></table>	$C_V = \dfrac{2.6}{6} \times 100 = 43.3\%$

품질관리 계산의 예

콘크리트 공사에서 하루에 3번씩 시료를 채취하여 제작된 공시체로 콘크리트 압축강도를 시험한 data가 다음과 같을 때 $\bar{x}-R$ 관리도와 히스토그램(histogram)을 작성하시오. (단, 계급의 수 : 8, 계급의 경계치 : -0.5kg/cm^2이고 소수점 첫째자리에서 반올림하시오.)

조 번호	측정치(3회/일)		
	x_1	x_2	x_3
1	328	311	289
2	315	296	299
3	314	296	305
4	308	305	305
5	315	335	298

n	A_2	D_4	D_3
2	1.88	3.27	0
3	1.02	2.57	0
4	0.73	2.28	0
5	0.58	2.12	0

[해답] (1) $\bar{x}-R$ 관리도

조 번호	측정치(3회/일)			Σx	$\bar{x}$	R
	x_1	x_2	x_3			
1	328	311	289	328+311+289=928	$\frac{928}{3}=309$	328−289=39
2	315	296	299	315+296+299=910	$\frac{910}{3}=303$	315−296=19
3	314	296	305	314+296+305=915	$\frac{915}{3}=305$	314−296=18
4	308	305	305	308+305+305=918	$\frac{918}{3}=306$	308−305=3
5	315	335	298	315+335+298=948	$\frac{948}{3}=316$	335−298=37
계					$\Sigma \bar{x}=1539$	$\Sigma R=116$

① $\bar{\bar{x}} = \dfrac{\Sigma x}{n} = \dfrac{1539}{5} = 308$

② $\bar{R} = \dfrac{\Sigma R}{n} = \dfrac{116}{5} = 23$

③ $\bar{x}$ 관리한계
  ㉠ $CL = \bar{\bar{x}} = 308$
  ㉡ $UCL = \bar{\bar{x}} + A_2\bar{R} = 308 + 1.02 \times 23 = 331$
  ㉢ $LCL = \bar{\bar{x}} - A_2\bar{R} = 308 - 1.02 \times 23 = 285$

④ R 관리한계
  ㉠ $CL = \bar{R} = 23$
  ㉡ $UCL = D_4\bar{R} = 2.57 \times 23 = 59$
  ㉢ $LCL = D_3\bar{R} = 0$

⑤ $\bar{x} - R$ 관리도

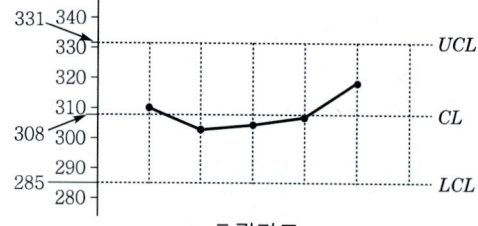

$\bar{x}$ 관리도

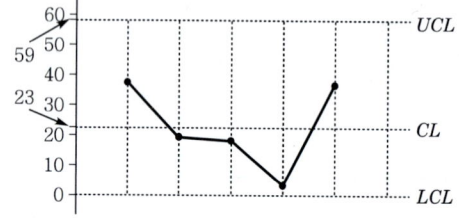

(2) histogram(히스토그램)
① data 중에서 최대치, 최소치를 구한다.
㉠ $x_{max} = 335$
㉡ $x_{min} = 289$
② 범위(R)를 구한다.
$R = x_{max} - x_{min} = 335 - 289 = 46$
③ 계급의 수를 결정한다. : 8개
④ 계급의 폭을 결정한다.
$C = \dfrac{R}{8} = \dfrac{46}{8} = 5.75 \fallingdotseq 6$
⑤ 경계치를 결정한다. : 계급의 경계치가 -0.5이므로 계급의 좌측단 경계치는 $289 - 0.5 = 288.5$로 한다.
⑥ 도수분포표를 작성한다.

계급의 폭	중심치	도 수
288.5~294.5	291.5	1
294.5~300.5	297.5	4
300.5~306.5	303.5	3
306.5~312.5	309.5	2
312.5~318.5	315.5	3
318.5~324.5	321.5	0
324.5~330.5	327.5	1
330.5~336.5	333.5	1

⑦ histogram 작성

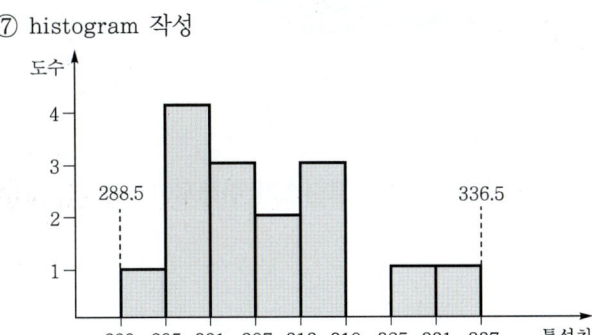

과년도 출제 문제

01 91③

TQC(Total Quality Control)를 추진하는 경우에 3가지 밸런스가 취해져야 하는 것이 중요한데 3가지 밸런스란?

해답 ① 원가 ② 공정 ③ 품질

02 87③

다음의 보기는 어떤 공사의 품질관리 내용이다. [보기]를 보고 관리순서에 맞게 번호를 쓰시오.

> **보기**
> ① 작업을 실행에 옮긴다.
> ② 시공방법을 정한다.
> ③ 작업에 대한 교육훈련의 실시
> ④ 이상이 발견되면 원인을 찾아 조치를 취한다.
> ⑤ 품질의 표준을 정한다.
> ⑥ 작업상태를 체크한다.
> ⑦ 시정한 결과를 재검사한다.

해답 ⑤ → ② → ③ → ① → ⑥ → ④ → ⑦

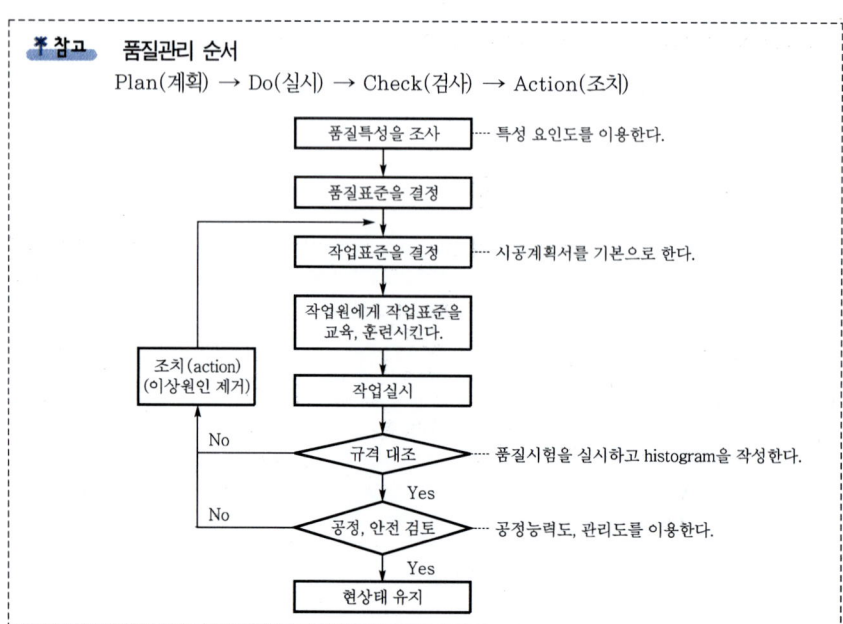

★참고 품질관리 순서
　　　　Plan(계획) → Do(실시) → Check(검사) → Action(조치)

3

다음 [보기]를 보고 공사 품질관리의 순서를 기록하시오. (단, 번호를 답안지에 기록)

> **보기**
> ① 작업실시　　　　　② 관리한계 설정
> ③ 작업표준 결정　　　④ 품질표준 결정
> ⑤ 관리도 작성　　　　⑥ 품질특성 결정
> ⑦ 관리한계 재설정　　⑧ 히스토그램 작성

해답　⑥ → ④ → ③ → ① → ⑧ → ② → ⑤ → ⑦

85 ③

4

다음은 품질관리시험 사항이다. 그 순서를 기호로 쓰시오.

> ① 품질표준을 정한다.　　　② data를 취한다.
> ③ 작업표준을 정한다.　　　④ 품질특성을 정한다.
> ⑤ 관리도에 의하여 공정의 안전을 체크한다.
> ⑥ 관리한계를 계산한다.

해답　④ → ① → ③ → ② → ⑥ → ⑤

99 ①

5 ★★

어느 sample 값에서 측정한 다음 데이터의 변동계수를 구하시오. (단, 소수 2째자리까지 구하시오.)

> **데이터**　　　　　21, 19, 20, 22, 23

89 ①, 91 ③, 93 ①, 95 ③, 02 ③, 09 ①, 17 ②

해답　① 평균치 : data 산술평균

$$\bar{x} = \frac{21+19+20+22+23}{5} = 21$$

② 편차의 2승 합 : 각 data와 그 평균치와의 차를 2승한 것의 합

$$S = (21-21)^2 + (19-21)^2 + (20-21)^2 + (22-21)^2 + (23-21)^2$$
$$= 10$$

③ 표준편차 : 분산의 평방근

$$\sigma = \sqrt{\frac{S}{n}} = \sqrt{\frac{10}{5}} = 1.41$$

④ 변동계수

$$C_V = \frac{\text{표준편차}(\sigma)}{\text{평균치}(\bar{x})} \times 100 = \frac{1.41}{21} \times 100 = 6.71\%$$

⍟ 참고
분산
S를 data의 수로 나눈 것
$\sigma^2 = \dfrac{S}{n}$

06

다음 data의 통계량으로 평균치($\bar{x}$), 중앙치($\tilde{x}$), 범위(R)를 구하시오. (단, 산출근거를 반드시 쓸 것.)

| 데이터 | 12, 8, 10, 11, 14 |

해답 ① 평균치 : data 산술평균
$$\bar{x} = \frac{12+8+10+11+14}{5} = 11$$

② 중앙치 : data를 크기 순으로 세웠을 때의 중앙값(중앙값이 2개일 경우에는 2개의 평균치로 한다.)
  • data : 14, 12, 11, 10, 8   ∴ $\tilde{x} = 11$

③ 범위 : data의 최대치와 최소치와의 차
$$R = 14 - 8 = 6$$

07 ★

도로공사의 일정구간에서 성토의 다짐공사를 하고 있다. 5곳에서 시료를 채취하여 다짐정도를 측정한 결과 93.8, 94.2, 95.0, 96.5, 97.1(%)를 얻었다. 이 데이터로부터 변동계수를 구하시오.

해답
① $\bar{x} = \dfrac{93.8+94.2+95.0+96.5+97.1}{5} = 95.32$

② $S = (93.8-95.32)^2 + (94.2-95.32)^2 + (95.0-95.32)^2$
    $+ (96.5-95.32)^2 + (97.1-95.32)^2 = 8.23$

③ $\sigma = \sqrt{\dfrac{S}{n}} = \sqrt{\dfrac{8.23}{5}} = 1.28$

④ $C_V = \dfrac{\sigma}{\bar{x}} = \dfrac{1.28}{95.32} \times 100 = 1.34\%$

08 ★★★★

댐 콘크리트 시료 5개의 압축강도를 측정하여 각각 19.5MPa, 20.5MPa, 21.5MPa, 21.0MPa 및 20.0MPa의 측정치를 얻었다. 이 콘크리트 시료의 변동계수를 구하고, 이 댐의 품질관리는 어떠한지를 판정하시오. (단, 계산 근거를 명시하고, 소수 2째자리까지 구하시오.)

(1) 변동계수
(2) 품질관리 판정

[해답] (1) 변동계수

① $\bar{x} = \dfrac{19.5 + 20.5 + 21.5 + 21.0 + 20.0}{5} = 20.5\text{MPa}$

② $S = (19.5 - 20.5)^2 + (20.5 - 20.5)^2 + (21.5 - 20.5)^2$
$\quad\quad + (21.0 - 20.5)^2 + (20.0 - 20.5)^2 = 2.5$

③ $\sigma = \sqrt{\dfrac{S}{n}} = \sqrt{\dfrac{2.5}{5}} = 0.71\text{MPa}$

④ $C_V = \dfrac{\sigma}{\bar{x}} \times 100 = \dfrac{0.71}{20.5} \times 100 = 3.46\%$

(2) 품질관리의 판정

$C_V = 3.46\% < 10\%$이므로 품질관리 상태가 매우 양호하다.

09 ★

산란도를 측정할 때 표준편차를 사용한다. 9, 7, 4, 3, 2의 5개 데이터가 있을 때 표준편차(σ)를 구하시오. (단, 소수 3째자리에서 반올림하시오.)

85 ①, 87 ③

[해답] ① $\bar{x} = \dfrac{9 + 7 + 4 + 3 + 2}{5} = 5$

② $S = (9 - 5)^2 + (7 - 5)^2 + (4 - 5)^2 + (3 - 5)^2 + (2 - 5)^2 = 34$

③ $\sigma = \sqrt{\dfrac{S}{n}} = \sqrt{\dfrac{34}{5}} = 2.61$

10

94 ③

다짐시험을 하여 다음과 같은 데이터가 얻어졌다. 범위, 분산, 표준편차, 변동계수를 계산하시오. (단, 소수 5째자리 이하는 버리시오.)

현장 다짐밀도(g/cm³)					
X_1	X_2	X_3	X_4	X_5	X_6
2.178	2.140	2.189	2.164	2.121	2.162

[해답] (1) 범위 : $R = 2.189 - 2.121 = 0.068\text{ g/cm}^3$

(2) 분산

① $\bar{x} = \dfrac{2.178 + 2.140 + 2.189 + 2.164 + 2.121 + 2.162}{6} = 2.159\text{ g/cm}^3$

② $S = (2.178 - 2.159)^2 + (2.140 - 2.159)^2 + (2.189 - 2.159)^2$
$\quad\quad + (2.164 - 2.159)^2 + (2.121 - 2.159)^2 + (2.162 - 2.159)^2 = 0.0031$

③ $\sigma^2 = \dfrac{S}{n} = \dfrac{0.0031}{6} = 0.0005$

(3) 표준편차 : $\sigma = \sqrt{0.0005} = 0.0223\text{ g/cm}^3$

(4) 변동계수 : $C_V = \dfrac{\sigma}{\bar{x}} \times 100 = \dfrac{0.0223}{2.159} \times 100 = 1.0328\%$

11 ★★★　　　　　　　　　　　　　　　　　　　　　　　　　　　95 ⑤, 97 ②, 03 ③, 16 ③

품질관리를 위해 콘크리트 압축강도 시험을 실시하여 다음과 같은 자료를 얻었다. 콘크리트 압축강도의 변동계수를 구하시오.

$$21,\ 19,\ 20,\ 22,\ 23\,(\text{MPa})$$

[해답]
① $\bar{x} = \dfrac{21+19+20+22+23}{5} = 21\,\text{MPa}$

② $S = (21-21)^2 + (19-21)^2 + (20-21)^2 + (22-21)^2 + (23-21)^2 = 10$

③ $\sigma = \sqrt{\dfrac{S}{n}} = \sqrt{\dfrac{10}{5}} = 1.41\,\text{MPa}$

④ $C_V = \dfrac{\sigma}{\bar{x}} = \dfrac{1.41}{21} \times 100 = 6.71\%$

---

12 ★★★　　　　　　　　　　　　　　　　　　　　　　　　　　　95 ⑤, 97 ②, 03 ③, 07 ①

어떤 콘크리트구조물 공사에서 3개의 콘크리트 시료에 대한 압축강도를 측정하여 각각 22.5MPa, 28.5MPa, 24MPa를 얻었다. 이 콘크리트 시료의 변동계수를 구하고, 합격여부를 판정하시오. (단, 소수점 2째자리에서 반올림하시오.)

[해답]
(1) 변동계수
① $\bar{x} = \dfrac{\Sigma x}{n} = \dfrac{22.5+24+28.5}{3} = 25\,\text{MPa}$

② $S = (22.5-25)^2 + (24-25)^2 + (28.5-25)^2 = 19.5$

③ $\sigma = \sqrt{\dfrac{S}{n}} = \sqrt{\dfrac{19.5}{3}} = 2.5\,\text{MPa}$

④ $C_V = \dfrac{\sigma}{\bar{x}} \times 100 = \dfrac{2.5}{25} \times 100 = 10\%$

(2) 품질관리의 판정
　$C_V = 10\%$이므로 우수하다.

---

13 ★★　　　　　　　　　　　　　　　　　　　　　　　　　　　87 ②, 92 ②, 95 ①④, 97 ①, 00 ②, 06 ①

어떤 공사에 있어서 하한 규격치 $SL = 15\,\text{MPa}$, 상한 규격치 $SU = 23.4\,\text{MPa}$로 정해져 있다. 측정결과 표준편차의 추정치 $\sigma = 1.2\,\text{MPa}$, 평균치 $\bar{x} = 19.2\,\text{MPa}$이었다. 이때 규격치에 대한 여유치를 계산하시오.

[해답]
① $\dfrac{|SU-SL|}{\sigma} = \dfrac{23.4-15}{1.2} = 7 \geq 6$ (충분한 여유가 있다.)

② 여유치 $= (7-6) \times 1.2 = 1.2\,\text{MPa}$

✱ 참고
histogram이 규격치에 대하여 충분한 여유를 만족시키기 위한 조건
① 양측규격의 경우
　$\dfrac{|SU-SL|}{\sigma} \geq 6$
② 편측규격의 경우
　$\dfrac{|SU(\text{또는 } SL)-\bar{x}|}{\sigma} \geq 3$

14 ★★★

어떤 데이터의 히스토그램에서 하한 규격치가 25.6MPa일 때 평균치 27.6MPa, 표준편차 0.5MPa이라면 공정능력지수는 얼마인가? (단, 이 규격은 편측 규격이다.)

[해답] $C_p = \dfrac{|SL - \bar{x}|}{3\sigma} = \dfrac{|25.6 - 27.6|}{3 \times 0.5} = 1.33$

> 88 ③, 00 ④, 02 ②, 05 ①, 08 ③, 09 ②, 12 ③, 17 ③ 24 ②

※ 참고

공정능력지수(C_p)
① 양측규격의 경우
$$C_p = \dfrac{|SU - SL|}{6\sigma}$$
② 편측규격의 경우
$$C_p = \dfrac{|SU(\text{또는 } SL) - \bar{x}|}{3\sigma}$$

15

건설공사의 품질관리에 있어서 생산자 위험(producer risk)이란?

[해답] 합격으로 판정될 lot(대상물)가 잘못하여 불합격으로 판정될 확률

> 94 ④

16 ★★★★

어느 현장의 콘크리트 압축강도의 하한규격치는 18MPa이고 상한규격치는 24MPa로 정해져 있다. 측정결과 평균치($\bar{x}$)는 19.5MPa이고, 표준편차의 추정치(δ)는 0.8MPa이라 할 때, 공정능력지수와 규격치에 대한 여유치를 구하시오.

(1) 공정능력지수
(2) 여유치

> 01 ②, 02 ①, 05 ②, 16 ②, 21 ①

[해답] (1) 공정능력 지수(C_p)
$$C_p = \dfrac{|SU - SL|}{6\sigma} = \dfrac{|24 - 18|}{6 \times 0.8} = 1.25$$

(2) 여유치
① $\dfrac{|SU - SL|}{\sigma} = \dfrac{|24 - 18|}{0.8} = 7.5 \geq 6$ (충분한 여유가 있다.)
② 여유치 $= (7.5 - 6) \times 0.8 = 1.2\text{MPa}$

17

품질관리에서는 경우에 따라 정성적인 정보를 필요로 하는 경우도 있지만 대개는 정량적인 정보, 즉 데이터를 필요로 한다. 다음 ( ) 안에 알맞은 말을 쓰시오.

> 데이터는 그 성질에 따라 (①)과 (②)으로 나누어진다.

[해답] ① 계량치 ② 계수치

> ★참고 관리도의 종류
> data의 종류에 의하여 다음과 같은 것이 있다.
> ① 계량치(計量値)를 대상으로 하는 것
>   ㉠ $\bar{x}$ 관리도(평균치 관리도) ㉡ $\tilde{x}$ 관리도(중앙치 관리도)
>   ㉢ R 관리도 ㉣ x 관리도(1점 관리도)
> ② 계수치(計數値)를 대상으로 하는 것
>   ㉠ P 관리도(불량률 관리도) ㉡ P_n 관리도(불량개수 관리도)
>   ㉢ C 관리도(결점수 관리도) ㉣ U 관리도(결점발생률 관리도)

18

공사현장에서 시행하는 콘크리트 관리시험의 종류를 3가지만 쓰시오.

[해답] ① 슬럼프시험
② 압축강도시험
③ 단위체적중량시험
④ 공기량시험

19

콘크리트 품질관리방법에서 $\bar{x} - R$ 관리도에 의한 관리가 있다. 다음의 콘크리트 압축강도 측정결과를 보고 다음 물음에 산출근거와 답을 답안지에 답하시오.

조 번호	측정값		
	X_1	X_2	X_3
1	281	290	245
2	278	260	281
3	262	284	305
4	287	293	308

[$\bar{x}$ - 관리도]

n	2	3	4
A_2	1.88	1.02	0.73

(1) 답안지 표를 채우시오.
(2) 전체 평균값($\bar{\bar{x}}$), R의 평균값을 구하시오.
(3) 상부관리한계(UCL), 하부관리한계(LCL)를 구하시오.

[해답] (1)

조 번호	Σx(계)	$\bar{x}$(평균치)	R(범위)
1	281+290+245=816	$\frac{816}{3}=272$	290−245=45
2	278+260+281=819	$\frac{819}{3}=273$	281−260=21
3	262+284+305=851	$\frac{851}{3}=283.67$	305−262=43
4	287+293+308=888	$\frac{888}{3}=296$	308−287=21
합계		$\Sigma\bar{x}=1124.67$	$\Sigma R=130$

(2) ① 전체 평균치($\bar{\bar{x}}$) : $\bar{x}$의 평균치

$$\bar{\bar{x}} = \frac{\Sigma\bar{x}}{n} = \frac{1124.67}{4} = 281.17$$

② R의 평균치($\bar{R}$)

$$\bar{R} = \frac{\Sigma R}{n} = \frac{130}{4} = 32.5$$

(3) ① 상부한계선(UCL ; Upper Control Line)

$$UCL = \bar{\bar{x}} + A_2\bar{R}$$
$$= 281.17 + 1.02 \times 32.5$$
$$= 314.32$$

② 하부한계선(LCL ; Lower Control Line)

$$LCL = \bar{\bar{x}} - A_2\bar{R}$$
$$= 281.17 - 1.02 \times 32.5$$
$$= 248.02$$

20 ★★★★

88 ③, 93 ④, 01 ①, 12 ①, 17 ①

다음은 콘크리트 슬럼프시험 결과의 평균($\bar{x}$)과 범위(R)를 나타낸 것이다. $\bar{x}$ 관리도의 상한과 하한 관리선을 구하시오. (단, 시료는 $n=3$을 1조로 하여 5개의 조에 대한 결과이며, $A_2=1.02$이다.)

조번호	1	2	3	4	5
$\bar{x}$	90	80	70	75	85
R	15	5	15	5	10

[해답] ① $\bar{\bar{x}} = \frac{90+80+70+75+85}{5} = 80$

② $\bar{R} = \frac{15+5+15+5+10}{5} = 10$

③ $UCL = \bar{\bar{x}} + A_2\bar{R} = 80 + 1.02 \times 10 = 90.2$

④ $LCL = \bar{\bar{x}} - A_2\bar{R} = 80 - 1.02 \times 10 = 69.8$

21

콘크리트 슬럼프시험으로부터 다음과 같은 값을 얻었다. 이때 $\bar{x}$ 관리도의 상·하한 관리선을 구하시오.

조 번호	1	2	3	4	비 고
$\bar{x}$	8.0	8.5	7.0	8.5	$A_2=0.729$
R	1.5	1.5	1.0	1.0	$D_4=2.282$

(1) 상한관리선(UCL)을 구하시오.
(2) 하한관리선(LCL)을 구하시오.

[해답] (1) ① $\bar{\bar{x}} = \dfrac{8+8.5+7+8.5}{4} = 8$

　　② $\bar{R} = \dfrac{1.5+1.5+1+1}{4} = 1.25$

　　③ $UCL = \bar{\bar{x}} + A_2\bar{R} = 8 + 0.729 \times 1.25 = 8.91$

(2) $LCL = \bar{\bar{x}} - A_2\bar{R} = 8 - 0.729 \times 1.25 = 7.09$

22

다음은 도로 포장의 성토층에 대한 다짐시험을 실시한 data sheet이다. $\bar{x}$와 R을 구하고, $\bar{x}$ 관리도의 관리한계선을 구하시오. (단, $A_2=0.480$이다.)

조 번호	x_1	x_2	x_3	x_4	x_5	x_6
1	1.53	1.58	1.57	1.54	1.53	1.51
2	1.54	1.60	1.58	1.54	1.55	1.57
3	1.55	1.62	1.58	1.59	1.59	1.61
4	1.51	1.54	1.58	1.60	1.52	1.54
5	1.55	1.57	1.60	1.61	1.52	1.53

[해답] (1)

조 번호	Σx(계)	$\bar{x}$(평균치)	R(범위)
1	9.26	$\dfrac{9.26}{6}=1.54$	$1.58-1.51=0.07$
2	9.38	$\dfrac{9.38}{6}=1.56$	$1.60-1.54=0.06$
3	9.54	$\dfrac{9.54}{6}=1.59$	$1.62-1.55=0.07$
4	9.29	$\dfrac{9.29}{6}=1.55$	$1.60-1.51=0.09$
5	9.38	$\dfrac{9.38}{6}=1.56$	$1.61-1.52=0.09$
합계		$\Sigma\bar{x}=7.80$	$\Sigma R=0.38$

(2) ① $\bar{\bar{x}} = \dfrac{\Sigma \bar{x}}{n} = \dfrac{7.80}{5} = 1.56$

② $\bar{R} = \dfrac{\Sigma R}{n} = \dfrac{0.38}{5} = 0.08$

(3) ① $UCL = \bar{\bar{x}} + A_2 \bar{R} = 1.56 + 0.48 \times 0.08 = 1.60$

② $LCL = \bar{\bar{x}} - A_2 \bar{R} = 1.56 - 0.48 \times 0.08 = 1.52$

23

86 ②

다음은 어떤 공사의 품질특성에 대한 $\bar{x} - R$ 관리를 하였을 때의 data sheet이다. 이 data sheet를 사용하여 공란을 채우고 $\bar{x}$ 와 R을 구하고, $\bar{x}$의 상한관리한계, 하한관리한계를 구하시오. (단, 소수 3째자리에서 반올림하시오.)

조 번호	측정치(4회/일)			
	X_1	X_2	X_3	X_4
1	2.4	2.0	2.0	2.4
2	1.6	2.3	2.0	2.3
3	2.0	2.1	2.0	1.8
4	2.1	2.0	1.9	2.2
5	2.1	2.2	1.8	1.7
6	2.3	2.4	2.0	1.9
7	2.3	2.0	2.0	1.9
8	2.3	2.1	2.4	2.2
9	2.3	2.1	2.0	2.2
10	1.8	1.7	1.9	2.0

n	A_2	D_4
2	1.88	3.27
3	1.02	2.57
4	0.73	2.28
5	0.58	2.12

해답 (1)

조 번호	Σx(계)	$\bar{x}$(평균치)	R(범위)
1	8.8	2.20	0.4
2	8.2	2.05	0.7
3	7.9	1.98	0.3
4	8.2	2.05	0.3
5	7.8	1.95	0.5
6	8.6	2.15	0.5
7	8.2	2.05	0.4
8	9.0	2.25	0.3
9	8.6	2.15	0.3
10	7.4	1.85	0.3
합계		20.68	4.0

(2) ① $\bar{\bar{x}} = \dfrac{\Sigma \bar{x}}{n} = \dfrac{20.68}{10} = 2.07$

② $\bar{R} = \dfrac{\Sigma R}{n} = \dfrac{4}{10} = 0.40$

(3) ① $UCL = \bar{\bar{x}} + A_2 \bar{R} = 2.07 + 0.73 \times 0.4 = 2.36$

② $LCL = \bar{\bar{x}} - A_2 \bar{R} = 2.07 - 0.73 \times 0.4 = 1.78$

24 ★

다음 표는 어떤 공사장에서 사용할 콘크리트 슬럼프의 시험결과이다. 이 data를 사용하여 $\bar{x}$, R의 관리한계를 구하시오. (단, $A_2=1.023$, $D_4=2.575$, $n=4$)

조 번호	1	2	3	4	5
$\bar{x}$	7.8	6.5	8.5	7.0	7.7
R	1.2	0.8	1.3	1.0	1.2

[해답]
(1) $\bar{\bar{x}} = \dfrac{7.8+6.5+8.5+7.0+7.7}{5} = 7.5$

(2) $\bar{R} = \dfrac{1.2+0.8+1.3+1.0+1.2}{5} = 1.1$

(3) $\bar{x}$ 관리한계
 ① $UCL = \bar{\bar{x}} + A_2\bar{R} = 7.5 + 1.023 \times 1.1 = 8.63$
 ② $LCL = \bar{\bar{x}} - A_2\bar{R} = 7.5 - 1.023 \times 1.1 = 6.37$

(4) R 관리한계
 ① $UCL = D_4\bar{R} = 2.575 \times 1.1 = 2.83$
 ② $LCL = D_3\bar{R} = 0$

25

콘크리트공사에서 하루에 3번씩 시료를 채취하여 제작된 공시체로 28일 재령의 압축강도를 시험한 데이터가 다음과 같을 때, 물음에 대한 산출근거와 답을 답안지에 기록하시오.

일	1	2	3	4	5
X_1	328	315	314	308	315
X_2	311	296	296	305	335
X_3	289	299	305	305	298

(1) 각 일의 강도 평균치 및 각 일의 강도범위를 구하시오.
(2) 5일간의 강도 평균치 및 5일간의 강도범위의 평균치를 구하시오.

[해답] (1)

조 번호	Σx(계)	$\bar{x}$(평균치)	R(범위)
1	328+311+289=928	$\dfrac{928}{3}=309.33$	328−289=39
2	315+296+299=910	$\dfrac{910}{3}=303.33$	315−296=19
3	314+296+305=915	$\dfrac{915}{3}=305.00$	314−296=18
4	308+305+305=918	$\dfrac{918}{3}=306.00$	308−305=3
5	315+335+298=948	$\dfrac{948}{3}=316.00$	335−298=37

(2) ① 5일간의 강도 평균치
$\Sigma \bar{x} = 309.33 + 303.33 + 305 + 306 + 316 = 1539.66$
$\bar{\bar{x}} = \dfrac{\Sigma \bar{x}}{n} = \dfrac{1539.66}{5} = 307.93$

② 5일간의 강도범위
$\Sigma R = 39 + 19 + 18 + 3 + 37 = 116$
$\bar{R} = \dfrac{\Sigma R}{n} = \dfrac{116}{5} = 23.2$

26

다음 표는 어떤 공사의 품질특성에 대하여 $\bar{x} - R$ 관리를 하였을 때의 데이터이다. 이 데이터를 사용하여 공란을 채우고, $\bar{x}$ 관리의 상한관리한계, 하한관리한계를 구하시오. (단, $n=3$, $\bar{\bar{x}} + A_2 \bar{R}$식의 A_2값은 1.023이고, 소수 3째자리에서 반올림하시오.)

조 번호	측정치(3회/일)			Σx(계)	$\bar{x}$(평균치)	R(범위)
	X_1	X_2	X_3			
1	2.1	1.6	2.4			
2	2.5	1.6	2.8			
3	2.1	2.6	1.8			
4	2.5	1.6	2.7			
5	2.6	1.8	2.5			

[해답] (1)

조 번호	Σx(계)	$\bar{x}$(평균치)	R(범위)
1	2.1+1.6+2.4=6.1	$\dfrac{6.1}{3}=2.03$	2.4−1.6=0.8
2	2.5+1.6+2.8=6.9	$\dfrac{6.9}{3}=2.30$	2.8−1.6=1.2
3	2.1+2.6+1.8=6.5	$\dfrac{6.5}{3}=2.17$	2.6−1.8=0.8
4	2.5+1.6+2.7=6.8	$\dfrac{6.8}{3}=2.27$	2.7−1.6=1.1
5	2.6+1.8+2.5=6.9	$\dfrac{6.9}{3}=2.30$	2.6−1.8=0.8
합계		$\Sigma \bar{x}=11.07$	$\Sigma R=4.7$

(2) ① $\bar{\bar{x}} = \dfrac{\Sigma \bar{x}}{n} = \dfrac{11.07}{5} = 2.21$

② $\bar{R} = \dfrac{\Sigma R}{n} = \dfrac{4.7}{5} = 0.94$

(3) ① $UCL = \bar{\bar{x}} + A_2 \bar{R} = 2.21 + 1.023 \times 0.94 = 3.17$

② $LCL = \bar{\bar{x}} - A_2 \bar{R} = 2.21 - 1.023 \times 0.94 = 1.25$

27

슬럼프 측정값이 표와 같을 때, 측정값의 평균($\bar{x}$)와 범위(R)를 구하여 표를 완성하고 다음 물음에 답하시오.

조번호	측정값(cm)				평균 ($\bar{x}$)	범위 (R)
	X_1	X_2	X_3	X_4		
1	6.1	5.5	6.4	6.0		
2	6.4	5.5	6.7	6.2		
3	6.0	6.6	5.7	6.1		
4	6.5	5.5	6.6	6.2		
5	6.4	5.6	6.3	6.1		

n	A_2	D_3	D_4
2	1.88	0.0	3.27
3	1.02	0.0	2.57
4	0.73	0.0	2.28
5	0.58	0.0	2.12

(1) $\bar{x}$ 관리도의 상한관리한계와 하한관리한계를 구하시오.

(2) R 관리도의 상한관리한계와 하한관리한계를 구하시오.

[해답] (1) ①

조번호	Σx(계)	$\bar{x}$(평균)	R(범위)
1	24	$\frac{24}{4}=6$	$6.4-5.5=0.9$
2	24.8	$\frac{24.8}{4}=6.2$	$6.7-5.5=1.2$
3	24.4	$\frac{24.4}{4}=6.1$	$6.6-5.7=0.9$
4	24.8	$\frac{24.8}{4}=6.2$	$6.6-5.5=1.1$
5	24.4	$\frac{24.4}{4}=6.1$	$6.4-5.6=0.8$
합계		$\Sigma\bar{x}=30.6$	$\Sigma R=4.9$

② $\bar{\bar{x}} = \dfrac{\Sigma \bar{x}}{n} = \dfrac{30.6}{5} = 6.12\,\text{cm}$

③ $\bar{R} = \dfrac{\Sigma R}{n} = \dfrac{4.9}{5} = 0.98\,\text{cm}$

④ UCL $= \bar{\bar{x}} + A_2\bar{R} = 6.12 + 0.73 \times 0.98 = 6.84\,\text{cm}$

⑤ LCL $= \bar{\bar{x}} - A_2 R = 6.12 - 0.73 \times 0.98 = 5.40\,\text{cm}$

(2) ① UCL $= D_4\bar{R} = 2.28 \times 0.98 = 2.23\,\text{cm}$

② LCL $= D_3\bar{R} = 0$

28 ★   92 ④, 01 ②

$\bar{x}-R$ 관리도에서 타점이 상한선(UCL)과 하한선(LCL)의 한계 내에 있어도 관리에 이상이 있는 경우 3가지만 설명하시오.

[해답] ① 7개 이상의 타점이 연속하여 중심선의 한쪽에 집합하는 경우(연속의 수가 6개 이상이면 주의한다.)
② 주기적인 파형인 경우
③ 연속하여 상승 또는 하강하는 경우

PART 13

토·목·기·사·실·기

물량산출

01 물량산출의 기본사항
02 도로 부대시설물의 물량산출
   1. 옹벽구조물
   2. 암거구조물
   3. 도로교 상·하부 구조물

출제빈도표 10.7%

13 PART 물량산출

토·목·기·사·실·기

01 물량산출의 기본사항

참고사항

1 콘크리트의 물량산출

(1) 면적공식

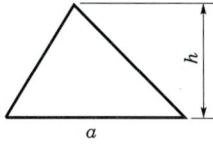   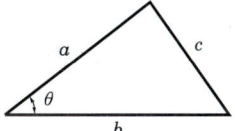   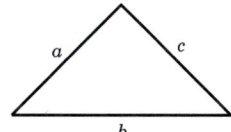

$A = \dfrac{1}{2}ah$ $A = \dfrac{1}{2}ab\sin\theta$ $A = \sqrt{s(s-a)(s-b)(s-c)}$

여기서, $s = \dfrac{1}{2}(a+b+c)$

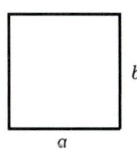   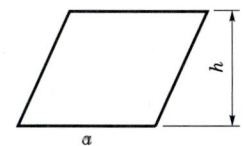   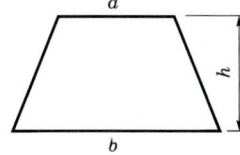   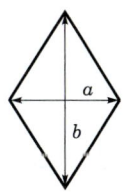

$A = ab$ $A = ah$ $A = \dfrac{a+b}{2}h$ $A = \dfrac{1}{2}ab$

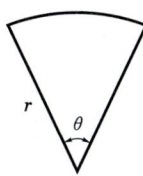   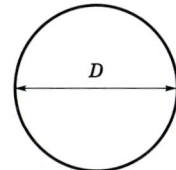   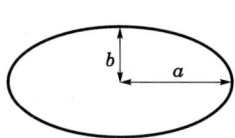

$A = \pi r^2 \cdot \dfrac{\theta}{360}$ $A = \dfrac{\pi D^2}{4}$ $A = \pi ab$

(2) 체적공식

① $V = \dfrac{h}{6}[(2a+a')b + (2a'+a)b']$

   또는, $V = \dfrac{h}{3}(A_1 + \sqrt{A_1 A_2} + A_2)$

   여기서, $A_1 = a'b'$
   $A_2 = ab$

② $V = \dfrac{\pi a^2 + \pi b^2}{2} h$

   또는, $V = \dfrac{\pi h}{3}(a^2 + ab + b^2)$

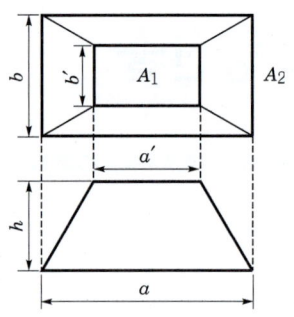

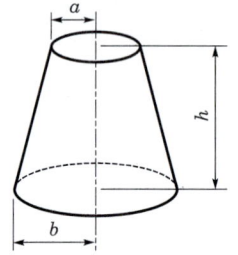

2 거푸집의 물량산출

① 거푸집은 표준품셈의 적용에 따라 면적(m^2)으로 산출한다.
② 특별한 요구가 없는 한 표준단면에 의한 종방향의 마구리면(양쪽 측면)은 계산하지 않는다.
③ 상향으로 노출된 부분의 거푸집은 산출하지 않으나 기초에서 비탈면 경사가 30° 이상 되는 부분만 산출하는 경우도 있다.
④ 빈배합의 버림 콘크리트(blinding concrete)는 계산하지 않는 경우가 많다.

3 철근의 물량산출

① 철근 상세도에서 철근 종류(기호)별로 길이(mm)로 산출한다.
② 조건에 주어진 철근간격 및 단면도상에서 철근수량을 산출한다.
③ 총 길이에 단위중량을 곱하여 총 중량(kg)으로 계산한다.
④ 단면도에 종방향으로 배근되는 철근수량은 소수 3째자리에서 반올림하여 구한다.
⑤ 특별한 요구가 없는 한 철근의 할증률은 계산하지 않으나 할증을 계산한다면 원형철근은 5%, 이형철근은 3%의 할증을 한다.
⑥ 특별한 요구가 없는 한 겹이음 길이는 계산하지 않으나 계산할시에는 콘크리트 표준시방서에 의한 겹이음 길이를 계산한다.

02 도로 부대시설물의 물량산출

1 옹벽구조물

(1) 역T형 옹벽(돌출부)

 　　　　　　　　　　　　　　　02 ③, 05 ①, 07 ②, 18 ②, 21 ②, 24 ②

주어진 도면 및 조건에 따라 다음 물량을 산출하시오.(단, 주어진 도면의 치수는 축척에 맞지 않을 수 있으며, 주어진 치수로만 물량을 산출할 것)

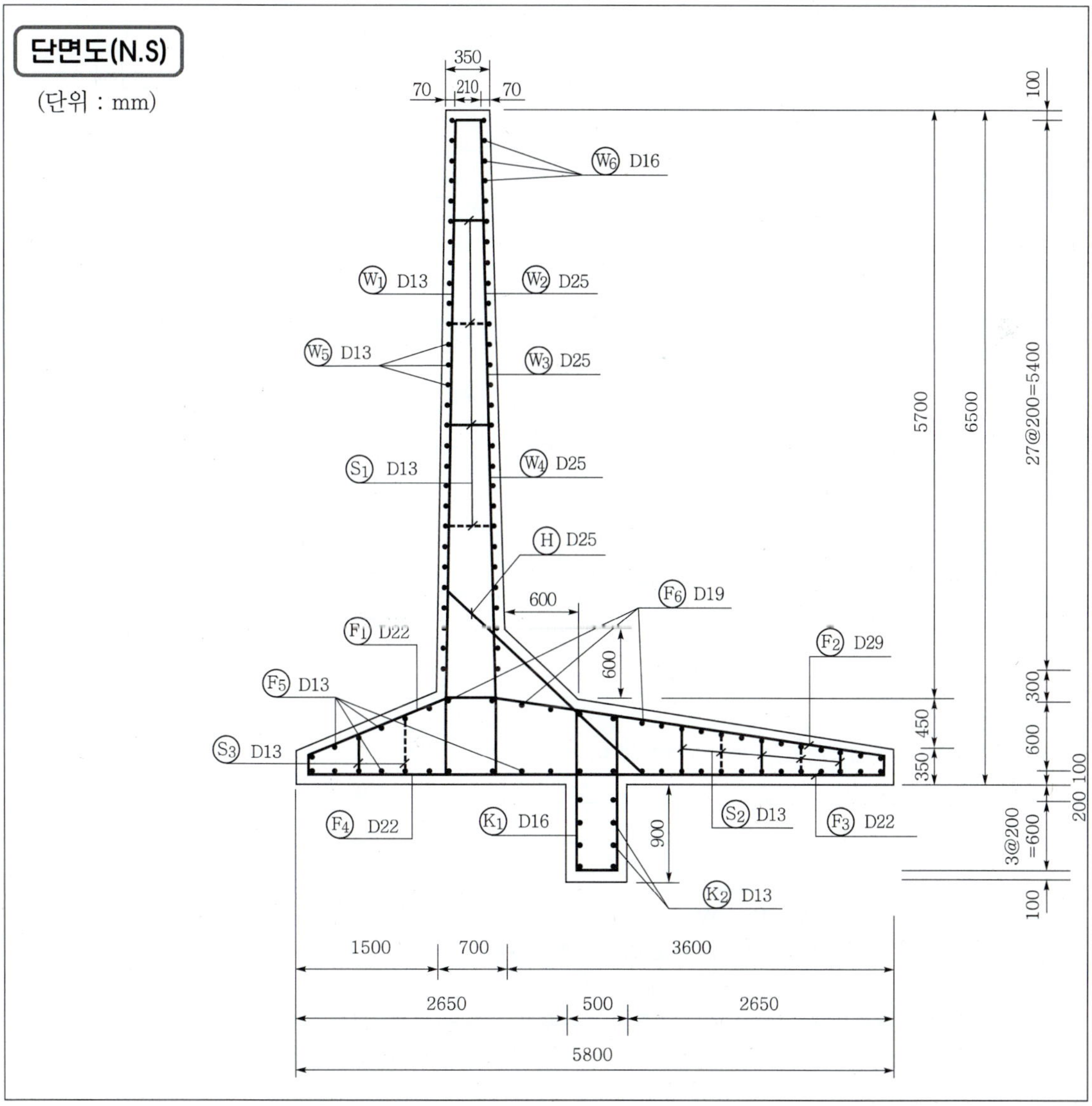

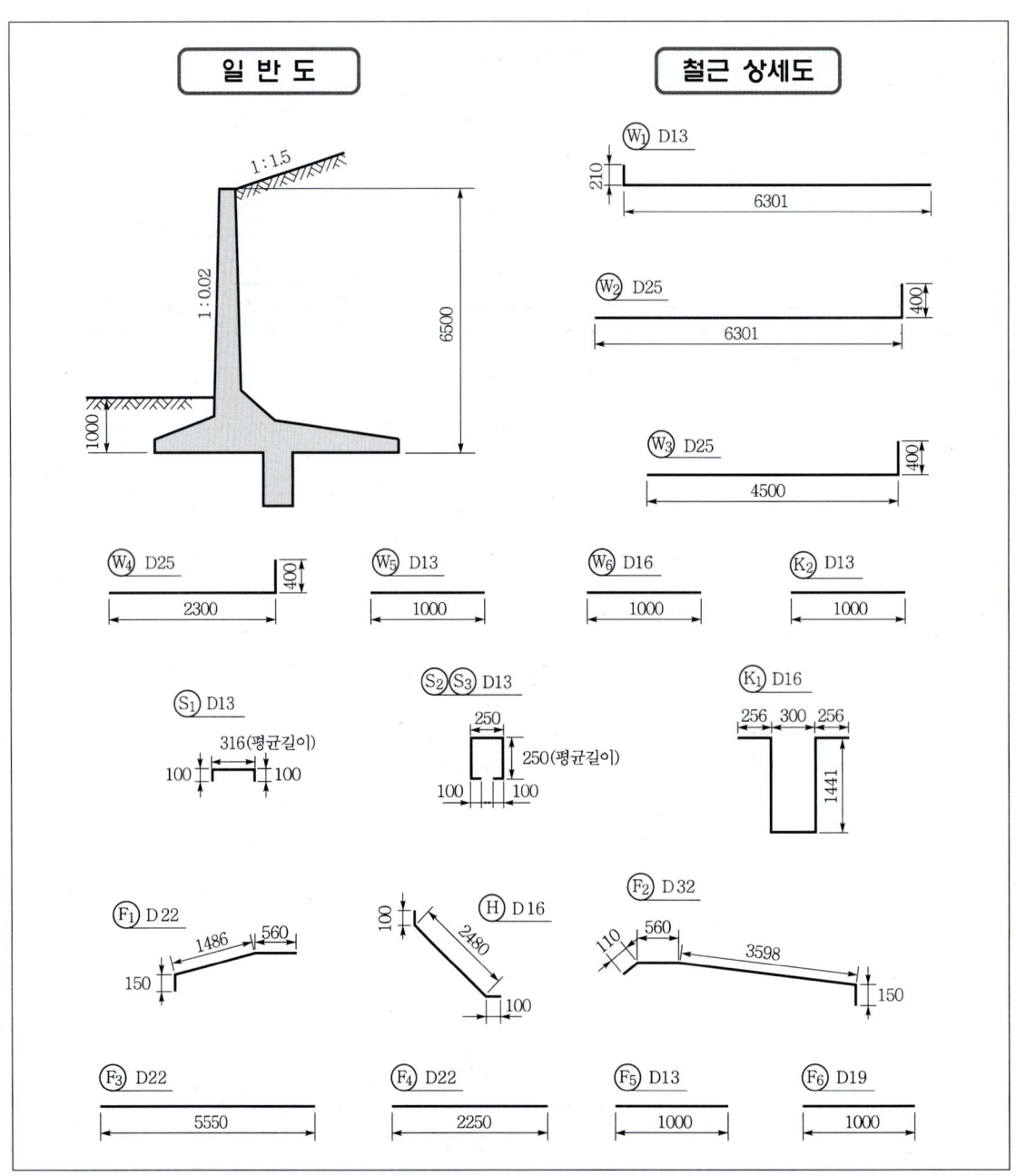

조건
① W_1, W_2, W_3, W_4, W_5, W_6, F_1, F_3, F_4, K_2 철근은 각각 200mm 간격으로 배근한다.
② F_2, K_1, H 철근은 각각 100mm 간격으로 배근한다.
③ S_1, S_2, S_3 철근은 지그재그로 배근한다.
④ 옹벽의 돌출부(전단 key)에는 거푸집을 사용하는 경우로 계산한다.
⑤ 물량산출에서 할증률 및 마구리는 없는 것으로 하고 상세도에 표시되어 있지 않은 이음길이는 계산하지 않는다.

(1) 길이 1m에 대한 콘크리트량을 구하시오. (단, 소수 4째자리에서 반올림)
(2) 길이 1m에 대한 거푸집량을 구하시오. (단, 소수 4째자리에서 반올림)
(3) 길이 1m에 대한 철근 물량표를 완성하시오. (단, mm단위 이하는 반올림하여 mm까지 구함.)

기 호	직 경	길 이(mm)	수 량	총 길이(mm)	기 호	직 경	길 이(mm)	수 량	총 길이(mm)
W_1					F_5				
F_1					S_2				

> ✱ 참고 역T형 옹벽(돌출부)의 경사투영형상
>
>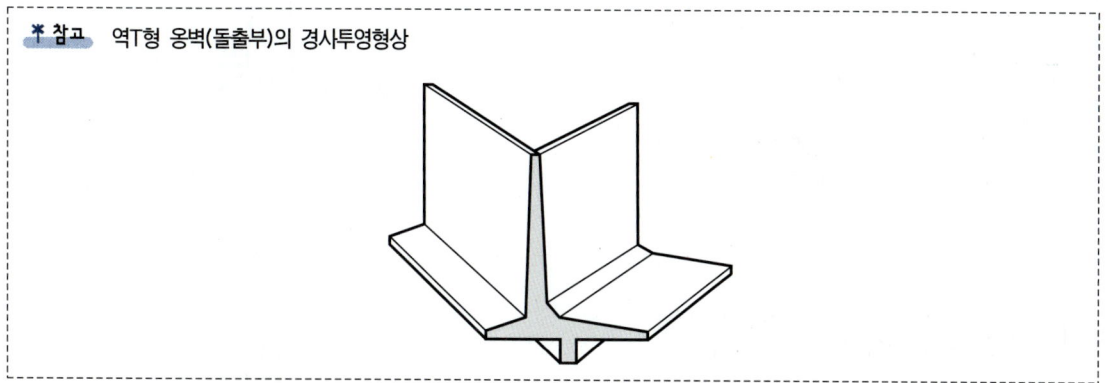

[해답] (1) 길이 1m에 대한 콘크리트량

① $A_1 = \dfrac{0.35 + (0.7 - 0.6 \times 0.02)}{2} \times 5.1 = 2.6469 \text{m}^2$

② $A_2 = \dfrac{0.688 + (0.7 + 0.6)}{2} \times 0.6 = 0.5964 \text{m}^2$

③ $A_3 = \dfrac{1.3 + 5.8}{2} \times 0.45 = 1.5975 \text{m}^2$

④ $A_4 = 5.8 \times 0.35 = 2.03 \text{m}^2$

⑤ $A_5 = 0.5 \times 0.9 = 0.45 \text{m}^2$

⑥ 콘크리트량 $= (A_1 + A_2 + \cdots + A_5) \times 1$
$= 7.3208 \times 1 = 7.321 \text{m}^3$

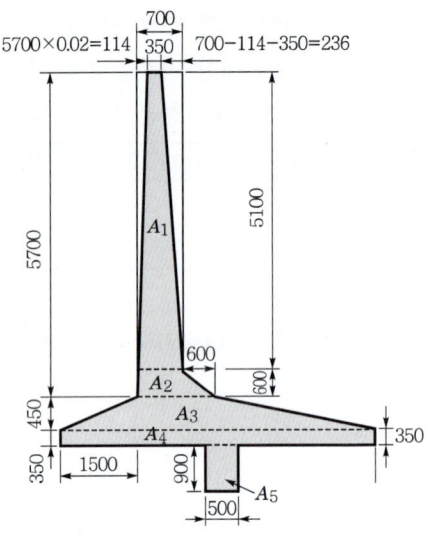

(2) 길이 1m에 대한 거푸집량

① $\overline{ab} = \sqrt{5.7^2 + 0.114^2} = 5.7011 \text{m}$

② $\overline{cd} = 0.35 \text{m}$

③ $\overline{ef} = 0.9 \text{m}$

④ $\overline{gh} = 0.9 \text{m}$

⑤ $\overline{ij} = 0.35 \text{m}$

⑥ $\overline{kl} = \sqrt{0.6^2 + 0.6^2} = 0.8485 \text{m}$

⑦ $\overline{lm} = \sqrt{5.1^2 + 0.236^2} = 5.1055 \text{m}$

⑧ 거푸집의 길이
$= ① + ② + \cdots\cdots + ⑦ = 14.1551 \text{m}$

⑨ 거푸집량
$= 14.1551 \times 1 = 14.155 \text{m}^2$

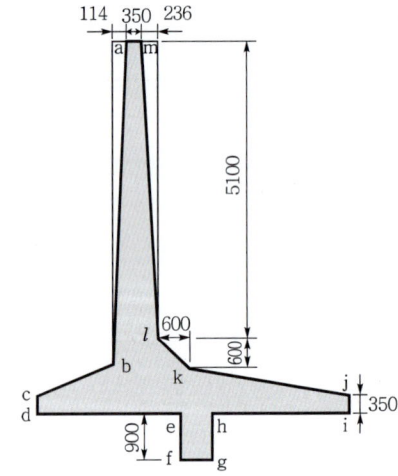

(3) 길이 1m에 대한 철근량

① 단면도상 선으로 보이는 철근(W_1, W_2, W_3, W_4, F_1, F_2, F_3, F_4, K_1, H)

・철근개수 $\Rightarrow \dfrac{\text{단위길이}(1\text{m})}{\text{철근간격}}$

※ 실제 시험에서는 W_1, F_1만 구하면 됩니다.(나머지 철근은 참고로 하십시오.)

㉠ $W_1, W_2, W_3, W_4, F_1, F_3, F_4$ 철근량

기 호	직 경	본당 길이(mm)	수량	총 길이(mm)	수량 산출근거
★W_1	D 13	210+6301=6511	5	32,555	
W_2	D 25	6301+400=6701	5	33,505	
W_3	D 25	4500+400=4900	5	24,500	수량=$\dfrac{1}{0.2}$=5개
W_4	D 25	2300+400=2700	5	13,500	
★F_1	D 22	150+1486+560=2196	5	10,980	
F_3	D 22	5550	5	27,750	
F_4	D 22	2250	5	11,250	

㉡ F_2, H, K_1 철근량

기 호	직 경	본당 길이(mm)	수량	총 길이(mm)	수량 산출근거
F_2	D 32	110+560+3598+150=4418	10	44,180	
H	D 16	100+2480+100=2680	10	26,800	수량=$\dfrac{1}{0.1}$=10개
K_1	D 16	256×2+1441×2+300=3694	10	36,940	

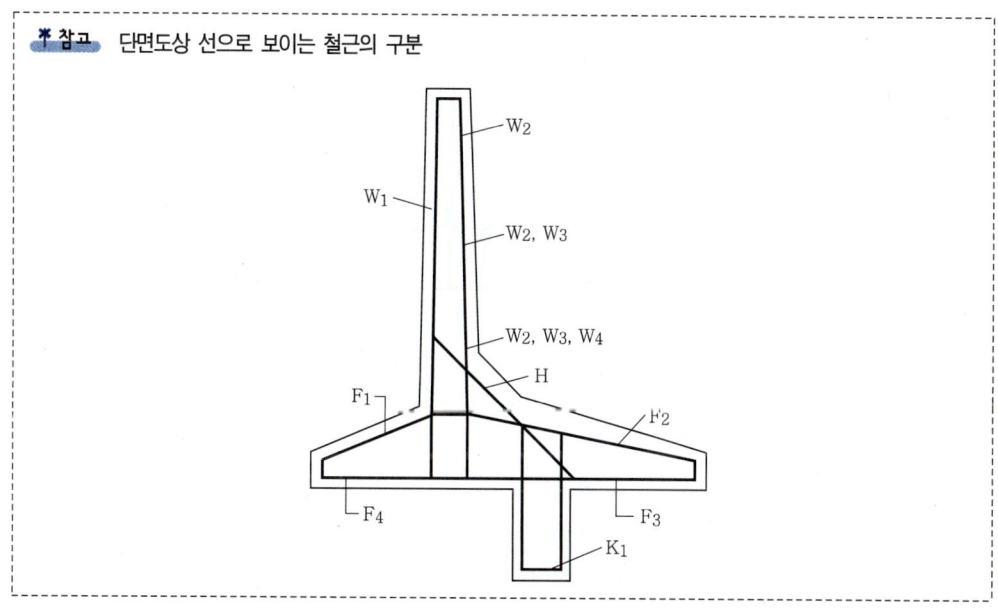

＊참고 단면도상 선으로 보이는 철근의 구분

② 단면도상 점으로 보이는 철근(W_5, W_6, F_5, F_6, K_2)
  • 철근개수 ⇒ (간격수+1) 혹은 단면도상의 개수
  ※ 실제 시험에서는 F_5만 구하면 됩니다.(나머지 철근은 참고로 하십시오.)

기 호	직 경	본당 길이 (mm)	수량	총 길이	수량 산출근거
W_5	D 13	1000	28	28,000	수량=27+1=28 예 4@200 → {간격수 : 4개, 간격 : 200mm / 개수=4+1=5개 (평면도)
W_6	D 16	1000	28	28,000	
★F_5	D 13	1000	31	31,000	수량=(상부 간격수+1)+(하부 간격수+1) =(5+1)+(24+1)=31개
F_6	D 19	1000	19	19,000	수량=18+1=19개
K_2	D 13	1000	8	8,000	단면도상의 개수를 센다.

참고 단면도상 점으로 보이는 철근의 구분

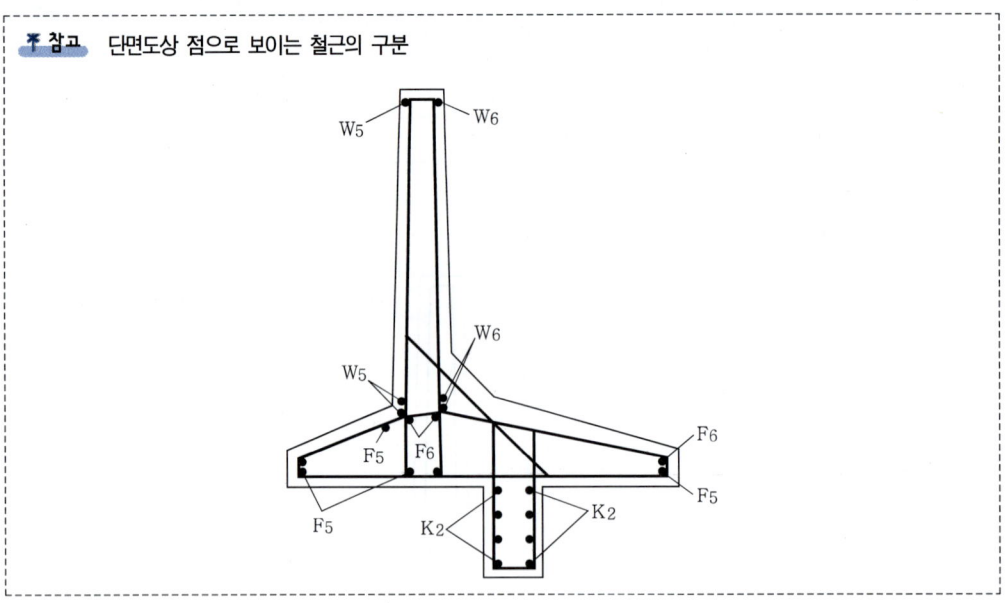

③ S_1, S_2, S_3 철근개수 ⇒ $\dfrac{단위길이(1m)}{간격 \times 2} \times 개소$

※ 실제 시험에서는 S_2만 구하면 됩니다.(나머지 철근은 참고로 하십시오.)

기 호	직 경	본당 길이(mm)	수량	총 길이	수량 산출근거
S_1	D 13	316+100×2=516	10	5,160	수량 = $\dfrac{1}{0.2 \times 2} \times 4 = 10$개
★S_2	D 13	250+250×2+100×2=950	12.5	11,875	수량 = $\dfrac{1}{0.2 \times 2} \times 5 = 12.5$개
S_3	D 13	250+250×2+100×2=950	5	4,750	수량 = $\dfrac{1}{0.2 \times 2} \times 2 = 5$개

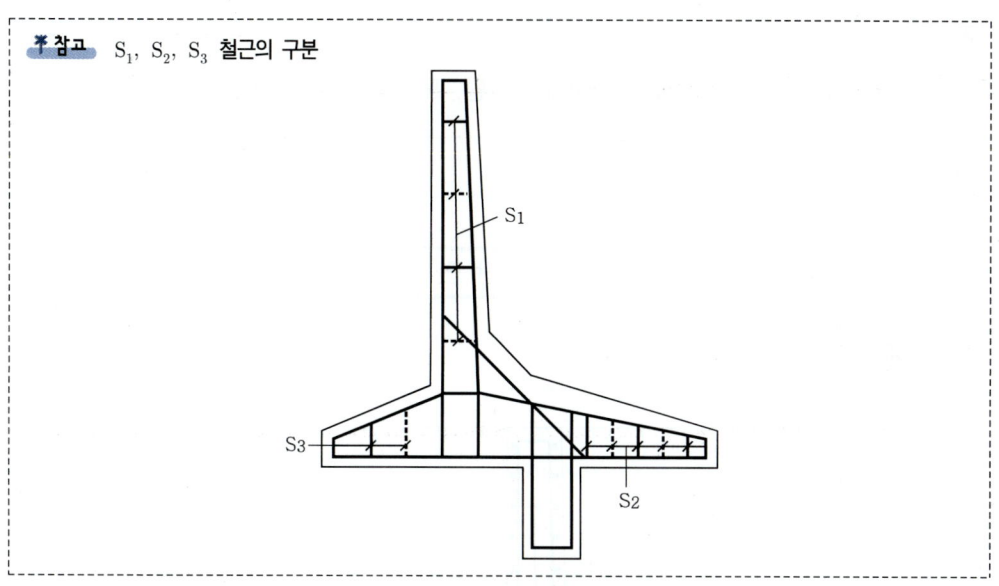

❋참고 S_1, S_2, S_3 철근의 구분

④ 철근 물량표(단, mm 단위 이하는 반올림하여 mm까지 구함.)

기호	직경	길이(mm)	수량	총 길이(mm)	기호	직경	길이(mm)	수량	총 길이(mm)
W_1	D 13	6511	5	32,555	F_5	D 13	1000	31	31,000
F_1	D 22	2196	5	10,980	S_2	D 13	950	12.5	11,875

02 ★★

주어진 도면에 따라 다음 물량을 산출하시오. (단, 도면의 치수 단위는 mm이다.)

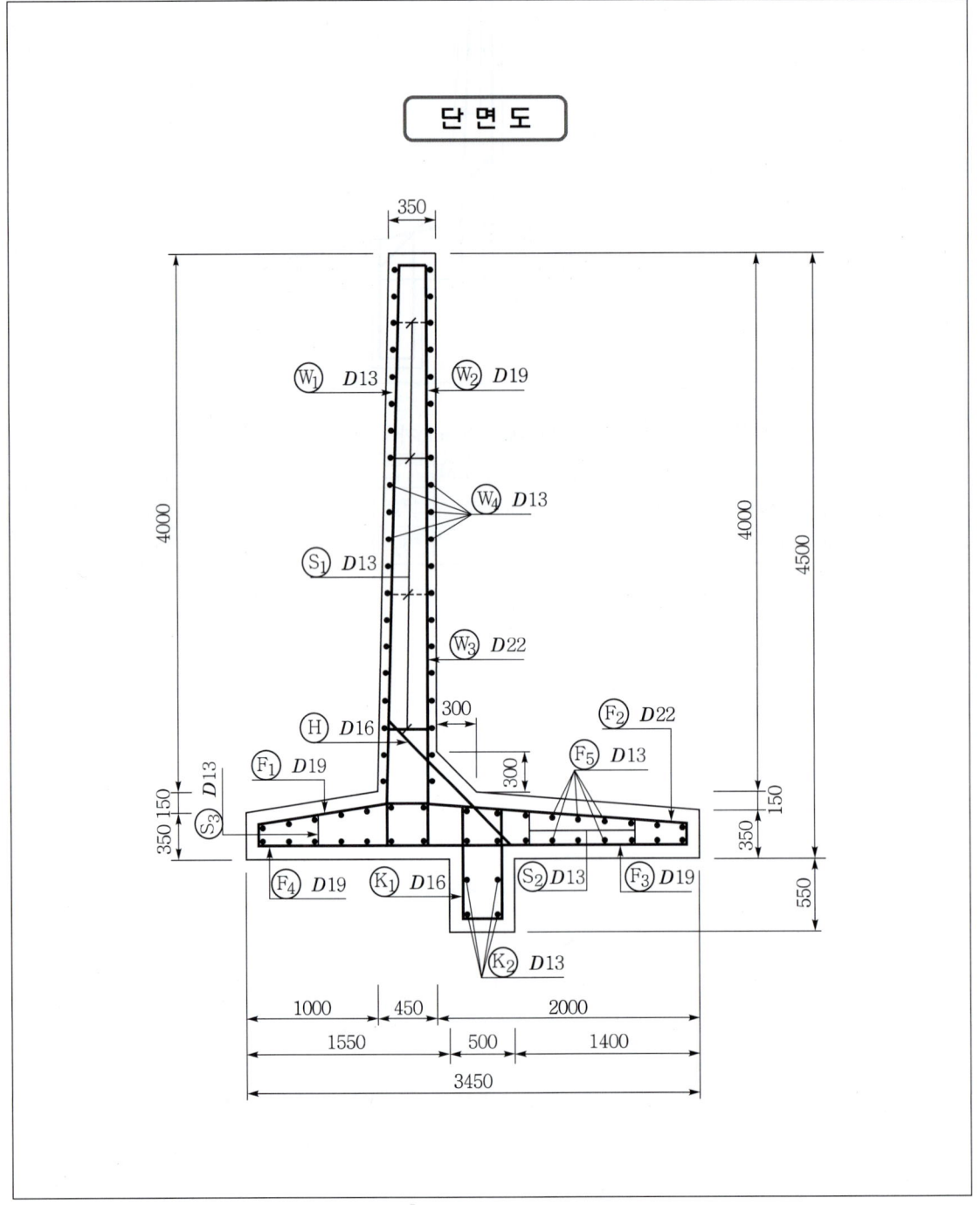

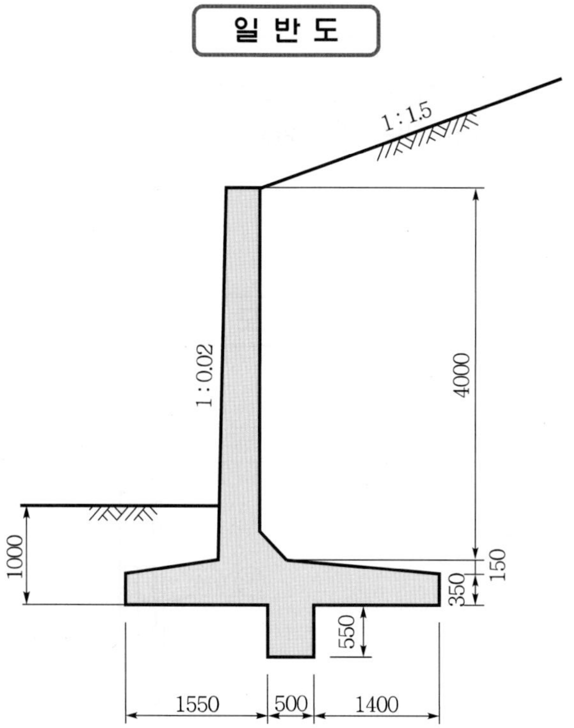

일 반 도

(1) 옹벽길이 1m에 대한 콘크리트량을 구하시오. (단, 소수 4째자리에서 반올림 하시오.)
(2) 옹벽길이 1m에 대한 거푸집량을 구하시오. (단, 돌출부(전단 Key)에 거푸집을 사용하며, 마구리면의 거푸집은 무시하며, 소수 4째자리에서 반올림 하시오.)

[해답] (1) 길이 1m에 대한 콘크리트량
$$= \left(\frac{0.35+0.444}{2} \times 3.7 + \frac{0.444+0.75}{2} \times 0.3 \right.$$
$$\left. + \frac{0.75+3.45}{2} \times 0.15 + 3.45 \times 0.35 + 0.5 \times 0.55 \right) \times 1$$
$$= 3.446 \mathrm{m}^3$$

(2) 길이 1m에 대한 거푸집량
$$= \left(\sqrt{0.08^2 + 4^2} + 0.35 \times 2 + 0.55 \times 2 \right.$$
$$\left. + \sqrt{0.3^2 + 0.3^2} + \sqrt{3.7^2 + 0.02^2} \right) \times 1$$
$$= 9.925 \mathrm{m}^2$$

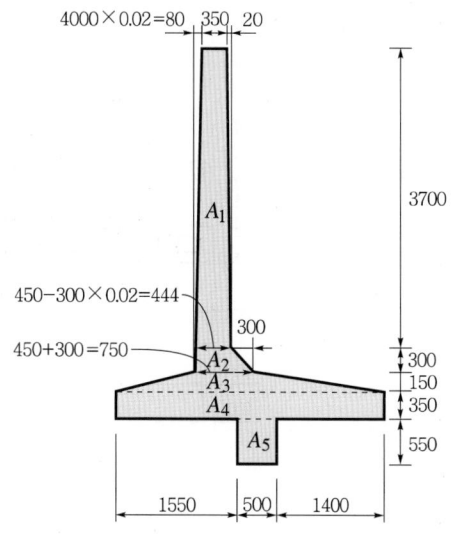

(2) 선반식 L형 옹벽

 ★★   03 ①, 08 ①, 12 ②, 15 ①, 18 ①, 20 ③, 23 ②

주어진 선반식 L형 옹벽의 도면 및 조건에 따라 다음 물량을 산출하시오. (단, 주어진 도면의 치수는 축척에 맞지 않을 수 있으며, 주어진 치수로만 물량을 산출할 것)

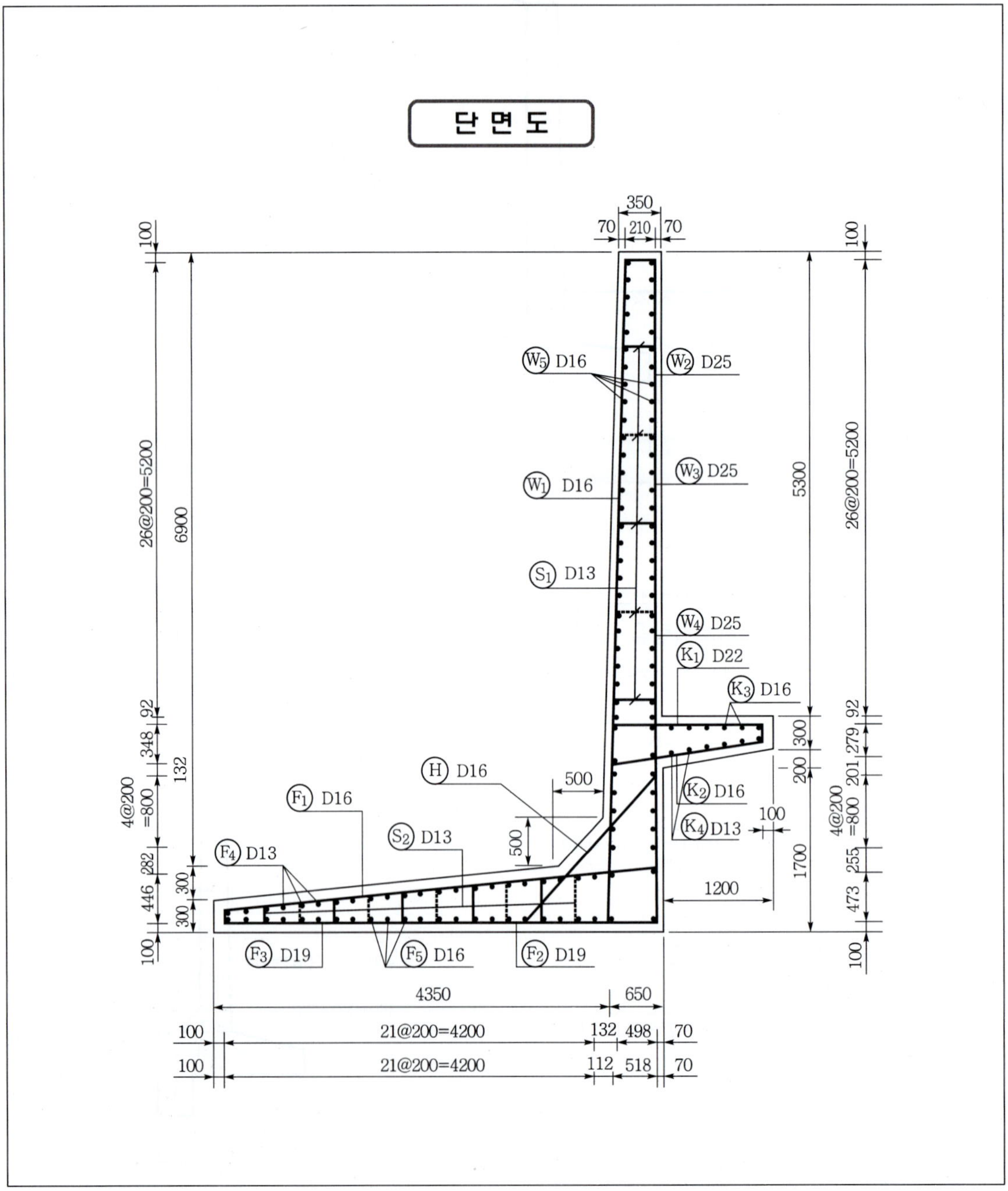

단 면 도

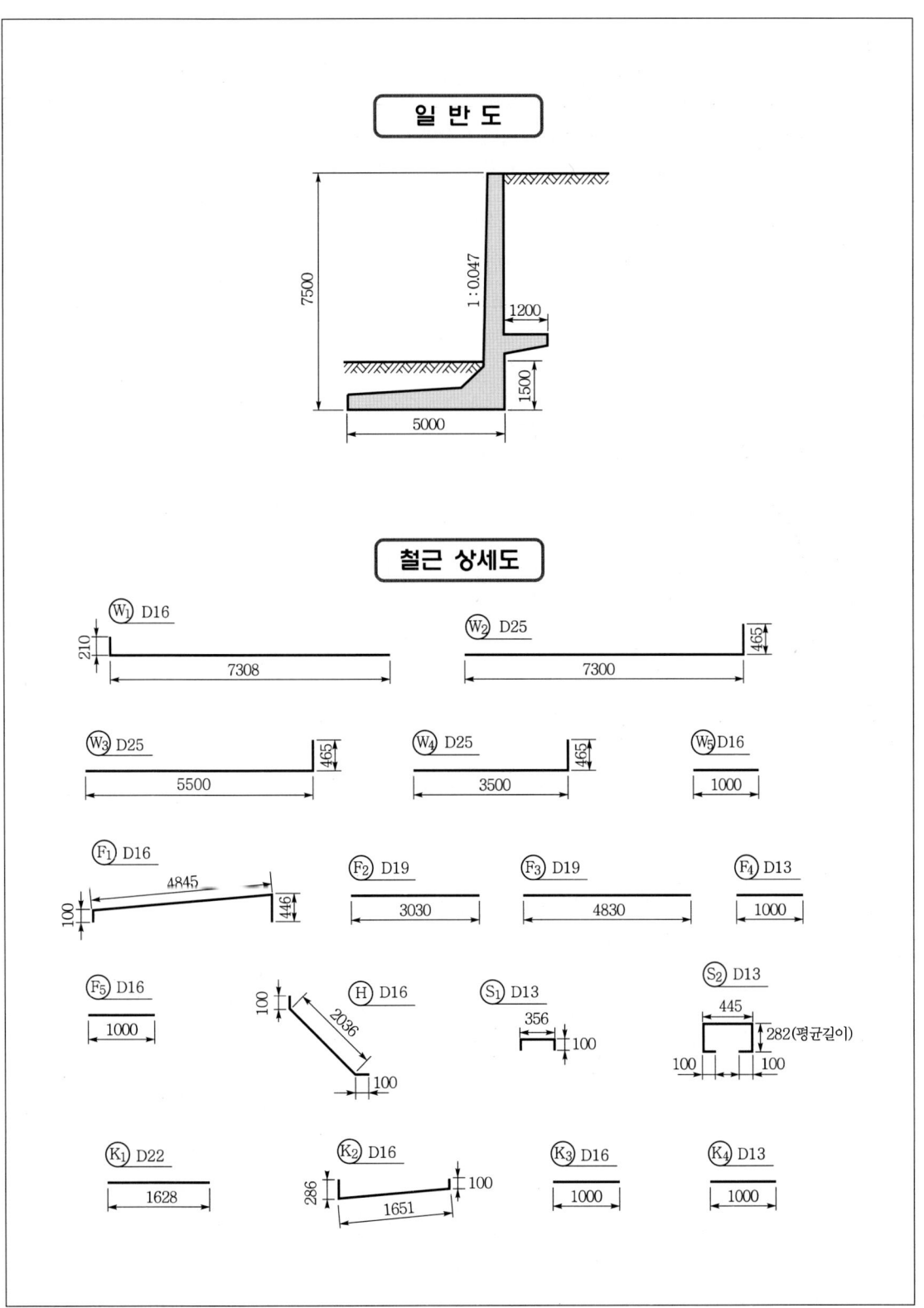

조건
① W_1, W_4, H, K_1, K_2, K_3, K_4, F_1, F_2, F_3 철근은 각각 200mm 간격으로 배근한다.
② W_2, W_3 철근은 각각 400mm 간격으로 배근한다.
③ S_1, S_2 철근은 건너서(지그재그) 배근한다.
④ 물량산출에서의 할증률 및 양측 마구리면과 상면 노출부는 무시한다.
⑤ 철근길이 계산에서 상세도에 표시되어 있지 않은 이음길이는 계산하지 않는다.

(1) 길이 1m에 대한 콘크리트량을 구하시오. (단, 소수 4째자리에서 반올림하시오.)
(2) 길이 1m에 대한 거푸집량을 구하시오. (단, 소수 4째자리에서 반올림하시오.)
(3) 길이 1m에 대한 철근 물량표를 완성하시오. (단, mm 단위 이하는 반올림하여 mm까지 구함.)

참고 선반식 L형 옹벽의 경사투영형상

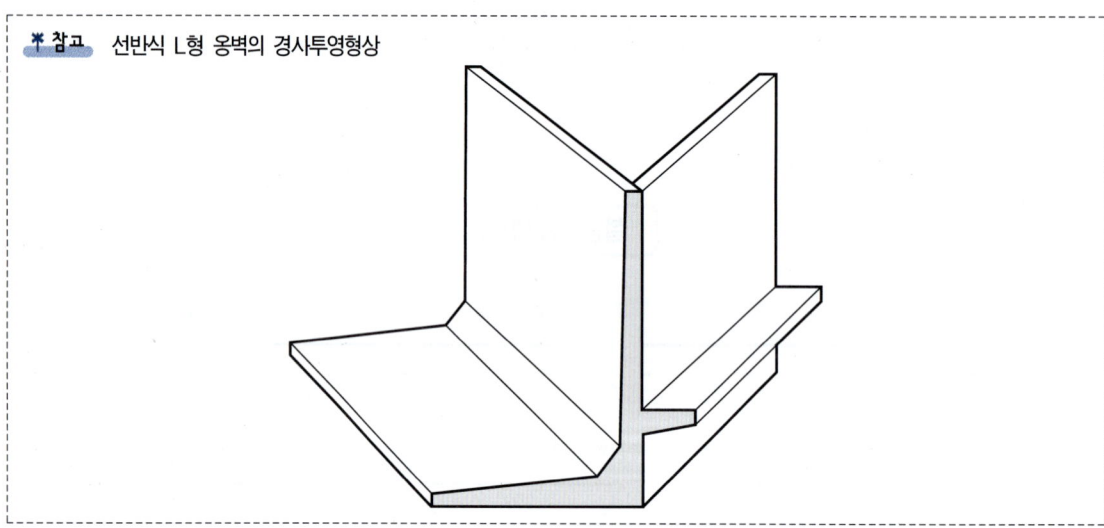

[해답] (1) 길이 1m에 대한 콘크리트량

① $A_1 = \dfrac{0.35+0.65}{2} \times 6.4 = 3.2\,\mathrm{m}^2$

② $A_2 = \dfrac{0.3+0.5}{2} \times 1.2 = 0.48\,\mathrm{m}^2$

③ $A_3 = \dfrac{0.65+1.15}{2} \times 0.5 = 0.45\,\mathrm{m}^2$

④ $A_4 = \dfrac{1.15+5}{2} \times 0.3 = 0.9225\,\mathrm{m}^2$

⑤ $A_5 = 5 \times 0.3 = 1.5\,\mathrm{m}^2$

⑥ 콘크리트량 $= (A_1 + A_2 + \cdots + A_5) \times 1$
$= 6.5525 \times 1 = 6.553\,\mathrm{m}^3$

(2) 길이 1m에 대한 거푸집량

① $\overline{\mathrm{ab}} = \sqrt{0.3^2 + 6.4^2} = 6.407\,\mathrm{m}$

② $\overline{\mathrm{bc}} = \sqrt{0.5^2 + 0.5^2} = 0.7071\,\mathrm{m}$

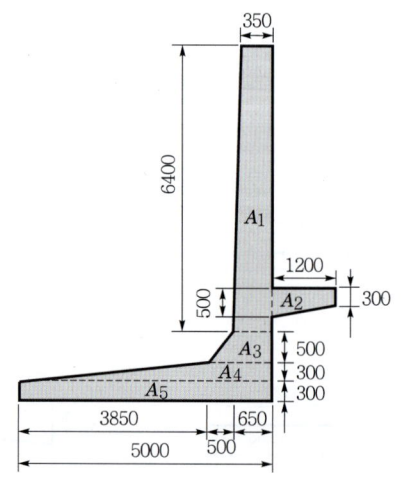

③ $\overline{de} = 0.3\,\mathrm{m}$
④ $\overline{fg} = 1.7\,\mathrm{m}$
⑤ $\overline{gh} = \sqrt{1.2^2 + 0.2^2} = 1.2166\,\mathrm{m}$
⑥ $\overline{hi} = 0.3\,\mathrm{m}$
⑦ $\overline{jk} = 5.3\,\mathrm{m}$
⑧ 거푸집의 길이 = ① + ② + …… + ⑦ = 15.931 m
⑨ 거푸집량 = 15.931 × 1 = 15.931 m²

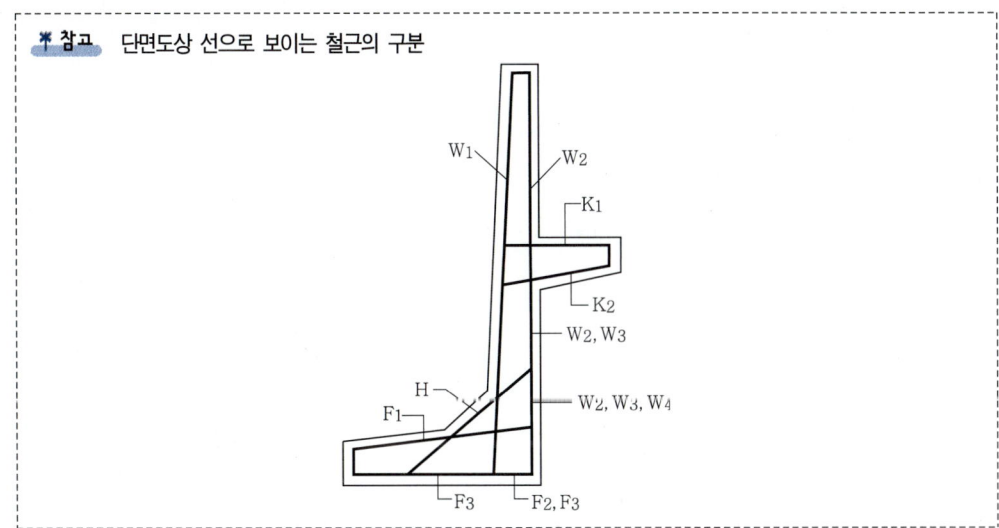

(3) 길이 1m에 대한 철근량
 ① 단면도상 선으로 보이는 철근(W_1, F_1, K_2, H)
  • 철근개수 ⇒ $\dfrac{\text{단위길이(1m)}}{\text{철근간격}}$

기호	직경	본당길이(mm)	수량	총 길이(mm)	수량 산출근거
W_1	D 16	210 + 7308 = 7518	5	37,590	수량 = $\dfrac{1}{0.2}$ = 5개
F_1	D 16	100 + 4845 + 446 = 5391	5	26,955	
K_2	D 16	286 + 1651 + 100 = 2037	5	10,185	
H	D 16	100 + 2036 + 100 = 2236	5	11,180	

※ 참고 단면도상 선으로 보이는 철근의 구분

② 단면도상 점으로 보이는 철근
 • W_5, F_4, F_5 철근개수 ⇒ (간격수 + 1), 혹은 단면도상의 개수
 • K_3 철근 ⇒ 단면도상의 개수

기호	직경	본당 길이 (mm)	수량	총 길이(mm)	수량 산출근거
W_5	D 16	1000	68	68,000	수량 = (33 + 1) × 2(좌·우) = 68개
F_4	D 13	1000	24	24,000	수량 = 23 + 1 = 24개
F_5	D 16	1000	24	24,000	수량 = 23 + 1 = 24개
K_3	D 16	1000	6	6000	단면도상의 개수를 센다.

※참고 단면도상 점으로 보이는 철근의 구분

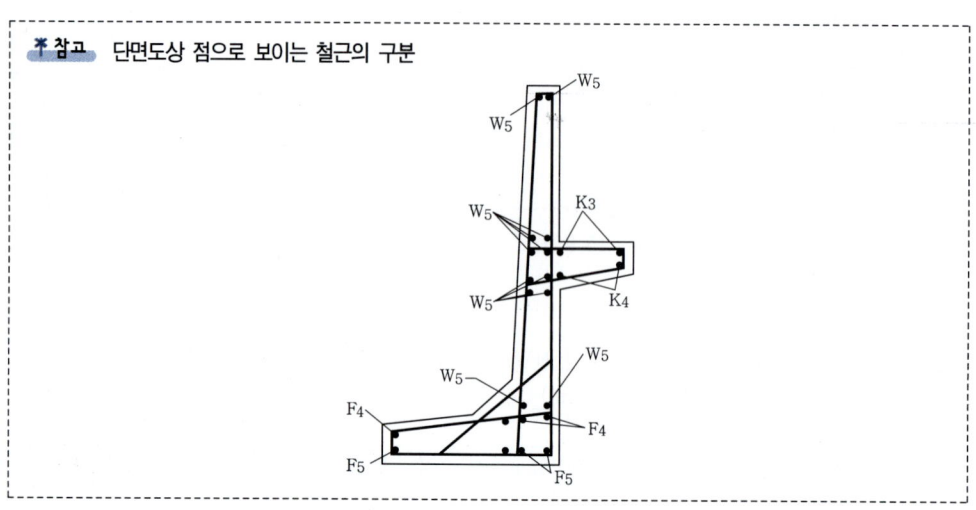

③ S_1, S_2 철근개수 ⇒ $\dfrac{\text{단위길이(1m)}}{\text{간격}\times 2}\times \text{개소}$

기호	직경	본당 길이(mm)	수량	총 길이(mm)	수량 산출근거
S_1	D13	356+100×2=556	12.5	6950	수량=$\dfrac{1}{0.2\times 2}\times 5 = 12.5$개 ※ S_1의 간격은 W_1의 간격과 같다.
S_2	D13	445+282×2+100×2=1209	12.5	15,113	수량=$\dfrac{1}{0.4\times 2}\times 10 = 12.5$개 ※ S_2의 간격은 F_1의 영향을 받는다.

※참고 S_1, S_2 철근의 구분

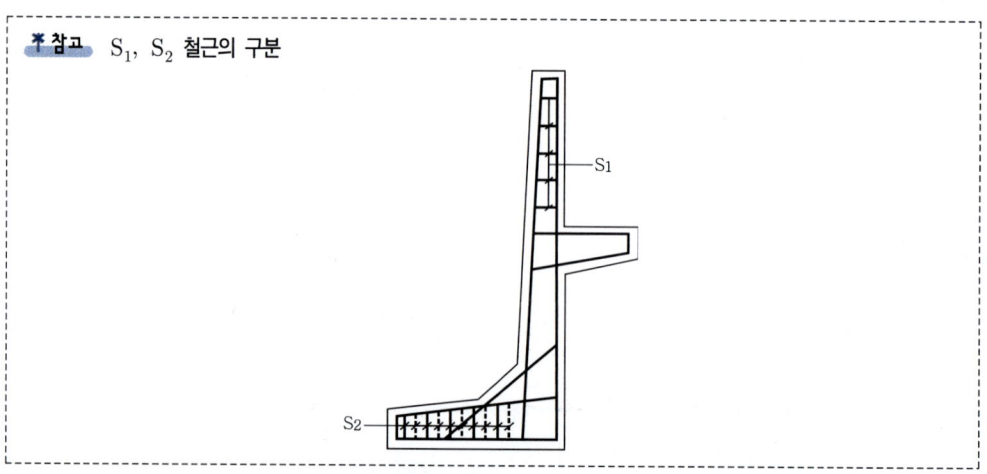

④ 철근 물량표(단, mm 단위 이하는 반올림하여 mm까지 구함.)

기호	직경	길이(mm)	수량	총 길이(mm)	기호	직경	길이(mm)	수량	총 길이(mm)
W_1	D16	7518	5	37,590	F_5	D16	1000	24	24,000
W_5	D16	1000	68	68,000	K_2	D16	2037	5	10,185
H	D16	2236	5	11,180	K_3	D16	1000	6	6000
F_1	D16	5391	5	26,955	S_1	D13	556	12.5	6950
F_4	D13	1000	24	24,000	S_2	D13	1209	12.5	15,113

(3) 앞부벽식 옹벽

04 ★★★  03 ②, 05 ②, 07 ③, 23 ①

주어진 도면 및 조건에 따라 다음 물량을 산출하시오.

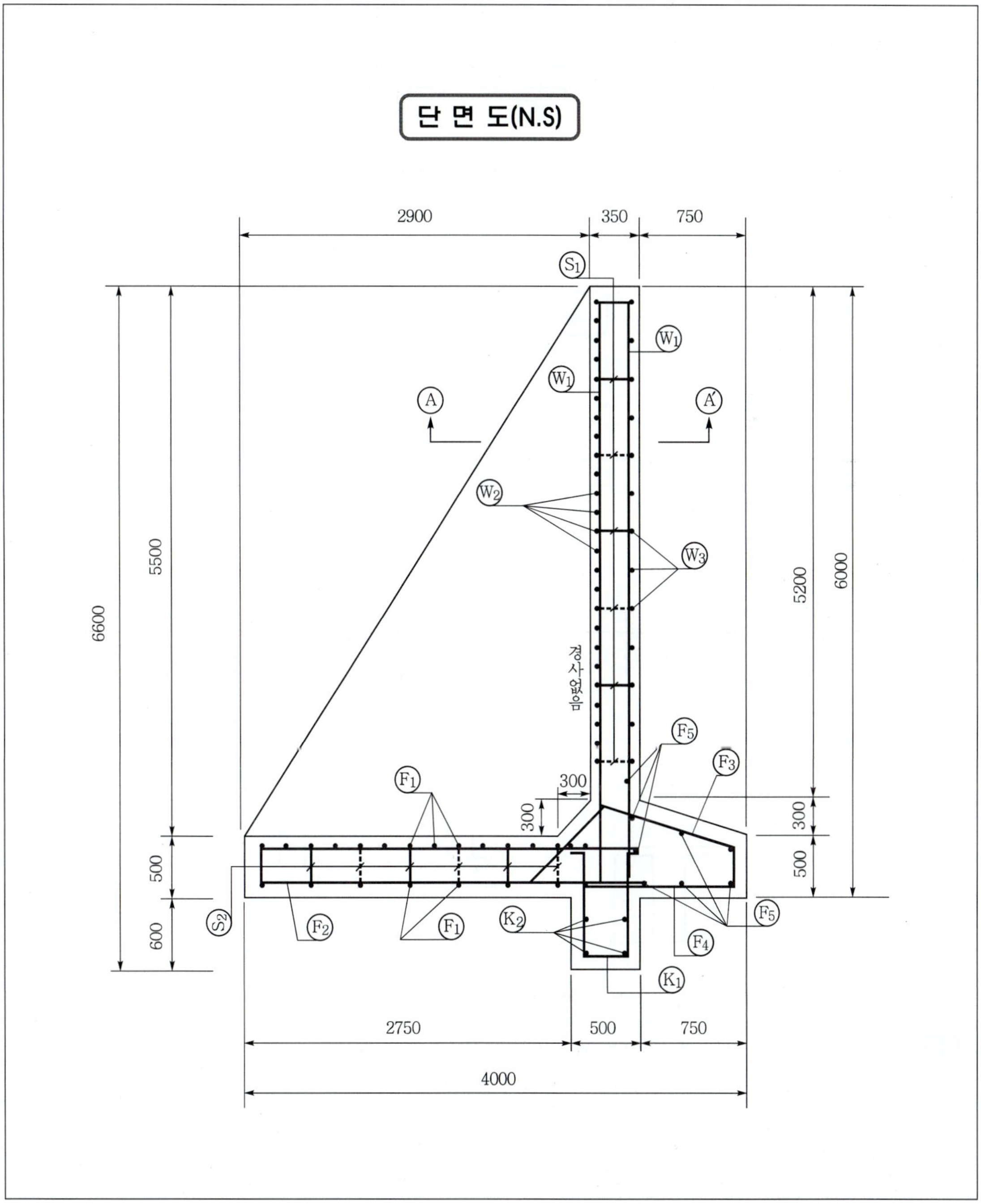

단 면 도(N.S)

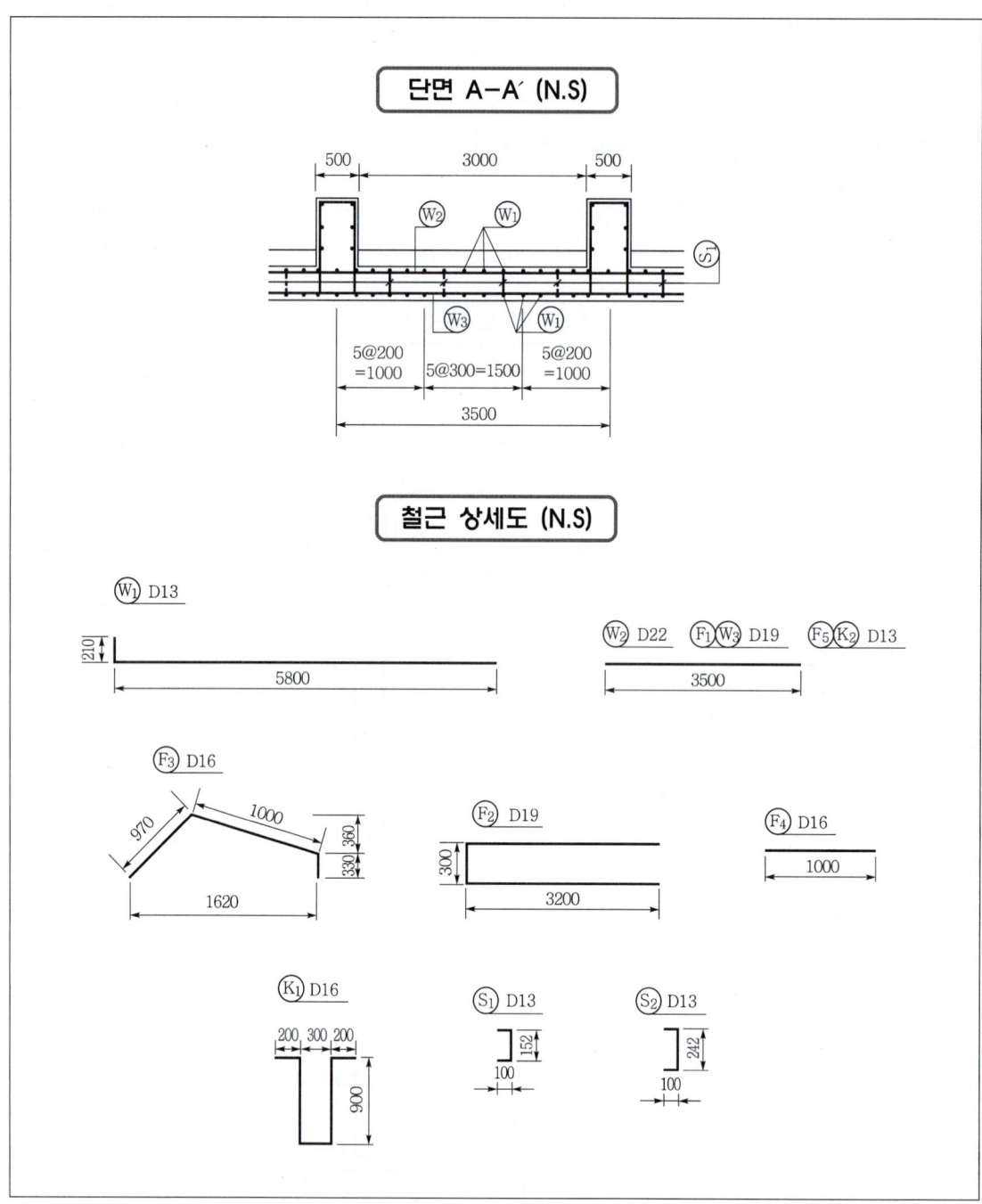

조건 ① K_1, F_2, F_3, F_4 철근간격은 W_1 철근과 같다.
② S_1, S_2 철근은 단면도와 같이 지그재그로 계산한다.
③ 물량산출에서의 할증률 및 마구리는 없는 것으로 한다.
④ 철근길이 계산에서 이음길이는 계산하지 않는다.
⑤ 거푸집량의 산정 시 전단 key에 거푸집을 사용하는 경우로 한다.

(1) 옹벽길이 3.5m에 대한 전체 콘크리트량을 구하시오. (단, 소수 4째자리에서 반올림하시오.)
(2) 옹벽길이 3.5m에 대한 전체 거푸집량을 구하시오. (단, 소수 4째자리에서 반올림하시오.)
(3) 옹벽길이 3.5m에 대한 철근량을 산출하기 위한 다음 철근 물량표를 완성하시오.(단, 수량은 소수 3째자리에서 반올림하시오.)

기 호	직 경	길 이(mm)	수 량	총 길이(mm)	기 호	직 경	길 이(mm)	수 량	총 길이(mm)
W_1					F_4				
W_2					F_5				
W_3					K_1				
F_1					K_2				
F_2					S_1				
F_3					S_2				

※참고 앞부벽식 옹벽의 경사투영형상

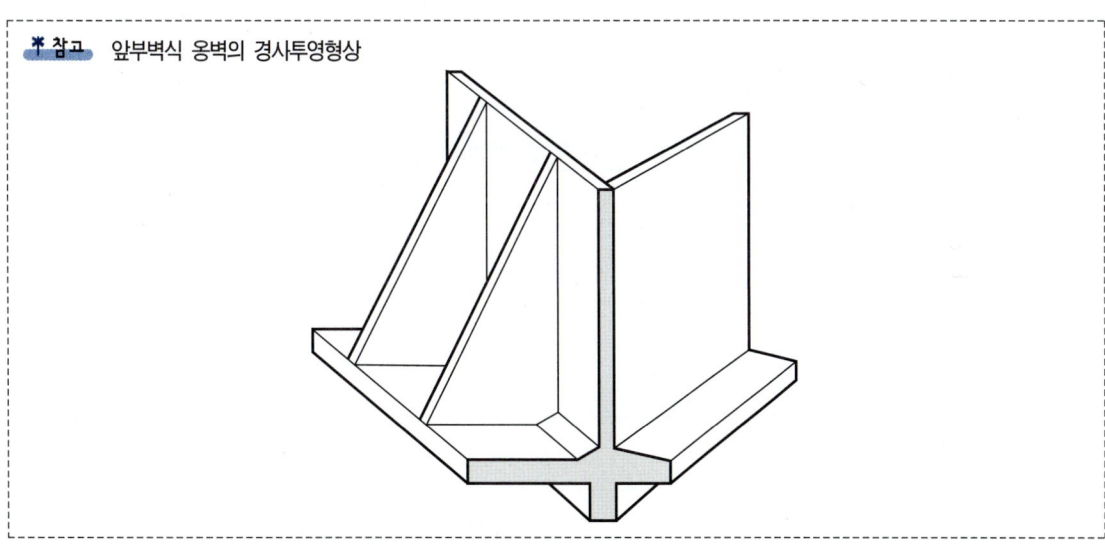

[해답] (1) 부벽을 포함하는 옹벽길이 3.5m에 대한 콘크리트량
① $A_1 = 2.6 \times 0.5 = 1.3 \text{m}^2$
② $A_2 = \dfrac{0.5+0.8}{2} \times 0.3 = 0.195 \text{m}^2$
③ $A_3 = 0.35 \times 6 = 2.1 \text{m}^2$
④ $A_4 = \dfrac{0.8+0.5}{2} \times 0.75 = 0.4875 \text{m}^2$
⑤ $A_5 = 0.5 \times 0.6 = 0.3 \text{m}^2$
⑥ $A_6 = \dfrac{2.9 \times 5.5}{2} - \dfrac{0.3 \times 0.3}{2} = 7.93 \text{m}^2$
⑦ 콘크리트량 $= (A_1 + A_2 + \cdots\cdots + A_5) \times 3.5 + A_6 \times 0.5$
　　　　　　 $= 4.3825 \times 3.5 + 7.93 \times 0.5$
　　　　　　 $\fallingdotseq 19.304 \text{m}^3$

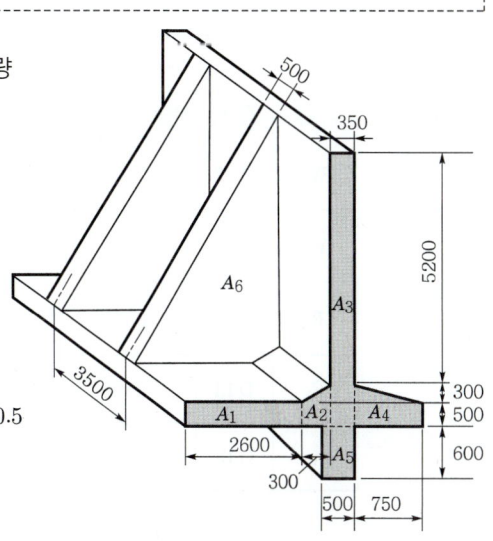

(2) 부벽을 포함하는 옹벽길이 3.5m에 대한 거푸집량

① $A_1 = 5.2 \times (3.5 - 0.5) = 15.6 \text{m}^2$

② $A_2 = \sqrt{0.3^2 + 0.3^2} \times (3.5 - 0.5) = 1.2728 \text{m}^2$

③ $A_3 = 0.5 \times 3.5 = 1.75 \text{m}^2$

④ $A_4 = 0.6 \times 3.5 = 2.1 \text{m}^2$

⑤ $A_5 = 0.6 \times 3.5 = 2.1 \text{m}^2$

⑥ $A_6 = 0.5 \times 3.5 = 1.75 \text{m}^2$

⑦ $A_7 = 5.2 \times 3.5 = 18.2 \text{m}^2$

⑧ $A_8 = \left(\dfrac{2.9 \times 5.5}{2} - \dfrac{0.3 \times 0.3}{2} \right) \times 2 (\text{양쪽면})$
　　$= 15.86 \text{m}^2$

⑨ $A_9 = 0.5 \times \sqrt{2.9^2 + 5.5^2} = 3.1089 \text{m}^2$

⑩ 거푸집량 $= A_1 + A_2 + \cdots\cdots + A_9 = 61.7417 ≒ 61.742 \text{m}^2$

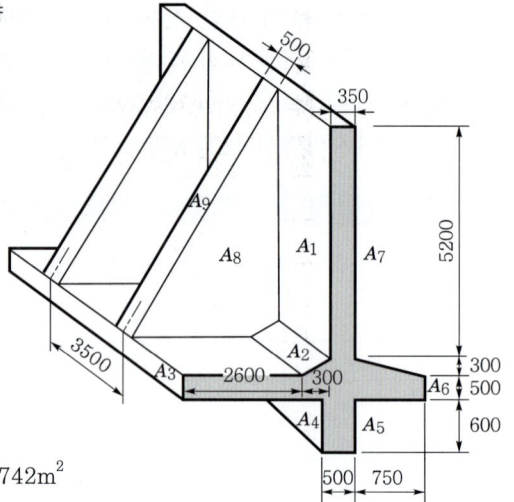

(3) 부벽을 포함하는 옹벽길이 3.5m에 대한 철근량
① 단면도상 선으로 보이는 철근(W_1, F_2, K_1, F_3, F_4)

기 호	직 경	본당 길이(mm)	수 량	총 길이(mm)	수량 산출근거
W_1	D 13	6010	30	180,300	W_1 철근은 A-A′ 단면도상 점으로 표시된 철근이므로 수량=15×2(복배근)=30개
F_2	D 19	3200×2+300=6700	15	100,500	W_1 철근간격=F_2 철근간격이므로 수량=15개
K_1	D 16	200×2+900×2+300 =2500	15	37,500	W_1 철근간격=K_1 철근간격이므로 수량=15개
F_3	D 16	970+1000+330 =2300	15	34,500	W_1 철근간격=F_3 철근간격이므로 수량=15개
F_4	D 16	1000	15	15,000	W_1 철근간격=F_4 철근간격이므로 수량=15개

② 단면도상 점으로 보이는 철근(W_2, W_3, F_1, F_5, K_2)

기 호	직 경	본당 길이(mm)	수 량	총 길이(mm)	수량 산출근거
W_2	D 22	3500	25	87,500	W_2 철근은 단면도상 벽체 전면에 점으로 표시된 철근이므로 수량=25개
W_3	D 19	3500	13	45,500	W_3 철근은 단면도상 벽체 후면에 점으로 표시된 철근이므로 수량=13개
F_1	D 19	3500	23	80,500	F_1 철근은 단면도상 저판 상·하면에 점으로 표시된 철근이므로 수량=8×2+7=23개
F_5	D 13	3500	8	28,000	단면도상의 개수를 센다. 수량=8개
K_2	D 13	3500	4	14,000	단면도상의 개수를 센다. 수량=4개

③ S_1, S_2 철근

기 호	직 경	본당 길이(mm)	수 량	총 길이	구량 산출근거
S_1	D 13	100×2+152=352	12	4224	단면도 개소×단면 A–A′ 개소 × $\frac{1}{2}$ ($\frac{1}{2}$은 지그재그 배근이기 때문이다.) 수량=6개소×4개소×$\frac{1}{2}$=12개
S_2	D 13	100×2+242=442	12	5304	S_1과 같은 방법으로 산출 수량=6개소×4개소×$\frac{1}{2}$=12개

④ 철근 물량표(단, 수량은 소수 3자리에서 반올림하여 구함.)

기 호	직 경	길 이(mm)	수 량	총 길이(mm)	기 호	직 경	길 이(mm)	수 량	총 길이(mm)
W_1	D 13	6010	30	180,300	F_4	D 16	1000	15	15,000
W_2	D 22	3500	25	87,500	F_5	D 13	3500	8	28,000
W_3	D 19	3500	13	45,500	K_1	D 16	2500	15	37,500
F_1	D 19	3500	23	80,500	K_2	D 13	3500	4	14,000
F_2	D 19	6700	15	100,500	S_1	D 13	352	12	4224
F_3	D 16	2300	15	34,500	S_2	D 13	442	12	5304

(4) 뒷부벽식 옹벽

주어진 뒷부벽식 옹벽의 도면 및 조건에 따라 물량을 산출하시오. (단, 주어진 도면의 치수는 축척에 맞지 않을 수 있으며, 주어진 치수로만 물량을 산출하며 도면의 단위는 mm이다.)

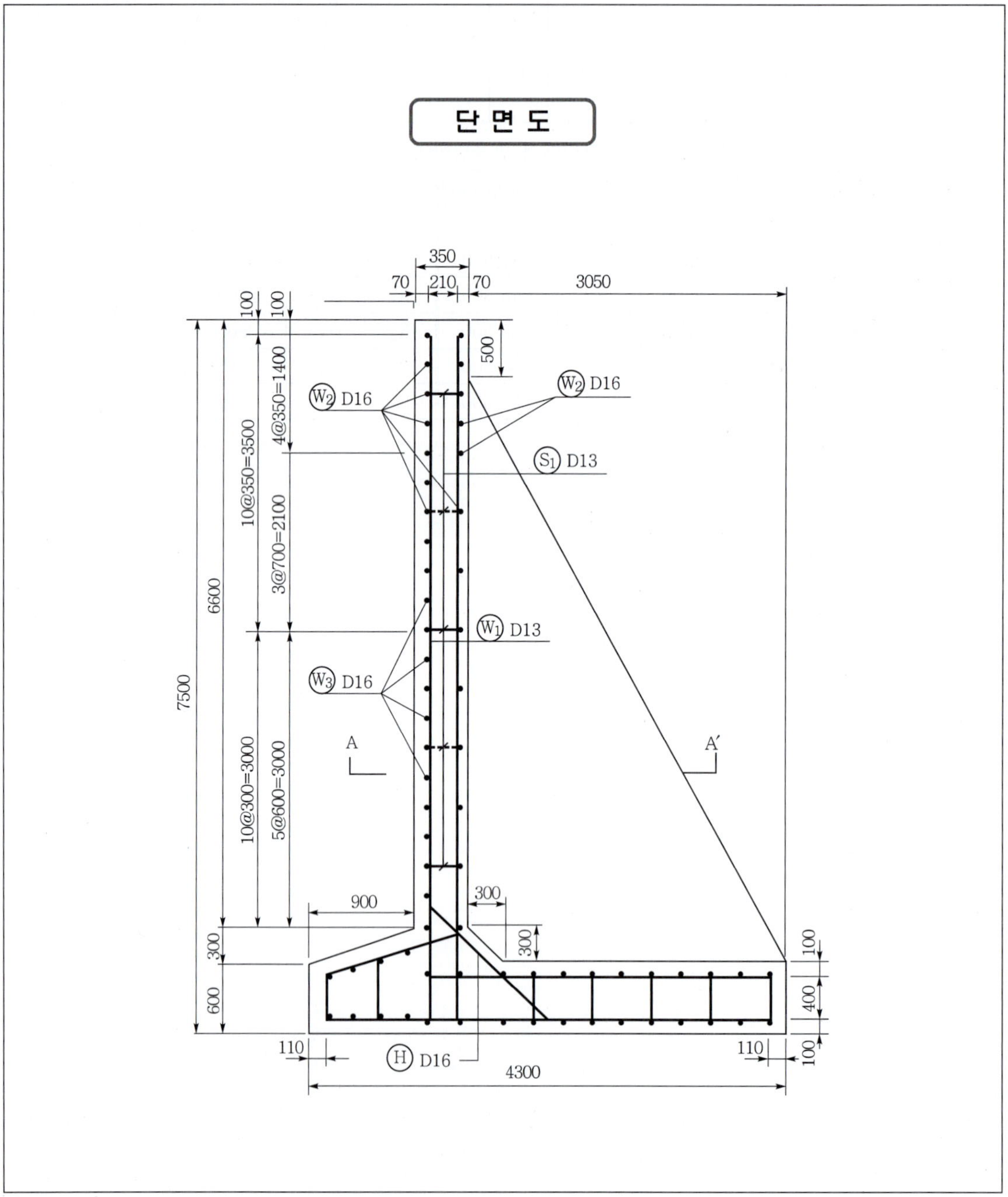

단 면 도

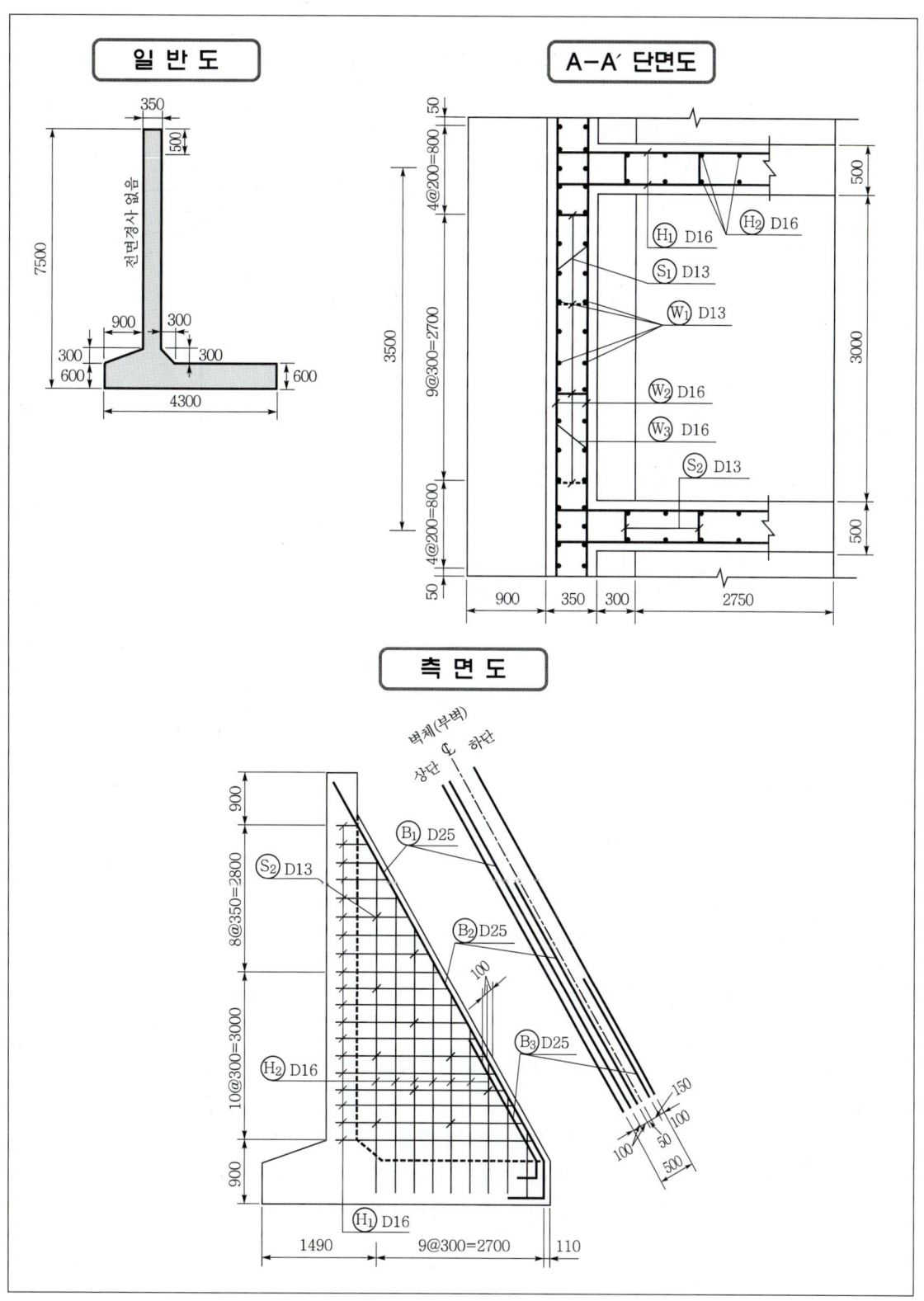

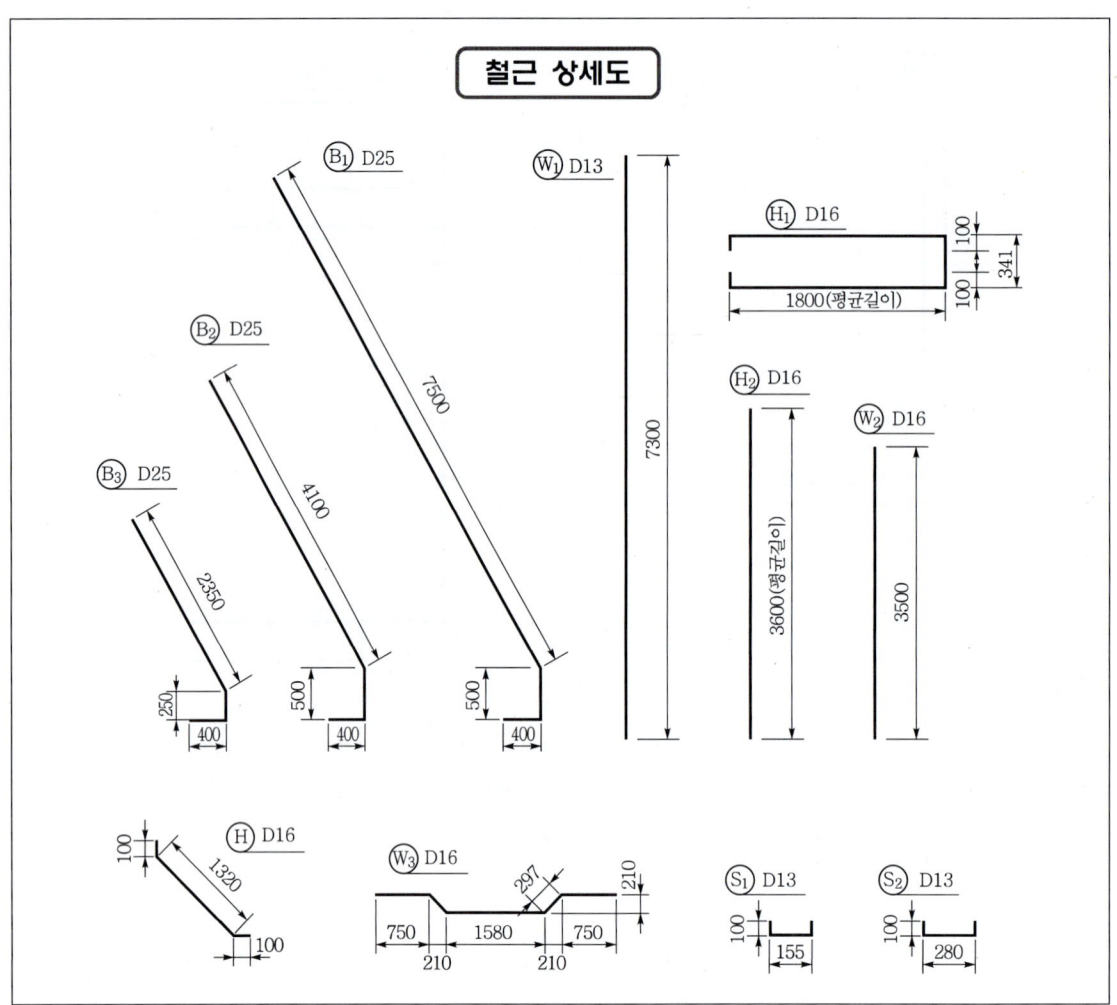

> [조건]
> ① S_1 철근은 지그재그(zigzag)로 배치되어 있다.
> ② H 철근간격은 W_1 철근과 같다.
> ③ 물량산출에서 할증률 및 마구리는 없는 것으로 한다.
> ④ 철근길이 계산에서 이음길이는 계산하지 않는다.
> ⑤ 저판의 철근량은 계산하지 않는다.

(1) 부벽을 포함하는 옹벽길이 3.5m에 대한 콘크리트량을 구하시오. (단, 소수 4째자리에서 반올림하시오.)

(2) 부벽을 포함하는 옹벽길이 3.5m에 대한 거푸집량을 구하시오. (단, 소수 4째자리에서 반올림하고, 마구리면은 고려하지 않으며 경사면 1:1 미만은 고려하지 않음.)

(3) 부벽을 포함하는 옹벽길이 3.5m에 대한 철근 물량표를 완성하시오.

> **참고** 뒷부벽식 옹벽의 경사투영형상

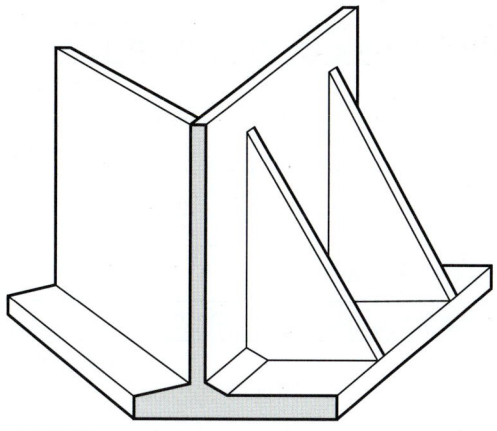

[해답] (1) 부벽을 포함하는 옹벽길이 3.5m에 대한 콘크리트량
① $A_1 = 0.35 \times 6.6 = 2.31 \text{m}^2$
② $A_2 = \dfrac{0.35 + 1.55}{2} \times 0.3$
  $= 0.285 \text{m}^2$
③ $A_3 = 0.6 \times 4.3 = 2.58 \text{m}^2$
④ $A_4 = \dfrac{(2.75 + 0.3) \times (6.9 - 0.5)}{2} - \dfrac{0.3 \times 0.3}{2}$
  $= 9.715 \text{m}^2$
⑤ 콘크리트량 $= (A_1 + A_2 + A_3) \times 3.5 + A_4 \times 0.5$
  $= 5.175 \times 3.5 + 9.715 \times 0.5$
  $= 22.970 \text{m}^3$

(2) 부벽을 포함하는 옹벽길이 3.5m에 대한 거푸집량
① $A_1 = 6.6 \times 3.5 = 23.1 \text{m}^2$
② $A_2 = 0.6 \times 3.5 = 2.1 \text{m}^2$
③ $A_3 = 0.6 \times 3.5 = 2.1 \text{m}^2$
④ $A_4 = \sqrt{0.3^2 + 0.3^2} \times (3.5 - 0.5) = 1.2728 \text{m}^2$
⑤ $A_5 = 6.6 \times 3.5 - 6.1 \times 0.5 = 20.05 \text{m}^2$
⑥ $A_6 = \left[\dfrac{(2.75 + 0.3) \times (6.9 - 0.5)}{2} - \dfrac{0.3 \times 0.3}{2} \right]$
  $\times 2(\text{양쪽면}) = 19.43 \text{m}^2$
⑦ $A_7 = 0.5 \times \sqrt{3.05^2 + 6.4^2} = 3.5448 \text{m}^2$
⑧ 거푸집량 $= A_1 + A_2 + \cdots\cdots + A_7 = 71.598 \text{m}^2$

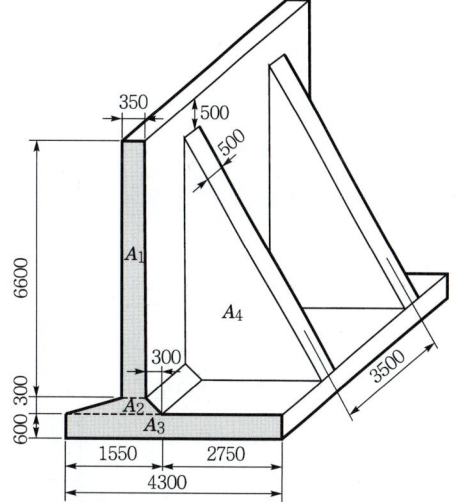

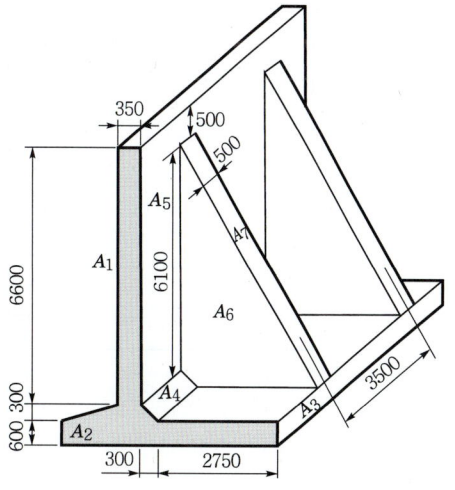

(3) 부벽을 포함하는 옹벽길이 3.5m에 대한 철근량
   ① 단면도상 선으로 보이는 철근(W_1, H)

기 호	직 경	본당 길이(mm)	수 량	총 길이(mm)	수량 산출근거
W_1	D 13	7300	26	189,800	W_1 철근은 A−A′ 단면도상 점으로 표시된 철근이므로 수량=13×2(복배근)=26개
H	D 16	100×2+1320=1520	13	19,760	W_1 철근간격=H 철근 간격이므로 수량=13개

   ② 단면도상 점으로 보이는 철근(W_2, W_3)

기 호	직 경	본당 길이(mm)	수 량	총 길이(mm)	수량 산출근거
W_2	D 16	3500	26	91,000	W_2 철근은 단면도상 벽체 전·후면에 점이 대칭으로 표시된 철근이므로 수량=(12+1)×2(복배근)=26개
W_3	D 16	750×2+297×2+1580 =3674	8	29,392	W_3 철근은 단면도상 벽체 전면에만 점으로 표시된 철근이므로 수량={(10+10)+1}−{(5+3+4)+1}=8개 혹은 단면도상의 개수를 센다.

   ③ S_1 철근

기 호	직 경	본당 길이(mm)	수 량	총 길이(mm)	수량 산출근거
S_1	D 13	100×2+155=355	10	3550	단면도상에 5개, A−A′ 단면도상에 4개가 지그재그 배근이므로 수량=$\dfrac{20}{2}$=10개

S_1 철근 배근도

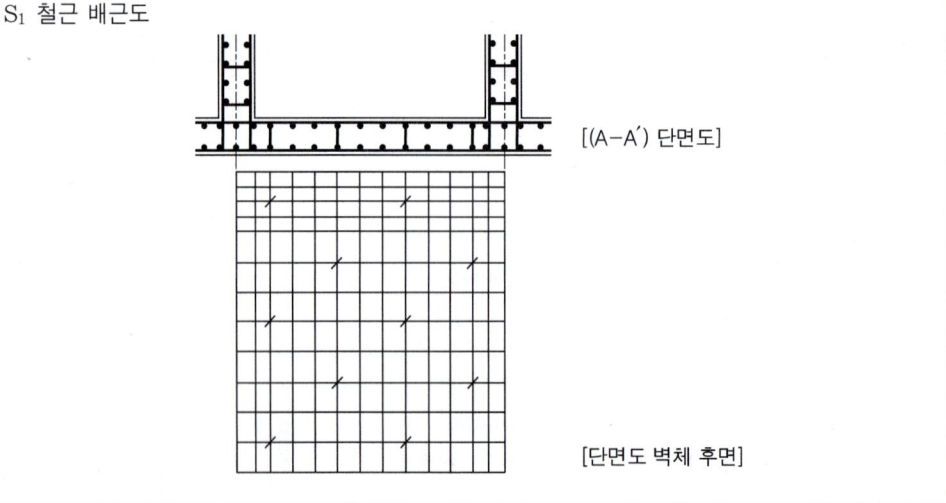

[(A−A′) 단면도]

[단면도 벽체 후면]

④ 부벽 철근(B_1, B_2, B_3, S_2, H_1, H_2)

기 호	직 경	본당 길이(mm)	수 량	총 길이(mm)	수량 산출근거
B_1	D25	7500+500+400=8400	2	16,800	측면도상 개수를 센다. 수량=2개
B_2	D25	4100+500+400=5000	2	10,000	측면도상 개수를 센다. 수량=2개
B_3	D25	2350+250+400=3000	3	9000	측면도상 개수를 센다. 수량=3개
S_2	D13	280+(100×2)=480	10	4800	측면도상 개수를 센다. 수량=10개
H_1	D16	100×2+1800×2+341=4141	19	78,679	수량=간격수+1 =[(10+8)+1]=19개
H_2	D16	3600	18	64,800	수량=(간격수+1)×2(복배근) =(8+1)×2=18개

B_1, B_2, B_3 철근 배근도(평면도)

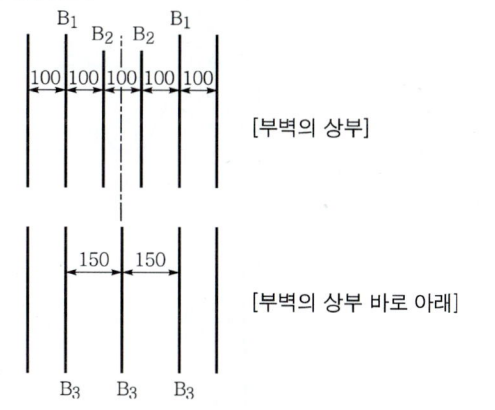

⑤ 철근 물량표(저판 철근량은 제외함)

기 호	직 경	길이(mm)	수 량	총 길이(mm)	기 호	직 경	길이(mm)	수 량	총 길이(mm)
W_1	D 13	7300	26	189,800	H	D 16	1520	13	19,760
W_2	D 16	3500	26	91,000	H_1	D 16	4141	19	78,679
W_3	D 16	3674	8	29,392	H_2	D 16	3600	18	64,800
B_1	D 25	8400	2	16,800	S_1	D 13	355	10	3550
B_2	D 25	5000	2	10,000	S_2	D 13	480	10	4800
B_3	D 25	3000	3	9000					

6 ★★★★

주어진 도면 및 조건에 따라 다음 물량을 산출하시오. (단, 주어진 도면의 치수는 축척에 맞지 않을 수 있으며, 주어진 치수로만 물량을 산출하며, 도면의 단위는 mm이다.)

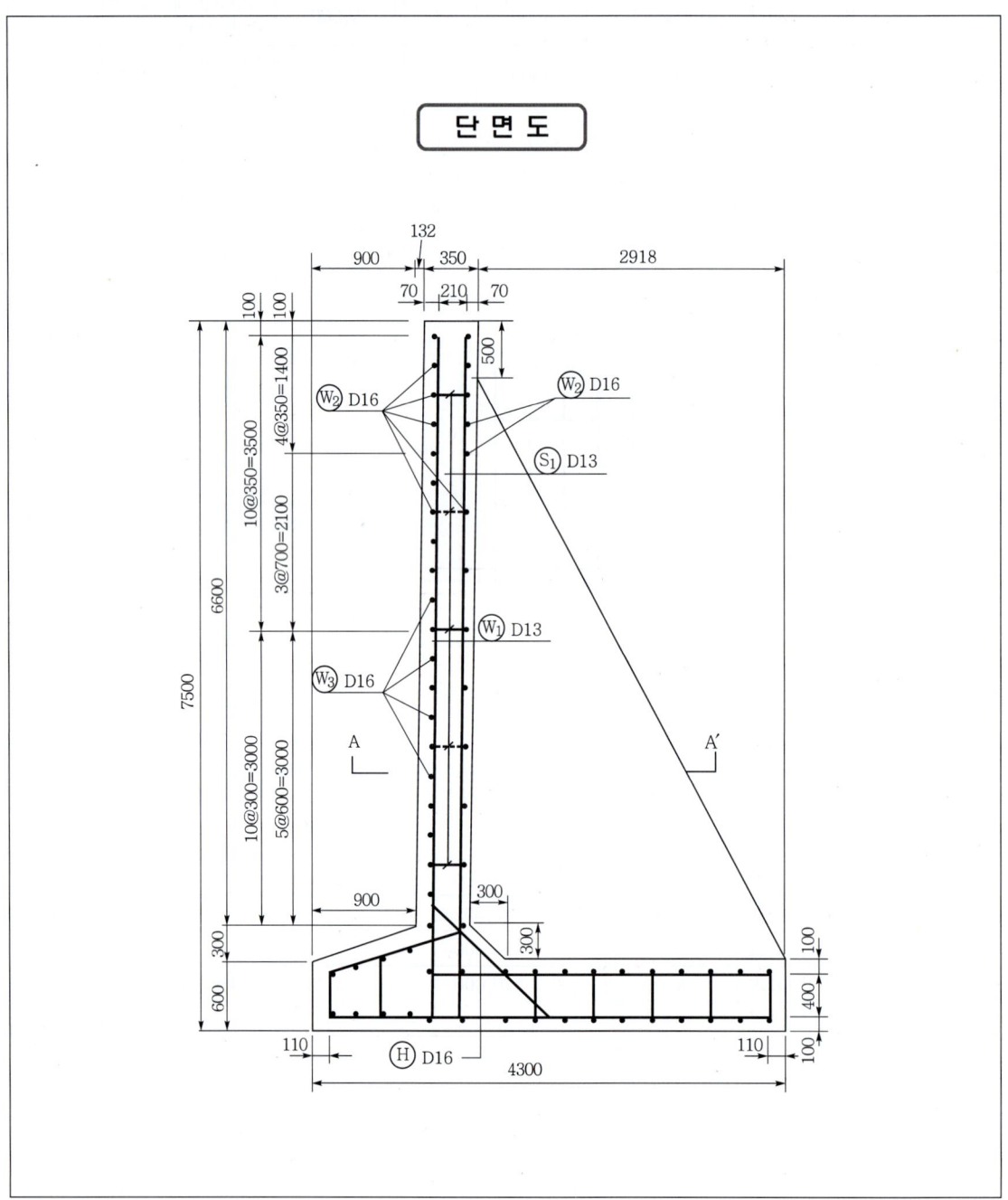

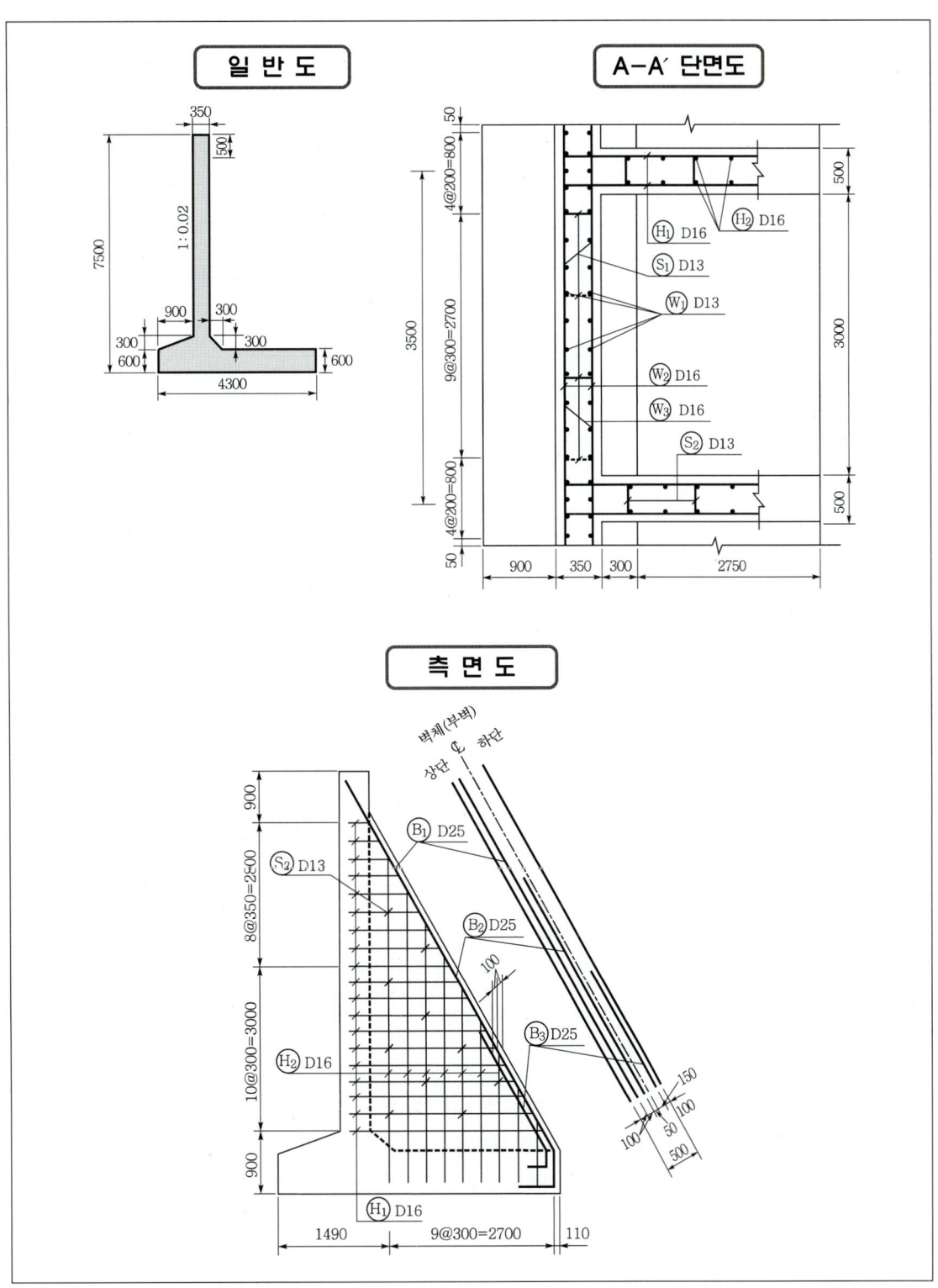

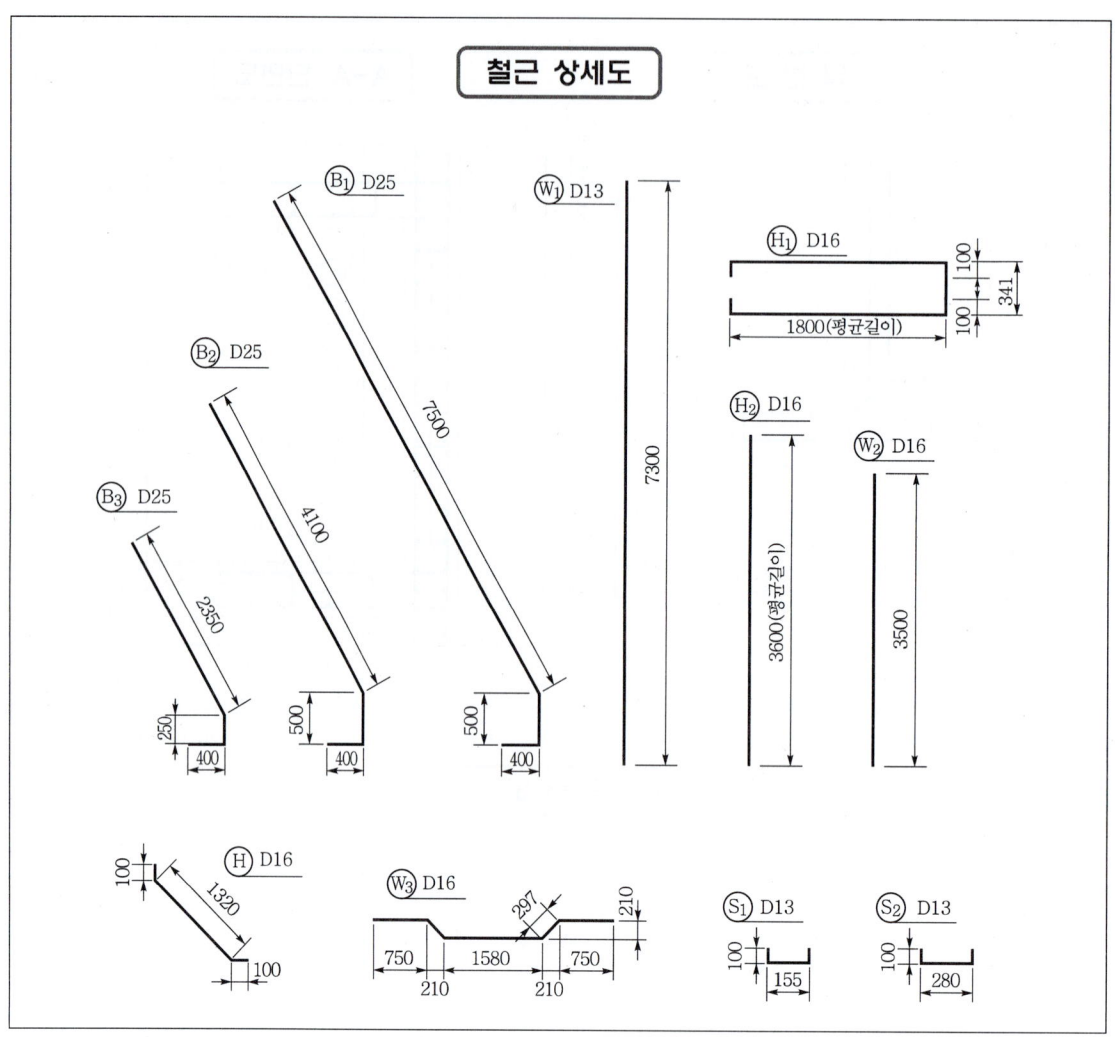

철근 상세도

조건	① S_1 철근은 지그재그(zigzag)로 배치되어 있다. ② H 철근의 간격은 W_1 철근과 같다. ③ 물량산출에서의 할증률 및 마구리는 없는 것으로 한다. ④ 물량산출에서의 전면벽 경사를 반드시 고려하여야 한다. (일반도 참조) ⑤ 철근길이 계산에서 이음길이는 계산하지 않는다. ⑥ 저판의 철근량은 계산하지 않는다.

(1) 부벽을 포함하는 옹벽길이 3.5m에 대한 콘크리트량을 구하시오. (단, 전면벽의 경사를 고려하여야 하며, 소수 4째자리에서 반올림하시오.)

(2) 부벽을 포함하는 옹벽길이 3.5m에 대한 거푸집량을 구하시오. (단, 전면벽의 경사를 고려하여야 하며, 소수 4째자리에서 반올림하시오.)

(3) 부벽을 포함하는 옹벽길이 3.5m에 대한 철근물량표를 완성하시오.

기 호	직 경	길이(mm)	수 량	총 길이(mm)	기 호	직 경	길이(mm)	수 량	총 길이(mm)
W_1					B_1				
H					S_1				
H_1									

[해답] (1) 부벽을 포함하는 옹벽길이 3.5m에 대한 콘크리트량

① $A_1 = 0.35 \times 6.6 = 2.31\,\text{m}^2$

② $A_2 = \dfrac{0.35 + (0.9 + 0.35 + 0.3)}{2} \times 0.3$
  $= 0.285\,\text{m}^2$

③ $A_3 = 4.3 \times 0.6 = 2.58\,\text{m}^2$

④ $A_4 = \dfrac{(3.05 + 0.006) \times 6.4}{2} - \dfrac{(0.3 + 0.006) \times 0.3}{2}$
  $= 9.7333\,\text{m}^2$

⑤ 콘크리트량
  $= (A_1 + A_2 + A_3) \times 3.5 + A_4 \times 0.5$
  $= 5.175 \times 3.5 + 9.7333 \times 0.5$
  $= 22.97915\,\text{m}^3$
  $\fallingdotseq 22.979\,\text{m}^3$

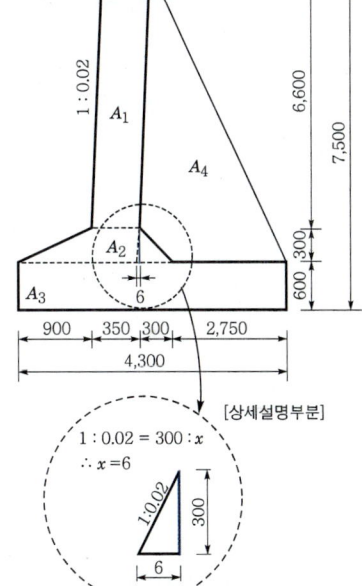

(2) 부벽을 포함하는 옹벽길이 3.5m에 대한 거푸집량

① $A_1 = \sqrt{6.6^2 + (6.6 \times 0.02)^2} \times 3.5 = 23.1046\,\text{m}^2$

② $A_2 = 0.6 \times 3.5 = 2.1\,\text{m}^2$

③ $A_3 = 0.6 \times 3.5 = 2.1\,\text{m}^2$

④ $A_4 = \sqrt{0.3^2 + 0.3^2} \times 3 = 1.2728\,\text{m}^2$

⑤ $A_5 = \sqrt{6.6^2 + (6.6 \times 0.02)^2} \times 3.5 - \sqrt{6.1^2 + (6.1 \times 0.02)^2} \times 0.5$
  $= 20.054\,\text{m}^2$

⑥ $A_6 = \left\{ \dfrac{(3.05 + 0.006) \times 6.4}{2} - \dfrac{(0.3 + 0.006) \times 0.3}{2} \right\} \times 2$
  $= 19.4666\,\text{m}^2$

⑦ $A_7 = \sqrt{2.928^2 + 6.4^2} \times 0.5 = 3.5190\,\text{m}^2$

⑧ 거푸집량 $= A_1 + A_2 + \cdots\cdots + A_7$
  $= 71.617\,\text{m}^2$

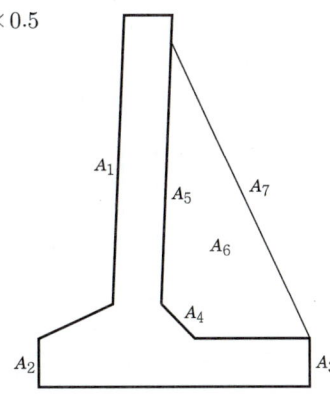

(3) 부벽을 포함하는 옹벽길이 3.5m에 대한 철근량
① 단면도상 선으로 보이는 철근(W_1, H)

기호	직경	본당길이(mm)	수량	총 길이(mm)	수량 산출근거
W_1	D13	7300	26	189,800	W_1철근은 A-A'단면도상 점으로 표시된 철근이므로 수량=13×2(복배근)=26개
H	D16	100+1320+100 =1520	13	19,760	H의 간격은 W_1의 간격과 같다.

② S_1 철근

기 호	직 경	본당길이(mm)	수 량	총 길이(mm)	수량 산출근거
S_1	D 13	100×2+155 =355	10	3550	단면도상에 5개, A-A' 단면도상에 4개가 지그재그 배근이므로

• S_1 철근 배근도

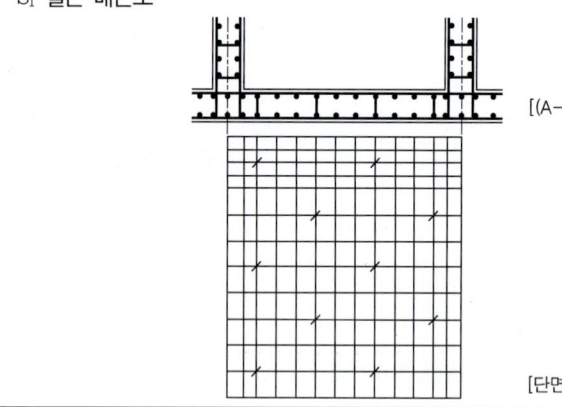

③ 부벽 철근(B_1, H_1)

기 호	직 경	본당길이(mm)	수 량	총 길이(mm)	수량 산출근거
B_1	D 25	7500+50+400 =8400	2	16,800	측면도상 개수를 센다. 수량=2개
H_1	D 16	100×2+1800×2 +341=4141	19	78,679	수량=간격수+1 =[(10+8)+1]=19개

• B_1, B_2, B_3 철근 배근도(평면도)

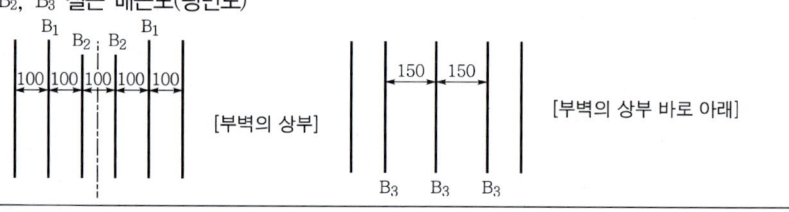

④ 철근물량표

기 호	직 경	길이(mm)	수 량	총 길이(mm)	기 호	직 경	길이(mm)	수 량	총 길이(mm)
W_1	D 13	7300	26	189,800	B_1	D 25	8400	2	16,800
H	D 16	1520	13	19,760	S_1	D 13	355	10	3550
H_1	D 16	4141	19	78,679					

2 암거구조물

(1) 1연 암거(저판 상면 직선)

07 ★★ 98 ⑤, 99 ⑤, 22 ③

주어진 1연 암거의 도면 및 조건에 따라 물량을 산출하시오.

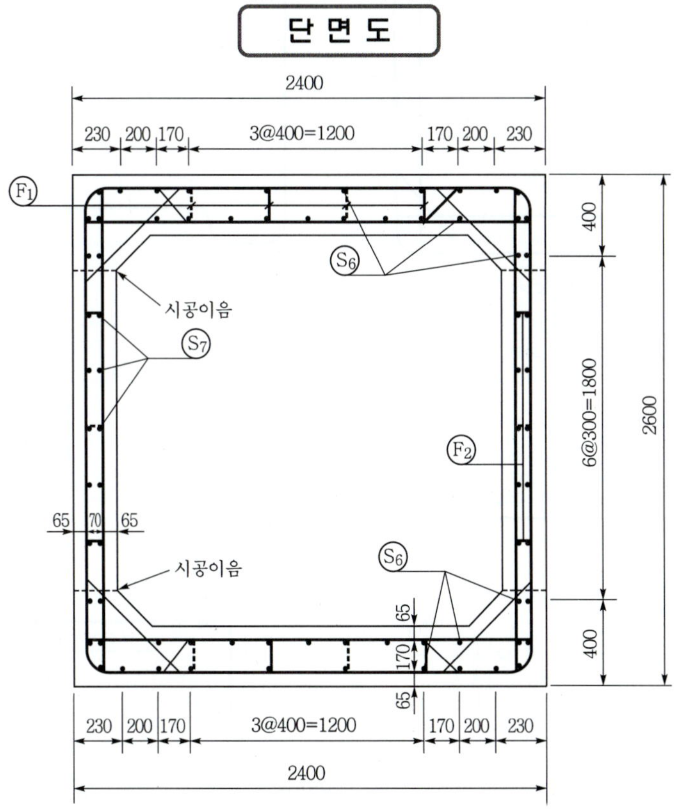

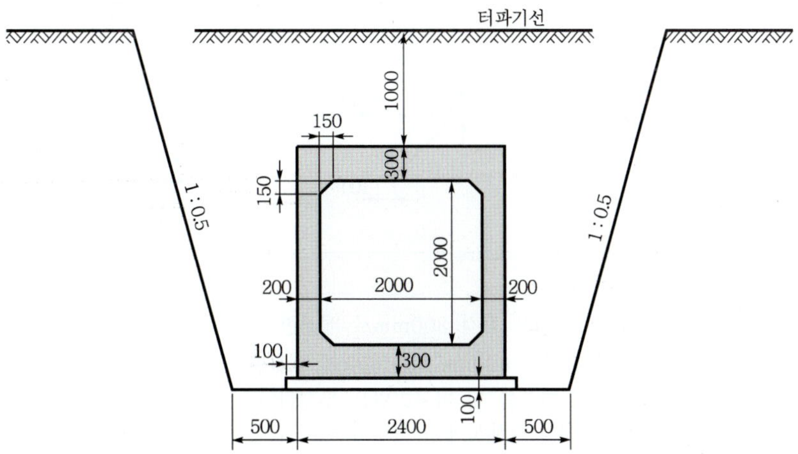

주철근 조립도

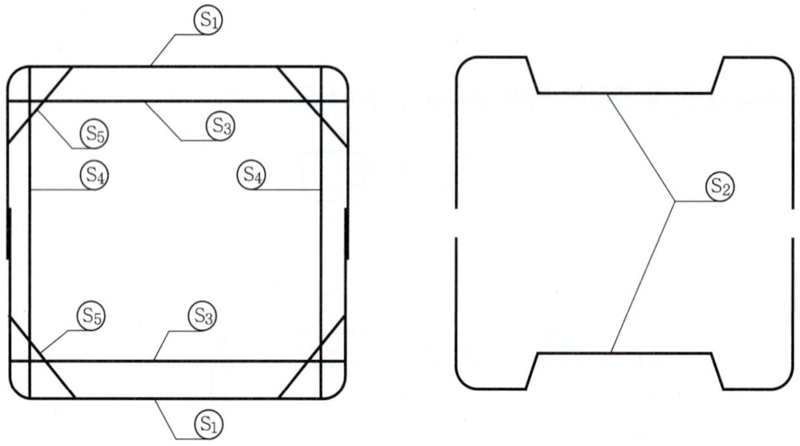

철근 상세도

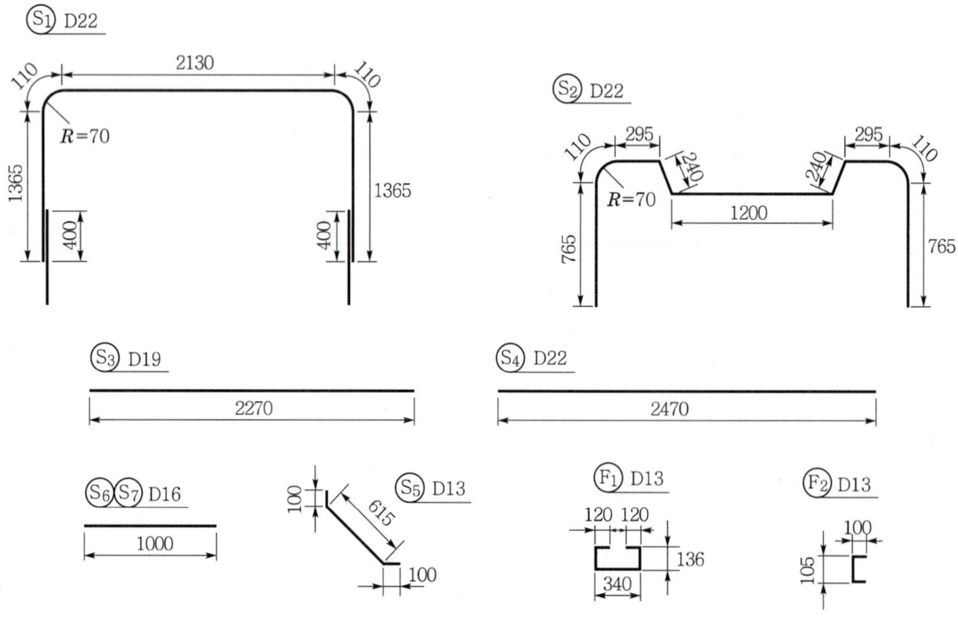

조건
① $S_1 \sim S_5$ 철근간격은 각각 300mm로 배근한다.
② F_1, F_2 철근간격은 600mm로 엇갈리게 배근한다.
③ 물량산출에서의 할증률 및 마구리면은 무시한다.
④ 철근길이 계산에서 상세도에 표시되어 있지 않은 이음길이는 계산하지 않는다.

(1) 길이 1m에 대한 콘크리트량을 구하시오. (단, 소수 4째자리에서 반올림)
(2) 길이 1m에 대한 거푸집량을 구하시오. (단, 소수 4째자리에서 반올림)
(3) 길이 1m에 대한 터파기량을 구하시오. (단, 소수 4째자리에서 반올림)
(4) 길이 1m에 대한 철근 물량표를 구하시오. (단, mm 단위 이하는 반올림하여 mm까지 구함.)

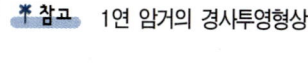 1연 암거의 경사투영형상

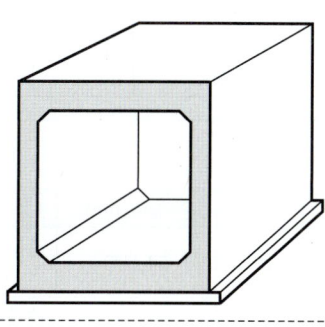

[해답] (1) 길이 1m에 대한 콘크리트량
① 구체 콘크리트량
$$= \left(2.4 \times 2.6 - 2 \times 2 + \frac{0.15 \times 0.15}{2} \times 4\right) \times 1$$
$$= 2.285 \text{m}^3$$
② 기초 콘크리트량
$$= 2.6 \times 0.1 \times 1 = 0.26 \text{m}^3$$
③ 전체 콘크리트량
$$= 2.285 + 0.26 = 2.545 \text{m}^3$$

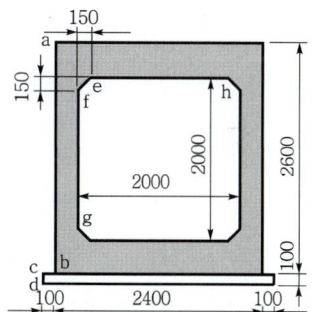

(2) 길이 1m에 대한 거푸집량
① 외벽 길이 $= \overline{ab} \times 2 = 2.6 \times 2 = 5.2$m
② 내벽 길이 $= \overline{fg} \times 2 = 1.7 \times 2 = 3.4$m
③ 헌치 길이 $= \overline{ef} \times 4 = \sqrt{0.15^2 + 0.15^2} \times 4$
$\qquad\qquad\quad = 0.8485$m
④ 정판 길이 $= \overline{eh} = 1.7$m
⑤ 거푸집 길이
$\quad = ① + ② + ③ + ④ = 11.1485$m
⑥ 거푸집량 $= 11.1485 \times 1 ≒ 11.149 \text{m}^2$

(3) 길이 1m에 대한 터파기량
$$\text{터파기량} = \frac{3.4 + 7.1}{2} \times 3.7 \times 1 = 19.425 \text{m}^3$$

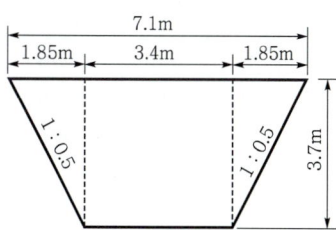

(4) 길이 1m에 대한 철근량
① 단면도상 선으로 보이는 철근(S_1, S_2, S_3, S_4, S_5)
・철근개수 $\Rightarrow \dfrac{\text{단위길이(m)}}{\text{간격}}$

기호	직경	본당 길이(mm)	수량	총 길이(mm)	수량 산출근거
S_1	D 22	1365×2+110×2+2130=5080	6.67	33,883.6	수량=$\frac{1}{0.3}$×2(개소) =6.67개
S_2	D 22	765×2+110×2+295×2+240×2 +1200=4020	6.67	26,813.4	
S_3	D 19	2270	6.67	15,140.9	
S_4	D 22	2470	6.67	16,474.9	
S_5	D 13	615+100×2=815	13.33	10,863.95	수량=$\frac{1}{0.3}$×4(개소) =13.33개

② 단면도상 점으로 보이는 철근(S_6, S_7)
  · 철근개수 ⇒ 간격 수+1

기호	직경	본당 길이(mm)	수량	총 길이(mm)	수량 산출근거
S_6	D 16	1000	54	54,000	수량=(상판상부+상판하부)×2(상·하판) =[(9+1)+17]×2=54개
S_7	D 16	1000	20	20,000	수량=(4+1)×2(복배근)×(좌·우벽) =20개

③ F_1, F_2 철근개수 ⇒ $\frac{단위길이(1m)}{간격×2}$×개소

기호	직경	본당 길이(mm)	수량	총 길이(mm)	수량 산출근거
F_1	D 13	120×2+136×2+340=852	13.33	11,357.16	수량=$\frac{1}{0.6}$×4(개소)×2(상·하판) =13.33개
F_2	D 13	105+100×2=305	10	3050	수량=$\frac{1}{0.6}$×3(개소)×2(좌·우벽) =10개

④ 철근 물량표(단, mm 단위 이하는 반올림하여 mm까지 구함.)

기호	직경	길이(mm)	수량	총 길이(mm)	기호	직경	길이(mm)	수량	총 길이(mm)
S_1	D 22	5080	6.67	33,884	S_6	D 16	1000	54	54,000
S_2	D 22	4020	6.67	26,813	S_7	D 16	1000	20	20,000
S_3	D 19	2270	6.67	15,141	F_1	D 13	852	13.33	11,357
S_4	D 22	2470	6.67	16,475	F_2	D 13	305	10	3050
S_5	D 13	815	13.33	10,864					

8 ★★★★

00 ③, 01 ②, 04 ①, 07 ①, 09 ②, 12 ③, 16 ②, 19 ①, 21 ③

주어진 도면 및 조건에 따라 물량을 산출하시오.

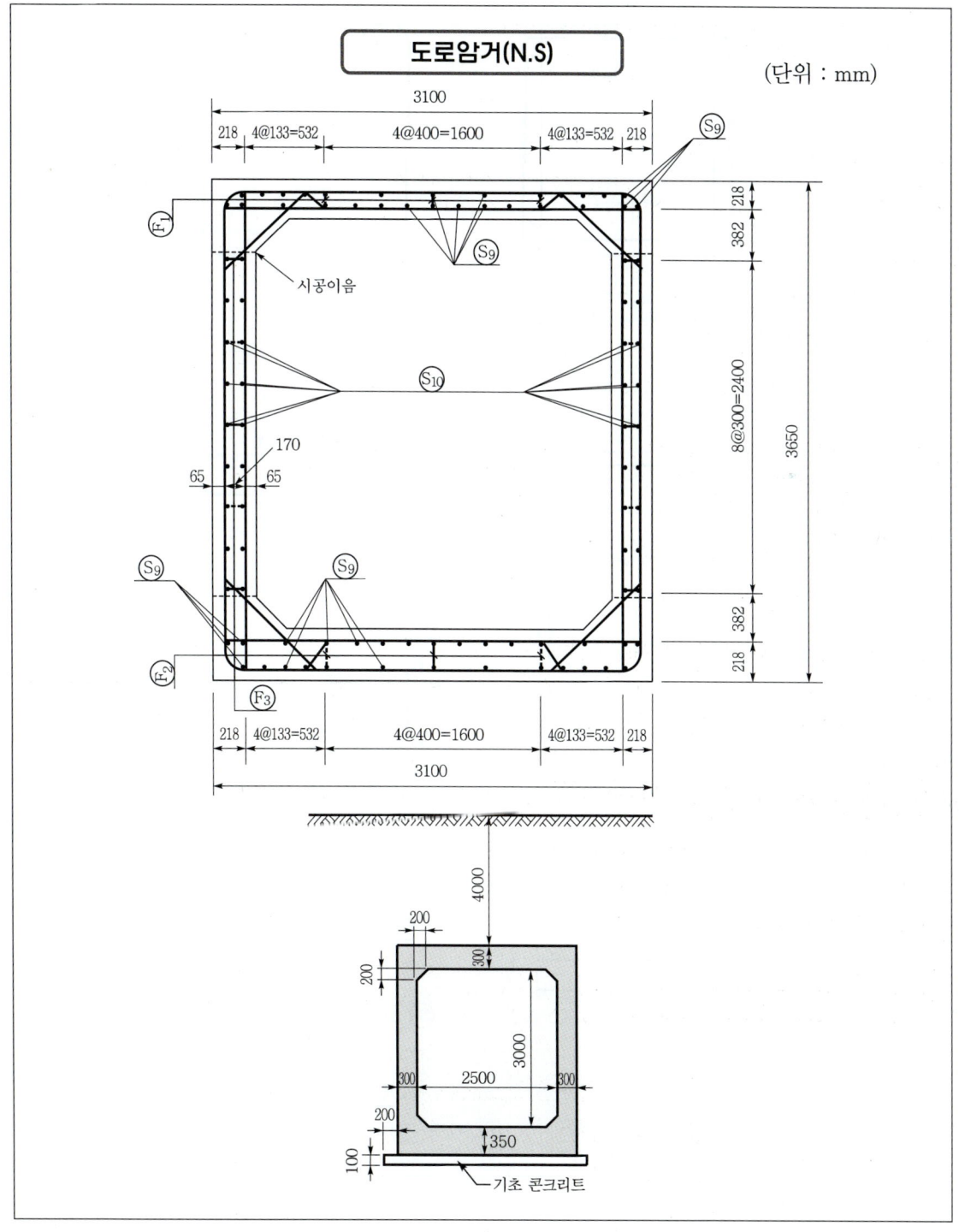

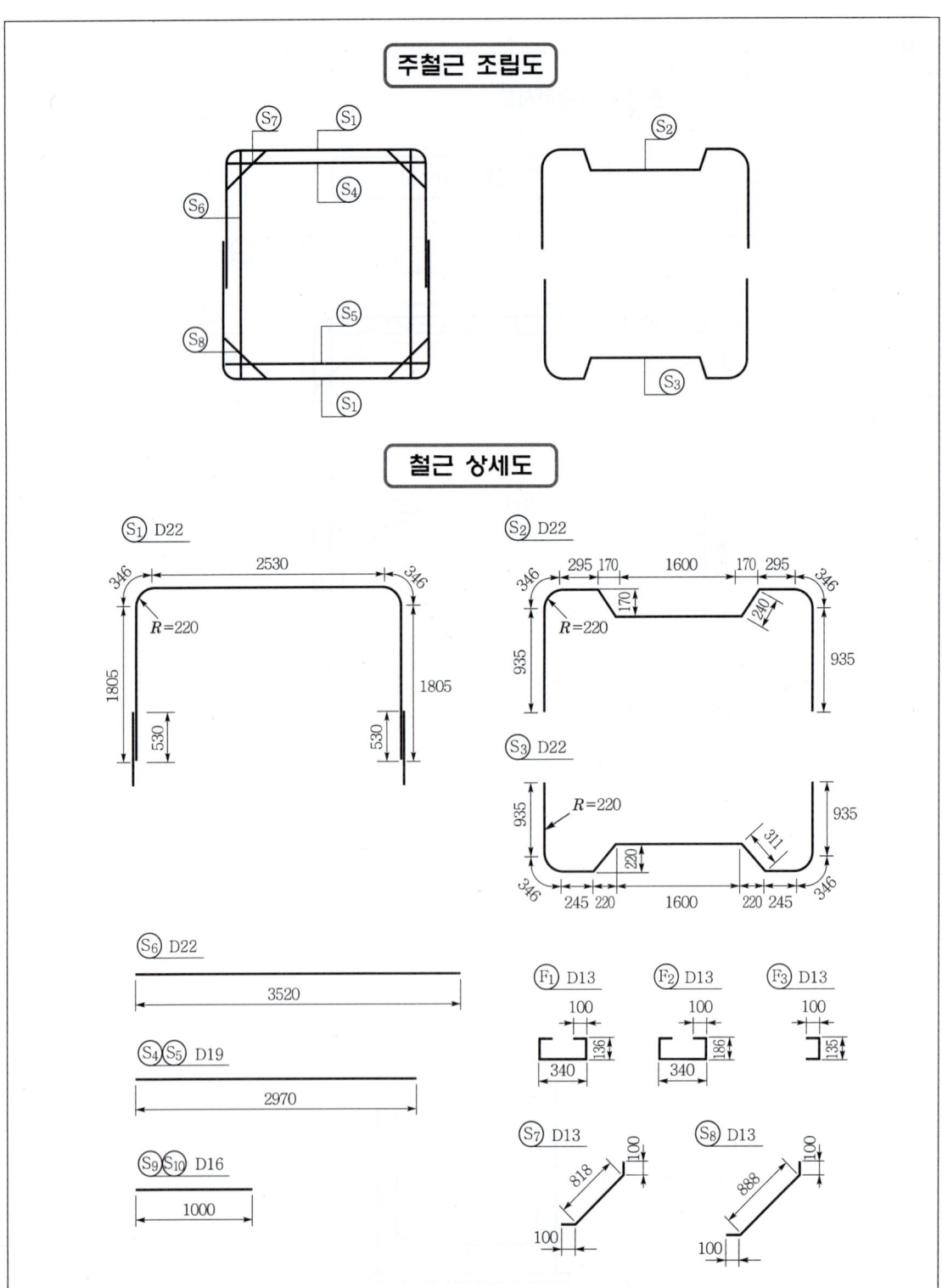

조건
① $S_1 \sim S_8$ 철근은 300mm 간격으로 배치되어 있다.
② F_1, F_2, F_3 철근은 300mm 간격으로 지그재그로 배치되어 있다.
③ 철근의 이음과 할증은 무시한다.
④ 지형상태는 일반도와 같으며, 터파기는 기초 콘크리트 양끝에서 100cm 여유폭을 두고, 비탈 기울기는 1:0.5로 한다.
⑤ 거푸집량의 계산에서 마구리면은 무시한다.

(1) 길이 1m에 대한 기초와 구체의 콘크리트량을 구하시오. (단, 소수 4째자리에서 반올림)
 ① 기초 콘크리트량
 ② 구체 콘크리트량
(2) 길이 1m에 대한 거푸집량을 구하시오. (단, 소수 4째자리에서 반올림)
(3) 길이 1m에 대한 터파기량을 구하시오. (단, 소수 4째자리에서 반올림)
(4) 길이 1m에 대한 철근량을 산출하기 위한 철근 물량표를 완성하시오. (단, 소수 3째자리에서 반올림)

기호	직경	길이(mm)	수량	총 길이(mm)	기호	직경	길이(mm)	수량	총 길이(mm)
S_1					S_9				
S_7					F_1				

해답 (1) 길이 1m에 대한 콘크리트량
 ① 기초 콘크리트량 $=3.5 \times 0.1 \times 1 = 0.35 \text{m}^3$
 ② 구체 콘크리트량
 $= \left(3.1 \times 3.65 - 2.5 \times 3 + \dfrac{0.2 \times 0.2}{2} \times 4\right) \times 1$
 $= 3.895 \text{m}^3$

(2) 길이 1m에 대한 거푸집량
 ① 외벽 길이 $= \overline{ab} \times 2 = 3.65 \times 2 = 7.3 \text{m}$
 ② 내벽 길이 $= \overline{fg} \times 2 = 2.6 \times 2 = 5.2 \text{m}$
 ③ 헌치 길이 $= \overline{ef} \times 4 = \sqrt{0.2^2 + 0.2^2} \times 4$
 $= 1.1314 \text{m}$
 ④ 정판 길이 $= \overline{eh} = 2.1 \text{m}$
 ⑤ 구체 거푸집 길이 $=㉠+㉡+㉢+㉣$
 $= 15.7314 \text{m}$
 ⑥ 구체 거푸집량 $= 15.7314 \times 1 ≒ 15.731 \text{m}^2$

(3) 길이 1m에 대한 터파기량
 터파기량 $= \dfrac{5.5 + 13.25}{2} \times 7.75 \times 1$
 $= 72.6563 = 72.656 \text{m}^3$

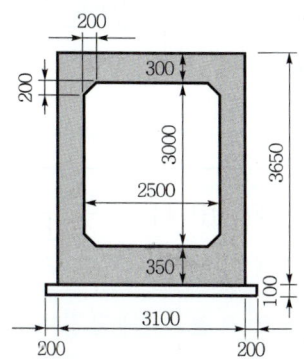

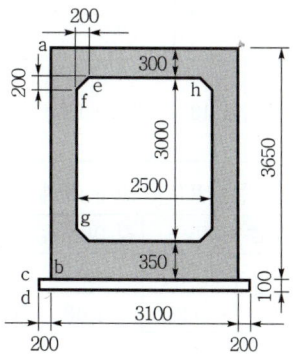

(4) 길이 1m에 대한 철근량
  ① 단면도상 선으로 보이는 철근(S_1, S_4, S_7)
    · 철근개수 ⇒ $\dfrac{단위길이(1m)}{간격}$

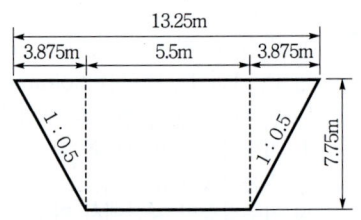

    ※ 실제 시험에서는 S_1, S_7만 구하면 됩니다.
      (나머지 철근은 참고로 하십시오.)

기 호	직 경	본당 길이(mm)	수 량	총 길이(mm)	수량 산출근거
★S_1	D 22	1805×2+346×2+2530 =6832	6.67	45,569.44	수량= $\dfrac{1}{0.3}$×2(개소) =6.67개
★S_7	D 13	100+818+100=1018	6.67	6790.06	
S_4	D 13	2970	3.33	9890.1	수량= $\dfrac{1}{0.3}$×1(개소) =3.33개

  ② 단면도상 점으로 보이는 철근(S_9, S_{10})
    · 철근개수 ⇒ 간격수+1
    ※ 실제 시험에서는 S_9만 구하면 됩니다.(나머지 철근은 참고로 하십시오.)

기 호	직 경	본당 길이 (mm)	수 량	총 길이(mm)	수량 산출근거
★S_9	D 16	1000	56	56,000	수량=(상판상부+상판하부)×2(상·하판) =[(12+1)+15]×2=56개
S_{10}	D 16	1000	36	36,000	수량=(8+1)×2(복배근)×2(좌·우벽) =36개

  ③ F_1, F_3 철근개수 ⇒ $\dfrac{단위길이(1m)}{간격×2}$×개소

    ※ 실제 시험에서는 F_1만 구하면 됩니다.(나머지 철근은 참고로 하십시오.)

기 호	직 경	본당 길이(mm)	수 량	총 길이 (mm)	수량 산출근거
★F_1	D 13	100×2+136×2+340 =812	5	4060	수량= $\dfrac{1}{0.3×2}$×3(개소) =5개
F_3	D 13	135+100×2=335	16.67	5584.45	수량= $\dfrac{1}{0.3×2}$×5(개소)×2(좌·우벽) =16.67개

  ④ 철근 물량표(단, 소수 셋째자리에서 반올림하시오.)

기 호	직 경	길 이(mm)	수 량	총 길이(mm)	기 호	직 경	길 이(mm)	수 량	총 길이(mm)
S_1	D 22	6832	6.67	45,569.44	S_9	D 16	1000	56	56,000
S_7	D 13	1018	6.67	6790.06	F_1	D 13	812	5	4060

(2) 2연 암거

다음 2연 암거의 물량을 산출하시오. (단위 : mm)

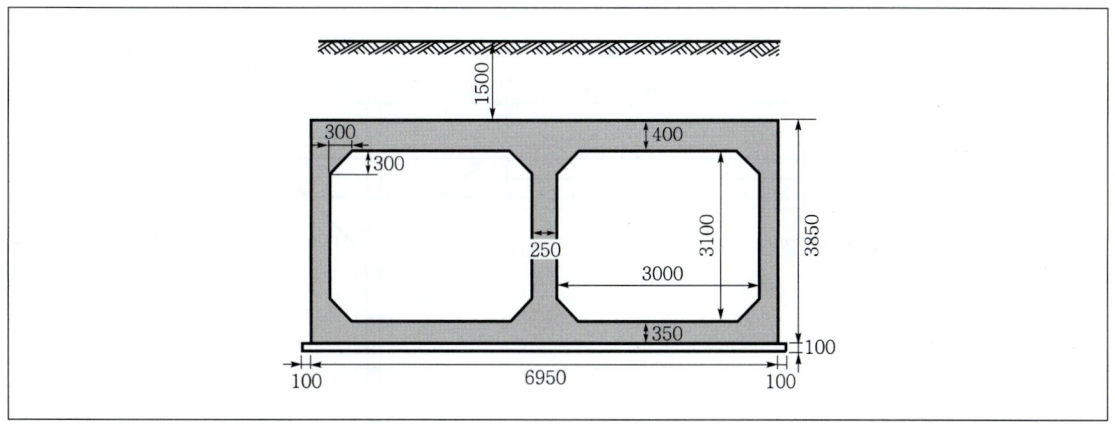

(1) 2연 암거의 1m 길이에 대한 콘크리트량을 산출하시오. (단, 기초의 콘크리트량도 고려하며 소수점 이하 4째자리에서 반올림하시오.)

(2) 2연 암거의 1m 길이에 대한 거푸집량을 산출하시오. (단, 기초의 거푸집량도 고려하고, 마구리면은 고려하지 않으며, 소수점 이하 4째자리에서 반올림하시오.)

(3) 2연 암거의 1m 길이에 대한 터파기량을 산출하시오. (지형상태는 일반도와 같으며 터파기의 여유폭은 기초 콘크리트 양끝에서 0.6m로 하고, 비탈기울기는 1 : 0.5로 하며 소수점 이하 4째자리에서 반올림하시오.)

해답 (1) 길이 1m에 대한 콘크리트량
① 기초 콘크리트량 $= 7.15 \times 0.1 \times 1 = 0.715 m^3$
② 구체 콘크리트량 $= (6.95 \times 3.85 - 3.1 \times 3.0 \times 2 + \dfrac{0.3 \times 0.3}{2} \times 8) \times 1 = 8.5175 m^3$
③ 전체 콘크리트량 $= 0.715 + 8.5175 = 9.2325 ≒ 9.233 m^3$
(2) 길이 1m에 대한 거푸집량
① 기초 거푸집량 $= 0.1 \times 2 \times 1 = 0.2 m^2$
② 구체 거푸집량 $= (3.85 \times 2 + 2.5 \times 4 + 2.4 \times 2 + \sqrt{0.3^2 + 0.3^2} \times 8) \times 1 = 25.89411 m^2$
③ 전체 거푸집량 $= 0.2 + 25.89411 = 26.09411 ≒ 26.094 m^2$
(3) 길이 1m에 대한 터파기량
터파기량 $= \left(\dfrac{8.35 + (8.35 + 5.45)}{2} \times 5.45 \right) \times 1 = 60.35875 ≒ 60.359 m^3$

10

주어진 2연 암거의 도면 및 조건에 따라 물량을 산출하시오.

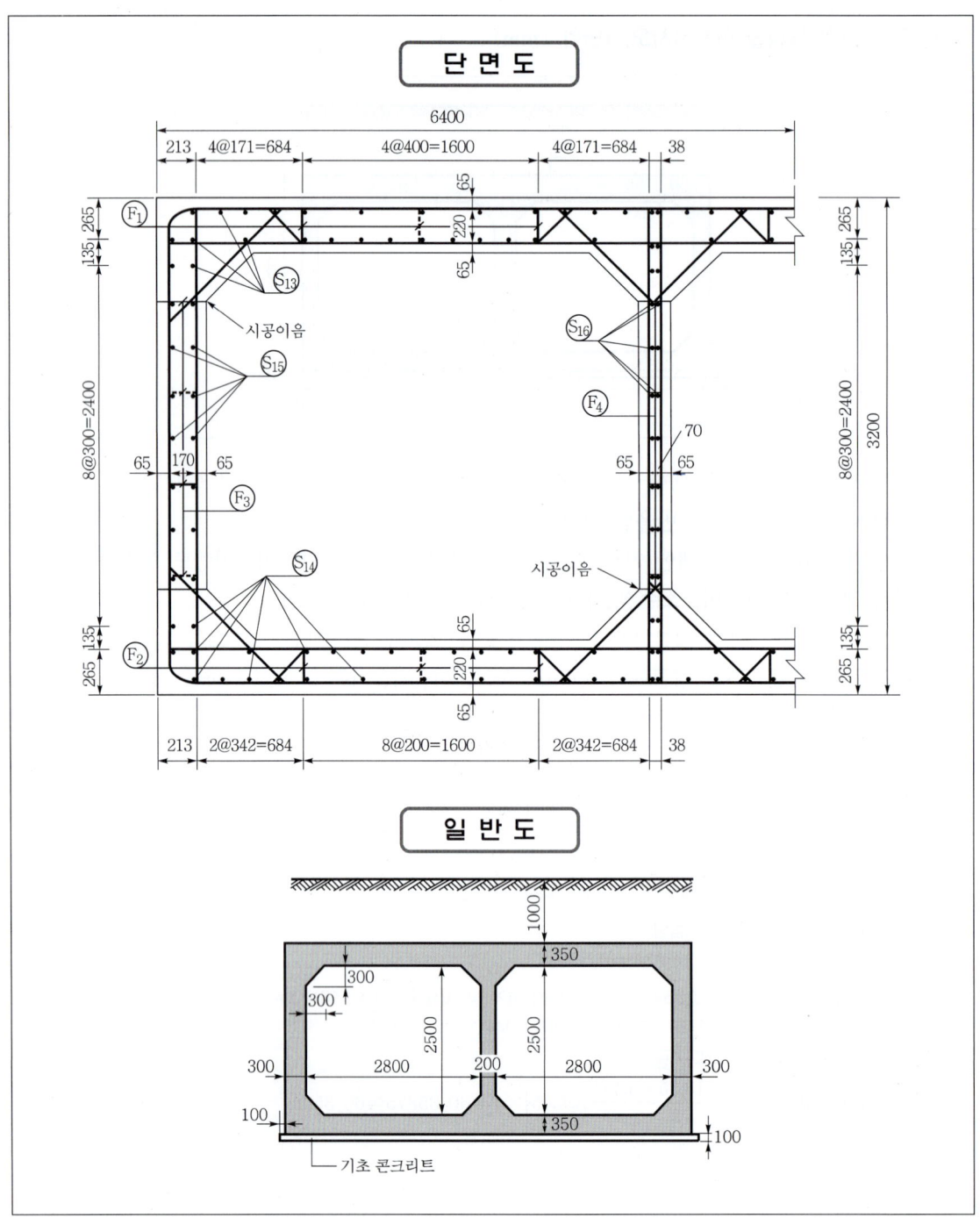

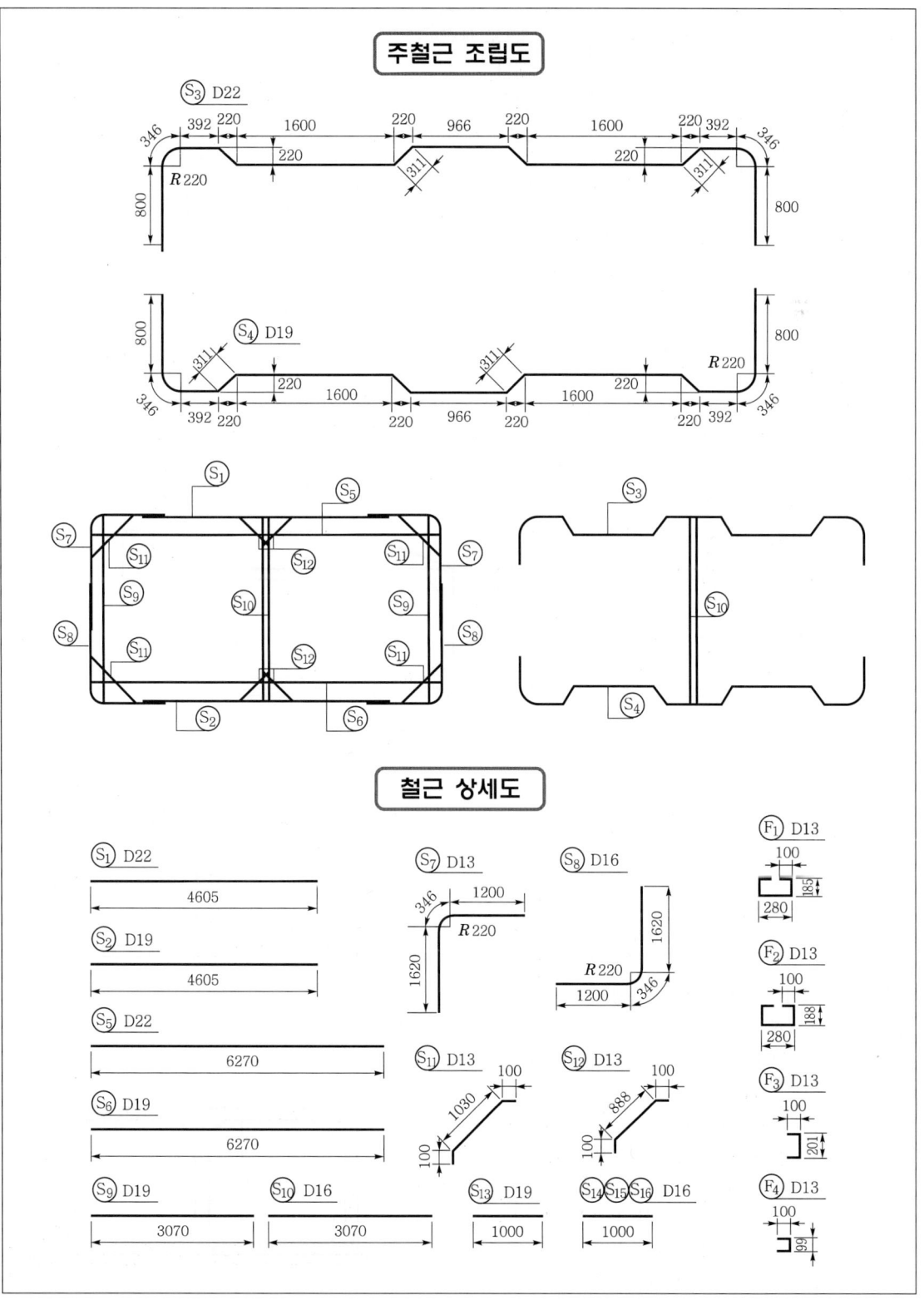

[조건] ① $S_1 \sim S_9$ 철근은 각각 250mm 간격으로 배근한다.
② S_{10} 철근은 125mm 간격으로 배근한다.
③ S_{11}, S_{12} 철근은 각각 250mm 간격으로 배근한다.
④ F_1, F_2, F_3는 도면과 같이 지그재그로 배치되어 있고, F_4는 300mm 간격으로 지그재그로 배치되어 있다.
⑤ 물량산출에서의 할증률 및 마구리면은 무시한다.
⑥ 철근길이 계산에서 상세도에 표시되어 있지 않은 이음길이는 계산하지 않는다.

(1) 길이 1m에 대한 콘크리트량(단, 기초와 구체부분으로 나누어 계산하고, 소수 3째자리에서 반올림하시오.)
(2) 길이 1m에 대한 거푸집량(단, 기초와 구체부분으로 나누어 계산하고, 소수 3째자리에서 반올림하시오.)
(3) 길이 1m에 대한 철근 물량표(단, mm 단위 이하는 반올림하여 mm까지 구함.)

참고 2연 암거의 경사투영형상

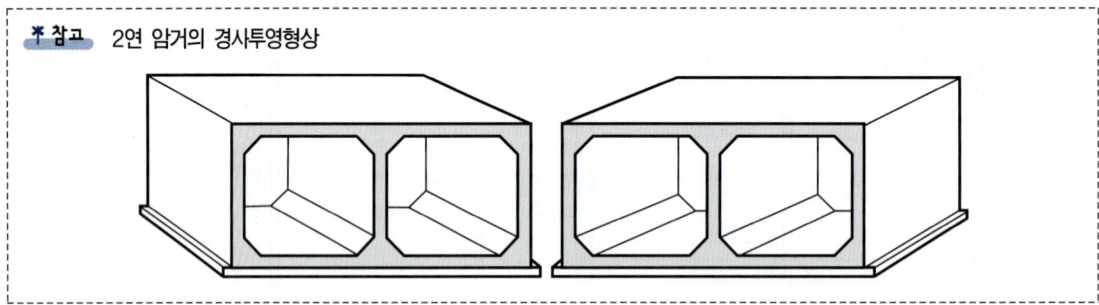

[해답] (1) 길이 1m에 대한 콘크리트량
① 구체 콘크리트량
$$= \left[6.4 \times 3.2 - (2.8 \times 2.5) \times 2 + \left(\frac{0.3 \times 0.3}{2}\right) \times 8\right] \times 1 = 6.84 \text{m}^3$$
② 기초 콘크리트량 $= 6.6 \times 0.1 \times 1 = 0.66 \text{m}^3$
③ 전체 콘크리트량 $= 6.84 + 0.66 = 7.5 \text{m}^3$

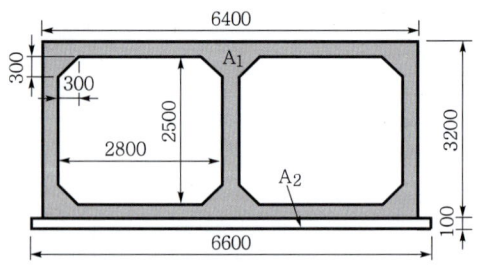

(2) 길이 1m에 대한 거푸집량
① 구체 거푸집량
㉠ 외벽길이 $= \overline{ab} \times 2 = 3.2 \times 2 = 6.4 \text{m}$
㉡ 내벽길이 $= \overline{fg} \times 4 = 1.9 \times 4 = 7.6 \text{m}$
㉢ 헌치길이 $= \overline{ef} \times 8 = \sqrt{0.3^2 + 0.3^2} \times 8 = 3.394 \text{m}$
㉣ 정판길이 $= \overline{eh} \times 2 = 2.2 \times 2 = 4.4 \text{m}$
㉤ 구체 거푸집길이 $= ㉠ + ㉡ + ㉢ + ㉣ = 21.79 \text{m}$
㉥ 구체 거푸집량 $= 21.79 \times 1 = 21.79 \text{m}^2$
② 기초 거푸집량 $= \overline{cd} \times 2 \times 1 = 0.1 \times 2 \times 1 = 0.2 \text{m}^2$
③ 전체 거푸집량 $= 21.79 + 0.2 = 21.99 \text{m}^2$

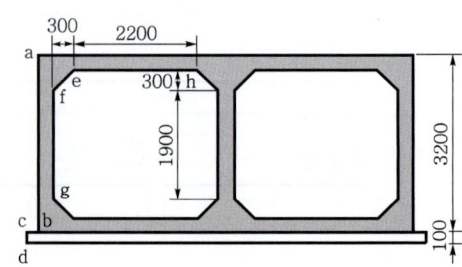

(3) 길이 1m에 대한 철근량
  ① 단면도상 선으로 보이는 철근($S_1 \sim S_{12}$)
   • 철근개수 $\Rightarrow \dfrac{단위길이(1m)}{간격}$

기 호	직 경	본당 길이(mm)	수 량	총 길이 (mm)	수량 산출근거
S_1	D 22	4605	4	18,420	
S_2	D 19	4605	4	18,420	
S_3	D 22	8486	4	33,944	수량 = $\dfrac{1}{0.25}$ = 4개
S_4	D 19	8486	4	33,944	
S_5	D 22	6270	4	25,080	
S_6	D 19	6270	4	25,080	
S_7	D 13	1620+346+1200 =3166	8	25,328	
S_8	D 16	1200+346+1620 =3166	8	25,328	수량 = $\dfrac{1}{0.25} \times 2(개소) = 8개$
S_9	D 19	3070	8	24,560	
S_{10}	D 16	3070	16	49,120	수량 = $\dfrac{1}{0.125} \times 2(복배근) = 16개$
S_{11}	D 13	100×2+1030 =1230	16	19,680	수량 = $\dfrac{1}{0.25} \times 4(개소) = 16개$
S_{12}	D 13	100×2+888 =1088	16	17,408	

  ② 단면도상 점으로 보이는 철근($S_{13} \sim S_{16}$)
   • 철근개수 $\Rightarrow$ 간격수+1

기 호	직 경	본당 길이 (mm)	수 량	총 길이 (mm)	수량 산출근거
S_{13}	D 19	1000	60	60,000	수량=(상판상부+상판하부)×2(좌·우 암거가 대칭) =[(12+1)+17]×2=60개
S_{14}	D 16	1000	60	60,000	수량=(저판상부+저판하부)×2(좌·우 암거가 대칭) =[17+(12+1)]×2=60개
S_{15}	D 16	1000	28	28,000	수량=(간격수+1)×2(복배근)×2(좌·우 외벽) =(6+1)×2×2=28개
S_{16}	D 16	1000	14	14,000	수량=(간격수+1)×2(복배근) =(6+1)×2=14개

③ F_1, F_2, F_3, F_4 철근개수 $\Rightarrow \dfrac{\text{단위길이}(1m)}{\text{간격}\times 2}\times\text{개소}$

기 호	직 경	본당 길이(mm)	수 량	총 길이 (mm)	수량 산출근거
F_1	D 13	185×2+280 +100×2=850	12	10,200	수량 = $\dfrac{1}{0.25\times 2}\times 3(개소)\times 2(좌\cdot우)$ =12개
F_2	D 13	188×2+280+ 100×2=856	12	10,272	수량 = $\dfrac{1}{0.25\times 2}\times 3(개소)\times 2(좌\cdot우)$ =12개
F_3	D 13	100×2+201 =401	16	6416	수량 = $\dfrac{1}{0.25\times 2}\times 4(개소)\times 2(좌\cdot우)$ =16개
F_4	D 13	100×2+99=299	6.67	1994.33	수량 = $\dfrac{1}{0.3\times 2}\times 4(개소)$=6.67

④ 철근 물량표(단, mm 단위 이하는 반올림하여 mm까지 구함.)

기 호	직 경	길 이(mm)	수 량	총 길이(mm)	기 호	직 경	길 이(mm)	수 량	총 길이(mm)
S_1	D 22	4605	4	18,420	S_{11}	D 13	1230	16	19,680
S_2	D 19	4605	4	18,420	S_{12}	D 13	1088	16	17,408
S_3	D 22	8486	4	33,944	S_{13}	D 19	1000	60	60,000
S_4	D 19	8486	4	33,944	S_{14}	D 16	1000	60	60,000
S_5	D 22	6270	4	25,080	S_{15}	D 16	1000	28	28,000
S_6	D 19	6270	4	25,080	S_{16}	D 16	1000	14	14,000
S_7	D 13	3166	8	25,328	F_1	D 13	850	12	10,200
S_8	D 16	3166	8	25,328	F_2	D 13	856	12	10,272
S_9	D 19	3070	8	24,560	F_3	D 13	401	16	6416
S_{10}	D 16	3070	16	49,120	F_4	D 13	299	6.67	1994

③ 도로교 상·하부 구조물

(1) 도로교 상부

11 ★ `99 ③, 01 ③`

주어진 도면 및 조건에 따라 물량을 산출하시오.

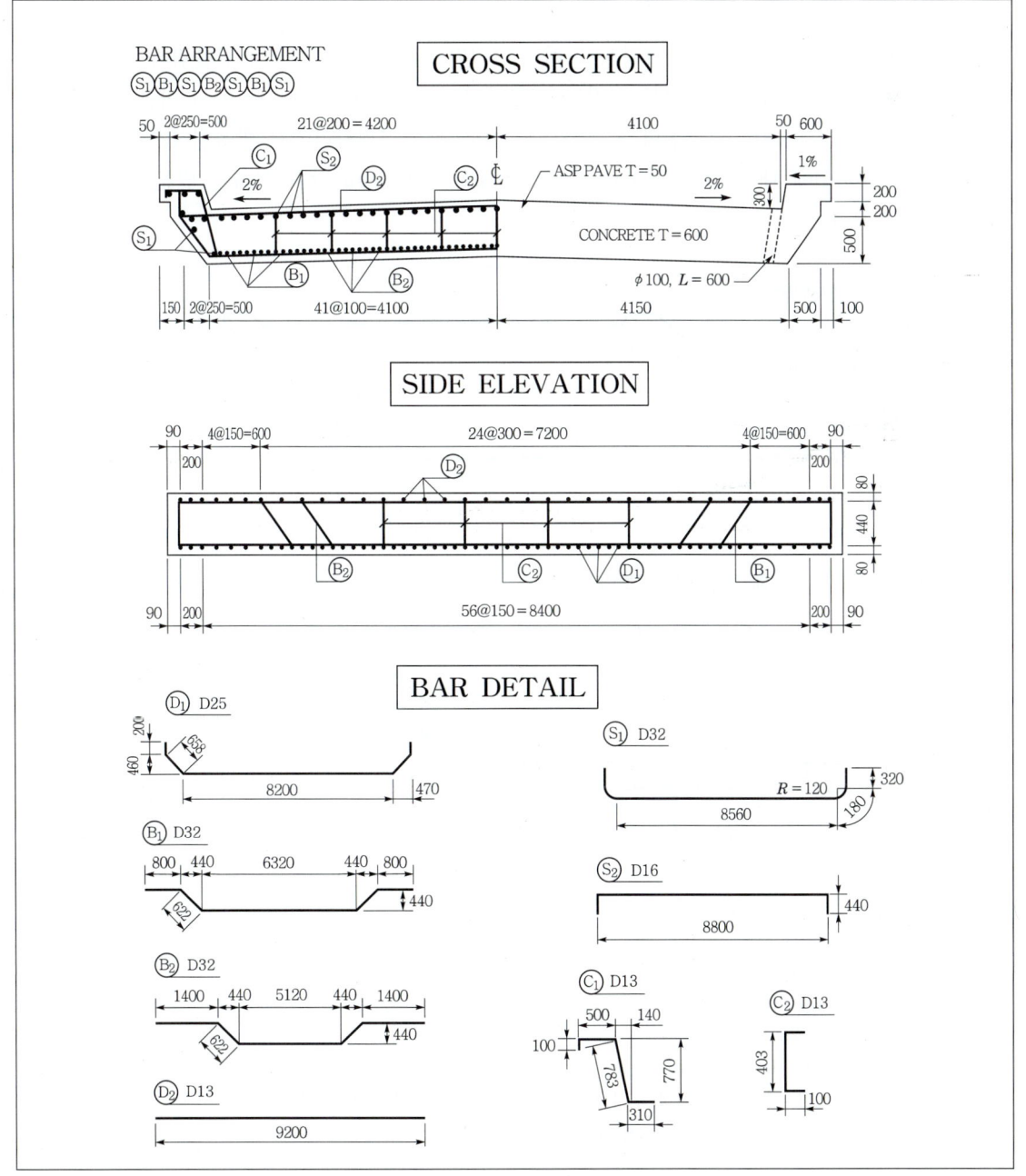

조건
① S_1, S_2 철근은 200mm 간격으로 배근한다.
② B_1, B_2 철근은 400mm 간격으로 배근한다.
③ D_1 철근은 양끝에서 100mm 간격이고, 중앙부분에서는 150mm 간격으로 배근한다.
④ D_2, C_1 철근은 양끝에서 100mm 간격이고, 다음에서는 150mm 간격이고, 중앙부분에서는 300mm 간격으로 배근한다.
⑤ 물량산출에서의 할증률은 무시한다.
⑥ 철근길이 계산에서 상세도에 표시되어 있지 않은 이음길이는 계산하지 않는다.

(1) 한 지간(1span)에 대한 콘크리트량을 구하시오. (단, 소수 4째자리에서 반올림하시오.)
(2) 한 지간(1span)에 대한 아스팔트 포장량을 구하시오. (단, 소수 4째자리에서 반올림하시오.)
(3) 한 지간(1span)에 대한 거푸집량을 구하시오. (단, 소수 4째자리에서 반올림하시오.)
(4) 한 지간(1span)에 대한 철근 물량표를 완성하시오. (단, mm 단위 이하는 반올림하여 mm까지 구하시오.)

참고 슬래브의 경사투영형상

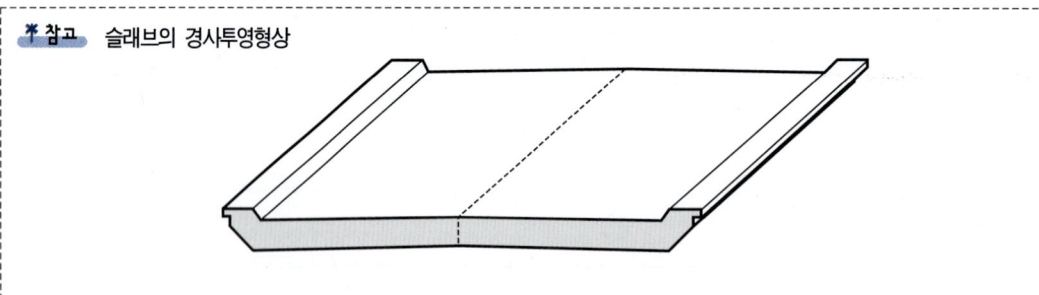

해답 (1) 한 지간(1span)에 대한 콘크리트량

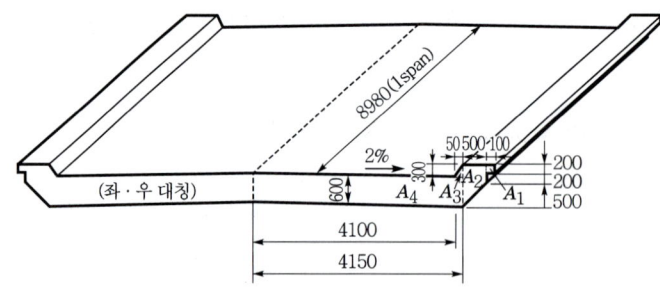

① $A_1 = 0.1 \times 0.2 = 0.02 \text{m}^2$
② $A_2 = \dfrac{0.4 + 0.9}{2} \times 0.5 = 0.325 \text{m}^2$
③ $A_3 = \dfrac{0.05 \times 0.3}{2} = 0.0075 \text{m}^2$
④ $A_4 = 4.15 \times 0.6 = 2.49 \text{m}^2$
⑤ 콘크리트량 $= (A_1 + A_2 + A_3 + A_4) \times 2(\text{좌·우}) \times 8.98(\text{1span 길이})$
$= 2.8425 \times 2 \times 8.98 = 51.0513 = 51.051 \text{m}^3$

(2) 한 지간(1span)에 대한 아스팔트 포장량
  ① 포장면적 = $4.1 \times 2(좌 \cdot 우) \times 8.98(1span\ 길이) = 73.636m^2$
  ② 포장량 = 포장면적×포장두께 = $73.636 \times 0.05 = 3.682m^3$
(3) 한 지간(1span)에 대한 거푸집량
  ① $A_1 = \sqrt{0.05^2 + 0.3^2} \times 8.98 = 2.7312m^2$
  ② $A_2 = \sqrt{4.15^2 + 0.083^2} \times 8.98 = 37.2745m^2$
  ③ $A_3 = \sqrt{0.5^2 + 0.5^2} \times 8.98 = 6.3498m^2$
  ④ $A_4 = 0.2 \times 8.98 = 1.796m^2$
  ⑤ $A_5 = 0.1 \times 8.98 = 0.898m^2$
  ⑥ $A_6 = 0.2 \times 8.98 = 1.796m^2$
  ⑦ A_7(마구리면 거푸집량)
    = Ⓐ×2(좌·우)×2(앞·뒤 마구리면)
    = $2.8425 \times 2 \times 2 = 11.37m^2$
  ⑧ 거푸집량
    = $(A_1 + A_1 + \cdots\cdots + A_6) \times 2(좌 \cdot 우) + A_7$
    = $50.8455 \times 2 + 11.37 = 113.061m^2$

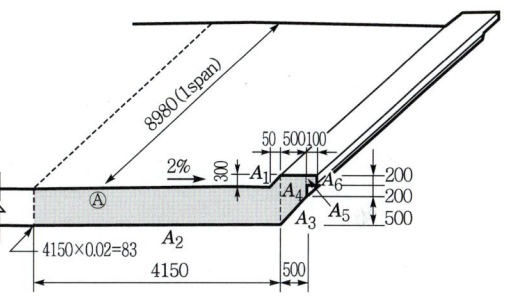

(4) 한 지간(1span)에 대한 철근량
  ① 단면도상 선으로 보이는 철근(D_1, D_2, C_1)

기호	직경	본당 길이(mm)	수량	총 길이(mm)	수량 산출근거
D_1	D 25	200×2+658×2+8200 =9916	61	604,876	수량=2+(56+1)+2=61개 혹은, 측면도상 개수를 센다.
D_2	D 13	9200	37	340,400	수량=2+[(4+24+4)+1]+2=37개 혹은, 측면도상 개수를 센다.
C_1	D 13	100+500+783+310 =1693	74	125,282	C_1 철근간격=D_2 철근간격이므로 수량=37×2(좌·우)=74개

D_1, D_2, C_1 철근 배근도

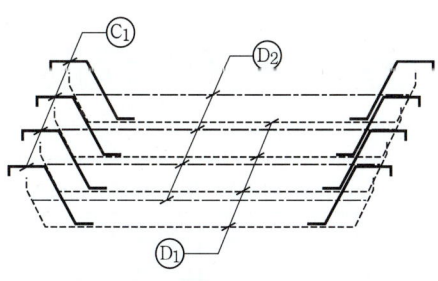

② 단면도상 점으로 보이는 철근(S_1, S_2, B_1, B_2)

기호	직경	본당 길이(mm)	수량	총 길이(mm)	수량 산출근거
S_1	D 32	320×2+180×2 +8560=9560	45	430,200	수량 = $\left[\left(\dfrac{길이(4m)}{간격}+1\right)+경사면의\ 철근개수\right] \times 2 - 1$ = $\left[\left(\dfrac{4}{0.2}+1\right)+2\right] \times 2 - 1 = 45개$ ※ 철근 배근도 참조

기 호	직 경	본당 길이(mm)	수 량	총 길이(mm)	수량 산출근거
S_2	D 16	8800+440×2 =9680	53	513,040	수량=(간격수+1)+경사면의 철근개수×2(좌·우) =(42+1)+(5×2)=53개
B_1	D 32	800×2+622×2 +6320=9164	20	183,280	수량=$\left(\dfrac{길이(3.6m)}{간격}+1\right)×2$(좌·우 대칭) =$\left(\dfrac{3.6}{0.4}+1\right)×2=20$개
B_2	D 32	1400×2+662×2 +5120=9164	20	183,280	수량=$\left(\dfrac{길이(3.6m)}{간격}+1\right)×2$(좌·우 대칭) =$\left(\dfrac{3.6}{0.4}+1\right)×2=20$개

· S_1, S_2, B_1, B_2 철근 배근도

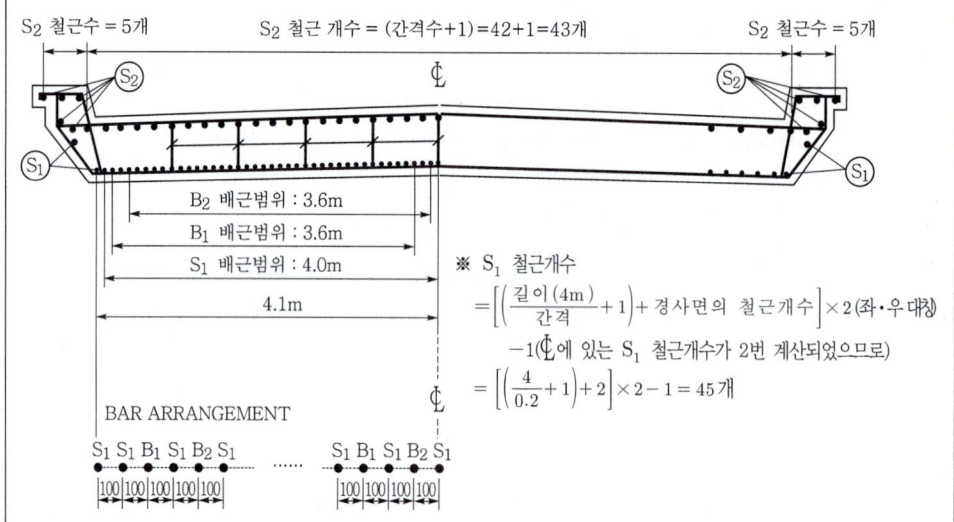

③ C_2

기 호	직 경	본당 길이(mm)	수 량	총 길이(mm)	수량 산출근거
C_2	D 13	100×2+403=603	36	21,708	단면도상 9개, 측면도상 4개이므로 수량=9×4=36개(지그재그 배근이 아님.)

④ 철근 물량표(단, mm 단위 이하는 반올림하여 mm까지 구함.)

기 호	직 경	길 이 (mm)	수 량	총 길이 (mm)	기 호	직 경	길 이 (mm)	수 량	총 길이 (mm)
S_1	D 32	9560	45	430,200	D_1	D 25	9916	61	604,876
S_2	D 16	9680	53	513,040	D_2	D 13	9200	37	340,400
B_1	D 32	9164	20	183,280	C_1	D 13	1693	74	125,282
B_2	D 32	9164	20	183,280	C_2	D 13	603	36	21,708

12 ★★★

주어진 슬래브의 도면 및 조건에 따라 물량을 산출하시오.

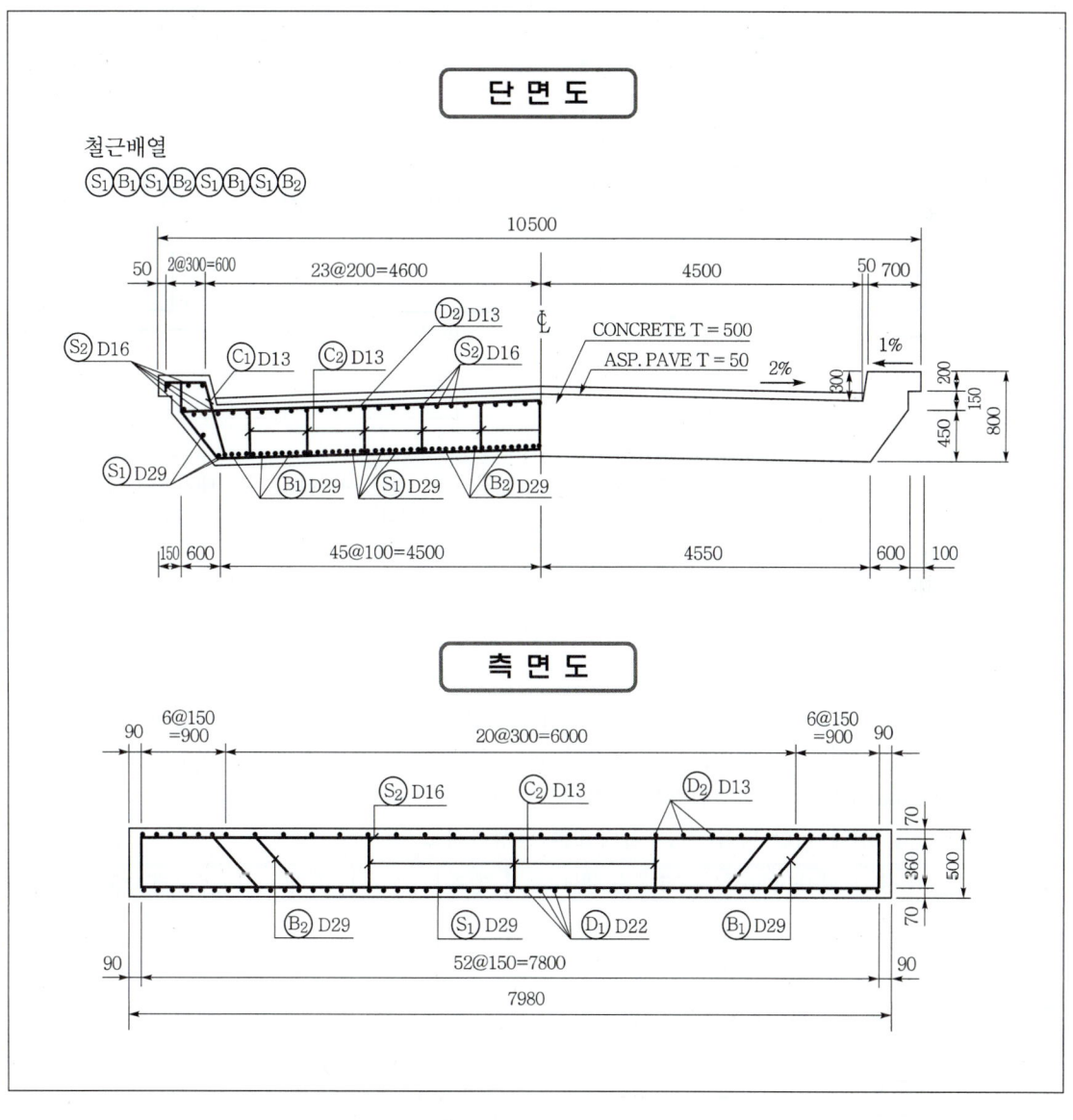

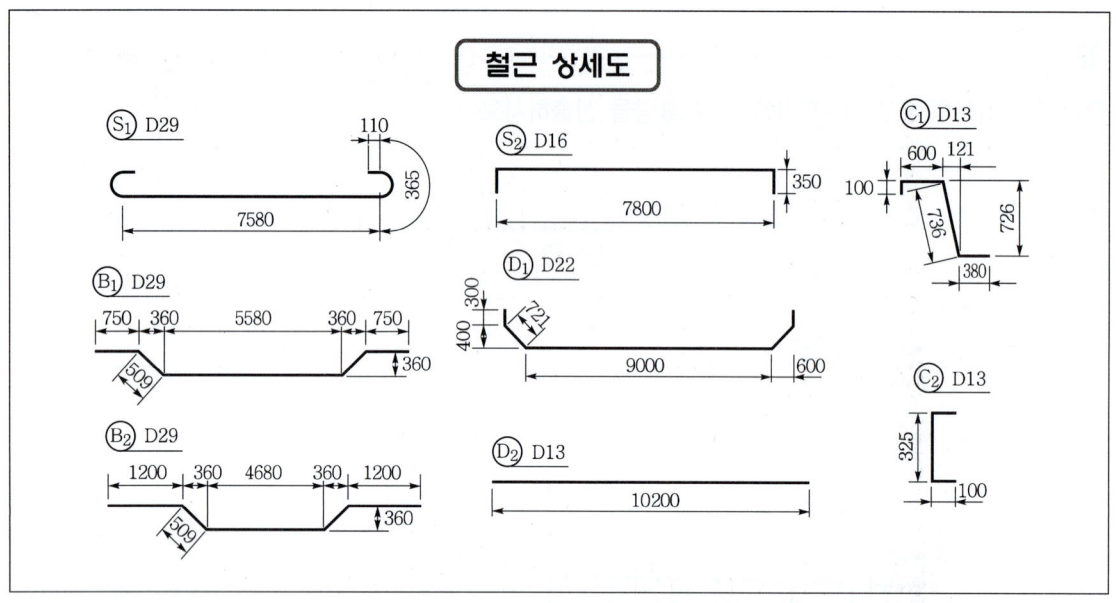

[조건]
① B_1과 B_2 철근은 400mm 간격으로 200mm 간격의 S_1 철근 사이에 교대로 배치되어 있다.
② D_2와 C_1 철근은 동일한 위치에 동일한 간격으로 배치된 것으로 측면도와 같이 중앙부에서는 300mm, 양쪽 단부에서는 150mm 간격으로 배근되어 있다.
③ 물량산출에서의 할증률은 무시한다.
④ 철근길이 계산에서 이음길이는 계산하지 않는다.
⑤ 2%구배는 시공 시 고려하고, 물량산출에서는 고려하지 않는다.

(1) 한 경간(1span)에 대한 콘크리트량을 구하시오. (단, 소수 4째자리에서 반올림하시오.)
(2) 한 경간(1span)에 대한 아스팔트량을 구하시오. (단, 소수 4째자리에서 반올림하시오.)
(3) 한 경간(1span)에 대한 거푸집량을 구하시오. (단, 소수 4째자리에서 반올림하시오.)
(4) 한 경간(1span)에 대한 다음 철근 물량표를 완성하시오.

기 호	직 경	길 이(mm)	수 량	총 길이(mm)	기 호	직 경	길 이(mm)	수 량	총 길이(mm)
B_1					D_1				
C_1					S_1				

[해답] (1) 한 경간(1span)에 대한 콘크리트량

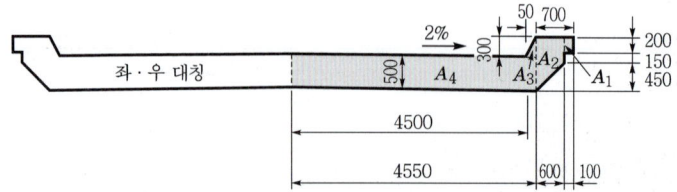

① $A_1 = 0.2 \times 0.1 = 0.02 \text{m}^2$
② $A_2 = \dfrac{0.35 + 0.8}{2} \times 0.6 = 0.345 \text{m}^2$

③ $A_3 = \dfrac{0.3 \times 0.05}{2} = 0.0075\text{m}^2$

④ $A_4 = 4.55 \times 0.5 = 2.275\text{m}^2$

⑤ 콘크리트량 $= (A_1 + A_2 + A_3 + A_4) \times 2(좌 \cdot 우) \times 7.98(1\text{span 길이})$
   $= 2.6475 \times 2 \times 7.98$
   $= 42.2541 = 42.254\text{m}^3$

(2) 한 경간(1span)에 대한 아스팔트 포장량
  ① 포장면적 $= 4.5 \times 2(좌 \cdot 우) \times 7.98(1\text{span 길이})$
     $= 71.82\text{m}^2$
  ② 포장량 $= 71.82 \times 0.05 = 3.591\text{m}^3$

(3) 한 경간(1span)에 대한 거푸집량
  ① $A_1 = \sqrt{0.05^2 + 0.3^2} \times 7.98 = 2.427\text{m}^2$
  ② $A_2 = 0.2 \times 7.98 = 1.596\text{m}^2$
  ③ $A_3 = 0.1 \times 7.98 = 0.798\text{m}^2$
  ④ $A_4 = 0.15 \times 7.98 = 1.197\text{m}^2$
  ⑤ $A_5 = \sqrt{0.45^2 + 0.6^2} \times 7.98 = 5.985\text{m}^2$
  ⑥ $A_6 = 4.55 \times 7.98 = 36.309\text{m}^2$
  ⑦ A_7(마구리면 거푸집량)
     $= Ⓐ \times 2(좌 \cdot 우) \times 2(앞 \cdot 뒤) = 2.6475 \times 2 \times 2$
     $= 10.59\text{m}^2$
  ⑧ 거푸집량 $= (A_1 + A_2 + \cdots\cdots + A_6) \times 2(좌 \cdot 우) + A_7$
     $= 48.312 \times 2 + 10.59$
     $= 107.214\text{m}^2$

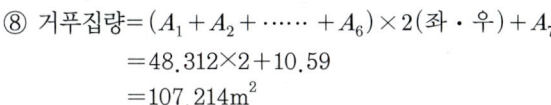

(4) 한 경간(1span)에 대한 철근량
  ① 산출근거

기호	직경	본당 길이(mm)	수량	총 길이(mm)	수량 산출근거
B_1	D 29	750×2+509×2 +5580=8098	22	178,156	수량 $= \left(\dfrac{길이(4\text{m})}{간격} + 1\right) \times 2(좌 \cdot 우\ 대칭)$ $= \left(\dfrac{4}{0.4} + 1\right) \times 2 = 22$개
C_1	D 13	100+600+736 +380=1816	66	119,856	C_1 철근간격 $= D_2$ 철근간격이므로 수량 $= [(6+20+6)+1] \times 2(좌 \cdot 우) = 66$개 혹은, 측면도상 개수를 센다.
D_1	D 22	300×2+721×2 +9000=11,042	53	585,226	수량 $= 52 + 1 = 53$개 혹은, 측면도상 개수를 센다.
S_1	D 29	110×2+365×2 +7580=8530	49	417,970	수량 $= \left[\left(\dfrac{길이(4.4\text{m})}{간격} + 1\right) + 경사면의\ 철근개수\right] \times 2 - 1$ $= \left[\left(\dfrac{4.4}{0.2} + 1\right) + 2\right] \times 2 - 1 = 49$개

② 철근 물량표(단, mm 단위 이하는 반올림하여 mm까지 구함.)

기호	직경	길이(mm)	수량	총 길이(mm)	기호	직경	길이(mm)	수량	총 길이(mm)
B_1	D 29	8098	22	178,156	D_1	D 22	11,042	53	585,226
C_1	D 13	1816	66	119,856	S_1	D 29	8530	49	417,970

13 기본

주어진 도면 및 조건에 따라 물량을 산출하시오.

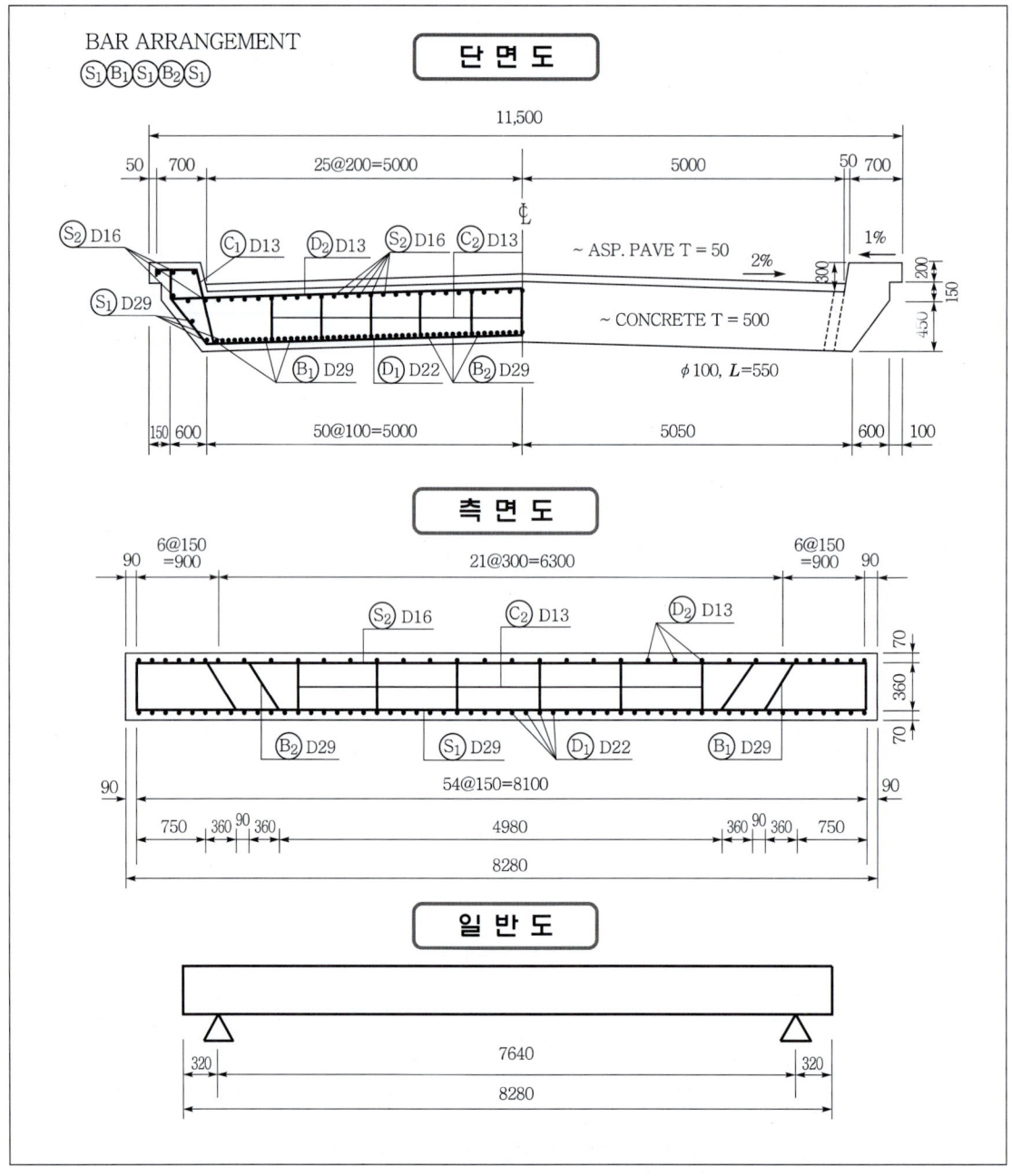

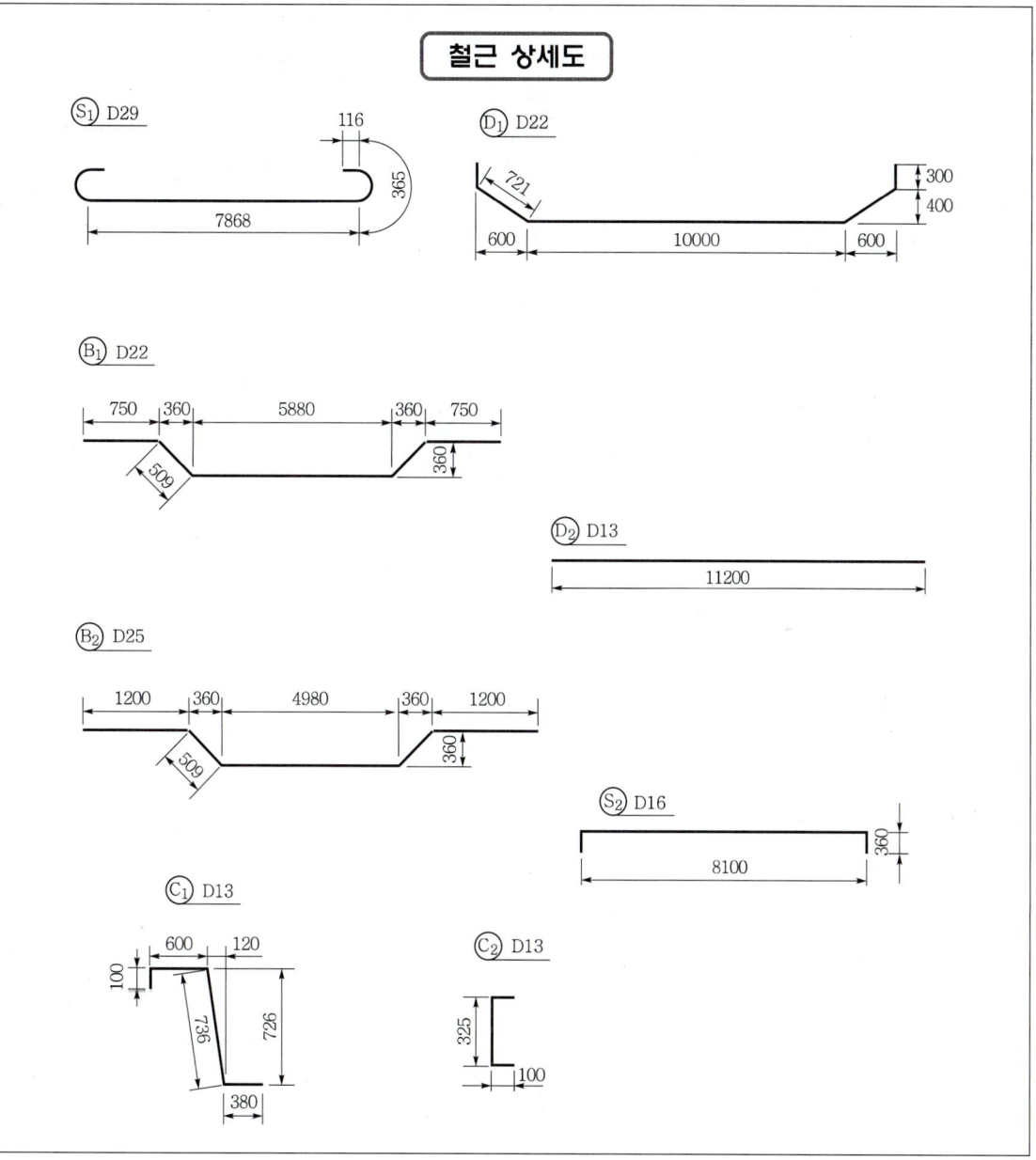

조건 ① S_1, S_2 철근은 200mm 간격으로 배근하고, B_1, B_2 철근은 400mm 간격으로 배근한다.
② D_1 철근은 150mm 간격으로 배근한다.
③ D_2 철근은 양단에서 150mm 간격이고, 중앙부분에서 300mm 간격으로 배근한다.
④ C_1 철근은 D_2와 동일한 간격으로 단면 좌·우로 배근한다.
⑤ 물량산출에서 할증률은 무시하고, 상세도에 표시되어 있지 않은 이음길이는 계산하지 않는다.

(1) 한 지간(1span)에 대한 콘크리트량을 구하시오. (단, 소수 4째자리에서 반올림하시오.)
(2) 한 지간(1span)에 대한 아스팔트 포장량을 구하시오. (단, 소수 4째자리에서 반올림하시오.)
(3) 한 지간(1span)에 대한 거푸집량을 구하시오. (단, 소수 4째자리에서 반올림하시오.)
(4) 한 지간(1span)에 대한 철근 물량표를 완성하시오. (단, mm 단위 이하는 반올림하여 mm까지 구하시오.)

[해답] (1) 한 지간(1span)에 대한 콘크리트량

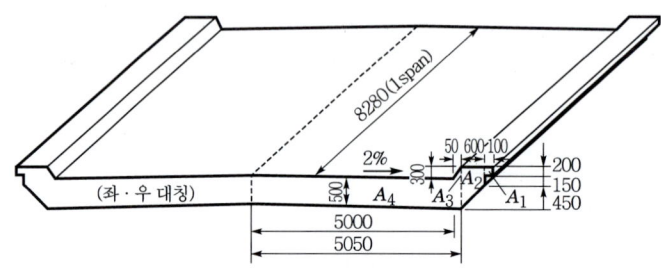

① $A_1 = 0.1 \times 0.2 = 0.02 \text{m}^2$
② $A_2 = \dfrac{0.35 + 0.8}{2} \times 0.6 = 0.345 \text{m}^2$
③ $A_3 = \dfrac{0.05 \times 0.3}{2} = 0.0075 \text{m}^2$
④ $A_4 = 5.05 \times 0.5 = 2.525 \text{m}^2$
⑤ 콘크리트량 $= (A_1 + A_2 + A_3 + A_4) \times 2(\text{좌·우}) \times 8.28(1\text{pan 길이})$
   $= 2.8975 \times 2 \times 8.28$
   $= 47.9826 = 47.983 \text{m}^3$

(2) 한 지간(1span)에 대한 아스팔트 포장량
① 포장면적 $= 5 \times 2(\text{좌·우}) \times 8.28(1\text{span 길이})$
   $= 82.8 \text{m}^2$
② 포장량 $= 82.8 \times 0.05 = 4.14 \text{m}^3$

(3) 한 지간(1span)에 대한 거푸집량
① $A_1 = \sqrt{0.05^2 + 0.3^2} \times 8.28 = 2.51826 \text{m}^2$
② $A_2 = \sqrt{5.05^2 + 0.101^2} \times 8.28$
    $= 41.82236 \text{m}^2$
③ $A_3 = \sqrt{0.6^2 + 0.45^2} \times 8.28 = 6.21 \text{m}^2$
④ $A_4 = 0.15 \times 8.28 = 1.242 \text{m}^2$
⑤ $A_5 = 0.1 \times 8.28 = 0.828 \text{m}^2$
⑥ $A_6 = 0.2 \times 8.28 = 1.656 \text{m}^2$
⑦ A_7(마구리면 거푸집량)
   $= Ⓐ \times 2(\text{좌·우}) \times 2(\text{앞·뒤 마구리면})$
   $= 2.8975 \times 2 \times 2 = 11.59 \text{m}^2$

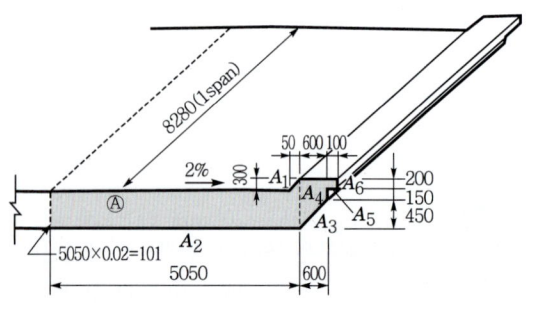

⑧ 거푸집량 $= (A_1 + A_2 + \cdots\cdots + A_6) \times 2(\text{좌·우}) + A_7$
   $= 54.2767 \times 2 + 11.59 = 120.1434 = 120.143 \text{m}^2$

(4) 한 지간(1span)에 대한 철근량
 ① 단면도상 선으로 보이는 철근(D_1, D_2, C_1)

기 호	직 경	본당 길이(mm)	수 량	총 길이(mm)	수량 산출근거
D_1	D 22	300×2+721×2 +10,000=12,042	55	662,310	수량=54+1=55개 혹은, 측면도상 개수를 센다.
D_2	D 13	11,200	34	380,800	수량=(6+1)+(21-1)+(6+1)=34개 혹은, 측면도상 개수를 센다.
C_1	D 13	100+600+736+380 =1816	68	123,488	C_1 철근간격=D_2 철근간격이므로 수량=34×2(좌·우)=68개

 ② 단면도상 점으로 보이는 철근(S_1, S_2, B_1, B_2)

기 호	직 경	본당 길이(mm)	수 량	총 길이(mm)	수량 산출근거
S_1	D 29	116×2+365×2+7868 =8830	53	467,990	수량=$\left[\left(\dfrac{길이(5m)}{간격}+1\right)+경사면의\ 철근개수\right]×2-1$ =$\left[\left(\dfrac{5}{0.2}+1\right)+1\right]×2-1=53개$ ※ 철근 배근도 참조
S_2	D 16	360×2+8100=8820	61	538,020	수량=(간격수+1)+경사면의 철근개수×2(좌·우) =(50+1)+(5×2)=61개
B_1	D 22	750×2+509×2+5880 =8398	26	218,348	수량 =$\left[\dfrac{길이(4.8m)}{간격}+1\right]×2(좌·우)$ =$\left(\dfrac{4.8}{0.4}+1\right)×2=26개$
B_2	D 25	1200×2+509×2+4980 =8398	24	201,552	수량 =$\left[\dfrac{길이(4.4m)}{간격}+1\right]×2(좌·우)$ =$\left(\dfrac{4.4}{0.4}+1\right)×2=24개$

· B_1, B_2 철근 배근도

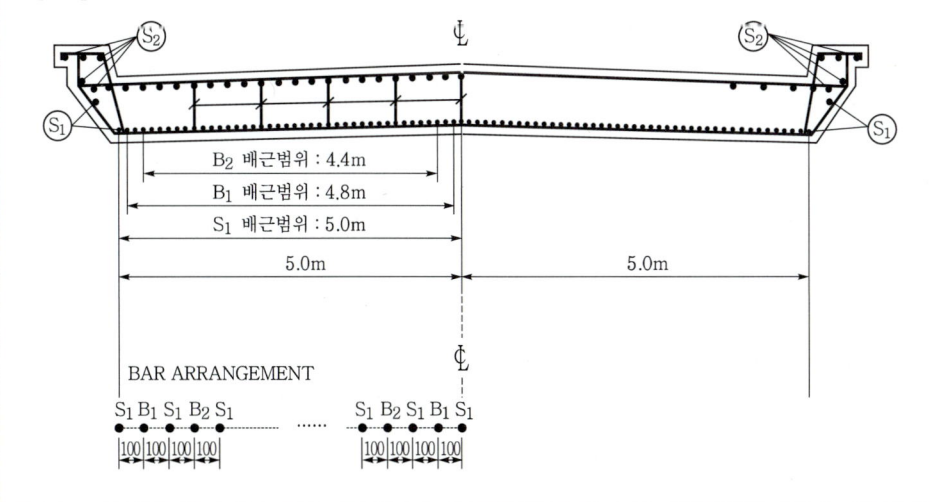

③ C_2

기 호	직 경	본당 길이(mm)	수 량	총 길이(mm)	수량 산출근거
C_2	D 13	100×2+325=525	66	34,650	단면도상 11개, 측면도상 6개이므로 수량=11×6=66개(지그재그 배근이 아님.)

④ 철근 물량표(단, mm 단위 이하는 반올림하여 mm까지 구함.)

기 호	직 경	길 이 (mm)	수 량	총 길이 (mm)	기 호	직 경	길 이 (mm)	수 량	총 길이 (mm)
S_1	D 29	8830	53	467,990	C_1	D 13	1816	68	123,488
S_2	D 16	8820	61	538,020	C_2	D 13	525	66	34,650
B_1	D 22	8398	26	218,348	D_1	D 22	12,042	55	662,310
B_2	D 25	8398	24	201,552	D_2	D 13	11,200	34	380,800

(2) 도로교 하부(반중력식 교대)

14   24 ①

주어진 도면 및 조건에 따라 물량을 산출하시오.

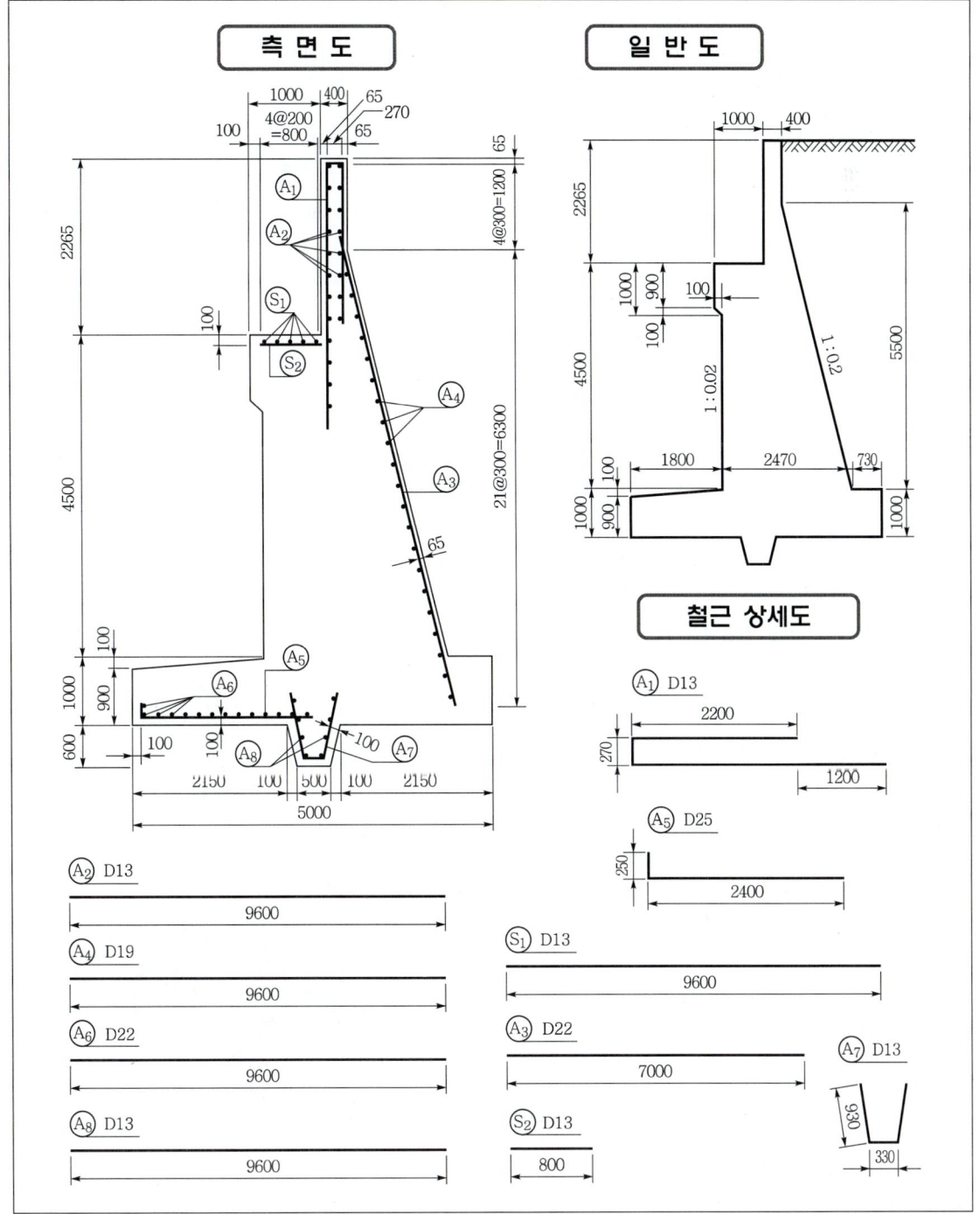

① A_1, A_3, A_7 철근은 피복두께가 좌·우로 각각 200mm이며, 각 200mm 간격으로 배근한다.
② S_2 철근은 피복두께가 좌·우 200mm이며, 300mm 간격으로 배근한다.
③ A_2, A_4, A_8 철근은 각 300mm 간격으로 배근하며, A_6, S_1 철근은 각 200mm 간격으로 배근한다.
④ A_5 철근은 피복두께가 좌·우 200mm이며, 150mm 간격으로 배근한다.
⑤ 물량산출에서의 할증률은 무시한다.
⑥ 철근길이 계산에서 상세도에 표시되어 있지 않은 이음길이는 계산하지 않는다.

(1) 길이 10m인 반중력식 교대의 콘크리트량을 구하시오. (단, 소수 4째자리에서 반올림하시오.)
(2) 길이 10m인 반중력식 교대의 거푸집량을 구하시오. (단, 소수 4째자리에서 반올림하시오.)
(3) 길이 10m인 반중력식 교대의 철근 물량표를 완성하시오. (단, mm 단위 이하는 반올림하여 mm 까지 구하시오.)

 도로교 하부(반중력식 교대)의 경사투영형상

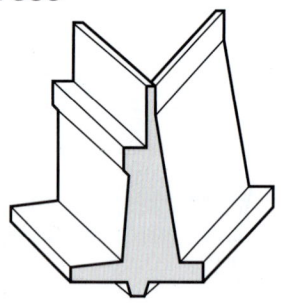

 (1) 길이 10m인 반중력식 교대의 콘크리트량
① $A_1 = 0.4 \times 1.265 = 0.506\text{m}^2$
② $A_2 = \dfrac{0.4 + (0.4 + 1 \times 0.2)}{2} \times 1 = 0.5\text{m}^2$
③ $A_3 = \dfrac{1.6 + (1.6 + 0.9 \times 0.2)}{2} \times 0.9 = 1.521\text{m}^2$
④ $A_4 = \dfrac{1.78 + (1.68 + 0.1 \times 0.2)}{2} \times 0.1 = 0.174\text{m}^2$
⑤ $A_5 = \dfrac{1.7 + (1.7 + 3.5 \times 0.02 + 3.5 \times 0.2)}{2} \times 3.5$
$= 7.2975\text{m}^2$
⑥ $A_6 = \dfrac{(2.47 + 0.73) + 5}{2} \times 0.1 = 0.41\text{m}^2$
⑦ $A_7 = 5 \times 0.9 = 4.5\text{m}^2$
⑧ $A_8 = \dfrac{0.7 + 0.5}{2} \times 0.6 = 0.36\text{m}^2$
⑨ 콘크리트량
$= (A_1 + A_2 + \cdots\cdots + A_8) \times 10 = 15.2685 \times 10$
$= 152.685\text{m}^3$

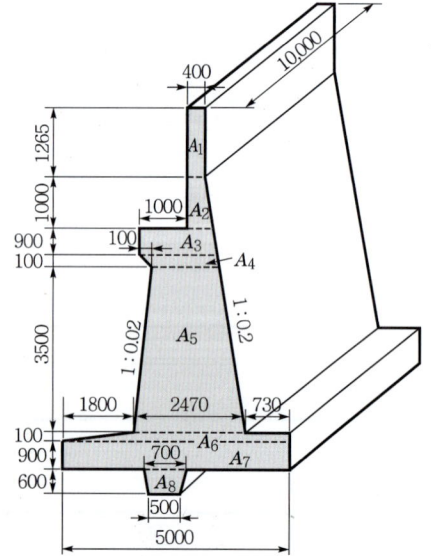

(2) 길이 10m인 반중력식 교대의 거푸집량
① $A_1 = 2.265 \times 10 = 22.65\text{m}^2$
② $A_2 = 0.9 \times 10 = 9\text{m}^2$
③ $A_3 = \sqrt{0.1^2 + 0.1^2} \times 10 = 1.4142\text{m}^2$
④ $A_4 = \sqrt{3.5^2 + 0.07^2} \times 10 = 35.007\text{m}^2$
⑤ $A_5 = 0.9 \times 10 = 9\text{m}^2$
⑥ $A_6 = \sqrt{0.6^2 + 0.1^2} \times 10 \times 2(좌 \cdot 우) = 12.1655\text{m}^2$
⑦ $A_7 = 1 \times 10 = 10\text{m}^2$
⑧ $A_8 = \sqrt{5.5^2 + 1.1^2} \times 10 = 56.0892\text{m}^2$
⑨ $A_9 = 1.265 \times 10 = 12.65\text{m}^2$
⑩ A_{10}(마구리면 거푸집량)
= Ⓐ×2(앞・뒤 마구리면) = 15.2685×2
= 30.537m²
⑪ 거푸집량 = $(A_1 + A_2 + \cdots + A_{10}) = 198.513\text{m}^2$

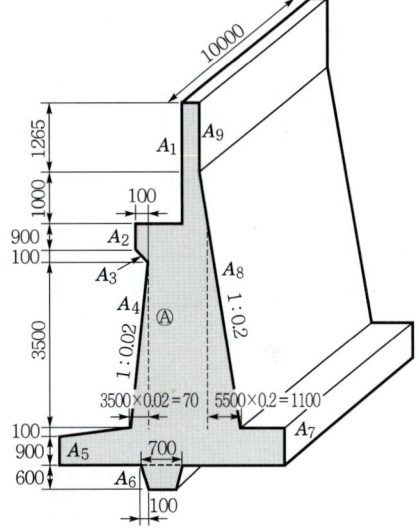

(3) 길이 10m인 반중력식 교대의 철근량
① 측면도상 선으로 보이는 철근(A_1, A_3, A_5, A_7, S_2)

기 호	직 경	본당 길이(mm)	수 량	총 길이(mm)	수량 산출근거
★A_1	D 13	2200×2+270+1200=5870	49	287,630	수량 = $\dfrac{배근길이}{간격} + 1$
A_3	D 22	7000	49	343,000	= $\dfrac{폭(10\text{m}) - 피복두께 \times 2(양쪽)}{간격} + 1$
A_7	D 13	930×2+330=2190	49	107,310	= $\dfrac{10 - 0.2 \times 2}{0.2} + 1 = 49$개
★A_5	D 25	250+2400=2650	65	172,250	수량 = $\dfrac{배근길이}{간격} + 1 = \dfrac{10 - 0.2 \times 2}{0.15} + 1 = 65$개
★S_2	D 13	800	33	26,400	수량 = $\dfrac{배근길이}{간격} + 1 = \dfrac{10 - 0.2 \times 2}{0.3} + 1 = 33$개

② 측면도상 점으로 보이는 철근(A_2, A_4, A_6, A_8, S_1)

기 호	직 경	본당 길이(mm)	수 량	총 길이(mm)	수량 산출근거
A_2	D 13	9600	20	192,000	수량 = 20개
A_4	D 19	9600	21	201,600	수량 = 21개
A_6	D 22	9600	14	134,400	수량 = 14개
★A_8	D 13	9600	8	76,800	수량 = 8개
S_1	D 13	9600	5	48,000	수량 = 5개

③ 철근 물량표(단, mm 단위 이하는 반올림하여 mm까지 구함.)

기 호	직 경	길 이(mm)	수량	총 길이(mm)	기 호	직 경	길 이(mm)	수량	총 길이(mm)
A_1	D 13	5870	49	287,630	A_6	D 22	9600	14	134,400
A_2	D 13	9600	20	192,000	A_7	D 13	2190	49	107,310
A_3	D 22	7000	49	343,000	A_8	D 13	9600	8	76,800
A_4	D 19	9600	21	201,600	S_1	D 13	9600	5	48,000
A_5	D 25	2650	65	172,250	S_2	D 13	800	33	26,400

15 ★★

주어진 반중력식 교대의 도면(단위 : mm) 및 조건에 따라 다음 물량을 산출하시오. (단, 주어진 도면의 치수는 축척에 맞지 않을 수 있으며, 주어진 치수로만 물량을 산출할 것.)

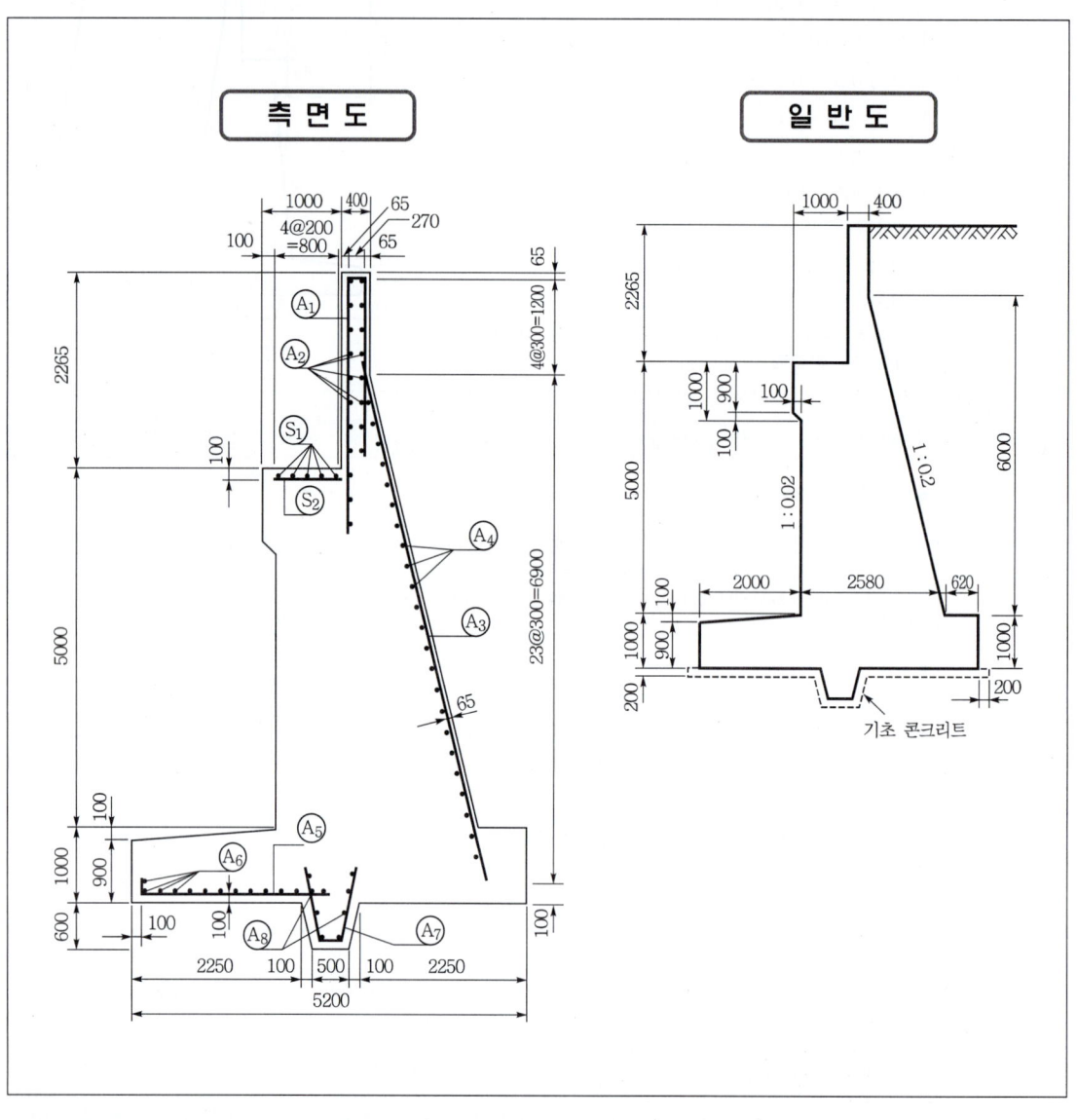

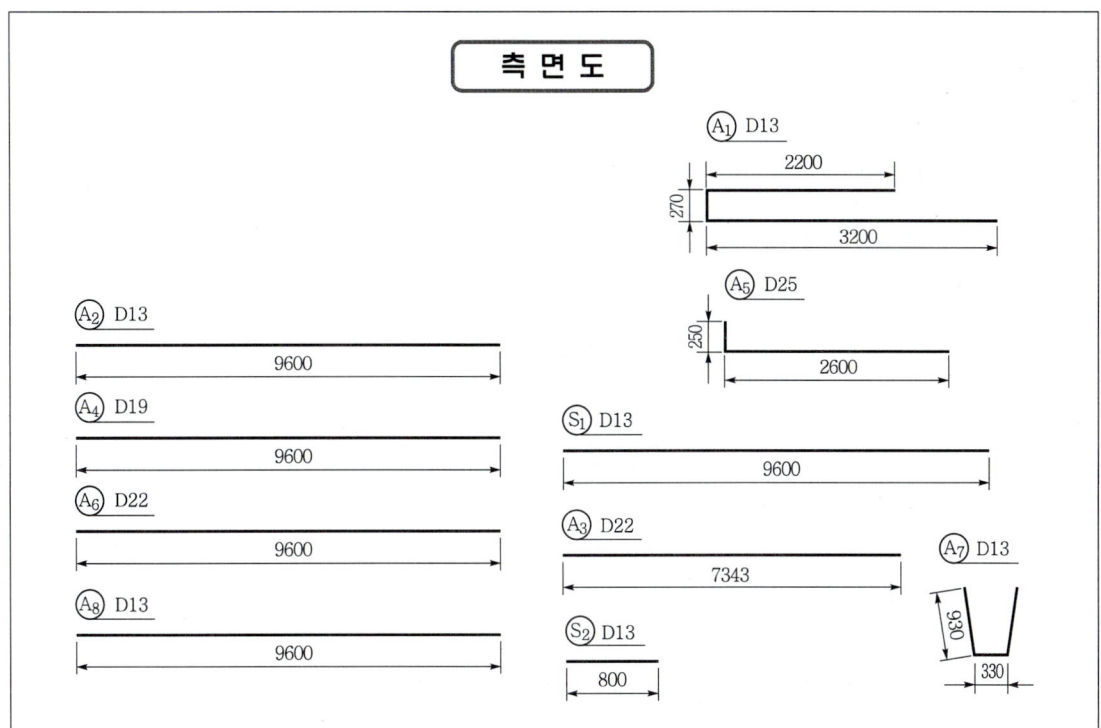

조건
① A_1, A_3, A_7, S_2 철근은 피복두께가 좌우로 각각 200mm이며, 300mm 간격으로 배근한다.
② A_2, A_4, A_8 철근은 각 300mm 간격으로 배근한다.
③ A_6, S_1 철근은 각 200mm 간격으로 배근한다.
④ A_5 철근은 피복두께가 좌우로 200mm이며, 200mm 간격으로 배근한다.
⑤ 돌출부(전단 key) 부분의 거푸집은 사용하는 경우로 계산한다.
⑥ 철근의 이음과 할증은 무시한다.

(1) 폭이 10m인 교대의 콘크리트량을 아래의 경우에 대하여 각각 계산하시오. (단, 소수점 이하 4째자리에서 반올림하시오.)
  ① 기초 콘크리트량을 계산하시오.
  ② 기초 콘크리트를 제외한 콘크리트량(구체+옹벽)을 구하시오.
(2) 폭이 10m인 교대의 거푸집량을 구하시오. (단, 소수점 이하 4째자리에서 반올림하시오.)
(3) 폭이 10m인 교대의 철근량을 구하시오. (단, mm 단위 이하는 반올림하여 mm까지 구하시오.)

기호	직경	길이(mm)	수량	총 길이(mm)	기호	직경	길이(mm)	수량	총 길이(mm)
A_1					A_5				
A_2					S_2				

해답 (1) 폭 10m인 교대의 콘크리트량

① 기초 콘크리트량
$$= \left(5.6 \times 0.2 + \frac{0.834 + 1.034}{2} \times 0.6 - \frac{0.5 + 0.7}{2} \times 0.6\right) \times 10.4$$
$$= 13.732 \text{m}^3$$

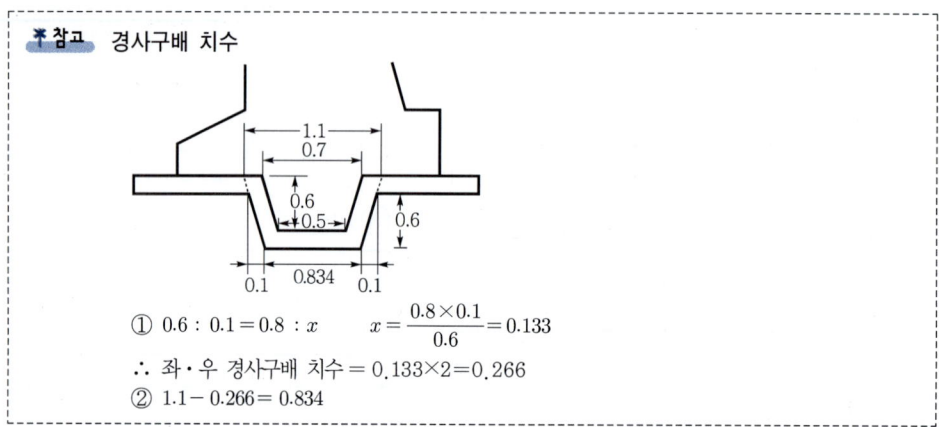

★참고 경사구배 치수

① $0.6 : 0.1 = 0.8 : x$ $x = \frac{0.8 \times 0.1}{0.6} = 0.133$
∴ 좌·우 경사구배 치수 = $0.133 \times 2 = 0.266$
② $1.1 - 0.266 = 0.834$

② 콘크리트량(구체+옹벽)
$$= \left(0.4 \times 1.265 + \frac{0.4 \times 2 + 1 \times 0.2}{2} \times 1 + \frac{(1.4 + 1 \times 0.2) \times 2 + 0.9 \times 0.2}{2}\right.$$
$$\times 0.9 + \frac{(1.4 + 1.9 \times 0.2) \times 2 + 0.1 \times 0.2 - 0.1}{2} \times 0.1 + \frac{(1.4 + 1.9 \times 0.2) + 0.1 \times 0.2 - 0.1 + 2.58}{2} \times 4$$
$$\left. + \frac{2.58 + 0.62 + 5.2}{2} \times 0.1 + 5.2 \times 0.9 + \frac{0.5 + 0.7}{2} \times 0.6\right) \times 10$$
$$= 167.21 \text{m}^3$$

(2) 폭 10m인 교대의 거푸집량
$$= (2.265 + 0.9 + \sqrt{0.1^2 + 0.1^2} + \sqrt{4^2 + (4 \times 0.02)^2} + 0.9 + \sqrt{0.1^2 + 0.6^2}$$
$$\times 2 + 1 + \sqrt{6^2 + (6 \times 0.2)^2} + 1.265) \times 10 + 16.721 \times 2 = 211.517972 = 211.518 \text{m}^2$$

(3) 철근 물량표

기호	직경	길이 (mm)	수량	총 길이 (mm)	기호	직경	길이 (mm)	수량	총 길이 (mm)
A_1	D 13	5670	33개	187,110	A_5	D 25	2850	49	139,650
A_2	D 13	9600	19개	182,400	S_2	D 13	800	33	26,400

16 ★★　　　　　　　　　　　　　　　　　　　　98 ②, 00 ④, 22 ①

주어진 도면 및 조건에 따라 다음 물량을 산출하시오.

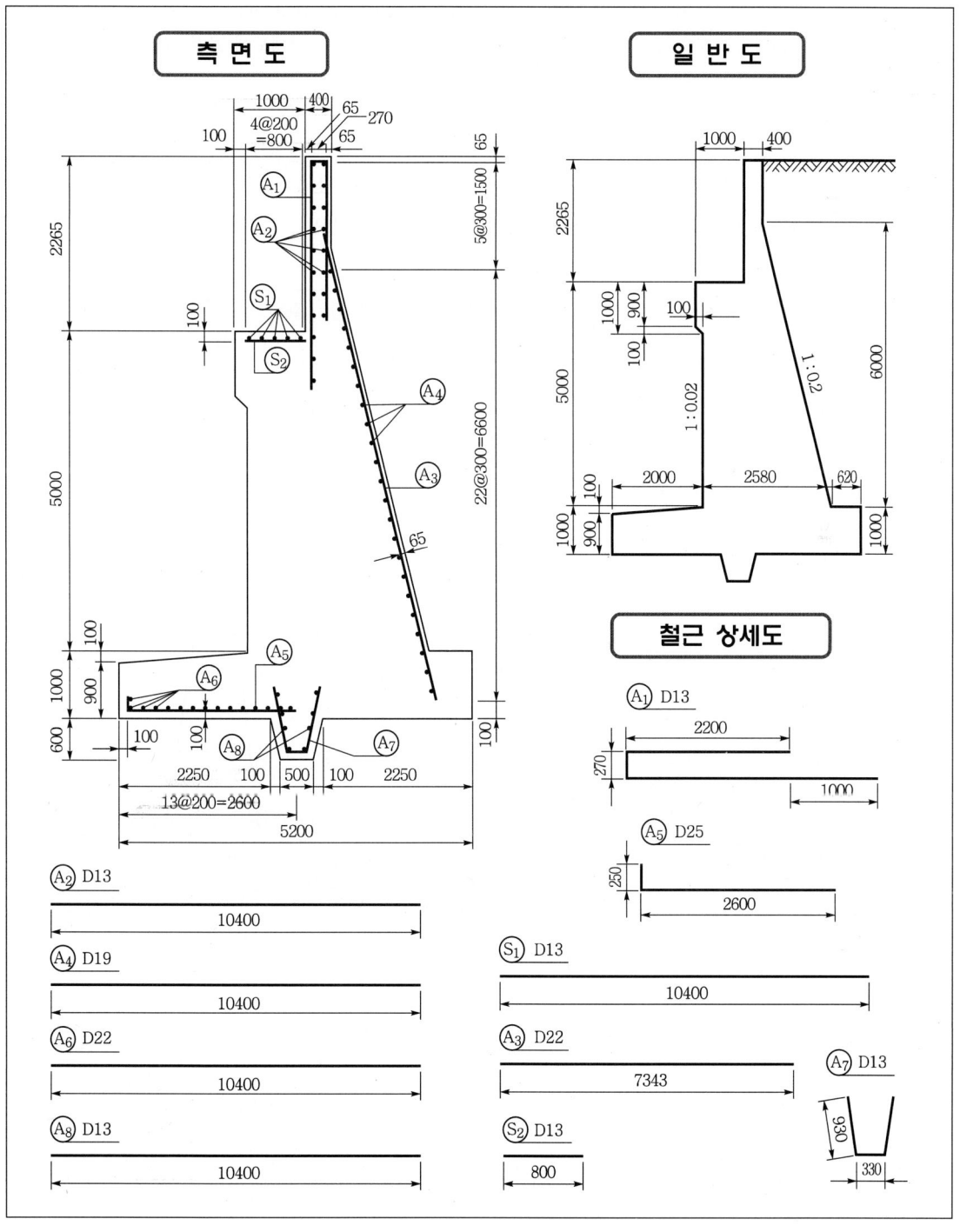

조건
① A_1, A_3, A_7 철근은 피복두께가 좌·우로 각각 50mm이며, 각 200mm 간격으로 배근한다.
② A_2, A_4, A_8 철근은 각각 300mm 간격으로 배근한다.
③ A_6, S_1, S_2 철근은 각각 200mm 간격으로 배근한다.
④ A_5 철근은 피복두께가 좌·우 150mm이며, 150mm 간격으로 배근한다.
⑤ 물량산출에서의 할증률은 없는 것으로 하고 철근길이 계산에서 상세도에 표시되어 있지 않은 이음 길이는 계산하지 않는다.

(1) 길이 10.5m인 반중력형 교대의 콘크리트량을 구하시오. (단, 소수 4째자리에서 반올림하시오.)
(2) 길이 10.5m인 반중력형 교대의 거푸집량을 구하시오. (단, 소수 4째자리에서 반올림하시오.)
(3) 길이 10.5m인 반중력형 교대의 다음 철근 물량표를 구하시오. (단, mm 단위 이하는 반올림하여 mm까지 구하시오.)

기 호	직 경	길이(mm)	수 량	총 길이(mm)	기 호	직 경	길이(mm)	수 량	총 길이(mm)
A_1					A_7				
A_5					S_1				

해답 (1) 길이 10.5m인 반중력식 교대의 콘크리트량
① $A_1 = 0.4 \times 1.265 = 0.506 \text{m}^2$
② $A_2 = \dfrac{0.4 + (0.4 + 1 \times 0.2)}{2} \times 1 = 0.5 \text{m}^2$
③ $A_3 = \dfrac{1.6 + (1.6 + 0.9 \times 0.2)}{2} \times 0.9 = 1.521 \text{m}^2$
④ $A_4 = \dfrac{1.78 + (1.68 + 0.1 \times 0.2)}{2} \times 0.1 = 0.174 \text{m}^2$
⑤ $A_5 = \dfrac{1.7 + 2.58}{2} \times 4 = 8.56 \text{m}^2$
⑥ $A_6 = \dfrac{(2.58 + 0.62) + 5.2}{2} \times 0.1 = 0.42 \text{m}^2$
⑦ $A_7 = 5.2 \times 0.9 = 4.68 \text{m}^2$
⑧ $A_8 = \dfrac{0.7 + 0.5}{2} \times 0.6 = 0.36 \text{m}^2$
⑨ 콘크리트량 $= (A_1 + A_2 + \cdots\cdots + A_8) \times 10.5$
$= 16.721 \times 10.5 = 175.571 \text{m}^3$

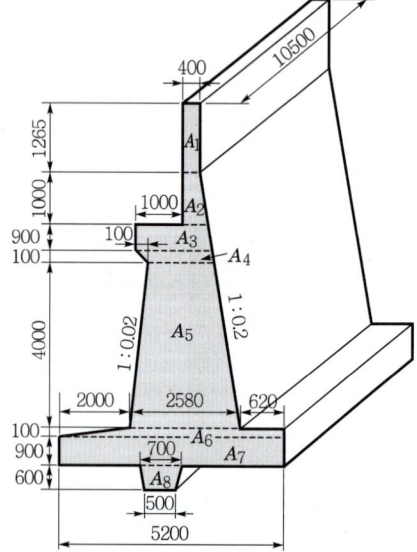

(2) 길이 10.5m인 반중력식 교대의 거푸집량

① $A_1 = 2.265 \times 10.5 = 23.7825 \text{m}^2$

② $A_2 = 0.9 \times 10.5 = 9.45 \text{m}^2$

③ $A_3 = \sqrt{0.1^2 + 0.1^2} \times 10.5 = 1.4849 \text{m}^2$

④ $A_4 = \sqrt{4^2 + 0.08^2} \times 10.5 = 42.0084 \text{m}^2$

⑤ $A_5 = 0.9 \times 10.5 = 9.45 \text{m}^2$

⑥ $A_6 = \sqrt{0.6^2 + 0.1^2} \times 10.5 \times 2(좌 \cdot 우) = 12.7738 \text{m}^2$

⑦ $A_7 = 1 \times 10.5 = 10.5 \text{m}^2$

⑧ $A_8 = \sqrt{6^2 + 1.2^2} \times 10.5 = 64.2476 \text{m}^2$

⑨ $A_9 = 1.265 \times 10.5 = 13.2825 \text{m}^2$

⑩ A_{10}(마구리면 거푸집량)
   = Ⓐ×2(앞 · 뒤 마구리면) = 16.721×2 = 33.442 m^2

⑪ 거푸집량 = $A_1 + A_2 + \cdots + A_{10} = 220.4217$
            = 220.422 m^2

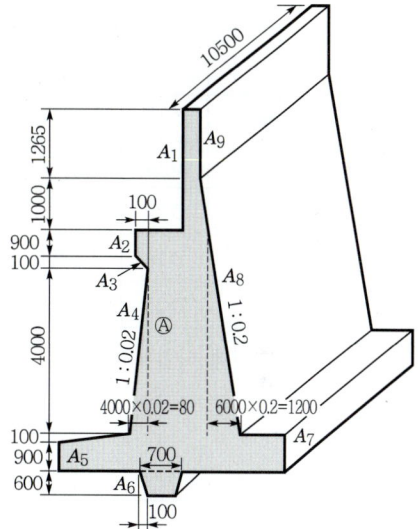

(3) 길이 10.5m인 반중력식 교대의 철근량

① 측면도상 선으로 보이는 철근(A_1, A_3, A_5, A_7, S_2)

※ 실제 시험에서는 A_1, A_5, A_7, S_1만 구하면 됩니다.(나머지 철근은 참고로 하십시오.)

기 호	직 경	본당 길이(mm)	수 량	총 길이(mm)	수량 산출근거
★A_1	D 13	2200×2+270+1000 =5670	53	300,510	수량 = 배근길이/간격 + 1
A_3	D 22	7343	53	389,179	= (폭(10.5m) − 피복두께×2(양쪽))/간격 + 1
★A_7	D 13	930×2+330=2190	53	116,070	= (10.5 − 0.05×2)/0.2 + 1 = 53개
★A_5	D 25	250+2600=2850	69	196,650	수량 = 배근길이/간격 + 1 = (10.5 − 0.15×2)/0.15 + 1 = 69개
S_2	D 13	800	53	42,400	수량 = 배근길이(S_1 길이)/간격 + 1 = 10.4/0.2 + 1 = 53개

② 측면도상 점으로 보이는 철근(A_2, A_4, A_6, A_8, S_1)

기 호	직 경	본당 길이(mm)	수 량	총 길이(mm)	수량 산출근거
A_2	D 13	10,400	19	197,600	수량=19개
A_4	D 19	10,400	23	239,200	수량=23개
A_6	D 22	10,400	15	156,000	수량=15개
A_8	D 13	10,400	8	83,200	수량=8개
★S_1	D 13	10,400	5	52,000	수량=5개

③ 철근 물량표(단, mm 단위 이하는 반올림하여 mm까지 구함.)

기 호	직 경	길 이 (mm)	수 량	총 길이 (mm)	기 호	직 경	길 이 (mm)	수 량	총 길이 (mm)
★A_1	D 13	5670	53	300,510	A_6	D 22	10,400	15	156,000
A_2	D 13	10,400	19	197,600	★A_7	D 13	2190	53	116,070
A_3	D 22	7343	53	389,179	A_8	D 13	10,400	8	83,200
A_4	D 19	10,400	23	239,200	★S_1	D 13	10,400	5	52,000
★A_5	D 25	2850	69	196,650	S_2	D 13	800	53	42,400

※ 실제 시험에서는 A_1, A_5, A_7, S_1만 구하면 됩니다.(나머지 철근은 참고로 하십시오.)

17 ★

10 ①, 11 ②, 14 ③, 17 ②③ 20 ②

주어진 반중력식 교대의 도면을 보고 다음 물량을 산출하시오. (단, 교대 전체길이는 10m이며, 도면의 치수단위는 mm이다.)

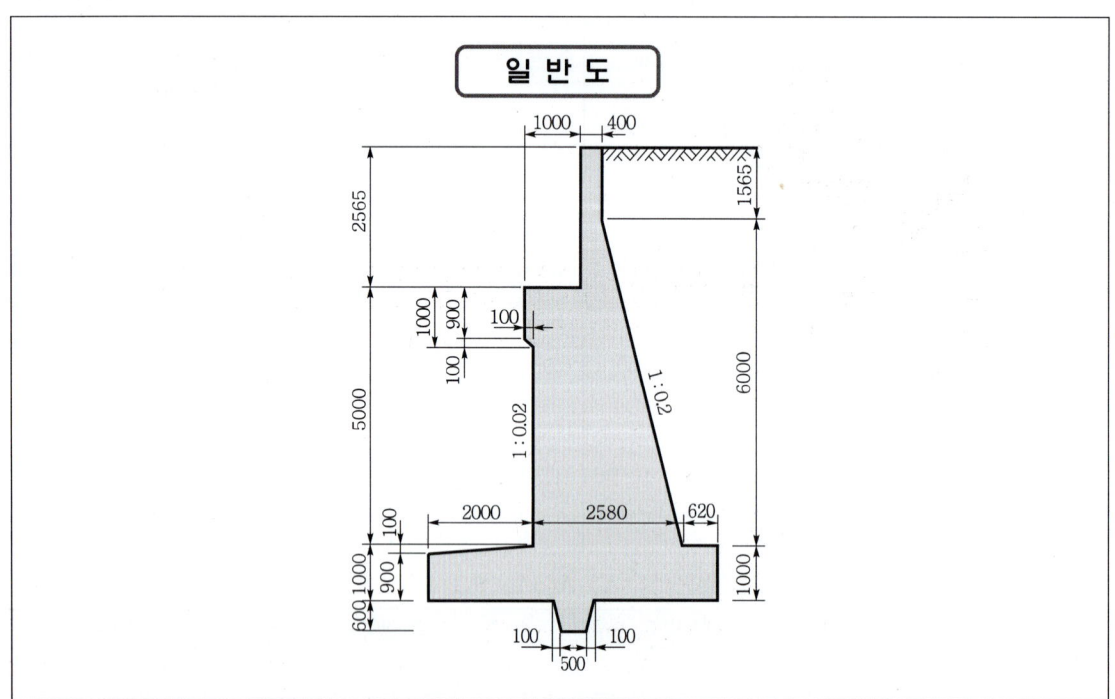

일 반 도

(1) 교대의 전체 콘크리트량을 구하시오. (단, 소수점 이하 4째자리에서 반올림하시오.)
(2) 교대의 전체 거푸집량을 구하시오. (단, 돌출부(전단 key)에 거푸집을 사용하며, 소수점 이하 4째자리에서 반올림하시오.)

[해답] (1) 폭이 10m인 교대의 콘크리트량
① $A_1 = 0.4 \times 1.565 = 0.626 \text{m}^2$
② $A_2 = \dfrac{0.4 + (0.4 + 1 \times 0.2)}{1} \times 1 = 0.5 \text{m}^2$
③ $A_3 = \dfrac{1.6 + (1.6 + 0.9 \times 0.2)}{2} \times 0.9 = 1.521 \text{m}^2$
④ $A_4 = \dfrac{1.78 + (1.68 + 0.1 \times 0.2)}{2} \times 0.1$
  $= 0.174 \text{m}^2$
⑤ $A_5 = \dfrac{1.7 + 2.58}{2} \times 4 = 8.56 \text{m}^2$
⑥ $A_6 = \dfrac{(2.58 + 0.62) + 5.2}{2} \times 0.1 = 0.42 \text{m}^2$
⑦ $A_7 = 5.2 \times 0.9 = 4.68 \text{m}^2$
⑧ $A_8 = \dfrac{0.7 + 0.5}{2} \times 0.6 = 0.36 \text{m}^2$
⑨ 콘크리트량 $= (A_1 + A_2 + \cdots + A_8) \times 10$
  $= 16.841 \times 10 = 168.41 \text{m}^3$

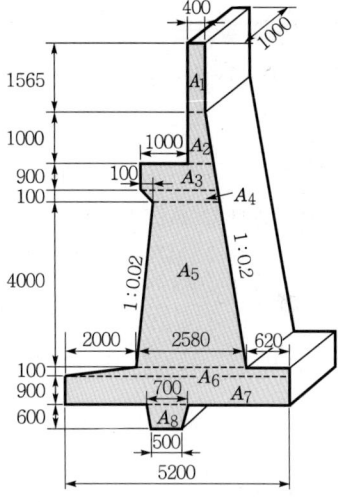

(2) 폭이 10m인 교대의 거푸집량
① $A_1 = 2.565 \times 10 = 25.65 \text{m}^2$
② $A_2 = 0.9 \times 10 = 9 \text{m}^2$
③ $A_3 = \sqrt{0.1^2 + 0.1^2} \times 10 = 1.4142 \text{m}^2$
④ $A_4 = \sqrt{4^2 + 0.08^2} \times 10 = 40.008 \text{m}^2$
⑤ $A_5 = 0.9 \times 10 = 9 \text{m}^2$
⑥ $A_6 = \sqrt{0.6^2 + 0.1^2} \times 10 \times 2$(좌·우)
  $= 12.1655 \text{m}^2$
⑦ $A_7 = 1 \times 10 = 10 \text{m}^2$
⑧ $A_8 = \sqrt{6^2 + 1.2^2} \times 10 = 61.1882 \text{m}^2$
⑨ $A_9 = 1.565 \times 10 = 15.65 \text{m}^2$
⑩ A_{10}(마구리면 거푸집량)
  $= Ⓐ \times 2$(앞·뒤 마구리면) $= 16.841 \times 2$
  $= 33.682 \text{m}^2$
⑪ 거푸집량 $= A_1 + A_2 + \cdots + A_{10} = 217.7579$
  $= 217.758 \text{m}^2$

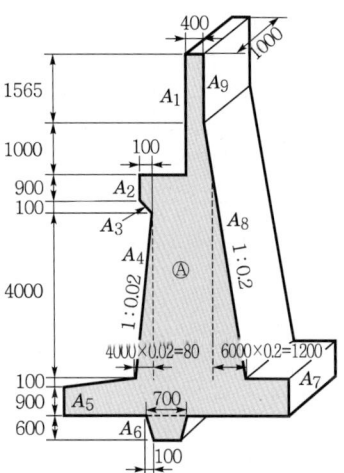

18

다음 도면의 물량을 산출하시오. (단, 소수 넷째자리에서 반올림하시오.)

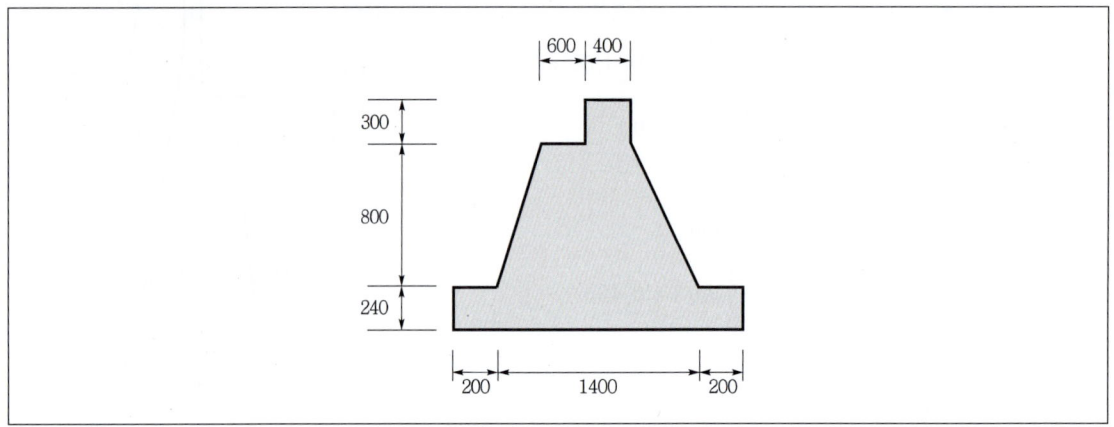

(1) 길이 3m인 반중력형 교대의 콘크리트량을 구하시오.
(2) 길이 3m인 반중력형 교대의 거푸집량을 구하시오. (단, 마구리면은 제외하시오.)

해답 (1) 길이 3m인 반중력형 교대의 콘크리트량
$$= \left(0.4 \times 0.3 + \frac{1+1.4}{4} \times 0.8 + 1.8 \times 0.24\right) \times 3 = 4.536 \text{m}^3$$

(2) 길이 3m인 반중력형 교대의 거푸집량
$$= \left(0.3 \times 2 + \sqrt{0.2^2 + 0.8^2} \times 2 + 0.24 \times 2\right) \times 3 = 8.18772 = 8.188 \text{m}^2$$

19 ★★★

주어진 역T형 교대 도면을 보고 다음 물량을 산출하시오. (단, 교대 전체 길이는 10.3m이며, 도면의 치수 단위는 mm이다.)

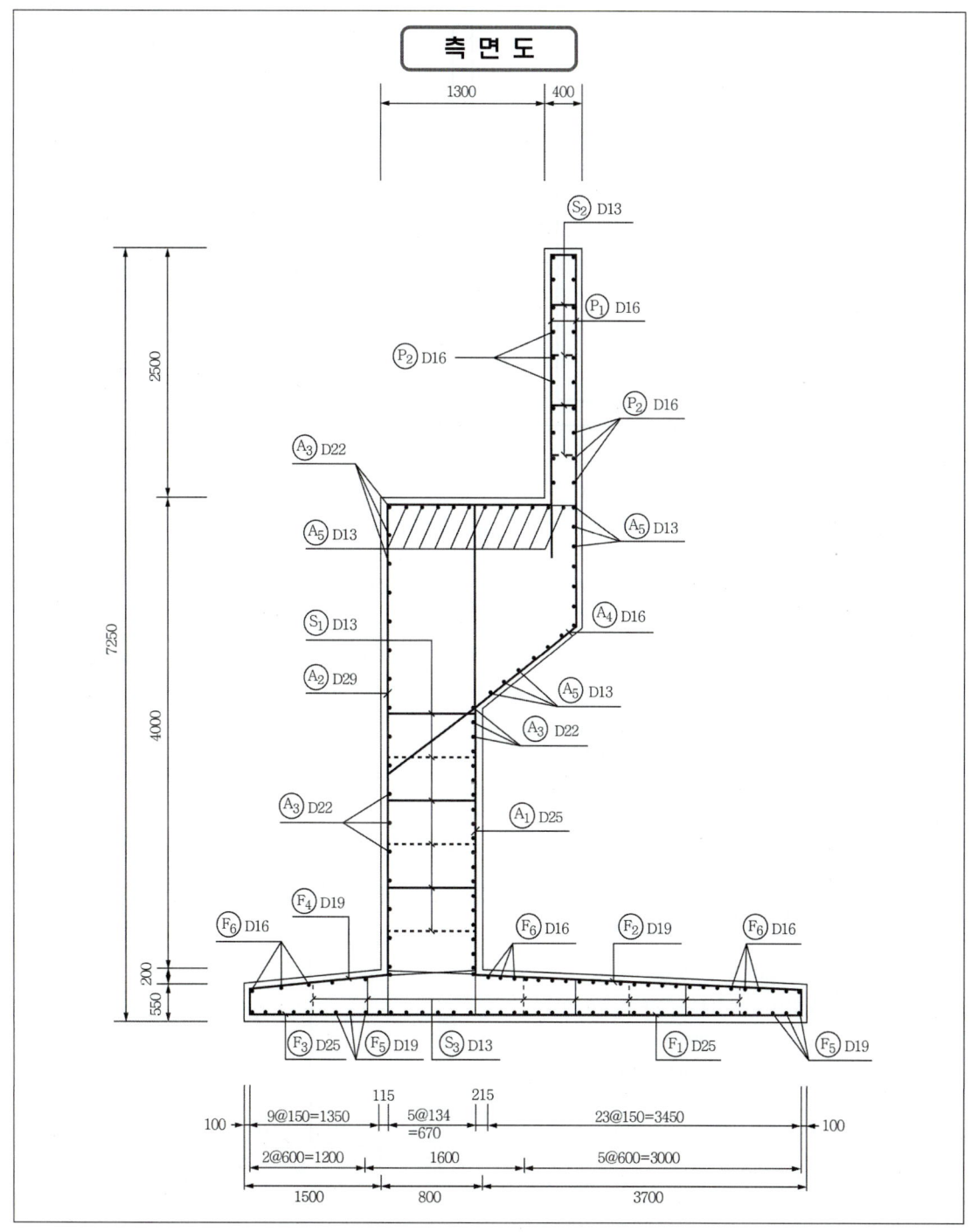

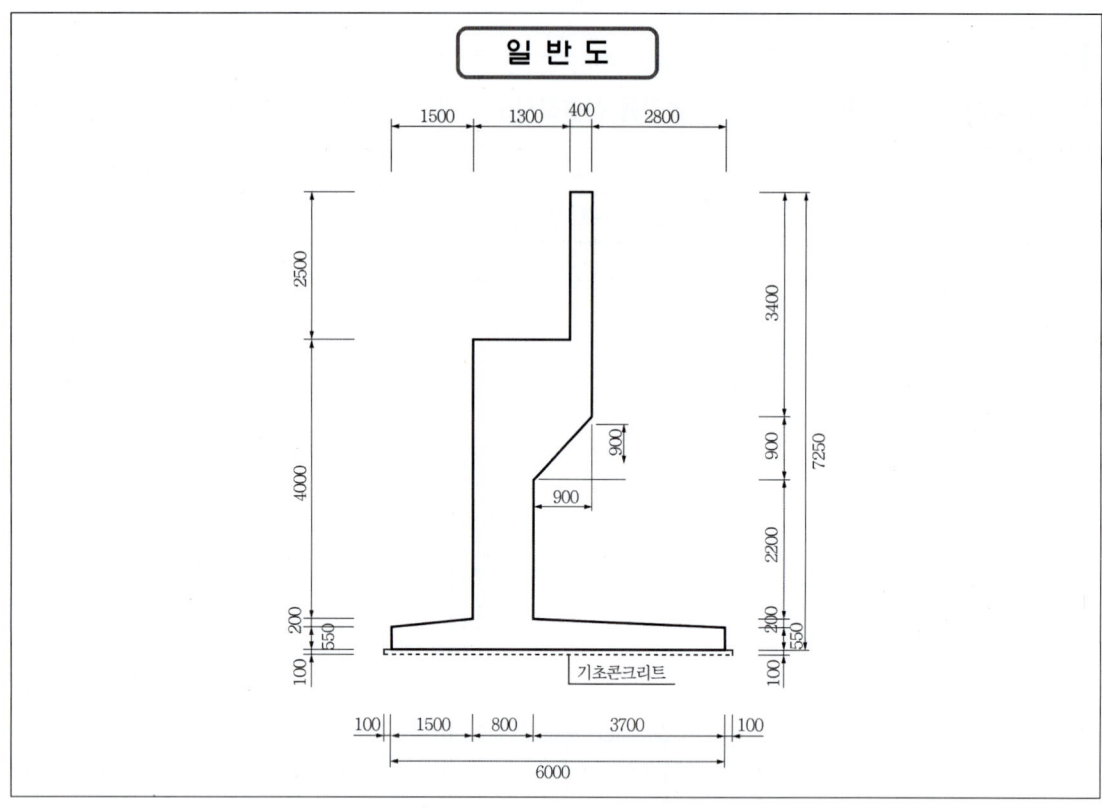

(1) 교대의 전체 콘크리트량을 구하시오.(단, 기초콘크리트량은 무시하고, 소수 4째자리에서 반올림하시오.)

(2) 교대의 전체 거푸집량을 구하시오.(단, 기초콘크리트에 사용되는 거푸집량은 무시한다.)

해답 (1) 길이 10.3m인 교대의 콘크리트량

① $A_1 = 0.4 \times 2.5 = 1\,\text{m}^2$

② $A_2 = 1.7 \times 0.9 = 1.53\,\text{m}^2$

③ $A_3 = \dfrac{1.7+0.8}{2} \times 0.9 = 1.125\,\text{m}^2$

④ $A_4 = 0.8 \times 2.2 = 1.76\,\text{m}^2$

⑤ $A_5 = \dfrac{0.8+6}{2} \times 0.2 = 0.68\,\text{m}^2$

⑥ $A_6 = 0.55 \times 6 = 3.3\,\text{m}^2$

⑦ 콘크리트량 $= (A_1 + \cdots + A_6) \times 10.3$
$= 9.395 \times 10.3$
$= 96.7685 = 96.77\,\text{m}^3$

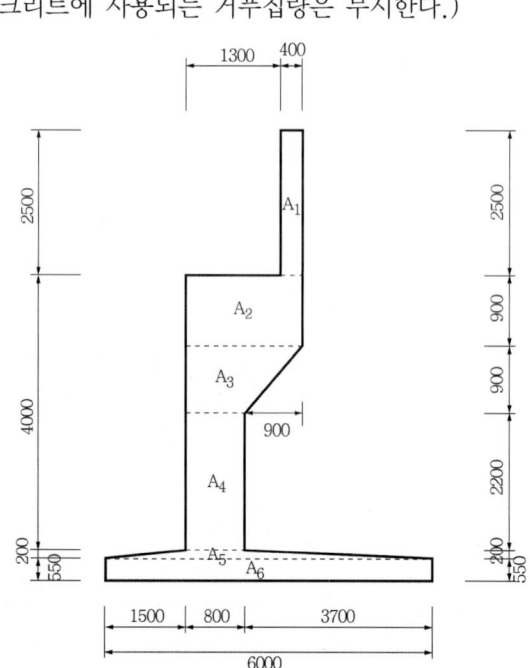

(2) 길이 10.3m인 교대의 거푸집량
① $A_1 = 2.5 \times 10.3 = 25.75 \text{m}^2$
② $A_2 = 4 \times 10.3 = 41.2 \text{m}^2$
③ $A_3 = 0.55 \times 10.3 = 5.665 \text{m}^2$
④ $A_4 = 0.55 \times 10.3 = 5.665 \text{m}^2$
⑤ $A_5 = 2.2 \times 10.3 = 22.66 \text{m}^2$
⑥ $A_6 = \sqrt{0.9^2 + 0.9^2} \times 10.3 = 13.11 \text{m}^2$
⑦ $A_7 = 3.4 \times 10.3 = 35.02 \text{m}^2$
⑧ $A_8 = Ⓐ \times 2$ (앞 · 뒤 마구리면)
$\quad\quad = 9.395 \times 2 = 18.79 \text{m}^2$
⑨ 거푸집량 $= A_1 + A_2 + \cdots + A_8 = 167.86 \text{m}^2$

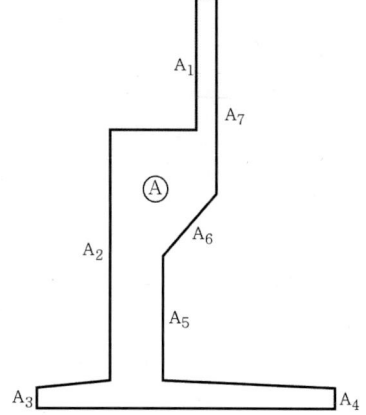

PART **14**

부록
- 과년도 기출문제(2016)
- 과년도 기출문제(2017)
- 과년도 기출문제(2018)
- 과년도 기출문제(2019)
- 과년도 기출문제(2020)
- 과년도 기출문제(2021)
- 과년도 기출문제(2022)
- 과년도 기출문제(2023)
- 과년도 기출문제(2024)

수험자 유의사항

〈일반사항〉

01. 시험 문제를 받는 즉시 응시하고자 하는 종목의 문제지가 맞는지를 확인하여야 합니다.
02. 시험 문제지 총면수·문제번호 순서·인쇄상태 등을 확인하고(**확인 이후 시험문제지 교체불가**), 수험번호 및 성명을 답안지에 기재하여야 합니다.
03. 부정 또는 불공정한 방법(시험문제 내용과 관련된 메모지사용 등)으로 시험을 치른 자는 부정행위자로 처리되어 당해 시험을 중지 또는 무효로 하고, 3년간 국가기술자격시험의 응시자격이 정지됩니다.
04. 저장용량이 큰 전자계산기 및 유사 전자제품 사용 시에는 반드시 저장된 메모리를 초기화한 후 사용하여야 하며, 시험 위원이 초기화 여부를 확인할 시 협조하여야 합니다. 초기화되지 않은 전자계산기 및 유사 전자제품을 사용하여 적발 시에는 부정행위로 간주합니다.
05. 시험 중에는 통신기기 및 전자기기(휴대용 전화기 및 <u>스마트워치</u> 등)를 지참하거나 사용할 수 없습니다.
06. **문제 및 답안(지), 채점기준은 일절 공개하지 않습니다.**
07. 복합형 시험의 경우 시험의 전 과정(필답형, 작업형)을 응시하지 않은 경우 채점대상에서 제외합니다.

〈채점사항〉

01. 수험자 인적사항 및 계산식 포함한 답안작성은 흑색 필기구만 사용해야 하며, 그 외 연필류, 빨간색, 청색 등 필기구로 작성한 답항은 0점 처리되오니 불이익을 당하지 않도록 유의해 주시기 바랍니다.
02. 답란에는 문제와 관련 없는 불필요한 낙서나 특이한 기록사항 등을 기재하여서는 안 되며, 답안지의 인적사항 기재란 외의 부분에 답안과 관련없는 **특수한 표시를 하거나 특정인임을 암시하는 경우 답안지 전체를 0점 처리합니다.**
03. 계산문제는 반드시 "계산과정"과 "답"란에 기재하여야 하며, **계산과정이 틀리거나 없는 경우 0점 처리됩니다.**
04. 계산문제는 최종 결과 값(답)에서 소수 셋째자리에서 반올림하여 둘째자리까지 구하여야 하나 개별문제에서 소수처리에 대한 요구사항이 있을 경우 그 요구사항에 따라야 합니다.
05. 답에 단위가 없으면 오답으로 처리됩니다.(단, 문제의 요구사항에 단위가 주어졌을 경우는 생략되어도 무방합니다.)
06. 문제에서 요구한 가지 수(항수) 이상을 답란에 표기한 경우에는 답란기재순으로 요구한 가지 수(항수)만 채점하여 한 항에 여러 가지를 기재하더라도 한 가지로 보며 그 중 정답과 오답이 함께 기재되어 있을 경우 오답으로 처리합니다.
07. 답안 정정 시에는 정정하고자 하는 단어에 두 줄(=)을 긋고 다시 기재 가능하며, 수정테이프 등은 사용할 수 없으며, 수정테이프 사용 시 채점 대상에서 제외됨을 알려드립니다.

※ 수험자 유의사항 미준수로 인한 채점상의 불이익은 수험자 본인에게 책임이 있습니다.

토목 기사 2016년 (1차)

01 주어진 역T형 교대 도면을 보고 다음 물량을 산출하시오. (단, 교대 전체 길이는 10.3m이며, 도면의 치수 단위는 mm이다.) [8점]

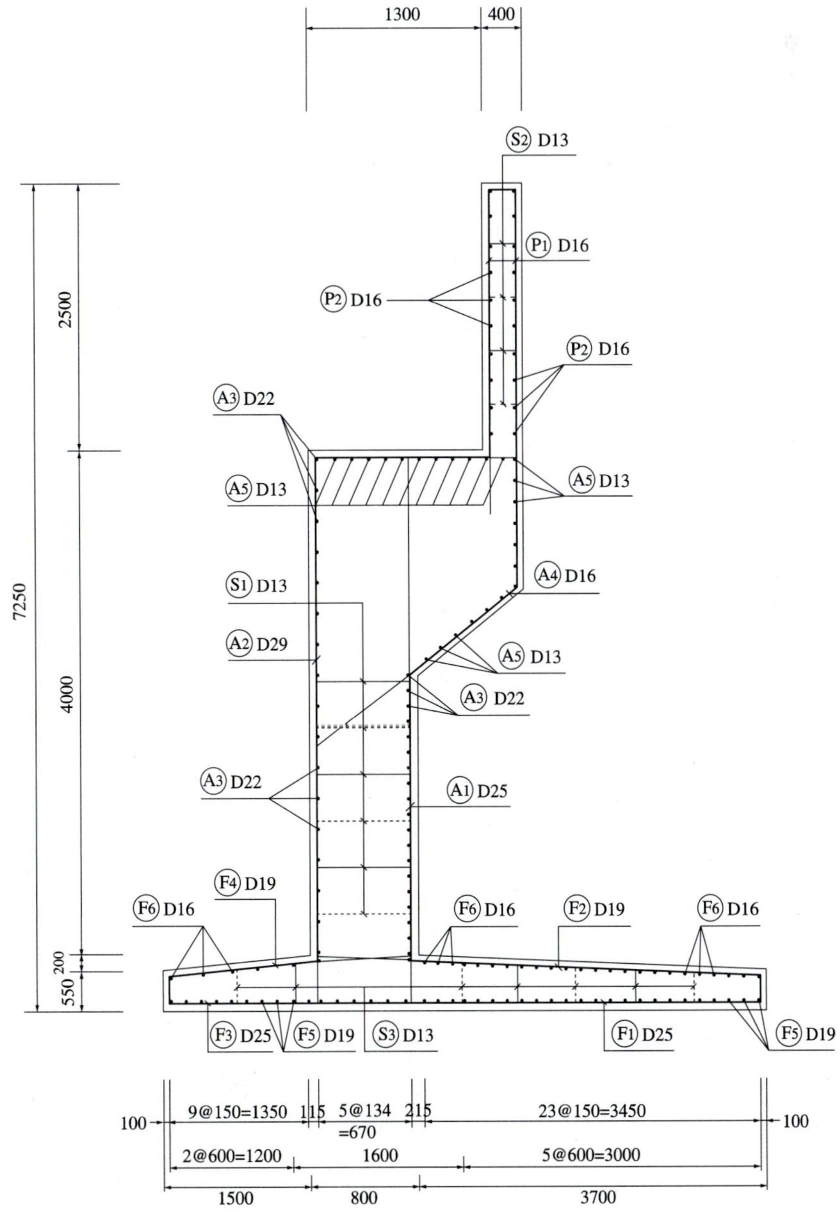

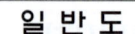

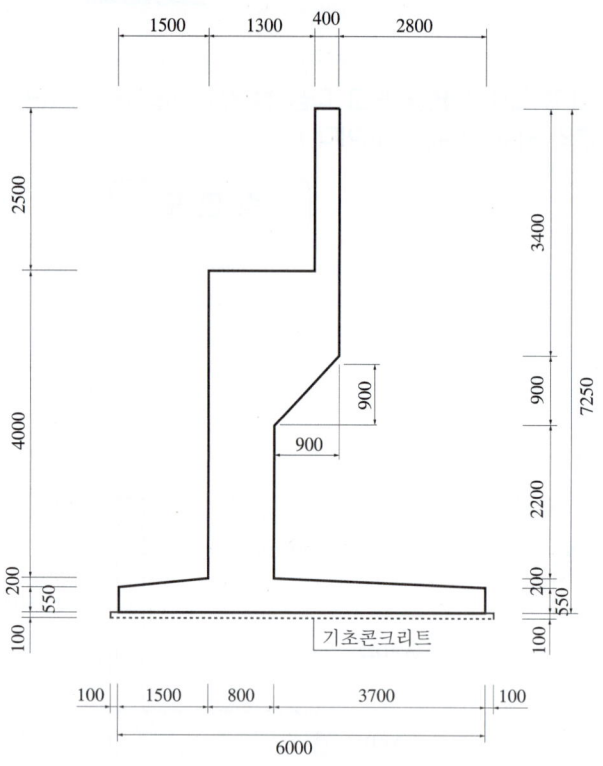

(1) 교대의 전체 콘크리트량을 구하시오.(단, 기초콘크리트량은 무시하고, 소수점 이하 4째자리에서 반올림하시오.)
(2) 교대의 전체 거푸집량을 구하시오.(단, 기초콘크리트에 사용되는 거푸집량은 무시한다.)

해답 (1) 길이 10.3m인 교대의 콘크리트량

① $A_1 = 0.4 \times 2.5 = 1\,\mathrm{m}^2$

② $A_2 = 1.7 \times 0.9 = 1.53\,\mathrm{m}^2$

③ $A_3 = \dfrac{1.7+0.8}{2} \times 0.9 = 1.125\,\mathrm{m}^2$

④ $A_4 = 0.8 \times 2.2 = 1.76\,\mathrm{m}^2$

⑤ $A_5 = \dfrac{0.8+6}{2} \times 0.2 = 0.68\,\mathrm{m}^2$

⑥ $A_6 = 0.55 \times 6 = 3.3\,\mathrm{m}^2$

⑦ 콘크리트량 $= (A_1 + \cdots + A_6) \times 10.3$
$= 9.395 \times 10.3$
$= 96.7685 = 96.769\,\mathrm{m}^3$

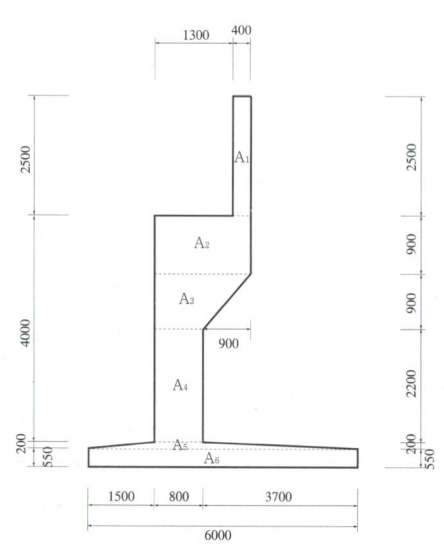

(2) 길이 10.3m인 교대의 거푸집량
① $A_1 = 2.5 \times 10.3 = 25.75\,\text{m}^2$
② $A_2 = 4 \times 10.3 = 41.2\,\text{m}^2$
③ $A_3 = 0.55 \times 10.3 = 5.665\,\text{m}^2$
④ $A_4 = 0.55 \times 10.3 = 5.665\,\text{m}^2$
⑤ $A_5 = 2.2 \times 10.3 = 22.66\,\text{m}^2$
⑥ $A_6 = \sqrt{0.9^2 + 0.9^2} \times 10.3 = 13.11\,\text{m}^2$
⑦ $A_7 = 3.4 \times 10.3 = 35.02\,\text{m}^2$
⑧ $A_8 = Ⓐ \times 2$ (앞 · 뒤 마구리면)
   $= 9.395 \times 2 = 18.79\,\text{m}^2$
⑨ 거푸집량 $= A_1 + A_2 + \cdots + A_8 = 167.86\,\text{m}^2$

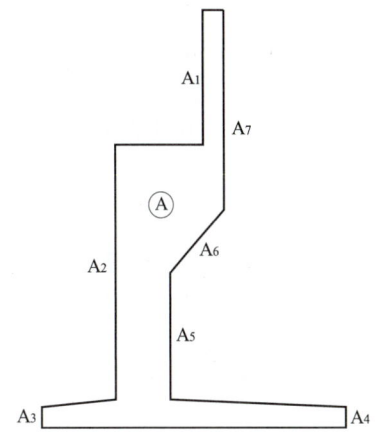

02
도로 예정노선에서 일곱 지점의 C.B.R을 측정하여 아래표와 같은 결과 얻었다. 설계 C.B.R은 얼마인가? (단, 설계계산용 계수 d_2는 2.83) [3점]

지점	1	2	3	4	5	6	7
C.B.R	4.2	3.6	6.8	5.2	4.3	3.4	4.9

해답
① 각 지점의 CBR평균 $= \dfrac{4.2 + 3.6 + 6.8 + 5.2 + 4.3 + 3.4 + 4.9}{7} = 4.63$

② 설계 CBR = 각 지점의 CBR평균 $- \left(\dfrac{\text{CBR 최대치} - \text{CBR 최소치}}{d_2} \right)$

$= 4.63 - \left(\dfrac{6.8 - 3.4}{2.83} \right) = 3.43 ≒ 3$

03
연약지반에 설치한 교대에 발생하기 쉬운 측방유동에 영향을 미치는 주요 요인을 3가지만 쓰시오. [3점]

해답
① 교대 배면의 성토높이　② 교대 배면의 성토체의 단위중량
③ 연약 점토층의 두께　　④ 연약 점토층의 전단강도

04
지하수위가 높은 경우의 지하구조물 설계시 양압력(Uplift Force)에 대해 검토하고 그에 따른 처리 방안을 강구해야 한다. 양압력 처리 방법을 3가지만 쓰시오. [3점]

해답 ① 사하중 증가(자중증대)에 의한 방법
② 영구 anchor에 의한 방법
③ 외부 배수처리에 의한 방법
④ 내부 배수처리에 의한 방법

05

sand drain 공법으로 연약지반을 개량할 때 U_v(연직방향 압밀도)=0.9, U_h(횡방향 압밀도)=0.4인 경우 전체 압밀도 U의 크기는? [3점]

해답 $U_{av} = 1-(1-U_v)(1-U_h) = 1-(1-0.9)(1-0.4)$
$= 0.94 = 94\%$

06

다음은 대구경 현장타설말뚝의 기계굴착공법의 일반적인 특징을 정리한 표이다. (a), (b), (c)에 들어갈 공법 이름을 쓰시오. (단, 숫자로 주어진 값은 절대적인 값은 아님) [3점]

공법이름	(a)	(b)	(c)
공벽 유지	정수압	casing tube	bentonite
적용 토질	사력토, 암반	암반을 제외한 전 토질	점성토
굴착 장비	drill bit	hammer grab	회전 bucket
최대 구경	6m	2m	2m
최대 심도	100m	50m	50m

해답 (a) RCD 공법   (b) benoto 공법   (c) earth drill 공법

07

내부마찰각(ϕ)=0°이고, 점착력(c)=0.04MPa, $\gamma_t = 18\text{kN/m}^3$인 단단한 점토지반 위에 근입깊이 1.5m의 정사각형 기초를 설계하고자 한다. 이 기초의 도심에 1500kN의 하중이 작용하고 지하수위의 영향은 없다고 할 때 가장 경제적인 기초폭(B)를 구하시오. (단, Terzaghi의 지지력 공식을 이용하고, 안전율은 3, 지지력 계수는 $N_c = 5.14$, $N_r = 0$, $N_q = 1.0$이다.) [3점]

해답 ① $q_u = \alpha c N_c + \beta B \gamma_1 N_r + D_f \gamma_2 N_q$
$= 1.3 \times 40 \times 5.14 + 0 + 1.5 \times 18 \times 1$
$= 294.28 \text{kN/m}^2$

② $q_a = \dfrac{q_u}{F_s} = \dfrac{294.28}{3} = 98.09 \text{kN/m}^2$

③ $q_a = \dfrac{1500}{B^2}$ $98.09 = \dfrac{1500}{B^2}$ ∴ $B = 3.91\text{m}$

08 다음 표와 같은 설계조건 및 재료, 참고표를 이용하여 콘크리트를 배합설계하여 아래 배합표를 완성하시오. [10점]

[설계조건 및 재료]
- 물 시멘트비는 50%로 한다.
- 굵은골재는 최대치수 20mm의 부순돌을 사용한다.
- 양질의 공기연행제(AE제)를 사용하며, 사용량은 시멘트 질량의 0.03%로 한다.
- 목표로 하는 슬럼프는 100mm, 공기량은 5.0%로 한다.
- 사용하는 시멘트는 보통포틀랜드시멘트로서, 밀도는 $3.15g/cm^3$이다.
- 잔골재의 표건밀도는 $2.60g/cm^3$이고, 조립률은 2.85이다.
- 굵은골재의 표건밀도는 $2.70g/cm^3$이다.

[배합설계 참고표]

굵은 골재 최대 치수 (mm)	단위 굵은 골재 용적 (%)	공기연행제를 사용하지 않은 콘크리트				공기연행 콘크리트			
		갇힌 공기 (%)	잔골재율 S/a(%)	단위수량 W(kg/m³)	공기량 (%)	양질의 공기연행제를 사용한 경우		양질의 공기연행감수제를 사용한 경우	
						잔골재율 S/a(%)	단위수량 W(kg/m³)	잔골재율 S/a(%)	단위수량 W(kg/m³)
15	58	2.5	53	202	7.0	47	180	48	170
20	62	2.0	49	197	6.0	44	175	45	165
25	67	1.5	45	187	5.0	42	170	43	160
40	72	1.2	40	177	4.5	39	165	40	155

주 1) 이 표의 값은 보통의 입도를 가진 잔골재(조립률 2.8 정도)와 부순돌을 사용한 물-시멘트비 55% 정도, 슬럼프 80mm 정도의 콘크리트에 대한 것이다.

2) 사용재료 또는 콘크리트의 품질이 주 1)의 조건과 다를 경우에는 위의 표의 값을 아래 표에 따라 보정한다.

구 분	S/a의 보정(%)	W의 보정(kg)
잔골재의 조립률이 0.1만큼 클(작을) 때마다	0.5만큼 크게(작게) 한다.	보정하지 않는다.
슬럼프값이 10mm만큼 클(작을) 때마다	보정하지 않는다.	1.2%만큼 크게(작게) 한다.
공기량이 1%만큼 클(작을) 때마다	0.75만큼 작게(크게) 한다.	3%만큼 작게(크게) 한다.
물-시멘트비가 0.05만큼 클(작을) 때마다	1만큼 크게(작게) 한다.	보정하지 않는다.
S/a가 1% 클(작을) 때마다	보정하지 않는다.	1.5kg만큼 크게(작게) 한다.

※비고 : 단위굵은골재용적에 의하는 경우에는 모래의 조립률이 0.1만큼 커질(작아질) 때마다 단위굵은골재용적을 1%만큼 작게(크게) 한다.

[배합표]

굵은골재의 최대치수 (mm)	슬럼프 (mm)	공기량(%)	$\frac{W}{C}$(%)	잔골재율 S/a(%)	단위량(kg/m³)				혼화제 (g/m³)
					물	시멘트	잔골재	굵은골재	
20	100	5.0	50						

해답 (1) 잔골재율 및 단위수량

구 분	수정 계산	S/a(%)	W(kg)
잔골재의 FM = 2.85	$44 + \dfrac{(2.85-2.8)\times 0.5}{0.1} = 44.25$	44.25	175
$\dfrac{W}{C} = 50\%$	$44.25 + \dfrac{(50-55)\times 1}{5} = 43.25$	43.25	175
slump = 10cm	$175 + \dfrac{(10-8)\times 175\times 0.012}{1} = 179.2$	43.25	179.2
공기량 = 5%	$43.25 + \dfrac{(6-5)\times 0.75}{1} = 44$ $179.2 + \dfrac{(6-5)\times 175\times 0.03}{1} = 184.45$	44	184.45

(2) 단위 시멘트량

$\dfrac{W}{C} = 0.5$ $\quad\dfrac{184.45}{C} = 0.5$ $\quad \therefore C = 368.9\text{kg}$

(3) 단위골재량

① 단위골재량 절대체적 $V_a = 1 - \left(\dfrac{184.45}{1000} + \dfrac{368.9}{3.15\times 1000} + \dfrac{5}{100}\right) = 0.65\text{m}^3$

② 단위잔골재량 절대체적 $V_s = V_a \times \dfrac{S}{a} = 0.65 \times 0.44 = 0.29\text{m}^3$

③ 단위잔골재량 $= 0.29 \times 2.6 \times 1000 = 754\text{kg}$

④ 단위굵은골재량 절대체적 $V_G = V_a - V_s = 0.65 - 0.29 = 0.36\text{m}^3$

⑤ 단위굵은골재량 $= 0.36 \times 2.7 \times 1000 = 972\text{kg}$

⑥ 단위공기연행제량 $= 368.9 \times 0.0003 = 0.11067\text{kg} = 110.67\text{g}$

(4) 배합표

굵은골재의 최대치수 (mm)	슬럼프 (mm)	공기량 (%)	$\dfrac{W}{C}$ (%)	잔골재율 S/a(%)	단위량(kg/m³)				혼화제(g/m³)
					물	시멘트	잔골재	굵은골재	
20	100	5.0	50	44	184.45	368.9	754	972	110.67

09
교량을 상판의 위치에 따라 분류할 때 그 종류를 4가지만 쓰시오. [3점]

 해답 ① 상로교 ② 중로교 ③ 하로교 ④ 2층교

10
터널 보강에 많이 쓰이는 rock Bolt의 역할을 3가지만 쓰시오. [3점]

해답 ① 봉합역할(매달기 역할)
② 내압역할
③ 보의 형성 역할
④ 보강역할

11 다음과 같은 조건일 때, 직사각형 복합확대기초의 크기(B, L)를 구하시오. [3점]

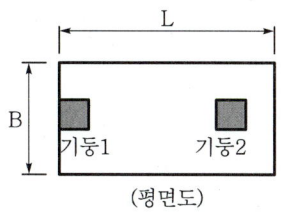
(평면도)

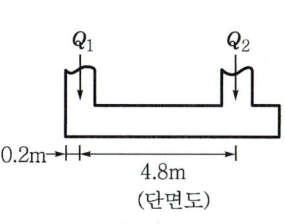
(단면도)

조건
- 지반의 허용지지력 $q_a = 150 \text{kN/m}^2$
- 기둥 1 : 0.4m×0.4m, $Q_1 = 600\text{kN}$
- 기둥 2 : 0.5m×0.5m, $Q_2 = 900\text{kN}$

해답

① $\sum V = 0$

$600 + 900 = 150 \times BL$

$\therefore BL = 10$ ·········· ㉠

② $\sum M_o = 0$

$600 \times 0.2 + 900 \times 5 = 150 \times BL \times \dfrac{L}{2}$

$BL^2 = 61.6$ ·········· ㉡

식 ㉠, ㉡에서 $L = 6.16\text{m}$, $B = 1.62\text{m}$

---

12 아래 그림과 같이 6.0m의 연직옹벽에 연속적인 강우로 뒤채움 흙이 완전 포화되어 있다. 뒤채움 흙은 $\gamma_{sat} = 19\text{kN/m}^3$, $\phi = 38°$인 사질토이며, 벽면마찰각 $\delta = 15°$이다. 이때 Coulomb의 주동토압계수는 0.219이고 파괴면이 수평면과 55°라고 가정할 경우 아래의 물음에 답하시오. [4점]

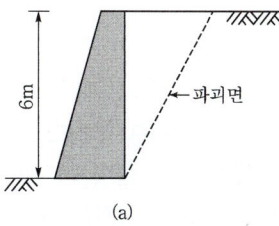
(a)

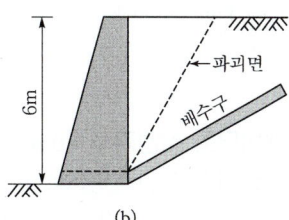
(b)

(1) 그림 (a)와 같이 옹벽배면에 배수구가 없을 경우 옹벽에 작용하는 전 주동토압을 구하시오.
(2) 그림 (b)와 같이 파괴면 아래쪽에 배수구를 경사지게 설치했을 경우 옹벽에 작용하는 전 주동토압을 구하시오.

해답

(1) $P_a = \dfrac{1}{2}\gamma_{sub}H^2 C_a + \dfrac{1}{2}\gamma_w H^2 = \dfrac{1}{2}\times(19-9.8)\times 6^2 \times 0.219 + \dfrac{1}{2}\times 9.8 \times 6^2$
    $= 212.67\,\text{kN/m}$

(2) $P_a = \dfrac{1}{2}\gamma_{sat}H^2 C_a = \dfrac{1}{2}\times 19 \times 6^2 \times 0.219 = 74.9\,\text{kN/m}$

---

13 기존 아스팔트 포장에 생긴 균열에 대한 일반적인 보수방법을 3가지만 쓰시오. [3점]

해답
① patching 공법
② 표면처리 공법
③ over lay(덧씌우기) 공법
④ 절삭 over lay 공법
⑤ 절삭(milling) 공법

---

14 얕은기초(직접기초) 지반에 하중을 가하면 그에 따라서 침하가 발생되면서 기초지반은 점진적인 파괴가 발생된다. 이때 대표적인 파괴형태 3가지를 쓰시오. [3점]

해답
① 전반전단파괴 ② 국부전단파괴 ③ 관입전단파괴

---

15 현장투수시험은 지층에 뚫은 우물이나 시추공 등 현장에서 직접 실시하는 투수시험으로, 크게 양수시험과 주수시험으로 나눌 수 있다. 여기서 양수시험과 주수시험의 종류를 각각 2가지씩 쓰시오. [3점]

해답
(1) 양수시험의 종류 2가지
  ① 깊은 우물에 의한 방법
  ② 굴착정에 의한 방법
(2) 주수시험의 종류 2가지
  ① open-end test(개단시험)
  ② packer test

---

16 모터 그레이더로 작업거리 50m인 운동장 정지작업을 하였다. 시간당 작업량을 구하시오. (단, 사이클타임(C_m)=0.96min, 블레이드의 유효길이(l)=2.9m, 부설횟수(N)=3회, 흙 고르기 두께(H)=0.3m, 작업효율(E)=0.6, 토량환산계수(f)=1.0이다.) [3점]

해답 $Q = \dfrac{60\,l\,LDfE}{C_m N} = \dfrac{60\times 2.9 \times 50 \times 0.3 \times 1 \times 0.6}{0.96 \times 3} = 543.75\,\text{m}^3/\text{hr}$

17 어떤 토공현장에서 흙시료를 채취하여 실내다짐시험하여 최대건조단위중량 19.4kN/m^3, 최적함수비 10.3%를 얻었다. 이 현장에서 다짐을 실시하여 상대다짐도 95% 이상을 얻으려고 한다. 다짐을 실시한 후 들밀도시험을 실시하였더니 $V=1630\text{cm}^3$, $W=29.34\text{N}$이었다. 흙의 비중이 2.62, 현장 흙의 함수비가 9.8%일 때 합격여부를 판정하시오. [3점]

해답

① $\gamma_t = \dfrac{W}{V} = \dfrac{29.34 \times 10^{-3}}{1630 \times 10^{-6}} = 18\text{kN/m}^3$

② $\gamma_d = \dfrac{\gamma_t}{1+\dfrac{w}{100}} = \dfrac{18}{1+\dfrac{9.8}{100}} = 16.39\text{kN/m}^3$

③ $C_d = \dfrac{\gamma_d}{\gamma_{d\max}} \times 100 = \dfrac{16.39}{19.4} \times 100 = 84.48\% < 95\%$ 이므로 불합격이다.

---

18 버킷용량 3.0m^3의 쇼벨과 15ton 덤프트럭을 사용하여 토공사를 하고 있다. 아래 조건에 따라, 다음 물음에 답하시오. [6점]

- 흙의 단위중량 : 1.8t/m^3
- 쇼벨의 버킷계수 : 1.1
- 쇼벨의 작업효율 : 0.5
- 덤프트럭의 사이클 타임 중 상차시간 : 2분
- 덤프트럭 1대를 적재하는데 필요한 쇼벨의 사이클횟수 : 3
- 토량변화율(L) : 1.2
- 쇼벨의 사이클타임 : 30초
- 덤프트럭의 사이클타임 : 30분
- 덤프트럭의 작업효율 : 0.8

(1) 쇼벨의 시간당 작업량을 구하시오.
(2) 덤프트럭의 시간당 작업량을 구하시오.
(3) 쇼벨 1대당 덤프트럭의 소요대수를 구하시오.

해답

(1) 셔블의 시간당 작업량

$Q_s = \dfrac{3600\, q\, k\, f\, E}{C_m} = \dfrac{3600 \times 3 \times 1.1 \times \dfrac{1}{1.2} \times 0.5}{30} = 165\text{m}^3/\text{h}$

(2) 덤프트럭의 시간당 작업량

① $q_t = \dfrac{T}{\gamma_t}\, L = \dfrac{15}{1.8} \times 1.2 = 10\text{m}^3$

② $Q_t = \dfrac{60\, q_t\, f\, E_t}{C_{mt}} = \dfrac{60 \times 10 \times \dfrac{1}{1.2} \times 0.8}{30} = 13.33\text{m}^3/\text{h}$

(3) 덤프트럭의 소요대수

$N = \dfrac{165}{13.33} = 12.38 = 13\text{대}$

19 유기질토는 대개 지하수가 지면 위나 가까이에 있는 넓은 지역에서 발견된다. 지하수면이 높으면 수생식물이 썩어 유기질토가 형성된다. 유기질토의 특성을 3가지만 쓰시오. [3점]

해답 ① 압축성이 크다. ② 2차 압밀침하량이 크다.
③ 자연함수비가 200~300% 정도이다.

20 다음의 작업 리스트를 이용하여 아래 물음에 답하시오. (단, 표준일수에 대한 간접비가 60만원이고 1일 단축 시 5만원씩 감소하며, 표준일수에 대한 직접비는 60만원이다.) [10점]

작업명	선행작업	후속작업	표준일	특급일수	1일 단축하는데 필요한 직접비용 증가액(만 원/일)
A	-	B, C	5	2	6
B	A	E	4	2	4
C	A	F	6	4	7
D	-	G	5	4	5
E	B	H	6	3	8
F	C	-	4	3	5
G	D	H	7	5	8
H	E, G	-	5	3	9

(1) Net Work(화살선도)를 작도하고 표준일수에 대한 CP를 구하시오.
(2) 최적공기와 그 때의 총공사비를 구하시오.

해답 (1) ① network

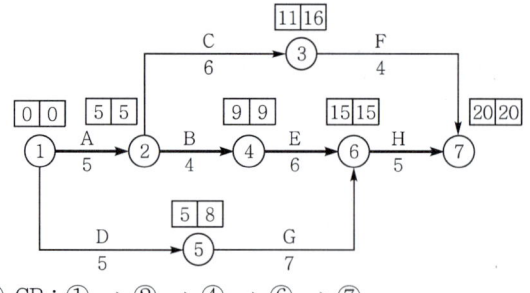

② CP : ① → ② → ④ → ⑥ → ⑦

(2) 최적공기와 총 공사비

단축 작업명	단축일수	기 간	직접비용 증가액 (만 원)	직접비 (만 원)	간접비 (만 원)	총 공비 (만 원)
-	-	20일	-	60	60	60+60=120
B	1	19일	1×4=4	60+4=64	60-5=55	64+55=119
B	1	18일	1×4=4	64+4=68	55-5=50	68+50=118
A	1	17일	1×6=6	68+6=74	50-5=45	74+45=119

① 최적공기=18일
② 총 공사비=118만 원

21 어떤 모래에 대한 토질시험 결과가 아래의 표와 같을 때 Dunham의 식을 이용하여 이 모래의 내부마찰각을 추정하시오. (단, 모래의 입자는 둥글다.) [3점]

> **시험결과**
> - 표준관입시험의 N값 : 35
> - 입도시험결과 : $D_{10} = 0.08$mm, $D_{30} = 0.12$mm, $D_{60} = 0.14$mm

해답
① $C_u = \dfrac{D_{60}}{D_{10}} = \dfrac{0.14}{0.08} = 1.75 < 6$

$C_g = \dfrac{D_{30}^2}{D_{10} \, D_{60}} = \dfrac{0.12^2}{0.08 \times 0.14} = 1.29 = 1 \sim 3$ 이므로 빈립도이다.

② $\phi = \sqrt{12N} + 15 = \sqrt{12 \times 35} + 15 = 35.49°$

---

22 10m 깊이의 쓰레기층을 동다짐을 이용하여 개량하고자 한다. 사용할 해머의 중량은 20t이고, 하부면적의 반경이 2m인 원형블록을 이용하고자 한다. 이 쓰레기층이 있는 깊이까지 다짐이 되기 위하여 필요한 해머의 낙하고(h)를 구하시오. (단, 토질에 따른 계수(α)는 0.5를 적용한다.) [3점]

해답
$D = C\alpha\sqrt{WH}$
$10 = 0.5\sqrt{20H}$ ∴ $H = 20$m

---

23 도로에서 기층은 표층에 가해지는 하중을 분산시켜 보조기층에 전달하며, 교통하중에 의한 전단에 저항하는 역할을 한다. 이러한 역할을 하는 기층을 만들기 위해 사용되는 공법을 3가지만 쓰시오. [3점]

해답
① 입도조정공법 ② 시멘트 안정처리공법
③ 역청 안정처리공법 ④ 물다짐 마카담공법

---

24 직경 30cm 평판재하시험에서 작용압력이 200kN/m²일 때 침하량이 15mm라면, 직경 1.5m의 실제기초에 200kN/m²의 압력이 작용할 때 사질토반에서의 침하량의 크기는 얼마인가? [3점]

해답
$S_{(기초)} = S_{(재하판)} \times \left[\dfrac{2B_{(기초)}}{B_{(기초)} + B_{(재하판)}}\right]^2$

$= 15 \times \left[\dfrac{2 \times 1.5}{1.5 + 0.3}\right]^2 = 41.67$mm

25 절취사면 및 굴착면에 대한 유연한 지보 등을 목적으로 네일을 프리스트레싱 없이 비교적 촘촘하게 원지반에 삽입하여, 원지반 자체의 전단강도를 증대시키고 지반 변위를 억제시키는 공법은? [2점]

해답 soil nailing공법

26 아래 그림과 같은 지반에서 지하수위가 지표면에 위치하다가 지표하부 2m까지 저하하였다. 점토지반의 압밀침하량을 산정하시오. (단, 정규압밀 점토임) [3점]

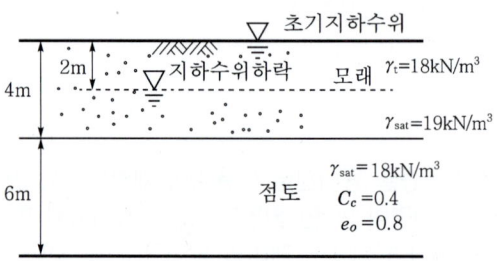

해답

① $P_1 = (19-9.8) \times 4 + (18-9.8) \times \dfrac{6}{2} = 61.4 \text{kN/m}^2$

② $P_2 = 18 \times 2 + 9.2 \times 2 + 8.2 \times \dfrac{6}{2} = 79 \text{kN/m}^2$

③ $\Delta H = \dfrac{C_c}{1+e_o} \log \dfrac{P_2}{P_1} H = \dfrac{0.4}{1+0.8} \log \dfrac{79}{61.4} \times 600 = 14.59 \text{cm}$

토목 기사 2016년(2차)

01 항만구조물설계 시 기초지반의 액상화 평가 시 실시되는 현장시험을 3가지만 쓰시오. [3점]

해답 ① SPT ② CPT ③ 전단파속도시험

02 다음과 같은 공정표(CPM Table)를 보고 아래 물음에 답하시오. [10점]

node		공정명	정상기간	정상비용	특급기간	특급비용
1	2	A	3일	30만 원	3일	30만 원
1	3	B	4일	24만 원	3일	30만 원
1	4	C	4일	40만 원	3일	60만 원
2	3	dummy	0일	0만 원	0일	0만 원
2	5	E	7일	35만 원	5일	49만 원
3	5	F	4일	32만 원	4일	32만 원
3	6	H	6일	48만 원	5일	60만 원
3	7	G	9일	45만 원	6일	69만 원
4	6	I	7일	56만 원	6일	66만 원
5	7	J	10일	40만 원	7일	55만 원
6	7	K	8일	64만 원	8일	64만 원
7	8	M	5일	60만 원	3일	96만 원

(1) Net Work(화살선도)를 작도하고, 표준일수에 대한 critical path를 표시하시오.
(2) 정상공사 기간 4일을 줄일 때 발생하는 추가비용의 최소치를 구하시오.

해답 (1) ① Net Work

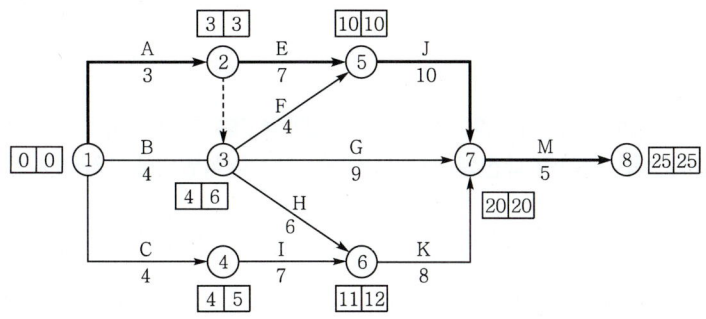

② CP : ① → ② → ⑤ → ⑦ → ⑧

(2) ① 비용경사(cost slope)

공 정	단축가능 일수	비용경사(만 원)
A	0	0
B	1	$\frac{30-24}{4-3}=6$
C	1	$\frac{60-40}{4-3}=20$
E	2	$\frac{49-35}{7-5}=7$
F	0	0
H	1	$\frac{60-48}{6-5}=12$
G	3	$\frac{69-45}{9-6}=8$
I	1	$\frac{66-56}{7-6}=10$
J	3	$\frac{55-40}{10-7}=5$
K	0	0
M	2	$\frac{96-60}{5-3}=18$

② 공기단축

단축단계	작업명	단축일수	추가비용(만 원)	공기(일)
1단계	J	1	1×5=5	24
2단계	J, I	1	1×5+1×10=15	23
3단계	M	2	2×18=36	21

③ 추가비용(extra cost)
EC=50,000+150,000+360,000=560,000원

03
말뚝의 지지력을 산정하는 방법을 3가지만 쓰시오. [3점]

 ① 정역학적 지지력 공식 ② 동역학적 지지력 공식 ③ 정재하시험에 의한 방법

04
교량의 내진설계는 지진에 의해 교량이 입는 피해정도를 최소화 시킬 수 있는 내진성을 확보하기 위해 실시한다. 이러한 내진설계시 사용하는 내진해석방법을 3가지만 쓰시오. [3점]

① 단일모드 스펙트럼 해석법
② 다중모드 스펙트럼 해석법
③ 시간이력 해석법

05 어느 현장의 콘크리트 압축강도의 하한규격치는 18MPa이고 상한규격치는 24MPa로 정해져 있다. 측정결과 평균치($\bar{x}$)는 19.5MPa이고, 표준편차의 추정치(δ)는 0.8MPa이라 할 때, 공정능력지수와 규격치에 대한 여유치를 구하시오. [4점]

(1) 공정능력지수
(2) 여유치

해답 (1) 공정능력 지수(C_p)
$$C_p = \frac{|SU-SL|}{6\sigma} = \frac{|24-18|}{6 \times 0.8} = 1.25$$

(2) 여유치
① $\dfrac{|SU-SL|}{\sigma} = \dfrac{|24-18|}{0.8} = 7.5 \geq 6$ (충분한 여유가 있다.)
② 여유치 $= (7.5-6) \times 0.8 = 1.2\,\text{MPa}$

06 아래 그림과 같이 지하수위가 지표면에 위치하다가 완전갈수기에 지하수위가 넓은 범위에 걸쳐 3m 하락하였다. 이 경우 점토지반에서의 압밀침하량을 구하시오. [3점]

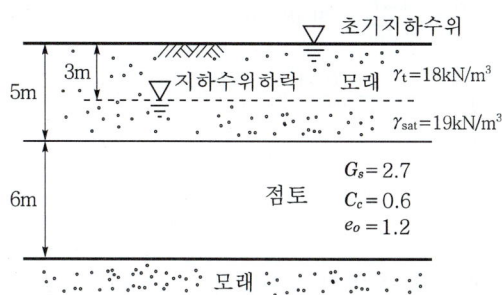

해답 ① 점토지반의 포화단위중량
$$\gamma_{sat} = \frac{G_s + e}{1+e}\gamma_w = \frac{2.7+1.2}{1+1.2} \times 9.8 = 17.37\,\text{kN/m}^3$$

② $P_1 = (19-9.8) \times 5 + (17.37-9.8) \times \dfrac{6}{2} = 68.71\,\text{kN/m}^2$

③ $P_2 = 18 \times 3 + (19-9.8) \times 2 + (17.37-9.8) \times \dfrac{6}{2} = 95.11\,\text{kN/m}^2$

④ $\Delta H = \dfrac{C_c}{1+e_1} \log \dfrac{P_2}{P_1} H = \dfrac{0.6}{1+1.2} \log \dfrac{95.11}{68.71} \times 600 = 23.11\,\text{cm}$

07

지하수위가 지표면과 일치하는 포화된 연약 점성토층의 깊이 2m 지점에서 폭 1.2m의 연속기초를 설치하였다. 연약 점성토층의 포화단위중량은 18.5kN/m^3이며, 강도 정수 $c_u = 25\text{kN/m}^2$, $\phi_u = 0$일 때 극한지지력을 구하시오. (단, $\phi_u = 0$일 때 $N_c = 5.14$, $N_r = 0$, $N_q = 1.0$이며, 전반전단파괴로 가정하며, Terzaghi 공식을 사용하시오.) [3점]

해답
$$q_u = \alpha c N_c + \beta B \gamma_1 N_r + D_f \gamma_2 N_q$$
$$= 1 \times 25 \times 5.14 + 0 + 2 \times (18.5 - 9.8) \times 1$$
$$= 145.9 \text{kN/m}^2$$

08

어떤 흙의 체분석시험 결과가 다음과 같을 때 통일분류법에 따라 이 흙을 분류하시오. [3점]

- $D_{10} = 0.077\text{mm}$, $D_{30} = 0.54\text{mm}$, $D_{60} = 2.27\text{mm}$
- No.4체(4.76mm) 통과율=58.1%, No.200체(0.074mm) 통과율=4.34%

해답
① $P_{\text{No.200}} = 4.34\% < 50\%$이고 $P_{\text{No.4}} = 58.1\% > 50\%$ 이므로 모래이다.
② $C_u = \dfrac{D_{60}}{D_{10}} = \dfrac{2.27}{0.077} = 29.48 > 6$

$C_g = \dfrac{{D_{30}}^2}{D_{10}\,D_{60}} = \dfrac{0.54^2}{0.077 \times 2.27} = 1.67 = 1 \sim 3$이므로 양립도이다.

∴ SW이다.

09

직경 30cm 평판재하시험에서 작용압력이 300kN/m^2일 때 침하량이 20mm라면, 직경 1.5m의 실제기초에 300kN/m^2의 압력이 작용할 때 사질토 지반에서의 침하량의 크기를 구하시오. [3점]

해답
$$S_{(기초)} = S_{(재하판)} \left[\dfrac{2B_{(기초)}}{B_{(기초)} + B_{(재하판)}} \right]^2$$
$$= 20 \times \left[\dfrac{2 \times 1.5}{1.5 + 0.3} \right]^2 = 55.56\text{mm}$$

10

댐의 계획 홍수위시 댐의 안정을 위해 물을 조속히 배제하기 위한 여수로의 종류를 3가지만 쓰시오. [3점]

해답
① 슈트식 여수로　② 측수로 여수로
③ 그롤리홀 여수로　④ 사이펀 여수로

11 15t의 덤프트럭으로 보통토사를 운반하고자 한다. 적재장비는 버킷용량 2.4m³인 백호를 사용하는 경우 덤프트럭 1대를 적재하는 데 소요되는 시간을 구하시오. (단, 흙의 단위중량은 1.6t/m³, 토량변화율 $L=1.2$, 버킷계수 $K=0.8$, 적재기계의 싸이클시간 $C_{ms}=30\text{sec}$, 적재기계의 작업효율 $E_s=0.75$) [3점]

해답
① $q_t = \dfrac{T}{\gamma_t} L = \dfrac{15}{1.6} \times 1.2 = 11.25\text{m}^3$

② $n = \dfrac{q_t}{q\,k} = \dfrac{11.25}{2.4 \times 0.8} = 5.86 = 6$회

③ $C_{mt} = \dfrac{C_{ms}n}{60E_s} = \dfrac{30 \times 6}{60 \times 0.75} = 4$분

12 아스팔트 콘크리트 포장의 장점을 3가지만 쓰시오. [3점]

해답
① 주행성이 좋다.(소음, 진동이 적고 평탄성이 양호)
② 양생기간이 짧아 즉시 교통개방이 가능하다.
③ 시공성이 좋다.
④ 보수작업이 용이하다.

13 농공단지 조성을 위하여 다음 그림과 같이 기준면으로부터 고저측량을 하였다. 이 용지를 수평으로 정지하고자 할 때 절토량과 성토량이 같게 하려고 하면 기준면으로부터 몇 m의 높이로 하면 되는가? (단, 단위는 m이고, 토량변화율은 고려하지 않는다.) [3점]

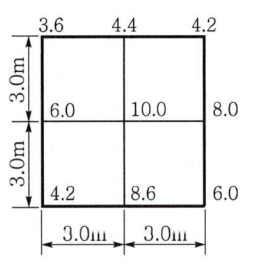

해답
(1) $V = \dfrac{ab}{4}(\Sigma h_1 + 2\Sigma h_2 + 3\Sigma h_3 + 4\Sigma h_4)$

① $\Sigma h_1 = 3.6 + 4.2 + 6 + 4.2 = 18\text{m}$
② $\Sigma h_2 = 4.4 + 8 + 8.6 + 6 = 27\text{m}$
③ $\Sigma h_4 = 10\text{m}$

∴ $V = \dfrac{3 \times 3}{4}(18 + 2 \times 27 + 4 \times 10) = 252\text{m}^3$

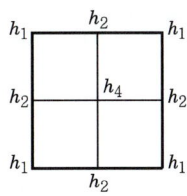

(2) $h = \dfrac{252}{3 \times 3 \times 4} = 7\text{m}$

14 다음 그림과 같은 중력식 옹벽을 설치하려고 한다. 흙의 단위중량 $\gamma_t=17.5\text{kN/m}^3$, 내부마찰각 $\phi=31°$, 점착력 $c=0$, 콘크리트의 단위중량 $\gamma_c=24\text{kN/m}^3$일 때 옹벽의 전도(overturning)에 대한 안전율을 Rankine의 식을 이용하여 계산하시오. [3점]

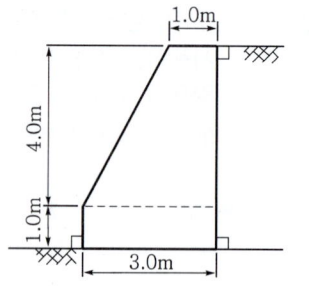

해답

① $P_a = \dfrac{1}{2}\gamma h^2 K_a = \dfrac{1}{2}\gamma h^2 \tan^2\left(45° - \dfrac{\phi}{2}\right)$

$= \dfrac{1}{2} \times 17.5 \times 5^2 \times \tan^2\left(45° - \dfrac{31°}{2}\right) = 70.02\text{kN/m}$

② $F_s = \dfrac{Wb + P_V B}{P_H y} = \dfrac{Wb}{P_a y}$

$= \dfrac{\left\{(1+5)\times\dfrac{2}{2}\times 24\right\}\times\dfrac{1+2\times 5}{1+5}\times\dfrac{2}{3} + \{(1\times 5)\times 24\}\times 2.5}{70.02 \times \dfrac{5}{3}} = 4.08$

---

15 15회의 콘크리트 압축강도 측정결과가 아래의 표와 같을 때 배합설계에 적용할 표준편차를 구하고 설계기준강도가 40MPa일 때 콘크리트의 배합강도를 구하시오. (단, 압축강도의 시험횟수가 15회일 때 표준편차의 보정계수는 1.16이다.) [6점]

[압축강도 측정결과(MPa)]

36, 40, 42, 36, 44, 43, 36, 38, 44, 42, 44, 46, 42, 40, 42

(1) 배합설계에 적용할 압축강도의 표준편차를 구하시오.
(2) 배합강도를 구하시오.

해답

(1) ① $\bar{x} = \dfrac{\sum x}{n} = \dfrac{615}{15} = 41\text{MPa}$

② $S = (36-41)^2 + (40-41)^2 + (42-41)^2 + \cdots + (42-41)^2 = 146$

③ $\sigma = \sqrt{\dfrac{S}{n-1}} = \sqrt{\dfrac{146}{15-1}} = 3.23\text{MPa}$

④ 보정된 표준편차
$\sigma = 1.16 \times 3.23 = 3.75\text{MPa}$

(2) ① $f_{cr} = f_{ck} + 1.34s = 40 + 1.34 \times 3.75 = 45.03\text{MPa}$

② $f_{cr} = 0.9 f_{ck} + 2.33s = 0.9 \times 40 + 2.33 \times 3.75 = 44.74\text{MPa}$

①, ② 중에서 큰 값이 배합강도이므로

∴ $f_{cr} = 45.03\text{MPa}$

16

콘크리트 구조물에서 시공이음을 설치하고자 할 때 그 위치 또는 방향에 대해 아래와 각 물음에 답하시오. [3점]

(1) 바닥틀과 일체로 된 기둥 또는 벽의 시공이음 위치로 적합한 곳은?
(2) 바닥틀의 시공이음 위치로 적합한 곳은?
(3) 아치에 시공이음을 설치하고자 할 때 적합한 방향은?

해답
(1) 바닥틀과의 경계부근
(2) 슬래브 또는 보의 경간 중앙부 부근
(3) 아치축에 직각 방향

17

주어진 도면 및 조건에 따라 다음 물량을 산출하시오. (단, 주어진 도면의 치수는 축척에 맞지 않을 수 있으며, 주어진 치수로만 물량을 산출할 것.) [18점]

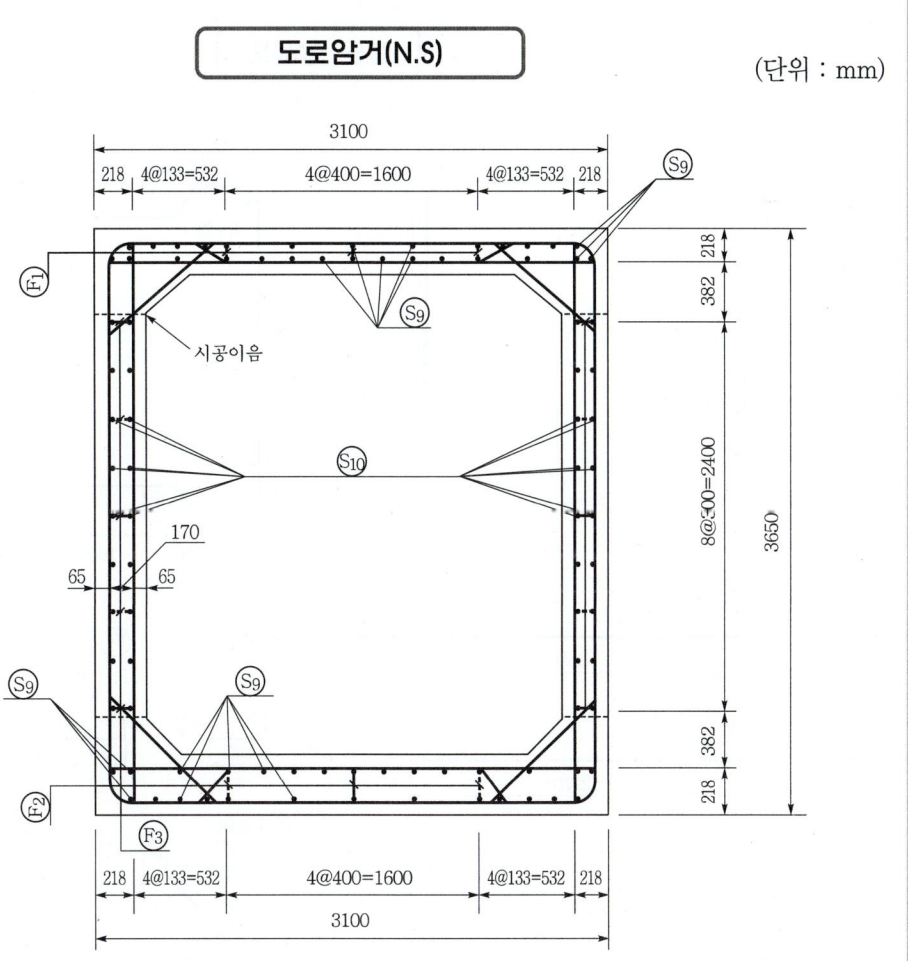

도로암거(N.S) (단위 : mm)

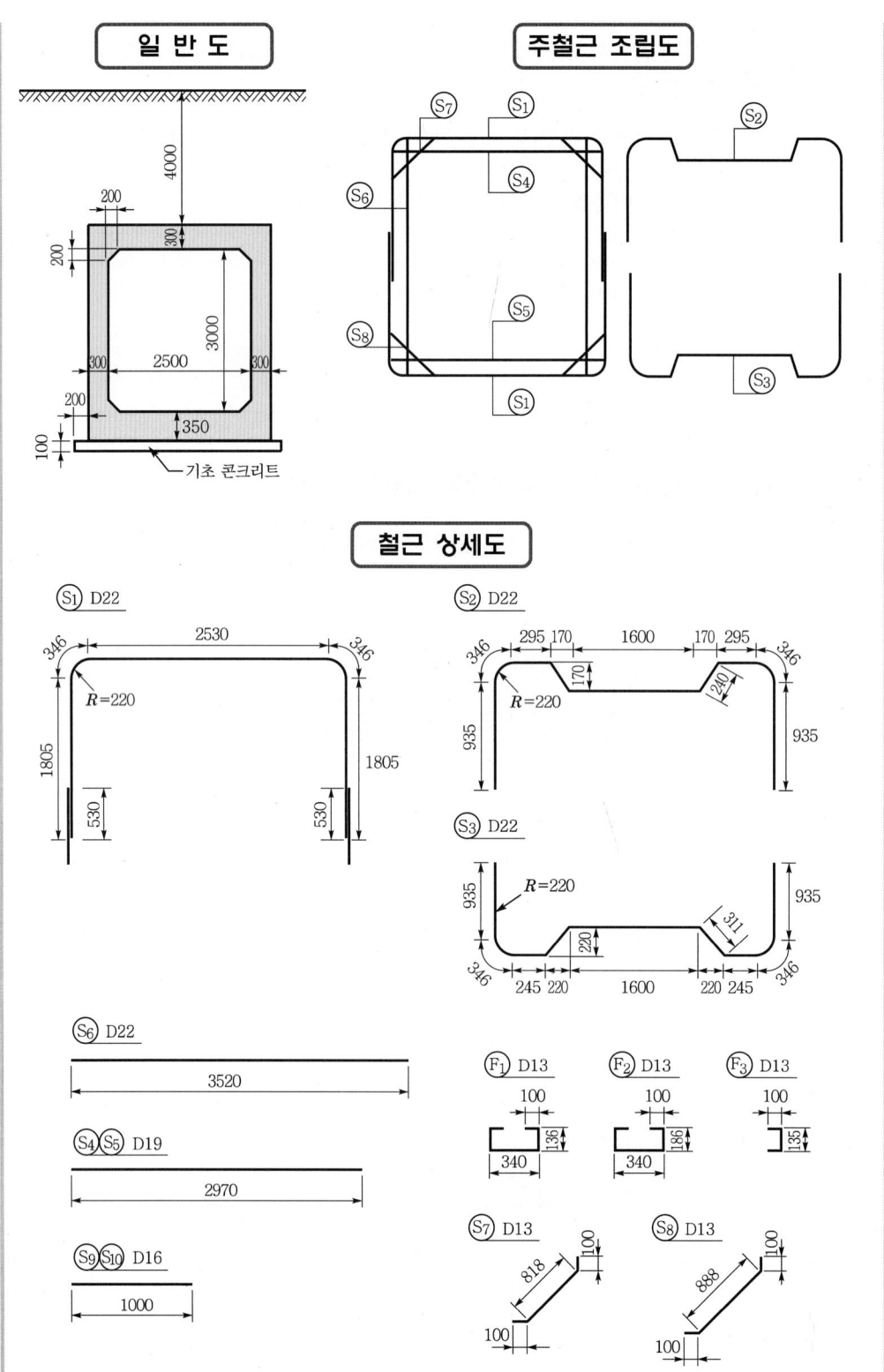

조건
① $S_1 \sim S_8$ 철근은 300mm 간격으로 배치되어 있다.
② F_1, F_2, F_3 철근은 300mm 간격으로 지그재그로 배치되어 있다.
③ 철근의 이음과 할증은 무시한다.
④ 지형상태는 일반토와 같으며, 터파기는 기초 콘크리트 양끝에서 100cm 여유폭을 두고, 비탈 기울기는 1 : 0.5로 한다.
⑤ 거푸집량의 계산에서 마구리면은 무시한다.

(1) 길이 1m에 대한 기초와 구체의 콘크리트량을 구하시오. (단, 소수 4째자리에서 반올림)
   ① 기초 콘크리트량
   ② 구체 콘크리트량
(2) 길이 1m에 대한 거푸집량을 구하시오. (단, 소수 4째자리에서 반올림)
(3) 길이 1m에 대한 터파기량을 구하시오. (단, 소수 4째자리에서 반올림)
(4) 길이 1m에 대한 철근량을 산출하기 위한 다음 철근 물량표를 완성하시오. (단, 소수 3째자리에서 반올림)

기 호	직 경	길이(mm)	수 량	총 길이(mm)	기 호	직 경	길이(mm)	수 량	총 길이(mm)
S_1					S_9				
S_7					F_1				

해답

(1) 길이 1m에 대한 콘크리트량
   ① 기초 콘크리트량 = $3.5 \times 0.1 \times 1 = 0.35 m^3$
   ② 구체 콘크리트량
   $= \left(3.1 \times 3.65 - 2.5 \times 3 + \frac{0.2 \times 0.2}{2} \times 4\right) \times 1$
   $= 3.895 m^3$

(2) 길이 1m에 대한 거푸집량
   ① 외벽 길이 = $\overline{ab} \times 2 = 3.65 \times 2 = 7.3m$
   ② 내벽 길이 = $\overline{fg} \times 2 = 2.6 \times 2 = 5.2m$
   ③ 헌치 길이 = $\overline{ef} \times 4 = \sqrt{0.2^2 + 0.2^2} \times 4$
       $= 1.1314m$
   ④ 정판 길이 = $\overline{eh} = 2.1m$
   ⑤ 구체 거푸집 길이 = ㉠+㉡+㉢+㉣
       $= 15.7314m$
   ⑥ 구체 거푸집량 = $15.7314 \times 1 ≒ 15.731 m^2$

(3) 길이 1m에 대한 터파기량
   터파기량 = $\frac{5.5 + 13.25}{2} \times 7.75 \times 1$
   $= 72.6563 ≒ 72.656 m^3$

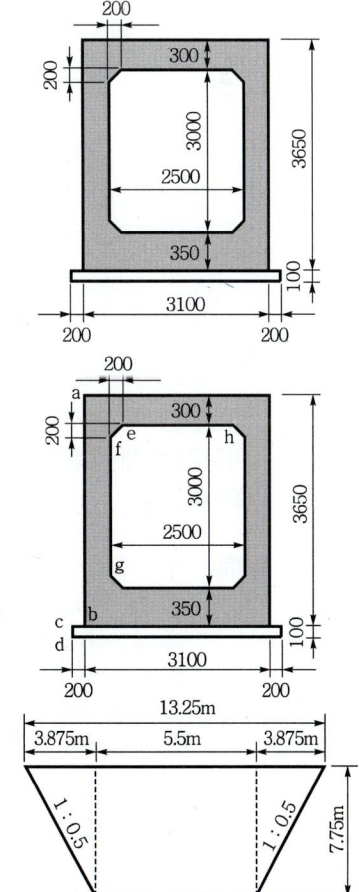

(4) 길이 1m에 대한 철근량
① 단면도상 선으로 보이는 철근(S_1, S_7)

기 호	직 경	본당 길이(mm)	수 량	총 길이(mm)	수량 산출근거
S_1	D 22	1805×2+346×2+2530 =6832	6.67	45,569.44	수량=$\frac{1}{0.3}$×2(개소) =6.67개
S_7	D 13	100+818+100=1018	6.67	6790.06	

② 단면도상 점으로 보이는 철근(S_9)
・철근개수 ⇒ 간격수+1

기 호	직 경	본당 길이(mm)	수 량	총 길이(mm)	수량 산출근거
S_9	D 16	1000	56	56,000	수량=(상판상부+상판하부)×2(상・하판) =[(12+1)+15]×2=56개

③ F_1 철근개수 ⇒ $\frac{\text{단위길이}(1m)}{\text{간격}\times 2}$ ×개소

기 호	직 경	본당 길이(mm)	수 량	총 길이(mm)	수량 산출근거
F_1	D 13	100×2+136×2+340 =812	5	4060	수량=$\frac{1}{0.3\times 2}$×3(개소) =5개

④ 철근 물량표(단, 소수 3째자리에서 반올림하시오.)

기 호	직 경	길 이(mm)	수 량	총 길이(mm)	기 호	직 경	길 이(mm)	수 량	총 길이(mm)
S_1	D 22	6832	6.67	45,569.44	S_9	D 16	1000	56	56,000
S_7	D 13	1018	6.67	6790.06	F_1	D 13	812	5	4060

18 매스콘크리트에서는 구조물에 필요한 기능 몇 품질을 손상시키지 않도록 온도균열을 제어하기 위해 적절한 조치를 강구해야 한다. 온도균열을 억제하기 위한 방법을 3가지만 쓰시오. [3점]

해답 ① 수화열이 적은 중용열 포틀랜드시멘트를 사용한다.
② fly-ash 등의 혼화재를 사용한다.
③ 굵은골재 최대 치수를 가능한 한 크게 하여 단위 시멘트량을 작게 한다.
④ pre-cooling, pipe-cooling을 한다.
⑤ 이음 간격을 짧게 한다.
⑥ 균열제어 철근을 배치한다.

19 그림과 같이 지하 5m 되는 곳에 피에조미터를 설치하고 연약지반에서 공사를 진행한다. 구조물 축조 직후에 수주가 지표면으로부터 8m였다. 8개월 후 수주가 3m가 되었다면, 지하 5m 되는 곳의 압밀도를 구하시오. [3점]

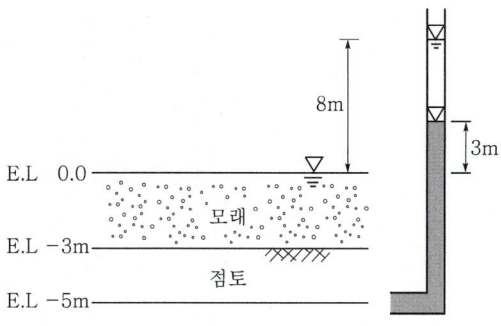

해답
① $u_i = \gamma_w h = 9.8 \times 8 = 78.4 \text{kN/m}^2$
② $u = \gamma_w h = 9.8 \times 3 = 29.4 \text{kN/m}^2$
③ $U_z = \dfrac{u_i - u}{u_i} = \dfrac{78.4 - 29.4}{78.4} = 0.625 = 62.5\%$

20 수평 길이 L의 간격으로 땅속에 굴착된 두 개의 홀에 어느 하나의 시추공의 바닥에서 충격막대에 의해 연직충격을 발생시켜 연직으로 민감한 트랜스 듀서에 의해 전단파를 기록할 수 있는 지구물리학적인 지반조사 방법은? [2점]

해답 cross hole test(크로스 홀 탄성파 탐사법)

21 어느 지역에 지표면경사가 30°인 자연사면이 있다. 지표면에서 6m 깊이에 암반층이 있고, 지하수위 면은 암반층 아래 존재할 때 이 사면의 활동 파괴에 대한 안전율을 구하시오. (단, 사면 흙을 채취하여 토질시험을 실시한 결과 $c = 25\text{kN/m}^3$, $\phi = 35°$, $\gamma_t = 18\text{kN/m}^3$이다.) [3점]

해답
$F_s = \dfrac{c}{\gamma_t Z \cos i \sin i} + \dfrac{\tan\phi}{\tan i}$
$= \dfrac{25}{18 \times 6 \times \cos 30° \times \sin 30°} + \dfrac{\tan 35°}{\tan 30°}$
$= 1.75$

22

흙막이공법은 개수성 토류벽공법과 차수성 토류벽공법으로 대별한다. 아래 그림과 같은 개수성 토류벽공법인 H-Pile 흙막이 공법의 부재 명칭을 쓰시오. [3점]

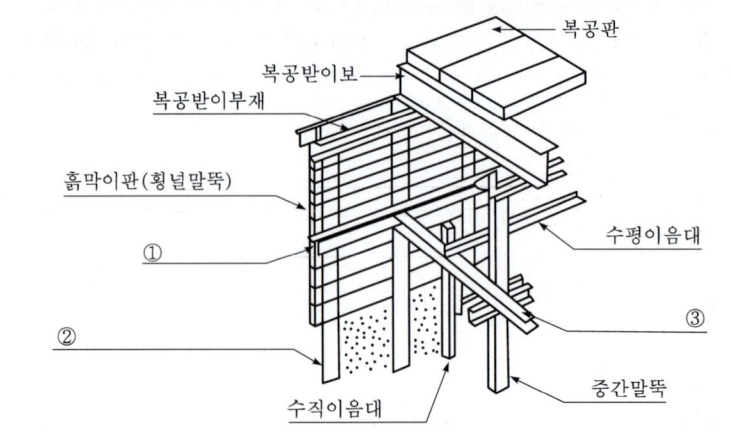

해답
① 띠장(wale)
② 엄지말뚝(H-pile)
③ 버팀(strut)

23

콘크리트 제품의 양생방법 중 촉진양생방법을 3가지만 쓰시오. [3점]

해답
① 상압증기양생
② 고압증기양생(오토클레이브 양생)
③ 전기양생
④ 적외선양생

24

연약지반개량공법 중 압밀효과와 보강효과를 동시에 노리는 공법을 3가지만 쓰시오. [3점]

해답
① pre-loading 공법
② sand drain 공법
③ paper drain 공법

25 아래 그림과 같이 10m 두께의 비교적 단단한 포화 점토층 밑에 모래층이 있다. 모래층이 수두 6개의 피압(artesian pressure)을 받고 있을 때, 점토층의 바닥이 융기(heaving)현상이 없이 굴착할 수 있는 최대 깊이 H를 구하시오. (단, 물의 단위중량 $\gamma_w = 9.81\text{kN/m}^3$)

[3점]

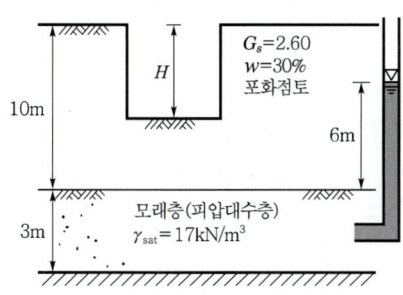

해답 (1) 점토의 단위중량
① $Se = wG_s$ $1 \times e = 0.3 \times 2.6$ ∴ $e = 0.78$
② $\gamma_{sat} = \dfrac{G_s + e}{1 + e}\gamma_w = \dfrac{2.6 + 0.78}{1 + 0.78} \times 9.81 = 18.63\text{kN/m}^3$

(2) 최대굴착깊이
① $\sigma = (10 - H)\,\gamma_{sat} = (10 - H) \times 18.63$
② $u = 9.81 \times 6 = 58.86\text{kN/m}^2$
③ $\overline{\sigma} = \sigma - u = (10 - H) \times 18.63 - 58.86 = 0$
∴ $H = 6.84\text{ m}$

토목 기사 2016년(3차)

01 3m×3m 크기의 정사각형 기초를 마찰각 $\phi=30°$, 점착력 $c=50\text{kN/m}^2$인 지반에 설치하였다. 흙의 단위중량 $\gamma=17\text{kN/m}^3$이며, 기초의 근입깊이는 2m이다. 지하수위가 지표면에서 1m, 3m, 5m 깊이에 있을 때의 극한지지력을 각각 구하시오. (단, 지하수위 아래 흙의 포화단위 중량은 19kN/m^3이고, Terzaghi 공식을 사용하고, $\phi=30°$일 때, $N_c=36$, $N_r=19$, $N_q=22$) [6점]

(1) 지하수위가 1m 깊이에 있는 경우
(2) 지하수위가 3m 깊이에 있는 경우
(3) 지하수위가 5m 깊이에 있는 경우

해답 (1) 지하수위가 지표면하 1m 깊이에 있을 때
① $\gamma_1 = \gamma_{sub} = 9.2\text{kN/m}^3$
② $D_f\gamma_2 = D_1\gamma_t + D_2\gamma_{sub}$
  $= 1\times 17 + 1\times 9.2 = 26.2\text{kN/m}^2$
③ $q_u = \alpha c N_c + \beta B \gamma_1 N_r + D_f \gamma_2 N_q$
  $= 1.3\times 50\times 36 + 0.4\times 3\times 9.2\times 19 + 26.2\times 22$
  $= 3,126.16\text{kN/m}^2$

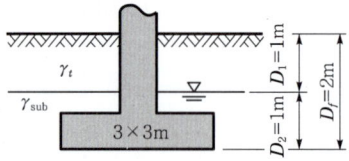

(2) 지하수위가 지표면하 3m 깊이에 있을 때
① $\gamma_1 = \gamma_{sub} + \dfrac{d}{B}(\gamma_t - \gamma_{sub})$
  $= 9.2 + \dfrac{1}{3}\times(17-9.2) = 11.8\text{kN/m}^3$
② $\gamma_2 = \gamma_t = 17\text{kN/m}^3$
③ $q_u = \alpha c N_c + \beta B \gamma_1 N_r + D_f \gamma_2 N_q$
  $= 1.3\times 50\times 36 + 0.4\times 3\times 11.8\times 19 + 2\times 17\times 22$
  $= 3,357.04\text{kN/m}^2$

(3) 지하수위가 지표면하 5m 깊이에 있을 때
① $\gamma_1 = \gamma_2 = \gamma_t = 17\text{kN/m}^3$
② $q_u = \alpha c N_c + \beta B \gamma_1 N_r + D_f \gamma_2 N_q$
  $= 1.3\times 50\times 36 + 0.4\times 3\times 17\times 19 + 2\times 17\times 22$
  $= 3,475.6\text{kN/m}^2$

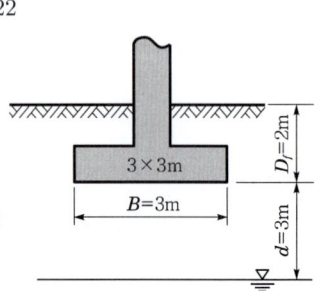

02

1차 발파에서 생긴 암덩어리가 후속 작업에 필요로 하는 크기보다 크거나 적재기계로 적재할 수 없을 정도로 크면 조각을 낼 필요가 있다. 이와 같이 조각을 내기 위한 발파를 2차 발파라고 한다. 이러한 2차 발파의 종류를 3가지만 쓰시오. [3점]

해답
① 블록 보링(block boring)법
② 스네이크 보링(snake boring)법
③ 머드 캡핑(mud caping)법

03

품질관리를 위해 콘크리트 압축강도 시험을 실시하여 다음과 같은 자료를 얻었다. 콘크리트 압축강도의 변동계수를 구하시오. [3점]

21, 19, 20, 22, 23 (MPa)

해답
① $\bar{x} = \dfrac{21+19+20+22+23}{5} = 21\text{MPa}$
② $S = (21-21)^2 + (19-21)^2 + (20-21)^2 + (22-21)^2 + (23-21)^2 = 10$
③ $\sigma = \sqrt{\dfrac{S}{n}} = \sqrt{\dfrac{10}{5}} = 1.41\text{MPa}$
④ $C_V = \dfrac{\sigma}{\bar{x}} = \dfrac{1.41}{21} \times 100 = 6.71\%$

04

도로 노상의 지지력을 평가할 수 있는 현장시험 평가방법을 3가지만 쓰시오. [3점]

해답
① 평판재하시험 ② CBR시험 ③ proof rolling

05

아래와 같이 백호로 굴착을 하고 통로박스 시공 후, 되메우기를 한다. 이때 15ton 덤프트럭을 2대 사용하며 1일 작업시간을 6시간으로 하고, 덤프트럭의 $E=0.9$, $C_m=300$분일 경우 아래 물음에 답하시오. (단, 암거길이는 10m, $C=0.8$, $L=1.25$, $\gamma_t=1.8\text{t/m}^3$) [6점]

(1) 사토량(捨土量)을 본바닥 토량으로 구하시오.
(2) 덤프트럭 1대의 시간당 작업량을 구하시오.
(3) 덤프트럭 2대를 사용할 경우 사토에 필요한 소요일수는 며칠인가?

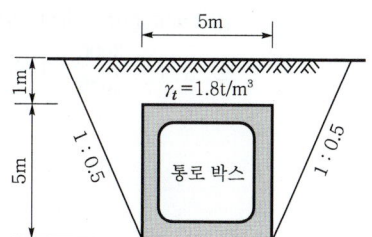

해답

(1) ① 굴착토량 $= \dfrac{5+11}{2} \times 6 \times 10 = 480\,\text{m}^3$

② 되메움 토량 $= (480 - 5 \times 5 \times 10) \times \dfrac{1}{0.8} = 287.5\,\text{m}^3$

③ 사토량 $= 480 - 287.5 = 192.5\,\text{m}^3$

(2) ① $q_t = \dfrac{T}{\gamma_t} L = \dfrac{15}{1.8} \times 1.25 = 10.42\,\text{m}^3$

② $Q = \dfrac{60\, q_t\, f\, E_t}{C_{mt}} = \dfrac{60\, q_t\, \dfrac{1}{L}\, E_t}{C_{mt}}$

$= \dfrac{60 \times 10.42 \times \dfrac{1}{1.25} \times 0.9}{300} = 1.5\,\text{m}^3/\text{hr}$

(3) 소요일수 $= \dfrac{192.5}{1.5 \times 6 \times 2} = 10.69 = 11\,일$

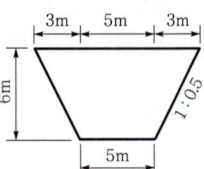

06

그림과 같이 표고가 20m씩 차이가 나는 등고선으로 둘러싸인 지역의 흙을 굴착하여 택지 조성을 계획한다. $1.0\,\text{m}^3$ 용적의 굴삭기 2대를 동원할 때 굴착에 소요되는 기간을 구하시오. (단, 굴삭기 사이클타임=20초, 효율=0.8, 디퍼계수=0.8, $L=1.2$, 1일 작업시간=8시간, 등고선면적 $A_1 = 100\,\text{m}^2$, $A_2 = 75\,\text{m}^2$, $A_3 = 50\,\text{m}^2$이다.) [3점]

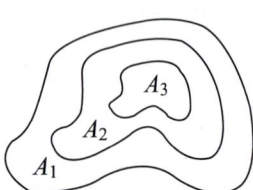

해답

① 굴착토량

$V = \dfrac{h}{3}(A_1 + 4A_2 + A_3) = \dfrac{20}{3}(100 + 4 \times 75 + 50) = 3000\,\text{m}^3$

② back hoe작업량

$Q = \dfrac{3600\, q\, k\, f\, E}{C_m} = \dfrac{3600 \times 1 \times 0.8 \times \dfrac{1}{1.2} \times 0.8}{20} = 96\,\text{m}^3/\text{hr}$

③ back hoe 2대의 1일 작업량 $= 96 \times 2 \times 8 = 1536\,\text{m}^3$

④ 공기 $= \dfrac{3000}{1536} = 1.95 = 2\,일$

07

이미 경화한 매시브한 콘크리트 위에 슬래브를 타설할 때 부재의 평균 최고온도와 외기온도와의 온도차가 12.8℃ 발생하였다. 아래의 표를 이용하여 온도균열 발생확률을 구하시오. (단, 간이적인 방법을 사용하며, 외부구속의 정도를 표시하는 계수(R)은 0.6을 적용한다.) [3점]

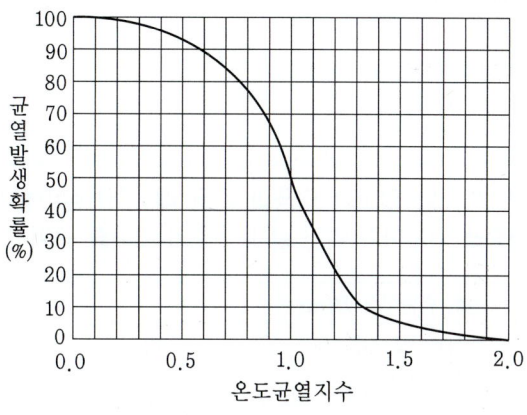

해답

$$I_{cr} = \frac{10}{R \Delta T_o} = \frac{10}{0.6 \times 12.8} = 1.3$$

∴ 균열발생확률 = 14%

참고 온도균열지수 : 암반이나 매시브한 콘크리트 위에 타설된 벽체나 평판구조 등과 같이 외부 구속응력이 큰 경우

$$I_{cr} = \frac{10}{R \Delta T_o}$$

여기서, I_{cr} : 온도균열지수
ΔT_o : 부재의 평균 최고온도와 외기온도와의 온도차(℃)
R : 외부 구속의 정도를 표시하는 계수
① 비교적 연한 암반 위에 콘크리트를 타설할 때 : 0.5
② 중간정도의 단단한 암반 위에 콘크리트를 타설할 때 : 0.65
③ 경암 위에 콘크리트를 타설할 때 : 0.8
④ 이미 경화된 콘크리트 위에 타설할 때 : 0.6

08

지하수위 저하공법은 크게 중력배수공법과 강제배수공법으로 나눌 수 있다. 여기서 강제배수공법의 종류를 3가지만 쓰시오. [3점]

해답
① well point 공법
② 대기압공법(진공압밀공법)
③ 침투압(MAIS) 공법
④ 전기침투공법

09

국내에서 토목섬유(Geosynthetics)는 연약지반 보강, 제방의 필터 및 분리 등의 목적으로 사용이 증가되고 있다. 토목섬유의 종류를 4가지만 쓰시오. [3점]

해답
① geotextile
② geomembrane
③ geogrid
④ geocomposite

10

두 번의 평판재하시험 결과가 다음과 같을 때, 허용침하량이 25mm인 정사각형 기초가 1500kN의 하중을 지지하기 위한 실제 기초의 크기를 구하시오. [3점]

원형 평판직경 B(m)	0.3	0.6
작용하중 Q(kN)	100	250
침하량(mm)	25	25

해답
(1) $Q = Am + Pn$

$$100 = \left(\frac{\pi \times 0.3^2}{4}\right) \times m + (\pi \times 0.3) \times n \quad \cdots \text{①}$$

$$250 = \left(\frac{\pi \times 0.6^2}{4}\right) \times m + (\pi \times 0.6) \times n \quad \cdots \text{②}$$

식 ①, ②에서 $m = 353.68 \text{kN/m}^2$, $n = 79.58 \text{kN/m}$

(2) $Q = Am + Pn$

$1,500 = D^2 \times 353.68 + 4D \times 79.58$

∴ $D = 1.66\text{m}$

11

건설기계 작업시 발생될 수 있는 주행저항의 종류 3가지를 쓰시오. [3점]

해답
① 전동저항
② 경사저항
③ 가속저항
④ 공기저항

참고 주행저항이 미치는 영향
① 시공효율저하
② 공사비 증가

12 주어진 도면에 따라 다음 물량을 산출하시오. (단, 도면의 치수 단위는 mm이다.) [8점]

단 면 도

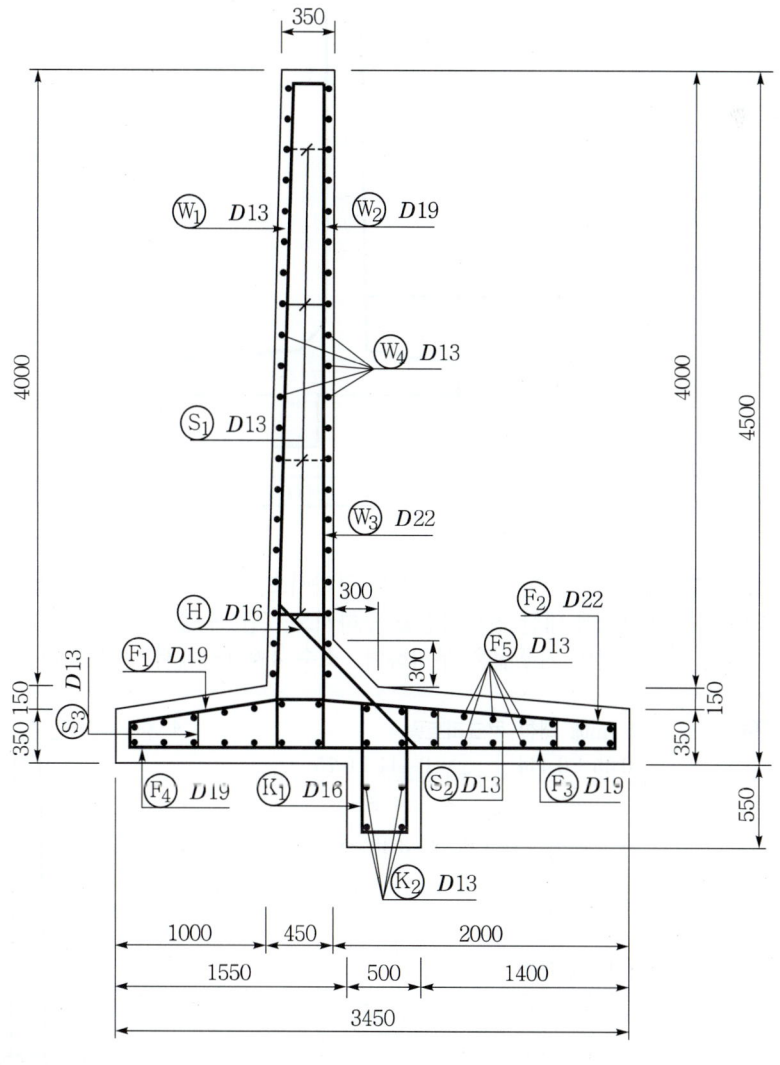

일 반 도

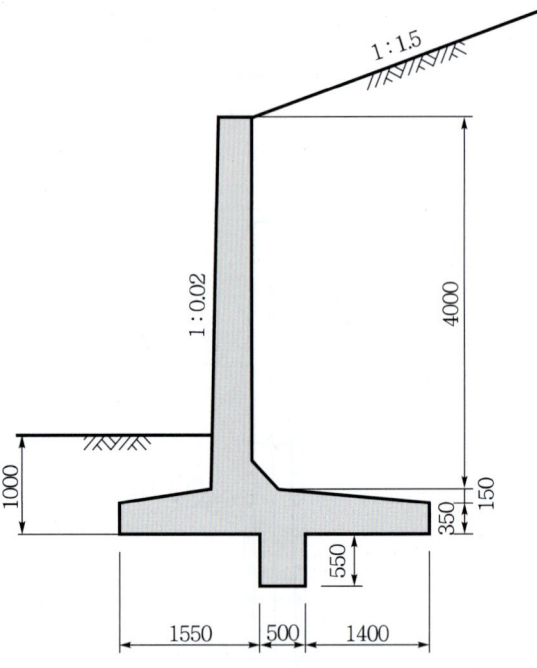

(1) 옹벽길이 1m에 대한 콘크리트량을 구하시오. (단, 소수 4째자리에서 반올림 하시오.)
(2) 옹벽길이 1m에 대한 거푸집량을 구하시오. (단, 돌출부(전단 Key)에 거푸집을 사용하며, 마구리면의 거푸집은 무시하며, 소수 4째자리에서 반올림 하시오.)

해답

(1) 길이 1m에 대한 콘크리트량
$$= \left(\frac{0.35+0.444}{2} \times 3.7 + \frac{0.444+0.75}{2} \times 0.3 \right.$$
$$\left. + \frac{0.75+3.45}{2} \times 0.15 + 3.45 \times 0.35 + 0.5 \times 0.55 \right) \times 1$$
$$= 3.446 \text{m}^3$$

(2) 길이 1m에 대한 거푸집량
$$= \left(\sqrt{0.08^2 + 4^2} + 0.35 \times 2 + 0.55 \times 2 \right.$$
$$\left. + \sqrt{0.3^2 + 0.3^2} + \sqrt{3.7^2 + 0.02^2} \right) \times 1$$
$$= 9.925 \text{m}^2$$

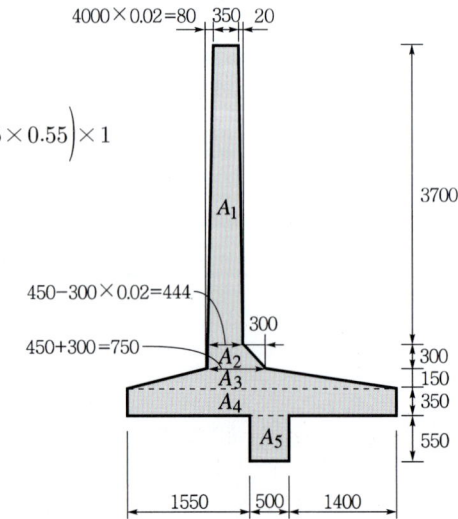

13 함수비가 20%인 토취장 흙의 습윤단위중량이 19kN/m³이다. 이 흙으로 도로를 축조할 때 함수비는 15%이고, 습윤단위중량은 19.8kN/m³이었다. 이 경우 흙의 토량변화율(C)은 대략 얼마인가? [3점]

해답 ① 토취장의 건조밀도

$$\gamma_d = \frac{\gamma_t}{1+\frac{w}{100}} = \frac{19}{1+\frac{20}{100}} = 15.83\,\text{kN/m}^3$$

② 다짐 후의 건조밀도

$$\gamma_d = \frac{\gamma_t}{1+\frac{w}{100}} = \frac{19.8}{1+\frac{15}{100}} = 17.22\,\text{kN/m}^3$$

③ 토량변화율

$$C = \frac{\text{본바닥 흙의 } \gamma_d}{\text{다짐 후의 } \gamma_d} = \frac{15.83}{17.22} = 0.92$$

---

14 케이슨기초의 침하공법을 5가지만 쓰시오. [3점]

해답 ① 재하중식 침하공법 ② jet(분사식) 공법
③ 물하중식 침하공법 ④ 발파에 의한 공법
⑤ 케이슨 내 수위저하공법

---

15 보통콘크리트보다 단위중량이 작은 콘크리트를 경량콘크리트라 한다. 이러한 경량콘크리트를 제조하는 방법에 따라 크게 3가지로 구분하시오. [3점]

해답 ① 경량골재 콘크리트 ② 경량기포 콘크리트 ③ 무세골재 콘크리트

---

16 록 필댐(Rock fill Dam)의 종류를 3가지만 쓰시오. [3점]

해답 ① 표면차수벽형 ② 내부차수벽형 ③ 중앙차수벽형

---

17 교량의 내진설계에 있어 설계지진력을 산정하기 위한 계수로서 지진구역과 재현주기에 따라 그 값이 달라지는 것은? [2점]

해답 가속도계수(acceleration coefficient)

18 사장교의 종방향 케이블 배치형태를 분류한 아래표의 빈칸을 예시와 같은 형태로 채우시오. [6점]

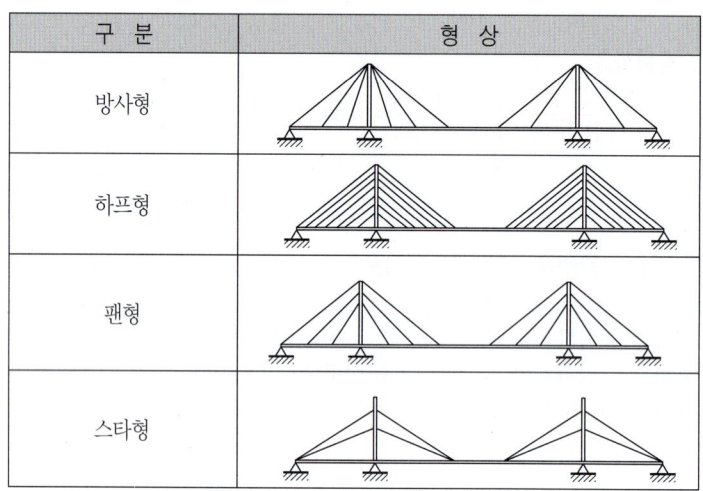

해답

구 분	형 상
방사형	
하프형	
팬형	
스타형	

19 표준관입시험의 N치가 35이고, 현장에서 채취한 모래는 입자가 둥글고 균등계수가 5이고 곡률계수가 5이었다. Dunham의 식을 이용하여 이 모래의 내부마찰각을 추정하시오. [3점]

해답 $\phi = \sqrt{12N} + 15 = \sqrt{12 \times 35} + 15 = 35.49°$

20 터널공사시 암반보강공법을 3가지만 쓰시오. [3점]

해답
① rock bolt 공법
② shotcrete 공법
③ fore poling 공법
④ grouting 공법
⑤ 강관 다단 grouting 공법

21 다음 [보기]는 연약지반 개량공법 중 어떤 공법에 관한 설명인가? [2점]

> 보기 느슨한 모래나 연약 점토지반에 모래를 다지면서 압입하여 비교적 지름이 큰 모래말뚝을 조성하는 공법으로, 느슨한 모래지반에서는 밀도증가와 액상화 방지, 수평저항력 증가효과를 얻으며, 연약 점토지반에서는 지지력 증대, 압밀침하저감, 측방변위 억제 등의 효과를 얻는 공법

해답 다짐모래 말뚝공법(compozer 공법)

참고 SCP의 측방유동억제

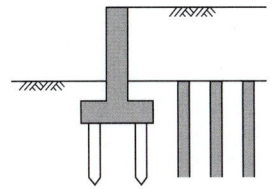

22 그림에서와 같이 강널말뚝(steel sheet pile)으로 지지된 모래지반의 굴착에서 지하수의 분출로 인하여 예상되는 파이핑(piping)에 대한 안전율을 계산하시오. [3점]

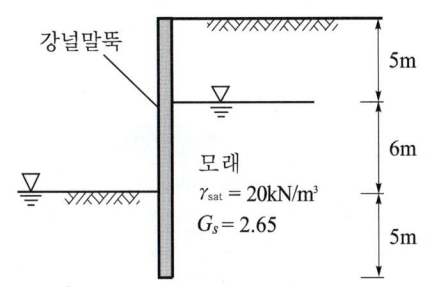

해답
$$F_s = \frac{i_c}{i} = \frac{\dfrac{\gamma_{sub}}{\gamma_w}}{\dfrac{h}{L}} = \frac{\dfrac{10.2}{9.8}}{\dfrac{6}{6+5+5}} = 2.78$$

23 굵은골재 최대치수 25mm, 단위수량 157kg, 물-시멘트비 50%, 슬럼프 80mm, 잔골재율 40%, 잔골재 표건밀도 $2.60g/cm^3$, 굵은골재 표건밀도 $2.65g/cm^3$, 시멘트밀도 $3.14g/cm^3$, 공기량 4.5%일 때 콘크리트 $1m^3$에 소요되는 굵은골재량을 구하시오. [3점]

해답

① 단위수량

$$\frac{W}{C} = 0.5 \qquad \frac{157}{C} = 0.5 \qquad \therefore C = 314\text{kg}$$

② 단위골재량 절대체적

$$V_a = 1 - \left(\frac{단위수량}{1000} + \frac{단위시멘트량}{시멘트\ 비중 \times 1000} + \frac{공기량}{100}\right)$$

$$= 1 - \left(\frac{157}{1000} + \frac{314}{3.14 \times 1000} + \frac{4.5}{100}\right) = 0.7\,\text{m}^3$$

③ 단위잔골재량 절대체적

$$V_s = V_a \times \frac{S}{a} = 0.7 \times 0.4 = 0.28\,\text{m}^3$$

④ 단위굵은골재량 절대체적

$$V_G = V_a - V_s = 0.7 - 0.28 = 0.42\,\text{m}^3$$

⑤ 단위굵은골재량 $= 0.42 \times 2.65 \times 1000 = 1113\,\text{kg}$

24

점성토 지반에서 표준관입시험 결과치(N)로 판정, 추정할 수 있는 사항을 4가지만 기술하시오. [3점]

해답
① 컨시스턴시(consistancy) ② 일축압축강도(q_u)
③ 점착력(c) ④ 파괴에 대한 극한지지력 또는 허용지지력

참고 N치로 직접 추정되는 사항

구 분	판별, 추정사항		
모래지반	• 상대밀도 • 내부마찰각 • 지지력계수 • 침하량에 대한 허용지지력 • 탄성계수		
점토지반	• 컨시스턴시 • 일축압축강도 • 점착력 • 극한 또는 허용지지력		

(1) 모래지반
 ① $\phi = \sqrt{12N} + 15 \sim 20$
 ② 사질토에서의 N값과 탄성계수 E_s의 관계

흙	E_s/N
실트, 모래질 실트	4
가늘거나 약간 굵은 모래	7
굵은 모래	10
모래질 자갈, 자갈	12~15

(2) 점토지반

$$R_u = 40NA_p + \frac{1}{5}\overline{N_s}A_s + \frac{1}{2}\overline{N_c}A_c$$

25 다음 작업 리스트를 가지고 화살선도를 그리고 표준일수에 대한 critical path를 구하고 총 공사비(직접비+간접비)가 가장 적게 들기 위한 최적공기를 구하시오. (단, 간접비는 1일당 20만 원이 소요) [10점]

작업명	선행작업	후속작업	표준 일수	표준 직접비(만 원)	특급 일수	특급 직접비(만 원)
A	–	B, C	3	30	2	33
B	A	D	2	40	1	50
C	A	E	7	60	5	80
D	B	F	7	100	5	130
E	C	G, H	7	80	5	90
F	D	G, H	5	50	3	74
G	E, F	I	5	70	5	70
H	E, F	I	1	15	1	15
I	G, H	–	3	20	3	20

(1) 표준일수에 대한 화살선도를 그리고 critical path를 구하시오.
(2) 총 공사비가 가장 적게 들기 위한 최적공기를 구하시오.

해답 (1) ① 공정표

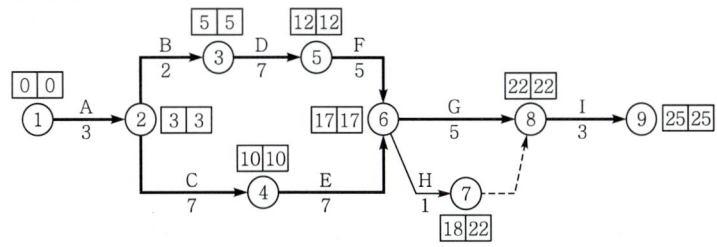

② CP : A → B → D → F → G → I
　　　 A → C → E → G → I

(2) ① 비용경사(cost slope)

작업명	단축가능 일수	비용경사(만 원)
A	1	$\dfrac{33-30}{3-2}=3$
B	1	$\dfrac{50-40}{2-1}=10$
C	2	$\dfrac{80-60}{7-5}=10$
D	2	$\dfrac{130-100}{7-5}=15$
E	2	$\dfrac{90-80}{7-5}=5$
F	2	$\dfrac{74-50}{5-3}=12$
G	0	0
H	0	0
I	0	0

② 공기단축

단축단계	작업명	단축일수	추가비용(extra cost)	공기(일)	비고
1단계	A	1	1×3만 원=3만 원	24	
2단계	B, E	1	1×15만 원=15만 원	23	
3단계	E, F	1	1×17만 원=17만 원	22	최적공기
4단계	C, F	1	1×22만 원=22만 원	21	

③ 총 공사비가 최소가 되는 최적공기=25−3=22일

26

그림과 같은 중력식 옹벽의 전도(overturning)에 대한 안전율을 계산하시오. (단, 콘크리트의 단위중량은 23kN/m³이다.) [3점]

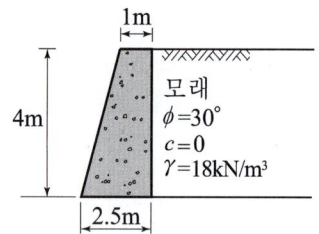

해답

$$F_s = \frac{Wb + P_V B}{P_H y} = \frac{Wb}{P_H y}$$

$$= \frac{\left(\frac{1.5 \times 4}{2} \times 23\right) \times \frac{2 \times 1.5}{3} + (1 \times 4 \times 23) \times 2}{\frac{1}{2} \times 18 \times 4^2 \times \tan^2\left(45° - \frac{30°}{2}\right) \times \frac{4}{3}} = 3.95$$

27

지하수 침강 최소깊이가 200cm, 암거매립간격 800cm, 투수계수 10^{-5}cm/sec일 때 불투수층에 놓인 암거를 통한 단위길이당 배수량을 구하시오. (단, 소수점 이하 4째자리에서 반올림할 것) [3점]

해답

$$D = \frac{4k}{Q}(H_0^2 - h_0^2)$$

$$800 = \frac{4 \times 10^{-5}}{Q}(200^2 - 0)$$

$$\therefore Q = 0.002 \, cm^3/sec$$

토목 기사 2017년(1차)

2017.04.16 시행

> 알림: 아래의 문제는 독자들의 출제경향에 이해가 되도록 수험생들의 기억에 의해 복원된 문제로 일부 문제는 다를 수가 있으므로 착오 없으시길 바랍니다.

01 관암거의 직경이 20cm, 유속이 0.8m/s, 암거길이가 300m일 때 원활한 배수를 위한 암거낙차를 Giesler 공식을 이용하여 구하시오. [3점]

 해답

$$V = 20\sqrt{\frac{Dh}{L}} \quad\quad 0.8 = 20\sqrt{\frac{0.2h}{300}}$$

$$\therefore\ h = 2.4\,\text{m}$$

02 지반의 일축압축강도가 18kN/m^2인 연약 점성토층을 직경 40cm의 철근 콘크리트 파일로 관입깊이 12m를 관통하여 박았을 때 부마찰력(negative friction)을 구하시오. [3점]

 해답

$$R_{nf} = f_n A_s = \frac{q_u}{2}\,\pi D l$$

$$= \frac{18}{2} \times (\pi \times 0.4 \times 12) = 135.72\,\text{kN}$$

03 어느 암반 지층에서 core를 채취하여 탄성파시험을 한 결과 압축파(P파)의 속도가 3500m/sec로 측정되었다. 암반의 단위중량이 2.3t/m^3이라 할 때 암반의 탄성계수(E)를 구하시오. [3점]

 해답

$$V = \sqrt{\frac{E}{\left(\dfrac{\gamma}{g}\right)}}$$

$$3500 = \sqrt{\frac{E}{\left(\dfrac{2.3}{9.8}\right)}}$$

$$\therefore\ E = 2{,}875{,}000\,\text{t/m}^2$$

※ 참고 ① 탄성파 굴절탐사(seismic refraction survey) P파의 속도

$$V = \sqrt{\dfrac{E}{\left(\dfrac{\gamma}{g}\right)}} \cdot \sqrt{\dfrac{(1-\mu)}{(1-2\mu)(1+\mu)}}$$

여기서, E : 탄성계수, γ : 암반의 단위중량, g : 중력가속도, μ : 푸아송 비
② 암반의 단위중량이 kN/m^3이면 탄성계수의 단위는 kN/m^2이다.

  그림과 같이 10m 두께의 포화된 점토층 아래에 모래층이 위치한다. 모래층이 수두 6m의 피압을 받고 있을 때 점토층의 바닥이 솟음을 일으키지 않는 최대 굴착깊이를 계산하시오. (단, 점토층의 포화단위중량은 $19kN/m^3$) [3점]

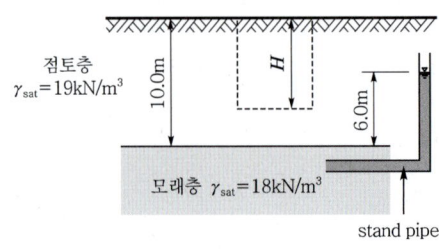

해답
① $\sigma = (10-H)\,\gamma_{sat} = (10-H) \times 18.63$
② $u = 9.81 \times 6 = 58.86 kN/m^2$
③ $\overline{\sigma} = \sigma - u = (10-H) \times 18.63 - 58.86 = 0$
∴ $H = 6.84\,m$

  상부에는 모멘트를 받는 강관말뚝을 사용하며, 하부에는 압축력을 받는 PHC로 된 말뚝 명칭을 쓰시오. [2점]

해답 매입형 복합말뚝(HCP : Hybrid Composite Pile)

※ 참고 매입형 복합말뚝(HCP)
① 개요
    말뚝 상부는 강관말뚝을, 말뚝 하부는 PHC 말뚝을 결합구로 용접시킨 매입형 복합말뚝이다.
② 원리
    지중에 설치되는 말뚝은 재하하중, 지반 상태, 기초결합조건에 따라 편차가 있지만 대부분 말뚝 상부에서 휨 모멘트가 크게 작용하고, 말뚝 하부로 내려가면 수직력이 지배적이다. 이러한 말뚝의 거동을 고려하여 휨 모멘트가 큰 말뚝 상부와 수직력이 지배적인 말뚝 하부를 다른 재질(강관+PHC)로 구성하여 말뚝의 구조적 안정성을 확보하면서 경제성을 향상시키는 구조이다.

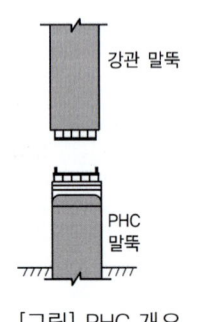

[그림] PHC 개요

06

터널 굴착시 여굴의 감소대책을 3가지만 쓰시오. [3점]

해답
① smooth blasting 공법 채택
② 발파 후 조속한 shotcrete 실시
③ 적정 폭약량 사용
④ 적절한 장비 선정
⑤ 정밀화약 사용

07

다음은 콘크리트 슬럼프시험 결과의 평균($\bar{x}$)과 범위(R)를 나타낸 것이다. $\bar{x}$관리도의 상한과 하한 관리선을 구하시오. (단, 시료는 $n=3$을 1조로 하여 5개의 조에 대한 결과이며, $A_2=1.02$이다.) [4점]

조번호	1	2	3	4	5
$\bar{x}$	90	80	70	75	85
R	15	5	15	5	10

해답
① $\bar{\bar{x}} = \dfrac{90+80+70+75+85}{5} = 80$
② $\bar{R} = \dfrac{15+5+15+5+10}{5} = 10$
③ $UCL = \bar{\bar{x}} + A_2 \bar{R} = 80 + 1.02 \times 10 = 90.2$
④ $LCL = \bar{\bar{x}} - A_2 \bar{R} = 80 - 1.02 \times 10 = 69.8$

08

원추형 콘 관입시험(CPT)의 일종인 piezo cone으로 측정할 수 있는 값을 3가지 쓰시오. [3점]

해답
① 선단 cone 저항(q_c)
② 마찰저항(f_s)
③ 간극수압(u)

09

가체절공(coffer dam)의 종류를 3가지 쓰시오. [3점]

해답
① 한겹 sheet pile식
② 두겹 sheet pile식
③ cell식
④ ring beam식

10. 공정관리기법 중 막대 공정표의 장점을 3가지만 쓰시오. [3점]

해답
① 작성이 쉽다.
② 공사계획과 진척사항을 쉽게 알 수 있다.
③ 전체 공정의 파악이 쉽다.
④ 보기 쉽다.

11. 에터버그한계 3가지를 쓰시오. [3점]

해답 ① 액성한계　② 소성한계　③ 수축한계

12. 다음 용어의 정의를 쓰시오. [6점]

(1) 롤러다짐 콘크리트
(2) 관로식 냉각(pipe cooling)
(3) 선행 냉각(pre-cooling)

해답
(1) 매우 된반죽의 콘크리트를 얇은 층으로 깔고 진동롤러로 다지기를 한 콘크리트
(2) 콘크리트 중에 매입한 냉각관에 냉각수를 순환시켜 콘크리트의 온도를 낮추는 방법
(3) 골재를 냉각시키거나 물속에 얼음을 넣어 콘크리트의 온도를 낮추는 방법

13. 암반분류법(rock classification)의 하나인 RMR 값을 구성하는 요소 4가지만 쓰시오. [3점]

해답
① 암석의 강도
② RQD
③ 불연속면의 간격
④ 불연속면의 상태
⑤ 지하수의 상태

14. 심발공(심빼기 발파공)의 종류 중 4가지만 쓰시오. [3점]

해답
① 스윙 컷(swing cut)
② 번 컷(burn cut)
③ 노 컷(no cut)
④ V 컷(wedge cut)
⑤ 피라밋 컷(pyramid cut)

15 콘크리트의 배합강도를 구하기 위한 시험 횟수 16회의 콘크리트 압축강도 측정결과가 아래 표와 같고 설계기준강도가 28MPa일 때 아래 물음에 답하시오. [8점]

[압축강도 측정결과(단위 : MPa)]

26.0	29.5	25.0	34.0	25.5	34.0
29.0	24.5	27.5	33.0	33.5	27.5
25.5	28.5	26.0	35.0		

(1) 위 표를 보고 압축강도의 평균값을 구하시오.
(2) 압축강도 측정결과 및 아래의 표를 이용하여 배합강도를 구하기 위한 표준편차를 구하시오.

[시험 횟수가 29회 이하일 때 표준편차의 보정계수]

시험 횟수	표준편차의 보정계수	비 고
15	1.16	이 표에 명시되지 않은 시험 횟수에 대해서는 직선 보간한다.
20	1.08	
25	1.03	
30 이상	1.00	

(3) 배합강도를 구하시오.

해답

(1) $\bar{x} = \dfrac{\sum x}{n} = \dfrac{464}{16} = 29\text{MPa}$

(2) ① $S = (26-29)^2 + (29.5-29)^2 + (25-29)^2 + \cdots + (35-29)^2 = 206$

② $\sigma = \sqrt{\dfrac{S}{n-1}} = \sqrt{\dfrac{206}{16-1}} = 3.71\text{MPa}$

③ 직선 보간한 표준편차
$\sigma = 3.71 \times 1.144 = 4.24\text{MPa}$

$\left(\begin{array}{c} \text{직선 보간} \\ 1.08 + \dfrac{(1.16-1.08) \times 4}{5} = 1.144 \end{array} \right)$

(3) ① $f_{cr} = f_{ck} + 1.34S = 28 + 1.34 \times 4.24 = 33.68\text{MPa}$

② $f_{cr} = (f_{ck} - 3.5) + 2.33S = (28-3.5) + 2.33 \times 4.24 = 34.38\text{MPa}$

식 ①, ② 중에서 큰 값이 배합강도이므로
∴ $f_{cr} = 34.38\text{MPa}$

16 PS 콘크리트 교량건설공법 중 동바리를 사용하지 않는 현장타설공법의 종류 3가지를 쓰시오. [3점]

해답 ① 캔틸레버공법(FCM 공법)
② 이동동바리공법(MSS 공법)
③ 압출공법(ILM 공법)
④ PSM공법

17 다음 2연 암거의 물량을 산출하시오. (단위 : mm) [8점]

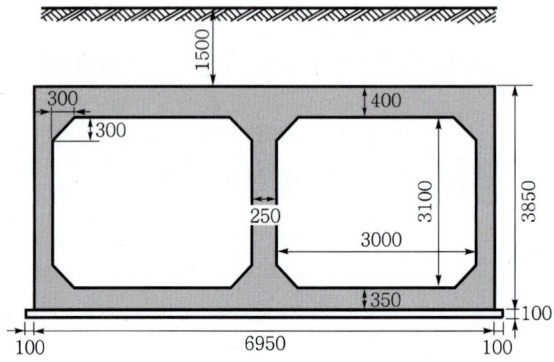

(1) 2연 암거의 1m 길이에 대한 콘크리트량을 산출하시오. (단, 기초의 콘크리트량도 고려하며 소수점 이하 4째자리에서 반올림하시오.)
(2) 2연 암거의 1m 길이에 대한 거푸집량을 산출하시오. (단, 기초의 거푸집량도 고려하고, 마구리면은 고려하지 않으며, 소수점 이하 4째자리에서 반올림하시오.)
(3) 2연 암거의 1m 길이에 대한 터파기량을 산출하시오. (지형상태는 일반도와 같으며 터파기의 여유폭은 기초 콘크리트 양끝에서 0.6m로 하고, 비탈기울기는 1 : 0.5로 하며 소수점 이하 4째자리에서 반올림하시오.)

해답 (1) 길이 1m에 대한 콘크리트량
① 기초 콘크리트량 $= 7.15 \times 0.1 \times 1 = 0.715 m^3$
② 구체 콘크리트량 $= (6.95 \times 3.85 - 3.1 \times 3.0 \times 2 + \dfrac{0.3 \times 0.3}{2} \times 8) \times 1 = 8.5175 m^3$
③ 전체 콘크리트량 $= 0.715 + 8.5175 = 9.2325 \fallingdotseq 9.233 m^3$

(2) 길이 1m에 대한 거푸집량
① 기초 거푸집량 $= 0.1 \times 2 \times 1 = 0.2 m^2$
② 구체 거푸집량 $= (3.85 \times 2 + 2.5 \times 4 + 2.4 \times 2 + \sqrt{0.3^2 + 0.3^2} \times 8) \times 1 = 25.89411 m^2$
③ 전체 거푸집량 $= 0.2 + 25.89411 = 26.09411 \fallingdotseq 26.094 m^2$

(3) 길이 1m에 대한 터파기량
터파기량 $= \left(\dfrac{8.35 + (8.35 + 5.45)}{2} \times 5.45 \right) \times 1 = 60.35875 \fallingdotseq 60.359 m^3$

18. 다음 작업 리스트에서 네트워크 공정표를 작성하고, 각 작업의 여유시간을 구하시오. [10점]

작업명	선행작업	작업일수	비 고
A	없음	4	(1) CP는 굵은 선으로 표시하시오.
B	A	6	(2) 각 결합점에는 다음과 같이 표시한다.
C	A	5	EST LST / LFT EFT
D	A	4	(3) 각 작업은 다음과 같이 표시한다.
E	B	3	②—작업명—③
F	B, C, D	7	작업일수
G	D	8	
H	E	6	
I	E, F	5	
J	E, F, G	8	
K	H, I, J	6	

(1) 공정표를 작성하시오.
(2) 여유시간을 구하시오.

해답

(1) 공정표

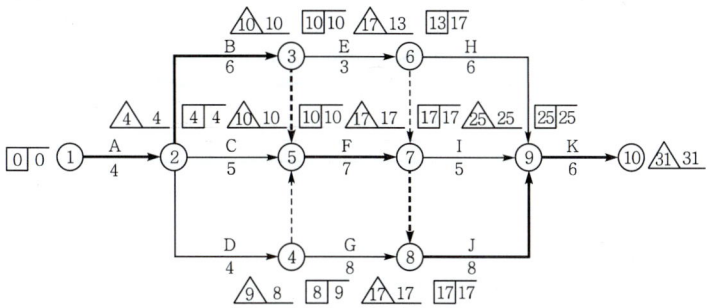

(2) 여유시간

작업명	TF	FF	DF	CP
A	4−0−4=0	4−0−4=0	0−0=0	★
B	10−4−6=0	10−4−6=0	0−0=0	★
C	10−4−5=1	10−4−5=1	1−1=0	
D	9−4−4=1	8−4−4=0	1−0=1	
E	17−10−3=4	13−10−3=0	4−0=4	
F	17−10−7=0	17−10−7=0	0−0=0	★
G	17−8−8=1	17−8−8=1	1−1=0	
H	25−13−6=6	25−13−6=6	6−6=0	
I	25−17−5=3	25−17−5=3	3−3=0	
J	25−17−8=0	25−17−8=0	0−0=0	★
K	31−25−6=0	31−25−6=0	0−0=0	★

19 콘크리트 슬래브 포장에서 팽창, 수축 등을 어느 정도 자유롭게 일어나도록 하여 온도응력을 경감하고 피할 수 없는 균열을 규칙적으로 일정한 장소로 제어할 목적으로 줄눈을 설치한다. 이 같은 줄눈의 종류 3가지만 쓰시오. [3점]

해답
① 가로수축줄눈(contraction joint)
② 가로팽창줄눈(expansion joint)
③ 세로줄눈(longitudinal joint)
④ 시공줄눈(construction joint)

참고 줄눈의 종류 및 기능
① 가로수축줄눈 : 건조수축에 의한 균열 방지
② 가로팽창줄눈 : 온도상승에 의한 blow up 방지
③ 세로줄눈 : 세로 방향 균열 방지
④ 시공줄눈 : 1일 마무리면, 장비고장 및 일기 변화

20 도로 토공을 위한 횡단측량 결과 다음 그림과 같은 결과를 얻었다. Simpson 제2법칙에 의한 횡단면적은? (단위 : m) [3점]

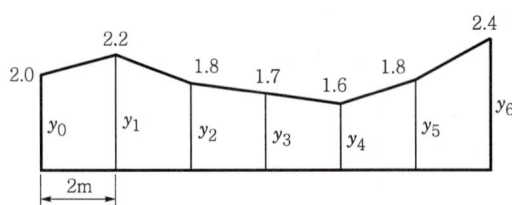

해답
$$A = \frac{3h}{8}(y_0 + 3\Sigma y_{나머지} + 2\Sigma y_{3배수} + y_n)$$
$$= \frac{3h}{8}[y_0 + 3(y_1 + y_2 + y_4 + y_5) + 2y_3 + y_6]$$
$$= \frac{3 \times 2}{8}[2 \times 3(2.2 + 1.8 + 1.6 + 1.8) + 2 \times 1.7 + 2.4] = 22.5 \, \text{m}^2$$

21 80kg의 래머를 사용하여 보조기층의 다짐작업을 할 경우 시간당 작업량을 구하시오. [3점]

조건
- 1회의 유효찍기 다짐면적(A)=0.033m²
- 1층의 끝손질 두께=0.3m
- 작업효율=0.5
- 1시간당의 찍기 다짐횟수=3600회
- 토량환산계수(f)=0.7
- 되풀이 찍기 다짐횟수=6회

해답 $Q = \dfrac{A\,N\,H\,f\,E}{P} = \dfrac{0.033 \times 3600 \times 0.3 \times 0.7 \times 0.5}{6} = 2.08 \, \text{m}^3/\text{h}$

22 탄성파속도가 1100m/s인 사암으로 된 수평한 지반을 1개의 리퍼날이 부착된 21t급의 불도저($q_0=3.3\text{m}^3$)로 리핑하면서 작업을 할 때 1시간당 작업량을 본바닥 토량으로 구하시오. (단, 소수 3째자리에서 반올림하시오.) [3점]

조건
- 1개 날의 1회 리핑 단면적 : 0.14m^2
- 작업거리 : 40m
- 불도저의 구배계수 : 0.90
- 리퍼의 사이클 타임 : $C_m=0.05l+0.33$
- 불도저의 사이클 타임 : $C_m=0.037l+0.25$
- 리퍼의 작업효율 : 0.9
- 불도저의 작업효율 : 0.4
- 토량변화율 : $L=1.6$, $C=1.1$

해답 ① dozer 작업량

$$Q_1=\frac{60\,q\,f\,E}{C_m}=\frac{60\,(q_0\,\rho)\,\frac{1}{L}\,E}{0.037l+0.25}$$

$$=\frac{60\times(3.3\times0.9)\times\frac{1}{1.6}\times0.4}{0.037\times40+0.25}=25.75\,\text{m}^3/\text{h}$$

② ripping 작업량

$$Q_2=\frac{60\,A\,l\,f\,E}{C_m}=\frac{60\times0.14\times40\times1\times0.9}{0.05\times40+0.33}=129.79\,\text{m}^3/\text{h}$$

③ 1시간당 작업량

$$Q=\frac{Q_1\,Q_2}{Q_1+Q_2}=\frac{25.75\times129.79}{25.75+129.79}=21.49\,\text{m}^3/\text{h}$$

23 아스팔트 포장에 실 코트(seal coat)를 하는 목적을 3가지만 쓰시오. [3점]

해답
① 포장면의 내구성 증대
② 포장면의 수밀성 증대
③ 포장면의 미끄럼저항 증대
④ 포장면의 노화방지

참고 (1) prime coat 목적
① 기층과 그 위에 깔 asphalt 혼합물과의 부착을 좋게 한다.
② 기층 또는 보조기층의 작업차에 의한 파손방지, 강우에 의한 세굴방지, 방수성 증대
③ 보조기층으로부터의 모관상승 차단
(2) tack coat 목적
구 포장층과 그 위에 포설하는 asphalt 혼합물층과의 부착을 좋게 하기 위함.

24 아래 그림과 같은 지반에서 다음 물음에 답하시오. [8점]

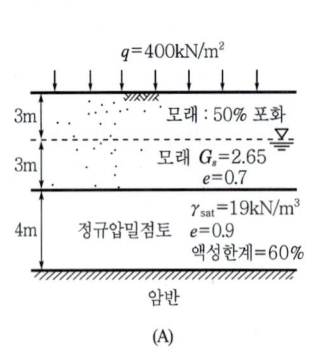

(A)

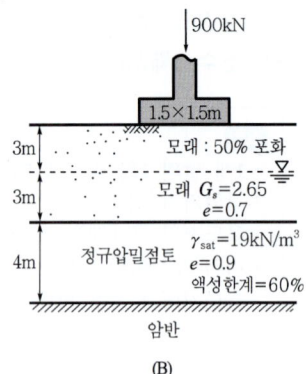

(B)

(1) 그림 (A)와 같이 지표면에 400kN/m²의 무한히 넓은 등분포하중이 작용하는 경우 압밀침하량을 구하시오.
(2) 그림 (B)와 같이 지표면에 설치한 정사각형 기초에 900kN의 하중이 작용하는 경우 압밀침하량을 구하시오. (단, 응력증가량 계산은 2 : 1분포법을 사용하고, 평균유효응력 증가량($\Delta\sigma$)은 ($\Delta\sigma_t + 4\Delta\sigma_m + \Delta\sigma_b$)/6으로 구한다. 여기서, $\Delta\sigma_t$, $\Delta\sigma_m$, $\Delta\sigma_b$은 점토층의 상단부, 중간층, 하단부에서 응력의 증가량이다.)

해답 (1) ① 모래지반의 단위중량

  ㉠ $\gamma_t = \dfrac{G_s + Se}{1+e}\gamma_w = \dfrac{2.65 + 0.5 \times 0.7}{1+0.7} \times 9.8 = 17.29\text{kN/m}^3$

  ㉡ $\gamma_{sat} = \dfrac{G_s + e}{1+e}\gamma_w = \dfrac{2.65 + 0.7}{1+0.7} \times 9.8 = 19.31\text{kN/m}^3$

② $P_1 = 17.29 \times 3 + (19.31 - 9.8) \times 3 + (19 - 9.8) \times \dfrac{4}{2} = 98.8\text{kN/m}^2$

③ $C_c = 0.009(W_L - 10) = 0.009(60 - 10) = 0.45$

④ $\Delta H = \dfrac{C_c}{1+e_1}\log\dfrac{P_2}{P_1}H = \dfrac{0.45}{1+0.9}\log\left(\dfrac{98.8+400}{98.8}\right) \times 400 = 66.62\text{cm}$

(2) ① $\Delta\sigma_t = \dfrac{P}{(B+Z)(L+Z)} = \dfrac{900}{(1.5+6)(1.5+6)} = 16\text{kN/m}^2$

② $\Delta\sigma_m = \dfrac{900}{(1.5+8)(1.5+8)} = 9.97\text{kN/m}^2$

③ $\Delta\sigma_b = \dfrac{900}{(1.5+10)(1.5+10)} = 6.81\text{kN/m}^2$

④ $\Delta\sigma = \dfrac{\Delta\sigma_t + 4\Delta\sigma_m + \Delta\sigma_b}{6} = \dfrac{16 + 4 \times 9.97 + 6.81}{6} = 10.45\text{kN/m}^2$

⑤ $\Delta H = \dfrac{C_c}{1+e_1}\log\dfrac{P_2}{P_1}H = \dfrac{0.45}{1+0.9}\log\left(\dfrac{98.8+10.45}{98.8}\right) \times 400 = 4.14\text{cm}$

25 다음 그림과 같은 조건하에 있는 복합활동 파괴면에 대한 안전율을 구하시오. [3점]

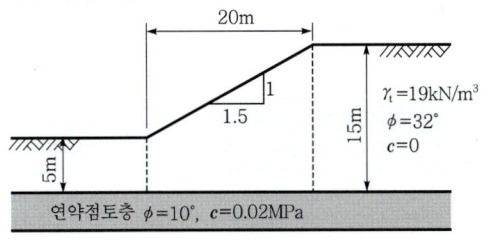

해답

① $cL = 20 \times 20 = 400\,\text{kN/m}\,(\because c = 0.02\text{MPa} = 20\,\text{kN/m}^2)$

② $W\tan\phi = \dfrac{5+15}{2} \times 20 \times 19 \times \tan 10° = 670.04\,\text{kN/m}$

③ $P_p = \dfrac{1}{2}\gamma_t h^2 K_p = \dfrac{1}{2} \times 19 \times 5^2 \times \tan^2\left(45° + \dfrac{32°}{2}\right) = 772.96\,\text{kN/m}$

④ $P_a = \dfrac{1}{2}\gamma_t h^2 K_a = \dfrac{1}{2} \times 19 \times 15^2 \times \tan^2\left(45° - \dfrac{32°}{2}\right) = 656.77\,\text{kN/m}$

⑤ $F_s = \dfrac{cL + W\tan\phi + P_p}{P_a} = \dfrac{400 + 670.04 + 772.96}{656.77} = 2.81$

토목 기사 2017년(2차)

2017.06.25 시행

> 알림: 아래의 문제는 독자들의 출제경향에 이해가 되도록 수험생들의 기억에 의해 복원된 문제로 일부 문제는 다를 수가 있으므로 착오 없으시길 바랍니다.

01
도로나 댐공사에서 흙을 다질 때 탬핑 롤러를 사용하는 경우가 많다. 탬핑 롤러의 종류를 3가지만 쓰시오. [3점]

해답
① sheeps foot roller ② tapper foot roller
③ grid roller ④ turn foot roller

02
시멘트 콘크리트 포장에서 보조기층이나 노상의 흙이 우수의 침입과 교통하중의 반복에 의해 이토화(泥土化)되어 균열 틈이나 줄눈부로 뿜어오르는 현상으로 이와 같은 현상이 반복됨에 따라 Slab하부에 공극과 공동이 생겨 단차가 발생하고 콘크리트 슬래브가 파괴에 이르게 된다. 이러한 현상을 무엇이라 하는가? [2점]

해답 pumping

03
ILM(압출공법)에 적용하는 압출방법을 3가지만 쓰시오. [3점]

해답
① lift & pushing 공법 ② pulling 공법 ③ 분산압출공법

참고 ILM공법의 종류
① 추진코식(손펴기식) ② 연결식
③ 대선식 ④ 이동벤트식

04
콘크리트의 경화나 강도 발현을 촉진하기 위해 실시하는 양생을 촉진양생이라고 한다. 이러한 촉진양생방법의 종류를 3가지만 쓰시오. [3점]

해답
① 상압증기양생
② 고압증기양생(오토클레이브 양생)
③ 전기양생
④ 적외선양생

05 아래 그림과 같이 지표면에 100kN의 집중하중이 작용할 때 다음 물음에 답하시오. (단, 소수점 이하 4째 자리에서 반올림하시오.) [4점]

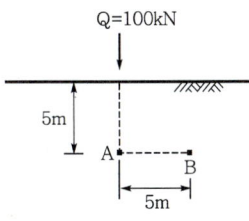

(1) A점에서의 연직응력의 증가량을 구하시오.
(2) B점에서의 연직응력의 증가량을 구하시오.

해답 (1) $\Delta\sigma_Z = \dfrac{P}{Z^2} I = \dfrac{100}{5^2} \times \dfrac{3}{2\pi} = 1.91 \, \text{kN/m}^2$

(2) ① $I = \dfrac{3Z^5}{2\pi R^5} = \dfrac{3 \times 5^5}{2\pi(\sqrt{5^2+5^2})^5} = 0.084$

② $\Delta\sigma_Z = \dfrac{P}{Z^2} I = \dfrac{100}{5^2} \times 0.084 = 0.336 \, \text{kN/m}^2$

06 다음과 같은 연속 기초의 극한지지력을 테르자기(Terzaghi)식을 이용하여 ①, ②의 경우에 대해 각각 구하시오. (단, 점착력 $c=0.01\text{MPa}$, 내부마찰각 $\phi=15°$, $N_c=6.5$, $N_r=1.2$, $N_q=2.7$이며 전반전단파괴가 발생하며, 흙은 균질이다.) [4점]

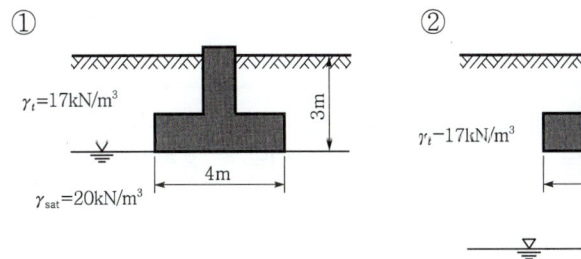

(1) ①의 경우에 대하여 극한지지력을 구하시오.
(2) ②의 경우에 대하여 극한지지력을 구하시오.

해답 (1) $q_u = \alpha c N_c + \beta B \gamma_1 N_r + D_f \gamma_2 N_q$
$= 1 \times 10 \times 6.5 + 0.5 \times 4 \times 10.2 \times 1.2 + 3 \times 17 \times 2.7$
$= 227.18 \, \text{kN/m}^2$

(2) ① $\gamma_1 = \gamma_{sub} + \dfrac{d}{B}(\gamma_t - \gamma_{sub})$

$= 10.2 + \dfrac{3}{4}(17 - 10.2) = 15.3 \text{kN/m}^3$

② $q_u = \alpha c N_c + \beta B \gamma_1 N_r + D_f \gamma_2 N_q$

$= 1 \times 10 \times 6.5 + 0.5 \times 4 \times 15.3 \times 1.2 + 3 \times 17 \times 2.7$

$= 239.42 \text{kN/m}^2$

도로를 설계하기 위하여 5개 지점의 건설구간에서 시료를 채취하여 각 지점에 있어서의 평균 CBR을 구하였다. 이때의 설계 CBR을 계산하시오. [3점]

조건
① 각 지점의 평균 CBR : 6.8, 8.5, 4.8, 6.3, 7.2
② 계수

개수(n)	2	3	4	5	6	7	8	9	10 이상
d_2	1.41	1.91	2.24	2.48	2.64	2.83	2.98	3.08	3.18

해답 ① 각 지점의 CBR 평균 $= \dfrac{6.8 + 8.5 + 4.8 + 6.3 + 7.2}{5} = 6.72$

② 설계 CBR

$= $ 각 지점의 CBR 평균 $- \left(\dfrac{\text{CBR 최대치} - \text{CBR 최소치}}{d_2}\right)$

$= 6.72 - \left(\dfrac{8.5 - 4.8}{2.48}\right) = 5.23 ≒ 5$

어느 암반지대에서 RQD의 평균값은 60%, 절리군의 수(J_n)는 6, 절리면 변질 계수(J_a)는 2, 지하수 보정 계수(J_w)는 1, 절리면 거칠기 계수(J_r)는 2, 응력저감계수(SRF)는 1일 경우 Q값을 계산하시오. [3점]

해답 Q(Rock Mass Quality) $= \dfrac{\text{RQD}}{J_n} \cdot \dfrac{J_r}{J_a} \cdot \dfrac{J_w}{\text{SRF}} = \dfrac{60}{6} \times \dfrac{2}{2} \times \dfrac{1}{1} = 10$

참고
- Q값에 의하여 암반의 보강방법과 보강정도를 결정할 수 있으며, 보통 Q값은 $10^{-3} \sim 10^3$ 범위에 속하며, Q값이 0.1 이하이면 암반이 매우 나쁜 상태이고, 400 이상이면 매우 좋은 상태를 나타낸다.
- 용어설명
  - J_n : 절리군의 수에 관련된 변수
  - J_r : 절리면의 거칠기에 관련된 변수
  - J_a : 절리면의 변질에 관련된 변수
  - J_w : 지하수에 관련된 변수
  - RQD : 암질지수
  - SRF : 응력저감계수

09 그림과 같은 등고선을 굴착하여 오른편 그림과 같은 도로성토를 하려고 한다. 물음에 답하시오. (단, $L=1.20$, $C=0.90$, 토량은 각주 공식을 사용한다.) [6점]

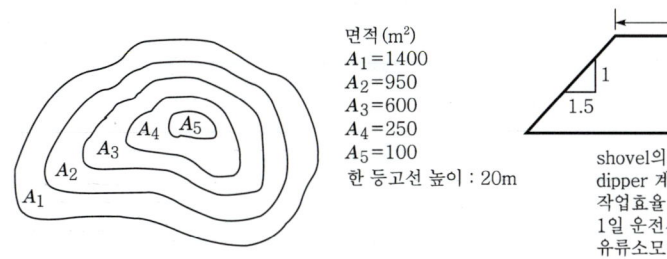

면적(m²)
$A_1=1400$
$A_2=950$
$A_3=600$
$A_4=250$
$A_5=100$
한 등고선 높이 : 20m

shovel의 C_m : 20초
dipper 계수 : 0.95
작업효율 : 0.80
1일 운전시간 : 6시간
유류소모량 : 4l/h

(1) 도로의 길이는 몇 m를 만들 수 있는가?
(2) 그림과 같은 조건에서 1m³ power shovel 5대가 굴착할 때 작업일수는 며칠인가?
(3) 총 유류소모량(power shovel)은 얼마나 되겠는가?

해답 (1) ① 굴착토량

$$V = \frac{h}{3}[A_1 + 4(A_2 + A_4 + \cdots) + 2(A_3 + A_5 + \cdots) + A_n]$$

$$= \frac{h}{3}[A_1 + 4(A_2 + A_4) + 2A_3 + A_5]$$

$$= \frac{20}{3}[1400 + 4(950 + 250) + 2 \times 600 + 100] = 50,000 \, \text{m}^3$$

② 성토의 단면적

$$= \frac{7 + (6+7+6)}{2} \times 4 = 52 \, \text{m}^2$$

③ 도로의 길이

$$= \frac{50,000 \times C}{52} = \frac{50,000 \times 0.9}{52} = 865.38 \, \text{m}$$

(2) ① power shovel 작업량

$$Q = \frac{3600 \, qkfE}{C_m} = \frac{3600 \times 1 \times 0.95 \times \frac{1}{1.2} \times 0.8}{20} = 114 \, \text{m}^3/\text{h}$$

② power shovel 5대의 1일 작업량 = 114×6×5 = 3420m³

③ 작업일수 = $\frac{50,000}{3420}$ = 14.62 = 15일

(3) 총 유류소모량 = 14.62×6×5×4 = 1754.4l

10

아래 그림과 같은 지층의 지표면에 40kN/m²의 압력이 작용할 때 이로 인한 점토층의 압밀침하량을 구하시오.(단, 이 점토층은 정규압밀점토이다.) [3점]

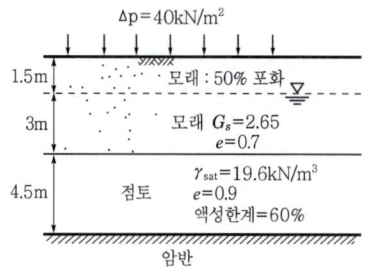

해답

(1) 모래지반의 단위중량

① $\gamma_t = \dfrac{G_s + Se}{1+e}\gamma_w = \dfrac{2.65 + 0.5 \times 0.7}{1+0.7} \times 9.8 = 17.29\,\text{kN/m}^3$

② $\gamma_{sat} = \dfrac{G_s + e}{1+e}\gamma_w = \dfrac{2.65 + 0.7}{1+0.7} \times 9.8 = 19.31\,\text{kN/m}^3$

(2) ① $P_1 = 17.29 \times 1.5 + (19.31 - 9.8) \times 3 + (19.6 - 9.8) \times \dfrac{4.5}{2}$

$\qquad = 76.52\,\text{kN/m}^2$

② $P_2 = P_1 + \Delta P = 76.52 + 40 = 116.52\,\text{kN/m}^2$

③ $C_c = 0.009(W_L - 10)$

$\qquad = 0.009(60 - 10)$

$\qquad = 0.45$

(3) $\Delta H = \dfrac{C_c}{1+e_1}\log\dfrac{P_2}{P_1}H = \dfrac{0.45}{1+0.9}\log\dfrac{116.52}{76.52} \times 450 = 19.46\,\text{cm}$

11

15t 덤프트럭에 흙을 적재하여 운반하고자 할 때 버킷용량이 0.6m³이며, 버킷계수가 0.9인 백호를 사용하여 덤프트럭 1대를 적재하려면 필요한 시간은 얼마인가? (단, 흙의 단위중량 $\gamma_t = 1.8\,\text{t/m}^3$, $L = 1.2$, 백호의 cycle time : 30초, 백호의 작업효율 : 0.8) [3점]

해답

① $q_t = \dfrac{T}{\gamma_t} L = \dfrac{15}{1.8} \times 1.2 = 10\,\text{m}^3$

② $n = \dfrac{q_t}{q\,k} = \dfrac{10}{0.6 \times 0.9} = 18.52 = 19\,\text{회}$

③ $C_{mt} = \dfrac{C_{ms}\,n}{60E_s} = \dfrac{30 \times 19}{60 \times 0.8} = 11.88\,\text{분}$

12 강상자형교(steel box girder bridge)는 얇은 강판을 상자형 단면으로 결합하여 외력에 저항하는 구조이다. 이러한 강상자형교를 box 단면의 구성형태에 따라 3가지로 분류하시오. [3점]

해답
① 단실박스(single-cell box)
② 다실박스(multi-cell box)
③ 다중박스(multiple single-cell box)

참고 강상자형교(steel box girder bridge)
(1) 개요 : 강상자형은 얇은 강판을 상자형 단면으로 결합하여 외력에 저항하는 구조부재로서 I형 거더에 비해 휨에 대한 저항성이 뛰어나고 비틀림 강성도 크므로 곡선교나 지간 30m 이상의 직선교에 널리 사용되고 있다.
(2) 단면의 구성형태에 따른 분류 : 교폭이 좁은 경우에는 주로 단실박스가 사용되고 교폭이 넓은 경우에는 다실박스나 다중박스가 사용된다.
① 단실박스(single-cell box)
② 다실박스(multi-cell box)
③ 다중박스(multi single-cell box) : 단실박스를 2개 이상 병렬로 연결한 것

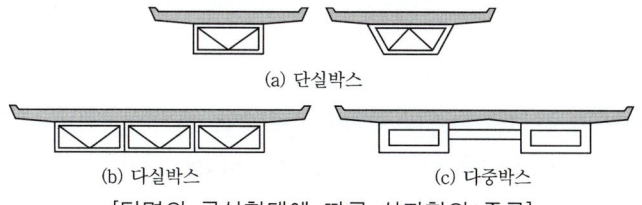

(a) 단실박스
(b) 다실박스   (c) 다중박스
[단면의 구성형태에 따른 상자형의 종류]

---

13 다음 물음에 답하시오. [6점]
(1) 사운딩의 정의를 간단히 쓰시오.
(2) 정적 사운딩의 종류를 3가지만 쓰시오.

해답
(1) Rod 선단에 설치한 저항체를 땅 속에 삽입하여 관입, 회전, 인발 등의 저항치로부터 지반의 특성을 파악하는 지반조사방법이다.
(2) ① 휴대용 원추관입시험   ② 정적콘관입시험(CPT)
　　③ 베인시험   ④ 피조콘관입시험(CPTU)

---

14 토압은 주동토압, 수동토압, 정지토압 3가지가 있는데 이중 정지토압을 판별할 수 있는 구조물 3가지를 쓰시오. [3점]

해답 ① 지하벽 ② 암거 ③ 교대

15. 터널의 방재시설 종류를 3가지만 쓰시오. [3점]

해답
① 소화설비 ② 소방활동설비
③ 경보설비 ④ 피난설비

참고 터널의 방재시설
(1) 개요
도로 교통의 원활한 소통을 확보하고 도로 이용자의 안전을 도모하기 위하여 터널에 설치하는 시설물을 말한다.
(2) 분류
1) 교통안전시설 : 안전하고 원활한 교통소통 확보
① 환기설비
② 조명설비
2) 비상방재시설 : 사고로 인한 위험상황 발생 시의 비상시설
① 소화설비 : 소화기구, 옥내소화전 설비
② 소방활동설비 : 제연설비, 연결송수관 설비
③ 경보설비 : 비상경보설비, 자동화재탐지설비
④ 비상전원설비 : 비상발전설비, 무정전 전원설비
⑤ 피난설비 : 비상조명등, 유도표지판, 피난연락갱, 비상주차대

16. 연약지반처리 중 치환공법은 지반의 연약토를 제거하고 양질의 토사로 치환하여 비교적 단기간 내에 기초처리를 할 수 있는데 치환공법을 3가지만 쓰시오. [3점]

해답
① 굴착치환공법
② 강제치환공법
③ 폭파치환공법

17. 차량이 곡선부를 주행할 때 원심력으로 인하여 곡선부 바깥쪽으로 미끄러지거나 전도할 위험이 있으므로 최소 곡선반경을 산정하여 차량이 안전하고 쾌적하게 주행할 수 있도록 하고 있다. 다음의 주어진 값을 적용하여 최소 곡선반경(m)을 구하시오. [3점]

조건
- 설계속도 : 100km/h
- 횡방향 미끄럼 마찰계수(f)=0.11
- 편구배(i)=6%

해답
$$R \geq \frac{V^2}{127(i+f)} = \frac{100^2}{127(0.06+0.11)} = 463.18\,\text{m}$$

18 그림과 같은 방파제의 활동에 대한 안전율을 계산하시오. (단, 소수 3째자리에서 반올림 하시오.) [3점]

조건
- 파고(h) = 3.0m
- 케이슨 단위중량(w) = 18.95kN/m³
- 해수 단위중량(w') = 10.25kN/m³
- 마찰계수(f) = 0.6
- 파압공식(P) = $1.5w'h$ (kN/m²)

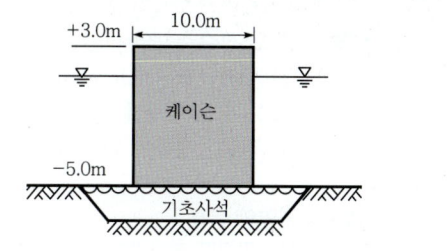

해답 ① 케이슨의 수직하중 = 자중 − 부력
$W = (8 \times 10) \times 18.95 - (8 \times 10) \times 10.25 = 696 \, \text{kN/m}$
② 파압
$P = 1.5w'h = 1.5 \times 10.25 \times 3 = 46.13 \, \text{kN/m}^2$
③ 케이슨에 작용하는 수평력
$P_H = (3+5) \times 46.13 = 369.04 \, \text{kN/m}$
④ 안전율
$F_s = \dfrac{fW}{P_H} = \dfrac{0.6 \times 696}{369.04} = 1.13$

19 어느 sample 값에서 측정한 다음 데이터의 변동계수를 구하시오. (단, 소수 2째자리까지 구하시오.) [3점]

데이터 4, 7, 3, 10, 6

해답 ① 평균치 : data 산술평균
$x = \dfrac{4+7+3+10+6}{5} = 6$
② 편차의 2승 합 : 각 data와 그 평균치와의 차를 2승한 것의 합
$S = (4-6)^2 + (7-6)^2 + (3-6)^2 + (10-6)^2 + (6-6)^2$
$= 30$
③ 표준편차 : 분산의 평방근
$\sigma = \sqrt{\dfrac{S}{n}} = \sqrt{\dfrac{30}{5}} = 2.45$
④ 변동계수
$C_V = \dfrac{\text{표준편차}(\sigma)}{\text{평균치}(\overline{x})} \times 100 = \dfrac{2.45}{6} \times 100 = 40.83\%$

참고 분산 : S를 data의 수로 나눈 것
$\sigma^2 = \dfrac{S}{n}$

20 콘크리트를 거푸집에 타설한 후부터 응결이 종결될 때까지에 발생하는 균열을 일반적으로 초기균열이라고 한다. 초기균열은 그 원인에 의하여 크게 나눌 수 있다. 3가지만 쓰시오. [3점]

해답
① 소성수축균열(plastic shrinkage crack)
② 침하균열(settlement crack)
③ 거푸집 변형에 따른 균열
④ 진동·재하에 따른 균열

참고 균열의 분류
(1) 미경화 콘크리트의 균열(초기균열)
　① 소성수축균열(plastic shrinkage crack)
　② 침하균열(settlement crack)
(2) 경화 콘크리트의 균열
　① 온도변하에 의한 균열
　② 건조수축에 의한 균열
　③ 화학적 침식에 의한 균열
　④ 기상작용에 의한 균열
　⑤ 과하중에 의한 균열
　⑥ 시공불량에 의한 균열

21 표준관입시험의 N치가 35일 때, 현장에서 채취한 모래는 입자가 모나고, 균등계수 $C_u=7$, 곡률계수 $C_g=2$이었다. Dunham의 식을 이용하여 이 모래의 내부마찰각을 추정하시오. [3점]

해답
$\phi = \sqrt{12N} + 25$
$\quad = \sqrt{12 \times 35} + 25 = 45.49°$

참고 입자가 모나고 양립도이면 $\phi = \sqrt{12N} + 25$

22 깊이 20m이고, 폭이 30cm인 정방형 철근 콘크리트 말뚝이 두꺼운 균질한 점토층에 박혀있다. 이 점토의 전단강도는 $60 kN/m^2$, 단위중량은 $18 kN/m^3$이며, 부착력은 점착력의 0.9배이나, 지하수위는 지표면과 일치한다. 극한지지력을 구하시오. (단, $N_c=9$, $N_q=1$) [3점]

해답
① $q_p = cN_c^* + q'N_q^* = 60 \times 9 + (8.2 \times 20) \times 1 = 704 kN/m^2$
　($\because \tau = c + \bar{\sigma}\tan\phi$에서 $\tau = c = 60 kN/m^2$)
② $A_p = 0.3 \times 0.3 = 0.09 m^2$
③ $f_s = 0.9c = 0.9 \times 60 = 54 kN/m^2$
④ $A_s = 0.3 \times 4 \times 20 = 24 m^2$
⑤ $R_u = R_p + R_f = q_p A_p + f_s A_s = 704 \times 0.09 + 54 \times 24 = 1,359.36 kN$

23 주어진 반중력식 교대의 도면을 보고 다음 물량을 산출하시오. (단, 교대 전체길이는 10m이며, 도면의 치수단위는 mm이다.) [8점]

일 반 도

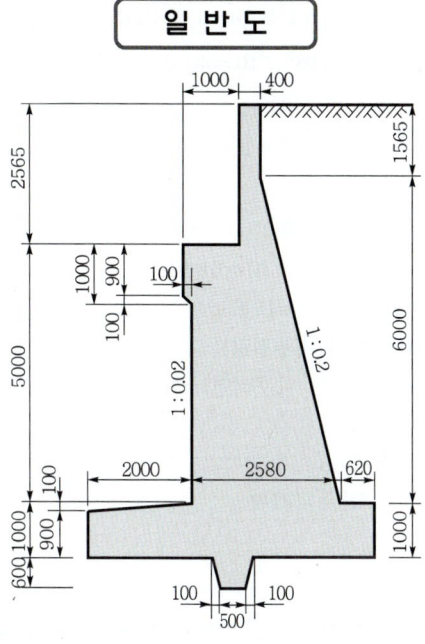

(1) 교대의 전체 콘크리트량을 구하시오. (단, 소수점 이하 4째자리에서 반올림하시오.)
(2) 교대의 전체 거푸집량을 구하시오. (단, 돌출부(전단 key)에 거푸집을 사용하며, 소수점 이하 4째자리에서 반올림하시오.)

해답 (1) 폭이 10m인 교대의 콘크리트량

① $A_1 = 0.4 \times 1.565 = 0.626 \text{m}^2$

② $A_2 = \dfrac{0.4 + (0.4 + 1 \times 0.2)}{1} \times 1 = 0.5 \text{m}^2$

③ $A_3 = \dfrac{1.6 + (1.6 + 0.9 \times 0.2)}{2} \times 0.9 = 1.521 \text{m}^2$

④ $A_4 = \dfrac{1.78 + (1.68 + 0.1 \times 0.2)}{2} \times 0.1 = 0.174 \text{m}^2$

⑤ $A_5 = \dfrac{1.7 + 2.58}{2} \times 4 = 8.56 \text{m}^2$

⑥ $A_6 = \dfrac{(2.58 + 0.62) + 5.2}{2} \times 0.1 = 0.42 \text{m}^2$

⑦ $A_7 = 5.2 \times 0.9 = 4.68 \text{m}^2$

⑧ $A_8 = \dfrac{0.7 + 0.5}{2} \times 0.6 = 0.36 \text{m}^2$

⑨ 콘크리트량 $= (A_1 + A_2 + \cdots\cdots + A_8) \times 10$
  $= 16.841 \times 10 = 168.41 \text{m}^3$

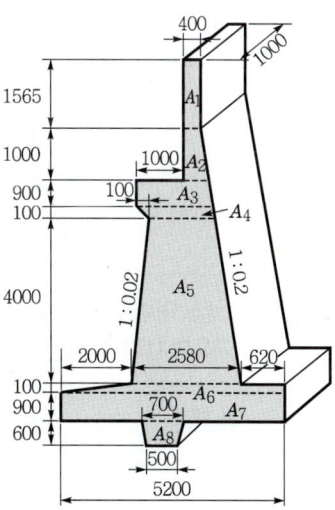

(2) 폭이 10m인 교대의 거푸집량
① $A_1 = 2.565 \times 10 = 25.65 \text{m}^2$
② $A_2 = 0.9 \times 10 = 9 \text{m}^2$
③ $A_3 = \sqrt{0.1^2 + 0.1^2} \times 10 = 1.4142 \text{m}^2$
④ $A_4 = \sqrt{4^2 + 0.08^2} \times 10 = 40.008 \text{m}^2$
⑤ $A_5 = 0.9 \times 10 = 9 \text{m}^2$
⑥ $A_6 = \sqrt{0.6^2 + 0.1^2} \times 10 \times 2 (좌 \cdot 우)$
　　　$= 12.1655 \text{m}^2$
⑦ $A_7 = 1 \times 10 = 10 \text{m}^2$
⑧ $A_8 = \sqrt{6^2 + 1.2^2} \times 10 = 61.1882 \text{m}^2$
⑨ $A_9 = 1.565 \times 10 = 15.65 \text{m}^2$
⑩ A_{10}(마구리면 거푸집량)
　　$= Ⓐ \times 2 (앞 \cdot 뒤 \text{ 마구리면}) = 16.841 \times 2$
　　$= 33.682 \text{m}^2$
⑪ 거푸집량 $= A_1 + A_2 + \cdots\cdots + A_{10} = 217.7579$
　　　　　　　$= 217.758 \text{m}^2$

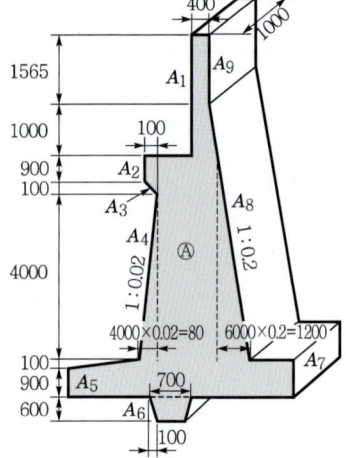

24

설계기준 압축강도가 40MPa이고, 22회의 콘크리트 압축강도시험으로부터 구한 표준편차가 4.5MPa이었다. 이 콘크리트의 배합강도를 구하시오. (단, 압축강도 시험 횟수가 20회일 때 표준편차의 보정계수는 1.08, 25회일 때 보정계수는 1.03이다.) [3점]

해답 ① 시험 횟수 22회일 때 표준편차 보정계수
$= 1.03 + \dfrac{(1.08 - 1.03) \times 3}{5} = 1.06$
② 직선보간한 표준편차
$\sigma = 1.06 \times 4.5 = 4.77 \text{MPa}$
③ $f_{cr} = f_{ck} + 1.34s = 40 + 1.34 \times 4.77 = 46.39 \text{MPa}$
　$f_{cr} = 0.9 f_{ck} + 2.33s = 0.9 \times 40 + 2.33 \times 4.77 = 47.11 \text{MPa}$
　두 값 중 큰 값이 배합강도이므로 $\therefore\ f_{cr} = 47.11 \text{MPa}$

25

댐 여수로의 급경사수로를 유하한 고속류의 운동에너지를 감세시켜 하류하천에 안전하게 유하시키기 위한 시설을 감세공이라 한다. 이러한 감세공의 종류를 3가지 쓰시오. [3점]

해답 ① 경사 에이프론(sloping apron)
② 감세수로단 턱(sill)
③ 버킷형 에너지 감세구조물(bucket-type energy dispator)
④ 감세지(stilling pool)
⑤ 감세용 블록(blocks or baffles)

26 다음의 Net Work와 작업 데이터는 어떤 공사계획의 일부이다. 이 공정에서 공기를 3일 단축할 필요가 생겼을 때 extra-cost(여분출비)는 얼마인가? (단, 증가비용은 단축일수에 비례하는 것으로 한다.) [10점]

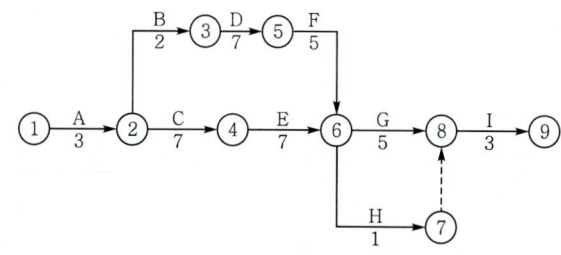

작업명	표준작업		crash 상태	
	작업일수	비용	작업일수	비용
A	3	30만 원	2	33만 원
B	2	40만 원	1	50만 원
C	7	60만 원	5	80만 원
D	7	100만 원	5	130만 원
E	7	80만 원	5	90만 원
F	5	50만 원	3	74만 원
G	5	70만 원	5	70만 원
H	1	15만 원	1	15만 원
I	3	20만 원	3	20만 원

해답 (1) 공정표

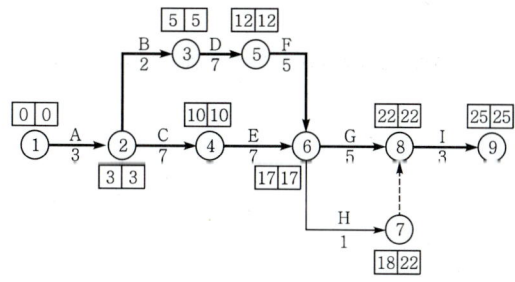

(2) 비용경사(cost slope)

작업명	단축가능 일수	비용경사(원)
A	1	$\dfrac{330{,}000-300{,}000}{3-2}=30{,}000$
B	1	$\dfrac{500{,}000-400{,}000}{2-1}=100{,}000$
C	2	$\dfrac{800{,}000-600{,}000}{7-5}=100{,}000$
D	2	$\dfrac{1{,}300{,}0000-1{,}000{,}0000}{7-5}=150{,}000$
E	2	$\dfrac{900{,}000-800{,}000}{7-5}=50{,}000$

작업명	단축가능 일수	비용경사(원)
F	2	$\dfrac{740,000-500,000}{5-3}=120,000$
G	0	0
H	0	0
I	0	0

(3) 공기단축

단축단계	작업명	단축일수	추가비용(extra cost)
1단계	A	1	1×30,000=30,000원
2단계	B	1	1×100,000=100,000원
	F	1	1×120,000=120,000원
	E	2	2×50,000=100,000원

(4) 추가비용=30,000+100,000+120,000+100,000=350,000원

27 성토시공방법을 3가지만 쓰시오. [3점]

해답
① 전방측 쌓기법
② 비계층 쌓기법
③ 물다짐공법
④ 유용토 쌓기법

토목 기사 2017년(3차)

> 아래의 문제는 독자들의 출제경향에 이해가 되도록 수험생들의 기억에 의해 복원된 문제로 일부 문제는 다를 수가 있으므로 착오 없으시길 바랍니다.

01 일반적으로 차량의 충격위험을 방지하는 충격흡수시설의 종류를 3가지만 쓰시오. [3점]

해답 ① 철제 드럼(drum)
② 하이드로셀 샌드위치(hydro cell sandwich)
③ 모래채우기 플라스틱통

02 비탈면에 강철봉을 타입 또는 천공 후 삽입시켜 전단력과 인장력에 저항할 수 있도록 하는 시공법은? [2점]

해답 soil nailing 공법

03 한 무한 자연사면의 경사가 20°이고 경사방향으로 흐르는 지하수면이 지표면과 일치하여 지표면에서 5m 깊이에 암반층이 있다고 할 때 이 사면의 안전율은 얼마인가? [3점]

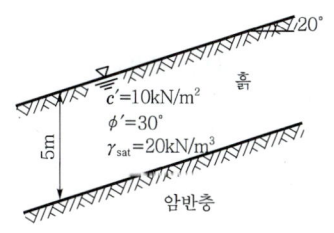

해답
$$F_s = \frac{c}{\gamma_{sat} Z \cos i \sin i} + \frac{\gamma_{sub}}{\gamma_{sat}} \frac{\tan \phi}{\tan i}$$
$$= \frac{10}{20 \times 5 \times \cos 20° \times \sin 20°} + \frac{10.2}{20} \times \frac{\tan 30°}{\tan 20°} = 1.12$$

04 약액주입공법의 주입재료 중에서 비약액계 주입재 3가지를 쓰시오. [3점]

해답 ① 시멘트계 ② 점토계 ③ 아스팔트계

05

다음과 같은 복합 footing에 있어서 기초지반의 허용지내력이 150kN/m²일 때 L 및 B 를 구하시오. [3점]

해답

① $\Sigma V = 0$

600+900=150×BL 에서

$BL = 10$ ·· ㉠

② $\Sigma M = 0$

$600 \times 0.2 + 900 \times 5 = 150 \times BL \times \dfrac{L}{2}$ 에서

$BL^2 = 61.6$ ·· ㉡

식 ㉠, ㉡에서 $L = 6.16\text{m}$, $B = 1.62\text{m}$

06

어떤 데이터의 히스토그램에서 하한규격치가 256kg/cm²일 때 평균치 276kg/cm², 표준편차 5kg/cm²이라면 공정능력지수는 얼마인가? (단, 이 규격은 편측규격이다.) [3점]

해답 $C_p = \dfrac{|SL - \bar{x}|}{3\sigma} = \dfrac{|256 - 276|}{3 \times 5} = 1.33$

참고 공정능력지수(C_p)

① 양측규격의 경우 : $C_p = \dfrac{|SU - SL|}{6\sigma}$

② 편측규격의 경우 : $C_p = \dfrac{|SU(\text{또는 } SL) - \bar{x}|}{3\sigma}$

07

지중에 설치하는 기초 케이슨 중에 공기 케이슨은 많은 장비와 인력이 필요하고 공사비가 많이 소요되므로 특수한 경우가 아니면 사용하지 않는다. 공기 케이슨이 사용되는 경우를 3가지 쓰시오. [3점]

해답 ① 인접구조물의 안전을 위해 기존 지반의 교란을 최소화해야 할 경우
② 기존구조물에 인접하여 깊이가 더 깊은 구조물의 기초를 시공해야 할 경우
③ 전석층이나 호박돌층 또는 깊게 깔린 풍화암층을 관통해야 할 경우
④ 기초 암반이 경사졌거나 불규칙할 경우

08

주어진 반중력식 교대의 도면(단위 : mm) 및 조건에 따라 다음 물량을 산출하시오. (단, 주어진 도면의 치수는 축척에 맞지 않을 수 있으며, 주어진 치수로만 물량을 산출할 것) [8점]

일 반 도

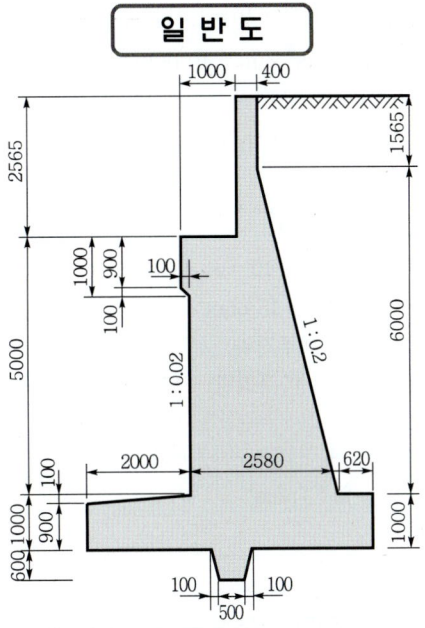

(1) 폭이 10m인 교대의 콘크리트량을 구하시오. (단, 소수점 이하 4째자리에서 반올림하시오.)
(2) 폭이 10m인 교대의 거푸집량을 구하시오. (단, 소수점 이하 4째자리에서 반올림하시오.)

해답 (1) 폭이 10m인 교대의 콘크리트량

① $A_1 = 0.4 \times 1.565 = 0.626 \text{m}^2$

② $A_2 = \dfrac{0.4 + (0.4 + 1 \times 0.2)}{1} \times 1 = 0.5 \text{m}^2$

③ $A_3 = \dfrac{1.6 + (1.6 + 0.9 \times 0.2)}{2} \times 0.9 = 1.521 \text{m}^2$

④ $A_4 = \dfrac{1.78 + (1.68 + 0.1 \times 0.2)}{2} \times 0.1$
   $= 0.174 \text{m}^2$

⑤ $A_5 = \dfrac{1.7 + 2.58}{2} \times 4 = 8.56 \text{m}^2$

⑥ $A_6 = \dfrac{(2.58 + 0.62) + 5.2}{2} \times 0.1 = 0.42 \text{m}^2$

⑦ $A_7 = 5.2 \times 0.9 = 4.68 \text{m}^2$

⑧ $A_8 = \dfrac{0.7 + 0.5}{2} \times 0.6 = 0.36 \text{m}^2$

⑨ 콘크리트량 $= (A_1 + A_2 + \cdots\cdots + A_8) \times 10$
   $= 16.841 \times 10 = 168.41 \text{m}^3$

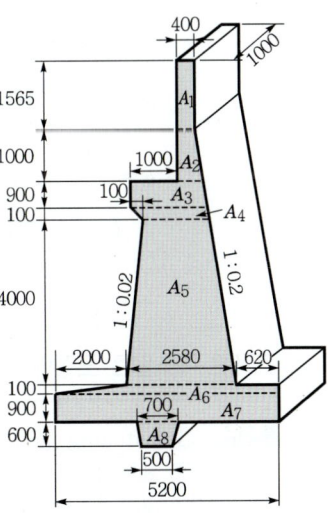

(2) 폭이 10m인 교대의 거푸집량
① $A_1 = 2.565 \times 10 = 25.65\text{m}^2$
② $A_2 = 0.9 \times 10 = 9\text{m}^2$
③ $A_3 = \sqrt{0.1^2 + 0.1^2} \times 10 = 1.4142\text{m}^2$
④ $A_4 = \sqrt{4^2 + 0.08^2} \times 10 = 40.008\text{m}^2$
⑤ $A_5 = 0.9 \times 10 = 9\text{m}^2$
⑥ $A_6 = \sqrt{0.6^2 + 0.1^2} \times 10 \times 2(좌·우)$
    $= 12.1655\text{m}^2$
⑦ $A_7 = 1 \times 10 = 10\text{m}^2$
⑧ $A_8 = \sqrt{6^2 + 1.2^2} \times 10 = 61.1882\text{m}^2$
⑨ $A_9 = 1.565 \times 10 = 15.65\text{m}^2$
⑩ A_{10}(마구리면 거푸집량)
    $= Ⓐ \times 2(앞·뒤\ 마구리면) = 16.841 \times 2$
    $= 33.682\text{m}^2$
⑪ 거푸집량 $= A_1 + A_2 + \cdots\cdots + A_{10} = 217.7579$
    $= 217.758\text{m}^2$

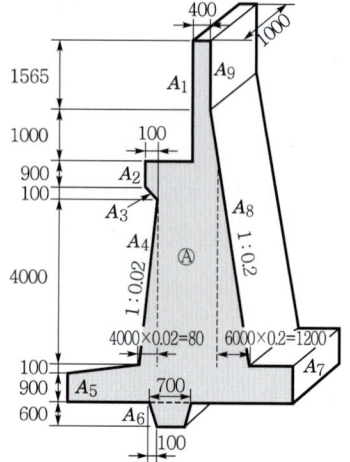

09

폭이 3m×3m인 기초가 있다. 점착력은 30kN/m²이고, 흙의 단위중량이 19kN/m³, 내부 마찰각 $\phi = 20°$, 안전율이 3일 때 기초의 허용하중을 구하시오. (단, 기초의 근입깊이는 1m이고 전반전단파괴가 발생하며, $N_r = 5$, $N_c = 18$, $N_q = 7.5$이고 흙은 균질이다.) [3점]

해답
① $q_u = \alpha c N_c + \beta B \gamma_1 N_r + D_f \gamma_2 N_q$
   $= 1.3 \times 30 \times 18 + 0.4 \times 3 \times 19 \times 5 + 1 \times 19 \times 7.5$
   $= 958.5 \text{kN/m}^2$
② $q_a = \dfrac{q_u}{F_s} = \dfrac{958.5}{3} = 319.5 \text{kN/m}^2$
③ $q_a = \dfrac{Q_{all}}{A}$ $319.5 = \dfrac{Q_{all}}{3 \times 3}$
   $\therefore Q_{all} = 2,875.5 \text{kN}$

10

기존 아스팔트 포장에 생긴 균열보수방법을 3가지만 쓰시오. [3점]

해답
① patching 공법
② 표면처리공법
③ over lay(덧씌우기) 공법
④ 절삭 over lay 공법
⑤ 절삭(milling) 공법

11 지하수위를 저하시키기 위한 강제 배수공법 3가지를 쓰시오. [3점]

해답
① well-point 공법
② 대기압공법
③ 전기침투공법

12 ILM(압출공법)에 적용하는 압출방법을 3가지만 쓰시오. [3점]

해답
① lift & pushing 공법
② pulling 공법
③ 분산압출공법

참고 ILM공법의 종류
① 추진코식(손퍼기식)
② 연결식
③ 대선식
④ 이동벤트식

13 다음 그림과 같은 중력식 옹벽에 대하여 Rankine토압론을 이용하여 아래 물음에 답하시오. [9점]

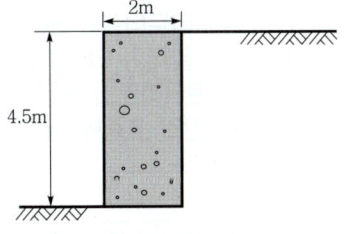

조건
- 흙의 단위중량 : $\gamma_t = 18 \text{kN/m}^3$
- 흙의 내부마찰각 : $\phi = 37°$
- 점착력 : $c = 0$
- 지반의 허용지지력 : $q_a = 300 \text{kN/m}^2$
- 콘크리트 단위중량 : $\gamma_c = 24 \text{kN/m}^3$

(1) 전도에 대한 안전율을 구하시오.
(2) 활동에 대한 안전율을 구하시오.
(3) 지지력에 대한 안전율을 구하시오.

해답 (1) 전도에 대한 안전율

① $P_a = \dfrac{1}{2}\gamma h^2 K_a = \dfrac{1}{2}\gamma h^2 \tan^2\left(45° - \dfrac{\phi}{2}\right)$

$= \dfrac{1}{2} \times 18 \times 4.5^2 \times \tan^2\left(45° - \dfrac{37°}{2}\right)$

$= 45.3 \text{kN/m}$

② $W = 2 \times 4.5 \times 24 = 216 \text{kN/m}$

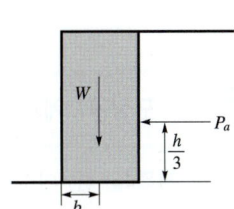

③ $F_s = \dfrac{M_r}{M_d} = \dfrac{Wb}{P_a y} = \dfrac{216 \times \dfrac{2}{2}}{45.3 \times \dfrac{4.5}{3}} = 3.18$

(2) 활동에 대한 안전율

$F_s = \dfrac{(W+P_V)\tan\delta + cB + P_p}{P_a}$

$= \dfrac{(216+0)\tan 37° + 0 + 0}{45.3} = 3.59$

(3) 지지력에 대한 안전율

① $V = W + P_V = 216 + 0 = 216 \text{kN/m}$

② $e = \dfrac{B}{2} - x = \dfrac{B}{2} - \dfrac{M_r - M_d}{V}$

$= \dfrac{2}{2} - \dfrac{216 \times \dfrac{2}{2} - 45.3 \times \dfrac{4.5}{3}}{216} = 0.31\text{m}$

③ $q_{\max} = \dfrac{V}{B}\left(1 + \dfrac{6e}{B}\right)$

$= \dfrac{216}{2}\left(1 + \dfrac{6 \times 0.31}{2}\right) = 208.44 \text{kN/m}^2$

④ $F_s = \dfrac{q_a}{q_{\max}} = \dfrac{300}{208.44} = 1.44$

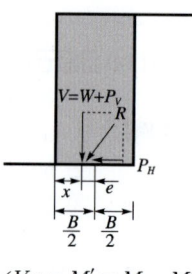

$\begin{pmatrix} Vx = M' = M_r - M_d \\ \therefore x = \dfrac{M_r - M_d}{V} \end{pmatrix}$

14

콘크리트를 2층 이상으로 나누어 타설할 경우, 상층의 콘크리트타설은 원칙적으로 하층의 콘크리트가 굳기 시작하기 전에 해야 하며, 상층과 하층이 일체가 되도록 시공한다. 또한 콜드 조인트가 발생하지 않도록 하나의 시공 구획면적, 콘크리트의 공급능력, 이어치기 허용시간 간격 등을 정하여야 한다. 이때 이어치기 허용시간의 표준에 대한 아래 표의 빈 칸을 채우시오. [3점]

외기온	허용 이어치기 시간 간격
25℃ 초과	① ( ) 시간
25℃ 이하	② ( ) 시간

해답 ① 2 ② 2.5

15

포장공사에서 도로의 기층 안정처리공법을 3가지만 쓰시오. [3점]

해답 ① 입도조정공법 ② 시멘트 안정처리공법
③ 역청 안정처리공법 ④ 석회 안정처리공법

16 조절발파공법(controlled blasting)의 종류를 4가지만 쓰시오. [3점]

해답
① 라인 드릴링(line drilling) 공법
② 쿠션 블라스팅(cushion blasting) 공법
③ 스므스 블라스팅(smooth blasting) 공법
④ 프리 스프리팅(pre-splitting) 공법

17 도로연장 3km 건설구간에서 7지점의 시료를 채취하여 다음과 같은 CBR을 구하였다. 이 때의 설계 CBR을 구하시오. [3점]

조건
① 7지점의 CBR : 5.3, 5.7, 7.6, 8.7, 7.4, 8.6, 7.2
② 설계 CBR 계산용 계수

개수(n)	2	3	4	5	6	7	8	9	10 이상
d_2	1.41	1.91	2.24	2.48	2.67	2.83	2.96	3.08	3.18

해답
① 각 지점의 CBR 평균 $= \dfrac{5.3+5.7+7.6+8.7+7.4+8.6+7.2}{7} = 7.21$

② 설계 CBR = 각 지점의 CBR 평균 $-\left(\dfrac{\text{CBR 최대치}-\text{CBR 최소치}}{d_2}\right)$

$= 7.21 - \left(\dfrac{8.7-5.3}{2.83}\right) = 6$

18 말뚝의 압축재하시험 종류 3가지를 쓰시오. [3점]

해답 ① 정재하시험   ② 동재하시험   ③ 정동재하시험

19 아래 그림과 같은 기초 지반에 평판재하시험을 실시하여 $\log P - \log S$ 곡선을 그려 항복하중을 구했더니 210kN, 극한하중은 300kN이었다. 이때 기초지반의 장기 허용지지력은 얼마인가? (단, 기초하중면보다 아래에 있는 지반의 토질에 따른 계수(N_q)는 3이다.) [3점]

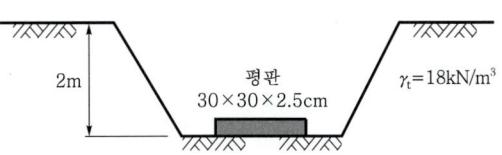

해답 (1) q_t의 결정

① $\dfrac{q_y}{2} = \dfrac{\frac{210}{0.3 \times 0.3}}{2} = 1,166.67 \text{ kN/m}^2$

② $\dfrac{q_u}{3} = \dfrac{\frac{300}{0.3 \times 0.3}}{3} = 1,111.11 \text{ kN/m}^2$ 이므로 $q_t = 1,111.11 \text{ kN/m}^2$

(2) $q_a = q_t + \dfrac{1}{3} \gamma_t D_f N_q = 1,111.11 + \dfrac{1}{3} \times 18 \times 2 \times 3 = 1,147.11 \text{ kN/m}^2$

20 다음과 같은 지형에서 시공기준면을 15m로 성토하고자 할 때 다음 물음에 답하시오. (단, 격자점 숫자는 표고, 단위는 m) **[6점]**

```
        20m
      ┌────┐
   15m│ 10 │ 9 │ 7 │ 9 │ 11
      ├────┼───┼───┼───┼────
      │  8 │ 9 │ 8 │10 │ 10
      ├────┼───┼───┼───┼────
      │  7 │10 │ 7 │10 │ 10
      └────┴───┴───┘
        11   11   10
```

(1) 운반토량을 구하시오. (단, L=1.25, C=0.9)
(2) 적재용량 8t의 덤프트럭으로 운반할 때 연대수를 구하시오. (단, 굴착 흙의 단위중량은 1.8t/m³)

해답 (1) ① $V = \dfrac{ab}{4}(\Sigma h_1 + 2\Sigma h_2 + 3\Sigma h_3 + 4\Sigma h_4)$

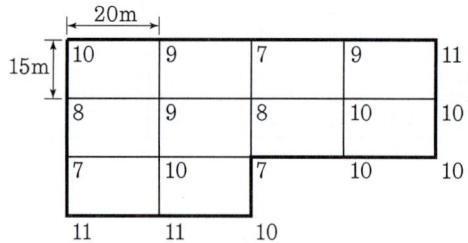

㉠ $\Sigma h_1 = 5 + 4 + 5 + 4 + 5 = 23 \text{ m}$
㉡ $\Sigma h_2 = 6 + 8 + 6 + 7 + 5 + 8 + 5 + 4 = 49 \text{ m}$
㉢ $\Sigma h_3 = 8 \text{ m}$
㉣ $\Sigma h_4 = 6 + 7 + 5 + 5 = 23 \text{ m}$

∴ $V = \dfrac{15 \times 20}{4}(23 + 2 \times 49 + 3 \times 8 + 4 \times 23) = 17775 \text{ m}^3$

② 운반토량(흐트러진 토량)
$= 17775 \times \dfrac{L}{C} = 17775 \times \dfrac{1.25}{0.9} = 24687.5 \text{ m}^3$

(2) ① $q_t = \dfrac{T}{\gamma_t} L = \dfrac{8}{1.8} \times 1.25 = 5.56 \text{ m}^3$

② 트럭의 연대수 $= \dfrac{24687.5}{5.56} = 4440.2 = 4441$대

21 방파제(防波提)란 외곽시설(外廓施說)로 항내정온을 유지하고 선박의 항행을 원활히 하기 위해 축조된 항만 구조물이다. 방파제의 구조 형식에 따른 종류를 3가지만 쓰시오. [3점]

해답 ① 직립제 ② 경사제 ③ 혼성제

참고 방파제(break water)
(1) 개요 : 방파제는 항내를 무풍상태로 유지하고 선박의 항행과 정박의 안전, 항내시설의 보존, 하역의 원활화를 위해 설치하는 구조물이다.
(2) 구조형식에 따른 분류
① 직립제(직립방파제) : 벽체를 수직에 가깝게 한 것으로 주로 파도의 에너지를 반사시키는 것이다. 현장치기 콘크리트, 콘크리트 블록, 케이슨 등을 사용한다.
② 경사제(경사방파제) : 벽체를 경사지게 한 것으로서 파도가 제체에 부딪쳐서 그 에너지를 줄게 한 것이다. 테트라포트(tetrapot), 콘크리트 블록, 막돌 등을 사용한다.
③ 혼성제(혼성방파제) : 사석부 위에 직립벽을 설치한 것이다.

22 신축이음장치 3가지를 기술하시오. [3점]

해답 ① 고무조인트
② 강재조인트
③ 특수조인트

23 예민비의 정의에 대해 기술하시오. [3점]

해답 ① 불교란시료의 강도에 대한 교란시료의 강도의 비
② $S_t = \dfrac{q_u}{q_{ur}}$

24 가물막이공사는 하천이나 해안 등에 구조물을 시공할 때 dry work를 위한 가설구조물 시공으로 크게 중력식 공법과 sheet pile식의 2가지가 된다. 그 중 sheet pile식의 종류 4가지를 쓰시오. [3점]

해답 ① 한겹 sheet pile식
② 두겹 sheet pile식
③ cell식
④ ring beam식
⑤ 강관 sheet pile식

25

다음과 같은 작업 리스트가 있다. 다음 물음에 답하시오. [8점]

작업명	선행작업	후속작업	표준일수 (일)	단축가능 일수 (일)	1일 단축의 소요비용(만 원/일)
A	-	B, C	6	2	5
B	A	D	8	1	7
C	A	F	10	2	3
D	B	E	6	2	4
E	D	G	4	4	8
F	C	G	7	1	9
G	E, F	-	5	2	10

(1) Net Work(화살선도)를 작도하고, 표준일수에 대한 CP를 찾으시오.
(2) 공사기간을 4일 단축하고자 하는 경우 최소의 여분출비(extra cost)를 계산하시오.

해답 (1) ① Net Work

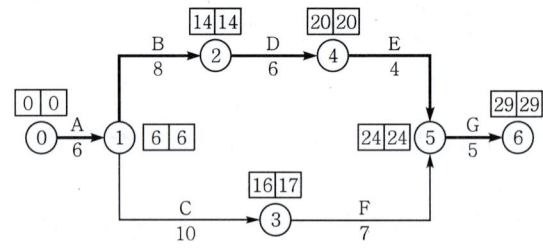

② CP : ⓪ → ① → ② → ④ → ⑤ → ⑥

(2) ① 공기단축

단축단계	작업명	단축일수	추가비용(만 원)
1단계	D	1	1×4=4
2단계	A	2	2×5=10
3단계	C, D	1	1×3+1×4=7

② 추가비용(extra cost)
EC=40,000+100,000+70,000=210,000원

26

다음 표와 같은 설계조건 및 재료, 참고표를 이용하여 콘크리트를 배합설계하여 아래 배합표를 완성하시오. [10점]

[설계조건 및 재료]
- 물–시멘트는 50%로 한다.
- 굵은골재는 최대치수 25mm의 부순돌을 사용한다.
- 양질의 공기연행제(AE제)를 사용하며 그 사용량은 시멘트 질량의 0.03으로 한다.
- 물–시멘트는 목표로 하는 슬럼프는 120mm, 공기량은 5%로 한다.
- 사용하는 시멘트는 보통포틀랜드시멘트로서 밀도는 $0.00315 g/mm^3$이다.
- 잔골재의 표건밀도는 $0.0026 g/mm^3$이고, 조립률은 2.85이다.
- 굵은골재의 표건밀도는 $0.0027 g/mm^3$이다.

[배합설계 참고표]

굵은골재 최대치수 (mm)	단위 굵은골재 용적 (%)	공기연행제를 사용하지 않은 콘크리트			공기연행 콘크리트				
		갇힌 공기 (%)	잔골재율 S/a(%)	단위수량 $W(kg/m^3)$	공기량 (%)	양질의 공기연행제를 사용한 경우		양질의 공기연행감수제를 사용한 경우	
						잔골재율 S/a(%)	단위수량 $W(kg/m^3)$	잔골재율 S/a(%)	단위수량 $W(kg/m^3)$
15	58	2.5	53	202	7.0	47	180	48	170
20	62	2.0	49	197	6.0	44	175	45	165
25	67	1.5	45	187	5.0	42	170	43	160
40	72	1.2	40	177	4.5	39	165	40	155

주 1) 이 표의 값은 보통의 입도를 가진 잔골재(조립률 2.8 정도)와 부순돌을 사용한 물–시멘트비 55% 정도, 슬럼프 80mm 정도의 콘크리트에 대한 것이다.
2) 사용재료 또는 콘크리트의 품질이 주1)의 조건과 다를 경우에는 위의 표의 값을 아래 표에 따라 보정한다.

구분	S/a의 보정(%)	W의 보정(kg)
잔골재의 조립률이 0.1만큼 클(작을) 때마다	0.5만큼 크게(작게) 한다.	보정하지 않는다.
슬럼프값이 10mm만큼 클(작을) 때마다	보정하지 않는다.	1.2%만큼 크게(작게) 한다.
공기량이 1%만큼 클(작을) 때마다	0.5~0.1만큼 작게(크게) 한다.	3%만큼 작게(크게) 한다.
물–시멘트비가 0.05만큼 클(작을) 때마다	1만큼 크게(작게) 한다.	보정하지 않는다.

※ 비고 : 단위굵은 골재용적에 의하는 경우에는 모래의 조립률이 0.1만큼 커질(작아질) 때마다 단위굵은 골재는 골재용적을 1%만큼 작게(크게) 한다.

[배합표]

굵은골재의 최대치수 (mm)	슬럼프 (mm)	공기량 (%)	$\frac{W}{C}$ (%)	잔골재율 S/a(%)	단위량 (kg/m^3)				혼화제 (g/m^3)
					물	시멘트	잔골재	굵은골재	
25	120	5	50						

해답 (1) 잔골재율 및 단위수량

구 분	수정 계산	S/a(%)	W(kg)
잔골재의 FM = 2.85	$42 + \dfrac{(2.85-2.8)\times 0.5}{0.1} = 42.25$	42.25	170
$\dfrac{W}{C} = 50\%$	$42.25 + \dfrac{(50-55)\times 1}{5} = 41.25$	41.25	170
slump = 12cm	$170 + \dfrac{(12-8)\times 170 \times 0.012}{1} = 178.16$	41.25	178.16

(2) 단위 시멘트량

$\dfrac{W}{C} = 0.5$ $\dfrac{178.16}{C} = 0.5$ $\therefore C = 365.32\text{kg}$

(3) 단위골재량

① 단위골재량 절대체적

$V_a = 1 - \left(\dfrac{178.16}{1000} + \dfrac{356.32}{3.15 \times 1000} + \dfrac{5}{100}\right) = 0.66\text{m}^3$

② 단위잔골재량 절대체적

$V_S = V_a \times \dfrac{s}{a} = 0.66 \times 0.4125 = 0.27\text{m}^3$

③ 단위잔골재량

$= 0.27 \times 2.6 \times 1000 = 702\text{kg}$

④ 단위굵은골재량 절대체적

$V_G = V_a - V_s = 0.66 - 0.27 = 0.39\text{m}^3$

⑤ 단위굵은골재량

$= 0.39 \times 2.7 \times 1000 = 1053\text{kg}$

⑥ AE제량

$= 356.32 \times 0.0003 = 0.106896 = 106.9\text{g}$

(4) 배합표

굵은골재의 최대치수 (mm)	슬럼프 (mm)	공기량 (%)	$\dfrac{W}{C}$ (%)	잔골재율 S/a(%)	단위량(kg/m³)				혼화제 (g/m³)
					물	시멘트	잔골재	굵은골재	
25	120	5	50	41.25	178.16	356.32	702	1053	106.9

토목 기사 2018년(1차)

> 알림: 아래의 문제는 독자들의 출제경향에 이해가 되도록 수험생들의 기억에 의해 복원된 문제로 일부 문제는 다를 수가 있으므로 착오 없으시길 바랍니다.

01 그림과 같은 말뚝 하단의 활동면에 대한 히빙(heaving) 현상에 대한 안전율을 구하시오. [3점]

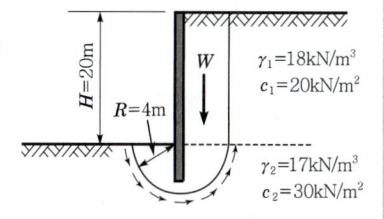

해답

① $M_d = (\gamma_1 H + q)\dfrac{R^2}{2} = (18 \times 20 + 0) \times \dfrac{4^2}{2} = 2,880 \, \text{kN} \cdot \text{m}$

② $M_r = c_1 HR + c_2 \pi R^2 = 20 \times 20 \times 4 + 30 \times \pi \times 4^2 = 3,107.96 \, \text{kN} \cdot \text{m}$

③ $F_s = \dfrac{M_r}{M_d} = \dfrac{3,107.96}{2,880} = 1.08$

02 한중콘크리트 시공에서 비볐을 때의 콘크리트의 온도는 기상조건, 운반시간 등을 고려하여 타설할 때 소요의 콘크리트 온도가 얻어지도록 해야 한다. 비볐을 때의 콘크리트 온도 및 주위 기온이 아래 표와 같을 때 타설이 끝났을 때의 콘크리트 온도를 계산하시오. [3점]

- 비볐을 때의 콘크리트 온도 : 25℃
- 주위 온도 : 3℃
- 비빈 후부터 타설이 끝났을 때까지의 시간 : 1시간 30분

해답 $T_2 = T_1 - 0.15(T_1 - T_0)t = 25 - 0.15(25 - 3) \times 1.5 = 20.05\,℃$

참고 $T_2 = T_1 - 0.15(T_1 - T_0)t$
여기서, T_2 : 치기가 끝났을 때의 온도(℃)
T_1 : 비벼진 온도(℃)
T_0 : 주위의 온도(℃)
t : 비벼졌을 때부터 치기가 끝날 때까지의 시간(hr)

03

다음 그림과 같은 사면에서 AC는 가상파괴면을 나타낸다. 쐐기 ABC의 활동에 대한 안전율은 얼마인가? [3점]

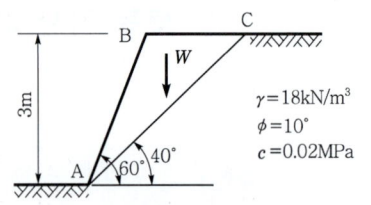

해답 평면 파괴면을 가진 유한사면의 해석(Culmann 도해법)

① $W = \dfrac{1}{2}\gamma H^2 \left[\dfrac{\sin(\beta-\theta)}{\sin\beta \sin\theta} \right]$

$= \dfrac{1}{2} \times 18 \times 3^2 \times \left[\dfrac{\sin(60°-40°)}{\sin 60° \times \sin 40°} \right] = 49.77\,\text{kN}$

② $N_a = W\cos\theta = 49.77 \times \cos 40° = 38.13\,\text{kN}$

③ $T_a = W\sin\theta = 49.77 \times \sin 40° = 31.99\,\text{kN}$

④ $F_s = \dfrac{\overline{AC}\,c + N_a \tan\phi}{T_a}$

$= \dfrac{\dfrac{3}{\sin 40°} \times 20 + 38.13 \times \tan 10°}{31.99} = 3.13$

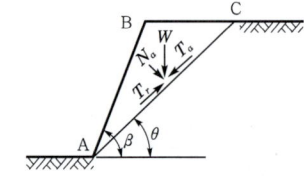

04

현장타설 말뚝은 콘크리트를 칠 때 공저에 슬라임(slime)이 퇴적되어 있으면 침하원인이 되고 말뚝으로서 기능이 현저하게 저하한다. 이같은 슬라임을 제거하기 위한 방법을 3가지만 기술하시오. [3점]

해답
① air lift 방법   ② suction pump 방법
③ water jet 방법 ④ 수중펌프방법

05

방파제(防波堤, break water)란 외곽시설(外郭施設)로 항내정온을 유지하고 선박의 항행을 원활히 하기 위해 축조된 항만구조물이다. 방파제의 구조형식에 따른 종류를 3가지만 쓰시오. [3점]

해답 ① 직립제   ② 경사제   ③ 혼성제

참고 방파제(break water)
방파제는 항내를 무풍상태로 유지하고 선박의 항행과 정박의 안전, 항내시설의 보존, 하역의 원활화를 위해 설치하는 구조물이다.

06
연약지반 개량을 위한 sand drain 공법에서 sand pile 타입방법을 3가지만 쓰시오. [3점]

해답
① 압축공기식 케이싱법
② water jet식 케이싱법
③ earth auger법

07
주어진 도면 및 조건에 따라 다음 물량을 산출하시오. (단, 주어진 도면의 치수는 축척에 맞지 않을 수 있으며, 주어진 치수로만 물량을 산출할 것) [18점]

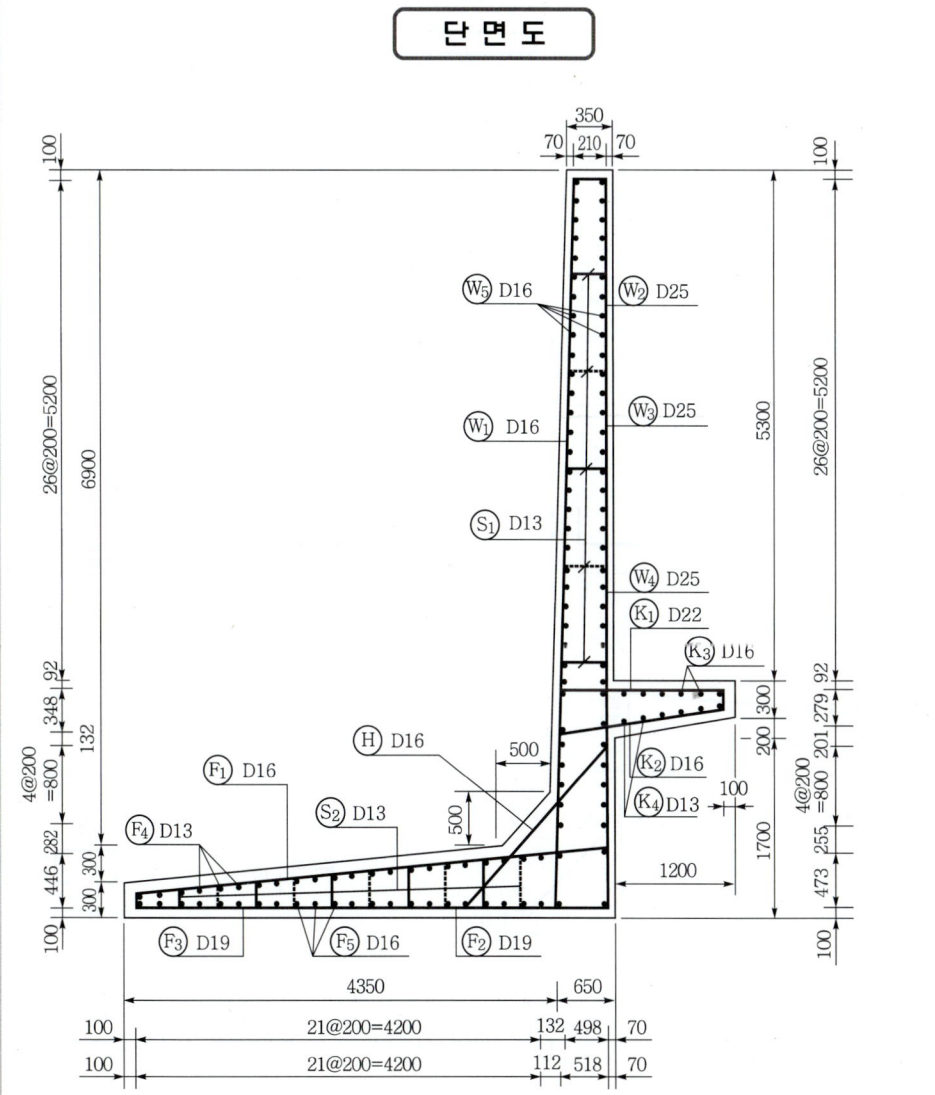

단 면 도

일반도

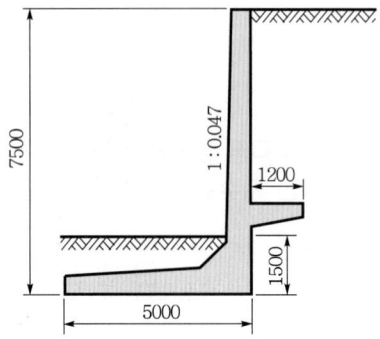

철근 상세도

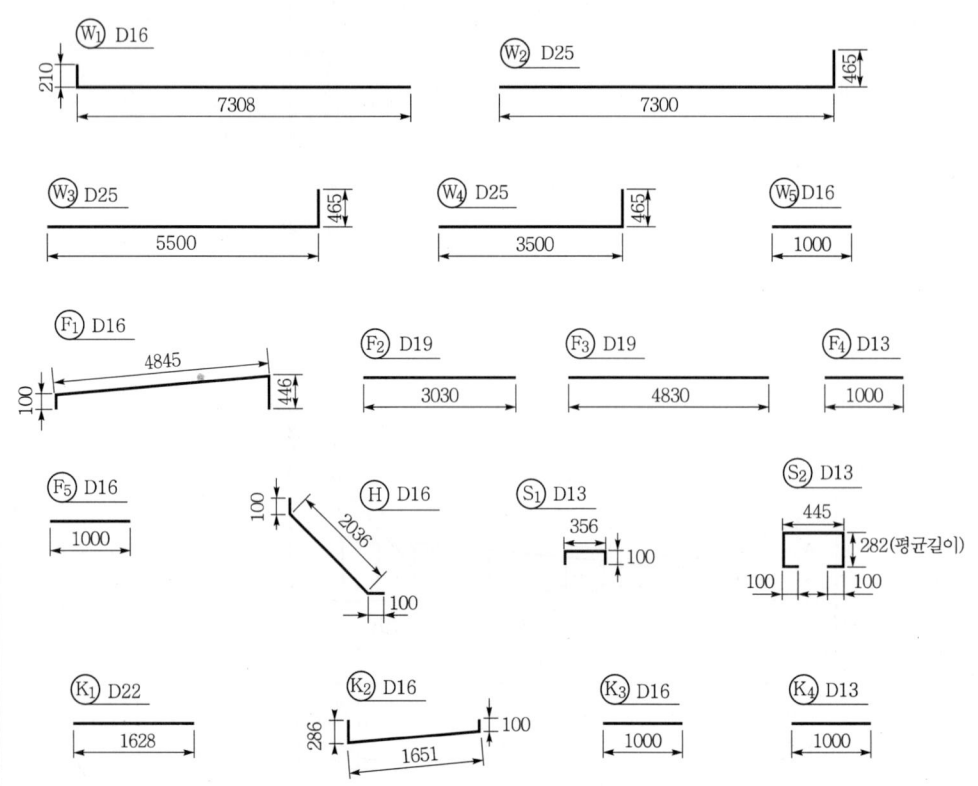

① W_1, W_4, H, K_1, K_2, K_3, K_4, F_1, F_2, F_3 철근은 각각 200mm 간격으로 배근한다.
② W_2, W_3 철근은 각각 400mm 간격으로 배근한다.
③ S_1, S_2 철근은 건너서(지그재그) 배근한다.
④ 물량산출에서의 할증률 및 양측 마구리면과 상면 노출부는 무시한다.
⑤ 철근길이 계산에서 상세도에 표시되어 있지 않은 이음길이는 계산하지 않는다.

(1) 길이 1m에 대한 콘크리트량을 구하시오. (단, 소수 4째자리에서 반올림하시오.)
(2) 길이 1m에 대한 거푸집량을 구하시오. (단, 소수 4째자리에서 반올림하시오.)
(3) 길이 1m에 대한 철근 물량표를 완성하시오. (단, mm 단위 이하는 반올림하여 mm까지 구함.)

기 호	직 경	길이(mm)	수 량	총 길이(mm)	기 호	직 경	길이(mm)	수 량	총 길이(mm)
W_2					F_4				
W_5					S_1				
H					S_2				

해답 (1) 길이 1m에 대한 콘크리트량

① $A_1 = \dfrac{0.35+0.65}{2} \times 6.4 = 3.2\,\text{m}^2$

② $A_2 = \dfrac{0.3+0.5}{2} \times 1.2 = 0.48\,\text{m}^2$

③ $A_3 = \dfrac{0.65+1.15}{2} \times 0.5 = 0.45\,\text{m}^2$

④ $A_4 = \dfrac{1.15+5}{2} \times 0.3 = 0.9225\,\text{m}^2$

⑤ $A_5 = 5 \times 0.3 = 1.5\,\text{m}^2$

⑥ 콘크리트량 $= (A_1 + A_2 + \cdots + A_5) \times 1$
$= 6.5525 \times 1 = 6.553\,\text{m}^3$

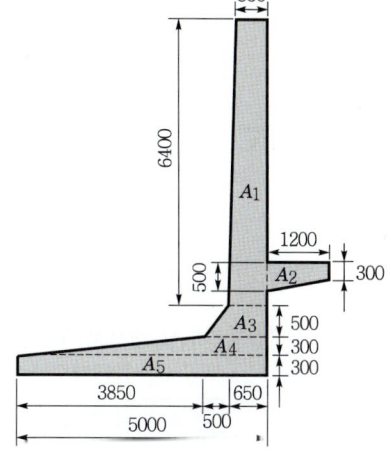

(2) 길이 1m에 대한 거푸집량

① $\overline{ab} = \sqrt{0.3^2 + 6.4^2} = 6.407\,\text{m}$
② $\overline{bc} = \sqrt{0.5^2 + 0.5^2} = 0.7071\,\text{m}$
③ $\overline{de} = 0.3\,\text{m}$
④ $\overline{fg} = 1.7\,\text{m}$
⑤ $\overline{gh} = \sqrt{1.2^2 + 0.2^2} = 1.2166\,\text{m}$
⑥ $\overline{hi} = 0.3\,\text{m}$
⑦ $\overline{jk} = 5.3\,\text{m}$
⑧ 거푸집의 길이 $= ① + ② + \cdots\cdots + ⑦$
$= 15.931\,\text{m}$
⑨ 거푸집량 $= 15.931 \times 1 = 15.931\,\text{m}^2$

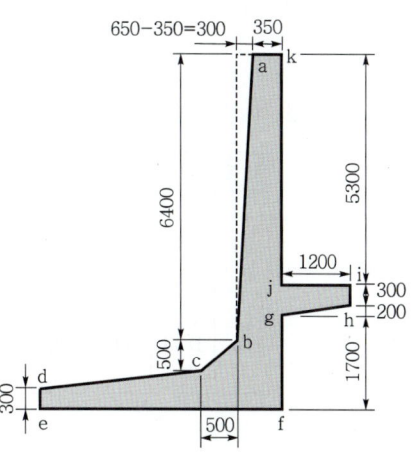

(3) 길이 1m에 대한 철근량
 ① 단면도상 선으로 보이는 철근(W_2, H)
  • 철근개수 ⇒ $\dfrac{\text{단위길이}(1m)}{\text{철근간격}}$

기 호	직 경	본당길이(mm)	수 량	총 길이(mm)	수량 산출근거
W_2	D 25	7300+465=7765	2.5	19,413	수량=$\dfrac{1}{0.4}$=2.5개
H	D 16	100+2036+100=2236	5	11,180	수량=$\dfrac{1}{0.2}$=5개

※참고 1) 단면도상 선으로 보이는 철근의 구분   2) 단면도상 점으로 보이는 철근의 구분

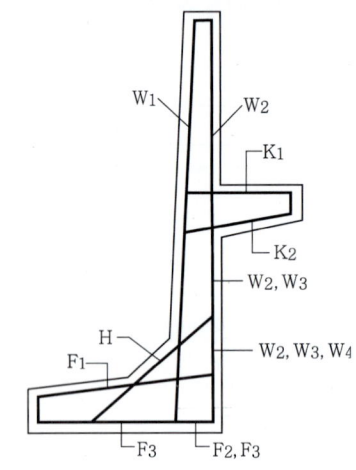
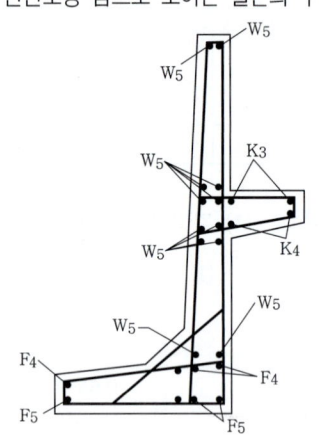

② 단면도상 점으로 보이는 철근
  • W_5, F_4 철근개수 ⇒ (간격수+1), 혹은 단면도상의 개수

기 호	직 경	본당 길이(mm)	수 량	총 길이(mm)	수량 산출근거
W_5	D 16	1000	68	68,000	수량=(33+1)×2(좌·우)=68개
F_4	D 13	1000	24	24,000	수량=23+1=24개

③ S_1, S_2 철근개수 ⇒ $\dfrac{\text{단위길이}(1m)}{\text{간격}\times 2}\times \text{개소}$

기 호	직 경	본당 길이(mm)	수 량	총 길이(mm)	수량 산출근거
S_1	D 13	356+100×2=556	12.5	6950	수량=$\dfrac{1}{0.2\times 2}\times 5$=12.5개 ※ S_1의 간격은 W_1의 간격과 같다.
S_2	D 13	445+282×2+100×2=1209	12.5	15,113	수량=$\dfrac{1}{0.4\times 2}\times 10$=12.5개 ※ S_2의 간격은 F_1의 영향을 받는다.

참고 S_1, S_2 철근의 구분

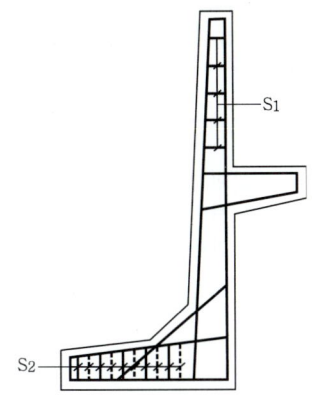

④ 철근 물량표(단, mm 단위 이하는 반올림하여 mm까지 구함.)

기호	직경	길이(mm)	수량	총 길이(mm)	기호	직경	길이(mm)	수량	총 길이(mm)
W_2	D 25	7765	2.5	19,413	F_4	D 13	1000	24	24,000
W_5	D 16	1000	68	68,000	S_1	D 13	556	12.5	6950
H	D 16	2236	5	11,180	S_2	D 13	1209	12.5	15,113

08 어느 작업의 정상소요일수는 15일이며, 가장 빨리 끝낼 경우 12일이 소요되고, 아무리 늦어도 20일 이내에는 끝낼 수 있다. 이 작업이 기대되는 소요일수를 계산하고, 이때의 분산을 구하시오. [4점]

해답 ① 기대 소요일수(기대치)
$$t_e = \frac{t_0 + 4t_m + t_p}{6} = \frac{12 + 4 \times 15 + 20}{6} = 15.33\text{일}$$
② 분산
$$\sigma^2 = \left(\frac{t_p - t_0}{6}\right)^2 = \left(\frac{20 - 12}{6}\right)^2 = 1.78$$

09 콘크리트를 거푸집에 타설한 후부터 응결이 종결될 때까지에 발생하는 균열을 일반적으로 초기균열이라고 한다. 초기균열은 그 원인에 의하여 크게 나눌 수 있다. 3가지만 쓰시오. [3점]

해답 ① 소성수축균열(plastic shrinkage crack)
② 침하균열(settlement crack)
③ 거푸집 변형에 따른 균열
④ 진동·재하에 따른 균열

10

탄성파 속도가 1,100m/s인 사암으로 된 수평한 지반을 1개의 리퍼날이 부착된 21t급의 불도저($q_0=3.3\text{m}^3$)로 리핑하면서 작업을 할 때 1시간당 작업량을 본바닥토량으로 구하시오. (단, 소수 셋째 자리에서 반올림하시오.) [3점]

조건
- 1개 날의 1회 리핑 단면적 : 0.14m^2
- 작업거리 : 40m
- 불도저의 구배계수 : 0.90
- 리퍼의 사이클 타임 : $C_m=0.05l+0.33$
- 불도저의 사이클 타임 : $C_m=0.037l+0.25$
- 리퍼의 작업효율 : 0.9
- 불도저의 작업효율 : 0.4
- 토량변화율 : $L=1.6$, $C=1.1$

해답

① dozer 작업량

$$Q_1=\frac{60\,q\,f\,E}{C_m}=\frac{60\,(q_0\,\rho)\,\frac{1}{L}\,E}{0.037l+0.25}=\frac{60\times(3.3\times0.9)\times\frac{1}{1.6}\times0.4}{0.037\times40+0.25}=25.75\,\text{m}^3/\text{h}$$

② ripping 작업량

$$Q_2=\frac{60\,A\,l\,f\,E}{C_m}=\frac{60\times0.14\times40\times1\times0.9}{0.05\times40+0.33}=129.79\,\text{m}^3/\text{h}$$

③ 1시간당 작업량

$$Q=\frac{Q_1\,Q_2}{Q_1+Q_2}=\frac{25.75\times129.79}{25.75+129.79}=21.49\,\text{m}^3/\text{h}$$

11

공기케이슨 공법과 비교하였을 때 오픈케이슨 공법의 시공상 단점을 3가지만 쓰시오. [3점]

해답
① 기초지반 토질의 확인, 지지력 측정이 곤란하다.
② 저부 콘크리트의 수중시공으로 품질이 저하된다.
③ 중심이 높아져서 케이슨이 경사질 우려가 있다.
④ 굴착 시 boiling, heaving의 우려가 있다.
⑤ 굴착 중 장애물이 있거나 수중굴착일 경우 공기가 길어진다.

12

터널에 사용하고 있는 록 볼트(rock bolt) 인발시험의 목적에 대하여 3가지만 쓰시오. [3점]

해답
① 록 볼트의 인발내력 측정
② 정착효과 확인
③ 록 볼트의 적정길이 판단
④ 록 볼트의 종류 선정

13 다음 데이터를 이용하여 normal time 네트워크 공정표를 작성하고 공기를 3일 단축할 때 최소의 추가공사비를 산출하시오. (단, ① Net Work 공정표 작성은 화살표 Net Work로 한다. ② 주공정선(critical paht)는 굵은선 또는 이중선으로 한다. ③ 각 결합점에는 다음과 같이 표시한다.) [10점]

작업명 (activity)	정상비용		특급비용	
	공기(일)	공비(원)	공기(일)	공비(원)
A(0→1)	3	20,000	2	26,000
B(0→2)	7	40,000	5	50,000
C(1→2)	5	45,000	3	59,000
D(1→4)	8	50,000	7	60,000
E(2→3)	5	35,000	4	44,000
F(2→4)	4	15,000	3	20,000
G(3→5)	3	15,000	3	15,000
H(4→5)	7	60,000	7	60,000
계		280,000		334,000

(1) normal time 네트워크 공정표를 작성하시오.
(2) 공기를 3일간 단축할 때 최소의 추가공사비를 구하시오.

해답 (1) 공정표

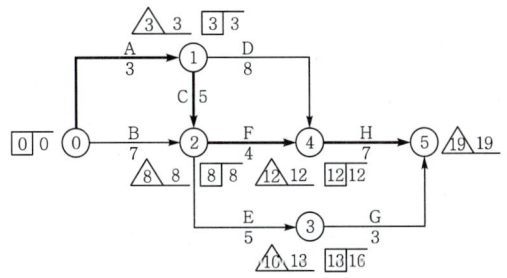

(2) ① 비용경사(cost slope)

작업명	단축가능 일수	비용경사(원)
A	1	$\dfrac{26{,}000-20{,}000}{3-2}=6000$
B	2	$\dfrac{50{,}000-40{,}000}{7-5}=5000$
C	2	$\dfrac{59{,}000-45{,}000}{5-3}=7000$
D	1	$\dfrac{60{,}000-50{,}000}{8-7}=10{,}000$
E	1	$\dfrac{44{,}000-35{,}000}{5-4}=9000$
F	1	$\dfrac{20{,}000-15{,}000}{4-3}=5000$
G	0	0
H	0	0

② 공기단축

단축단계	작업명	단축일수	추가비용(원)
1단계	F	1	5000
2단계	A	1	6000
3단계	B, C, D	1	5000+7000+10,000=22,000

③ 추가비용(extra cost)
  EC=5,000+6,000+22,000=33,000원

14 자연함수비 12%인 흙으로 성토하고자 한다. 시방서에는 다짐한 흙의 함수비를 16%로 관리하도록 규정하였을 때 매 층마다 1m²당 몇 l의 물을 살수해야 하는가? (단, 1층의 다짐두께는 20cm이고, 토량변화율은 $C=0.9$이며, 원지반상태에서 흙의 단위중량은 18kN/m³임.) [3점]

해답 ① 1m²당 본바닥체적 $=(1\times1\times0.2)\times\dfrac{1}{0.9}=0.222\,\text{m}^3$

② $w=12\%$일 때 흙의 무게
$\gamma_t=\dfrac{W}{V}$ $18=\dfrac{W}{0.222}$ ∴ $W=4\text{kN}=4000\text{N}$

③ $w=12\%$일 때 물의 무게
$W_s=\dfrac{W}{1+\dfrac{w}{100}}=\dfrac{4000}{1+\dfrac{12}{100}}=3571.43\text{N}$
∴ $W_w=W-W_s=4000-3571.43=428.57\text{N}$

④ $w=16\%$일 때 물의 무게
$w=\dfrac{W_w}{W_s}\times100$
$16=\dfrac{W_w}{3571.43}\times100$ ∴ $W_w=571.43\text{N}$

⑤ 살수량 $=571.43-428.57=142.86\text{N}=\dfrac{142.86}{9.8}=14.58\,l$ (∵ $1l=1\text{kg}=9.8\text{N}$)

15 중력식 댐의 시공 후 관리상 내부에 설치하는 검사랑의 시공목적을 4가지만 쓰시오. [3점]

해답 ① 콘크리트 내부의 균열검사 ② 누수 및 배수
③ 양압력 ④ 온도측정
⑤ 수축량 검사 ⑥ grouting

참고 중력댐의 검사랑
댐시공 후 댐 관리상 예정된 사항을 알기 위해 검사랑을 댐 내부에 설치한다.

16

다음과 같은 지형에서 시공기준면의 표고를 10m로 할 때 총 토공량은 얼마인가? (단, 격자점의 숫자는 표고를 나타내며, 단위는 m이다.) [3점]

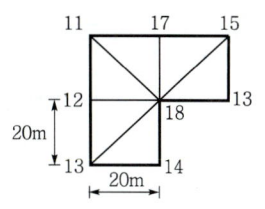

해답

$$V = \frac{ab}{6}(\Sigma h_1 + 2\Sigma h_2 + 3\Sigma h_3 + \cdots + 6\Sigma h_6)$$

① $\Sigma h_1 = 3 + 4 = 7\text{m}$
② $\Sigma h_2 = 1 + 7 + 5 + 2 + 3 = 18\text{m}$
③ $\Sigma h_3 = 0$
④ $\Sigma h_4 = 0$
⑤ $\Sigma h_5 = 0$
⑥ $\Sigma h_6 = 8\text{m}$

$$\therefore V = \frac{20 \times 20}{6}(7 + 2 \times 18 + 6 \times 8) = 6066.67\text{m}^3$$

17

두께가 3m인 정규압밀 점토층에서 시료를 채취하여 압밀시험을 실시하였다. 시험결과가 다음과 같을 때 이 점토층이 압밀도 60%에 이르는 데 걸리는 시간(일)을 구하시오. (단, 배수조건은 일면배수이다.) [3점]

조건
- 초기 상태의 유효응력(σ_0) : 0.02MPa
- 초기 간극비(e_0) : 1.2
- 실험 후 유효응력(σ_1) : 0.04MPa
- 실험 후 간극비(e_1) : 0.97
- 시험점토의 투수계수(k) : 3.0×10^{-7}cm/sec
- 60% 압밀 시 시간계수(T_v) : 0.287

해답

① $a_v = \dfrac{e_0 - e_1}{\sigma_1 - \sigma_0} = \dfrac{1.2 - 0.97}{0.04 - 0.02} = 11.5\text{m}^2/\text{MN} = 11.5 \times 10^{-3}\text{m}^2/\text{kN}$

② $m_v = \dfrac{a_v}{1 + e_0} = \dfrac{11.5 \times 10^{-3}}{1 + 1.2} = 5.23 \times 10^{-3}\text{m}^2/\text{kN}$

③ $C_v = \dfrac{k}{m_v \gamma_w} = \dfrac{3.0 \times 10^{-9}}{5.23 \times 10^{-3} \times 9.8}$
　　$= 5.85 \times 10^{-8}\text{m}^2/\text{sec}$

④ $t_{60} = \dfrac{0.287 H^2}{C_v} = \dfrac{0.287 \times 3^2}{5.85 \times 10^{-8}}$
　　$= 44,153,846.15\text{초} = 511.04\text{일}$

18 다음 콘크리트의 시방배합을 현장배합으로 환산하여 이때의 단위수량을 구하시오. [3점]

[시방배합]
- 단위 수량 : 200kg/m³
- 잔골재량 : 800kg/m³
- 잔골재의 표면수량 : 5%
- 잔골재의 No 4(5mm)체 잔류량 : 4%
- 단위시멘트량 : 400kg/m³
- 굵은골재량 : 1,500kg/m³
- 굵은골재의 표면수량 : 1%
- 굵은골재의 No 4(5mm)체 통과량 : 5%

해답 (1) 골재량의 수정
　　　잔골재량을 x(kg), 굵은골재량을 y(kg)이라 하면
　　　$x+y=800+1500=2300$ …… ①
　　　$0.04x+(1-0.05)y=1500$ …… ②
　　　식 ①, ②를 연립방정식으로 풀면
　　　$x=752.75$kg, $y=1547.25$kg
(2) 표면수량 수정
　　① 잔골재 표면수량 $=752.75\times0.05=37.64$kg
　　② 굵은골재 표면수량 $=1547.25\times0.01=15.47$kg
(3) 단위수량 $=200-(37.64+15.47)=146.89$kg

19 3m×3m 크기의 정사각형 기초를 내부 마찰각 $\phi=20°$, 점착력 $c=12$kN/m²인 지반에 설치하였다. 흙의 단위중량 $\gamma=18$kN/m³이며, 기초의 근입깊이는 5m이다. 지하수위가 지표면에서 7m 깊이에 있을 때의 극한지지력을 Terzaghi 공식으로 구하시오. (단, 지지력계수 $N_c=17.7$, $N_q=7.4$, $N_r=5$이고, 흙의 포화단위중량은 20kN/m³이다.) [3점]

해답 ① $\gamma_1 = \gamma_{sub} + \dfrac{d}{B}(\gamma_t - \gamma_{sub})$
　　　　$= 10.2 + \dfrac{2}{3}(18-10.2) = 15.4$ kN/m³
② $\gamma_2 = \gamma_t = 18$ kN/m³
③ $q_u = \alpha c N_c + \beta B \gamma_1 N_r + D_f \gamma_2 N_q$
　　　$= 1.3\times12\times17.7 + 0.4\times3\times15.4\times5 + 5\times18\times7.4$
　　　$= 1,034.52$ kN/m²

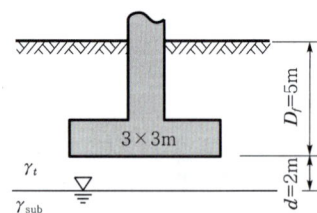

20 흙의 노상재료 분류법으로서 흙의 성질을 숫자로 나타낸 것을 군지수(group index)라고 한다. 이러한 군지수를 구할 때 필요로 하는 지배요소 3가지를 쓰시오. [3점]

해답 ① 액성한계
② 소성지수
③ No.200체 통과율

21 높은 교각이나 사일로, 수조 등의 공사에 사용되는 특수 거푸집으로 시공속도가 빠르고 이음이 없는 수밀성의 콘크리트 구조물을 만들 수 있는 대표적 특수 거푸집공법 3가지만 쓰시오. [3점]

해답
① slip form 공법
② sliding form 공법
③ self climbing form 공법

22 양면배수인 점토층의 두께 5m, 간극비 1.4, 액성한계 50%인 점토층 위의 유효상재 압력이 $100kN/m^2$에서 $140kN/m^2$로 증가할 때 침하량은 얼마인가? [3점]

해답
① $C_c = 0.009(W_L - 10) = 0.009(50 - 10) = 0.36$
② $\Delta H = \dfrac{C_c}{1+e_1} \log \dfrac{P_2}{P_1} H = \dfrac{0.36}{1+1.4} \log \dfrac{140}{100} \times 500 = 10.96 \text{cm}$

23 아래의 표에서 설명하는 사면보호공법의 명칭을 쓰시오. [2점]

> 사면의 활동토체를 관통하여 부동지반까지 말뚝을 일렬로 시공함으로써 사면의 활동하중을 말뚝의 수평저항으로 받아 부동지반에 전달시키는 공법이다.

해답 말뚝공법

24 흙의 다짐의 정의와 다짐의 목적에 대하여 쓰시오. [6점]

(1) 흙의 다짐의 정의 :
(2) 흙의 다짐의 목적 :

해답
(1) 함수비를 크게 변화시키지 않고 공극 내의 공기를 배출시켜 입자 간의 결합을 치밀하게 함으로써 단위중량을 증가시키는 것
(2) 주어진 시료에 대하여 함수비와 최대건조밀도의 상관관계를 구하여 현장 시공 시 필요시방(specification)을 제시하여 줌.

25 지진 발생 시 교량의 안정에 대하여 지진 보호장치 3가지만 쓰시오. [3점]

해답
① 점성댐퍼
② 지진격리받침(isolation bearing)
③ 받침보호장치(전단키)
④ 낙교방지장치

참고 지진보호장치

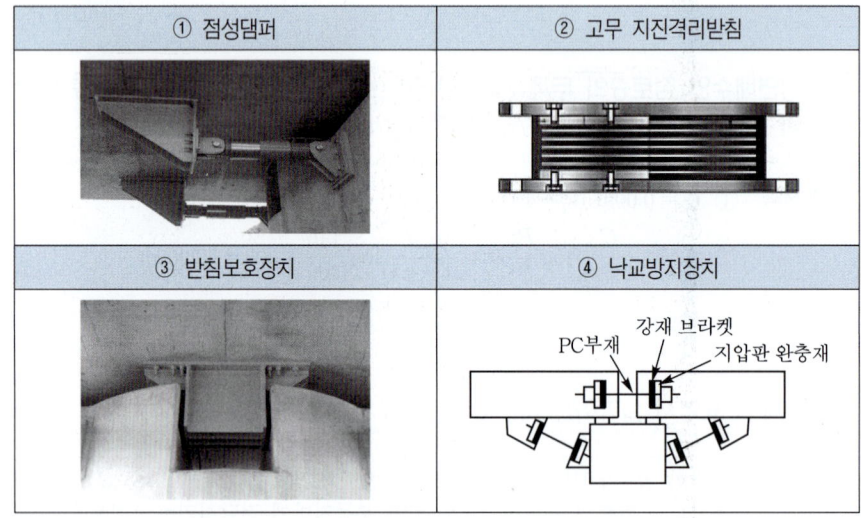

토목 기사 2018년(2차)

 아래의 문제는 독자들의 출제경향에 이해가 되도록 수험생들의 기억에 의해 복원된 문제로 일부 문제는 다를 수가 있으므로 착오 없으시길 바랍니다.

01 터널보강을 위한 숏크리트(shotcrete) 타설 시 건식방법 특징 3가지만 쓰시오. [3점]

① 수송기간에 제약이 없다.
② 분진발생이 많다.
③ 리바운드량이 많다.

02 공정관리 기법 중 기성고 공정곡선의 장점 3가지만 쓰시오. [3점]

① 전체 공정의 진도파악이 용이하다.
② 계획과 실적의 진도파악이 용이하다.
③ 시공속도 파악이 용이하다.
④ 가격상황의 파악이 용이하다.
⑤ banana 곡선에 의하여 관리목표가 얻어진다.

03 1.5m×1.5m의 정사각형 독립확대기초가 $c=10\text{kN/m}^2$, $\gamma=19\text{kN/m}^3$인 지반에 설치되어 있다. 기초의 깊이는 지표면 아래 1m에 있고 지하수위에 대한 영향이 없을 때 얕은 기초의 극한지지력을 Terzaghi의 방법을 구하시오. (단, 국부전단파괴가 발생하는 지반이며, $N_c=12$, $N_q=4$, $N_r=2$이다.) [3점]

① $c' = \dfrac{2}{3}c = \dfrac{2}{3} \times 10 = 6.67\,\text{kN/m}^2$
② $q_u = \alpha c' N_c + \beta B \gamma_1 N_r + D_f \gamma_2 N_q$
   $= 1.3 \times 6.67 \times 12 + 0.4 \times 1.5 \times 19 \times 2 + 1 \times 19 \times 4$
   $= 202.85\,\text{kN/m}^2$

04

구획정리를 위한 측량결과값이 그림과 같은 경우 계획고 10.00m로 하기 위한 토량은? (단위 : m) [3점]

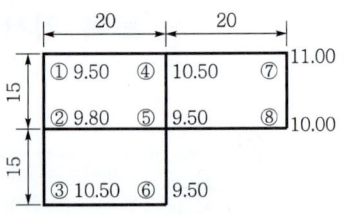

해답 (1) 계획고 10m일 때 절토량

$$V = \frac{ab}{4}(\Sigma h_1 + 2\Sigma h_2 + 3\Sigma h_3 + 4\Sigma h_4)$$

① $\Sigma h_1 = 0.5 + 1.0 = 1.5\text{m}$
② $\Sigma h_2 = 0.5\text{m}$
③ $\Sigma h_3 = 0$

∴ $V = \frac{15 \times 20}{4}(1.5 + 2 \times 0.5) = 187.5\text{m}^3$

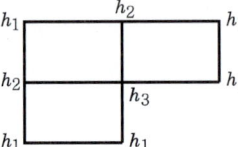

(2) 계획고 10m일 때 성토량

$$V = \frac{ab}{4}(\Sigma h_1 + 2\Sigma h_2 + 3\Sigma h_3 + 4\Sigma h_4)$$

① $\Sigma h_1 = 0.5 + 0.5 = 1\text{m}$
② $\Sigma h_2 = 0.2\text{m}$
③ $\Sigma h_3 = 0.5\text{m}$

∴ $V = \frac{15 \times 20}{4}(1 + 2 \times 0.2 + 3 \times 0.5) = 217.5\text{m}^3$

(3) 문제의 조건에서 토량환산계수가 주어지지 않았으므로
$V = 217.5 - 187.5 = 30\text{m}^3$ (성토량)

05

가체절공(coffer dam)의 종류를 3가지 쓰시오. [3점]

해답 ① 한겹 sheet pile식
② 두겹 sheet pile식
③ cell식
④ ring beam식

06

어느 토목공사의 공정에 있어서 낙관치 7일, 정상치 10일, 비관치 19일일 때 기대치를 계산하시오. [4점]

해답 $t_e = \frac{t_0 + 4t_m + t_p}{6} = \frac{7 + 4 \times 10 + 19}{6} = 11$일

07

다음과 같은 높이 7m인 토류벽이 있다. 토류벽 배면 지반은 포화된 점성토 지반 위에 사질토 지반을 형성하고 있다. 이때 표류벽에 가해지는 전 주동토압을 구하시오. (단, 지하수위는 점성토 지반 상부에 위치하며, 벽마찰각은 무시한다.) [3점]

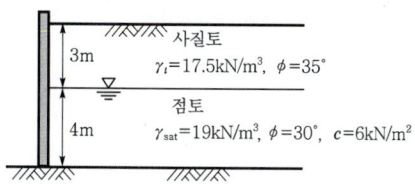

해답

① $K_{a1} = \tan^2\left(45° - \dfrac{35°}{2}\right) = 0.27$

$K_{a2} = \tan^2\left(45° - \dfrac{30°}{2}\right) = 0.33$

② $P_a = \dfrac{1}{2}\gamma_t h_1^2 K_a + \gamma_t h_1 h_2 K_{a2} + \dfrac{1}{2}\gamma_{sub} h_2^2 K_{a2} + \dfrac{1}{2}\gamma_w h_2^2 - 2c\sqrt{K_{a2}}\,h_2$

$= \dfrac{1}{2} \times 17.5 \times 3^2 \times 0.27 + 17.5 \times 3 \times 4 \times 0.33 + \dfrac{1}{2} \times 9.2 \times 4^2 \times 0.33$

$\quad + \dfrac{1}{2} \times 9.8 \times 4^2 - 2 \times 6 \times \sqrt{0.33} \times 4$

$= 165.68\,\text{kN/m}$

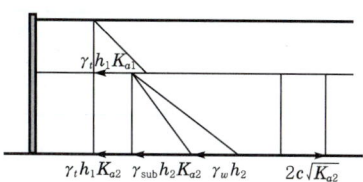

08

다음과 같이 배치된 말뚝 A, B에 작용하는 하중을 검토(계산)하시오. (단, 말뚝의 부마찰력, 군항의 효과, 기초와 흙과의 사이에 작용하는 토압은 무시한다.) [4점]

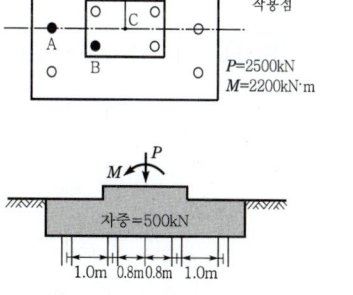

해답

(1) $P = 2500 + 500 = 3000\,\text{kN}$

(2) $P_n = \dfrac{P}{n} \pm \dfrac{M_y \cdot x}{\Sigma x^2} \pm \dfrac{M_x \cdot y}{\Sigma y^2}$

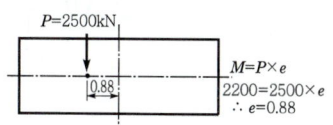

① $P_A = \dfrac{3000}{10} + \dfrac{2200 \times 1.8}{6 \times 1.8^2 + 4 \times 0.8^2} + 0$
   $= 480\,\text{kN}$

② $P_B = \dfrac{3000}{10} + \dfrac{2200 \times 0.8}{6 \times 1.8^2 + 4 \times 0.8^2} + 0$
   $= 380\,\text{kN}$

09
연약지반 처리공법 중 sand drain 공법의 sand mat의 역할 3가지를 쓰시오. [3점]

해답
① 연약지반 상부의 배수층 형성 : 압밀촉진
② 성토 내 지하 배수층 형성 : 지하수위 저하
③ 시공기계의 주행성(trafficability) 확보

10
아래 그림과 같은 지층 위에 성토로 인한 $50\,\text{kN/m}^2$의 등분포하중이 작용할 때 다음 물음에 답하시오. (단, 점토층은 정규압밀점토이며, W_L은 액성한계이다.) [6점]

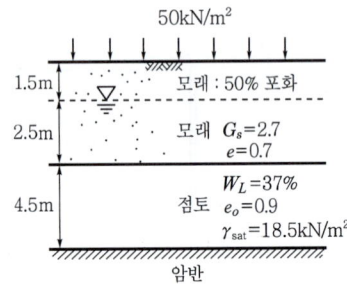

(1) 점토층 중앙의 초기 유효연직압력을 구하시오.
(2) 점토층에 발생하는 압밀침하량을 구하시오.

해답 (1) ① 모래지반의 단위중량
   ㉠ $\gamma_t = \dfrac{G_s + Se}{1+e}\gamma_w = \dfrac{2.7 + 0.5 \times 0.7}{1+0.7} \times 9.8 = 17.58\,\text{kN/m}^3$
   ㉡ $\gamma_{sat} = \dfrac{G_s + e}{1+e}\gamma_w = \dfrac{2.7 + 0.7}{1+0.7} \times 9.8 = 19.6\,\text{kN/m}^3$
   ② $P_1 = 17.58 \times 1.5 + (19.6 - 9.8) \times 2.5 + (18.5 - 9.8) \times \dfrac{4.5}{2} = 70.45\,\text{kN/m}^2$

(2) ① $C_c = 0.009(W_L - 10) = 0.009(37 - 10) = 0.243$
   ② $\Delta H = \dfrac{C_c}{1+e_1}\log\dfrac{P_2}{P_1}H = \dfrac{0.243}{1+0.9}\log\left(\dfrac{70.45+50}{70.45}\right) \times 450 = 13.41\,\text{cm}$

11 주어진 도면 및 조건에 따라 다음 물량을 산출하시오.(단, 주어진 도면의 치수는 축척에 맞지 않을 수 있으며, 주어진 치수로만 물량을 산출할 것)   [18점]

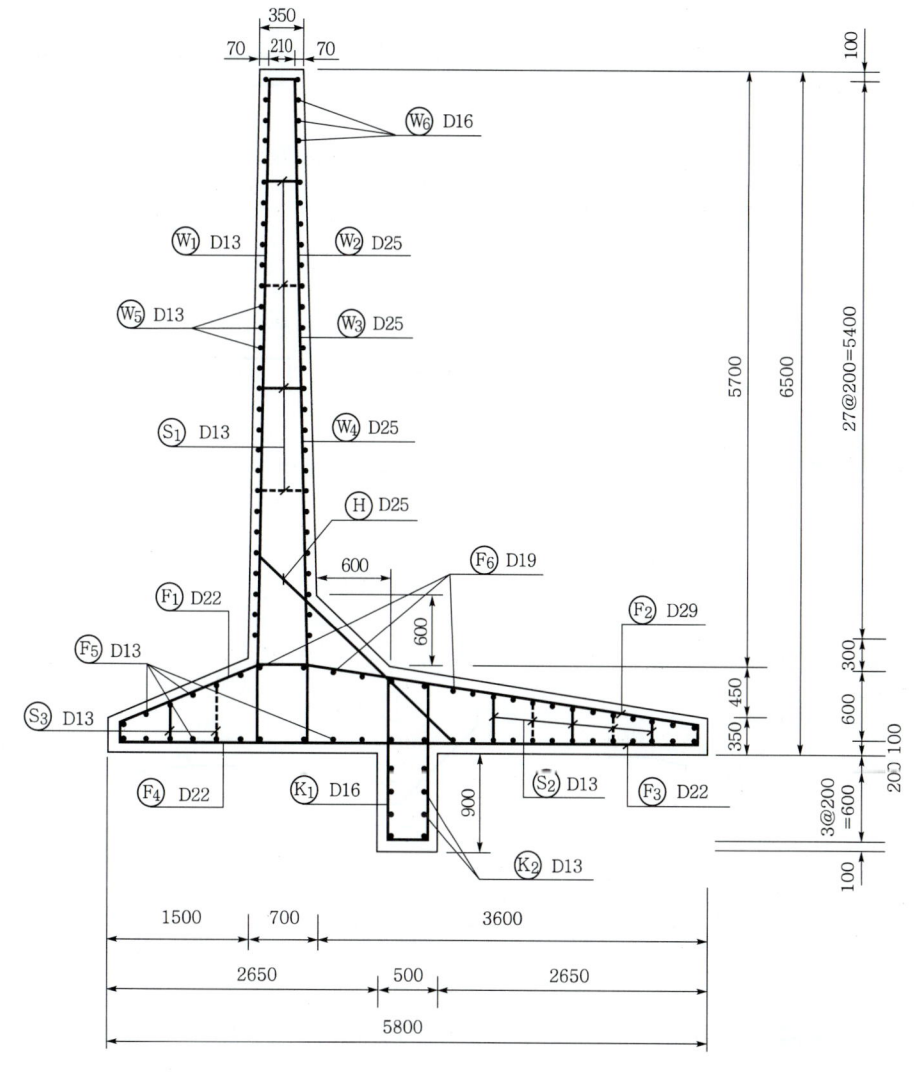

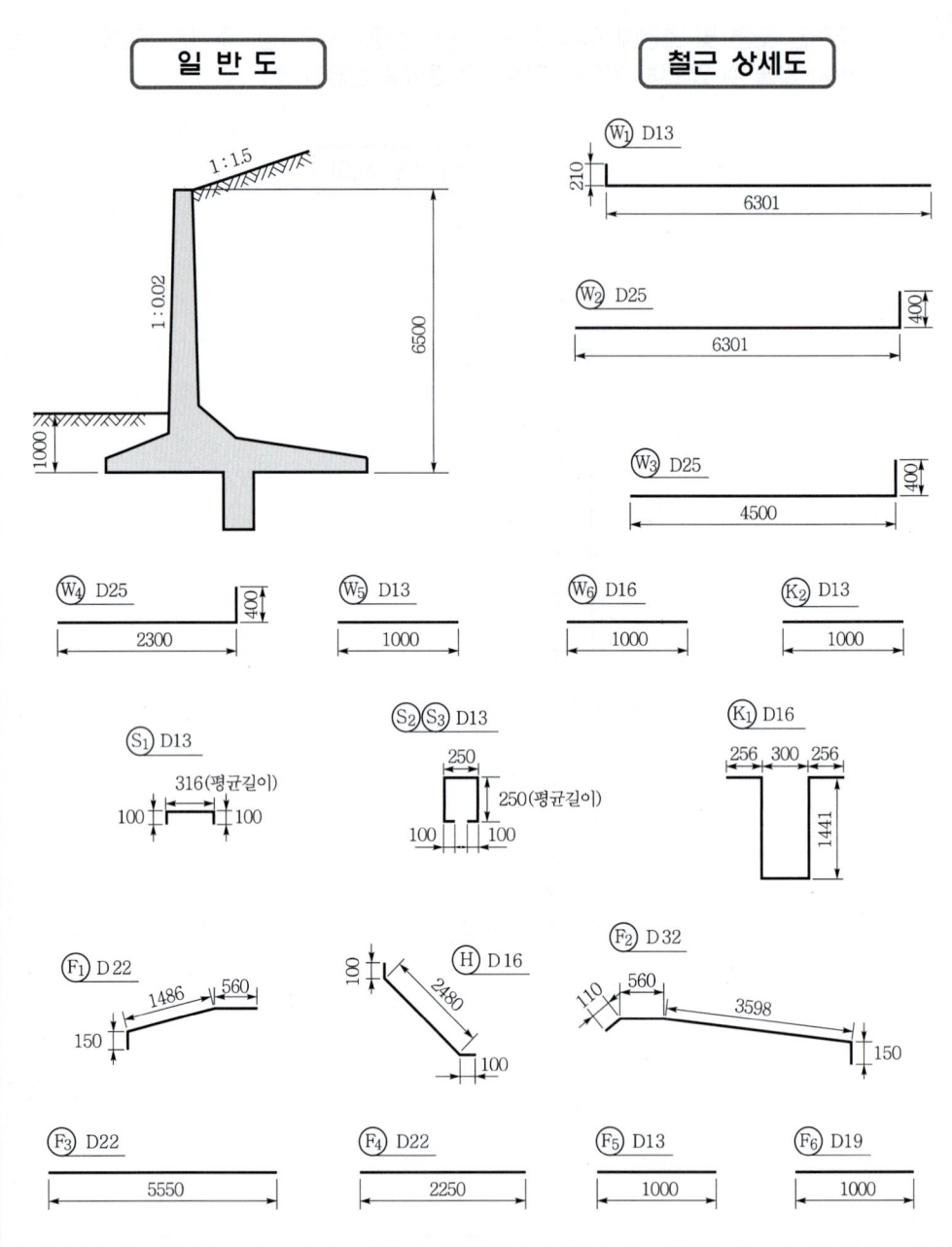

(1) 길이 1m에 대한 콘크리트량을 구하시오. (단, 소수 4째자리에서 반올림)
(2) 길이 1m에 대한 거푸집량을 구하시오. (단, 소수 4째자리에서 반올림)
(3) 길이 1m에 대한 철근 물량표를 완성하시오. (단, mm단위 이하는 반올림하여 mm까지 구함.)

기 호	직 경	길 이(mm)	수 량	총 길이(mm)	기 호	직 경	길 이(mm)	수 량	총 길이(mm)
W_1					F_5				
F_1					S_2				

해답 (1) 길이 1m에 대한 콘크리트량

① $A_1 = \dfrac{0.35 + (0.7 - 0.6 \times 0.02)}{2} \times 5.1$
  $= 2.6469 \text{m}^2$

② $A_2 = \dfrac{0.688 + (0.7 + 0.6)}{2} \times 0.6$
  $= 0.5964 \text{m}^2$

③ $A_3 = \dfrac{1.3 + 5.8}{2} \times 0.45 = 1.5975 \text{m}^2$

④ $A_4 = 5.8 \times 0.35 = 2.03 \text{m}^2$

⑤ $A_5 = 0.5 \times 0.9 = 0.45 \text{m}^2$

⑥ 콘크리트량 $= (A_1 + A_2 + \cdots + A_5) \times 1$
  $= 7.3208 \times 1 = 7.321 \text{m}^3$

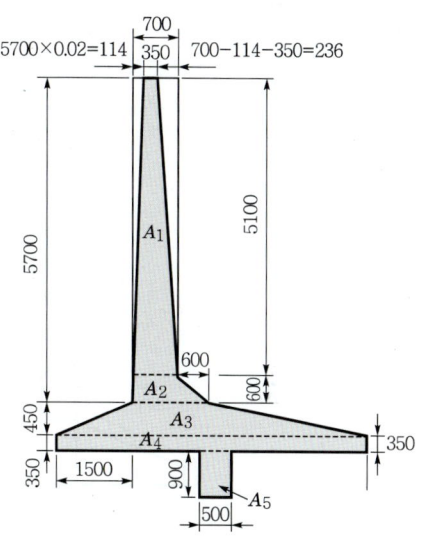

(2) 길이 1m에 대한 거푸집량

① $\overline{ab} = \sqrt{5.7^2 + 0.114^2} = 5.7011 \text{m}$

② $\overline{cd} = 0.35 \text{m}$

③ $\overline{ef} = 0.9 \text{m}$

④ $\overline{gh} = 0.9 \text{m}$

⑤ $\overline{ij} = 0.35 \text{m}$

⑥ $\overline{kl} = \sqrt{0.6^2 + 0.6^2} = 0.8485 \text{m}$

⑦ $\overline{lm} = \sqrt{5.1^2 + 0.236^2} = 5.1055 \text{m}$

⑧ 거푸집의 길이 $= ① + ② + \cdots\cdots + ⑦$
  $= 14.1551 \text{m}$

⑨ 거푸집량 $= 14.1551 \times 1 = 14.1551 \text{m}^2$

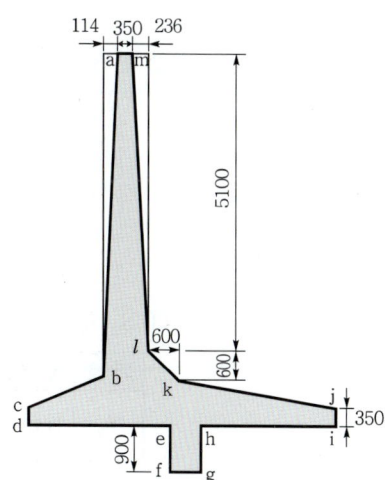

(3) 길이 1m에 대한 철근량
  ① 단면도상 선으로 보이는 철근(W_1, F_1)
  • 철근개수 ⇒ $\dfrac{단위길이(1m)}{철근간격}$

기 호	직 경	본당 길이(mm)	수량	총 길이(mm)	수량 산출근거
W_1	D 13	210+6301=6511	5	32,555	수량=$\dfrac{1}{0.2}$=5개
F_1	D 22	150+1486+560=2196	5	10,980	

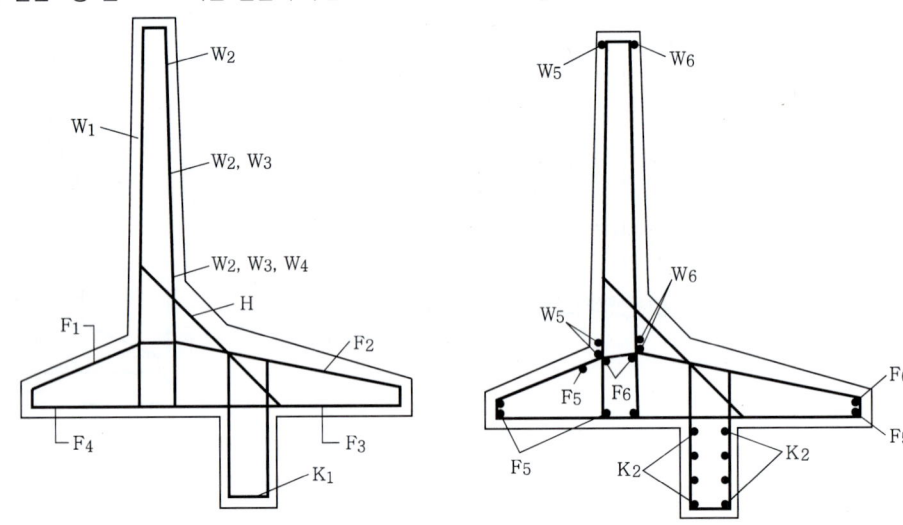

※ 참고 1) 단면도상 선으로 보이는 철근의 구분   2) 단면도상 점으로 보이는 철근의 구분

② 단면도상 점으로 보이는 철근(F_5)
  • 철근개수 ⇒ (간격수+1) 혹은 단면도상의 개수

기 호	직 경	본당 길이(mm)	수량	총 길이	수량 산출근거
F_5	D 13	1000	31	31,000	수량=(상부 간격수+1)+(하부 간격수+1) =(5+1)+(24+1)=31개

③ S_2 철근개수 ⇒ $\dfrac{단위길이(1m)}{간격 \times 2} \times 개소$

기 호	직 경	본당 길이(mm)	수량	총 길이	수량 산출근거
S_2	D 13	250+250×2+100×2=950	12.5	11,875	수량=$\dfrac{1}{0.2 \times 2} \times 5$=12.5개

※ 참고 S_1, S_2, S_3 철근의 구분

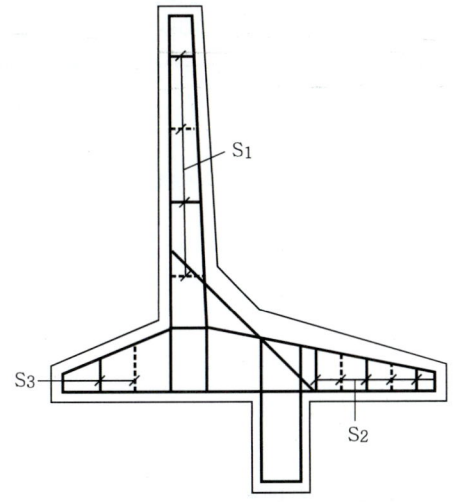

④ 철근 물량표(단, mm 단위 이하는 반올림하여 mm까지 구함.)

기호	직경	길이(mm)	수량	총 길이(mm)	기호	직경	길이(mm)	수량	총 길이(mm)
W_1	D 13	6511	5	32,555	F_5	D 13	1000	31	31,000
F_1	D 22	2196	5	10,980	S_2	D 13	950	12.5	11,875

12

콘크리트의 경화나 강도 발현을 촉진하기 위해 실시하는 양생을 촉진양생이라고 한다. 이러한 촉진양생방법의 종류를 3가지만 쓰시오. [3점]

해답
① 상압증기양생
② 고압증기양생(오토클레이브 양생)
③ 전기양생
④ 적외선양생

13

직경 30cm 평판재하시험에서 작용압력이 200kN/m²일 때 침하량이 15mm라면, 직경 1.5m의 실제기초에 200kN/m²의 압력이 작용할 때 사질토지반에서의 침하량의 크기는 얼마인가? [3점]

해답
$$S_{(기초)} = S_{(재하판)} \left[\frac{2B_{(기초)}}{B_{(기초)} + B_{(재하판)}} \right]^2$$
$$= 15 \times \left[\frac{2 \times 1.5}{1.5 + 0.3} \right]^2 = 41.67 \text{mm}$$

14 폭이 3m×3m인 기초가 있다. 점착력은 30kN/m²이고, 흙의 단위중량이 19kN/m³, 내부 마찰각 $\phi=20°$, 안전율이 3일 때 기초의 허용하중을 구하시오. (단, 기초의 근입깊이는 1m이고 전반전단파괴가 발생하며, $N_r=5$, $N_c=18$, $N_q=7.5$이고 흙은 균질이다.) [3점]

해답
① $q_u = \alpha c N_c + \beta B \gamma_1 N_r + D_f \gamma_2 N_q$
  $= 1.3 \times 30 \times 18 + 0.4 \times 3 \times 19 \times 5 + 1 \times 19 \times 7.5 = 958.5 \, \text{kN/m}^2$

② $q_a = \dfrac{q_u}{F_s} = \dfrac{958.5}{3} = 319.5 \, \text{kN/m}^2$

③ $q_a = \dfrac{Q_{all}}{A}$ $319.5 = \dfrac{Q_{all}}{3 \times 3}$
  $\therefore Q_{all} = 2,875.5 \, \text{kN}$

---

15 자연함수비 12%인 흙으로 성토하고자 한다. 시방서에는 다짐한 흙의 함수비를 16%로 관리하도록 규정하였을 때 매 층마다 1m²당 몇 l의 물을 살수해야 하는가? (단, 1층의 다짐두께는 20cm이고, 토량변화율은 $C=0.9$이며, 원지반상태에서 흙의 단위중량은 18kN/m³임.) [3점]

해답
① 1m²당 본바닥체적 $= (1 \times 1 \times 0.2) \times \dfrac{1}{0.9} = 0.222 \, \text{m}^3$

② $w=12\%$일 때 흙의 무게
  $\gamma_t = \dfrac{W}{V}$ $18 = \dfrac{W}{0.222}$ $\therefore W = 4\text{kN} = 4000\text{N}$

③ $w=12\%$일 때 물의 무게
  $W_s = \dfrac{W}{1+\dfrac{w}{100}} = \dfrac{4000}{1+\dfrac{12}{100}} = 3571.43 \, \text{N}$
  $\therefore W_w = W - W_s = 4000 - 3571.43 = 428.57 \, \text{N}$

④ $w=16\%$일 때 물의 무게
  $w = \dfrac{W_w}{W_s} \times 100$
  $16 = \dfrac{W_w}{3571.43} \times 100$ $\therefore W_w = 571.43 \, \text{N}$

⑤ 살수량 $= 571.43 - 428.57 = 142.86 \text{N} = \dfrac{142.86}{9.8} = 14.58 \, l$ ($\because 1l = 1\text{kg} = 9.8\text{N}$)

16. 다음의 작업 list가 있다. 물음에 답하시오. [10점]

작업명	선행작업	후속작업	표준 일수	표준 직접비(만 원)	특급 일수	특급 직접비(만 원)
A	–	B, C	6	210	5	240
B	A	D, E	4	450	2	630
C	A	F, G	4	160	3	200
D	B	G	3	300	2	370
E	B	H	2	600	2	600
F	C	I	7	240	5	340
G	C, D	I	5	100	3	120
H	E	I	4	130	2	170
I	F, G, H	–	2	250	1	350

(1) Net Work(화살선도)를 작도하시오.
(2) 표준일수에 대한 CP를 찾으시오.
(3) 다음의 작업 list 빈 칸을 채우시오.

작업명	공비증가율 (만 원/일)	개시 EST	개시 LST	완료 EFT	완료 LFT	여유시간 TF	여유시간 FF	여유시간 DF
A								
B								
C								
D								
E								
F								
G								
H								
I								

(4) 총 공기에 대한 간접비가 2천만 원인데 표준일수를 단축하는 경우 1일당 80만 원씩 감소한다고 할 때 최적공기와 그때의 총 공비를 구하시오.

해답 (1) Net Work

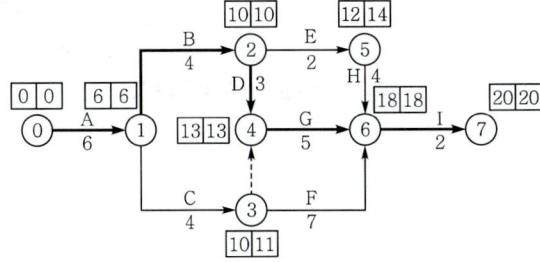

(2) CP : ⓪ → ① → ② → ④ → ⑥ → ⑦

(3) 공비증가율(비용경사) 및 일정계산

작업명	공비증가율 (만 원/일)	개시 EST	개시 LST	완료 EFT	완료 LFT	여유시간 TF	여유시간 FF	여유시간 DF
A	$\frac{240-210}{6-5}=30$	0	6-6=0	0+6=6	6	6-0-6=0	6-0-6=0	0-0=0
B	$\frac{630-450}{4-2}=90$	6	10-4=6	6+4=10	10	10-6-4=0	10-6-4=0	0-0=0
C	$\frac{200-160}{4-3}=40$	6	11-4=7	6+4=10	11	11-6-4=1	10-6-4=0	1-0=1
D	$\frac{370-300}{3-2}=70$	10	13-3=10	10+3=13	13	13-10-3=0	13-10-3=0	0-0=0
E	0	10	14-2=12	10+2=12	14	14-10-2=2	12-10-2=0	2-0=2
F	$\frac{340-240}{7-5}=50$	10	18-7=11	10+7=17	18	18-10-7=1	18-10-7=1	1-1=0
G	$\frac{120-100}{5-3}=10$	13	18-5=13	13+5=18	18	18-13-5=0	18-13-5=0	0-0=0
H	$\frac{170-130}{4-2}=20$	12	18-4=14	12+4=16	18	18-12-4=2	18-12-4=2	2-2=0
I	$\frac{350-250}{2-1}=100$	18	20-2=18	18+2=20	20	20-18-2=0	20-18-2=0	0-0=0

(4) ① 비용경사(cost slope)

작업명	단축가능 일수	비용경사(만 원)	작업명	단축가능 일수	비용경사(만 원)
A	1	$\frac{240-210}{6-5}=30$	F	2	$\frac{340-240}{7-5}=50$
B	2	$\frac{630-450}{4-2}=90$	G	2	$\frac{120-100}{5-3}=10$
C	1	$\frac{200-160}{4-3}=40$	H	2	$\frac{170-130}{4-2}=20$
D	1	$\frac{370-300}{3-2}=70$	I	1	$\frac{350-250}{2-1}=100$
E	0	0			

② 공기단축

단축단계	작업명	단축일수	추가비용(만 원)	공기(일)
1단계	G	1	1×10=10	19
2단계	A	1	1×30=30	18
3단계	C, G	1	1×40+1×10=50	17

③ 공기=20-3=17일

④ 총 공사비=직접비+간접비+추가비용-단축일수×80만 원
　　　　　=2440만 원+2000만 원+90만 원-3×80만 원
　　　　　=4290만 원

17 터널굴착 시 여굴 발생원인을 3가지만 쓰시오. [3점]

해답 ① 화약의 과장약 및 부적합한 공간격
② 암반절리
③ 천공 시 장비 형태로 인하여 굴착진행 방향과 평행하게 천공할 수 없으므로 불가피한 여굴 발생

18 다음과 같은 점토지반에 직경이 10m, 자중이 40000kN인 물탱크가 설치되어 있다. 극한지지력에 대한 안전율(F_s)이 3일 때 최대로 채울 수 있는 물의 높이는 얼마인가? (단, $N_c = 5.14$) [3점]

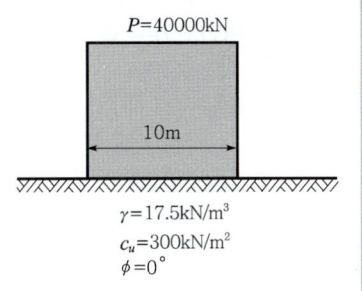

$P = 40000$kN
10m
$\gamma = 17.5$kN/m³
$c_u = 300$kN/m²
$\phi = 0°$

해답 ① $q_u = \alpha c N_c + \beta B \gamma_1 N_r + D_f \gamma_2 N_q$
$= 1.3 \times 300 \times 5.14 + 0 + 0 = 2,004.6 \text{kN/m}^2$

② $q_a = \dfrac{q_u}{F_s} = \dfrac{2,004.6}{3} = 668.2 \text{kN/m}^2$

③ $P = whA = 9.8 \times h \times \dfrac{\pi \times 10^2}{4} = 769.69h$

④ $769.69h + 40,000 = 668.2 \times \dfrac{\pi \times 10^2}{4}$ ∴ $h = 16.21 \text{m}$

19 PSC교량에 사용되는 PS강재의 정착방법 중에서 가장 보편적으로 쓰이는 정착방식들은 정착장치의 형식에 따라 3가지로 분류할 수 있다. 그 3가지를 쓰시오. [3점]

해답 ① 쐐기식 ② 지압식 ③ 루프식

참고 post-tension 방식의 정착방법
(1) 쐐기식 : 프레시네 공법, VSL공법
PS강재와 정착장치 사이의 마찰력을 이용하여 쐐기작용으로 PS강재를 정착하는 방식이다.
(2) 지압식
① 리벳머리식 : BBRV 공법
PS강선 끝을 못머리와 같이 제두 가공하여 이것을 지압판으로 정착하는 방식이다.
② 너트식 : 디비닥 공법
PS강봉 끝의 전조된 나사에 너트를 끼워 정착판에 정착하는 방식이다.
(3) 루프식 : Leoba공법
Loop 모양으로 가공한 PS 강선 또는 강연선을 콘크리트 속에 묻어 넣어 콘크리트와의 부착 또는 지압에 의해 정착하는 방식이다.

20 말뚝의 지지력을 산정하는 방법을 3가지만 쓰시오. [3점]

해답 ① 정역학적 지지력 공식
② 동역학적 지지력 공식
③ 정재하시험에 의한 방법

21 팽창성 지반에 기초를 건설할 때 공사방법으로 흙을 치환하는 것과 팽창성 흙의 성질을 변화시키는 두 방법을 생각할 수 있다. 그 중 후자의 방법에 대해서 4가지만 쓰시오. [3점]

해답 ① 다짐공법
② 침수공법(pre-wetting)
③ 흙의 안정처리공법
④ 차수벽 설치

참고 팽창성 지반이란 물을 흡수하면 팽창하고, 수분을 잃으면 수축하는 소성점토지반을 말한다.

22 콘크리트의 설계기준 압축강도는 28MPa이고, 23회의 압축강도시험으로부터 구한 표준편차가 4MPa이다. 아래 표를 참고하여 이 콘크리트의 배합강도를 구하시오. [4점]

[시험횟수가 29회 이하일 때 표준편차의 보정계수]

시험횟수	표준편차의 보정계수	비 고
15	1.16	
20	1.08	이 표에 명시되지 않은 시험횟수에 대해서는 직선보간 한다.
25	1.03	
30 또는 그 이상	1.00	

해답 (1) 시험횟수 23회일 때의 표준편차 보정계수
$$= 1.03 + \frac{(1.08 - 1.03) \times 2}{5} = 1.05$$
(2) 직선보간한 표준편차 $= 4 \times 1.05 = 4.2$MPa
(3) ① $f_{cr} = f_{ck} + 1.34S = 28 + 1.34 \times 4.2 = 33.63$MPa
② $f_{cr} = (f_{ck} - 3.5) + 2.33S = (28 - 3.5) + 2.33 \times 4.2 = 34.29$MPa
①, ② 중에서 큰 값이 배합강도이므로
∴ $f_{cr} = 34.29$MPa

23 흐트러진 상태의 $L=1.15$, 단위중량이 $1.7t/m^3$인 토사를 싣기는 $1.34m^3$의 payloader 1대를 사용하고 운반은 8t 덤프트럭을 사용하여 운반로 10km인 공사현장까지 운반하고자 한다. 이 때, 조합토공에 있어서 덤프트럭의 소요대수를 구하시오. (단, payloader 사이클 타임(C_m) = 44.4초, 버킷계수(K)=1.15, 작업효율(E_s)=0.7이고, 덤프트럭의 적재 시 주행속도 : 15 km/h, 공차 시 주행속도 : 20km/h, t_1=0.5분, t_2=0.4분, 작업효율(E_t)=0.9이다.) [3점]

해답 (1) payloader 작업량

$$Q = \frac{3600\ q\ k\ f\ E}{C_m} = \frac{3600 \times 1.34 \times 1.15 \times \frac{1}{1.15} \times 0.7}{44.4} = 76.05\,m^3/h$$

(2) 덤프트럭의 작업량

① $q_t = \dfrac{T}{\gamma_t} L = \dfrac{8}{1.7} \times 1.15 = 5.41\,m^3$

② $n = \dfrac{q_t}{q\ k} = \dfrac{5.41}{1.34 \times 1.15} = 3.5 = 4회$

③ $C_{mt} = \dfrac{C_{ms}\,n}{60 E_s} + T_1 + T_2 + t_1 + t_2 + t_3$

$= \dfrac{44.4 \times 4}{60 \times 0.7} + \left(\dfrac{10}{15} \times 60\right) + \left(\dfrac{10}{20} \times 60\right) + (0.5+0.4) = 75.13분$

④ $Q = \dfrac{60\ q_t\ f\ E_t}{C_{mt}} = \dfrac{60 \times 5.41 \times \frac{1}{1.15} \times 0.9}{75.13} = 3.38\,m^3/h$

(3) 덤프트럭 소요대수

$N = \dfrac{76.05}{3.38} = 22.5 = 23대$

24 어떤 도저(dozer)가 폭 3.58m의 철제 블레이드(blade)를 달고 속도 5.9km/h의 3단 기어로 작업하고 있다. 이때 블레이드의 효율이 72%라면 폭 7.74m, 길이 100m의 면적에서 제거작업을 할 경우, 필요한 작업시간은 얼마인가? (단, 분(分)으로 풀이하여 소수 2째자리에서 반올림하시오.) [3점]

해답 ① blade 유효폭 = 3.58×0.72 = 2.58m

② 통과횟수 = $\dfrac{7.74}{2.58}$ = 3회

③ 1회 통과시간 = $\dfrac{길이}{속도} = \dfrac{100 \times 2}{5.9 \times \frac{1000}{60}} = 2.03분$

④ 작업 소요시간 = 3×2.03 = 6.1분

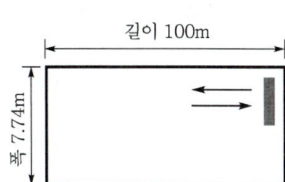

토목 기사 2018년(3차)

> 알림: 아래의 문제는 독자들의 출제경향에 이해가 되도록 수험생들의 기억에 의해 복원된 문제로 일부 문제는 다를 수가 있으므로 착오 없으시길 바랍니다.

01 그림에서와 같이 강널말뚝(steel sheet pile)으로 지지된 모래지반의 굴착에서 지하수의 분출로 인하여 예상되는 파이핑(piping)에 대한 안전율을 계산하시오. (단, 모래층의 포화단위중량은 $17kN/m^3$이고, 입자의 비중은 2.65임.) [3점]

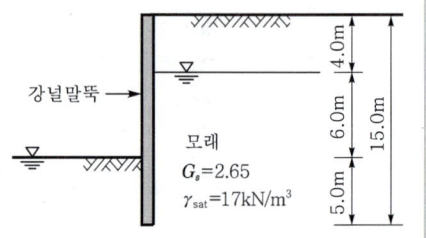

해답
$$F_s = \frac{i_c}{i} = \frac{\frac{\gamma_{sub}}{\gamma_w}}{\frac{h}{L}} = \frac{\frac{7.2}{9.8}}{\frac{6}{6+5+5}} = 1.96$$

02 다음 지반조건으로 지반굴착을 할 경우 이에 설치한 지반앵커(ground anchor)의 정착장(L)을 구하시오. (단, 안전율은 1.5 적용) [3점]

조건
- 앵커반력 : 250N
- 정착부의 주면마찰저항 : 0.2MPa
- 천공직경 : 10cm
- 설치각도 : 수평과 30°
- H-pile 설치간격(앵커 설치간격) : 1.5m

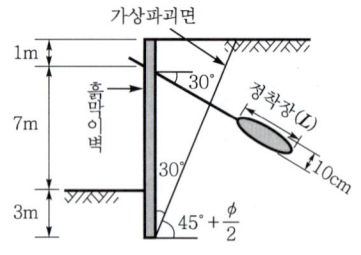

해답
① 앵커축력
$$T = \frac{Pa}{\cos\alpha} = \frac{250 \times 1.5}{\cos 30°} = 433.01 \, kN$$

② 정착장
$$L = \frac{TF_s}{\pi D \tau} = \frac{433.01 \times 1.5}{\pi \times 0.1 \times 200} = 10.34 \, m$$

03

도로 곡선부의 평면선형을 설계함에 있어서 곡선반경이 710m, 설계속도가 120km/hr일 때의 최소 편구배를 계산하시오. (단, 타이어와 노면의 횡방향 미끄럼 마찰계수는 0.10임.) [3점]

 해답

$$R = \frac{V^2}{127(i+f)}$$

$$710 = \frac{120^2}{127(i+0.10)} \quad \therefore i = 0.06 = 6\%$$

04

아스팔트 포장에 실 코트(seal coat)를 하는 목적을 3가지만 쓰시오. [3점]

해답
① 포장면의 내구성 증대 ② 포장면의 수밀성 증대
③ 포장면의 미끄럼저항 증대 ④ 포장면의 노화방지

※ 참고
(1) prime coat 목적
  ① 기층과 그 위에 깔 asphalt 혼합물과의 부착을 좋게 한다.
  ② 기층 또는 보조기층의 작업차에 의한 파손방지, 강우에 의한 세굴방지, 방수성 증대
  ③ 보조기층으로부터의 모관상승 차단
(2) tack coat 목적
  구 포장층과 그 위에 포설하는 asphalt 혼합물층과의 부착을 좋게 하기 위함.

05

한 사질토사면의 경사가 26°로 측정되었다. 지표면으로부터 5m 깊이에 암반층이 존재하며, 사면 흙을 채취하여 토질시험을 한 결과 $c'=0$, $\phi=42°$, $\gamma_{sat}=19kN/m^3$였다. 갑자기 폭우가 쏟아져 지하수위가 지표면과 일치한 상태에서 침투가 발생한다면 이때 사면의 안전율은 얼마인가? [3점]

 해답

$$F_s = \frac{\gamma_{sub}}{\gamma_{sat}} \frac{\tan\phi}{\tan i} = \frac{19-9.8}{19} \times \frac{\tan 42°}{\tan 26°} = 0.89$$

06

다음 그림과 같이 연직하중과 모멘트를 받는 구형 기초의 극한하중과 안전율을 Terzaghi 공식을 이용하여 구하시오. (단, $N_c=37.2$, $N_q=22.5$, $N_r=19.7$이다.) [3점]

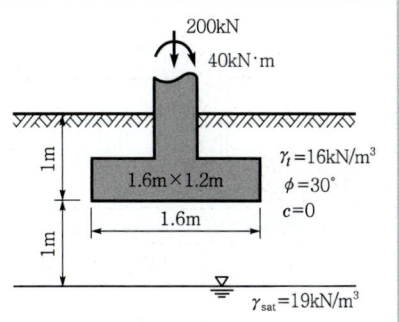

해답 (1) 편심거리
$M = Pe$ $40 = 200 \times e$
$\therefore e = 0.2\text{m}$

(2) 기초의 유효크기
① 유효폭 : $B' = B = 1.2\text{m}$
② 유효길이 : $L' = L - 2e = 1.6 - 2 \times 0.2 = 1.2\text{m}$

(3) $\gamma_1 = \gamma_{sub} + \dfrac{d}{B}(\gamma_t - \gamma_{sub}) = 9.2 + \dfrac{1}{1.2} \times (16 - 9.2) = 14.87\text{kN/m}^3$

(4) $q_u' = \alpha c N_c + \beta B' \gamma_1 N_r + D_f \gamma_2 N_q$
$= 0 + 0.4 \times 1.2 \times 14.87 \times 19.7 + 1 \times 16 \times 22.5 = 500.61\text{kN/m}^2$

(5) $q_u' = \dfrac{P_u}{B'L'}$ $500.61 = \dfrac{P_u}{1.2 \times 1.2}$
$\therefore P_u = 720.88\text{kN}$

(6) $F_s = \dfrac{P_u}{P} = \dfrac{720.88}{200} = 3.6$

07

연약점토층의 두께가 10m인 현장 지반에서 시료를 채취하여 압밀시험을 실시하였다. 이 때 압밀시험한 결과 하중강도가 0.24MPa에서 0.36MPa으로 증가할 때, 간극비는 1.8에서 1.2로 감소하였다. 이 지반 위에 단위중량 20kN/m³인 성토재를 5m 성토할 때 최종침하량을 구하시오. (단, 원지반의 간극비(e_o)는 2.2이다.) [3점]

해답 ① $a_v = \dfrac{e_1 - e_2}{P_2 - P_1} = \dfrac{1.8 - 1.2}{0.36 - 0.24} = 5\text{m}^2/\text{MN} = 0.005\text{m}^2/\text{kN}$

② $\Delta H = m_v \Delta P H = \dfrac{a_v}{1 + e_o} \Delta P H$
$= \dfrac{0.005}{1 + 2.2} \times (20 \times 5) \times 10 = 1.5625\text{m} = 156.25\text{cm}$

08

다음 ( ) 안에 알맞은 말을 넣으시오. [3점]

댐 공사 시 기초암반의 비교적 얇은 부분의 절리를 충전시켜 댐 기초의 변형을 억제하고, 지지력을 증가시키기 위해 기초전반에 걸쳐 격자형으로 그라우팅을 하는데 이것을 (①)이라고 하며, 기초암반의 지수성을 높여서 시공 중 침수에 의한 공사의 지연을 막기 위한 그라우팅을 (②)이라고 한다.

해답 ① consolidation grouting
② curtain grouting

09 콘크리트 배합강도를 구하기 위한 전체 시험횟수 16회의 콘크리트 압축강도의 측정결과가 아래 표와 같고 설계기준강도가 40MPa일 때 아래의 물음에 답하시오. [8점]

[압축강도 추정결과(단위 : MPa)]

44	40	45	48	37	36	45	40
35	47	42	40	46	36	35	40

(1) 위 표를 보고 압축강도의 평균값을 구하시오.
(2) 압축강도 측정결과 및 아래의 표를 이용하여 배합강도를 구하기 위한 표준편차를 구하시오.

[시험횟수가 29회 이하일 때 표준편차의 보정계수]

시험횟수	표준편차의 보정계수	비 고
15	1.16	이 표에 명시되지 않은 시험횟수에 대해서는 직선보간 한다.
20	1.08	
25	1.03	
30 또는 그 이상	1.00	

(3) f_{ck}＝40MPa일 때 배합강도를 구하시오.

(1) 평균치 : $\bar{x} = \dfrac{\Sigma x}{n} = \dfrac{656}{16} = 41\,\text{MPa}$

(2) ① $S = (44-41)^2 + (40-41)^2 + \cdots + (40-41)^2 = 294$
　　② 표준편차 : $\sigma = \sqrt{\dfrac{S}{n-1}} = \sqrt{\dfrac{294}{16-1}} = 4.43\,\text{MPa}$
　　③ 직선보간한 표준편차 : $\sigma = 4.43 \times 1.144 = 5.07\,\text{MPa}$

(3) ① $f_{cr} = f_{ck} + 1.34S = 40 + 1.34 \times 5.07 = 46.79\,\text{MPa}$
　　② $f_{cr} = 0.9f_{ck} + 2.33S = 0.9 \times 40 + 2.33 \times 5.07 = 47.81\,\text{MPa}$
　　①, ② 중에서 큰 값이 배합강도이므로
　　∴ $f_{cr} = 47.81\,\text{MPa}$

10 모래지반에서 지하수위 이하를 굴착할 때 흙막이공의 기초깊이에 비해서 배면의 수위가 너무 높으면 굴착저면의 모래입자가 지하수와 더불어 분출하여 굴착저면이 마치 물이 끓는 상태와 같이 되는 현상을 보일링 또는 퀵샌드(quick sand)라 하는데 이러한 보일링 현상을 방지하기 위한 대책 3가지를 쓰시오. [3점]

① 흙막이의 근입깊이를 깊게 한다.
② 지하수위를 저하시킨다.
③ 굴착저면을 고결시킨다.

11 다음의 작업 리스트를 이용하여 다음 물음에 답하시오. (단, 표준일수에 대한 간접비가 60만 원이고, 1일 단축 시 5만 원씩 감소하며, 표준일수에 대한 직접비는 60만 원이다.) [10점]

작업명	선행작업	후속작업	표준일수	특급일수	1일 단축하는 데 필요한 직접비용 증가액(만 원/일)
A	–	B, C	5	2	6
B	A	E	4	2	4
C	A	F	6	4	7
D	–	G	5	4	5
E	B	H	6	3	8
F	C	–	4	3	5
G	D	H	7	5	8
H	E, G	–	5	3	9

(1) Net Work(화살선도)를 작도하고 표준일수에 대한 CP를 구하시오.
(2) 최적공기와 그 때의 총 공사비를 구하시오.

해답 (1) ① Net Work

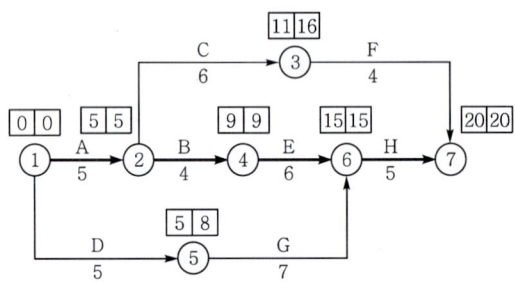

② CP : ① → ② → ④ → ⑥ → ⑦

(2) 최적공기와 총 공사비

단축 작업명	단축 일수	기 간	직접비용 증가액 (만 원)	직접비 (만 원)	간접비 (만 원)	총 공비 (만 원)
–	–	20일	–	60	60	60+60=120
B	1	19일	1×4=4	60+4=64	60−5=55	64+55=119
B	1	18일	1×4=4	64+4=68	55−5=50	68+50=118
A	1	17일	1×6=6	68+6=74	50−5=45	74+45=119

① 최적공기=18일
② 총 공사비=118만 원

12 중력식 댐의 시공 후 관리상 내부에 설치하는 검사랑의 시공목적을 4가지만 쓰시오. [3점]

해답
① 콘크리트 내부의 균열검사 ② 누수 및 배수
③ 양압력 ④ 온도측정
⑤ 수축량 검사 ⑥ grouting

13 아래 그림과 같은 옹벽에서 인장균열이 발생한 후의 옹벽에 작용하는 전체 주동토압을 구하시오. (단, 인장균열 위의 토압은 무시하고 상재하중으로 고려하여 계산하시오.) [3점]

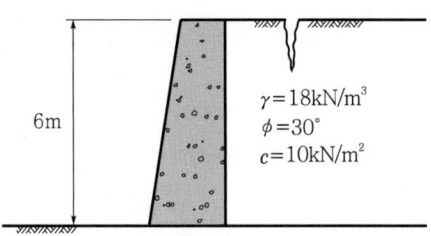

해답
① $K_a = \tan^2\left(45° - \dfrac{\phi}{2}\right) = \tan^2\left(45° - \dfrac{30°}{2}\right) = \dfrac{1}{3}$

② $Z_c = \dfrac{2c\tan\left(45° + \dfrac{\phi}{2}\right)}{\gamma_t} = \dfrac{2 \times 10 \times \tan\left(45° + \dfrac{30°}{2}\right)}{18} = 1.92\text{m}$

③ $P_a = \dfrac{1}{2}\gamma_t H^2 K_a - 2c\sqrt{K_a} H + \dfrac{2c^2}{\gamma_t} + q_s K_a (H - Z_c)$

$= \dfrac{1}{2} \times 18 \times 6^2 \times \dfrac{1}{3} - 2 \times 10 \times \sqrt{\dfrac{1}{3}} \times 6 + \dfrac{2 \times 10^2}{18}$
$+ (18 \times 1.92) \times \dfrac{1}{3} \times (6 - 1.92) = 96.83 \text{kN/m}$

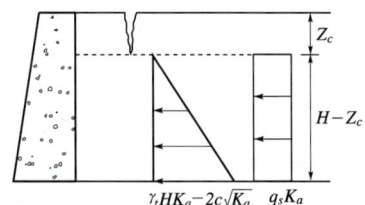

14 연약지반상에 교대를 설치하면 측방으로 이동하여 성토체가 침하함은 물론 수평변위가 생겨 포장파손 등 문제점을 유발한다. 이같은 측방유동을 최소화시킬 수 있는 방안을 3가지만 기술하시오. [3점]

해답
① 연속 culvert box 공법 ② 파이프 매설공법
③ box 매설공법 ④ EPS 공법
⑤ 성토 지지말뚝공법

15

다음 2연 암거의 물량을 산출하시오. (단위 : mm) [8점]

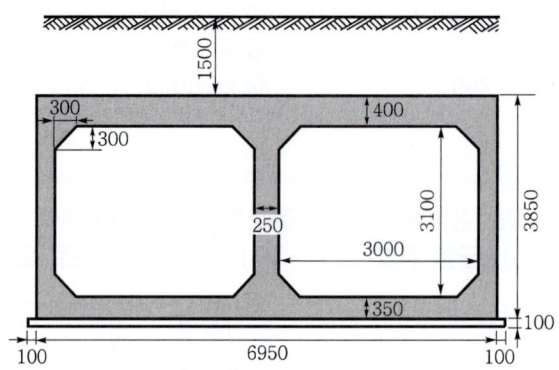

(1) 2연 암거의 1m 길이에 대한 콘크리트량을 산출하시오. (단, 기초의 콘크리트량도 고려하며 소수점 이하 4째자리에서 반올림하시오.)
(2) 2연 암거의 1m 길이에 대한 거푸집량을 산출하시오. (단, 기초의 거푸집량도 고려하고, 마구리면은 고려하지 않으며, 소수점 이하 4째자리에서 반올림하시오.)
(3) 2연 암거의 1m 길이에 대한 터파기량을 산출하시오. (지형상태는 일반도와 같으며 터파기의 여유폭은 기초 콘크리트 양끝에서 0.6m로 하고, 비탈기울기는 1 : 0.5로 하며 소수점 이하 4째자리에서 반올림하시오.)

해답 (1) 길이 1m에 대한 콘크리트량
① 기초 콘크리트량 = $7.15 \times 0.1 \times 1 = 0.715 \text{m}^3$
② 구체 콘크리트량 = $(6.95 \times 3.85 - 3.1 \times 3.0 \times 2 + \frac{0.3 \times 0.3}{2} \times 8) \times 1 = 8.5175 \text{m}^3$
③ 전체 콘크리트량 = $0.715 + 8.5175 = 9.2325 \fallingdotseq 9.233 \text{m}^3$

(2) 길이 1m에 대한 거푸집량
① 기초 거푸집량 = $0.1 \times 2 \times 1 = 0.2 \text{m}^2$
② 구체 거푸집량 = $(3.85 \times 2 + 2.5 \times 4 + 2.4 \times 2 + \sqrt{0.3^2 + 0.3^2} \times 8) \times 1 = 25.89411 \text{m}^2$
③ 전체 거푸집량 = $0.2 + 25.89411 = 26.09411 \fallingdotseq 26.094 \text{m}^2$

(3) 길이 1m에 대한 터파기량
터파기량 = $\left(\frac{8.35 + (8.35 + 5.45)}{2} \times 5.45\right) \times 1 = 60.35875 \fallingdotseq 60.359 \text{m}^3$

16

PS 콘크리트 장대교 건설공법 중 동바리를 사용하지 않는 현장타설공법의 종류 3가지를 쓰시오. [3점]

해답 ① 캔틸레버공법(FCM 공법) ② 이동동바리공법(MSS 공법)
③ 압출공법(ILM 공법) ④ PSM공법

17 그림과 같은 지형에서 절·성토량이 균형을 이루는 지반고를 구하시오.(단, 토량변화율은 무시하고, 격자점의 숫자는 지반고를 나타내며 단위는 m이다.) [3점]

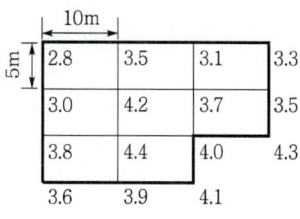

해답

(1) $V = \dfrac{ab}{4}(\Sigma h_1 + 2\Sigma h_2 + 3\Sigma h_3 + 4\Sigma h_4)$

① $\Sigma h_1 = 2.8 + 3.3 + 4.3 + 4.1 + 3.6 = 18.1\,\mathrm{m}$
② $\Sigma h_2 = 3.5 + 3.1 + 3.5 + 3.9 + 3.8 + 3 = 20.8\,\mathrm{m}$
③ $\Sigma h_3 = 4\,\mathrm{m}$
④ $\Sigma h_4 = 4.2 + 3.7 + 4.4 = 12.3\,\mathrm{m}$

$\therefore V = \dfrac{10 \times 5}{4}(18.1 + 2 \times 20.8 + 3 \times 4 + 4 \times 12.3)$
$= 1{,}511.25\,\mathrm{m}^3$

(2) $h = \dfrac{1{,}511.25}{10 \times 5 \times 8} = 3.78\,\mathrm{m}$

18 깊이 20m이고, 폭이 30cm인 정방형 철근 콘크리트 말뚝이 두꺼운 균질한 점토층에 박혀있다. 이 점토의 전단강도는 $60\,\mathrm{kN/m^2}$, 단위중량은 $18\,\mathrm{kN/m^3}$이며, 부착력은 점착력의 0.9배이나, 지하수위는 지표면과 일치한다. 극한지지력을 구하시오. (단, $N_c = 9$, $N_q = 1$) [3점]

해답

① $q_p = cN_c^* + q'N_q^* = 60 \times 9 + (8.2 \times 20) \times 1 = 704\,\mathrm{kN/m^2}$
($\because \tau = c + \overline{\sigma}\tan\phi$에서 $\tau = c = 60\,\mathrm{kN/m^2}$)
② $A_p = 0.3 \times 0.3 = 0.09\,\mathrm{m^2}$
③ $f_s = 0.9c = 0.9 \times 60 = 54\,\mathrm{kN/m^2}$
④ $A_s = 0.3 \times 4 \times 20 = 24\,\mathrm{m^2}$
⑤ $R_u = R_p + R_f = q_p A_p + f_s A_s = 704 \times 0.09 + 54 \times 24 = 1{,}359.36\,\mathrm{kN}$

19 아스팔트 포장의 단점인 소성변형(rutting)에 대한 저항성이 우수한 포장공법으로 아스팔트 바인더(asphalt binder) 자체의 물성에 따른 혼합물 개념보다는 골재의 맞물림 효과를 최대로 하여 기존 밀입도 아스팔트 혼합물의 단점을 개선한 공법은? [2점]

해답 SMA 포장공법(Stone Mastic Asphalt ; 쇄석 매스틱 아스팔트)

20
연약지반 개량공법 중 강제치환공법의 단점을 3가지만 쓰시오. [3점]

해답
① 원하는 심도까지 확실하게 개량하기 어렵다.
② 시공 후 하부에 잔류할 수 있는 연약토로 인하여 잔류침하가 발생한다.
③ 측방지반의 변형 및 융기가 발생한다.

참고 강제치환공법의 장점
① 연약층의 두께가 얇은 경우에 효과적이다.
② 시공이 단순하고 시공속도가 빠르다.
③ 굴착치환공법에 비하여 공사비가 저렴하다.

21
주동말뚝은 말뚝머리에 기지(旣知)의 하중(수평력 및 모멘트)이 작용하는 반면에 수동말뚝은 어떤 원인에 의해 지반이 먼저 변형하고 그 결과 말뚝에 측방토압이 작용한다. 이러한 수동말뚝을 해석하는 방법을 3가지만 쓰시오. [3점]

해답
① 간편법
② 지반반력법
③ 탄성법
④ 유한요소법

참고 수동말뚝 해석법
① 간편법 : 지반의 측방 변형으로 발생할 수 있는 최대 측방 토압을 고려한 상태에서 해석하는 방법
② 지반반력법 : 주동말뚝에서와 같이 지반을 독립된 Winkler 모델로 이상화시켜 해석하는 방법
③ 탄성법 : 지반을 이상적 탄성체 혹은 탄소성체로 가정하여 해석하는 방법
④ 유한요소법

22
콘크리트는 다공질 구조체로 역학적 거동이나 특성이 복잡, 다양하다. 콘크리트 균열도 그 발생원인이나 기구(mechanism)가 복잡하다. 이로 인해 발생하는 균열의 보수·보강 공법을 4가지만 기술하시오. [3점]

해답
① 에폭시 주입법
② 봉합법
③ 짜깁기법
④ 보강철근 이용방법
⑤ 그라우팅

23

어떤 도저가 폭 3.58m의 철제 블레이드를 달고 속도 5.9km/hr의 3단 기어로 작업하고 있다. 이때 블레이드의 효율이 72%라면 폭 30m, 길이 100m의 면적에서 제거작업을 할 경우 필요한 작업시간은 몇 분인가? (단, 후진속도는 7km/hr이다.) [3점]

해답
① blade 유효폭 = $3.58 \times 0.72 = 2.58$m
② 통과횟수 = $\dfrac{30}{2.58} = 11.63 = 12$회
③ 1회 통과시간 = $\dfrac{\text{길이}}{\text{속도}} = \dfrac{100}{5900} \times 60 + \dfrac{100}{7000} \times 60 = 1.87$분
④ 작업 소요시간 = $1.87 \times 12 = 22.44$분

24

아래 물음에 대한 콘크리트의 정의를 쓰시오. [6점]

(1) 매스 콘크리트
(2) 프리캐스트 콘크리트
(3) 빈 배합 콘크리트

해답
(1) 부재 또는 구조물의 치수가 커서 시멘트의 수화열로 인한 온도의 상승 및 하강에 따른 콘크리트의 과도한 팽창과 수축을 고려하여 시공해야 하는 콘크리트
(2) 완전 정비된 공장에서 제조된 콘크리트
(3) 배합설계에서 산출된 단위시멘트량보다 적은 양의 시멘트를 사용한 콘크리트

25

버킷용량 3.0m³의 셔블과 15t 덤프트럭을 사용하여 토공사를 하고 있다. 다음 조건에 따라 물음에 답하시오. [6점]

조건
- 흙의 단위중량 : 1.8t/m³
- 셔블의 버킷계수 : 1.1
- 셔블의 작업효율 : 0.5
- 30분 중 상차시간 : 2분
- 덤프트럭 1대를 적재하는데 필요한 셔블의 사이클 횟수 : 3회
- 토량변화율(L) : 1.2
- 사이클 타임 : 30초
- 덤프트럭의 사이클 타임 : 30분
- 덤프트럭의 작업효율 : 0.8

(1) 셔블의 시간당 작업량은 얼마인가?
(2) 덤프트럭의 시간당 작업량은 얼마인가?
(3) 셔블 1대당 덤프트럭의 소요대수는 얼마인가?

해답 (1) 셔블의 시간당 작업량

$$Q_s = \frac{3600\ q\ k\ f\ E}{C_m} = \frac{3600 \times 3 \times 1.1 \times \frac{1}{1.2} \times 0.5}{30} = 165\,\mathrm{m^3/h}$$

(2) 덤프트럭의 시간당 작업량

① $q_t = \dfrac{T}{\gamma_t}\ L = \dfrac{15}{1.8} \times 1.2 = 10\,\mathrm{m^3}$

② $Q_t = \dfrac{60\ q_t\ f\ E_t}{C_{mt}} = \dfrac{60 \times 10 \times \frac{1}{1.2} \times 0.8}{30} = 13.33\,\mathrm{m^3/h}$

(3) 덤프트럭의 소요대수

$N = \dfrac{165}{13.33} = 12.38 = 13$대

26. 공정표의 종류 3가지를 쓰시오. [3점]

해답
① bar chart(막대 공정표)
② 기성고 공정곡선(사선식 공정표)
③ Network 공정표

토목 기사 2019년(1차)

 아래의 문제는 독자들의 출제경향에 이해가 되도록 수험생들의 기억에 의해 복원된 문제로 일부 문제는 다를 수가 있으므로 착오 없으시길 바랍니다.

 슬럼프 측정값이 표와 같을 때, 측정값의 평균($\bar{x}$)와 범위(R)를 구하여 표를 완성하고 다음 물음에 답하시오. [4점]

조번호	측정값(cm)				평균($\bar{x}$)	범위(R)
	X_1	X_2	X_3	X_4		
1	6.1	5.5	6.4	6.0		
2	6.4	5.5	6.7	6.2		
3	6.0	6.6	5.7	6.1		
4	6.5	5.5	6.6	6.2		
5	6.4	5.6	6.3	6.1		

n	A_2	D_3	D_4
2	1.88	0.0	3.27
3	1.02	0.0	2.57
4	0.73	0.0	2.28
5	0.58	0.0	2.12

(1) $\bar{x}$ 관리도의 상한관리한계와 하한관리한계를 구하시오.
(2) R 관리도의 상한관리한계와 하한관리한계를 구하시오.

해답 (1) ①

조번호	$\sum x$(계)	$\bar{x}$(평균)	R(범위)
1	24	$\frac{24}{4}=6$	$6.4-5.5=0.9$
2	24.8	$\frac{24.8}{4}=6.2$	$6.7-5.5=1.2$
3	24.4	$\frac{24.4}{4}=6.1$	$6.6-5.7=0.9$
4	24.8	$\frac{24.8}{4}=6.2$	$6.6-5.5=1.1$
5	24.4	$\frac{24.4}{4}=6.1$	$6.4-5.6=0.8$
합계		$\sum \bar{x}=30.6$	$\sum R=4.9$

② $\bar{\bar{x}} = \dfrac{\sum \bar{x}}{n} = \dfrac{30.6}{5} = 6.12\,\text{cm}$

③ $\bar{R} = \dfrac{\sum R}{n} = \dfrac{4.9}{5} = 0.98\,\text{cm}$

④ $UCL = \bar{\bar{x}} + A_2 \bar{R} = 6.12 + 0.73 \times 0.98 = 6.84\,\text{cm}$

⑤ $LCL = \bar{\bar{x}} - A_2 R = 6.12 - 0.73 \times 0.98 = 5.40\,\text{cm}$

(2) ① UCL= $D_4\overline{R} = 2.28 \times 0.98 = 2.23\,\text{cm}$

② LCL= $D_3\overline{R} = 0$

02

옹벽에서 강봉이나 강봉띠 또는 토목섬유 등으로 흙의 마찰저항을 증가시킬 목적으로 사용되는 공법을 쓰시오. [2점]

 해답   보강토공법

03

다음 도로 포장의 시공에 관한 설명에 적합한 명칭(용어)을 ( ) 안에 쓰시오. [3점]

(1) 콘크리트 포장 슬래브의 포설, 다짐 및 표면 끝손질 등의 기능을 갖는 거푸집을 설치하지 않고 연속적으로 포설하는 장비 : (   )
(2) 입도조정공법이나 머캐덤공법으로 된 기층의 방수성을 높이고 그 위에 포설하는 아스팔트 혼합물 층과 부착이 잘 되도록 역청재료를 살포한 것 : (   )
(3) 아스팔트 포장의 기층으로 사용하는 시멘트 콘크리트의 슬래브 : (   )

해답 (1) slip form paver(슬립 폼 페이버)
(2) prime coat
(3) white base

04

개착공법(open cut)에 의하지 않고 땅 속에서 작업대를 만들어 암거나 원통형의 관 등을 잭으로 직접 잡아 당겨서 부설하는 공법의 명칭을 쓰시오. [2점]

해답 front jacking method(프론트 잭킹 공법)

05

도로포장용으로 쓰이는 아스팔트의 품질을 정하는 시험의 종류 4가지만 쓰시오. [4점]

 해답 ① 침입도시험
② 인화점시험
③ 신도시험
④ 마샬 안정도시험
⑤ 비중시험

06

다음의 작업 리스트에서 net work(화살선도)를 작도하고, 공사기간을 6일 단축했을 때 추가로 소요되는 최소비용을 구하시오. [10점]

작업명	작업일수(일)	선행작업	단축가능일수(일)	비용경사(원/일)
A	5	없음	1	60000
B	7	A	1	40000
C	10	A	1	70000
D	9	B	2	60000
E	12	C	2	50000
F	6	D	2	80000
G	4	E, F	2	100000

(1) net work(화살선도)를 작도하시오.
(2) 공사기간을 6일 단축했을 때 추가로 소요되는 최소비용을 구하시오.

해답 (1) 공정표

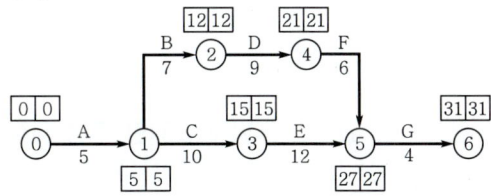

(2) ① 공기단축 : 전 공정이 all CP이다.

단축단계	작업명	단축일수	추가비용(만 원)
1단계	A	1	1×6=6
2단계	B, E	1	1×4+1×5=9
3단계	G	2	2×10=20
4단계	D, E	1	1×6+1×5=11
5단계	C, D	1	1×7+1×6=13

② 추가비용(extra cost)
EC=6+9+20+11+13=59만 원

07

전체심도 5m의 시추작업을 통해 획득한 6개의 암석 코어의 길이는 아래와 같고 풍화토 시료도 함께 산출되었다. 시추대상 암반에 대한 코어 회수율을 구하시오. [3점]

145cm, 35cm, 120cm, 50cm, 45cm, 95cm

해답 회수율 = $\dfrac{\text{회수된 암석의 길이}}{\text{암석 코어의 이론상의 길이}} \times 100$

$= \dfrac{145+35+120+50+45+95}{500} \times 100 = 98\%$

08

도심지 굴착공사 중 계측관리 시 아래 그림의 ①~③에 해당되는 계측기기를 쓰시오. [3점]

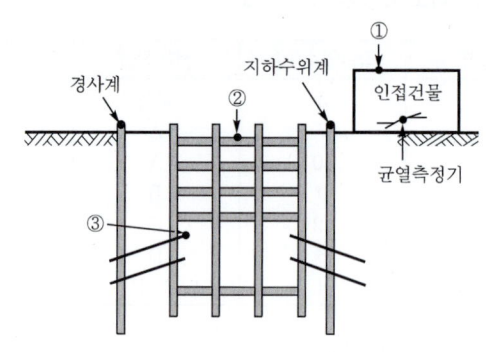

해답
① 건물경사계(tilt meter)
② 변형률계(strain gauge)
③ 하중계(load cell)

09

교량의 상부 구조물을 교대 또는 제1 교각의 후방에 설치한 주형 제작장에서 프리캐스트 세그먼트를 연속적으로 제작하여 직선 또는 일정 곡률반지름의 교량을 가설하는 공법의 명칭을 쓰시오. [2점]

해답 압출공법(ILM 공법)

10

필 댐(fill dam)에 있어서 필터의 역할 3가지만 쓰시오. [3점]

해답
① 배수(간극수압 발생방지)
② 코어(심벽) 유출방지
③ piping 방지

11

도로토공 현장에서 다짐도를 판정하는 방법을 3가지만 쓰시오. [3점]

해답
① 건조밀도로 판정
② 포화도 또는 공기공극률로 판정
③ 강도로 판정
④ 상대밀도로 판정
⑤ 변형량으로 판정

12 주어진 도면 및 조건에 따라 다음 물량을 산출하시오. (단, 주어진 도면의 치수는 축척에 맞지 않을 수 있으며, 주어진 치수로만 물량을 산출할 것) [18점]

도로암거(단위 : mm)

단면도

일반도

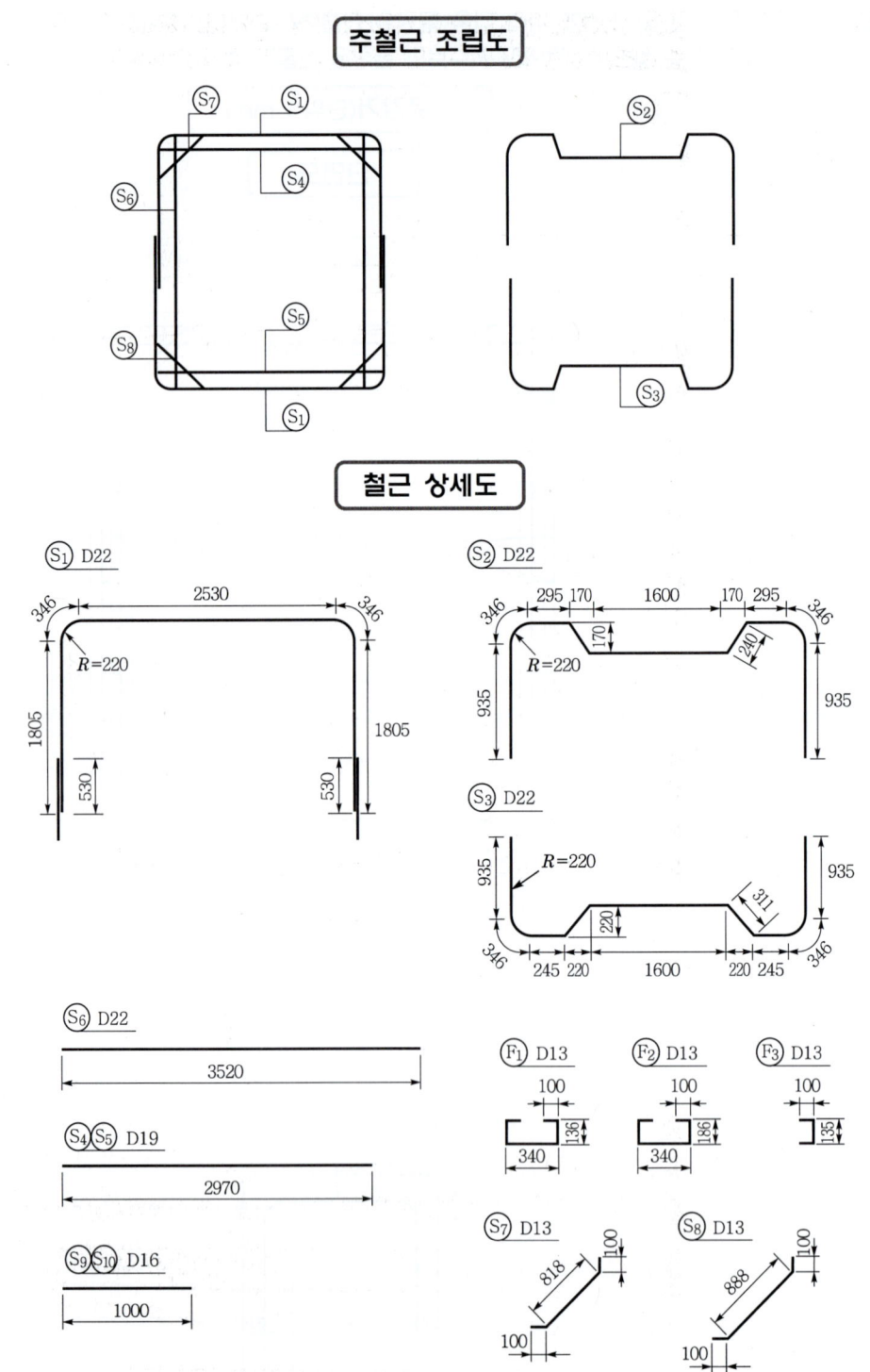

① $S_1 \sim S_8$ 철근은 300mm 간격으로 배치되어 있다.
② F_1, F_2, F_3 철근은 300mm 간격으로 지그재그로 배치되어 있다.
③ 철근의 이음과 할증은 무시한다.
④ 지형상태는 일반도와 같으며, 터파기는 기초 콘크리트 양끝에서 100cm 여유폭을 두고, 비탈 기울기는 1:0.5로 한다.
⑤ 거푸집량의 계산에서 마구리면은 무시한다.

(1) 길이 1m에 대한 기초와 구체의 콘크리트량을 구하시오. (단, 소수 4째자리에서 반올림)
 ① 기초 콘크리트량
 ② 구체 콘크리트량
(2) 길이 1m에 대한 거푸집량을 구하시오. (단, 소수 4째자리에서 반올림)
(3) 길이 1m에 대한 터파기량을 구하시오. (단, 소수 4째자리에서 반올림)
(4) 길이 1m에 대한 철근량을 산출하기 위한 철근 물량표를 완성하시오. (단, 소수 3째자리에서 반올림)

기호	직경	길이(mm)	수량	총 길이(mm)	기호	직경	길이(mm)	수량	총 길이(mm)
S_1					S_9				
S_7					F_1				

해답 (1) 길이 1m에 대한 콘크리트량
① 기초 콘크리트량 = $3.5 \times 0.1 \times 1 = 0.35 m^3$
② 구체 콘크리트량
$$= \left(3.1 \times 3.65 - 2.5 \times 3 + \frac{0.2 \times 0.2}{2} \times 4\right) \times 1$$
$$= 3.895 m^3$$

(2) 길이 1m에 대한 거푸집량
① 외벽 길이 = $\overline{ab} \times 2 = 3.65 \times 2 = 7.3 m$
② 내벽 길이 = $\overline{fg} \times 2 = 2.6 \times 2 = 5.2 m$
③ 헌치 길이 = $\overline{ef} \times 4 = \sqrt{0.2^2 + 0.2^2} \times 4$
　　　　　　 = $1.1314 m$
④ 정판 길이 = $\overline{eh} = 2.1 m$
⑤ 구체 거푸집 길이 = ㉠+㉡+㉢+㉣
　　　　　　　　　 = $15.7314 m$
⑥ 구체 거푸집량 = $15.7314 \times 1 = 15.731 m^2$

(3) 길이 1m에 대한 터파기량
터파기량 = $\dfrac{5.5 + 13.25}{2} \times 7.75 \times 1$
　　　　 = $72.6563 = 72.656 m^3$

(4) 길이 1m에 대한 철근량
① 단면도상 선으로 보이는 철근(S_1, S_7)
・철근개수 ⇒ $\dfrac{단위길이(1m)}{간격}$

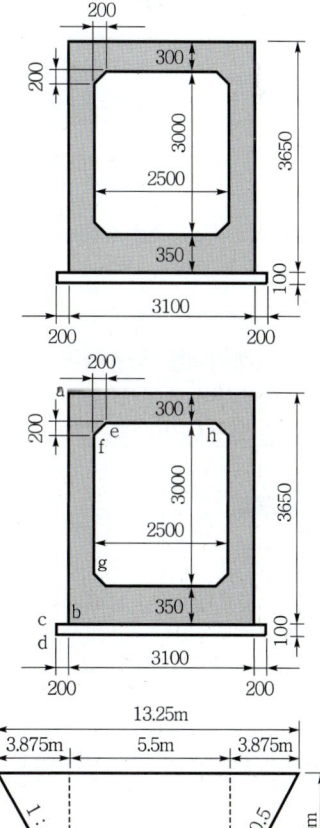

기 호	직 경	본당 길이(mm)	수 량	총 길이(mm)	수량 산출근거
S_1	D 22	1805×2＋346×2＋2530 =6832	6.67	45,569.44	수량＝$\frac{1}{0.3}$×2(개소) =6.67개
S_7	D 13	100＋818＋100=1018	6.67	6790.06	

② 단면도상 점으로 보이는 철근(S_9)
　・철근개수 ⇒ 간격수＋1

기 호	직 경	본당 길이(mm)	수 량	총 길이(mm)	수량 산출근거
S_9	D 16	1000	56	56,000	수량＝(상판상부＋상판하부)×2(상・하판) ＝[(12＋1)＋15]×2＝56개

③ F_1 철근개수 ⇒ $\frac{\text{단위길이(1m)}}{\text{간격×2}}$ ×개소

기 호	직 경	본당 길이(mm)	수 량	총 길이(mm)	수량 산출근거
F_1	D 13	100×2＋136×2＋340 =812	5	4060	수량＝$\frac{1}{0.3×2}$×3(개소) ＝5개

④ 철근 물량표(단, 소수 셋째자리에서 반올림하시오.)

기 호	직 경	길 이(mm)	수 량	총 길이(mm)	기 호	직 경	길 이(mm)	수 량	총 길이(mm)
S_1	D 22	6832	6.67	45,569.44	S_9	D 16	1000	56	56,000
S_7	D 13	1018	6.67	6790.06	F_1	D 13	812	5	4060

13 그레이더를 사용하여 도로연장 20km의 정지작업을 할 때, 2단기어 속도(6km/h)로 1회, 3단기어 속도(10km/h)로 2회, 4단기어 속도(15km/h) 2회로 통과 작업을 하였을 때, 소요작업시간(h)을 구하시오. (단, 기계의 작업효율 : 0.8) [3점]

해답

① 평균 작업속도＝$\frac{1×6＋2×10＋2×15}{1＋2＋2}$＝11.2km/h

② 작업 소요시간＝$\frac{\text{통과횟수×거리}}{\text{평균 작업속도×효율}}$

＝$\frac{5×20}{11.2×0.8}$＝11.16시간

14 그림과 같이 연직하중(800kN)과 모멘트(40kN·m)를 받는 정사각형 기초의 극한지지력과 안전율을 Terzaghi 공식을 이용하여 구하시오. (단, $N_c=37.2$, $N_q=22.5$, $N_\gamma=19.7$이다. 기초지반은 균일한 점성토지반으로 $\gamma_t=16kN/m^3$, $\gamma_{sat}=19kN/m^3$, $\phi=30°$, $c=0$이다.) [4점]

(1) 극한지지력을 구하시오.
(2) 안전율을 구하시오.

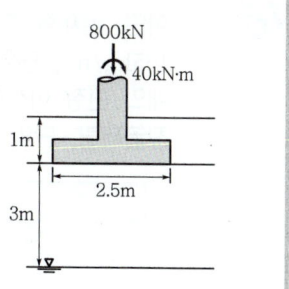

해답 (1) ① 편심거리
$$M=Pe \quad\quad 40=800\times e \quad\quad \therefore\ e=0.05m$$
② 기초의 유효크기
  ㉠ 유효폭 : $B'=B-2e=2.5-2\times0.05=2.4m$
  ㉡ 유효길이 : $L'=L=2.5m$
③ 형상계수
  ㉠ $\alpha=1+0.3\dfrac{B'}{L'}=1+0.3\times\dfrac{2.4}{2.5}=1.29$
  ㉡ $\beta=0.5-0.1\dfrac{B'}{L'}=0.5-0.1\times\dfrac{2.4}{2.5}=0.4$
④ $q_u=\alpha c N_c+\beta B'\gamma_1 N_r+D_f\gamma_2 N_q$
  $=0+0.4\times2.4\times16\times19.7+1\times16\times22.5$
  $=662.59\,kN/m^2$

(2) ① $q_u=\dfrac{P_u}{B'L'} \quad\quad 662.59=\dfrac{P_u}{2.4\times2.5}$
  $\therefore\ P_u=3,975.54kN$
② $F_s=\dfrac{P_u}{P}=\dfrac{3,975.54}{800}=4.97$

15 점성토 지반의 개량공법을 4가지만 쓰시오. [4점]

해답 ① 치환공법 ② pre-loading 공법
③ sand drain 공법 ④ paper drain 공법
⑤ 침투압공법 ⑥ 생석회 말뚝공법

16 어떤 골재를 이용하여 시방배합을 수행한 결과 단위 시멘트량 320kg/m³, 단위수량 165kg/m³, 단위 잔골재량 650kg/m³, 단위 굵은 골재량 1200kg/m³이 얻어졌다. 이 골재의 현장 야적상태가 표와 같을 때 이를 이용하여 현장배합을 수행하여 단위수량, 단위 잔골재량, 단위 굵은 골재량을 구하시오. [6점]

잔골재		굵은 골재	
체	잔류량(g)	체	잔류량(g)
5mm	20	40mm	10
2.5mm	55	30mm	120
1.2mm	120	25mm	150
0.6mm	145	20mm	160
0.3mm	110	15mm	180
0.15mm	35	10mm	220
0.07mm	15	5mm	140
팬	0	팬	20
표면수=3%		표면수=-1%	

해답

(1) 5mm(No.4) 체 잔류 잔골재량 = $\frac{20}{500} \times 100 = 4\%$

(2) ① 5mm(No.4) 체 잔류 굵은 골재량 = $\frac{980}{1000} \times 100 = 98\%$

② 5mm(No.4) 체 통과 굵은 골재량 = 100-98 = 2%

(3) 골재량의 수정 : 잔골재량을 x(kg), 굵은 골재량을 y(kg)이라 하면
$x+y = 650+1200 = 1850$ ·········· ①
$0.04x + (1-0.02)y = 1200$ ·········· ②
식 ①, ②에서 $x = 652.13$ kg, $y = 1197.87$ kg

(4) 표면수량 수정
① 잔골재 표면수량 = 652.13×0.03 = 19.56kg
② 굵은 골재 표면수량 = 1197.87×(-0.01) = -11.98kg

(5) 현장배합
① 단위수량 = 165-(19.56-11.98) = 157.42kg/m³
② 잔골재량 = 652.13+19.56 = 671.69kg/m³
③ 굵은 골재량 = 1197.87-11.98 = 1185.89kg/m³

17 옹벽이라 함은 흙의 붕괴를 방지하기 위하여 흙을 지지할 목적으로 절취, 성토비탈면에 축조하는 구조물이다. 이때의 옹벽의 안정성 검토항목을 3가지만 쓰시오. [3점]

해답 ① 전도 ② 활동 ③ 지지력

18 측량성과가 아래와 같고 시공기준면을 12m로 할 경우 총 토공량을 구하시오. (단, 격자점의 숫자는 표고이며, m 단위이다.) [3점]

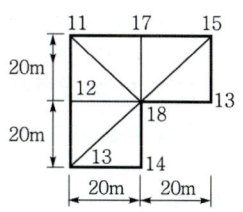

해답 (1) 계획고 12m일 때 절토량

$$V = \frac{ab}{6}(\Sigma h_1 + 2\Sigma h_2 + 3\Sigma h_3 + \cdots + 6\Sigma h_6)$$

① $\Sigma h_1 = 1 + 2 = 3\,\mathrm{m}$
② $\Sigma h_2 = 5 + 3 + 1 = 9\,\mathrm{m}$
③ $\Sigma h_6 = 6\,\mathrm{m}$

$\therefore V = \dfrac{20 \times 20}{6} \times (3 + 2 \times 9 + 6 \times 6) = 3800\,\mathrm{m}^3$

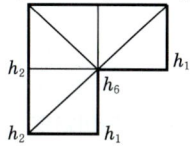

(2) 계획고 12m일 때 성토량

$$V = \frac{ab}{6}(\Sigma h_1 + 2\Sigma h_2 + 3\Sigma h_3 + \cdots + 6\Sigma h_6)$$

① $\Sigma h_1 = \Sigma h_3 = \Sigma h_4 = \Sigma h_5 = \Sigma h_6 = 0$
② $\Sigma h_2 = 1\,\mathrm{m}$

$\therefore V = \dfrac{20 \times 20}{6} \times (2 \times 1) = 133.33\,\mathrm{m}^3$

(3) 총 토공량 = 3800 − 133.33 = 3666.67 m³(절토량)

---

19 다음 그림은 골재의 함수상태를 나타낸 그림이다. (A)~(D)에 알맞은 용어를 쓰시오. [4점]

해답
(A) : 유효흡수량
(B) : 전함수량
(C) : 표면수량
(D) : 표면건조포화상태

20 착암기로 표준암에 대한 천공 속도가 55cm/min이었다. 화강암에 같은 구경의 천공을 천공장 3m로 할 때 천공시간(분)을 구하시오. (단, 표준암에 대한 대상암의 저항력 계수 $C_1=1.15$, 암석의 상태에 대한 작업조건 계수 $C_2=0.85$, 전천공시간에 대한 순천공시간의 비율 $\alpha=0.65$이다.) [3점]

해답 ① $V_T = \alpha\,C_1\,C_2\,V = 0.65 \times 1.15 \times 0.85 \times 55 = 34.95\,\text{cm/min}$

② $t = \dfrac{L}{V_T} = \dfrac{300}{34.95} = 8.58$분

21 그림과 같은 유한사면에서 사면파괴가 한 평면을 따라 발생한다면(Culmann의 가정) 아래 물음에 답하시오. [6점]

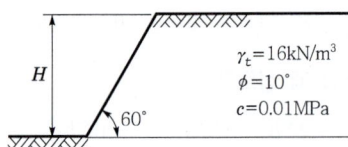

(1) 사면의 임계높이를 구하시오.
(2) 활동에 대한 안전율이 2가 되도록 사면높이 H를 구하시오.

해답 (1) 사면의 임계높이

$$H_{cr} = \dfrac{4c}{\gamma_t}\left[\dfrac{\sin\beta\,\cos\phi}{1-\cos(\beta-\phi)}\right] = \dfrac{4\times 10}{16}\times\dfrac{\sin 60°\times\cos 10°}{1-\cos(60°-10°)} = 5.97\,\text{m}$$

(2) 사면높이

① $F_c = F_s = \dfrac{c}{c_d}$

$2 = \dfrac{10}{c_d} \quad \therefore\ c_d = 5\,\text{kN/m}^2$

② $F_\phi = F_s = \dfrac{\tan\phi}{\tan\phi_d}$

$2 = \dfrac{\tan 10°}{\tan\phi_d} \quad \therefore\ \phi_d = 5.04°$

③ $H = \dfrac{4c_d}{\gamma_t}\left[\dfrac{\sin\beta\,\cos\phi_d}{1-\cos(\beta-\phi_d)}\right] = \dfrac{4\times 5}{16}\times\dfrac{\sin 60°\times\cos 5.04°}{1-\cos(60°-5.04°)} = 2.53\,\text{m}$

22 교량의 내진설계는 지진에 의해 교량이 입는 피해 정도를 최소화시킬 수 있는 내진성을 확보하기 위해 실시한다. 이러한 내진설계 시 사용하는 내진해석방법을 3가지만 쓰시오. [3점]

해답
① 단일모드 스펙트럼 해석법
② 다중모드 스펙트럼 해석법
③ 시간이력 해석법

23 다음 그림은 토적곡선(mass curve)을 나타낸 것이다. 아래 물음에 답하시오. [4점]

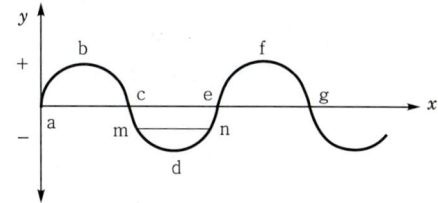

(1) x축과 y축이 의미하는 것을 각각 쓰시오.
(2) 절토에서 성토로 옮기는 점의 기호를 모두 쓰시오.
(3) 성토량과 절토량이 처음으로 균형을 이루는 점의 기호를 쓰시오.
(4) 선분 $\overline{mn}$이 x축과 평행을 이룰 때 이 구간 내의 성토량과 절토량의 관계를 쓰시오.

해답
(1) x축 : 거리(m), y축 : 누가토량(m^3)
(2) b, f
(3) c
(4) 절토량과 성토량은 서로 같다.

토목 기사 2019년(2차)

> 알림: 아래의 문제는 독자들의 출제경향에 이해가 되도록 수험생들의 기억에 의해 복원된 문제로 일부 문제는 다를 수가 있으므로 착오 없으시길 바랍니다.

01 아래 그림과 같이 6.0m의 연직옹벽에 연속적인 강우로 뒤채움 흙이 완전 포화되어 있다. 뒤채움 흙은 $\gamma_{sat}=19.8\text{kN/m}^3$, $\phi=38°$인 사질토이며, 벽면마찰각 $\delta=15°$이다. 이때 Coulomb의 주동토압계수는 0.219이고 파괴면이 수평면과 55°라고 가정할 경우 아래 물음에 답하시오. (단, 물의 단위중량 $\gamma_w=9.8\text{kN/m}^3$) [6점]

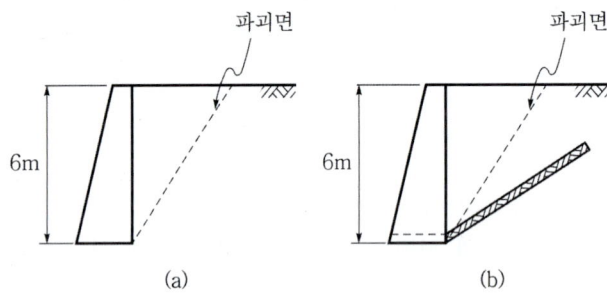

(1) 그림 (a)와 같이 옹벽배면에 배수구가 없을 경우 옹벽에 작용하는 전 주동토압(kN/m)을 구하시오.
(2) 그림 (b)와 같이 파괴면 아래쪽에 배수구를 경사지게 설치했을 경우 옹벽에 작용하는 전 주통토압(kN/m)을 구하시오.

해답

(1) $P_a = \dfrac{1}{2}\gamma_{sub}H^2 C_a + \dfrac{1}{2}\gamma_w H^2$

$= \dfrac{1}{2}\times(19.8-9.8)\times 6^2 \times 0.219 + \dfrac{1}{2}\times 9.8 \times 6^2 = 215.82\text{kN/m}$

(2) $P_a = \dfrac{1}{2}\gamma_{sat}H^2 C_a = \dfrac{1}{2}\times 19.8 \times 6^2 \times 0.219 = 78.05\text{kN/m}$

02 암거매설공법 중 고속도로 및 철도하부로 횡단하여 암거구조물을 설치할 경우 개착공법에 의하지 않고 양쪽에 발진기지를 설치하여 함체를 직접 견인시켜 구조물 안으로 들어오는 토사를 굴착하여 소정의 구조물을 설치함으로써 상부 교통에 지장을 주지 않고 시공하는 공법은 무엇인지 쓰시오. [2점]

해답 프론트 잭킹공법(front jacking method)

03 주어진 역T형 교대 도면을 보고 다음 물량을 산출하시오. (단, 교대 전체 길이는 10.3m 이며, 도면의 치수 단위는 mm이다.) [8점]

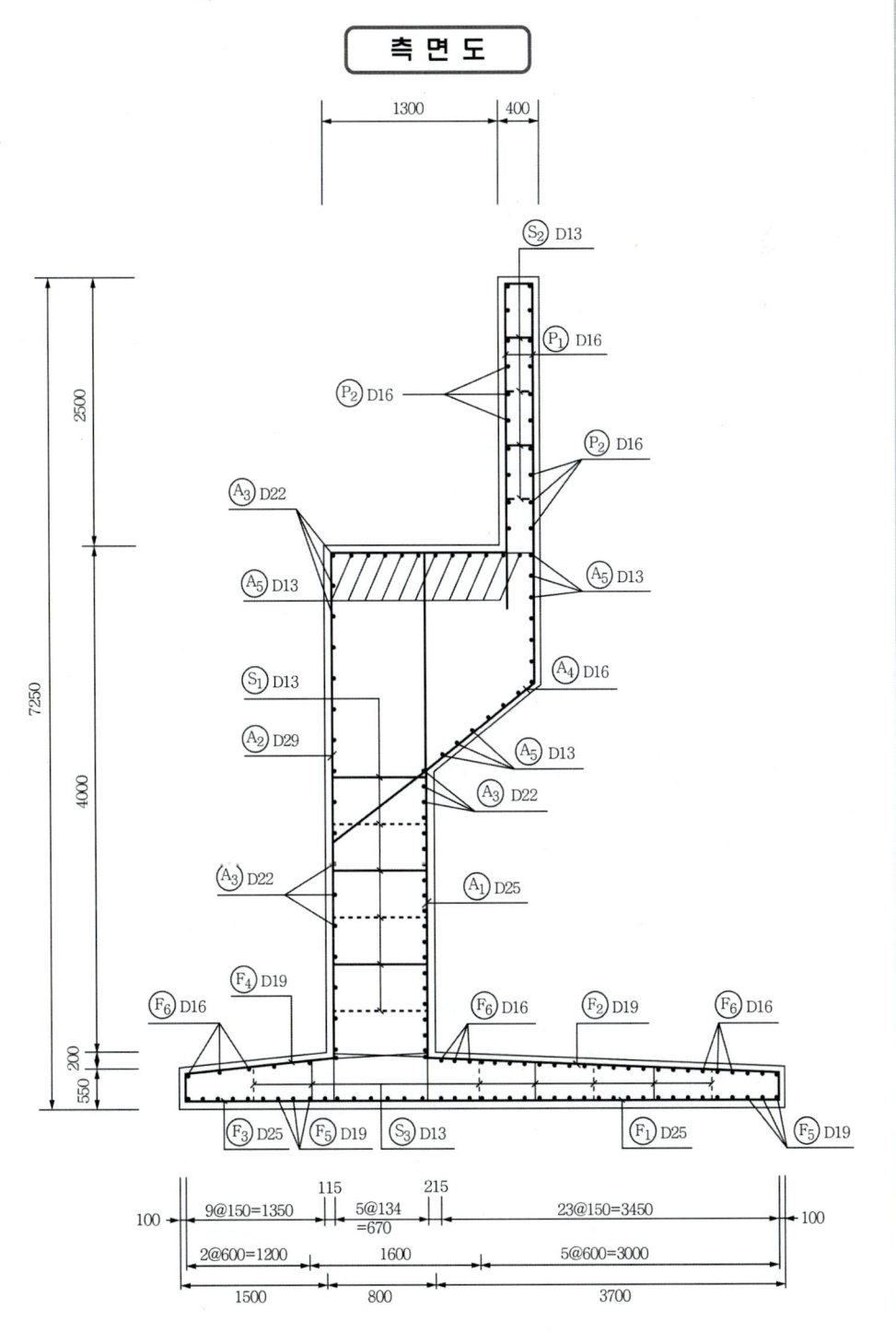

측 면 도

일 반 도

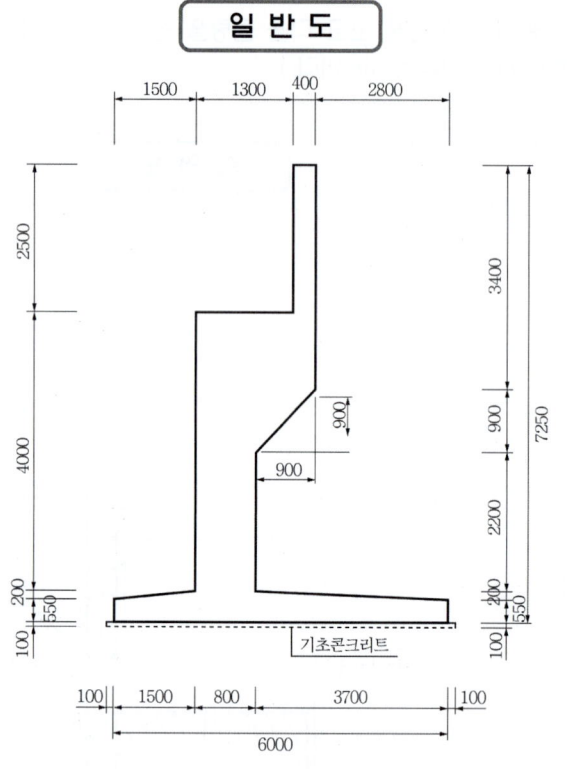

(1) 교대의 전체 콘크리트량을 구하시오.(단, 기초콘크리트량은 무시하고, 소수 4째자리에서 반올림하시오.)
(2) 교대의 전체 거푸집량을 구하시오.(단, 기초콘크리트에 사용되는 거푸집량은 무시한다.)

해답 (1) 길이 10.3m인 교대의 콘크리트량

① $A_1 = 0.4 \times 2.5 = 1\,\text{m}^2$
② $A_2 = 1.7 \times 0.9 = 1.53\,\text{m}^2$
③ $A_3 = \dfrac{1.7 + 0.8}{2} \times 0.9 = 1.125\,\text{m}^2$
④ $A_4 = 0.8 \times 2.2 = 1.76\,\text{m}^2$
⑤ $A_5 = \dfrac{0.8 + 6}{2} \times 0.2 = 0.68\,\text{m}^2$
⑥ $A_6 = 0.55 \times 6 = 3.3\,\text{m}^2$
⑦ 콘크리트량 $= (A_1 + \cdots + A_6) \times 10.3$
$= 9.395 \times 10.3$
$= 96.7685 ≒ 96.77\,\text{m}^3$

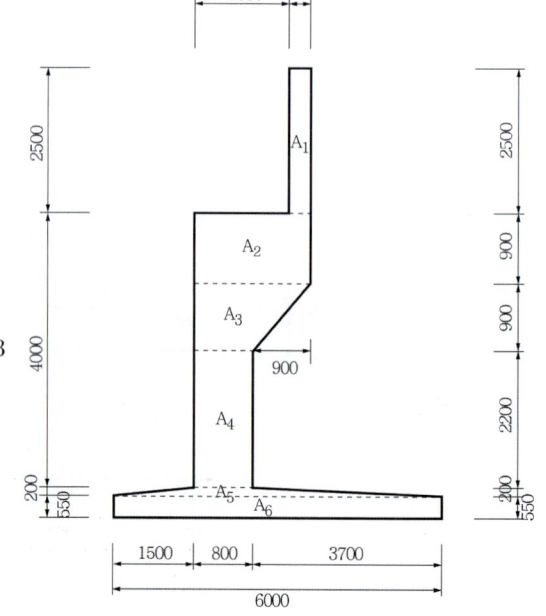

(2) 길이 10.3m인 교대의 거푸집량

① $A_1 = 2.5 \times 10.3 = 25.75\,\mathrm{m}^2$
② $A_2 = 4 \times 10.3 = 41.2\,\mathrm{m}^2$
③ $A_3 = 0.55 \times 10.3 = 5.665\,\mathrm{m}^2$
④ $A_4 = 0.55 \times 10.3 = 5.665\,\mathrm{m}^2$
⑤ $A_5 = 2.2 \times 10.3 = 22.66\,\mathrm{m}^2$
⑥ $A_6 = \sqrt{0.9^2 + 0.9^2} \times 10.3 = 13.11\,\mathrm{m}^2$
⑦ $A_7 = 3.4 \times 10.3 = 35.02\,\mathrm{m}^2$
⑧ $A_8 = Ⓐ \times 2$ (앞·뒤 마구리면)
    $= 9.395 \times 2 = 18.79\,\mathrm{m}^2$
⑨ 거푸집량 $= A_1 + A_2 + \cdots + A_8 = 167.86\,\mathrm{m}^2$

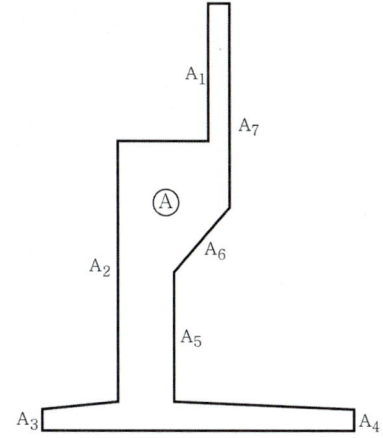

04

트럭과 굴착기와 조합하여 작업을 할 경우에는 트럭의 적당한 대수를 준비해 두어야 한다. 이때, 왕복과 사토(捨土)에 필요한 시간이 30분, 원위치에 도착하였을 때부터 싣기를 완료한 후 출발할 때까지의 시간이 5분이라면 굴착기가 쉬지 않고 작업할 수 있는 여유대수를 구하시오. [3점]

해답 $N = 1 + \dfrac{T_1}{T_2} = 1 + \dfrac{30}{5} = 7$대

05

아스팔트 혼합물의 마샬 안정도 시험방법에 대한 아래 내용 중 ( )에 들어갈 알맞은 수치를 쓰시오. [3점]

- 공시체를 (①)분 동안 수조 속에 침수시켜, 가열 아스팔트 공시체 온도가 (②)℃로 유지되도록 한다.
- 재하 잭 혹은 분당 (③)mm의 비율로 움직이는 시험기 두부를 가진 시험기로 공시체에 일정한 비율로 하중을 가한다.

해답 ① 30 ② 60±1 ③ 50.8

참고 마샬 안정도 시험(KSF 2337:2017)
① 공시체를 30분 동안 수조 속에 침수시켜 가열 아스팔트 공시체 온도가 60±1℃로 유지되도록 한다. 재하 헤드는 20~40℃를 유지해야 한다.
② 재하 잭 혹은 분당 50.8mm의 비율로 움직이는 시험기 두부를 가진 시험기로 공시체에 일정한 비율로 하중을 가한다.

06
암석지반의 발파 누두공(漏斗孔)에 관한 아래 용어의 정의를 간단히 쓰시오. [4점]

(1) 최적심도(最適深度) :
(2) 누두지수(漏斗指數) :

해답
(1) 최적심도(最適深度) : 분화구가 최대의 체적을 표시할 때의 심도
(2) 누두지수(漏斗指數) : 발파 단면에서 누두반경에 대한 최소저항선의 비

07
30cm×30cm 크기의 재하판을 사용한 사질토 지반의 평판재하시험 결과 극한지지력이 240kPa, 침하량이 10mm이었다. 3m×3m 크기의 실제 기초를 설치할 때 예상되는 극한 지지력과 침하량을 구하시오. [4점]

해답 (1) 극한지지력

$$q_{u(기초)} = q_{u(재하판)} \times \frac{B_{(기초)}}{B_{(재하판)}}$$

$$= 240 \times \frac{3}{0.3} = 2400 \text{kPa}$$

(2) 침하량

$$S_{(기초)} = S_{(재하판)} \times \left[\frac{2B_{(기초)}}{B_{(기초)} + B_{(재하판)}}\right]^2$$

$$= 10 \times \left[\frac{2 \times 3}{3 + 0.3}\right]^2 = 33.06 \text{mm}$$

08
아스팔트 포장 시 기존의 포장면 또는 아스팔트 안정처리 기층에 역청재료를 살포하여 그 위에 포설할 아스팔트 혼합물층과 부착성을 높이는 것을 무엇이라 하는지 쓰시오. [2점]

해답 택코트(tack coat)

09
도로의 노체부위에 대한 성토작업을 할 때 품질관리를 위한 시험 방법을 3가지만 쓰시오. [3점]

해답
① 다짐시험
② 현장밀도시험
③ 함수량시험

10 토취장(土取場)에서 원지반 토량 2000m³를 굴착한 후 8톤 덤프트럭으로 아래 그림과 같은 단면의 도로를 축조하고자 한다. 이 토취장 흙의 40%는 점성토, 60%는 사질토일 때 아래 물음에 답하시오. [6점]

【굴착한 흙】

구분 \ 종류	토량 환산계수		자연상태의 단위중량
	L	C	
점성토	1.3	0.9	1.75tf/m³
사질토	1.25	0.87	1.80tf/m³

【도로의 단면】

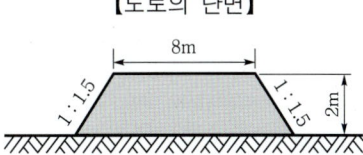

(1) 운반에 필요한 8톤 덤프트럭의 총 대수를 구하시오.
(2) 시공 가능한 도로의 길이(m)를 구하시오. (단, 도로의 시점 및 종점의 끝단은 수직으로 가정한다.)
(3) 전체 토량을 상차하는 데 소요되는 장비의 가동시간을 구하시오. (사용장비 : 버킷용량 0.9m³의 백호, 버킷계수 0.9, 효율 0.7, 사이클 타임 21초)

해답 (1) ① 운반토량
  ㉠ 점토량 = $2000 \times 0.4 \times L = 2000 \times 0.4 \times 1.3 = 1040 \text{m}^3$
  ㉡ 사질토량 = $2000 \times 0.6 \times L = 2000 \times 0.6 \times 1.25 = 1500 \text{m}^3$
 ② 트럭의 대수
  ㉠ 점토의 운반에 필요한 대수
  $$= \frac{1040}{\frac{T}{\gamma_t}L} = \frac{1040}{\frac{8}{1.75} \times 1.3} = 175 대$$
  ㉡ 사질토의 운반에 필요한 대수
  $$= \frac{1500}{\frac{T}{\gamma_t}L} = \frac{1500}{\frac{8}{1.8} \times 1.25} = 270 대$$
  ∴ 덤프트럭의 연 대수 = $175 + 270 = 445$대

(2) ① 다짐토량 = $2000 \times 0.4 \times C + 2000 \times 0.6 \times C$
    = $2000 \times 0.4 \times 0.9 + 2000 \times 0.6 \times 0.87 = 1764 \text{m}^3$
 ② 도로의 단면적 = $\frac{8 + (8+6)}{2} \times 2 = 22 \text{m}^2$ (다짐면적)
 ③ 도로의 길이 = $\frac{1764}{22} = 80.18 \text{m}$

(3) ① back hoe 작업량
  $$Q = \frac{3600 \, q \, k \, f \, E}{C_m}$$
  $$= \frac{3600 \times 0.9 \times 0.9 \times \left(\frac{1}{1.3 \times 0.4 + 1.25 \times 0.6}\right) \times 0.7}{21} = 76.54 \text{m}^3/\text{h}$$
 ② 장비의 가동시간 = $\frac{2000}{76.54} = 26.13$시간

11 그림과 같은 모래지반에 지표면으로부터 2m 아래에 지하수위가 있을 때, 지표면으로부터 5m 깊이에서의 전단강도를 구하시오. (단, 모래의 점착력은 0, 내부마찰각은 30°이다.)
[4점]

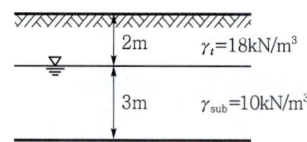

해답
① $\bar{\sigma} = 18 \times 2 + 10 \times 3 = 66 \text{kN/m}^2$
② $\tau = c + \bar{\sigma} \tan\phi = 0 + 66\tan 30° = 38.11 \text{kN/m}^2$

12 댐의 기초처리 공사 시 그라우팅 공사의 주입재료를 3가지만 쓰시오. [3점]

해답
① 시멘트 용액
② 벤토나이트와 점토와의 용액
③ 아스팔트제 용액
④ 약액

13 뒤채움 지표면에 재하중이 없는 높이 6m의 옹벽에 작용하는 지진력에 의한 전체 주동토압(P_{ae})이 Mononobe-Okabe식에 의해 160kN/m이고, 정적인 상태의 전체 주동토압(P_a)이 100kN/m일 때, 지진력에 의한 전체 주동토압의 작용위치를 구하시오. (단, 작용위치는 옹벽저면으로부터의 거리이다.) [4점]

해답
① 지진력에 의한 주동토압
$P_{ae} = \dfrac{1}{2}\gamma_t h^2 (1-K_V) K_{ae} = 160\text{kN/m}$
② $P_a = \dfrac{1}{2}\gamma_t h^2 C_a = 100\text{kN/m}$
③ $\triangle P_{ae} = P_{ae} - P_a = 160 - 100 = 60\text{kN/m}$
④ $\triangle P_{ae} \times 0.6h + P_a \times \dfrac{h}{3} = P_{ae} \times y$
$60 \times (0.6 \times 6) + 100 \times \dfrac{6}{3} = 160 \times y$
∴ $y = 2.6\text{m}$

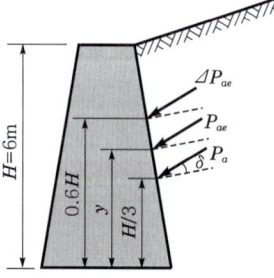

14 보통암을 천공하는 데 착공속도 $V_T = 42\text{cm/min}$, $C_1 = 1.50$, $C_2 = 0.8$, $\alpha = 0.5$일 때, 표준암을 착공하는 순속도를 구하시오. [3점]

해답
$V_T = \alpha\, C_1\, C_2\, V$
$42 = 0.5 \times 1.5 \times 0.8 \times V$
$\therefore V = 70\text{cm/min}$

15 샌드 드레인 공법과 비교하여 페이퍼 드레인 공법의 장점을 3가지만 쓰시오. [3점]

해답
① 시공속도가 빠르다.
② 타설에 의한 주변지반의 교란이 없다.
③ drain 단면이 깊이 방향에 대하여 일정하다.
④ 배수효과가 양호하다.
⑤ 경제적이다.

16 어느 불도저의 1회 굴착 압토량이 3.6m^3이며, 토량변화율(L)은 1.25, 작업효율은 0.6, 평균 굴착 압토거리는 60m, 전진 속도는 30m/min, 후진 속도는 60m/min, 기어 변속시간 및 가속 시간이 0.5분일 때, 이 불도저 운전 1시간당의 작업량을 본바닥토량으로 구하시오. [3점]

해답
① $C_m = \dfrac{l}{V_1} + \dfrac{l}{V_2} + t_g = \dfrac{60}{30} + \dfrac{60}{60} + 0.5 = 3.5$분

② $Q = \dfrac{60\, q\, f\, E}{C_m} = \dfrac{60 \times 3.6 \times \dfrac{1}{1.25} \times 0.6}{3.5} = 29.62\,\text{m}^3/\text{h}$

17 다음과 같은 모래지반에 위치한 댐의 piping의 발생에 대한 안전율을 구하시오. (단, safe weighted creep ratio는 6.0이다.) [3점]

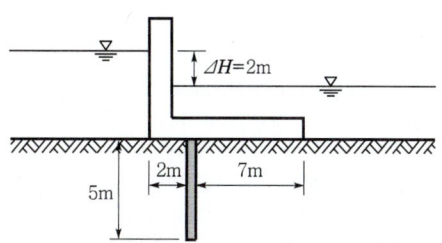

해답

① 가중 creep 거리 = 수직거리(45°보다 급한 것) + 수평거리(45° 이하)의 $\frac{1}{3}$

$$= 5 \times 2 + \frac{2+7}{3} = 13\,\text{m}$$

② 가중 creep비 = $\dfrac{\text{가중 creep 거리}}{\text{유효수두}} = \dfrac{13}{2} = 6.5$

③ $F_s = \dfrac{6.5}{6} = 1.08$

---

18 이미 경화한 매시브한 콘크리트 위에 슬래브를 타설할 때 부재의 평균 최고온도와 외기온도와의 온도차가 12.8℃ 발생하였다. 아래의 표를 이용하여 온도균열 발생확률을 구하시오. (단, 간이적인 방법을 사용하며, 외부 구속의 정도를 표시하는 계수(R)는 0.6을 적용한다.) [3점]

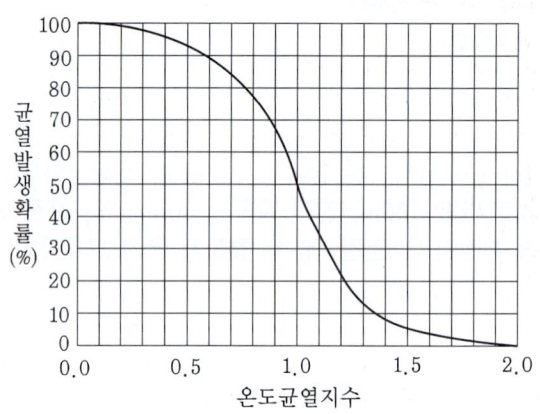

해답

$$I_{cr} = \frac{10}{R \Delta T_o} = \frac{10}{0.6 \times 12.8} = 1.3$$

∴ 균열발생확률 = 14%

참고 온도균열지수 : 암반이나 매시브한 콘크리트 위에 타설된 벽체나 평판구조 등과 같이 외부 구속응력이 큰 경우

$$I_{cr} = \frac{10}{R \Delta T_o}$$

여기서, I_{cr} : 온도균열지수
ΔT_o : 부재의 평균 최고온도와 외기온도와의 온도차(℃)
R : 외부 구속의 정도를 표시하는 계수
① 비교적 연한 암반 위에 콘크리트를 타설할 때 : 0.5
② 중간 정도의 단단한 암반 위에 콘크리트를 타설할 때 : 0.65
③ 경암 위에 콘크리트를 타설할 때 : 0.8
④ 이미 경화된 콘크리트 위에 타설할 때 : 0.6

19 외경이 50.8mm, 내경이 34.93mm인 split spoon sampler로 시료를 채취했을 때 시료의 면적비를 구하여 교란 여부를 판별하시오. [3점]

해답
① $A_r = \dfrac{D_w^2 - D_e^2}{D_e^2} \times 100 = \dfrac{50.8^2 - 34.93^2}{34.93^2} \times 100 = 111.51\%$

② $A_r = 111.51\% > 10\%$ 이므로 교란된 시료이다.

20 굳지 않은 콘크리트의 워커빌리티(workability) 측정방법을 3가지 쓰시오. [3점]

해답
① 슬럼프시험(slump test)
② 흐름시험(flow test)
③ 리몰딩시험(remolding test)
④ 구관입시험(ball penetration test)
⑤ 비비(vee-bee) 반죽질기시험
⑥ 일리발렌시험(iribarren test)

21 아래 옹벽에 대한 전도 및 활동에 대한 안정을 검토하시오. (단, 안전율은 모두 2.0 이상이어야 한다.) [8점]

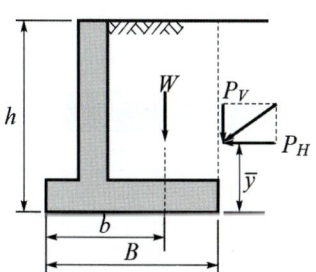

조건
- $c = 0$
- W(옹벽자중+저판위의 흙의 무게)$= 240\text{kN/m}$
- $P_H = 200\text{kN/m}$
- $P_V = 100\text{kN/m}$
- $B = 4\text{m}$
- $b = 2.5\text{m}$
- $h = 6\text{m}$
- $\overline{y} = 2\text{m}$
- μ(옹벽저판과 기초와의 마찰계수)$= 0.5$

(1) 전도에 대한 안정검토
(2) 활동에 대한 안정검토

해답
(1) $F_s = \dfrac{Wb + P_V B}{P_H y} = \dfrac{240 \times 2.5 + 100 \times 4}{200 \times 2} = 2.5 > 2.0$

∴ 안정하다.

(2) $F_s = \dfrac{cB + (W + P_V) \tan \delta}{P_H} = \dfrac{0 + (240 + 100) \times 0.5}{200} = 0.85 < 2.0$

∴ 불안정하다.

22

아래의 작업 리스트를 이용하여 다음 사항을 구하시오. [10점]

작업명	선행작업	후속작업	표준일수	특급일수	비용경사(만 원/일)
A	–	B, C	4	3	5
B	A	D	8	7	3
C	A	F	10	9	7
D	B	E	10	8	6
E	D	G	5	3	8
F	C	G	13	11	10
G	E, F	–	6	4	10

(1) Net Work(화살선도)를 작도하고 Critical Path를 표시하시오.
(2) 공사완료 기간을 27일로 지정했을 때 추가 투입되는 직접비의 최소 금액을 구하시오.

해답 (1) ① 공정표

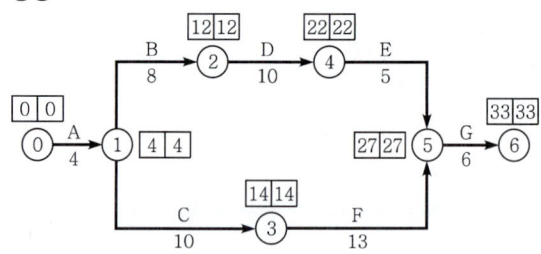

② CP : ⓪→①→②→④→⑤→⑥
　　　 ⓪→①→③→⑤→⑥

(2) ① 공기단축

단축단계	작업명	단축일수	추가비용(만 원)
1단계	A	1	1×5=5
2단계	G	2	2×10=20
3단계	B, C	1	1×3+1×7=10
4단계	D, F	2	2×6+2×10=32

② 추가비용(extra cost)
EC=5+20+10+32=67만 원

23

하류관거 유하능력이 부족한 곳, 하류지역 펌프장 능력이 부족한 곳 및 방류수로 유하능력이 부족한 곳 등에 설치하여 우수유출 시 효과적인 기능을 하는 저류 및 배수시설을 무엇이라 하는지 쓰시오. [2점]

해답 유수지(우수 조정지)

※참고 유수지 : 도시화 등에 의해 우수 유출량이 증대되었지만 반면에 하류의 배수시설(관로, 펌프장)의 우수 배제능력이 부족하거나 방류수역의 유하능력이 부족할 경우에 우수량을 일정기간 저류시켜 방류하는 시설이다.

24

콘크리트 포장은 콘크리트 균열을 조절하기 위해 설치하는 줄눈 및 철근의 유무에 따라 그 종류가 구분되는 데 그 종류를 3가지만 쓰시오. [3점]

해답
① JCP(Jointed Concrete Pavement)
② JRCP(Jointed Reinforced Concrete Pavement)
③ CRCP(Continuous Reinforced Concrete Pavement)
④ PCP(Prestressed Concrete Pavement)

25

기초의 폭(B)이 6m이고, 길이(L)가 12m인 직사각형 기초가 있다. 이 기초의 근입깊이는 3.5m이고, 지하수위는 지표로부터 1.5m 아래에 있다. 기초지반의 흙은 단위중량이 18.5kN/m³인 사질토로서 $c=6$kN/m², $\phi=22°$일 때 지반의 허용지지력(kN/m²)을 구하시오. (단, 물의 단위중량 $\gamma_w = 9.8$kN/m³, $\phi=22°$일 때 $N_c=21.1$, $N_r=11.6$, $N_q=13.5$이고, 안전율은 3으로 한다.) [4점]

해답 (1) 형상계수

① $\alpha = 1 + 0.3 \dfrac{B}{L}$
$= 1 + 0.3 \times \dfrac{6}{12} = 1.15$

② $\beta = 0.5 - 0.1 \dfrac{B}{L}$
$= 0.5 - 0.1 \times \dfrac{6}{12} = 0.45$

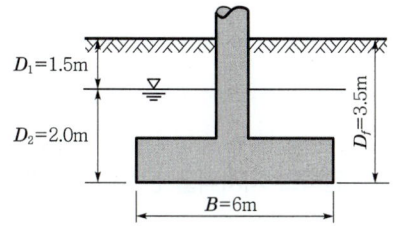

(2) $\gamma_1 = \gamma_{sub} = 8.7$ kN/m³

(3) $D_f \gamma_2 = D_1 \gamma_t + D_2 \gamma_{sub}$
$= 1.5 \times 18.5 + 2 \times 8.7$
$= 45.15$ kN/m²

(4) $q_u = \alpha c N_c + \beta B \gamma_1 N_r + D_f \gamma_2 N_q$
$= 1.15 \times 6 \times 21.1 + 0.45 \times 6 \times 8.7 \times 11.6 + 45.15 \times 13.5$
$= 1027.6$ kN/m²

(5) $q_a = \dfrac{q_u}{F_s} = \dfrac{1027.6}{3} = 342.53$ kN/m²

토목 기사 2019년(3차)

2019.10.12 시행

> **알림** 아래의 문제는 독자들의 출제경향에 이해가 되도록 수험생들의 기억에 의해 복원된 문제로 일부 문제는 다를 수가 있으므로 착오 없으시길 바랍니다.

01
현장다짐 시 최대건조밀도 $\gamma_{d\max}=19.5\text{kN/m}^3$이었다. 다짐도를 95%로 정했을 때 흙의 건조밀도를 구하고, 이 흙의 비중을 2.7, 함수비를 13%라 할 때 포화도(S_r)를 구하시오. (단, 물의 단위중량은 9.81kN/m^3이고 소수 3째자리에서 반올림하시오.) [4점]

해답

① $C_d = \dfrac{\gamma_d}{\gamma_{d\max}} \times 100$

$95 = \dfrac{\gamma_d}{19.5} \times 100$ ∴ $\gamma_d = 18.53\text{kN/m}^3$

② $\gamma_d = \dfrac{G_s}{1+e}\gamma_w$

$18.53 = \dfrac{2.7}{1+e} \times 9.81$ ∴ $e = 0.43$

③ $S\,e = w\,G_s$

$S \times 0.43 = 13 \times 2.7$ ∴ $S_r = 81.63\%$

02
말뚝의 지지력을 산정하는 방법 3가지를 쓰시오. [3점]

해답
① 정역학적 지지력 공식
② 동역학적 지지력 공식
③ 정재하시험에 의한 방법

03
댐 여수로(dam spill way)의 말단부 또는 각종 급경사 수로의 방류부(放流部)에서 발생하는 고유속 흐름의 막대한 에너지로 인한 하상(河床) 또는 수로바닥의 세굴(洗掘) 방지를 위해 설치되는 댐의 주요 부속구조물은? [2점]

해답 감세공

04
그림과 같은 중력식 옹벽의 전도(overturning)에 대한 안전율을 계산하시오. (단, 콘크리트의 단위중량은 23kN/m³이다.) [3점]

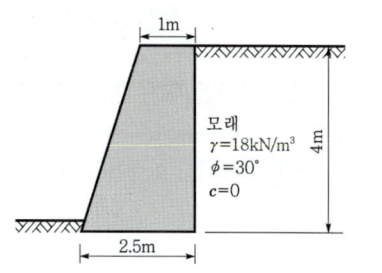

해답

$$F_s = \frac{Wb + P_V B}{P_H y} = \frac{Wb}{P_H y}$$

$$= \frac{\left(\frac{1.5 \times 4}{2} \times 23\right) \times \frac{2 \times 1.5}{3} + (1 \times 4 \times 23) \times 2}{\frac{1}{2} \times 18 \times 4^2 \times \tan^2\left(45° - \frac{30°}{2}\right) \times \frac{4}{3}} = 3.95$$

05
시멘트 콘크리트 포장공법 중 낮은 슬럼프(slump)의 된비빔 콘크리트를 토공에서와 같이 다져서 시공하는 공법으로서, 건조수축이 작고 줄눈간격을 줄일 수 있으며 공기단축이 가능한 반면에 포장표면의 평탄성이 결여되는 단점이 있는 포장공법은? [2점]

해답 롤러 전압콘크리트 공법(RCCP 공법)

06
필댐의 종류 3가지를 기술하시오. [3점]

해답
① earth dam(흙댐)
② rock fill dam(석괴댐)
③ earth-rock fill dam(토석댐)

07
암반 내에 발달하고 있는 불연속면으로 전이가 일어난 경우(①)와 전이가 일어나지 않는 경우(②)의 명칭을 쓰시오. [4점]

해답 ① 단층(fault) ② 절리(Joint)

08
댐 건설을 위해 댐 지점의 하천수류를 전환시키는 댐의 유수전환방식을 3가지 쓰시오. [3점]

해답 ① 가배수 터널공 ② 반하천 체절공 ③ 가배수로 개거공

09

3m×3m인 정방형 기초가 있다. 점착력은 10kN/m², 흙의 단위중량이 17kN/m³, 내부마찰각 $\phi=20°$, 안전율이 3일 때 이 기초의 허용지지력과 허용하중을 구하시오. (단, 기초의 근입깊이는 2m이고, 지하수위는 고려하지 않는다. $N_c=18$, $N_r=5$, $N_q=7.5$) [6점]

해답

(1) ① $q_u = \alpha c N_c + \beta B \gamma_1 N_r + D_f \gamma_2 N_q$
  $= 1.3 \times 10 \times 18 + 0.4 \times 3 \times 17 \times 5 + 2 \times 17 \times 7.5$
  $= 591 \, \text{kN/m}^2$

② $q_a = \dfrac{q_u}{F_s} = \dfrac{591}{3} = 197 \, \text{kN/m}^2$

(2) $q_a = \dfrac{Q_{all}}{A}$ $197 = \dfrac{Q_{all}}{3 \times 3}$

∴ $Q_{all} = 1773 \, \text{kN}$

10

그림과 같이 표준관입값이 다른 3종의 모래지층으로 되어 있는 기초지반에 지름 30cm, 길이 12m의 콘크리트 말뚝을 박았을 때 말뚝의 허용지지력을 안전율 3으로 하여 Meyerhof의 공식으로 구하시오. [3점]

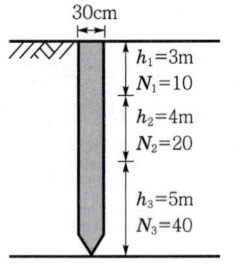

해답

(1) ① $A_p = \dfrac{\pi D^2}{4} = \dfrac{\pi \times 0.3^2}{4} = 0.07 \, \text{m}^2$

② $A_s = \pi D l = \pi \times 0.3 \times 12 = 11.31 \, \text{m}^2$

③ $\overline{N_s} = \dfrac{N_1 h_1 + N_2 h_2 + N_3 h_3}{h_1 + h_2 + h_3} = \dfrac{10 \times 3 + 20 \times 4 + 40 \times 5}{3 + 4 + 5} = 25.83$

④ $R_u = 40 N A_p + \dfrac{1}{5} \overline{N_s} A_s$

  $= 40 \times 40 \times 0.07 + \dfrac{1}{5} \times 25.83 \times 11.31 = 170.43 \, \text{t} = 1{,}670.21 \, \text{kN}$

(2) $R_a = \dfrac{R_u}{F_s} = \dfrac{1{,}670.21}{3} = 556.74 \, \text{kN}$

11

댐 콘크리트 설계 시 고려사항 3가지를 쓰시오. [3점]

해답
① 전도파괴에 대한 안정
② 전단파괴에 대한 안정
③ 기초의 지내력에 대한 안정

12 토목시공에서 사용하고 있는 토목섬유의 주요기능을 4가지만 쓰시오. [3점]

해답 ① 배수기능 ② filter 기능
　　 ③ 분리기능 ④ 보강기능

13 토적도(mass curve)에서 다음의 빈 칸을 채우시오. [5점]

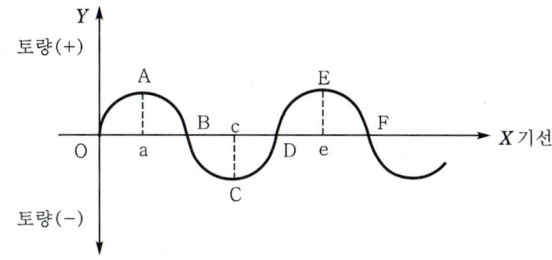

(1) 토적곡선의 상승부분 OA, CE 부분은 (①) 부분이다. 토적곡선의 하향부분 AC, EF 부분은 (②) 부분이다.
(2) 토적곡선의 loop가 산 모양일 때는 절취 굴착토가 (③)에서 (④)으로 이동된다.
(3) 기선 OX상의 점 B, D, F에서는 토량의 이동이 (⑤)다.
(4) 토적곡선이 기선 OX보다 아래에서 끝날 때는 토량이 (⑥)이다.

해답 (1) ① : 절토 ② : 성토 (2) ③ 좌 ④ : 우
　　 (3) ⑤ : 없다. (4) ⑥ : 부족토량

14 설계기준 압축강도가 40MPa이고, 22회의 콘크리트 압축강도시험으로부터 구한 표준편차가 4.5MPa이었다. 이 콘크리트의 배합강도를 구하시오. (단, 압축강도 시험 횟수가 20회일 때 표준편차의 보정계수는 1.08, 25회일 때 보정계수는 1.03이다.) [3점]

해답 ① 시험 횟수 22회일 때 표준편차 보정계수

$$= 1.03 + \frac{(1.08 - 1.03) \times 3}{5} = 1.06$$

② 직선보간한 표준편차
$\sigma = 1.06 \times 4.5 = 4.77\text{MPa}$

③ $f_{cr} = f_{ck} + 1.34S = 40 + 1.34 \times 4.77 = 46.39\text{MPa}$
　$f_{cr} = 0.9f_{ck} + 2.33S = 0.9 \times 40 + 2.33 \times 4.77 = 47.11\text{MPa}$
　두 값 중 큰 값이 배합강도이므로
　∴ $f_{cr} = 47.11\text{MPa}$

15 폭이 10cm, 두께 0.3cm인 paper drain(card board)을 이용하여 점토지반에 0.6m 간격으로 정사각형 배치로 설치했다면 sand drain 이론의 등가환산원(등가원)의 지름(d_w)과 유효지름(d_e)을 각각 구하시오. [4점]

해답
① $d_w = \alpha \dfrac{2A+2B}{\pi} = 0.75 \times \dfrac{2 \times 10 + 2 \times 0.3}{\pi} = 4.92 \, \text{cm}$

② $d_e = 1.13d = 1.13 \times 60 = 67.8 \, \text{cm}$

16 다음 그림에서 (A)의 흙(모래 및 점토)을 모래부터 굴착 운반하여 (B), (C)에 성토하고 난 후에 남는 점토의 사토량(본바닥 토량)은 얼마인가? (단, 점토의 $C=0.92$, 모래의 $C=0.9$) [3점]

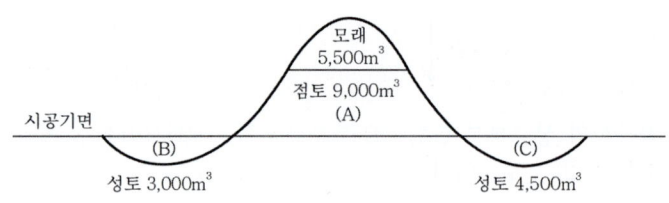

해답
① 성토량 = 3,000 + 4,500 = 7,500 m³

② 모래의 성토량 = 5,500 × C = 5,500 × 0.9 = 4,950 m³

③ 성토 부족량 = 7,500 − 4,950 = 2,550 m³

④ 남는 점토량 = 9,000 − 2,550 × $\dfrac{1}{C}$ = 9,000 − 2,550 × $\dfrac{1}{0.92}$
   = 6228.26 m³

17 터널 보링기 중에는 암석굴착공법 중 디스크 커터(disk cutter)라고 부르는 주판알과 같은 커터를 다수 부착한 대원반을 막장면에 눌러 회전하면서 커터의 쐐기력으로 암면을 갈면서 전단파괴하는 것이 있다. 압축강도가 1000~1500kg/cm² 정도까지의 암석에 적합한 이 기계는? [2점]

해답 로빈슨형 터널 보링기(robins type TBM)

18 다음 작업 리스트를 가지고 화살선도를 그리고 표준일수에 대한 critical path를 구하고 총 공사비(직접비+간접비)가 가장 적게 들기 위한 최적공기를 구하시오. (단, 간접비는 1일당 20만 원이 소요) [10점]

작업명	선행작업	후속작업	표 준		특 급	
			일 수	직접비(만 원)	일 수	직접비(만 원)
A	-	B, C	3	30	2	33
B	A	D	2	40	1	50
C	A	E	7	60	5	80
D	B	F	7	100	5	130
E	C	G, H	7	80	5	90
F	D	G, H	5	50	3	74
G	E, F	I	5	70	5	70
H	E, F	I	1	15	1	15
I	G, H	-	3	20	3	20

(1) 표준일수에 대한 화살선도를 그리고 critical path를 구하시오.
(2) 총 공사비가 가장 적게 들기 위한 최적공기를 구하시오.

해답 (1) ① 공정표

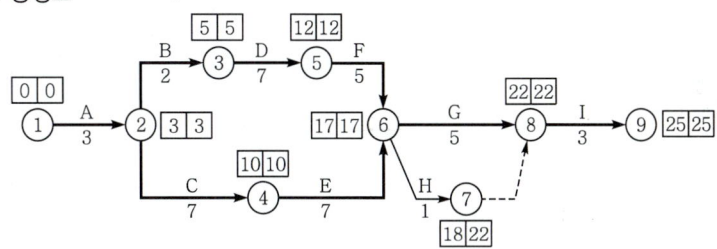

② CP : A → B → D → F → G → I
　　　A → C → E → G → I

(2) ① 비용경사(cost slope)

작업명	단축가능 일수	비용경사(만 원)
A	1	$\dfrac{33-30}{3-2}=3$
B	1	$\dfrac{50-40}{2-1}=10$
C	2	$\dfrac{80-60}{7-5}=10$
D	2	$\dfrac{130-100}{7-5}=15$
E	2	$\dfrac{90-80}{7-5}=5$
F	2	$\dfrac{74-50}{5-3}=12$
G	0	0
H	0	0
I	0	0

② 공기단축

단축단계	작업명	단축일수	추가비용(extra cost)	공기(일)	비고
1단계	A	1	1×3만 원=3만 원	24	
2단계	B, E	1	1×15만 원=15만 원	23	
3단계	E, F	1	1×17만 원=17만 원	22	최적공기
4단계	C, F	1	1×22만 원=22만 원	21	

③ 총 공사비가 최소가 되는 최적공기=25-3=22일

19

어느 지역의 월평균 기온이 아래 표와 같다. 데라다의 공식을 이용하여 동결깊이를 구하시오. (단, 정수 $C=4.0$으로 한다.) [3점]

월	월평균 기온(℃)
11	3.5
12	-7.8
1	-9.6
2	-4.2
3	-1.1

해답

$Z = C\sqrt{F}$
$= 4\sqrt{7.8 \times 31 + 9.6 \times 31 + 4.2 \times 28 + 1.1 \times 31}$
$= 105.16\text{cm}$

20

도로 포장을 설계하기 위해 다음과 같이 CBR을 구하였다. 포장설계를 위한 설계 CBR을 구하시오. (단, $d_2=2.83$) [3점]

| 4.6 | 3.9 | 5.9 | 4.8 | 7.0 | 3.3 | 4.8 |

해답

① 각 지점의 CBR 평균 = $\dfrac{4.6+3.9+5.9+4.8+7.0+3.3+4.8}{7} = 4.9$

② 설계 CBR
= 각 지점의 CBR 평균 $-\dfrac{\text{CBR 최대치}-\text{CBR 최소치}}{d_2}$
$= 4.9 - \dfrac{7-3.3}{2.83} = 3.6 = 3$

21 주어진 뒷부벽식 옹벽의 도면 및 조건에 따라 물량을 산출하시오.(단, 주어진 도면의 치수는 축척에 맞지 않을 수 있으며, 주어진 치수로만 물량을 산출하며 도면의 단위는 mm이다.)

[18점]

단면도

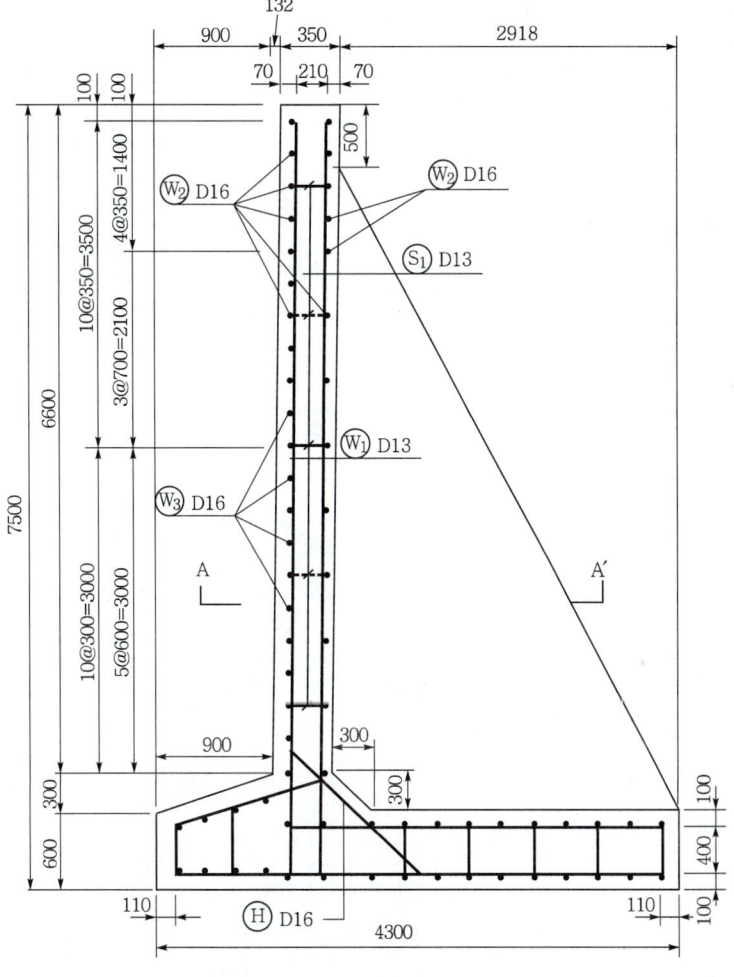

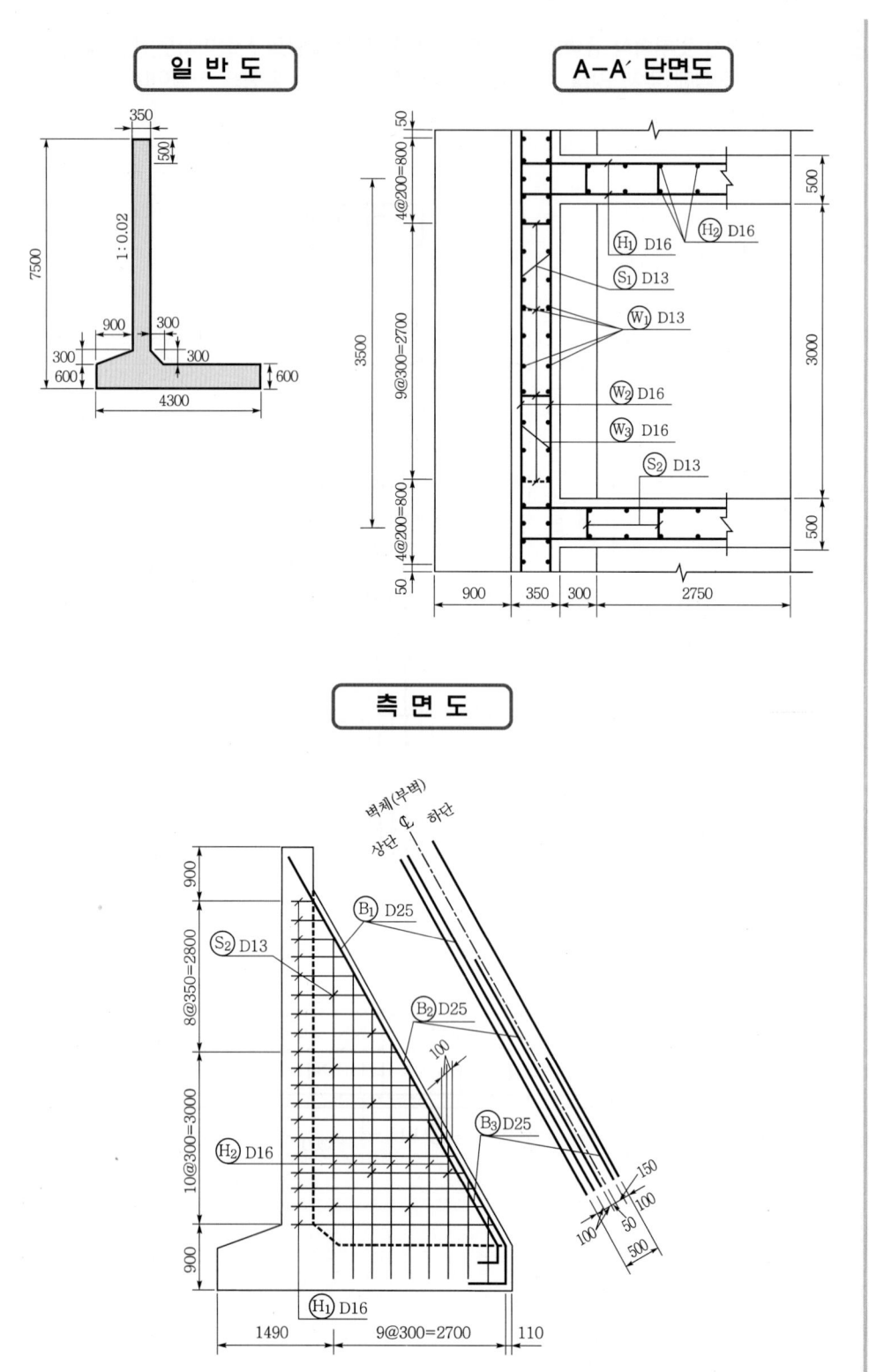

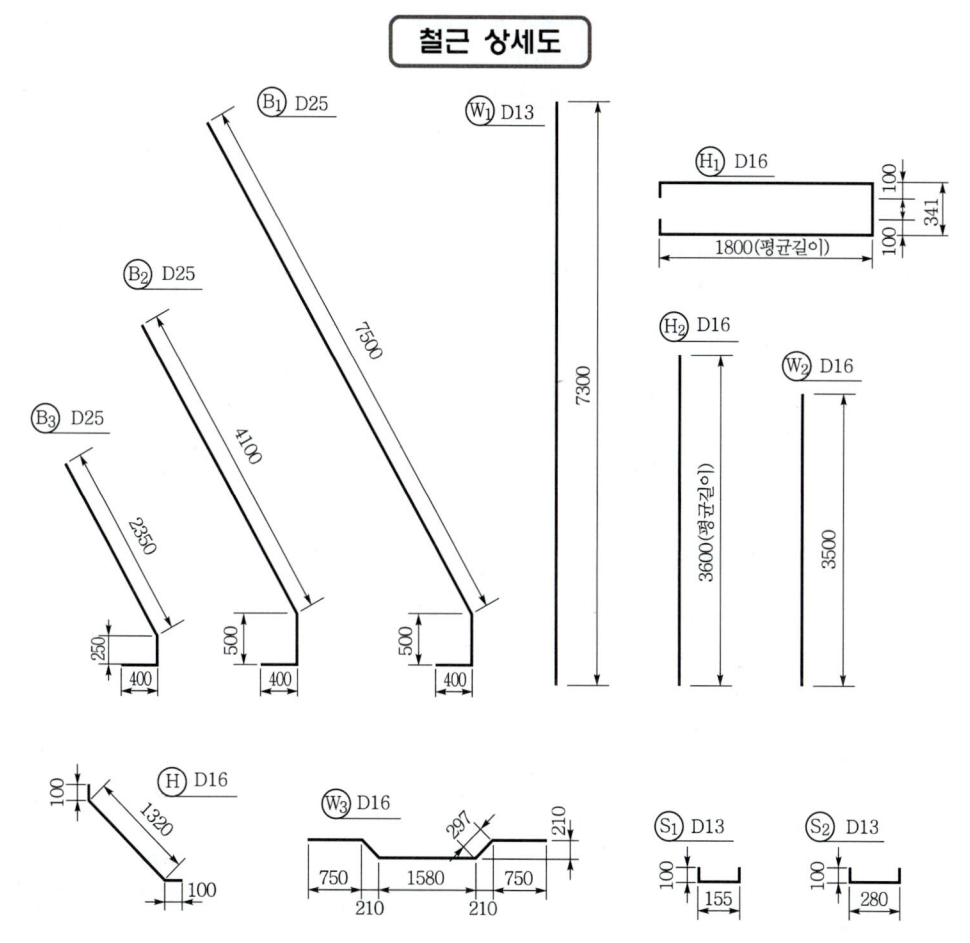

[조건]
① S_1 철근은 지그재그(zigzag)로 배치되어 있다.
② H 철근의 간격은 W_1 철근과 같다.
③ 물량산출에서의 할증률 및 마구리는 없는 것으로 한다.
④ 물량산출에서의 전면벽 경사를 반드시 고려하여야 한다. (일반도 참조)
⑤ 철근길이 계산에서 이음길이는 계산하지 않는다.
⑥ 저판의 철근량은 계산하지 않는다.

(1) 부벽을 포함하는 옹벽길이 3.5m에 대한 콘크리트량을 구하시오. (단, 전면벽의 경사를 고려하여야 하며, 소수 4째자리에서 반올림하시오.)

(2) 부벽을 포함하는 옹벽길이 3.5m에 대한 거푸집량을 구하시오. (단, 전면벽의 경사를 고려하여야 하며, 소수 4째자리에서 반올림하시오.)

(3) 부벽을 포함하는 옹벽길이 3.5m에 대한 철근물량표를 완성하시오.

기호	직경	길이(mm)	수량	총 길이(mm)	기호	직경	길이(mm)	수량	총 길이(mm)
W_1					B_1				
H					S_1				
H_1									

해답 (1) 부벽을 포함하는 옹벽길이 3.5m에 대한 콘크리트량

① $A_1 = 0.35 \times 6.6 = 2.31\,\text{m}^2$

② $A_2 = \dfrac{0.35 + (0.9 + 0.35 + 0.3)}{2} \times 0.3$
   $= 0.285\,\text{m}^2$

③ $A_3 = 4.3 \times 0.6 = 2.58\,\text{m}^2$

④ $A_4 = \dfrac{(3.05 + 0.006) \times 6.4}{2} - \dfrac{(0.3 + 0.006) \times 0.3}{2}$
   $= 9.7333\,\text{m}^2$

⑤ 콘크리트량
   $= (A_1 + A_2 + A_3) \times 3.5 + A_4 \times 0.5$
   $= 5.175 \times 3.5 + 9.7333 \times 0.5$
   $= 22.97915\,\text{m}^3$
   $\fallingdotseq 22.979\,\text{m}^3$

(2) 부벽을 포함하는 옹벽길이 3.5m에 대한 거푸집량

① $A_1 = \sqrt{6.6^2 + (6.6 \times 0.02)^2} \times 3.5 = 23.1046\,\text{m}^2$

② $A_2 = 0.6 \times 3.5 = 2.1\,\text{m}^2$

③ $A_3 = 0.6 \times 3.5 = 2.1\,\text{m}^2$

④ $A_4 = \sqrt{0.3^2 + 0.3^2} \times 3 = 1.2728\,\text{m}^2$

⑤ $A_5 = \sqrt{6.6^2 + (6.6 \times 0.02)^2} \times 3.5 - \sqrt{6.1^2 + (6.1 \times 0.02)^2} \times 0.5$
   $= 20.054\,\text{m}^2$

⑥ $A_6 = \left\{ \dfrac{(3.05 + 0.006) \times 6.4}{2} - \dfrac{(0.3 + 0.006) \times 0.3}{2} \right\} \times 2$
   $= 19.4666\,\text{m}^2$

⑦ $A_7 = \sqrt{2.928^2 + 6.4^2} \times 0.5 = 3.5190\,\text{m}^2$

⑧ 거푸집량 $= A_1 + A_2 + \cdots\cdots + A_7$
   $= 71.617\,\text{m}^2$

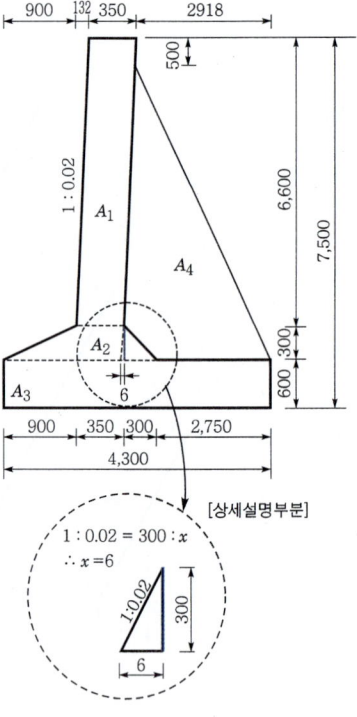

[상세설명부분]

(3) 부벽을 포함하는 옹벽길이 3.5m에 대한 철근량

① 단면도상 선으로 보이는 철근(W_1, H)

기호	직경	본당길이(mm)	수량	총 길이(mm)	수량 산출근거
W_1	D13	7300	26	189,800	W_1철근은 A-A'단면상 점으로 표시된 철근이므로 수량=13×2(복배근)=26개
H	D16	100+1320+100 =1520	13	19,760	H의 간격은 W_1의 간격과 같다.

② S_1 철근

기 호	직 경	본당길이(mm)	수 량	총 길이(mm)	수량 산출근거
S_1	D 13	100×2+155 =355	10	3550	단면도상에 5개, A-A´ 단면도상에 4개가 지그재그 배근이므로

• S_1 철근 배근도

[(A-A´) 단면도]

[단면도 벽체 후면]

③ 부벽 철근(B_1, H_1)

기 호	직 경	본당길이(mm)	수 량	총 길이(mm)	수량 산출근거
B_1	D 25	7500+50+400 =8400	2	16,800	측면도상 개수를 센다. 수량=2개
H_1	D 16	100×2+1800×2 +341=4141	19	78,679	수량=간격수+1 =[(10+8)+1]=19개

• B_1, B_2, B_3 철근 배근도(평면도)

[부벽의 상부] [부벽의 상부 바로 아래]

④ 철근물량표

기 호	직 경	길이(mm)	수 량	총 길이(mm)	기 호	직 경	길이(mm)	수 량	총 길이(mm)
W_1	D 13	7300	26	189,800	B_1	D 25	8400	2	16,800
H	D 16	1520	13	19,760	S_1	D 13	355	10	3550
H_1	D 16	4141	19	78,679					

22 에터버그한계 3가지를 쓰시오. [3점]

해답 ① 액성한계 ② 소성한계 ③ 수축한계

23. 다음 준설기계에 대한 설명에 적합한 준설선의 명칭을 쓰시오. [4점]

(1) 해저 토사를 회전형 Cutter로 깎아 펌프로 흡입하여 매립지로 배송(排送)하는 준설선
(2) 해저의 암반이나 암초를 쇄암기나 쇄암추의 끝에 특수한 강철로 된 날끝을 달아 파쇄하는 준설선
(3) 육상 굴착에 이용되는 파워 셔블(Power shovel)을 대선에 설치한 준설선
(4) 버킷 굴착기를 Pontoon 위에 장치한 준설선

해답
(1) 펌프준설선(pump dredger)
(2) 쇄암 준설선(rock cutter dredger)
(3) 디퍼준설선(dipper dredger)
(4) 버킷준설선(bucket dredger)

24. PS 콘크리트 교량건설공법 중 동바리를 사용하지 않는 현장타설공법의 종류 3가지를 쓰시오. [3점]

해답
① 캔틸레버공법(FCM 공법)
② 이동동바리공법(MSS 공법)
③ 압출공법(ILM 공법)
④ PSM공법

토목 기사 2020년(1차)

 아래의 문제는 독자들의 출제경향에 이해가 되도록 수험생들의 기억에 의해 복원된 문제로 일부 문제는 다를 수가 있으므로 착오 없으시길 바랍니다.

01 장대교량에 사용되는 사장교는 주부재인 케이블의 교축방향 배치방식에 따라 크게 4가지로 분류되는데 이를 쓰시오. [4점]

해답 ① 방사형(radiation) ② 하프형(harp)
③ 부채형(fan) ④ 스타형(star)

 사장교의 케이블 배치방법에 따른 분류

방사형	하프형	부채형	스타형

02 도로의 배수에서 노면에 흐르는 물 및 근접하는 지대로부터 도로면에 흘러 들어오는 물을 집수하고, 배수하기 위하여 도로의 종단방향에 따라 설치한 배수구를 측구(側溝)라 한다. 측구의 형식을 3가지만 쓰시오. [3점]

해답 ① 콘크리트 측구(U형, L형) ② 돌쌓기 측구
③ 블록쌓기 측구 ④ 떼붙임 측구
⑤ 낙파기 측구

참고 측구 : 노면 또는 인접사면의 물을 집수하고 배수하기 위하여 도로의 종단방향에 따라 설치하는 배수구이다.

03 벤토나이트 안정액을 사용하여 벽면을 보호하면서 지반을 굴착하고 공내에 철근 콘크리트 벽을 구축하여 토압과 수압에 모두 견딜 수 있는 흙막이 벽의 명칭을 쓰고, 이 흙막이 벽의 장점을 3가지만 쓰시오. [5점]

(1) 이 흙막이 벽의 명칭
(2) 이 흙막이 벽의 장점 3가지

해답 (1) slurry wall
(2) ① 소음, 진동이 작다.
② 벽체의 강성(EI)이 크다.
③ 차수성이 크다.
④ 흙막이 벽의 길이를 자유롭게 조절할 수 있다.
⑤ 주변지반의 영향이 작다.

04

sand drain 공법으로 연약지반을 개량할 때 U_v(연직방향 압밀도)=0.9, U_h(횡방향 압밀도)=0.4인 경우 전체 압밀도 U의 크기는? [3점]

 해답 $U_{av} = 1 - (1-U_v)(1-U_h) = 1 - (1-0.9)(1-0.4)$
$= 0.94 = 94\%$

05

널말뚝에 사용되는 앵커(anchor)는 여러 형식이 있다. 종류 3가지만 쓰시오. [3점]

해답 ① 앵커판과 데드맨(dead man) ② tie-back anchor
③ 수직앵커말뚝 ④ 경사말뚝에 의해 지지되는 앵커 보

참고 널말뚝에 사용되는 앵커의 형식

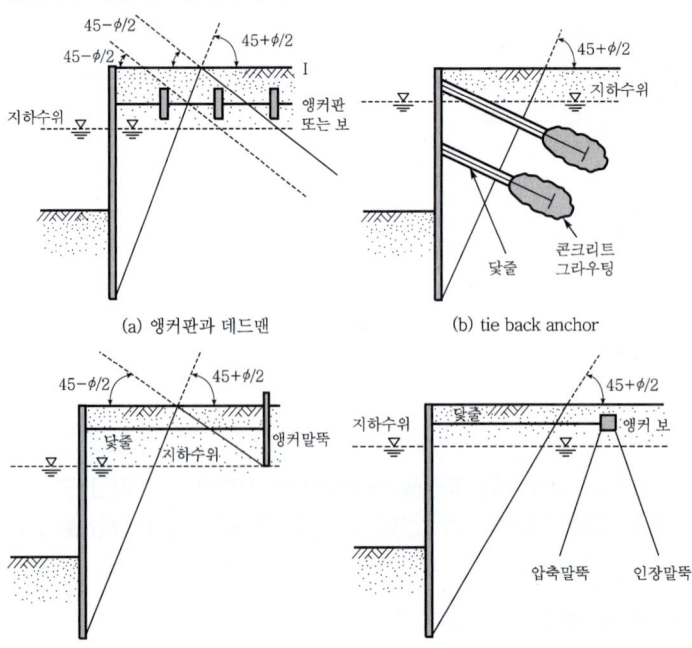

(a) 앵커판과 데드맨 (b) tie back anchor
(c) 수직앵커말뚝 (d) 경사말뚝에 의해 지지되는 앵커 보

06

지반조사 시추현장에서 다음과 같은 크기의 암석시료를 코어 채취기로부터 채취하였다. 회수율과 암질(RQD)의 값을 구하시오. (단, 굴착된 암석의 코어 배럴 진행길이는 2.0m 이다.) [4점]

[회수 코어표]

코어 번호	1	2	3	4	5	6	7	8	9
코어 크기	10.5	16.5	6.0	8.5	3.9	18.0	20.5	3.0	5.5
개 수	1	2	1	1	1	1	2	1	2

① 회수율 $= \dfrac{10.5 + 16.5 \times 2 + 6 + 8.5 + 3.9 + 18 + 20.5 \times 2 + 3 + 5.5 \times 2}{200} \times 100$

$= 67.45\%$

② RQD $= \dfrac{10.5 + 16.5 \times 2 + 18 + 20.5 \times 2}{200} \times 100 = 51.25\%$

07

다음과 같은 작업 List가 있다. 아래 물음에 답하시오. [10점]

작업명	선행작업	후속작업	표준 일수	표준 직접비 (만 원)	특급 일수	특급 직접비 (만 원)
A	-	C, D	4	21	3	28
B	-	E, F	8	40	6	56
C	A	E, F	6	50	4	60
D	A	H	9	54	7	60
E	B, C	G	4	50	1	110
F	B, C	H	5	15	4	24
G	E	-	3	15	3	15
H	D, F	-	7	60	6	75

(1) 작업 List를 가지고 화살선도를 그리고 표준일수에 대한 Critical Path를 표시하시오.
(2) 공사 완료기간을 19일로 단축했을 때 발생하는 추가 최소공사비를 구하시오.

(1) ① 공정표

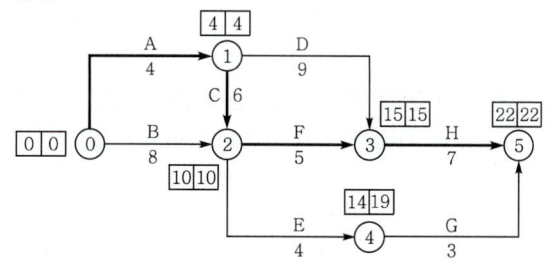

② CP : ⓪→①→②→③→⑤

(2) ① 비용경사(cost slope)

작업명	단축가능 일수	비용경사 (만 원)
A	1	$\dfrac{28-21}{4-3}=7$
B	2	$\dfrac{56-40}{8-6}=8$
C	2	$\dfrac{60-50}{6-4}=5$
D	2	$\dfrac{60-54}{9-7}=3$
E	3	$\dfrac{110-50}{4-1}=20$
F	1	$\dfrac{24-15}{5-4}=9$
G	0	0
H	1	$\dfrac{75-60}{7-6}=15$

② 공기단축

단축단계	작업명	단축일수	추가비용 (만 원)	공기 (일)
1단계	C	2	2×5=10	21
2단계	D, F	1	1×12=12	19

③ 추가비용＝100,000+120,000=220,000원

08 성토부분의 보강토공법에 사용되는 재료로는 합성섬유 계통의 지오텍스타일(geotextile)을 많이 사용하고 있다. 지오텍스타일이 갖는 주요 기능 4가지를 쓰시오. [4점]

 ① 배수기능 ② filter 기능
③ 분리기능 ④ 보강기능

09 PERT 기법에 의한 공정관리 방법에서 낙관적인 시간이 8일, 정상적인 시간이 11일, 비관적 시간이 15일 때, 공정상의 기대시간(expected time)은 얼마인가? [3점]

 $t_e = \dfrac{t_o + 4t_m + t_p}{6} = \dfrac{8 + 4 \times 11 + 15}{6} = 11.17$일

10 다음 빈 칸에 토량환산계수값을 구하시오. (단, $L=1.25$, $C=0.8$이다.) [4점]

기준이 되는 q \ 구하는 Q	본바닥 토량	느슨한 토량	다짐 후의 토량
본바닥 토량			
느슨한 토량			

해답
① 본바닥 토량×1=본바닥 토량
　본바닥 토량×L=느슨한 토량
　본바닥 토량×C=다짐 후의 토량
② 느슨한 토량×1=느슨한 토량
　느슨한 토량×$1/L$=본바닥 토량
　느슨한 토량×C/L=다짐 후의 토량

기준이 되는 q \ 구하는 Q	본바닥 토량	느슨한 토량	다짐 후의 토량
본바닥 토량	1.0	1.25	0.8
느슨한 토량	0.8	1.0	0.64

11 모래지반상에 그림과 같은 작은 dam을 축조할 때 piping 작용을 막기 위한 시판(失板)의 최소깊이 D를 구하시오. (단, safe weighted creep ratio $C=6$) [3점]

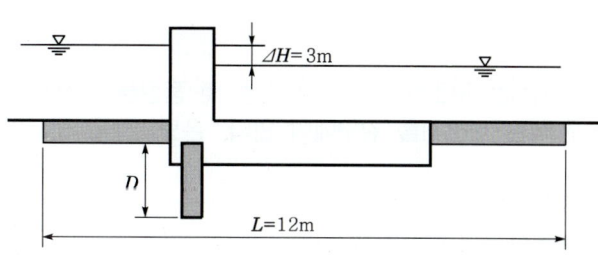

해답
가중 creep비 = $\dfrac{\text{가중 creep 거리}}{\text{유효수두}}$

$6 = \dfrac{2D + \dfrac{L}{3}}{3} = \dfrac{2D + \dfrac{12}{3}}{3}$

∴ $D = 7\mathrm{m}$

12 다음과 같은 유선망에서 단위폭(1m)당 1일 침투수량을 구하고 점 A에서 간극수압을 계산하시오. (단, $K_h = 2 \times 10^{-4}$ cm/sec, $K_v = 8.0 \times 10^{-4}$ cm/sec이고 $\gamma_w = 9.8$ kN/m³이다.) [5점]

(1) 단위폭(1m)당 침투수량을 구하시오.
(2) A점의 간극수압을 구하시오.

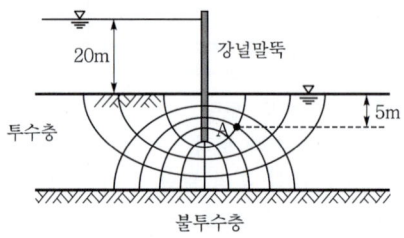

해답 (1) ① $K = \sqrt{K_h \, K_v}$
$= \sqrt{(2 \times 10^{-4}) \times (8 \times 10^{-4})} = 4 \times 10^{-4}$ cm/sec

② $Q = KH \dfrac{N_f}{N_d} = (4 \times 10^{-6}) \times 20 \times \dfrac{4}{10}$
$= 3.2 \times 10^{-5}$ m³/sec $= 2.76$ m³/day

(2) ① 전수두 $= \dfrac{n_d}{N_d} H = \dfrac{2}{10} \times 20 = 4$ m

② 위치수두 $= -5$ m

③ 간극수압 $= \gamma_w \times$ 압력수두 $= 9.8 \times [4-(-5)] = 88.2$ kN/m²

13 매스콘크리트에서는 구조물에 필요한 기능 및 품질을 손상시키지 않도록 온도균열을 제어하기 위해 적절한 조치를 강구해야 한다. 온도균열을 억제하기 위한 방법을 3가지만 쓰시오. [3점]

해답 ① 수화열이 적은 중용열 포틀랜드시멘트를 사용한다.
② fly-ash 등의 혼화재를 사용한다.
③ 굵은골재 최대 치수를 가능한 한 크게 하여 단위 시멘트량을 작게 한다.
④ pre-cooling, pipe-cooling을 한다.
⑤ 이음 간격을 짧게 한다.
⑥ 균열제어 철근을 배치한다.

14 배합강도 결정을 위한 콘크리트의 압축강도 측정결과가 다음과 같을 때 배합설계에 적용할 표준편차를 구하고 설계기준강도가 45MPa일 때 콘크리트의 배합강도를 구하시오. (단, 소수점이하 넷째자리에서 반올림 하시오.) [6점]

[압축강도 측정결과(단위 : MPa)]

48.5	40	45	50	48	42.5	54	51.5
52	40	42.5	47.5	46.5	50.5	46.5	47

(1) 배합강도 결정에 적용할 표준편차를 구하시오. (단, 시험 횟수가 15회일 때 표준편차의 보정계수는 1.16이고, 20회일 때는 1.08이다.)
(2) 배합강도를 구하시오.

해답

(1) ① $\bar{x} = \dfrac{\sum x}{n} = \dfrac{752}{16} = 47\text{MPa}$

② $S = (48.5-47)^2 + (40-47)^2 + (50-47)^2 + \cdots + (47-47)^2 = 262$

③ $\sigma = \sqrt{\dfrac{S}{n-1}} = \sqrt{\dfrac{262}{16-1}} = 4.179\text{MPa}$

④ 직선보간한 표준편차
$\sigma = 4.179 \times 1.144 = 4.781\text{MPa}$

$\left(\begin{array}{c} \text{직선보간} \\ 1.08 + \dfrac{(1.16-1.08) \times 4}{5} = 1.144 \end{array} \right)$

(2) ① $f_{cr} = f_{ck} + 1.34S = 45 + 1.34 \times 4.781 = 51.407\text{MPa}$

② $f_{cr} = 0.9f_{ck} + 2.33S = 0.9 \times 45 + 2.33 \times 4.781 = 51.64\text{MPa}$

①, ② 중에서 큰 값이 배합강도이므로
∴ $f_{cr} = 51.64\text{MPa}$

---

15 그림과 같은 방파제의 활동에 대한 안전율을 계산하시오. (단, 소수 3째자리에서 반올림 하시오.) [3점]

조건
· 파고(h) = 3.0m
· 케이슨 단위중량(w) = 18.95kN/m³
· 해수 단위중량(w') = 10.25kN/m³
· 마찰계수(f) = 0.6
· 파압공식(P) = 1.5$w'h$ (kN/m²)

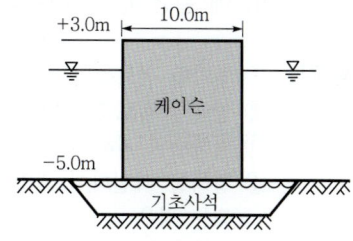

해답
① 케이슨의 수직하중 = 자중 − 부력
$$W = (8 \times 10) \times 18.95 - (8 \times 10) \times 10.25 = 696 \text{kN/m}$$
② 파압
$$P = 1.5 w' h = 1.5 \times 10.25 \times 3 = 46.13 \text{kN/m}^2$$
③ 케이슨에 작용하는 수평력
$$P_H = (3+5) \times 46.13 = 369.04 \text{kN/m}$$
④ 안전율
$$F_s = \frac{fW}{P_H} = \frac{0.6 \times 696}{369.04} = 1.13$$

16
터널 굴착 시 여굴(over break)량을 감소시키는 방안을 3가지만 쓰시오. [3점]

해답
① smooth blasting 공법 채택 ② 발파후 조속한 shotcrete 실시
③ 적정 폭약량 사용 ④ 적절한 장비 선정
⑤ 정밀화약 사용

17
아스팔트 포장에 실 코트(seal coat)를 하는 목적을 3가지만 쓰시오. [3점]

해답
① 포장면의 내구성 증대 ② 포장면의 수밀성 증대
③ 포장면의 미끄럼저항 증대 ④ 포장면의 노화방지

참고
(1) prime coat 목적
① 기층과 그 위에 깔 asphalt 혼합물과의 부착을 좋게 한다.
② 기층 또는 보조기층의 작업차에 의한 파손방지, 강우에 의한 세굴방지, 방수성 증대
③ 보조기층으로부터의 모관상승 차단
(2) tack coat 목적
구 포장층과 그 위에 포설하는 asphalt 혼합물층과의 부착을 좋게 하기 위함.

18
말뚝 기초에 발생하는 부마찰력의 발생원인을 4가지만 쓰시오. [4점]

해답
① 연약한 점토층의 압밀침하
② 연약한 점토층 위의 성토(사질토) 하중
③ 지하수위 저하
④ 말뚝을 타설하여 과잉공극수압이 발생한 후 시간의 경과에 따라 과잉공극수압이 소산되는 경우
⑤ 말뚝주변지반이 말뚝의 침하량보다 상대적으로 큰 침하를 일으키는 경우

19 아래 그림과 같은 지반에서 다음 물음에 답하시오. [8점]

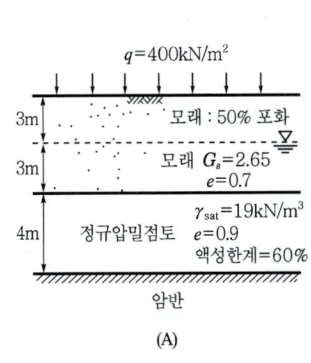
(A)

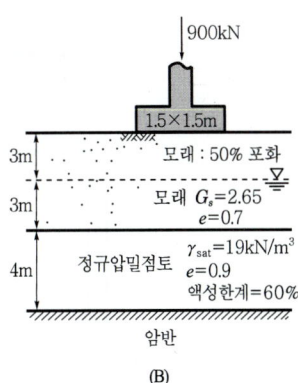
(B)

(1) 그림 (A)와 같이 지표면에 400kN/m²의 무한히 넓은 등분포하중이 작용하는 경우 압밀침하량을 구하시오.
(2) 그림 (B)와 같이 지표면에 설치한 정사각형 기초에 900kN의 하중이 작용하는 경우 압밀침하량을 구하시오. (단, 응력증가량 계산은 2 : 1분포법을 사용하고, 평균유효응력 증가량($\Delta\sigma$)은 $(\Delta\sigma_t + 4\Delta\sigma_m + \Delta\sigma_b)/6$으로 구한다. 여기서, $\Delta\sigma_t$, $\Delta\sigma_m$, $\Delta\sigma_b$은 점토층의 상단부, 중간층, 하단부에서 응력의 증가량이다.)

해답

(1) ① 모래지반의 단위중량

　㉠ $\gamma_t = \dfrac{G_s + Se}{1+e}\gamma_w = \dfrac{2.65 + 0.5 \times 0.7}{1+0.7} \times 9.8 = 17.29\text{kN/m}^3$

　㉡ $\gamma_{sat} = \dfrac{G_s + e}{1+e}\gamma_w = \dfrac{2.65 + 0.7}{1+0.7} \times 9.8 = 19.31\text{kN/m}^3$

② $P_1 = 17.29 \times 3 + (19.31 - 9.8) \times 3 + (19 - 9.8) \times \dfrac{4}{2} = 98.8\text{kN/m}^2$

③ $C_c = 0.009(W_L - 10) = 0.009(60 - 10) = 0.45$

④ $\Delta H = \dfrac{C_c}{1+e_1}\log\dfrac{P_2}{P_1}H = \dfrac{0.45}{1+0.9}\log\left(\dfrac{98.8 + 400}{98.8}\right) \times 400 = 66.62\text{cm}$

(2) ① $\Delta\sigma_t = \dfrac{P}{(B+Z)(L+Z)} = \dfrac{900}{(1.5+6)(1.5+6)} = 16\text{kN/m}^2$

② $\Delta\sigma_m = \dfrac{900}{(1.5+8)(1.5+8)} = 9.97\text{kN/m}^2$

③ $\Delta\sigma_b = \dfrac{900}{(1.5+10)(1.5+10)} = 6.81\text{kN/m}^2$

④ $\Delta\sigma = \dfrac{\Delta\sigma_t + 4\Delta\sigma_m + \Delta\sigma_b}{6} = \dfrac{16 + 4 \times 9.97 + 6.81}{6} = 10.45\text{kN/m}^2$

⑤ $\Delta H = \dfrac{C_c}{1+e_1}\log\dfrac{P_2}{P_1}H = \dfrac{0.45}{1+0.9}\log\left(\dfrac{98.8 + 10.45}{98.8}\right) \times 400 = 4.14\text{cm}$

20 다음 2연 암거의 물량을 산출하시오. (단위 : mm) [8점]

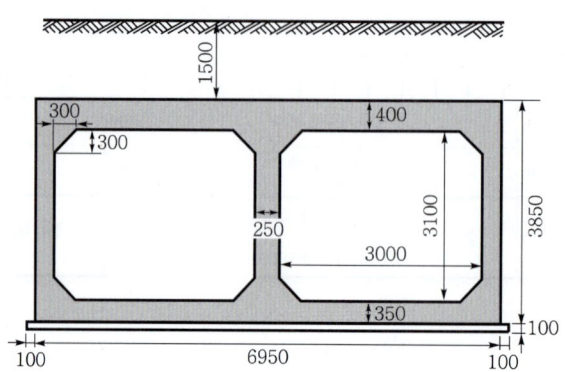

(1) 2연 암거의 1m 길이에 대한 콘크리트량을 산출하시오. (단, 기초의 콘크리트량도 고려하며 소수점 이하 4째자리에서 반올림하시오.)
(2) 2연 암거의 1m 길이에 대한 거푸집량을 산출하시오. (단, 기초의 거푸집량도 고려하고, 마구리면은 고려하지 않으며, 소수점 이하 4째자리에서 반올림하시오.)
(3) 2연 암거의 1m 길이에 대한 터파기량을 산출하시오. (지형상태는 일반도와 같으며 터파기의 여유폭은 기초 콘크리트 양끝에서 0.6m로 하고, 비탈기울기는 1 : 0.5로 하며 소수점 이하 4째자리에서 반올림하시오.)

해답 (1) 길이 1m에 대한 콘크리트량
① 기초 콘크리트량 = $7.15 \times 0.1 \times 1 = 0.715 m^3$
② 구체 콘크리트량 = $(6.95 \times 3.85 - 3.1 \times 3.0 \times 2 + \frac{0.3 \times 0.3}{2} \times 8) \times 1 = 8.5175 m^3$
③ 전체 콘크리트량 = $0.715 + 8.5175 = 9.2325 ≒ 9.233 m^3$

(2) 길이 1m에 대한 거푸집량
① 기초 거푸집량 = $0.1 \times 2 \times 1 = 0.2 m^2$
② 구체 거푸집량 = $(3.85 \times 2 + 2.5 \times 4 + 2.4 \times 2 + \sqrt{0.3^2 + 0.3^2} \times 8) \times 1 = 25.89411 m^2$
③ 전체 거푸집량 = $0.2 + 25.89411 = 26.09411 ≒ 26.094 m^2$

(3) 길이 1m에 대한 터파기량
터파기량 = $\left(\frac{8.35 + (8.35 + 5.45)}{2} \times 5.45\right) \times 1 = 60.35875 ≒ 60.359 m^3$

21 노상층에 설치하는 인공층으로써, 표층이나 기층에 전달된 하중을 더욱 분산시켜서 노상에 안전하게 전달하는 역할을 하며 구조적 기능 이외에 세립노상토의 침입방지, 동결작용에 따른 손상방지, 포장층내의 자유수의 고임방지, 시공장비를 위한 작업로 제공 등의 기능을 하는 것의 명칭을 쓰시오. [2점]

해답 보조기층(sub-base course)

22 모래지반에서 지하수위 이하를 굴착할 때 흙막이공의 기초깊이에 비해서 배면의 수위가 너무 높으면 굴착저면의 모래입자가 지하수와 더불어 분출하여 굴착저면이 마치 물이 끓는 상태와 같이 되는 현상을 무엇이라고 하며 이 현상을 방지하기 위한 대책 2가지를 쓰시오. [4점]

(1) 명칭 :
(2) 방지 대책 2가지를 쓰시오.

해답 (1) boiling 현상
(2) ① 흙막이의 근입깊이를 깊게 한다.
② 지하수위를 저하시킨다.
③ 굴착저면을 고결시킨다.

23 다음 그림과 같은 조건하에 있는 복합활동 파괴면에 대한 안전율을 구하시오. (단, 소수점 둘째자리에서 반올림하시오.) [4점]

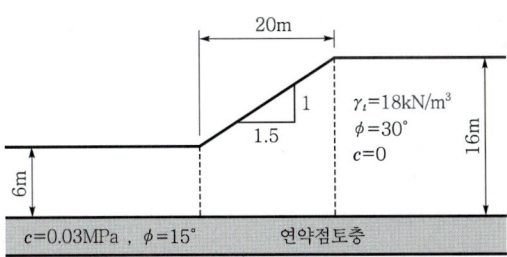

해답
① $cL = 30 \times 20 = 600 \, \text{kN/m} (\because c = 0.03 \text{MPa} = 30 \text{kN/m}^2)$

② $W \tan\phi = \dfrac{6+16}{2} \times 20 \times 18 \times \tan 15° = 1061.1 \, \text{kN/m}$

③ $P_p = \dfrac{1}{2}\gamma_t h^2 K_p$
$= \dfrac{1}{2} \times 18 \times 6^2 \times \tan^2\left(45° + \dfrac{30°}{2}\right) = 972 \, \text{kN/m}$

④ $P_a = \dfrac{1}{2}\gamma_t h^2 K_a$
$= \dfrac{1}{2} \times 18 \times 16^2 \times \tan^2\left(45° - \dfrac{30°}{2}\right) = 768 \, \text{kN/m}$

⑤ $F_s = \dfrac{cL + W\tan\phi + P_p}{P_a}$
$= \dfrac{600 + 1061.1 + 972}{768} = 3.4$

토목 기사 2020년(2차)

> 알림: 아래의 문제는 독자들의 출제경향에 이해가 되도록 수험생들의 기억에 의해 복원된 문제로 일부 문제는 다를 수가 있으므로 착오 없으시길 바랍니다.

01 어느 암반지대에서 RQD의 평균값은 60%, 절리군의 수(J_n)는 6, 절리면 변질 계수(J_a)는 2, 지하수 보정 계수(J_w)는 1, 절리면 거칠기 계수(J_r)는 2, 응력저감계수(SRF)는 1일 경우 Q값을 계산하시오. [3점]

해답
$$Q(\text{Rock Mass Quality}) = \frac{\text{RQD}}{J_n} \cdot \frac{J_r}{J_a} \cdot \frac{J_w}{\text{SRF}} = \frac{60}{6} \times \frac{2}{2} \times \frac{1}{1} = 10$$

참고 Q값에 의하여 암반의 보강방법과 보강정도를 결정할 수 있으며, 보통 Q값은 $10^{-3} \sim 10^3$ 범위에 속하며, Q값이 0.1 이하이면 암반이 매우 나쁜 상태이고, 400 이상이면 매우 좋은 상태를 나타낸다.

- 용어설명
  J_n : 절리군의 수에 관련된 변수
  J_r : 절리면의 거칠기에 관련된 변수
  J_a : 절리면의 변질에 관련된 변수
  J_w : 지하수에 관련된 변수
  RQD : 암질지수
  SRF : 응력저감계수

02 흙의 다짐에 관한 다음 물음에 답하시오. [6점]

(1) 다짐의 정의를 간단히 설명하시오.
(2) 다짐의 기대되는 효과 3가지를 쓰시오.

해답
(1) 함수비를 크게 변화시키지 않고 공극 내의 공기를 배출시켜 입자 간의 결합을 치밀하게 함으로써 단위중량을 증가시키는 것
(2) ① 흙의 단위중량이 증가한다.
　② 전단강도가 증가한다.
　③ 압축성이 감소한다.
　④ 투수계수가 감소한다.
　⑤ 지반의 지지력이 증가한다.

03. 기초의 평판재하시험에 대한 아래의 물음에 답하시오. [8점]

(1) 직경 30cm인 평판으로 재하시험을 실시한 결과, 침하량 25.4mm일 때 극한지지력이 400kPa이었다. 동일한 허용침하량이 발생할 때 직경 1.2m인 실제기초의 극한지지력을 점토지반인 경우와 사질토지반인 경우에 대하여 각각 구하시오.
① 점토인 경우 :
② 사질토인 경우 :

(2) 직경 30cm인 평판의 재하시험에서 작용압력이 300kPa일 때 침하량이 20mm 발생하였다. 직경 1.2m의 실제기초에서 동일한 압력이 작용할 때의 침하량을 점토지반인 경우와 사질토지반인 경우에 대하여 각각 구하시오.
① 점토인 경우 :
② 사질토인 경우 :

해답

(1) ① $q_{u(기초)} = 400\text{kPa}$

② $q_{u(기초)} = q_{u(재하판)} \times \dfrac{B_{(기초)}}{B_{(재하판)}} = 400 \times \dfrac{1.2}{0.3} = 1{,}600\text{kPa}$

(2) ① $S_{(기초)} = S_{(재하판)} \times \dfrac{B_{(기초)}}{B_{(재하판)}} = 20 \times \dfrac{1.2}{0.3} = 80\text{mm}$

② $S_{(기초)} = S_{(재하판)} \left[\dfrac{2B_{(기초)}}{B_{(기초)} + B_{(재하판)}} \right]^2$
$= 20 \times \left[\dfrac{2 \times 1.2}{1.2 + 0.3} \right]^2 = 51.2\text{mm}$

04. 다음 그림과 같은 조건하에 있는 복합활동 파괴면에 대한 안전율을 구하시오. [3점]

해답

① $cL = 20 \times 20 = 400\text{kN/m} (\because c = 0.02\text{MPa} = 20\text{kN/m}^2)$

② $W \tan\phi = \dfrac{5+15}{2} \times 20 \times 19 \times \tan 10° = 670.04\text{kN/m}$

③ $P_p = \dfrac{1}{2}\gamma_t h^2 K_p = \dfrac{1}{2} \times 19 \times 5^2 \times \tan^2\left(45° + \dfrac{32°}{2}\right) = 772.96\text{kN/m}$

④ $P_a = \dfrac{1}{2}\gamma_t h^2 K_a = \dfrac{1}{2} \times 19 \times 15^2 \times \tan^2\left(45° - \dfrac{32°}{2}\right) = 656.77\text{kN/m}$

⑤ $F_s = \dfrac{cL + W\tan\phi + P_p}{P_a} = \dfrac{400 + 670.04 + 772.96}{656.77} = 2.81$

05 그림과 같은 연속 기초의 지지력(q_a)을 Terzaghi (테르자기)식으로 구하시오. (단, 점착력 $c=1\text{N/cm}^2$, 내부마찰각 $\phi=15°$, 물의 단위중량 $\gamma_w=9.81\text{kN/m}^3$, $N_c=6.5$, $N_q=2.7$, $N_r=1.2$이다.) [4점]

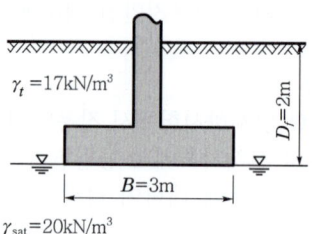

해답
① 연속 기초의 형상계수는 $\alpha=1.0$, $\beta=0.5$
② $\gamma_1 = \gamma_{sub} = 10.19\text{kN/m}^3$
③ $q_u = \alpha c N_c + \beta B \gamma_1 N_r + D_f \gamma_2 N_q$
    $= 1 \times 10 \times 6.5 + 0.5 \times 3 \times 10.19 \times 1.2 + 2 \times 17 \times 2.7 = 175.14\text{kN/m}^2$
④ $q_a = \dfrac{q_u}{F_s} = \dfrac{175.14}{3} = 58.38\text{kN/m}^2$

---

06 흙막이공의 흙막이벽 근입깊이 계산 시 가장 중요한 것 3가지만 쓰시오. [3점]

해답
① (점토지반의) heaving에 대한 안정
② (모래지반의) piping에 대한 안정
③ 토압에 대한 안정(주동과 수동토압에 의한 토압의 균형)

---

07 구조물 공사는 지하수가 배제된 상태에서 시공하거나 또는 원지반에 구조물을 축조한 후 주변을 성토하여 구조물을 완성하게 된다. 이 경우 지하수위의 상승으로 양압력에 의한 피해가 발생할 수 있는데 이러한 구조물의 기초 바닥에 작용하는 양압력(부력)에 저항하는 방법 3가지를 쓰시오. [3점]

해답
① 사하중 증가(자중증대)에 의한 방법
② 영구 anchor에 의한 방법
③ 외부 배수처리에 의한 방법
④ 내부 배수처리에 의한 방법
⑤ Micro pile 공법

08 아래 그림과 같이 10m 두께의 비교적 단단한 포화 점토층 밑에 모래층이 있다. 모래층이 수두 6m의 피압(artesian pressure)을 받고 있을 때, 점토층의 바닥이 융기(heaving)현상이 없이 굴착할 수 있는 최대 깊이 H를 구하시오. (단, 물의 단위중량 $\gamma_w = 9.81\text{kN/m}^3$) [3점]

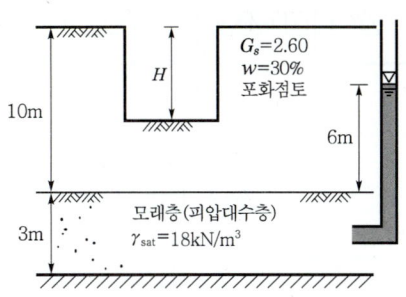

■ 해답 (1) 점토의 단위중량
① $Se = wG_s$ $1 \times e = 0.3 \times 2.6$ ∴ $e = 0.78$
② $\gamma_{sat} = \dfrac{G_s + e}{1 + e}\gamma_w = \dfrac{2.6 + 0.78}{1 + 0.78} \times 9.81 = 18.63 \text{kN/m}^3$

(2) 최대굴착깊이
① $\sigma = (10 - H)\gamma_{sat} = (10 - H) \times 18.63$
② $u = 9.81 \times 6 = 58.86 \text{kN/m}^2$
③ $\overline{\sigma} = \sigma - u = (10 - H) \times 18.63 - 58.86 = 0$
    ∴ $H = 6.84 \text{ m}$

09 다음 작업 리스트에서 네트워크 공정표를 작성하고, 각 작업의 여유시간을 구하시오. [10점]

작업명	선행작업	작업일수	비 고
A	없음	4	
B	A	6	
C	A	5	(1) CP는 굵은 선으로 표시하시오.
D	A	4	(2) 각 결합점에는 다음과 같이 표시한다.
E	B	3	
F	B, C, D	7	EST | LST LFT \ EFT
G	D	8	(3) 각 작업은 다음과 같이 표시한다.
H	E	6	② 작업명 ③
I	E, F	5	작업일수
J	E, F, G	8	
K	H, I, J	6	

(1) 공정표를 작성하시오.
(2) 여유시간을 구하시오.

해답 (1) 공정표

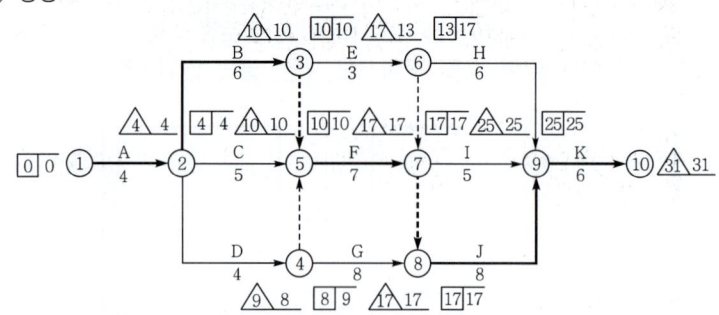

(2) 여유시간

작업명	TF	FF	DF	CP
A	4−0−4=0	4−0−4=0	0−0=0	★
B	10−4−6=0	10−4−6=0	0−0=0	★
C	10−4−5=1	10−4−5=1	1−1=0	
D	9−4−4=1	8−4−4=0	1−0=1	
E	17−10−3=4	13−10−3=0	4−0=4	
F	17−10−7=0	17−10−7=0	0−0=0	★
G	17−8−8=1	17−8−8=1	1−1=0	
H	25−13−6=6	25−13−6=6	6−6=0	
I	25−17−5=3	25−17−5=3	3−3=0	
J	25−17−8=0	25−17−8=0	0−0=0	★
K	31−25−6=0	31−25−6=0	0−0=0	★

10 도심지에서 행해지는 지하 굴착공사에서 안전을 목적으로 하는 계측기의 종류를 5가지만 쓰시오. [3점]

해답
① 토압계 ② 지중경사계 ③ 지반수직변위계
④ 변형률계 ⑤ 지하수위계

11 터널 시공 시 굴착면의 자립시간이 짧은 지반에서는 터널 막장의 안정을 위해 터널보조공법을 적용하는데 터널보조공법 4종류를 쓰시오. [3점]

해답
① rock bolt 공법
② shotcrete 공법
③ fore poling 공법
④ grouting 공법
⑤ 강관 다단 grouting 공법

12 터널 보강에 많이 쓰이는 rock Bolt의 역할을 3가지만 쓰시오. [3점]

해답 ① 봉합역할(매달기 역할)   ② 내압역할
      ③ 보의 형성 역할   ④ 보강역할

13 암거의 배열방식을 3가지만 쓰시오. [3점]

해답 ① 자연유하식
      ② 머리빗식
      ③ 오늬무늬식
      ④ 차단식

14 관암거의 직경이 20cm, 유속이 0.8m/s, 암거길이가 300m일 때 원활한 배수를 위한 암거낙차를 Giesler 공식을 이용하여 구하시오. [3점]

해답 $V = 20\sqrt{\dfrac{Dh}{L}}$ $0.8 = 20\sqrt{\dfrac{0.2h}{300}}$

∴ $h = 2.4\,\text{m}$

15 댐의 계획 홍수위시 댐의 안정을 위해 물을 조속히 배제하기 위한 여수로의 종류를 3가지만 쓰시오. [3점]

해답 ① 슈트식 여수로   ② 측수로 여수로
      ③ 그롤리홀 여수로   ④ 사이펀 여수로

16 토취장을 선정함에 있어서 어떤 조건을 고려하여 정해야 하는지 5가지만 쓰시오. [3점]

해답 ① 토질이 양호할 것
      ② 토량이 충분할 것
      ③ 싣기가 편리한 지형일 것
      ④ 성토장소를 향하여 하향구배 1/50~1/100 정도를 유지할 것
      ⑤ 운반로가 양호하고 장애물이 적을 것
      ⑥ 용수, 붕괴의 염려가 없고 배수가 양호한 지형일 것

17 그림과 같은 구형 유조 탱크를 주유소에 묻고 나머지 흙은 660m²의 마당에 고루 펴고 다지려 한다. 마당은 최소한 얼마나 더 높아지겠는가? (단, $L=1.2$, $C=0.9$, 구의 체적= $\frac{4}{3}\pi r^3$) [4점]

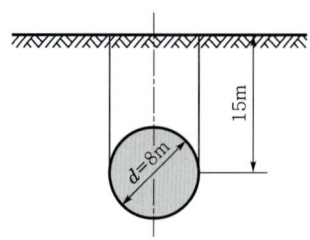

해답
① 굴착토량
$= \frac{\pi \times 8^2}{4} \times 15 + \frac{4}{3} \times \pi \times 4^3 \times \frac{1}{2}$
$= 888.02 \, \text{m}^3$

② 되메움 토량
$= \left(\frac{\pi \times 8^2}{4} \times 15 - \frac{4}{3} \times \pi \times 4^3 \times \frac{1}{2} \right) \times \frac{1}{0.9}$
$= 688.82 \, \text{m}^3$

③ 잔토량 $= 888.02 - 688.82 = 199.2 \, \text{m}^3$

④ 마당이 높아지는 최소의 높이
$= \frac{199.2 \times C}{660} = \frac{199.2 \times 0.9}{660} = 0.27 \, \text{m}$

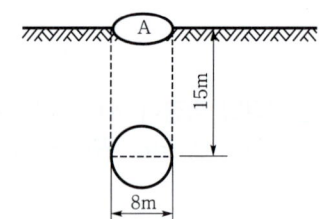

18 콘크리트의 압축강도를 시험하여 거푸집널의 해체시기를 결정하는 경우 그 기준을 나타내는 아래표의 빈칸을 채우시오. [3점]

부재	콘크리트 압축강도(f_{cu})
확대기초, 보, 기둥 등의 측면	( )
슬래브 및 보의 밑면, 아치 내면	( )

해답 거푸집을 떼어내도 좋은 시기(콘크리트 압축강도를 시험한 경우)
[콘크리트 표준시방서(2009)]

부 재	콘크리트 압축강도(f_{cu})
확대 기초, 보 옆, 기둥, 벽 등의 측벽	5MPa 이상
슬래브 및 보의 밑면, 아치 내면	설계기준 압축강도의 $\frac{2}{3}$ 배 이상 또한, 최소 14MPa 이상

19 그림과 같은 등고선을 굴착하여 오른편 그림과 같은 도로성토를 하려고 한다. 다음 물음에 답하시오. (단, $L=1.20$, $C=0.90$, 토량은 각주 공식을 사용한다.) [6점]

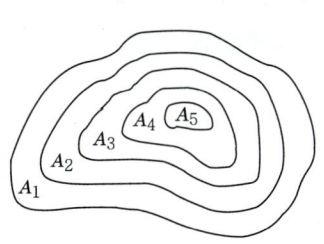

면적(m²)
$A_1=1400$
$A_2=950$
$A_3=600$
$A_4=250$
$A_5=100$
한 등고선 높이 : 20m

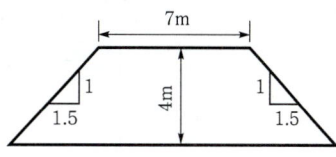

shovel의 C_m : 20초
dipper 계수 : 0.95
작업효율 : 0.80
1일 운전시간 : 6시간
유류소모량 : 4l/h

(1) 도로의 길이는 몇 m를 만들 수 있는가?
(2) 그림과 같은 조건에서 1m³ power shovel 5대가 굴착할 때 작업일수는 며칠인가?
(3) 총 유류소모량(power shovel)은 얼마나 되겠는가?

해답 (1) ① 굴착토량

$$V = \frac{h}{3}[A_1 + 4(A_2 + A_4 + \cdots) + 2(A_3 + A_5 + \cdots) + A_n]$$

$$= \frac{h}{3}[A_1 + 4(A_2 + A_4) + 2A_3 + A_5]$$

$$= \frac{20}{3}[1400 + 4(950 + 250) + 2 \times 600 + 100] = 50,000 \, \text{m}^3$$

② 성토의 단면적

$$= \frac{7 + (6+7+6)}{2} \times 4 = 52 \, \text{m}^2$$

③ 도로의 길이

$$= \frac{50,000 \times C}{52} = \frac{50,000 \times 0.9}{52} = 865.38 \, \text{m}$$

(2) ① power shovel 작업량

$$Q = \frac{3600 \, q \, k \, f \, E}{C_m} = \frac{3600 \times 1 \times 0.95 \times \frac{1}{1.2} \times 0.8}{20} = 114 \, \text{m}^3/\text{h}$$

② power shovel 5대의 1일 작업량
$= 114 \times 6 \times 5 = 3420 \, \text{m}^3$

③ 작업일수 $= \dfrac{50,000}{3420} = 14.62 = 15$일

(3) 총 유류소모량
$= 14.62 \times 6 \times 5 \times 4 = 1754.4 \, l$

20 콘크리트의 설계기준 압축강도가 40MPa이고, 27회의 콘크리트 압축강도 시험으로부터 구한 표준편차가 5.0MPa이다. 아래 표를 참고하여 이 콘크리트의 배합강도를 구하시오. [3점]

[시험횟수가 29회 이하일 때 표준편차의 보정계수]

시험횟수	표준편차의 보정계수
15	1.16
20	1.08
25	1.03
30 또는 그 이상	1.00

해답
① 시험횟수 27회일 때 표준편차의 보정계수
$$= 1 + \frac{(1.03-1) \times 3}{5} = 1.018$$
② 직선 보간한 표준편차
$\sigma = 1.018 \times 5 = 5.09 \text{MPa}$
③ $f_{cr} = f_{ck} + 1.34S = 40 + 1.34 \times 5.09 = 46.82\text{MPa}$
$f_{cr} = 0.9f_{ck} + 2.33S = 0.9 \times 40 + 2.33 \times 5.09 = 47.86\text{MPa}$
두 값 중 큰 값이 배합강도이므로
∴ $f_{cr} = 47.86\text{MPa}$

21 단위시멘트량이 310kg/m³, 단위수량이 160kg/m³, 단위잔골재량이 690kg/m³, 단위굵은골재량이 1390kg/m³인 콘크리트의 시방배합을 아래 표의 현장 골재상태에 맞게 현장배합으로 환산하여 이때의 단위수량을 구하시오. [3점]

[현장 골재 상태]
· 잔골재가 5mm체에 남는 양 : 3.5%   · 잔골재의 표면수 : 4.6%
· 굵은골재가 5mm체를 통과하는 양 : 4.5%   · 굵은골재의 표면수 : 0.7%

해답
(1) 골재량의 수정
　 잔골재량을 x(kg), 굵은골재량을 y(kg)이라 하면
　 $x + y = 690 + 1390 = 2080$ ············ ①
　 $0.035x + (1-0.045)y = 1390$ ············ ②
　 식 ①, ②를 연립방정식으로 풀면
　 $x = 648.26\text{kg}, \ y = 1431.74\text{kg}$

(2) 표면수량 수정
　 ① 잔골재 표면수량 = 648.26 × 0.046 = 29.82kg
　 ② 굵은골재 표면수량 = 1431.74 × 0.007 = 10.02kg

(3) 단위수량 = 160 - (29.82 + 10.02) = 120.16kg

22 동상현상이 발생하면 지면이 융기하게 되고 겨울철 토목공사에 많은 문제가 발생할 수 있다. 이러한 동상이 발생하기 쉬운 3가지 중요한 조건을 쓰시오. [3점]

해답 ① 동상을 받기 쉬운 흙(실트질토)이 존재한다.
② 0℃ 이하의 온도지속시간이 길다.
③ ice lens를 형성할 수 있도록 물의 공급이 충분해야 한다.

23 댐의 안정조건 3가지를 쓰시오. [3점]

해답 ① 전도파괴에 대한 안정
② 전단파괴에 대한 안정
③ 기초의 지내력에 대한 안정

24 주어진 반중력식 교대의 도면을 보고 다음 물량을 산출하시오. (단, 교대 전체길이는 10m이며, 도면의 치수단위는 mm이다.) [8점]

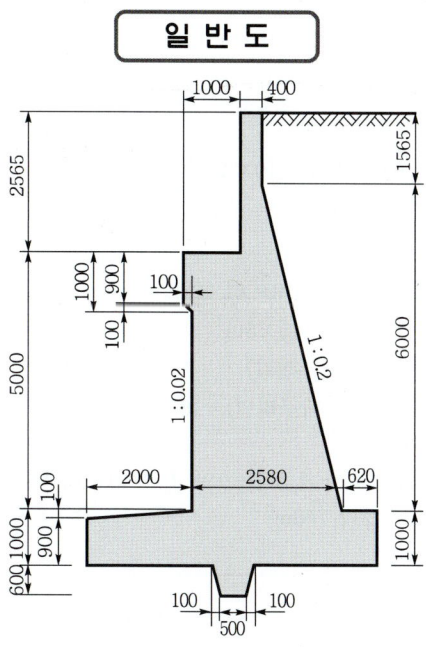

(1) 교대의 전체 콘크리트량을 구하시오. (단, 소수점 이하 4째자리에서 반올림하시오.)
(2) 교대의 전체 거푸집량을 구하시오. (단, 돌출부(전단 key)에 거푸집을 사용하며, 소수점 이하 4째자리에서 반올림하시오.)

해답 (1) 폭이 10m인 교대의 콘크리트량

① $A_1 = 0.4 \times 1.565 = 0.626\text{m}^2$

② $A_2 = \dfrac{0.4 + (0.4 + 1 \times 0.2)}{1} \times 1 = 0.5\text{m}^2$

③ $A_3 = \dfrac{1.6 + (1.6 + 0.9 \times 0.2)}{2} \times 0.9 = 1.521\text{m}^2$

④ $A_4 = \dfrac{1.78 + (1.68 + 0.1 \times 0.2)}{2} \times 0.1$
   $= 0.174\text{m}^2$

⑤ $A_5 = \dfrac{1.7 + 2.58}{2} \times 4 = 8.56\text{m}^2$

⑥ $A_6 = \dfrac{(2.58 + 0.62) + 5.2}{2} \times 0.1 = 0.42\text{m}^2$

⑦ $A_7 = 5.2 \times 0.9 = 4.68\text{m}^2$

⑧ $A_8 = \dfrac{0.7 + 0.5}{2} \times 0.6 = 0.36\text{m}^2$

⑨ 콘크리트량 $= (A_1 + A_2 + \cdots\cdots + A_8) \times 10$
   $= 16.841 \times 10 = 168.41\text{m}^3$

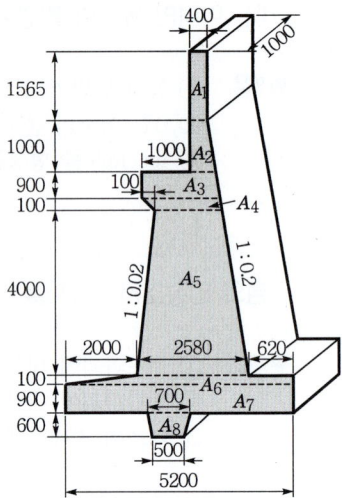

(2) 폭이 10m인 교대의 거푸집량

① $A_1 = 2.565 \times 10 = 25.65\text{m}^2$

② $A_2 = 0.9 \times 10 = 9\text{m}^2$

③ $A_3 = \sqrt{0.1^2 + 0.1^2} \times 10 = 1.4142\text{m}^2$

④ $A_4 = \sqrt{4^2 + 0.08^2} \times 10 = 40.008\text{m}^2$

⑤ $A_5 = 0.9 \times 10 = 9\text{m}^2$

⑥ $A_6 = \sqrt{0.6^2 + 0.1^2} \times 10 \times 2(좌 \cdot 우)$
   $= 12.1655\text{m}^2$

⑦ $A_7 = 1 \times 10 = 10\text{m}^2$

⑧ $A_8 = \sqrt{6^2 + 1.2^2} \times 10 = 61.1882\text{m}^2$

⑨ $A_9 = 1.565 \times 10 = 15.65\text{m}^2$

⑩ A_{10}(마구리면 거푸집량)
   $= Ⓐ \times 2(앞 \cdot 뒤 \text{ 마구리면}) = 16.841 \times 2$
   $= 33.682\text{m}^2$

⑪ 거푸집량 $= A_1 + A_2 + \cdots\cdots + A_{10} = 217.7579$
   $= 217.758\text{m}^2$

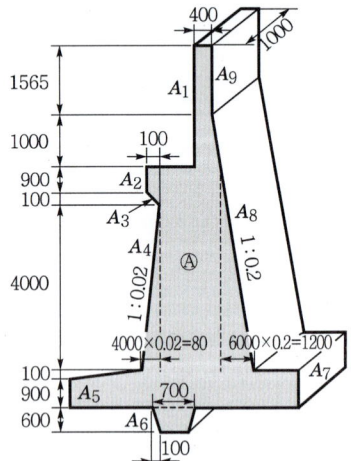

25 도로의 배수처리는 도로의 기능 및 교통안전에 중요한 요소로 작용한다. 다음 배수시설 종류별로 대표적인 것 1가지씩만 쓰시오. [3점]

① 표면 배수 :
② 지하 배수 :
③ 횡단 배수 :

해답
① 측구, 가거(side gutter)
② 유공관 암거, 맹암거
③ 도로암거

참고 도로의 배수시설[국토교통부 도로 배수시설 설계(2020)]
① 표면 배수시설 : 도로 부지내 강우 또는 강설에 의해 발생한 우수와 도로 인접 지역에서 유입되는 우수를 원활히 처리하기 위해 설치한다.
② 지하 배수시설 : 지하수위를 저하시켜 포장체의 지지력을 확보하고, 도로에 근접하는 비탈면, 옹벽 등의 손상을 방지하기 위해 설치한다. 지하 배수시설은 종방향배수, 횡단 및 수평배수, 배수층에 의한 배수로 구분한다.

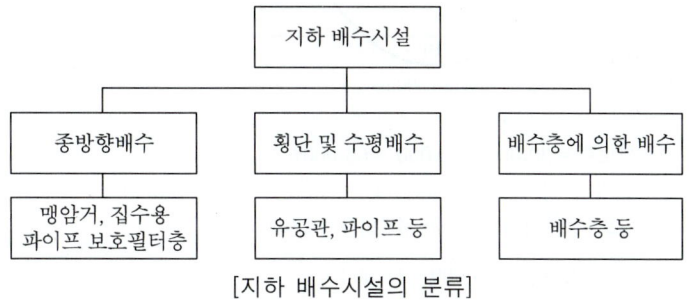

[지하 배수시설의 분류]

③ 횡단 배수시설 : 도로를 횡단하는 소하천 또는 수로를 위한 시설로서 도로의 횡방향으로 설치되는 파이프, 박스 등의 배수시설물이다.

토목 기사 2020년(3차)

 아래의 문제는 독자들의 출제경향에 이해가 되도록 수험생들의 기억에 의해 복원된 문제로 일부 문제는 다를 수가 있으므로 착오 없으시길 바랍니다.

01 다음 그림에서 (A)의 흙(모래 및 점토)을 굴착하여 (B), (C)에 성토하고 난 후에 남는 흙의 양(본바닥 토량)은 얼마인가? (단, 토량변화율 모래에서 $C=0.8$, 점토에서 $C=0.9$이고, 모래굴착 후 점토를 굴착한다.) [3점]

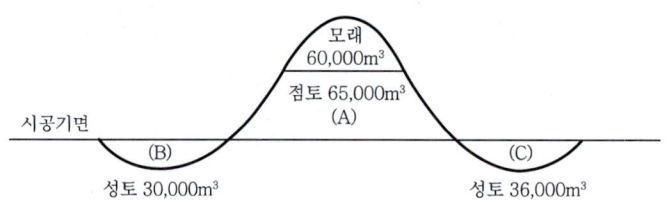

 해답
① 성토량 $= 30,000 + 36,000 = 66,000 \, \text{m}^3$
② 모래의 성토량 $= 60,000 \times C = 60,000 \times 0.8 = 48,000 \, \text{m}^3$
③ 성토 부족량 $= 66,000 - 48,000 = 18,000 \, \text{m}^3$
④ 남는 점토량 $= 65,000 - 18,000 \times \dfrac{1}{C}$
$\qquad\qquad\quad = 65,000 - 18,000 \times \dfrac{1}{0.9}$
$\qquad\qquad\quad = 45,000 \, \text{m}^3$

02 다음 물음에 답하시오. [6점]

(1) 사운딩의 정의를 간단히 쓰시오.
(2) 정적 사운딩의 종류를 3가지만 쓰시오.

 해답
(1) Rod 선단에 설치한 저항체를 땅 속에 삽입하여 관입, 회전, 인발 등의 저항치로부터 지반의 특성을 파악하는 지반조사방법이다.
(2) ① 휴대용 원추관입시험
② 정적콘관입시험(CPT)
③ 베인시험
④ 피조콘관입시험기(CPTU)

03 연약지반 개량을 위한 sand drain 공법에서 sand pile 타입방법을 3가지만 쓰시오. [3점]

 ① 압축공기식 케이싱법　　② water jet식 케이싱법
③ earth auger법

04 교대의 구조형식에 의한 분류 5가지를 쓰시오. [3점]

 ① 중력식교대　　　　　② 반중력식교대
③ cantilever식교대　　④ 특수교대(아치형)
⑤ 부벽식교대

05 댐의 기초암반을 침투하는 물을 방지하기 위하여 지수의 목적으로 댐의 축방향 기초 상류부에 병풍모양으로 시멘트용액 또는 벤토나이트와 점토의 혼합용액을 주입하는 공법을 쓰시오. [2점]

 커튼 그라우팅(curtain grouting)

06 유수(流水)의 흐름방향과 유속을 제어하여 하안, 제방의 침식현상을 방지하기 위해 호안이나 하안 전면부에 설치하는 구조물을 무엇이라 하는가? [2점]

해답　수제(spur dyke)

참고　수제의 설치목적
① 하안의 침식 및 호안의 파손방지
② 유로의 고정
③ 유량의 확보

07 0℃ 이하의 기온이 계속되면 지표면의 위쪽부터 흙이 동결하기 시작한다. 이에 따른 동상대책을 3가지만 쓰시오. [2점]

 ① 배수구를 설치하여 지하수위를 낮춘다.
② 지하수위보다 높은 곳에 조립의 차단층(모래, 콘크리트, 아스팔트)을 설치하여 모관상승을 방지한다.
③ 동결심도 상부의 흙을 동결하기 어려운 재료(자갈, 쇄석, 석탄재)로 치환한다.
④ 지표면 근처에 단열재료(석탄재, 코크스)를 넣는다.

08

아래 그림과 같이 지표면에 100kN의 집중하중이 작용할 때 다음 물음에 답하시오. (단, 소수점 이하 4째 자리에서 반올림하시오.)

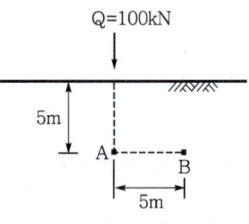

(1) A점에서의 연직응력의 증가량을 구하시오.
(2) B점에서의 연직응력의 증가량을 구하시오.

해답

(1) $\Delta\sigma_Z = \dfrac{P}{Z^2} I = \dfrac{100}{5^2} \times \dfrac{3}{2\pi} = 1.91\,\text{kN/m}^2$

(2) ① $I = \dfrac{3Z^5}{2\pi R^5} = \dfrac{3 \times 5^5}{2\pi(\sqrt{5^2+5^2})^5} = 0.084$

② $\Delta\sigma_Z = \dfrac{P}{Z^2} I = \dfrac{100}{5^2} \times 0.084 = 0.336\,\text{kN/m}^2$

09

굵은골재 최대치수 25mm, 단위수량 157kg, 물-시멘트비 50%, 슬럼프 80mm, 잔골재율 40%, 잔골재 표건밀도 2.60g/cm³, 굵은골재 표건밀도 2.65g/cm³, 시멘트밀도 3.14g/cm³, 공기량 4.5%일 때 콘크리트 1m³에 소요되는 굵은골재량을 구하시오. [4점]

해답

① 단위수량
$\dfrac{W}{C} = 0.5$ $\dfrac{157}{C} = 0.5$ $\therefore C = 314\,\text{kg}$

② 단위골재량 절대체적
$V_a = 1 - \left(\dfrac{\text{단위수량}}{1000} + \dfrac{\text{단위시멘트량}}{\text{시멘트 비중}\times 1000} + \dfrac{\text{공기량}}{100}\right)$
$= 1 - \left(\dfrac{157}{1000} + \dfrac{314}{3.14\times 1000} + \dfrac{4.5}{100}\right) = 0.7\,\text{m}^3$

③ 단위잔골재량 절대체적
$V_s = V_a \times \dfrac{S}{a} = 0.7 \times 0.4 = 0.28\,\text{m}^3$

④ 단위굵은골재량 절대체적
$V_G = V_a - V_s = 0.7 - 0.28 = 0.42\,\text{m}^3$

⑤ 단위굵은골재량 $= 0.42 \times 2.65 \times 1000 = 1113\,\text{kg}$

10. 주어진 선반식 L형 옹벽의 도면 및 조건에 따라 다음 물량을 산출하시오. (단, 주어진 도면의 치수는 축척에 맞지 않을 수 있으며, 주어진 치수로만 물량을 산출할 것) [18점]

단 면 도

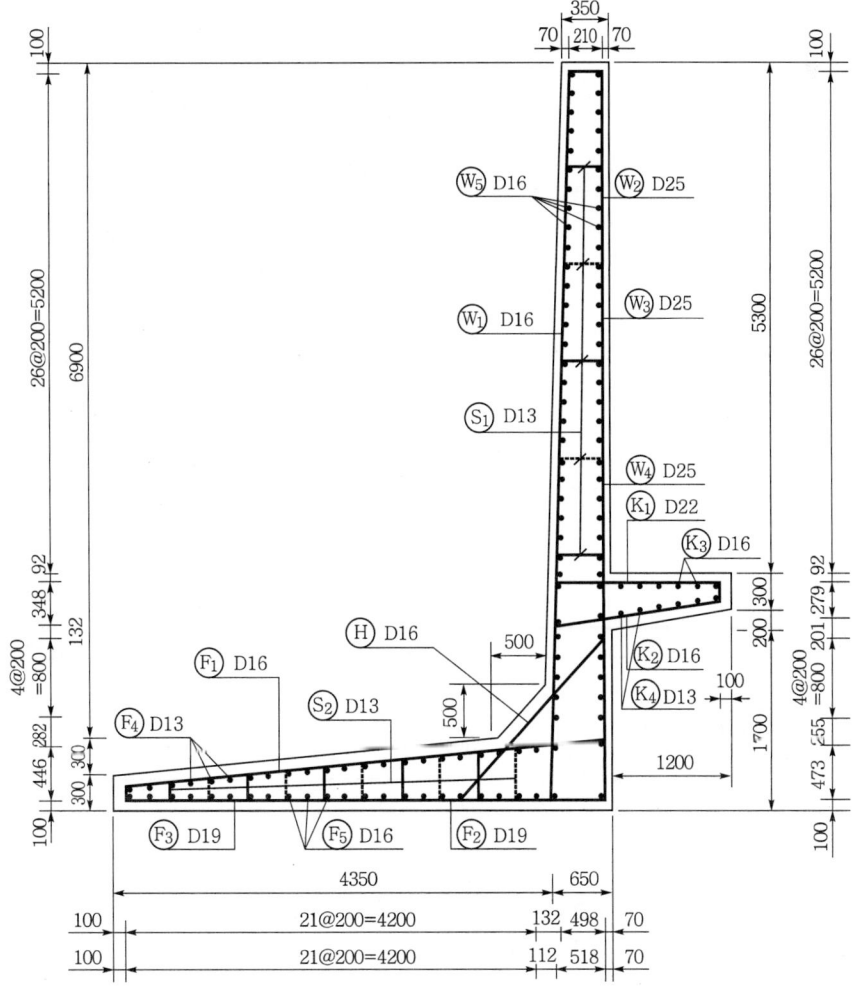

일 반 도

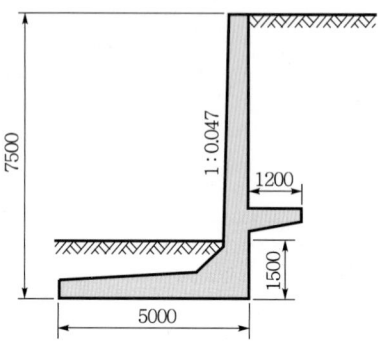

철근 상세도

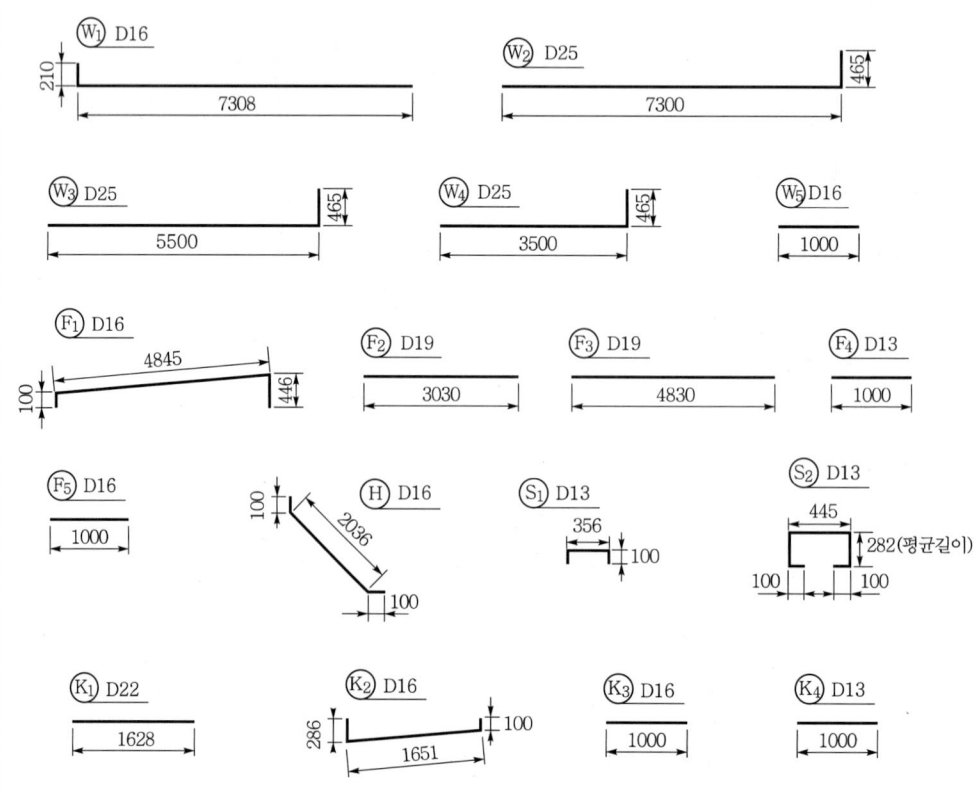

> 조건
> ① W_1, W_4, H, K_1, K_2, K_3, K_4, F_1, F_2, F_3 철근은 각각 200mm 간격으로 배근한다.
> ② W_2, W_3 철근은 각각 400mm 간격으로 배근한다.
> ③ S_1, S_2 철근은 건너서(지그재그) 배근한다.
> ④ 물량산출에서의 할증률 및 양측 마구리면과 상면 노출부는 무시한다.
> ⑤ 철근길이 계산에서 상세도에 표시되어 있지 않은 이음길이는 계산하지 않는다.

(1) 길이 1m에 대한 콘크리트량을 구하시오. (단, 소수 4째자리에서 반올림하시오.)
(2) 길이 1m에 대한 거푸집량을 구하시오. (단, 소수 4째자리에서 반올림하시오.)
(3) 길이 1m에 대한 철근 물량표를 완성하시오. (단, mm 단위 이하는 반올림하여 mm 까지 구함.)

참고 선반식 L형 옹벽의 경사투영형상

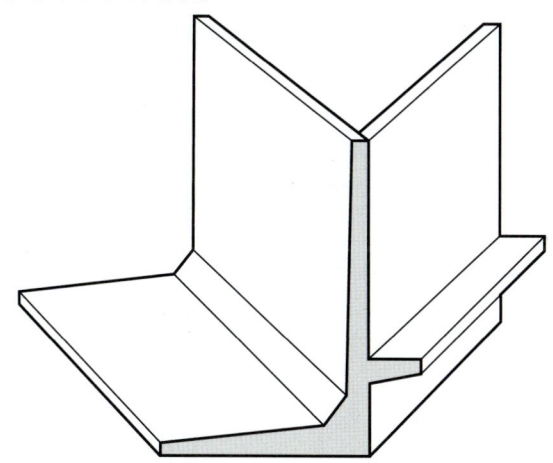

해답 (1) 길이 1m에 대한 콘크리트량

① $A_1 = \dfrac{0.35 + 0.65}{2} \times 6.4 = 3.2\,\text{m}^2$

② $A_2 = \dfrac{0.3 + 0.5}{2} \times 1.2 = 0.48\,\text{m}^2$

③ $A_3 = \dfrac{0.65 + 1.15}{2} \times 0.5 = 0.45\,\text{m}^2$

④ $A_4 = \dfrac{1.15 + 5}{2} \times 0.3 = 0.9225\,\text{m}^2$

⑤ $A_5 = 5 \times 0.3 = 1.5\,\text{m}^2$

⑥ 콘크리트량 $= (A_1 + A_2 + \cdots + A_5) \times 1$
$= 6.5525 \times 1 = 6.553\,\text{m}^3$

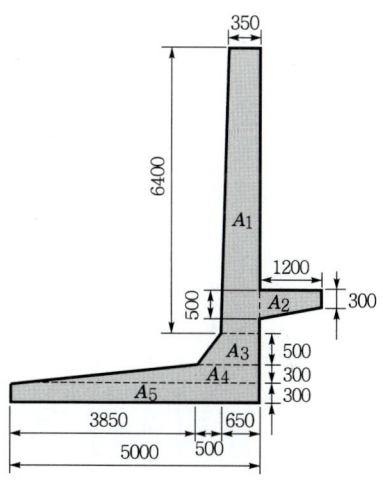

(2) 길이 1m에 대한 거푸집량

① $\overline{ab} = \sqrt{0.3^2 + 6.4^2} = 6.407\,\text{m}$

② $\overline{bc} = \sqrt{0.5^2 + 0.5^2} = 0.7071\,\text{m}$

③ $\overline{de} = 0.3\,m$
④ $\overline{fg} = 1.7\,m$
⑤ $\overline{gh} = \sqrt{1.2^2 + 0.2^2} = 1.2166\,m$
⑥ $\overline{hi} = 0.3\,m$
⑦ $\overline{jk} = 5.3\,m$
⑧ 거푸집의 길이 = ① + ② + …… + ⑦ = 15.931 m
⑨ 거푸집량 = 15.931 × 1 = 15.931 m²

(3) 길이 1m에 대한 철근량
① 단면도상 선으로 보이는 철근(W_1, F_1, K_2, H)

• 철근개수 ⇒ $\dfrac{\text{단위길이(1m)}}{\text{철근간격}}$

기호	직경	본당길이(mm)	수량	총 길이(mm)	수량 산출근거
W_1	D 16	210 + 7308 = 7518	5	37,590	수량 = $\dfrac{1}{0.2}$ = 5개
F_1	D 16	100 + 4845 + 446 = 5391	5	26,955	
K_2	D 16	286 + 1651 + 100 = 2037	5	10,185	
H	D 16	100 + 2036 + 100 = 2236	5	11,180	

✱ 참고 단면도상 선으로 보이는 철근의 구분

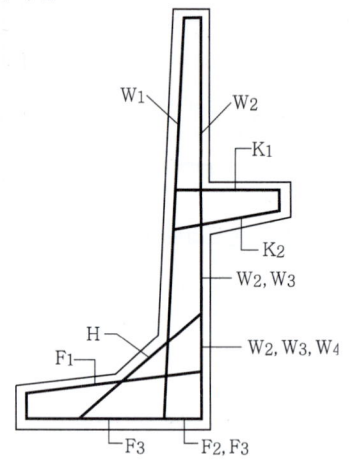

② 단면도상 점으로 보이는 철근
• W_5, F_4, F_5 철근개수 ⇒ (간격수 + 1), 혹은 단면도상의 개수
• K_3 철근 ⇒ 단면도상의 개수

기호	직경	본당 길이(mm)	수량	총 길이(mm)	수량 산출근거
W_5	D 16	1000	68	68,000	수량 = (33 + 1) × 2(좌·우) = 68개
F_4	D 13	1000	24	24,000	수량 = 23 + 1 = 24개
F_5	D 16	1000	24	24,000	수량 = 23 + 1 = 24개
K_3	D 16	1000	6	6000	단면도상의 개수를 센다.

참고 단면도상 점으로 보이는 철근의 구분

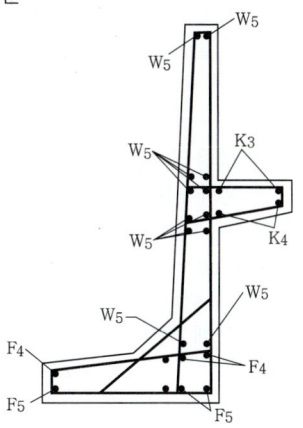

③ S_1, S_2 철근개수 $\Rightarrow \dfrac{\text{단위길이(1m)}}{\text{간격} \times 2} \times \text{개소}$

기호	직경	본당 길이(mm)	수량	총 길이(mm)	수량 산출근거
S_1	D 13	356+100×2=556	12.5	6950	수량=$\dfrac{1}{0.2 \times 2} \times 5 = 12.5$개 ※ S_1의 간격은 W_1의 간격과 같다.
S_2	D 13	445+282×2+100×2=1209	12.5	15,113	수량=$\dfrac{1}{0.4 \times 2} \times 10 = 12.5$개 ※ S_2의 간격은 F_1의 영향을 받는다.

참고 S_1, S_2 철근의 구분

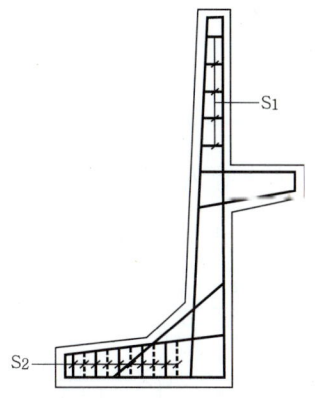

④ 철근 물량표(단, mm 단위 이하는 반올림하여 mm까지 구함.)

기호	직경	길이(mm)	수량	총 길이(mm)	기호	직경	길이(mm)	수량	총 길이(mm)
W_1	D 16	7518	5	37,590	F_5	D 16	1000	24	24,000
W_5	D 16	1000	68	68,000	K_2	D 16	2037	5	10,185
H	D 16	2236	5	11,180	K_3	D 16	1000	6	6000
F_1	D 16	5391	5	26,955	S_1	D 13	556	12.5	6950
F_4	D 13	1000	24	24,000	S_2	D 13	1209	12.5	15,113

11 매스콘크리트에서는 구조물에 필요한 기능 및 품질을 손상시키지 않도록 온도균열을 제어하기 위해 적절한 조치를 강구해야 한다. 온도균열을 억제하기 위한 방법을 3가지만 쓰시오. [3점]

해답
① 수화열이 적은 중용열 포틀랜드시멘트를 사용한다.
② fly-ash 등의 혼화재를 사용한다.
③ 굵은골재 최대 치수를 가능한 한 크게 하여 단위 시멘트량을 작게 한다.
④ pre-cooling, pipe-cooling을 한다.
⑤ 이음 간격을 짧게 한다.
⑥ 균열제어 철근을 배치한다.

12 다음과 같은 모양의 중력식 옹벽을 설치하려고 한다. 흙의 단위중량 $\gamma_t = 17.5 \text{kN/m}^3$, 내부마찰각 $\phi = 30°$, 점착력 $c = 0$, 콘크리트의 단위중량 $\gamma_c = 24\text{kN/m}^3$일 때 옹벽의 전도(over-turning)에 대한 안전율을 Rankine의 식을 이용하여 계산하시오. (단, 옹벽 전면에 작용하는 수동토압은 무시한다.) [3점]

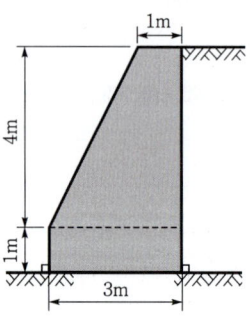

해답
① $P_a = \dfrac{1}{2}\gamma h^2 K_a = \dfrac{1}{2}\gamma h^2 \tan^2\left(45° - \dfrac{\phi}{2}\right)$

$= \dfrac{1}{2} \times 17.5 \times 5^2 \times \tan^2\left(45° - \dfrac{30°}{2}\right) = 72.92 \text{kN/m}$

② $F_s = \dfrac{Wb + P_V B}{P_H y} = \dfrac{Wb}{P_a y}$

$= \dfrac{\left\{(1+5) \times \dfrac{2}{2} \times 24\right\} \times \dfrac{1+2\times 5}{1+5} \times \dfrac{2}{3} + \{(1 \times 5) \times 24\} \times 2.5}{72.92 \times \dfrac{5}{3}} = 3.92$

13

현장타설 말뚝 공법 중 기계굴착식 공법의 종류를 3가지만 쓰시오. [3점]

해답 ① benoto 공법 ② earth drill 공법 ③ RCD 공법

참고 현장타설 콘크리트 말뚝
① 기계굴착
  ㉠ benoto 공법
  ㉡ earth drill 공법
  ㉢ RCD 공법
② 치환공법
  ㉠ CIP 공법
  ㉡ MIP 공법
  ㉢ PIP 공법

14

콘크리트의 설계기준강도가 24MPa이고, 이 현장에서 압축강도시험의 기록이 없는 경우 배합강도(f_{cr})를 구하시오. [3점]

해답 $f_{cr} = f_{ck} + 8.5 = 24 + 8.5 = 32.5\,\text{MPa}$

참고 표준편차를 계산하기 위한 현장강도 기록이 없거나 압축강도의 시험횟수가 14회 이하인 경우의 배합강도

설계기준강도 f_{ck}(MPa)	배합강도 f_{cr}(MPa)
21 미만	$f_{ck}+7$
21~35	$f_{ck}+8.5$
35 초과	$1.1f_{ck}+5$

15

하천 토공을 위한 횡단측량 결과 다음 그림과 같은 결과를 얻었다. Simpson 제1법칙에 의한 횡단면적은? (단위 : m) [3점]

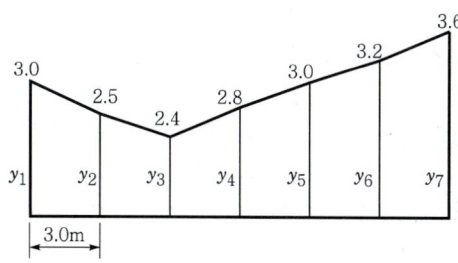

해답
$$A = \frac{h}{3}(y_1 + 4\Sigma y_{짝수} + 2\Sigma y_{홀수} + y_n)$$
$$= \frac{3}{3}[3.0 + 4(2.5 + 2.8 + 3.2) + 2(2.4 + 3.0) + 3.6] = 51.4\,\text{m}^2$$

16 NATM 공법을 이용한 터널시공시 보조공법에 대해 다음 물음에 답하시오. [6점]

(1) 터널의 막장 안정을 위한 공법을 3가지만 쓰시오.
(2) 지하수 처리를 위한 대책공법 3가지만 쓰시오.

해답 (1) ① rock bolt 공법
② shotcrete 공법
③ fore poling 공법
④ grouting 공법
⑤ 강관 다단 grouting 공법

(2) ① 물빼기 갱(수발터널) 설치
② 물빼기 보링(수발보링) 설치
③ 약액주입공법
④ 웰 포인트 공법
⑤ 동결공법

17 불도저를 이용한 작업에서 운반거리(l)가 60m, 전진속도(V_1) 2.4km/hr, 후진속도(V_2) 3.0km/hr, 기어변속시간 18초, 굴착압토량(q)은 3.0m³, 토량변화율(L)은 1.25, 작업효율(E)은 0.8일 때 1시간당 작업량(Q)은 자연상태로 얼마인가? [3점]

해답 ① $C_m = 0.06\left(\dfrac{l}{V_1} + \dfrac{l}{V_2}\right) + t_g = 0.06\left(\dfrac{60}{2.4} + \dfrac{60}{3}\right) + \dfrac{18}{60} = 3$분

$\left(\text{또는 } C_m = \dfrac{l}{V_1} + \dfrac{l}{V_2} + t_g = \dfrac{60}{\frac{2400}{60}} + \dfrac{60}{\frac{3000}{60}} + \dfrac{18}{60} = 3\text{분}\right)$

② $Q = \dfrac{60\,q\,f\,E}{C_m} = \dfrac{60\,q\,\dfrac{1}{L}\,E}{C_m} = \dfrac{60 \times 3 \times \dfrac{1}{1.25} \times 0.8}{3} = 38.4\,\text{m}^3/\text{hr}$

18 차량이 곡선부를 주행할 때 원심력으로 인하여 곡선부 바깥쪽으로 미끄러지거나 전도할 위험이 있으므로 최소 곡선반경을 산정하여 차량이 안전하고 쾌적하게 주행할 수 있도록 하고 있다. 다음의 주어진 값을 적용하여 최소 곡선반경(m)을 구하시오. [3점]

조건
- 설계속도 : 100km/h
- 횡방향 미끄럼 마찰계수(f)=0.11
- 편구배(i)=6%

해답 $R \geq \dfrac{V^2}{127(i+f)} = \dfrac{100^2}{127(0.06+0.11)}$
$= 463.18\,\text{m}$

19 다음 그림과 같은 널말뚝에 작용하는 주동토압을 구하시오. (단, 지하수위는 점토지반 상부에 위치하며, 벽마찰각은 무시한다.) [3점]

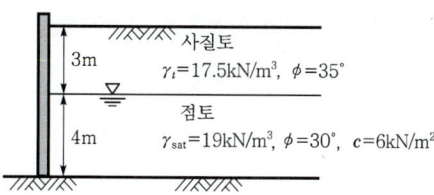

해답

① $K_{a1} = \tan^2\left(45° - \dfrac{35°}{2}\right) = 0.27$

$K_{a2} = \tan^2\left(45° - \dfrac{30°}{2}\right) = 0.33$

② $P_a = \dfrac{1}{2}\gamma_t h_1^2 K_a + \gamma_t h_1 h_2 K_{a2} + \dfrac{1}{2}\gamma_{sub} h_2^2 K_{a2} + \dfrac{1}{2}\gamma_w h_2^2 - 2c\sqrt{K_{a2}}\, h_2$

$= \dfrac{1}{2} \times 17.5 \times 3^2 \times 0.27 + 17.5 \times 3 \times 4 \times 0.33 + \dfrac{1}{2} \times 9.2 \times 4^2 \times 0.33$

$+ \dfrac{1}{2} \times 9.8 \times 4^2 - 2 \times 6 \times \sqrt{0.33} \times 4$

$= 165.68\,\text{kN/m}$

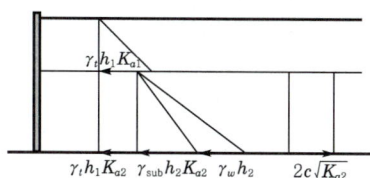

20 1.5m×1.5m의 크기인 정방형 기초가 마찰각 $\phi = 20°$, $c = 1.55\,\text{N/cm}^2$인 지반에 위치해 있다. 흙의 단위중량 $\gamma = 18.2\,\text{kN/m}^3$이고, 안전율이 3일 때, 기초상의 허용 진하중을 결정하시오. (단, 기초깊이는 1m이고, 전반전단파괴가 일어난다고 가정하고, $N_c = 17.7$, $N_q = 7.4$, $N_r = 5$이다.) [3점]

해답

① $q_u = \alpha c N_c + \beta B \gamma_1 N_r + D_f \gamma_2 N_q$

$= 1.3 \times 15.5 \times 17.7 + 0.4 \times 1.5 \times 18.2 \times 5 + 1 \times 18.2 \times 7.4$

$= 545.94\,\text{kN/m}^2$

② $q_a = \dfrac{q_u}{F_s} = \dfrac{545.94}{3} = 181.98\,\text{kN/m}^2$

③ $q_a = \dfrac{Q_{all}}{A}$

$181.98 = \dfrac{Q_{all}}{1.5 \times 1.5}$ ∴ $Q_{all} = 409.46\,\text{kN}$

21

히빙(Heaving)에 대한 아래의 물음에 답하시오. [6점]

(1) 오른쪽 그림과 같은 점성토 지반에서 말뚝의 하단을 통하는 활동면에 대한 히빙의 안전율을 구하시오.

(2) 히빙의 방지대책을 3가지만 쓰시오.

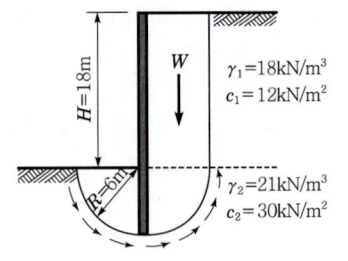

해답

(1) ① $M_d = (\gamma_1 H + q)\dfrac{R^2}{2}$

$\quad\quad = (18 \times 18 + 0) \times \dfrac{6^2}{2} = 5,832 \, \text{kN} \cdot \text{m}$

② $M_r = c_1 HR + c_2 \pi R^2 = 12 \times 18 \times 6 + 30 \times \pi \times 6^2$

$\quad\quad = 4,688.92 \, \text{kN} \cdot \text{m}$

③ $F_s = \dfrac{M_r}{M_d} = \dfrac{4,688.92}{5,832} = 0.8$

(2) ① 표토를 제거하여 하중을 적게 한다.
② 흙막이의 근입깊이를 깊게 한다.
③ 양질의 재료로 지반개량을 한다.
④ 굴착면에 하중을 가한다.
⑤ earth anchor를 설치한다.

22

품질관리의 관리도를 계량치, 계수치로 구분하여 2가지씩 쓰시오. [4점]

(1) 계량치 관리도
(2) 계수치 관리도

해답 (1) ① $\bar{x} - R$ 관리도리도)
② $\tilde{x} - R$ 관리도
(2) ① P 관리도(불량률 관리도)
② P_n 관리도(불량개수 관리도)

23

다음과 같은 공정표에서 임계공정선(CP)을 구하고, 정상 공사기간과 공사비용, 정상 공사기간을 4일 줄일 때 발생하는 추가비용의 최소치를 구하시오. (단, 기간의 단위는 "일"이며 비용의 단위는 "만 원"이다.) [10점]

node	공정명	정상기간	정상비용	특급기간	특급비용
0→2	A	3	15	3	15
0→4	B	5	20	4	25
2→6	D	6	36	5	43
2→8	F	8	40	6	50
4→6	E	7	49	5	65
4→10	G	9	27	7	33
6→8	H	2	10	1	15
6→10	C	2	16	1	25
10→12	K	4	28	3	38
8→12	J	3	24	3	24

(1) 네트워크 공정표를 작성하고 임계공정선(CP)을 구하시오.
(2) 정상 공사기간과 공사비용을 구하시오.
(3) 정상 공사기간을 4일 줄일 때 발생하는 추가비용의 최소치를 구하시오.

해답 (1) ① 공정표

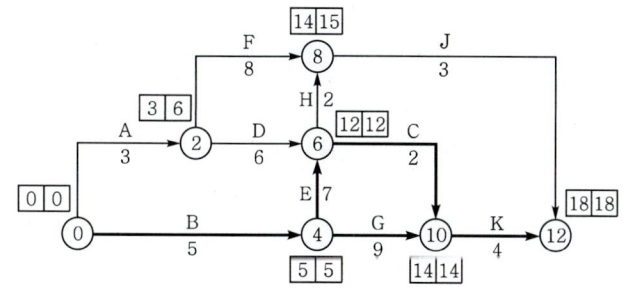

② CP : ⓪ → ④ → ⑥ → ⑩ → ⑫
　　 ⓪ → ④ → ⑩ → ⑫

참고 공정표를 다음과 같이 작성해도 좋습니다.

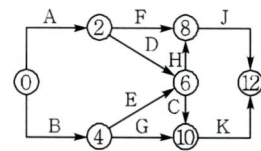

(2) 정상 공사기간과 공사비용
  ① 정상 공사기간=18일
  ② 정상 공사비용=265만 원
    (∵ 15+20+36+40+49+27+10+16+24+28=265)

(3) ① 비용경사(cost slope)

작업명	단축가능 일수	비용경사(만 원)
A	0	0
B	1	$\dfrac{25-20}{5-4}=5$
D	1	$\dfrac{43-36}{6-5}=7$
F	2	$\dfrac{50-40}{8-6}=5$
E	2	$\dfrac{65-49}{7-5}=8$
G	2	$\dfrac{33-27}{9-7}=3$
H	1	$\dfrac{15-10}{2-1}=5$
C	1	$\dfrac{25-16}{2-1}=9$
J	0	0
K	1	$\dfrac{38-28}{4-3}=10$

② 공기단축

단축단계	작업명	단축일수	추가비용(만 원)
1단계	B	1	1×5=5
2단계	K	1	1×10=10
3단계	E, G	2	2×8+2×3=22

③ 추가비용=5+10+22=37만 원

토목 기사 2021년(1차)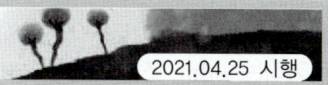

 아래의 문제는 독자들의 출제경향에 이해가 되도록 수험생들의 기억에 의해 복원된 문제로 일부 문제는 다를 수가 있으므로 착오 없으시길 바랍니다.

01 측량성과가 아래와 같고 시공기준면을 12m로 할 경우 총 토공량을 구하시오. (단, 격자점의 숫자는 표고이며, m 단위이다.) [3점]

해답 (1) 계획고 12m일 때 절토량

$$V = \frac{ab}{6}(\Sigma h_1 + 2\Sigma h_2 + 3\Sigma h_3 + \cdots + 6\Sigma h_6)$$

① $\Sigma h_1 = 1 + 2 = 3\,\text{m}$
② $\Sigma h_2 = 5 + 3 + 1 = 9\,\text{m}$
③ $\Sigma h_6 = 6\,\text{m}$

∴ $V = \dfrac{20 \times 20}{6} \times (3 + 2 \times 9 + 6 \times 6) = 3800\,\text{m}^3$

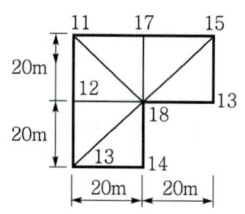

(2) 계획고 10m일 때 성토량

$$V = \frac{ab}{6}(\Sigma h_1 + 2\Sigma h_2 + 3\Sigma h_3 + \cdots + 6\Sigma h_6)$$

① $\Sigma h_1 = \Sigma h_3 = \Sigma h_4 = \Sigma h_5 = \Sigma h_6 = 0\,\text{m}$
② $\Sigma h_2 = 1\,\text{m}$

∴ $V = \dfrac{20 \times 20}{6} \times (2 \times 1) = 133.33\,\text{m}^3$

(3) 총 토공량 $= 3800 - 133.33 = 3666.67\,\text{m}^3$ (절토량)

02 교량은 상판의 위치, 구조형식, 사용재료 및 용도 등 여러 가지 관점에서 분류할 수 있다. 상판의 위치에 의하여 분류한 교량의 형식 3가지를 쓰시오. [3점]

해답 ① 상로교
② 하로교
③ 중로교
④ 2층교

03 어느 불도저의 1회 굴착압토량이 3.6m^3이며, 토량변화율(L)은 1.25, 작업효율은 0.6, 평균 굴착압토거리는 60m, 전진속도는 30m/분, 후진속도는 60m/분, 기어 변속시간 및 가속시간이 0.5분일 때 이 불도저 운전 1시간당의 작업량은 본바닥 토량으로 얼마인가? [3점]

해답

① $C_m = \dfrac{l}{V_1} + \dfrac{l}{V_2} + t_g = \dfrac{60}{30} + \dfrac{60}{60} + 0.5 = 3.5$분

② $Q = \dfrac{60\,qfE}{C_m} = \dfrac{60 \times 3.6 \times \dfrac{1}{1.25} \times 0.6}{3.5} = 29.62\,\text{m}^3/\text{h}$

04 구조물 기초를 시공하기 위하여 평탄한 지반을 다음 그림과 같이 굴착하고자 한다. 굴착할 흙의 단위중량은 1.82t/m^3이며, 토량 환산계수 $L=1.30$, $C=0.90$이다. 이때 다음 물음에 답하시오. [6점]

$$\left(\text{단, } L = \dfrac{\text{흐트러진 상태의 체적}}{\text{자연 상태의 체적}},\ C = \dfrac{\text{다져진 상태의 체적}}{\text{자연 상태의 체적}}\right)$$

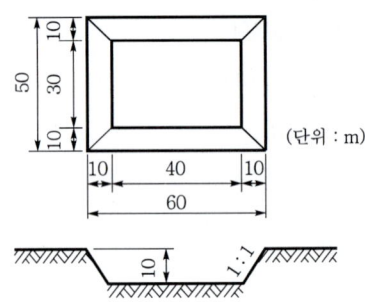

(1) 터파기 결과 발생한 굴착토의 총 중량은 몇 t인가?
(2) 굴착한 흙을 덤프트럭으로 운반하고자 한다. 1대에 15m^3를 적재할 수 있는 덤프트럭을 사용한다면 총 몇 대분이 되는가?
(3) 굴착된 흙을 $10,000\text{m}^2$의 면적을 가진 성토장에 고르게 성토하고 다질 경우 성토장의 표고는 얼마만큼 높아지겠는가? (단, 소수 3째자리에서 반올림하시오. 측면 비탈구배는 연직으로 가정한다.)

해답

(1) ① 굴착토량
$= \dfrac{A_1 + A_2}{2} \cdot h = \dfrac{(30 \times 40) + (50 \times 60)}{2} \times 10 = 21,000\,\text{m}^3$

② 굴착토의 총 중량
$\gamma_t = \dfrac{W}{V}$에서 $1.82 = \dfrac{W}{21,000}$ ∴ $W = 38,220\,\text{t}$

(2) ① 운반토량 $= 21,000 \times L = 21,000 \times 1.3 = 27,300\,\text{m}^3$

② 트럭 대수 $= \dfrac{27,300}{15} = 1820$대

(3) ① 다짐토량 $= 21,000 \times C = 21,000 \times 0.9 = 18,900\,\text{m}^3$

② 높아질 표고 $= \dfrac{18,900}{10,000} = 1.89\,\text{m}$

05

그림과 같은 인장균열이 발생하여 지표면까지 수압이 작용한다면 $F_s = \dfrac{M_r}{M_0}$의 개념으로 F_s를 구하시오. [4점]

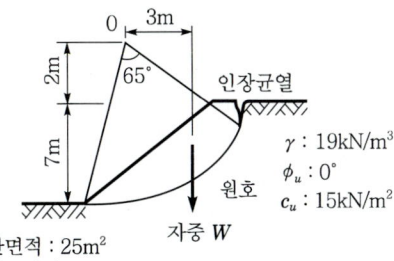

해답

① $\tau = c + \bar{\sigma}\tan\phi = c = 15\,\text{kN/m}^2$

② $L_a = r\theta = 11 \times \left(65° \times \dfrac{\pi}{180°}\right) = 12.48\,\text{m}$

③ $W = A\gamma = 25 \times 19 = 475\,\text{kN/m}$

④ $P_u = \dfrac{1}{2}\gamma_w h^2 = \dfrac{1}{2}\gamma_w Z_c^2 = \dfrac{1}{2} \times 9.8 \times 1.58^2 = 12.23\,\text{kN/m}$

$$\left(\because Z_c = \dfrac{2c\tan\left(45° + \dfrac{\phi}{2}\right)}{\gamma_t} = \dfrac{2 \times 15 \times \tan 45°}{19} = 1.58\,\text{m}\right)$$

⑤ $y = 2 + \dfrac{2}{3}Z_c = 2 + \dfrac{2}{3} \times 1.58 = 3.05\,\text{m}$

⑥ $F_s = \dfrac{\tau r L_a}{We + P_u y} = \dfrac{15 \times 11 \times 12.48}{475 \times 3 + 12.23 \times 3.05} = 1.41$

06

도로 곡선부의 평면선형을 설계함에 있어서 곡선반경이 710m, 설계속도가 120km/hr일 때의 최소 편구배를 계산하시오. (단, 타이어와 노면의 횡방향 미끄럼 마찰계수는 0.10임.) [3점]

해답

$R = \dfrac{V^2}{127(i+f)}$

$710 = \dfrac{120^2}{127(i+0.10)}$ $\therefore i = 0.06 = 6\%$

07

PS 콘크리트 교량건설공법 중 동바리를 사용하지 않는 현장타설공법의 종류 3가지를 쓰시오. [3점]

해답
① 캔틸레버공법(FCM공법)   ② 이동동바리공법(MSS공법)
③ 압출공법(ILM공법)   ④ PSM공법

08

강상자형교(steel box girder bridge)는 얇은 강판을 상자형 단면으로 결합하여 외력에 저항하는 구조이다. 이러한 강상자형교를 box 단면의 구성형태에 따라 3가지로 분류하시오. [3점]

해답
① 단실박스(single-cell box)
② 다실박스(multi-cell box)
③ 다중박스(multiple single-cell box)

참고 상자형교(steel box girder bridge)
(1) 개요 : 강상자형은 얇은 강판을 상자형 단면으로 결합하여 외력에 저항하는 구조부재로서 I형 거더에 비해 휨에 대한 저항성이 뛰어나고 비틀림 강성도 크므로 곡선교나 지간 30m 이상의 직선교에 널리 사용되고 있다.
(2) 단면의 구성형태에 따른 분류 : 교폭이 좁은 경우에는 주로 단실박스가 사용되고 교폭이 넓은 경우에는 다실박스나 다중박스가 사용된다.
  ① 단실박스(single-cell box)
  ② 다실박스(multi-cell box)
  ③ 다중박스(multi single-cell box) : 단실박스를 2개 이상 병렬로 연결한 것

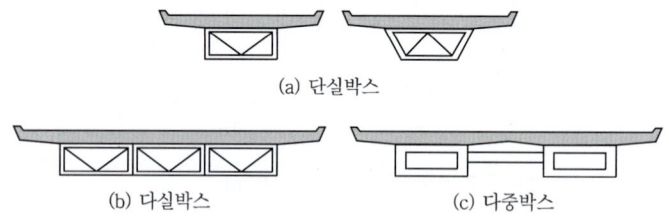

[단면의 구성형태에 따른 상자형의 종류]

09

특수 아스팔트 포장의 시공에서 최근 배수성포장이 널리 적용되고 있다. 배수성포장의 효과를 3가지만 쓰시오. [3점]

해답
① 식생 등의 지중생태의 개선
② 하수도의 부담경감과 도시하천의 범람 방지
③ 지하수 함양
④ 노면 배수 시설의 경감 또는 생략
⑤ 미끄럼 저항성 증대 및 보행성의 개선

10

가설흙막이의 지지, 옹벽의 전도방지, 산사태의 방지 등으로 사용되는 earth anchor의 주요 구성요소를 3가지 쓰시오. [3점]

해답
① 앵커체
② 인장부
③ 앵커두부

11 다음 그림과 같은 중력식 옹벽에 대하여 Rankine 토압론을 이용하여 아래 물음에 답하시오.
[9점]

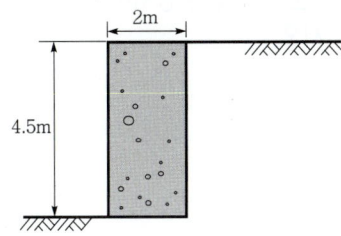

조건
- 흙의 단위중량 : $\gamma_t = 18\,\text{kN/m}^3$
- 흙의 내부마찰각 : $\phi = 37°$
- 점착력 : $c = 0$
- 지반의 허용지력 : $q_a = 300\,\text{kN/m}^2$
- 콘크리트 단위중량 : $\gamma_c = 24\,\text{kN/m}^3$

(1) 전도에 대한 안전율을 구하시오.
(2) 활동에 대한 안전율을 구하시오.
(3) 지지력에 대한 안전율을 구하시오.

해답 (1) 전도에 대한 안전율

① $P_a = \dfrac{1}{2}\gamma h^2 K_a = \dfrac{1}{2}\gamma h^2 \tan^2\left(45° - \dfrac{\phi}{2}\right)$

$= \dfrac{1}{2} \times 18 \times 4.5^2 \times \tan^2\left(45° - \dfrac{37°}{2}\right)$

$= 45.3\,\text{kN/m}$

② $W = 2 \times 4.5 \times 24 = 216\,\text{kN/m}$

③ $F_s = \dfrac{M_r}{M_d} = \dfrac{Wb}{P_a\,y} = \dfrac{216 \times \dfrac{2}{2}}{45.3 \times \dfrac{4.5}{3}} = 3.18$

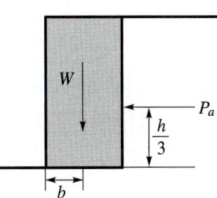

(2) 활동에 대한 안전율

$F_s = \dfrac{(W+P_V)\tan\delta + cB + P_p}{P_a}$

$= \dfrac{(216+0)\tan 37° + 0 + 0}{45.3} = 3.59$

(3) 지지력에 대한 안전율

① $V = W + P_V = 216 + 0 = 216\,\text{kN/m}$

② $e = \dfrac{B}{2} - x = \dfrac{B}{2} - \dfrac{M_r - M_d}{V}$

$= \dfrac{2}{2} - \dfrac{216 \times \dfrac{2}{2} - 45.3 \times \dfrac{4.5}{3}}{216} = 0.31\,\text{m}$

③ $q_{max} = \dfrac{V}{B}\left(1 + \dfrac{6e}{B}\right)$

$= \dfrac{216}{2}\left(1 + \dfrac{6 \times 0.31}{2}\right) = 208.44\,\text{kN/m}^2$

$\left(\begin{array}{l} Vx = M' = M_r - M_d \\ \therefore x = \dfrac{M_r - M_d}{V} \end{array}\right)$

④ $F_s = \dfrac{q_a}{q_{max}} = \dfrac{300}{208.44} = 1.44$

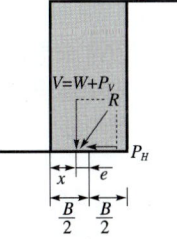

12 어느 현장의 콘크리트 압축강도의 하한규격치는 18MPa이고 상한규격치는 24MPa로 정해져 있다. 측정결과 평균치($\overline{x}$)는 19.5MPa이고, 표준편차의 추정치(δ)는 0.8MPa이라 할 때, 공정능력지수와 규격치에 대한 여유치를 구하시오. [4점]

(1) 공정능력지수
(2) 여유치

해답 (1) 공정능력 지수(C_p)
$$C_p = \frac{|SU - SL|}{6\sigma} = \frac{|24 - 18|}{6 \times 0.8} = 1.25$$

(2) 여유치
① $\dfrac{|SU - SL|}{\sigma} = \dfrac{|24 - 18|}{0.8} = 7.5 \geqq 6$ (충분한 여유가 있다.)
② 여유치 $= (7.5 - 6) \times 0.8 = 1.2 \text{MPa}$

13 매스콘크리트에서는 구조물에 필요한 기능 몇 품질을 손상시키지 않도록 온도균열을 제어하기 위해 적절한 조치를 강구해야 한다. 온도균열을 억제하기 위한 방법을 3가지만 쓰시오. [3점]

해답 ① 수화열이 적은 중용열 포틀랜드시멘트를 사용한다.
② fly-ash 등의 혼화재를 사용한다.
③ 굵은 골재 최대 치수를 가능한 한 크게 하여 단위 시멘트량을 작게 한다.
④ pre-cooling, pipe-cooling을 한다.
⑤ 이음 간격을 짧게 한다.
⑥ 균열제어 철근을 배치한다.

14 댐의 기초암반에 보링공을 천공한 후, 시멘트풀, 점토 및 약액 등을 압력으로 주입하여 지반 개량 및 차수를 목적으로 시행하는 것을 그라우팅이라 한다. 이러한 그라우팅의 종류를 3가지만 쓰시오. [3점]

해답 ① 압밀그라우팅(consolidation grouting)
② 차수그라우팅(curtain grouting)
③ 접촉그라우팅(contact grouting)
④ 림 그라우팅(rim grouting)
⑤ 조인트 그라우팅(joint grouting)

15 암반의 이완부분부터 경암까지 볼트를 고정시켜 암반의 탈락을 방지하고 터널 주변에 본 바닥의 아치를 형성시켜 안정을 기하는 공법은? [2점]

> **해답** 록 볼트 공법(rock bolt method)

16 다음의 작업 list가 있다. 물음에 답하시오. [10점]

작업경로	작업일수	비고
① → ②	3	
② → ③	3	
② → ④	4	
② → ⑤	5	
③ → ⑥	4	ET LT 로 표기하고 주공정선은 굵은 선으로 표기하시오.
④ → ⑥	6	
④ → ⑦	6	
⑤ → ⑧	7	
⑥ → ⑨	8	
⑦ → ⑨	4	
⑧ → ⑨	2	
⑨ → ⑩	2	

(1) Net Work 공정표를 작성하고 표준일수에 대한 CP를 찾으시오.
(2) 다음의 작업 list의 빈 칸을 채우시오.

작업경로	작업일수	T_E		T_L		TF
		EST	EFT	LST	LFT	
① → ②	3					
② → ③	3					
② → ④	4					
② → ⑤	5					
③ → ⑥	4					
④ → ⑥	6					
④ → ⑦	6					
⑤ → ⑧	7					
⑥ → ⑨	8					
⑦ → ⑨	4					
⑧ → ⑨	2					
⑨ → ⑩	2					

해답 (1) ① Net Work 공정표

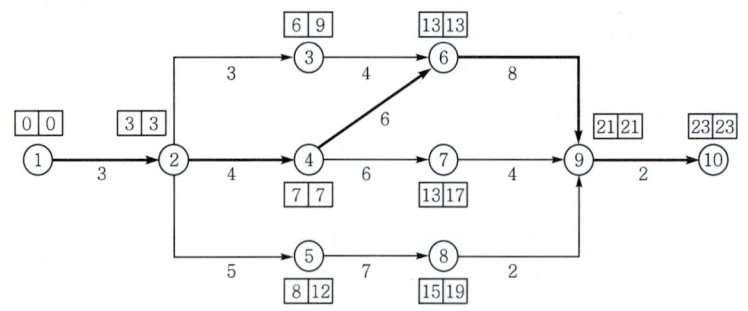

② CP : ① → ② → ④ → ⑥ → ⑨ → ⑩

(2) 일정계산

작업경로	작업일수	T_E		T_L		TF
		EST	EFT	LST	LFT	
① → ②	3	0	3	0	3	0
② → ③	3	3	6	6	9	3
② → ④	4	3	7	3	7	0
② → ⑤	5	3	8	7	12	4
③ → ⑥	4	6	10	9	13	3
④ → ⑥	6	7	13	7	13	0
④ → ⑦	6	7	13	11	17	4
⑤ → ⑧	7	8	15	12	19	4
⑥ → ⑨	8	13	21	13	21	0
⑦ → ⑨	4	13	17	17	21	4
⑧ → ⑨	2	15	17	19	21	4
⑨ → ⑩	2	21	23	21	23	0

17 항만구조물설계 시 기초지반의 액상화 평가 시 실시되는 현장시험을 3가지만 쓰시오. [3점]

해답
① SPT
② CPT
③ 탄성파탐사시험

18 주어진 도면에 따라 다음 물량을 산출하시오. (단, 도면의 치수 단위는 mm이다.) [8점]

단면도

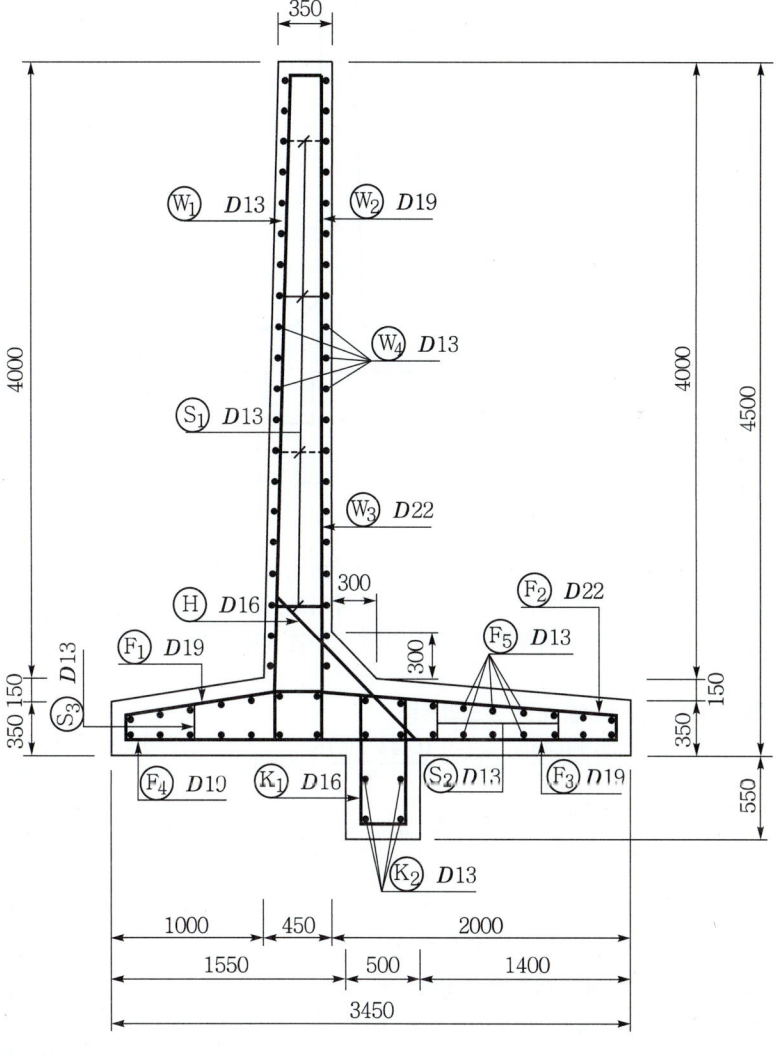

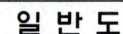

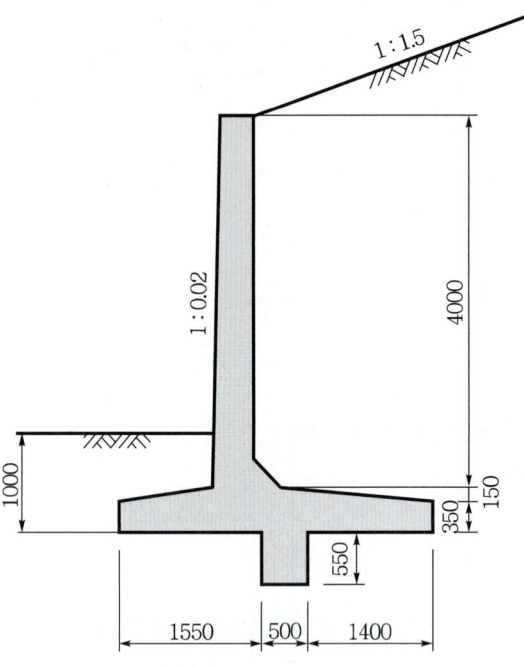

(1) 옹벽길이 1m에 대한 콘크리트량을 구하시오. (단, 소수 4째자리에서 반올림 하시오.)
(2) 옹벽길이 1m에 대한 거푸집량을 구하시오. (단, 돌출부(전단 Key)에 거푸집을 사용하며, 마구리면의 거푸집은 무시하며, 소수 4째자리에서 반올림 하시오.)

해답 (1) 길이 1m에 대한 콘크리트량

$$= \left(\frac{0.35+0.444}{2}\times 3.7 + \frac{0.444+0.75}{2}\times 0.3 \right.$$
$$\left. + \frac{0.75+3.45}{2}\times 0.15 + 3.45\times 0.35 + 0.5 \right.$$
$$\left. \times 0.55\right)\times 1$$
$$= 3.446\text{m}^3$$

(2) 길이 1m에 대한 거푸집량
$$= \left(\sqrt{0.08^2+4^2} + 0.35\times 2 + 0.55\times 2 \right.$$
$$\left. + \sqrt{0.3^2+0.3^2} + \sqrt{3.7^2+0.02^2}\right)\times 1$$
$$= 9.925\text{m}^2$$

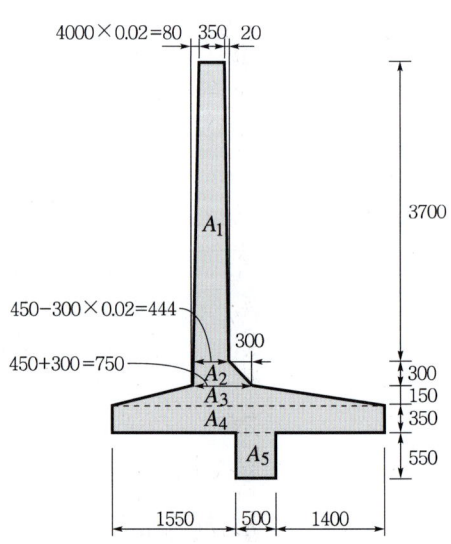

19 3m×3m 크기의 정사각형 기초를 마찰각 $\phi=20°$, 점착력 $c=12\text{kN/m}^2$인 지반에 설치하였다. 흙의 단위중량 $\gamma=18\text{kN/m}^3$이며, 기초의 근입깊이는 5m이다. 지하수위가 지표면에서 7m 깊이에 있을 때의 극한지지력을 Terzaghi 공식으로 구하시오. (단, 지지력계수 $N_c=17.7$, $N_q=7.4$, $N_r=5$이고, 흙의 포화단위중량은 20kN/m^3이다.) [3점]

해답

① $\gamma_1 = \gamma_{\text{sub}} + \dfrac{d}{B}(\gamma_t - \gamma_{\text{sub}})$
   $= 10.2 + \dfrac{2}{3}(18 - 10.2) = 15.4\text{kN/m}^3$

② $\gamma_2 = \gamma_t = 18\text{kN/m}^3$

③ $q_u = \alpha c N_c + \beta B \gamma_1 N_\gamma + D_f \gamma_2 N_q$
   $= 1.3 \times 12 \times 17.7 + 0.4 \times 3 \times 15.4 \times 5 + 5 \times 18 \times 7.4$
   $= 1034.52\text{kN/m}^2$

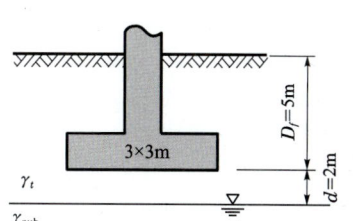

20 터널의 보강공법 중 숏크리트의 기능을 4가지만 쓰시오. [3점]

해답
① 지반의 이완방지　② 암반의 낙석방지
③ crack 발달의 방지　④ 암반 표면의 풍화를 방지
⑤ 굴착 후 안정성 확보(콘크리트 ardh로서 하중분담)

21 토공사에서 운반로 선정 시 고려할 사항 3가지을 쓰시오. [3점]

해답
① 트래피커빌리티(trafficability)
② 경사
③ 폭원
④ 평탄성

22 워커빌리티(workability)의 정의와 유동성(fluidity)에 대하여 서술하시오. [4점]

(1) 워커빌리티(workability)
(2) 유동성(fluidity)

해답 (1) 반죽질기에 의한 작업의 난이한 정도와 균질한 질의 콘크리트를 만들기 위하여 필요한 재료의 분리에 저항하는 정도를 나타내는 굳지 않은 콘크리트의 성질
(2) 중력이나 외력에 의해 유동하기 쉬운 정도를 나타내는 굳지 않은 콘크리트의 성질

23

다음과 같은 그림에서 횡방향 수평토압 문제를 계산하시오. [6점]

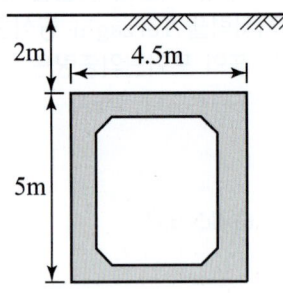

(1) 깊이 2m, 7m에 대한 수평토압을 구하시오.
(2) 그림을 보고 토압분포를 그리시오.

해답

(1) ① $K_o = 1 - \sin\phi = 1 - \sin30° = 0.5$

$\sigma_{ho} = \gamma_t h_1 K_o = 17 \times 2 \times 0.5 = 17 \text{kN/m}^2$

② $\sigma_{ho} = \gamma_t h_2 K_o = 17 \times 7 \times 0.5 = 59.5 \text{kN/m}^2$

(2)

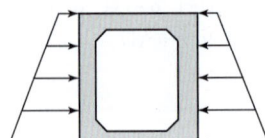

24

토목공사의 토질조사 시 시행하는 표준관입시험의 "N치"의 정의를 간단히 설명하고, 이 결과로 얻어지는 "N치"로 추정되는 사항을 3가지 쓰시오. [5점]

(1) 정의
(2) N치의 추정

해답

(1) (63.5±0.5)kg의 해머를 (76±1)cm의 높이에서 자유낙하시켜 표준관입시험용 샘플러를 30cm 관입시키는데 필요한 타격 횟수

(2) ① 내부마찰각(ϕ)
    ② 상대밀도(D_r)
    ③ 지지력계수
    ④ 탄성계수

토목 기사 2021년(2차)

> 알림: 아래의 문제는 독자들의 출제경향에 이해가 되도록 수험생들의 기억에 의해 복원된 문제로 일부 문제는 다를 수가 있으므로 착오 없으시길 바랍니다.

01 표준관입시험의 N치가 35이고 현장에서 채취한 모래는 입자가 둥글고 균등계수가 5이고 곡률계수가 5이었다. Dunham의 식을 이용하여 이 모래의 내부 마찰각을 추정하시오. [3점]

해답 $\phi = \sqrt{12N} + 15 = \sqrt{12 \times 35} + 15 = 35.49°$

02 다음과 같은 연속 기초의 극한지지력을 테르자기(Terzaghi)식을 이용하여 ①, ②의 경우에 대해 각각 구하시오. (단, 점착력 $c=0.01\text{MPa}$, 내부마찰각 $\phi=15°$, $N_c=6.5$, $N_r=1.2$, $N_q=2.7$이며 전반전단파괴가 발생하며, 흙은 균질이다.) [4점]

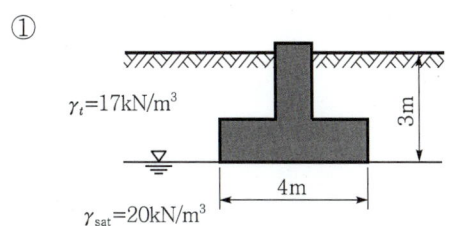
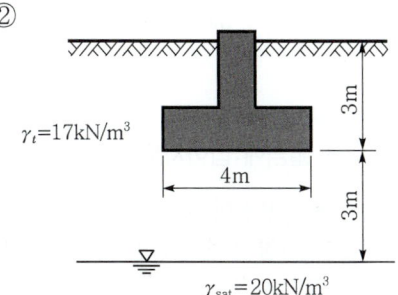

(1) ①의 경우에 대하여 극한지지력을 구하시오.
(2) ②의 경우에 대하여 극한지지력을 구하시오.

해답
(1) $q_u = \alpha c N_c + \beta B \gamma_1 N_r + D_f \gamma_2 N_q$
$= 1 \times 10 \times 6.5 + 0.5 \times 4 \times 10.2 \times 1.2 + 3 \times 17 \times 2.7$
$= 227.18 \text{kN/m}^2$

(2) ① $\gamma_1 = \gamma_{sub} + \dfrac{d}{B}(\gamma_t - \gamma_{sub})$
$= 10.2 + \dfrac{3}{4}(17 - 10.2) = 15.3 \text{kN/m}^3$

② $q_u = \alpha c N_c + \beta B \gamma_1 N_r + D_f \gamma_2 N_q$
$= 1 \times 10 \times 6.5 + 0.5 \times 4 \times 15.3 \times 1.2 + 3 \times 17 \times 2.7$
$= 239.42 \text{kN/m}^2$

03

다음 그림과 같은 포화점토층이 상재하중에 의하여 압밀도(u)=90%에 도달하는데 소요되는 시간(년)을 각각의 경우에 대하여 구하시오. (단, $C_v=3.6\times 10^{-4} \text{cm}^2/\text{sec}$, $T_v=0.848$이다.)

[4점]

(1)의 경우   (2)의 경우

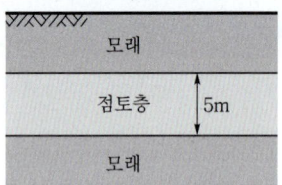 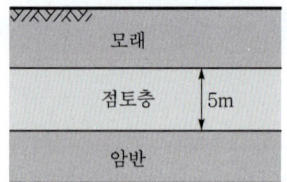

해답 (1)의 경우

$$t_{90}=\frac{0.848H^2}{C_v}$$

$$=\frac{0.848\times\left(\frac{500}{2}\right)^2}{3.6\times 10^{-4}}=147,222,222.2\text{초}=4.67년$$

(2)의 경우

$$t_{90}=\frac{0.848H^2}{C_v}$$

$$=\frac{0.848\times 500^2}{3.6\times 10^{-4}}=588,888,888.9\text{초}=18.67년$$

04

다음 물음에 답하시오. [6점]

(1) 부마찰력의 정의를 쓰시오.
(2) 부마찰력 발생원인 2가지를 쓰시오.
(3) 지반의 일축압축강도가 19kN/m²인 연약점성토층을 직경 40cm의 철근 콘크리트 파일로 관입깊이 13m를 관통하여 박았을 때 부마찰력을 구하시오.

해답 (1) 부마찰력의 정의
   연약층의 침하에 의하여 말뚝주면 침하량이 말뚝의 침하량보다 상대적으로 클 때 말뚝을 아래로 끌어내리려는 주면마찰력을 부마찰력이라 한다.
  (2) 부마찰력의 발생원인
   ① 지반 중에 연약한 점토층의 압밀침하
   ② 연약한 점토층 위의 성토(사질토) 하중
   ③ 지하수위 저하
  (3) $R_{nf}=f_n A_s=\dfrac{q_u}{2}\pi Dl$

$$=\frac{19}{2}\times(\pi\times 0.4\times 13)=155.19\text{kN}$$

05
우물통 케이슨 기초의 수직하중이 W, 주면마찰력이 F, 선단부 지지력이 Q, 부력이 B일 때 침하조건식을 작성하고, 적절한 침하촉진방법을 2가지만 쓰시오. [3점]

해답
(1) 침하조건식
  $W > F + Q + B$
(2) 침하촉진방법
  ① 재하중식 공법
  ② 분사(jet)식 공법
  ③ 물하중식 공법
  ④ 발파에 의한 공법

06
Meyerhof 공식을 이용하여 콘크리트 말뚝 지름 30cm, 길이 14m인 말뚝을 표준관입치가 다른 3종의 지층으로 되어 있는 기초지반에 박을 경우 말뚝의 허용지지력을 구하시오. (단, 안전율은 3으로 계산하고, 최종 계산값을 소수 3째자리에서 반올림할 것.) [3점]

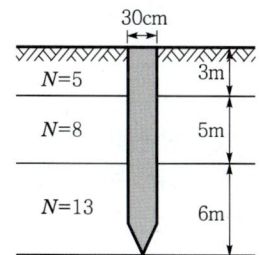

해답
(1) ① $A_p = \dfrac{\pi D^2}{4} = \dfrac{\pi \times 0.3^2}{4} = 0.07 \, \text{m}^2$

  ② $A_s = \pi D l = \pi \times 0.3 \times 14 = 13.19 \, \text{m}^2$

  ③ $\overline{N_s} = \dfrac{N_1 h_1 + N_2 h_2 + N_3 h_3}{h_1 + h_2 + h_3} = \dfrac{5 \times 3 + 8 \times 5 + 13 \times 6}{3 + 5 + 6} = 9.5$

  ④ $R_u = 40 N A_p + \dfrac{1}{5} \overline{N_s} A_s$
    $= 40 \times 13 \times 0.07 + \dfrac{1}{5} \times 9.5 \times 13.19 = 61.46 \, \text{t} = 602.31 \, \text{kN}$

(2) $R_a = \dfrac{R_u}{F_s} = \dfrac{602.31}{3} = 200.77 \, \text{kN}$

07
도로 노상의 지지력을 평가할 수 있는 현장시험 평가방법을 3가지만 쓰시오. [3점]

해답
① 도로 평판재하시험
② CBR시험
③ proof rolling

08

다음 지반조건으로 지반굴착을 할 경우 이에 설치한 지반앵커(ground anchor)의 정착장(L)을 구하시오. (단, 안전율은 1.5 적용) [3점]

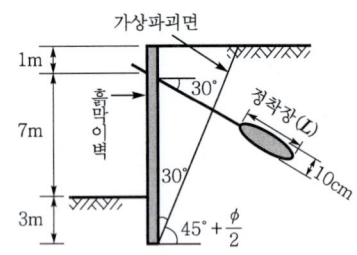

조건
- 앵커반력 : 250kN
- 정착부의 주면마찰저항 : 0.2MPa
- 천공직경 : 10cm
- 설치각도 : 수평과 30°
- H-pile 설치간격(앵커 설치간격) : 1.5m

해답

① 앵커축력
$$T = \frac{Pa}{\cos \alpha} = \frac{250 \times 1.5}{\cos 30°} = 433.01 \text{kN}$$

② 정착장
$$L = \frac{TF_s}{\pi D \tau} = \frac{433.01 \times 1.5}{\pi \times 0.1 \times 200} = 10.34 \text{m}$$

09

아래 그림과 같은 옹벽에서 인장균열이 발생한 후의 옹벽에 작용하는 전체 주동토압을 구하시오. (단, 인장균열 위의 토압은 무시하고 상재하중으로 고려하여 계산하시오.) [3점]

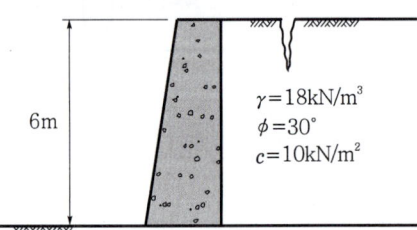

해답

① $K_a = \tan^2\left(45° - \frac{\phi}{2}\right) = \tan^2\left(45° - \frac{30°}{2}\right) = \frac{1}{3}$

② $Z_c = \dfrac{2c \tan\left(45° + \dfrac{\phi}{2}\right)}{\gamma_t} = \dfrac{2 \times 10 \times \tan\left(45° + \dfrac{30°}{2}\right)}{18}$

   $= 1.92 \text{m}$

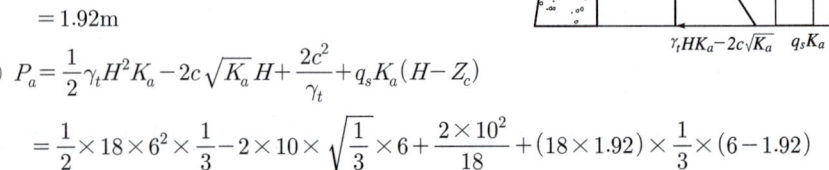

③ $P_a = \dfrac{1}{2}\gamma_t H^2 K_a - 2c\sqrt{K_a} H + \dfrac{2c^2}{\gamma_t} + q_s K_a (H - Z_c)$

   $= \dfrac{1}{2} \times 18 \times 6^2 \times \dfrac{1}{3} - 2 \times 10 \times \sqrt{\dfrac{1}{3}} \times 6 + \dfrac{2 \times 10^2}{18} + (18 \times 1.92) \times \dfrac{1}{3} \times (6 - 1.92)$

   $= 96.83 \text{kN/m}$

10 댐의 기초암반에 보링공을 천공한 후, 시멘트풀, 점토 및 약액 등을 압력으로 주입하여 지반개량 및 차수를 목적으로 시행하는 것을 그라우팅이라고 한다. 이러한 그라우팅의 종류를 3가지만 쓰시오. [3점]

해답
① 압밀그라우팅(consolidation grouting)
② 차수그라우팅(curtain grouting)
③ 접촉그라우팅(contact grouting)
④ 림 그라우팅(rim grouting)
⑤ 조인트 그라우팅(joint grouting)

11 유선과 등수두선으로 이루어지는 사각형을 유선망이라 하는데 이러한 유선망의 특징을 3가지만 쓰시오. [3점]

해답
① 각 유로의 침투유량은 같다.
② 인접한 등수두선간의 수두차는 모두 같다.
③ 유선과 등수두선은 서로 직교한다.
④ 유선망으로 되는 사각형은 이론상 정사각형이므로 유선망의 폭과 길이는 같다.

12 본바닥 토량 30,000m³를 굴착하여 평균 운반거리 40m까지 11t급 불도저 2대를 사용하여 성토작업을 하고자 한다. 아래의 시공 조건을 이용하여 시간당 작업량과 전체의 공사를 끝내는데 필요한 공기를 구하시오. (단, 시공 조건은 사이클 타임(C_m)=2.1분, 1회 굴착압토량(q)=1.89m³, 토량환산계수(f)=0.85, 작업효율(E)=0.80, 1일 평균 작업시간(t_d)=6h, 실제 가동일수율 : 50%이다.) [3점]

해답
(1) 시간당 작업량(dozer 2대)
① 효율(E)=작업능력계수(E_1)×실작업시간율(E_2)
$= 0.8 \times 0.5 = 0.4$
② $Q = \dfrac{60qfE}{C_m} \times 2 = \dfrac{60 \times 1.89 \times 0.85 \times 0.4}{2.1} \times 2 = 36.72\,\mathrm{m^3/h}$

(2) 공기 $= \dfrac{30,000}{36.72 \times 6} = 136.17 = 137$일

참고
가동일수율 = $\dfrac{운전일수}{공용일수}$
여기서, 공용일수는 기계의 반입, 반출을 포함하여 해당 공사에서 소요되는 일수를 말한다.

13 도로연장 3km, 건설구간에서 7지점의 시료를 채취하여 다음과 같은 CBR을 구하였다. 이 때의 설계 CBR은 얼마인가? (단, 소수점 둘째자리까지만 계산하시오.) [3점]

> **조건**
> ① 7지점의 CBR : 5.3, 5.7, 7.6, 8.7, 7.4, 8.6, 7.2
> ② 설계 CBR 계산용 계수
>
> | 개수(n) | 2 | 3 | 4 | 5 | 6 | 7 | 8 | 9 | 10 이상 |
> |---|---|---|---|---|---|---|---|---|---|
> | d_2 | 1.41 | 1.91 | 2.24 | 2.48 | 2.60 | 2.83 | 2.96 | 3.08 | 3.18 |

해답
① 각 지점의 CBR 평균 = $\dfrac{5.3+5.7+7.6+8.7+7.4+8.6+7.2}{7} = 7.21$

② 설계 CBR = 각 지점의 CBR 평균 $-\dfrac{\text{CBR 최대치} - \text{CBR 최소치}}{d_2}$

$= 7.21 - \dfrac{8.7-5.3}{2.83} = 6$

14 조절발파(controlled blasting) 공법의 종류를 4가지만 쓰시오. [3점]

해답
① 라인 드릴링(line drilling) 공법
② 쿠션 블라스팅(cushion blasting) 공법
③ 스므스 블라스팅(smooth blasting) 공법
④ 프리 스프리팅(pre-splitting) 공법

15 시멘트의 밀도가 $3.15\,g/cm^3$, 잔골재의 밀도가 $2.62\,g/cm^3$, 굵은골재의 밀도가 $2.67\,g/cm^3$인 재료를 사용하여 물 · 시멘트비 55%, 단위수량 $165\,kg/m^3$, 단위잔골재량 $780\,kg/m^3$인 배합을 실시하여 콘크리트의 단위중량을 측정한 결과가 $2290\,kg/m^3$일 경우 이 콘크리트의 단위굵은골재량과 잔골재율을 구하시오. [3점]

해답 (1) 단위굵은골재량

① $\dfrac{W}{C} = 0.55$ $\dfrac{165}{C} = 0.55$ $\therefore C = 300\,kg$

② 단위굵은골재량 $= 2290 - (165 + 300 + 780) = 1045\,kg$

(2) 잔골재율

① 단위굵은골재량 절대체적 $= \dfrac{1045}{2.67 \times 1000} = 0.39\,m^3$

② 단위잔골재량 절대체적 $= \dfrac{780}{2.62 \times 1000} = 0.30\,m^3$

③ 잔골재율 $= \dfrac{S}{S+G} = \dfrac{0.3}{0.3+0.39} = 43.48\%$

16

다음과 같은 지형에서 시공기준면의 표고를 30m로 할 때 총 토공량은 얼마인가? (단, 격자점의 숫자는 표고를 나타내며 단위는 m이다.) [3점]

해답

$V = \dfrac{ab}{6}(\Sigma h_1 + 2\Sigma h_2 + 3\Sigma h_3 + \cdots\cdots + 8\Sigma h_8)$

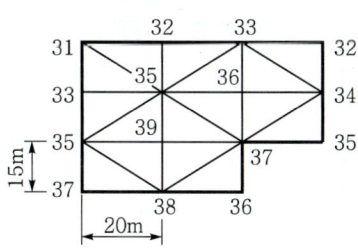

① $\Sigma h_1 = 7 + 6 + 5 + 2 = 20\,\text{m}$
② $\Sigma h_2 = 1 + 3 + 2 = 6\,\text{m}$
③ $\Sigma h_4 = 5 + 8 + 3 + 6 + 4 + 9 = 35\,\text{m}$
④ $\Sigma h_6 = 7\,\text{m}$
⑤ $\Sigma h_8 = 5\,\text{m}$

$\therefore V = \dfrac{15 \times 20}{6}(20 + 2 \times 6 + 4 \times 35 + 6 \times 7 + 8 \times 5) = 12{,}700\,\text{m}^3$

17

35회 시험한 콘크리트의 설계기준강도가 28MPa이고, 표준편차가 2.4MPa일 때 배합강도를 구하시오. [3점]

해답

① $f_{cr} = f_{ck} + 1.34S = 28 + 1.34 \times 2.4 = 31.22\,\text{MPa}$
② $f_{cr} = (f_{ck} - 3.5) + 2.33S$
   $= (28 - 3.5) + 2.33 \times 2.4 = 30.09\,\text{MPa}$
∴ $f_{cr} = 31.22\,\text{MPa}$

18

토취장을 선정함에 있어서 어떤 조건을 고려하여 정해야 하는지 5가지만 쓰시오. [4점]

해답
① 토질이 양호할 것
② 토량이 충분할 것
③ 싣기가 편리한 지형일 것
④ 성토장소를 향하여 하향구배 1/50~1/100 정도를 유지할 것
⑤ 운반로가 양호하고 장애물이 적을 것
⑥ 용수, 붕괴의 염려가 없고 배수가 양호한 지형일 것

19 다음 그림과 같은 중력식 옹벽에 대하여 Rankine토압론을 이용하여 아래 물음에 답하시오.

[3점]

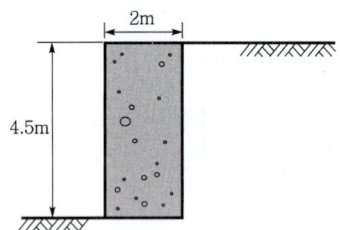

조건
- 흙의 단위중량 : $\gamma_t = 18\text{kN/m}^3$
- 흙의 내부마찰각 : $\phi = 37°$
- 점착력 : $c = 0$
- 지반의 허용지지력 : $q_a = 300\,\text{kN/m}^2$
- 콘크리트 단위중량 : $\gamma_c = 24\,\text{kN/m}^3$

(1) 전도에 대한 안전율을 구하시오.
(2) 활동에 대한 안전율을 구하시오.
(3) 지지력에 대한 안전율을 구하시오.

해답 (1) 전도에 대한 안전율

① $P_a = \dfrac{1}{2}\gamma h^2 K_a = \dfrac{1}{2}\gamma h^2 \tan^2\left(45° - \dfrac{\phi}{2}\right)$

$\quad = \dfrac{1}{2} \times 18 \times 4.5^2 \times \tan^2\left(45° - \dfrac{37°}{2}\right)$

$\quad = 45.3\,\text{kN/m}$

② $W = 2 \times 4.5 \times 24 = 216\,\text{kN/m}$

③ $F_s = \dfrac{M_r}{M_d} = \dfrac{Wb}{P_a\,y} = \dfrac{216 \times \dfrac{2}{2}}{45.3 \times \dfrac{4.5}{3}} = 3.18$

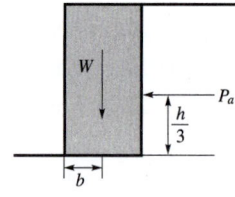

(2) 활동에 대한 안전율

$F_s = \dfrac{(W + P_V)\tan\delta + cB + P_p}{P_a}$

$\quad = \dfrac{(216 + 0)\tan 37° + 0 + 0}{45.3} = 3.59$

(3) 지지력에 대한 안전율

① $V = W + P_V = 216 + 0 = 216\,\text{kN/m}$

② $e = \dfrac{B}{2} - x = \dfrac{B}{2} - \dfrac{M_r - M_d}{V}$

$\quad = \dfrac{2}{2} - \dfrac{216 \times \dfrac{2}{2} - 45.3 \times \dfrac{4.5}{3}}{216} = 0.31\,\text{m}$

③ $q_{\max} = \dfrac{V}{B}\left(1 + \dfrac{6e}{B}\right)$

$\quad = \dfrac{216}{2}\left(1 + \dfrac{6 \times 0.31}{2}\right) = 208.44\,\text{kN/m}^2$

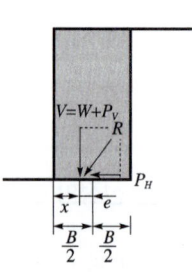

$\left(\begin{array}{l} Vx = M' = M_r - M_d \\ \therefore x = \dfrac{M_r - M_d}{V} \end{array}\right)$

④ $F_s = \dfrac{q_a}{q_{\max}} = \dfrac{300}{208.44} = 1.44$

20

다음 데이터를 네트워크 공정표로 작성하고, 각 작업의 여유시간을 구하시오. [10점]

작업명	작업일수	선행작업	비 고
A	5	없음	
B	3	없음	
C	2	없음	
D	2	A, B	
E	5	A, B, C	
F	4	A, C	

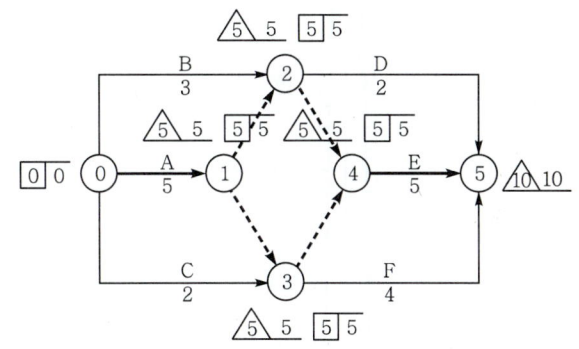

로 표기하고, 주공정선은 굵은 선으로 표기하시오.

해답 (1) 공정표

(2) 여유시간

작업명	작업일수	TF	FF	DF	CP
A	5	5−0−5=0	5−0−5=0	0−0=0	★
B	3	5−0−3=2	5−0−3=2	2−2=0	
C	2	5−0−2=3	5−0−2=3	3−3=0	
D	2	10−5−2=3	10−5−2=3	3−3=0	
E	5	10−5−5=0	10−5−5=0	0−0=0	★
F	4	10−5−4=1	10−5−4=1	1−1=0	

21

교량가설 공법 중 압출공법(ILM)의 단점을 3가지만 쓰시오. [3점]

해답
① 교량의 선형에 제약을 받는다.
② 상부구조물의 단면이 일정해야 한다.(변화단면에 적응이 곤란하다.)
③ 상당한 면적의 제작장이 필요하다.
④ 교량 연장이 짧을 경우 비경제적이다.

22 주어진 도면 및 조건에 따라 다음 물량을 산출하시오.(단, 주어진 도면의 치수는 축척에 맞지 않을 수 있으며, 주어진 치수로만 물량을 산출할 것) [18점]

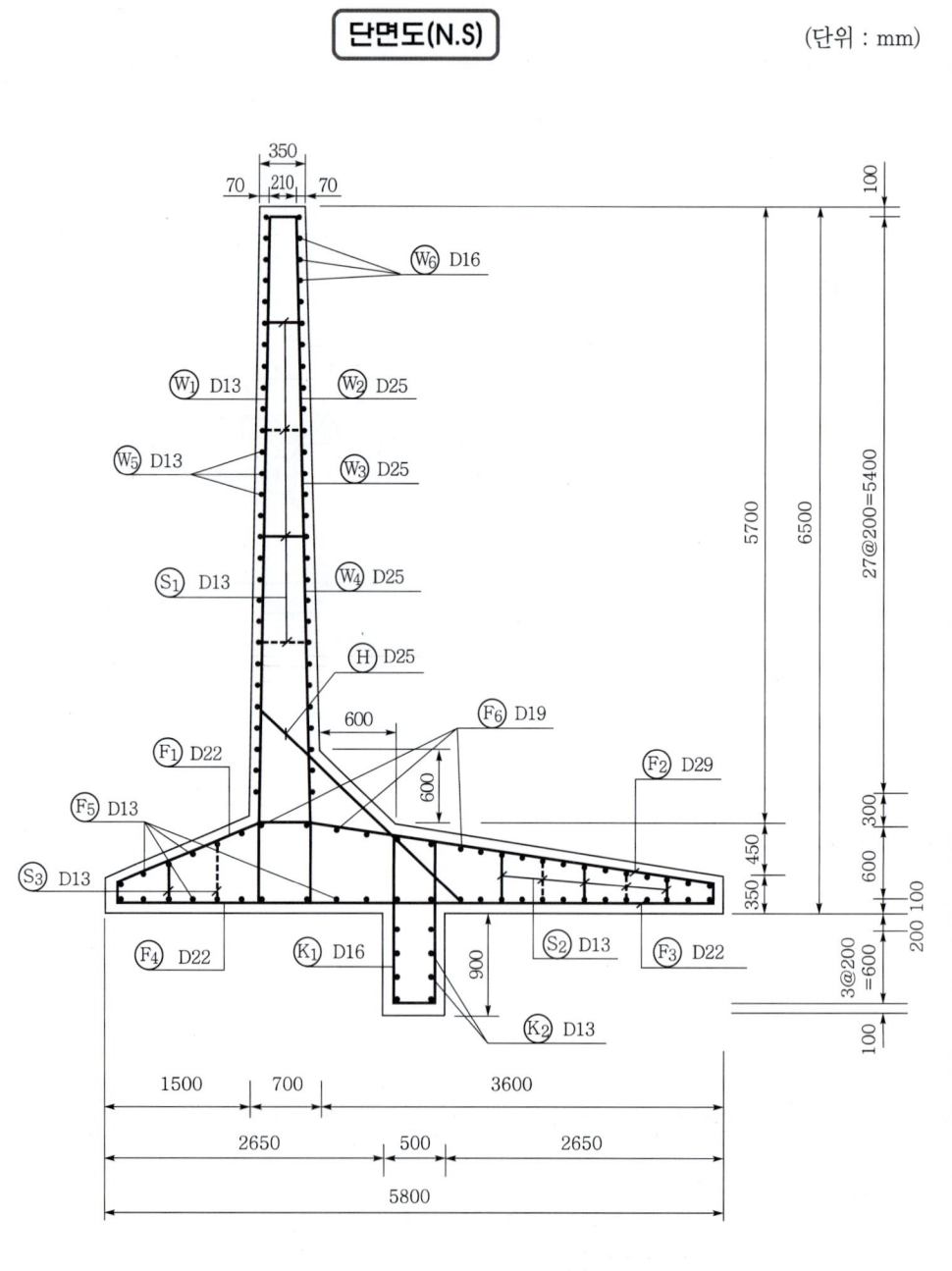

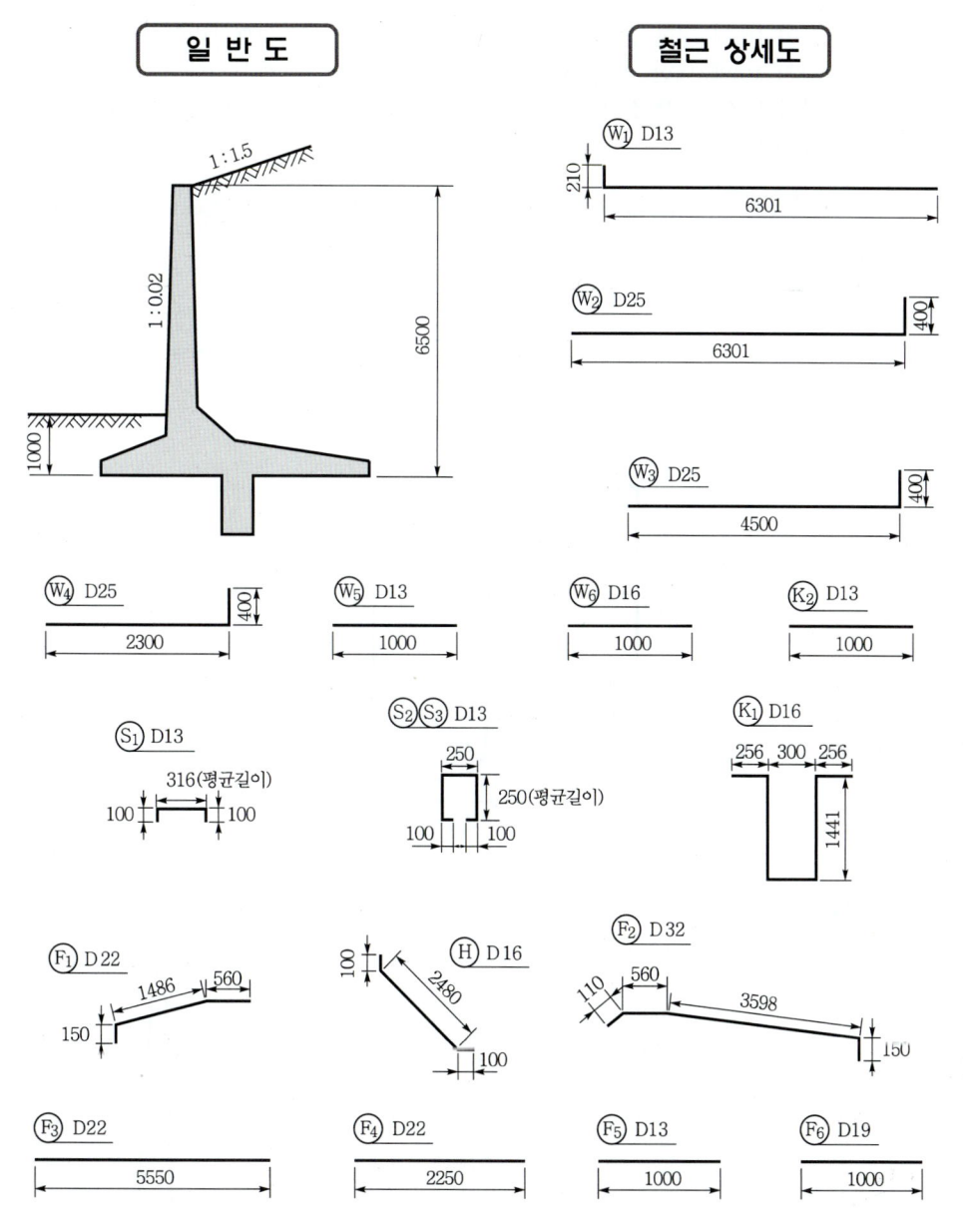

조건

① W_1, W_2, W_3, W_4, W_5, W_6, F_1, F_3, F_4, K_2 철근은 각각 200mm 간격으로 배근한다.
② F_2, K_1, H 철근은 각각 100mm 간격으로 배근한다.
③ S_1, S_2, S_3 철근은 지그재그로 배근한다.
④ 옹벽의 돌출부(전단 key)에는 거푸집을 사용하는 경우로 계산한다.
⑤ 물량산출에서 할증률 및 마구리는 없는 것으로 하고 상세도에 표시되어 있지 않은 이음길이는 계산하지 않는다.

(1) 길이 1m에 대한 콘크리트량을 구하시오. (단, 소수 4째자리에서 반올림)
(2) 길이 1m에 대한 거푸집량을 구하시오. (단, 소수 4째자리에서 반올림)
(3) 길이 1m에 대한 철근 물량표를 완성하시오. (단, mm 단위 이하는 반올림하여 mm까지 구함.)

기호	직경	길이(mm)	수량	총 길이(mm)	기호	직경	길이(mm)	수량	총 길이(mm)
W_1					F_5				
F_1					S_2				

참고 역T형 옹벽(돌출부)의 경사투영형상

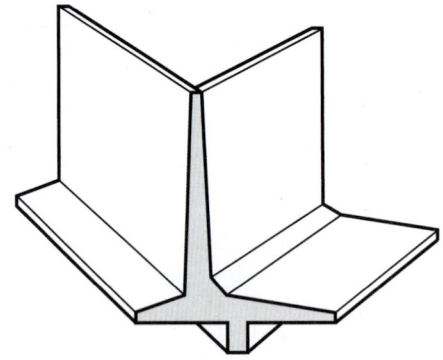

해답 (1) 길이 1m에 대한 콘크리트량

① $A_1 = \dfrac{0.35 + (0.7 - 0.6 \times 0.02)}{2} \times 5.1$
$= 2.6469\text{m}^2$

② $A_2 = \dfrac{0.688 + (0.7 + 0.6)}{2} \times 0.6$
$= 0.5964\text{m}^2$

③ $A_3 = \dfrac{1.3 + 5.8}{2} \times 0.45 = 1.5975\text{m}^2$

④ $A_4 = 5.8 \times 0.35 = 2.03\text{m}^2$

⑤ $A_5 = 0.5 \times 0.9 = 0.45\text{m}^2$

⑥ 콘크리트량 $= (A_1 + A_2 + \cdots + A_5) \times 1$
$= 7.3208 \times 1 = 7.321\text{m}^3$

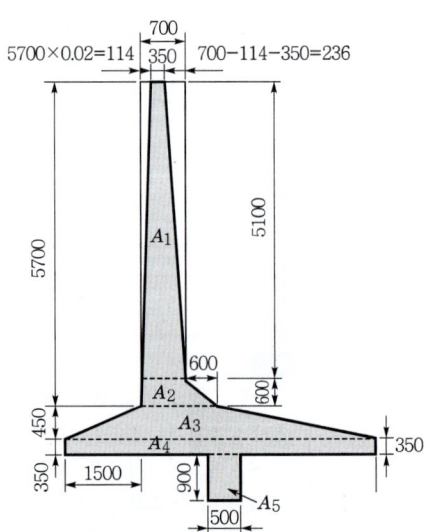

(2) 길이 1m에 대한 거푸집량
① $\overline{ab} = \sqrt{5.7^2 + 0.114^2} = 5.7011\,\mathrm{m}$
② $\overline{cd} = 0.35\,\mathrm{m}$
③ $\overline{ef} = 0.9\,\mathrm{m}$
④ $\overline{gh} = 0.9\,\mathrm{m}$
⑤ $\overline{ij} = 0.35\,\mathrm{m}$
⑥ $\overline{kl} = \sqrt{0.6^2 + 0.6^2} = 0.8485\,\mathrm{m}$
⑦ $\overline{lm} = \sqrt{5.1^2 + 0.236^2} = 5.1055\,\mathrm{m}$
⑧ 거푸집의 길이
   = ① + ② + …… + ⑦ = 14.1551 m
⑨ 거푸집량
   = 14.1551 × 1 = 14.155 m²

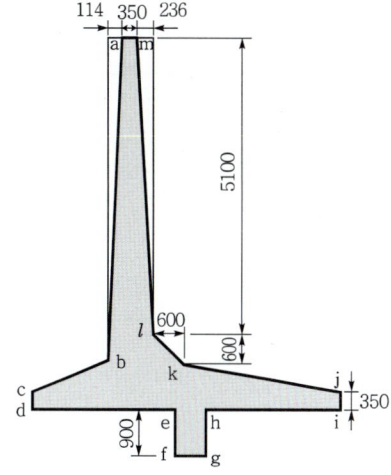

(3) 길이 1m에 대한 철근량
① 단면도상 선으로 보이는 철근(W_1, W_2, W_3, W_4, F_1, F_2, F_3, F_4, K_1, H)
  · 철근개수 ⇒ $\dfrac{\text{단위길이(1m)}}{\text{철근간격}}$
  ※ 실제 시험에서는 W_1, F_1만 구하면 됩니다.(나머지 철근은 참고로 하십시오.)

참고 ㉠ W_1, W_2, W_3, W_4, F_1, F_3, F_4 철근량

기호	직경	본당 길이(mm)	수량	총 길이(mm)	수량 산출근거
★W_1	D13	210 + 6301 = 6511	5	32,555	
W_2	D25	6301 + 400 = 6701	5	33,505	수량 = $\dfrac{1}{0.2}$ = 5개
W_3	D25	4500 + 400 = 4900	5	24,500	
W_4	D25	2300 + 400 = 2700	5	13,500	
★F_1	D22	150 + 1486 + 560 = 2196	5	10,980	
F_3	D22	5550	5	27,750	
F_4	D22	2250	5	11,250	

㉡ F_2, H, K_1 철근량

기호	직경	본당 길이(mm)	수량	총 길이(mm)	수량 산출근거
F_2	D32	110 + 560 + 3598 + 150 = 4418	10	44,180	
H	D16	100 + 2480 + 100 = 2680	10	26,800	수량 = $\dfrac{1}{0.1}$ = 10개
K_1	D16	256 × 2 + 1441 × 2 + 300 = 3694	10	36,940	

❋참고 단면도상 선으로 보이는 철근의 구분

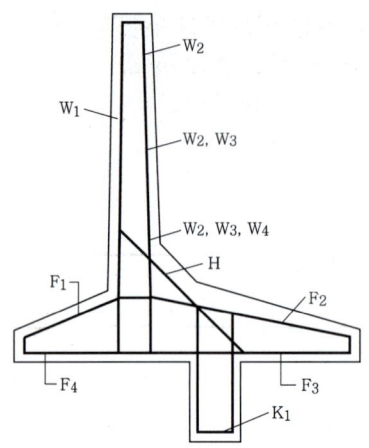

② 단면도상 점으로 보이는 철근(W_5, W_6, F_5, F_6, K_2)
  • 철근개수 ⇒ (간격수+1) 혹은 단면도상의 개수
  ※ 실제 시험에서는 F_5만 구하면 됩니다.(나머지 철근은 참고로 하십시오.)

기호	직경	본당 길이(mm)	수량	총 길이	수량 산출근거
W_5	D 13	1000	28	28,000	수량=27+1=28 예 4@200 → 간격수 : 4개, 간격 : 200mm / 개수=4+1=5개 (평면도)
W_6	D 16	1000	28	28,000	
★F_5	D 13	1000	31	31,000	수량=(상부 간격수+1)+(하부 간격수+1) =(5+1)+(24+1)=31개
F_6	D 19	1000	19	19,000	수량=18+1=19개
K_2	D 13	1000	8	8,000	단면도상의 개수를 센다.

❋참고 단면도상 점으로 보이는 철근의 구분

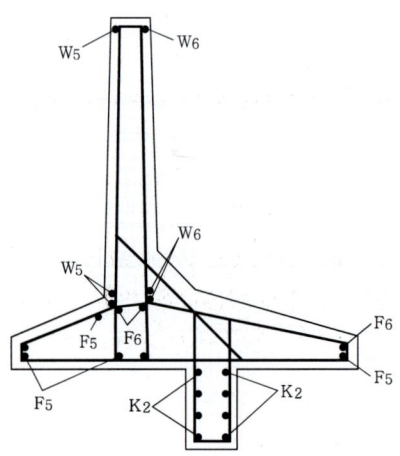

③ S_1, S_2, S_3 철근개수 ⇒ $\dfrac{\text{단위길이(1m)}}{\text{간격}\times 2}\times$개소

※ 실제 시험에서는 S_2만 구하면 됩니다.(나머지 철근은 참고로 하십시오.)

기호	직경	본당 길이(mm)	수량	총 길이	수량 산출근거
S_1	D 13	316+100×2=516	10	5,160	수량 = $\dfrac{1}{0.2\times 2}\times 4 = 10$개
★S_2	D 13	250+250×2+100×2=950	12.5	11,875	수량 = $\dfrac{1}{0.2\times 2}\times 5 = 12.5$개
S_3	D 13	250+250×2+100×2=950	5	4,750	수량 = $\dfrac{1}{0.2\times 2}\times 2 = 5$개

✱참고 S_1, S_2, S_3 철근의 구분

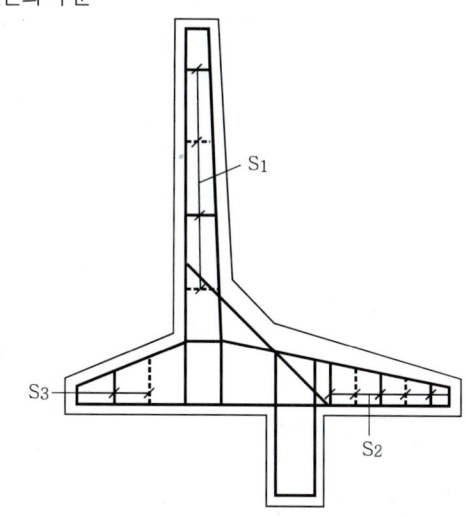

④ 철근 물량표(단, mm 단위 이하는 반올림하여 mm까지 구함.)

기호	직경	길이(mm)	수량	총 길이(mm)
W_1	D 13	6511	5	32,555
F_1	D 22	2196	5	10,980
F_5	D 13	1000	31	31,000
S_2	D 13	950	12.5	11,875

23 항만 내의 선박과 하구의 보호 및 하구폐색 방지를 목적으로 설치한 항만 외곽시설을 무엇이라고 하는가? [2점]

해답 방파제(break water)

24 그림과 같은 등고선을 굴착하여 오른편 그림과 같은 도로성토를 하려고 한다. 다음 물음에 답하시오. (단, $L=1.20$, $C=0.90$, 토량은 각주 공식을 사용한다.) [4점]

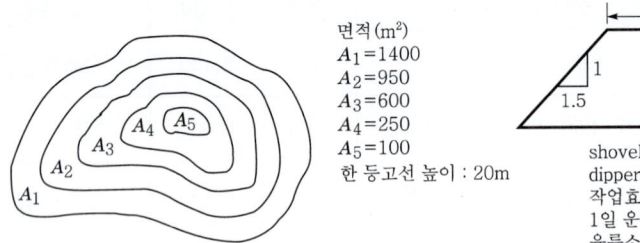

면적(m²)
$A_1=1400$
$A_2=950$
$A_3=600$
$A_4=250$
$A_5=100$
한 등고선 높이 : 20m

shovel의 C_m : 20초
dipper 계수 : 0.95
작업효율 : 0.80
1일 운전시간 : 6시간
유류소모량 : $4l/h$

(1) 도로의 길이는 몇 m를 만들 수 있는가?
(2) 그림과 같은 조건에서 1m³ power shovel 5대가 굴착할 때 작업일수는 며칠인가?
(3) 총 유류소모량(power shovel)은 얼마나 되겠는가?

해답 (1) ① 굴착토량

$$V = \frac{h}{3}[A_1 + 4(A_2+A_4+\cdots)+2(A_3+A_5+\cdots)+A_n]$$

$$= \frac{h}{3}[A_1+4(A_2+A_4)+2A_3+A_5]$$

$$= \frac{20}{3}[1400+4(950+250)+2\times600+100] = 50,000\,\text{m}^3$$

② 성토의 단면적

$$= \frac{7+(6+7+6)}{2}\times 4 = 52\,\text{m}^2$$

③ 도로의 길이

$$= \frac{50,000\times C}{52} = \frac{50,000\times 0.9}{52} = 865.38\,\text{m}$$

(2) ① power shovel 작업량

$$Q = \frac{3600\,qkfE}{C_m} = \frac{3600\times 1\times 0.95\times \frac{1}{1.2}\times 0.8}{20} = 114\,\text{m}^3/\text{h}$$

② power shovel 5대의 1일 작업량
  $=114\times 6\times 5 = 3420\,\text{m}^3$

③ 작업일수 $= \frac{50,000}{3420} = 14.62 = 15$일

(3) 총 유류소모량 $=14.62\times 6\times 5\times 4 = 1754.4l$

토목 기사 2021년(3차)

> 아래의 문제는 독자들의 출제경향에 이해가 되도록 수험생들의 기억에 의해 복원된 문제로 일부 문제는 다를 수가 있으므로 착오 없으시길 바랍니다.

01 히빙의 정의와 방지대책을 2가지만 쓰시오. [4점]

(1) 히빙의 정의를 간단하게 쓰시오.
(2) 히빙의 방지대책을 2가지만 쓰시오.

해답 (1) 연약한 점토지반의 굴착 시 흙막이벽 전·후의 흙의 중량차이 때문에 굴착저면이 부풀어 오르는 현상
(2) ① 표토를 제거하여 하중을 적게 한다.
② 흙막이의 근입 깊이를 깊게 한다.
③ earth anchor를 설치한다.

02 기초의 평판재하시험에 대한 아래의 물음에 답하시오. [4점]

(1) 직경 30cm인 평판으로 재하시험을 실시한 결과, 침하량 25.4mm일 때 극한지지력이 400kPa이었다. 동일한 허용 침하량이 발생할 때 직경 1.2m인 실제기초의 극한지지력을 점토지반인 경우와 사질토지반인 경우에 대하여 각각 구하시오.
① 점토인 경우 :　　　　　　　② 사질토인 경우 :

(2) 직경 30cm인 평판의 재하시험에서 작용압력이 300kPa일 때 침하량이 20mm 발생하였다. 직경 1.2m의 실제기초에서 동일한 압력이 작용할 때의 침하량을 점토지반인 경우와 사질토지반인 경우에 대하여 각각 구하시오.
① 점토인 경우 :　　　　　　　② 사질토인 경우 :

해답 (1) ① $q_{u(기초)} = 400\text{kPa}$

② $q_{u(기초)} = q_{u(재하판)} \times \dfrac{B_{(기초)}}{B_{(재하판)}} = 400 \times \dfrac{1.2}{0.3} = 1{,}600\text{kPa}$

(2) ① $S_{(기초)} = S_{(재하판)} \times \dfrac{B_{(기초)}}{B_{(재하판)}} = 20 \times \dfrac{1.2}{0.3} = 80\text{mm}$

② $S_{(기초)} = S_{(재하판)} \times \left[\dfrac{2B_{(기초)}}{B_{(기초)} + B_{(재하판)}}\right]^2$

$= 20 \times \left[\dfrac{2 \times 1.2}{1.2 + 0.3}\right]^2 = 51.2\text{mm}$

03 3m×3m 크기의 정사각형 기초를 마찰각 $\phi=30°$, 점착력 $c=50\text{kN/m}^2$인 지반에 설치하였다. 흙의 단위중량 $\gamma=17\text{kN/m}^3$이며, 기초의 근입깊이는 2m이다. 지하수위가 지표면에서 1m, 3m, 5m 깊이에 있을 때의 극한지지력을 각각 구하시오. (단, 지하수위 아래의 흙의 포화단위중량은 19kN/m^3이고, Terzaghi 공식을 사용하고, $\phi=30°$일 때 $N_c=36$, $N_r=19$, $N_q=22$) [6점]

(1) 지하수위가 1m 깊이에 있는 경우
(2) 지하수위가 3m 깊이에 있는 경우
(3) 지하수위가 5m 깊이에 있는 경우

해답 (1) 지하수위가 지표면하 1m 깊이에 있을 때

① $\gamma_1 = \gamma_{sub} = 9.2\text{kN/m}^3$

② $D_f\gamma_2 = D_1\gamma_t + D_2\gamma_{sub}$
  $= 1\times17 + 1\times9.2 = 26.2\text{kN/m}^2$

③ $q_u = \alpha cN_c + \beta B\gamma_1 N_r + D_f\gamma_2 N_q$
  $= 1.3\times50\times36 + 0.4\times3\times9.2$
  $\times19 + 26.2\times22$
  $= 3,126.16\text{kN/m}^2$

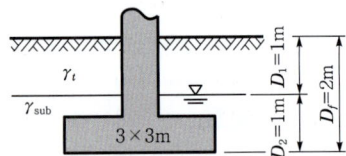

(2) 지하수위가 지표면하 3m 깊이에 있을 때

① $\gamma_1 = \gamma_{sub} + \dfrac{d}{B}(\gamma_t - \gamma_{sub})$
  $= 9.2 + \dfrac{1}{3}\times(17-9.2)$
  $= 11.8\text{kN/m}^3$

② $\gamma_2 = \gamma_t = 17\text{kN/m}^3$

③ $q_u = \alpha cN_c + \beta B\gamma_1 N_r + D_f\gamma_2 N_q$
  $= 1.3\times50\times36 + 0.4\times3\times11.8\times19 + 2\times17\times22$
  $= 3,357.04\text{kN/m}^2$

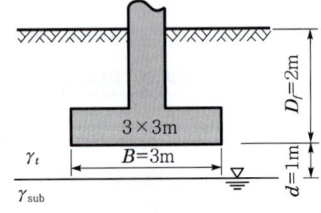

(3) 지하수위가 지표면하 5m 깊이에 있을 때

① $\gamma_1 = \gamma_2 = \gamma_t = 17\text{kN/m}^3$

② $q_u = \alpha cN_c + \beta B\gamma_1 N_r + D_f\gamma_2 N_q$
  $= 1.3\times50\times36 + 0.4\times3\times17\times19 + 2\times17\times22$
  $= 3,475.6\text{kN/m}^2$

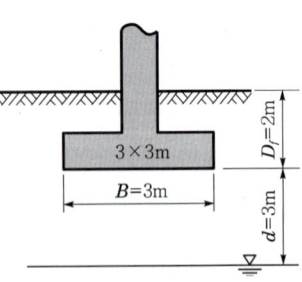

04 터널 보강재인 록 볼트(rock bolt)의 정착형식 3가지를 쓰시오. [3점]

해답 ① 선단정착형
② 전면 접착형
③ 혼합형

05 심발공(심빼기 발파공)의 종류 중 4가지만 쓰시오. [3점]

① 스윙 컷(swing cut)
② 번 컷(burn cut)
③ 노 컷(no cut)
④ V 컷(wedge cut)
⑤ 피라밋 컷(pyramid cut)

06 횡방향 지반반력계수 K_h를 구하는 현장시험을 3가지만 쓰시오. [3점]

① PMT(Pressure Meter Test)
② DMT(Dilato Meter Test)
③ LLT(Lateral Load Test)

07 한 무한 자연사면의 경사가 15°이고 경사방향으로 흐르는 지하수면이 지표면과 일치하여 지표면에서 5m 깊이에 암반층이 있다고 할 때 이 사면의 안전율은 얼마인가? [3점]

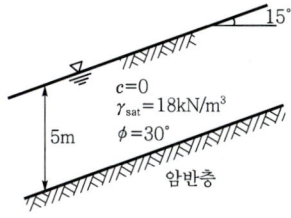

$$F_s = \frac{\gamma_{sub}}{\gamma_{sat}} \frac{\tan \phi}{\tan i}$$
$$= \frac{18-9.8}{18} \times \frac{\tan 30°}{\tan 15°} = 0.98$$

08 PS 콘크리트 교량건설공법 중 동바리를 사용하지 않는 현장타설공법의 종류 3가지를 쓰시오. [3점]

① 캔틸레버공법(FCM 공법)
② 이동동바리공법(MSS 공법)
③ 압출공법(ILM 공법)
④ PSM공법

09 어느 지역의 월평균 기온이 아래 표와 같다. 동결지수를 구하시오. [3점]

월	월평균 기온(℃)
11	+1
12	−6.3
1	−8.3
2	−6.4
3	−0.2

해답 동결지수(F)＝영하온도×지속일수
　　　　＝6.3×31＋8.3×31＋6.4×28＋0.2×31
　　　　＝638℃·day

10 콘크리트를 2층 이상으로 나누어 타설할 경우 상층의 콘크리트 타설은 원칙적으로 하층의 콘크리트가 굳기 시작하기 전에 해야 하며, 상층과 하층이 일체가 되도록 시공하여야 한다. 이러한 시공을 위하여 아래의 각 경우에 대한 답을 쓰시오. [4점]
(1) 허용 이어치기 시간 간격을 두는 이유는 무엇의 예방을 하기 위해서인가?
(2) 허용 이어치기 시간 간격의 표준을 쓰시오.
　　① 외기온도가 25℃를 초과하는 경우 :
　　② 외기온도가 25℃ 이하인 경우 :

해답 (1) 콜드 조인트(cold joint)
　　　 (2) ① 2시간
　　　　　 ② 2.5시간

11 콘크리트 구조물에서 시공이음을 설치하고자 할 때 그 위치 또는 방향에 대해 아래와 각 물음에 답하시오. [3점]
(1) 바닥틀과 일체로 된 기둥 또는 벽의 시공이음 위치로 적합한 곳은?
(2) 바닥틀의 시공이음 위치로 적합한 곳은?
(3) 아치에 시공이음을 설치하고자 할 때 적합한 방향은?

해답 (1) 바닥틀과의 경계부근
　　　 (2) 슬래브 또는 보의 경간 중앙부 부근
　　　 (3) 아치축에 직각 방향

12 농공단지 조성을 위하여 다음 그림과 같이 기준면으로부터 고저측량을 한 결과이다. 이 용지를 수평으로 정지하고자 할 때 절토량과 성토량이 같게 하려고 하면 기준면으로부터 몇 m의 높이로 하면 되는가? (단, 단위는 m이고, 토량변화율은 고려하지 않는다.) [3점]

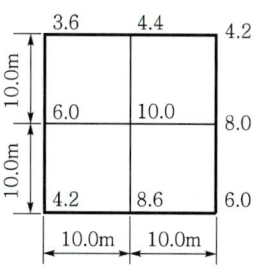

해답

(1) $V = \dfrac{ab}{4}(\Sigma h_1 + 2\Sigma h_2 + 3\Sigma h_3 + 4\Sigma h_4)$

① $\Sigma h_1 = 3.6 + 4.2 + 6 + 4.2 = 18\text{m}$
② $\Sigma h_2 = 4.4 + 8 + 8.6 + 6 = 27\text{m}$
③ $\Sigma h_4 = 10\text{m}$

∴ $V = \dfrac{10 \times 10}{4}(18 + 2 \times 27 + 4 \times 10) = 2800\text{m}^3$

(2) $h = \dfrac{2800}{10 \times 10 \times 4} = 7\text{m}$

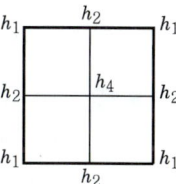

13 0.7m³의 백호(back hoe) 2대를 사용하여 16,300m³의 기초 터파기를 다음 조건으로 했을 때 터파기에 소요되는 일수를 구하시오. (단, 정수로 산출하시오.) [3점]

조건
- 백호의 cycle time(C_m) = 20sec
- 버킷계수 = 0.9
- 작업효율 = 0.75
- 토량환산율(f) = 0.8
- 1일 운전시간 = 8시간

해답

① $Q = \dfrac{3600\,qkfE}{C_m}$

$= \dfrac{3600 \times 0.7 \times 0.9 \times 0.8 \times 0.75}{20} = 68.04\text{m}^3/\text{h}$

② back hoe 2대 1일 작업량 = 68.04 × 8 × 2 = 1088.64m³

③ 소요일수 = $\dfrac{16,300}{1088.64}$ = 14.97 = 15일

14 연약지반처리 중 치환공법은 지반의 연약토를 제거하고 양질의 토사로 치환하여 비교적 단기간 내에 기초처리를 할 수 있는데 치환공법을 3가지만 쓰시오. [3점]

해답 ① 굴착치환공법
② 강제치환공법
③ 폭파치환공법

15 다음 도로 포장의 시공에 관한 설명에 적합한 명칭(용어)을 ( ) 안에 쓰시오. [3점]

(1) 콘크리트 포장 슬래브의 포설, 다짐 및 표면 끝손질 등의 기능을 갖는 거푸집을 설치하지 않고 연속적으로 포설하는 장비 : (   )
(2) 입도조정공법이나 머캐덤공법으로 된 기층의 방수성을 높이고 그 위에 포설하는 아스팔트 혼합물 층과 부착이 잘 되도록 역청재료를 살포한 것 : (   )
(3) 아스팔트 포장의 기층으로 사용하는 시멘트 콘크리트의 슬래브 : (   )

해답 (1) slip form paver(슬립 폼 페이버)
(2) prime coat
(3) white base

16 지진 발생 시 교량의 안정에 대하여 지진 보호장치 3가지만 쓰시오. [3점]

해답 ① 점성댐퍼   ② 지진격리받침(isolation bearing)
③ 받침보호장치(전단키)   ④ 낙교방지장치

참고 지진보호장치

① 점성댐퍼	② 고무 지진격리받침
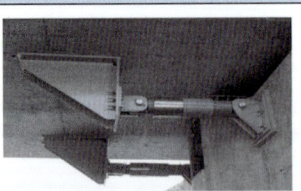	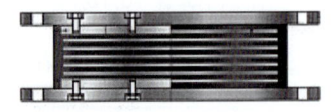
③ 받침보호장치	④ 낙교방지장치
	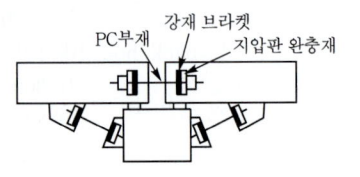

17 다음의 그림에서 모래층에 설치한 earth anchor(=tie backs)의 극한저항은? (단, 콘크리트 그라우팅은 일정한 압력하에서 시공되었으므로 정지토압계수 상태 K_0로 본다. $K_0 = 1 - \sin\phi$ 이용) [3점]

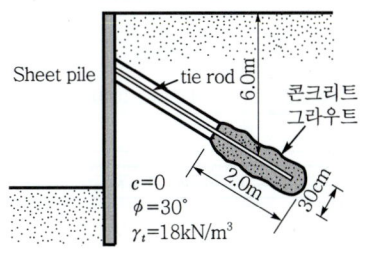

해답
$$P_u = \pi dl \overline{\sigma} K_0 \tan\phi$$
$$= \pi dl \overline{\sigma} (1 - \sin\phi) \tan\phi$$
$$= \pi \times 0.3 \times 2 \times (18 \times 6) \times (1 - \sin 30°) \times \tan 30° = 58.77 \text{kN}$$

18 그림과 같은 옹벽에 작용하는 전주동토압은 얼마인가? (단, Rankine의 토압이론을 사용하시오.) [3점]

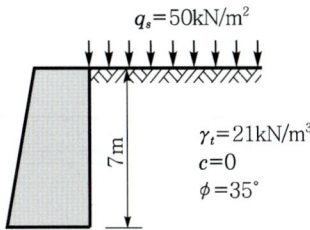

해답
① $K_a = \tan^2\left(45° - \dfrac{\phi}{2}\right) = \tan^2\left(45° - \dfrac{35°}{2}\right) = 0.27$

② $P_a = \dfrac{1}{2}\gamma_t h^2 K_a + q_s K_a h$

$= \dfrac{1}{2} \times 21 \times 7^2 \times 0.27 + 50 \times 0.27 \times 7 = 233.42 \text{ kN/m}$

19 가설흙막이의 지지, 옹벽의 전도방지, 산사태의 방지 등으로 사용되는 earth anchor의 주요 구성요소를 3가지 쓰시오. [3점]

해답
① 앵커체
② 인장부
③ 앵커두부

20 주어진 도면 및 조건에 따라 물량을 산출하시오. [18점]

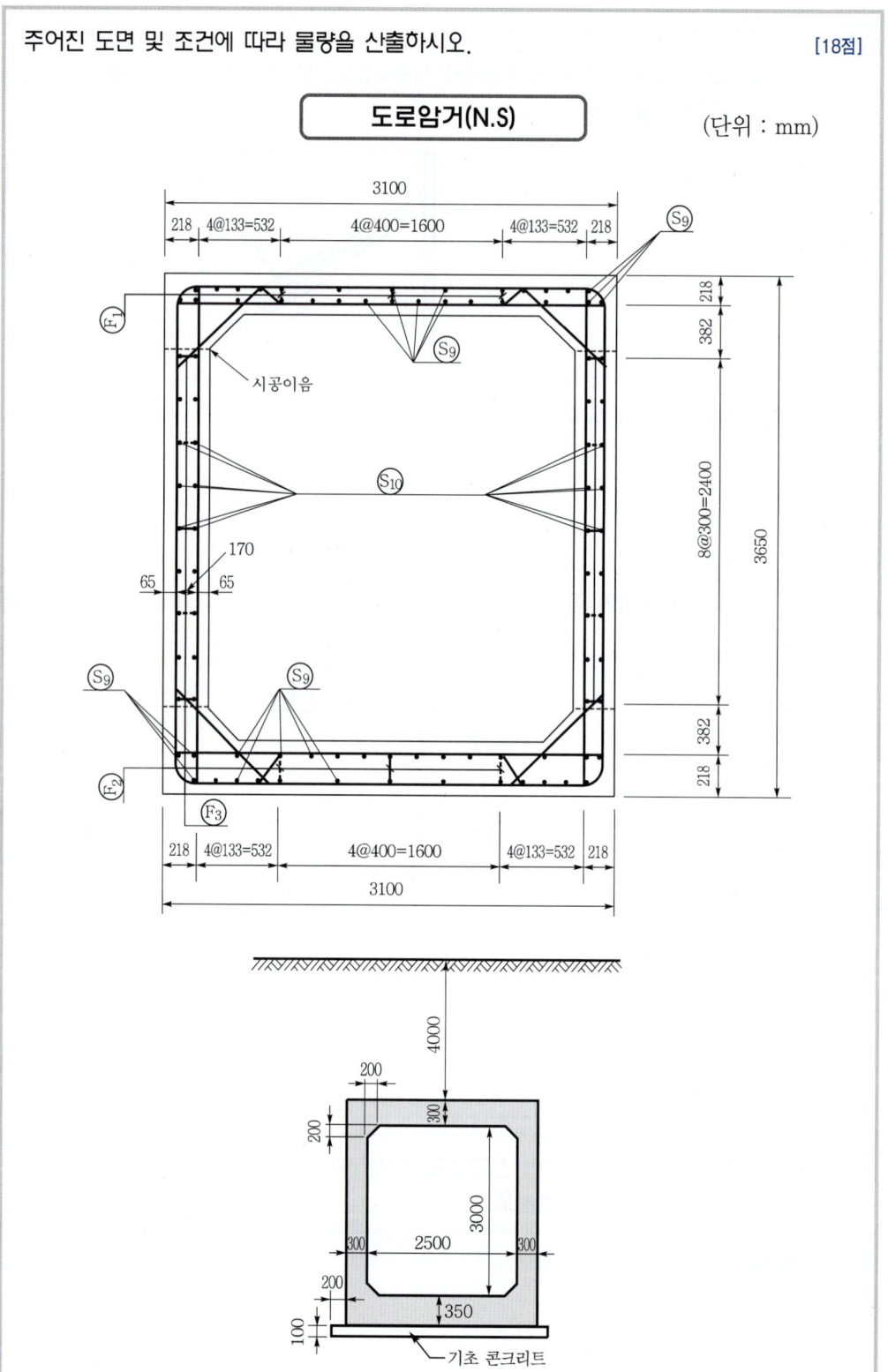

주철근 조립도

철근 상세도

> **조건**
> ① $S_1 \sim S_8$ 철근은 300mm 간격으로 배치되어 있다.
> ② F_1, F_2, F_3 철근은 300mm 간격으로 지그재그로 배치되어 있다.
> ③ 철근의 이음과 할증은 무시한다.
> ④ 지형상태는 일반도와 같으며, 터파기는 기초 콘크리트 양끝에서 100cm 여유폭을 두고, 비탈 기울기는 1:0.5로 한다.
> ⑤ 거푸집량의 계산에서 마구리면은 무시한다.

(1) 길이 1m에 대한 기초와 구체의 콘크리트량을 구하시오. (단, 소수 4째자리에서 반올림)
  ① 기초 콘크리트량
  ② 구체 콘크리트량

(2) 길이 1m에 대한 거푸집량을 구하시오. (단, 소수 4째자리에서 반올림)
(3) 길이 1m에 대한 터파기량을 구하시오. (단, 소수 4째자리에서 반올림)
(4) 길이 1m에 대한 철근량을 산출하기 위한 철근 물량표를 완성하시오. (단, 소수 3째자리에서 반올림)

기호	직경	길이(mm)	수량	총 길이(mm)	기호	직경	길이(mm)	수량	총 길이(mm)
S_1					S_9				
S_7					F_1				

해답 (1) 길이 1m에 대한 콘크리트량
  ① 기초 콘크리트량 $= 3.5 \times 0.1 \times 1 = 0.35 m^3$
  ② 구체 콘크리트량
  $= \left(3.1 \times 3.65 - 2.5 \times 3 + \dfrac{0.2 \times 0.2}{2} \times 4\right) \times 1$
  $= 3.895 m^3$

(2) 길이 1m에 대한 거푸집량
  ① 외벽 길이 $= \overline{ab} \times 2 = 3.65 \times 2 = 7.3m$
  ② 내벽 길이 $= \overline{fg} \times 2 = 2.6 \times 2 = 5.2m$
  ③ 헌치 길이 $= \overline{ef} \times 4 = \sqrt{0.2^2 + 0.2^2} \times 4$
  $= 1.1314m$
  ④ 정판 길이 $= \overline{eh} = 2.1m$
  ⑤ 구체 거푸집 길이 $= ㉠+㉡+㉢+㉣$
  $= 15.7314m$
  ⑥ 구체 거푸집량 $= 15.7314 \times 1 ≒ 15.731 m^2$

(3) 길이 1m에 대한 터파기량
  터파기량 $= \dfrac{5.5 + 13.25}{2} \times 7.75 \times 1$
  $= 72.6563 ≒ 72.656 m^3$

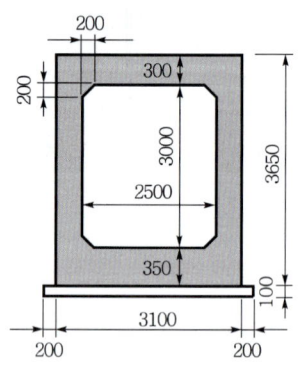

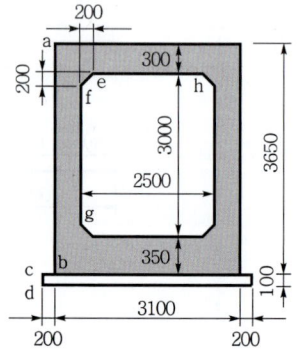

(4) 길이 1m에 대한 철근량

① 단면도상 선으로 보이는 철근(S_1, S_4, S_7)

・철근개수 ⇒ $\dfrac{단위길이(1m)}{간격}$

※ 실제 시험에서는 S_1, S_7만 구하면 됩니다.
(나머지 철근은 참고로 하십시오.)

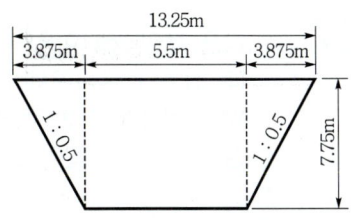

기호	직경	본당 길이(mm)	수량	총 길이(mm)	수량 산출근거
★S_1	D 22	1805×2+346×2+2530 =6832	6.67	45,569.44	수량=$\dfrac{1}{0.3}$×2(개소) =6.67개
★S_7	D 13	100+818+100=1018	6.67	6790.06	
S_4	D 13	2970	3.33	9890.1	수량=$\dfrac{1}{0.3}$×1(개소) =3.33개

② 단면도상 점으로 보이는 철근(S_9, S_{10})

・철근개수 ⇒ 간격수+1

※ 실제 시험에서는 S_9만 구하면 됩니다.(나머지 철근은 참고로 하십시오.)

기호	직경	본당 길이(mm)	수량	총 길이(mm)	수량 산출근거
★S_9	D 16	1000	56	56,000	수량=(상판상부+상판하부)×2(상・하판) =[(12+1)+15]×2=56개
S_{10}	D 16	1000	36	36,000	수량=(8+1)×2(복배근)×2(좌・우벽) =36개

③ F_1, F_3 철근개수 ⇒ $\dfrac{단위길이(1m)}{간격×2}$×개소

※ 실제 시험에서는 F_1만 구하면 됩니다.(나머지 철근은 참고로 하십시오.)

기호	직경	본당 길이(mm)	수량	총 길이(mm)	수량 산출근거
★F_1	D 13	100×2+136×2+340 =812	5	4060	수량=$\dfrac{1}{0.3×2}$×3(개소) =5개
F_3	D 13	135+100×2=335	16.67	5584.45	수량=$\dfrac{1}{0.3×2}$×5(개소)×2(좌・우벽) =16.67개

④ 철근 물량표(단, 소수 셋째자리에서 반올림하시오.)

기호	직경	길이(mm)	수량	총 길이(mm)	기호	직경	길이(mm)	수량	총 길이(mm)
S_1	D 22	6832	6.67	45,569.44	S_9	D 16	1000	56	56,000
S_7	D 13	1018	6.67	6790.06	F_1	D 13	812	5	4060

21

다음 데이터를 이용하여 normal time 네트워크 공정표를 작성하고 공기를 3일 단축할 때 최소의 추가공사비를 산출하시오. (단, ① Net Work 공정표 작성은 화살표 Net Work로 한다. ② 주공정선(critical paht)는 굵은선 또는 이중선으로 한다. ③ 각 결합점에는 다음과 같이 표시한다.) [10점]

작업명 (activity)	정상비용		특급비용	
	공기(일)	공비(원)	공기(일)	공비(원)
A(0→1)	3	20,000	2	26,000
B(0→2)	7	40,000	5	50,000
C(1→2)	5	45,000	3	59,000
D(1→4)	8	50,000	7	60,000
E(2→3)	5	35,000	4	44,000
F(2→4)	4	15,000	3	20,000
G(3→5)	3	15,000	3	15,000
H(4→5)	7	60,000	7	60,000
계		280,000		334,000

(1) normal time 네트워크 공정표를 작성하시오.
(2) 공기를 3일간 단축할 때 최소의 추가공사비를 구하시오.

해답 (1) 공정표

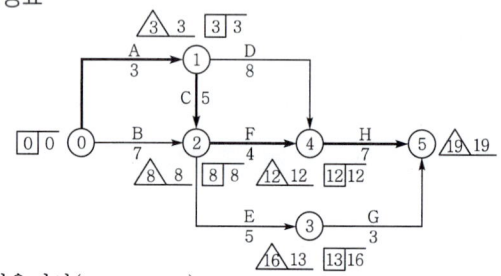

(2) ① 비용경사(cost slope)

작업명	단축가능 일수	비용경사(원)
A	1	$\dfrac{26,000-20,000}{3-2}=6000$
B	2	$\dfrac{50,000-40,000}{7-5}=5000$
C	2	$\dfrac{59,000-45,000}{5-3}=7000$
D	1	$\dfrac{60,000-50,000}{8-7}=10,000$
E	1	$\dfrac{44,000-35,000}{5-4}=9000$
F	1	$\dfrac{20,000-15,000}{4-3}=5000$
G	0	0
H	0	0

② 공기단축

단축단계	작업명	단축일수	추가비용(원)
1단계	F	1	5000
2단계	A	1	6000
3단계	B, C, D	1	5000+7000+10,000=22,000

③ 추가비용(extra cost)
EC=5,000+6,000+22,000=33,000원

22 다음 용어의 물음에 답하시오. [6점]

(1) 여수로 상부에 유량을 조절하기 위해 부채꼴 형태로 설치한 수문의 종류를 쓰시오.
(2) 댐 콘크리트의 온도상승을 억제하고 균열을 방지할 목적으로 콘크리트를 치기 전에 외경 25mm 정도의 파이프를 수평으로 배치하고 그 속에 자연지하수나 인공냉각수를 통과시켜서 콘크리트의 온도를 낮추는 것을 무엇이라고 하는가?
(3) 기초암반의 변형성이나 강도를 개량하여 균일성을 주기 위하여 기초 전반에 걸쳐 격자형으로 그라우팅하는 방법으로 콘크리트댐 기초공사에 많이 이용되는 그라우팅 방법을 쓰시오.

해답
(1) 테인터식 수문(radial gate)
(2) 파이프 쿨링(pipe cooling)
(3) 압밀 그라우팅(consolidation grouting)

23 정지토압을 적용하는 구조물 3가지를 쓰시오. [3점]

해답
① 암거(box culvert)
② 지하실
③ 지하 배수시설

토목 기사 2022년(1차)

> 알림: 아래의 문제는 독자들의 출제경향에 이해가 되도록 수험생들의 기억에 의해 복원된 문제로 일부 문제는 다를 수가 있으므로 착오 없으시길 바랍니다.

01 아스팔트 포장에 실 코트(seal coat)를 하는 목적을 3가지만 쓰시오. [3점]

해답
① 포장면의 내구성 증대
② 포장면의 수밀성 증대
③ 포장면의 미끄럼저항 증대
④ 포장면의 노화방지

참고 (1) prime coat 목적
① 기층과 그 위에 깔 asphalt 혼합물과의 부착을 좋게 한다.
② 기층 또는 보조기층의 작업차에 의한 파손방지, 강우에 의한 세굴방지, 방수성 증대
③ 보조기층으로부터의 모관상승 차단
(2) tack coat 목적
구 포장층과 그 위에 포설하는 asphalt 혼합물층과의 부착을 좋게 하기 위함

02 함수비가 20%인 토취장 흙의 습윤단위중량이 19kN/m^3이다. 이 흙으로 도로를 축조할 때 함수비는 15%이고, 습윤단위중량은 19.8kN/m^3이었다. 이 경우 흙의 토량변화율(C)은 대략 얼마인가? [3점]

해답
① 토취장의 건조밀도
$$\gamma_d = \frac{\gamma_t}{1+\frac{w}{100}} = \frac{19}{1+\frac{20}{100}} = 15.83\,\text{kN/m}^3$$

② 다짐 후의 건조밀도
$$\gamma_d = \frac{\gamma_t}{1+\frac{w}{100}} = \frac{19.8}{1+\frac{15}{100}} = 17.22\,\text{kN/m}^3$$

③ 토량변화율
$$C = \frac{\text{본바닥 흙의 } \gamma_d}{\text{다짐 후의 } \gamma_d} = \frac{15.83}{17.22} = 0.92$$

03 교량의 상부구조와 하부구조의 접점에 위치하여 상부구조에서 전달되는 하중을 하부구조에 전달하고, 상하부간의 상대변위 및 상부구조의 회전변형을 흡수하는 구조를 무엇이라 하는가? [2점]

해답 교좌장치(shoe)

04 토적곡선(mass curve)을 작성하는 목적을 3가지만 쓰시오. [3점]

해답
① 토량분배
② 평균 운반거리의 산출
③ 운반거리에 의한 토공기계의 선정
④ 시공방법의 산출

참고 유토곡선(토량곡선 ; mass curve)의 성질
① 곡선의 상향구간은 절토구간이며, 하향구간은 성토구간이다.
② 곡선의 최대점은 절토에서 성토로의 변이점이며, 최소점은 성토에서 절토로의 변이점이다.
③ 평형선(기선과 평행한 임의의 직선)과 곡선이 만난 두 교차점(평행점) 사이의 토량은 절·성토량이 평형된다.
④ 평형선에서 곡선의 최대점 및 최소점까지의 높이는 절토에서 성토로 운반할 순전토량(운반토량)을 나타낸다.

05 말뚝이 통과하는 토층의 침하량이 말뚝선단의 침하량보다 큰 경우 부마찰력(negative skin friction)이 작용하게 된다. 이러한 부마찰력을 감소시키는 방법을 3가지 쓰시오. [3점]

해답
① 표면적이 작은 말뚝(H-형강 말뚝)을 사용하는 방법
② 말뚝지름보다 크게 pre-boring하는 방법
③ 말뚝지름보다 약간 큰 casing을 박는 방법
④ 말뚝표면에 역청재를 칠하는 방법

06 해안 준설·매립공사 시 사용되는 준설선의 종류를 4가지만 쓰시오. [3점]

해답
① pump dredger
② bucket dredger
③ grab dredger
④ dipper dredger

07

아래와 같이 백호로 굴착을 하고 통로박스 시공 후, 되메우기를 한다. 이때 15t 덤프트럭을 2대 사용하여 1일 작업시간을 6시간으로 하며, 덤프트럭의 $E=0.9$, $C_m=300$분일 경우 아래 물음에 답하시오. (단, 암거길이는 10m, $C=0.9$, $L=1.25$, $\gamma_t=1.8\text{t/m}^3$) [6점]

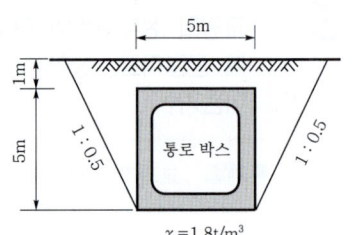

(1) 사토량을 본바닥 토량으로 구하시오.
(2) 덤프트럭 1대의 시간당 작업량을 구하시오.
(3) 덤프트럭 2대를 사용할 경우 사토에 필요한 소요일수는 며칠인가?

해답

(1) ① 굴착토량 $= \dfrac{5+11}{2} \times 6 \times 10 = 480 \text{m}^3$

② 되메움 토량 $= (480 - 5 \times 5 \times 10) \times \dfrac{1}{0.9} = 255.56 \text{m}^3$

③ 사토량 $= 480 - 255.56 = 224.44 \text{m}^3$

(2) ① $q_t = \dfrac{T}{\gamma_t}L = \dfrac{15}{1.8} \times 1.25 = 10.42 \text{m}^3$

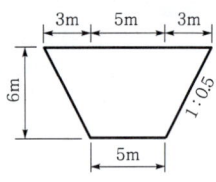

② $Q = \dfrac{60\, q_t f E_t}{C_{mt}} = \dfrac{60\, q_t \dfrac{1}{L} E_t}{C_{mt}}$

$= \dfrac{60 \times 10.42 \times \dfrac{1}{1.25} \times 0.9}{300} = 1.5 \text{m}^3/\text{hr}$

(3) 소요일수 $= \dfrac{224.44}{1.5 \times 6 \times 2} = 12.47 = 13$일

08

연약지반에 설치한 교대에 발생하기 쉬운 측방유동에 영향을 미치는 주요 요인을 3가지만 쓰시오. [3점]

해답
① 교대 배면의 성토높이 ② 교대 배면의 성토체의 단위중량
③ 연약 점토층의 두께   ④ 연약 점토층의 전단강도

참고 교각에 작용하는 수평력
① 활하중의 견인력   ② 풍압
③ 유수압   ④ 지진력
⑤ 유수 혹은 유목 및 선박 등에 의한 충격력

09

가물막이(coffer dam)공사에서 sheet pile식 공법의 종류 4가지를 쓰시오. [3점]

해답 ① 한겹 sheet pile식   ② 두겹 sheet pile식
③ cell식   ④ ring beam식
⑤ 강관 sheet pile식

10

아래 그림과 같이 6.0m의 연직옹벽에 연속적인 강우로 뒤채움 흙이 완전 포화되어 있다. 뒤채움 흙은 $\gamma_{sat}=19.8\text{kN/m}^3$, $\phi=38°$인 사질토이며, 벽면마찰각 $\delta=15°$이다. 이때 Coulomb의 주동토압계수는 0.219이고 파괴면이 수평면과 55°라고 가정할 경우 아래의 물음에 답하시오. (단, 물의 단위중량 $\gamma_w=9.8\text{kN/m}^3$) [8점]

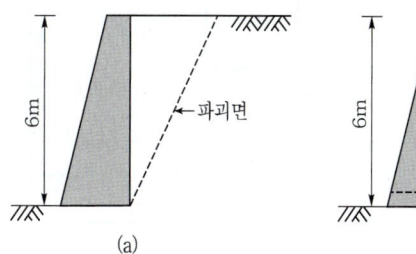
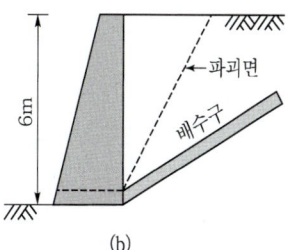

(1) 그림 (a)와 같이 옹벽배면에 배수구가 없을 경우 옹벽에 작용하는 전 주동토압(kN/m)을 구하시오.
(2) 그림 (b)와 같이 파괴면 아래쪽에 배수구를 경사지게 설치했을 경우 옹벽에 작용하는 전 주동토압(kN/m)을 구하시오.

해답

(1) $P_a = \dfrac{1}{2}\gamma_{sub}H^2 C_a + \dfrac{1}{2}\gamma_w H^2 = \dfrac{1}{2}\times(19.8-9.8)\times 6^2 \times 0.219 + \dfrac{1}{2}\times 9.8 \times 6^2 = 215.82\,\text{kN/m}$

(2) $P_a = \dfrac{1}{2}\gamma_{sat}H^2 C_a = \dfrac{1}{2}\times 19.8 \times 6^2 \times 0.219 = 78.05\,\text{kN/m}$

11

우물통 기초의 침하 시 편위의 원인을 4가지 쓰시오. [3점]

해답
① 유수, 파랑 등의 수평하중
② 지층의 경사 또는 연약지반으로 인한 슈의 지지력 불균등
③ 침하하중의 불균등
④ 호박돌, 선석, 유목(流木) 등의 장애물

참고
① 정확한 거치를 하고 제1 Lot를 짧게 타설하여 정확하게 침설한다.
② 편위의 수정은 침하심도가 얕을 때에는 용이하나 심도가 깊어지면 곤란하므로 깊어지기 전에 반대편을 굴착하여 재하하는 등의 방법으로 위치와 경사를 수정한다.

12

다음 용어의 정의를 쓰시오. [4점]

(1) 관로식 냉각(pipe cooling)
(2) 선행 냉각(pre-cooling)

해답
(1) 콘크리트 중에 매입한 냉각관에 냉각수를 순환시켜 콘크리트의 온도를 낮추는 방법
(2) 골재를 냉각시키거나 물속에 얼음을 넣어 콘크리트의 온도를 낮추는 방법

13 아래 그림과 같이 10m 두께의 비교적 단단한 포화 점토층 밑에 모래층이 있다. 모래층은 피압상태(artesian pressure)에 있을 때, 점토층에서 바닥의 융기(heaving)현상이 없이 굴착할 수 있는 최대깊이 H를 구하시오. (단, 물의 단위중량 $\gamma_w = 9.81\text{kN/m}^3$) [3점]

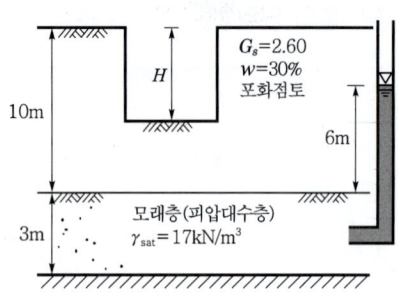

해답 (1) 점토의 단위중량

① $Se = wG_s$ $1 \times e = 0.3 \times 2.6$ ∴ $e = 0.78$

② $\gamma_{sat} = \dfrac{G_s + e}{1+e}\gamma_w = \dfrac{2.6 + 0.78}{1+0.78} \times 9.81 = 18.63\text{kN/m}^3$

(2) 최대굴착깊이

① $\sigma = (10-H)\gamma_{sat} = (10-H) \times 18.63$

② $u = 9.81 \times 6 = 58.86\text{kN/m}^2$

③ $\overline{\sigma} = \sigma - u = (10-H) \times 18.63 - 58.86 = 0$

∴ $H = 6.84\text{ m}$

14 그림과 같이 표고가 20m씩 차이가 나는 등고선으로 둘러싸인 지역의 흙을 굴착하여 택지조성을 계획한다. 1.0m³ 용적의 굴삭기 2대를 동원할 때 굴착에 소요되는 기간을 구하시오. (단, 굴삭기 사이클타임= 20초, 효율=0.8, 디퍼계수=0.8, L=1.2, 1일 작업시간=8시간, 등고선면적 A_1=100m², A_2=75m², A_3=50m²이다.) [3점]

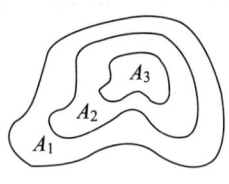

해답

① 굴착토량 $V = \dfrac{h}{3}(A_1 + 4A_2 + A_3) = \dfrac{20}{3}(100 + 4 \times 75 + 50) = 3000\text{m}^3$

② back hoe작업량 $Q = \dfrac{3600\,qkfE}{C_m} = \dfrac{3600 \times 1 \times 0.8 \times \dfrac{1}{1.2} \times 0.8}{20} = 96\text{m}^3/\text{hr}$

③ back hoe 2대의 1일 작업량 $= 96 \times 2 \times 8 = 1536\text{m}^3$

④ 공기 $= \dfrac{3000}{1536} = 1.95 = 2$일

15 다음 그림과 같이 연직하중과 모멘트를 받는 구형 기초의 극한하중과 안전율을 Terzaghi 공식을 이용하여 구하시오. (단, $N_c = 37.2$, $N_q = 22.5$, $N_r = 19.7$이다.) [3점]

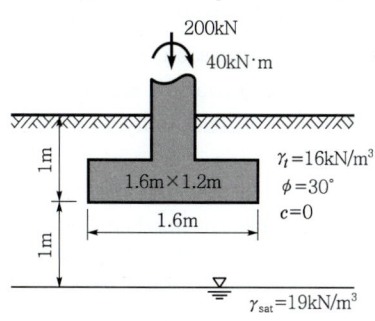

해답
(1) 편심거리
  $M = Pe$ $40 = 200 \times e$
  $\therefore e = 0.2\,\text{m}$

(2) 기초의 유효크기
  ① 유효폭 : $B' = B = 1.2\,\text{m}$
  ② 유효길이 : $L' = L - 2e = 1.6 - 2 \times 0.2 = 1.2\,\text{m}$

(3) $\gamma_1 = \gamma_{sub} + \dfrac{d}{B}(\gamma_t - \gamma_{sub}) = 9.2 + \dfrac{1}{1.2} \times (16 - 9.2) = 14.87\,\text{kN/m}^3$

(4) $q_u' = \alpha c N_c + \beta B' \gamma_1 N_r + D_f \gamma_2 N_q$
  $= 0 + 0.4 \times 1.2 \times 14.87 \times 19.7 + 1 \times 16 \times 22.5 = 500.61\,\text{kN/m}^2$

(5) $q_u' = \dfrac{P_u}{B'L'}$ $500.61 = \dfrac{P_u}{1.2 \times 1.2}$
  $\therefore P_u = 720.88\,\text{kN}$

(6) $F_s = \dfrac{P_u}{P} = \dfrac{720.88}{200} = 3.6$

16 Concrete 배합에 사용되는 혼화재료는 혼화제와 혼화재로 구분된다. 혼화재의 종류를 3가지만 쓰시오. [3점]

해답
① slag(슬래그)   ② fly-ash(플라이 애시)
③ silica fume(실리카 흄)   ④ pozzolan(포졸란)

17 높은 교각이나 사일로, 수조 등의 공사에 사용되는 특수 거푸집으로 시공속도가 빠르고 이음이 없는 수밀성의 콘크리트 구조물을 만들 수 있는 대표적 특수 거푸집공법 3가지만 쓰시오. [4점]

해답 ① slip form 공법   ② sliding form 공법   ③ self climbing form 공법

18 터널을 수치해석으로 설계할 때 3차원적 거동을 2차원으로 해석하기 위하여 사용하는 방법을 2가지만 쓰시오. [3점]

해답 ① 응력분배법(stress distribution method)
② 강성 변화법(stiffness variation method)
③ 점탄성 해석법(visco-elastic analysis method)

※ 참고 터널 해석 시 3차원 효과가 고려된 2차원 해석기법
① 응력분배법(stress distribution method) : 막장에서 떨어진 위치에 따라 종방향 아치효과가 변화하는 영향을 고려하기 위해 2차원 해석의 각 해석단계를 3차원 터널 축상의 각 위치와 대응시켜 해석단계별로 굴착에 의해 발생되는 하중을 분배하여 적용시키는 방법
② 강성 변화법(stiffness variation method) : 터널굴착 시 주변응력의 3차원 배열은 강성(탄성계수)과 직접 관계된다고 보고 굴착단계별로 강성을 변화시켜서 응력분배와 같은 효과를 내는 방법
③ 점탄성 해석법(visco-elastic analysis method) : 재반재료 모델에 크리프 변화율을 고려하여 해석하는 방법

19 터널에 사용하고 있는 록 볼트(rock bolt) 인발시험의 목적에 대하여 3가지만 쓰시오. [3점]

해답 ① 록 볼트의 인발내력 측정   ② 정착효과 확인
③ 록 볼트의 적정길이 판단   ④ 록 볼트의 종류 선정

20 다음과 같은 공정표(CPM table)를 보고 다음 물음에 답하시오. [10점]

node		공정명	정상기간	정상비용	특급기간	특급비용
1	2	A	3일	30만 원	3일	30만 원
1	3	B	4일	24만 원	3일	30만 원
1	4	C	4일	40만 원	3일	60만 원
2	3	dummy	0일	0만 원	0일	0만 원
2	5	E	7일	35만 원	5일	49만 원
3	5	F	4일	32만 원	4일	32만 원
3	6	H	6일	48만 원	5일	60만 원
3	7	G	9일	45만 원	6일	69만 원
4	6	I	7일	56만 원	6일	66만 원
5	7	J	10일	40만 원	7일	55만 원
6	7	K	8일	64만 원	8일	64만 원
7	8	M	5일	60만 원	3일	96만 원

(1) Net Work(화살선도)를 작도하고, 표준일수에 대한 critical path를 표시하시오.
(2) 정상공사 기간 4일을 줄일 때 발생하는 추가비용의 최소치를 구하시오.

해답 (1) ① Net Work

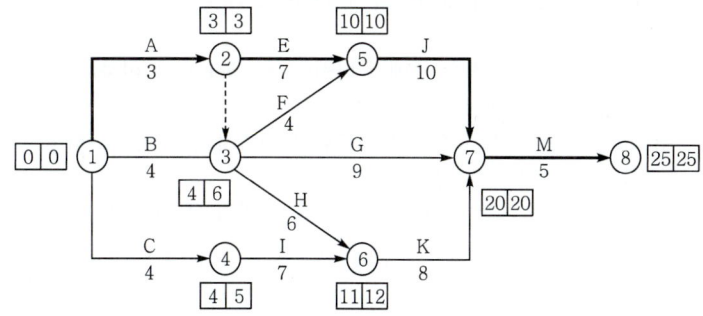

② CP : ① → ② → ⑤ → ⑦ → ⑧

(2) ① 비용경사(cost slope)

공 정	단축가능 일수	비용경사(만 원)
A	0	0
B	1	$\dfrac{30-24}{4-3}=6$
C	1	$\dfrac{60-40}{4-3}=20$
E	2	$\dfrac{49-35}{7-5}=7$
F	0	0
H	1	$\dfrac{60-48}{6-5}=12$
G	3	$\dfrac{69-45}{9-6}=8$
I	1	$\dfrac{66-56}{7-6}=10$
J	3	$\dfrac{55-40}{10-7}=5$
K	0	0
M	2	$\dfrac{96-60}{5-3}=18$

② 공기단축

단축단계	작업명	단축일수	추가비용(만 원)	공기(일)
1단계	J	1	1×5=5	24
2단계	J, I	1	1×5+1×10=15	23
3단계	M	2	2×18=36	21

③ 추가비용(extra cost)
EC=50,000+150,000+360,000=560,000원

21 수중 콘크리트 작업 시 주의사항을 3가지만 쓰시오. [3점]

해답 ① 물막이를 하여 정수 중에서 타설(유속 : 5cm/sec 이하)
② 수중에 낙하시켜서는 안 된다.
③ 소정의 높이 또는 수면상에 도달할 때까지 연속적으로 타설
④ 경화 시까지 물의 유동방지
⑤ 레이턴스를 완전히 제거한 후 다음 구획의 콘크리트를 친다.

참고 수중 콘크리트
① W/C : 50% 이하
② 단위시멘트량 : 370kg/m^3 이상
③ S/a : 40~45%

22 가요성포장(Flexible Pavement)의 구조설계 시, AASHTO(1972) 설계법에 의한 소요포장두께지수(SN)가 4.3으로 계산되었다. 포장을 표층, 기층 및 보조기층의 3개층으로 구성하고 각 층 재료별 상대강도계수와 표층 및 기층의 두께를 다음과 같이 배분할 경우의 보조기층 두께를 계산하시오. [3점]

포장층	재료	상대강도계수	두께(cm)
표 층	높은 안정도의 아스팔트 콘크리트	0.176	5
기 층	쇄 석	0.055	25
보조기층	모래섞인 자갈	0.043	

해답 $SN = \alpha_1 D_1 + \alpha_2 D_2 + \alpha_3 D_3$
$4.3 = 0.176 \times 5 + 0.055 \times 25 + 0.043 D_3$
∴ $D_3 = 47.56$cm

참고 포장용 재료 물성지수
① 72년 AASHTO설계법
$SN = \alpha_1 D_1 + \alpha_2 D_2 + \alpha_3 D_3$
여기서, SN : 포장두께지수(Structural Number)
$\alpha_1, \alpha_2, \alpha_3$: 표층, 기층, 보조기층 각각의 상대강도계수
D_1, D_2, D_3 : 표층, 기층, 보조기층 각각의 설계두께(cm)
② T_A 설계법
$T_A = a_1 T_1 + a_2 T_2 + a_3 T_3$
여기서, T_A : 포장을 표층용 가열아스팔트 혼합물로 할 때에 필요한 두께
a_1, a_2, a_3 : 등치환산계수
T_1, T_2, T_3 : 각 포장층의 두께(cm)

23

주어진 도면 및 조건에 따라 다음 물량을 산출하시오. [18점]

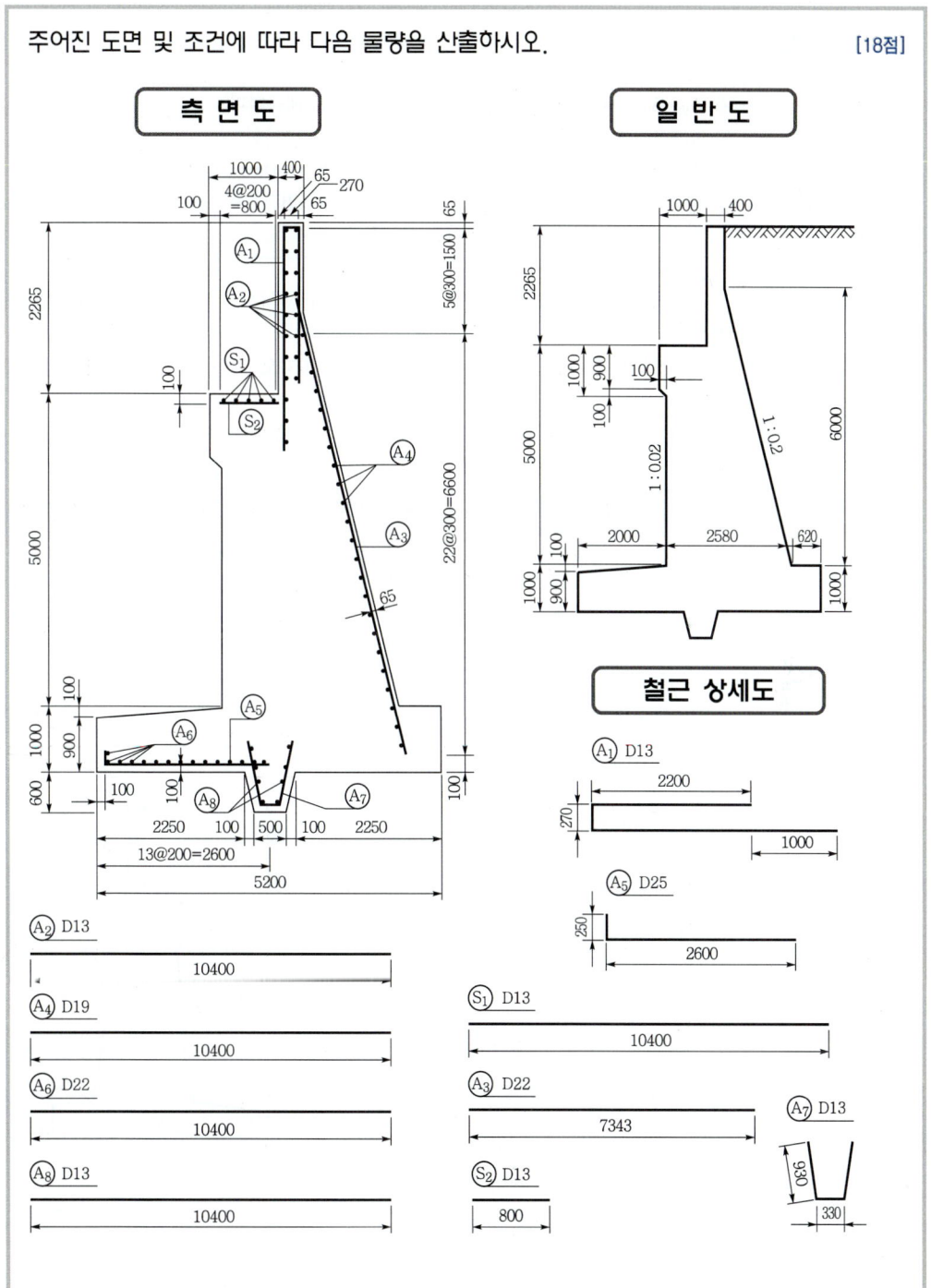

조건
① A_1, A_3, A_7 철근은 피복두께가 좌·우로 각각 50mm이며, 각 200mm 간격으로 배근한다.
② A_2, A_4, A_8 철근은 각각 300mm 간격으로 배근한다.
③ A_6, S_1, S_2 철근은 각각 200mm 간격으로 배근한다.
④ A_5 철근은 피복두께가 좌·우 150mm이며, 150mm 간격으로 배근한다.
⑤ 물량산출에서의 할증률은 없는 것으로 하고 철근길이 계산에서 상세도에 표시되어 있지 않은 이음길이는 계산하지 않는다.

(1) 길이 10.5m인 반중력형 교대의 콘크리트량을 구하시오. (단, 소수 4째자리에서 반올림하시오.)
(2) 길이 10.5m인 반중력형 교대의 거푸집량을 구하시오. (단, 소수 4째자리에서 반올림하시오.)
(3) 길이 10.5m인 반중력형 교대의 다음 철근 물량표를 구하시오. (단, mm 단위 이하는 반올림하여 mm까지 구하시오.)

기 호	직 경	길이(mm)	수 량	총 길이(mm)	기 호	직 경	길이(mm)	수 량	총 길이(mm)
A_1					A_7				
A_5					S_1				

해답 (1) 길이 10.5m인 반중력식 교대의 콘크리트량

① $A_1 = 0.4 \times 1.265 = 0.506 \text{m}^2$

② $A_2 = \dfrac{0.4 + (0.4 + 1 \times 0.2)}{2} \times 1 = 0.5 \text{m}^2$

③ $A_3 = \dfrac{1.6 + (1.6 + 0.9 \times 0.2)}{2} \times 0.9$
$= 1.521 \text{m}^2$

④ $A_4 = \dfrac{1.78 + (1.68 + 0.1 \times 0.2)}{2} \times 0.1$
$= 0.174 \text{m}^2$

⑤ $A_5 = \dfrac{1.7 + 2.58}{2} \times 4 = 8.56 \text{m}^2$

⑥ $A_6 = \dfrac{(2.58 + 0.62) + 5.2}{2} \times 0.1$
$= 0.42 \text{m}^2$

⑦ $A_7 = 5.2 \times 0.9 = 4.68 \text{m}^2$

⑧ $A_8 = \dfrac{0.7 + 0.5}{2} \times 0.6 = 0.36 \text{m}^2$

⑨ 콘크리트량 $= (A_1 + A_2 + \cdots\cdots + A_8) \times 10.5$
$= 16.721 \times 10.5 = 175.571 \text{m}^3$

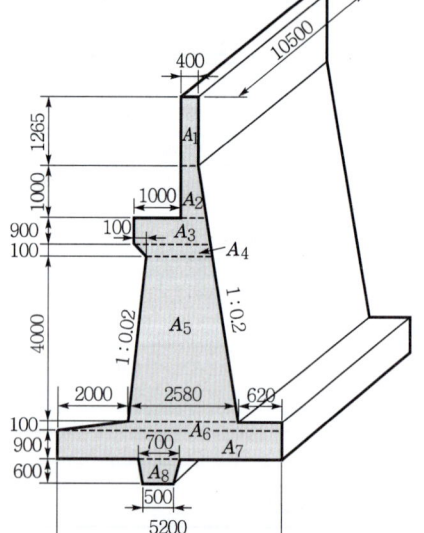

(2) 길이 10.5m인 반중력식 교대의 거푸집량

① $A_1 = 2.265 \times 10.5 = 23.7825 \text{m}^2$
② $A_2 = 0.9 \times 10.5 = 9.45 \text{m}^2$
③ $A_3 = \sqrt{0.1^2 + 0.1^2} \times 10.5 = 1.4849 \text{m}^2$
④ $A_4 = \sqrt{4^2 + 0.08^2} \times 10.5 = 42.0084 \text{m}^2$
⑤ $A_5 = 0.9 \times 10.5 = 9.45 \text{m}^2$
⑥ $A_6 = \sqrt{0.6^2 + 0.1^2} \times 10.5 \times 2(좌·우)$
$= 12.7738 \text{m}^2$
⑦ $A_7 = 1 \times 10.5 = 10.5 \text{m}^2$
⑧ $A_8 = \sqrt{6^2 + 1.2^2} \times 10.5 = 64.2476 \text{m}^2$
⑨ $A_9 = 1.265 \times 10.5 = 13.2825 \text{m}^2$
⑩ A_{10} (마구리면 거푸집량)
$= Ⓐ \times 2(앞·뒤 마구리면) = 16.721 \times 2$
$= 33.442 \text{m}^2$
⑪ 거푸집량 $= A_1 + A_2 + \cdots\cdots + A_{10} = 220.4217$
$= 220.422 \text{m}^2$

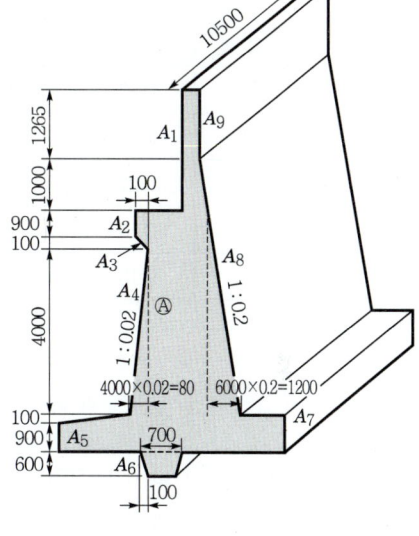

(3) 길이 10.5m인 반중력식 교대의 철근량

① 측면도상 선으로 보이는 철근(A_1, A_3, A_5, A_7, S_2)

※ 실제 시험에서는 A_1, A_5, A_7, S_1만 구하면 됩니다.(나머지 철근은 참고로 하십시오.)

기 호	직 경	본당 길이(mm)	수 량	총 길이(mm)	수량 산출근거
★A_1	D 13	2200×2+270+1000 =5670	53	300,510	수량 = $\frac{배근길이}{간격}$ + 1
A_3	D 22	7343	53	389,179	= $\frac{폭(10.5\text{m}) - 피복두께 \times 2(양쪽)}{간격}$ + 1
★A_7	D 13	930×2+330=2190	53	116,070	= $\frac{10.5 - 0.05 \times 2}{0.2}$ + 1 = 53개
★A_5	D 25	250+2600=2850	69	196,650	수량 = $\frac{배근길이}{간격}$ + 1 = $\frac{10.5 - 0.15 \times 2}{0.15}$ + 1 = 69개
S_2	D 13	800	53	42,400	수량 = $\frac{배근길이(S_1 \text{ 길이})}{간격}$ + 1 = $\frac{10.4}{0.2}$ + 1 = 53개

② 측면도상 점으로 보이는 철근(A_2, A_4, A_6, A_8, S_1)

기 호	직 경	본당 길이(mm)	수 량	총 길이(mm)	수량 산출근거
A_2	D 13	10,400	19	197,600	수량=19개
A_4	D 19	10,400	23	239,200	수량=23개
A_6	D 22	10,400	15	156,000	수량=15개
A_8	D 13	10,400	8	83,200	수량=8개
★S_1	D 13	10,400	5	52,000	수량=5개

③ 철근 물량표(단, mm 단위 이하는 반올림하여 mm까지 구함.)

기 호	직 경	길 이 (mm)	수 량	총 길이 (mm)	기 호	직 경	길 이 (mm)	수 량	총 길이 (mm)
★A_1	D 13	5670	53	300,510	A_6	D 22	10,400	15	156,000
A_2	D 13	10,400	19	197,600	★A_7	D 13	2190	53	116,070
A_3	D 22	7343	53	389,179	A_8	D 13	10,400	8	83,200
A_4	D 19	10,400	23	239,200	★S_1	D 13	10,400	5	52,000
★A_5	D 25	2850	69	196,650	S_2	D 13	800	53	42,400

※ 실제 시험에서는 A_1, A_5, A_7, S_1만 구하면 됩니다.(나머지 철근은 참고로 하십시오.)

토목 기사 2022년(2차)

> 알림: 아래의 문제는 독자들의 출제경향에 이해가 되도록 수험생들의 기억에 의해 복원된 문제로 일부 문제는 다를 수가 있으므로 착오 없으시길 바랍니다.

01 아래 그림과 같은 옹벽에서 인장균열이 발생한 후의 옹벽에 작용하는 전체 주동토압을 구하시오. (단, 인장균열 위의 토압은 무시하고 상재하중으로 고려하여 계산하시오.) [3점]

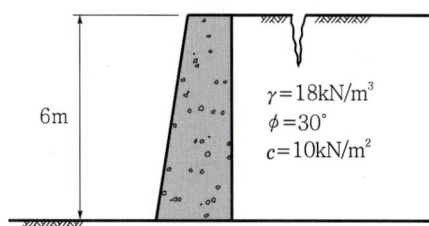

해답

① $K_a = \tan^2\left(45° - \dfrac{\phi}{2}\right) = \tan^2\left(45° - \dfrac{30°}{2}\right) = \dfrac{1}{3}$

② $Z_c = \dfrac{2c\tan\left(45° + \dfrac{\phi}{2}\right)}{\gamma_t} = \dfrac{2 \times 10 \times \tan\left(45° + \dfrac{30°}{2}\right)}{18} = 1.92\,\text{m}$

③ $P_a = \dfrac{1}{2}\gamma_t H^2 K_a - 2c\sqrt{K_a}\,H + \dfrac{2c^2}{\gamma_t} + q_s K_a (H - Z_c)$

$= \dfrac{1}{2} \times 18 \times 6^2 \times \dfrac{1}{3} - 2 \times 10 \times \sqrt{\dfrac{1}{3}} \times 6 + \dfrac{2 \times 10^2}{18} + (18 \times 1.92) \times \dfrac{1}{3} \times (6 - 1.92)$

$= 96.83\,\text{kN/m}$

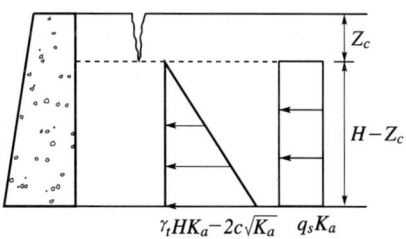

02 토적곡선(mass curve)을 작성하는 목적을 3가지만 쓰시오. [3점]

해답
① 토량분배 ② 평균 운반거리의 산출
③ 운반거리에 의한 토공기계의 선정 ④ 시공방법의 산출

03

예민비의 정의에 대해 기술하시오. [3점]

 해답
① 불교란시료의 강도에 대한 교란시료의 강도의 비
② $S_t = \dfrac{q_u}{q_{ur}}$

04

콘크리트 배합강도를 구하기 위한 전체 시험횟수 16회의 콘크리트 압축강도의 측정결과가 아래 표와 같고 설계기준강도가 28MPa일 때 아래의 물음에 답하시오. [8점]

[압축강도 추정결과(단위 : MPa)]

33.4	33.6	31.4	31.8	28.3	33.8
29.2	28.3	27.9	32.9	27.1	28.3
21.5	30.5	24.2	21.8		

(1) 위 표를 보고 압축강도의 평균값을 구하시오.
(2) 압축강도 측정결과 및 아래의 표를 이용하여 배합강도를 구하기 위한 표준편차를 구하시오.

[시험횟수가 29회 이하일 때 표준편차의 보정계수]

시험횟수	표준편차의 보정계수	비 고
15	1.16	이 표에 명시되지 않은 시험횟수에 대해서는 직선보간 한다.
20	1.08	
25	1.03	
30 이상	1.00	

(3) f_{ck} = 28MPa일 때 배합강도를 구하시오.

 해답

(1) 평균치 : $\bar{x} = \dfrac{\Sigma x}{n} = \dfrac{464}{16} = 29\,\text{MPa}$

(2) ① $S = (33.4-29)^2 + (33.6-29)^2 + \cdots + (21.8-29)^2 = 232.08$

② 표준편차 : $\sigma = \sqrt{\dfrac{S}{n-1}} = \sqrt{\dfrac{232.08}{16-1}} = 3.93\,\text{MPa}$

③ 직선보간한 표준편차 : $\sigma = 3.93 \times 1.144 = 4.5\,\text{MPa}$

(3) ① $f_{cr} = f_{ck} + 1.34S = 28 + 1.34 \times 4.5 = 34.03\,\text{MPa}$

② $f_{cr} = (f_{ck} - 3.5) + 2.33S = (28-3.5) + 2.33 \times 4.5 = 34.99\,\text{MPa}$

①, ② 중 큰 값이 배합강도이므로
∴ $f_{cr} = 34.99\,\text{MPa}$

05 아래 그림과 같은 지층 위에 성토로 인한 50kN/m^2의 등분포하중이 작용하는 경우 점토층의 압밀침하량을 구하시오. (단, 점토층은 정규압밀점토이다.) [3점]

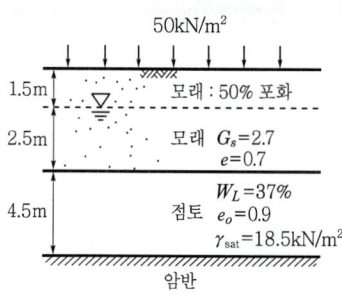

해답

① 모래지반의 단위중량

㉠ $\gamma_t = \dfrac{G_s + Se}{1+e}\gamma_w = \dfrac{2.7 + 0.5 \times 0.7}{1+0.7} \times 9.8 = 17.58\,\text{kN/m}^3$

㉡ $\gamma_{sat} = \dfrac{G_s + e}{1+e}\gamma_w = \dfrac{2.7 + 0.7}{1+0.7} \times 9.8 = 19.6\,\text{kN/m}^3$

② $P_1 = 17.58 \times 1.5 + (19.6 - 9.8) \times 2.5 + (18.5 - 9.8) \times \dfrac{4.5}{2} = 70.45\,\text{kN/m}^2$

③ $C_c = 0.009(W_L - 10) = 0.009(37 - 10) = 0.243$

④ $\Delta H = \dfrac{C_c}{1+e_1}\log\dfrac{P_2}{P_1}H = \dfrac{0.243}{1+0.9}\log\left(\dfrac{70.45+50}{70.45}\right) \times 450 = 13.41\,\text{cm}$

06 함수비가 22%인 토취장의 단위중량이 $\gamma_t = 18.3\,\text{kN/m}^3$이었다. 이 흙으로 도로를 축조할 때 다짐을 하였더니 함수비는 12%이고, 단위중량은 $\gamma_t = 19.5\,\text{kN/m}^3$이었다. 이 경우 흙의 토량변화율($C$)은 대략 얼마인가? [3점]

해답

① 토취장의 건조밀도

$\gamma_d = \dfrac{\gamma_t}{1+\dfrac{w}{100}} = \dfrac{18.3}{1+\dfrac{22}{100}} = 15\,\text{kN/m}^3$

② 다짐 후의 건조밀도

$\gamma_d = \dfrac{\gamma_t}{1+\dfrac{w}{100}} = \dfrac{19.5}{1+\dfrac{12}{100}} = 17.41\,\text{kN/m}^3$

③ $C = \dfrac{\text{본바닥 흙의 }\gamma_d}{\text{다짐 후의 }\gamma_d} = \dfrac{15}{17.41} = 0.86$

07

자연함수비 12%인 흙으로 성토하고자 한다. 시방서에는 다짐한 흙의 함수비를 16%로 관리하도록 규정하였을 때 매 층마다 1m²당 몇 l의 물을 살수해야 하는가? (단, 1층의 다짐두께는 20cm이고, 토량변화율은 $C=0.9$이며, 원지반상태에서 흙의 단위중량은 18kN/m³임.) [3점]

해답

① 1m²당 본바닥체적 $= (1 \times 1 \times 0.2) \times \dfrac{1}{0.9} = 0.222 \text{m}^3$

② $w=12\%$일 때 흙의 무게

$\gamma_t = \dfrac{W}{V}$ $18 = \dfrac{W}{0.222}$ $\therefore W = 4\text{kN} = 4000\text{N}$

③ $w=12\%$일 때 물의 무게

$W_s = \dfrac{W}{1+\dfrac{w}{100}} = \dfrac{4000}{1+\dfrac{12}{100}} = 3571.43 \text{N}$

$\therefore W_w = W - W_s = 4000 - 3571.43 = 428.57 \text{N}$

④ $w=16\%$일 때 물의 무게

$w = \dfrac{W_w}{W_s} \times 100$

$16 = \dfrac{W_w}{3571.43} \times 100$ $\therefore W_w = 571.43 \text{N}$

⑤ 살수량 $= 571.43 - 428.57 = 142.86 \text{N} = \dfrac{142.86}{9.8} = 14.58 l$

참고

① 해설 ②에서

$\gamma_t = \dfrac{W}{V}$

$18 = \dfrac{W}{(1 \times 1 \times 0.2) \times \dfrac{1}{0.9}}$

$\therefore W = 4\text{kN}$

② $1\text{m}^3 = 1000 l = 1000 \text{kg}$

$\therefore 1 l = 1 \text{kg} = 9.8 \text{N}$

08

암석지반의 발파 누두공(漏斗孔)에 관한 아래 용어의 정의를 간단히 쓰시오. [4점]

(1) 최적심도(最適深度) :
(2) 누두지수(漏斗指數) :

해답
(1) 최적심도(最適深度) : 분화구가 최대의 체적을 표시할 때의 심도
(2) 누두지수(漏斗指數) : 발파 단면에서 누두반경에 대한 최소저항선의 비

09 말뚝의 지지력을 산정하는 방법을 3가지만 쓰시오. [3점]

> **해답**
> ① 정역학적 지지력 공식
> ② 동역학적 지지력 공식
> ③ 정재하시험에 의한 방법

10 15t의 덤프트럭으로 보통토사를 운반하고자 한다. 적재장비는 버킷용량 $2.4m^3$인 백호를 사용하는 경우 덤프트럭 1대를 적재하는 데 소요되는 시간을 구하시오. (단, 흙의 단위중량은 $1.6t/m^3$, 토량변화율 $L=1.2$, 버킷계수 $K=0.8$, 적재기계의 싸이클시간 $C_{ms}=30$초, 적재기계의 작업효율 $E_s=0.75$) [3점]

> **해답**
> ① $q_t = \dfrac{T}{\gamma_t} L = \dfrac{15}{1.6} \times 1.2 = 11.25 m^3$
> ② $n = \dfrac{q_t}{qk} = \dfrac{11.25}{2.4 \times 0.8} = 5.86 = 6$회
> ③ $C_{mt} = \dfrac{C_{ms} n}{60 E_s} = \dfrac{30 \times 6}{60 \times 0.75} = 4$분

11 합성형교에서 강재 거더와 바닥판 콘크리트 사이에서 각종 하중의 조합에 의해서 발생하는 전단력에 저항하기 위해서 설치하는 장치의 이름을 쓰시오. [2점]

> **해답** 전단연결재(shear connector)

12 도로교 신축이음장치의 종류를 3가지만 쓰시오. [3점]

> **해답**
> ① 핑거 조인트(finger joint)   ② 마게바 조인트(megeba joint)
> ③ 트랜스플랙스 조인트(transflex joint) ④ 심리스 조인트(seamless joint)

13 지름 30cm의 재하판을 사용하여 평판재하시험을 한 결과 재하판이 1.25mm 침하될 때 하중강도가 0.25MPa이었다. 지지력계수 K_{75}는 얼마인가? [3점]

> **해답**
> ① $K_{30} = \dfrac{q}{y} = \dfrac{0.25}{1.25 \times 10^{-3}} = 200 MN/m^3$
> ② $K_{30} = 2.2 K_{75}$ $200 = 2.2 K_{75}$
>   ∴ $K_{75} = 90.91 MN/m^3$

14 다음 수문곡선이 나타내는 유출을 깊이로 나타내면 얼마인가? (단, 유역면적은 5km²이다.)
[3점]

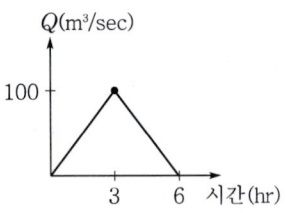

해답

① 유출량 $= \dfrac{100 \times (6 \times 3600)}{2} = 1{,}080{,}000\,\text{m}^3$

② 깊이 $= \dfrac{1{,}080{,}000}{5 \times 10^6} = 0.216\,\text{m} = 21.6\,\text{cm}$

15 그림에서와 같이 강널말뚝으로 지지된 모래지반의 굴착에서 지하수의 분출로 인하여 예상되는 파이핑에 대한 안전율을 2.0으로 할 때 근입심도(D)를 결정하시오. (단, 모래층의 포화단위중량은 17kN/m³이고, 입자의 비중은 2.65이다.)
[3점]

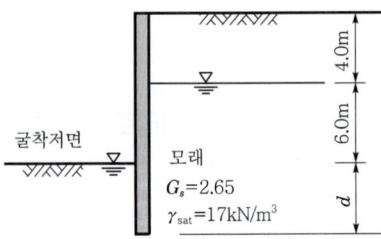

해답

$$F_s = \dfrac{i_c}{i} = \dfrac{\dfrac{G_s - 1}{1 + e}}{\dfrac{h}{L}} = \dfrac{\dfrac{\gamma_{sub}}{\gamma_w}}{\dfrac{h}{L}}$$

$2 = \dfrac{\dfrac{7.2}{9.8}}{\dfrac{6}{6 + 2d}}$ ∴ $d = 5.17\,\text{m}$

16 록 필댐(Rock fill Dam)의 종류를 3가지만 쓰시오.
[3점]

해답
① 표면 차수벽형
② 내부 차수벽형
③ 중앙 차수벽형

17 댐에서 유선망이 그림과 같이 주어졌을 때 댐의 단위폭당 하루에 침투하는 유량은 몇 m^3인가? (단, $H=20m$, 투수계수 $K=0.001cm/min$, 소수 4째자리에서 반올림하시오.) [3점]

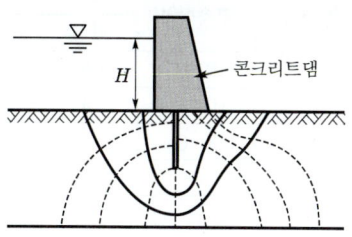

해답 $Q = KH \dfrac{N_f}{N_d} = (0.001 \times 10^{-2} \times 24 \times 60) \times 20 \times \dfrac{3}{9} = 0.096 \, m^3/day$

18 지하수 침강 최소깊이 200cm, 암거 매립간격 800cm, 투수계수 $10^{-5} cm/sec$일 때 불투수층에 놓인 암거를 통한 단위길이당 배수량을 구하시오. (단, 소수점 이하 4째자리에서 반올림할 것) [3점]

해답 $D = \dfrac{4k}{Q}(H_0^2 - h_0^2)$

$800 = \dfrac{4 \times 10^{-5}}{Q}(200^2 - 0)$

∴ $Q = 0.002 \, cm^2/sec = 0.002 \, cm^3/cm/sec$

19 $c = 20kN/m^2$, $\phi = 15°$, $\gamma_t = 17kN/m^3$인 지반에 $3.0 \times 3.0m$의 정사각형 기초가 근입깊이 2m에 놓여있고 지하수위 영향은 없다. 이때 이 정사각형 기초의 극한지지력과 총허용하중을 구하시오. (단, Terzaghi의 지지력공식을 이용하고 안전율은 3이고, $N_c = 6.5$, $N_r = 1.1$, $N_q = 4.7$) [4점]

(1) 극한지지력을 구하시오.
(2) 기초지반이 받을 수 있는 총허용하중을 구하시오.

해답 (1) $q_u = \alpha c N_c + \beta B \gamma_1 N_r + D_f \gamma_2 N_q$
  $= 1.3 \times 20 \times 6.5 + 0.4 \times 3 \times 17 \times 1.1 + 2 \times 17 \times 4.7$
  $= 351.24 \, kN/m^2$

(2) ① $q_a = \dfrac{q_u}{F_s} = \dfrac{351.24}{3} = 117.08 \, kN/m^2$

② $q_a = \dfrac{P_a}{A}$ $117.08 = \dfrac{P_a}{3 \times 3}$ ∴ $P_a = 1053.72 \, kN$

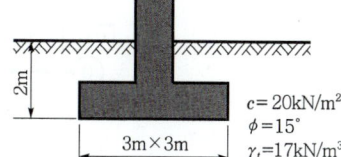

20 다음의 작업 list가 있다. 물음에 답하시오. [10점]

작업명	선행작업	후속작업	표 준		특 급	
			일 수	직접비(만 원)	일 수	직접비(만 원)
A	-	B, C	6	210	5	240
B	A	D, E	4	450	2	630
C	A	F, G	4	160	3	200
D	B	G	3	300	2	370
E	B	H	2	600	2	600
F	C	I	7	240	5	340
G	C, D	I	5	100	3	120
H	E	I	4	130	2	170
I	F, G, H	-	2	250	1	350

(1) Net Work(화살선도)를 작도하시오.
(2) 표준일수에 대한 CP를 찾으시오.
(3) 다음의 작업 list 빈 칸을 채우시오.

작업명	공비증가율 (만 원/일)	개 시		완 료		여유시간		
		EST	LST	EFT	LFT	TF	FF	DF
A								
B								
C								
D								
E								
F								
G								
H								
I								

(4) 총 공기에 대한 간접비가 2천만 원인데 표준일수를 단축하는 경우 1일당 80만 원씩 감소한다고 할 때 최적공기와 그때의 총 공비를 구하시오.

해답 (1) Net Work

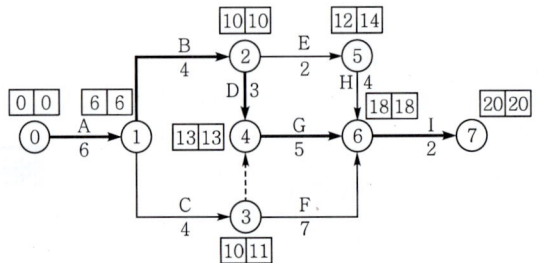

(2) CP : ⓪ → ① → ② → ④ → ⑥ → ⑦

(3) 공비증가율(비용경사) 및 일정계산

작업명	공비증가율 (만 원/일)	개 시		완 료		여유시간		
		EST	LST	EFT	LFT	TF	FF	DF
A	$\frac{240-210}{6-5}=30$	0	6−6=0	0+6=6	6	6−0−6=0	6−0−6=0	0−0=0
B	$\frac{630-450}{4-2}=90$	6	10−4=6	6+4=10	10	10−6−4=0	10−6−4=0	0−0=0
C	$\frac{200-160}{4-3}=40$	6	11−4=7	6+4=10	11	11−6−4=1	10−6−4=0	1−0=1
D	$\frac{370-300}{3-2}=70$	10	13−3=10	10+3=13	13	13−10−3=0	13−10−3=0	0−0=0
E	0	10	14−2=12	10+2=12	14	14−10−2=2	12−10−2=0	2−0=2
F	$\frac{340-240}{7-5}=50$	10	18−7=11	10+7=17	18	18−10−7=1	18−10−7=1	1−1=0
G	$\frac{120-100}{5-3}=10$	13	18−5=13	13+5=18	18	18−13−5=0	18−13−5=0	0−0=0
H	$\frac{170-130}{4-2}=20$	12	18−4=14	12+4=16	18	18−12−4=2	18−12−4=2	2−2=0
I	$\frac{350-250}{2-1}=100$	18	20−2=18	18+2=20	20	20−18−2=0	20−18−2=0	0−0=0

(4) ① 비용경사(cost slope)

작업명	단축가능 일수	비용경사(만 원)
A	1	$\frac{240-210}{6-5}=30$
B	2	$\frac{630-450}{4-2}=90$
C	1	$\frac{200-160}{4-3}=40$
D	1	$\frac{370-300}{3-2}=70$
E	0	0
F	2	$\frac{340-240}{7-5}=50$
G	2	$\frac{120-100}{5-3}=10$
H	2	$\frac{170-130}{4-2}=20$
I	1	$\frac{350-250}{2-1}=100$

② 공기단축

단축단계	작업명	단축일수	추가비용(만 원)	공기(일)
1단계	G	1	1×10=10	19
2단계	A	1	1×30=30	18
3단계	C, G	1	1×40+1×10=50	17

③ 공기=20−3=17일
④ 총 공사비=직접비+간접비+추가비용−단축일수×80만 원
　　　　　=2440만 원+2000만 원+90만 원−3×80만 원
　　　　　=4290만 원

21 도로 토공을 위한 횡단측량 결과 다음 그림과 같은 결과를 얻었다. Simpson 제2법칙에 의한 횡단면적을 구하시오. (단위 : m) [3점]

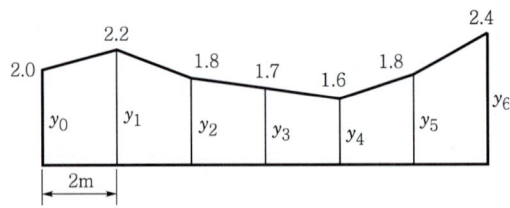

해답
$$A = \frac{3h}{8}(y_0 + 3\Sigma y_{나머지} + 2\Sigma y_{3배수} + y_n)$$
$$= \frac{3h}{8}[y_0 + 3(y_1 + y_2 + y_4 + y_5) + 2y_3 + y_6]$$
$$= \frac{3 \times 2}{8}[2 \times 3(2.2 + 1.8 + 1.6 + 1.8) + 2 \times 1.7 + 2.4] = 22.5\,\mathrm{m}^2$$

22 아스팔트 포장에 실 코트(seal coat)를 하는 목적을 3가지만 쓰시오. [3점]

해답
① 포장면의 내구성 증대
② 포장면의 수밀성 증대
③ 포장면의 미끄럼저항 증대
④ 포장면의 노화방지

참고
(1) prime coat 목적
 ① 기층과 그 위에 깔 asphalt 혼합물과의 부착을 좋게 한다.
 ② 기층 또는 보조기층의 작업차에 의한 파손방지, 강우에 의한 세굴방지, 방수성 증대
 ③ 보조기층으로부터의 모관상승 차단
(2) tack coat 목적
 구 포장층과 그 위에 포설하는 asphalt 혼합물층과의 부착을 좋게 하기 위함.

23 옹벽(Retaining Wall)은 배면으로부터 작용하는 주동토압을 최소화시켜 활동, 전도 등의 안정성을 증대시키는 것이 설계·시공의 주안점이다. 주동토압을 최소화시키는 방법을 3가지만 기술하시오. [3점]

해답
① 내부마찰각이 큰 재료를 사용
② 점착력이 있는 재료를 사용
③ 지하수위를 저하시키는 공법을 채택
④ 배수처리 철저

24 주어진 도면 및 조건에 따라 다음 물량을 산출하시오.(단, 주어진 도면의 치수는 축척에 맞지 않을 수 있으며, 주어진 치수로만 물량을 산출하며, 도면의 단위는 mm이다.) [18점]

단 면 도

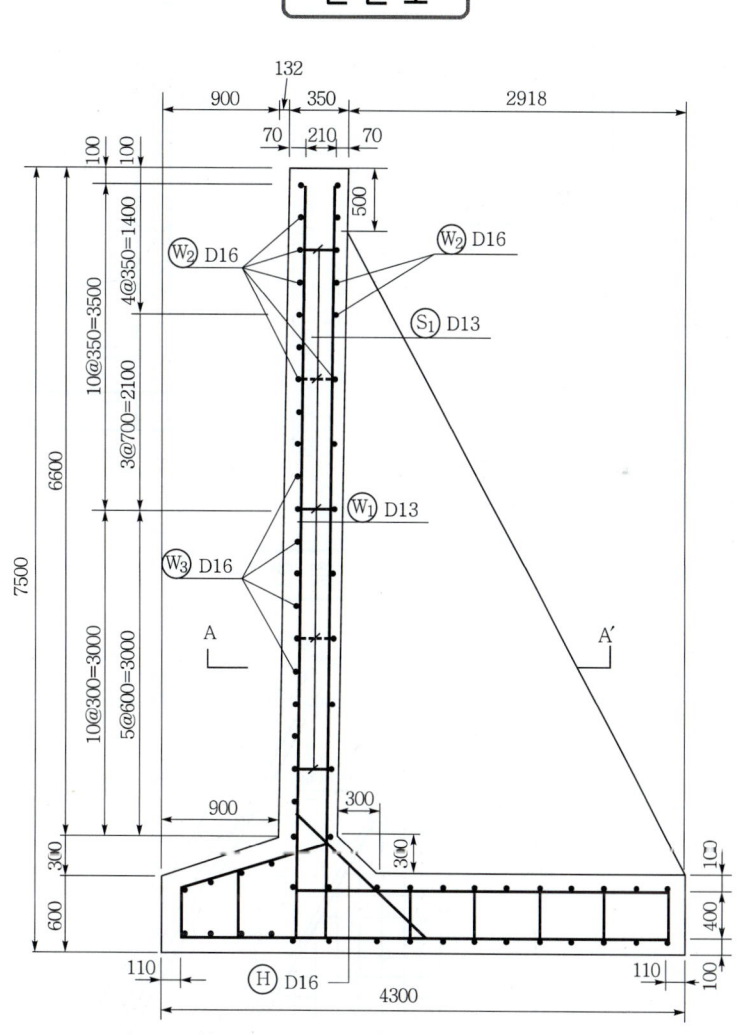

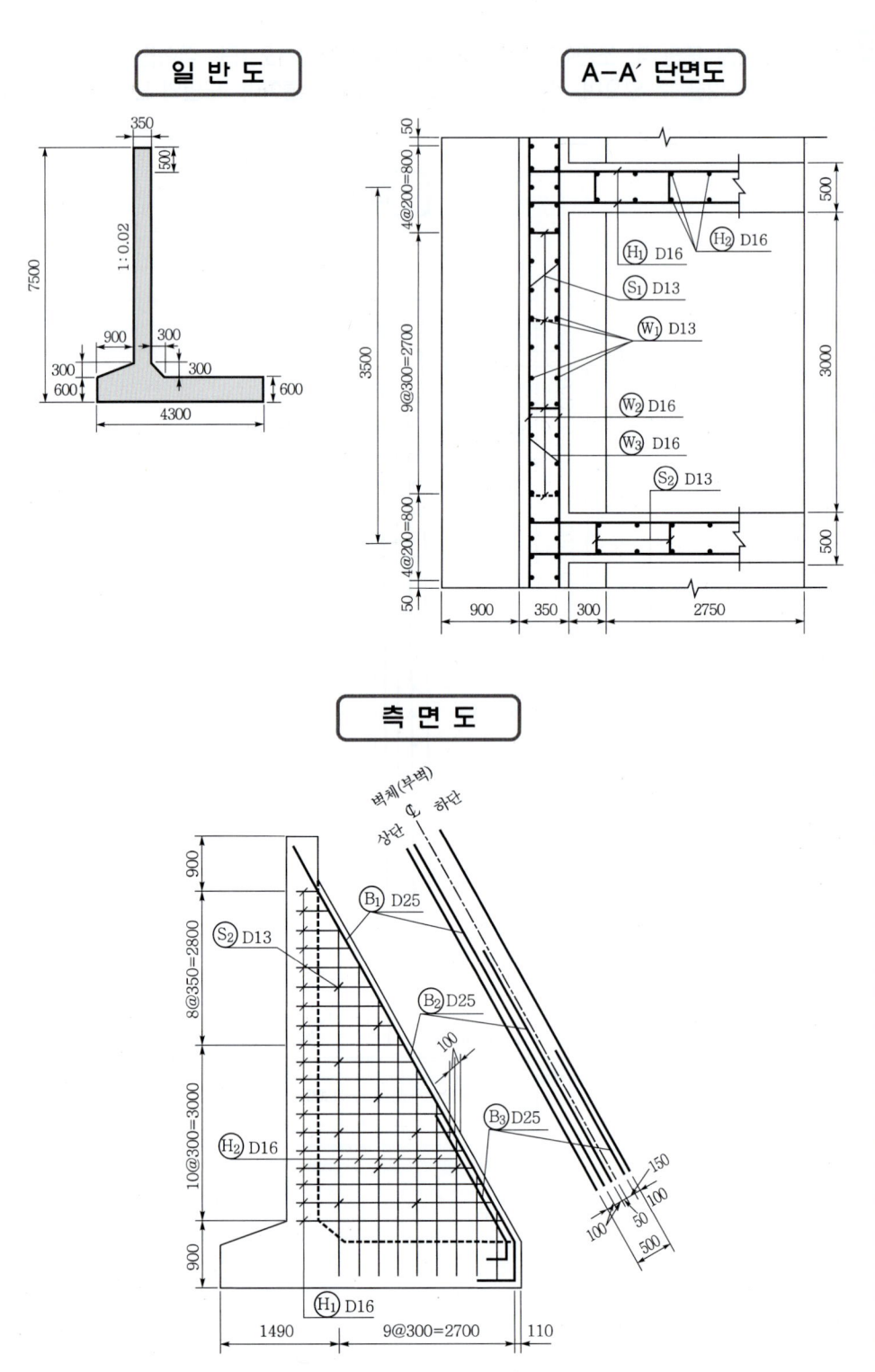

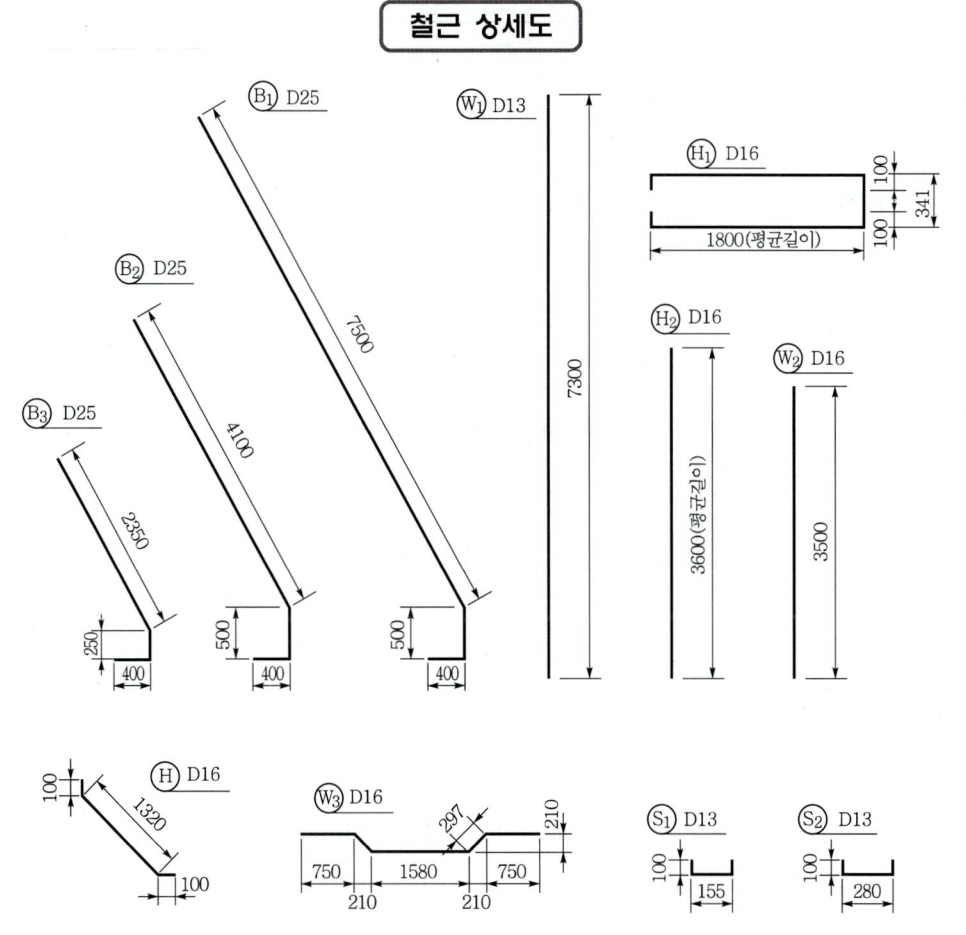

철근 상세도

[조건]
① S_1 철근은 지그재그(zigzag)로 배치되어 있다.
② H 철근의 간격은 W_1 철근과 같다.
③ 물량산출에서의 할증률 및 마구리는 없는 것으로 한다.
④ 물량산출에서의 전면벽 경사를 반드시 고려하여야 한다. (일반도 참조)
⑤ 철근길이 계산에서 이음길이는 계산하지 않는다.
⑥ 저판의 철근량은 계산하지 않는다.

(1) 부벽을 포함하는 옹벽길이 3.5m에 대한 콘크리트량을 구하시오. (단, 전면벽의 경사를 고려하여야 하며, 소수 4째자리에서 반올림하시오.)
(2) 부벽을 포함하는 옹벽길이 3.5m에 대한 거푸집량을 구하시오. (단, 전면벽의 경사를 고려하여야 하며, 소수 4째자리에서 반올림하시오.)

(3) 부벽을 포함하는 옹벽길이 3.5m에 대한 철근물량표를 완성하시오.

기호	직경	길이(mm)	수량	총 길이(mm)	기호	직경	길이(mm)	수량	총 길이(mm)
W_1					B_1				
H					S_1				
H_1									

해답

(1) 부벽을 포함하는 옹벽길이 3.5m에 대한 콘크리트량

① $A_1 = 0.35 \times 6.6 = 2.31\,\mathrm{m}^2$

② $A_2 = \dfrac{0.35 + (0.9 + 0.35 + 0.3)}{2} \times 0.3$
$= 0.285\,\mathrm{m}^2$

③ $A_3 = 4.3 \times 0.6 = 2.58\,\mathrm{m}^2$

④ $A_4 = \dfrac{(3.05 + 0.006) \times 6.4}{2} - \dfrac{(0.3 + 0.006) \times 0.3}{2}$
$= 9.7333\,\mathrm{m}^2$

⑤ 콘크리트량
$= (A_1 + A_2 + A_3) \times 3.5 + A_4 \times 0.5$
$= 5.175 \times 3.5 + 9.7333 \times 0.5$
$= 22.97915\,\mathrm{m}^3$
$\fallingdotseq 22.979\,\mathrm{m}^3$

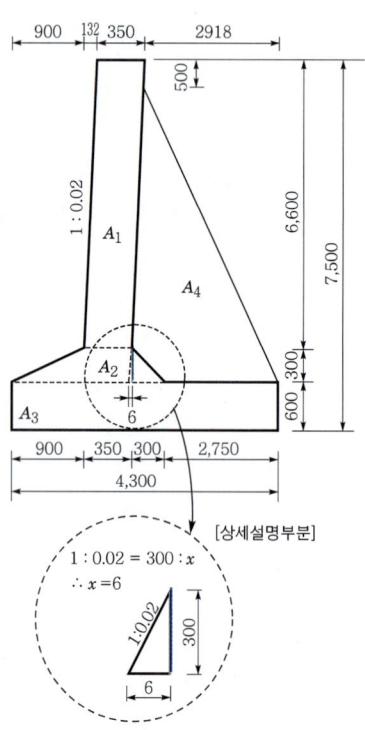

(2) 부벽을 포함하는 옹벽길이 3.5m에 대한 거푸집량

① $A_1 = \sqrt{6.6^2 + (6.6 \times 0.02)^2} \times 3.5 = 23.1046\,\mathrm{m}^2$

② $A_2 = 0.6 \times 3.5 = 2.1\,\mathrm{m}^2$

③ $A_3 = 0.6 \times 3.5 = 2.1\,\mathrm{m}^2$

④ $A_4 = \sqrt{0.3^2 + 0.3^2} \times 3 = 1.2728\,\mathrm{m}^2$

⑤ $A_5 = \sqrt{6.6^2 + (6.6 \times 0.02)^2} \times 3.5 - \sqrt{6.1^2 + (6.1 \times 0.02)^2} \times 0.5$
$= 20.054\,\mathrm{m}^2$

⑥ $A_6 = \left\{ \dfrac{(3.05 + 0.006) \times 6.4}{2} - \dfrac{(0.3 + 0.006) \times 0.3}{2} \right\} \times 2$
$= 19.4666\,\mathrm{m}^2$

⑦ $A_7 = \sqrt{2.928^2 + 6.4^2} \times 0.5 = 3.5190\,\mathrm{m}^2$

⑧ 거푸집량 $= A_1 + A_2 + \cdots\cdots + A_7$
$= 71.617\,\mathrm{m}^2$

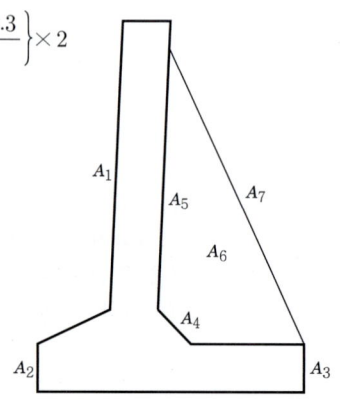

(3) 부벽을 포함하는 옹벽길이 3.5m에 대한 철근량
① 단면도상 선으로 보이는 철근(W_1, H)

기호	직경	본당길이(mm)	수량	총 길이(mm)	수량 산출근거
W_1	D13	7300	26	189,800	W_1철근은 A-A' 단면도상 점으로 표시된 철근이므로 수량=13×2(복배근)=26개
H	D16	100+1320+100 =1520	13	19,760	H의 간격은 W_1의 간격과 같다.

② S_1 철근

기호	직경	본당길이(mm)	수량	총 길이(mm)	수량 산출근거
S_1	D13	100×2+155 =355	10	3550	단면도상에 5개, A-A' 단면도상에 4개가 지그재그 배근이므로

• S_1 철근 배근도

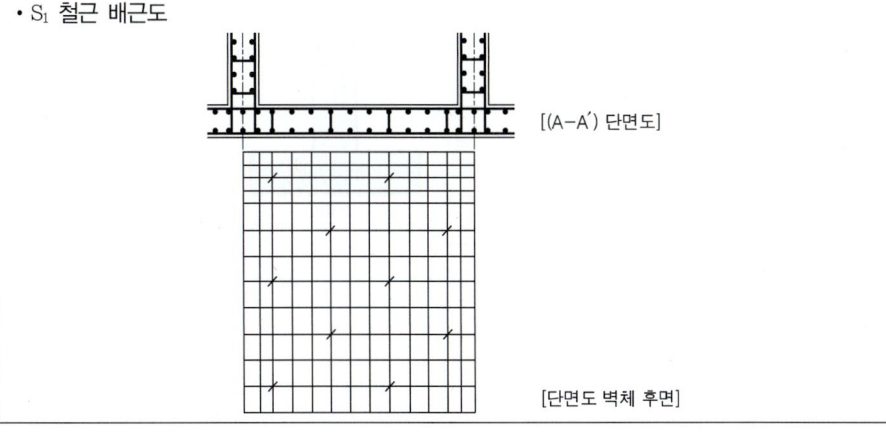

③ 부벽 철근(B_1, H_1)

기호	직경	본당길이(mm)	수량	총 길이(mm)	수량 산출근거
B_1	D25	7500+50+400 =8400	2	16,800	측면도상 개수를 센다. 수량=2개
H_1	D16	100×2+1800×2 +341=4141	19	78,679	수량=간격수+1 =[(10+8)+1]=19개

• B_1, B_2, B_3 철근 배근도(평면도)

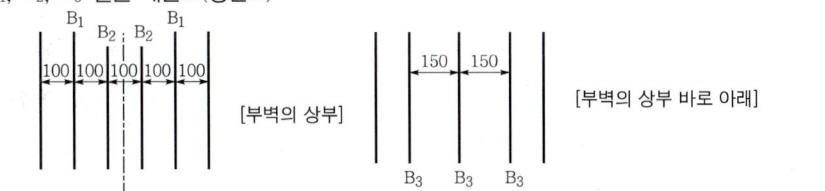

④ 철근물량표

기호	직경	길이(mm)	수량	총 길이(mm)	기호	직경	길이(mm)	수량	총 길이(mm)
W_1	D13	7300	26	189,800	B_1	D25	8400	2	16,800
H	D16	1520	13	19,760	S_1	D13	355	10	3550
H_1	D16	4141	19	78,679					

토목 기사 2022년(3차)

 아래의 문제는 독자들의 출제경향에 이해가 되도록 수험생들의 기억에 의해 복원된 문제로 일부 문제는 다를 수가 있으므로 착오 없으시길 바랍니다.

01 다음 그림과 같이 연직하중과 모멘트를 받는 구형 기초의 극한하중과 안전율을 Terzaghi 공식을 이용하여 구하시오. (단, $N_c = 37.2$, $N_q = 22.5$, $N_r = 19.7$이다.) [3점]

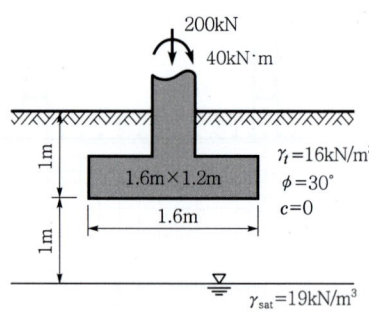

해답 (1) 편심거리
$M = Pe \qquad 40 = 200 \times e$
$\therefore e = 0.2\,\text{m}$

(2) 기초의 유효크기
① 유효폭 : $B' = B = 1.2\,\text{m}$
② 유효길이 : $L' = L - 2e = 1.6 - 2 \times 0.2 = 1.2\,\text{m}$

(3) $\gamma_1 = \gamma_{sub} + \dfrac{d}{B}(\gamma_t - \gamma_{sub}) = 9.2 + \dfrac{1}{1.2} \times (16 - 9.2) = 14.87\,\text{kN/m}^3$

(4) $q_u' = \alpha c N_c + \beta B' \gamma_1 N_r + D_f \gamma_2 N_q$
$= 0 + 0.4 \times 1.2 \times 14.87 \times 19.7 + 1 \times 16 \times 22.5 = 500.61\,\text{kN/m}^2$

(5) $q_u' = \dfrac{P_u}{B'L'} \qquad 500.61 = \dfrac{P_u}{1.2 \times 1.2}$
$\therefore P_u = 720.88\,\text{kN}$

(6) $F_s = \dfrac{P_u}{P} = \dfrac{720.88}{200} = 3.6$

02 댐 건설을 위해 댐 지점의 하천수류를 전환시키는 댐의 유수전환방식을 3가지 쓰시오. [3점]

 ① 가배수 터널공 ② 반하천 체절공 ③ 가배수로 개거공

03 다음과 같은 유선망에서 단위폭(1m)당 1일 침투수량을 구하고 점 A에서 간극수압을 계산하시오. (단, $K_h = 2 \times 10^{-4}$ cm/sec, $K_v = 8.0 \times 10^{-4}$ cm/sec이고 $\gamma_w = 9.8$ kN/m³이다.) [6점]

(1) 단위 폭(1m)당 침투수량을 구하시오.
(2) A점의 간극수압을 구하시오.

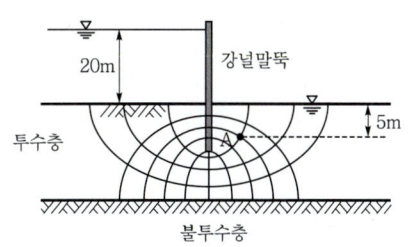

해답 (1) ① $K = \sqrt{K_h K_v}$
$= \sqrt{(2 \times 10^{-4}) \times (8 \times 10^{-4})} = 4 \times 10^{-4}$ cm/sec

② $Q = KH \dfrac{N_f}{N_d} = (4 \times 10^{-6}) \times 20 \times \dfrac{4}{10}$
$= 3.2 \times 10^{-5}$ m³/sec $= 2.76$ m³/day

(2) ① 전수두 $= \dfrac{n_d}{N_d} H = \dfrac{2}{10} \times 20 = 4$ m

② 위치수두 $= -5$ m

③ 간극수압 $= \gamma_w \times$ 압력수두 $= 9.8 \times [4 - (-5)] = 88.2$ kN/m²

---

04 수화반응으로 생성된 콘크리트는 PH=12~13정도로 강알칼리성을 가지고 있다. 이 콘크리트에 포함된 수산화칼슘이 공기 중의 탄산가스(CO_2)와 결합하여 탄산칼슘과 물로 변화되면서 알칼리성이 상실되어 PH=8.5~10으로 산성화되어 콘크리트 속에 있는 철근을 부식시키고 콘크리트의 성능저하를 일으키게 된다. [5점]

(1) 이러한 현상을 무엇이라 하는가?
(2) 방지대책 3가지를 기술하시오.

해답 (1) 콘크리트 중성화현상
(2) ① 물-시멘트비를 작게 한다.
② AE제, 감수제를 사용한다.
③ 콘크리트의 피복두께를 크게 한다.
④ 골재는 흡수율이 작은 단단한 것을 사용한다.

참고 중성화
① $Ca(OH)_2 + CO_2 \rightarrow CaCO_3 + H_2O$
② 철근 주위를 둘러싸고 있는 콘크리트가 중성화하여 물과 공기가 침투하면 철근이 녹슬어 구조물의 내력과 내구성을 상실한다.

05 그림과 같은 유토곡선(mass curve)에서 다음 물음에 답하시오. [4점]

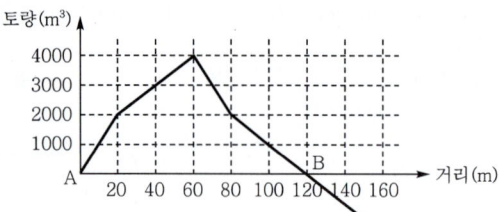

(1) AB 구간에서 절토량 및 운반거리를 구하시오.
(2) AB 구간에서 불도저(bull dozer) 1대로 흙을 운반하는데 필요한 소요일수를 구하시오. (단, 1일 작업시간은 8시간, 불도저의 $q=3.2\text{m}^3$, $L=1.25$, $E=0.6$, 전진속도 : 40m/분, 후진속도 : 46m/분, 기어변속 : 0.25분)

해답 (1) ① 절토량 $=4000\text{m}^3$
② 평균 운반거리 $=80-20=60\text{m}$

(2) ① dozer 1대 작업량
㉠ $C_m = \dfrac{l}{V_1} + \dfrac{l}{V_2} + t_g = \dfrac{60}{40} + \dfrac{60}{46} + 0.25 = 3.05$분

㉡ $Q = \dfrac{60qfE}{C_m} = \dfrac{60 \times 3.2 \times \dfrac{1}{1.25} \times 0.6}{3.05} = 30.22\text{m}^3/\text{hr}$

② 소요일수 $= \dfrac{4000}{30.22 \times 8} = 16.55 = 17$일

06 다음의 그림에서 모래층에 설치한 earth anchor(=tie backs)의 극한저항은? (단, 콘크리트 그라우팅은 일정한 압력하에서 시공되었으므로 정지토압계수 상태 K_0로 본다. $K_0 = 1-\sin\phi$ 이용) [3점]

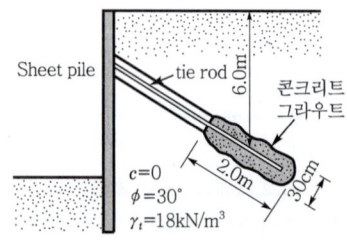

해답 $P_u = \pi dl \bar{\sigma} K_0 \tan\phi = \pi dl \bar{\sigma} (1-\sin\phi) \tan\phi$
$= \pi \times 0.3 \times 2 \times (18 \times 6) \times (1-\sin 30°) \times \tan 30° = 58.77\text{kN}$

해안 준설·매립공사 시 사용되는 준설선의 종류를 4가지만 쓰시오. [4점]

해답 ① pump dredger   ② bucket dredger
③ grab dredger   ④ dipper dredger

08 직경 1m짜리 토관을 지하 1m 깊이에 100m 길이로 그림과 같이 매설하려고 한다. 이때, 되묻고 남은 흙의 총량은 8t 덤프트럭으로 최소한 몇 대 분인가? (단, 흙의 단위중량은 $\gamma=1.7 \text{t/m}^3$(본바닥)으로 일정하며 $C=0.8$, $L=1.2$) [3점]

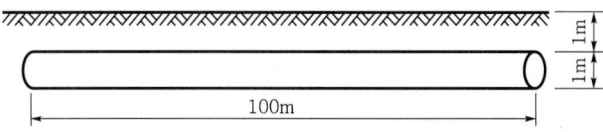

해답 ① 굴착토량 $= \left(1 \times 1.5 + \pi \times 0.5^2 \times \dfrac{1}{2}\right) \times 100 = 189.27\,\text{m}^3$

② 되메움 토량 $= \left(1 \times 1.5 - \pi \times 0.5^2 \times \dfrac{1}{2}\right) \times 100 \times \dfrac{1}{C}$

$= 110.73 \times \dfrac{1}{0.8}$

$= 138.41\,\text{m}^3$

③ 잔토량 $= 189.27 - 138.41 = 50.86\,\text{m}^3$

④ 트럭의 적재량

$q_t = \dfrac{T}{\gamma_t} L = \dfrac{8}{1.7} \times 1.2 = 5.65\,\text{m}^3$

⑤ 트럭의 소요대수 $= \dfrac{50.86 \times L}{5.65} = \dfrac{50.86 \times 1.2}{5.65} = 10.8 \fallingdotseq 11$ 대

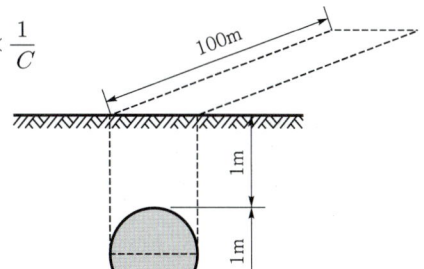

 그림과 같은 옹벽에 작용하는 전주동토압은 얼마인가? (단, Rankine의 토압이론을 사용하시오.) [3점]

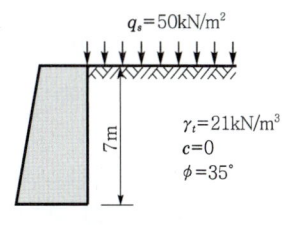

해답 ① $K_a = \tan^2\left(45° - \dfrac{\phi}{2}\right) = \tan^2\left(45° - \dfrac{35°}{2}\right) = 0.27$

② $P_a = \dfrac{1}{2}\gamma_t h^2 K_a + q_s K_a h$

$= \dfrac{1}{2} \times 21 \times 7^2 \times 0.27 + 50 \times 0.27 \times 7 = 233.42\,\text{kN/m}$

10 어느 지역에 지표면경사가 30°인 자연사면이 있다. 지표면에서 6m 깊이에 암반층이 있고, 지하수위 면은 암반층 아래 존재할 때 이 사면의 활동 파괴에 대한 안전율을 구하시오. (단, 사면 흙을 채취하여 토질시험을 실시한 결과 $c=25\text{kN/m}^2$, $\phi=35°$, $\gamma_t=18\text{kN/m}^3$이다.) [3점]

해답
$$F_s = \frac{c}{\gamma_t Z \cos i \sin i} + \frac{\tan\phi}{\tan i}$$
$$= \frac{25}{18 \times 6 \times \cos 30° \times \sin 30°} + \frac{\tan 35°}{\tan 30°} = 1.75$$

11 암반 분류방법 중 Barton의 Q-시스템에서 Q값을 구하는 아래 식의 각 항이 의미하는 것을 쓰시오. [3점]

$$Q = \frac{\text{RQD}}{J_n} \cdot \frac{J_r}{J_a} \cdot \frac{J_w}{\text{SRF}}$$

해답
① $\frac{\text{RQD}}{J_n}$: 암반을 형성하는 block의 크기
② $\frac{J_r}{J_a}$: 절리의 전단강도
③ $\frac{J_w}{\text{SRF}}$: 암반의 응력상태

12 과압밀비(OCR)에 대하여 간단히 설명하시오. [3점]

해답
(1) 흙이 현재 받고 있는 유효연직응력에 대한 선행압밀압력의 비
(2) ① OCR<1 : 압밀이 진행 중인 점토
② OCR=1 : 정규압밀점토
③ OCR>1 : 과압밀점토

13 트러스교를 골조형태로 분류할 때 종류를 3가지만 쓰시오. [3점]

해답
① 와렌 트러스(warren truss)
② 프래트 트러스(pratt truss)
③ 하우 트러스(howe truss)
④ 파커 트러스(parker truss)
⑤ K 트러스(K-truss)

14 아래 옹벽에 대한 전도 및 활동에 대한 안정을 검토하시오. (단, 안전율은 모두 2.0 이상 이어야 한다.) [6점]

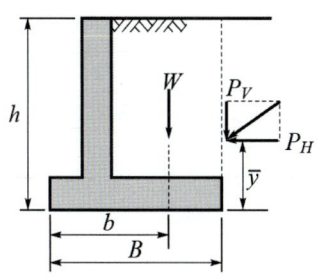

조건
- $c = 0$
- W(옹벽자중+저판위의 흙의 무게)$=240\text{kN/m}$
- $P_H = 200\text{kN/m}$
- $P_V = 100\text{kN/m}$
- $B = 4\text{m}$
- $b = 2.5\text{m}$
- $h = 6\text{m}$
- $\overline{y} = 2\text{m}$
- μ(옹벽저판과 기초와의 마찰계수)$=0.5$

(1) 전도에 대한 안정검토
(2) 활동에 대한 안정검토

해답

(1) $F_s = \dfrac{Wb + P_V B}{P_H y} = \dfrac{240 \times 2.5 + 100 \times 4}{200 \times 2} = 2.5 > 2.0$

∴ 안정하다.

(2) $F_s = \dfrac{cB + (W + P_V)\tan\delta}{P_H} = \dfrac{0 + (240 + 100) \times 0.5}{200} = 0.85 < 2.0$

∴ 불안정하다.

15 콘크리트의 설계기준 압축강도는 28MPa이고, 18회의 압축강도시험으로부터 구한 표준편차는 3.6MPa이다. 아래 표를 참고하여 이 콘크리트의 배합강도를 구하시오. [3점]

[시험횟수가 29회 이하일 때 표준편차의 보정계수]

시험횟수	표준편차의 보정계수	비 고
15	1.16	이 표에 명시되지 않은 시험횟수에 대해서는 직선보간 한다.
20	1.08	
25	1.03	
30 이상	1.00	

해답

(1) 직선 보간한 표준편차 : $S = 3.6 \times 1.112 = 4.00\text{MPa}$

(2) ① $f_{cr} = f_{ck} + 1.34S = 28 + 1.34 \times 4 = 33.36\text{MPa}$
② $f_{cr} = (f_{ck} - 3.5) + 2.33S = (28 - 3.5) + 2.33 \times 4 = 33.82\text{MPa}$

①, ②중에서 큰 값이 배합강도이므로

∴ $f_{cr} = 33.82\text{MPa}$

16 도로를 설계하기 위하여 5개 지점의 건설구간에서 시료를 채취하여 각 지점에 있어서의 평균 CBR을 구하였다. 이때의 설계 CBR을 계산하시오. [3점]

조건
① 각 지점의 평균 CBR : 6.8, 8.5, 4.8, 6.3, 7.2
② 계수

개수(n)	2	3	4	5	6	7	8	9	10 이상
d_2	1.41	1.91	2.24	2.48	2.64	2.83	2.98	3.08	3.18

해답
① 각 지점의 CBR 평균 $= \dfrac{6.8+8.5+4.8+6.3+7.2}{5} = 6.72$

② 설계 CBR
$=$ 각 지점의 CBR 평균 $- \dfrac{\text{CBR 최대치} - \text{CBR 최소치}}{d_2}$
$= 6.72 - \dfrac{8.5-4.8}{2.48} = 5.23 = 5$

17 다음 데이터를 네트워크 공정표로 작성하시오. [10점]

작업명	작업일수	선행작업
A	1	없음
B	2	없음
C	3	없음
D	6	A, B, C
E	4	B, C
F	2	C

단, 화살형 네트워크로 주공정선은 굵은 선으로 표시하고, 각 결합점에서의 계산은 다음과 같다.

(1) 네트워크 공정표를 그리고 critical path를 표시하시오.
(2) 작업의 총여유를 구하시오.

작업명	작업일수	T_E		T_L		TF
		EST	EFT	LST	LFT	
A						
B						
C						
D						
E						
F						

해답 (1) ① 네트워크 공정표

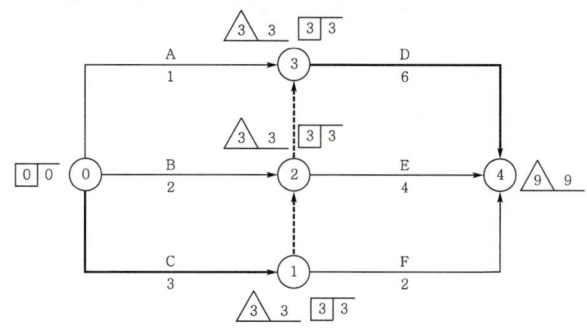

② CP : ⓪→①→②→③→④

(2) 작업의 총여유

작업명	작업일수	T_E		T_L		TF
		EST	EFT	LST	LFT	
A	1	0	0+1=1	3−1=2	3	3−0−1=2
B	2	0	0+2=2	3−2=1	3	3−0−2=1
C	3	0	0+3=3	3−3=0	3	3−0−3=0
D	6	3	3+6=9	9−6=3	9	9−3−6=0
E	4	3	3+4=7	9−4=5	9	9−3−4=2
F	2	3	3+2=5	9−2=7	9	9−3−2=4

참고

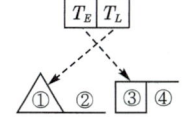

②=③ …… (EST=EFT)
①=④ …… (LST=LFT)

18. 포장 파손의 현상에 대한 아래 표의 설명에서 ( )에 적합한 용어를 쓰시오. [3점]

일종의 좌굴현상으로 줄눈 또는 균열부에 이물질이 침투하여 슬래브(Slab)가 솟아오르는 현상을 (①)현상이라 하며 연속철근 콘크리트 포장(CRCP)에서 균열간격이 좁은 경우, 지지력 부족 및 피로하중에 의해 (②)이 발생한다. 또한 보조기층 또는 노상에 우수가 침투하여 반복하중에 의한 지지력 저하 및 단차원인이 되는 (③)현상이 발생한다.

해답 ① blow up
② punch out
③ pumping

19 PS 콘크리트 교량건설공법 중 동바리를 사용하지 않는 현장타설공법의 종류 3가지를 쓰시오. [3점]

해답
① 캔틸레버공법(FCM 공법)
② 이동동바리공법(MSS 공법)
③ 압출공법(ILM 공법)
④ PSM공법

20 100년 빈도의 홍수를 지지하게 댐을 설계하였을 때 100년 안에 댐이 파괴될 확률은? [2점]

해답
$R = \dfrac{1}{T} = \dfrac{1}{100} = 0.01 = 1\%$

21 외경 70cm, 두께 7cm의 강성관을 개착식으로 매설하고자 한다. 매설깊이는 관의 상단에서 2m이며, 터파기폭은 관의 상단에서 1.5m이다. 매설관에 작용하는 단위폭당의 하중은 몇 kN/m인가? (단, 하중계수는 2.2이고, 흙의 단위중량은 18kN/m³이고, Marston의 공식 사용) [3점]

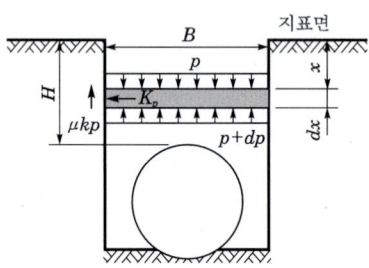

해답
$W_c = C_d \gamma_t B^2 = 2.2 \times 18 \times 1.5^2 = 89.1 \, \text{kN/m}$

22 여굴을 적게 하고 파단선을 매끈하게 하기 위한 조절발파(controlled blasting) 공법의 종류를 4가지만 쓰시오. [3점]

해답
① 라인 드릴링(line drilling) 공법
② 쿠션 블라스팅(cushion blasting) 공법
③ 스므스 블라스팅(smooth blasting) 공법
④ 프리 스프리팅(pre-splitting) 공법

23 주어진 1연 암거의 도면 및 조건에 따라 물량을 산출하시오. [18점]

단면도

일반도

주철근 조립도

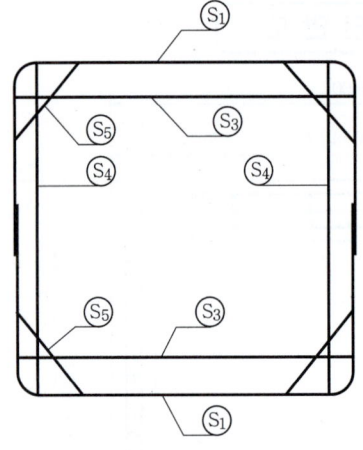
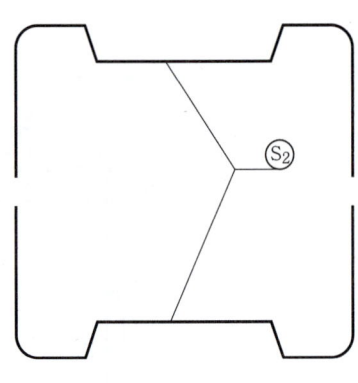

철근 상세도

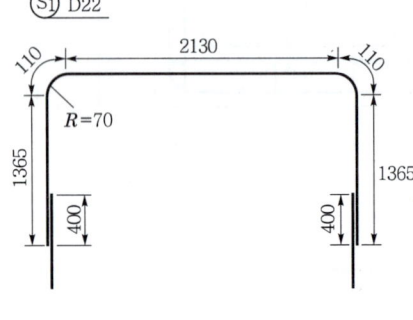
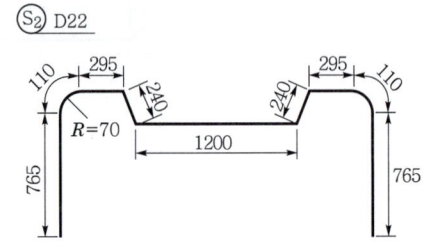

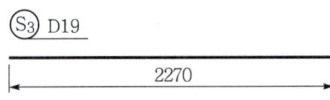
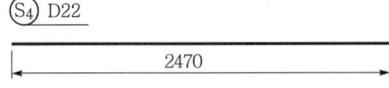

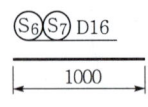
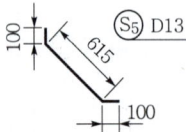
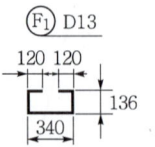
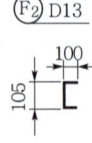

[조건]
① $S_1 \sim S_5$ 철근간격은 각각 300mm로 배근한다.
② F_1, F_2 철근간격은 600mm로 어긋나게 배근한다.
③ 물량산출에서의 할증률 및 마구리면은 무시한다.
④ 철근길이 계산에서 상세도에 표시되어 있지 않은 이음길이는 계산하지 않는다.

(1) 길이 1m에 대한 콘크리트량을 구하시오. (단, 소수 4째자리에서 반올림)
(2) 길이 1m에 대한 거푸집량을 구하시오. (단, 소수 4째자리에서 반올림)
(3) 길이 1m에 대한 터파기량을 구하시오. (단, 소수 4째자리에서 반올림)
(4) 길이 1m에 대한 철근 물량표를 구하시오. (단, mm 단위 이하는 반올림하여 mm까지 구함.)

해답 (1) 길이 1m에 대한 콘크리트량

① 구체 콘크리트량
$$= \left(2.4 \times 2.6 - 2 \times 2 + \frac{0.15 \times 0.15}{2} \times 4\right) \times 1$$
$$= 2.285 \text{m}^3$$

② 기초 콘크리트량
$$= 2.6 \times 0.1 \times 1 = 0.26 \text{m}^3$$

③ 전체 콘크리트량
$$= 2.285 + 0.26 = 2.545 \text{m}^3$$

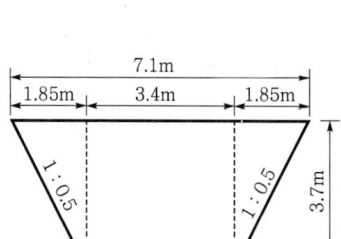

(2) 길이 1m에 대한 거푸집량

① 외벽 길이 $= \overline{ab} \times 2 = 2.6 \times 2 = 5.2\text{m}$
② 내벽 길이 $= \overline{fg} \times 2 = 1.7 \times 2 = 3.4\text{m}$
③ 헌치 길이 $= \overline{ef} \times 4 = \sqrt{0.15^2 + 0.15^2} \times 4$
$\qquad = 0.8485\text{m}$
④ 정판 길이 $= \overline{eh} = 1.7\text{m}$
⑤ 거푸집 길이
$= ① + ② + ③ + ④ = 11.1485\text{m}$
⑥ 거푸집량 $= 11.1485 \times 1 ≒ 11.149\text{m}^2$

(3) 길이 1m에 대한 터파기량

터파기량 $= \dfrac{3.4 + 7.1}{2} \times 3.7 \times 1 = 19.425\text{m}^3$

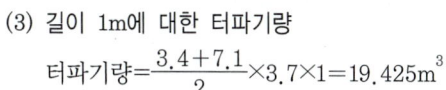

(4) 길이 1m에 대한 철근량

① 단면도상 신으로 보이는 철근(S_1, S_2, S_3, S_4, S_5)

· 철근개수 $\Rightarrow \dfrac{단위길이(\text{m})}{간격}$

기 호	직 경	본당 길이(mm)	수 량	총 길이(mm)	수량 산출근거
S_1	D 22	1365×2+110×2+2130=5080	6.67	33,883.6	수량 $= \dfrac{1}{0.3} \times 2$(개소) $= 6.67$개
S_2	D 22	765×2+110×2+295×2+240×2 +1200=4020	6.67	26,813.4	
S_3	D 19	2270	6.67	15,140.9	
S_4	D 22	2470	6.67	16,474.9	
S_5	D 13	615+100×2=815	13.33	10,863.95	수량 $= \dfrac{1}{0.3} \times 4$(개소) $= 13.33$개

② 단면도상 점으로 보이는 철근(S_6, S_7)
- 철근개수 ⇒ 간격 수+1

기 호	직 경	본당 길이(mm)	수 량	총 길이(mm)	수량 산출근거
S_6	D 16	1000	54	54,000	수량=(상판상부+상판하부)×2(상·하판) =[(9+1)+17]×2=54개
S_7	D 16	1000	20	20,000	수량=(4+1)×2(복배근)×(좌·우벽) =20개

③ F_1, F_2 철근개수 ⇒ $\dfrac{\text{단위길이}(1m)}{\text{간격}\times 2}\times\text{개소}$

기 호	직 경	본당 길이(mm)	수 량	총 길이(mm)	수량 산출근거
F_1	D 13	120×2+136×2+340=852	13.33	11,357.16	수량=$\dfrac{1}{0.6}$×4(개소)×2(상·하판) =13.33개
F_2	D 13	105+100×2=305	10	3050	수량=$\dfrac{1}{0.6}$×3(개소)×2(좌·우벽) =10개

④ 철근 물량표(단, mm 단위 이하는 반올림하여 mm까지 구함.)

기 호	직 경	길 이(mm)	수 량	총 길이(mm)	기 호	직 경	길 이(mm)	수 량	총 길이(mm)
S_1	D 22	5080	6.67	33,884	S_6	D 16	1000	54	54,000
S_2	D 22	4020	6.67	26,813	S_7	D 16	1000	20	20,000
S_3	D 19	2270	6.67	15,141	F_1	D 13	852	13.33	11,357
S_4	D 22	2470	6.67	16,475	F_2	D 13	305	10	3050
S_5	D 13	815	13.33	10,864					

※ 참고 1연 암거의 경사투영형상

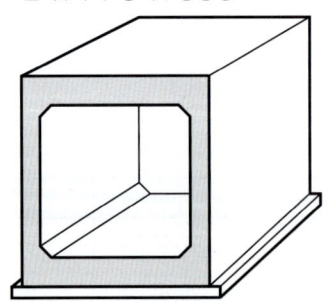

토목 기사 2023년(1차)
2023.04.23 시행

> 알림: 아래의 문제는 독자들의 출제경향에 이해가 되도록 수험생들의 기억에 의해 복원된 문제로 일부 문제는 다를 수가 있으므로 착오 없으시길 바랍니다.

01. 점성토 지반의 개량공법을 4가지만 쓰시오. [4점]

해답
① 치환공법
② pre-loading 공법
③ sand drain 공법
④ paper drain 공법
⑤ 침투압공법
⑥ 생석회 말뚝공법

02. 다음과 같은 지반에서 히빙이 일어나지 않기 위한 지반의 굴착깊이는 얼마인가? (단, 물의 단위중량 $\gamma_w = 9.81\,\mathrm{kN/m^3}$) [3점]

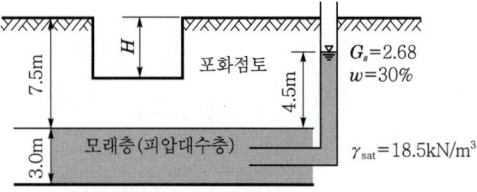

해답

(1) 점토의 단위중량

① $Se = w\,G_s$ $\quad 1 \times e = 0.3 \times 2.68$ $\therefore e = 0.8$

② $\gamma_{\mathrm{sat}} = \dfrac{G_s + e}{1 + e}\,\gamma_w = \dfrac{2.68 + 0.8}{1 + 0.8} \times 9.81 = 18.97\,\mathrm{kN/m^3}$

(2) 최대 굴착깊이

① $\sigma = (7.5 - H)\,\gamma_{\mathrm{sat}} = (7.5 - H) \times 18.97$

② $u = \gamma_w h = 9.81 \times 4.5 = 44.15\,\mathrm{kN/m^2}$

③ $\overline{\sigma} = 0$일 때 heaving이 발생하므로

$\overline{\sigma} = \sigma - u = (7.5 - H) \times 18.97 - 44.15 = 0$

$\therefore H = 5.17\,\mathrm{m}$

03 콘크리트 배합강도를 구하기 위한 전체 시험횟수 16회의 콘크리트 압축강도의 측정결과가 아래 표와 같고 설계기준강도가 28MPa일 때 아래의 물음에 답하시오. [8점]

[압축강도 추정결과(단위 : MPa)]

33.4	33.6	31.4	31.8	28.3	33.8
29.2	28.3	27.9	32.9	27.1	28.3
21.5	30.5	24.2	21.8		

(1) 위 표를 보고 압축강도의 평균값을 구하시오.
(2) 압축강도 측정결과 및 아래의 표를 이용하여 배합강도를 구하기 위한 표준편차를 구하시오.

[시험횟수가 29회 이하일 때 표준편차의 보정계수]

시험횟수	표준편차의 보정계수	비 고
15	1.16	이 표에 명시되지 않은 시험횟수에 대해서는 직선보간 한다.
20	1.08	
25	1.03	
30 이상	1.00	

(3) $f_{ck} = 28$MPa일 때 배합강도를 구하시오.

해답

(1) 평균치 : $\bar{x} = \dfrac{\Sigma x}{n} = \dfrac{464}{16} = 29$MPa

(2) ① $S = (33.4-29)^2 + (33.6-29)^2 + \cdots + (21.8-29)^2 = 232.08$

② 표준편차 : $\sigma = \sqrt{\dfrac{S}{n-1}} = \sqrt{\dfrac{232.08}{16-1}} = 3.93$MPa

③ 직선보간한 표준편차 : $\sigma = 3.93 \times 1.144 = 4.5$MPa

(3) $f_{cr} = f_{ck} + 1.34S = 28 + 1.34 \times 4.5 = 34.03$MPa

$f_{cr} = (f_{ck} - 3.5) + 2.33S = (28-3.5) + 2.33 \times 4.5 = 34.99$MPa

두 값 중 큰 값이 배합강도이므로

∴ $f_{cr} = 34.99$MPa

04 아스팔트 포장의 단점인 소성변형(rutting)에 대한 저항성이 우수한 포장공법으로 아스팔트 바인더(asphalt binder) 자체의 물성에 따른 혼합물 개념보다는 골재의 맞물림 효과를 최대로 하여 기존 밀입도 아스팔트 혼합물의 단점을 개선한 공법은? [2점]

해답 SMA 포장공법(Stone Mastic Asphalt ; 쇄석 매스틱 아스팔트)

05 교량은 상판의 위치, 구조형식, 사용재료 및 용도 등 여러 가지 관점에서 분류할 수 있다. 상판의 위치에 의하여 분류한 교량의 형식 3가지를 쓰시오. [3점]

 해답
① 상로교
② 하로교
③ 중로교
④ 2층교

06 표준관입시험(SPT)기의 split-spoon sampler의 외경이 50.8mm, 내경이 34.93mm이다. 면적비(A_r)를 구하고, 왜 이 SPT 시료를 교란된 시료로 간주하는지 설명하시오. [3점]

 해답
① $A_r = \dfrac{D_w^{\,2} - D_e^{\,2}}{D_e^{\,2}} \times 100 = \dfrac{50.8^2 - 34.93^2}{34.93^2} \times 100 = 111.51\%$

② $A_r = 111.51 > 10\%$이면 sampler의 삽입시 여잉토가 혼입되기 때문에 교란된 시료가 된다.

07 어느 불도저의 1회 굴착압토량이 3.6m^3이며, 토량변화율(L)은 1.25, 작업효율은 0.6, 평균 굴착압토거리는 60m, 전진속도는 30m/분, 후진속도는 60m/분, 기어 변속시간 및 가속시간이 0.5분일 때 이 불도저 운전 1시간당의 작업량은 본바닥 토량으로 얼마인가? [3점]

 해답
① $C_m = \dfrac{l}{V_1} + \dfrac{l}{V_2} + t_g = \dfrac{60}{30} + \dfrac{60}{60} + 0.5 = 3.5$분

② $Q = \dfrac{60\,q f E}{C_m} = \dfrac{60 \times 3.6 \times \dfrac{1}{1.25} \times 0.6}{3.5} = 29.62\,\text{m}^3/\text{h}$

08 암거매설공법 중 고속도로 및 철도하부로 횡단하여 암거구조물을 설치할 경우 개착공법에 의하지 않고 양쪽에 발진기지를 설치하여 함체를 직접 견인시켜 구조물 안으로 들어오는 토사를 굴착하여 소정의 구조물을 설치함으로써 상부 교통에 지장을 주지 않고 시공하는 공법은? [2점]

해답 프론트 잭킹공법(front jacking method)

09 그림과 같은 방파제의 활동에 대한 안전율을 계산하시오. (단, 소수 3째자리에서 반올림 하시오.) [3점]

[조건]
- 파고(h)=3.0m
- 케이슨 단위중량(w)=18.95kN/m³
- 해수 단위중량(w')=10.25kN/m³
- 마찰계수(f)=0.6
- 파압공식(P)=$1.5w'h$(kN/m²)

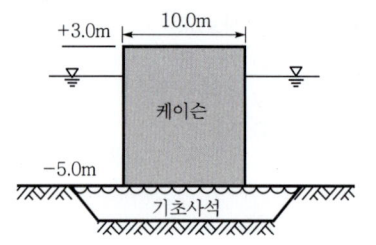

해답
① 케이슨의 수직하중=자중−부력
$$W = (8 \times 10) \times 18.95 - (8 \times 10) \times 10.25 = 696 \, \text{kN/m}$$
② 파압
$$P = 1.5w'h = 1.5 \times 10.25 \times 3 = 46.13 \, \text{kN/m}^2$$
③ 케이슨에 작용하는 수평력
$$P_H = (3+5) \times 46.13 = 369.04 \, \text{kN/m}$$
④ 안전율
$$F_s = \frac{fW}{P_H} = \frac{0.6 \times 696}{369.04} = 1.13$$

---

10 다져진 상태의 토량 37,800m³를 성토하는데 흐트러진 상태의 토량 30,000m³가 있다. 이때, 부족토량은 자연상태의 토량으로 얼마인가? (단, 흙은 사질토이고 토량의 변화율은 $L=1.25$, $C=0.90$이다.) [3점]

해답
① 흐트러진 상태의 토량 30,000m³를 본바닥 토량으로 환산
$$= 30,000 \times \frac{1}{L} = 30,000 \times \frac{1}{1.25} = 24,000 \, \text{m}^3$$
② 성토량(다짐토량)을 본바닥 토량으로 환산
$$= 37,800 \times \frac{1}{C} = 37,800 \times \frac{1}{0.9} = 42,000 \, \text{m}^3$$
③ 부족토량(본바닥 토량)=$42,000 - 24,000 = 18,000 \, \text{m}^3$

참고 토공량을 산출할 때 본바닥 토량으로 환산한 후 계산하면 문제에 접근하기가 훨씬 쉽다.

---

11 모래지반에서 N치로 직·간접으로 구할 수 있는 토질정수를 4가지만 쓰시오. [4점]

해답
① 내부마찰각(ϕ)   ② 상대밀도(D_r)
③ 지지력계수   ④ 탄성계수

12 그림과 같이 N치가 다른 3층의 사질토층으로 이루어져 있는 지반에 길이 20m의 강관말뚝을 박았다. 말뚝직경이 40cm일 경우, 극한지지력을 구하시오. (단, Meyerhof의 공식 사용) [3점]

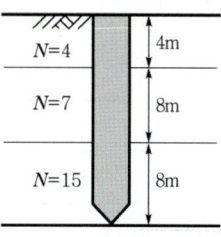

해답

① $A_p = \dfrac{\pi D^2}{4} = \dfrac{\pi \times 0.4^2}{4} = 0.13 \, \text{m}^2$

② $A_s = \pi D l = \pi \times 0.4 \times 20 = 25.13 \, \text{m}^2$

③ $\overline{N_s} = \dfrac{N_1 h_1 + N_2 h_2 + N_3 h_3}{h_1 + h_2 + h_3} = \dfrac{4 \times 4 + 7 \times 8 + 15 \times 8}{4 + 8 + 8} = 9.6$

④ $R_u = 40 N A_p + \dfrac{1}{5} \overline{N_s} A_s = 40 \times 15 \times 0.13 + \dfrac{1}{5} \times 9.6 \times 25.13 = 126.25 \, \text{t} = 1237.25 \, \text{kN}$

13 그림과 같이 지하 5m 되는 곳에 피에조미터를 설치하고 연약지반에서 공사를 진행한다. 구조물 축조 직후에 수주가 지표면으로부터 8m였다. 8개월 후 수주가 3m가 되었다면, 지하 5m 되는 곳의 압밀도를 구하시오. [3점]

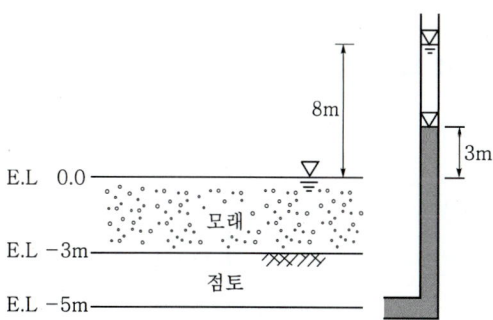

해답

① $u_i = \gamma_w h = 9.8 \times 8 = 78.4 \, \text{kN/m}^2$

② $u = \gamma_w h = 9.8 \times 3 = 29.4 \, \text{kN/m}^2$

③ $U_z = \dfrac{u_i - u}{u_i} = \dfrac{78.4 - 29.4}{78.4} = 0.625 = 62.5 \%$

14 하천 제방의 누수방지에 대한 방법을 3가지만 쓰시오. [3점]

해답 ① 투수층 내 지수벽 설치 : 제체 및 기초지반의 투수층에 지수벽(sheet pile, 심벽 등)을 설치하여 지수시키는 방법
② 제방부지 확폭
③ 피복재 설치
④ 압성토 설치

15 여굴을 적게 하고 파단선을 매끈하게 하기 위한 조절발파 공법(controlled blasting)에 대한 다음 물음에 답하시오. [6점]

(1) 조절발파 공법의 목적 2가지를 쓰시오.
(2) 조절발파 공법의 종류를 4가지만 쓰시오.

해답 (1) ① 여굴 감소
② lining(복공) 콘크리트량이 절약
③ 뜬돌(부석)떼기 작업이 감소
④ 낙석 위험성이 적다.
(2) ① 라인 드릴링(line drilling) 공법
② 쿠션 블라스팅(cushion blasting) 공법
③ 스므스 블라스팅(smooth blasting) 공법
④ 프리 스프리팅(pre-splitting) 공법

16 Rankine의 토압에 의한 주동토압을 구하여라. [3점]

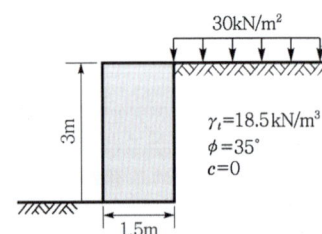

해답 ① $K_a = \tan^2\left(45° - \dfrac{\phi}{2}\right) = \tan^2\left(45° - \dfrac{35°}{2}\right) = 0.27$

② $P_a = \dfrac{1}{2}\gamma_t h^2 K_a + q_s K_a h$

$= \dfrac{1}{2} \times 18.5 \times 3^2 \times 0.27 + 30 \times 0.27 \times 3 = 46.78 \text{ kN/m}$

17 옹벽의 형식 3가지를 쓰시오. [3점]

해답
① 중력식 옹벽
② 반중력식 옹벽
③ 부벽식 옹벽
④ 캔틸레버식 옹벽(역T형 옹벽)

18 그림과 같은 박스암거(Box Culvert)를 땅속에 설치하였을 때 다음 물음에 답하시오. (단, 암거 상판두께는 0.30m이고 측벽의 두께는 0.35m, 저판의 두께는 0.40m, 흙의 포화단위중량은 22.0kN/m³, 콘크리트의 단위중량은 23.0kN/m³, 흙의 내부마찰각은 30° 이다.) [6점]

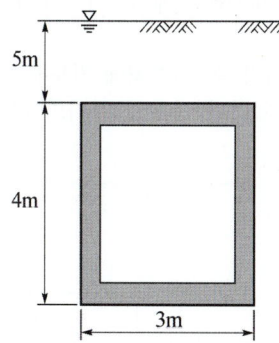

(1) 박스 암거 깊이 5m에 대한 연직응력을 구하시오.
(2) 박스 암거 깊이 5m, 9m에 대한 수평응력(정지토압)을 구하시오.
  ① 5m에 대한 수평응력을 구하시오.
  ② 9m에 대한 수평응력을 구하시오.

해답
(1) $\sigma_v = \gamma_{sat} h = 22 \times 5 = 110 \text{kN/m}^2$

(2) ① $K_o = 1 - \sin\phi = 1 - \sin 30° = 0.5$
$\sigma_{ho} = \gamma_{sub} h K_o + \gamma_w h = (22 - 9.8) \times 5 \times 0.5 + 9.8 \times 5 = 79.5 \text{kN/m}^2$
② $\sigma_{ho} = (22 - 9.8) \times 9 \times 0.5 + 9.8 \times 9 = 143.1 \text{kN/m}^2$

19 PS 콘크리트 교량건설공법 중 동바리를 사용하지 않는 현장타설공법의 종류 3가지를 쓰시오. [3점]

해답
① 캔틸레버공법(FCM 공법)   ② 이동동바리공법(MSS 공법)
③ 압출공법(ILM 공법)   ④ PSM공법

20 다음과 같은 네크워크에서 물음에 답하시오.   [8점]

작업	잔여공기	작업	잔여공기
1→2	0	3→5	7
1→6	0	4→5	2
1→9	0	7→8	10
2→3	3	10→8	7
6→7	2	5→11	2
9→10	3	8→11	5
3→4	4	7→10	1

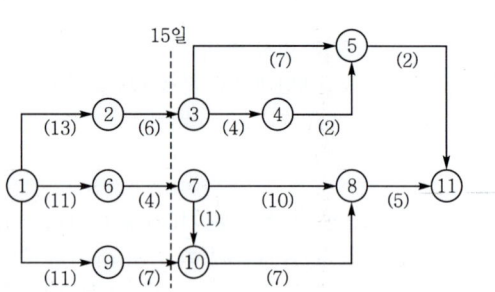

(1) 다음의 그림과 같은 Network에서 critical path와 공기를 구하시오. (단, 괄호 안은 각 작업공기이다.)
(2) 네트워크에서 공사 시작 후 15일째에 진도관리를 행한 결과, 각 작업별 잔여공기가 다음 표와 같이 판단되었다면 당초의 공기와 비교하여 전체 공기에는 어떠한 영향이 미치는가?

해답 (1) 공정표

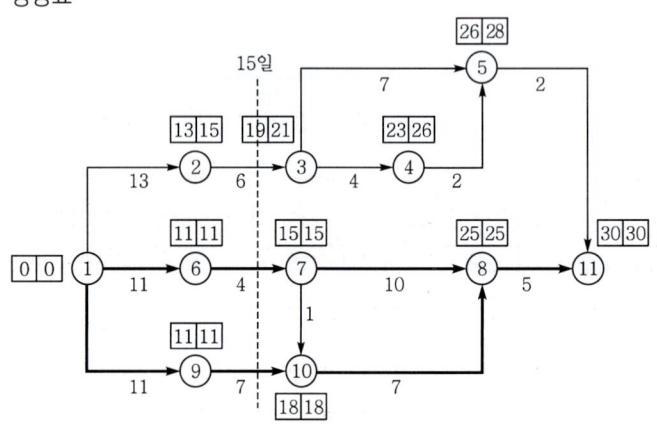

① CP : ① → ⑥ → ⑦ → ⑧ → ⑪
　　　 ① → ⑨ → ⑩ → ⑧ → ⑪
② 공기＝30일

(2) 공기분석

작업	여유일	잔여일	분석
2→3	21−15＝6	3	3일 빠름
6→7	15−15＝0	2	2일 지연
9→10	18−15＝3	3	정상

∴ 공기가 2일 지연되어 있다.

21 주어진 도면 및 조건에 따라 다음 물량을 산출하시오. [18점]

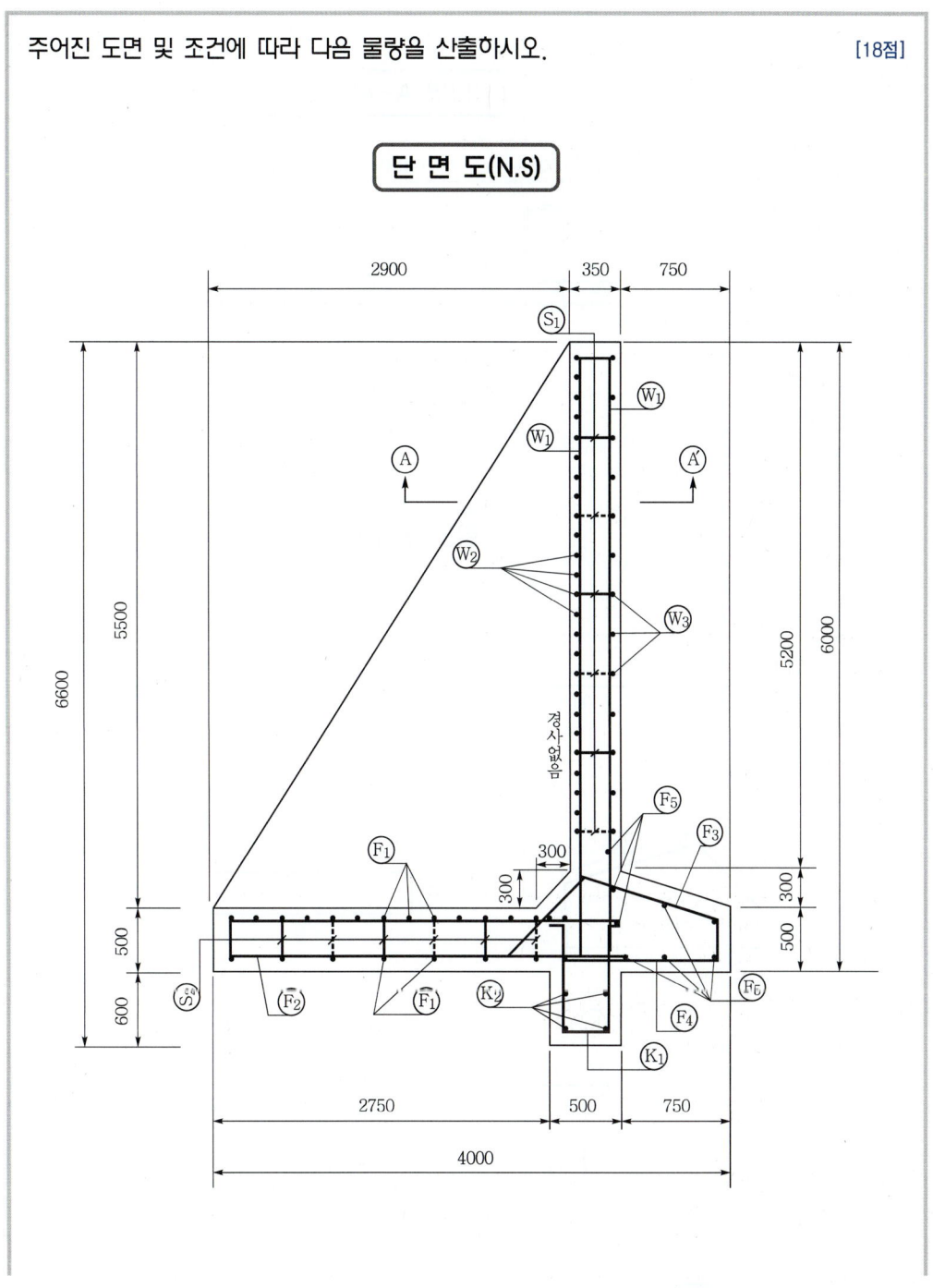

단면 A-A′ (N.S)

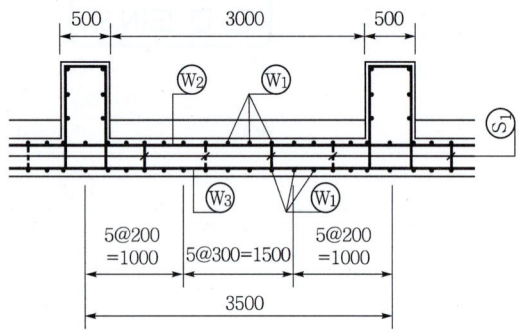

철근 상세도 (N.S)

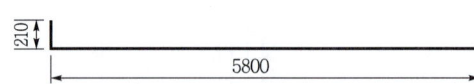
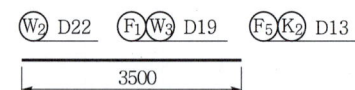

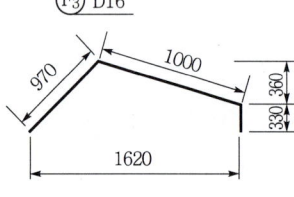
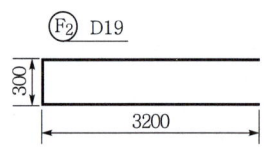
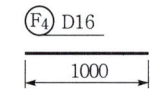

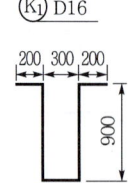
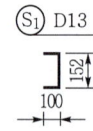
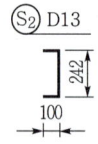

[조건]
① K_1, F_2, F_3, F_4 철근간격은 W_1 철근과 같다.
② S_1, S_2 철근은 단면도와 같이 지그재그로 계산한다.
③ 물량산출에서의 할증률 및 마구리는 없는 것으로 한다.
④ 철근길이 계산에서 이음길이는 계산하지 않는다.
⑤ 거푸집량의 산정 시 전단 key에 거푸집을 사용하는 경우로 한다.

(1) 옹벽길이 3.5m에 대한 전체 콘크리트량을 구하시오. (단, 소수 4째자리에서 반올림하시오.)
(2) 옹벽길이 3.5m에 대한 전체 거푸집량을 구하시오. (단, 소수 4째자리에서 반올림하시오.)
(3) 옹벽길이 3.5m에 대한 철근량을 산출하기 위한 다음 철근 물량표를 완성하시오.(단, 수량은 소수 3째자리에서 반올림하시오.)

기 호	직 경	길 이(mm)	수 량	총 길이(mm)	기 호	직 경	길 이(mm)	수 량	총 길이(mm)
W_1					F_3				
F_1					S_1				

해답 (1) 부벽을 포함하는 옹벽길이 3.5m에 대한 콘크리트량

① $A_1 = 2.6 \times 0.5 = 1.3 \text{m}^2$

② $A_2 = \dfrac{0.5 + 0.8}{2} \times 0.3 = 0.195 \text{m}^2$

③ $A_3 = 0.35 \times 6 = 2.1 \text{m}^2$

④ $A_4 = \dfrac{0.8 + 0.5}{2} \times 0.75 = 0.4875 \text{m}^2$

⑤ $A_5 = 0.5 \times 0.6 = 0.3 \text{m}^2$

⑥ $A_6 = \dfrac{2.9 \times 5.5}{2} - \dfrac{0.3 \times 0.3}{2} = 7.93 \text{m}^2$

⑦ 콘크리트량
$= (A_1 + A_2 + \cdots + A_5) \times 3.5 + A_6 \times 0.5$
$= 4.3825 \times 3.5 + 7.93 \times 0.5$
$\fallingdotseq 19.304 \text{m}^3$

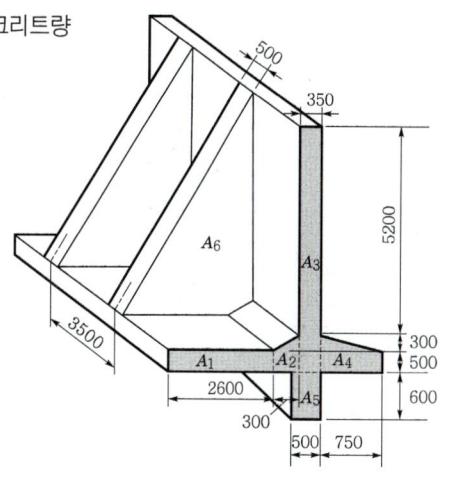

(2) 부벽을 포함하는 옹벽길이 3.5m에 대한 거푸집량

① $A_1 = 5.2 \times (3.5 - 0.5) = 15.6 \text{m}^2$

② $A_2 = \sqrt{0.3^2 + 0.3^2} \times (3.5 - 0.5) = 1.2728 \text{m}^2$

③ $A_3 = 0.5 \times 3.5 = 1.75 \text{m}^2$

④ $A_4 = 0.6 \times 3.5 = 2.1 \text{m}^2$

⑤ $A_5 = 0.6 \times 3.5 = 2.1 \text{m}^2$

⑥ $A_6 = 0.5 \times 3.5 = 1.75 \text{m}^2$

⑦ $A_7 = 5.2 \times 3.5 = 18.2 \text{m}^2$

⑧ $A_8 = \left(\dfrac{2.9 \times 5.5}{2} - \dfrac{0.3 \times 0.3}{2} \right) \times 2 \text{(양쪽면)}$
$= 15.86 \text{m}^2$

⑨ $A_9 = 0.5 \times \sqrt{2.9^2 + 5.5^2} = 3.1089 \text{m}^2$

⑩ 거푸집량 $= A_1 + A_2 + \cdots + A_9 = 61.7417 \fallingdotseq 61.742 \text{m}^2$

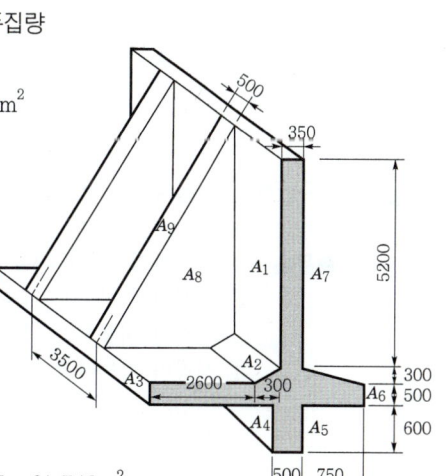

(3) 부벽을 포함하는 옹벽길이 3.5m에 대한 철근량

① 단면도상 선으로 보이는 철근(W_1, F_3)

기 호	직 경	본당 길이(mm)	수 량	총 길이(mm)	수량 산출근거
W_1	D 13	6010	30	180,300	W_1 철근은 A-A' 단면도상 점으로 표시된 철근이므로 수량=15×2(복배근)=30개
F_3	D 16	970+1000+330 =2300	15	34,500	W_1 철근간격=F_3 철근간격이므로 수량=15개

② 단면도상 점으로 보이는 철근(F_1)

기 호	직 경	본당 길이(mm)	수 량	총 길이(mm)	수량 산출근거
F_1	D 19	3500	23	80,500	F_1 철근은 단면도상 저판 상·하면에 점으로 표시된 철근이므로 수량 =8×2+7=23개

③ S_1

기 호	직 경	본당 길이(mm)	수 량	총 길이	구량 산출근거
S_1	D 13	100×2+152=352	12	4224	단면도 개소×단면 A-A' 개소 × $\frac{1}{2}$ ($\frac{1}{2}$은 지그재그 배근이기 때문이다.) 수량=6개소×4개소× $\frac{1}{2}$ =12개

④ 철근 물량표(단, 수량은 소수 3자리에서 반올림하여 구함.)

기 호	직 경	길 이(mm)	수 량	총 길이(mm)	기 호	직 경	길 이(mm)	수 량	총 길이(mm)
W_1	D 13	6010	30	180,300	F_3	D 16	2300	15	34,500
F_1	D 19	3500	23	80,500	S_1	D 13	352	12	4224

22 구조물 안전을 위한 기초의 형식을 선정할 때, 얕은 기초의 구비조건 4가지를 쓰시오. [3점]

해답
① 최소한의 근입깊이를 가질 것
② 안전하게 하중을 지지할 것
③ 침하가 허용치를 넘지 않을 것
④ 시공이 가능하고 경제적일 것

23 그림과 같은 도로의 토공계획 시에 A-B 구간에 필요한 성토량을 토취장에서 15ton 트럭으로 운반하여 시공할 때, 필요한 트럭의 총연대수는 몇 대인가? (단, 자연상태인 흙의 단위체적중량 $\gamma_t = 1.9\text{t/m}^3$, $L=1.3$, $C=0.9$이다.) [3점]

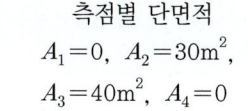
측점별 단면적
$A_1 = 0$, $A_2 = 30\text{m}^2$,
$A_3 = 40\text{m}^2$, $A_4 = 0$

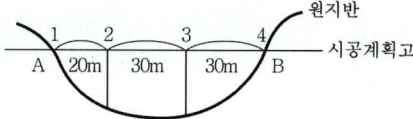

해답 (1) 성토량

① $V_1 = \dfrac{0+30}{2} \times 20 = 300\,\text{m}^2$

② $V_2 = \dfrac{30+40}{2} \times 30 = 1050\,\text{m}^2$

③ $V_3 = \dfrac{40+0}{2} \times 30 = 600\,\text{m}^2$

∴ $V = V_1 + V_2 + V_3 = 300 + 1050 + 600 = 1950\,\text{m}^3$

(2) 성토량을 흐트러진 토량으로 환산

$= 1950 \times \dfrac{L}{C} = 1950 \times \dfrac{1.3}{0.9} = 2816.67\,\text{m}^3$

(3) 트럭의 적재량

$q_t = \dfrac{T}{\gamma_t} L = \dfrac{15}{1.9} \times 1.3 = 10.26\,\text{m}^3$

(4) 트럭의 연대수

$= \dfrac{2816.67}{10.26} = 274.53 = 275\,\text{대}$

토목 기사 2023년(2차)

> 알림: 아래의 문제는 독자들의 출제경향에 이해가 되도록 수험생들의 기억에 의해 복원된 문제로 일부 문제는 다를 수가 있으므로 착오 없으시길 바랍니다.

01

콘크리트의 배합설계에서 설계기준강도 $f_{ck}=28\text{MPa}$이고, 30회 이상의 압축강도시험으로부터 구한 표준편차 $S=5\text{MPa}$이다. 시험을 통해 시멘트-물(C/W)비와 재령 28일 압축강도 f_{28}과의 관계식 $f_{28}=-14.7+20.7\,C/W$로 얻었을 때 콘크리트의 물-시멘트(W/C)비를 결정하시오. [3점]

해답

① $f_{cr} = f_{ck} + 1.34S = 28 + 1.34 \times 5 = 34.7\text{MPa}$

$f_{cr} = (f_{ck} - 3.5) + 2.33S = (28 - 3.5) + 2.33 \times 5 = 36.15\text{MPa}$

두 값 중 큰 값이 배합강도이므로 $f_{cr} = 36.15\text{MPa}$

② $f_{28} = -14.7 + 20.7\dfrac{C}{W}$

$36.15 = -14.7 + 20.7\dfrac{C}{W}$

$\therefore \dfrac{W}{C} = 0.4071 = 40.71\%$

02

다음과 같은 모래지반에 위치한 댐의 piping의 발생에 대한 안전율을 구하시오. (단, safe weighted creep ratio는 6.0이다.) [3점]

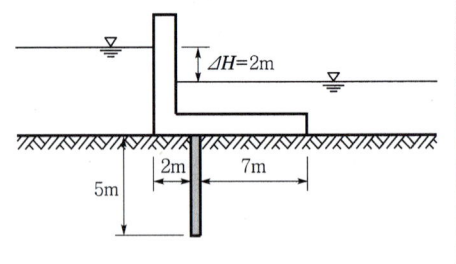

해답

① 가중 creep 거리 = 수직거리(45° 보다 급한 것) + 수평거리(45° 이하)의 $\dfrac{1}{3}$

$= 5 \times 2 + \dfrac{2+7}{3} = 13\text{m}$

② 가중 creep비 $= \dfrac{\text{가중 creep 거리}}{\text{유효수두}} = \dfrac{13}{2} = 6.5$

③ $F_s = \dfrac{6.5}{6} = 1.08$

03. 토적곡선(mass curve)을 작성하는 목적을 3가지만 쓰시오. [3점]

해답
① 토량분배
② 평균 운반거리의 산출
③ 운반거리에 의한 토공기계의 선정
④ 시공방법의 산출

04. 여굴을 적게 하고 파단선을 매끈하게 하기 위한 조절발파(controlled blasting) 공법의 종류를 4가지만 쓰시오. [3점]

해답
① 라인 드릴링(line drilling) 공법
② 쿠션 블라스팅(cushion blasting) 공법
③ 스므스 블라스팅(smooth blasting) 공법
④ 프리 스프리팅(pre-splitting) 공법

05. 다음 그림과 같은 지형에 시공기준면을 10m로 하여 성토하고자 한다. 다음 물음에 답하시오. (단, 격자점의 숫자는 표고, 단위는 m이다.) [4점]

(1) 성토량을 구하시오.
(2) 적재용량 4t의 덤프트럭으로 운반할 때 연대수를 구하시오. (단, 굴착 흙의 단위중량 1.8t/m³)

해답

(1) $V = \dfrac{ab}{4}(\Sigma h_1 + 2\Sigma h_2 + 3\Sigma h_3 + 4\Sigma h_4)$

$= \dfrac{15 \times 20}{4}(9 + 2 \times 14 + 3 \times 1 + 4 \times 8) = 5400\,\text{m}^3$

h_1	h_2	h_2	h_2	h_1
h_2	h_4	h_4	h_4	h_2
h_2	h_4	h_4	h_3	h_1
h_1	h_2	h_2	h_1	

(2) ① 운반토량 $= 5400 \times \dfrac{L}{C} = 5400 \times \dfrac{1.25}{0.9} = 7500\,\text{m}^3$

② $q_t = \dfrac{T}{\gamma_t}L = \dfrac{4}{1.8} \times 1.25 = 2.78\,\text{m}^3$

③ 트럭의 연대수 $= \dfrac{7500}{2.78} = 2697.8 ≒ 2698$대

06

관암거의 직경이 20cm, 유속이 0.8m/s, 암거길이가 300m일 때 원활한 배수를 위한 암거낙차를 Giesler 공식을 이용하여 구하시오. [3점]

해답

$$V = 20\sqrt{\dfrac{Dh}{L}} \qquad 0.8 = 20\sqrt{\dfrac{0.2h}{300}}$$

$$\therefore h = 2.4\text{m}$$

07

아래 그림과 같은 지반에서 지하수위가 지표면에 위치하다가 지표하부 2m까지 저하하였다. 점토지반의 압밀침하량을 산정하시오. (단, 정규압밀 점토임) [3점]

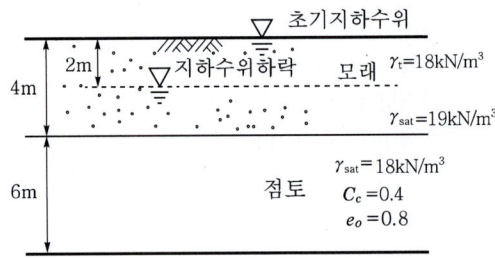

해답

① $P_1 = (19 - 9.8) \times 4 + (18 - 9.8) \times \dfrac{6}{2} = 61.4\text{kN/m}^2$

② $P_2 = 18 \times 2 + 9.2 \times 2 + 8.2 \times \dfrac{6}{2} = 79\text{kN/m}^2$

③ $\Delta H = \dfrac{C_c}{1+e_o} \log \dfrac{P_2}{P_1} H$

$= \dfrac{0.4}{1+0.8} \times \log \dfrac{79}{61.4} \times 600 = 14.59\text{cm}$

08

다음 그림과 같은 사면에서 AC는 가상파괴면을 나타낸다. 쐐기 ABC의 활동에 대한 안전율은 얼마인가? [3점]

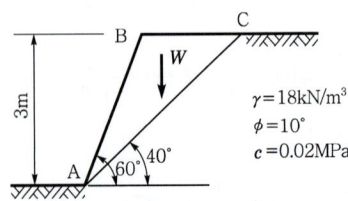

해답 평면 파괴면을 가진 유한사면의 해석(Culmann 도해법)

① $W = \frac{1}{2}\gamma H^2 \left[\frac{\sin(\beta-\theta)}{\sin\beta \sin\theta}\right]$
$= \frac{1}{2} \times 18 \times 3^2 \times \left[\frac{\sin(60°-40°)}{\sin 60° \times \sin 40°}\right] = 49.77\,\text{kN}$

② $N_a = W\cos\theta = 49.77 \times \cos 40° = 38.13\,\text{kN}$

③ $T_a = W\sin\theta = 49.77 \times \sin 40° = 31.99\,\text{kN}$

④ $F_s = \frac{\overline{AC}\,c + N_a \tan\phi}{T_a}$
$= \frac{\frac{3}{\sin 40°} \times 20 + 38.13 \times \tan 10°}{31.99} = 3.13$

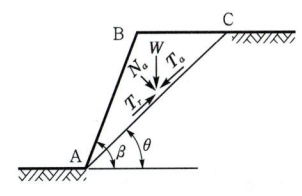

09

아래 그림과 같이 6.0m의 연직옹벽에 연속적인 강우로 뒤채움 흙이 완전 포화되어 있다. 뒤채움 흙은 $\gamma_{sat} = 19.8\,\text{kN/m}^3$, $\phi = 38°$인 사질토이며, 벽면마찰각 $\delta = 15°$이다. 이때 Coulomb의 주동토압계수는 0.219이고 파괴면이 수평면과 55°라고 가정할 경우 아래의 물음에 답하시오. (단, 물의 단위중량 $\gamma_w = 9.8\,\text{kN/m}^3$) [4점]

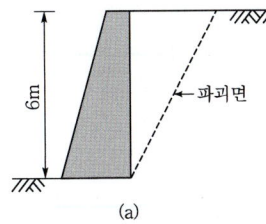
(a)

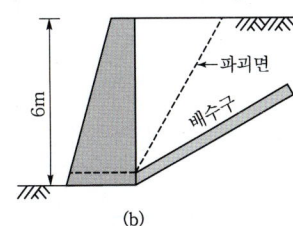
(b)

(1) 그림 (a)와 같이 옹벽배면에 배수구가 없을 경우 옹벽에 작용하는 전 주동토압(kN/m)을 구하시오.

(2) 그림 (b)와 같이 파괴면 아래쪽에 배수구를 경사지게 설치했을 경우 옹벽에 작용하는 전 주동토압(kN/m)을 구하시오.

해답
(1) $P_a = \frac{1}{2}\gamma_{sub}H^2 C_a + \frac{1}{2}\gamma_w H^2 = \frac{1}{2} \times (19.8-9.8) \times 6^2 \times 0.219 + \frac{1}{2} \times 9.8 \times 6^2$
$= 215.82\,\text{kN/m}$

(2) $P_a = \frac{1}{2}\gamma_{sat}H^2 C_a = \frac{1}{2} \times 19.8 \times 6^2 \times 0.219 = 78.05\,\text{kN/m}$

10

암반의 사면파괴 형태 3가지를 쓰시오. [3점]

해답 ① 평면파괴 ② 쐐기파괴
③ 전도파괴 ④ 원호파괴

11 다음 네트워크에서 다음 사항에 대해 작성하시오. (단, ( ) 속의 숫자는 1일당 소요인원)

[10점]

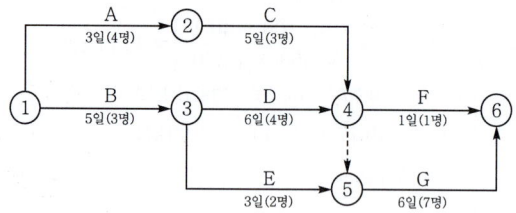

(1) 최초 개시 때의 산적표를 작성하시오.
(2) 최지 개시 때의 산적표를 작성하시오.
(3) 인력 평준화표를 작성하시오.(단, 제한인원은 7명으로 한다.)
(4) 1일 인원을 7명으로 제한할 경우 수정 네트워크를 작성하시오.

해답 (1) ① 공정표

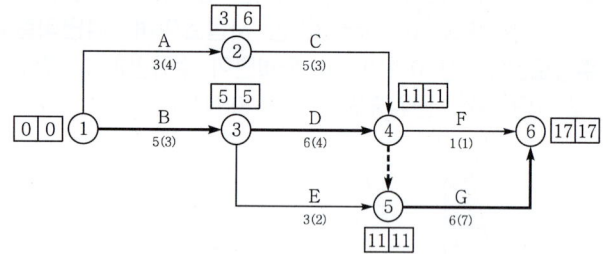

② 최초 개시 때의 산적표

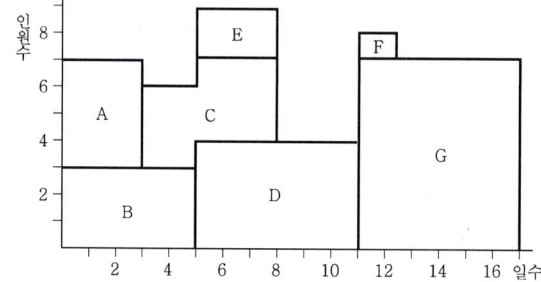

(2) 최지 개시 때의 산적표

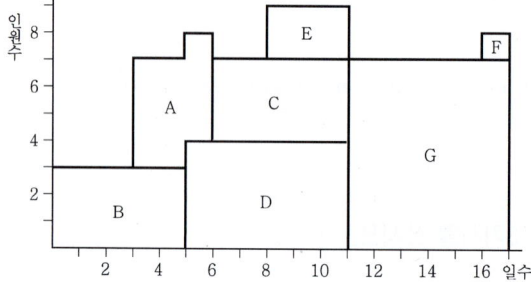

(3) 인력 평준화표(단, 제한인원은 7명으로 한다.)

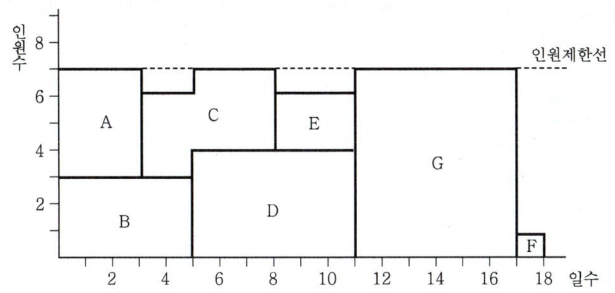

(4) 1일 인원을 7명으로 제한한 경우 수정 네트워크(타임 스케일 공정표)

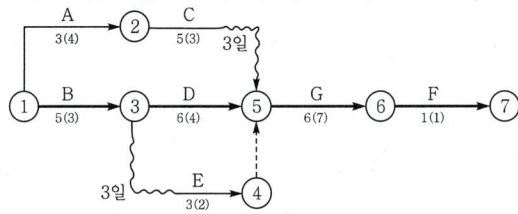

12. 시멘트가 풍화되었을 때 나타나는 현상을 3가지만 쓰시오. [3점]

해답
① 강도의 발현이 저하된다.
② 강열감량이 증가한다.
③ 응결이 지연된다.
④ 비중이 작아진다.

13. 다음은 어스 드릴(earth drill) 공법의 시공방법을 나열한 것이다. 시공순서를 쓰시오. [3점]

보기
① 벤토나이트 주입   ② 굴착작업   ③ 케이싱 뽑기
④ 철근망태 삽입   ⑤ 슬라임(slime) 처리   ⑥ 케이싱의 삽입
⑦ 콘크리트 타설

해답 ② → ⑥ → ① → ⑤ → ④ → ⑦ → ③

14. 교대의 구조형식에 의한 분류 5가지를 쓰시오. [3점]

해답
① 중력식 교대   ② 반중력식 교대
③ cantilever식 교대   ④ 특수 교대(아치형)
⑤ 부벽식 교대

15 다음 조건일 때 $0.6m^3$의 백호 1대를 사용하여 $5700m^3$의 기초 터파기를 했을 때 굴착에 소요되는 일수는 얼마인가? [3점]

> **조건**
> - 백호 cycle time(C_m)=24sec
> - 토량변화율(L)=1.2
> - 1일의 운전시간=7시간
> - 디퍼계수(k)=0.9
> - 작업효율(E)=0.8

해답

① $Q = \dfrac{3600 \, qkfE}{C_m} = \dfrac{3600 \times 0.6 \times 0.9 \times \dfrac{1}{1.2} \times 0.8}{24} = 54 \, m^3/h$

② back hoe 1일 작업량 $= 54 \times 7 = 378 \, m^3$

③ 굴착일수 $= \dfrac{5700}{378} = 15.08 = 16$일

---

16 3m×3m 크기의 정사각형 기초를 마찰각 $\phi=30°$, 점착력 $c=50kN/m^2$인 지반에 설치하였다. 흙의 단위중량 $\gamma=17kN/m^3$이며, 기초의 근입깊이는 2m이다. 지하수위가 지표면에서 3m 깊이에 있을 때의 허용지지력을 구하시오. (단, 지하수위 아래의 흙의 포화단위중량은 $19kN/m^3$이고, Terzaghi 공식을 사용하고, $\phi=30°$일 때 $N_c=36$, $N_r=19$, $N_q=22$) [4점]

해답

① $\gamma_1 = \gamma_{sub} + \dfrac{d}{B}(\gamma_t - \gamma_{sub})$

$= 9.2 + \dfrac{1}{3} \times (17 - 9.2)$

$= 11.8 \, kN/m^3$

② $\gamma_2 = \gamma_t = 17 \, kN/m^3$

③ $q_u = \alpha c N_c + \beta B \gamma_1 N_r + D_f \gamma_2 N_q$

$= 1.3 \times 50 \times 36 + 0.4 \times 3 \times 11.8 \times 19 + 2 \times 17 \times 22$

$= 3,357.04 \, kN/m^2$

④ $q_a = \dfrac{q_u}{F_s} = \dfrac{3,357.04}{3} = 1,119.01 \, kN/m^2$

---

17 아스팔트 포장에 실 코트(seal coat)를 하는 목적을 3가지만 쓰시오. [3점]

해답
① 포장면의 내구성 증대
② 포장면의 수밀성 증대
③ 포장면의 미끄럼저항 증대
④ 포장면의 노화방지

18 도로의 배수에서 노면에 흐르는 물 및 근접하는 지대로부터 도로면에 흘러 들어오는 물을 집수하고, 배수하기 위하여 도로의 종단방향에 따라 설치한 배수구를 측구라 한다. 측구의 형식을 3가지만 쓰시오. [3점]

해답
① 콘크리트 측구(U형, L형) ② 돌쌓기 측구
③ 블록쌓기 측구   ④ 떼붙임 측구
⑤ 막파기 측구

참고 측구
노면 또는 인접사면의 물을 집수하고 배수하기 위하여 도로의 종단방향에 따라 설치하는 배수구이다.

19 도로계획에서 평면선형을 구성할 때 고려해야 할 요소를 3가지만 쓰시오. [3점]

해답
① 평면곡선 반지름   ② 평면곡선부의 편경사
③ 평면곡선부의 확폭   ④ 완화곡선 및 완화구간

참고 도로선형
① 평면선형 : 평면적으로 본 도로의 형상으로 직선, 원곡선, 완화곡선으로 구성되어 있다.
② 종단선형 : 도로의 높낮이의 형상으로 직선, 원곡선, 포물선으로 구성되어 있다.

20 다음과 같은 조건일 때 사다리꼴 복합 확대 기초의 크기 B_1, B_2를 구하시오. (단, 지반의 허용지지력 $q_a = 100 \text{kN/m}^2$) [4점]

조건
• 기둥 1 : 0.5m×0.5m, $Q_1 = 1000$kN
• 기둥 2 : 0.5m×0.5m, $Q_2 = 800$kN

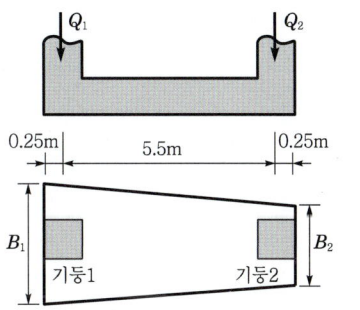

해답
① $\Sigma V = 0$
$$1000 + 800 = 100 \times \left(\frac{B_1 + B_2}{2} \times 6\right)$$
$$\therefore B_1 + B_2 = 6 \cdots\cdots\cdots ㉠$$

② $\Sigma M_0 = 0$
$$1000 \times 0.25 + 800 \times 5.75 = 100 \times \left(\frac{B_1 + B_2}{2} \times 6\right) \times \left(\frac{B_1 + 2B_2}{B_1 + B_2} \times \frac{6}{3}\right) \cdots ㉡$$

식 ㉠을 식 ㉡에 대입하여 정리하면
$B_1 = 3.92 \text{m}$, $B_2 = 2.08 \text{m}$

21 다음은 교량의 가설공법 중 ILM 공법의 시공방법을 나열한 것이다. 시공순서를 쓰시오. [3점]

조건
① 교대시공　② 제작장 설치　③ 노즈설치
④ 세그먼트 제작　⑤ 슬라이딩 패드　⑥ 래터럴가이드 설치
⑦ 압출　⑧ 강재긴장　⑨ 부대공사

해답 ① → ② → ③ → ④ → ⑥ → ⑤ → ⑦ → ⑧ → ⑨

참고
① 추진코(launching nose) : 교량의 최선단에 부착 고정시켜 장지간 추진 통과시 중량의 콘크리트 박스 구조물이 전방 교각에 도달하기 전에 먼저 도달시켜 중량의 상부구조물에 의한 캔틸레버 부모멘트를 감소시키는 역할을 하는 가설구조물
② 미끄럼판(sliding pad) : 받침부의 마찰저항을 작게 해서 상부구조물을 원활하게 압출하기 위해 주형하면과 횡방향 가이드에 끼워 넣는 패드
③ 횡방향 가이드(lateral guide) : 교량 상부구조물 압출 작업 시 선형성 유지, 이탈방지를 위해 교대, 교각 등의 측면에 설치된 H형강 구조물
④ 부대공사 : 압출완료 후 거더와 영구교좌장치 고정

22 다음 물음에 답하시오. [5점]

(1) 히빙의 정의를 간단하게 쓰시오.
(2) 그림과 같이 시공되어 있는 널말뚝에서 히빙에 대한 안전을 검토하시오. (단, 안전율 $F=1.2$이다.)

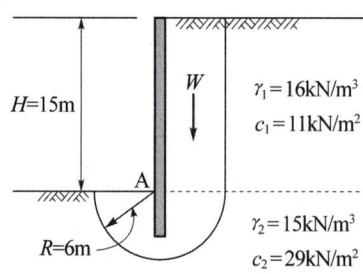

해답 (1) 연약한 점토지반의 굴착 시 흙막이벽 전·후의 흙의 중량차이 때문에 굴착저면이 부풀어 오르는 현상

(2) ① $M_d = (\gamma_1 H + q)\dfrac{R^2}{2} = (16 \times 15 + 0) \times \dfrac{6^2}{2} = 4320 \text{kN} \cdot \text{m}$

② $M_r = c_1 HR + c_2 \pi R^2 = 11 \times 15 \times 6 + 29 \times \pi \times 6^2 = 4269.82 \text{kN} \cdot \text{m}$

③ $F_s = \dfrac{M_r}{M_d} = \dfrac{4269.82}{4320} = 0.99 < 1.2$

∴ heaving의 우려가 있다.

23 주어진 선반식 L형 옹벽의 도면 및 조건에 따라 다음 물량을 산출하시오. (단, 주어진 도면의 치수는 축척에 맞지 않을 수 있으며, 주어진 치수로만 물량을 산출할 것) [18점]

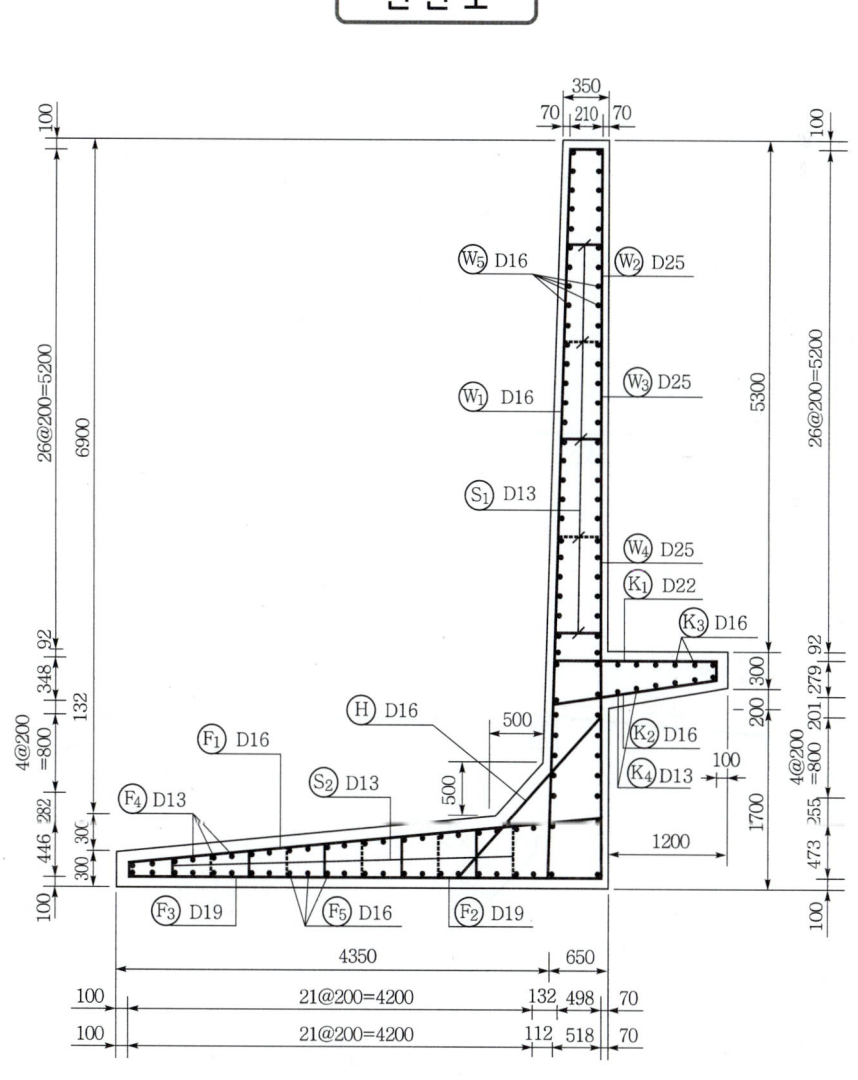

단 면 도

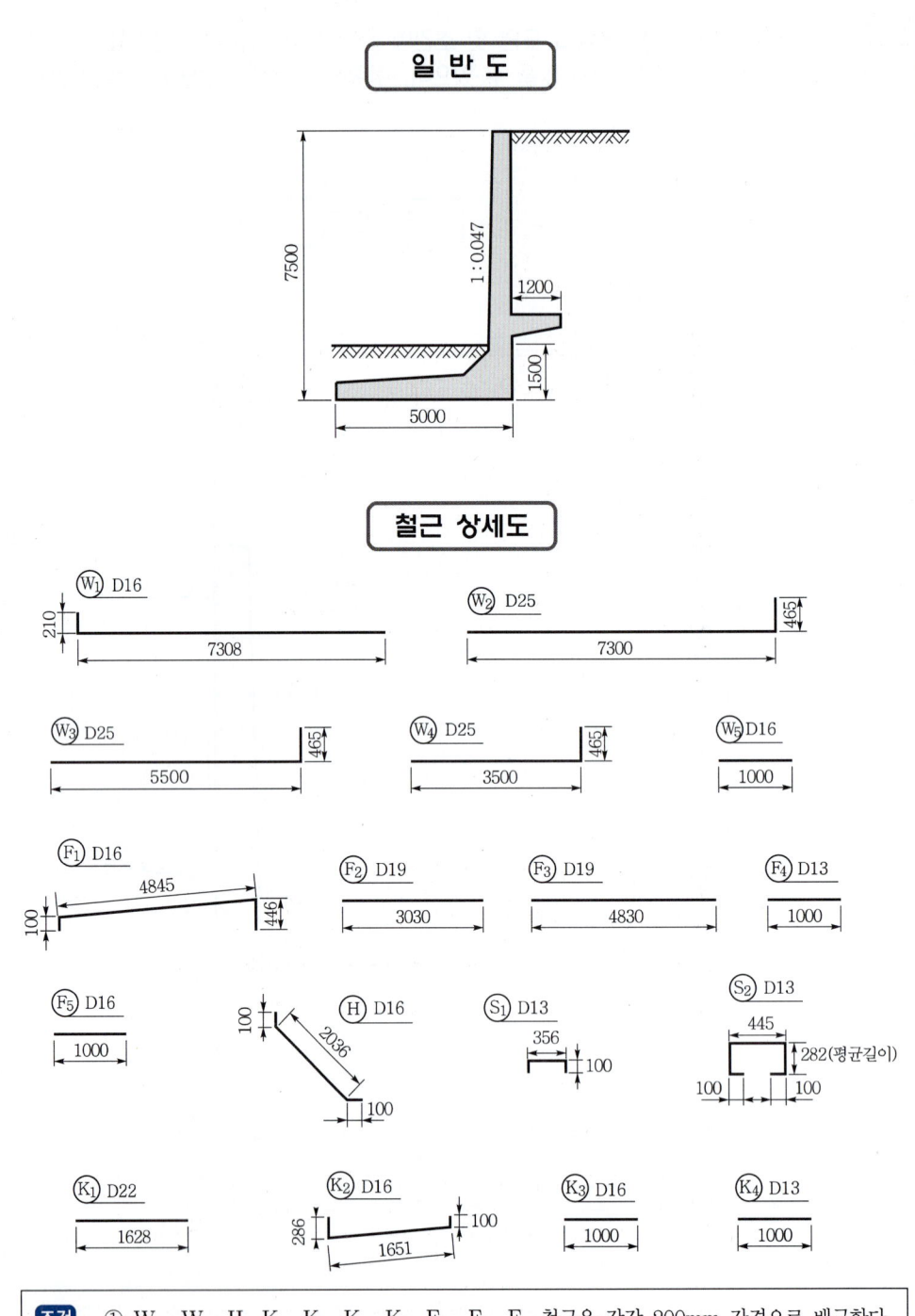

(1) 길이 1m에 대한 콘크리트량을 구하시오. (단, 소수 4째자리에서 반올림하시오.)
(2) 길이 1m에 대한 거푸집량을 구하시오. (단, 소수 4째자리에서 반올림하시오.)
(3) 길이 1m에 대한 철근 물량표를 완성하시오. (단, mm 단위 이하는 반올림하여 mm까지 구함.)

기 호	직 경	길이(mm)	수 량	총 길이(mm)	기 호	직 경	길이(mm)	수 량	총 길이(mm)
W_2					F_4				
W_5					S_1				
H					S_2				

해답 (1) 길이 1m에 대한 콘크리트량

① $A_1 = \dfrac{0.35 + 0.65}{2} \times 6.4 = 3.2 \, \text{m}^2$

② $A_2 = \dfrac{0.3 + 0.5}{2} \times 1.2 = 0.48 \, \text{m}^2$

③ $A_3 = \dfrac{0.65 + 1.15}{2} \times 0.5 = 0.45 \, \text{m}^2$

④ $A_4 = \dfrac{1.15 + 5}{2} \times 0.3 = 0.9225 \, \text{m}^2$

⑤ $A_5 = 5 \times 0.3 = 1.5 \, \text{m}^2$

⑥ 콘크리트량 $= (A_1 + A_2 + \cdots + A_5) \times 1$
$= 6.5525 \times 1 = 6.553 \, \text{m}^3$

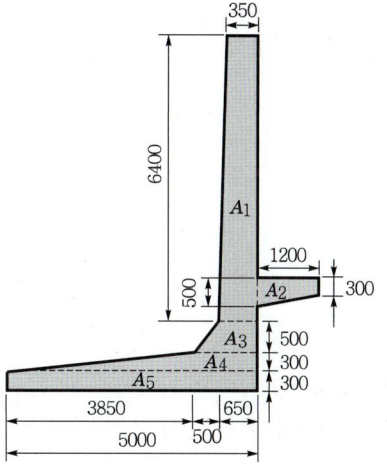

(2) 길이 1m에 대한 거푸집량

① $\overline{ab} = \sqrt{0.3^2 + 6.4^2} = 6.407 \, \text{m}$

② $\overline{bc} = \sqrt{0.5^2 + 0.5^2} = 0.7071 \, \text{m}$

③ $\overline{de} = 0.3 \, \text{m}$

④ $\overline{fg} = 1.7 \, \text{m}$

⑤ $\overline{gh} = \sqrt{1.2^2 + 0.2^2} = 1.2166 \, \text{m}$

⑥ $\overline{hi} = 0.3 \, \text{m}$

⑦ $\overline{jk} = 5.3 \, \text{m}$

⑧ 거푸집의 길이 = ① + ② + ⋯⋯ + ⑦ = 15.931m

⑨ 거푸집량 = 15.931 × 1 = 15.931 m²

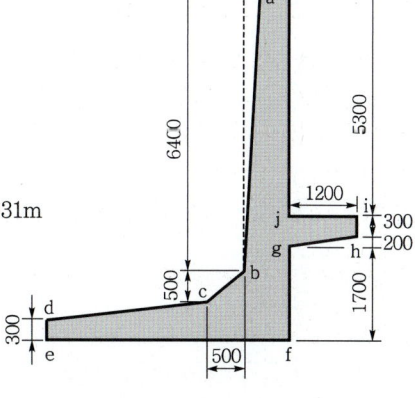

(3) 길이 1m에 대한 철근량

① 단면도상 선으로 보이는 철근(W_2, H)

• 철근개수 ⇒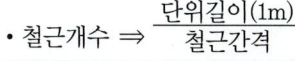

기 호	직 경	본당길이(mm)	수 량	총 길이(mm)	수량 산출근거
W_2	D 25	465 + 7300 = 7765	5	38,825	수량 = $\dfrac{1}{0.2}$ = 5개
H	D 16	100 + 2036 + 100 = 2236	5	11,180	

> **참고** 단면도상 선으로 보이는 철근의 구분

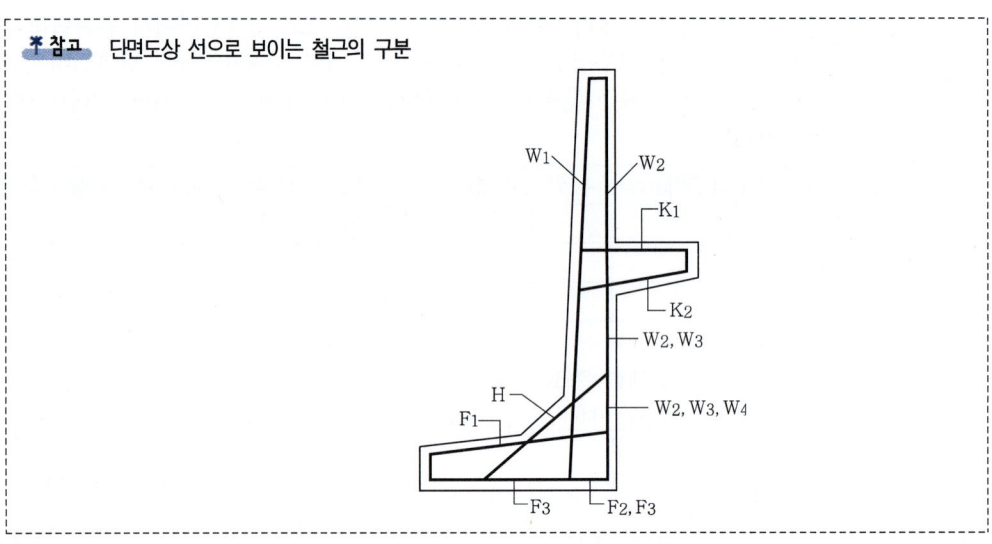

② 단면도상 점으로 보이는 철근
- W_5, F_4 철근개수 ⇒ (간격수+1), 혹은 단면도상의 개수

기 호	직 경	본당 길이(mm)	수 량	총 길이(mm)	수량 산출근거
W_5	D 16	1000	68	68,000	수량=(33+1)×2(좌·우)=68개
F_4	D 13	1000	24	24,000	수량=23+1=24개

> **참고** 단면도상 점으로 보이는 철근의 구분

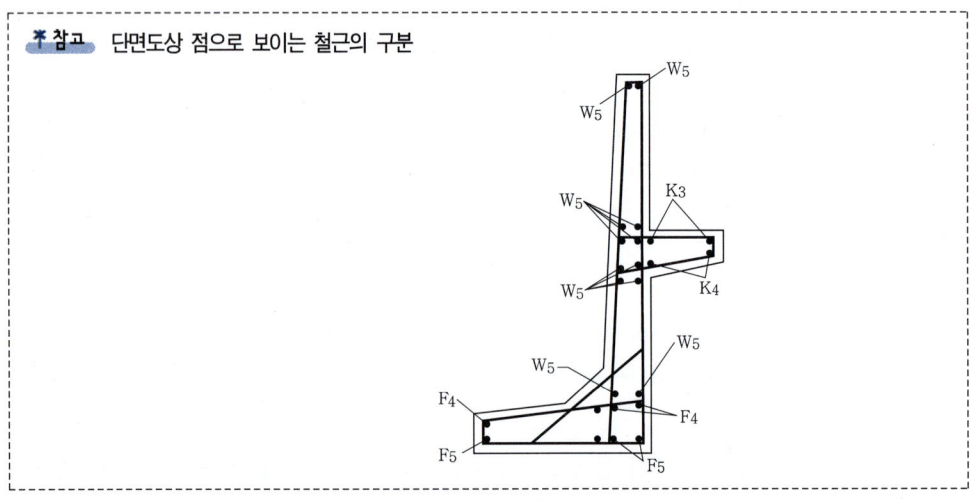

③ S_1, S_2 철근개수 ⇒ $\dfrac{\text{단위길이(1m)}}{\text{간격} \times 2} \times \text{개소}$

기호	직경	본당 길이(mm)	수량	총 길이(mm)	수량 산출근거
S_1	D 13	$356+100\times2=556$	12.5	6950	수량 $=\dfrac{1}{0.2\times2}\times5=12.5$개 ※ S_1의 간격은 W_1의 간격과 같다.
S_2	D 13	$445+282\times2+100\times2=1209$	12.5	15,113	수량 $=\dfrac{1}{0.4\times2}\times10=12.5$개 ※ S_2의 간격은 F_1의 영향을 받는다.

※ 참고 S_1, S_2 철근의 구분

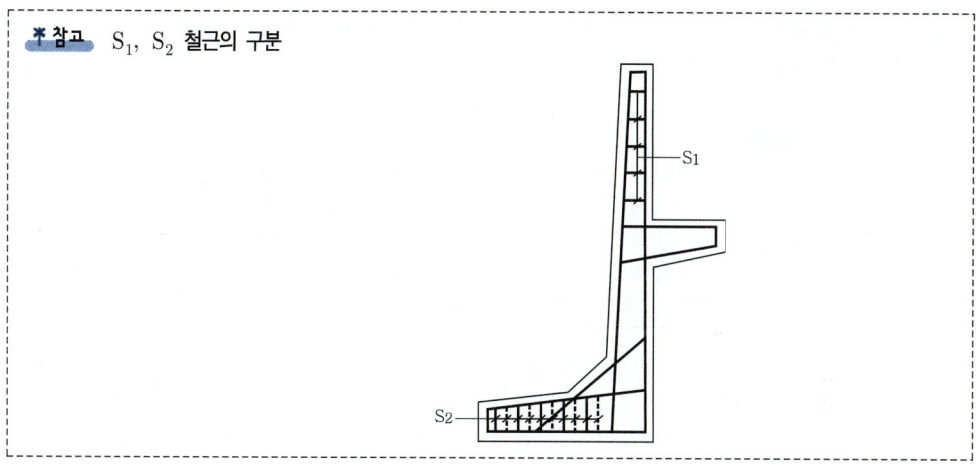

④ 철근 물량표(단, mm 단위 이하는 반올림하여 mm까지 구함.)

기호	직경	길이(mm)	수량	총 길이(mm)	기호	직경	길이(mm)	수량	총 길이(mm)
W_2	D 25	7765	5	38,825	F_4	D 13	1000	24	24,000
W_5	D 16	1000	68	68,000	S_1	D 13	556	12.5	6950
H	D 16	2236	5	11,180	S_2	D 13	1209	12.5	15,113

24

"매스 콘크리트에서 온도균열을 제어하기 위해 (   ) 시멘트를 사용하고 제어방법으로는 콘크리트의 (   ), (   ) 등에 의한 온도 저하 및 제어방법이 있다"에서 (   ) 안에 알맞은 용어를 쓰시오. [3점]

해답
① 중용열
② pipe-cooling(관로식 냉각)
③ pre-cooling(선행 냉각)

토목 기사 2023년(3차)

> 알림: 아래의 문제는 독자들의 출제경향에 이해가 되도록 수험생들의 기억에 의해 복원된 문제로 일부 문제는 다를 수가 있으므로 착오 없으시길 바랍니다.

01 버킷용량 3.0m³의 셔블과 15t 덤프트럭을 사용하여 토공사를 하고 있다. 다음 조건에 따라 물음에 답하시오. [6점]

【조건】
- 흙의 단위중량 : 1.8t/m³
- 셔블의 버킷계수 : 1.1
- 셔블의 작업효율 : 0.5
- 30분 중 상차시간 : 2분
- 덤프트럭 1대를 적재하는데 필요한 셔블의 사이클 횟수 : 3회
- 토량변화율(L) : 1.2
- 사이클 타임 : 30초
- 덤프트럭의 사이클 타임 : 30분
- 덤프트럭의 작업효율 : 0.8

(1) 셔블의 시간당 작업량은 얼마인가?
(2) 덤프트럭의 시간당 작업량은 얼마인가?
(3) 셔블 1대당 덤프트럭의 소요대수는 얼마인가?

해답 (1) 셔블의 시간당 작업량

$$Q_s = \frac{3600\,qkfE}{C_m} = \frac{3600 \times 3 \times 1.1 \times \frac{1}{1.2} \times 0.5}{30} = 165\,\mathrm{m^3/h}$$

(2) 덤프트럭의 시간당 작업량

① $q_t = \dfrac{T}{\gamma_t} L = \dfrac{15}{1.8} \times 1.2 = 10\,\mathrm{m^3}$

② $Q_t = \dfrac{60\,q_t f E_t}{C_{mt}} = \dfrac{60 \times 10 \times \frac{1}{1.2} \times 0.8}{30} = 13.33\,\mathrm{m^3/h}$

(3) 덤프트럭의 소요대수

$N = \dfrac{165}{13.33} = 12.38 = 13$ 대

02 보강토 옹벽의 구성은 크게 3요소로 이루어진다. 그 3가지가 무엇인지 쓰시오. [3점]

해답
① 전면판(skin plate)
② 보강띠(strip bar)
③ 뒤채움재(back fill)

03

마샬 안정도시험(Marshall stabilsity test)은 포장용 아스팔트 혼합물의 소성유동에 대한 저항성을 측정하여 설계 아스팔트량의 결정에 적용되는데 이 시험 결과로부터 얻을 수 있는 3가지의 설계기준은? [3점]

해답
① 안정도(kg)
② 흐름값 $\left(\dfrac{1}{100}\text{cm}\right)$
③ 밀도(g/cm²)

참고 마샬(Marshall) 시험을 하여 공시체의 안정도, 흐름값, 밀도를 측정한 후 공극률과 포화도를 산출한다.

04

그림과 같은 널말뚝을 모래지반에 타입하고 지하수위 이하를 굴착할 때의 boiling을 검토하시오. [3점]

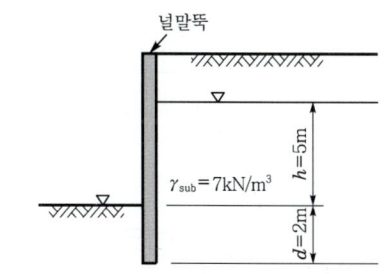

해답

$$F_s = \frac{i_c}{i} = \frac{\dfrac{\gamma_{sub}}{\gamma_w}}{\dfrac{h}{L}} = \frac{\dfrac{7}{9.8}}{\dfrac{5}{5+2+2}} = 1.29 > 1.2$$

∴ boiling에 안전하다.

05

우물통 케이슨 기초의 수직하중이 W, 주면마찰력이 F, 선단부 지지력이 Q, 부력이 B일 때 침하조건식을 작성하고, 적절한 침하촉진방법을 2가지만 쓰시오. [3점]

해답
(1) 침하조건식
  $W > F + Q + B$

(2) 침하촉진방법
  ① 재하중식 공법
  ② 분사(jet)식 공법
  ③ 물하중식 공법
  ④ 발파에 의한 공법

06 다음과 같은 모양의 중력식 옹벽을 설치하려고 한다. 흙의 단위중량 $\gamma_t=17.5\text{kN/m}^3$, 내부마찰각 $\phi=30°$, 점착력 $c=0$, 콘크리트의 단위중량 $\gamma_c=24\text{kN/m}^3$일 때 옹벽의 전도(over-turning)에 대한 안전율을 Rankine의 식을 이용하여 계산하시오. (단, 옹벽 전면에 작용하는 수동토압은 무시한다.) [3점]

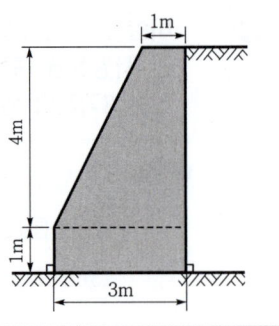

해답

① $P_a = \dfrac{1}{2}\gamma h^2 K_a = \dfrac{1}{2}\gamma h^2 \tan^2\left(45° - \dfrac{\phi}{2}\right)$

$= \dfrac{1}{2} \times 17.5 \times 5^2 \times \tan^2\left(45° - \dfrac{30°}{2}\right) = 72.92\text{kN/m}$

② $F_s = \dfrac{Wb + P_V B}{P_H y} = \dfrac{Wb}{P_a y}$

$= \dfrac{\left\{(1+5) \times \dfrac{2}{2} \times 24\right\} \times \dfrac{1+2 \times 5}{1+5} \times \dfrac{2}{3} + \{(1 \times 5) \times 24\} \times 2.5}{72.92 \times \dfrac{5}{3}} = 3.92$

07 다음과 같은 그림에서 말뚝 하단의 활동면에 대한 히빙현상의 안전율을 구하시오. [3점]

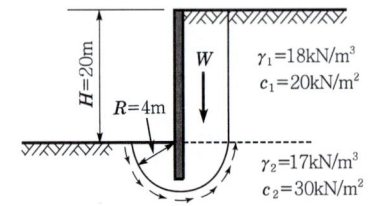

해답

① $M_d = (\gamma_1 H + q)\dfrac{R^2}{2} = (18 \times 20 + 0) \times \dfrac{4^2}{2} = 2,880\text{kN} \cdot \text{m}$

② $M_r = c_1 HR + c_2 \pi R^2 = 20 \times 20 \times 4 + 30 \times \pi \times 4^2 = 3,107.96\text{kN} \cdot \text{m}$

③ $F_s = \dfrac{M_r}{M_d} = \dfrac{3,107.96}{2,880} = 1.08$

08 직경 30cm 평판재하시험에서 작용압력이 200kPa일 때 침하량이 15mm라면, 직경 1.5m의 실제기초에 200kPa의 압력이 작용할 때 사질토지반에서의 침하량의 크기는 얼마인가? [3점]

해답

$S_{(기초)} = S_{(재하판)}\left[\dfrac{2B_{(기초)}}{B_{(기초)} + B_{(재하판)}}\right]^2 = 15 \times \left[\dfrac{2 \times 1.5}{1.5 + 0.3}\right]^2 = 41.67\text{mm}$

09 댐 콘크리트 시료 5개의 압축강도를 측정하여 각각 19.5MPa, 20.5MPa, 21.5MPa, 21.0MPa 및 20.0MPa의 측정치를 얻었다. 이 콘크리트 시료의 변동계수를 구하고, 이 댐의 품질관리는 어떠한지를 판정하시오. (단, 계산 근거를 명시하고, 소수 2째자리까지 구하시오.) [3점]

(1) 변동계수
(2) 품질관리 판정

해답
(1) 변동계수
① $\bar{x} = \dfrac{19.5+20.5+21.5+21.0+20.0}{5} = 20.5\text{MPa}$
② $S = (19.5-20.5)^2 + (20.5-20.5)^2 + (21.5-20.5)^2$
   $\quad + (21.0-20.5)^2 + (20.0-20.5)^2 = 2.5$
③ $\sigma = \sqrt{\dfrac{S}{n}} = \sqrt{\dfrac{2.5}{5}} = 0.71\text{MPa}$
④ $C_V = \dfrac{\sigma}{\bar{x}} \times 100 = \dfrac{0.71}{20.5} \times 100 = 3.46\%$

(2) 품질관리의 판정
    $C_V = 3.46\% < 10\%$이므로 품질관리 상태가 매우 양호하다.

---

10 다음과 같은 지형에서 시공기준면의 표고를 10m로 할 때 총 토공량은 얼마인가? (단, 격자점의 숫자는 표고를 나타내며, 단위는 m이다.) [3점]

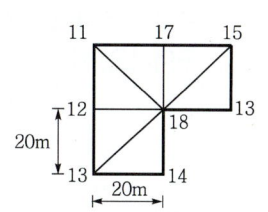

해답
$V = \dfrac{ab}{6}(\Sigma h_1 + 2\Sigma h_2 + 3\Sigma h_3 + \cdots + 6\Sigma h_6)$

① $\Sigma h_1 = 3+4 = 7\text{m}$
② $\Sigma h_2 = 1+7+5+2+3 = 18\text{m}$
③ $\Sigma h_3 = 0$
④ $\Sigma h_4 = 0$
⑤ $\Sigma h_5 = 0$
⑥ $\Sigma h_6 = 8\text{m}$

∴ $V = \dfrac{20 \times 20}{6}(7 + 2 \times 18 + 6 \times 8) = 6066.67\text{m}^3$

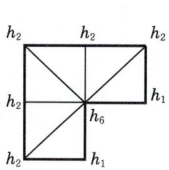

11

암거의 배열방식을 3가지만 쓰시오. [3점]

해답
① 자연유하식 ② 머리빗식
③ 오늬무늬식 ④ 차단식

12

어느 암반지대에서 RQD의 평균값은 60%, 절리군의 수(J_n)는 6, 절리면 변질 계수(J_a)는 2, 지하수 보정 계수(J_w)는 1, 절리면 거칠기 계수(J_r)는 2, 응력저감계수(SRF)는 1일 경우 Q값을 계산하시오. [3점]

해답
$$Q(\text{Rock Mass Quality}) = \frac{\text{RQD}}{J_n} \cdot \frac{J_r}{J_a} \cdot \frac{J_w}{\text{SRF}} = \frac{60}{6} \times \frac{2}{2} \times \frac{1}{1} = 10$$

J_n : 절리군의 수에 관련된 변수
J_r : 절리면의 거칠기에 관련된 변수
J_a : 절리면의 변질에 관련된 변수
J_w : 지하수에 관련된 변수
RQD : 암질지수
SRF : 응력저감계수

13

도로 포장을 설계하기 위해 다음과 같이 CBR을 구하였다. 포장설계를 위한 설계 CBR을 구하시오. (단, $d_2 = 2.83$) [3점]

| 4.6 | 3.9 | 5.9 | 4.8 | 7.0 | 3.3 | 4.8 |

해답
① 각 지점의 CBR 평균 = $\frac{4.6+3.9+5.9+4.8+7.0+3.3+4.8}{7} = 4.9$

② 설계 CBR
= 각 지점의 CBR 평균 $- \frac{\text{CBR 최대치} - \text{CBR 최소치}}{d_2}$
= $4.9 - \frac{7-3.3}{2.83} = 3.6 = 3$

14

흙의 에터버그(atterberg)한계 종류 3가지를 쓰시오. [3점]

해답
① 액성한계
② 소성한계
③ 수축한계

15 터널굴착 시 여굴(over break) 발생원인을 3가지만 쓰시오. [3점]

해답
① 화약의 과장약 및 부적합한 공간격
② 암반절리
③ 천공 시 장비 형태로 인하여 굴착진행 방향과 평행하게 천공할 수 없으므로 불가피한 여굴 발생

16 계획된 저수량 이상으로 댐에 유입하는 홍수량을 조절하여 자연하천으로 방류하는 중요한 구조물인 여수로(Spill Way)의 종류를 3가지만 쓰시오. [3점]

해답
① 슈트식 여수로
② 측수로 여수로
③ 그롤리홀 여수로
④ 사이펀 여수로

17 PSM 교량 가설공법으로 PSC 세그먼트를 이용한 장대 교량 가설공법 3가지를 쓰시오. [3점]

해답
① balanced cantilever 공법
② span by span 공법
③ 전진가설공법

18 토적곡선(mass curve)을 작성하는 목적을 3가지만 쓰시오. [3점]

해답
① 토량분배
② 평균 운반거리의 산출
③ 운반거리에 의한 토공기계의 선정
④ 시공방법의 산출

19 다음의 기초 파일공법의 명칭을 각각 기입하시오. [3점]

A. 굴착 소요깊이까지 케이싱 관입 후 및 내부 굴착 후, 케이싱 인발, 철근망 투입, 콘크리트 타설, 완성
B. 표층 케이싱 설치, 굴착공 내에 압력수를 순환시킴. 드릴 파이프 내의 굴착토사 배출
C. 얇은 철관의 내·외관 동시 관입, 내관 인발, 외관 내부에 콘크리트 타설

해답   A : Benoto 공법, B : RCD 공법, C : Raymond 말뚝공법

20 주어진 뒷부벽식 옹벽의 도면 및 조건에 따라 물량을 산출하시오.(단, 주어진 도면의 치수는 축척에 맞지 않을 수 있으며, 주어진 치수로만 물량을 산출하며 도면의 단위는 mm이다.)

[18점]

단 면 도

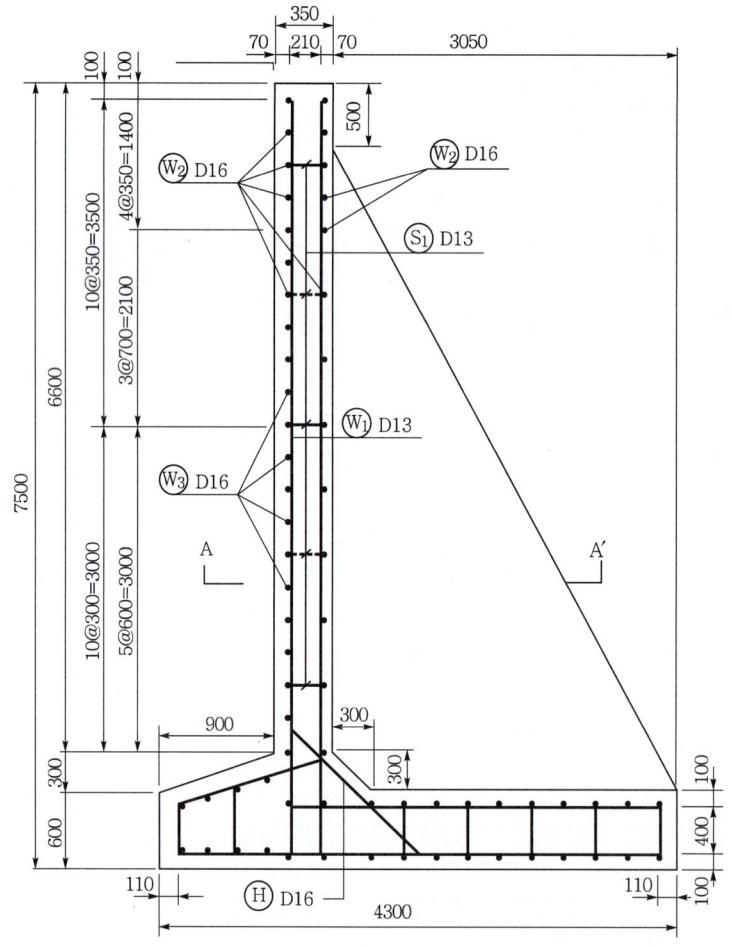

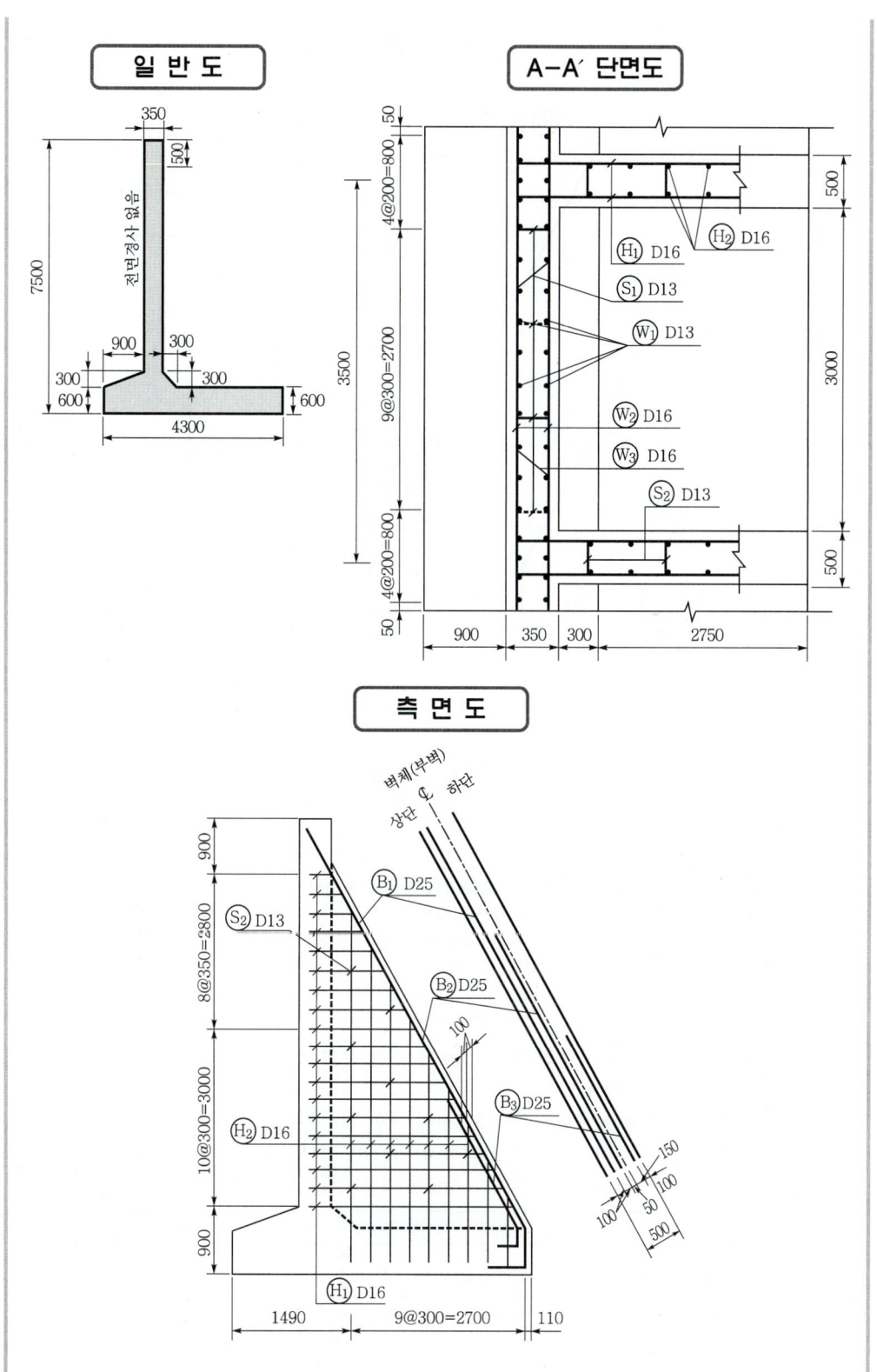

철근 상세도

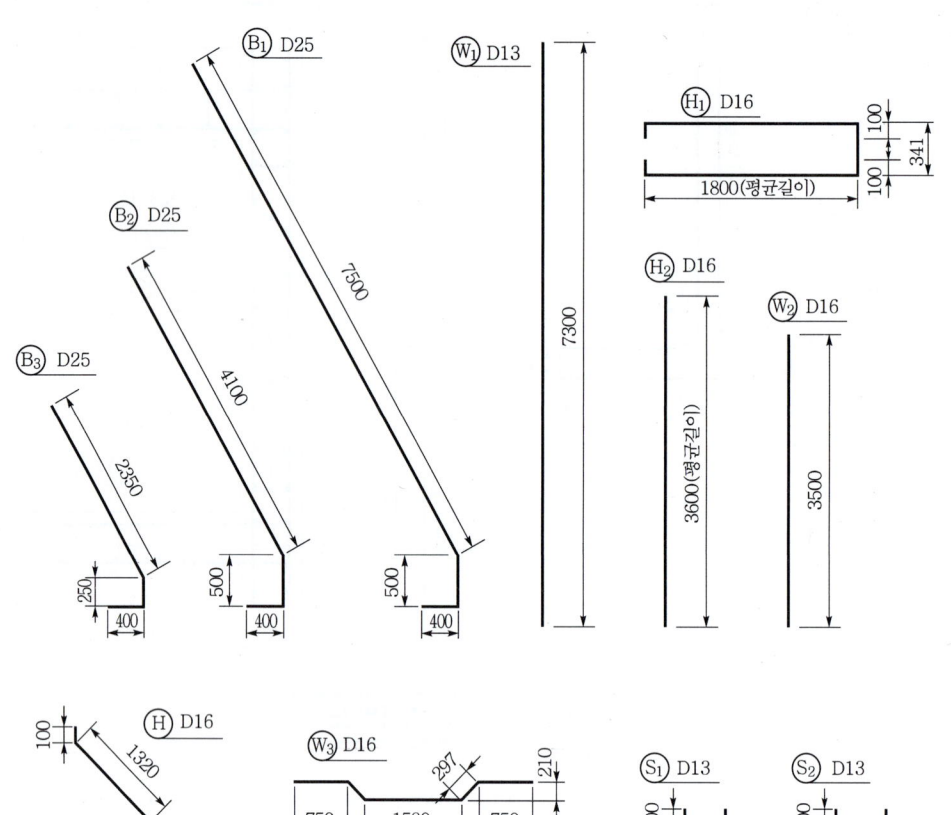

조건
① S_1 철근은 지그재그(zigzag)로 배치되어 있다.
② H 철근간격은 W_1 철근과 같다.
③ 물량산출에서 할증률 및 마구리는 없는 것으로 한다.
④ 철근길이 계산에서 이음길이는 계산하지 않는다.
⑤ 저판의 철근량은 계산하지 않는다.

(1) 부벽을 포함하는 옹벽길이 3.5m에 대한 콘크리트량을 구하시오. (단, 소수 4째자리에서 반올림하시오.)
(2) 부벽을 포함하는 옹벽길이 3.5m에 대한 거푸집량을 구하시오. (단, 소수 4째자리에서 반올림하고, 마구리면은 고려하지 않으며 경사면 1 : 1 미만은 고려하지 않음.)
(3) 부벽을 포함하는 옹벽길이 3.5m에 대한 철근 물량표를 완성하시오.

기호	직경	길이(mm)	총 길이(mm)	기호	직경	길이(mm)	총 길이(mm)
W_1				H_1			
W_2				B_1			
W_3				S_1			

해답 (1) 부벽을 포함하는 옹벽길이 3.5m에 대한 콘크리트량

① $A_1 = 0.35 \times 6.6 = 2.31 \text{m}^2$

② $A_2 = \dfrac{0.35 + 1.55}{2} \times 0.3$
    $= 0.285 \text{m}^2$

③ $A_3 = 0.6 \times 4.3 = 2.58 \text{m}^2$

④ $A_4 = \dfrac{(2.75 + 0.3) \times (6.9 - 0.5)}{2} - \dfrac{0.3 \times 0.3}{2}$
    $= 9.715 \text{m}^2$

⑤ 콘크리트량
    $= (A_1 + A_2 + A_3) \times 3.5 + A_4 \times 0.5$
    $= 5.175 \times 3.5 + 9.715 \times 0.5$
    $= 22.970 \text{m}^3$

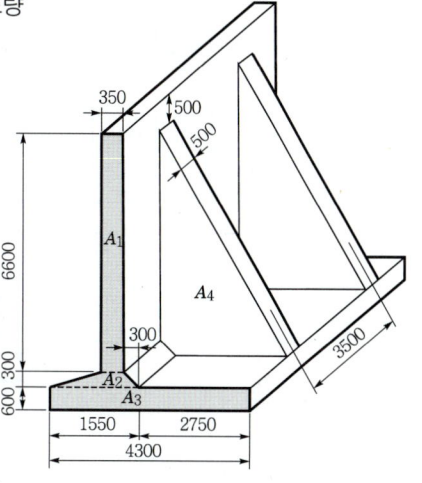

(2) 부벽을 포함하는 옹벽길이 3.5m에 대한 거푸집량

① $A_1 = 6.6 \times 3.5 = 23.1 \text{m}^2$

② $A_2 = 0.6 \times 3.5 = 2.1 \text{m}^2$

③ $A_3 = 0.6 \times 3.5 = 2.1 \text{m}^2$

④ $A_4 = \sqrt{0.3^2 + 0.3^2} \times (3.5 - 0.5) = 1.2728 \text{m}^2$

⑤ $A_5 = 6.6 \times 3.5 - 6.1 \times 0.5 = 20.05 \text{m}^2$

⑥ $A_6 = \left[\dfrac{(2.75 + 0.3) \times (6.9 - 0.5)}{2} - \dfrac{0.3 \times 0.3}{2} \right]$
    $\times 2(\text{양쪽면}) = 19.43 \text{m}^2$

⑦ $A_7 = 0.5 \times \sqrt{3.05^2 + 6.4^2} = 3.5448 \text{m}^2$

⑧ 거푸집량 $= A_1 + A_2 + \cdots\cdots + A_7 = 71.598 \text{m}^2$

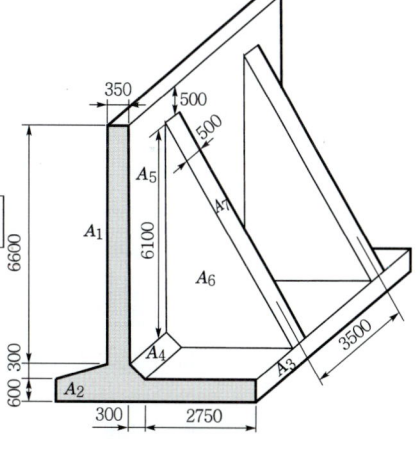

(3) 부벽을 포함하는 옹벽길이 3.5m에 대한 철근량
  ① 단면도상 선으로 보이는 철근(W_1)

기호	직경	본당 길이(mm)	수량	총 길이(mm)	수량 산출근거
W_1	D 13	7300	26	189,800	W_1 철근은 A−A′ 단면도상 점으로 표시된 철근이므로 수량=13×2(복배근)=26개

  ② 단면도상 점으로 보이는 철근(W_2, W_3)

기호	직경	본당 길이(mm)	수량	총 길이(mm)	수량 산출근거
W_2	D 16	3500	26	91,000	W_2 철근은 단면도상 벽체 전·후면에 점이 대칭으로 표시된 철근이므로 수량=(12+1)×2(복배근)=26개
W_3	D 16	750×2+297×2+1580 =3674	8	29,392	W_3 철근은 단면도상 벽체 전면에만 점으로 표시된 철근이므로 수량={(10+10)+1}−{(5+3+4)+1} =8개 혹은 단면도상의 개수를 센다.

③ S_1 철근

기 호	직 경	본당 길이(mm)	수 량	총 길이(mm)	수량 산출근거
S_1	D 13	100×2+155=355	10	3550	단면도상에 5개, A−A′ 단면도상에 4개가 지그재그 배근이므로 수량=$\dfrac{20}{2}$=10개

S1 철근 배근도

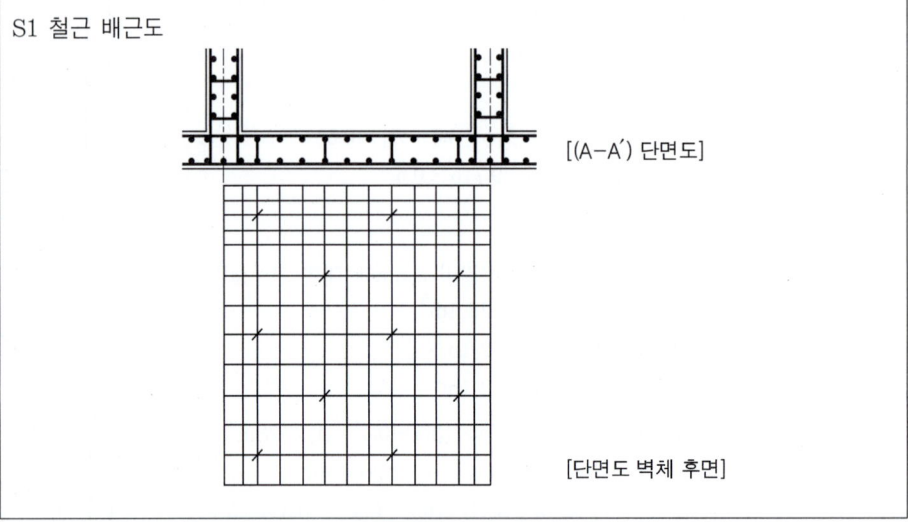

[(A−A′) 단면도]

[단면도 벽체 후면]

④ 부벽 철근(B_1, H_1)

기 호	직 경	본당 길이(mm)	수 량	총 길이(mm)	수량 산출근거
B_1	D25	7500+500+400=8400	2	16,800	측면도상 개수를 센다. 수량=2개
H_1	D16	100×2+1800×2+341=4141	19	78,679	수량=간격수+1 =[(10+8)+1]=19개

B_1, B_2, B_3 철근 배근도(평면도)

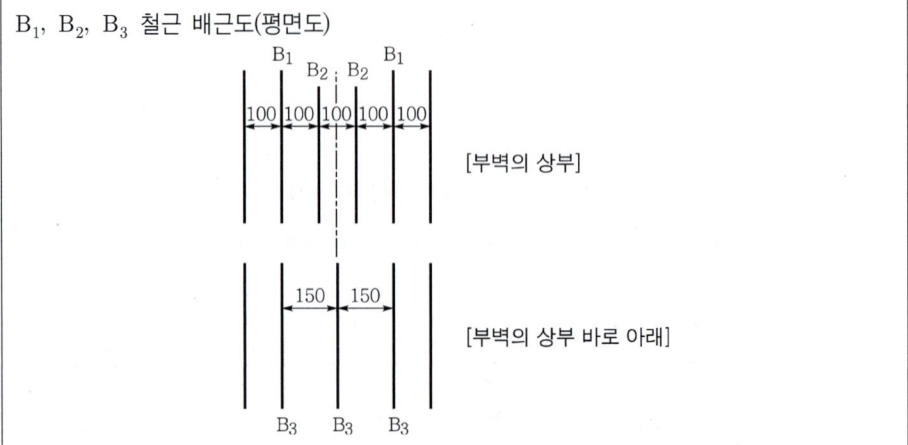

[부벽의 상부]

[부벽의 상부 바로 아래]

⑤ 철근 물량표(저판 철근량은 제외함)

기호	직경	길이(mm)	수량	총 길이(mm)	기호	직경	길이(mm)	수량	총 길이(mm)
W_1	D 13	7300	26	189,800	H_1	D 16	4141	19	78,679
W_2	D 16	3500	26	91,000	B_1	D 25	8400	2	16,800
W_3	D 16	3674	8	29,392	S_1	D 13	355	10	3550

21 다음의 작업 리스트에서 Net Work(화살선도)를 작도하고, 공사기간을 6일 단축했을 때 추가로 소요되는 최소비용을 구하시오. [10점]

작업명	작업일수(일)	선행작업	단축가능 일수(일)	비용경사
A	5	없음	1	6만 원
B	7	A	1	4만 원
C	10	A	1	7만 원
D	9	B	2	6만 원
E	12	C	2	5만 원
F	6	D	2	8만 원
G	4	E, F	2	10만 원

(1) net work(화살선도)를 작도하시오.
(2) 공사기간을 6일 단축했을 때 추가로 소요되는 최소비용을 구하시오.

해답 (1) 공정표

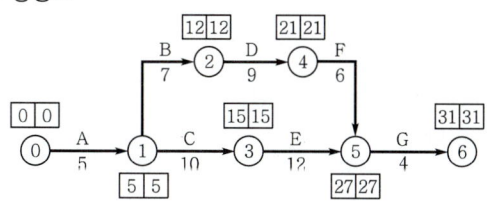

(2) ① 공기단축 : 전 공정이 all CP이다.

단축단계	작업명	단축일수	추가비용(만 원)
1단계	A	1	1×6=6
2단계	B, E	1	1×4+1×5=9
3단계	G	2	2×10=20
4단계	D, E	1	1×6+1×5=11
5단계	C, D	1	1×7+1×6=13

② 추가비용(extra cost)
EC=6+9+20+11+13=59만 원

22

그림과 같이 매우 넓은 $200kN/m^2$의 등분포하중이 작용할 때 점토층의 1차 압밀침하량을 계산하시오. (단, 정규압밀점토로 가정하며, 압축지수는 경험식을 사용하며, W_L은 액성한계임) [3점]

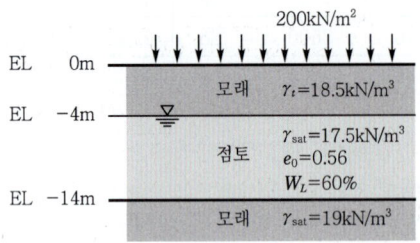

해답
① $C_c = 0.009(W_L - 10) = 0.009(60 - 10) = 0.45$
② $P_1 = 18.5 \times 4 + (17.5 - 9.8) \times \dfrac{10}{2} = 112.5 kN/m^2$
③ $P_2 = P_1 + \Delta P = 112.5 + 200 = 312.5 kN/m^2$
④ $\Delta H = \dfrac{C_c}{1+e_0} \log \dfrac{P_2}{P_1} H = \dfrac{0.45}{1+0.56} \times \log \dfrac{312.5}{112.5} \times 1000 = 127.99 cm$

23

콘크리트 배합강도를 구하기 위한 시험횟수 15회의 콘크리트 압축강도 측정결과가 아래표와 같고 설계기준강도가 40MPa일 때 아래 물음에 답하시오. [6점]

[압축강도 측정결과(MPa)]

36	40	42	36	44	43	36	38
44	42	44	46	42	40	42	

(1) 배합설계에 적용할 표준편차를 구하시오. (단, 압축강도의 시험횟수가 15회일 때 표준편차의 보정계수는 1.16이다.)
(2) 배합강도를 구하시오.

해답
(1) ① $\bar{x} = \dfrac{\sum x}{n} = \dfrac{615}{15} = 41 MPa$
② $S = (36-41)^2 + (40-41)^2 + (42-41)^2 + \cdots + (42-41)^2 = 146$
③ $\sigma = \sqrt{\dfrac{S}{n-1}} = \sqrt{\dfrac{146}{15-1}} = 3.23 MPa$
④ 보정된 표준편차
  $\sigma = 1.16 \times 3.23 = 3.75 MPa$

(2) $f_{cr} = f_{ck} + 1.34 S = 40 + 1.34 \times 3.75 = 45.03 MPa$
  $f_{cr} = 0.9 f_{ck} + 2.33 S = 0.9 \times 40 + 2.33 \times 3.75 = 44.74 MPa$
  두 값 중에서 큰 값이 배합강도이므로
  $\therefore f_{cr} = 45.03 MPa$

24

지름 30cm인 나무말뚝 36본이 기초 슬래브를 지지하고 있다. 이 말뚝의 배치는 6열 각열 6본이다. 말뚝의 중심간격은 1.3m, 1본의 말뚝은 단독으로 150kN을 지지한다고 할 때, Converse Labarre 공식을 사용하여 군항의 지지력을 구하시오. [3점]

해답

① $\phi = \tan^{-1}\dfrac{D}{S} = \tan^{-1}\dfrac{0.3}{1.3} = 13.0°$

② $E = 1 - \phi\left[\dfrac{m(n-1)+(m-1)n}{90\,m\,n}\right] = 1 - 13 \times \left(\dfrac{6\times 5 + 5\times 6}{90\times 6\times 6}\right) = 0.76$

③ $R_{ag} = ENR_a = 0.76 \times 36 \times 150 = 4{,}104\,\text{kN}$

토목 기사 2024년(1차)

 아래의 문제는 독자들의 출제경향에 이해가 되도록 수험생들의 기억에 의해 복원된 문제로 일부 문제는 다를 수가 있으므로 착오 없으시길 바랍니다.

01 그림과 같이 지표면과 지하수위가 같은 옹벽에 작용하는 전체 주동토압을 구하시오. (단, Rankine의 토압이론을 사용하시오.) [3점]

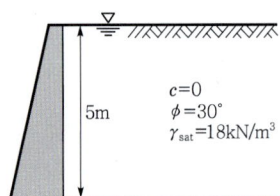

해답

① $K_a = \tan^2\left(45° - \dfrac{\phi}{2}\right) = \tan^2\left(45° - \dfrac{30°}{2}\right) = \dfrac{1}{3}$

② $P_a = \dfrac{1}{2}\gamma_{sub}h^2 K_a + \dfrac{1}{2}\gamma_w h^2$

$= \dfrac{1}{2} \times (18-9.8) \times 5^2 \times \dfrac{1}{3} + \dfrac{1}{2} \times 9.8 \times 5^2$

$= 156.67\,\text{kN/m}$

02 불도저로 밀어 놓은 단위체적중량 $1.8\,\text{t/m}^3$인 사질토 $10,000\,\text{m}^3$가 있다. 싣기 기계 셔블을 이용하여 10km 떨어져 있는 사토장에 10t(적재량) 덤프를 이용하여 사토시키고자 한다. [6점]

조건
- 셔블의 조건 : 버킷의 평적용량 $1.48\,\text{m}^3$, 버킷계수 1.1, 토량환산계수 1.0, 작업효율 0.75, 사이클 타임 48초
- 덤프의 조건 : 토량변화율 1.0, 작업효율 0.9, 적재시간 3.65분, 왕복평균시속 50km/h, 적재시간과 왕복주행 이외의 기타 소요시간 5분

(1) 셔블의 총작업시간을 구하시오.
(2) 셔블이 쉬지 않고 작업하기 위한 덤프트럭 대수를 구하시오.

해답 (1) 셔블의 총작업시간

① $Q = \dfrac{3,600\,qkfE}{C_m} = \dfrac{3,600 \times 1.48 \times 1.1 \times 1 \times 0.75}{48} = 91.58\,\text{m}^3/\text{hr}$

② 총작업시간 $= \dfrac{10,000}{91.58} = 109.19$시간

(2) 덤프트럭 대수

① $q_t = \dfrac{T}{\gamma_t} L = \dfrac{10}{1.8} \times 1 = 5.56 \mathrm{m}^3$

② $C_{mt} = 3.65 + \dfrac{10 \times 2}{50} \times 60 + 5 = 32.65$ 분

③ $Q_t = \dfrac{60 q_t f E_t}{C_{mt}} = \dfrac{60 \times 5.56 \times 1 \times 0.9}{32.65} = 9.2 \mathrm{m}^3/\mathrm{hr}$

④ $N = \dfrac{Q}{Q_t} = \dfrac{91.58}{9.2} = 9.95 = 10$ 대

 투수계수(k)는 침투와 관련된 공학적 문제를 해결하기 위해 꼭 필요한 값이다. 투수계수에 영향을 미치는 요소 4가지만 쓰시오. [3점]

해답
① 유효입경(D_s)　　② 물의 점성계수(μ)
③ 공극비(e)　　　　④ 합성 형상계수(C)

 아래 그림과 같이 10m 두께의 비교적 단단한 포화 점토층 밑에 모래층이 있다. 모래층은 피압상태(artesian pressure)에 있을 때, 점토층에서 바닥의 융기(heaving)현상이 없이 굴착할 수 있는 최대깊이 H를 구하시오. (단, 물의 단위중량 $\gamma_w = 9.81 \mathrm{kN/m}^3$) [3점]

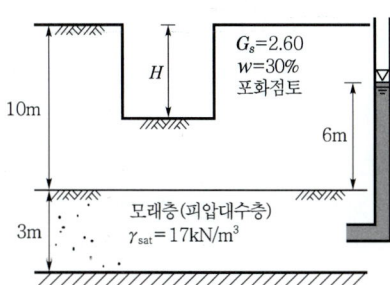

해답 (1) 점토의 단위중량

① $Se = w G_s$　　$1 \times e = 0.3 \times 2.6$　　$\therefore e = 0.78$

② $\gamma_{sat} = \dfrac{G_s + e}{1 + e} \gamma_w = \dfrac{2.6 + 0.78}{1 + 0.78} \times 9.81 = 18.63 \mathrm{kN/m}^3$

(2) 최대굴착깊이

① $\sigma = (10 - H) \gamma_{sat} = (10 - H) \times 18.63$

② $u = 9.81 \times 6 = 58.86 \mathrm{kN/m}^2$

③ $\bar{\sigma} = \sigma - u = (10 - H) \times 18.63 - 58.86 = 0$

　　$\therefore H = 6.84 \mathrm{m}$

05 그림과 같은 과압밀 점토지반 위에 넓은 지역에 걸쳐 $\gamma_t = 19.5\text{kN/m}^3$ 흙을 3.0m 높이로 성토계획을 세우고 있다. 이 점토지반의 중앙단면에서의 압밀침하량 계산에 압축지수(C_c) 대신에 팽창지수(C_e)만을 사용할 수 있는 OCR의 한계값을 구하시오. [3점]

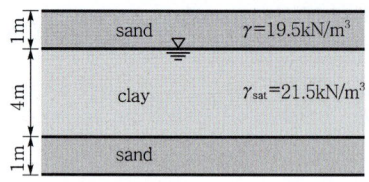

해답
① $P = 19.5 \times 1 + (21.5 - 9.8) \times \dfrac{4}{2} = 42.9 \text{kN/m}^2$

② $\Delta P = 19.5 \times 3 = 58.5 \text{kN/m}^2$

③ $\text{OCR} \geqq \dfrac{P + \Delta P}{P} = \dfrac{42.9 + 58.5}{42.9} = 2.36$

06 아스팔트 콘크리트 포장의 두께 결정에 있어 기상조건을 고려해야 할 점 중의 하나가 동상을 방지하기 위한 동결심도이다. 동상이 일어나기 쉬운 조건 3가지만 쓰시오. [3점]

해답
① 동상을 받기 쉬운 흙(실트질토)이 존재한다.
② 0℃ 이하의 온도지속시간이 길다.
③ ice lens를 형성할 수 있도록 물의 공급이 충분해야 한다.

07 도심지 굴착공사 중 계측관리 시 아래 그림에서 ①~③에 해당되는 계측기기를 쓰시오. [3점]

해답
① 건물경사계(tilt meter)
② 변형률계(strain gauge)
③ 하중계(load cell)

08 흙막이공법은 개수성 토류벽공법과 차수성 토류벽공법으로 대별한다. 아래 그림과 같은 개수성 토류벽공법인 H-Pile 흙막이 공법의 부재 명칭을 쓰시오. [3점]

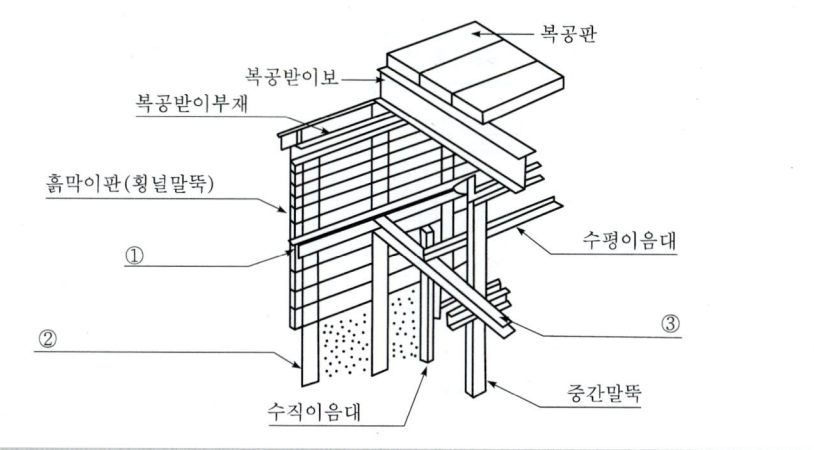

해답 ① 띠장(wale) ② 엄지말뚝(H-pile) ③ 버팀(strut)

09 점성토지반에서 표준관입시험 결과치(N)로 판정, 추정할 수 있는 사항을 4가지만 기술하시오. [3점]

해답 ① 컨시스턴시(consistancy) ② 일축압축강도(q_u)
③ 점착력(c) ④ 파괴에 대한 극한지지력 또는 허용지지력

참고 N치로 직접 추정되는 사항

구 분	판별, 추정사항		
모래지반	• 상대밀도 • 침하량에 대한 허용지지력	• 내부마찰각 • 탄성계수	• 지지력계수
점토지반	• 컨시스턴시 • 극한 또는 허용지지력	• 일축압축강도	• 점착력

(1) 모래지반
① $\phi = \sqrt{12N} + 15 \sim 20$
② 사질토에서의 N값과 탄성계수 E_s의 관계

흙	E_s/N
실트, 모래질 실트	4
가늘거나 약간 굵은 모래	7
굵은 모래	10
모래질 자갈, 자갈	12~15

(2) 점토지반
$$R_u = 40NA_p + \frac{1}{5}\overline{N_s}A_s + \frac{1}{2}\overline{N_c}A_c$$

10 주어진 도면 및 조건에 따라 물량을 산출하시오. [18점]

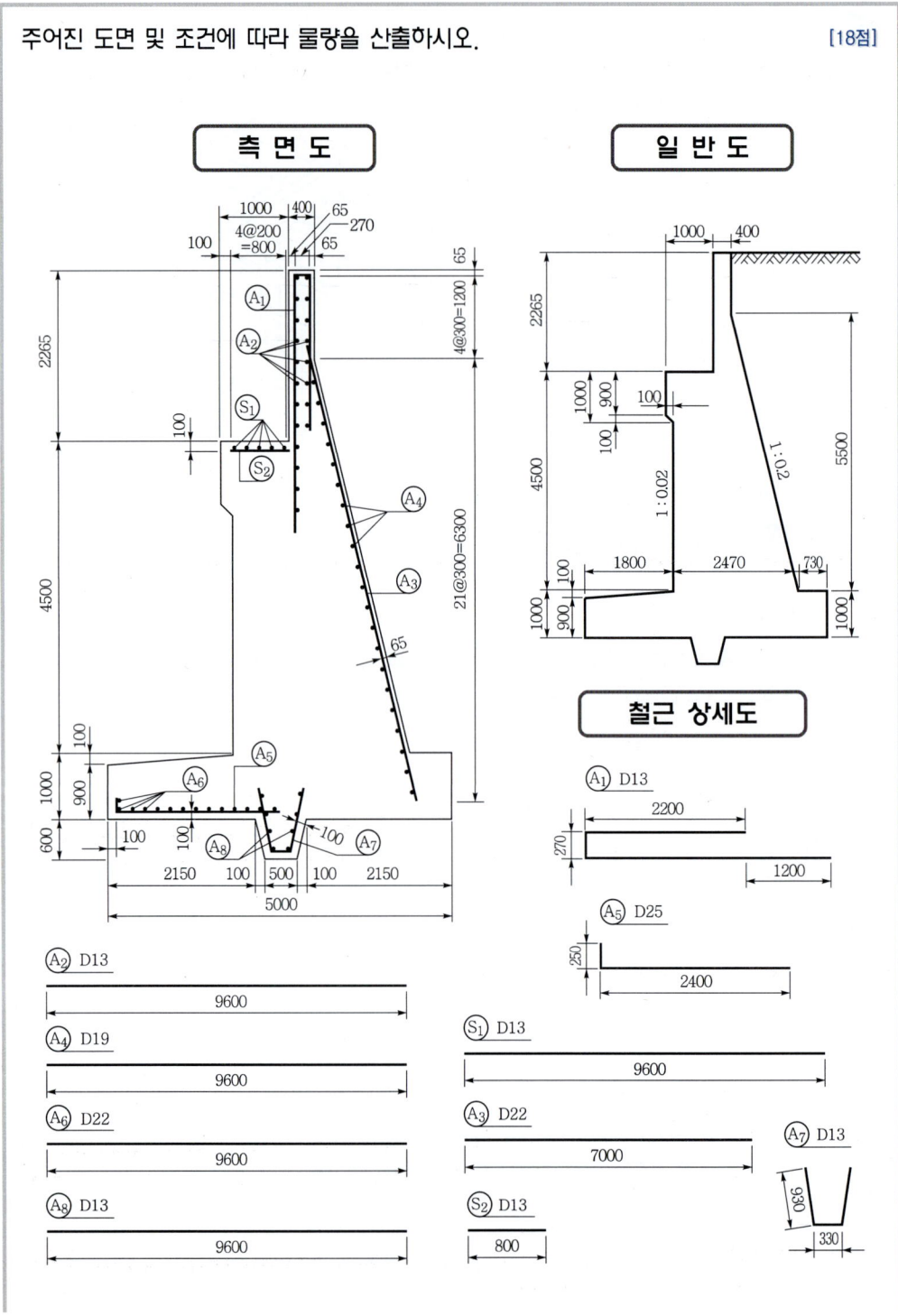

조건
① A_1, A_3, A_7 철근은 피복두께가 좌·우로 각각 200mm이며, 각 200mm 간격으로 배근한다.
② S_2 철근은 피복두께가 좌·우 200mm이며, 300mm 간격으로 배근한다.
③ A_2, A_4, A_8 철근은 각 300mm 간격으로 배근하며, A_6, S_1 철근은 각 200mm 간격으로 배근한다.
④ A_5 철근은 피복두께가 좌·우 200mm이며, 150mm 간격으로 배근한다.
⑤ 물량산출에서의 할증률은 무시한다.
⑥ 철근길이 계산에서 상세도에 표시되어 있지 않은 이음길이는 계산하지 않는다.

(1) 길이 10m인 반중력식 교대의 콘크리트량을 구하시오. (단, 소수 4째자리에서 반올림하시오.)
(2) 길이 10m인 반중력식 교대의 거푸집량을 구하시오. (단, 소수 4째자리에서 반올림하시오.)
(3) 길이 10m인 반중력식 교대의 철근 물량표를 완성하시오. (단, mm 단위 이하는 반올림하여 mm까지 구하시오.)

참고 도로교 하부(반중력식 교대)의 경사투영형상

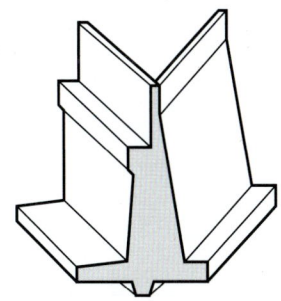

해답 (1) 길이 10m인 반중력식 교대의 콘크리트량

① $A_1 = 0.4 \times 1.265 = 0.506 \text{m}^2$

② $A_2 = \dfrac{0.4 + (0.4 + 1 \times 0.2)}{2} \times 1 = 0.5 \text{m}^2$

③ $A_3 = \dfrac{1.6 + (1.6 + 0.9 \times 0.2)}{2} \times 0.9 = 1.521 \text{m}^2$

④ $A_4 = \dfrac{1.78 + (1.68 + 0.1 \times 0.2)}{2} \times 0.1$
   $= 0.174 \text{m}^2$

⑤ $A_5 = \dfrac{1.7 + (1.7 + 3.5 \times 0.02 + 3.5 \times 0.2)}{2} \times 3.5$
   $= 7.2975 \text{m}^2$

⑥ $A_6 = \dfrac{(2.47 + 0.73) + 5}{2} \times 0.1 = 0.41 \text{m}^2$

⑦ $A_7 = 5 \times 0.9 = 4.5 \text{m}^2$

⑧ $A_8 = \dfrac{0.7 + 0.5}{2} \times 0.6 = 0.36 \text{m}^2$

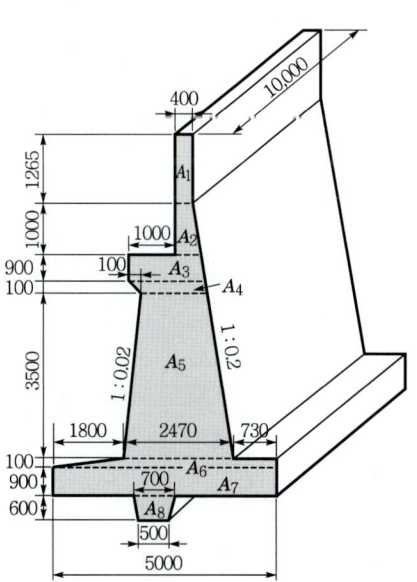

⑨ 콘크리트량$= (A_1 + A_2 + \cdots + A_8) \times 10 = 15.2685 \times 10$
$= 152.685 \text{m}^3$

(2) 길이 10m인 반중력식 교대의 거푸집량

① $A_1 = 2.265 \times 10 = 22.65 \text{m}^2$
② $A_2 = 0.9 \times 10 = 9 \text{m}^2$
③ $A_3 = \sqrt{0.1^2 + 0.1^2} \times 10 = 1.4142 \text{m}^2$
④ $A_4 = \sqrt{3.5^2 + 0.07^2} \times 10 = 35.007 \text{m}^2$
⑤ $A_5 = 0.9 \times 10 = 9 \text{m}^2$
⑥ $A_6 = \sqrt{0.6^2 + 0.1^2} \times 10 \times 2 (좌 \cdot 우)$
  $= 12.1655 \text{m}^2$
⑦ $A_7 = 1 \times 10 = 10 \text{m}^2$
⑧ $A_8 = \sqrt{5.5^2 + 1.1^2} \times 10 = 56.0892 \text{m}^2$
⑨ $A_9 = 1.265 \times 10 = 12.65 \text{m}^2$
⑩ A_{10}(마구리면 거푸집량)
  $= Ⓐ \times 2(앞 \cdot 뒤 \text{마구리면}) = 15.2685 \times 2$
  $= 30.537 \text{m}^2$
⑪ 거푸집량$= (A_1 + A_2 + \cdots + A_{10}) = 198.513 \text{m}^2$

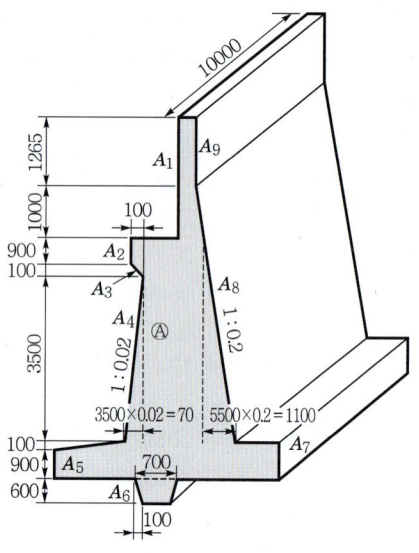

(3) 길이 10m인 반중력식 교대의 철근량
① 측면도상 선으로 보이는 철근(A_1, A_3, A_5, A_7, S_2)

기 호	직 경	본당 길이(mm)	수 량	총 길이(mm)	수량 산출근거
★A_1	D 13	$2200 \times 2 + 270 + 1200 = 5870$	49	287,630	수량 $= \dfrac{\text{배근길이}}{\text{간격}} + 1$
A_3	D 22	7000	49	343,000	$= \dfrac{\text{폭(10m)} - \text{피복두께} \times 2(\text{양쪽})}{\text{간격}} + 1$
A_7	D 13	$930 \times 2 + 330 = 2190$	49	107,310	$= \dfrac{10 - 0.2 \times 2}{0.2} + 1 = 49$개
★A_5	D 25	$250 + 2400 = 2650$	65	172,250	수량$= \dfrac{\text{배근길이}}{\text{간격}} + 1 = \dfrac{10 - 0.2 \times 2}{0.15} + 1 = 65$개
★S_2	D 13	800	33	26,400	수량$= \dfrac{\text{배근길이}}{\text{간격}} + 1 = \dfrac{10 - 0.2 \times 2}{0.3} + 1 = 33$개

② 측면도상 점으로 보이는 철근(A_2, A_4, A_6, A_8, S_1)

기 호	직 경	본당 길이(mm)	수 량	총 길이(mm)	수량 산출근거
A_2	D 13	9600	20	192,000	수량$=20$개
A_4	D 19	9600	21	201,600	수량$=21$개
A_6	D 22	9600	14	134,400	수량$=14$개
★A_8	D 13	9600	8	76,800	수량$=8$개
S_1	D 13	9600	5	48,000	수량$=5$개

③ 철근 물량표(단, mm 단위 이하는 반올림하여 mm까지 구함.)

기호	직경	길이(mm)	수량	총 길이(mm)	기호	직경	길이(mm)	수량	총 길이(mm)
A_1	D 13	5870	49	287,630	A_6	D 22	9600	14	134,400
A_2	D 13	9600	20	192,000	A_7	D 13	2190	49	107,310
A_3	D 22	7000	49	343,000	A_8	D 13	9600	8	76,800
A_4	D 19	9600	21	201,600	S_1	D 13	9600	5	48,000
A_5	D 25	2650	65	172,250	S_2	D 13	800	33	26,400

11 심발공(심빼기 발파공)의 종류 중 4가지만 쓰시오. [3점]

해답
① 스윙 컷(swing cut)   ② 번 컷(burn cut)
③ 노 컷(no cut)   ④ V 컷(wedge cut)
⑤ 피라밋 컷(pyramid cut)

12 암반의 사면파괴 형태가 다음 그림과 같다. 알맞은 파괴 형태를 쓰시오. [3점]

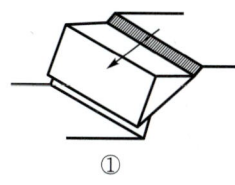
①

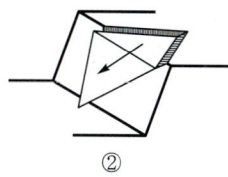
②

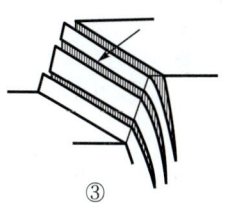
③

해답   ① 평면파괴   ② 쐐기파괴   ③ 전도파괴

13 다음 그림과 같은 얕은 기초에 기초폭(B) 방향에 대한 편심이 작용하는 경우 지반에 작용하는 최대 압축응력을 구하시오. [3점]

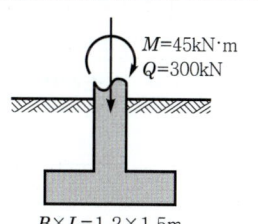

해답
① $M = Qe$
   $45 = 300 \times e$ ∴ $e = 0.15\mathrm{m}$

② $e < \dfrac{B}{6} = \dfrac{1.2}{6} = 0.2\mathrm{m}$

③ $q_{\max} = \dfrac{Q}{BL}\left(1 + \dfrac{6e}{B}\right) = \dfrac{300}{1.2 \times 1.5} \times \left(1 + \dfrac{6 \times 0.15}{1.2}\right) = 291.67\,\mathrm{kN/m^2}$

14. 아래에서 설명하는 말뚝의 명칭은 무엇인가? [2점]

> 말뚝의 중심에 이형철근이나 강봉과 같은 보강재가 들어있는 현장타설 콘크리트 말뚝으로 말뚝지름은 대체로 100~250mm 정도이다. 이 말뚝은 그 용도에 따라 하중지지말뚝과 지반보강말뚝으로 구분되며, 특히 지반보강말뚝은 나무뿌리가 지반에 뻗은 형상과 같이 배치되어 root pile이라고 불린다.

해답 그물망식 뿌리말뚝(RRP)

참고 그물망식 뿌리말뚝(RRP)은 뿌리말뚝(root pile)을 그물식으로 배치하여 흙과 말뚝이 일체로 거동하게한 흙-말뚝 복합체로서 주로 기초 보강, 옹벽, 사면 안정공 등에 사용된다.

15. 케이슨을 진수하는 공법 3가지를 쓰시오. [3점]

해답
① 기중기선 진수 ② 건선거 진수
③ 부선거 진수   ④ 경사로 진수
⑤ 사상진수   ⑥ 가체절방식 진수

참고 대형 caisson 진수방법
① 기중기선 진수 : 크레인을 사용하여 진수
② 건선거(dry dock) 진수 : 케이슨 제작 후 선박에 물을 채워 진수
③ 부선거(floating dock) 진수 : 부선거 위에서 케이슨 제작 후 진수
④ 경사로 진수 : 경사로에 레일을 설치하여 진수
⑤ 사상 진수 : 케이슨 하부의 모래지반을 준설하여 진수

16. 배합강도 결정을 위한 콘크리트의 압축강도 측정결과가 다음과 같을 때 배합설계에 적용할 표준편차를 구하고 설계기준강도가 45MPa일 때 콘크리트의 배합강도를 구하시오. (단, 소수점이하 넷째자리에서 반올림하시오.) [6점]

[압축강도 측정결과(단위 : MPa)]

48.5	40	45	50	48	42.5	54	51.5
52	40	42.5	47.5	46.5	50.5	46.5	47

(1) 배합강도 결정에 적용할 표준편차를 구하시오. (단, 시험 횟수가 15회일 때 표준편차의 보정계수는 1.16이고, 20회일 때는 1.08이다.)
(2) 배합강도를 구하시오.

해답 (1) ① $\bar{x} = \dfrac{\sum x}{n} = \dfrac{752}{16} = 47\text{MPa}$

② $S = (48.5-47)^2 + (40-47)^2 + (50-47)^2 + \cdots + (47-47)^2 = 262$

③ $\sigma = \sqrt{\dfrac{S}{n-1}} = \sqrt{\dfrac{262}{16-1}} = 4.179\text{MPa}$

④ 직선보간한 표준편차
$\sigma = 4.179 \times 1.144 = 4.781\text{MPa}$

$\left(\begin{array}{c} \text{직선보간} \\ 1.08 + \dfrac{(1.16-1.08)\times 4}{5} = 1.144 \end{array} \right)$

(2) $f_{cr} = f_{ck} + 1.34S = 45 + 1.34 \times 4.781 = 51.407\text{MPa}$
$f_{cr} = 0.9f_{ck} + 2.33S = 0.9 \times 45 + 2.33 \times 4.781 = 51.64\text{MPa}$
두 값 중에서 큰 값이 배합강도이므로
∴ $f_{cr} = 51.64\text{MPa}$

17

교각(Pier)의 세굴(Scouring)방지공법을 3가지만 쓰시오. [3점]

해답 ① 교각에 사석공 설치   ② 도류제의 설치
③ 하천의 개수공사   ④ 교량기초의 강화

참고 도류제
교각의 세굴방지대책으로 도류제의 설치목적은 홍수터 위의 흐름이 교량의 주하도(主河道)로 돌아가는데 매끄러운 천이구간을 제공하는 것이다. 또한 상류에 있는 최대세굴지점을 이동시키는 작용을 한다.

18

교량의 상부 구조물을 교대 또는 제1 교각의 후방에 설치한 주형 제작장에서 프리캐스트 세그먼트를 연속적으로 제작하여 직선 또는 일정 곡률반지름의 교량을 가설하는 공법의 명칭을 쓰시오. [2점]

해답 압출공법(ILM 공법)

19

콘크리트 포장은 콘크리트 균열을 조절하기 위해 설치하는 줄눈 및 철근의 유무에 따라 그 종류가 구분되는데 그 종류를 3가지만 기술하시오. [3점]

해답 ① JCP(Jointed Concrete Pavement)
② JRCP(Jointed Reinforced Concrete Pavement)
③ CRCP(Continuous Reinforced Concrete Pavement)
④ PCP(Prestressed Concrete Pavement)

20
차량이 곡선부를 주행할 때 원심력으로 인하여 곡선부 바깥쪽으로 미끄러지거나 전도할 위험이 있으므로 최소 곡선반경을 산정하여 차량이 안전하고 쾌적하게 주행할 수 있도록 하고 있다. 다음의 주어진 값을 적용하여 최소 곡선반경(m)을 구하시오. [3점]

> **조건**
> · 설계속도 : 100km/h
> · 횡방향 미끄럼 마찰계수(f)=0.11
> · 편구배(i)=6%

해답
$$R \geq \frac{V^2}{127(i+f)} = \frac{100^2}{127(0.06+0.11)}$$
$$= 463.18\text{m}$$

21
가물막이(coffer dam)공사에서 sheet pile식 공법의 종류 4가지를 쓰시오. [3점]

해답
① 한겹 sheet pile식　　② 두겹 sheet pile식
③ cell식　　　　　　　④ ring beam식
⑤ 강관 sheet pile식

22
암거의 예상 설계수명이 20년인 경우 다음을 구하시오. [4점]
(1) 설계수명기간 동안 암거의 용량을 최소한 한 번 초과할 위험허용확률이 20%일 때 설계재현기간을 구하시오.
(2) (1)에서 산출한 설계재현기간을 기반으로 향후 20년 동안 암거가 초과하지 않을 확률을 구하시오.

해답
(1) $R = 1 - \left(1 - \frac{1}{T}\right)^n$

　　$0.2 = 1 - \left(1 - \frac{1}{T}\right)^{20}$　　　∴ $T = 90.13$년

(2) $P = \left(1 - \frac{1}{T}\right)^n = \left(1 - \frac{1}{90.13}\right)^{20} = 0.8 = 80\%$

23
댐 기초지반 처리에서 consolidation grouting과 curtain grouting을 실시하는 중요한 이유를 간단히 쓰시오. [4점]

(1) consolidation grouting
(2) curtain grouting

(1) consolidation grouting : 지반개량(변형성 억제, 강도 증대)하여 기초암반의 균일성을 갖게 할 목적
(2) curtain grouting : 기초암반을 침투하는 물을 방지하기 위한 지수의 목적

24 다음의 그림과 같은 Net Work에서 Critical Path를 나타내고, 공사 완료기간을 27일로 지정했을 때 다음 물음에 답하시오. [10점]

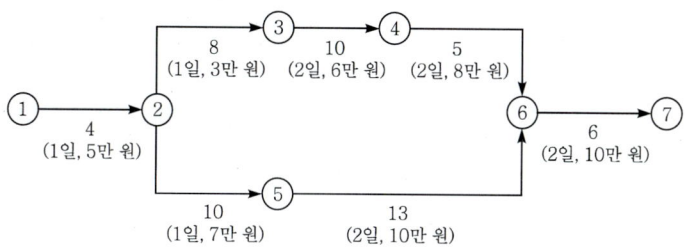

(1) 단축 가능일수를 구하시오. (단, ( ) 안은 단축가능일수와 1일 단축 시 추가비용이며, pert 기법을 사용하시오.)
(2) 공사 완료기간을 27일로 지정했을 때, 추가 투입되는 직접비의 최소금액을 구하시오.

 (1) ① 공정표

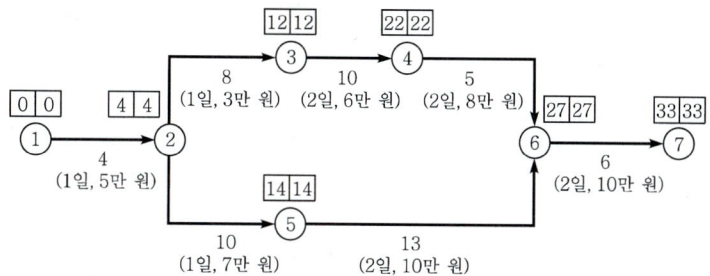

② 단축가능일수=33−27=6일

(2) ① 공기단축

단축단계	소요작업	단축일수	추가비용(만원)
1단계	1 → 2	1	1×5=5
2단계	6 → 7	2	2×10=20
3단계	2 → 3 2 → 5	1	1×3 + 1×7=10
4단계	3 → 4 5 → 6	2	2×6 + 2×10=32

② 추가비용(extra cost)
EC=5 + 20 + 10 + 32=67만 원

토목 기사 2024년(2차)

알림 아래의 문제는 독자들의 출제경향에 이해가 되도록 수험생들의 기억에 의해 복원된 문제로 일부 문제는 다를 수가 있으므로 착오 없으시길 바랍니다.

01 직경 30cm의 평판재하시험을 한 결과 극한지지력이 300kN/m^2이고, 침하량이 20mm이었다. 직경 1.5m의 실제 기초의 점토지반에서의 극한지지력과 침하량을 구하시오. [4점]

 ① 극한지지력

$$q_{u(기초)} = 300\text{kN/m}^2$$

② 침하량

$$S_{(기초)} = S_{(재하판)} \times \frac{B_{(기초)}}{B_{(재하판)}} = 20 \times \frac{1.5}{0.3} = 100\text{mm}$$

02 성토재료에 요구되는 흙의 성질을 3가지 쓰시오. [3점]

해답 ① 공학적으로 안정할 것
② 전단강도가 클 것
③ 유기질이 없을 것
④ 압축성이 작을 것
⑤ 시공기계의 trafficability가 확보될 것

03 다음과 같은 도로길이 50m 단면의 도로를 축조하고자 한다. 아래의 물음에 답하시오. [4점]

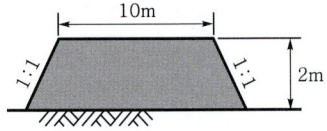

(1) 성토에 필요한 운반토량을 구하시오. (단, $L=1.20$, $C=0.9$)
(2) 적재용량 10t의 덤프트럭으로 운반할 때 연대수를 구하시오. (단, 흙의 단위중량 2.0t/m^3)

해답 (1) ① 성토 체적 $= \left(\dfrac{10+14}{2} \times 2\right) \times 50 = 1,200\text{m}^3$

② 운반토량 = 성토 체적 × $\dfrac{L}{C}$ = 1,200 × $\dfrac{1.2}{0.9}$ = 1,600m³

(2) ① $q_t = \dfrac{T}{\gamma_t}L = \dfrac{10}{2} \times 1.2 = 6\text{m}^3$

② 연대수 $N = \dfrac{1,600}{6} = 266.67 = 267$대

강상자형교(steel box girder bridge)는 얇은 강판을 상자형 단면으로 결합하여 외력에 저항하는 구조이다. 이러한 강상자형교를 box 단면의 구성형태에 따라 3가지로 분류하시오. [3점]

해답
① 단실박스(single-cell box)
② 다실박스(multi-cell box)
③ 다중박스(multiple single-cell box)

참고 강상자형교(steel box girder bridge)
(1) 개요 : 강상자형은 얇은 강판을 상자형 단면으로 결합하여 외력에 저항하는 구조부재로서 I형 거더에 비해 휨에 대한 저항성이 뛰어나고 비틀림 강성도 크므로 곡선교나 지간 30m 이상의 직선교에 널리 사용되고 있다.
(2) 단면의 구성형태에 따른 분류 : 교폭이 좁은 경우에는 주로 단실박스가 사용되고 교폭이 넓은 경우에는 다실박스나 다중박스가 사용된다.
① 단실박스(single-cell box)
② 다실박스(multi-cell box)
③ 다중박스(multi single-cell box) : 단실박스를 2개 이상 병렬로 연결한 것

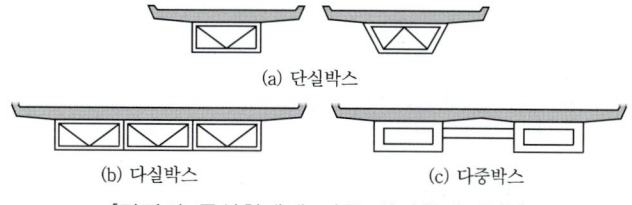

[단면의 구성형태에 따른 상자형의 종류]

해안 준설·매립공사 시 사용되는 준설선의 종류를 4가지만 쓰시오. [3점]

해답
① pump dredger
② bucket dredger
③ grab dredger
④ dipper dredger

06

모터 그레이더로 3.3시간 걸려 19,800m² 부지를 모두 정지작업하였다. 그레이더의 날은 4.26m이며, 주행방향과 70° 되게 설치하였다. 이때, 작업효율은 0.8이고, 반복을 4회 하였다면 이 장비의 평균 작업속도는 얼마이겠는가? [3점]

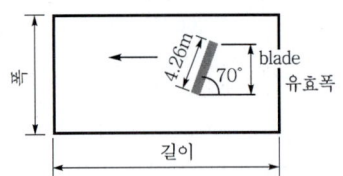

해답
① blade 유효폭 $= 4.26 \sin 70° = 4\text{m}$
② 부지폭 = blade 유효폭 × 통과횟수
   $= 4 \times 4 = 16\text{m}$
③ 부지의 길이 $= \dfrac{19{,}800}{16}$
   $= 1237.5\text{m} = 1.24\text{km}$
④ 작업 소요시간 $= \dfrac{\text{통과횟수} \times \text{거리}}{\text{평균 작업속도} \times \text{효율}}$
   $3.3 = \dfrac{4 \times 1.24}{V \times 0.8}$ ∴ $V = 1.88\text{km/h}$

07

15t 덤프트럭에 흙을 적재하여 운반하고자 할 때 버킷용량이 0.6m³이며, 버킷계수가 0.9인 백호를 사용하여 덤프트럭 1대를 적재하려면 필요한 시간은 얼마인가? (단, 흙의 단위중량 $\gamma_t = 1.8\text{t/m}^3$, $L = 1.2$, 백호의 cycle time : 30초, 백호의 작업효율 : 0.8) [3점]

해답
① $q_t = \dfrac{T}{\gamma_t} L = \dfrac{15}{1.8} \times 1.2 = 10\text{m}^3$
② $n = \dfrac{q_t}{qk} = \dfrac{10}{0.6 \times 0.9} = 18.52 = 19$회
③ $C_{mt} = \dfrac{C_{ms} n}{60 E_s} = \dfrac{30 \times 19}{60 \times 0.8} = 11.88$분

08

PBD(Plastic Board Drain) 공법의 장점 3가지를 쓰시오. [3점]

해답
① 시공속도가 빠르다.
② 배수효과가 양호하다.
③ 타입 시 교란이 없다.
④ 공사비가 저렴하고 재료의 구입이 용이하다.

09

그림과 같은 유한사면에서 사면파괴가 한 평면을 따라 발생한다면(Culmann의 가정) 아래 물음에 답하시오. [6점]

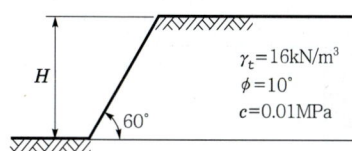

(1) 사면의 임계높이를 구하시오.
(2) 활동에 대한 안전율이 2가 되도록 사면높이 H를 구하시오.

해답 (1) 사면의 임계높이

$$H_{cr} = \frac{4c}{\gamma_t}\left[\frac{\sin\beta\cos\phi}{1-\cos(\beta-\phi)}\right] = \frac{4\times 10}{16}\times\frac{\sin 60°\times\cos 10°}{1-\cos(60°-10°)} = 5.97\,\text{m}$$

(2) 사면높이

① $F_c = F_s = \dfrac{c}{c_d}$ $2 = \dfrac{10}{c_d}$ $\therefore c_d = 5\,\text{kN/m}^2$

② $F_\phi = F_s = \dfrac{\tan\phi}{\tan\phi_d}$ $2 = \dfrac{\tan 10°}{\tan\phi_d}$ $\therefore \phi_d = 5.04°$

③ $H = \dfrac{4c_d}{\gamma_t}\left[\dfrac{\sin\beta\cos\phi_d}{1-\cos(\beta-\phi_d)}\right] = \dfrac{4\times 5}{16}\times\dfrac{\sin 60°\times\cos 5.04°}{1-\cos(60°-5.04°)} = 2.53\,\text{m}$

10

어떤 모래에 대한 토질시험 결과가 아래의 표와 같을 때 Dunham의 식을 이용하여 이 모래의 내부마찰각을 추정하시오. (단, 모래의 입자는 둥글다.) [3점]

시험결과
- 표준관입시험의 N값 : 35
- 입도시험결과 : $D_{10} = 0.08\,\text{mm}$, $D_{30} = 0.12\,\text{mm}$, $D_{60} = 0.14\,\text{mm}$

해답

① $C_u = \dfrac{D_{60}}{D_{10}} = \dfrac{0.14}{0.08} = 1.75 < 6$

$C_g = \dfrac{D_{30}^{\ 2}}{D_{10}D_{60}} = \dfrac{0.12^2}{0.08\times 0.14} = 1.29 = 1\sim 3$ 이므로 빈립도이다.

② $\phi = \sqrt{12N} + 15 = \sqrt{12\times 35} + 15 = 35.49°$

11

점성토지반에 사용되는 정적사운딩에 대한 시험기의 종류를 3가지만 쓰시오. [3점]

해답 ① 휴대용 원추관입시험기   ② 정적콘관입시험기(CPT)
③ 베인시험기   ④ 피조콘관입시험기(CPTU)

12 그림과 같이 배수가 양호한 지반과 배수가 잘 되지 않은 지반의 주동토압을 구하고 토압 분포도를 그리시오. (단, $\gamma_{sat} = 9.81 \text{kN/m}^3$이고 수압에 의한 토압도 고려하여라.) [6점]

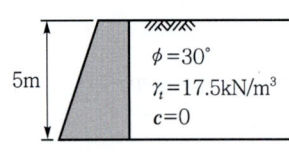
(1) 그림 1

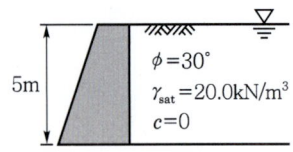
(2) 그림 2

해답 (1) 주동토압

① 그림 1
$$K_a = \tan^2\left(45° - \frac{\phi}{2}\right) = \tan^2\left(45° - \frac{30°}{2}\right) = \frac{1}{3}$$
$$P_a = \frac{1}{2}\gamma_t h^2 K_a = \frac{1}{2} \times 17.5 \times 5^2 \times \frac{1}{3} = 72.92 \text{kN/m}$$

② 그림 2
$$P_a = \frac{1}{2}\gamma_{sub} h^2 K_a + \frac{1}{2}\gamma_w h^2$$
$$= \frac{1}{2} \times (20 - 9.81) \times 5^2 \times \frac{1}{3} + \frac{1}{2} \times 9.81 \times 5^2 = 165.08 \text{kN/m}$$

(2) 토압분포도

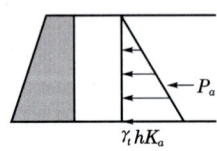
① 그림 1

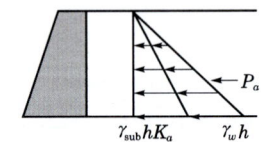
② 그림 2

13 내부 장약법에서 장약량을 나타내는 식(Hauser 식) $L = CW^3$에서 1자유면인 경우 C(폭파영향계수)에 영향을 미치는 요소 4가지를 쓰시오. [3점]

해답 ① 암석의 항력계수 ② 폭약계수
③ 전색계수 ④ 약량 수정계수

참고 $C = gedf(w)$
여기서, C : 발파계수 g : 암석의 항력계수
e : 폭약계수 d : 전색계수
$f(w)$: 약량 수정계수

14 굳지 않은 콘크리트의 워커빌리티(workability) 측정방법을 3가지 쓰시오. [3점]

해답
① 슬럼프시험(slump test)
② 흐름시험(flow test)
③ 리몰딩시험(remolding test)
④ 구관입시험(ball penetration test)
⑤ 비비(vee-bee) 반죽질기시험
⑥ 일리발렌시험(iribarren test)

15 콘크리트는 다공질 구조체로 역학적 거동이나 특성이 복잡, 다양하다. 콘크리트 균열도 그 발생원인이나 기구(mechanism)가 복잡하다. 이로 인해 발생하는 균열의 보수·보강 공법을 4가지만 기술하시오. [3점]

해답
① 에폭시 주입법   ② 봉합법
③ 짜깁기법   ④ 보강철근 이용방법
⑤ 그라우팅

16 암거의 단면형상에 의한 분류를 3가지 쓰시오. (예를 들어 원형암거가 있다.) [3점]

해답
① 구형암거
② 마제형암거
③ 계란형암거
④ 아치형암거

17 장대교량에 사용되는 사장교는 주부재인 케이블의 교축방향 배치방식에 따라 크게 4가지로 분류되는데 이를 쓰시오. [3점]

해답
① 방사형(radiation)
② 하프형(harp)
③ 부채형(fan)
④ 스타형(star)

참고 사장교의 케이블 배치방법에 따른 분류

방사형	하프형	부채형	스타형

18. 내진설계 시 사용하는 3가지 계수를 제시하고 그 계수에 대해 각각 설명하시오. [3점]

해답
① 가속도계수 : 내진설계에서 설계지진력을 산정하기 위하여 교량의 중량에 곱하는 계수로서 지역에 따라 그 값이 다르다.
② 응답수정계수 : 탄성해석으로 구한 각 요소의 내력으로부터 실제의 설계지진력을 산정하기 위한 수정계수
③ 지반계수 : 지반상태가 탄성지진응답계수에 미치는 영향을 반영하기 위한 보정계수
④ 탄성지진응답계수 : 모드 스펙트럼 해석법에서 등가정적지진하중을 구하기 위한 무차원량

19. 교차로에서 교통섬(traffic island)의 목적 3가지를 쓰시오. [3점]

해답
① 자동차의 원활한 교통처리
② 보행자의 안전한 도로횡단
③ 신호등, 도로표지, 조명 등 노상시설의 설치장소 제공
④ 차량 정지선 간격을 좁히는 역할

20. 프라임 코트의 목적 3가지를 쓰시오. [3점]

해답
① 기층과 아스팔트 혼합물층과의 부착증대
② 보조기층, 기층 등의 방수성 증대
③ 보조기층, 기층 등의 강우에 의한 세굴방지
④ 보조기층으로부터의 모관상승 차단

21. 어떤 데이터의 히스토그램에서 하한 규격치가 25.6MPa일 때 평균치 27.6MPa, 표준편차 0.5MPa이라면 공정능력지수는 얼마인가? (단, 이 규격은 편측규격이다.) [3점]

해답
$$C_p = \frac{|SL - \bar{x}|}{3\sigma} = \frac{|25.6 - 27.6|}{3 \times 0.5} = 1.33$$

참고 공정능력지수(C_p)
① 양측규격의 경우
$$C_p = \frac{|SU - SL|}{6\sigma}$$
② 편측규격의 경우
$$C_p = \frac{|SU(\text{또는 } SL) - \bar{x}|}{3\sigma}$$

22 주어진 도면 및 조건에 따라 다음 물량을 산출하시오. (단, 주어진 도면의 치수는 축척에 맞지 않을 수 있으며, 주어진 치수로만 물량을 산출할 것) [18점]

단면도(N.S) (단위 : mm)

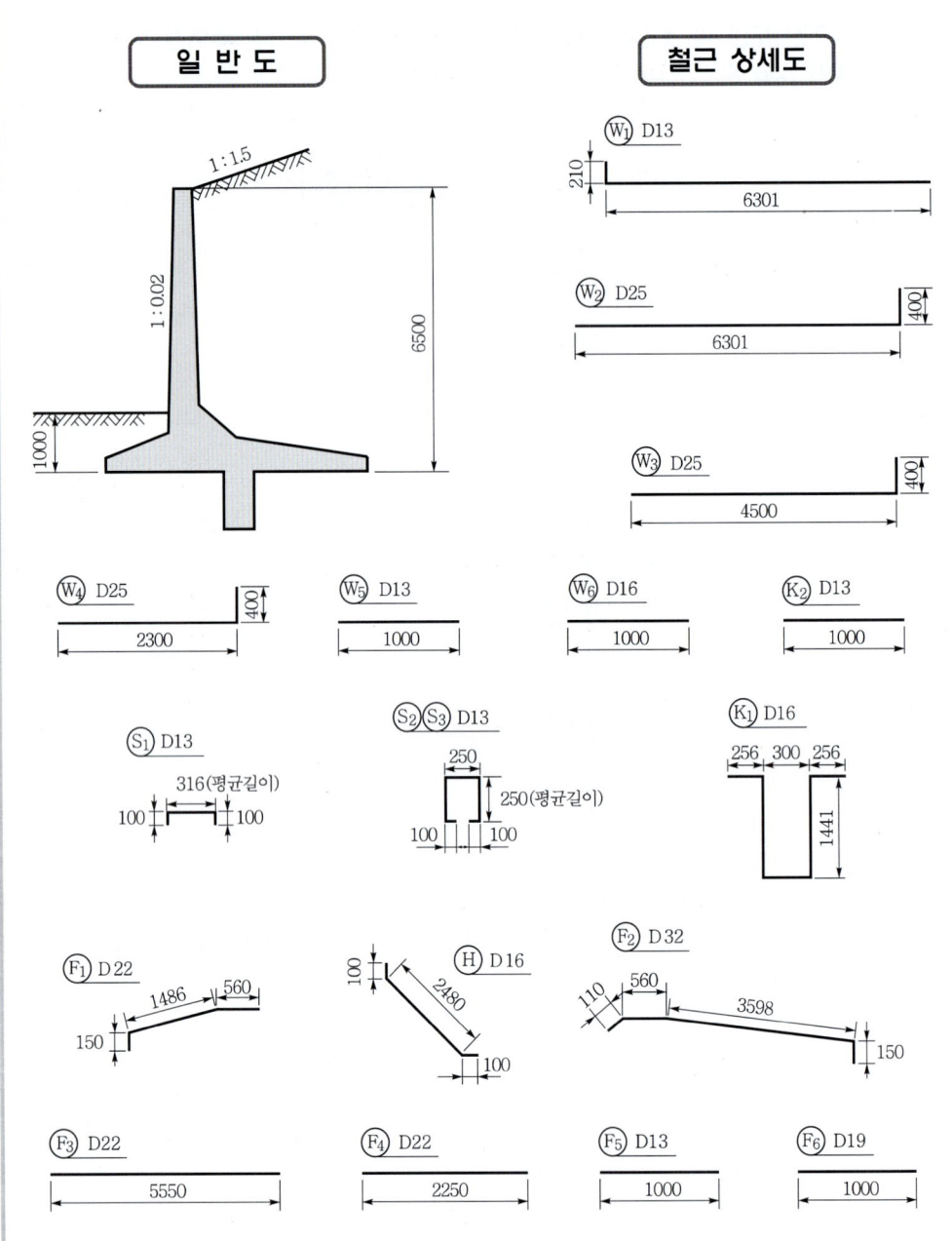

조건
① W_1, W_2, W_3, W_4, W_5, W_6, F_1, F_3, F_4, K_2 철근은 각각 200mm 간격으로 배근한다.
② F_2, K_1, H 철근은 각각 100mm 간격으로 배근한다.
③ S_1, S_2, S_3 철근은 지그재그로 배근한다.
④ 옹벽의 돌출부(전단 key)에는 거푸집을 사용하는 경우로 계산한다.
⑤ 물량산출에서 할증률 및 마구리는 없는 것으로 하고 상세도에 표시되어 있지 않은 이음길이는 계산하지 않는다.

(1) 길이 1m에 대한 콘크리트량을 구하시오. (단, 소수 4째자리에서 반올림)
(2) 길이 1m에 대한 거푸집량을 구하시오. (단, 소수 4째자리에서 반올림)
(3) 길이 1m에 대한 철근 물량표를 완성하시오. (단, mm단위 이하는 반올림하여 mm까지 구함.)

기 호	직 경	길 이(mm)	수 량	총 길이(mm)	기 호	직 경	길 이(mm)	수 량	총 길이(mm)
W_1					F_5				
F_1					S_2				

✱ 참고 역T형 옹벽(돌출부)의 경사투영형상

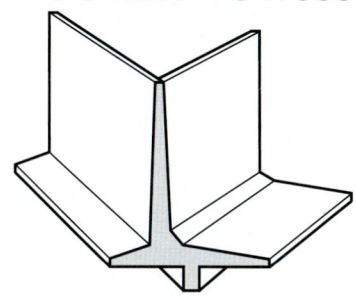

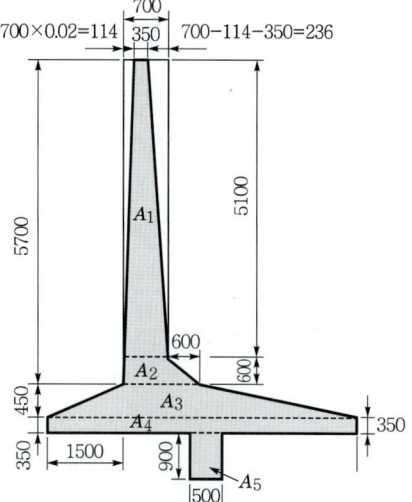

🎥 해답 (1) 길이 1m에 대한 콘크리트량

① $A_1 = \dfrac{0.35+(0.7-0.6\times 0.02)}{2}\times 5.1$
　　$= 2.6469\text{m}^2$

② $A_2 = \dfrac{0.688+(0.7+0.6)}{2}\times 0.6$
　　$= 0.5964\text{m}^2$

③ $A_3 = \dfrac{1.3+5.8}{2}\times 0.45 = 1.5975\text{m}^2$

④ $A_4 = 5.8\times 0.35 = 2.03\text{m}^2$

⑤ $A_5 = 0.5\times 0.9 = 0.45\text{m}^2$

⑥ 콘크리트량 $= (A_1 + A_2 + \cdots + A_5)\times 1$
　　　　　　$= 7.3208\times 1 = 7.321\text{m}^3$

(2) 길이 1m에 대한 거푸집량

① $\overline{ab} = \sqrt{5.7^2+0.114^2} = 5.7011\text{m}$

② $\overline{cd} = 0.35\text{m}$

③ $\overline{ef} = 0.9\text{m}$

④ $\overline{gh} = 0.9\text{m}$

⑤ $\overline{ij} = 0.35\text{m}$

⑥ $\overline{kl} = \sqrt{0.6^2+0.6^2} = 0.8485\text{m}$

⑦ $\overline{lm} = \sqrt{5.1^2+0.236^2} = 5.1055\text{m}$

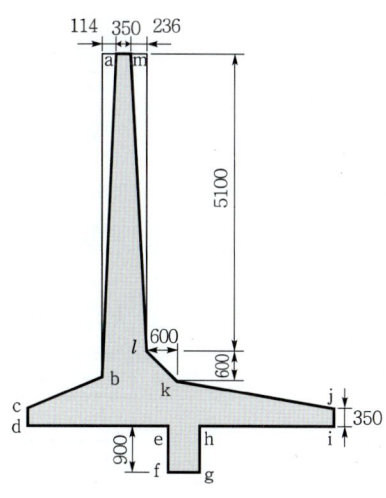

⑧ 거푸집의 길이＝①＋②＋……＋⑦＝14.1551 m
⑨ 거푸집량＝14.1551×1＝14.155 m^2

(3) 길이 1m에 대한 철근량

① 단면도상 선으로 보이는 철근(W_1, W_2, W_3, W_4, F_1, F_2, F_3, F_4, K_1, H)

- 철근개수 ⇒ $\dfrac{단위길이(1m)}{철근간격}$

※ 실제 시험에서는 W_1, F_1만 구하면 됩니다.(나머지 철근은 참고로 하십시오.)

㉠ W_1, W_2, W_3, W_4, F_1, F_3, F_4 철근량

기호	직경	본당 길이(mm)	수량	총 길이(mm)	수량 산출근거
★W_1	D 13	210＋6301＝6511	5	32,555	수량＝$\dfrac{1}{0.2}$＝5개
W_2	D 25	6301＋400＝6701	5	33,505	
W_3	D 25	4500＋400＝4900	5	24,500	
W_4	D 25	2300＋400＝2700	5	13,500	
★F_1	D 22	150＋1486＋560＝2196	5	10,980	
F_3	D 22	5550	5	27,750	
F_4	D 22	2250	5	11,250	

㉡ F_2, H, K_1 철근량

기호	직경	본당 길이(mm)	수량	총 길이(mm)	수량 산출근거
F_2	D 32	110＋560＋3598＋150＝4418	10	44,180	수량＝$\dfrac{1}{0.1}$＝10개
H	D 16	100＋2480＋100＝2680	10	26,800	
K_1	D 16	256×2＋1441×2＋300＝3694	10	36,940	

② 단면도상 점으로 보이는 철근(W_5, W_6, F_5, F_6, K_2)

- 철근개수 ⇒ (간격수＋1) 혹은 단면도상의 개수

※ 실제 시험에서는 F_5만 구하면 됩니다.(나머지 철근은 참고로 하십시오.)

기호	직경	본당 길이(mm)	수량	총 길이	수량 산출근거
W_5	D 13	1000	28	28,000	수량＝27＋1＝28 예 4@200 → {간격수 : 4개, 간격 : 200mm / 개수＝4＋1＝5개} (평면도)
W_6	D 16	1000	28	28,000	
★F_5	D 13	1000	31	31,000	수량＝(상부 간격수＋1)＋(하부 간격수＋1)＝(5＋1)＋(24＋1)＝31개
F_6	D 19	1000	19	19,000	수량＝18＋1＝19개
K_2	D 13	1000	8	8,000	단면도상의 개수를 센다.

③ S_1, S_2, S_3 철근개수 ⇒ $\dfrac{\text{단위길이}(1m)}{\text{간격}\times 2}\times$개소

※ 실제 시험에서는 S_2만 구하면 됩니다.(나머지 철근은 참고로 하십시오.)

기호	직경	본당 길이(mm)	수량	총 길이	수량 산출근거
S_1	D 13	316+100×2=516	10	5,160	수량 = $\dfrac{1}{0.2\times 2}\times 4$ = 10개
★S_2	D 13	250+250×2+100×2=950	12.5	11,875	수량 = $\dfrac{1}{0.2\times 2}\times 5$ = 12.5개
S_3	D 13	250+250×2+100×2=950	5	4,750	수량 = $\dfrac{1}{0.2\times 2}\times 2$ = 5개

④ 철근 물량표(단, mm 단위 이하는 반올림하여 mm까지 구함.)

기호	직경	길 이(mm)	수 량	총 길이(mm)	기 호	직 경	길 이(mm)	수 량	총 길이(mm)
W_1	D 13	6511	5	32,555	F_5	D 13	1000	31	31,000
F_1	D 22	2196	5	10,980	S_2	D 13	950	12.5	11,875

23

다음 조건을 갖는 공사의 Net Work를 그려 CP를 표시하고 공사완료 소요일수를 구하시오. [8점]

작업명	A	B	C	D	E	F	G	H	I	J	K	L	M	N	O	P	Q
선행작업	-	-	A,B	A,B	A,B	E	C,F	C,F	C,F	G,H,I	J	J	C,D,F	M	K,L	O	N
소요일수	5	3	2	3	2	2	3	2	2	7	3	4	4	3	3	2	5

(1) 네트워크 공정표를 그리고 critical path를 표시하시오. (단, CPM 기법으로 표시하시오.)
(2) 공사완료 소요일수를 구하시오.

해답 (1) ① 공정표

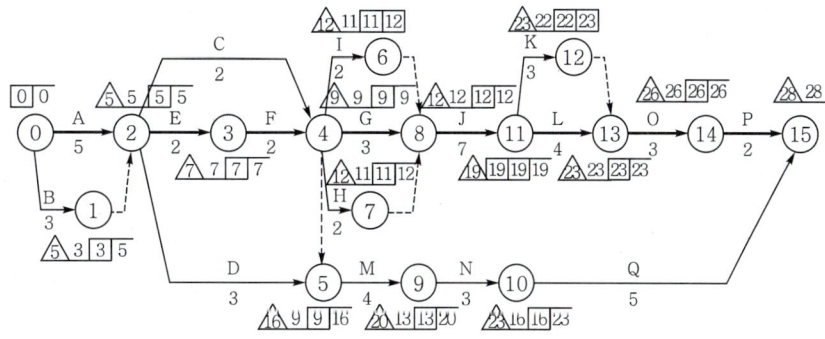

② CP : ⓪ → ② → ③ → ④ → ⑧ → ⑪ → ⑬ → ⑭ → ⑮

(2) 공사완료 소요일수=28일

24 부벽식 댐의 특징 3가지를 쓰시오. [3점]

해답 ① 중력식 댐만큼 견고한 암반이 필요 없다.
② 콘크리트 소요량이 적고 댐체 검사가 용이하다.
③ 댐체의 내구성이 작다.
④ 구조가 복잡하고 시공이 어렵다.
⑤ 중력식 댐보다는 내진력이 작다.

토목 기사 실기

정가 44,000원

- 편저자   박   영   태
- 발행인   차   승   녀

- 2009년   2월   5일   제1판 제1인쇄 발행
- 2010년   1월   10일   제2판 제1인쇄 발행
- 2010년   5월   30일   제3판 제1인쇄 발행
- 2011년   1월   5일   제4판 제1인쇄 발행
- 2012년   1월   16일   제5판 제1인쇄 발행
- 2013년   3월   8일   제6판 제1인쇄 발행
- 2014년   1월   25일   제7판 제1인쇄 발행
- 2015년   2월   10일   제8판 제1인쇄 발행
- 2015년   7월   10일   제9판 제1인쇄 발행
- 2016년   3월   20일   제9판 제2인쇄 발행
- 2017년   1월   5일   제10판 제1인쇄 발행
- 2018년   1월   30일   제11판 제1인쇄 발행
- 2018년 12월   26일   제12판 제1인쇄 발행
- 2019년 12월   26일   제13판 제1인쇄 발행
- 2021년   1월   25일   제14판 제1인쇄 발행
- 2022년   2월   21일   제15판 제1인쇄 발행
- 2023년   1월   31일   제16판 제1인쇄 발행
- 2024년   1월   31일   제17판 제1인쇄 발행
- 2025년   2월   10일   제18판 제1인쇄 발행

도서출판 건기원

(등록 : 제11-162호, 1998. 11. 24)

경기도 파주시 연다산길 244(연다산동 186-16)
TEL : (02)2662-1874~5   FAX : (02)2665-8281

★ 건기원은 여러분을 책의 주인공으로 만들어 드리며 출판 윤리 강령을 준수합니다.
★ 본 수험서를 복제·변형하여 판매·배포·전송하는 일체의 행위를 금하며, 이를 위반할 경우 저작권법 등에 따라 처벌받을 수 있습니다.

ISBN   979-11-5767-874-7   13530